技工学校机械类通用教材

电工工艺学

第 5 版

技工学校机械类通用教材编审委员会　编

机械工业出版社

本书全面系统地介绍了工厂电气设备及电气控制电路的安装、运行和维护的操作工艺及相关的理论知识。

全书内容包括电工基本操作技能，室内外线路的安装，照明装置的安装和常见故障检修，接地和防雷装置的安装，变压器，交流异步电动机，直流电动机，常用低压电器的选用、安装及检修，电力拖动基本控制电路，常用机床及电气设备电气控制电路的检修。

本书内容着重于生产实践，图文并茂，内容通俗易懂。

本书是技工学校机械类通用教材，也可作为各类职业技术学校和厂矿企业业余教育培训电工的教材，还可作为厂矿企业电工自学和工作时的技术参考用书。

图书在版编目(CIP)数据

电工工艺学/技工学校机械类通用教材编审委员会编. —5版. —北京：机械工业出版社，2011.10(2025.1重印)

技工学校机械类通用教材

ISBN 978-7-111-36221-0

Ⅰ.①电… Ⅱ.①技… Ⅲ.①电工—工艺学—技工学校—教材 Ⅳ.①TM

中国版本图书馆CIP数据核字(2011)第215622号

机械工业出版社(北京市百万庄大街22号 邮政编码100037)

策划编辑：王振国 责任编辑：王振国 版式设计：霍永明

责任校对：肖 琳 封面设计：姚 毅 责任印制：常天培

固安县铭成印刷有限公司印刷

2025年1月第5版第16次印刷

184mm×260mm · 30.5印张 · 1插页 · 757千字

标准书号：ISBN 978-7-111-36221-0

定价：48.00元

凡购本书，如有缺页、倒页、脱页，由本社发行部调换

电话服务 网络服务

服务咨询热线：010-88379833 机 工 官 网：www.cmpbook.com

读者购书热线：010-88379649 机 工 官 博：weibo.com/cmp1952

教育服务网：www.cmpedu.com

封面无防伪标均为盗版 金 书 网：www.golden-book.com

前　　言

技工学校机械类通用教材自1980年出版以来，经过1986年第2版、1991年第3版和2004年第4版的修订，内容不断充实和完善，在技工学校、职业技术学校的教学、工矿企业工人的技术培训等方面发挥了很大的作用，取得了较好的社会效益，受到了广大读者的欢迎和好评。

但随着时间的推移，现代科学技术不断发展，教学内容不断完善，新的国家和行业技术标准也相继颁布和实施，本套教材的部分内容已不能适应教学的需要。为保证教学质量，决定组织第4版各门课程的大部分原作者，并适当吸收教学一线的教师，对第4版部分教材进行修订，以更好地满足目前技工学校、职业技术学校教学的实际需要。

为保持本套教材的延续性和原有的读者层次，本次修订在原有教材风格和特点的基础上，根据教学实践，针对原教材的不足进行了改进，以充分反映教学的需要。如对原教材中结构安排不合理之处进行了一些调整，对不切实际或过时的技术内容与错误进行了订正，并删繁就简，使教材内容更具有科学性和实用性；同时根据教学需要补充增加了部分新知识、新技术、新工艺和新方法方面的内容，使教材内容更具有先进性。全套教材还全面采用了新的技术标准、名词术语和法定计量单位。

本次共修订五门基础课和四门专业课的教材，具体包括：机械制图、机械基础、工程力学、金属工艺学、电工与电子基础、车工工艺学、钳工工艺学、焊工工艺学、电工工艺学及相应的习题集。

参加本书第1版编写的是唐德杲、周萃初、刘光源、陈庆源。参加本书第2版修订的是周萃初、刘光源。参加本书第3版修订的是朱蒸、刘光源、宋林香。参加本书第4版修订的是刘光源、杨焕荣、宋林香、王照清，罗智英审稿。参加本书第5版修订的是刘光源、周家宝、费文祥和张佩莲，由刘光源任主编。

由于修订时间仓促，编者水平有限，调查研究不够深入，书中难免仍有缺点和错误，我们恳切希望读者批评指正。

技工学校机械类通用教材编审委员会

目　录

第一章　电工基本操作技能

第一节　常用电工工具和电工仪表的使用

一、手动电工工具

1. 验电器

它是一种验明需检修的设备或装置上有没有电源存在的器具，分高压和低压两种，高压的通常叫验电器，是变电站必备的器具，其结构如图 1-1 所示。

使用高压验电器先要在确实带电的设备上检验电器是否完好。在测量时，要注意安全，雨天不可在户外测验，测验时要戴符合耐压要求的绝缘手套，不可一个人单独测验，身旁要有人监护。测验时，要防止发生相间或对地短路事故。人体与带电体应保持足够的安全距离，10kV 高压时为 0.7m 以上，高压验电器每半年作一次定期预防性试验。

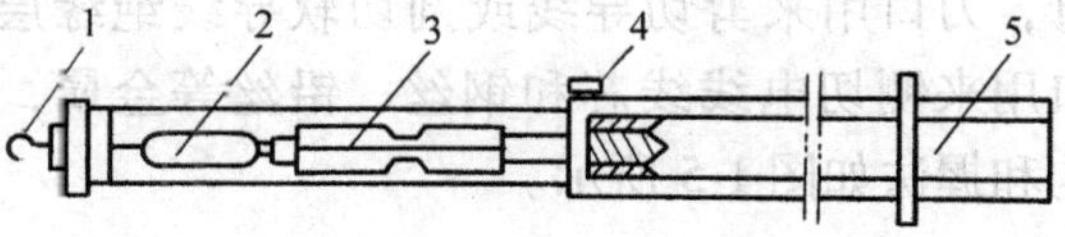

图 1-1　高压验电器

1—工作触头　2—氖灯　3—电容器

4—接地螺钉　5—握柄

使用高压验电器时，应特别注意手握部位不得超过护环，如图 1-2 所示。

低压验电器又称为测电笔或简称电笔，分为钢笔式或螺钉旋具式两种，如图 1-3 所示。

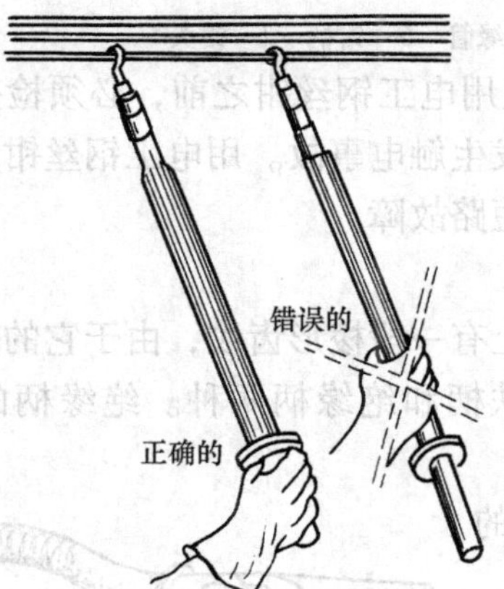

图 1-2　高压验电器握法

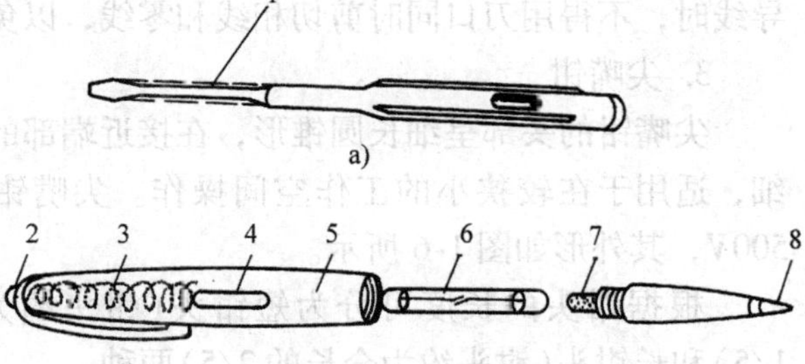

图 1-3　低压验电器

a）螺钉旋具式　b）钢笔式

1—绝缘套管　2—笔尾的金属体　3—弹簧　4—小窗

5—笔身　6—氖管　7—电阻　8—笔尖的金属体

使用低压测电笔时，以手掌触及笔尾的金属体，并使氖管小窗背光朝向自己，以便于观察，要防止笔尖金属体触及人手，以避免触电，为此，在螺钉旋具式验电笔金属杆上，必须套上绝缘套管，仅留出刀口部分供测试需要。低压验电器的握法如图 1-4 所示。

电工在检修电气线路、设备和装置之前，务必要用验电器验明无电，方可着手检修。应经常在带电体上（如在插座孔内）试测，以检查性能是否完好。性能不可靠的验电器，不准使用。

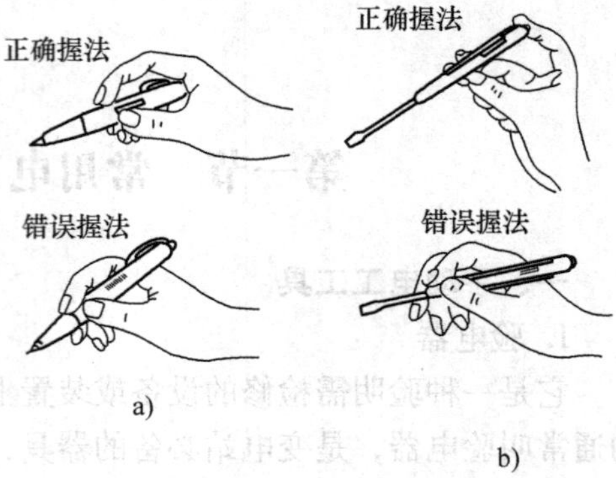

图 1-4　低压验电器握法

a）钢笔式握法　b）螺钉旋具式握法

2. 钢丝钳

钢丝钳有铁柄和塑料绝缘柄两种，电工使用的是带塑料绝缘柄的，耐压为 500V 以上。钢丝钳由钳口、齿口、刀口和铡口四部分组成。钳口用来弯绞或钳夹导线线头，齿口用来固紧或起松螺母，刀口用来剪切导线或剖切软导线绝缘层，铡口用来铡切电线线芯和钢丝、铅丝等金属，其结构和握法如图 1-5 所示。

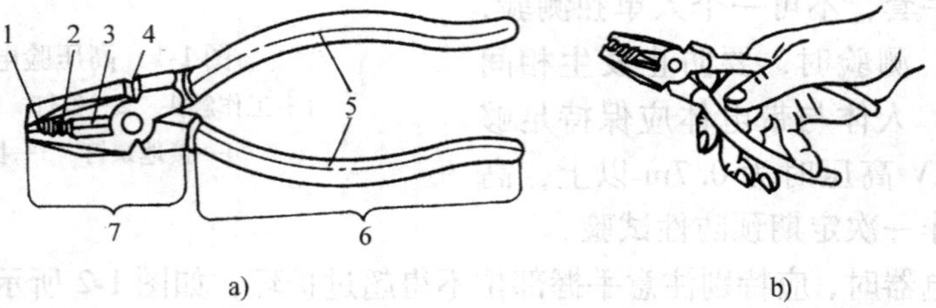

图 1-5　钢丝钳

a）结构　b）握法

1—钳口　2—齿口　3—刀口　4—铡口　5—绝缘管　6—钳柄　7—钳头

常用的规格有 150mm、175mm 和 200mm 三种。使用电工钢丝钳之前，必须检查绝缘柄的绝缘是否完好。绝缘如果损坏，进行带电作业时会发生触电事故。用电工钢丝钳剪切带电导线时，不得用刀口同时剪切相线和零线，以免发生短路故障。

3. 尖嘴钳

尖嘴钳的头部呈细长圆锥形，在接近端部的钳口上有一段棱形齿纹，由于它的头部尖而细，适用于在较狭小的工作空间操作。尖嘴钳也有铁柄和绝缘柄两种。绝缘柄的耐压为 500V，其外形如图 1-6 所示。

根据钳头的长度可分为短钳头（钳头约为全长的 1/5）和长钳头（钳头约为全长的 2/5）两种。

尖嘴钳常用规格有 130mm、160mm、180mm、200mm 四种，目前常见的多数是带刃口的，既可夹持零件，又可剪切细金属丝。

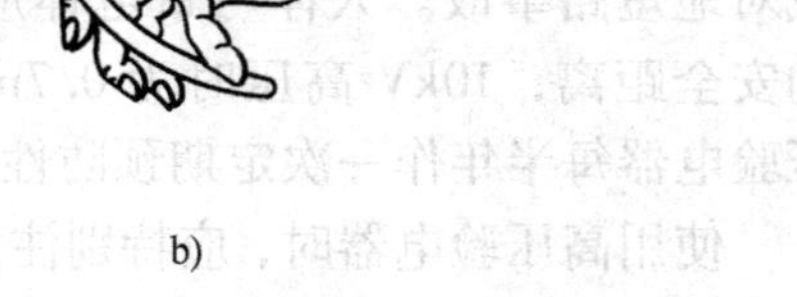

图 1-6　尖嘴钳

4. 斜口钳

斜口钳又称为断线钳，钳柄有铁柄、管柄和绝缘柄三种。电工常用的绝缘柄斜口钳的外形如图 1-7 所示。

斜口钳主要用于剪切金属薄片及细金属丝的一种专用剪切工具，适用于工作空间比较狭窄和有斜度的工件使用。常用规格有 130mm、160mm、180mm、200mm 四种。

5. 剥线钳

剥线钳是专供电工用于剥离（$6mm^2$以下）导线头部的一段表面绝缘层的，由钳头和钳柄两部分组成，其特点是使用方便，绝缘层切口处整齐且不会损伤线芯，因此它是电工和电气安装工常用的一种工具，其外形如图 1-8 所示。它的手柄是绝缘的，耐压为 500V。钳头部分由压线口和刀口构成，分有直径 0.5 ~ 3mm 的多个刀口，以适用于不同规格的线芯。使用时，将要剥削的绝缘层长度导线放入相应的刀口中（比导线直径稍大），用手将钳柄一握，导线的绝缘层即被割破自动弹出。

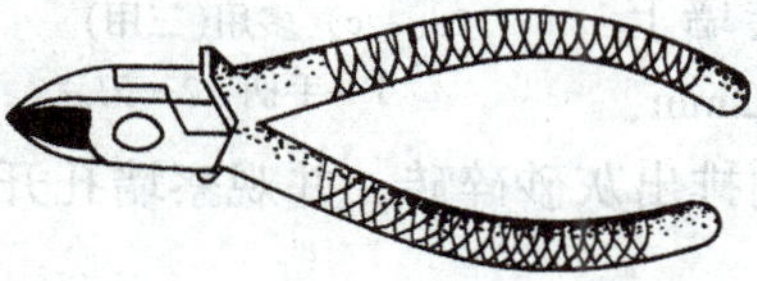

图 1-7　斜口钳

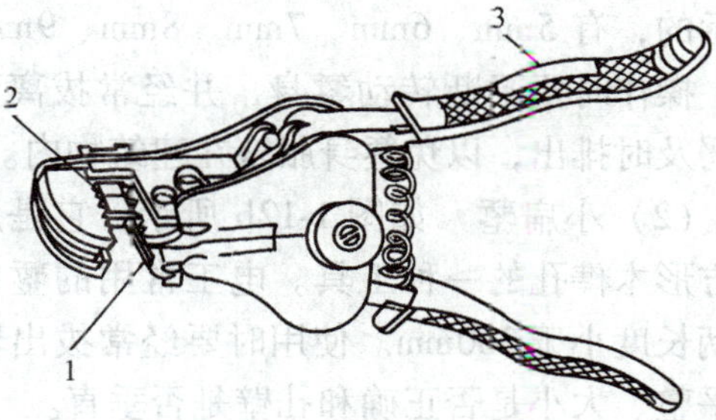

图 1-8　剥线钳

1—压线口　2—刀口　3—钳柄

6. 螺钉旋具

螺钉旋具主要用来旋动头部带一字槽或十字槽的螺钉、木螺钉。按头部形状不同，它可分为一字槽和十字槽螺钉旋具两种。电工不可使用金属杆直通柄顶的螺钉旋具，应在金属杆上加套绝缘柄，其外形如图 1-9 所示。

多用螺钉旋具附有一字槽旋杆 3 只、十字槽旋杆 2 只和钢钻 1 只，它既可以紧固或拆卸一字槽的机螺钉、木螺钉，所附的钢钻又可作钻木螺钉孔眼之用。使用时，只需选择所需用的旋杆装入夹头后便可操作。其规格是以它的全长（手柄加旋杆）表示的，目前只有 230mm 一种，如图 1-10 所示。

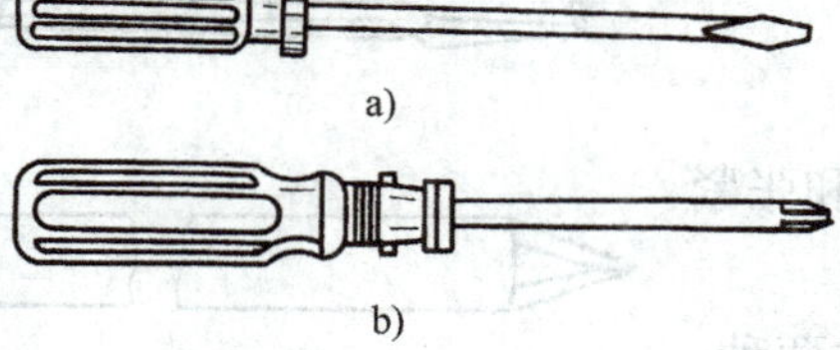

图 1-9　螺钉旋具

a）一字槽　b）十字槽

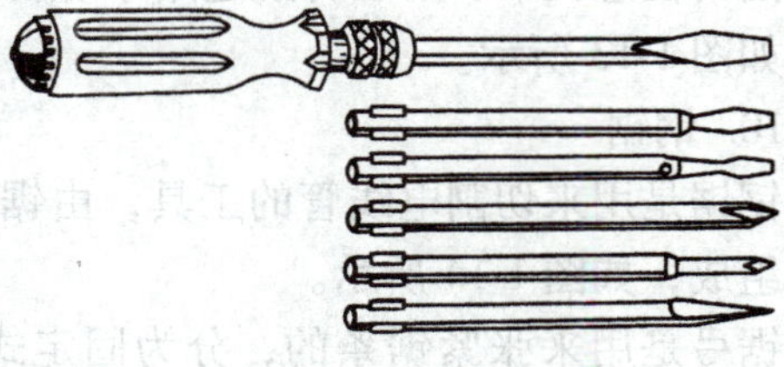

图 1-10　多用螺钉旋具

7. 电工刀

电工刀适用于电工装修中割削电线绝缘层、棉麻绳索、木桩及软金属等。电工刀的形式有一用（普通式）、两用及多用三种，如图 1-11 所示。

三用电工刀由刀片、锯片、引锥（钻子）等部分组成，刀片用于剖削电线绝缘层，锯片用于锯削电线槽板和圆(方)垫木，引锥用于钻削木板孔眼。引锥的尾部装有弹簧，使用时，用手拨直引锥弹簧就会自动撑住引锥尾部，钻孔时不致有倒回的危险。电工刀的刀柄是没有绝缘的，不能在带电体上使用电工刀进行操作，以免触电。

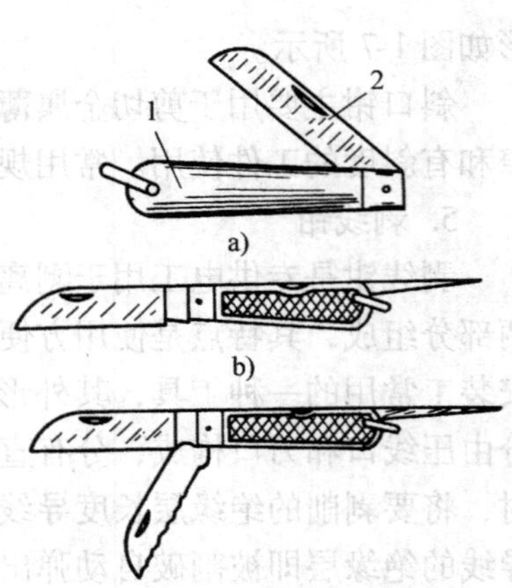

图 1-11　电工刀
a) 一用(普通式)　b) 两用
c) 多用(三用)
1—手柄　2—刀片

8. 墙孔錾

墙孔錾是手工开凿墙孔的简易工具，常用的墙孔錾如图 1-12 所示。

(1) 圆榫錾　如图 1-12a 所示，它是用来錾打混凝土结构建筑物的木榫孔的一种工具。它的规格是以冲头直径表示的，有 5mm、6mm、7mm、8mm、9mm 和 10mm 等几种。操作时要不断转动錾身，并经常拔离建筑面，使灰沙石屑及时排出，以免錾身胀塞在建筑物内。

(2) 小扁錾　如图 1-12b 所示，它是用来錾打砖墙上的方形木榫孔的一种工具。电工常用的錾口宽度为 12mm，錾柄长度小于 300mm。使用时要经常拔出錾子，以利排出灰砂碎砖，并观察墙孔开錾得是否平整、大小是否正确和孔壁是否垂直。

(3) 大扁錾　如图 1-12c 所示，它是用来錾打角钢支架和撑脚等的埋设孔穴的一种工具。常用的錾口宽度为 16mm，錾柄长度大于 300mm。其使用方法与小扁錾相同。

(4) 尖头圆钢长錾　如图 1-12d 所示，两种均用来錾打墙孔，作为穿越线路导线的通孔。图 1-12d 所示用来錾打混凝土墙孔，由中碳圆钢制成。图 1-12e 所示用来錾打砖墙孔，由无缝钢管制成。长錾直径有 19mm、25mm 和 30mm 三种，长度通常有 300mm、400mm 和 500mm 等多种。使用时，应不断旋转，及时排出碎屑。

9. 活扳手

活扳手是供装、拆、维修时旋转六角或方头螺栓、螺钉、螺母用的一种常用工具。因为它的开口尺寸可以在规定范围内任意调节，所以特别适用于螺栓规格多的场合使用，如图 1-13 所示。

10. 钢锯

钢锯是用来切割电线管的工具，由锯弓、锯条和张紧螺母组成，如图 1-14 所示。

锯弓是用来张紧锯条的，分为固定式和可调式两种，常用的是可调式。锯条根据锯齿的牙距大小，分为粗齿、中齿和细齿三种，常用的规格为 300mm 的一种。锯条应根据所锯材料的软硬、厚薄来选用。粗齿锯条适宜锯割软材料或锯缝长的工件；细齿锯条适宜锯割硬材料、管子、薄板料及角铁。锯条安装可按加工需要，将锯条装成直向的或横向的，且锯齿的齿尖方向要向前，不能反装。锯条

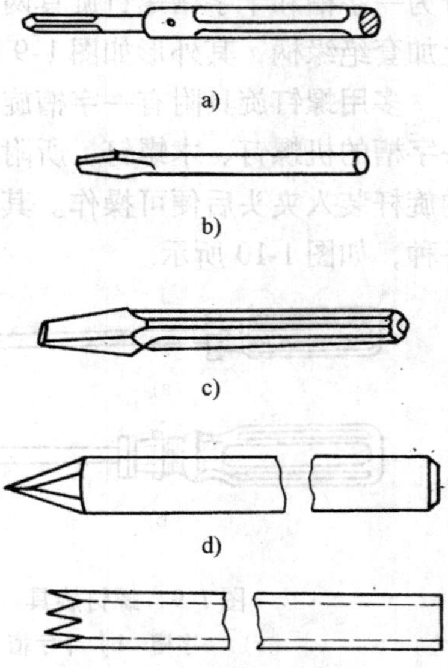

图 1-12　墙孔錾
a) 圆榫錾　b) 小扁錾　c) 大扁錾
d) 尖头圆钢长錾　e) 钢管长錾

的绷紧程度要适当，若过紧，锯条会因受力而失去弹性，锯割时稍有弯曲，就会崩断；若安装过松，锯割时不但容易弯曲造成折断，而且锯缝易歪斜。

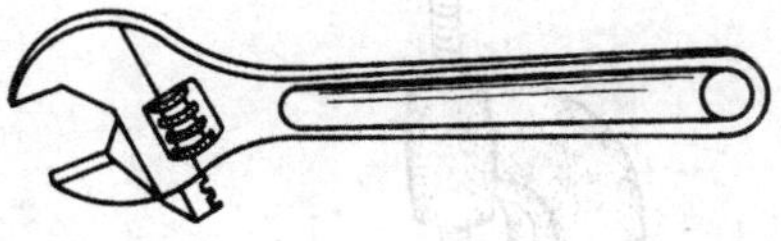

图 1-13　活扳手

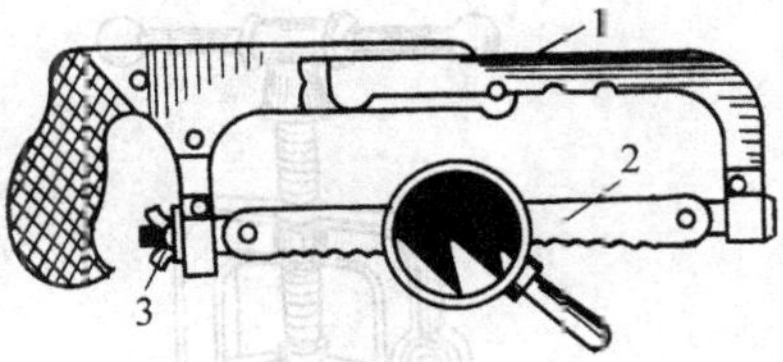

图 1-14　钢锯
1—锯弓　2—锯条　3—张紧螺母

11. 锤子

锤子是电工常用的敲击工具。常用的规格有 0.25kg、0.5kg、1kg 等。锤柄长度为 300～350mm，如图 1-15 所示。为防止锤头脱落，在顶端打入有倒刺的斜楔 1～2 个。

12. 管子钳

管子钳是供安装和修理时夹持和旋动各种管子和管路附件用的一种专用工具，如图 1-16 所示。

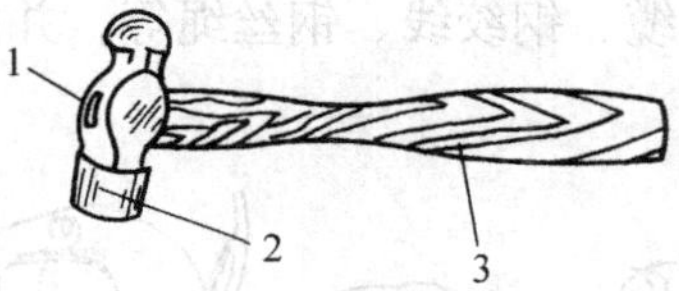

图 1-15　锤子
1—斜楔铁　2—锤头　3—木柄

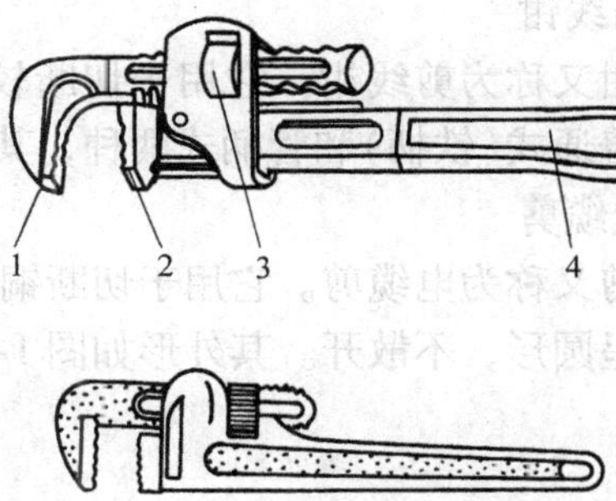

图 1-16　管子钳
1—活动扳唇　2—固定扳唇　3—蜗轮　4—手柄

13. 管子割刀

管子割刀是切割管子用的一种工具，如图 1-17 所示。

用管子割刀割断的管子切口比较整齐，割断速度也比较快，因此在安装管路时要使用这种工具。在使用时应注意以下事项：

1）切割管子时，管子应夹持牢固，割刀片和滚轮与管子垂直，以防割刀片刀刃崩裂。

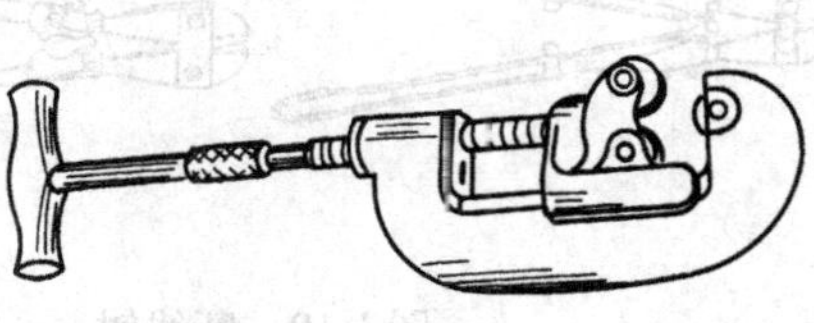

图 1-17　管子割刀

2）刀片沿圆周运动进行切割，每次进刀不要用力过猛，初割时进给量可稍大些，以便割出较深的刀槽，防止刀片刀刃崩断，以后每次进给量应逐渐减少。边切割边调整刀片，使割痕逐渐加深，直至切断为止。

3）使用时，管子割刀各活动部分和被割管子表面均需加少量润滑油，以减少摩擦。

4）根据被割管子的尺寸，选择适当规格的管子割刀，以免刀片与滚轮之间的最小距离小于该规格管子割刀的最小割管尺寸，导致滑铁脱离主体导轨。

14. 管子台虎钳

管子台虎钳是专供安装在工作台上作夹紧金属管或圆柱形工件以便进行铰套制管螺纹、切割或其他加工之用。它的类型有龙门式、三脚式、C 形式三种，如图 1-18 所示。

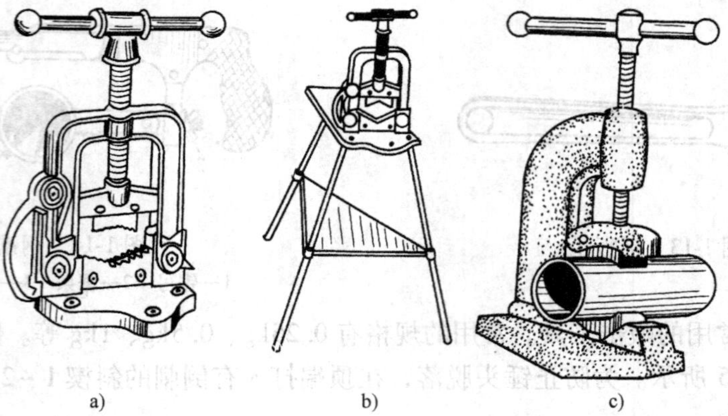

图 1-18　管子台虎钳

a）龙门式　b）三脚式　c）C 形式

15. 断线钳

断线钳又称为剪线钳。它用于切断较粗的、硬度不大于 HRC30 的金属线材及电线等。断线钳有普通式(铁柄)和管柄式两种，其外形如图 1-19 所示。

16. 线缆剪

线缆剪又称为电缆剪。它用于切断铜及铝导线、电缆、钢绞线、钢丝绳等，并能保持切断面基本呈圆形，不散开。其外形如图 1-20 所示。

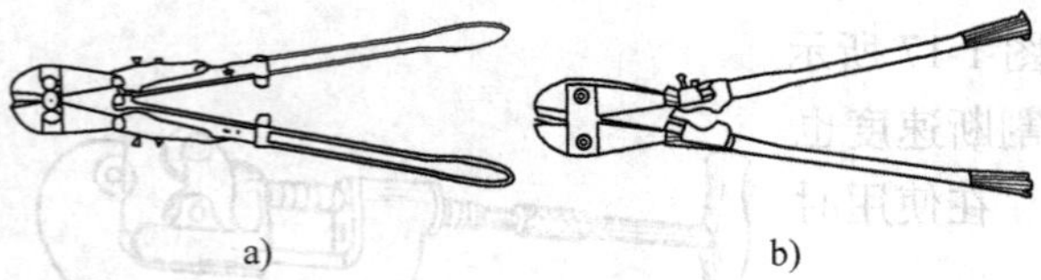

图 1-19　断线钳

a）普通式(铁柄)　b）管柄式

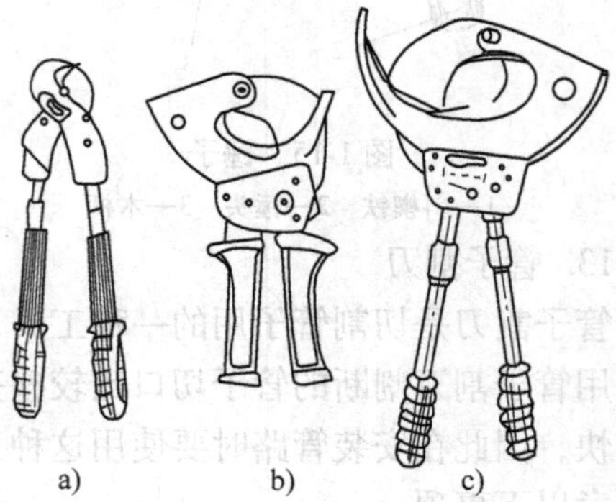

图 1-20　线缆剪

a）XLJ—S—1 型　b）XLJ—D—300 型　c）XLJ—2 型

17. 手动导线压接钳

手动导线压接钳如图 1-21 所示。它用于冷轧压接导线，做中间连接或封端。

（1）铝芯导线压接钳　如图 1-21a 所示，其可压接导线横截面积为 10 ~ 35mm²，有铁柄和铝合金柄两种。

（2）压接断线两用大剪刀　如图 1-21b 所示，它具有一具两用、操作简单的特点。

（3）手动电缆、导线机械压接钳　如图 1-21c 所示，其分别适用于中、小横截面积的铜芯或铝芯电缆接头的冷压和中、小横截面积各种导线的钳压连接。

（4）手动冷挤压接钳　它的外形如图1-21d 所示。它取代了锡焊的繁琐工艺，提高工效，连接稳定可靠。DK—0.4～4 型压接钳有五副钳口，第一钳口压接导线横截面积为 0.35～0.5mm^2，第二钳口为 0.75～1mm^2，第三钳口为 1.2～1.5mm^2，第四钳口为 2～2.5mm^2，第五钳口为 3～4mm^2。

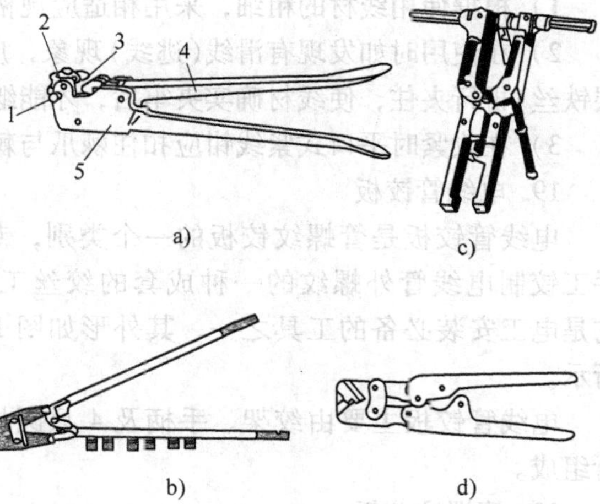

图 1-21　手动导线压接钳

a）铝芯导线压接钳　b）压接断线两用大剪刀　c）手动电缆、导线机械压接钳　d）手动冷挤压接钳

1—定位螺钉　2—阴模　3—阳模　4—钳柄　5—钳头

18. 紧线钳

紧线钳又称为紧线器、拉线钳、拉杆子。它适用于拉紧各种架空线。目前生产的紧线钳主要有平口式和虎头式两种。平口式紧线钳的外形如图 1-22 所示。它由前部(包括上钳口和拉环)和后部(包括棘爪、棘轮扳手)两部分组成。

虎头式紧线钳的外形如图 1-23 所示。它的前部带有利用螺栓夹紧线材的钳口(与手虎钳钳口相似)，后部有棘轮装置，用来绞紧架空线，并有两用扳手一只，一端制有一个可旋动钳口螺母的孔，另一端制有可以铰紧棘轮的孔。

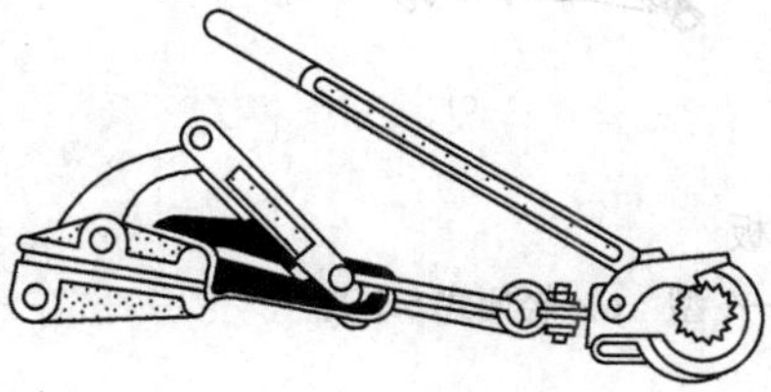

图 1-22　平口式紧线钳

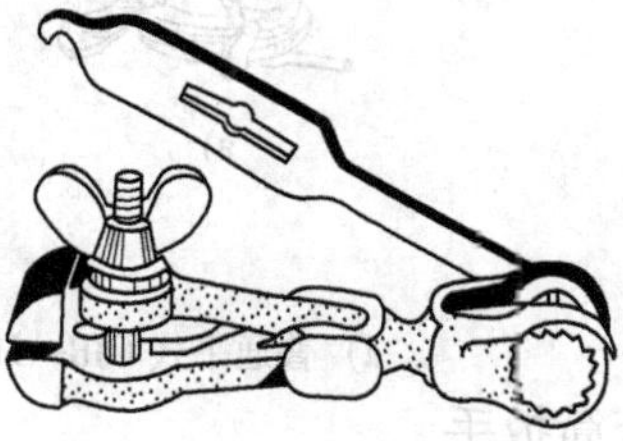

图 1-23　虎头式紧线钳

（1）紧线钳的使用方法

1）平口式紧线钳的使用方法：

① 上线(前部)。一手握住拉环，另一只手握住下钳口往后推移，将需要拉紧的线材放入钳口槽中，放开手中的下钳口，利用弹簧夹住线材。

② 收紧(后部)。把一端固定的钢绳穿入紧线盘的孔中，将棘爪扣住棘轮，然后利用棘轮扳手前后往返运动，使线材逐渐拉紧。

③ 放松。将线材拉紧到一定要求并扎牢后，将棘轮扳手推前一些，使棘轮产生间隙，此时用手将棘爪向上扳开，被收紧的线材就会自动放松。

④ 卸线。仍用一手握住拉环，另一手握住下钳口往后推，如发现钳口夹线过紧时，可用其他工具轻轻敲击下钳口，被夹持的线材就自动脱落。

2）虎头式紧线钳的使用方法基本上与平口式的相同。不同之处是虎头式上线时，必须旋松翼形螺母，这时钳口就自动弹开，将线材放入钳口后旋紧翼形螺母即可夹住线材。

（2）紧线钳使用注意事项

1）根据使用线材的粗细，采用相适应规格的紧线器。

2）在使用时如发现有滑线（逃线）现象，应立即停止使用并采取措施（如在线材上绕一层铁丝）再行夹住，使线材确实夹牢后，才能继续使用。

3）在收紧时平口式紧线钳应扣住棘爪与棘轮，防止棘爪脱开打滑。

19. 电线管铰板

电线管铰板是管螺纹铰板的一个类别，专用手工铰制电线管外螺纹的一种成套的绞丝工具，它是电工安装必备的工具之一，其外形如图 1-24 所示。

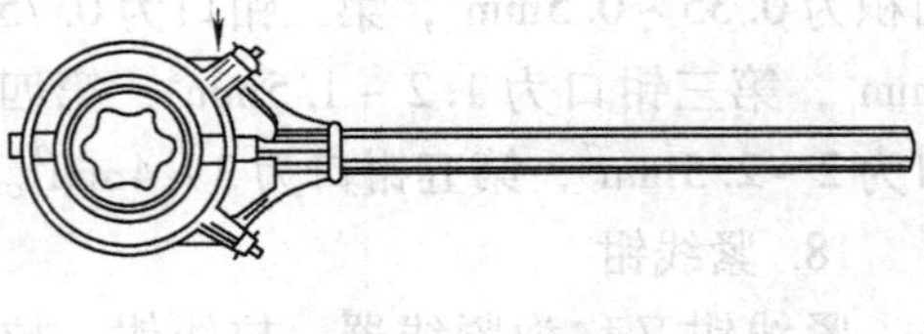

图 1-24　电线管铰板

电线管铰板主要由绞架、手柄及 4 只圆板牙所组成。

20. 管螺纹铰板

管螺纹铰板又称为管子铰板和管用铰板，是一种用手工铰制金属管子上外螺纹的专用工具。其形式由普通平式 GJB—114 型、普通棘轮式 GJB—114 型、轻便式 Q74—1 型和轻便式 SH 型等几种。其外形如图 1-25 所示。

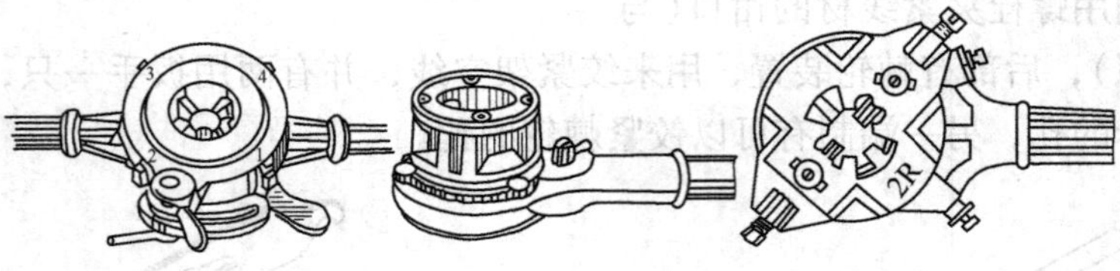

a)　　b)　　c)

图 1-25　管螺纹铰板

a）普通平式 GJB—114 型　b）轻便式 Q74—1 型　c）轻便式 SH 型

21. 套筒扳手

套筒扳手分为弓形和扳手形等多种，弓形套筒扳手如图 1-26 所示。

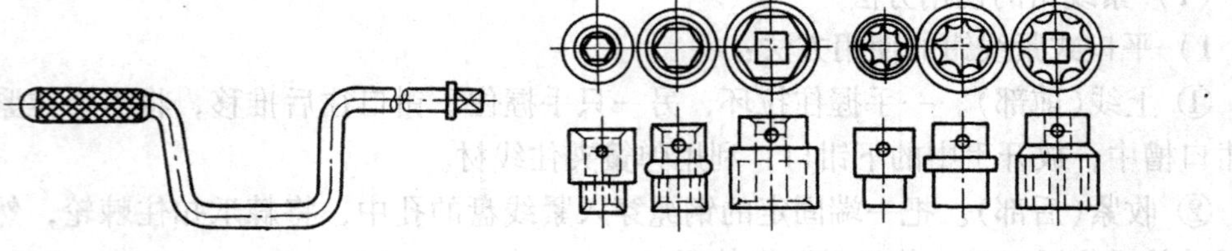

a)　　b)

图 1-26　弓形套筒扳手

a）手柄　b）套筒

套筒扳手是用来拆装沉头六角头螺钉的常用工具；也经常用来拆装不宜使用扳手的六角头螺母。套筒扳手通常都由手柄和套筒两部分组成，套筒的选取应与螺母规格相匹配。

22. 弯管器

弯管器有自制和市场产品两种，自制弯管器的体积较小，是弯管器中最简便的一种工具，其外形如图 1-27a 所示。

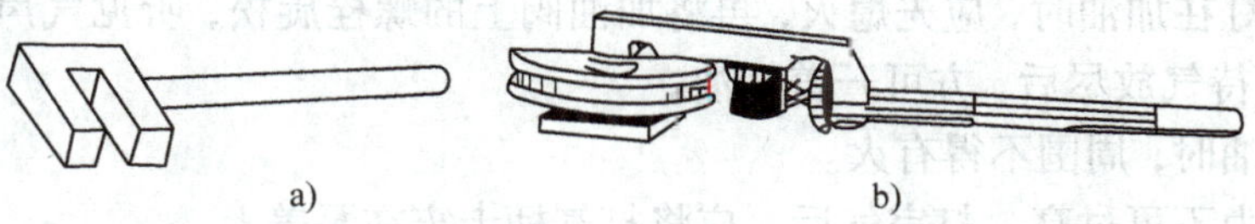

图 1-27　弯管器

a）自制弯管器　b）SWG 型弯管器

自制弯管器适用于直径 50mm 以下的管子弯管。在弯曲时，应逐渐移动弯管器棒，且一次弯曲的弧度不可过大，否则会弯裂或弯瘪线管。

SWG 型弯管器的外形如图 1-27b 所示。

23. 喷灯

喷灯又称为喷火灯 、冲灯、横灯，是利用喷射火焰对工件进行加工的工具，它的火焰温度约为 1000℃。常用来焊接铅包电缆的铅包层、大截面积连接处的搪锡以及其他连接表面的防氧化镀锡等。

喷灯按燃料油不同分为汽油喷灯和煤油喷灯以及汽泊和煤油两用喷灯，两用喷灯结构与汽油喷灯基本相同，只多了一个煤油喷嘴，以便使用时调换。喷灯的外形如图 1-28 所示。其结构如图 1-28c 所示。

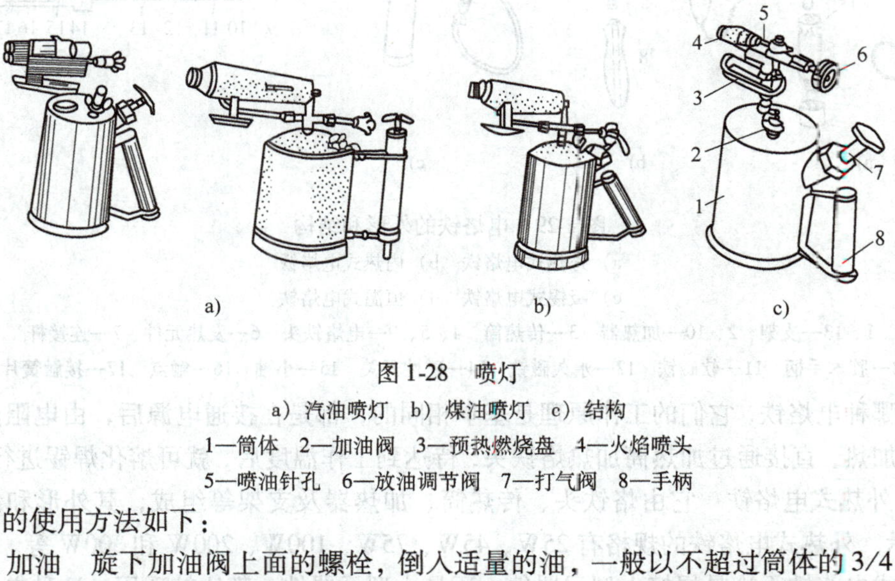

图 1-28　喷灯

a）汽油喷灯　b）煤油喷灯　c）结构

1—筒体　2—加油阀　3—预热燃烧盘　4—火焰喷头

5—喷油针孔　6—放油调节阀　7—打气阀　8—手柄

喷灯的使用方法如下：

（1）加油　旋下加油阀上面的螺栓，倒入适量的油，一般以不超过筒体的 3/4 为宜，保留一部分空间储存压缩空气以维持必要的空气压力。加完油后应旋紧加油口的螺栓，关闭放油阀的阀杆，擦净撒在外部的汽油，并检查灯各处是否有漏油现象。

（2）预热　在预热燃烧盘（杯）中倒入汽油，用火柴点燃，预热火焰喷头。

（3）喷火　待火焰喷头烧热后，盘中汽油燃烧完之前，打气 3 ~ 5 次，将放油调节阀旋松，使阀杆开启，喷出油雾，喷灯即点燃喷火，并继续打气，至火力正常为止。

（4）熄火　如需熄灭喷灯的火，应先关闭放油调节阀，直到火焰熄灭，再慢慢旋松加油口螺栓，放出筒体内的压缩空气。

喷灯使用时应注意下列事项：

1）不得在煤油喷灯的筒体内加入汽油。

2）汽油喷灯在加油时，应先熄火，再将加油阀上的螺栓旋松，听见气声后不要再旋出，以免汽油喷出，待气放尽后，方可开盖加油。

3）在加汽油时，周围不得有火。

4）打气压力不可过高，打完气后，应将打气柄卡牢在泵盖上。

5）在使用过程中应经常检查油筒内的油量是否少于筒体容积的1/4，以防筒体过热，发生危险。

6）经常检查油路密封圈零件配合处是否有渗漏跑气现象。

7）使用完毕应将剩气放掉。

24. 电烙铁

常用的电烙铁有外热式和内热式两大类。随着焊接技术的不断改进，近年来制造出吸锡式电烙铁和恒温式电烙铁。其外形和结构如图1-29所示。

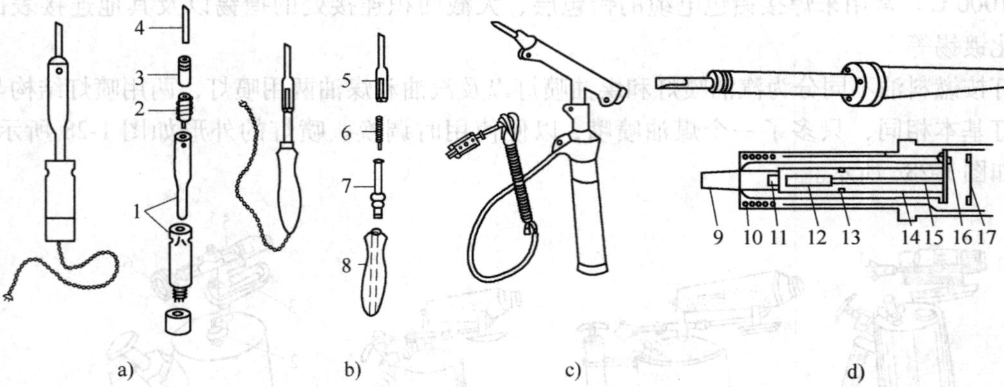

图1-29　电烙铁的外形和结构

a）外热式电烙铁　b）内热式电烙铁

c）吸锡式电烙铁　d）恒温式电烙铁

1、13—支架　2、10—加热器　3—传热筒　4、5、9—电烙铁头　6—发热元件　7—连接杆

8—胶木手柄　11—软磁铁　12—永久磁铁　14—磁性开关　15—小轴　16—触点　17—接触簧片

不论哪种电烙铁，它们的工作原理是基本相同的，都是在接通电源后，由电阻丝绕制成的加热器加热，直接通过加热筒加热烙铁头，待达到工作温度后，就可熔化焊锡进行焊接。

（1）外热式电烙铁　它由烙铁头、传热筒、加热器及支架等组成，其外形和结构如图1-29a所示。外热式电烙铁的规格有25W、45W、75W、100W、200W和300W等。

外热式电烙铁无论是焊接大型元器件，还是小型元器件，都比较适用。这种电烙铁的头部细而长，可以方便地调整长度，有利于控制温度。但是它的效率较低，目前很多场合已逐步被内热式电烙铁所代替。

（2）内热式电烙铁　它由烙铁头、发热器、连接杆和手柄组成，如图1-29b所示。其各部分的作用与外热式电烙铁基本相同，只是在组合上它的发热器在烙铁头空腔内部，故称为内热式电烙铁。它的连接杆既起支架作用，又起传热筒的作用。

内热式电烙铁的规格有20W、35W和50W等。

由于内热式电烙铁的发热器位于烙铁头内部，热量能完全传到烙铁头上，所以，它具有发热快、热量利用率高（可达85%～90%）、体积小、质量轻和耗电省等优点，最适用于晶体管等小型电子元器件和印制电路板的焊接。

（3）吸锡式电烙铁　在修理中，吸锡电烙铁常用于拆换元器件，拆换元器件时用它可以方便地除去焊点上的焊锡，外形如图 1-29c 所示。操作时，先用吸锡式电烙铁头加热焊点，待焊锡熔化后按动吸锡装置，即可将锡吸走。与普通电烙铁相比，吸锡式电烙铁的吸焊效率高，不易损伤元器件，特别是拆除焊点多的元器件更为方便。

（4）恒温式电烙铁　它是借助于电烙铁内部的磁性开关，自动控制通电时间而达到恒温的目的，其外形和结构如图 1-29d 所示。

当电烙铁接通电源后，永久磁铁 12 被吸到软磁铁 11 上，小轴 15 带动接触簧片 17 与触点 16 闭合，电源接通，加热器 10 开始工作。当烙铁头达到一定温度（居里点）时，软磁铁在高温下失去磁性，永久磁铁 12 在支架 13 的吸引下脱离软磁铁，触点断开，加热器 10 断电。于是烙铁头的温度下降，当降到低于居里点温度时，软磁铁又恢复磁性，永久磁铁又重新被吸回来，加热器又开始加热。如此往复，始终把烙铁头的温度控制在一个恒定的范围内。

恒温式电烙铁是断续通电的，比普通电烙铁可省电 1/2 左右。由于烙铁头始终保持在适于焊接的温度范围内，焊料不易氧化，烙铁头也不至于“烧死”，可减少虚焊和假焊，从而保证了焊接质量，更重要的是能防止被焊接的元器件因温度过高而损坏。

25. 腰带、保险绳和腰绳

腰带是用来系保险绳和腰绳的，目前常用的有皮的和尼龙的两种。使用时应系结在臀部上部，而不是系结在腰间，否则操作时既不灵活又容易扭伤腰部。保险绳是用来防止万一失足人体下落时不致坠地摔伤，一端要可靠地系结在腰带上，另一端用保险钩挂在牢固的横担或抱箍上。腰绳是用来固定人体下部，以扩大身体活动幅度的，使用时，应系结在电杆的横担或抱箍下方，防止腰绳窜出电杆顶端，造成工伤事故。腰带、保险绳和腰绳的外形如图 1-30 所示。

26. 电工工具夹

电工工具夹是户内外登高操作时必备的用品，用来插装活扳手、钢丝钳、螺钉旋具和电工刀等工具。有插件一件、三件和五件工具的各种规格，电工工件夹用皮带系在腰间，如图 1-31 所示。

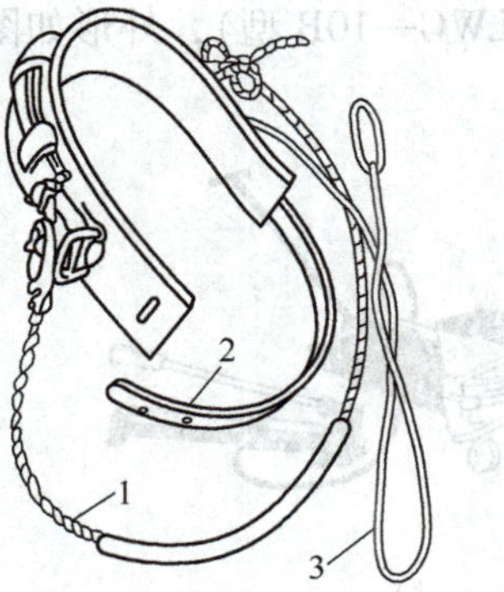

图 1-30　腰带、保险绳和腰绳

1—腰绳　2—腰带　3—保险绳

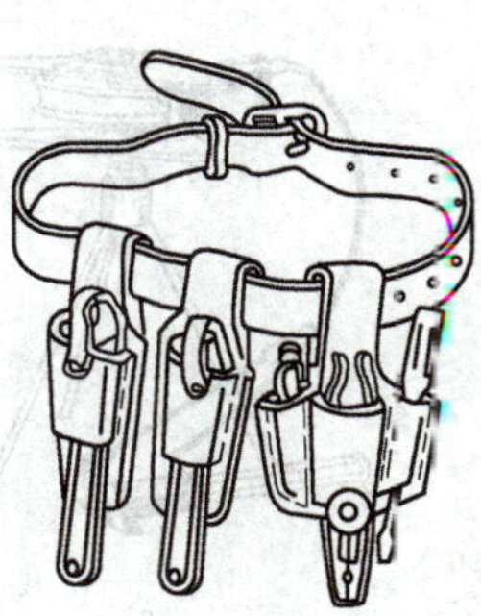

图 1-31　电工工具夹

27. 拉具

拉具又称为拉马或拉扒。它是用来拆卸电动机轴端带轮、联轴器盘和轴承等零部件的专用工具。其分为两爪和三爪两种，两抓拉具的外形如图 1-32 所示。

使用拉具时，每爪务必扣住被拉工件的内沿凸筋或环边上；每爪距中心丝杠的半径必须相等，丝杆顶端应顶住轴端平面，并对准中心；然后用活扳手扳拧丝杆，使被拉工件(如轴承或带轮等)渐渐脱离转轴。如果轴与被拉工件之间被锈住，应事先在两者之间的缝隙中注入一些煤油或机油，待渗透浸润后才可拆拉。

28. 皮风器

皮风器(俗称皮老虎)是维修电气设备时用来吹出设备内积尘的工具，其外形如图 1-33 所示。

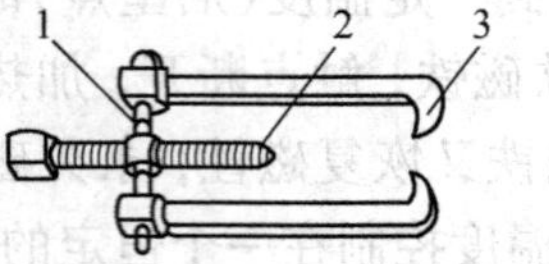

图 1-32　两爪拉具的外形

1—支臂　2—螺杆　3—拉钩

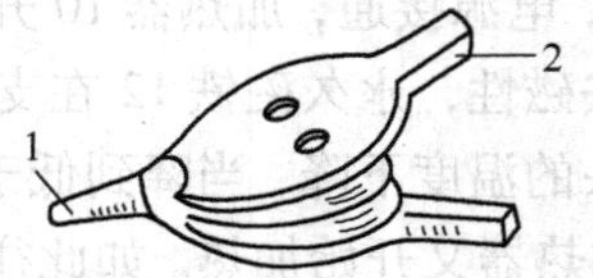

图 1-33　皮风器

1—吹嘴　2—鼓气柄

二、电动机械工具

1. 液压导线压接钳

液压导线压接钳主要依靠液压传动机构产生压力达到压接导线的目的。它适用于压接多股铝、铜芯导线，做中间连接和封端，是电气安装工程中压接导线的专用工具，用途较广，如图 1-34 所示。

其全套压模有 10 副，规格为 $16mm^2$、$25mm^2$、$35mm^2$、$50mm^2$、$70mm^2$、$95mm^2$、$120mm^2$、$185mm^2$、$240mm^2$ 的导线压模。压接铝芯导线横截面积为 16 ~ $240mm^2$，压接铜芯导线横截面积为 16 ~ $150mm^2$，压接形式为六边形围压截面。

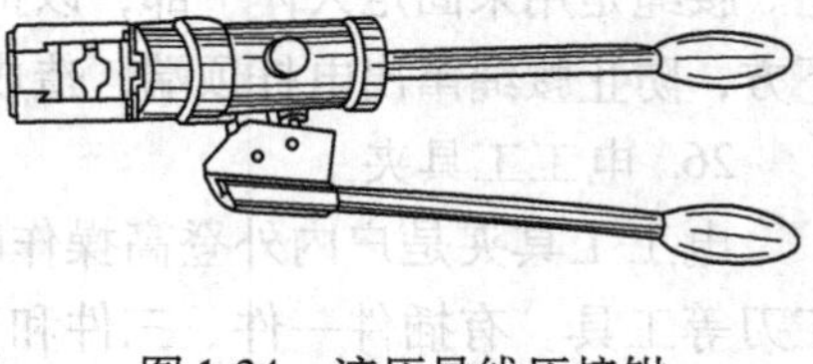

图 1-34　液压导线压接钳

2. 液压弯管机

液压弯管机有三脚架式(LWG—10B 型)和小车式(LWG—10B 型)，外形如图 1-35 所示。

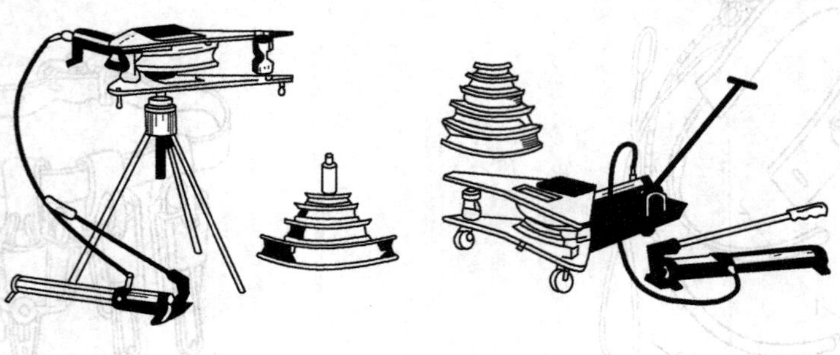

图 1-35　液压弯管机

a）三脚架式　b）小车式

液压弯管机用于把管子弯成一定弧度，三脚架式的零部件可以拆开，携带方便；而小车式移动方便。

3. 液压弯排机

YWP—10 型液压弯排机的外形如图 1-36 所示。

液压弯排机用于电力线路安装工作中，把铝排、铜排制成一定的弧度。

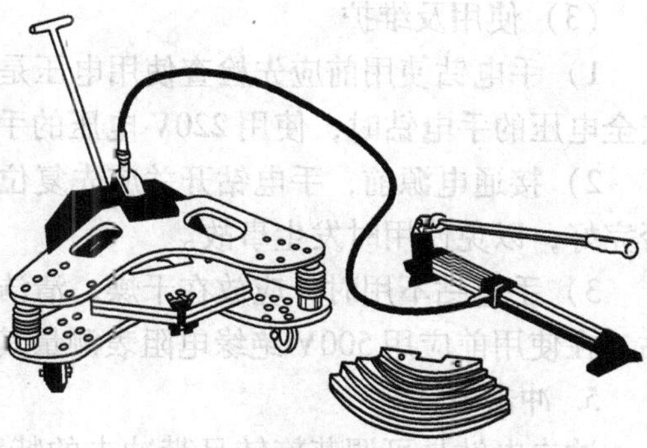

图 1-36　液压弯排机的外形

4. 手电钻

手电钻是用来对金属、塑料或其他类似材料、工件进行钻孔的电动工具。手电钻主要由电动机、钻夹头、钻头、手柄等组成，分为手提式和手枪式两种，如图 1-37 所示。手电钻通常采用 220V 或 36V 的电动机，钻夹头是用来夹持、紧固钻头的，钻头一般采用麻花钻。

（1）结构　手电钻的结构如图 1-38 所示。

（2）规格　手电钻的规格以最大直径表示，见表 1-1。

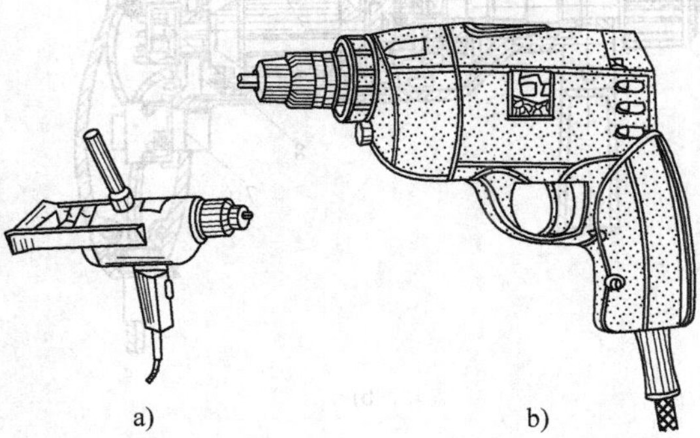

a)　b)

图 1-37　手电钻

a）手提式　b）手枪式

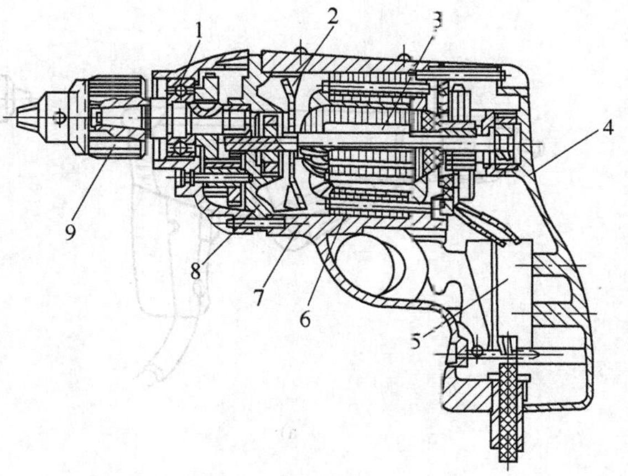

图 1-38　手电钻的结构

1—减速箱　2—风叶　3—电枢　4—手柄盖

5—开关　6—定子　7—机壳　8—中间盘　9—钻夹头

表 1-1　手电钻的规格

规格/mm	额定电压/V	额定电流/A	输入功率/W	额定转速/(r/min)
4	220	1.1	240	2200
6	220 36	1.1 5.6	240	1200
10	220 36	1.6 9.6	320	700
13	220 36	2.1 3	430	500
16	220	4	810	500
19	220	4.1	810	330
23	220	4.1	810	250

（3）使用及维护

1）手电钻使用前应先检查使用电压是否和铭牌规定电压相符，在一般场所应使用36V安全电压的手电钻时，使用220V电压的手电钻时必须要有防触电措施。

2）接通电源前，手电钻开关应先复位在“关”的位置上，并检查电线、插头、开关是否完好，以免使用时发生事故。

3）手电钻不用时，应放在干燥、清洁、通风和无腐蚀性气体的地方，长期不用的手电钻，在使用前应用500V绝缘电阻表测量其绝缘电阻应不小于0.5MΩ。

5. 冲击电钻

冲击电钻是可调节旋转且带冲击的特种电钻。当调节按钮调到“锤击”时，既旋转又冲击，装上镶有硬质合金的钻头就可以在混凝土、砖墙及瓷砖的材料上钻孔。当调节到“旋转”位置时，同普通电钻一样。通常可冲打直径为6～16mm的圆孔。

（1）结构　冲击电钻主要由电动机、减速箱、冲击块、辅助手柄及钻夹头等部件组成，如图1-39所示。

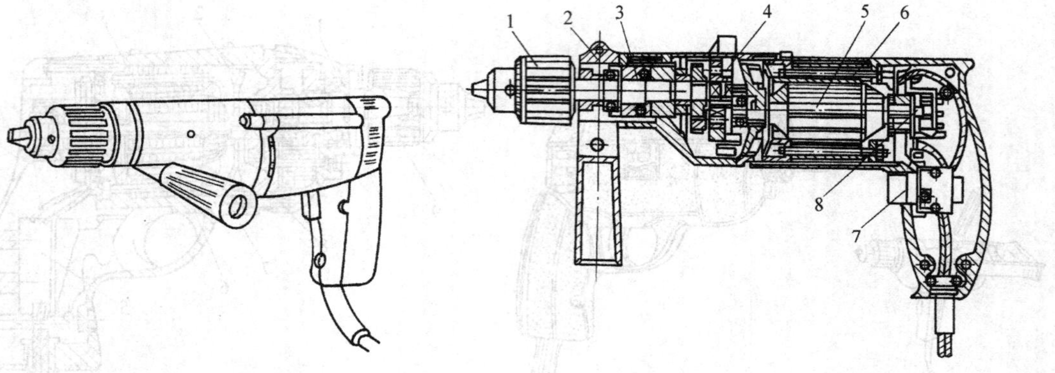

a)　b)

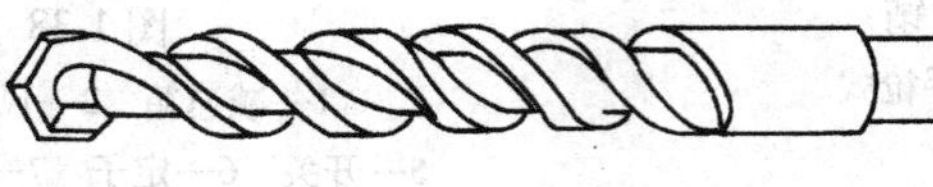

c)

图1-39　冲击电钻

a）外形　b）结构　c）冲击钻头

1—钻夹头　2—辅助手柄　3—冲击块　4—减速箱

5—电枢　6—定子　7—开关　8—换向器

（2）规格　冲击电钻的规格是以其在混凝土制品中的最大钻孔直径来表示的，见表1-2。

6. 电锤

电锤适用于混凝土、砖石等硬质建筑材料的钻孔，可广泛地取代手工凿眼操作，并大大减轻劳动强度。

（1）结构　电锤主要由电动机、传动装置、离合装置、锤头等部分组成，如图1-40所示。

表 1-2　冲击电钻的规格

规格/mm		额定电压/V	额定电流/A	输入功率/W	额定转速/(r/min)	冲击次数/(次/min)
金属制品中	混凝土制品中					
6	10	220	1.4	290	120	18000
8	12		1.6	350	750	11000
10	16		1.8	390	700/1932	10500/28950
13	20		2.7	600	800	8000

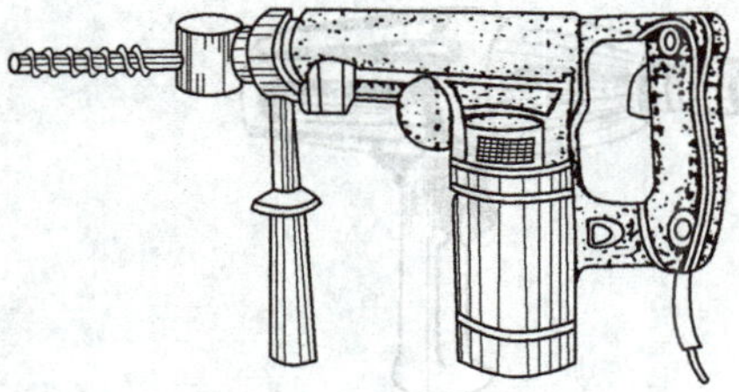
a)

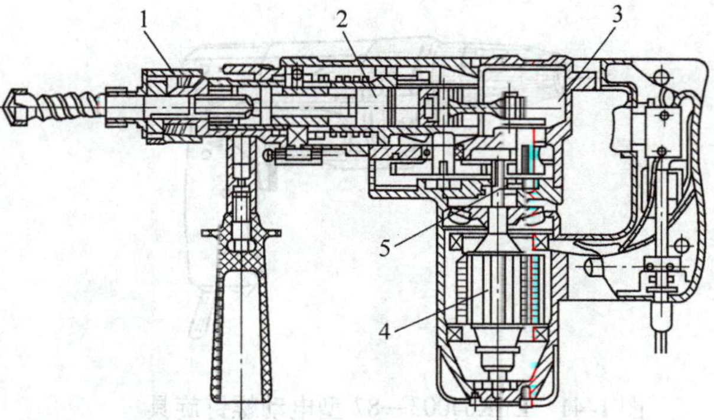

b)

图 1-40　电锤

a）外形　b）结构

1—锤头　2—离合装置　3—减速箱　4—电动机　5—传动装置

（2）规格　电锤的规格见表 1-3。

表 1-3　电锤的规格

规　格	钻孔直径/mm	额定电压/V	额定电流/A	输入功率/W	额定转速/(r/min)	冲击次数/(次/min)
16	16	220	2.3	480	560	2950
22	22	220	2.5	520	380	2850
26	23	220	2.5	520	300	2650

7. 电动螺钉旋具

ZBK64003—87 型电动螺钉旋具的外形如图 1-41 所示。

电动螺钉旋具适用于拆装带一字槽或十字槽的机器螺钉、木螺钉和自攻螺钉。电动螺钉旋具的规格见表 1-4。

8. 电动扳手

电动扳手又称为冲击电扳手。其外形如图 1-42 所示。

电动扳手配用六角套筒头，用于装拆六角头螺栓或螺母。其规格见表 1-5。

表 1-4　电动螺钉旋具的规格

型　号	规格 /mm	适 用 范 围		输出功率 /W	拧紧力矩 /(N·m)	质量 /kg
		机器螺钉	木螺钉与自攻螺钉			
		mm				
PIL-6	M6	M4 ~ M6	≤4	>85	2.45 ~ 8.5	2

注：1. 规格是指适用机器螺钉的最大公称尺寸。

2. 木螺钉适用范围是指在一般杂木中拧紧木螺钉的最大公称直径。

3. 采用单相串励电动机驱动时，电源电压为 220V，频率为 50Hz，软电缆长度为 2.5m。

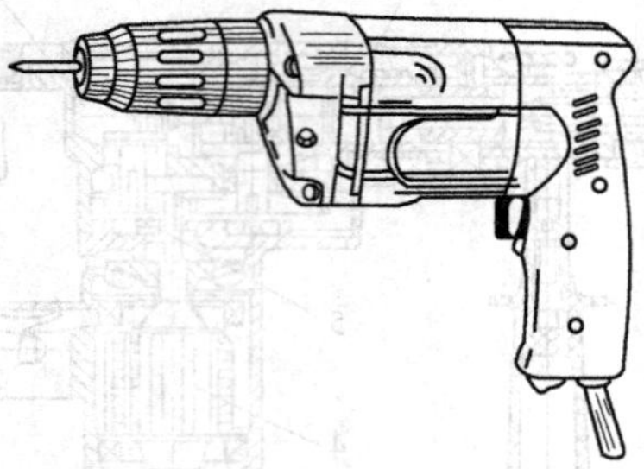

图 1-41　ZBK64003—87 型电动螺钉旋具

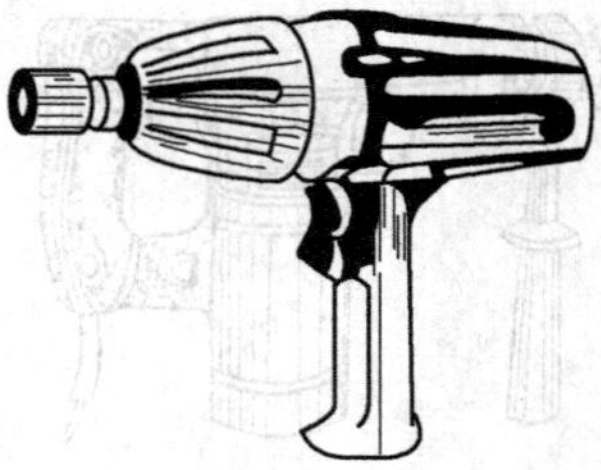

图 1-42　电动扳手的外形

表 1-5　电动扳手的规格

型号	规格 /mm	适用范围 /mm	力矩范围 /(N·m)	方头公称尺寸 /mm	边心距 /mm
P1B—8	M8	M6 ~ M8	4 ~ 15	10 × 10	≤26
P1B—12	M12	M10 ~ M12	15 ~ 60	12.5 × 12.5	≤36
P1B—16	M16	M14 ~ M16	50 ~ 150	12.5 × 12.5	≤45
P1B—20	M20	M18 ~ M20	120 ~ 220	20 × 20	≤50
P1B—24	M24	M22 ~ M24	220 ~ 400	20 × 20	≤50
P1B—30	M30	M27 ~ M30	380 ~ 800	25 × 25	≤56
P1B—42	M36	M32 ~ M36	750 ~ 2000	15 × 15	≤66

注：1. 电动扳手的规格是指在刚性衬垫系统上配备精致的、强度级别为 6.8、内外螺纹公差配合为 6H/6g 的普通粗牙螺纹的六角头螺栓、螺母，以及所允许使用的最大螺纹直径(mm)。

2. 电动扳手按其离合器结构的不同，可分为安全离合器式(A 型)和冲击式(B 型)两种，并在其型号最后位置标明 A 或 B，例如 P1B—12B。

3. 采用单相串励电动机驱动时，电源电压为 220V，频率为 50Hz，软电缆长度为 2.5m。

9. 射钉枪

射钉枪是一种较先进的安装工具。其功能是利用火药爆炸产生的高压推力将不带有螺纹或其他形状的射钉射入钢板、混凝土或墙壁内，起固定和悬挂作用。它主要由器体和器弹两大部分组成。

器体部分的构造如图 1-43 所示。它主要由垫圈夹、坐标护罩、枪管、枪体、撞针、扳机等组成。其前部可绕轴闩板转动45°。

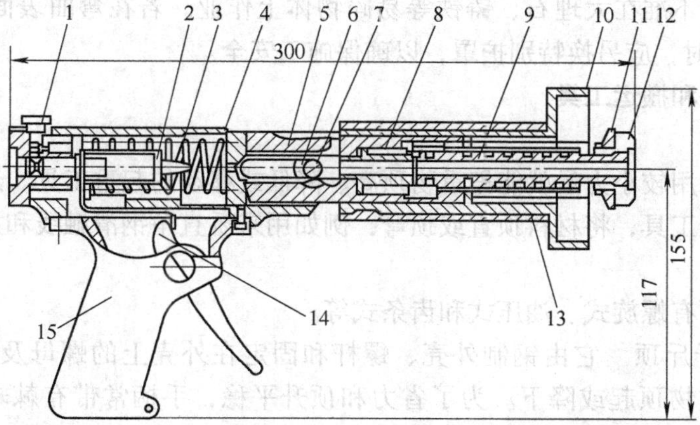

图1-43 射钉枪器体部分的构造

1—按钮 2—撞针体 3—撞针 4—枪体 5—枪筒 6—轴闩
7—轴闩螺针 8—后枪管 9—前枪管 10—坐标护罩 11—卡圈
12—垫圈夹 13—护套 14—扳机 15—枪柄

器弹部分由钉体、弹药、定心圈、钉套、弹套等组成，如图1-44所示。射钉直径为3.9mm，尾部螺纹有M8、M6、M4等几种，弹药分为强、中、弱三种。器弹的规格见表1-6。

表1-6 器弹的规格

构件性质	M8(螺纹长×钉体长)/mm	备注
钢板	20×20	—
中强度混凝土	20×30	—
坚实砖墙	30×40	配用垫片
	50×40	内外有螺纹，内螺纹M4
	10×30	

射钉枪的操作分为装弹、击发和退弹壳三个步骤。

(1) 装弹 将枪身扳折45°，检查无脏物后，将使用的射钉装入枪膛，并将定心圈套在射钉的顶端，以固定中心(M8规格的可不用定心圈)；将钉套装在螺纹尾部，以传递推进力；装入适应的弹药及弹套，一手握住坐标护罩，一手握枪柄，合上器体，使前后枪管成一条直线。

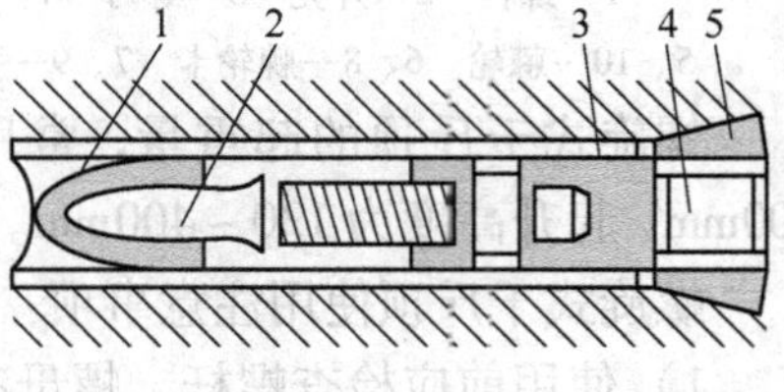

图1-44 器弹部分的构造

1—定心圈 2—钉本 3—钉套
4—弹药 5—弹套

(2) 击发 为确保施工安全，射钉枪设有双重保险机构：一是保险按钮，击发前打开；二是击发前必须使器口抵紧施工面，否则射钉枪不击发，击发时，先将器体的坐标护罩刻线对准事先划好的坐标线，垂直抵紧施工面，以保护施工人员的安全和施工质量，再按下保险按钮，扣动扳机，撞针击发弹药发火产生推进力，将钉射出。

(3) 退弹壳　器体垂直推出工作面，搬开器身，弹开器身，弹壳即退出。使用射钉枪时严禁器口对人，不准在大理石、铸铁等易碎物体上作业。若在弯曲表面上(如导管、电线管和角钢等)作业时，应另换特别护罩，以确保施工安全。

三、常用起重和搬运工具

1. 千斤顶

千斤顶是一种用较小力量就能把重物顶高、降低或移动的起重工具。还可用它和其他工具配套作一种加工工具，将材料顶直或顶弯，例如用来矫直角钢滑触线和加工硬铝母线的平弯、立弯等。

常用的千斤顶有螺旋式、油压式和齿条式等。

(1) 螺旋式千斤顶　它由钢制外壳、螺杆和固定在外壳上的螺母及转动手柄等组成，转动手柄即可将重物顶起或降下。为了省力和顶升平稳，手柄常带有棘轮，棘轮手柄由棘轮、棘轮卡、手柄套筒等组成。其结构如图 1-45 所示。

螺旋式千斤顶有自锁作用，所以重物不会因停止操作而突然下降，也无漏油等故障问题，维护保养也较方便，能在垂直、横卧或倒放等几种位置状况下使用，它的缺点是速度慢、效率低及起重量小。还有一种伞齿轮螺旋式千斤顶，如图 1-46 所示。扳动操作手柄，经过伞齿轮传动，将千斤顶升起。这种千斤顶上还装有一个换向扳钮，可控制千斤顶的升和降。

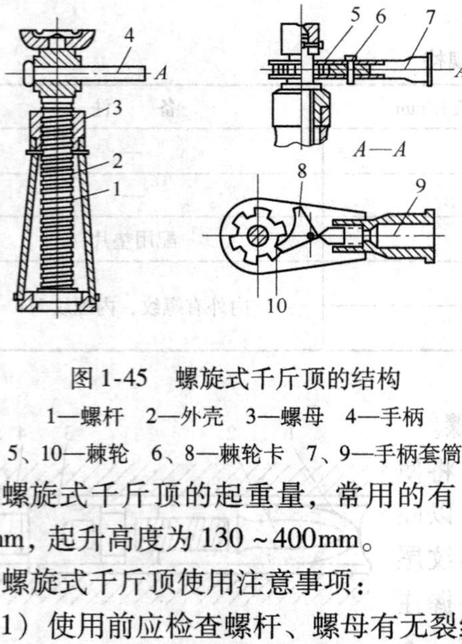

图 1-45　螺旋式千斤顶的结构

1—螺杆　2—外壳　3—螺母　4—手柄
5、10—棘轮　6、8—棘轮卡　7、9—手柄套筒

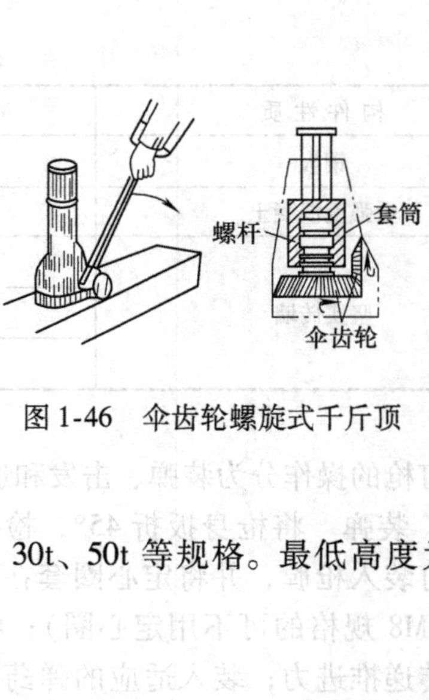

图 1-46　伞齿轮螺旋式千斤顶

螺旋式千斤顶的起重量，常用的有 5t、10t、15t、30t、50t 等规格。最低高度为 250 ~ 700mm，起升高度为 130 ~400mm。

螺旋式千斤顶使用注意事项：

1) 使用前应检查螺杆、螺母有无裂纹或磨损。

2) 使用时必须用枕木或木板垫好，以免顶起重物时滑动，还必须将底座垫平校正，以免螺杆承受附加弯曲载荷作用。同时不准超负荷使用，顶起高度也不准超过规定值。

3) 传动部分要经常润滑。

(2) 油压式千斤顶　它的起重量较大，一般为 3 ~320t，最低高度为 200 ~450mm，起升高度为 130 ~200mm。其一般由钢制壳体(工作油缸)、活塞杆、油泵、手动泵套筒等组成，如图 1-47 所示。

使用时将手柄插入手动泵套筒内，上下撤动即可使活塞杆平稳上升，需要降落时，只要把位于底座的放油阀按逆时针方向微微旋松，即可使活塞杆渐渐下降。它的优点是承受的载荷大，上升平稳，安全可靠，省力且操作简便。

油压式千斤顶使用注意事项：

1）使用前应检查起升活塞杆等部分是否灵活，油路是否畅通。

2）使用时底座要放置在结实坚固的基础上，下面垫以枕木或木板，顶部还必须衬设木板，以防重物滑动。

3）在起重时，如需中途停止作业，要锁紧。

4）大活塞升起高度不准超过规定值，不准任意增加手柄的长度，以免千斤顶超负荷工作。

5）一般的油压式千斤顶不能卧倒使用，以免工作油流出。

（3）齿条式千斤顶　它由钢制壳体、齿条、齿轮、顶钩和导杆顶等组成，如图 1-48 所示。

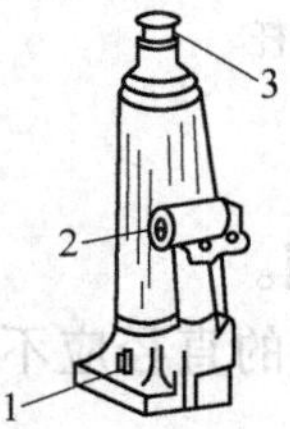

图 1-47　油压式千斤顶

1—油阀　2—泵套筒

3—活塞杆

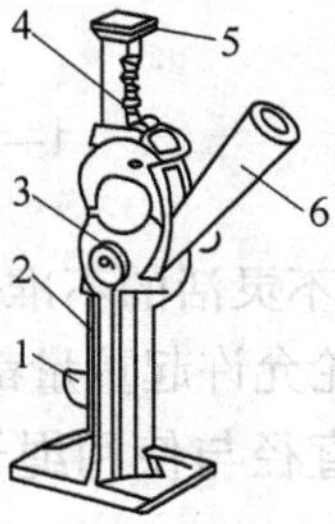

图 1-48　齿条式千斤顶

1—顶钩　2—壳体　3—齿轮

4—齿条　5—导杆顶　6—手柄

导杆顶(起重量 15t)用来顶升离地较高的物体，顶钩(起重量 3t)用来顶升离地面不高的物体。

齿条式千斤顶使用注意事项：

1）使用前应检查齿轮、齿条有无磨损。

2）千斤顶若放在较松软的地面上时，下面应垫以枕木或木板，否则容易使被起升物件发生歪斜、倾倒事故。

3）使用齿条式千斤顶时，用力要得当，松降时要一牙一牙地进行，人也应站在侧面操作，以防滑牙时手柄上装的撬棒击伤人，中途停止操作时，撬棒要拿掉。

2. 滑轮

滑轮(滑轮组)又称为葫芦，是一种简便的起重工具，要与绳索配合使用。滑轮的种类很多，按材料分为钢制滑轮、铝制滑轮和木制滑轮，如图 1-49 所示。

在安装和维修过程中，遇到较大工件或设备在移位、拆卸和组装时，经常需要用滑轮组来起重。

在定滑轮组中，单体滑轮组合得越多(每个单体俗称门,如三门葫芦和五门葫芦等)就越能省力，但移动速度却越慢。若在起重时需用随时定位的，宜用神仙葫芦。

滑轮使用注意事项：

1）使用滑轮前应仔细检查滑轮的滑轮槽、吊钩和轮轴、拉杆等部件的情况，若有损

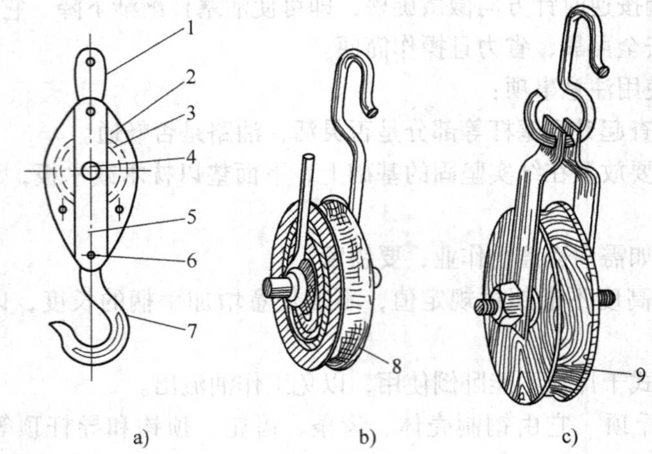

图 1-49　滑轮

a）钢制滑轮　b）铝制滑轮　c）木制滑轮

1—耳环　2—夹板　3—滑轮　4—轮轴　5—拉杆

6—横杆　7—吊钩　8—铝轮　9—木轮

伤、裂缝和转动不灵活的不准使用。

2）各种滑轮允许起重量都有一定的限量，不准超负荷使用。

3）滑轮的直径与使用绳子的粗细有配合要求，一般滑轮的直径应不小于绳子直径的10倍。

4）使用时滑轮轴应加油润滑，以省力和减少磨损。

3. 常用绳结扣结方法

（1）吊物扣　吊物扣又称为抽结，在用麻绳来提吊不易自行滑出的轻小物体时，常采用此扣结，如用来吊取工具或绝缘子、螺栓等工件，其扣结方法如图 1-50 所示。

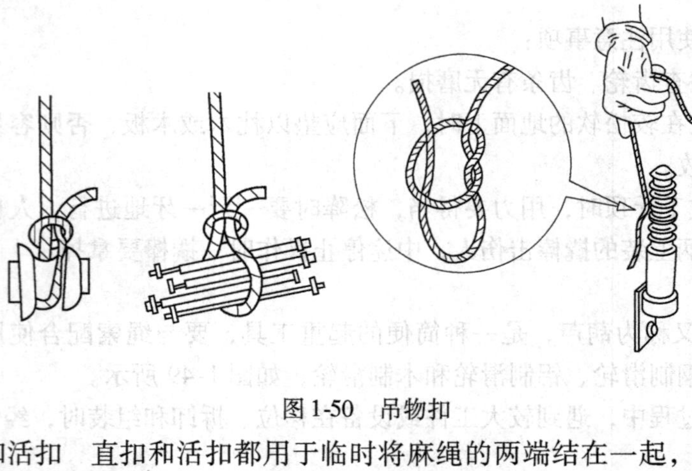

图 1-50　吊物扣

（2）直扣和活扣　直扣和活扣都用于临时将麻绳的两端结在一起，而豁口用于需要迅速解开的场合，其扣结方法如图 1-51 所示。

（3）腰绳扣　腰绳扣用于登高作业时拴腰绳，其扣结方法如图 1-52 所示。

（4）抬扣　抬扣又称为扛物扣、打棒结，用来扛抬重物，调整和解开都较方便，其扣结方法如图 1-53 所示。

a)　　　　b)

图 1-51　直扣和活扣

a）直扣　b）活扣

图 1-52　腰绳扣

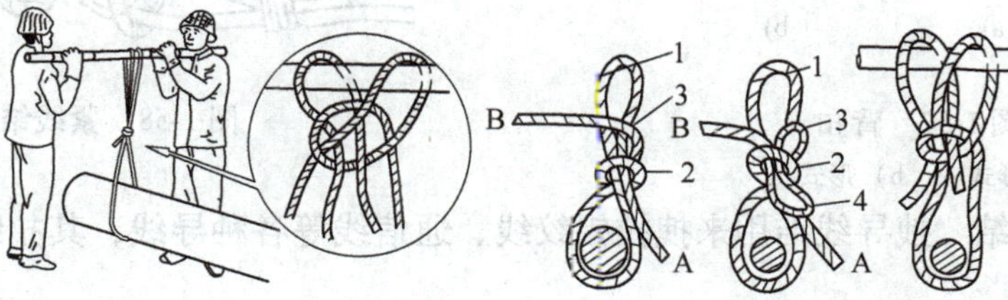

a)　　　　b)

图 1-53　抬扣

a）抬扣示意图　b）抬扣打结方法

打结时先把麻绳的 A 端折成椭圆形 1；将 B 端绕过被扛抬重物，再向上回绕在绳套 1 上围绕一圈半，形成 2 和 3 形状；然后在 3 和麻绳的 B 端之间折成圈 4，并穿过圈 2；最后将圈 4 翻上，与圈 1 形成两个等高平齐的绳圈，穿入杠棒即可。

（5）倒背扣　倒背扣又称为拖物结，用来拖拉较重且较长的物体，可以防止物体转动，其扣结方法如图 1-54 所示。

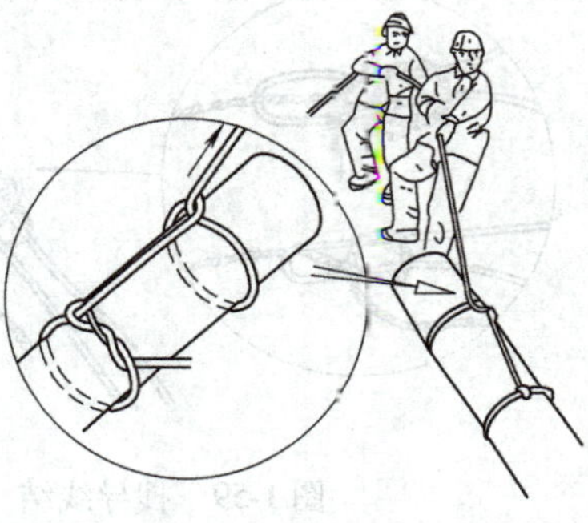

图 1-54　倒背扣

（6）接绳扣　接绳扣又称为平结。在两根麻绳需要临时结扣时使用。其扣结方法如图 1-55 所示。

（7）死结　死结又称为死绳圈，如图 1-56 所示。用麻绳或钢丝绳横向提吊重物时可用此种扣结。

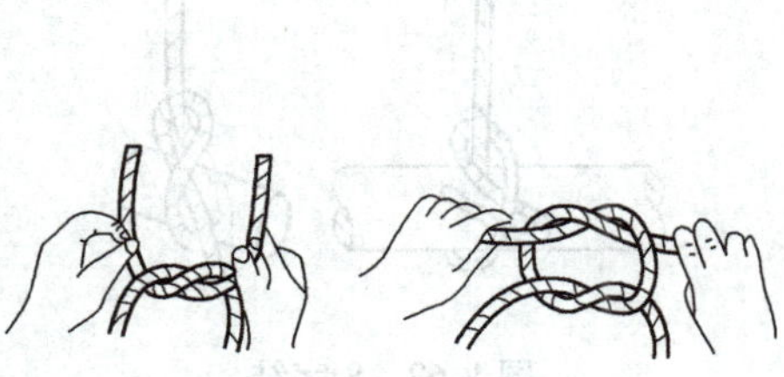

图 1-55　接绳扣

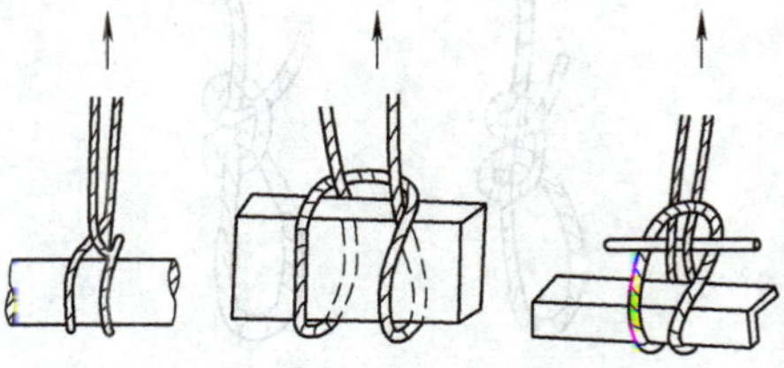

a)　　　　b)

图 1-56　死结

a）形式一　b）形式二

（8）背扣　背扣又称为木工结、套结。在高空作业中，用麻绳上下传递圆木、管子等材料和工件时，其扣结方法如图 1-57 所示。

（9）紧线结　用麻绳抬运物体时可用紧线结，其扣结方法如图 1-58 所示。

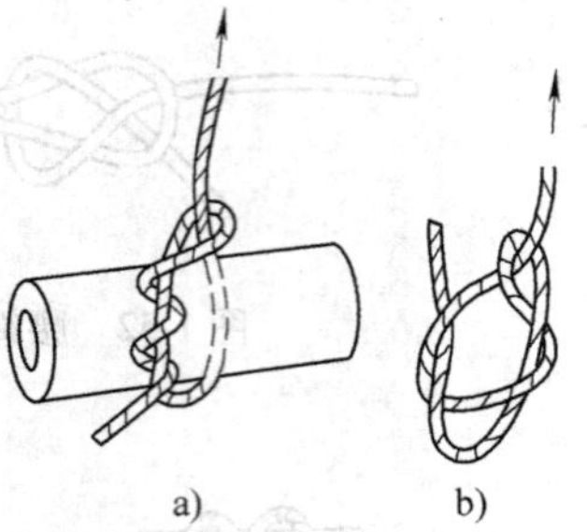

图 1-57　背扣

a）形式一　b）形式二

图 1-58　紧线结

（10）拽导线结　拽导线结用来拽拉铝绞线、通信线等各种导线，其扣结方法如图 1-59 所示。

（11）猪蹄扣　猪蹄扣又称为梯形结或单十字结，用于捆绑物体或作拉绳套在管、杆顶部等处，其扣结方法如图 1-60 所示。

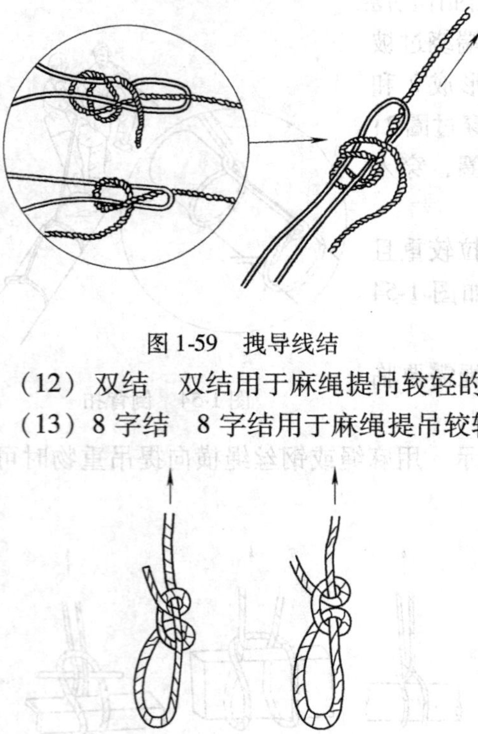

图 1-59　拽导线结

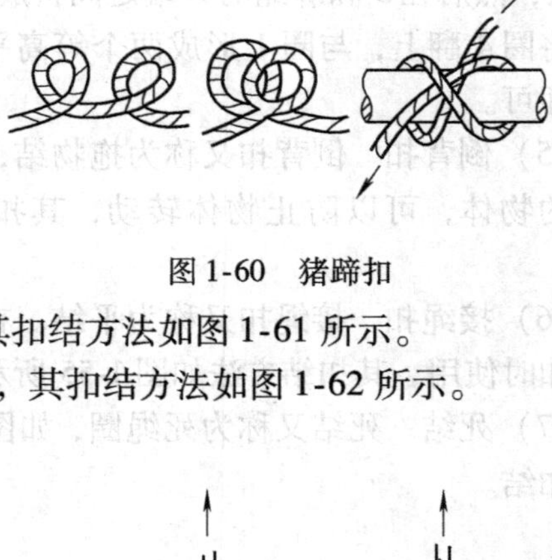

图 1-60　猪蹄扣

（12）双结　双结用于麻绳提吊较轻的物件，其扣结方法如图 1-61 所示。

（13）8 字结　8 字结用于麻绳提吊较轻的物体，其扣结方法如图 1-62 所示。

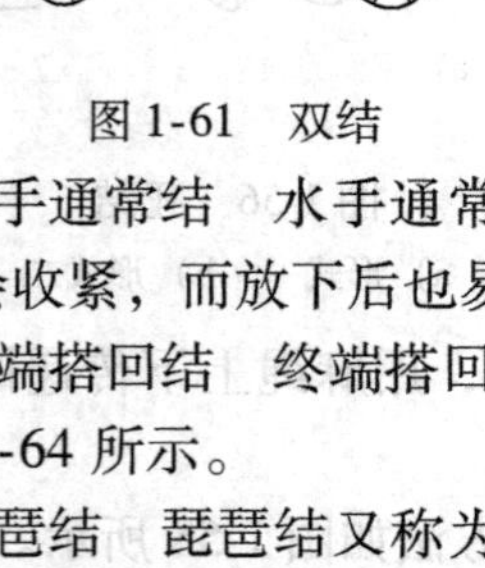

图 1-61　双结

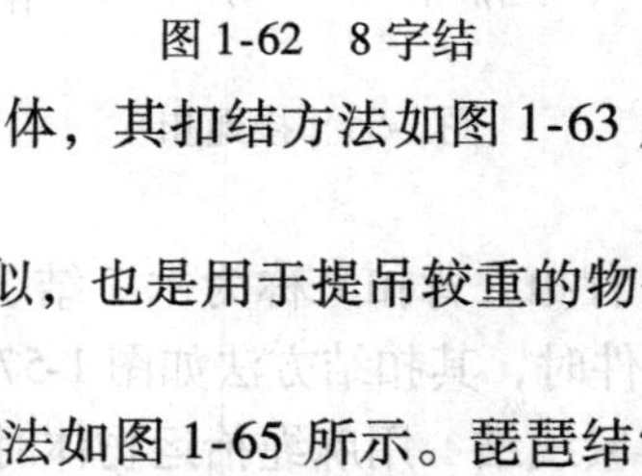

图 1-62　8 字结

（14）水手通常结　水手通常结用于提吊较重的物体，其扣结方法如图 1-63 所示。此结扣提吊后会收紧，而放下后也易解开。

（15）终端搭回结　终端搭回结同水手通常结很相似，也是用于提吊较重的物体，其扣结方法如图 1-64 所示。

（16）琵琶结　琵琶结又称为钢丝绳结，其扣结方法如图 1-65 所示。琵琶结常作终端结扣，用来悬吊物件、拖拉设备和穿挂滑轮。此结扣打结部分扣牢后绳圈不会缩小，也容易解开。当高空作业人员受伤不能自行走下时，可采用软绳打琵琶结绑缚胸部向下吊放。

（17）吊钩牵物结　吊钩牵物结用于滑轮或卷扬机牵拉物，其扣结方法如图 1-66 所示。

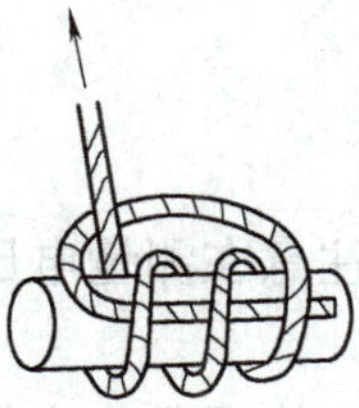

图 1-63　水手通常结

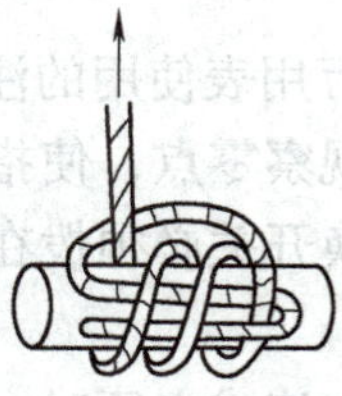

图 1-64　终端搭回结

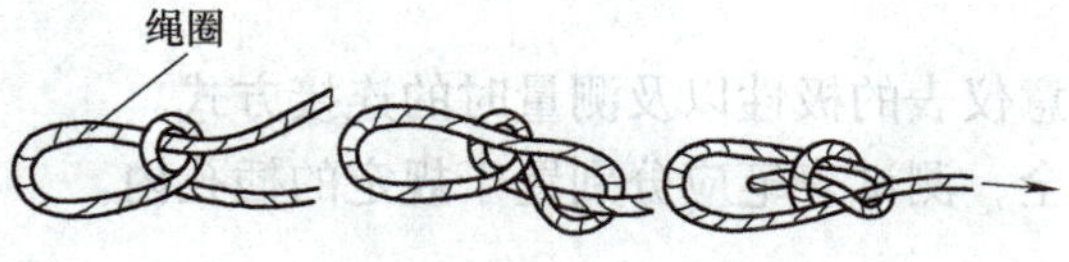

图 1-65　琵琶结

图 1-66　吊钩牵物结

四、电气测量仪表

1. 万用表

万用表也称为万能表，一般可用来测量直流电流、直流电压、交流电压和电阻等。有的万用表还可测量功率、电感和电容等，万用表的形式很多，使用的方法也有些不同，但基本原理是一样的。

（1）500 型指针式万用表　500 型指针式万用表的面板如图 1-67 所示。

1）测量电压：

① 测量交流电压。将万用表右面的转换开关转到“$\underset{\sim}{\mathrm{V}}$”挡，左面的量程开关转到交流电压挡的任意一挡。所需量程由被测量电压的高低来确定，如果被测量电压的数值无法估计，可选用表的最高测量范围 500V，若指针偏转很小，再逐级降低到合适的测量范围。

② 测量直流电压。将万用表右面的转换开关转到“$\underline{\mathrm{V}}$”挡，左面的量程开关转到直流电压挡的任意一挡。测量直流电压时正、负极不能搞错，“+”插口的表笔接至被测电压的正极，“－”插口表笔接到被测电压的负极，不能接反，否则指针会因逆向偏转而被打弯。如果无法弄清被测电压的正、负极，可选用较高的测量范围挡，用两支表笔很快地碰一下测量点，看清表针的指向，找出被测电压的正、负极。

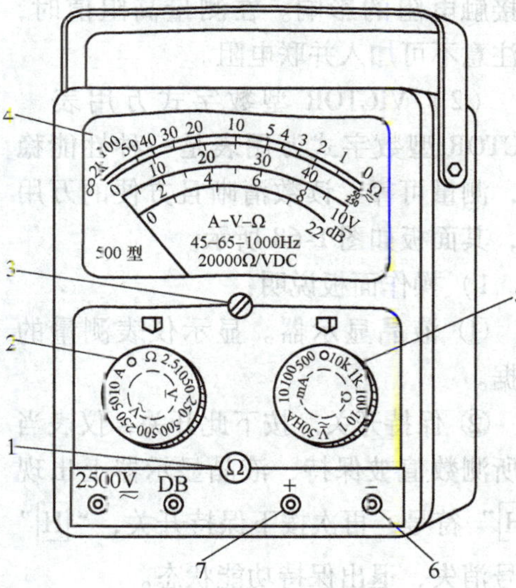

图 1-67　500 型指针式万用表的面板

1—电阻调零　2—电压量程开关　3—机械调零　4—表头　5—电流电阻量程开关　6—黑表笔插孔　7—红表笔插孔

2）测量直流电流：将左面的转换开关转到“$\underline{\mathrm{A}}$”挡，右面的转换开关置于任意一个电流量程挡位，然后按电流从正到负的方向，将万用表串联到被测电路中。

3）测量电阻：把左面的转换开关转到“Ω”挡，右面的转换开关置于电阻合适的量程位置上，先将两支表笔短接，旋转调零旋钮，使表针指在电阻刻度的“0”Ω位置上，然后测量电阻。

4）指针式万用表使用的注意事项：

① 使用前观察零点，使指针处于零位。

② 量程转换开关必须拨在需要测量的挡位上。同时必须注意在测量电压时交直流挡也不可搞错。

③ 在测量电流或电压时，如果对于被测电流、电压大小心中无数，应先拨到最大量程上试测，以保证指针不致打坏；然后再拨到合适的量程上测量，以减少误差。但是不可带电转换量程。

④ 在测量直流电压或直流电流时，必须注意仪表的极性以及测量时的连接方式。

⑤ 测量交流或直流高压时，要注意人身安全，测试表笔应分别置于规定的插孔内。

⑥ 万用表不能用于测量非正弦交流电的值，因交流电挡的刻度实际上是按照正弦交流电经过整流后的平均值换算到有效值来标度的，非正弦量的测量应采用电动系或电磁系仪表。

⑦ 测量电阻时，必须将被测电路与电源切断。严禁在电路带电的情况下测量电阻。在测低电阻时，要注意尽量减少接触电阻的影响。在测量高阻值时，应注意不可加入并联电阻。

（2）VICTOR 型数字式万用表 VICTOR 型数字式万用表是一种性能稳定，测量可靠、读数清晰且方便的万用表，其面板如图 1-68 所示。

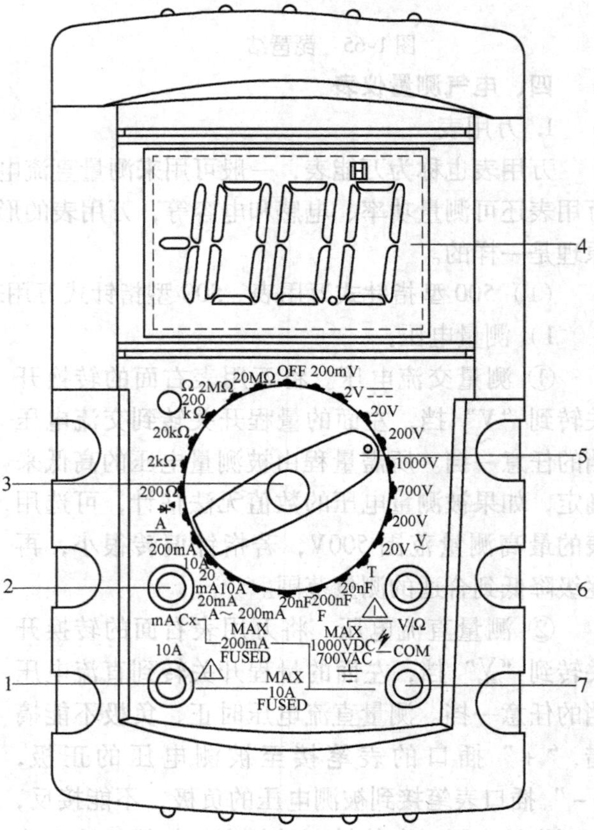

图 1-68 VICTOR 型数字式万用表的面板

1—10A 电流测试插座 2—电容及温度插座 3—保持开关 4—液晶显示器 5—旋钮开关 6—电压、电阻插座 7—公共插座

1）操作面板说明：

① 液晶显示器。显示仪表测量的数据。

② 保持开关。按下此开关，仪表当前所测数值被保持，液晶显示器上出现“H”符号；再次按下保持开关，“H”符号消失，退出保持功能状态。

③ 旋钮开关。用于改变测量功能及量程。

④ 电压、电阻插座。即“V/Ω”插座，测电压或电阻时，其为红表笔的插孔。

⑤ 公共插座。即“COM”插座，测电压、电流和电阻时，其为黑表笔的插孔。

⑥ 10A 电流测试插座。当测试电流大于 200mA 时，其为红表笔插孔(最大为 10A)。

⑦ 电容及温度插座。测电容及温度的插孔。

2）测量方法：

① 直流电压的测量：

a. 将黑表笔插入“COM”插孔，红表笔插入“V/Ω”插孔。

b. 将旋钮开关转至“V⎓”量程上，然后将测试表笔跨接在被测电路上，红表笔所接的该电压与极性显示在液晶显示器上。

注意事项如下：

a. 如果事先对被测电压范围没有概念，应将旋钮开关转到最高的挡位，然后根据显示值转至相应挡位上。

b. 如在高位显示“1”，表示已超过量程范围，需将旋钮开关转至较高挡位上。

c. 输入电压切勿超过 1000V，如超过，则有损坏仪表电路的危险。

② 交流电压的测量：

a. 将黑表笔插入“COM”插孔，红表笔插入“V/Ω”插孔。

b. 将旋钮开关转至相应的“V~”量程上，然后将测试表笔跨接在被测电路上。

注意事项如下：

a. 如果事先对被测电压范围没有概念，应将旋钮开关转到最高的挡位，然后根据显示值转至相应挡位上。

b. 如在高位显示“1”，表明已超过量程范围，必须将旋钮开关转至最高的挡位上。

c. 输入电压切勿超过 700V。

③ 直流电流的测量：

a. 将黑表笔插入“COM”插孔，红表笔插入“mA”插孔中(最大量程为 200mA)或红表笔插入“10A”插孔中(最大量程为 10A)。

b. 将旋钮开关转至相应的“A⎓”挡位上，然后将仪表穿入被测电路中，被测电流值及红表笔点的电流极性将同时显示在液晶显示器上。

注意事项如下：

a. 如果事先对被测电压范围没有概念，应将旋钮开关转到最高的挡位，然后根据显示值转至相应挡位上。

b. 如在高位显示“1”，表明已超过量程范围，需将旋钮开关转至较高挡位上。

c. 最大输入电流为 200mA 或者 10A(视红表笔插入位置而定)，过大的电流会将熔丝熔断。

④ 交流电流的测量：

a. 将黑表笔插入“COM”插孔，红表笔插入“mA”插孔(最大量程为 200mA)或红表笔插入“10A”插孔(最大量程为 10A)。

b. 将旋钮开关转至相应的“A~”挡位上，然后将仪表串入被测电路中。

注意事项与直流电流的测量相同。

⑤ 电阻的测量：

a. 黑表笔插入“COM”插孔，红表笔插入“V/Ω”插孔。

b. 将量程开关转至相应的电阻量程上，将表笔跨接在被测电阻上。

注意事项如下：

a. 如果电阻值超过所选的量程值，则会显“1”，这时应将旋钮开关转高一挡，当测量电阻超过 1MΩ 以上时，读数需几秒时间才能稳定，这在测量高电阻时是正常的。

b. 当输入端开路时，则显示过载情形。

c. 测量在线路上的电阻时，要在确认被测电路所有电源已关断而所有电容都已完全放电时，才可进行。

d. 请勿在电阻量程输入电压，这是绝对禁止的，虽然仪表在该挡位上有电压防护功能。

⑥ 电容的测量：将被测电容插入电容插口，将旋钮开关置于相应的电容量上。

注意事项如下：

a. 如被测电容超过所选量程值最大值，显示器只显示“1”，此时则应将开关转高一挡。

b. 再将电容插入电容插口时，显示值可能尚未回到零，残留读数会逐渐减小但可以不予理会，它不会影响测量值。

c. 在测试电容容量之前，对电容应充分地放电，以防止损坏仪表。

⑦ 二极管通断的测试：

a. 将黑表笔插入“COM”插孔，红表笔插入“V/Ω”插孔(注意红表笔极性为“+”)。

b. 将旋钮开关至于“—▶|—”挡，并将表笔连接到待测试二极管，读数为二极管正向压降的近似值。

2. 钳形电流表

钳形电流表通常用于在不断开线路而需要测量电流的场合。它是根据电流互感器的原理制成，其外形和结构如图 1-69 所示。

(1) 使用方法　使用时，将量程开关转换到合适的位置。手持胶木手柄，用食指钩紧铁心，将被测导线引入铁心中央。然后放松铁心开关处的食指，铁心就自动闭合，被测导线的电流就在铁心中产生交变磁场，表上就反映电流数值，可直接读数。

(2) 注意事项

1) 不得用它去测量高压线路的电流，被测线路的电压不能超过所规定的使用电压，以防绝缘击穿，人身触电。

2) 测量前应估计被测电流的大小，选择适当的量程，不可用小量程挡去测量大电流。

3) 每次测量时应能钳入一根导线。测量时应将被测导线置于钳口中央部位，以提高测量的准确度。测量结束时应将量程调节开关旋到最大量程挡位置，以便下次安全使用。

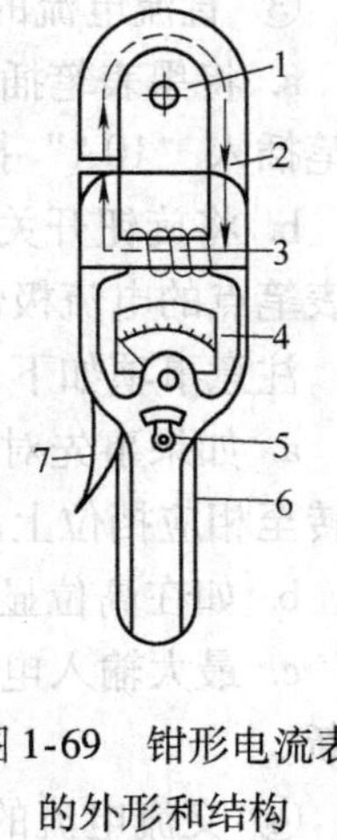

图 1-69　钳形电流表的外形和结构

1—被测导线　2—铁心
3—二次绕组　4—表头
5—量程调节开关
6—胶木柄
7—铁心开关

3. 绝缘电阻表

绝缘电阻表是用来测量大电阻和绝缘电阻的。它的计量单位是兆欧(MΩ)。其种类很多，有手摇直流发电机的 ZC11 型，如图 1-70 所示；还有用晶体管电路的 ZC30 型，如图 1-71 所示。

(1) 绝缘电阻表的选用　绝缘电阻表测量的对象及选用见表 1-7。

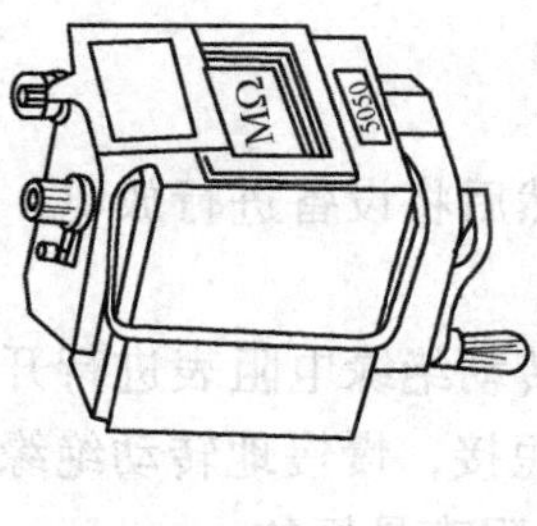

图 1-70　ZC11 型绝缘电阻表

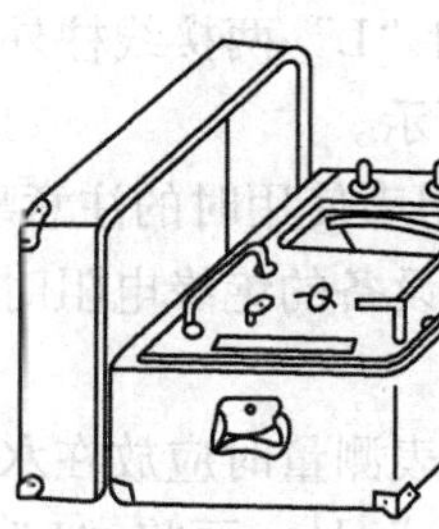

图 1-71　ZC30 型晶体管绝缘电阻表

表 1-7　绝缘电阻表的选用

被测对象	被测设备额定电压/V	绝缘电阻表的额定电压/V
线圈绝缘电阻	500 以下	500
	500 以上	1000
电力变压器绕组、电机绕组的绝缘电阻	500 以上	1000～2500
发电机绕组的绝缘电阻	500 以下	1000
电气设备的绝缘电阻	500 以下	500～1000
	500 以上	2500
瓷绝缘子		2500～5000

（2）绝缘电阻表的测量　绝缘电阻表有三个接线柱，其中两个较大的接线柱上分别有“E”（接地）和“L”（线路），另一个较小的接线柱上标有“G”（保护环或屏蔽），如图 1-72 所示。

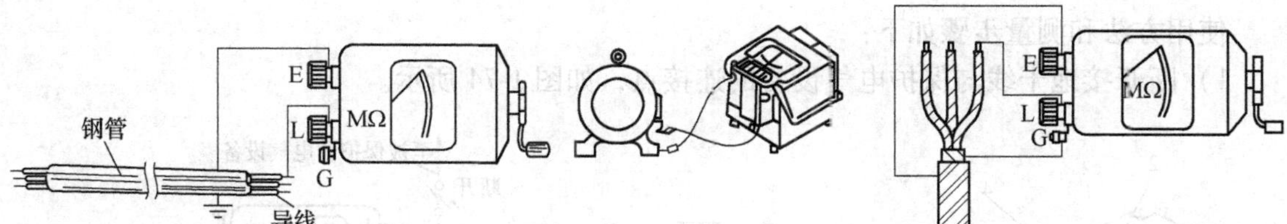

图 1-72　绝缘电阻表的接线和测量方法

a）测量照明或动力线路绝缘电阻　b）测量电动机绝缘电阻
c）测量电缆绝缘电阻

1）测量照明或电力线路对地的绝缘电阻。将绝缘电阻表接线柱“E”可靠地接地，“L”接到被测线路上，如图 1-72a 所示，线路接好后，可按顺时针方向摇动绝缘电阻表的发电机摇表，转速由慢变快，一般约 120r/min，待发电机转速稳定时，表针也稳定下来，这时表针的数值就是所测得的绝缘电阻值。

2）测量电动机的绝缘电阻。将绝缘电阻表接线柱的“E”接电动机机壳，“L”接到电动机的绕组上，如图 1-72b 所示。

3）测量电缆的绝缘电阻。测量电缆的导电线芯与电缆外壳的绝缘电阻时，除将被测两端分别接“E”和“L”两接线柱外，另需将“G”接线柱引线接到电缆壳芯之间的绝缘层上，如图1-72c所示。

（3）绝缘电阻表使用时的注意事项

1）测量电气设备的绝缘电阻时，必须先切断电源，然后将设备进行放电，保证人身安全和测量准确。

2）绝缘电阻表测量时应放在水平位置，未接线前先转动绝缘电阻表进行开路试验，看指针是否指在“∞”处，再将“L”和“E”两个接线柱短接，慢慢地转动绝缘电阻表，看指针是否指在“0”处，若指针指在“0”处，说明绝缘电阻表是好的。

3）绝缘电阻表接线柱上的引出线应用多股软线，且要有良好的绝缘性能，两根引线切忌绞在一起，以免造成测量数据的不准确。

4）使用绝缘电阻表时，应放在平稳的地方，避免剧烈振动或翻转。应使被测物的表面干净。

5）摇动手柄时，应由慢到快。当指针已指零位置时就不要再继续摇动手柄，说明被测绝缘电阻有短路现象。

6）摇动手柄切忌忽快忽慢，以免指针摆动加大而引起误差。

7）禁止在雷电时或在邻近有带高压导体的设备的情况下用绝缘电阻表进行测量。

8）测量完后应立即使被测物放电，在绝缘电阻表的手柄未停止转动和被测物未放电前，不可用手去触及被测物的测量部分或拆除导线，以防触电。

4. 接地电阻测量仪

常用ZC—8型接地电阻测量仪主要由手摇发电机、电流互感器、滑线电阻和检流计等组成。ZC—8型接地电阻测量仪的外形和结构如图1-73所示，测量仪还随表附带测量接地棒两支、导线三根。

使用方法和测量步骤如下：

1）断开接地干线与保护电气设备的连接点，如图1-74所示。

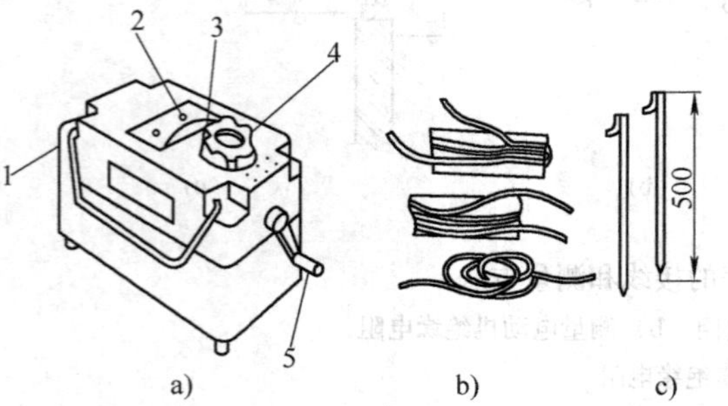

图1-73　ZC—8型接地电阻测量仪的外形和结构

a）接地电阻测量仪　b）连接线　c）测量接地棒

1—接线柱　2—表头　3—微调拨盘

4—粗调旋钮　5—摇柄

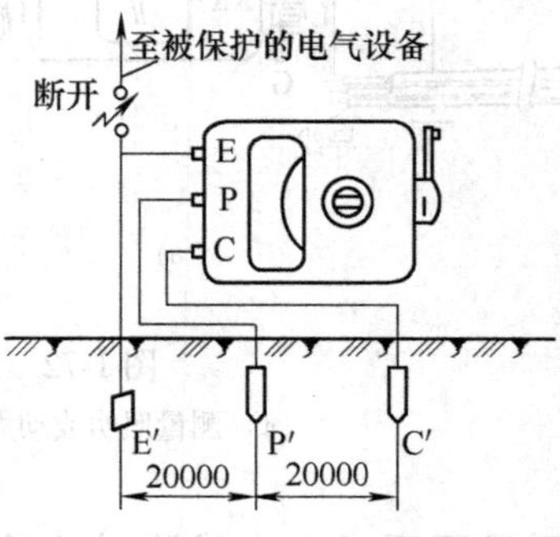

图1-74　用ZC—8型接地电阻测量仪测量接地电阻

2）把一根测量接地棒插入离接地体E′约40m远的地下；另一支测量接地棒插在离接地体E′20m远的地下，两支测量接地棒均需垂直插入离地面400mm深。

3）把测量仪置于接地体近旁平整的地方，然后进行接线。

① 用一根最短的连接线连接测量仪上接线桩 E 和接地装置的接地体 E′。

② 用一根最长的连接线连接测量仪上接线桩 C 和一支距接地体 E′40m 的接地棒 C′。

③ 用一根中等长度的连接线连接测量仪上的接线桩 P 和一根距 E′20m 的接地棒 P′。

4）根据被测接地体的接地电阻要求，调节好粗调旋钮(有三挡可调范围)。

5）用约 120r/min 的速度均匀摇动测量仪的手柄，当指针偏斜时，随即调节微调拨盘，直至表针居中为止。以微调拨盘调定后的读数，去乘以粗调定位倍数，即是被测接地体的接地电阻。例如微调读数为 0.4，粗调的电阻定位倍数是 10，则被测的接地电阻是 4Ω。

6）为了保证所测接地电阻值的可靠，应在测量完毕后改变两支接地棒测量点的方位，重新进行复测。一般每次所测的电阻值不会完全一致，最后确定的数值，可取几次测得值的平均值。

第二节　导线的选择

一、导线种类的选择

电工所用的导线分成两大类，即电磁线和电力线。电磁线用来制作各种线圈，如制作变压器、电动机和电磁铁中的线圈(即线包)。电力线则用来将各种电路连接成通路。每一大类的导线又分为许多品种和规格。

电磁线按绝缘材料分，有漆包线、丝包线、丝漆包线、纸包线、玻璃纤维包线和纱包线等多种；按截面的几何形状分，有圆形和矩形两种；按导线的线芯分，有铜芯和铝芯两种。电力线分有绝缘导线和裸导线两类。

绝缘导线按绝缘材料和用途分，又分为塑料(聚氯乙烯)线、塑料护套线、塑料软线、橡皮线、棉线编织橡皮软线(即花线)、橡套软线和铅包线，以及各种电缆等。其中塑料线、塑料护套线、塑料软线和橡皮线最为常用。常用绝缘导线的结构和用途见表 1-8。

表 1-8　常用绝缘导线的结构和用途

结　构	型　号	名　称	用　途
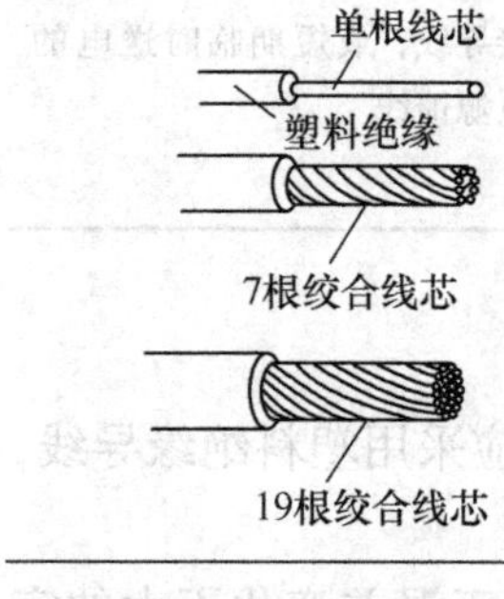	BV—73 BLV—70	聚氯乙烯绝缘铜芯线 聚氯乙烯绝缘铝芯线	用来作为交、直流额定电压为 500V 以下的户内照明和动力线路的设导线，以及户外沿墙支架线路的架设导线
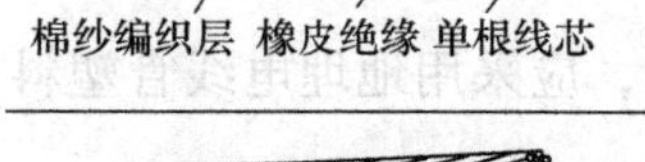	BX BLX	棉纱编织铜芯橡皮线 棉纱编织铝芯橡皮线	固定敷设用，可明敷或暗敷
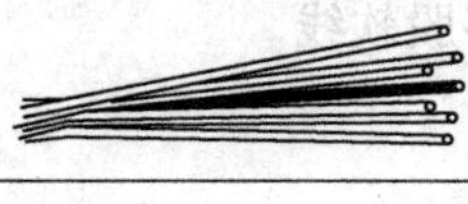	LJ LGJ	裸铝绞线 钢芯铝绞线	用来作为户外高低压架空导线，其中 LGJ 应用于气象条件恶劣，或电杆档距大，或跨越重要区域，或电压较高等线路场合

（续）

结　构	型　号	名　称	用　途
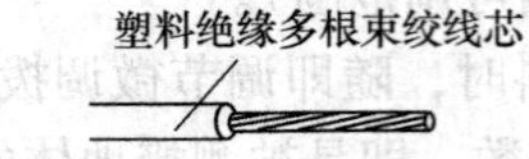	BVR BLVR	聚氯乙烯绝缘铜芯软线 聚氯乙烯绝缘铝芯软线	适用于不作频繁活动的场合的电源连接线；但不能作为不固定的或处于活动场合的敷设导线
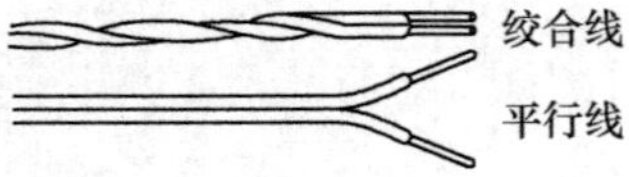	RVB—70 （或 RFB） RVS—70 （或 RFS）	聚氯乙烯绝缘双根平行软线（丁腈聚乙烯复合绝缘） 聚氯乙烯绝缘双根绞合软线（丁腈聚乙烯复合绝缘）	用来作为交、直额定电压为250V 及以下的移动电具、吊灯的电源连接导线
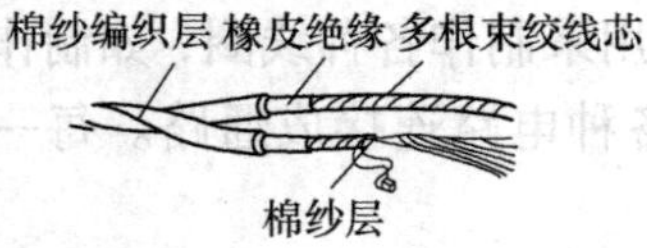	BXS	棉线编织橡皮绝缘双根绞合软线（俗称花线）	用来作为交直流额定电压为250V 及以下的电热移动电具（如小型电炉、电熨斗和电烙铁）的电源连接导线
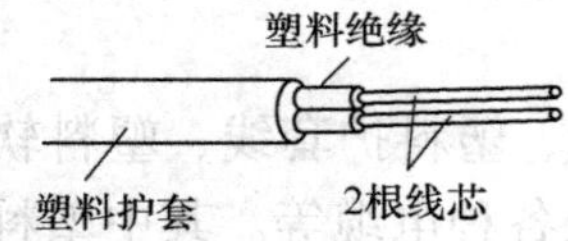	BVV—70 BLVV—70	聚氯乙烯绝缘和护套2 根或3 根铜芯护套线 聚氯乙烯绝缘和护套2 根或3 根铝芯护套线	用来作为交直流额定电压为500V 及以下的户内外照明和小容量动力线路的敷设导线
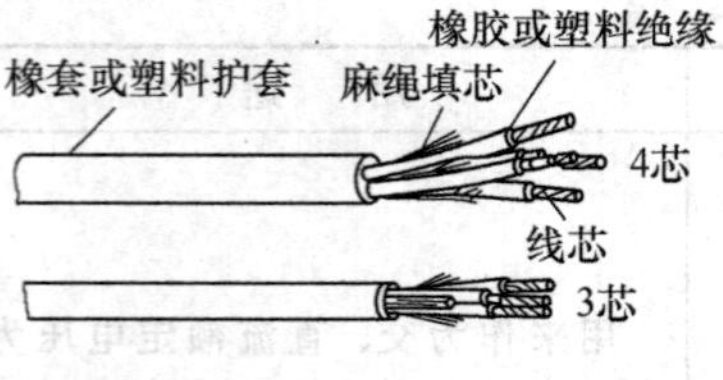	RHF RH	氯丁橡套软线	用于移动电器的电源连接导线，或用于插座板电源连接导线，或短期临时送电的电源馈线

导线的种类主要根据使用场合、使用环境和使用条件来选择。

1）镀锌、酸洗等有腐蚀性气体的厂房内和水泵等潮湿的室内，均应采用塑料绝缘导线，以便提高绝缘水平和抗腐蚀能力。

2）教室、办公室等比较干燥的屋内，可采用橡皮绝缘导线。但对于温差变化不大的室内、在日光不能直接照射的地方，也可采用塑料绝缘导线。

3）电动机的屋内配线，一般采用橡皮导线。但在地下敷设时，应采用地埋电线管塑料电力导线。

4）经常移动的导线，如果移动电器的引线、吊灯线等，应采用多股软线。

各种绝缘电力线的安全载流量见表 1-9。

表 1-9　各种绝缘电力线的安全载流量　　(单位:A)

(1) 塑料绝缘线安全载流量

导线截面积/mm^2	固定敷设用的线芯		明线安装		穿钢管安装						穿硬塑料管安装					
	线芯股数/单股直径/mm	近似英规股数/线号			一管二根线		一管三根线		一管四根线		一管二根线		一管三根线		一管四根线	
			铜	铝	铜	铝	铜	铝	铜	铝	铜	铝	铜	铝	铜	铝
1.0	1/1.13	1/18#	17		12		11		10		10		10		9	
1.5	1/1.37	1/17#	21	16	17	13	15	11	14	10	14	11	13	10	11	9
2.5	1/1.76	1/15#	28	22	23	17	21	16	19	13	21	16	18	14	17	12
4	1/2.24	1/13#	35	28	30	23	27	21	24	19	27	21	24	19	22	17
6	1/2.73	1/11#	48	37	41	30	36	28	32	24	36	27	31	23	28	22
10	7/1.33	7/17#	65	51	56	42	49	38	43	33	49	36	42	33	38	29
16	7/1.70	7/16#	91	69	71	55	64	49	56	43	62	48	56	42	49	38
25	7/2.12	7/14#	120	91	93	70	82	61	74	57	82	63	74	56	65	50
35	7/2.50	7/12#	147	113	115	87	100	78	91	70	104	78	91	69	81	61
50	19/1.83	19/15#	187	143	143	108	127	96	113	87	130	99	114	88	102	78
70	19/2.14	19/14#	230	178	177	135	159	124	143	110	160	126	145	113	128	100
95	19/2.50	19/12#	282	216	216	165	195	148	173	132	199	151	178	137	160	121

(2) 橡皮绝缘线安全载流量

导线截面积/mm^2	固定敷设用的线芯		明线安装		穿钢管安装						穿硬塑料管安装					
	线芯股数/单股直径/mm	近似英规股数/线号			一管二根线		一管三根线		一管四根线		一管二根线		一管三根线		一管四根线	
			铜	铝	铜	铝	铜	铝	铜	铝	铜	铝	铜	铝	铜	铝
1.0	1/1.13	1/18#	18		13		12		10		11		10		10	
1.5	1/1.37	1/17#	23	16	17	13	16	12	15	10	15	12	14	11	12	10
2.5	1/1.76	1/15#	30	24	24	18	22	17	20	14	22	17	19	15	17	13
4	1/2.24	1/13#	39	30	32	24	29	22	26	20	29	22	26	20	23	17
6	1/2.73	1/11#	50	39	43	32	37	30	34	26	37	29	33	25	30	23
10	7/1.33	7/17#	74	57	59	45	52	40	46	34.5	51	38	45	35	40	30
16	7/1.70	7/16#	95	74	75	57	67	51	60	45	66	50	59	45	52	40
25	7/2.12	7/14#	126	96	98	75	87	66	78	59	87	67	78	59	69	52
35	7/2.50	7/12#	156	120	121	92	106	82	95	72	109	83	96	73	85	64
50	19/1.83	19/15#	200	152	151	115	134	102	119	91	139	104	121	94	107	82
70	19/2.14	19/14#	247	191	186	143	167	130	150	115	169	133	152	117	135	104
95	19/2.50	19/12#	300	230	225	174	203	156	182	139	208	160	186	143	169	130
120	37/2.00	37/14#	346	268	260	200	233	182	212	165	242	182	217	165	197	147
150	37/2.24	37/13#	407	312	294	226	268	208	243	191	277	217	252	197	230	178
185	37/2.50	37/12#	468	365												
240	61/2.24	61/13#	570	442												
300	61/2.50	61/12#	668	520												
400	61/2.85	61/11#	815	632												
500	91/2.62	91/12#	950	738												

(3) 护套线和软导线安全载流量

导线截面积/mm^2	护套线								软导线		
	两根线芯				三根或四根线芯				单根芯线	双根芯线	
	塑料绝缘		橡皮绝缘		塑料绝缘		橡皮绝缘		塑料绝缘	塑料绝缘	橡皮绝缘
	铜	铝	铜	铝	铜	铝	铜	铝	铜	铜	铜
0.5	7		7		4				8	7	
0.75									13	10.5	9.5
0.8	11		10		9		9		14	11	10
1.0	13		11		9.6		10		17	13	11
1.5	17	13	14	12	10	8	10	8	21	17	14
2.0	19		17		13		12	10	25	18	17
2.5	23	17	18	14	17	14	16	14	29	21	18
4.0	30	23	28	21.8	23	19	21				
6.0	37	29			28	22					

（续）

（4）绝缘导线安全载流量的温度校正系数					
环境最高平均温度/℃	35	40	45	50	55
校正系数	1.0	0.91	0.82	0.71	0.58

注：表(1)～(3)所列的安全载流量是根据线芯最高允许温度为65℃、周围空气温度为35℃而确定的。当实际环境最高平均温度超过35℃的地区(指当地最热月份的平均最高温度)，导线的安全载流量应乘以表(4)所列的校正系数。

常用的裸导线有裸铝绞线和钢芯铝绞线两种。钢芯铝绞线的强度较高，用于电压较高或电杆档距较大的线路上，一般低压电力线路多采用铝绞线。裸铝绞线和钢芯铝绞线的安全载流量见表1-10。

表1-10　裸铝绞线和钢芯铝绞线的安全载流量

（1）安全载流量

铝绞线		钢芯铝绞线	
导线型号	安全载流量/A	导线型号	安全载流量/A
LJ—16	93	LGJ—16	97
LJ—25	120	LGJ—25	124
LJ—35	150	LGJ—35	150
LJ—50	190	LGJ—50	195
LJ—70	234	LGJ—70	242
LJ—95	290	LGJ—95	295
LJ—120	330	LGJ—120	335
LJ—150	388	LGJ—150	393
LJ—185	440	LGJ—185	450
		LGJ—240	540

（2）温度校正系数

环境平均温度/℃	5	10	15	20	25	30	35	40	45	50	55
校正系数 K	1.36	1.31	1.25	1.20	1.13	1.07	1.00	0.93	0.85	0.76	0.66

注：表(1)中所列的安全载流量是根据导线最高工作温度为70℃、周围空气温度为35℃而定的。在实际环境平均温度超过或低于35℃的地区，导线的安全载流量应乘以表(2)所列的校正系数。

二、导线截面积的选择

导线截面积选择过大时，将增加有色金属的消耗量，从而增加线路的造价；导线截面积选择过小时，在线路运行期间，不仅会产生过大的电压损失，而且还会使导线接头处过热而引起断路故障，同时又会限制以后负荷的增加。因此必须合理地选择导线的截面积。

电力线路的导线截面积，应根据导线的允许载流量、导线的机械强度、线路的允许电压损失值和经济电流密度进行校验。如果该截面积满足不了某校验条件的要求，则应按不能满足的该条件的最小允许截面积来选择。

（1）按导线的允许载流量选择导线截面积　导线具有电阻，通过电流时导线会发热，温度随着升高，当导线的发热温度过高时，将使其绝缘损坏，甚至引起失火。因此，导线的发热温度不能超过允许值。

裸导线、绝缘导线的安全载流量可查表1-9和表1-10。如果周围空气温度不等于25℃

时，应将所查得的导线载流量乘以校正系数 K，校正系数 K 见表 1-11。

表 1-11　导线在不同空气温度下的校正数 K

周围环境温度/℃	5	10	15	20	25	30	35	40	45	50	55
导线允许 60℃时	1.22	1.17	1.12	1.06	1	0.935	0.865	0.79	0.706	0.61	0.5
导线允许 70℃时	1.2	1.15	1.10	1.05	1	0.94	0.855	0.815	0.745	0.666	0.577

（2）按机械强度选择导线截面积　导线在敷设时及敷设后将受到导线自重及外力的影响，它与敷设方式和支持点间的距离有关。为了使导线不发生断线，导线必须有足够的机械强度以保证安全运行。

当负荷太小时，按允许载流量计算选择的导线截面积将太小，往往不能满足机械强度的要求，容易发生断线事故。因此，根据机械强度对室内配线线芯的最小允许截面积规定见表 1-12。

表 1-12　根据机械强度规定允许的导线最小截面积

装置方法	前后支持物间最大距离/m	绝缘导线最小截面积/mm²	
		铜芯	铝芯
瓷夹板配线	0.6	1	1.5
瓷柱配线	1.5	1	2.5
	2.0	1.5	4
瓷绝缘子配线	3.0	1.5	4
	6.0	2.5	4
塑料护套线配线	0.2	0.5	1.5
线管或塑料管配线		1.0	2.5

（3）按允许电压损失选择导线截面积　电流通过导线会产生电压损失，如果用电设备都规定允许电压损失范围，一般规定端电压与额定电压不得相差 ±5%，按允许电压损失选择导线截面积可按下式计算：

$$S = \frac{PL}{\gamma \Delta U_r \% \, U_N^2} \times 100$$

$$\Delta U_r = \Delta U\% - \Delta U_x\% = \Delta U\% - \frac{QX}{10U_N^2}\%$$

式中　S——导线截面积(mm^2)；

P——通过线路的有功功率(kW)；

L——线路的长度(km)；

γ——导线材料电导率(1/Ω · m)，铜导线为 53/Ω · m，铝导线为 32/Ω · m；

$\Delta U_r\%$——允许电压损失中的电阻分量；

U_N——线路的额定电压(kV)；

$\Delta U\%$——允许电压损失(kV)，一般为 ±5%；

$\Delta U_x\%$——允许电压损失中的电阻分量；

Q——无功功率(kvar)；

X——电抗(Ω)。

例 1-1 有一条额定电压为10kV的线路，用钢芯铝绞线架设，线间几何均距为1m，线路的长度为3km，有功功率P为1500kW，功率因数为0.8，按电压损失选择导线截面积(取平均电抗$X_0 = 0.38\Omega/\text{km}$)。

解 视在功率

$$S = P/\cos\varphi = \frac{1500}{0.8}\text{kV}\cdot\text{A} = 1875\text{kV}\cdot\text{A}$$

无功功率

$$Q = \sqrt{S^2 - P^2} = \sqrt{1875^2 - 1500^2}\text{kvar} = 1125\text{kvar}$$

电抗中的电压损失

$$\Delta U_x\% = \frac{QX}{10U_N^2}\% = \frac{1125\times(0.38\times3)}{10\times10^2}\% = 1.28\%$$

电阻中的电压损失

$$\Delta U_r\% = \Delta U\% - \Delta U_x\% = 5\% - 1.28\% = 3.72\%$$

按电压损失选择导线截面积

$$S = \frac{PL}{\gamma\Delta U_r\% U_N^2}\times100 = \frac{1500\times3}{32\times3.72\times10^2}\times100\text{mm}^2 = 37.8\text{mm}^2$$

查表1-10应选用LGJ—50型钢芯铝绞线。

(4) 按经济电流密度选择导线截面积　按经济电流密度选择导线截面积的公式为

$$S = \frac{P}{\sqrt{3}JU_N\cos\varphi}$$

式中　J——经济电流密度(A/mm²)，我国现行的经济电流密度见表1-13。

表1-13　经济电流密度 J　(单位:A/mm²)

导线材料	最大负荷年利用小时数/h		
	3000以下	3000~5000	5000以上
铝	1.65	1.15	0.9
铜	3.0	2.25	1.75

例 1-2 有一条额定电压为10kV，长度为3km，距离为1m的钢芯铝绞线，给一集中负荷为896kW、功率因数为0.9的车间供电。若最大负荷年利用小时数为4500h，试按经济电流密度选择导线的截面积？

解 查表1-13得$J = 1.15\text{A/mm}^2$，则导线的截面积为

$$S = \frac{P}{\sqrt{3}JU_N\cos\varphi} = \frac{896}{\sqrt{3}\times1.15\times10\times0.9}\text{mm}^2 = 50\text{mm}^2$$

查表1-10应选用LGJ—50型钢芯铝绞线。

输电线路导线截面积的选择，主要是按经济电流密度和允许线路电压损耗来确定的，同时应能满足发热条件和机械强度的要求。

配电线路导线截面积的选择，一般是按允许电压损耗来确定的，但需要按发热条件进行

校验，同时应满足有关规程规定的最小导线截面积的要求。

第三节　导线线头绝缘层的剖削和连接

一、导线线头绝缘层的剖削

（1）塑料硬线线头绝缘层的剖削

1）用钢丝钳剖削。芯线截面积为 $4mm^2$ 及以下的塑料硬线，一般用钢丝钳进行剖削。剖削方法如下：

① 用左手捏住电线，根据线头所需长度用钢丝钳刀口切割绝缘层，但不可切入芯线。

② 用右手握住钢丝钳头部用力向外勒去塑料绝缘层，如图 1-75 所示。

③ 剖削出的芯线应保持完整无损，如损伤较大应重新剖削。

2）用电工刀剖削。芯线截面积大于 $4mm^2$ 的塑料硬线，可用电工刀剖削线头绝缘层。剖削方法如下：

① 根据所需长度用电工刀以 45°倾斜切入塑料绝缘层，如图 1-76a 所示。

② 接着刀面与芯线保持 25°左右，用力向线端推削，不可切入芯线，削去上面一层塑料绝缘，如图 1-76b 所示。

③ 将下面一层塑料绝缘层向后扳翻，如图 1-76c 所示，最后用电工刀齐根切去。

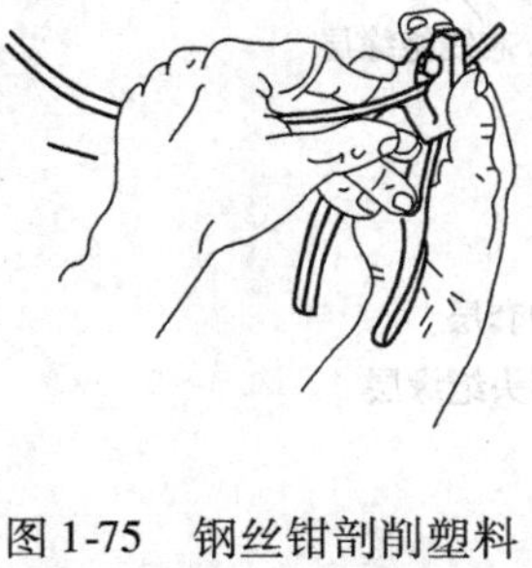

图 1-75　钢丝钳剖削塑料硬线线头绝缘层

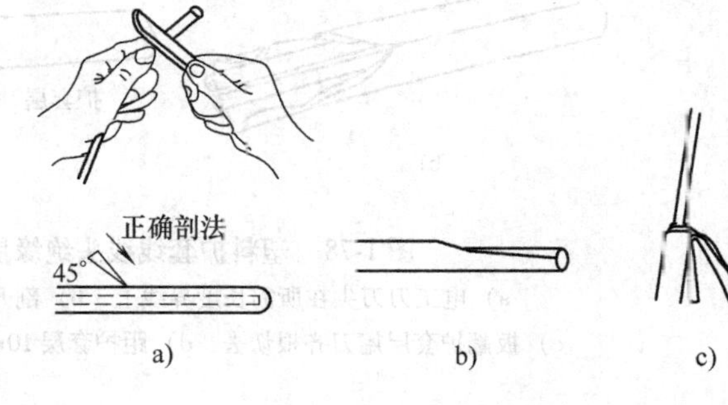

图 1-76　电工刀剖削塑料硬线线头绝缘层
a）刀以 45°倾斜切入　b）刀以 25°倾斜推削　c）翻下绝缘层

（2）塑料软线线头绝缘层的剖削　塑料软线绝缘层只能用剥线钳或钢丝钳剖削，不可用电工刀剖削。用钢丝钳剖削绝缘层的方法如图 1-77 所示。

1）用左手拇、食两指先捏住线头，按连接所需长度，用钳头刀口轻切绝缘层，如图 1-77a 所示。轻切时不可用力过大，只要切破绝缘层即可，因软线每股芯线较细，极易被切断。

2）迅速移动握位，从柄部移至头部，在移动过程中不可松动已切破绝缘层的钳头。同时，左手食指应绕上一圈导线，然后握拳捏导线，再两手反向同时用力，右手抽左手勒，即可把端部绝缘层剥离，如图 1-77b 所示。剥离绝缘层时右手用力要大于左手。

（3）塑料护套线线头绝缘层的剖削　塑料护套线绝缘层必须用电工刀来剖削。剖削方法如下：

1）按所需长度用电工刀刀尖对准护套线缝隙，划开护套层，如图 1-78a、b 所示。

2）向后扳翻护套层，用刀齐根切去，如图 1-78c 所示。

3）在距离护套层 10mm 处，用电工刀以 45°倾斜切入绝缘层，剖削方法同塑料硬线。

（4）橡套软线线头绝缘层的剖削　橡套软线俗称橡皮软线。因为它的护套层呈圆形，不能按塑料护套线的方法来剖削。其剖削方法如图 1-79 所示。

1）用电工刀从橡皮软线端头任意两芯线缝隙中割破部分橡皮护套层，如图 1-79a 所示。

2）把已分成两半的橡皮护套层反向分拉，撕破护套层，如图 1-79b 所示。当撕拉难以破开护套层时，再用电工刀补割，直到所需长度为止。

3）扳翻已被割开的橡皮护套层，在根部分别切断，如图 1-79c 所示。

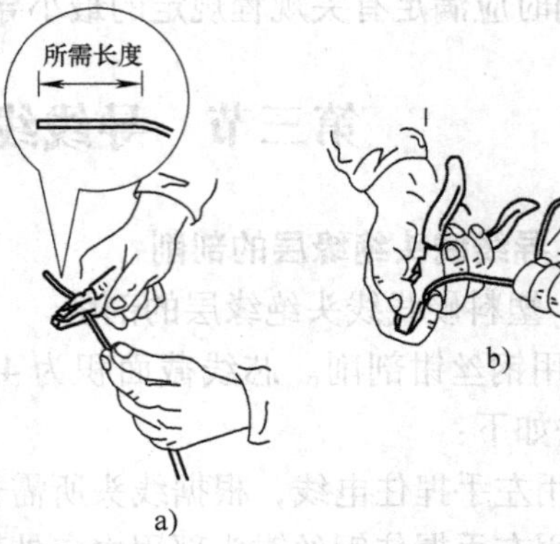

图 1-77　钢丝钳剖削塑料软线线头绝缘层

a）轻切绝缘层　b）剥离芯线

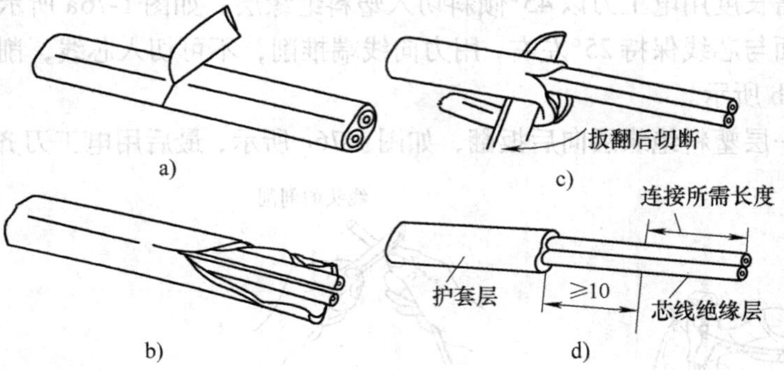

图 1-78　塑料护套线线头绝缘层的剖削

a）电工刀刀尖在所需长度界线上　b）剖开已划破的护套层

c）扳翻护套层用刀齐根切去　d）距护套层 10mm 处剖削线头绝缘层

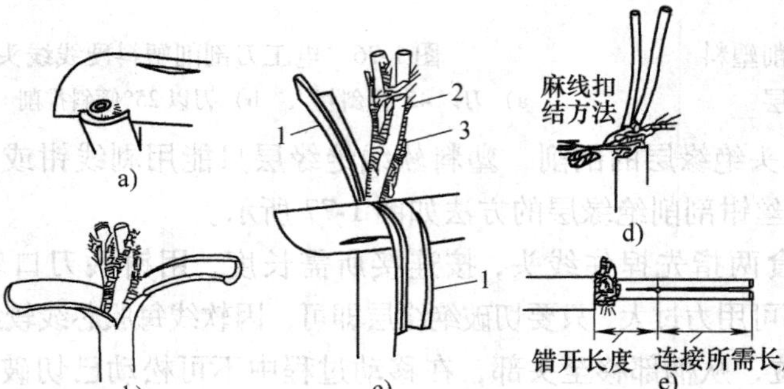

图 1-79　橡套软线线头绝缘层的剖削

1—护套层　2—芯线　3—加强麻线

4）由于这种橡皮软线一般均作为电源引线，受外界的拉力作用较大，故在护套层内除有芯线外，尚有 2 ~5 根加强麻线。这些麻线不应在橡皮护套层切口根部同时剪去，应扣结加固，如图 1-79d 所示。扣结后的麻线余端应固定在插头内的防拉压板中，使这些麻线来承受外界压力，保证导线端头不遭破坏。

5）每根芯线的绝缘层按所需长度用塑料软线的剖削方法进行剖削。

（5）花线线头绝缘层的剖削　花线绝缘线是一种老式绝缘线，现在多用来作为各种家用电热器具的电源引线。它的结构较复杂，多股铜质细芯线先由棉纱包扎层裹捆，接着是橡胶绝缘层，然后再套有棉织管保护层。其绝缘层的剖削方法如图 1-80 所示。

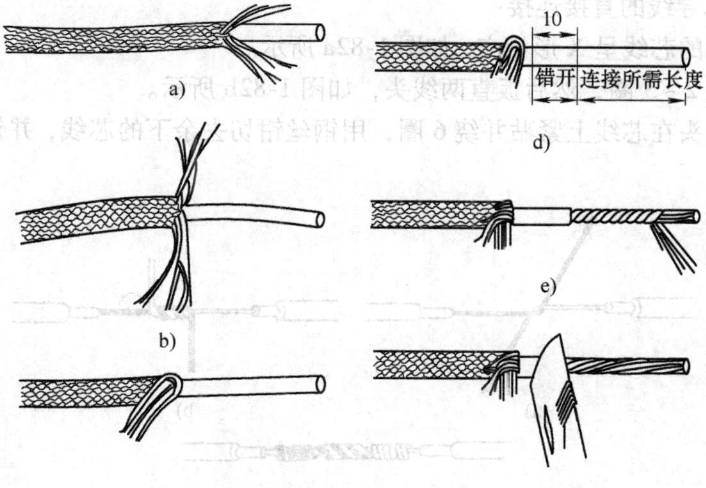

图 1-80　花线线头绝缘层的剖削

1）从端头处开始松散编织的棉纱，松散 15mm 以上，如图 1-80a 所示。

2）把松散的棉纱分成左右两组，分别捻成线状，并向后推缩至线头连接所需长度与错开长度之和 10mm 处，如图 1-80b 所示。

3）将推缩的棉纱线进行扣结，紧扎住橡皮绝缘层，不让棉织管向线头端部复伸，如图 1-80c 所示。

4）距棉织管约 10mm 处，用钢丝钳刀口剖削橡胶绝缘层，不能损伤芯线．如图 1-80d 所示。

5）最后露出棉纱层，把棉纱层按缠包方向散开，散到橡套切口根部后，拉紧后切断即可，如图 1-80e、f 所示。

（6）铅包层线头绝缘层的剖削

1）先用电工刀把铅包层切割一刀，如图 1-81a 所示。

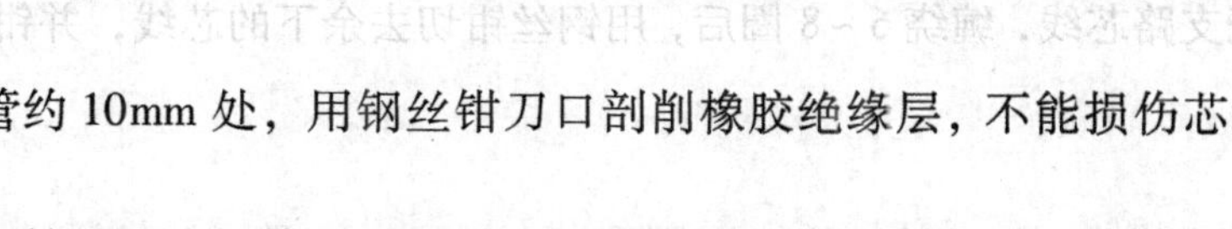

图 1-81　铅包层线头绝缘层的剖削

a）按所需长度切入　b）扳折切口拉出铅包层　c）剖削绝缘层

2）然后用双手来回扳动切口处，铅层便沿切口折断，就可把铅包层套拉出，如图 1-81b

所示。

3）绝缘层的剖削，可按塑料线绝缘层的剖削方法进行，如图 1-81c 所示。

二、导线的连接

（1）铜芯导线的连接　当导线不够长或要采用分接支路时，就要将导线与导线进行连接。常用导线的线芯有单股、7 股和 19 股多种，连接方法随芯线的股数不同而不同。

1）单股铜芯导线的直接连接：

① 把两线头的芯线呈 X 形相交，如图 1-82a 所示。

② 互相绞绕 2～3 圈，然后扳直两线头，如图 1-82b 所示。

③ 将两个线头在芯线上紧贴并绕 6 圈，用钢丝钳切去余下的芯线，并钳平芯线的末端，如图 1-82c 所示。

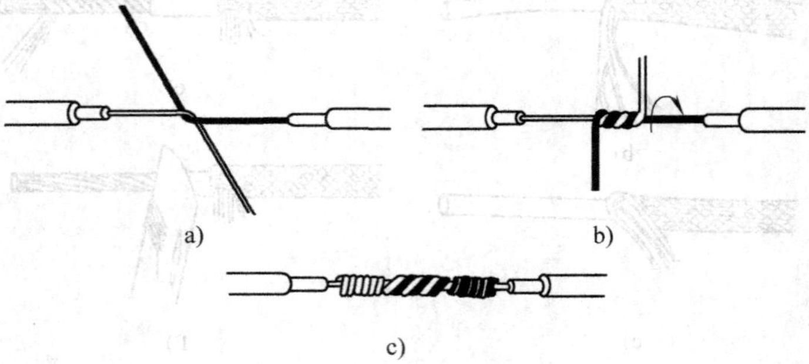

图 1-82　单股铜芯导线的直接连接
a）成 X 形相交　b）互相绞绕 2～3 圈后扳直
c）两线端紧密缠绕 6 圈

2）单股铜芯导线的 T 字形分支连接：

① 将支路芯线的线头与干线芯线十字形相交，在支路芯线根部留出 3～5mm，然后按顺时针方向缠绕支路芯线，缠绕 6～8 圈后，用钢丝钳切去余下的芯线，并钳平芯线末端，如图 1-83 所示。

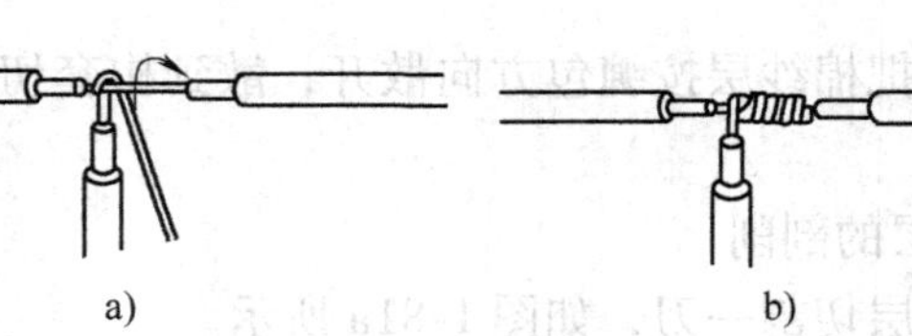

图 1-83　单股铜芯导线的 T 字形分支连接
a）连接方法　b）连接形式

② 较小截面积芯线的 T 字形分支连接可按图 1-84 所示方法，环绕成结状，然后再把支路芯线线头抽紧并扳直，紧密缠绕 6～8 圈；剪去多余芯线，钳平切口毛刺。

3）单股铜芯导线与多股铜芯导线的 T 字形分支连接：

① 按单股铜芯导线芯线直径约 20 倍的长度剖削多股铜芯导线连接处的绝缘层，并在离多股铜芯导线的左端绝缘层切口 3～5mm 处的芯线上，用螺钉旋具把多股铜芯导线分成均匀的两组，如图 1-85a 所示。

② 按多股铜芯导线的单根铜芯线直径约 100 倍长度剖削单股铜芯导线端的绝缘层，并勒直芯线，把单股芯线插入多股铜芯线的两组芯线中间，但单股铜芯线不可插到底，应使绝缘层切口离多股芯线 5mm 左右，如图 1-85b 所示。

③ 用钢丝钳把多股铜芯线的插缝钳平钳紧，并把单股芯线按顺时针方向紧密缠绕在多股芯线上，务必要使每圈直径垂直于多股芯线的内轴心，并应圈圈紧挨密排，绕足 10 圈，钳断余端，钳平切口毛刺，如图 1-85c 所示。

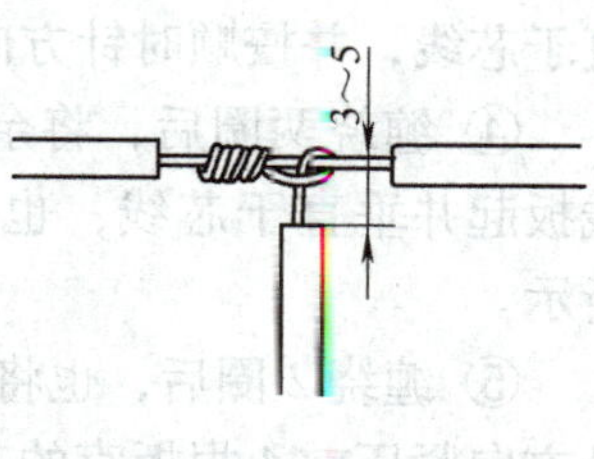

图 1-84　较小截面积单股铜芯导线的 T 字形分支连接

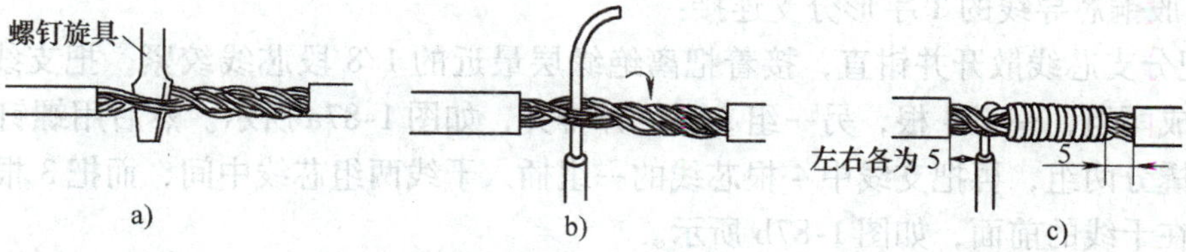

图 1-85　单股铜芯导线与多股铜芯导线的 T 字形分支连接

4）7 股铜芯导线的直线连接：

① 先将割去绝缘层的芯线头散开并拉直，接着把离绝缘层最近的 1/3 线段的芯线绞紧，然后把余下的 2/3 芯线线头按图 1-86a 所示方法，分散成伞状，并将每根芯线拉直。

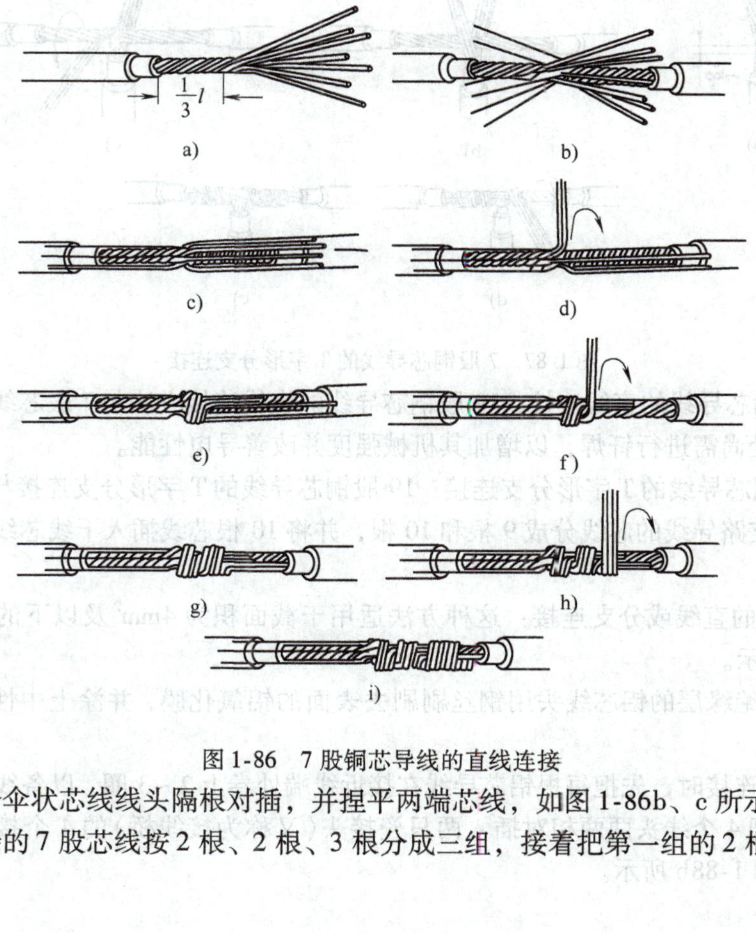

图 1-86　7 股铜芯导线的直线连接

② 把两个伞状芯线线头隔根对插，并捏平两端芯线，如图 1-86b、c 所示。

③ 把一端的 7 股芯线按 2 根、2 根、3 根分成三组，接着把第一组的 2 根芯线扳起并垂

直于芯线，并按顺时针方向缠绕，如图 1-86d 所示。

④ 缠绕两圈后，将余下的芯线向右扳直，如图 1-86e 所示。再把下边第二组的 2 根芯线扳起并垂直于芯线，也按顺时针方向紧紧压住前两根扳直的芯线缠绕，如图 1-86f、g 所示。

⑤ 缠绕 2 圈后，也将余下的芯线向右扳直，再把下边第三组的 3 根芯线扳起，按顺时针方向紧压前 4 根扳直的芯线向右缠绕，如图 1-86h 所示。

⑥ 缠绕 3 圈后，切去每组多余的芯线，钳平线端，如图 1-86i 所示。

⑦ 用同样的方法再缠绕另一边的导线。

5）7 股铜芯导线的 T 字形分支连接：

① 把分支芯线散开并钳直，接着把离绝缘层最近的 1/8 段芯线绞紧，把支线线头 7/8 的芯线分成两组，一组 4 根，另一组 3 根，并排齐，如图 1-87a 所示。然后用螺钉旋具把干线的芯线撬分两组，再把支线中 4 根芯线的一组插入干线两组芯线中间，而把 3 根芯线的一组支线放在干线的前面，如图 1-87b 所示。

② 把右边 3 根芯线的一组在干线一边按顺时针方向紧紧缠绕 4 ~ 5 圈，钳平线端，如图 1-87c 所示。再把左边 4 根芯线的一组芯线按逆时针方向缠绕，如图 1-87d 所示。

③ 逆时针缠绕 4 ~ 5 圈后，钳平线端，如图 1-87e 所示。

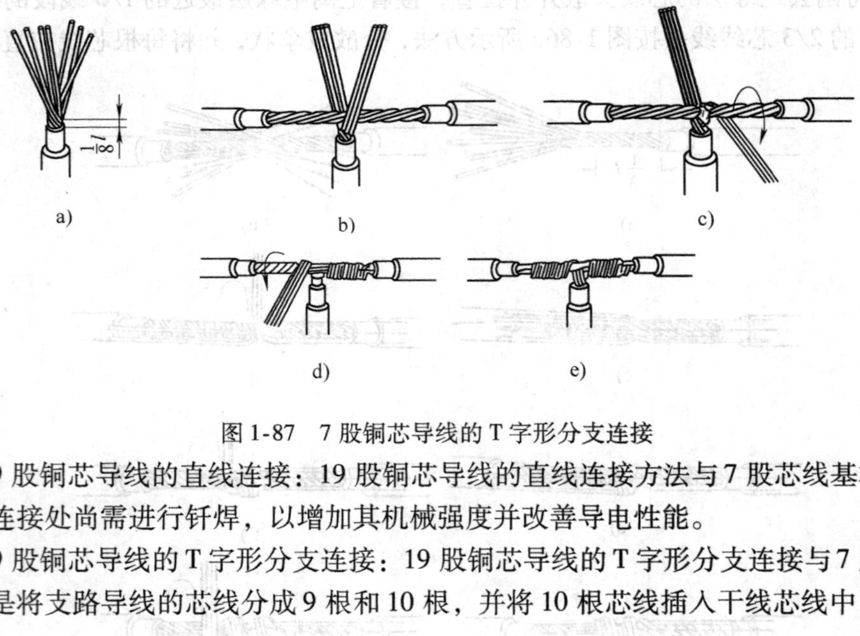

图 1-87　7 股铜芯导线的 T 字形分支连接

6）19 股铜芯导线的直线连接：19 股铜芯导线的直线连接方法与 7 股芯线基本相同。连接后，在连接处尚需进行钎焊，以增加其机械强度并改善导电性能。

7）19 股铜芯导线的 T 字形分支连接：19 股铜芯导线的 T 字形分支连接与 7 股芯线基本相同。只是将支路导线的芯线分成 9 根和 10 根，并将 10 根芯线插入干线芯线中，各向左右缠绕。

8）瓷接头的直线或分支连接：这种方法适用于截面积为 $4mm^2$ 及以下的导线，连接方法如图 1-88 所示。

① 把削去绝缘层的铝芯线头用钢丝刷刷去表面的铝氧化膜，并涂上中性凡士林，如图 1-88a 所示。

② 作直线连接时，先把每根铝芯导线在接近线端处卷上 2 ~ 3 圈，以备线头断裂后再次连接用，然后把 4 个线头两两相对插入两只瓷接头（又称为接线桥）的 4 个接线桩上，最后旋紧螺钉，如图 1-88b 所示。

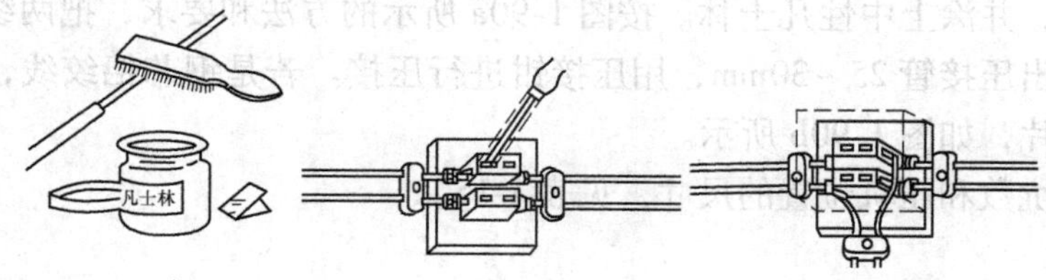

图 1-88　单股铝芯导线的螺钉压接法连接

a）刷去氧化膜，涂上中性凡士林　b）在瓷接头上作直线连接

c）在瓷接头上作分路连接

③ 若要作分路连接时，要把支路导线的两个芯线头分别插入两个瓷接头的两个接线桩上，然后旋紧螺钉，如图 1-88c 所示。

④ 最后在瓷接头上加罩铁皮盒盖或木盒盖。

如果连接处在插座或熔断器附近，则不必用瓷接头，可用插座或熔断器上的接线桩进行过渡连接。

9）U 形轧的直线或 T 字分支连接　采用 U 形轧连接的方法如图 1-89 所示。

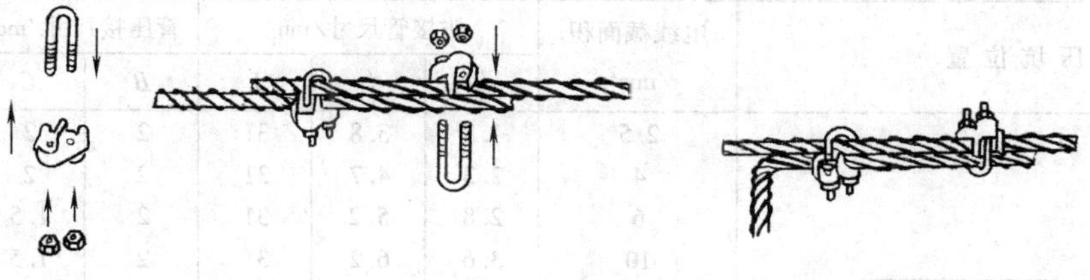

图 1-89　采用 U 形轧连接的方法

a）U 形轧　b）直线连接　c）T 字分支连接

U 形轧的规格必须按导线截面积进行选用，常用 U 形轧规格的选用见表 1-14。

表 1-14　常用 U 形轧规格的选用　（单位：mm^2）

型　　号	GQ—1	GQ—2	GQ—3	GQ—4
适用于导线截面积的范围	25	35	50 ~ 70	95

两副 U 形轧相隔距离，通常应为 150 ~ 200mm。每个导线接头应用 2 ~ 3 副 U 形轧，由导线截面积和安装条件而定。相邻的两副 U 形轧，不可同向安装，应反向安装。

（2）铝芯导线的连接　由于铝极易氧化，且铝氧化膜的电阻率很高，所以铝芯导线不宜采用铜芯导线的方法进行连接，否则容易发生事故。铝芯导线连接的方法如下：

1）螺钉压接法连接。螺钉压接法连接适用于负荷较小的单股铝芯导线的连接，在线路上可通过开关、灯头和瓷接头上的接线端子螺钉进行连接。连接前将铝芯线头用钢丝刷刷去表面的铝氧化膜，并涂上中性凡士林，然后方可进行螺钉压接。若是两个或两个以上线头共同接在一个接线端子上时，则应先把几个接头拧成一体，然后压接。

2）压接管压接法连接。压接管压接法连接适用于负荷较大的多根铝芯导线的直线连接。压接方法是：选用适合导线规格的钳接管（又称为压接管），清除掉钳接管内孔和线头表面的铝氧化层，并涂上中性凡士林。按图 1-90a 所示的方法和要求，把两线头插入钳接管内，并使线端穿出压接管 25～30mm，用压接钳进行压接。若是钢芯铝绞线，两线之间则应衬垫一条铝质垫片，如图 1-90b 所示。

钳接管的压坑数和压坑位置的尺寸，见表 1-15。

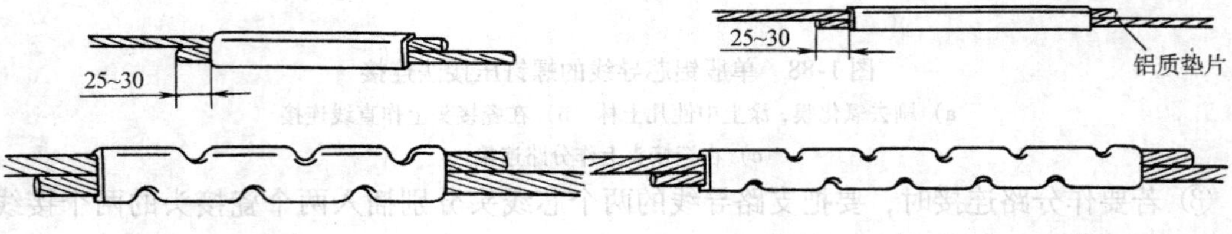

图 1-90　压接管和导线插入要求

a）铝绞线　b）钢芯铝绞线

表 1-15　钳接管的压坑数和压坑位置的尺寸

（1）户内线路多股铝芯绝缘导线用的钳接管

压坑位置	电线截面积/mm²	钳接管尺寸/mm			管压接尺寸/mm		应压坑数/个
		d_1	d_2	L	B	C	
	2.5	1.8	3.8	31	2	2	4
	4	2.3	4.7	31	2	2	4
	6	2.8	5.2	31	2	1.5	4
	10	3.6	6.2	31	2	1.5	4
	16	5.2	10	62	2	2	4
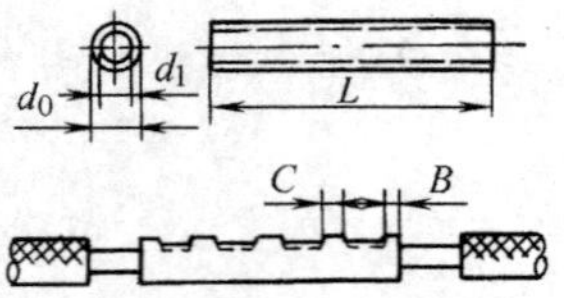	25	6.8	12	62	2	2	4
	35	7.7	14	62	2	2	4
	50	9.2	16	71	3	3	4
	70	11	18	77	4	3	4
	95	13	21	85	4	3	4
	120	14.5	22.5	95	5	4	4
	150	16	24	100	5	4	4

（2）户外架空线路铝绞线用的钳接管

压坑位置	钳接管型号	电线型号	钳压部位尺寸/mm			钳压处高度/mm	压坑数量/个
			a_1	a_2	a_3		
	QL—16	LJ—16	28	20	34	10.5	6
	QL—25	LJ—25	32	20	36	12.5	6
	QL—35	LJ—35	36	25	43	14.0	6
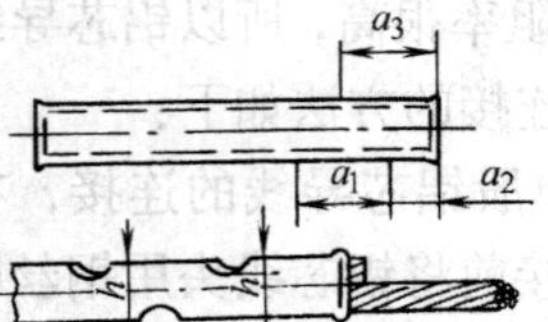	QL—50	LJ—50	40	25	45	16.5	8
	QL—70	LJ—70	44	28	50	19.5	8
	QL—95	LJ—95	48	32	56	23.0	10
	QL—120	LJ—120	52	33	59	26.0	10
	QL—150	LJ—150	56	34	62	30.0	10

（续）

(3) 户外架空线路钢芯铝绞线用的钳接管

压坑位置	钳接管型号	电线型号	钳压部位尺寸/mm			钳压处高度/mm	压坑数量/个
			a_1	a_2	a_3		
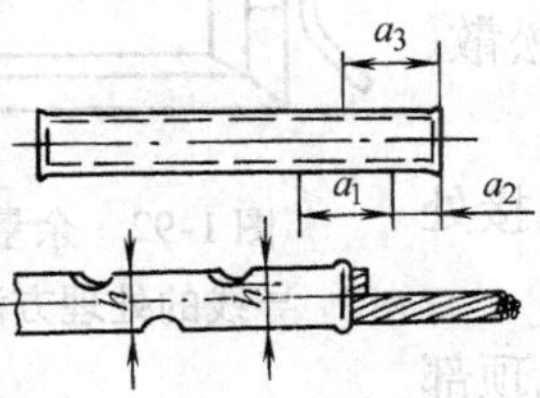	QLG—16	LGJ—16	28	14	28	12.5	12
	QLG—25	LGJ—25	32	15	31	14.5	14
	QLG—35	LGJ—35	34	42.5	93.5	17.5	14
	QLG—50	LGJ—50	38	48.5	105.5	20.5	16
	QLG—70	LGJ—70	46	54.5	123.5	25.0	16
	QLG—95	LGJ—95	54	61.5	142.5	29.0	20
	QLG—120	LGJ—120	62	67.5	160.5	33.0	24
	QLG—150	LGJ—150	64	70	166	36.0	24

(3) 沟线夹螺钉压接的分支连接　沟线夹螺钉压接的分支连接适用于架空线路的分支连接。对导线截面积在 75mm² 以下的，用一副小型沟线夹把分支线头末端与干线进行绑扎，如图 1-91a 所示。对导线截面积在 75mm² 以上的，需用两副大型沟线夹把分支线头末端与干线进行绑扎，如图 1-91b 所示。两副线夹相隔应保持在 300 ~400mm。

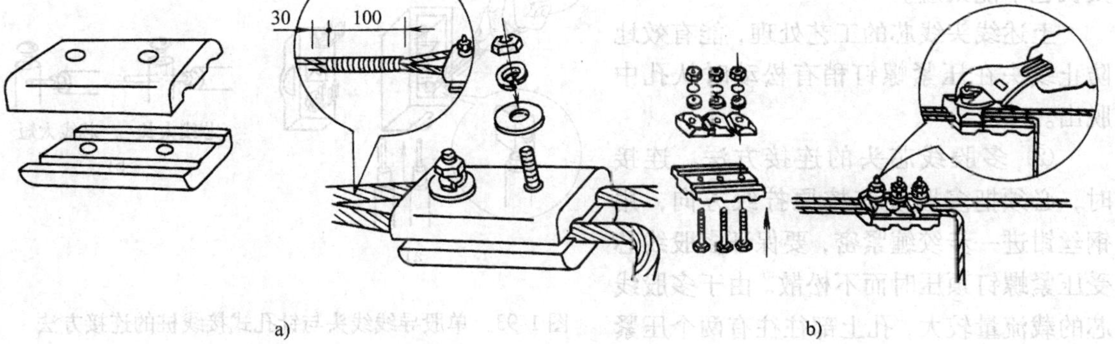

图 1-91　沟线夹的安装方法

a）小型沟线夹　b）大型沟线夹

(4) 线头和接线桩的连接　各种电气设备、电气装置和电器用具均设有供连接导线用的接线桩，常用的接线桩有针孔式（又称为柱型）接线桩和螺钉平压式（又称为螺钉型）接线桩两种。

1）线头和接线桩连接时的基本要求：

① 多股线芯的线头，应将线头绞紧，再与接线桩连接。

② 需分清相位的接线桩，必须先分清导线相序，然后方可连接。单相电路必须分清相线和中性线，并应按电气装置的要求进行连接（如安装照明电路时，相线必须与开关的接线桩连接）。

③ 小截面积铝芯导线与铝接线桩连接时，必须留有能供再剖削 2 ~3 次线头的保留长度，否则线头断裂后将无法再与接线桩连接。留出余量的导线盘成弹簧状，如图 1-92 所示。

④ 小截面积铝芯导线与铝接线桩连接前必须涂上凡士林锌膏粉或中性凡士林后清除氧化层。大截面积铝芯导线与铜接线桩连接时，应采用铜铝过渡接头。

⑤ 导线绝缘层与接线桩之间，应保持适当距离，绝缘层既不可贴着接线桩，也不可离接线桩太远，使芯线裸露得太长。

⑥ 软导线线头与接线桩连接时，不允许出现多股细线芯松散、断股和外露等现象。

⑦ 线头与接线桩必须连接得平整、紧密和牢固可靠，使连接处的接触电阻减少到最小程度。

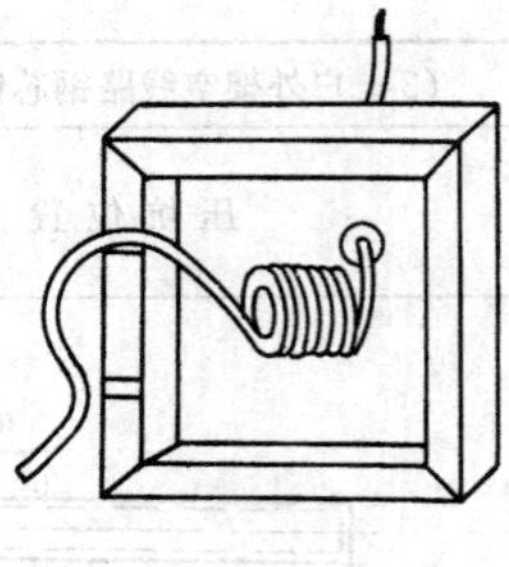

图 1-92　余量导线的处理方法

2）线头与针孔式接线桩的连接：这种接线桩是依靠置于孔顶部的压紧螺钉压住线头（线芯端）来完成电连接的。电流容量较小的接线桩，一般只有一个压紧螺钉；电流容量较大的或连接要求较高的，通常有两个压紧螺钉。连接时的操作要求和方法如下：

① 单股线芯头的连接方法。在通常情况下，只要将芯线插入孔内，如芯线较细则可将线头的线芯折成双股并列后插入孔内，并应使压紧螺钉顶住在双股线芯的中间，如图 1-93 所示。

应注意的是：芯线应长短适当，不能太长也不能太短。

上述线头线芯的工艺处理，能有效地防止线头在压紧螺钉稍有松动时从孔中脱出。

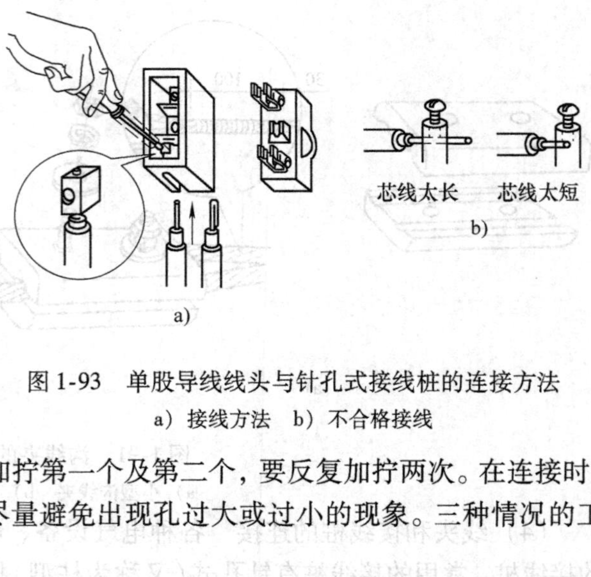

图 1-93　单股导线线头与针孔式接线桩的连接方法
a）接线方法　b）不合格接线

② 多股线芯头的连接方法。连接时，必须把多股线芯按原拧绞方向，用钢丝钳进一步绞缠紧密，要保证多股线芯受压紧螺钉顶压时而不松散。由于多股线芯的载流量较大，孔上部往往有两个压紧螺钉，连接时应先拧紧第一个压紧螺钉（近端口的一个），后拧紧第二个，然后再加拧第一个及第二个，要反复加拧两次。在连接时，线芯直径与孔径的匹配一般应比较相称，尽量避免出现孔过大或过小的现象。三种情况的工艺处理方法如下：

a. 在线芯直径与孔大小较匹配时，在一般用电场所，把线芯进一步绞紧后装入孔中即可，如图 1-94a 所示。若在用电危险场所，为了防止线头可能从孔中脱出，应进行如下处理：

线头绝缘层应剥去多一些，在进一步将线芯绞紧前，线芯端头分三段剪去多余部分。以 7 股线为例，宜 2 股剪得最短；4 股稍长，长出单股线芯直径的 4 倍；另 1 股最长，长得应能在 4 股稍长线芯上紧缠两圈的需要量，待多股线芯进一步绞紧后，把这股最长线芯紧缠在端头上。这样，能使线头的线芯端头略大些，在压紧螺钉松动时，即使导线稍受外力牵拉，也不易脱出孔。

b. 在孔径过大时，可用一根单股线芯（直径应根据孔大于线芯直径的多少而定）在已作进一步铰紧后的线芯上紧密地排绕一层，如图 1-94b 所示，然后进行连接。

c. 孔径过小时，可把多股线芯处于中心部位的芯线剪去(7股芯线剪去1股,19股芯线剪去1~7股)，然后重新绞紧，进行连接。

若用于用电危险场所，也应按上述方法采取防止线头脱出的措施。

注意：不管单股线芯或多股线芯的线头，在插入孔时必须插到底。同时，导线绝缘层不得插入孔内。

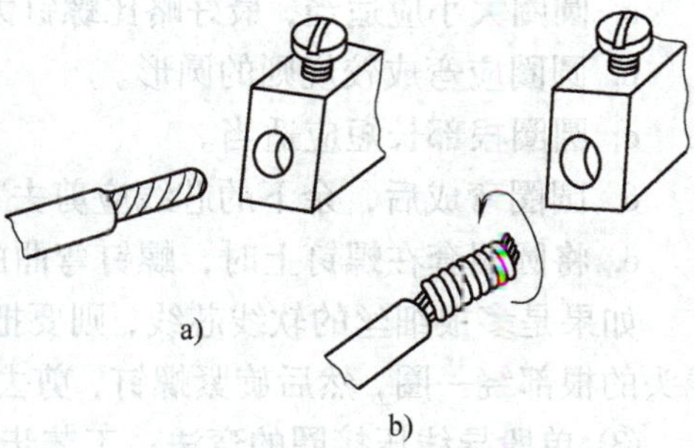

图1-94　多股线芯与针孔式接线桩的连接
a）孔径大小较适宜时　b）孔径过大时

3）线头与螺钉平压式接线柱的连接：这种接线桩是依靠开槽盘头螺钉的平面，并通过垫圈紧压导线线芯来完成电连接的。对于电流容量较小的单股线芯，在连接前，应把线芯弯成压接圈(俗称羊眼圈)。对于电流容量较大的多股线芯，在连接前，一般都应在线芯端头上安装接线耳。但在电流容量不太大且芯线截面积不超过10mm^{2}的7股芯线连接时，也允许把线芯线头弯成多股线芯的压接圈进行连接。此外，在螺钉接线桩上连接时，还经常遇到软导线的正确连接问题。各种连接的工艺要求和操作方法，分别介绍如下：

① 连接的工艺要求：压接圈和接线耳必须压在垫圈下面，压接圈的弯曲方向必须与螺钉旋紧方向保持一致，导线绝缘层切不可压进垫圈内，螺钉必须旋得足够紧，但不得用弹簧垫圈来防止松动。连接时，应清除垫圈、压接圈和接线耳上的油污。

② 单股导线压接圈的弯法：工艺步骤和操作方法如图1-95所示。

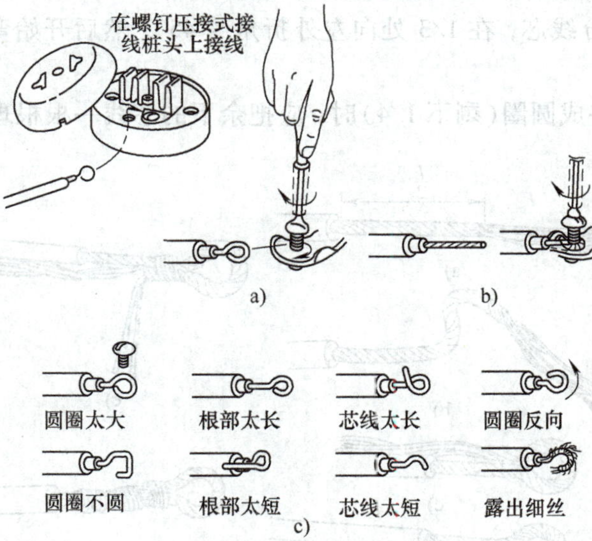

图1-95　线头与螺钉平压式接线桩的连接
a）单股硬导线　b）多股软线　c）不合格的接线

在螺钉平压式接线桩上接线时，要先用尖嘴钳把芯线弯一个圆圈，套在螺钉上，再旋紧螺钉，如图1-95a所示。

线头端弯制圆圈时应注意以下几点：

a. 圆圈大小应适当，最好略比螺钉大些。

b. 圆圈应弯成较规则的圆形。

c. 圆圈根部长短应适当。

d. 圆圈弯成后，余下的芯线应剪去，但不可多剪。

e. 将圆圈套在螺钉上时，螺钉弯曲的方向和螺钉旋紧的方向一致。

如果是多根细丝的软线芯线，则要把芯线绞紧后顺着螺钉旋紧的方向绕螺钉一圈，再在线头的根部绕一圈，然后旋紧螺钉，剪去余下的芯线，如图 1-95b 所示。

③ 单股导线压接圈的弯法：工艺步骤和操作方法如图 1-96 所示。

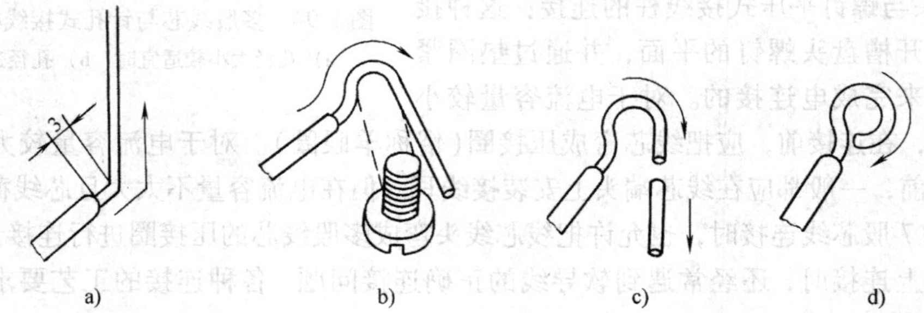

图 1-96 单股导线压接圈的弯法

a）离绝缘层根部约 3mm 处向外侧折角 b）按略大于螺钉直径弯曲圆弧

c）剪去线芯余端 d）修整圆圈

④ 7 股导线压接圈的弯法：工艺步骤和操作方法可按下述步骤进行：

a. 把距离绝缘层根部约 1/2 线芯重新绞紧，越紧越好，如图 1-97a 所示。

b. 把重新绞紧部分线芯，在 1/3 处向左外折角约 45°，然后开始弯曲成圆弧状，如图 1-97b 所示。

c. 当圆弧弯曲得将成圆圈（剩下 1/4）时，应把余下的芯线一根根理直，并紧贴根部芯

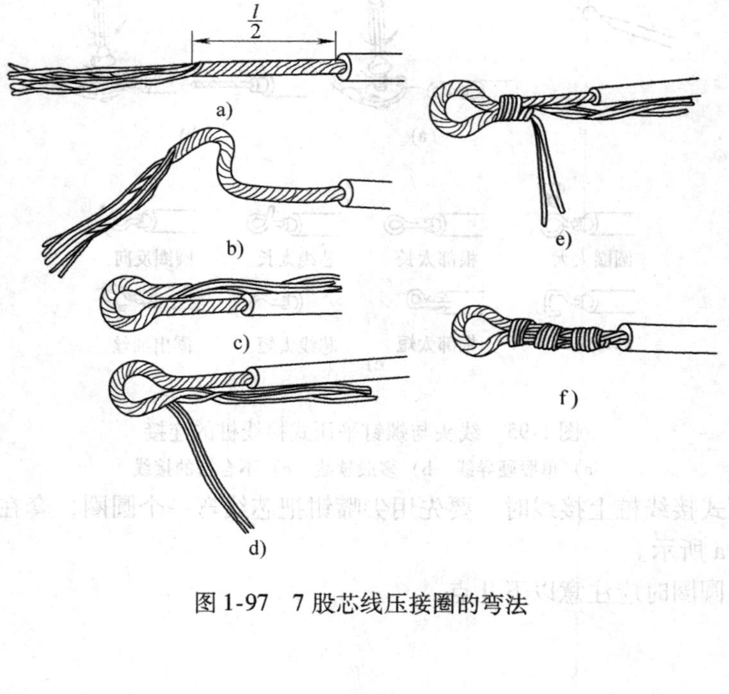

图 1-97 7 股芯线压接圈的弯法

线，使之成圆，如图 1-97c 所示。

d. 把弯成压接圈后的线端翻转 180°，然后将处于最外侧且邻近的两根芯线扳成直角，如图 1-97d 所示。

e. 在离圈外沿约 5mm 处进行缠绕，缠绕方法与 7 股芯线直线对接相同，如图 1-97e 所示。

f. 缠成后的压接圈如图 1-97f 所示，并使压接圈及根部平整挺直。对于载流量较大的导线，应在弯成压接圈后再进行搪锡处理。

当导线截面积超过 16mm^2 时，一般不宜采用压接圈进行连接，应采用线端加装接线耳，由接线耳套入接线螺栓并压紧的方法来进行电气连接。

4）软导线线头的连接方法：软导线线头的连接方法应按图 1-98 所示方法进行连接。

5）线头与具有瓦形垫圈的螺钉桩的连接：这种接线桩的连接方法与上述 3）中所述的类似，只是垫圈采用瓦形（或叫做桥形），为了防止线头脱落，在连接时应将线芯按图 1-99a 所示的工艺处理。如果需要把两个线头接入同一个接线桩时，应按图 1-99b 所示方法进行连接。

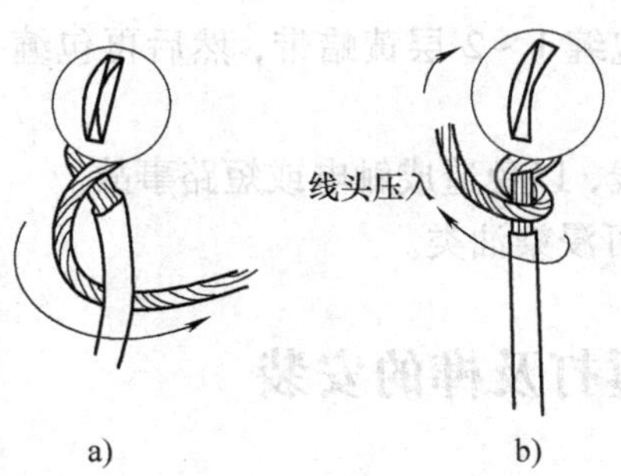

图 1-98　软导线线头和螺钉平压式接线桩的连接

a）围绕螺钉后再自绕

b）自绕一圈后，导线端头压入螺钉

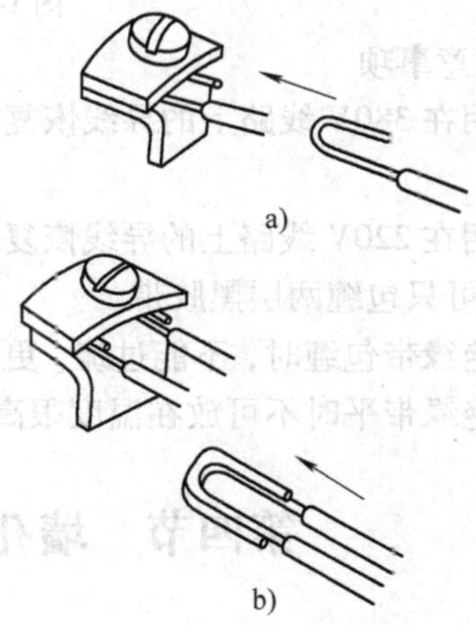

图 1-99　线头与具有瓦形垫圈的螺钉桩的连接

a）单个线头连接

b）两个线头连接

三、导线绝缘层的恢复

导线的绝缘层破损后，必须恢复；导线连接后，必须恢复绝缘。恢复后的绝缘强度不应低于原有绝缘层。通常用黄蜡带、涤纶薄膜带和黑胶带作为恢复绝缘层的材料，一般选择 20mm 宽的黄蜡带和黑胶带，包缠也较为方便。

1. 绝缘带的包缠方法

将黄蜡带从导线左边完整的绝缘层上开始包缠，包缠两根带宽后方可进入无绝缘层的芯线部分，如图 1-100a 所示。包缠时，黄蜡带与导线保持约 45°的倾斜角，每圈压叠带宽的 1/2，如图 1-100b 所示。

包缠一层黄蜡带后，将黑胶带放在黄蜡带的尾端，按另一斜叠方向包缠一层黑胶带，也要每圈压叠带宽的 1/2，如图 1-100c、d 所示。

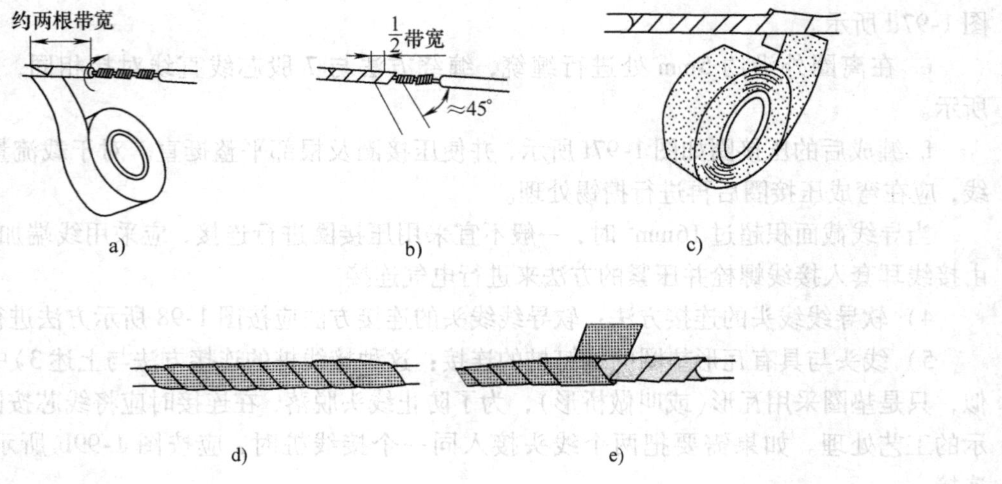

图 1-100　绝缘带的包缠方法

2. 注意事项

1）用在 380V 线路上的导线恢复绝缘时，必须包缠 1～2 层黄蜡带，然后再包缠一层黑胶带。

2）用在 220V 线路上的导线恢复绝缘时，必须包缠 1～2 层黄蜡带，然后再包缠一层黑胶带；也可只包缠两层黑胶带。

3）绝缘带包缠时，不能过疏，更不允许露出芯线，以免造成触电或短路事故。

4）绝缘带平时不可放在温度很高的地方，也不可浸染油类。

第四节　墙孔和榫孔的錾打及榫的安装

一、墙孔的錾打

（1）穿墙套管　导线穿越墙壁，在室与室或户内与户外之间，均要錾打穿墙孔，导线经过穿墙套管穿越墙壁。常用的穿墙套管有瓷管、钢管和塑料管。

1）瓷管。常用的瓷管有弯口瓷管和平口瓷管，如图 1-101 所示。

① 弯口瓷管：用作户内外穿墙导线的保护管，如图 1-101a 所示，适用于 $50mm^2$ 以下的导线。

② 反口瓷管：用途同弯口瓷管，如图 1-101b 所示，适用于 $50mm^2$ 及以上的导线。

③ 平口瓷管：用作户内穿墙导线的保护管，如图 1-101c 所示，或作为以上两种瓷管的延长连接用。

注意：瓷管的规格以内径标称。

2）钢管。常用的钢管有薄铁管、白铁管和黑铁管等，如图 1-102 所示。

① 薄铁管（又称为电线管）：薄铁管是管子线路的主要管材，规格以外径标称。其外形如图 1-102a 所示。

② 白铁管（又称为镀锌管）和黑铁管：白铁管与黑铁管均用于户内外穿墙和承力暗设管子线路的导线保护管，规格以内径标称。其外形如图 1-102b、c 所示。

3）塑料管。常用的塑料管有硬塑料管、半硬塑料管和波纹塑料管等，如图 1-103 所示。

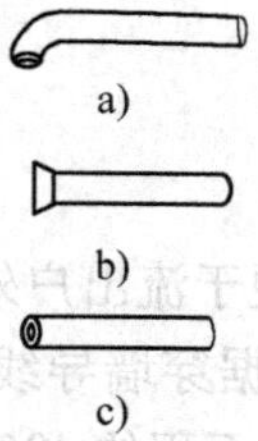

图 1-101　穿墙瓷管

a）弯口瓷管

b）反口瓷管

c）平口瓷管

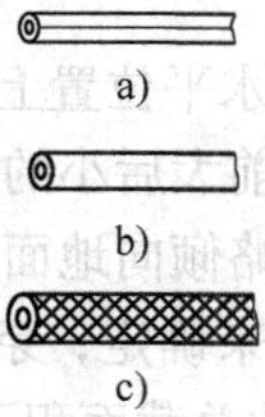

图 1-102　穿墙钢管

a）薄铁管

b）白铁管

c）黑铁管

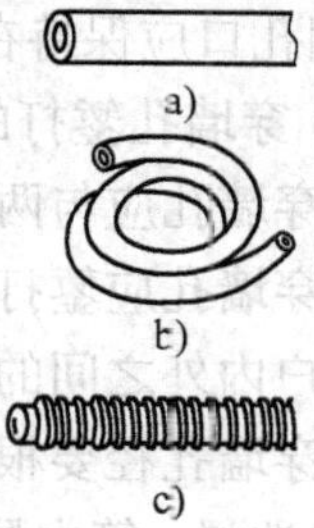

图 1-103　穿墙塑料管

a）硬塑料管

b）半硬塑料管

c）波纹塑料管

① 硬塑料管：有厚壁管和薄壁管两种，用途分别与白铁管和电线管相同，其外形如图 1-103a 所示。

② 半硬塑料管：用作现埋暗设管子线路的导线保护管，其外形如图 1-103b 所示。

③ 波纹塑料管：其用途与半硬塑料管相同，其外形如图 1-103c 所示。

各种塑料管的规格有以内径标称的，也有以外径标称的，尚无统一标准。

（2）导线穿墙孔的錾打方法

1）户内外导线穿墙孔的錾打。

① 用瓷管作穿墙套管。用瓷管作穿墙套管墙孔的錾打方法及要求如图 1-104a 所示。瓷管户外一端应朝下，离地高度不应低于 2.5m，一管只能穿一根导线。

② 用钢管或硬塑料管作穿墙套管。用钢管和硬塑料管作穿墙套管的墙孔的錾打方法如图 1-104b 所示。

钢管或硬塑料管在户外侧应制成防雨弯，户外侧离地高度不应低于 2.5m，户内侧离地高度不应低于 2m。

2）户内导线穿墙孔的錾打。户内一般可用平口瓷管或薄壁钢管作为穿墙导线的套管，如图 1-105 所示。

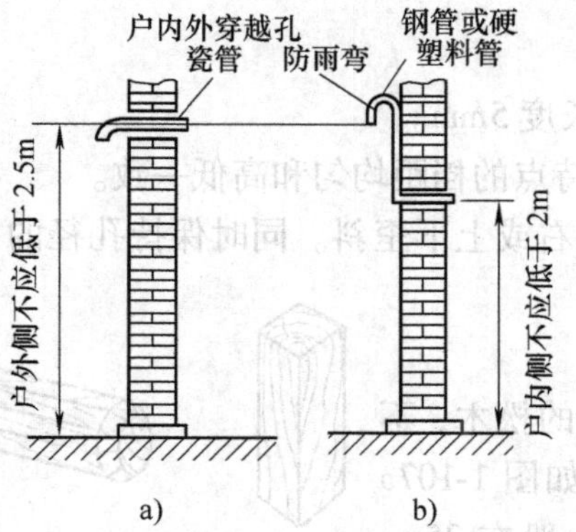

图 1-104　户内外导线穿墙套管的安装

a）用瓷管作穿墙套管

b）用钢管或硬塑料管作穿墙套管

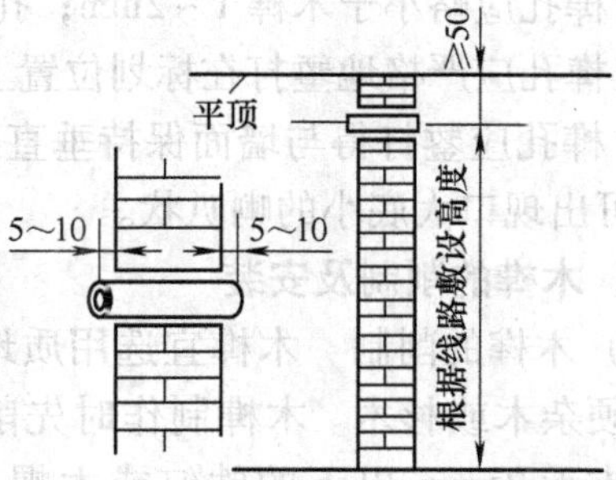

图 1-105　户内穿墙孔的錾打和套管的安装

穿墙孔位的高低和位置应尽可能与线路保持一致，但离平顶至少不小于50mm，户内穿墙孔两侧孔口应保持在同一高度上。两侧管口一般各应伸出墙5～10mm。

（3）穿墙孔錾打的注意事项

1）穿墙孔应与两侧线路保持在同一水平位置上。

2）穿墙孔应錾打得平直，防止出现前大后小的喇叭状。

3）户内外之间的穿墙孔，其户外侧略倾向地面，当管内有进水时便于流出户外。

4）穿墙孔径要根据穿墙套管的外径来确定，穿墙套管的管径应根据穿墙导线的根数和截面积来选择，管内导线（包括绝缘层）的总截面积不应大于管子有效截面积的40%。

5）同一穿越点，如需排列多根穿墙管套时，应尽可能做到一管一孔，并使套管均匀地水平排列。

6）进户瓷管必须每线一根，并采用弯头瓷管，户外一端弯头向下。

7）当穿墙套管埋入穿墙孔后，应用水泥浇封，固定位置，不得活动移位。

二、榫的种类及榫孔的錾打

（1）榫的种类　凡在砖墙、水泥墙和水泥楼板上安装线路和电气装置时，均需用榫来作支持点，常用的榫有木榫、铅丝榫、胀管和膨胀螺栓等，用来支承木螺钉的有木榫。木榫和铅丝榫通常由电工随需自行制作。胀管和膨胀螺栓市场上有成品供应。

（2）榫孔的錾打　凡在砖墙、水泥墙和水泥楼板上安装线路和电气装置时，均需用木榫或胀管等来作支持点，木榫或胀管必须牢固地嵌进榫孔内，以保证安装质量。

1）榫孔的錾打方法：如果榫孔较多、工程量大，宜采用冲击钻来錾打，但也可用凿榫进行手工錾打。

① 砖墙榫孔的錾打方法。可用小扁錾按图1-106a所示方法錾打砖墙榫孔。

② 水泥墙榫孔的錾打方法。可用麻线錾按图1-106b所示方法錾打砖墙榫孔。

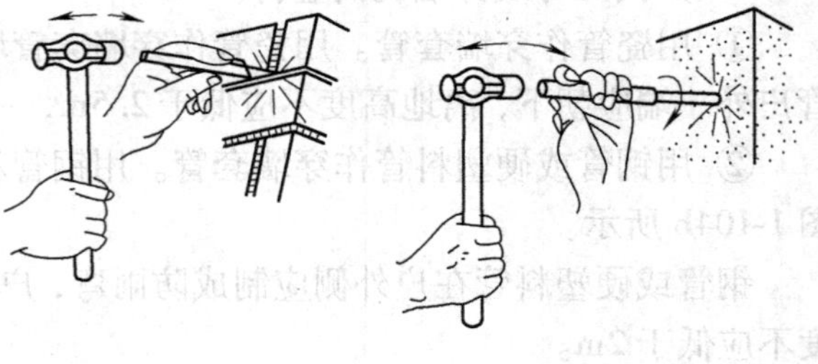

a)　　b)

图1-106　榫孔的錾打

a）砖墙錾打　b）水泥墙錾打

2）錾打榫孔时的注意事项：

① 砖墙上的榫孔应錾打在砖与砖之间的夹缝中，且錾打成矩形；水泥墙或楼板上的榫孔应錾打成圆形。

② 榫孔应略小于木榫1～2mm；孔深应约大于长度5mm。

③ 榫孔应严格地錾打在标划位置上，以保持支持点的档距均匀和高低一致。

④ 榫孔应錾打得与墙面保持垂直，不可出现左右或上下歪斜。同时保持孔径的口底一致，不可出现口大底小的喇叭状。

三、木榫的削制及安装

（1）木榫的削制　木榫宜选用质地较细且干燥的松木，不宜选用硬杂木或杉木。木榫制作时先削成正方形，如图1-107a所示。支承25mm以下的铁钉或木螺钉的榫长，一般在25～38mm；支承长于25mm的木螺钉，木榫长度应相应增长。然后削去木榫的四角，使之成为正八角形，并在一端倒角，但不应倒

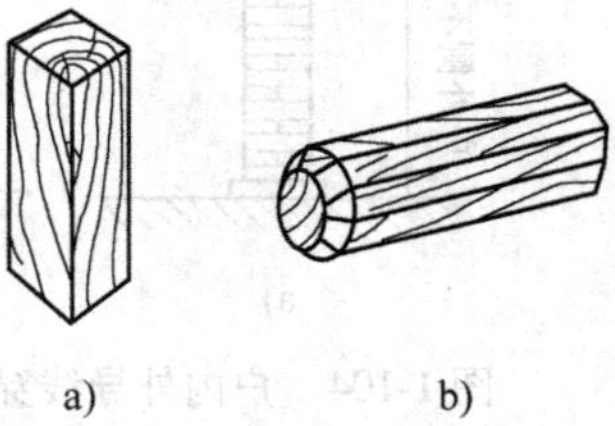

a)　　b)

图1-107　木榫的削制

角太多，更不应削成锥体状，如图 1-107b 所示。

（2）木榫的安装方法　有倒角一端的木榫头部塞入木榫孔，先用锤子轻击几下，待木榫进入孔内约 1/3 后，检查木榫是否与墙面垂直，如不直，应及时纠正，并检查木榫松紧是否适当，如过紧，会打烂榫尾；如过松，打入的木榫就松动不牢固。安装时，木榫尾部不准打烂，尾部应打得与墙面齐平，不能凸起或陷入过多。

（3）木榫安装时的注意事项

1）用电工刀削制木榫时要注意安全，不要伤手，同时不能用锤子敲击电工刀刀背，以免电工刀损坏。

2）若木榫入孔后松动或榫尾被敲烂、榫尾突出建筑面，则该木榫应报废，重新安装。

四、铅丝榫的制作和安装

（1）铅丝榫的制作　铅丝榫用的木螺钉的长度一般应大于 63mm，如图 1-108a 所示。铅丝榫制作前在木螺钉表面涂一层牛油，然后选用直径为 1.7mm 的铅丝（又称为镀锌铁丝）按所需绕制长度拆成双根，并在右端双根绞缠 10～15mm 并将右端制成小圈，如图 1-108b 所示。

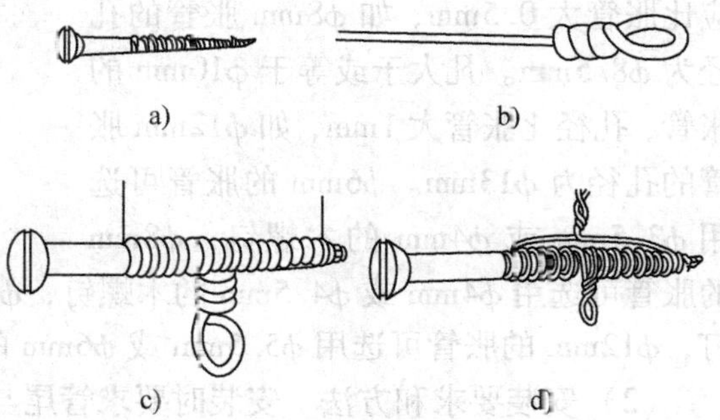

图 1-108　铅丝榫的制作

把双根铅丝分开，将已绕并带有小圈的铅丝放在木螺钉的中间，分开的两根铅丝放在木螺钉两端螺纹处，如图 1-108c 所示。接着将木螺钉两端的两根铅丝顺螺纹向中间缠绕，每圈必须嵌入螺纹中，绕到两根铅丝相碰时，相互绞绕 10～15mm 后剪去余端，如图 1-108d 所示。最后将两端铅丝整修平直，使起末两端互绞的铅丝和木螺钉处于同一条直线上。

（2）铅丝榫孔的錾打　埋设铅丝榫的墙孔应錾打成正方梯形，孔口小孔底大。孔深度应按榫长约加 5mm 为宜，孔口正方形边长一般为 30mm 左右；孔底（正方形）边长一般为 50mm 左右，如图 1-109 所示。

（3）铅丝榫的安装方法　将铅丝榫孔内的沙土屑末用水冲洗干净。在孔内灌入水泥砂浆，灌至离孔口尚有 10mm 左右即可。在孔的中间插入带木螺钉的铅丝榫，并在铅丝榫的下部塞入小砖块衬垫，以防铅丝榫下沉而移位。榫体定位后，应在孔口补灌水泥砂浆，榫上木螺钉不可取出，应待安装时随需取出，用来固定电气装置。

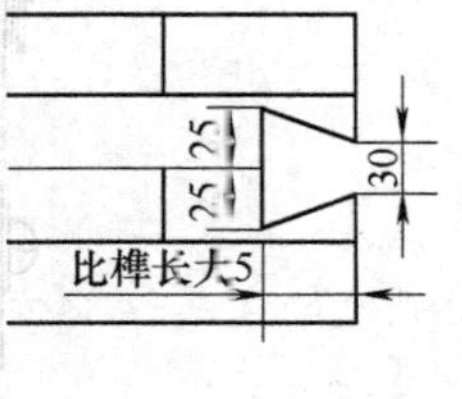

图 1-109　铅丝榫孔

（4）铅丝榫孔錾打和安装时的注意事项

1）铅丝榫孔錾打时孔壁和孔底应保持平整。

2）铅丝榫孔应錾打成正方梯形，不应錾打成圆柱形，也不应錾打成底小口大，否则铅丝榫难以装牢。

3）铅丝榫预埋时应位于孔的中间，且与墙面垂直，不应歪斜。

4）水泥砂浆凝固后，铅丝榫不能有松动，否则必须敲开砂浆重新埋设。

五、胀管的安装

（1）胀管的结构和选用　胀管由塑料制成。通常用于承力较大而又难以安装木榫的建筑面上(如空心楼板和现浇混凝土板、壁、梁及柱等处)。胀管的结构和安装如图 1-110 所示。

当管孔内拧入木螺钉后，两扩张片向孔壁张开，就紧紧地胀住孔内，以此来支撑装在上边的电气装置或设备。如果胀管规格与榫孔大小不匹配(孔大管小)或木螺钉规格与胀管孔直径不匹配(孔大木螺钉小)，则胀管在孔内就难以胀牢。胀管的规格有 ϕ6mm、ϕ8mm、ϕ10mm 和 ϕ12mm 等多种。孔径应略大于胀管规格，凡小于 ϕ10mm 胀管的孔径应比胀管大 0.5mm，如 ϕ8mm 胀管的孔径为 ϕ8.5mm。凡大于或等于 ϕ10mm 的胀管，孔径比胀管大 1mm，如 ϕ12mm 胀管的孔径为 ϕ13mm。ϕ6mm 的胀管可选用 ϕ3.5mm 或 ϕ4mm 的木螺钉；ϕ8mm 的胀管可选用 ϕ4mm 或 ϕ4.5mm 的木螺钉，ϕ10mm 的胀管可选用 ϕ5mm 或 ϕ5.5mm 的木螺钉，ϕ12mm 的胀管可选用 ϕ5.5mm 或 ϕ6mm 的木螺钉。

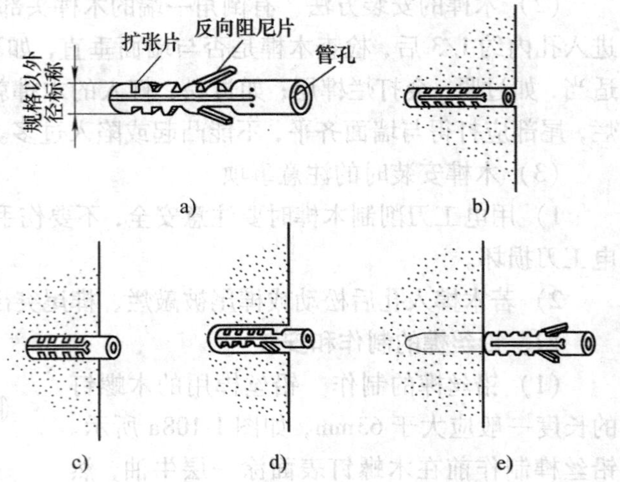

图 1-110 胀管的结构和安装

(2) 安装要求和方法 安装时要求管尾与建筑面保持平齐，必须经过塞入、试敲纠直和敲入三个步骤，安装质量要求是：管体应与建筑面保持垂直，管尾不应凹入建筑面，如图 1-110b 所示。管尾也不应凸出建筑面，如图 1-110c 所示。不应出现如图 1-110d 所示的孔大管小(无法胀牢)，也不应出现如图 1-110e 所示的孔小管大。

六、膨胀管螺栓的安装

在砖墙或水泥墙上安装线路或电气装置还可用膨胀螺栓来固定。常用的膨胀螺栓有胀开外壳式和纤维填料式两种，如图 1-111 所示。

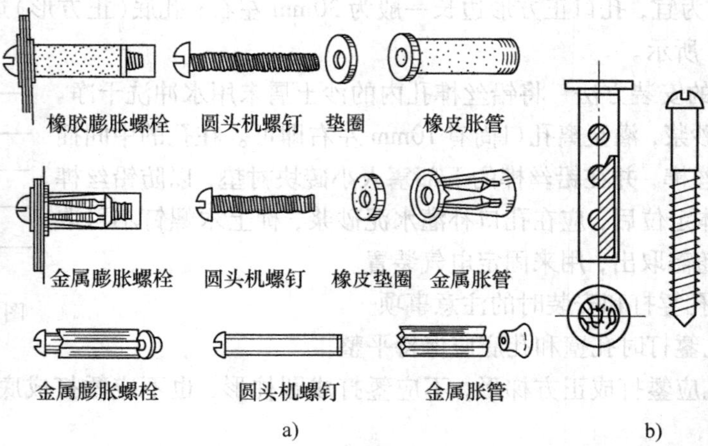

图 1-111 膨胀管螺栓
a) 胀开外壳式 b) 纤维填料式

膨胀螺栓安装前必须先钻孔或打孔，孔的直径及长度与膨胀螺栓的外径及长度相同；安装时不需要采用水泥砂浆预埋。安装胀开外壳式膨胀螺栓时，先将压紧螺母放入外壳内，然后将外壳嵌进墙孔内，用锤子轻轻敲打，使它的外缘与墙面平齐，最后，只要把电气设备通过螺栓或螺钉旋入压紧螺母中，随着螺栓螺母的旋紧，外壳接触片就会逐渐胀开，把它挤压在孔壁上，螺栓和电气设备就一起被紧固。

安装纤维填料式膨胀螺栓中，只要将它的套筒嵌进钻好或打好的墙壁孔中，再把电气设备通过螺栓旋到纤维填料中，可把膨胀螺栓的套筒胀紧，使电气设备固定。

第五节　登高工具的使用方法

一、梯子登高

电工常用的梯子有直梯和人字梯两种，直梯的两脚应绑扎胶皮之类的防滑材料；人字梯应在中间绑扎一根绳子防止自动滑开，如图 1-112 所示。

电工在梯子上作业时，为了扩大人体的作业活动幅度和保证不致因用力过度而站立不稳，必须按图 1-112c 所示姿势站立。直梯靠在墙上的角度即竹梯与地面的夹角应在 66° ~ 75°，如图 1-113 所示。

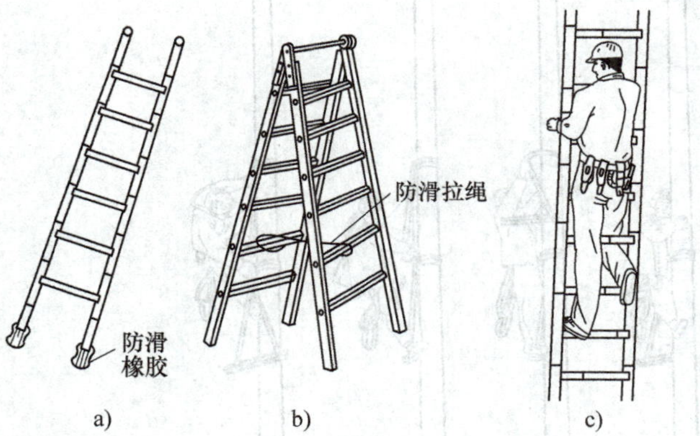

图 1-112　电工用梯

a）直梯　b）人字梯　c）站立姿势

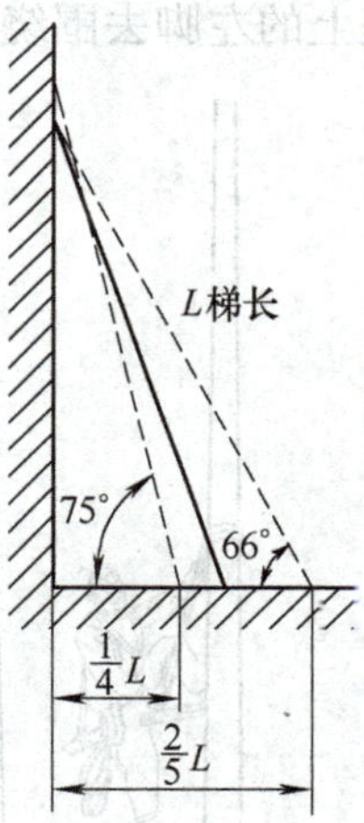

图 1-113　直梯置放角度

人字梯也应注意梯子与地面的角度，角度范围同直梯，即人字梯间距范围应等于直梯与墙面距离范围的两倍。

另外，人字梯放好后要检查四只脚是否都着地，而且也应避免站在人字梯的最上面一档工作，站在人字梯的单面工作时，也要将脚勾住梯子的横挡，使用要求同直梯。

二、登高板登高

（1）登高板　登高板又称为三角板，是电工攀登电杆及在杆上作业的一种工具。它由铁钩、麻绳（白麻绳）、木板组成，绳钩至木板的垂直长度以与使用人的身高相等为宜，如图 1-114 所示。

登高板使用方法要掌握得当，否则发生脱钩或下滑后会造成人身事故。为了保证在杆上作业时的人体平稳，不使登高板摇晃，站立姿势要正确，即两脚夹住电杆，如图

1-114c 所示。

(2) 登高板登杆　用登高板在电杆上登杆的方法如图 1-115 所示。

1）先把一块登高板勾挂在电杆上(高度以登杆者能跨上为宜)，把另一块登高板挂在肩上，接着右手紧握双根棕绳，并需使大拇指顶住挂钩，左手握住左边(贴近木板)棕绳，然后把右脚跨上登高板，如图 1-115a 所示。

2）两手和两脚同时用力，使人体上升，待人体重心转到右脚，左手即应松去，并趁势立即向上扶住电杆，左脚抵住电杆，如图 1-115b 所示。

3）当人体上升到一定高度时，应松去右手，并向上扶住电杆，且趁势使人体立直，接着把刚提上的左脚去围绕左边的棕绳，如图 1-115c 所示。

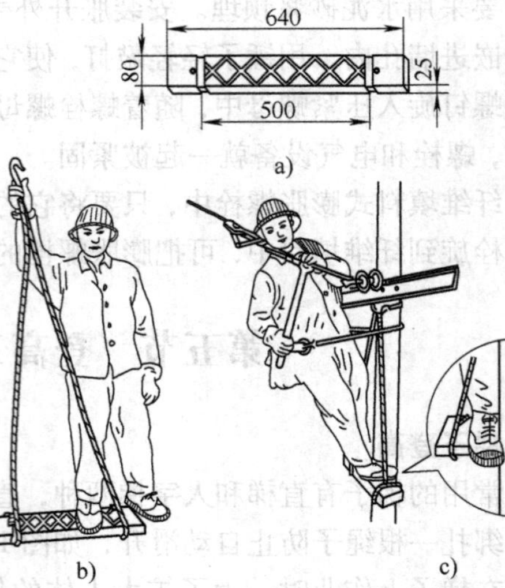

图 1-114　登高板
a）规格　b）绳长度　c）站立姿势

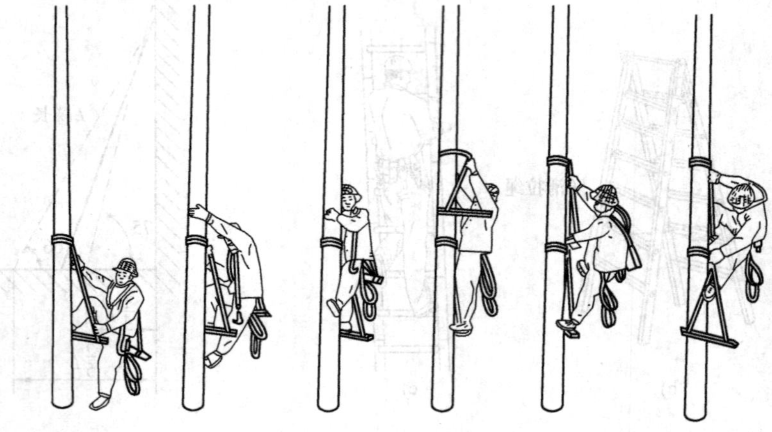

图 1-115　登高板登杆方法

4）左脚绕过左边棕绳后踏入三角档内，待人体站稳后，才可在电杆上一级勾住另一块登高板(注意，此时人体的平稳是依靠左脚围绕住左边棕绳来维持的)，如图 1-115d 所示。

5）右手紧握上一块登高板的两根棕绳，并使大拇指顶住挂钩，左手握住左边(贴近木板)棕绳，然后把左脚从棕绳外退出，改成正踏在三角档内，接着才可使右脚跨上另一块登高板(如同步骤 1)所述方法，但必须注意，此时人体已离开登高板，这个步骤中人体的受力依靠右手紧握住两根棕绳来获得，人体的平衡依靠左手紧握左边棕绳来维持，如图 1-115e 所示。

6）按步骤 2)所述方法进行攀登，但当人体离开下面一块登高板时，则需把下面一块登高板解下，此时左脚必须抵住电杆，以免人体摇晃不稳，如图 1-115f 所示。

以后，就重复上述各步骤进行攀登，直至到达所需高度为止。

注意：登杆属于高空作业，必须戴安全帽，凡患有精神病、严重高血压和心脏病等疾病人员，一律不可参加登杆。初学者必须先在较低的练习杆上学习，待熟练后，才可正式参加登杆和杆上作业，决不可盲目参加，以免发生意外事故。

（3）登高板下杆　用登高板在电杆上下杆的方法如图 1-116 所示。

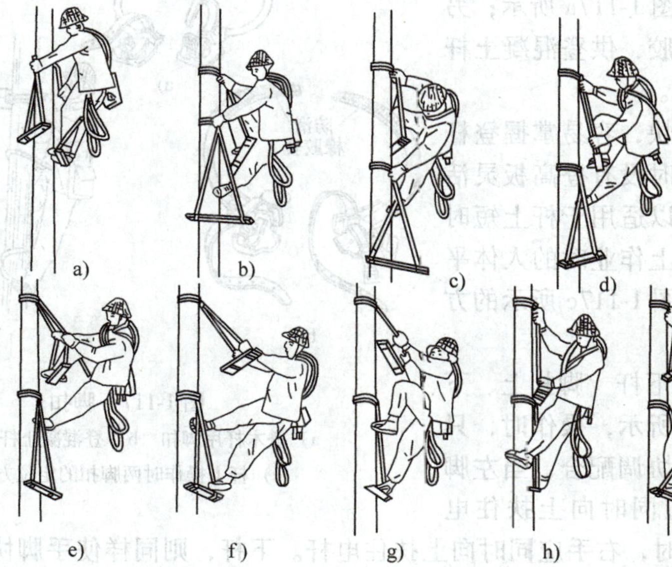

图 1-116　登高板下杆方法

1）人体站稳在现用的一块登高板上，把另一块登高板勾挂在现用登高板下方，别挂得太低，如图 1-116a 所示。

2）右手紧握现用登高板挂钩处的两根绳索，并用大拇指抵住挂钩，以防人体下降时登高板随之下降，左脚下伸，并抵住下方电杆。同时，左手握住下一块登高板的挂钩处(不要使已勾好的绳索滑脱，也不要抽紧绳索，以免踏板下降时发生困难)，人体随左脚的下伸而下降，并使左手配合人体下降而把另一块登高板放下到适当位置，如图 1-116b 所示。

3）当人体下降到如图 1-116c 所示的位置时，使左脚插入另一块登高板的两根棕绳和电杆之间(即应使两根棕绳处在左脚的脚背上)。

4）右手握住上块登高板的上端两根绳索，左手握住下面左端绳索，同时左脚用力抵住电杆，这样既可防止登高板滑下又可防止人体摇晃，如图 1-116d 所示。

5）双手紧握上一块登高板的两根绳索，使人体重心下降，如图 1-116e 所示。

6）双手随人体下降而下移紧握位置，直至贴近两端木板，左脚不动，但用力支撑住电杆，使人体向后仰开，同时右脚从上一块登高板退下，使人体不断下降，并要使右脚能准确地踏到下一块登高板，如图 1-116f 所示。

7）当右脚稍一着落而人体重量尚未完全降落到一块踏板时，就应立即把左脚从两根棕绳内抽出(注意:此时双手不可松动)，并趁势使人体贴近电杆站稳，如图 1-116g 所示。

8）左脚下移，并准备绕过左边棕绳，右手上移到上一块登高板的勾挂处，如图 1-116h 所示。

9）左脚在登高板上站稳，双手解去上一块登高板，如图 1-116i 所示。

以后按上述步骤重复进行，直至人体着地为止。

三、脚扣登高

（1）脚扣　脚扣又叫做铁脚，如图1-117所示，它也是电杆的攀登工具。

脚扣分为两种，一种在扣环上制有铁齿，供木杆用，如图1-117a所示；另一种在扣环上裹有橡胶，供登混凝土杆用，如图1-117b所示。

脚扣攀登速度较快，容易掌握登杆方法；但在杆上作业时没有登高板灵活舒适，易于疲劳，所以适用于杆上短时间作业。为了保证杆上作业时的人体平稳，两只脚扣应按如图1-117c所示的方法定位。

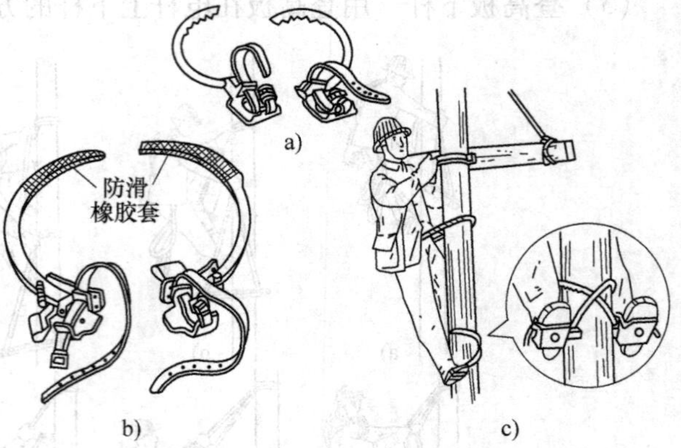

图1-117　脚扣
a）登木杆用脚扣　b）登混凝土杆用脚扣
c）杆上操作时两脚扣的定位方法

（2）脚扣登杆和下杆　脚扣上、下杆的方法如图1-118所示，操作时，只需注意两手和两脚的协调配合，当左脚向上跨扣时，左手应同时向上扶住电杆；当右脚向上跨扣时，右手应同时向上扶住电杆。下杆，则同样使手脚协调配合往下即可，如图1-118a～c所示是上杆姿势；图1-118d～e所示为下杆姿势。

图1-118　脚扣登杆和下杆方法

为了安全，应在登杆前，对脚扣进行人体载荷冲击试验，同时检查扎扣是否牢固可靠。试验时必须单脚进行，当一只脚扣试验完毕后，再试第二只。试验方法简便，作业人员只要按图1-118c所示登一步电杆，然后使整个人的重力以冲击的速度加在一只脚扣上。当试验后证明两只脚扣都没有问题时，才能进行正式登杆。

注意：上、下杆的每一步，必须先使脚扣环完全套入，并可靠地扣住电杆，才能移动身体，否则容易造成事故。

复 习 题

1. 电工常用的手动电工工具各有什么用处？应怎样使用与维护保养？
2. 电工常用的电动机械工具各有什么用处？怎样选用？
3. 低压验电笔的基本构造是怎样的？使用时应注意哪些事项？
4. 导线分为哪两类？各有什么用途？各有哪些主要品种？
5. 导线线头与柱型端子连接时，要掌握哪些操作方法？
6. 导线线头与螺钉端子连接时，线头为什么要弯成压接圈？
7. 恢复导线绝缘层应掌握哪些基本方法？
8. 常用的穿墙套管有哪些？
9. 穿墙孔的錾打时应注意哪些事项？
10. 錾打榫孔时应注意哪些事项？
11. 用 500 型万用表测量电阻的方法如何？应注意哪些事项？
12. 钳形表使用时应注意哪些事项？
13. 如何用绝缘电阻表测量照明或动力线路的绝缘电阻？
14. 如何用绝缘电阻表测量电动机的绝缘电阻？
15. 绝缘电阻表使用时应注意哪些事项？

第二章　室内外线路的安装

第一节　室内线路的安装

室内线路通常由导线、导线支持物和用电器具等组成。室内线路的安装有明线安装和暗线安装两种。导线沿墙壁、天花板、梁及柱子等明敷设称为明线安装；穿管导线埋设在墙内、地坪内或装设在顶棚里称为暗线安装。按配线方式分，室内线路的安装有瓷(塑料)夹板配线、绝缘子配线、塑料护套线配线、电线管配线及钢索配线等。

一、室内线路的安装要求与工序

1. 室内线路的安装要求

1）室内线路的安装方式和导线的选择，一般应根据周围环境的特征以及安全要求等因素决定，见表2-1。

表2-1　室内线路的安装方式及导线的选用

环境特征	配线方式	常用导线
干燥环境	瓷(塑料)夹板、铝片卡明配线	BLV、BLVV、BLXF、BLX
	绝缘子明配线	BLV、LJ、BLXF、BLX
	穿管明敷或暗敷	BLV、BLXF、BLX
潮湿和特别潮湿的环境	绝缘子明配线(敷设高度>3.5m)	BLV、BLXF、BLX
	穿塑料管、钢管明敷或暗敷	
多尘环境(不包括火灾及爆炸危险尘埃)	绝缘子明配线	BLV、BLVV、BLXF、BLX
	穿管明敷或暗敷	BLV、BLXF、BLX
有腐蚀性的环境	绝缘子明配线	BLV、BLVV
	穿塑料管明敷或暗敷	BLV、BV、BLXF
有火灾危险的环境	绝缘子明配线	BLV、BLX
	穿钢管明敷或暗敷	
有爆炸危险的环境	穿钢管明敷或暗敷	BV、BX

2）所使用导线的额定电压应大于线路工作电压，明线敷设的导线应采用塑料或橡皮绝缘导线，导线的最小截面积和敷设距离见表2-2。

表 2-2　室内明线敷设导线的最小截面积和敷设距离

配线方式	绝缘导线最小截面积/mm²		敷设距离					
			绝缘导线截面积/mm²		前后支持物间最大距离/m	线间最小距离/mm	与地面最小距离/m	
	铜芯	铝芯	铜芯	铝芯			水平敷设	垂直敷设
瓷夹板配线	1.0	1.5	1~2.5	1~2.5	0.6	—	2.0	1.3
			4~10	4~10	0.8			
绝缘子配线	2.5	4.0		4.0	6.0（吊灯为3）	100	2.0	1.3
			≥2.5	≥6.0	10（吊灯为3）	150		
护套线配线	1.0	1.5			0.2	—	0.15	0.15

3）为确保安全，室内电气管线路和配电设备与其他管道、设备间的最小距离，应符合表 2-3 所示要求。

表 2-3 中有两个数字者，分子数字为电气管线路敷设在管道上面的距离，分母数字为电气管线路敷设在管道下面的距离。施工时，如不能满足表 2-3 所列距离，则应采取如下措施：

表 2-3　室内电气管线路和配电设备与其他管道、设备间的最小距离　（单位：m）

类别	管道与设备名称	管内导线	明线绝缘导线	裸母线	滑触线	配电设备
平行	煤气管	0.1	1.0	1.0	1.5	1.5
	乙炔管	0.1	1.0	2.0	3.0	3.0
	氧气管	0.1	0.5	1.0	1.5	1.5
	蒸汽管	上 1.0/下 0.5	上 1.0/下 0.5	1.0	1.0	0.5
	暖水管	上 0.3/下 0.2	上 0.3/下 0.2	1.0	1.0	0.1
	通风管	—	0.1	1.0	1.0	0.1
	上下水管	—	0.1	1.0	1.0	0.1
	压缩空气管	—	0.1	1.0	1.0	0.1
	工艺设备	—	—	1.0	1.5	—

（续）

类别	管道与设备名称	管内导线	明线绝缘导线	裸母线	滑触线	配电设备
交叉	煤气管	0.1	0.3	0.5	0.5	
	乙炔管	0.1	0.5	0.5	0.5	
	氧气管	0.1	0.3	0.5	0.5	
	蒸汽管	0.3	0.3	0.5	0.5	
	暖水管	0.1	0.1	0.5	0.5	
	通风管	—	0.1	0.5	0.5	
	上下水管	—	0.1	0.5	0.5	
	压缩空气管	—	0.1	0.5	0.5	
	工艺设备	—	—	1.5	1.5	

① 电气管线路与蒸汽管不能保持表2-3中距离时，可在蒸汽管外包以隔热层，这样平行净距可减至200mm；交叉距离只需考虑施工维护方便。

② 电气管线路与暖水管不能保持表2-3中距离时，可在暖水管外包隔热层。

③ 裸母线与其他管道交叉且不能保持表2-3中距离时，可在交叉处的裸母线外加装保护网或罩。

④ 线路安装时，应尽量避免导线有接头，若必须有接头时，应采用压接或焊接。但穿在电线管内的导线，在任何情况下都不能有接头。必要时，可把接头放在接线盒或灯头盒内。

⑤ 当导线穿过楼板时，应装设钢管套加以保护，钢管长度应从离楼板面2m高处，到楼板下出口处为止。

⑥ 导线穿墙要用瓷管保护，瓷管的两端出线口，伸出墙面的距离不小于10mm，除穿向室外的瓷管应一线一根瓷管外，同一回路的几根导线可以穿在一根瓷管内，但管内导线的总面积(包括外绝缘层)不应超过管内总面积的40%。

⑦ 当导线通过建筑物伸缩缝时，导线敷设应稍有松弛，对于钢管线路安装时，应装设补偿盒，以适应建筑物的伸缩。

⑧ 当导线互相交叉时，为避免碰线，在每根导线上应套以塑料管或其他绝缘管，并将套管固定，不使其移动。

2. 室内线路的安装工序

1）按施工图样确定灯具、插座、开关、配电箱和起动设备等的装置。

2）沿建筑物确定导线敷设的路径及穿过墙壁或楼板的位置。

3）在土建未抹灰前，将安装线路所需的全部固定点打好孔眼，预埋木榫或膨胀螺栓的套筒。

4）装设瓷夹板、铝夹片或电线管。

5）敷设导线。

6）导线连接、分支和封端，并将导线的出线端与灯具、插座、开关、配电箱等设备连接。

二、塑料护套配线

塑料护套线是一种具有塑料保护层的双芯或多芯绝缘导线，具有防潮、耐酸和耐腐蚀、线路造价较低和安装方便等优点。它可以直接敷设在空心楼板、墙壁以及其他建筑物表面，可用铝片线卡(俗称钢精轧头)作为导线支持物。目前大部分电气照明线路均采用塑料护套线配线。但是由于导线的截面积较小，大容量线路不能采用。

1. 塑料护套线的配线方法

(1) 划线定位　先确定线路方向以及各用电器的安装位置，然后用弹线袋划线，同时按护套线的安装要求，每隔150～200mm划出固定铝片线卡的位置。在距开关、插座和灯具木台50～100mm处都需设置铝片线卡的固定点，如图2-1所示。

(2) 錾眼并安装木榫　錾打整个线路中的木榫孔，并安装好所有木榫。

(3) 固定铝片线卡　铝片线卡的规格有0、1、2、3和4号等，号码越大，长度越长，在室内外照明线路中通常用0号和1号铝片线卡。按固定的方式划分，铝片线卡的形状有小铁钉固定式和粘结剂固定式两种，如图2-2所示。

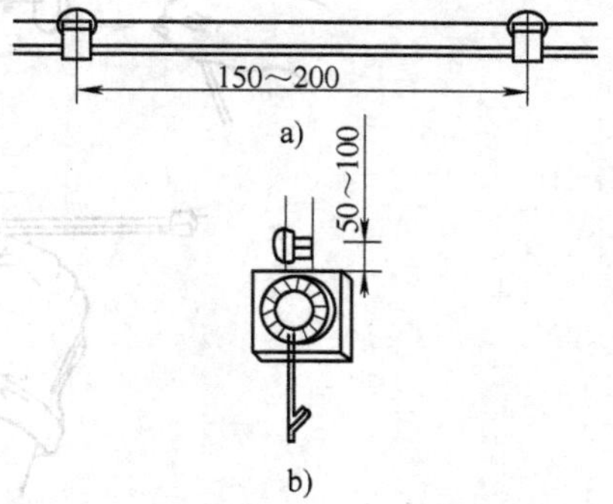

图2-1　塑料护套线固定点位置

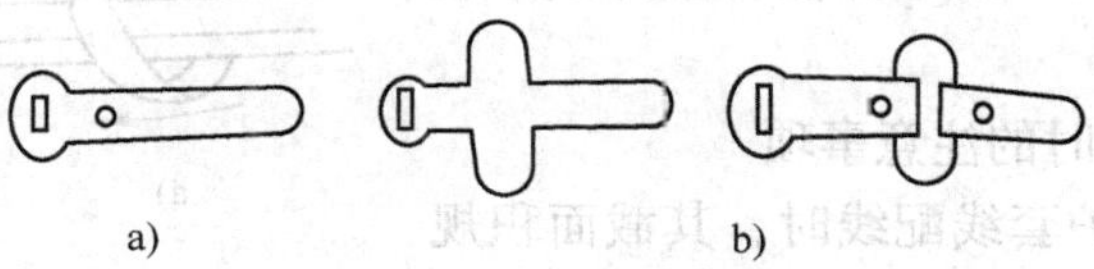

图2-2　铝片线卡

a) 小铁钉固定式　b) 粘结剂固定式

在木结构上可用铁钉固定铝片线卡；在抹灰浆的墙上每隔4～5档，或在进入木台和转角处需用小铁钉在木榫上固定铝片线卡，其余的可用小铁钉直接将铝片线卡钉在灰浆中；在砖墙和混凝土墙上可用木榫和环氧树脂粘接剂固定铝片线卡。

各种截面积的塑料护套线配用铝片线卡号数见表2-4。

表2-4　塑料护套线配用铝线片卡号数

导线截面积/mm^2	BVV、BLVV双芯			BVV、BLVV三芯	
	1根	2根	3根	1根	2根
1.0	0	1	3	1	3
1.5	0	2	3	1	3
2.5	1	2	4	1	4
4	1	3	5	2	5
5	1	3		3	
6	2	4		3	
8	2			4	
10	3			4	

（4）敷设导线　为使护套线敷设得平直，可在直线部分的两端各装一副瓷夹，敷线时，先把护套线一端固定在瓷夹内，然后勒直并在另一端收紧护套线后，固定在另一副瓷夹中，最后把护套线依次夹入铝片线卡中，如图 2-3 所示。

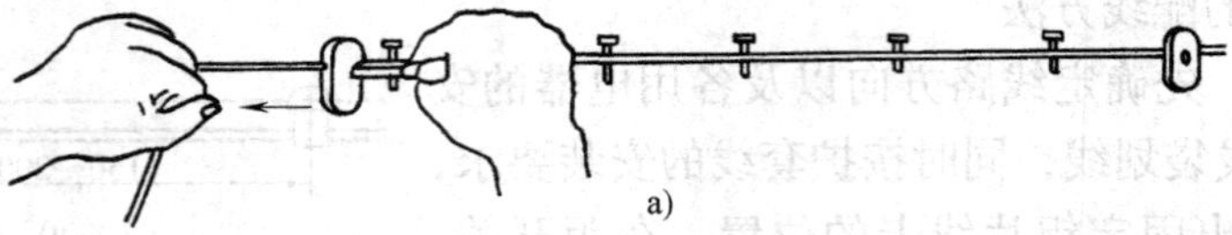

a)

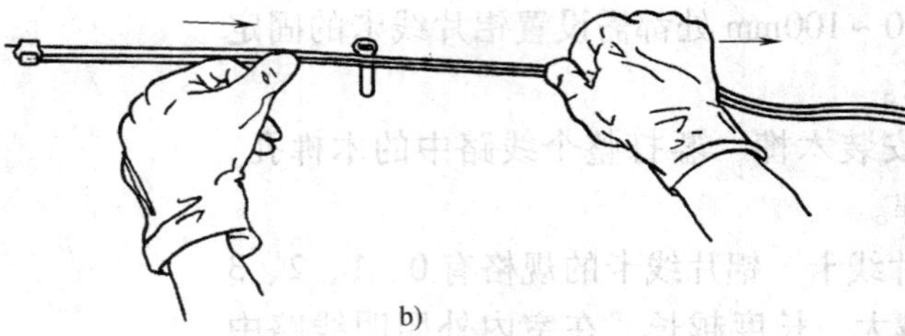

b)

图 2-3　勒直、勒平护套线

（5）铝片线卡的夹持　护套线均置于铝片线卡的定位孔后，即可按图 2-4 所示方法将铝片线卡收紧，并夹持护套线。

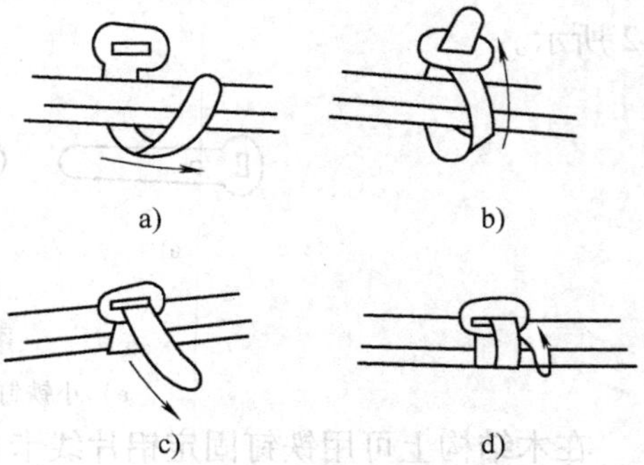

a)　b)　c)　d)

图 2-4　铝片线卡夹持护套线操作过程

2. 塑料护套线配线时的注意事项

1）室内使用塑料护套线配线时，其截面积规定为，铜芯不得小于 $0.5mm^2$，铝芯不得小于 $1.5mm^2$；室外使用塑料护套线配线时，其截面积规定为，铜芯不得小于 $1.0mm^2$，铝芯不得小于 $2.5mm^2$。

2）护套线不可在线路上直接连接，可通过瓷接头、接线盒或借用其他电器的接线桩来连接。

3）护套线转弯时，转弯圆度要大，以免损伤导线，转弯前后各用一个铝片线卡夹住，如图 2-5a 所示。

4）护套线进入木台前应安装一个铝片线卡，如图 2-5b 所示。

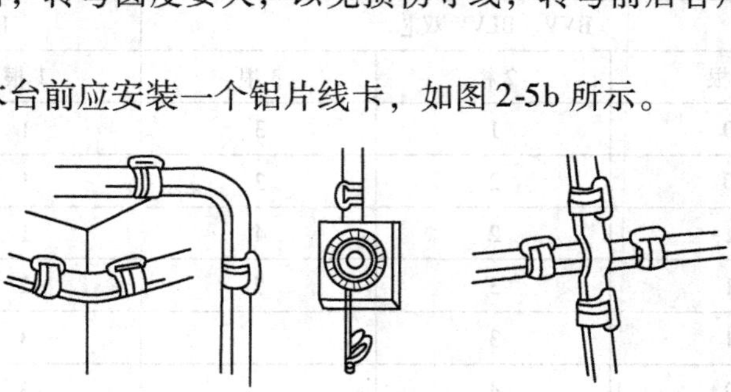

a)　b)　c)

图 2-5　铝片线卡的安装

a）转角部分　b）进入木台　c）十字交叉

5）两根护套线相互交叉时，交叉处要用 4 个铝片线卡夹住，如图 2-5c 所示。护套线应尽量避免交叉。另外，在穿入或穿出管子时也要使用铝片线卡。

6）户内敷设护套线时，护套线离地高度不应低于 0.15m，低于 0.15m 的应装保护管，如图 2-6a 所示。户外敷设护套线，水平敷设时，护套线离地高度不应低于 2.5m；垂直敷设时，离地高度不应低于 1.3m，如图 2-6b 所示。

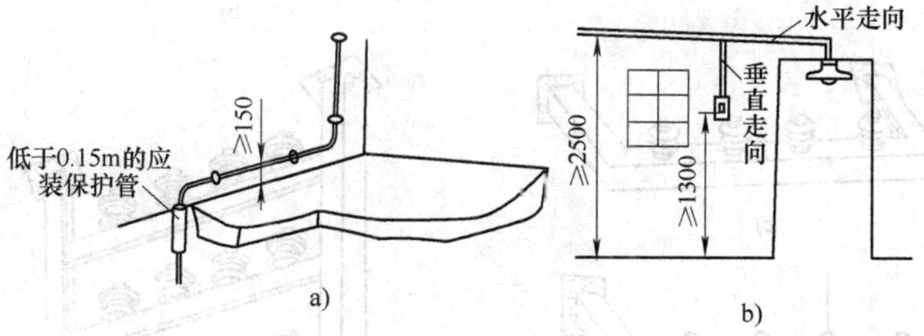

图 2-6　护套线离地高度

a）户内敷设　b）户外敷设

三、绝缘子配线

1. 绝缘子的配线方法

绝缘子适用于电量较大而又比较潮湿的场合。绝缘子一般有鼓形绝缘子（又称为瓷柱）、蝶形绝缘子（又称为茶台绝缘子）、针式绝缘子（又称为伞形绝缘子）和悬式绝缘子（又称为盒子绝缘子）等，其外形如图 2-7 所示。

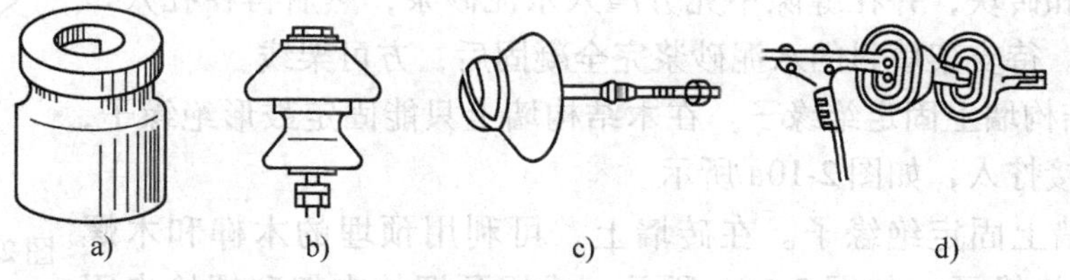

图 2-7　绝缘子的外形

a）鼓形绝缘子　b）蝶形绝缘子　c）针式绝缘子

d）悬式绝缘子

绝缘子配线就是利用绝缘子支持导线的一种配线方式。导线截面较细的一般采用鼓形绝缘子配线，导线截面较粗时一般采用其他几种绝缘子配线。

绝缘子配线前先按施工图确定绝缘子的安装地点，然后将绝缘子固定，再敷设导线。

（1）绝缘子的固定

1）角钢支架的安装。角钢支架的结构形式很多，常用的结构形式如图 2-8 所示。

室内用的角钢支架，凡导线截面积在 $35mm^2$ 及以下的，可用无支撑式，截面积超过 $35mm^2$ 的，则应用支撑式（室外用的角钢支架，通常都用支撑式）。在不能沿墙安装时，可采用安装在楼板上的悬吊式。凡同时需架设多条线路时，可采用分层式。

角钢支架埋入建筑物的深度，应按不同导线规格和不同角钢支架形式而定，一般的埋入深度在 100～150mm。为了使终端式和悬吊式支架能承受足够的拉力，埋入建筑物的角钢，应按如图 2-9 所示的方法进行加固处理。

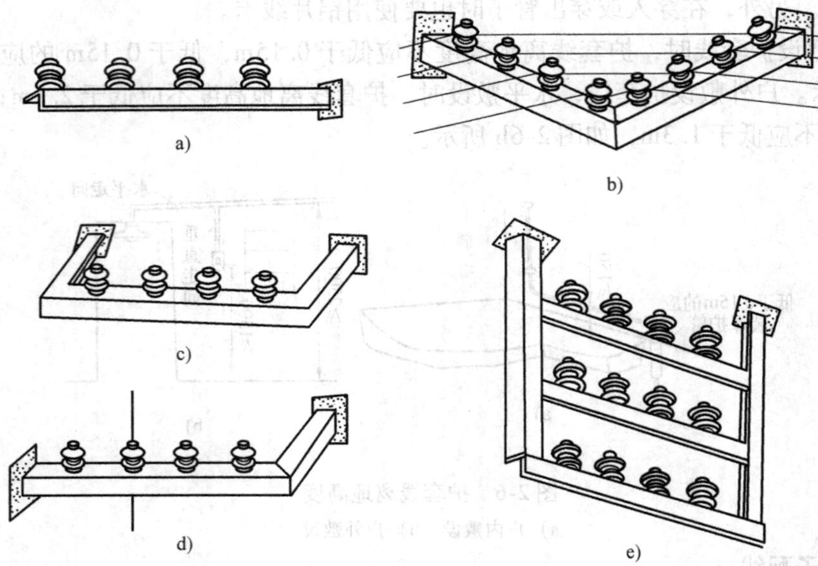

图 2-8　角钢支架的结构形式

a）无支撑式　b）内转角式　c）加强终端式

d）墙角终端式　e）悬吊分层式

支架在埋入建筑物时，不可单用水泥砂浆填封孔穴，应在支架埋脚四周紧嵌石块和砖块，并在缝隙中充分灌入水泥砂浆，然后再在孔穴口填封水泥砂浆。待支架填封的水泥砂浆完全凝固后，方可架线。

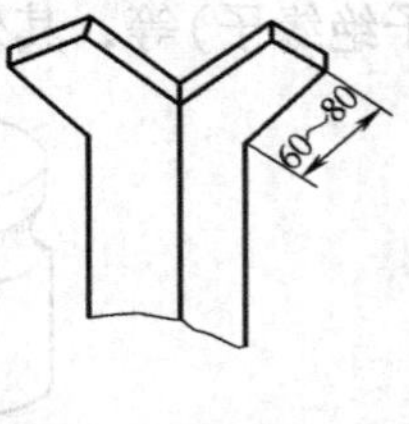

图 2-9　角钢支架埋脚加固方法

2）在木结构墙上固定绝缘子。在木结构墙上只能固定鼓形绝缘子，可用木螺钉直接拧入，如图 2-10a 所示。

3）在砖墙上固定绝缘子。在砖墙上，可利用预埋的木榫和木螺钉来固定鼓形绝缘子，如图 2-10b 所示；或用预埋的支架和螺栓来固定鼓形绝缘子、蝶形绝缘子和针式绝缘子等，如图 2-10c 所示。此外也可用缠有铁丝的木螺钉和膨胀螺栓来固定鼓形绝缘子。

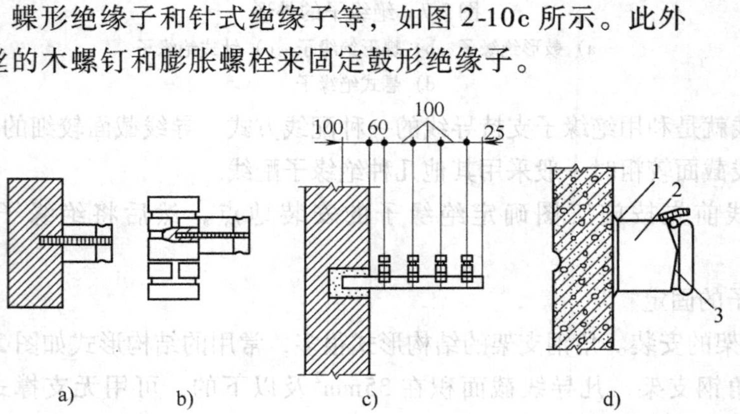

图 2-10　绝缘子的固定

a）木结构上　b）砖墙上　c）支架上　d）用环氧树脂固定绝缘子

1—粘接剂　2—绝缘子　3—绑扎线

4）在混凝土墙上固定绝缘子。在混凝土墙上，可用缠有铁丝的木螺钉和膨胀螺栓来固定鼓形绝缘子，或用预埋的支架和螺栓来固定鼓形绝缘子、蝶形绝缘子或针式绝缘子，也可用环氧树脂粘接剂来固定绝缘子，如图 2-10d 所示。

（2）敷设导线及导线的绑扎　在绝缘子上敷设导线时，应从一端开始，先将导线的一端绑扎在绝缘子的颈部，如果导线弯曲，应事先调直，然后将导线的另一端收紧绑扎固定，最后把中间导线也绑扎固定。导线在绝缘子上绑扎固定的方法如下：

1）终端导线的绑扎。导线的终端可用回头线绑扎方式，如图 2-11 所示。绑扎线宜用绝缘线，绑扎的线径和绑扎圈数见表 2-5。

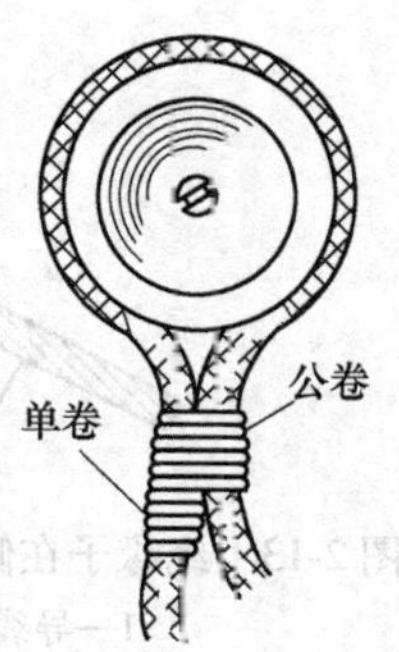

图 2-11　终端导线的绑扎

表 2-5　绑扎线的线径和绑扎圈数

导线截面积/mm^2	绑线直径/mm			绑线圈数	
	纱包铁芯线	铜芯线	铝芯线	公圈数	单圈数
1.5～10	0.8	1.0	2.0	10	5
10～35	0.89	1.4	2.0	12	5
50～70	1.2	2.0	2.6	16	5
95～120	1.24	2.6	3.0	20	5

2）直线段导线的绑扎。在鼓形和蝶形绝缘子上，直线段导线一般采用单绑法或双绑法两种，截面积在 $6mm^2$ 及其以下的导线可采用单绑法，如图 2-12a 所示；截面积为 $10mm^2$ 及其以上的导线可采用双绑法，如图 2-12b 所示。

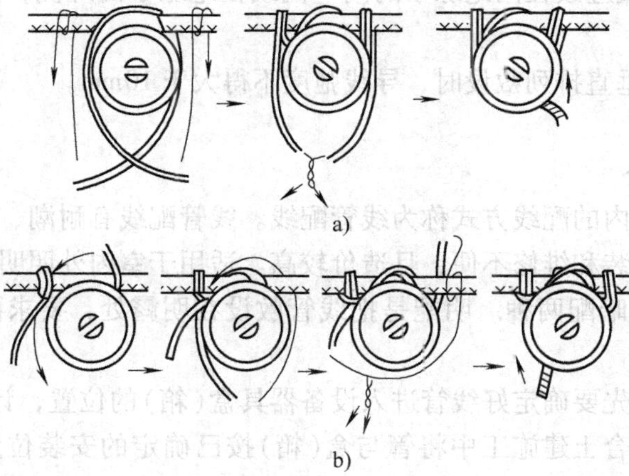

图 2-12　直线段导线的绑扎
a）单绑法　b）双绑法

2. 绝缘子配线时的注意事项

1）在建筑物的侧面或斜面上配线时，必须将导线绑扎在绝缘子的上方，如图 2-13 所示。

2）导线在同一平面内有曲折时，绝缘子必须装设在导线由折角的内侧，如图 2-14 所示。

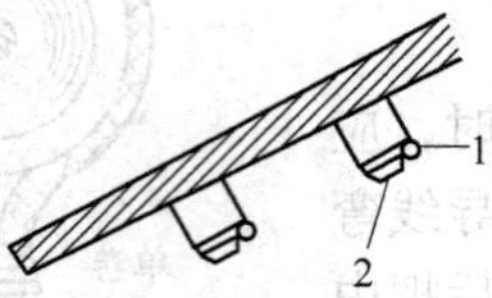

图 2-13　绝缘子在侧面或斜面导线绑扎位置

1—导线　2—绝缘子

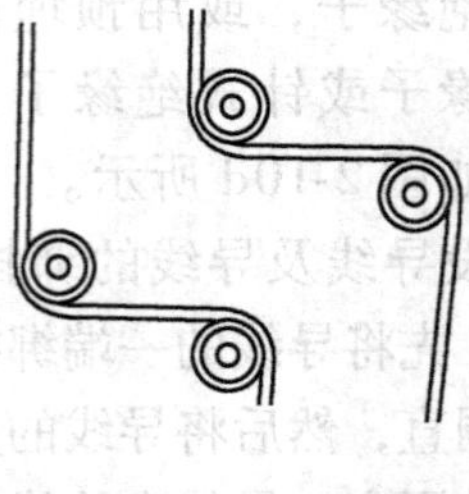

图 2-14　绝缘子在同一平面的转角做法

3）导线不在同一平面上曲折时，在凸角的两面上应装设两个绝缘子，如图 2-15 所示。

4）导线出现分支时，必须在分支点处设置绝缘子，用以支持导线；导线互相交叉时，应在距建筑物较近的导线上套瓷管，如图 2-16 所示。

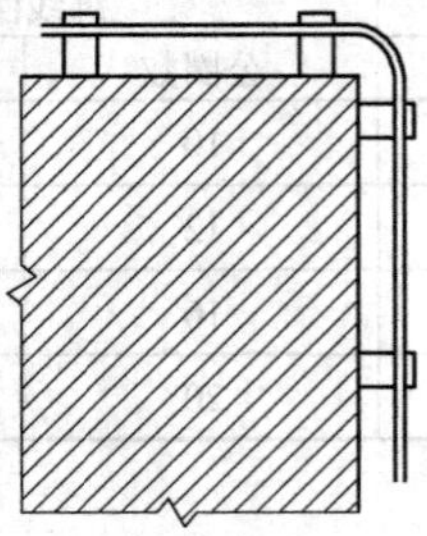

图 2-15　绝缘子在不同平面处的转弯做法

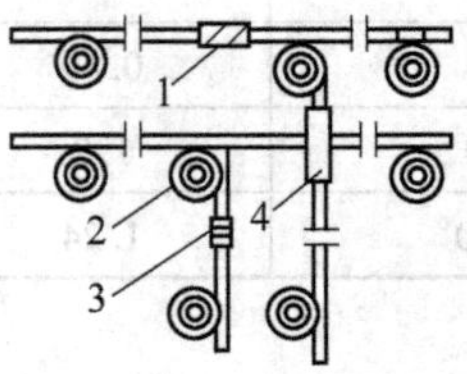

图 2-16　绝缘子的分支做法

1—接头包胶布　2—绝缘子　3—导线　4—瓷管

5）平行的两根导线应放在两绝缘子的同一侧或在绝缘子的外侧，不能放在两绝缘子的内侧，如图 2-17 所示。

6）绝缘子沿墙壁垂直排列敷设时，导线弛度不得大于 10mm。

四、线管配线

1. 线管配线的方法

把绝缘导线穿在管内的配线方式称为线管配线。线管配线有耐潮、耐腐、导线不易遭受机械损伤等优点，但安装和维修不便，且造价较高。适用于室内外照明和动力线路的配线。

线管配线有明配和暗配两种。明配是把线管敷设在明露处，要求配得横平竖直，管路短，弯头少。

线管暗配线时，首先要确定好线管进入设备器具盒（箱）的位置，计算好管路敷设长度，再进行配管施工。在配合土建施工中将管与盒（箱）按已确定的安装位置连接起来，并在管与管、盒（箱）的连接处，焊上接地跨接线，使金属外壳连成一体。线管暗线配线示意图如图 2-18 所示。

（1）线管选择

1）根据敷设场所来选择线管类型。

① 在潮湿和有腐蚀气体的场所内明敷或暗敷：一般采用管壁较厚的白铁管。

② 在干燥场所内明敷或暗敷：一般采用管壁较薄的电线管。

③ 在腐蚀性较大的场所内明敷或暗敷：一般采用硬塑料管。

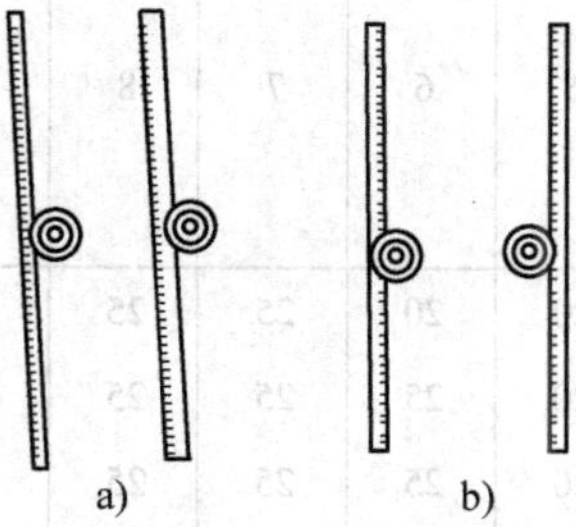

图 2-17　平行导线在绝缘子上的绑扎

a）在两绝缘子同侧　b）在两绝缘子外侧

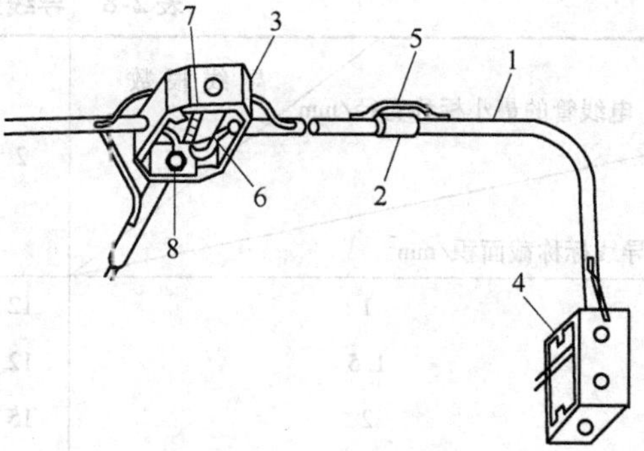

图 2-18　线管暗配线示意图

1—线管　2—管箍　3—灯位盒　4—开关盒　5—跨接接地线　6—导线　7—接地导线　8—锁紧螺母

线管有白铁管、电线管和硬塑料管，其使用场合及规格见表 2-6。

表 2-6　线管种类及使用场合

线 管 名 称	使 用 场 合	最小允许管径
白铁管	适用于潮湿和有腐蚀气体场所内明敷或埋地	最小管径应大于内径 9.5mm
电线管	适用于干燥场所的明敷或暗敷	最小管径应大于内径 9.5mm
硬塑料管	适用于腐蚀性较强的场所明敷或暗敷	最小管径应大于内径 10.5mm

2）根据穿管导线截面积和根数来选择线管的直径。一般要求穿管导线的总截面积（包括绝缘层）不应超过线管内径截面积的 40%；白铁管和电线管的管径可根据穿管导线的截面积和根数按表 2-7 和表 2-8 选取。

表 2-7　导线穿白铁管的标称直径选择

白铁管的最小标称直径/mm（导线根数 / 导线标称截面积/mm^2）	2	3	4	5	6	7	8	9	10
1	10	10	10	15	15	20	20	25	25
1.5	10	15	15	20	20	20	25	25	25
2	10	15	15	20	20	25	25	25	25
2.5	15	15	15	20	20	25	25	25	25
3	15	15	20	20	20	25	25	32	32
4	15	20	20	20	25	25	32	32	32
5	15	20	20	20	25	25	32	32	32
6	20	20	20	25	25	25	32	32	32
8	20	20	25	25	32	32	32	32	40
10	20	25	25	32	32	40	40	50	50
16	25	25	32	32	40	50	50	50	50
20	25	32	32	40	50	50	50	70	70
25	32	32	40	40	50	50	70	70	70
35	32	40	50	50	50	70	70	70	80
50	40	50	50	70	70	70	80	80	80
70	50	50	70	70	80	80	—	—	—
95	50	70	70	80	80	—	—	—	—
120	70	70	80	80	—	—	—	—	—
150	70	70	80	—	—	—	—	—	—
185	70	80	—	—	—	—	—	—	—

表 2-8 导线穿电线管的标称直径选择

导线标称截面积/mm² \ 电线管的最小标称直径/mm \ 导线根数	2	3	4	5	6	7	8	9	10
1	12	15	15	20	20	25	25	25	25
1.5	12	25	20	20	25	25	25	25	25
2	15	15	20	20	25	25	25	25	25
2.5	15	15	20	25	25	25	25	25	32
3	15	15	20	25	25	25	25	32	32
4	15	20	25	25	25	25	32	32	32
5	15	20	25	25	25	25	32	32	32
6	15	20	25	25	25	32	32	32	32
8	20	25	25	32	32	32	40	40	40
10	25	25	32	32	40	40	40	50	50
10	25	32	32	40	40	50	50	50	50
20	25	32	40	40	50	50	50	70	70
25	32	40	40	50	50	70	70	70	70
35	32	40	50	50	70	70	70	70	80
50	40	50	70	70	70	70	80	80	80
70	50	50	70	70	80	80	80	—	—
95	50	70	70	80	80	—	—	—	—
120	70	70	80	80	—	—	—	—	—

（2）落料　落料前应检查线管质量，有裂缝、瘪陷及管内有锋口杂物等均不能使用。两个接线盒之间应为一个线段，根据线路弯曲、转角情况来决定用几根线管接成一个线段和确定弯曲部位，一个线段内应尽可能减少管口的连接口。

（3）线管除锈与涂漆　用圆形钢丝刷，两头各绑1根铁丝穿过线管，来回拉动钢丝刷进行管内除锈，如图2-19a所示。管外可用钢丝刷除锈，如图2-19b所示。管子除锈后，可在内外表面涂以油漆或沥青漆，但埋设在混凝土中的电线管外表面不要涂漆，以免影响混凝土的结构强度。

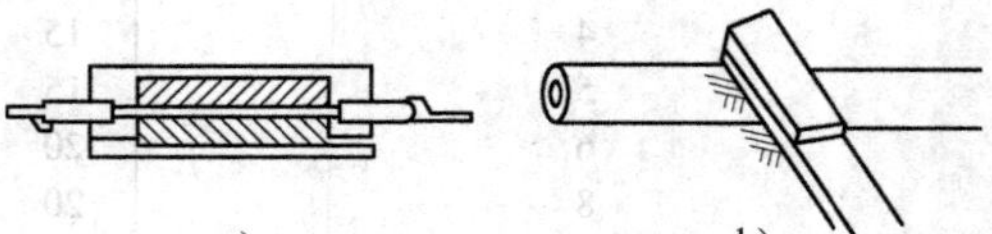

a)　　b)

图 2-19　线管除锈

a）管内　b）管外

（4）弯管

1）矩形木条弯管器。直径为25mm以下的薄壁管和直径为20mm以下的厚壁管，可用质地坚硬并开有斜口的矩形木条来弯管。弯管时把线管嵌入木条上的斜口里，使标有记号的地方跟斜口的侧沿平齐，然后将钢管弯成所需角度，如图2-20所示。

2）管弯管器弯管。管弯管器的体积小、质量轻，是弯管器中最简便的一种，其使用方法如图 2-21 所示。它适用于直径 50mm 以下的管子。

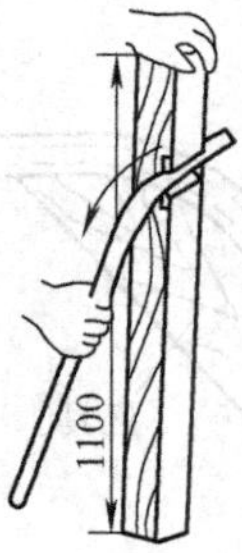

图 2-20　矩形木条弯管

图 2-21　管弯管器弯管

3）木架弯管器弯管。木架弯管器是用方木制作的，可用于较大直径线管的弯曲，其外形如图 2-22 所示。木架弯管器不如管弯管器简便，搬运也不便。

4）滑轮弯管器弯管。直径在 50～100mm 的线管可用滑轮弯管器进行弯管，其结构如图 2-23 所示。

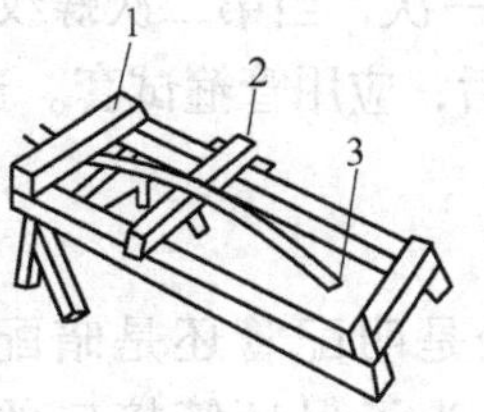

图 2-22　木架弯管器弯管

1—固定方木　2—移动方木　3—按压处

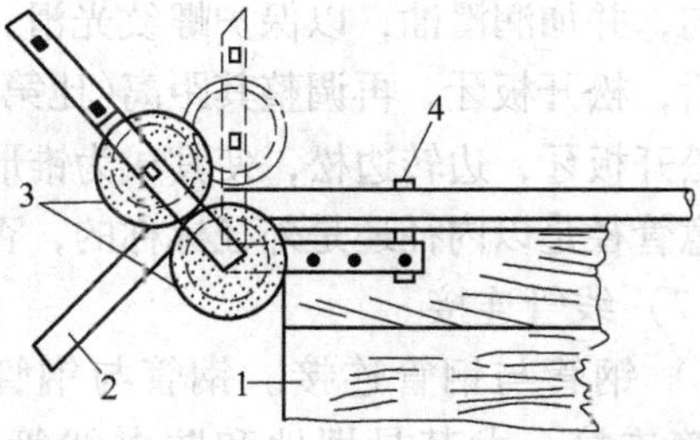

图 2-23　滑轮弯管器的结构

1—作业台　2—管子　3—铁滑轮　4—卡子

5）弯管方法。为便于线管穿线，管子的弯曲角度，一般应大于 90°，如图 2-24 所示，明管敷设时，管子的曲率半径 $R \geqslant 4d$；暗管敷设时，管子的曲率半径 $R \geqslant 6d$；夹角 $\theta \geqslant 90°$。

直径在 50mm 以下的线管，可用管弯管器进行弯曲。在弯曲时，要逐渐移动弯管器棒，且一次弯曲的弧度不可过大，否则可能会弯裂或弯瘪线管。

凡壁管较薄而直径较大的线管，弯曲时，管内要灌满沙子，否则会把线管弯瘪；如采用加热弯曲，要用干燥无水分的沙子灌满，并在管两端塞上木塞，如图 2-25 所示。

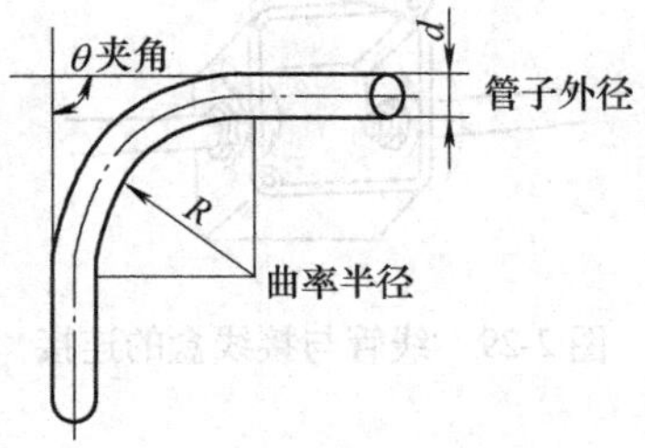

图 2-24　线管的弯度

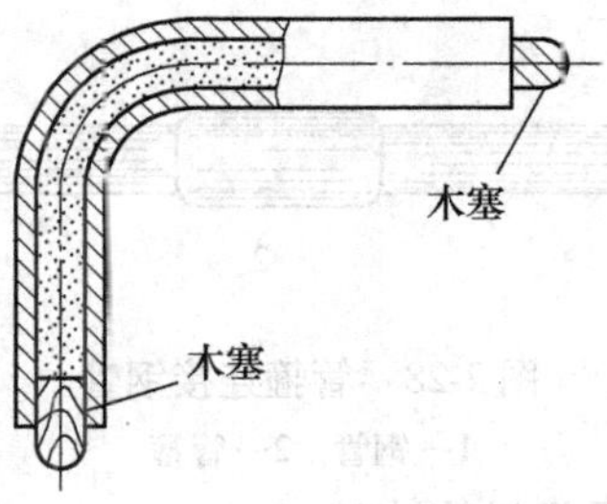

图 2-25　线管灌沙弯曲

弯曲有缝管时，应将接缝处放在弯曲的侧边，作为中间层，这样，可使焊缝在弯曲变形时既不延长又不缩短，焊缝处就不易裂开，如图 2-26 所示。

弯曲硬塑料管时，先将塑料管用电炉或喷灯加热，然后放到大胚具上弯曲成形，如图 2-27 所示。

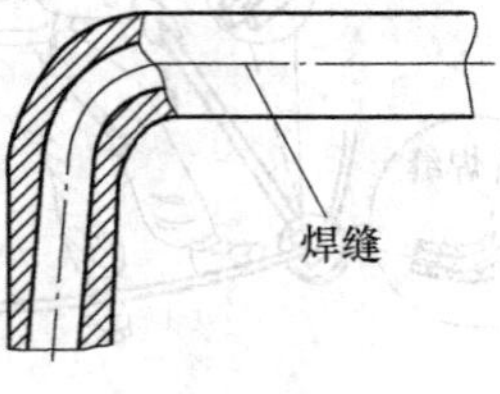

图 2-26　有缝管的弯曲

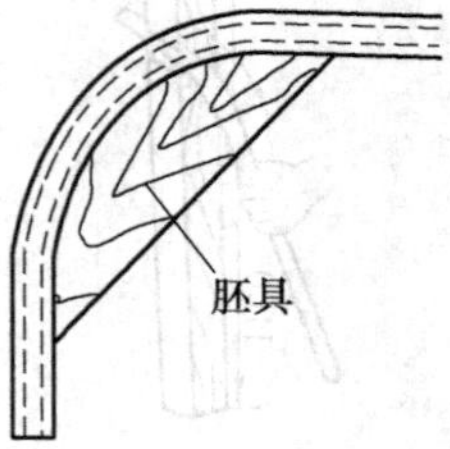

图 2-27　硬塑料管弯曲

（5）锯管　按实际长度需要用钢锯锯管，锯削时应使管口平整，并要锉去毛刺和锋口。

（6）套螺纹　为了使管子之间或管子与接线盒之间连接起来，需要在管子端部进行套螺纹，钢管套缧纹时，可用管子套螺纹铰板。

套螺纹时，应把线管钳夹在管钳或台虎钳上，然后用套螺纹铰板铰出螺纹。操作时，用力要均匀，并加润滑油，以保护螺纹光滑，螺纹长度等于管箍长度的 1/2 时加 1～2 牙。第一套完成后，松开板牙，再调整其距离（比第一次小一点），再套一次，当第二次螺纹快要套完时，稍微松开板牙，边转边松，使其成为锥形螺纹，套螺纹完成后，应用管箍试套。选用板牙时必须注意管径是以内径还是外径标称的，否则无法使用。

（7）线管连接

1）钢管与钢管连接。钢管与钢管之间的连接，无论是明配管还是暗配管，最好采用管箍连接，尤其是埋地和防爆线管，如图 2-28 所示。为了保证管接口的严密性，管子的螺纹部分，应顺螺纹方向缠上麻丝，并在麻丝上涂层白漆，再用管子钳拧紧，并使两端间吻合。

2）钢管与接线盒的连接。钢管的端部与各种接线盒连接时，应采用在接线盒内各用一个薄形螺母（又称为锁紧螺母）夹紧线管的方法，如图 2-29 所示。安装时，先在线管管口拧入一螺母，管口穿入接线盒后，在盒内再套拧一个螺母，然后用两把扳手，把两个螺母反向拧紧。如果需要密封，则在两个螺母之间垫入封口垫圈。

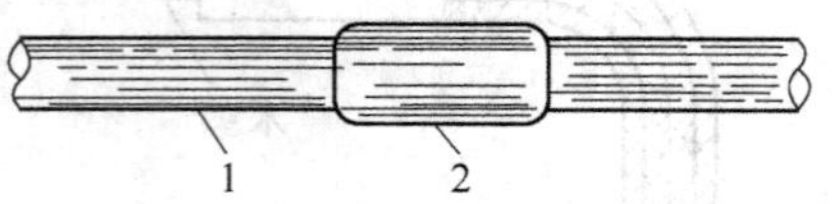

图 2-28　管箍连接钢管
1—钢管　2—管箍

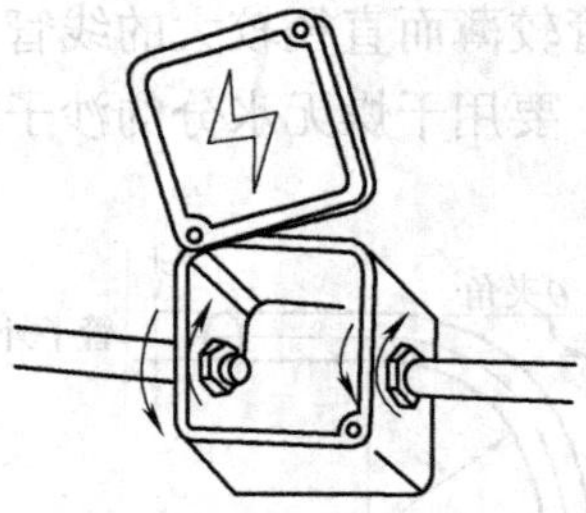

图 2-29　线管与接线盒的连接

3）硬塑料管连接。

① 插入法连接。连接前先将连接的两根管子的管口分别内倒角和外倒角，如图 2-30a

所示，然后用汽油或酒精把管子的插接段的油污擦干净，接着将阴管插接段(长度为1.2～1.5倍的管子直径)放在电炉或喷灯上加热至145℃左右，呈柔软状态后，将阳管插入部分涂一层胶合剂(过氯乙烯胶)，迅速插入阴管，立即用湿布冷却，使管子恢复原来的硬度，如图2-30b所示。

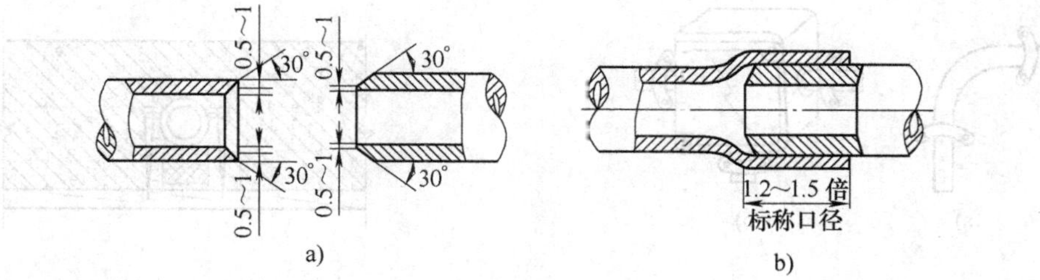

图2-30　硬塑料管的插入法连接

a）管口倒角　b）插入法连接

② 套接法连接。连接前先将同径的硬塑料管加热扩大成套管，套管长度为2.5～3倍的管子直径，然后把需要连接的两管倒角，并用汽油或酒精擦干净，待汽油挥发后，涂上粘接剂，迅速插入套管中，如图2-31所示。

（8）线管的接地　线管配线的线管必须可靠地接地，为此，在线管与线管、线管与配电箱及接线盒等连接处，用$\phi 6 \sim \phi 10$mm圆钢制成的跨接线连接，如图2-32所示。在干线始末端和分支线管上分别与接地体可靠地连接，使线路所有线管都可靠地接地。

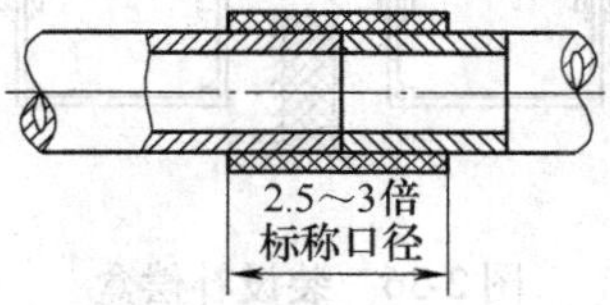

图2-31　硬塑料管的套接法连接

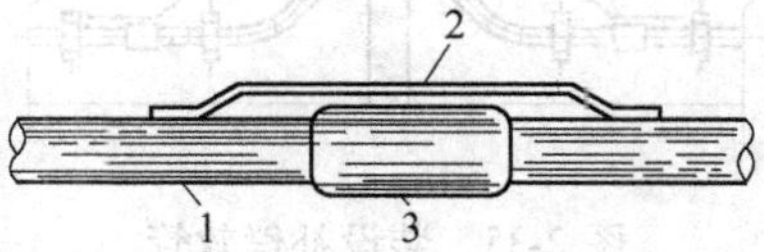

图2-32　线管连接处的跨接线

1—线管　2—跨接线　3—管箍

（9）线管的固定

1）线管明线敷设。线管明线敷设时应采用管卡支持，线管直线部分，两管卡之间的最大距离应不大于表2-9所规定的距离。

表2-9　线管直线部分管卡间的最大距离

管卡间距/m ＼ 线管直径 ＼ 管壁厚度/mm	13～19mm $\left(\frac{1}{2}'' \sim \frac{3}{4}''\right)$	25～32mm $\left(1'' \sim 1\frac{1}{4}''\right)$	38～51mm $\left(1\frac{1}{2}'' \sim 2''\right)$	64～76mm $\left(2\frac{1}{2}'' \sim 3''\right)$
≤2.5	1.5	2.0	2.5	3.4
≥2.5	1.0	1.5	2.0	

在线管进入开关、灯头、插座和接线盒孔前300mm处和线管弯头两边，都需要用管卡固定，如图2-33所示。管口均应安装在木结构或木榫上。

2）线管在砖墙内暗线敷设。此时，一般在土建砌砖时预埋，否则应先在砖墙上留槽或开槽，然后在砖缝里打入木榫并用钉子固定。

3）线管在混凝土内暗线敷设。此时，可用铁丝将管子绑扎在钢筋上，也可用钉子钉在模板上，用垫块将管子垫高15mm以上，使管子与混凝土模板间保持足够的距离，并防止浇灌混凝土时管子脱开，如图2-34所示。

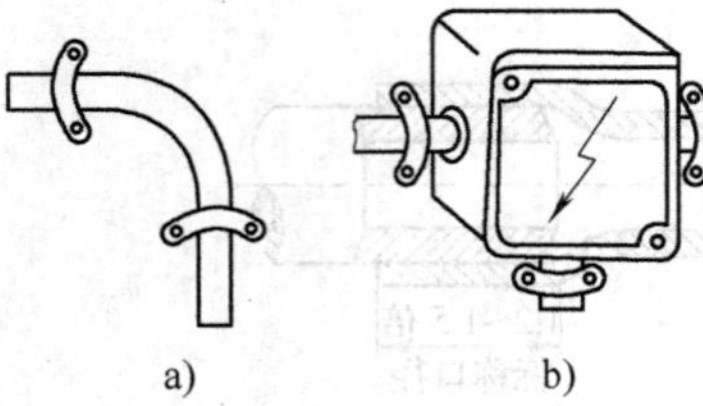

图2-33　管口固定

a）线管弯头　b）进入接线盒

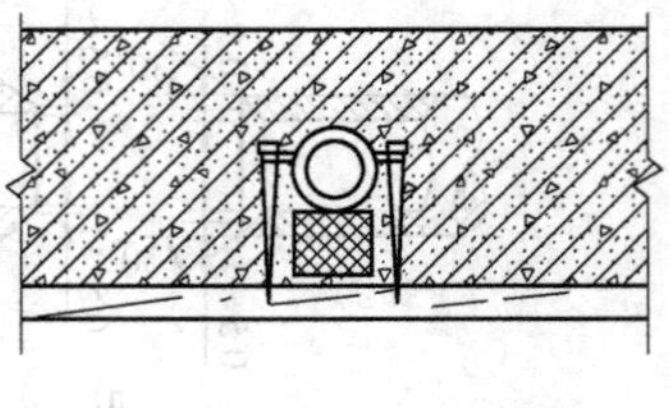

图2-34　线管在混凝土模板上的固定

（10）装设补偿装置

1）明配线。在建筑物伸缩缝处，安装一段略有弧度的软管，以便基础下沉时，借助软管弧度和弹性而伸缩，如图2-35所示。

2）暗配线。在建筑物伸缩缝处装设补偿盒，在补偿盒的一侧开一长孔将线管穿入无需固定，而另一侧应用六角管子螺母将伸入的线管与补偿盒固定，如图2-36所示。

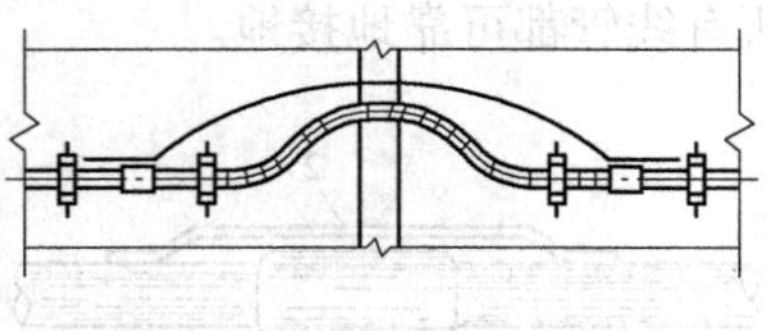

图2-35　装设补偿软管

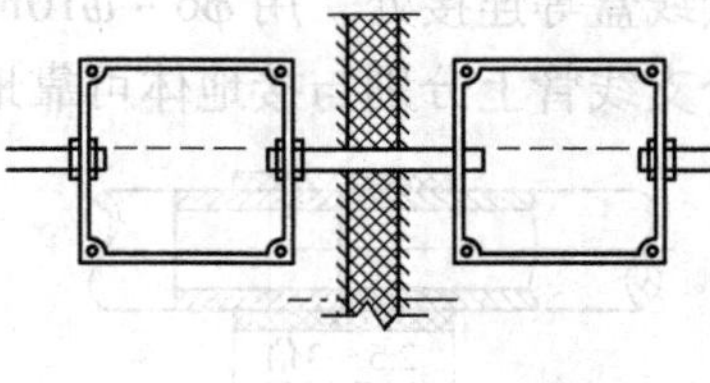

图2-36　装设补偿盒

（11）扫管穿线　穿线工作一般在土建地坪和粉刷工程结束后进行。

1）用压力为2.5×10^5Pa的压缩空气吹入电线管，或在钢丝上绑以擦布在电线管内来回拉动数次，以便除去线管内的灰土和水分，最后向管内吹入滑石粉，如图2-37所示。

2）选用$\phi1.2$mm的钢丝作引线，当线管较短且弯头较少时，可把钢丝引线由管子一端送向另一端。

如果线管较长或弯头较多，将钢丝引线从一端穿入管子的另一端有困难时，可从管子的两端同时穿入钢丝引线，引线端弯成小钩，如图2-38所示。当钢丝引线在管中相遇时，用手转动引线使其钩在一起，然后把一根引线拉出，即可将导线牵引入管。

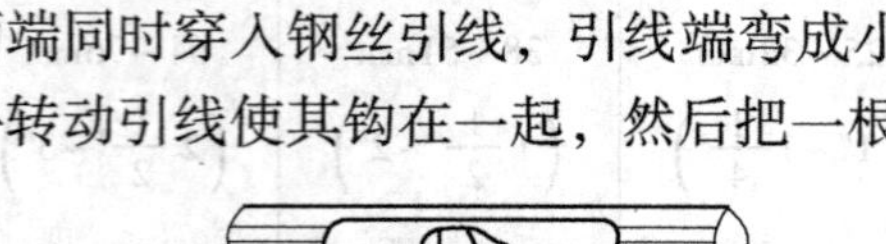

图2-37　用布擦线管内壁

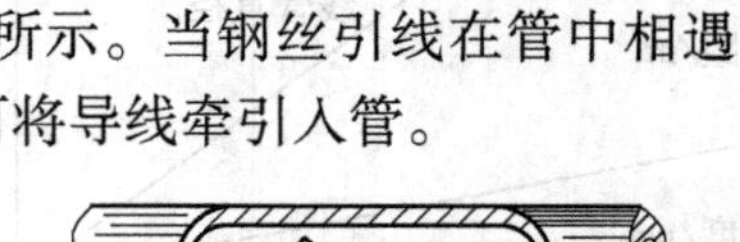

图2-38　管两端穿入钢丝引线

3）导线穿入线管前，在线管口应先套上护圈，接着按线管长度与两端连接所需的长度余量之和截取导线，削去导线两端的绝缘层，同时在两端头标出同一根导线的记号，然后将所有导线按图2-39所

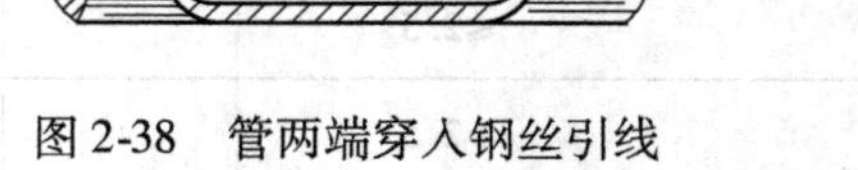

图2-39　导线与引线的缠绕

示方法与钢丝引线缠绕，一个人将导线理成平行束并往线管内送，另一个人在另一端慢慢抽拉钢丝引线，如图 2-40 所示。

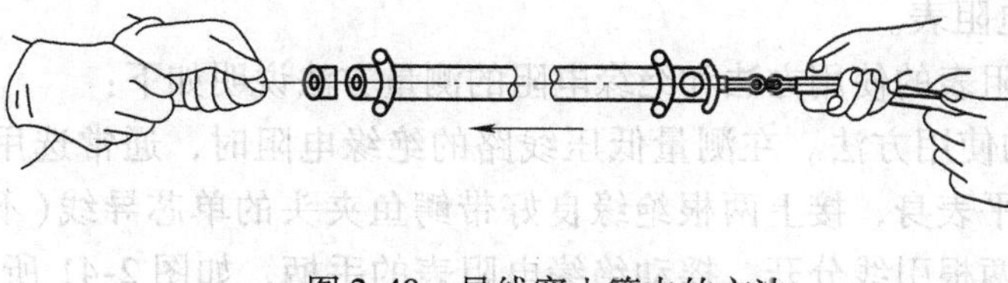

图 2-40　导线穿入管内的方法

2. 线管配线时的注意事项

1）穿管导线的绝缘强度应不低于 500V，导线最小截面积规定：铜芯线 $1mm^2$，铝芯线 $2.5mm^2$。

2）线管内导线不准有接头，也不准穿入绝缘破损后经过包缠恢复绝缘的导线。

3）管内导线一般不得超过 10 根，不同电压或不同电能表的导线不得穿在同一根线管内，但一台电动机包括控制回路和信号回路的所有导线，及同一台设备的多台电动机的线路，允许穿在同一根线管内。

4）除直流回路导线和接地线外，不得在钢管内穿单根导线。

5）线管转弯时，应采用弯曲线管的方法，不宜采用成品的月亮弯，以免造成管口连接处过多。

6）线管线路应尽可能少转角或弯曲，因转角越多，穿线越困难。为便于穿线，线管超过下列长度，必须加装接线盒。

① 无弯曲转角时，不超过 45m。

② 有一个弯曲转角时，不超过 30m。

③ 有两个弯曲转角时，不超过 20m。

④ 有三个弯曲转角时，不超过 12m。

7）在混凝土内敷设的线管，必须使用壁厚为 3mm 的电线管，当电线管的外径超过混凝土厚度的 1/3 时，不准将电线管埋在混凝土内，以免影响混凝土的强度。

五、室内线路的竣工验收

1. 室内配线的竣工验收

1）检查工程施工与设计是否符合。

2）检查工程材料和电气设备是否良好。

3）检查施工方法是否恰当，质量标准是否符合各项规定。

4）检查可能发生危害的处所。

5）检查配线的连接处是否采取合理的连接方法，是否做到可靠连接。

6）检查配线和各种管路的距离是否符合安全规定，和建筑物的距离是否符合标准。

7）检查配线穿墙的瓷管是否移动，各连接触点的接触是否良好。

8）检查电线管的接头及端头所装的护线箍是否有脱离的危险。

9）检查所装设的电器和电器装置的容量是否合格。

2. 室内配线竣工后的试验

（1）绝缘电阻试验

1）导线绝缘电阻的测试。测试前应先断开熔断器，在相邻的两个熔断器间或在最末一个熔断器后面，导线对地或两根导线间的绝缘电阻应不小于0.5MΩ。

2）配电装置每一段的绝缘电阻应不小于0.5MΩ。电压为24V以下的设备，应使用电压不超过500V的绝缘电阻表。

另外，对绝缘电阻表的使用方法和绝缘电阻的测量方法说明如下：

① 绝缘电阻表的使用方法。在测量低压线路的绝缘电阻时，通常选用500V的绝缘电阻表。使用时，应放平表身，接上两根绝缘良好带鳄鱼夹头的单芯导线(不可用绞线)，先进行验表，即将表的两根引线分开，摇动绝缘电阻表的手柄，如图2-41所示，由慢变快使转速达到120r/min，表的指针应为“∞”位置；然后将表的两根引线短接，再摇动绝缘电阻表的手柄(只要点动一下)，表的指针应为“0”，则说明绝缘电阻表良好，即可进行测量。绝缘电阻表测量时，摇动绝缘电阻表手柄应保持转速均匀，不可时快时慢，并在指针偏转达到稳定位置时读数。

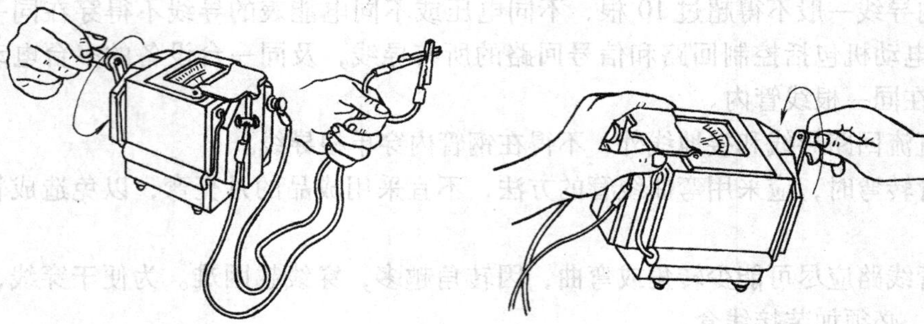

a)　　b)

图2-41　绝缘电阻表的使用方法

a）校试操作方法　b）测量操作方法

② 绝缘电阻的测量方法。在单相线路中，需测量相线和中性线之间的绝缘电阻，以及相线和大地之间的绝缘电阻。在三相四线制线路中，需分别测量每两根导线之间的绝缘电阻，以及每根相线和大地之间的绝缘电阻。

测量前，应卸下线路上所有熔断器插盖(或熔体)，同时，凡已接在线路上的所有用电设备必须断开，然后在每段线路熔断器下接线端上进行测量，如图2-42所示。

（2）交流耐压试验

1）电流互感器、电压互感器和开关的交流耐压试验必须符合表2-10的规定。

表2-10　电流互感器、电压互感器及开关耐压试验标准

额定电压/kV	3	6	10	15	20	35
试验电压/kV	22	28	38	49	60	85

2）二次回路的交流耐压试验标准为1kV。

3）电压为1kV以下的配电装置，交流耐压试验标准为1kV。

4）对动力和照明配线，当导线的绝缘电阻小于0.5MΩ时，应进行交流耐压试验，试验电压为1kV。

3. 室内线路的维修

室内线路的维修包括对运行中的线路进行维修、保养和线路故障后的修理。维修电工在

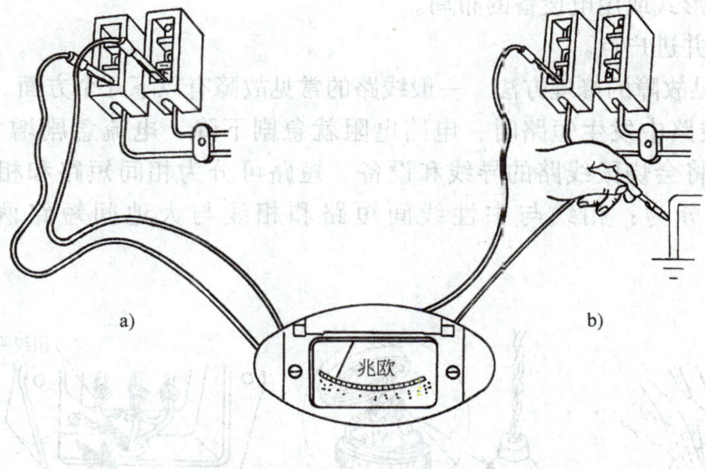

图 2-42　导线绝缘电阻的测量方法

a）线与线之间　b）地与大地之间

进行线路维修时，必须掌握基本的安全作业规程和安全措施，如：停电和送电的倒闸操作安全规程；停电检修工作安全规程；带电工作安全规程等。

（1）线路的维护保养　线路的维护保养可分日常维护保养和定期维修两类。

1）日常维护保养：

① 整个线路内有否存在盲目增加用电设备或擅自拆卸用电设备、开关和保护装置等现象。

② 有否擅自更换熔体、熔体经常熔断或保护装置不断动作的现象。

③ 各种电气设备、用电器具和开关保护装置的结构是否完整，外壳有否破损，运行是否正常；控制有否失灵，以及有否存在过热现象等。

④ 各处接地点是否完好，有否松动或脱落，接地线有否发热、断裂或脱落现象。

⑤ 线路的各支持点是否牢固，导线绝缘层有否破损，恢复绝缘层的地方是否完好，导线或连接点有否过热、松动等。同时，应经常在干线和主要支线上用钳形电流表测试线路电流，检查三相电流是否平衡，有无过电流现象。

⑥ 线路内的所有电气装置和设备，有否存在受潮和受热现象。

⑦ 正常用电情况下，是否存在耗电量明显增加，建筑物和设备外壳等是否存在带电现象。

如发现上述任何一项异常现象时，应及时采取措施予以消除。若涉及需要有较大的维修工作量时，应视情况的严重程度，必要时应及时组织人员进行抢修。

2）定期维修：其中应包括定期检查项目，如每隔半年或一年测量一次线路和设备的绝缘电阻，每隔一年测量一次接地电阻等。定期维修的主要内容如下：

① 更换和调整线路的导线。

② 增加或更新用电设备和装置。

③ 拆换部分或全部线路和设备。

④ 更换保护线或接地装置。

⑤ 变更或调整线路走向。

⑥ 对部分或整个线路进行重新紧线，酌情更换部分或全部支持点。

⑦ 调整配电形式或用电设备的布局。

⑧ 更换或合并进户点。

（2）线路常见故障的修理方法　一般线路的常见故障有以下几个方面。

1）短路。线路中发生短路时，电路电阻就急剧下降，电流急剧增大。若此时保护装置失去作用，将会烧毁线路的导线和设备。短路可分为相间短路和相对地短路两类，相对地短路又可分为：相线与中性线间短路和相线与大地间短路两种，如图 2-43 所示。

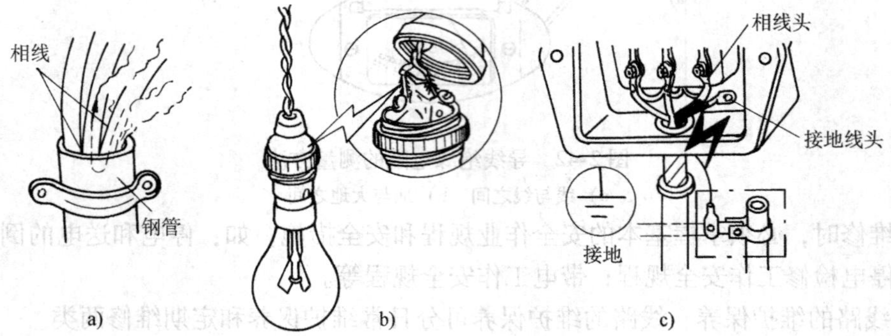

图 2-43　线路短路情况

a）相线与相线间　b）相线与中性线间　c）相线与大地间

采用绝缘导线的线路，线路本身发生短路的可能性较少，往往由于用电设备、开关装置和保护装置内部发生相间碰线或绝缘损坏而发生短路。因此，检查和修理时应先把故障区域内的用电设备脱离电源线路，试看故障是否能够排除，如果故障依然存在，再逐个检查开关和保护装置。

线管线路和护套线线路往往因为线路上存在严重过载或漏电等，使导线长期过热，破坏了导线的绝缘性能，或因外界机械损伤而破坏了导线绝缘层，都会引起线路的短路。所以，要定期检查导线的绝缘电阻和绝缘层的结构状况，发现绝缘电阻下降或绝缘层出现龟裂现象，应及时更换。

2）断路。线路存在断路，电流就不能形成回路，电路就不能正常运行。引起断路故障的原因通常有：

① 导线线头连接点松散或脱落。

② 小截面积的导线被老鼠咬断。

③ 导线因受外物撞击等机械损伤而断裂。

④ 小截面积导线因严重过载或短路而烧断。

⑤ 单股小截面积导线因质量不好或因安装时受到损伤，在绝缘层内部的芯线断裂。

⑥ 活动部分的连接线因机械疲劳而断裂。

修理方法应根据故障原因采取相应措施，接通线路。

3）漏电。若线路中部分绝缘体有较轻程度损坏就可能造成不同程度的漏电。漏电也可分为相间或相地间两类。存在漏电故障时，在不同程度上会反映出耗电量增加。随着漏电程度的发展，会出现类似过载和短路故障的现象，如熔体经常熔断，保护装置容易动作及导线和设备过热等。引起漏电故障的主要原因有：

① 线路和设备的绝缘老化或损坏。

② 线路装置安装得不符合技术要求。

③ 线路和设备因受潮、受热或遭受化学腐蚀而降低了绝缘性能。

④ 恢复的绝缘层不符合要求，或恢复绝缘层带松散。

修理方法可针对上述原因采取相应措施，如更换绝缘良好的导线或设备，纠正不符合技术要求的安装形式，以及排除潮气等。

4）过热。线路导线的过热或连接点过热的故障原因通常有：

① 导线选用不符合技术要求，如截面积选得过小会造成导线过载而过热。

② 用电设备的容量增大时，没有相应地增大线路导线的截面积。

③ 线路、设备和各种装置存在漏电现象。

④ 单根载流导线穿入钢管内。

⑤ 导线连接点松散，因接触电阻增加而产生过热。

上述故障的现象比较明显，造成故障的原因也比较简单，针对故障原因，采用相应的措施来修复。

(3) 部分线路的增设和拆除

1）部分线路的增设。增设线路所需要的新支线，一般不允许在原有线路末端延长，或在原有线路上任意分支，而应在配电总开关出线端（或总熔断器出线端）引出，也可在干线熔断器盒的出线端引接，成为新的分路。如果增设分路，其负载已超过用电申请的裕量，则应重新申请增加用电量，不可随意增设分支扩大容量。如果增设的用电设备容量较小，原有线路尚能承受所增负载，则允许在原有线路上分接支路。

2）部分线路的拆除。拆除个别用电设备，不能只拆设备而在原处留下电源线路，应把这段供电线路全部拆除至干线处，并恢复好干线绝缘。如果拆除整段支线，应拆至上一段分支干线的熔断器处，不可只在分支处与干线脱离而在原处留下干支线，应把所拆支线全部拆除。在照明线路上，拆除个别灯头或插座时，应把灯座的电源引线从挂线盒上拆除。把开关线头或插座线头恢复绝缘层后埋入木台内，切不可把线头露在木台之外。

第二节　室外架空线路的安装

架空线路是杆塔支持导线，适用于室外的一种线路，按电压等级可分为低压、高压和超高压三种。低压架空线路的结构形式如图 2-44 所示。

一、电杆的安装

1. 电杆的分类

电杆是用来支持架空导线的，把它埋设在地上，装上横担及绝缘子，导线固定在绝缘子上。电杆应有足够的机械强度。

(1) 电杆按材料分类　电杆按材料分类见表 2-11。

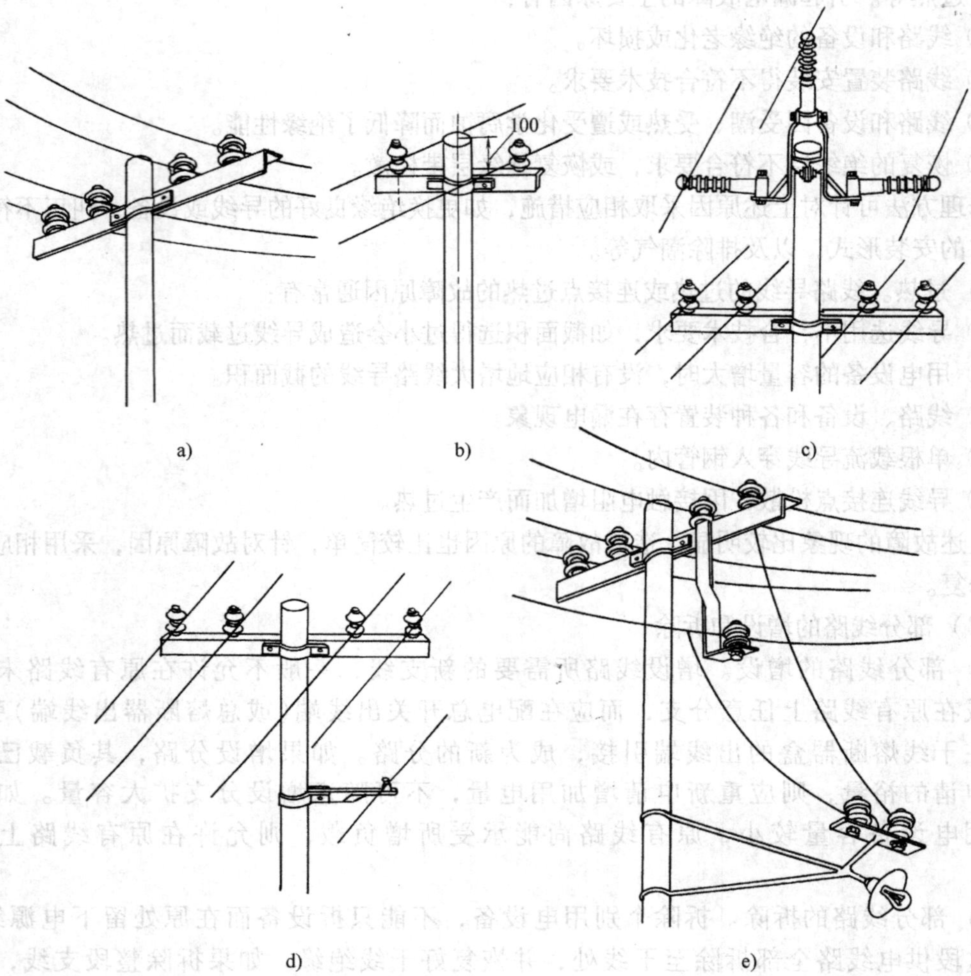

a)　b)　c)　d)　e)

图 2-44　低压架空线路的结构形式

a）三相四线线路　b）单相二线线路　c）高低压同杆架空线路

d）电力、通信同杆架空线路　e）与路灯线同杆架空线路

表 2-11　电杆按材料分类

名称	优　点	缺　点	用　途
木杆	重量轻、价廉、制造安装方便，耐雷击	机械强度低且易腐烂	目前已较少使用
钢筋混凝土杆	挺直、耐用和价廉，不易腐蚀	笨重，运输和组装困难	广泛用于 110kV 以下架空线路
钢杆	机械强度大，使用年限长	消耗钢材量大价高且易生锈	用于居民区 35kV 或 110kV 的架空线路
铁塔	机械强度大，使用年限长	消耗钢材量大价高且易生锈	用于 110kV 和 220kV 的架空线路

（2）电杆接受力分类　按电杆接受力情况的不同，一般可分为如图2-45所示的6种电杆。

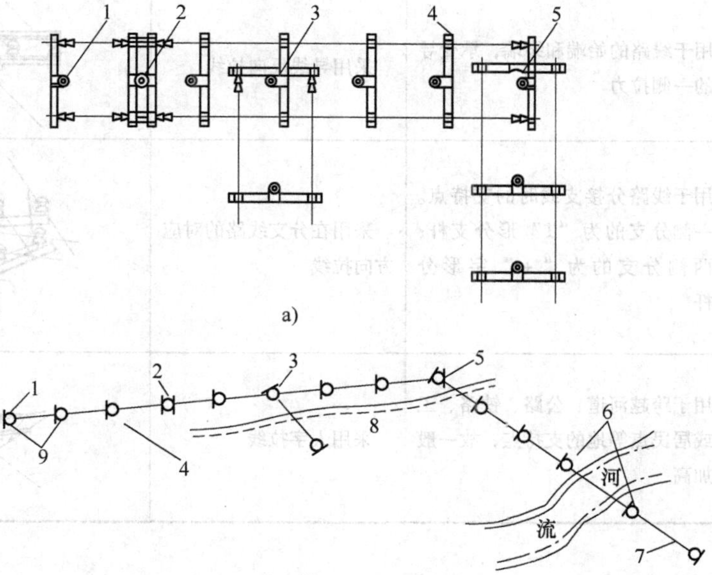

图2-45　各种电杆的受力情况

a）各种电杆的受力情况　b）各种电杆在线路中的作用

1—终端杆　2—耐张杆　3—分支杆　4—直线杆　5—转角杆

6—跨越杆　7—导线　8—道路　9—电杆及横担

（3）电杆按作用分类　电杆按作用分类见表2-12。

表2-12　电杆按作用分类

杆　型	用　途	有无拉线	图　示
直线杆（即中间杆）	能承受导线、绝缘子、金具及凝结在导线上的冰雪重量，同时能承受侧面的风力。广泛应用，占全部电杆数的80%	无拉线	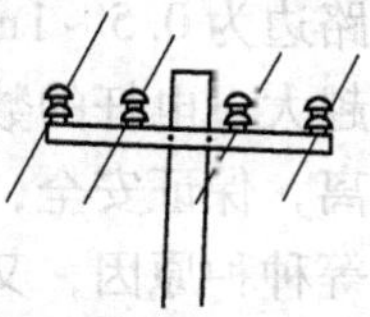
耐张杆（即分段杆）	能承受一侧导线的拉力，当线路出现倒杆、断线事故时，能将事故限制在两根耐张杆之间，防止事故扩大。在施工时还能分段紧线	采用四面拉线或顺线路方向人字拉线	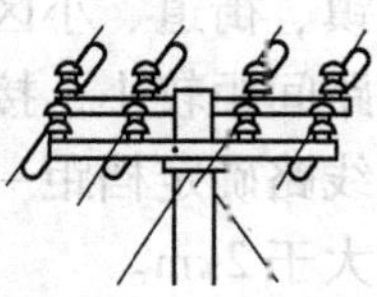
转角杆	用于线路的转角处，能承受两侧导线的合力。转角在15°～30°时，宜采用直线转角杆；转角在30°～60°时，应采用转角耐张杆；当转角在60°～90°时，应采用十字转角耐张杆	采用导线反向拉线或反合力方向的拉线	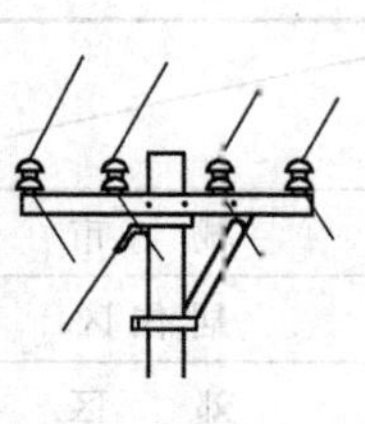

（续）

杆型	用途	有无拉线	图示
终端杆	用于线路的始端和终端，承受导线的一侧拉力	采用导线反向拉线	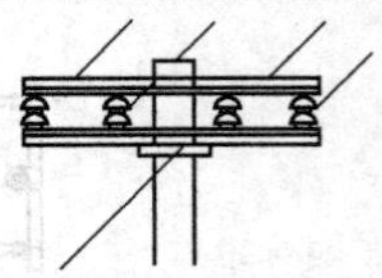
分支杆	用于线路分接支线时的支持点。向一侧分支的为“T”形分支杆；向两侧分支的为“+”字形分支杆	采用在分支线路的对应方向拉线	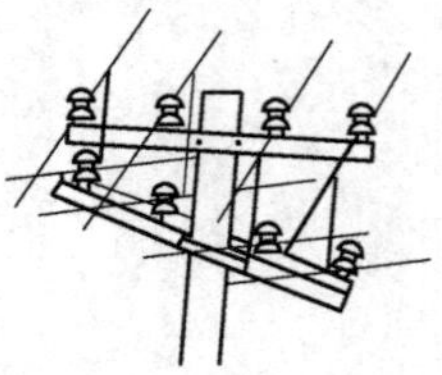
跨越杆	用于跨越河道、公路、铁路、工厂或居民点等地的支持点，故一般需加高	采用人字拉线	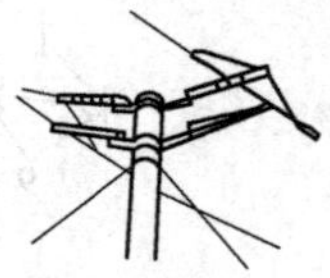

2. 电杆的定位和挖坑

（1）电杆的定位　电杆的定位，应根据设计图查看地形、道路、河流、树木、管道和建筑物等，对按图要求架设线路有何影响，确定线路如何跨越，拟定大致的方位。然后确定线路的起点、转角点和终点的电杆位置，再确定中间杆的位置。常采用交点定位法、目测定位法和测量定位法。

1）交点定位法。一般在道路已确定好，路边也是平直的情况时，线路和电杆的位置就比较容易定位。电杆的位置可按路边的距离和线路的走向及总长度，确定电杆的档距和杆位。

为便于高低压线路及路灯共杆架设及建筑物进线方便、高低压线路宜沿道路平行架设，电杆距路边为0.5～1m。电杆的档距（即两根相邻电杆之间的距离）选择要适当。电杆档距选择的越大，电杆的数量就越少。但是档距如果太大，电杆就需越高，使导线与地面保持足够的距离，保证安全，如果不加高电杆，那就需要把电线拉得紧，而导线被拉得过紧时，由于风吹等种种原因，又容易断线，所以线路的档距不能太大。

城镇、街道、小区的10kV及以下架空线路多采用高、低压及路灯共杆架设方式，由于低压线路间距较小，接户线档距又有距离要求，路灯安装间距也不能太远，因此，高压线路按低压线路确定档距一般不应大于50m。高低压架空线路的档距见表2-13。每个耐张段的长度不宜大于2km。

表2-13　高低压架空线路的档距　（单位：m）

地区 \ 电压	高压	低压
城市	40～50	30～45
居住区	35～50	30～40
郊区	50～100	40～60

某厂区架空线路平面图如图 2-46 所示。

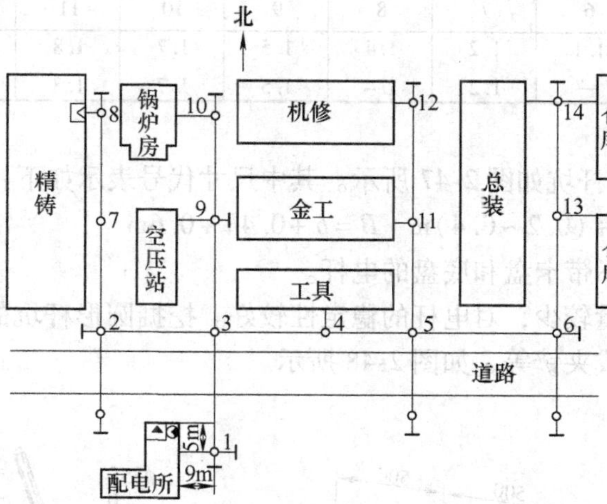

图 2-46　某厂区架空线路平面图

在图 2-46 中，1 号电杆的位置尺寸在施工图中已给出，即距配电所东墙 9m，距北墙 5m 的南北与东西平行线的交点处。1 号电杆即为起点杆。又因配电所、空压站、锅炉房的东墙均在一条建筑线上，故 10 号杆位于垂直锅炉房东墙进户线的位置向东 9m 处，打入 10 号杆的标桩，即确定了 10 号杆位。因 10 号杆位是 1 号杆位向北方向的端点，所以 10 号杆位称为终端杆位。1～10 号杆位线路中间的杆位，根据总距离和结合进户线确定，如图 2-46 中的 3 号和 9 号两杆位，以杆距要求和现场实际，用目测定位法可确定，其他各线路中的杆位，也照此法确定。

2）目测定位法。以图 2-46 中 1 号杆位向北至 10 号杆位的线路为例，可用目测定位法来确定 9 号杆的位置，通常由甲乙两人进行。甲站在 1 号杆位面向 10 号杆位，乙在 10 号杆位插一花杆与地面垂直，然后乙在 1 号杆位和 10 号杆位之间按进户线的位置或确定两路线交叉的位置插花杆，按甲的指挥左右移动，直至与 1 号杆和 10 号杆在同一直线上为止，此点即为 9 号杆位。或用拉线法确定中间杆位置，其方法是从 1 号到 10 号杆位拉一长线，按进户线的位置确定中间各杆的位置，此方法只适用于 2～3 档的杆位确定。

3）测量定位法。一般在地面不平整、地下设施较多的大型企业，在施工后需做竣工图，用仪器测量，采用绝对标高测定杆深度及测定坐标位置。它可以解决电杆高低不平和架线的困难。此种方法精度较高，效果好，有条件的单位可以使用。

不论采用何种方法定位，每测定出一个标位，应随时用已准备好的木桩在地面上打入标桩，并在标桩上用红油漆编上标号。如杆位上有沙石土方等，要事先搬运走。遇有转角杆或终端杆的杆位，在标桩上要标明，以便确定拉线地锚的锚位。

总之，电杆的定位直接关系到整个工程的质量，电杆定位在排除了地上地下的障碍后，还要尽量避免进户线过长，又要注意一条直线上的杆距，在避开临界档距的基础上，尽量做到杆距均等，使整个线路整齐美观，安全牢固。

（2）电杆的挖坑口　杆坑的形状一般分为圆形和梯形。杆坑的深度根据杆坑的长度和土质好坏而定，一般为杆长的 1/6～1/5，在普通的黄土、黑土、沙质粘土可埋深 1/6，在土质松软处及斜坡处应埋深些。木杆和混凝土杆埋入的深度也可参照表 2-14 所示要求。

表 2-14　电杆的埋入深度　　（单位：m）

杆长 / 杆别	5	6	7	8	9	10	11	12	13	15
木杆	1.0	1.1	1.2	1.4	1.5	1.7	1.8	1.9	2.0	—
混凝土杆	—	—	1.2	1.4	1.5	1.7	1.8	2.0	2.2	2.5

1）圆形杆坑。圆形杆坑如图 2-47 所示。其中尺寸代号表示如下：

$b=$ 基础底面 $+(0.2\sim0.4)\mathrm{m}\quad B=b+0.4h+0.6\mathrm{m}$

圆形杆坑一般用于不带卡盘和底盘的电杆。

圆形杆坑挖动的土量较少，对电杆的稳定性较好。挖掘圆形杆坑的工具可采用螺旋钻洞器或夹铲等，如图 2-48 所示。

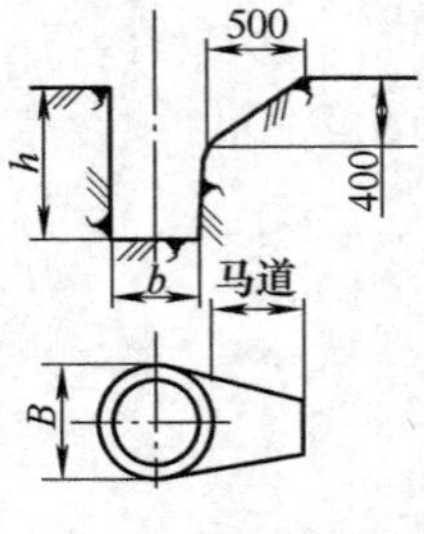

图 2-47　圆形杆坑

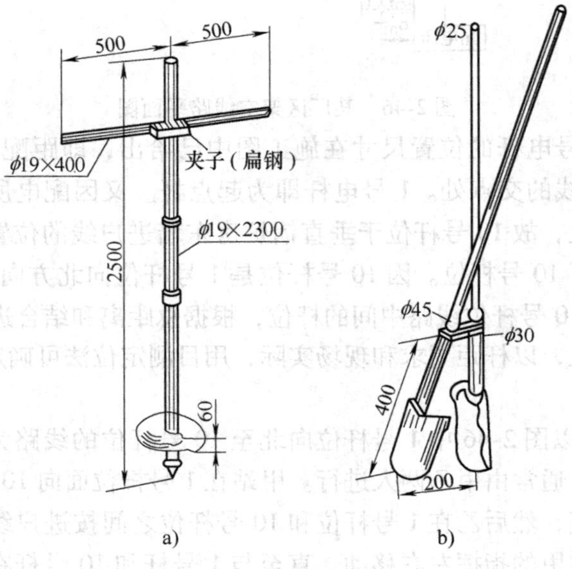

图 2-48　挖掘圆形杆坑的工具
a）螺旋钻洞器　b）夹铲

2）梯形杆坑。梯形杆坑有两阶杆坑和三阶杆坑两种，如图 2-49 所示。其中尺寸代号表示如下：b 同上，$B=1.2h$，$c=0.35h$，$d=0.2h$，$e=0.3h$，$f=0.3h$，两阶杆坑 $g=0.7h$，三阶杆坑 $g=0.4h$，坑深在 1.6m 以下者采用两阶杆坑，坑深在 1.8m 以上者采用三阶杆坑。

梯形杆坑一般用于杆身较高、较重及带有卡盘的电杆。挖土时，杆坑的马道要开在立杆方向，挖出的土应堆放到离坑 0.5m 外的地方。当挖至坑内出水时，应在坑内一角深挖一个小坑集水，然后用水桶将水排出。

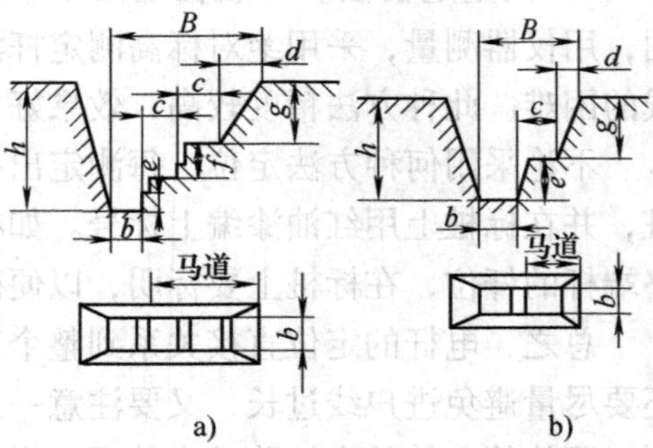

图 2-49　梯形杆坑
a）三阶杆坑　b）两阶杆坑

杆坑的深度应等于埋设深度，如装底盘时应加深底盘厚度，杆坑挖完后，坑底应铲平夯实。

3. 杆基的加固

为增强线路和电杆的稳定性，应对电杆的杆基进行加固。

（1）杆基的一般加固方法　直线杆将受到线路两侧的风力而影响平衡，但又不可能在每档电杆左右都安装拉线，所以一般采用如图 2-50 所示的方法来加固杆基。先在电杆根部四周填埋一层深 300～400mm 的乱石，在石缝中填足泥土捣实，然后再覆盖一层 100～200mm 厚的泥土并夯实，直至与地面齐平。

（2）杆基安装底盘的加固方法　对于装有变压器和开关等设备的承重杆、跨越杆、耐张杆、转角杆、分支杆和终端杆等，或土质过于松软的电杆，可采用在杆基安装底盘的方法来减小电杆底部对土壤的压强，以加强电杆对下沉力的承受能力。底盘一般用石板或混凝土制成方形或圆形，也有的采用在杆坑底部用石块底盘并浇灌混凝土的方法。底盘的形状和安装方法如图 2-51 所示。

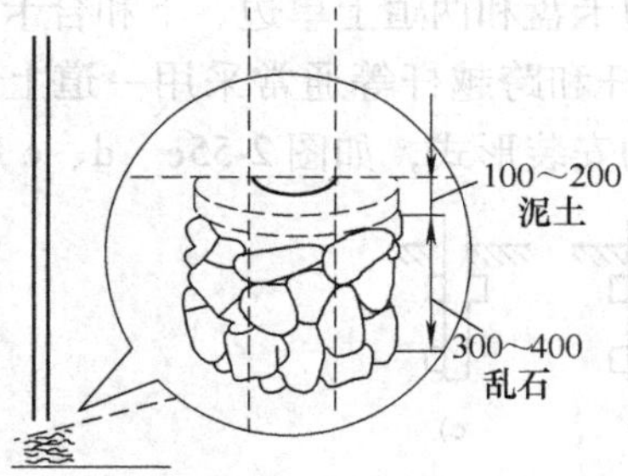

图 2-50　直线杆基的一般加固法

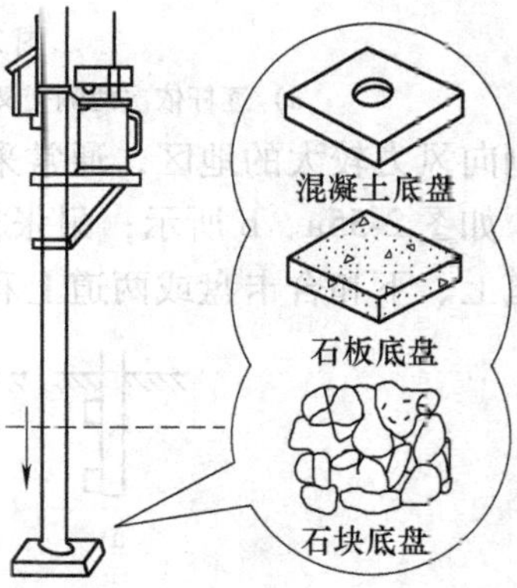

图 2-51　底盘的形状和安装方法

安装底盘的杆坑，要求杆坑挖得平整，地面应水平，坑底平面下不可沉积有不规则的石块。底盘安放入坑时，应渐渐落入坑底，以防碎裂，崩裂破碎的底盘不得使用。

（3）地中横木或卡盘的安装　为增强线路和电杆的稳定性，在距地面 0.5m 处，木杆可在杆基加装一个地横木（俗称拨浪鼓），地横木的规格一般为 170mm×1200mm，用镀锌铁丝绑在电杆根部，如图 2-52 所示。水泥杆可在杆基加装一个卡盘，卡盘一般用混凝土制成 400mm×200mm×800mm 的长方形，其外形和安装方法如图 2-53 所示。

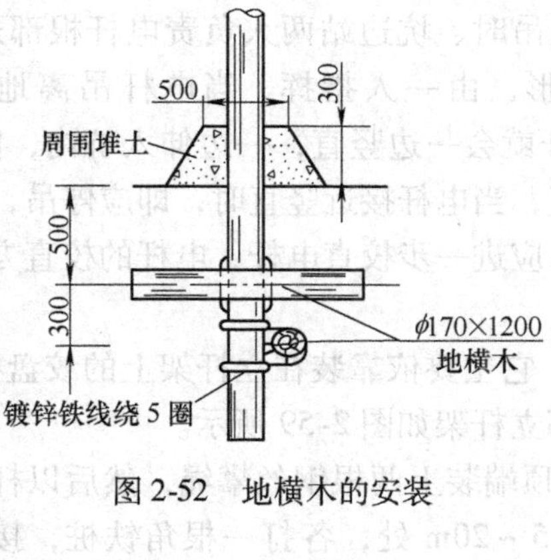

图 2-52　地横木的安装

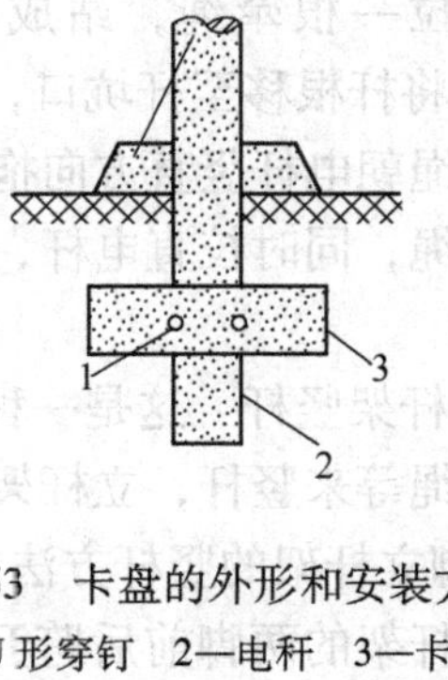

图 2-53　卡盘的外形和安装方法

1—U 形穿钉　2—电杆　3—卡盘

对于一般直线杆，为加强电杆抵抗侧向风力能力，通常采用安装一道上单边卡盘的方法，安装时需要逐杆依次两侧交叉布设，如图 2-54a 所示；如果侧向风力不是太强，也可隔杆两侧交叉布设，如图 2-54b 所示；在转角杆上，卡盘应靠在与导线张力的同向边，如图 2-54a 所示。

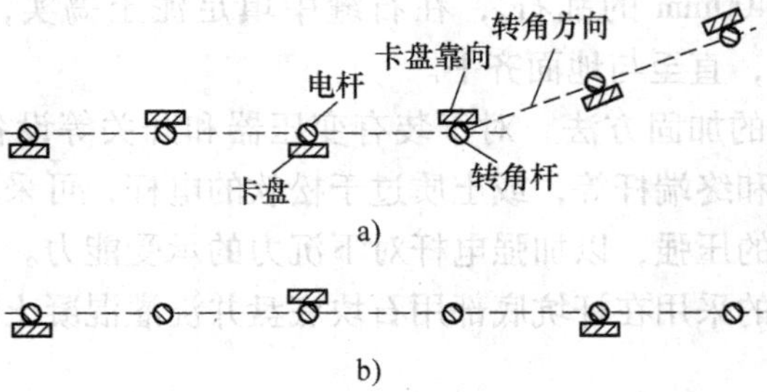

图 2-54　单边卡盘的布设方法

a）逐杆依次两侧交叉布设及转角处安装方向　b）隔杆两侧交叉布设

在侧向风力较大的地区，通常采用两道上、下单边卡盘和两道上单边、下和合卡盘的安装方式，如图 2-55a、b 所示；耐张杆、终端杆、转角杆和跨越杆等通常采用一道上和合卡盘，两道上、下和合卡盘或两道上和合、下单边卡盘的安装形式，如图 2-55c、d、e 所示。

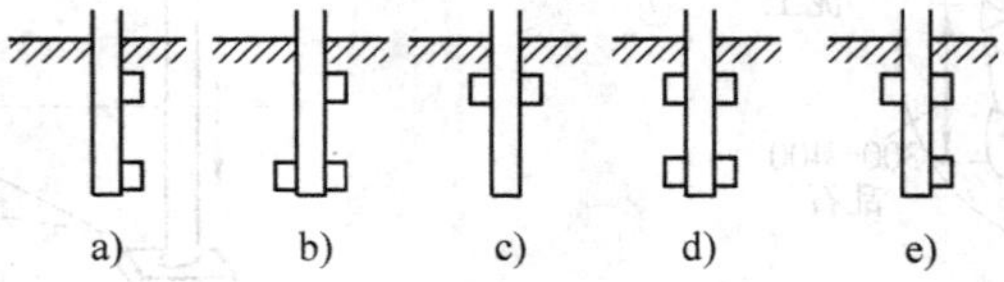

图 2-55　各种卡盘的安装

a）两道上、下单边卡盘　b）两道上单边、下和合卡盘　c）一道上和合卡盘

d）两道上、下和合卡盘　e）两道上和合、下单边卡盘

4. 竖杆

电杆竖立的方法一般有起重机竖杆、立杆架竖杆、倒落式人字抱杆竖杆和叉杆竖杆等多种。

（1）起重机竖杆　这种竖杆方法既安全、效率又高。竖杆前先在离电杆根部 1/2 ~ 2/3 处结一根起吊钢丝绳，再在离杆顶 500mm 处临时结三根牵绳（又称为调整绳）和一根脱落绳，如图 2-56 和图 2-57 所示，以待校直电杆用。起吊时、坑边站两人负责电杆根部进坑，另有三人各拉一根牵绳，站成以坑为中心的三角形，由一人指挥。当电杆吊离地面约 200mm 时，将杆根移至杆坑口，电杆继续起吊，电杆就会一边竖直，一边伸入坑内，同时，利用校直牵绳朝电杆竖直方向拖拉，以加快电杆竖直，当电杆接近竖直时，即应停吊，并缓缓地停放吊绳，同时校直电杆，当电杆完全入坑后，应进一步校直电杆，电杆的校直方法如图 2-58 所示。

（2）立杆架竖杆　这是一种较简易的立杆方法，它主要依靠装在立杆架上的绞盘机构、滑轮和钢丝绳等来竖杆，立杆架有两脚和三脚，两脚立杆架如图 2-59 所示。

1）两脚立杆架的竖杆方法。先在两脚立杆架的顶端装上两根钢丝攀绳，然后以杆坑为中心，把立杆架的两脚前后跨开 2m 左右，在距杆 15 ~ 20m 处，各打一根角铁桩，接着牵

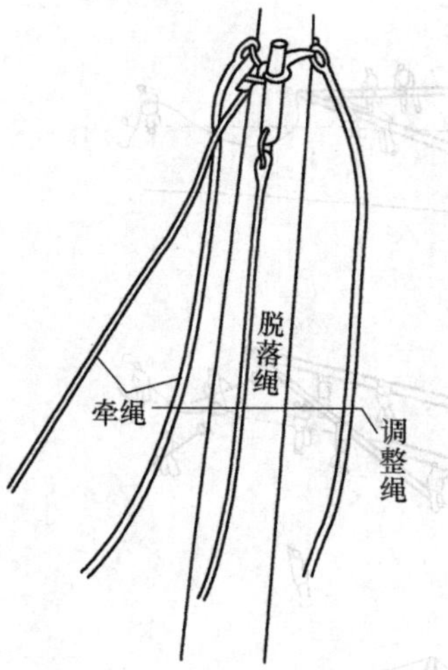

图 2-56　牵绳的安装

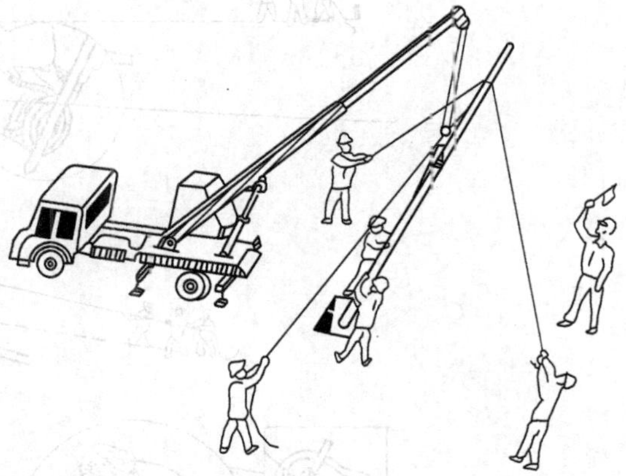

图 2-57　汽车起重竖杆

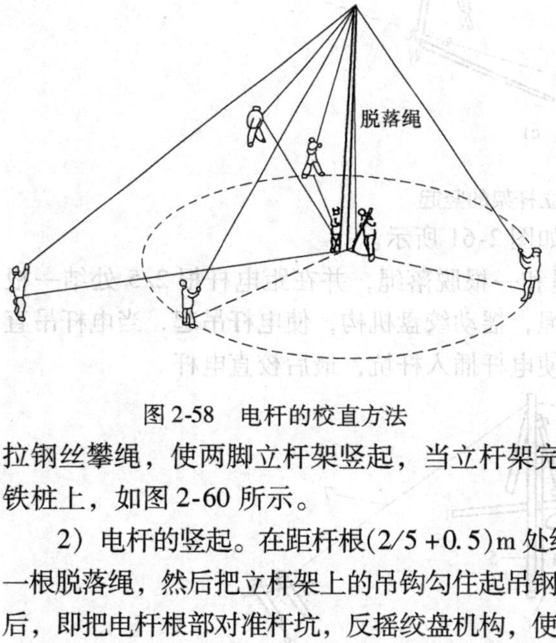

图 2-58　电杆的校直方法

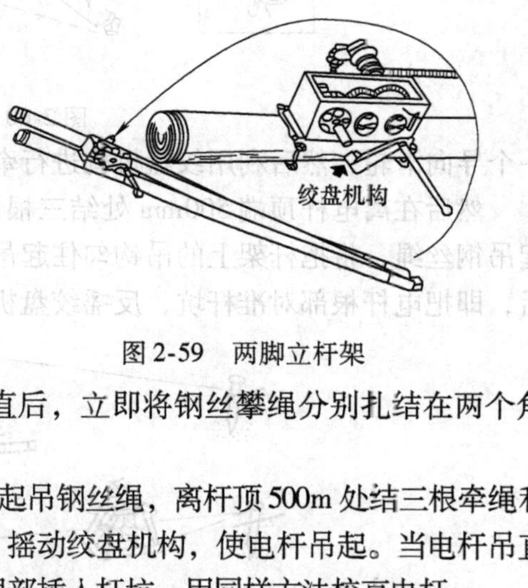

图 2-59　两脚立杆架

拉钢丝攀绳，使两脚立杆架竖起，当立杆架完全立直后，立即将钢丝攀绳分别扎结在两个角铁桩上，如图 2-60 所示。

2）电杆的竖起。在距杆根(2/5 +0.5)m 处结一根起吊钢丝绳，离杆顶 500m 处结三根牵绳和一根脱落绳，然后把立杆架上的吊钩勾住起吊钢丝绳，摇动绞盘机构，使电杆吊起。当电杆吊直后，即把电杆根部对准杆坑，反摇绞盘机构，使电杆根部插入杆坑，用同样方法校直电杆。

（3）倒落式人字抱杆竖杆　立杆的工具主要有人字抱杆、滑轮、卷扬机和绞盘机构、钢丝绳等，如图 2-61 所示。

人字抱杆竖杆适用于 15m 以下的电杆，基本上不受地形限制，施工也比较方便。

人字抱杆由两根梢径为 100 ~ 150mm（或 ϕ80mm 的钢管）、长为 6 ~ 8m 的直木杆组成，杆顶用钢丝绳绑住或铁件固定。

先在抱杆顶端装两根 1.5 倍杆长的钢丝绳作临时拉绳，然后以杆坑为中心，把抱杆的两脚前后跨开 2m 左右，在距杆坑两侧 15 ~ 20m 处，各打一根角铁桩，接着牵拉钢丝拉绳，使两脚抱杆竖起，当抱杆竖起后，使抱杆顶端对准坑心。再用能承载 3t 的二、三滑轮组，挂在抱杆顶端连接处，上端三滑轮中的直径约 ϕ10mm 的钢丝绳沿一根抱杆引下，通过根部的

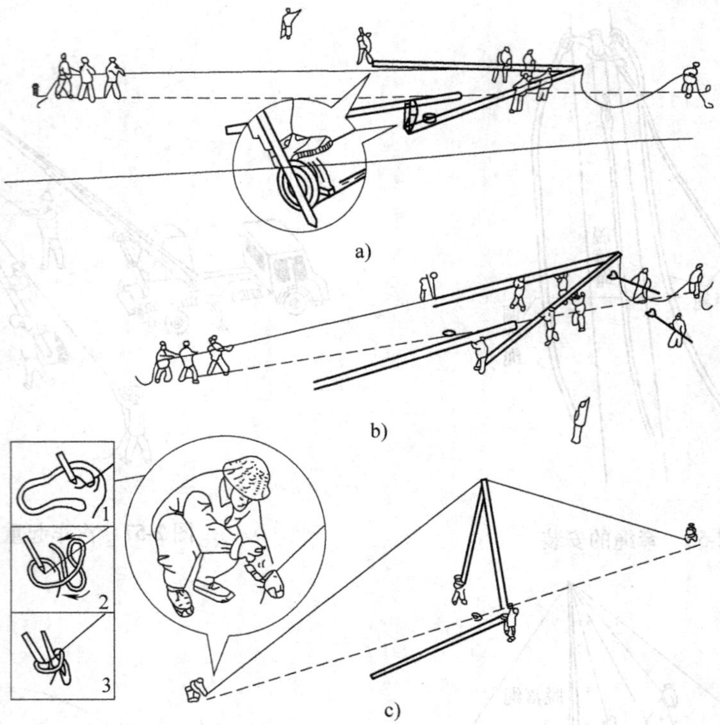

图 2-60　两脚立杆架的竖起

一个导向滑轮，然后利用绞盘机构进行牵引，如图 2-61 所示。

然后在离电杆顶端 500mm 处结三根调整绳和一根脱落绳，并在距电杆根 2/5 处结一根起吊钢丝绳，将抱杆架上的吊钩勾住起吊钢丝绳，摇动绞盘机构，使电杆吊起，当电杆吊直后，即把电杆根部对准杆坑，反摇绞盘机构，使电杆插入杆坑，最后校直电杆。

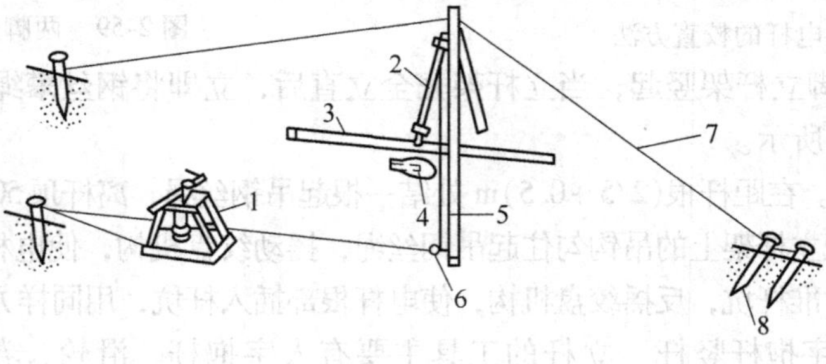

图 2-61　人字抱杆竖杆

1—绞盘机构　2—滑轮组　3—电杆　4—杆坑　5—滑轮
6—导向滑轮　7—钢丝拉绳　8—钢杆(拉线桩)

（4）架杆竖杆　短于 8m 的混凝土杆和高于 8m 的木杆，可用架杆竖杆。架杆竖杆的方法如图 2-62 所示。

常用的架杆有 4m、5m、6m 长，高、中、低三副，梢径为 80 ~ 100mm，根部直径不小于 120mm。在距其根部 0.6 ~ 0.8m 处，穿有直径为 16mm 长 300 ~ 400mm 的螺栓，并用 ϕ4mm 的镀锌铁丝绑绕，以便手能握住，便于进行操作。在距杆顶 300 ~ 350mm 处，用直径为 4mm 的镀锌铁线做成长度为 300 ~ 500mm 的链环，然后用同样的铁线将链环的两端与两根木杆绑扎牢固。

如图2-62所示，首先在电杆顶部的左右两侧及后侧拴上两根或三根拉绳，以控制杆身，防止电杆竖立过程中倾倒。拉绳采用直径为25mm的棕绳，每根绳子的长度不小于杆长的两倍。在电杆坑中竖一块木滑板，先将杆根移至坑边，对正马道，然后将电杆根部抵住木滑板，电杆由人力用架杆抬起电杆头后，用2~3副架杆撑顶电杆，边撑顶，边交替向根部移动，使电杆逐渐竖起。当电杆竖起至30°左右时，可抽出滑板，用临时拉绳牵引，使电杆竖直。最后，用两副架杆相对支撑电杆以防电杆倾倒。待杆身调整、校直后可进行填土。

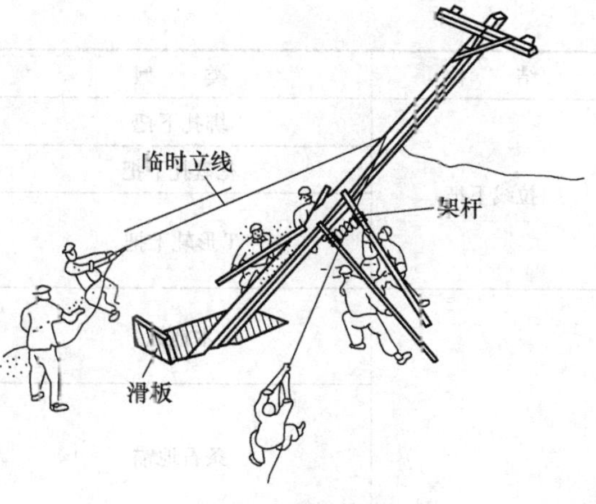

图2-62　架杆竖杆的方法

5. 埋杆

当电杆竖起并调整好后，即可用铁锹沿电杆四周将挖出的土填回坑内，回填土时，应将土块打碎，并清除土中的树根、杂草，必要时可在土中掺入一些石块。每回填500mm土时，就夯实一次。边填边夯实。对于松软土质，则应增加夯实次数或采取加固措施。夯实时应在电杆两侧交叉进行，以防电杆的移位或倾斜。回填土后的电杆应设置防沉土层。土层上部不宜小于坑口面积，土层高度应超出地面300mm。

二、拉线的制作和安装

拉线又叫扳线，是用来平衡电杆，不使电杆因受导线的拉力或风力的影响而倾斜。凡受导线拉力不平衡的电杆，或受较大风力的电杆，或杆上装有电气设备的电杆，均需要安装拉线。拉线的结构和类型见表2-15。拉线的类型和用途见表2-16。

表2-15　拉线的结构和类型

结　构	类　型	图　示
拉线上把	绑扎上把	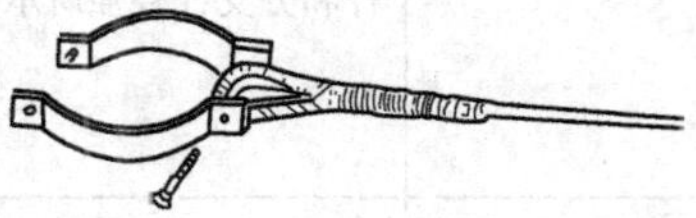
	U形扎上把	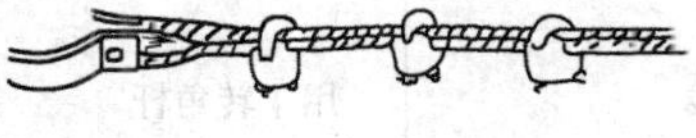
	T形扎上把	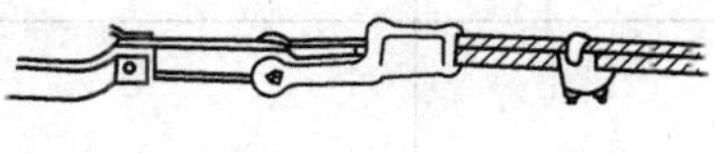
拉线中把	隔离瓷绝缘子中把	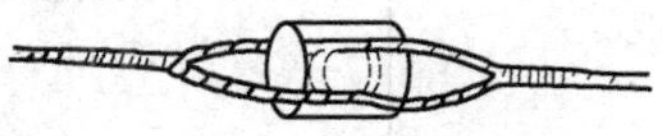

（续）

结　构	类　型	图　示
拉线下把	绑扎下把	
	花篮扎下把	
	T 形轧下把	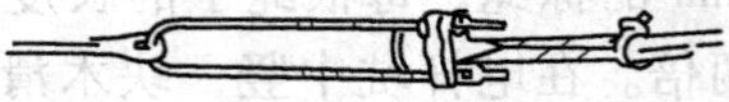
地锚	木地锚	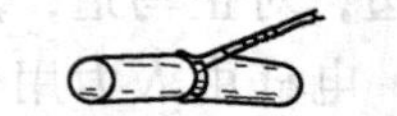
	条石地锚	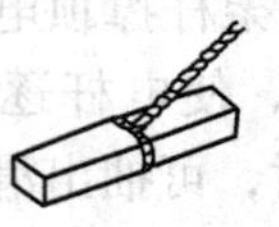
	石块地锚	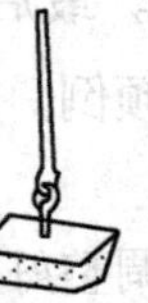
	水泥地锚	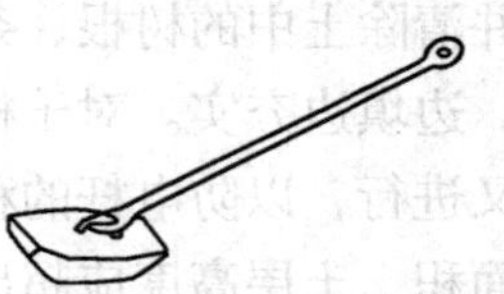

表 2-16　拉线的类型和用途

类　型	用　途	图　示
普通拉线（尽头拉线）	用于直线杆、终端杆、角度杆、耐张杆和分支杆补强所承受的外力作用	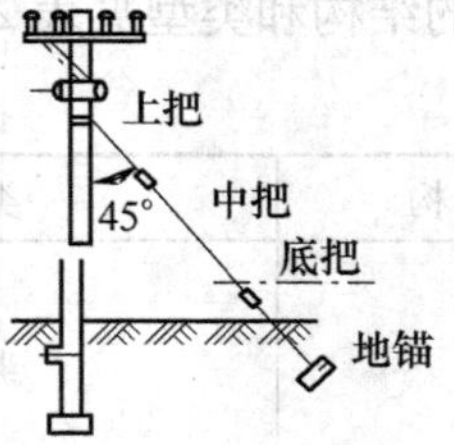
转角拉线	用于转角杆	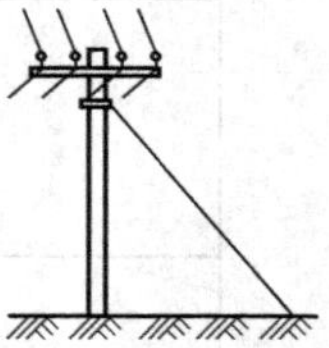
人字拉线	用于基础不坚固、跨越加高杆或较长的耐张段中间的直线杆上	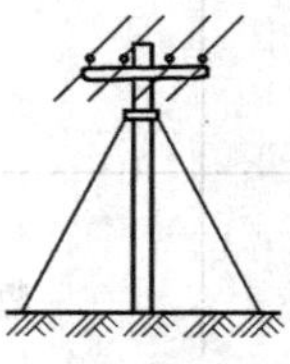

（续）

类　　型	用　　途	图　　示
Y形拉线	用于门形电杆的两根电杆上各装设一根普通拉线，两条拉线合用一个拉线下把	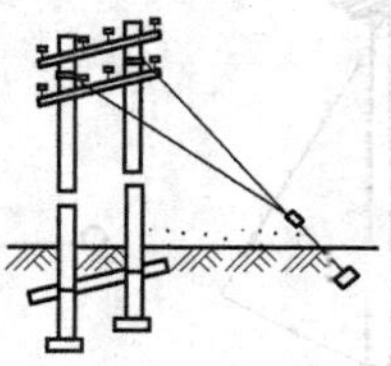
高桩拉线（水平拉线）	用于跨越公路、渠道和交通要道处	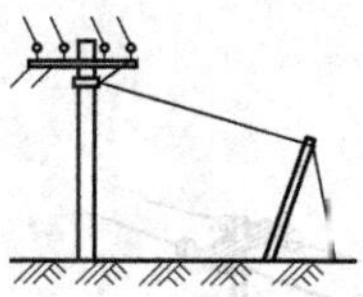
自身拉线	用于受地形限制，不能采用一般拉线处	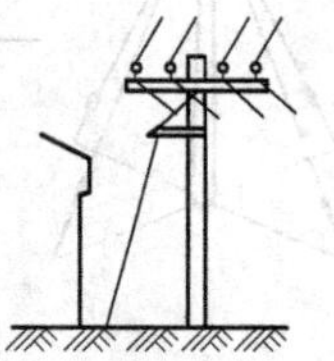

各种拉线的应用类型如图2-63所示，拉线的每种应用类型由一组或多组结构形式相同的拉线组成，每一组拉线，简称为一线，不同应用类型拉线的适用范围见表2-17。

表2-17　不同应用类型拉线的适用范围

类　　型	适用范围
一线型	轻型终端杆、拉桩的续拉和丁字形线路分支的分支杆等
两线型	一字形布置时，适用于耐张杆、荷重杆和X字形线路分支的分支杆等；人字形布置时，适用于终端杆、分支杆和跨越杆等
三线型	重型终端杆、重型分支杆和重型拉桩的续拉等
四线型	重型荷重杆、重型跨越杆、重型耐张杆和需要特殊加固杆基的杆型等
四线多层型	加长跨越杆

1. 拉线的材料及长度估算

拉线一般由上把、中把、下把和地锚把组成，如图2-64所示。

在地面以上部分，其最小截面积不应小于25mm^2，可用3股直径为4mm的镀锌绞合铁丝。在地下与地锚连接地拉线，其最小截面积不应小于35mm^2。可用3股直径为4mm镀锌绞合铁丝或采用直径为12～19mm的镀锌圆钢绞制而成。如用圆钢做地锚柄时，圆钢的直径不应小于16mm。

拉线的长度，可用下面近似公式计算：

$$c = k \times (a + b)$$

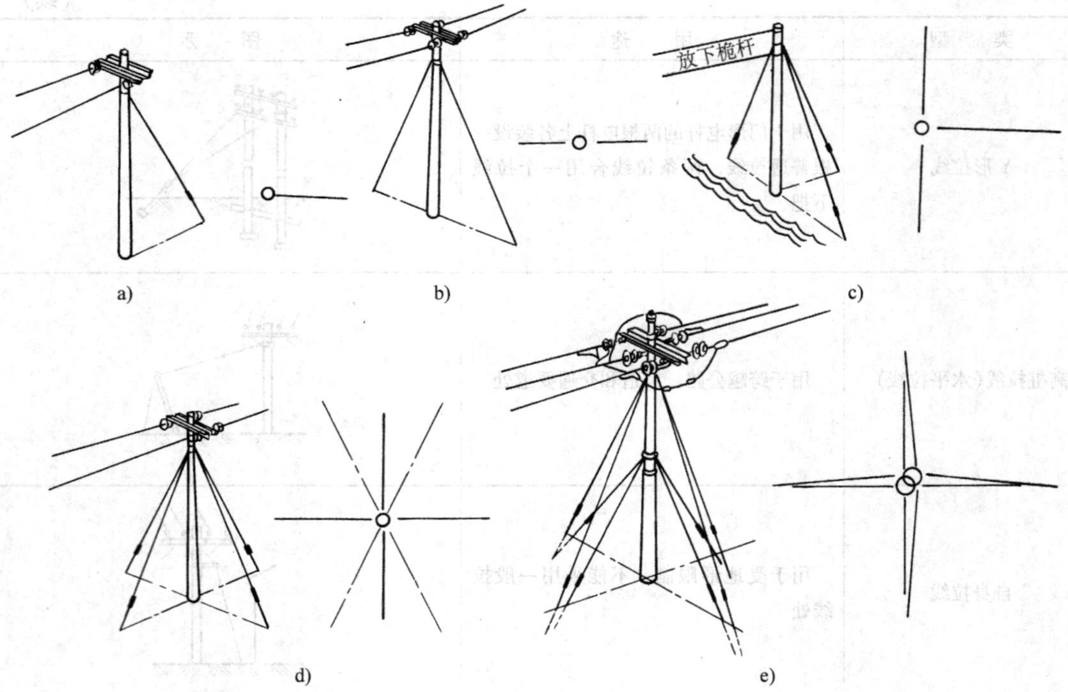

图 2-63　各种拉线的应用类型
a）一线型　b）两线型　c）三线型　d）四线十字和 X 型
e）四线多层型

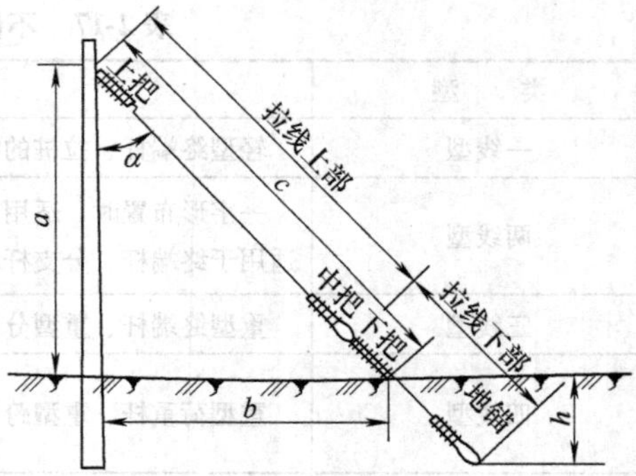

图 2-64　拉线的组成

式中系数 k，取 0.71～0.73；当 a 与 b 值相近时，k 取 0.71；当 a 是 b(或 b 是 a)的 1.5 倍时，k 取 0.72；当 a 是 b(或 b 是 a)的 1.7 倍时，k 取 0.73。

由公式计算出来的拉线长度应减去花篮螺栓长度和地锚柄露出地面的长度，再加上两头拉线长度才是拉线的下料长度。

2. 拉线的制作

拉线的制作有束合法和绞合法两种。绞合法存在绞合不好会产生各股受力不均的缺陷，目前常采用束合法。下面主要介绍束合法制作拉线。

（1）拉线的伸直

1）手工伸直法。将 50km 一盘的直径为 4mm 的镀锌铁丝放开拉伸，使其挺直，以便束合。伸直的方法，可使用两只紧线钳将铁丝两端夹住，分别固定在支柱或电杆上，用紧线钳收紧，使铁丝伸直。也可用镀锌铁丝的一端采用“双 8 字扣”（即双背扣）拴在电杆 C 上，如图 2-65 所示；接着将另一端镀锌铁丝缠在紧线器的滑轮上，一直缠到滑轮的 3/4 周为止；然后再将紧线器用铁丝拴在电杆 A 上，并转动摇柄，使紧线器上翼行螺母旋转收紧镀锌铁丝；最后由 4～5 人共同走到中间的电杆 B 下，面对电杆一起抓住镀锌铁丝，用力拉数次，一直拉到距电杆 B 约 8m 处，然后再次用紧线器收紧镀锌铁丝，使铁丝充分伸直。

2）紧线器伸直法。将紧线器用铁丝拴在电杆上并将铁丝夹住，铁丝的另一端用“双 8 字扣”拴在大树（或电杆上），如图 2-66 所示，摇动紧线器手柄，使紧线器上翼形螺母旋转收紧镀锌铁丝，铁丝即可伸直。

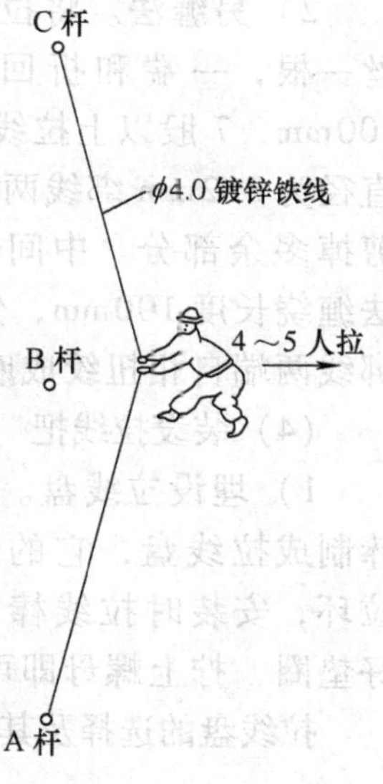

图 2-65　镀锌铁丝的伸直

（2）拉线的束合　将拉直的镀锌铁丝按需要长度剪断，根据拉线股数合在一起。在距地面 2m 以下部分每隔 0.6m，在距地面 2m 以上部分每隔 1.2m，用直径为 $\phi1.6\sim\phi1.8$mm 镀锌铁线，紧紧绕三圈后，再用电工钳将铁丝两端头拧成麻花形的小辫，如图 2-67 所示，使小辫拧成三个以上麻花，才能剪断，形成束合线。

（3）拉线把的缠绕　拉线把的缠绕有自缠法和另缠法两种。当铁丝比较柔软时应采用自缠法，因其施工较方便且牢固。当铁丝较硬或为钢绞线时，可用另缠法。

1）自缠法。将拉线折回部分各股散开紧贴在拉线上，在折回

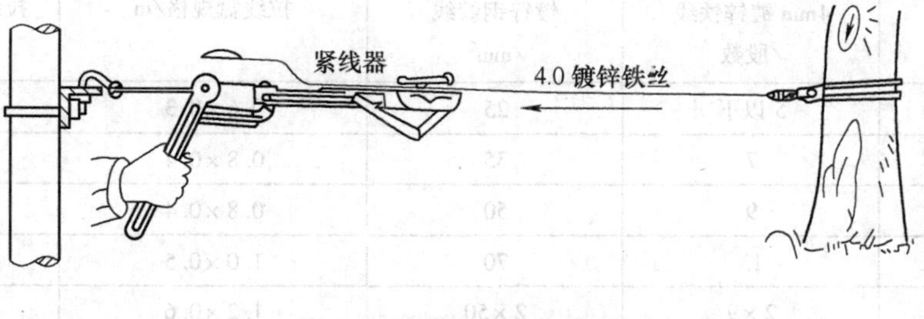

图 2-66　紧线器伸直铁丝

散开的拉线中抽出一股用电工钳在合并部分用力缠绕 10 圈以后，再抽出第二股线将它压在下面留出约 15mm，将其余部分剪掉，并把它折回压在缠绕的线圈上。用第二股线以同样的方法缠绕 9 圈以后，再抽出第三股线将它压在下面留出约 15mm，将其余部分剪掉，并把它折回压在缠绕的线圈上，依次类推，将缠绕圈数每次减少一圈，一直降至 5 圈即到第六圈为止，如图 2-68 所示。

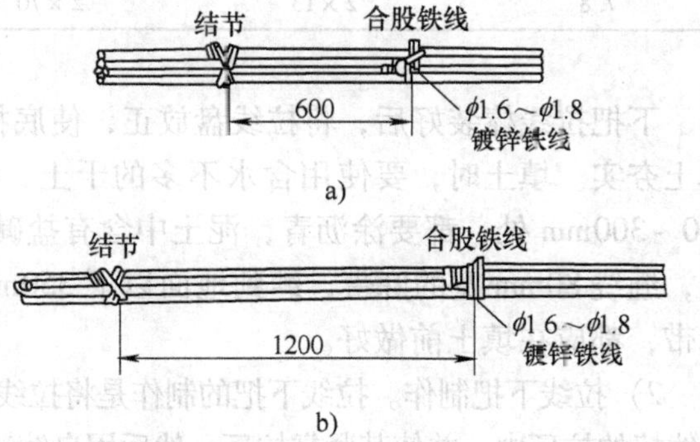

图 2-67　拉线的束合

a）离地 2m 以下拉线的束合　b）离地 2m 以上的拉线束合

每次可用两根 9 股及以上拉线一起缠绕，每次的余线至少要留出 30mm 压在下面，余留部分剪齐折回 180°紧压在缠绕层外。若股数较少，缠绕不到六圈即可终止。

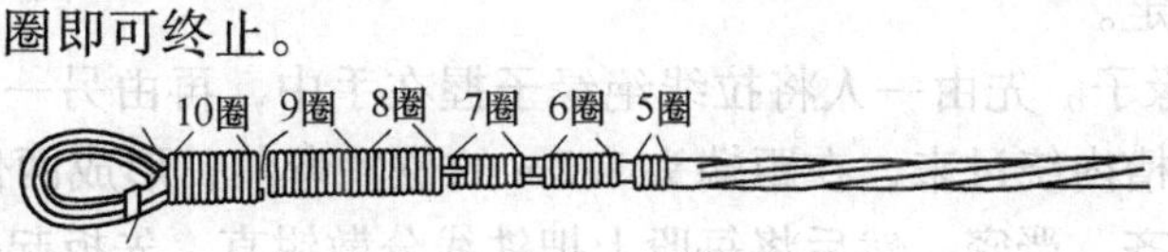

图 2-68　自缠拉线把

2）另缠法。将拉线折回部分各股散开紧贴在拉线上，另用直径为3.2mm镀锌铁丝一根，一端和折回部分并在一起，另一端用钢丝钳缠绕，3～5股拉线长度为200mm，7股以上拉线长度为300mm。然后将直径为3.2mm绑线两端自相缠绕3圈成小辫，剪掉多余部分。中间相隔200mm，同上述方法缠绕长度100mm，然后将拉线股全部折回。绑线两端自相扭绞成麻花小辫。

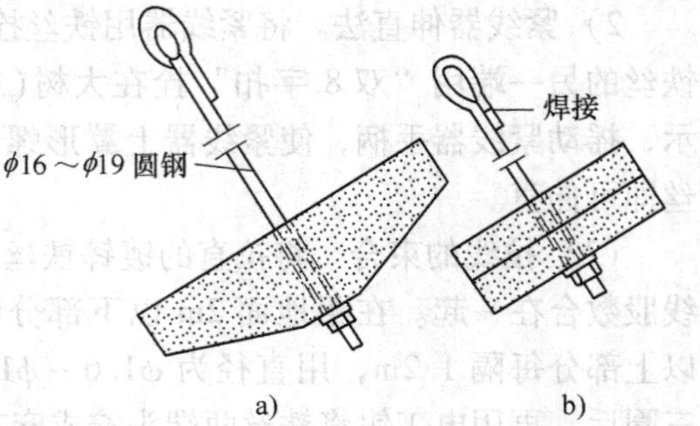

图2-69　拉线盘

（4）装设拉线把

1）埋设拉线盘。目前普遍采用圆钢拉线棒制成拉线盘，它的下端套有螺纹，上端有拉环，安装时拉线棒穿过水泥拉线盘孔，放好垫圈，拧上螺母即可，如图2-69所示。

拉线盘的选择及其埋设深度，见表2-18。

表2-18　拉线盘的选择及其埋设深度

拉线所受张力 /×10^4N	选用拉线规格		拉线盘规格/m	拉线盘埋设深度/m
	4mm镀锌铁线/股数	镀锌钢绞线/mm^2		
1.5以下	5以下	25	0.6×0.3	1.2
2.1	7	35	0.8×0.4	1.3
2.7	9	50	0.8×0.4	1.5
3.9	13	70	1.0×0.5	1.6
5.4	2×9	2×50	1.2×0.6	1.7
7.8	2×13	2×70	1.2×0.6	1.9

下把拉线棒装好后，将拉线盘放正，使底把拉环露出地面500～700mm，随后就可分层填土夯实。填土时，要使用含水不多的干土，最好夹杂一些石子或石块，拉线棒地面上下200～300mm处，都要涂沥青，泥土中含有盐碱成分较多地方，还要从拉线棒出±150mm处起，缠绕80mm宽的麻带，缠到地面以下350mm处，并浸透沥青，以防腐蚀。涂沥青和缠麻带，都应在填土前做好。

2）拉线下把制作。拉线下把的制作是将拉线下部的上端折回约1.2m，弯成环形，嵌进下把拉线棒的拉环内，并使其紧靠拉环，然后用自缠法或另缠法缠绕150～200 mm，如图2-70所示。

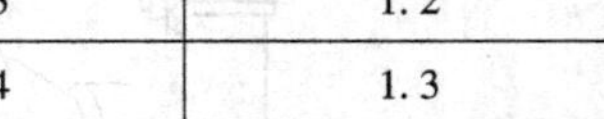

图2-70　拉线下把制作

3）拉线上把制作。装在混凝土电杆上的拉线上把，必须用拉线抱箍及螺栓固定。其方法是先用一只螺栓将拉线抱箍抱在电杆上，然后，把预制好的上把拉线环放在两片抱箍的螺孔间，穿入螺栓拧上螺母固定。

4）安装拉线绝缘子。先由一人将拉线绝缘子握在手中，再由另一人将5.5m的上把线束，从拉线绝缘子线槽内绕过来，在距端头1.2m的位置弯曲，形成两倍绝缘子长左右的环形，调整使其线束整齐、严密。然后将每股上把铁线分散钳直，先扳起一股铁线，按顺时针紧缠5圈后剪去余端，再扳起另一股铁线，依次缠绕完毕，如图2-71所示。

中把线束在绝缘子上的安装方法同上。绝缘子上安装好上把线束和中把线束如图2-72所示。

5）收紧拉线制作中把。在收紧拉线前，先将花篮螺栓的两端螺杆旋入螺母内，使它们之间保持最大距离，以备继续旋入调整。然后将紧线钳的钢丝绳伸开。一只紧线钳夹握在拉线高处，再将拉线下端穿过花篮螺栓的拉环，放在三角圈槽里，向上折回，并用另一只紧线钳夹住，花篮螺栓的另一端套在拉线棒的拉环上。然后慢慢将拉线收紧，紧到一定程度时，检查一下杆身和拉线的各部位，如无问题后，再继续收紧，把电杆校正。

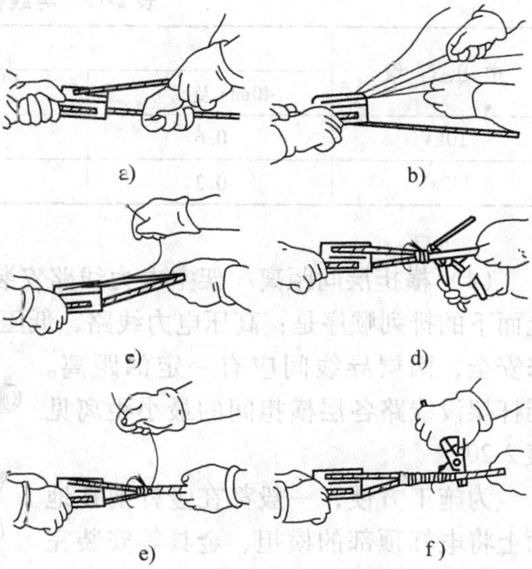

图2-71　上把线束在拉线绝缘子上的安装

a）穿过线槽扳成环形　b）调整线束　c）分散钳直　d）顺时针缠绕5圈　e）、f）依次缠绕

为了防止花篮螺栓螺纹倒转松退，可用一根 ϕ4mm 镀锌铁线，两端从螺杆孔穿过，在螺栓中间绞拧两次，再分向螺母两侧绕3圈，最后将两端头自相扭结，使调整装置不能任意转动。

3. 地锚的埋设

在埋设地锚前应将下把拉线组装好，然后进行整体埋设，埋设时应使下把拉环露出地面500～700mm，并在地面上层200～300mm处，涂以沥青，以防腐蚀，然后填土夯实。地锚的类型如图2-73所示。

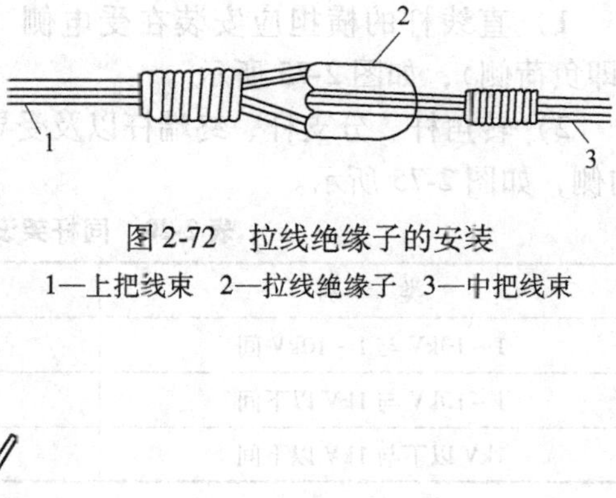

图2-72　拉线绝缘子的安装

1—上把线束　2—拉线绝缘子　3—中把线束

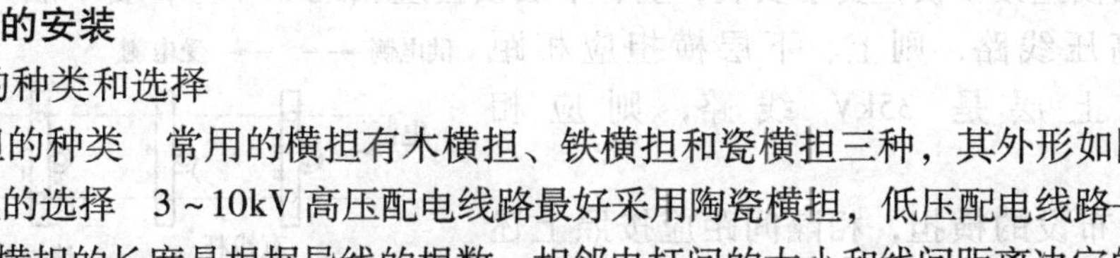

图2-73　地锚的类型

三、横担的安装

1. 横担的种类和选择

（1）横担的种类　常用的横担有木横担、铁横担和瓷横担三种，其外形如图2-74所示。

（2）横担的选择　3～10kV高压配电线路最好采用陶瓷横担，低压配电线路一般采用木横担或铁横担。横担的长度是根据导线的根数、相邻电杆间的大小和线间距离决定的。

（3）横担上导线间的最小距离　导线在横担上的最小距离见表2-19。

表 2-19 导线在横担上的最小距离 (单位:m)

电压等级	电杆档距			
	40mm 及以下	50mm	60mm	70mm
10kV	0.6	0.65	0.7	0.75
380kV	0.3	0.4	0.45	0.5

(4) 横担层间距离 架空电力线路安装时，往往在同一电杆上架设各种线路，它们自上而下的排列顺序是：高压电力线路，低压电力线路、通信和广播线路。为了确保运行与检修安全，两层导线间应有一定的距离。同杆架设线路各层横担间的最小距离见表 2-20。

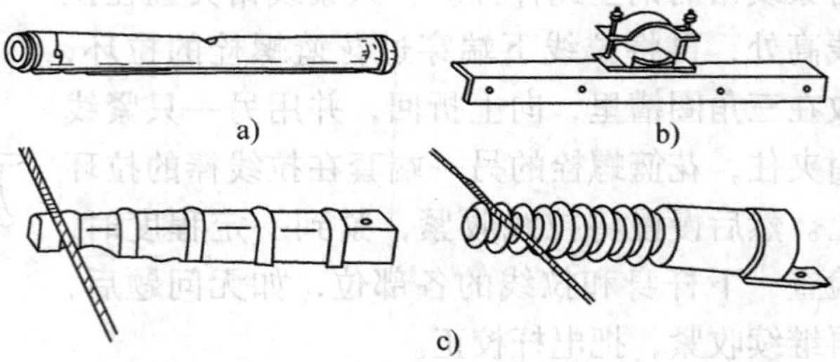

图 2-74 横担

a) 木横担 b) 铁横担 c) 瓷横担

为施工方便，一般都在竖杆前在地面上将电杆顶部的横担、金具等安装完毕，然后再整体竖杆。如果电杆竖起后组装，则应从电杆最上端开始。

2. 横担的安装

(1) 横担的安装位置

1) 直线杆的横担应安装在受电侧(即负荷侧)，如图 2-75 所示。

2) 转角杆、分支杆、终端杆以及受导线张力不平衡的地方，横担应安装在张力的反方向侧，如图 2-75 所示。

表 2-20 同杆架设线路各层横担间的最小距离 (单位:m)

类 别	直线杆	分支杆或转角杆
1~10kV 与 1~10kV 间	0.8	0.45~0.60
1~10kV 与 1kV 以下间	1.2	1.0
1kV 以下与 1kV 以下间	0.6	0.3

3) 单层横担应安装在离杆顶 100mm 处，如果是木杆，应装在离杆顶劈尖的斜口以下 100mm 处。

4) 多层横担均应装在同一侧。双层横担如架设的是同一电压等级(如均为 380V)的低压线路，上层横担按单横担要求安装，上、下层横担应相距 600mm；若下层是 380V，上层是 10kV 的高压线路，则上、下层横担应相距 1200mm；若上层是 35kV 线路，则应相距 2000mm。

图 2-75 横担的安装位置

5) 三层布设的横担，相隔间距应按照上述标准。

(2) 横担的安装方法

1) 横担与电杆的安装：

① 单横担的安装。单横担在架空线路上应用最广，一般的直线杆、分支杆、轻型转角杆和终端杆都用单横担，单横担的安装方法如图 2-76 所示。安装时，用 U 形抱箍从电杆背部抱过杆身，穿过 M 形抱铁和横担的两孔，用螺母拧紧固定。

② 双横担的安装。双横担又称为和合担，一般用于耐张杆、重型终端杆和转角杆受力较大的杆型上。双横担的安装方法如图 2-77 所示。

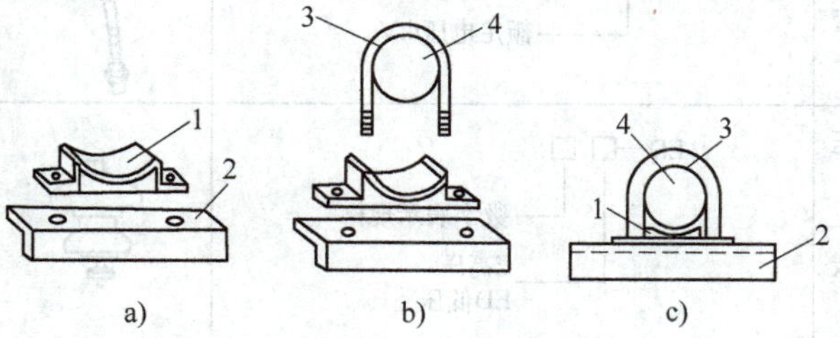

图 2-76　单横担的安装方法

1—M 形抱铁　2—角钢横担　3—U 形抱箍　4—电杆

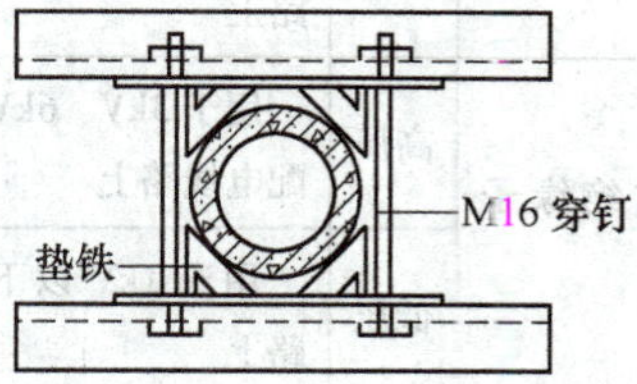

图 2-77　双横担的安装方法

③ 瓷横担的安装。瓷横担用于直线杆上代替横担和瓷绝缘子双重作用，它绝缘性能较好，断线时能自行转动，不致因一处断线而扩大事故。瓷横担的安装方法如图 2-78a 所示。图 2-78b 所示为 3～10kV 高压线路中导线为三角排列的瓷横担安装位置。

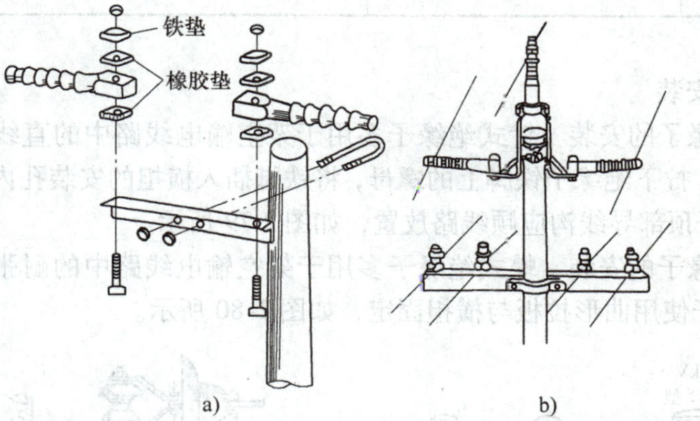

图 2-78　瓷横担的安装

a）瓷横担的安装步骤　b）导线三角排列的瓷横担安装

2）横担安装的注意事项：

① 横担的上沿，应装在离顶杆 100mm 处；并应装得水平，其倾斜度不得大于 1%。

② 在直线段内，每档电杆上的横担必须互相平行。

③ 在安装横担时，必须使两个固定螺栓承力相等。在安装时，应分次交替地拧紧两侧两个螺栓上的螺母。

四、绝缘子的安装

绝缘子是用来固定导线的，并使导线之间、导线与横担、电杆和大地之间绝缘。所以对绝缘的要求主要是能承受与线路相适应的电压，并且应当具有一定的机械强度。

1. 绝缘子的类型和用途

绝缘子的类型和用途见表 2-21。

表 2-21　绝缘子的类型和用途

类　型		用　途	型　号	图　示
针式绝缘子（立瓶）	高压	用于 3kV、6kV、10kV 及 35kV 高压配电线路的直线杆和直线转角杆上	P—□ □ W表示弯脚 T表示用于铁担 M表示用于木担 额定电压/kV	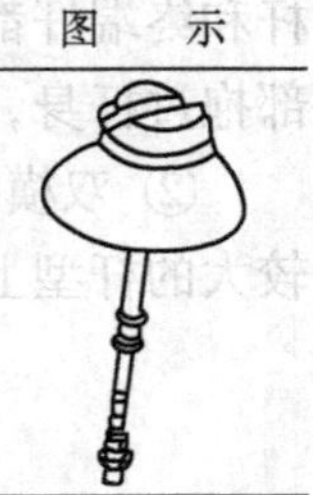
	低压	用于 1kV 以下低压配电线路上		
蝶式绝缘子（立瓶）	高压	用于 3kV、6kV、10kV 高压配电线路上	ED—□ □ 数字表示规格 E高压 ED低压	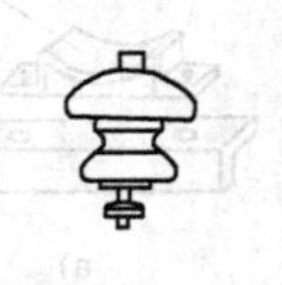
	低压	用于 1kV 以下低压配电线路上		
悬式绝缘子		能承受较大的拉力，用于 35kV 以上线路或 10kV 线路的耐张、转角和终端杆上。使用时由多只串联起来，电压越高串得越多	XP—□ □ 没字母表示球形连接 C表示槽形连接 机电破坏负荷及其数值(10^4N)	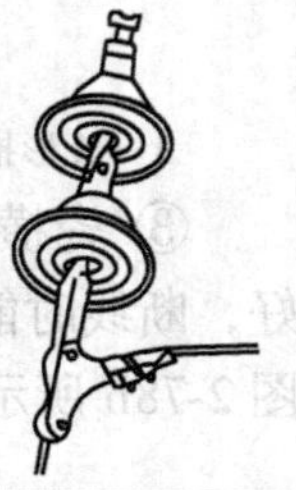

2. 绝缘子的安装

（1）针式绝缘子的安装　针式绝缘子多用于架空输电线路中的直线杆上，针式绝缘子的安装比较简单，拧下绝缘子铁脚上的螺母，将铁脚插入横担的安装孔内加弹簧垫圈用螺母拧紧即可，绝缘子顶部导线沟应顺线路放置，如图 2-79 所示。

（2）蝶式绝缘子的安装　蝶式绝缘子多用于架空输电线路中的耐张杆、分支杆及终端杆上，蝶式绝缘子使用曲形拉板与横担固定，如图 2-80 所示。

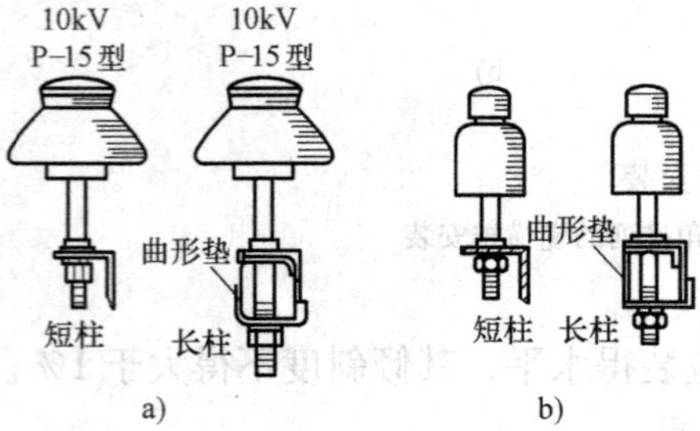

图 2-79　针式绝缘子的安装

a）高压　b）低压

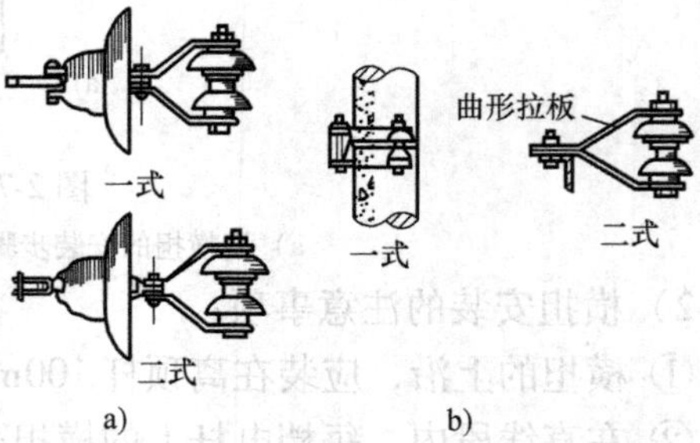

图 2-80　蝶式绝缘子的安装

a）高压悬式加蝶式　b）低压

（3）悬式绝缘子的安装　在 10kV 架空输电线路的耐张杆、分支杆、转角杆及终端杆上，应采用一个悬式绝缘子和一个蝶式绝缘子或采用两个悬式绝缘子组成的绝缘子串，如图 2-81 所示。

（4）瓷横担绝缘子的安装　如图 2-82 所示，瓷横担绝缘子在直立安装时，顶端顺线路歪斜不应大于 10mm；在水平安装时，顶端应向上翘起 5° ~ 15°，顶端顺线路歪斜不应大于 20mm。

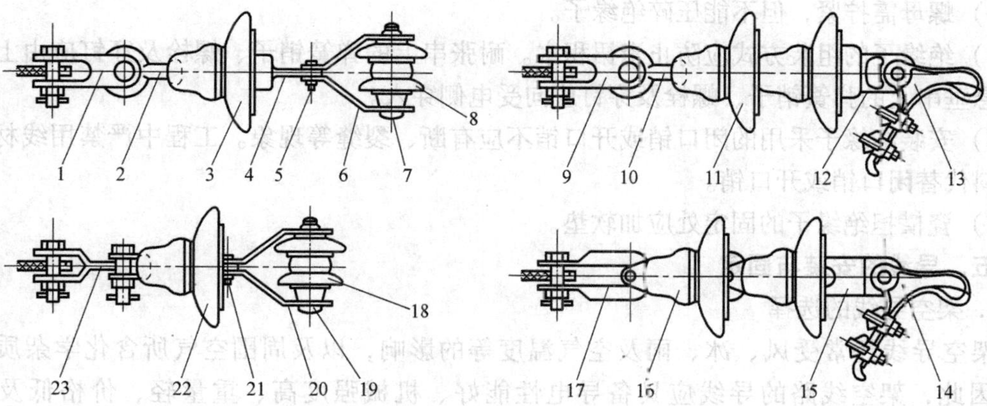

图 2-81　悬式绝缘子的安装

1、9—直角挂板　2、10、12—碗头挂板　3、11—XP-7 盘形悬式绝缘子　4、15—平行挂板　5、21—M16×60 方头螺栓　6、20—曲形拉板　7、19—M16×20 方头螺栓　8、18—蝶式绝缘子　13、14—耐张线夹　16、22—XP-7C 盘形悬式绝缘子　17—U 形挂板　23—由形挂板

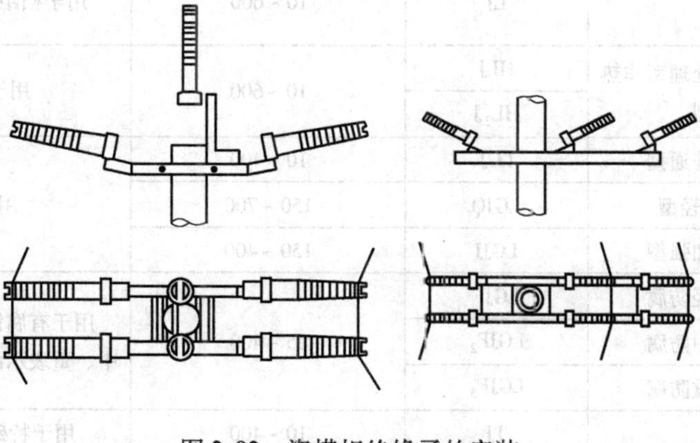

图 2-82　瓷横担绝缘子的安装

转角杆上安装瓷横担绝缘子时，顶端竖直安装的瓷横担支架应安装在转角的内角侧（瓷横担绝缘子应装在支架的外角侧）。

3. 绝缘子与横担的安装

绝缘子与横担的安装如图 2-83 所示。

绝缘子安装时的注意事项如下：

1）绝缘子的额定电压应符合线路电压等级要求。安装前检查有无损坏，并用 2500V 绝缘电阻表测试其绝缘电阻，不应低于 300MΩ。

2）紧固横担和绝缘子等各部分的螺栓直径应大于 16mm，绝缘子与铁横担之间应垫一层薄橡皮，以防紧固螺栓时压碎瓷绝缘子。

图 2-83　绝缘子与横担的安装

3）螺栓应由上向下插入瓷绝缘子中心孔，螺母要拧在横担下方，螺栓两端均需套垫圈。

4）螺母需拧紧，但不能压碎绝缘子。

5）绝缘子的组装方式应防止瓷裙积水。耐张串上的弹簧销子、螺栓及穿钉应由上向下穿。悬垂串上的弹簧销子、螺栓及穿钉应向受电侧穿入。

6）安装绝缘子采用的闭口销或开口销不应有断、裂缝等现象。工程中严禁用线材或其他材料代替闭口销或开口销。

7）瓷横担绝缘子的固定处应加软垫。

五、导线的安装与固定

1. 架空导线的选择

架空导线经常受风、冰、雨及空气温度等的影响，以及周围空气所含化学杂质的侵蚀，因此，架空线路的导线应具备导电性能好、机械强度高、重量轻、价格低及耐腐蚀等条件。

（1）常用架空导线的型号及用途　常用架空导线的型号及用途见表2-22。

表2-22　常用架空导线的型号及用途

名　　称		型　号	截面积范围/mm	主 要 用 途
铝绞线		LJ	10～600	用于档距较小的一般配电线路
铝合金绞线	热处理型非热处理型	HLJ	10～600	用于一般配电线路
		HL_2J		
钢芯铝绞线	普通型	LGJ	10～400	用于输配电线路
	轻型	LGJQ	150～700	
	加强型	LGJJ	150～400	
防腐蚀钢芯铝绞线	轻防腐	LGJF	25～400	用于有腐蚀环境的输配电线路轻、中、重表示耐腐蚀能力的大小
	中防腐	$LGJF_2$		
	重防腐	$LGJF_3$		
铜绞线		TJ	10～400	用于特殊要求的输配电线路
镀锌钢绞线		GJ	2～260	用于农用架空线或避雷线

（2）架空裸导线的最小允许截面积　架空裸导线的最小允许截面积见表2-23。

表2-23　架空裸导线的最小允许截面积　（单位：mm^2）

导线种类	低压(1kV以下)	高压(1kV以上)	
		居民区	非居民区
铝及铝合金	16	35	25
钢芯铝线	16	25	16
铜线	6	16	16

（3）架空导线间的最小距离　架空导线间的最小距离见表2-24。

（4）架空导线对地面、水面和跨越的最小距离　架空导线对地面、水面和跨越的最小距离见表2-25。

表 2-24 架空导线间的最小距离

架设方式	条件	线间最小距离/mm
导线水平排列	档距在 40m 及以下	300
	档距在 40m 及以上	400
	接近电杆的相邻导线	600
多层导线垂直排列	各层导线间的垂直排列	600
合杆架设	1kV 以下低压与上层的 6～10kV 高压导线的垂直距离	1200
	1kV 以下低压导线与下层的通信、广播线垂直距离	1500

注：档距是指两根电杆之间的距离。

表 2-25 架空导线对地面、水面和跨越的最小距离

架空线路经过地区名称	导线弧垂最低点至下列各处	最小距离/m	
		1kV 以下	1～10kV
市区、厂区和城镇	地面	6.0	6.5
社、队集镇		5.0	5.5
居民密度小、田野和交通不便区域		4.0	4.5
公路	路面	6.0	7.0
铁路	轨顶	7.5	7.5
建筑物	建筑物顶	2.5	3.0
架空管道	位于管道之下	1.5	不允许
	位于管道之上	3.0	3.0
能通航和浮运的河、湖	冬季至水面	5.0	5.0
不能通航和浮运的河、湖	至最高水位	1.0	3.0

(5) 架空导线的选择

1) 架空导线应有足够的机械强度。

架空导线本身有一定的重量，在运行中还要受到风雨、冰雪等外力的作用，因此必须具有一定的机械强度，为了避免断线事故，铝导线的截面积一般不宜小于 16mm²。中性线的截面积不应小于相线截面积的 1/2。

2) 架空导线的允许载流量应满足负荷的要求。架空线路的实际负荷应小于导线的允许载流量。

3) 架空线路的电压损失不宜过大。

由于导线具有一定的电阻，电流通过架空导线时会产生电压损失，导线越细、越长，或负荷电流越大，电压损失就越大，线路末端的电压就越低，甚至不能满足用电设备的电压要求。因此在选择架空线路导线截面时，一般保证线路的电压损失不超过 5%。

三相 380V 低压架空线路导线截面可参考表 2-26 选取。

表 2-26　三相 380V 架空裸铝线截面的选择

送电距离/km	0.2	0.4	0.6	0.8	1.0	1.5	2.0	2.5	3.0	4.0	5.0
输送容量/kW	裸铝线直径/mm										
2	16	16	16	16	16	16	16	16	16	25	25
3	16	16	16	16	16	16	16	25	25	35	50
4	16	16	16	16	16	16	25	35	35	50	70
5	16	16	16	16	16	25	25	35	50	70	
6	16	16	16	16	16	25	35	50	70		
8	16	16	16	16	25	35	50	70			
10	16	16	16	25	35	50	70				
15	16	16	25	35	50	70					
20	16	25	35	50	70						
25	16	25	50	70							
30	16	35	70	95							
40	25	50	95								
45	25	70									
50	35	70									
60	50	95									
70	50										
80	70										
90	70										
100	70										

注：线间距离为 0.4m，$\cos\varphi$ 为 0.8，电压降不超过额定值的 10%。

2. 导线架设及固定

低压架空导线一般采用多股裸铝绞线或裸钢芯铝绞线。在工矿企业中为避免因金属器件碰撞而发生的短路和触电事故，应采用绝缘导线。

（1）放线　放线和架线的配合方式有两种，一种是以一个耐张段为一个单元，把线路所需导线全部放出，置于电杆根部地面，然后按档把全耐张段导线同时吊上电杆，如图 2-84 所示；另一种方法是一边放出导线，一边逐档吊线上杆。在放线过程中，如导线需要对接时，应在地面先用压接钳进行压接，再架线上杆。

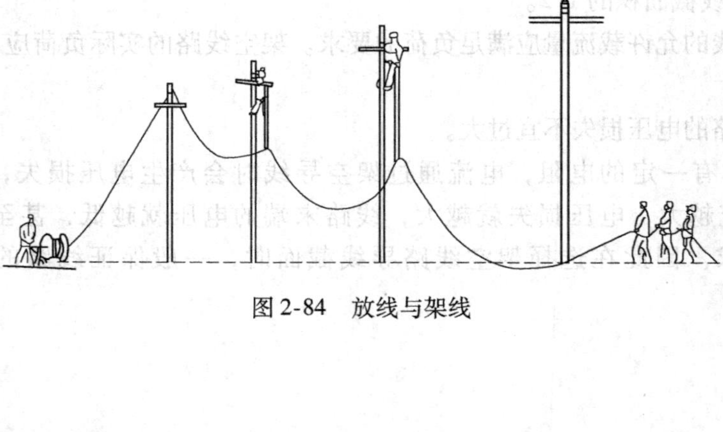

图 2-84　放线与架线

(2) 架线

1) 吊线时，一般每档电杆上都需有人操作，地面上一个人指挥，3～5人配合。

2) 导线上杆，一般采用绳吊，如图2-85a所示。截面积较小的，一个耐张段全长的四根导线可一次吊上；截面积较大的，可分成每两根吊一次。吊线应同时上杆。

3) 导线上杆后，一端线头绑扎在瓷绝缘子上，另一端线头夹在紧线器上，中间每档把导线布在横担上的瓷绝缘子附近，嵌入临时安装的滑轮内，不能搁在横担上，如图2-85b所示。以防导线在横担、瓷绝缘子和电杆上摩擦。

4) 中性线应放在电杆的内档，三相四线在电杆上的排列相序一般为L1、N、L2、L3或L1、L2、N、L3等。

(3) 紧线　在紧线时，一般需与垂弧测量，固定导线一起施工。紧线前，在一端耐张杆上，先把线头在瓷绝缘子上作终端固定，然后在另一端用紧线钳紧线，如图2-86所示。

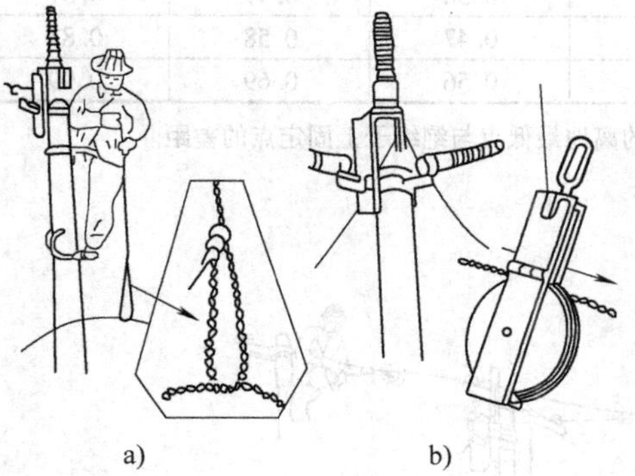

图2-85　架线

a) 绳吊导线　b) 导线嵌入木滑轮

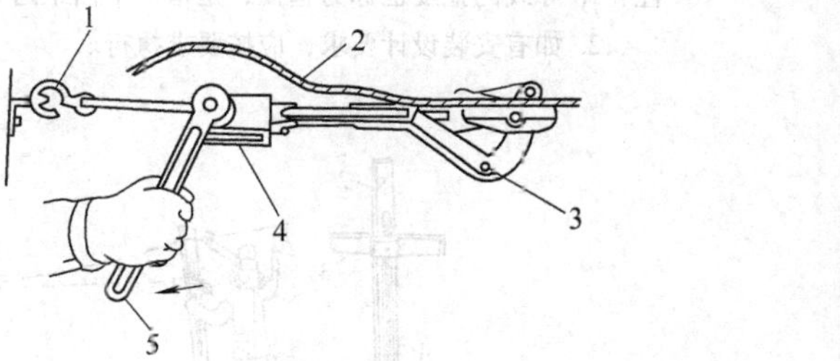

图2-86　紧线钳紧线方法

1—定位钩　2—导线　3—夹线钳头　4—收紧齿轮　5—手柄

1) 紧线器定位钩要固定牢靠，以防紧线时打滑。紧线器的夹线钳口应尽可能拉长一些，以增加导线的收放幅度，便于调整导线的垂弧。

2) 一个耐张段内的电杆档距基本相等，而每档距内的导线自重也基本相等，故在一个耐张段内，不需要对每个档距进行垂弧测量，只要在中间1～2个档距内进行测量即可，测量应从横担中间(即近电杆)的一根开始，接着测量电杆另一边对应的一根，然后再交叉测量第三根和第四根，这样能使横担受力均匀，不致因紧线而出现扭斜。

(4) 导线弧垂的测量　架空导线的弛度一般以弧垂表示。导线弧垂的测量通常与紧线配合进行。导线弧垂的测量方法一般有等长法和张力表法两种，施工中常用等长法，即平行四边形法。

采用等长法测定弧垂时，应首先按当时环境温度查寻架空导线的弛度表，其中架空导线最低弛度标准见表2-27；然后将两把弧垂测量标尺上的横杆调节到表2-27中查得的弛度值，并把两把标尺分别挂在被测量档距的两根电杆的同一根导线上，如图2-87所示，两个测量者彼此从标尺的横杆上进行观察，并指挥紧线；当两横杆上沿与导线下垂的最低点成一条直线时，则说明导线的弛度已调整到预定的要求。

(5) 固定导线　在低压和10kV高压架空线路上，一般都用瓷绝缘子作为导线的支持物。直线杆上的导线与瓷绝缘子的贴靠方向应为同一方向；转角杆上的导线，必须贴靠在瓷绝缘子外侧，导线在瓷绝缘子上的固定，均采用绑扎方法，裸铝绞线因质地过软，而绑扎线较硬，且绑扎时用力较大，故在绑扎前需在铝绞线上包缠一层保护层，包缠长度以两端各伸出绑扎处 20mm 为准。

表 2-27　架空导线最低弛度标准

温　度/℃	档　距/m					
	30	35	40	45	50	60
	驰　度/m					
-40	0.06	0.08	0.11	0.14	0.17	0.25
-30	0.07	0.09	0.12	0.15	0.19	0.27
-20	0.08	0.11	0.14	0.18	0.22	0.31
-10	0.09	0.12	0.16	0.20	0.25	0.36
0	0.11	0.15	0.19	0.24	0.30	0.43
10	0.14	0.18	0.24	0.30	0.38	0.45
20	0.17	0.23	0.30	0.38	0.47	0.57
30	0.21	0.28	0.37	0.47	0.58	0.83
40	0.25	0.35	0.44	0.56	0.69	0.99

注：1. 导线的弛度也称为垂弧，是指一个档距内导线自然垂下的离地最低点与绝缘子上固定点的差距。
　　2. 如有安装设计要求，应按要求执行。

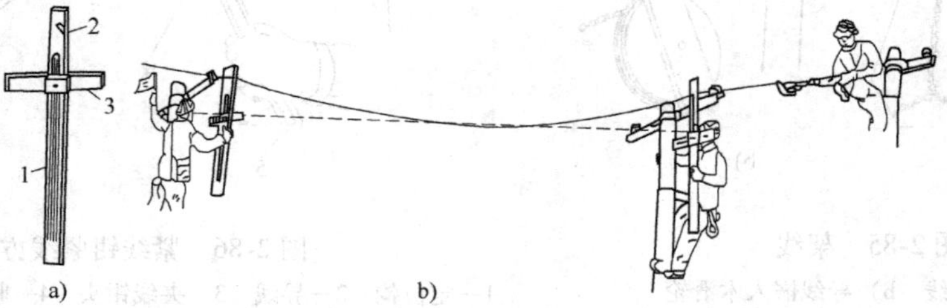

图 2-87　导线的弧垂测量

a）弧垂测量标尺　b）弧垂测量

1—尺杆　2—柱口　3—横杆

1）蝶形瓷绝缘子上导线的绑扎。绑扎前，先在导线绑扎处包缠 150mm 长的铝带，包缠时，铝带每圈排列必须整齐，紧密和平服。

① 直线段导线在蝶形瓷绝缘子上的绑扎。

a. 把导线紧贴在瓷绝缘子颈部嵌线槽内，把扎线一端留出足够在嵌线槽中绕一圈和在导线上绕 10 圈的长度，并使扎线与导线成×状相交，如图 2-88a 所示。

b. 把扎线从导线右下侧绕嵌线槽背后至导线左边下侧，按逆时针方向围绕正面嵌线槽，从导线右边上侧绕出，如图 2-88b 所示。

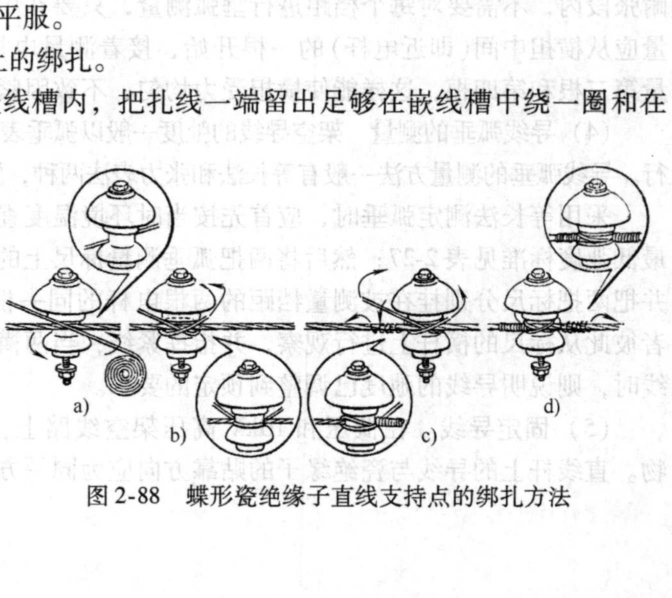

图 2-88　蝶形瓷绝缘子直线支持点的绑扎方法

c. 接着将扎线贴紧并围绕瓷绝缘子嵌线槽背后至导线左边下侧，在贴近瓷绝缘子处开始，将扎线在导线上紧缠 10 圈后剪除余端，如图 2-88c 所示。

d. 把扎线的另一端围绕嵌线槽背后至导线右边下侧，也在贴近瓷绝缘子处开始，将扎线在导线紧缠 10 圈后剪除余端，如图 2-88d 所示。

② 始终端支持点在蝶形瓷绝缘子上的绑扎。

a. 把导线末端先在瓷绝缘子嵌线槽内围绕一圈，如图 2-89a 所示。

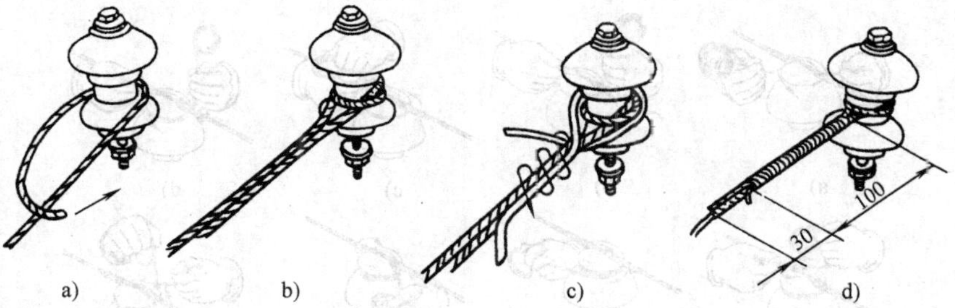

图 2-89　蝶形瓷绝缘子始终端支持点的绑扎方法

b. 接着把导线末端压着第一圈后再围绕第二圈，如图 2-89b 所示。

c. 把扎线短的一端嵌入两导线末端并合处的凹缝中，扎线长的一端在贴近瓷绝缘子处，按顺时针方向把两导线紧紧地缠扎在一起，如图 2-89c 所示。

d. 把扎线在两始、终端导线上紧缠到 100mm 长后，与扎线短的一端用钢丝钳紧绞 6 圈后剪去余端，并贴紧在两导线的夹缝中，如图 2-89d 所示。

2）针式瓷绝缘子上导线的绑扎。绑扎前，先在导线绑扎处包缠 150 mm 长的铝带。

① 针式瓷绝缘子的颈部绑扎方法

a. 把扎线短的一端在贴近瓷绝缘子处的导线右边缠绕 3 圈，然后与另一端扎线互绞 6 圈，如图 2-90a 所示，并把导线嵌入瓷绝缘子颈部的嵌线槽内。

b. 接着把扎线从瓷绝缘子背后紧紧地绕到导线的左下方，如图 2-90b 所示。

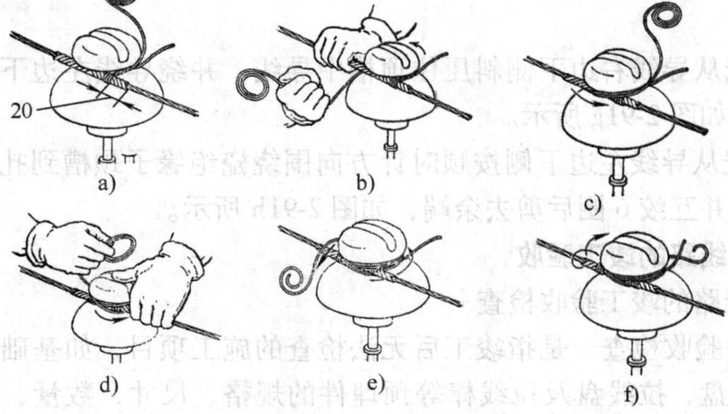

图 2-90　针式瓷绝缘子的颈部绑扎方法

c. 随着把扎线从导线的左下方，并如同上法再把扎方法围绕到导线右上方，并如同上法再把扎线绕瓷绝缘子 1 圈，如图 2-90c 所示。

d. 然后把扎线再围绕导线左上方，并继续绕到导线右下方，使扎线在导线上形成 × 形的交绑状，如图 2-90d、e 所示。

e. 最后把扎线围绕到导线左上方，并贴近瓷绝缘子处紧缠导线3圈后，向瓷绝缘子背部绕去与另一端扎线紧绞6圈后，剪去余端，如图2-90f所示。

② 针式瓷绝缘子的顶部绑扎方法

a. 把导线嵌入瓷绝缘子顶嵌线槽内，并在导线右边近瓷绝缘子处用扎线绕上3圈，如图2-91a所示。

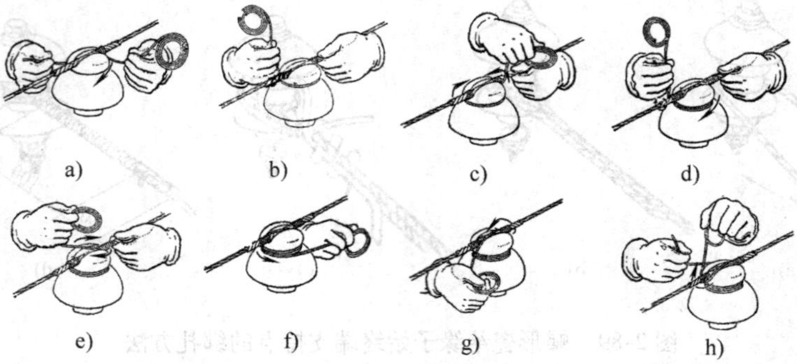

图2-91 针式瓷绝缘子的顶部绑扎方法

b. 接着把扎线长的一端按顺时针方向从瓷绝缘子颈槽中围绕到导线左边下侧，并贴近瓷绝缘子在导线上缠绕3圈，如图2-91b所示。

c. 然后再按顺时针方向围绕瓷绝缘子颈槽到导线右边下侧，并在右边导线上缠绕3圈（在原3圈扎线右侧），如图2-91c所示。

d. 然后再围绕瓷绝缘子颈槽到导线左边下侧，继续缠绕到导线3圈（也排列在原3圈左侧），如图2-91d所示。

e. 此后重复图2-91c所示方法，把扎线围绕瓷绝缘子颈槽到右边下侧，并斜压住顶槽中导线，继续绕到导线左边下侧，如图2-91e所示。

f. 接着从导线左边下侧按逆时针方向围绕瓷绝缘子颈槽到右边导线下侧，如图2-91f所示。

g. 然后把扎线从导线右边下侧斜压住顶槽中导线，并绕导线左边下侧，使顶槽中导线被扎线压成×状，如图2-91g所示。

h. 最后将扎线从导线左边下侧按顺时针方向围绕瓷绝缘子颈槽到扎线的另一端，相交于瓷绝缘子中间，并互绞6圈后剪去余端，如图2-91h所示。

六、架空电力线路的竣工验收

1. 架空电力线路的竣工验收检查

（1）隐蔽工程验收检查　是指竣工后无法检查的施工项目，如基础坑深及地基处理情况；电杆底盘、卡盘、拉线盘及拉线棒等预埋件的规格、尺寸、数量、安装位置与组装质量；导（地）线的连接情况和修补处线股的损伤情况；接地体的埋设情况等，应有完整合格的施工记录。

（2）中间验收检查　是指施工班组完成了一个或数个分部项目（基础、杆塔竖立、架线、接地等）后进行的验收检查。如电杆竖立后的倾斜，各部件的规格及组装质量；拉线的方位、安装质量及受力情况；架线后的弧垂，线路对建筑物的接近距离及导线对地和跨越物的距离；绝缘子串的倾斜及瓷横担的偏斜；金具的规格及连接质量；接地电阻的现场测试。

（3）竣工验收检查　是指全线或其中一段各工序全部结束后进行的全面验收检查。除中间验收检查外，尚须检查下列各项：

1）中间验收检查中有关问题的处理情况。

2）障碍物的处理情况。

3）原设计图样、修改施工设计图样及施工现场记录，各元件的测试资料或试验报告，各有关协议文件等资料是否齐全、正确。

4）是否有遗留未完的项目。

2. 架空电力线路的竣工试验

1）测量线路的绝缘电阻是否符合要求。

2）测量电杆和过电压保护装置的接地电阻是否符合保护规程的规定。

3）相位检查。线路两端的相位应一致。

4）冲击合闸试验。在线路额定电压下，对空载线路进行三次合闸试验。在合闸试验中，线路绝缘层不应有损坏。

复　习　题

1. 低压用户的供电相数有何规定？对三相四线供电的用户为什么应将单相负载平均地分配在各相上？

2. 负荷电流是怎样求得的？

3. 低压进户装置由哪几部分组成？选择进户点应同时考虑哪几个方面？

4. 进户线的选择要求有哪些？如何选择其导线安全载流量？

5. 进户管可选用哪几种管子？其基本要求有哪些？

6. 室内线路的基本要求有哪些？

7. 室内线路的配线工序有哪些？

8. 试述绝缘子线路（户内外明线）与低压架空线线路有哪些类同和不同的地方。各自的应用范围有哪些？

9. 护套线线路怎样安装？基本要求有哪些？

10. 试述管线线路的应用范围和技术要求。

11. 室内线路安装竣工后应检验的项目和要求有哪些？

12. 室内线路日常维护保养的内容有哪些？

13 一般线路有哪些主要故障现象？怎样防止和处理方法？

14. 试述室外架空线路的基本特点和基本结构。

15. 拉线装置起什么作用？有哪些基本结构形式？各有什么特点？

16. 什么叫架空线的弧垂？怎样测定？

17. 架空电力线路竣工验收的项目及内容有哪些？

18. 试述巡线检查的内容？架空线路的维护包括哪些内容？

第三章　照明装置的安装和常见故障检修

照明以电光源最为普遍，而电光源所需的电器装置称为照明装置。它包括灯具、灯座、开关、插座及所有的附件等。

照明装置的安装要求是：正规、合理、牢固和整齐。正规是指各种器具必须按照有关规范、规程和工艺标准进行安装，达到质量标准的规定；合理，是指选用的各种照明装置必须适用、经济、可靠，安装的地点位置应符合实际需要，使用要方便；牢固，是指各照明装置安装应牢固、可靠，达到安全运行和使用的功能；整齐，是指统一使用环境和统一要求的照明装置，要安装得横平竖直，品种规格要整齐统一，以达到型色协调和美观的要求。在安装的过程中，还要注意保持建筑物顶棚、墙壁、地面不被污染和损伤等。

目前，在一般工厂、商店、学校和家庭等照明中，除普遍采用的白炽灯、荧光灯等常用照明光源外，高压水银荧光灯，碘钨灯、钠灯，以及环形、H 形和 U 形节能灯，也得到广泛的应用。如何选择照明光源的种类、灯型及其布置方式，要根据现场对照度及光色的要求。

第一节　照明装置的种类

一、照明电光源

能提供照明的电源，以电光源最为普遍，电灯所发出的光，叫做电光源。

灯的品种很多，有白炽灯、碘钨灯、荧光灯、氙灯、高压水银荧光灯和钠灯等。但在日常生活和一般的工作环境中，用得最普遍的是白炽灯和荧光灯。白炽灯属于热辐射光源，荧光灯属于气体放电光源。

常用照明电光源的分类及特点见表 3-1。

表 3-1　常用照明电光源的分类及特点

种　类	优　点	缺　点	适用场合
白炽灯	结构简单，价格低廉，使用和维修方便	光效低，寿命短，不耐振动	用于室内外照度要求不高，而开关频繁的场合
碘钨灯	光效较高，比白炽灯高 30% 左右，构造简单，使用和维修方便，光色好，体积小	灯管必须水平安装，倾斜度小于 4°，灯管表面温度高，可达 500～700℃，不耐振动	广场、体育场、游泳池、车间、仓库等照度要求高，照射距离远的场合
荧光灯	光效较高，为白炽灯的 4 倍，寿命长，光色好	功率因数低，需附件多，故障比白炽灯多	广泛用于办公室、会议室和商店等场所
氙灯	光效极高，光色接近日光，功率可达到 10kW 到几十万瓦	启动装置复杂，需用触发器启动，灯在点燃时有大量紫外线辐射	广泛用于广场、体育场、公园、适合大面积照明

（续）

种类		优点	缺点	适用场合
高压水银荧光灯	外附镇流器式	光效高，寿命长，耐振动	功率因数低，需附件，价格高，启动时间长，初启动 4 ~ 8min，再启动 5 ~ 10min	广场、大车间、车站、码头、街道、码头和仓库等场所
	自镇式	光效高，寿命长，无镇流器附件，使用方便，光色较好，初启动时无延时	价格高，不耐振动，再启动要延时 3 ~ 6min	
钠灯		光效很高，省电，寿命长，紫外线辐射少，透雾性好	分辨颜色的性能差，启动时间为 4 ~ 8min，再启动需 10 ~ 20min	

常用照明电光源的主要技术数据见表 3-2。

表 3-2　常用照明电光源的主要技术数据

电光源名称	白炽灯	碘钨灯	荧光灯	氙灯	高压水银荧光灯	钠灯
额定功率范围/W	10 ~ 1000	500 ~ 2000	6 ~ 125	1500 ~ 100000	50 ~ 1000	250、400
光效(lm/W)	6.5 ~ 19	19.5 ~ 21	25 ~ 67	20 ~ 37	30 ~ 50	90 ~ 100
平均寿命/kh	1	1.5	2 ~ 3	0.5 ~ 1	2.5 ~ 5	3
启动稳定时间	瞬时	瞬时	1 ~ 3s	1 ~ 2s	4 ~ 8min	4 ~ 8min
再启动时间	瞬时	瞬时	瞬时	瞬时	5 ~ 10min	10 ~ 20min
功率因数	1	1	0.33 ~ 0.7	0.4 ~ 0.9	0.44 ~ 0.67	0.44
频闪效应	不明显	不明显	明显	明显	明显	明显
表面亮度	大	大	小	大	较大	较大
电压变化对光通量影响	大	大	较大	较大	较大	大
环境温度对光通量的影响	小	小	大	小	较小	较小
耐振性能	较差	差	较好	好	好	较好
所需附件	无	无	镇流器、辉光启动器	镇流器、触发器	镇流器	镇流器
一般显色指数 *Ra*	95 ~ 99	95 ~ 99	70 ~ 80	90 ~ 94	30 ~ 40	20 ~ 25

1. 白炽灯

白炽灯是最早出现的第一代电光源。白炽灯按用途不同可分为普通照明白炽灯和特殊用途白炽灯。这里仅介绍日常生活常用的普通照明白炽灯。

（1）白炽灯的构造　白炽灯的构造简单，主要由灯头、灯丝和玻璃壳制成，还有玻璃支架和引线。灯头部分又分为螺口式和插口式两种，如图 3-1 所示。

白炽灯的玻璃壳一般是用透明玻璃制成的，但可磨砂制成乳白色灯泡，使光线漫射，减少目眩。也有各种不同颜色的玻璃壳，使灯泡发出不同色彩的光线，如天蓝色灯泡使人有凉爽的感觉，夏季用之较合适；红色灯泡发出红色光线，适用于照相馆、医院的 X 光室。

灯丝多采用熔点高和高温蒸发率低的钨丝制成。钨丝的形式分为细直丝、绞合丝和螺旋形丝，近年出现的双螺旋形，其光效更高，使用寿命更长(1000～1500h 以上)，节能效果更显著。灯丝的直径、长度、制造质量直接影响到灯泡的各种性能。

当白炽灯的灯丝两端加上额定电压后，灯丝通过电流被加热到白炽状态而发光。输入灯泡的电能大部分转换为不可见的辐射能和热能，只有百分之几到十几的电能转换为可见光能。

由于白炽灯的结构简单，成本低，安装使用方便，故被广泛应用。

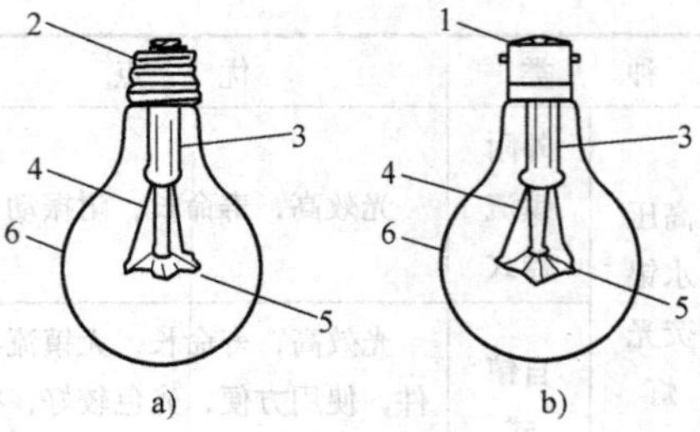

图 3-1　白炽灯的构造

a）螺口式　b）插口式

1—插口灯头　2—螺口灯头　3—玻璃支架　4—引线　5—灯丝　6—玻璃壳

(2) 白炽灯的主要技术数据　普通白炽灯的额定电压一般为 220V，也有 110V 和 36V 的。选购时一定要注意玻璃壳顶部的标志，看清灯泡的额定电压是否与线路电源电压一致。

普通照明灯泡的功率有 15W、25W、40W、60W、100W、150W、200W、300W、500W 和 1000W 等多种。灯泡的瓦数越大，发光越亮。大功率灯泡内部抽成真空后充有不活泼的惰性气体氩气或氮气，用以增加压力，使灯丝的蒸发和氧化较为缓慢，同时还能提高灯丝的使用温度和发光效率。这是由于充惰性气体后，可使灯丝蒸发的钨粉通过气体对流上升而聚在灯泡的颈部，因此玻璃壳不会发黑，从而提高发光效率，加快散热。而小功率灯泡只抽成真空。功率在 200W 以上的灯泡，一般做成螺口式灯头，因螺口式灯头的电接触优于插口式灯头。为了使大功率灯泡的灯头与灯丝产生的热量离得远一些，其颈部做得较长。

2. 普通(直管式)荧光灯

普通荧光灯是一种应用比较普遍的电光源。荧光灯发光效率约为白炽灯的 4 倍，光线柔和且温度低，使用寿命也比白炽灯长。但荧光灯价格高、配件多，安装及维修均比白炽灯复杂；环境温度过低或过高时对发光效率都有影响。但总的来说，荧光灯的经济价值仍约为白炽灯的两倍。目前已有电子镇流器问世，由它组成的荧光灯，基本上克服了上述缺点。但电子镇流器目前质量尚有问题，随着电子技术的发展、电子元器件可靠性的提高，采用电子镇流器的荧光灯终将代替普通荧光灯。

(1) 荧光灯管　直管式荧光灯由灯头、灯丝(热阴极)和内壁涂有荧光粉的玻璃管组成，如图 3-2 所示。玻璃管内充有稀薄的惰性气体(如氩气)及水银蒸气。

(2) 荧光灯镇流器　镇流器是荧光灯的主要附件，镇流器有封闭式、半封闭式和敞开式三种，如图 3-3 所示。

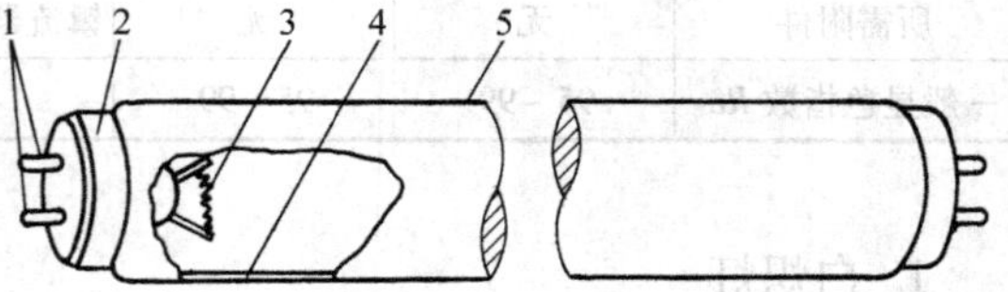

图 3-2　直管式荧光灯管的结构

1—灯脚　2—灯头　3—灯丝　4—荧光粉　5—玻璃管

荧光灯在启动时，需要一个高出电源电压很多的瞬间电压，才能使气体放电。因而，灯管两端要求启动瞬间供给一个高电压；在运行时供给一个低于电源电压的低电压，这两项工作都是由串联在线路中的镇流器来完成的。

镇流器是个有铁心的感抗线圈，当线圈中的电流突然中断时，就会在线圈两端感应出高出电源电压很多的感应电动势，所以在辉光启动器内的 U 形金属片断开瞬间，在荧光灯管两端形成高压，使气体放电。荧光灯正常运行(点燃)后，镇流器作为电抗器占用了一部分电源电压，剩下的一部分电压加到灯管两端。

（3）辉光启动器　辉光启动器是荧光灯的主要附件之一，其结构如图 3-4a 所示。

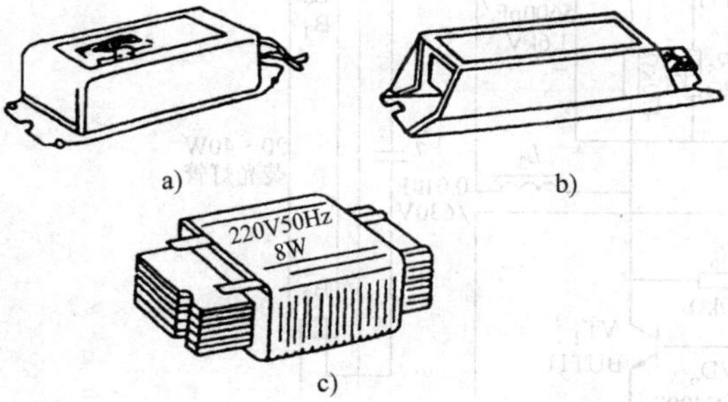

图 3-3　荧光灯镇流器

a）封闭式　b）半封闭式　c）敞开式

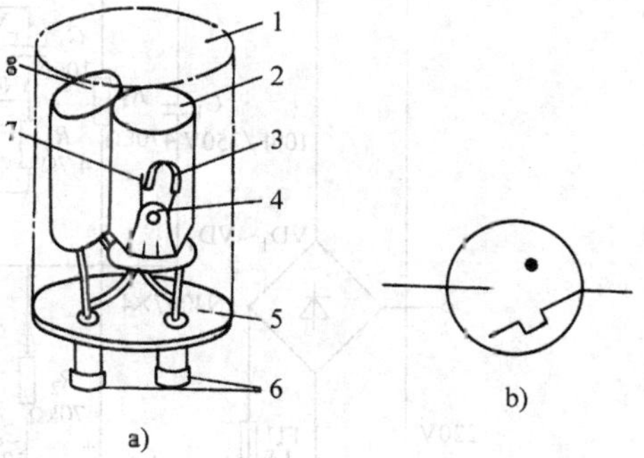

图 3-4　辉光启动器

a）结构　b）符号

1—铝壳　2—玻璃泡　3—动触片　4—涂铀化物　5—胶木底座　6—插头　7—静触片　8—电容器

辉光启动器有热弧式和热控式两种，其中热弧式应用得最为广泛。铝壳(或塑料壳)内是一个小玻璃泡(又称为氖泡)和一个纸介质电容器，小玻璃泡内有双金属片(动触片)及静触片。双金属片由两种不同热膨胀系数的金属片压合或粘合在一起，受热时由于两种金属膨胀后的长度不同，会向同一方向弯曲；冷却时则向相反方向弯曲。玻璃泡内充有氖气、氩气或氦气等惰性气体。电源开关没有合上以前，双金属片是收缩的，它的自由端并没有碰到静触片上，这样灯管两端灯丝之间并没有导通。

当电源开关合上时，电压经过镇流器、灯丝加在辉光启动器的双金属片的自由端和静触片之间，在它们之间就引起了辉光放电，放电时所产生的热量传到双金属片上，使之产生变形弯曲，与静触片相接触，这样电路就接通了，于是电流通过灯丝预热。与此同时，由于双金属片自由端与静触片接触闭合后，它们之间的电压等于零，辉光放电也就停止了，双金属片便开始冷却，并离开静触片恢复到原来的状态。就在离开的瞬间，由于镇流器线圈两端产生感应电动势的作用，在荧光灯管两端产生一个高压电，使荧光灯发光。荧光灯启辉点亮后，因镇流器上有较大的电压降，辉光启动器的双金属片与静触片之间的电压很低，不足以引起辉光放电。

荧光灯辉光启动器内的电容器系密封油浸纸介质电容器，电容量一般为 0.005 ~ 0.007μF，耐压可达 800V，适用于 50 ~ 60Hz、110 ~ 220V 的交流电路中，供荧光灯补偿功率因数并减小启动时的杂波干扰。

这种荧光灯在使用过程中，环境温度变化对它影响较大，灯管工作的最佳环境温度为 20° ~ 35°。环境温度低于 10℃将使灯管启动困难。

为了使荧光灯管易于点燃，可利用电子镇流器启动装置，电子镇流器荧光灯的工作原理如图 3-5 所示。图中 VD_1 ~ VD_4、C_1 和 C_2 构成桥式整流滤波电路，完成交流 220V 到直流 300V 的转换。R_6、R_7 是起振电阻，为晶体管 VT_2 提供起始导通的偏置电压，从而激发晶体管 VT_1 和 VT_2 形成高频自激振荡。B_1 为高压产生自感扼流圈，V_3、VD_5、VD_6 和 C_7 组成软起动电路，使电路工作点的建立得以延长，使荧光灯管的灯丝预热加长，以利于灯管的迅速起动和延

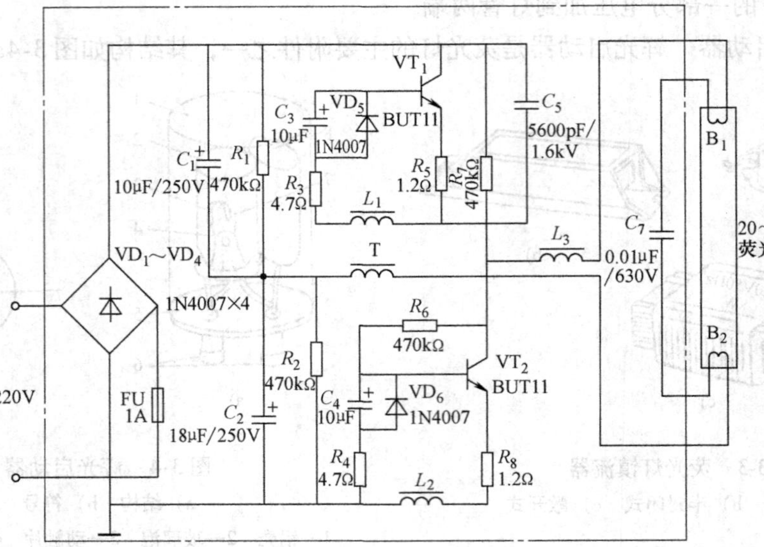

图 3-5　电子镇流器荧光灯的工作原理

长其使用寿命。

3. 其他荧光灯

随着电工技术的发展，除了上述的直管式荧光灯外，又推出了节能型的环形、U 形、H 形和 2D 形等荧光灯，与直管式荧光灯相比较，它们具有体积小、照度集中、布光均匀、发光效率高等优点，故被广泛应用。它们的外形如图 3-6 所示，其技术数据见表 3-3。

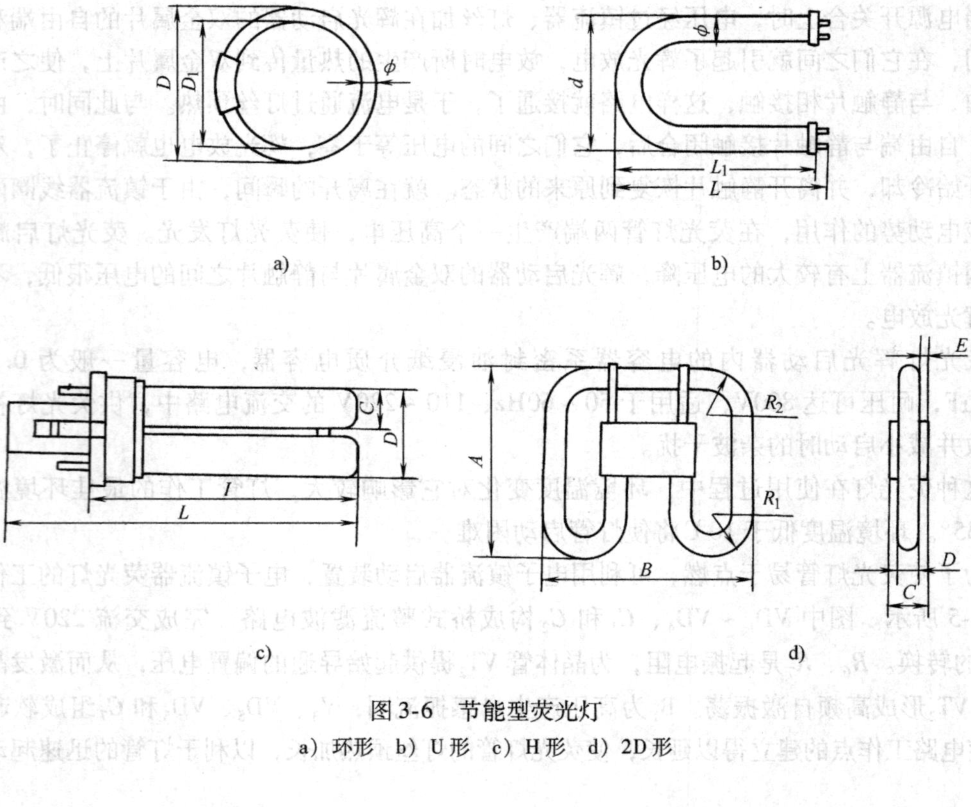

图 3-6　节能型荧光灯

a）环形　b）U 形　c）H 形　d）2D 形

表 3-3 节能型荧光灯灯管的技术数据

灯管形状	灯管型号	额定功率/W	工作电压/V	工作电流/A	光通量/lm	外形尺寸/mm							平均寿命/h	灯头型号
						D	D_1	ϕ						
环形	YH20RR	20	78	0.3	698	≤227	175 ±6	25^{+1}_{-5}					1000	—
环形	YH20RR	20	57	0.37	800	207	145	32					2000	—
环形	YH30RR	30	81	0.41	1400	308	244	32					2000	—
环形	YH40RR	40	103	0.43	2300	397	333	32					2000	—
						L	L_1	d	ϕ					
U形	YU15RR	15	50	0.3	405	170 ±5	163 ±5	≤130	25 ±1.5				1000	13
U形	YU30RR	30	103	0.36	1165	415 ±5	408 ±5	≤130	25 ±1.5				1000	13
U形	YU30RR	30	81	0.41	1400	417	407	—	38				2000	—
U形	YU40RR	40	103	0.43	2300	626	611	—	38				2000	—
						D	C	L	I					
H形	YDN5H	5	33	0.18	220	28	13	106	83				3000	G23
H形	YDN7H	7	45	0.18	400	28	13	138	115				3000	G23
H形	YDN9H	9	60	0.17	600	28	13	168	145				3000	G23
H形	YDN11H	11	90	0.185	900	28	13	237	214				3000	G23
H形	YDN13H	13	60	0.3	780	28	13	188	166				3000	G23
						A	B	C	D	E	R_1	R_2		
2D形	YDN16F	16	103	0.195	950	140	140	27.5	13	10	25	27	3000	GR8
2D形	YDN16F/C	16	103	0.195	950	140	140	27.5	13	10	25	27	3000	GR10q
2D形	YDN16F/K	16	103	0.195	950	140	140	27.5	13	10	25	27	3000	GR10q
2D形	YDN28F/K	28	107	0.32	1845	200	200	35	19	10	45	48	3000	GR10q

4. 碘钨灯

碘钨灯又称为卤灯，碘钨灯管是圆柱形的硅玻璃管，两端为金属电源触点，管内中心的螺旋形灯丝放置在灯丝定位支架上，管内充有少量碘，如图 3-7 所示。

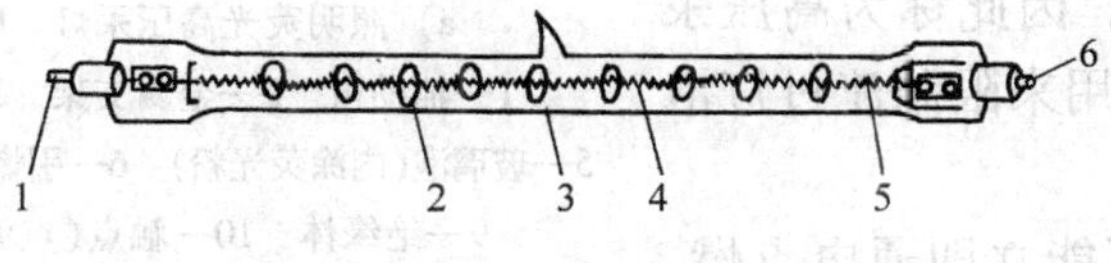

图 3-7 碘钨灯的结构

1、6—灯丝电源触点 2—灯丝支持架 3—硅玻璃管 4—碘蒸气 5—灯丝

碘钨灯具有功率大、辉度高、寿命长等特点，广泛地用作大面积照明的电光源。碘钨灯的额定功率有 500W、1000W、1500W 和 2000W 等。

当碘钨灯灯丝通电发热后，灯丝中的钨会不断地蒸发，这时管内的碘分子受到灯丝加热而分解，形成碘钨化合物进行对流；当碘钨化合物移动到灯丝附近时，在高温作用下碘钨发生分离，分离出来的钨重新回复到灯丝上，而碘则集中在灯丝附近，并向外扩散，这就形成了碘钨循环。为了使钨分子能均匀地回复到整根灯丝上，必须把碘钨灯管水平安装，倾角不能超过 ±4°，更不能垂直安装，否则灯丝很快就会变细而烧毁，影响了灯管的使用寿命。

碘钨灯发光时，灯管周围温度较高，因此安装时一定要配用成套的金属灯架，切不可安装在木制灯架或易燃的建筑物上，以免发生火灾。此外碘钨灯的耐振性较差，不宜安装在振动大的地方。

5. 高压水银荧光灯

高压水银荧光灯又叫做高压汞灯，主要依赖高压汞蒸气放电而发光。这里所谓的“高压”是指灯管内在工作状态下的气体压力(1～5 个大气压)，以区别一般低压荧光灯(普通荧光灯只有 6～10mm 汞柱的压力)。高压水银荧光灯的特点是光效高、寿命长、用电省、耐振性好。它常用于街道、广场、车站、码头、工厂车间、工地、运动场以及工农业交通运输作照明用。

它的品种有照明荧光高压汞灯、自镇流荧光高压汞灯、反射性荧光高压汞灯、光化学反应高压汞灯、仪器高压汞灯、晒图高压汞灯和矿用照明高压汞灯等。这里仅介绍照明荧光高压汞灯和自镇流荧光高压汞灯。

(1) 照明荧光高压汞灯(GGY 型) 照明荧光高压汞灯的构造如图 3-8a 所示。

玻璃泡内装有一个放电管，玻璃泡与放电管之间充有氮气、氩气等惰性气体，放电管中装有少量汞。当电源接通后，引燃极与辅助极之间首先放电，使放电管温度升高，水银逐渐蒸发，达到一定程度后两电极之间形成弧光放电，发出强光。同时放电管内的汞电离后发出的紫外线，又激发玻璃泡内壁的荧光粉，发出很强的荧光。在引燃极上串联一个较大的电阻(15～100kΩ)，当主电极和引燃极之间导通后，引燃极和辅助极之间就停止了放电。由于在起燃后放电管中汞蒸气的气压较高(1～5 个大气压)，因此称为高压汞灯。电路中的镇流器是用来限制流过灯泡内的电流的。

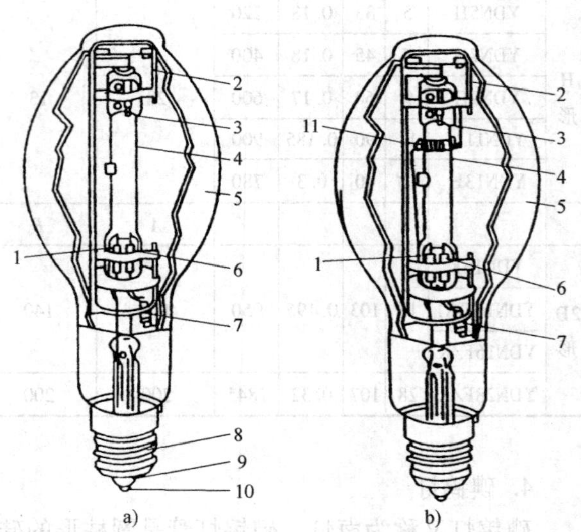

图 3-8 高压汞灯的构造

a) 照明荧光高压汞灯 b) 自镇流高压汞灯

1—辅助极 2—金属支架 3—主电极 4—放电管 5—玻璃泡(内涂荧光粉) 6—引燃极 7—电阻 8—螺纹触点 9—绝缘体 10—触点(点源) 11—自镇流灯丝

高压汞灯关闭后不能立即通电点燃，要等 5～10min 冷却后，管内气压下降，才能再通电点燃；否则将因启动电压不够而不能引弧。

(2) 自镇流荧光高压汞灯(GLY 和 GFLY 系列) 自镇流荧光高压汞灯的构造如图 3-8b 所示。这种灯比普通照明荧光高压汞灯少了一个镇流器，但在灯泡内多了一个自镇流灯丝。当接通电源后，引燃极和辅助极之间放电，同时使自镇流灯丝发热，帮助两电极之间弧光放电。自镇流灯丝不仅帮助点燃，还起降压、限流和改善光色的作用。

自镇流荧光高压汞灯不需要镇流器和电容器，功率因数接近于 1，可直接接到 220V 电源上。

6. 高压钠灯

高压钠灯是一种高压纳蒸气放电灯，工作时发出金白色。它主要由钨丝电极、放电管、双金属片热继电器和玻璃外壳等组成，如图 3-9 所示。

钨丝多绕成螺旋形或编织成能储存一定数量的碱土金属氧化物的形状，灯丝发热时其成为电子发射材料。放电管是用与钠不发生反应的耐高温半透明氧化铝陶瓷或全透明刚玉做成的。放电管内充有氙气、汞滴和钠。双金属片热继电器使用两种不同的热膨胀系数的金属压接在一起做成的。

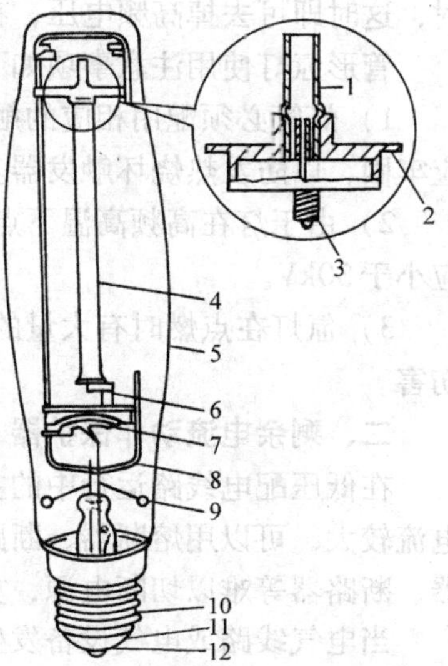

图 3-9　高压钠灯的构造

1—金属排气管　2—铌帽　3—钨丝电极
4—放电管　5—玻璃壳　6—管脚
7—热继电器双金属片　8—金属支架
9—钡钛消气剂　10—螺纹触头
11—绝缘体　12—触点（电源）

当电源通入高压钠灯后，电流经过镇流器、电阻丝、热继电器动断（常闭）触头形成通路，电阻丝发热，使热继电器动断（常闭）触头断开，在断开瞬间，在镇流器线圈两端产生约3000V 的自感电动势，它和电源电压合在一起加在放电管两端，将放电管点燃。在点燃过程中，首先是很暗的红白色的辉光，这是放电管内氙气电离发出的光，继而温度升高，使汞变为蒸气而放电，光色变为蓝亮色，使管内温度进一步升高，最后使钠变成蒸气状态，随着亮度的提高变成单一的黄光，这是在低温低气压下钠的光色。随着放电管内钠蒸气气压的不断提高，颜色转为正常的较强的金黄色光，这就是高压钠灯的光色。从放电管内的氙气和汞放电过渡到钠蒸气放电，需要 4 ~ 8min 才能趋于稳定。灯启动后，放电的热量使热继电器的动断（常闭）触头保持断开状态。如果电源中断，灯管熄灭后，即使立即恢复供电，灯管也不能马上再点燃，需要待温度下降，热继电器动断（常闭）触头复位闭合后，才能再次启动，这个在启动时间大约需要 10min。

为了有一定的钠蒸气气压，放电管表面要维持一定的温度（250 ~ 300℃），所以放电管外面还有一个玻璃外壳，在两层中间抽成真空，以减少环境气候的影响。钠灯在工作中，热继电器处在受热状态，所以动断（常闭）触头是断开的，电流只通过放电管。

由于钠原子的激发能量远低于汞和氙原子，当钠开始放电后，汞和氙受激发的机会较少，所以这时主要是钠放电发光。

7. 管形氙灯

管形氙灯属于高气压的自持弧光放电灯。管形氙灯管通常由耐热、耐压的透明硅玻璃制成，以纯钨、钍钨、钡钨等材料作电极，两端用钼箔（片）封结，内抽成真空，充入一定量的高纯度氙气。管形氙灯的外形如图 3-10 所示。

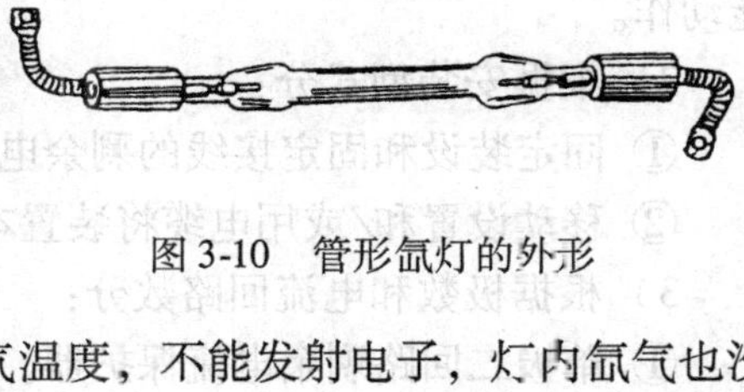
图 3-10　管形氙灯的外形

管形氙灯在未通电点亮之前，电极温度为周围大气温度，不能发射电子，灯内氙气也没有电离，因此必须用能够产生高频高压的触发器进行引燃，促使氙气电离，产生电子和正离子，并使电极发射电子。这些电离子在高压的作用下，将高速运动，并与氙气原子相碰撞，产生大量的电子和正离子，这时灯管就构成很亮的电弧通道。正离子因质量大，运行速度慢并大量的聚集在电极附近，产生很高的阴极电位降，并去轰击电极，产生大量的热电子发射，这时即可去掉高频电压，在220V电源电压下氙灯就能自己维持弧光放电。

管形氙灯使用注意事项如下：

1）灯管必须配用相应的触发器，并按使用说明书的要求正确接到220V线路上。接线应牢固，以防发热烧坏触发器。

2）由于灯在高频高温下点燃，因此高压配线对地应有良好的绝缘性能，其绝缘强度不应小于30kV。

3）氙灯在点燃时有大量的紫外线辐射，因此人身不要长时间近距离接触，以免紫外线伤害。

二、剩余电流动作保护器

在低压配电线路运行中的主要故障为相间短路和单相接地短路故障。相间短路所产生的电流较大，可以用熔断器、断路器等开关设备来自动切断电源，而单相接地短路故障用熔断器、断路器等难以切断电源，亦即灵敏度太低，不能满足要求。

当电气线路或电气设备发生单相接地短路故障时会产生剩余电流。我们利用这种剩余电流来控制开关和继电器，达到切断故障线路或电气设备电源的装置就是通常所说的“漏电保护电器”（又称为漏电开关）。国家标准《剩余电流动作保护器的一般要求》（GB/Z 6829—2008）中称为“剩余电流保护器”，简称为RCD。

（1）RCD的分类　RCD的分类有多种划分方法，比如按检测信号分，可分为电压型和电流型；按放大机构分，可分为电磁式和电子式；按极数分，可分为单极、二极、三极和四极；按相数分，可分为单相和三相。

另外，按漏电动作电流分，可分为高灵敏度、中灵敏度和低灵敏度；按动作时间分，可分为快速型、定时限型和反时限型。

根据国家标准《剩余电流动作保护器的一般要求》（GB/Z 6829—2008）规定，剩余电流保护电器可分为以下几种：

1）根据动作方式分：

① 动作功能与电源电压无关的RCD。

② 动作功能与电源电压有关的RCD。

a. 电源电压故障时，有延时或无延时自动动作。

b. 电源电压故障时不能自动动作；在电源电压故障时不能自动动作，但发生剩余电流故障时能按预期要求动作；在电源电压故障时不能自动动作，即使发生剩余电流故障时也不能动作。

2）根据安装型式分：

① 固定装设和固定接线的剩余电流保护器。

② 移动设置和/或用电缆将装置本身连接到电源的剩余电流保护电器。

3）根据极数和电流回路数分：

① 单极二回路剩余电流保护器。

② 二极剩余电流保护器。

③ 二极三回路剩余电流保护器。

④ 三极剩余电流保护器。

⑤ 三极四回路剩余电流保护器。

⑥ 四极剩余电流保护器。

4）根据过电流保护分：

① 不带过电流保护的剩余电流保护器。

② 带过电流保护的剩余电流保护器。

③ 仅带过载保护的剩余电流保护器。

④ 仅带短路保护的剩余电流保护器。

5）根据调节剩余动作电流的可能性分：

① 有一个固定的额定剩余动作电流的剩余电流保护器。

② 额定剩余动作电流分级可调的剩余电流保护器。

③ 额定剩余动作电流连续可调的剩余电流保护器。

6）根据冲击电压产生的浪涌电流作用下耐误脱扣的能力分：

① 正常耐误脱扣。

② 增强耐误脱扣。

7）在剩余电流含有直流分量时，剩余电流保护器根据动作特性分：

① AC 型剩余电流保护器。

② A 型剩余电流保护器。

③ B 型剩余电流保护器。

8）根据周围空气温度范围分：

① 预期在 -5 ~ +40℃环境温度下使用的剩余电流保护器。

② 预期在 -25 ~ +40℃环境温度下使用的剩余电流保护器。

③ 预期在规定的更严酷的条件下使用的剩余电流保护器。

9）根据剩余电流大于 $I_{\Delta n}$ 时的延时分：

① 无延时，例如，用于一般用途。

② 有延时，例如，用于选择性保护：——延时不可调节；——延时可以调节。

10）根据结构型式分：

① 由制造商装配成一个完整单元的剩余电流保护器。

② 在现场由断路器和 r. c. 单元装配组成的剩余电流保护器。对这类器件的要求应在相关产品标准中规定。

11）根据有无自动重合闸分：

① 无自动重合闸功能的剩余电流保护器。

② 具有自动重合闸功能的剩余电流保护器。

（2）RCD 的选择

1）型式的选择：RCD 有电流动作型和电压动作型，电压动作型 RCD 由于在结构原理及实际使用中有不足之处，现已趋淘汰。所以一般选用电流动作型电磁式 RCD 以求有较高的可靠性。

2）极数的选择：

① 单相220V电源供电的电气设备，应选用二极二线式或单极二线式RCD。

② 三相三线制380V电源供电的电气设备，应选用三极式RCD。

③ 三相四线制380V电源供电的电气设备，或单相设备与三相设备共用的电路，应选用三极四线式或四极四线式RCD。

3）额定动作电流快速性的选择：RCD的额定动作电流是指人体触电后流过人体能使RCD动作的电流。动作电流30mA以下，属高灵敏度；30～1000mA属中灵敏度；1000mA以上属低灵敏度。

快速性是指通过RCD的电流达到动作电流值时，RCD能迅速动作。

① 对于采用额定电压220V的办公室和家用电子电气设备，如电子计算机、电视机、电冰箱、洗衣机、微波炉、电饭锅、电熨斗等，一般应选用额定漏电动作电流不大于30mA，额定漏电动作时间在0.1s以内的快速动作型RCD。

② 在医院中使用的医疗电气设备，由于其经常接触病人，考虑到病人触电时的心室颤动值要比正常人低，因此在医疗电气设备供电线路中应选用额定动作电流为6mA，额定漏电动作时间在0.1s以内的快速动作型RCD。

③ 安装在潮湿场所的电气设备，应选用额定漏电动作时间在0.1s内的快速动作型RCD，其额定漏电动作电流为15～30mA。

④ 安装在游泳池、喷水池、水上游乐场、浴室等的照明线路，应选用额定漏电动作电流不大于10mA，额定漏电动作时间在0.1s以内的快速动作型RCD。

⑤ 在高温或特低温环境中的电气设备应优先选用电磁式RCD。

⑥ 雷电活动频繁地区的电气设备应选用冲击电压不动作型RCD。

⑦ 安装在易燃、易爆、潮湿或有腐蚀性气体等恶劣环境中的RCD，应根据有关标准选用特殊保护条件的RCD，否则应采取相应的防护措施。

⑧ 选用的RCD的额定漏电不动作电流，应不小于电气线路和设备的正常泄漏电流最大值的两倍。

4）级间协调　级间协调应保证分支线发生触电或漏电故障时不致越级跳闸。所以除动作电流值外，尚需保证动作时间的协调。一般情况下，分支线保护应为速动型，即动作时间小于0.1s；而总保护则采用延时型，其动作时间要大于0.2s。

三、插座

插座是台灯、台扇、电视机、冰箱、电钻等各种电气设备的电源引接点。正确选择、布置和安装插座，是关系到安全用电的大事。

插座有明装插座和暗装插座；有单相两孔式、单相三孔式和三相四孔式；有扁孔插座、圆孔插座和扁孔、圆孔通用插座；有一位式（一个面板上一个插座）、多位式（一个面板上2～4个插座）；有普通型和防溅型等。

1. 插座的外形

（1）明装插座　常用明装插座的外形如图3-11所示。

（2）暗装插座　常用暗装插座的外形如图3-12所示。

2. 插座的选择

（1）插座质量的选择　插座的塑料零件表面应无气泡、裂纹，无明显的擦伤和毛刺等

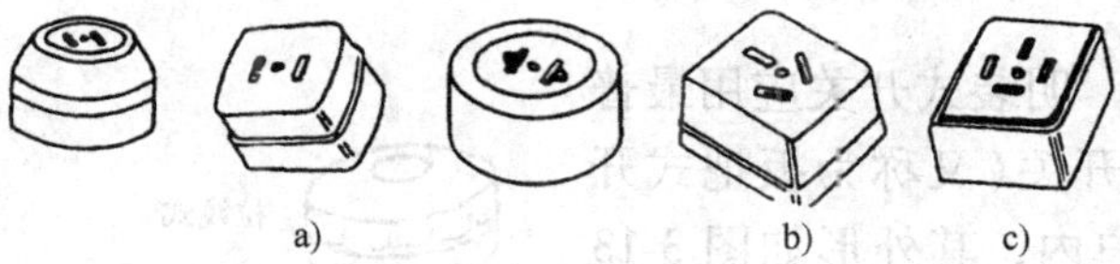

图 3-11　常用明装插座的外形

a）单相二孔插座　b）单相三孔插座　c）三相四孔插座

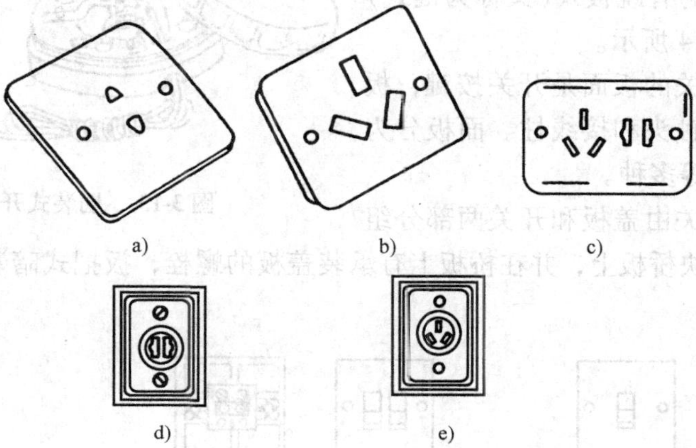

图 3-12　常用暗装插座的外形

a）二孔插座　b）三孔插座　c）双联插座

d）老式通用二孔插座　e）老式通用三孔插座

缺陷，并具有良好的光泽。

（2）插座类型的选择　目前 86 系列插座已被广泛采用，面板为电玉粉压制，86 系列插座类型很多。当插座需要降低高度时可选用带有保护门的安全性插座，这样的插座只有当插头两极同时插入或接地极插头先进入时才能打开保护门。

二孔插座是不带接地（接零）桩头的单相插座，用于不需接地（接零）保护的电气设备和家用电器；三孔插座是带接地（接零）桩头的单相插座，用于需要接地（接零）保护的电气设备和家用电器。

房间某处装设有多个家用电器，可选择多位插座。

对专门用来使用电视机的插座，可选用带开关扁圆两月插座，使用时开、闭插座上开关，可延长电视机本身开关的使用寿命。

若要在厨房、卫生间等潮湿的场所安装插座，最好选用有罩盖的防溅插座，可防止水滴进入插孔。

（3）插座额定电流的选择　插座的额定电流应根据负载的电流来选择，一般应按两倍负载电流的大小来选择。

插座的额定电流有 10A、15A 和 30A 等多种。10A 插座的接线端子上应能可靠地连接一根或两根 1 ~ 2.5mm^2 的导线；15A 插座的接线端子上应能可靠地连接一根或两根 1.5 ~ 4mm^2 的导线；30A 插座的接线端子上应能可靠的连接一根或两根 2.5 ~ 6mm^2 的导线。

四、开关

开关的作用是控制电路的通断，它分为明装式和暗装式两种。

1. 开关的外形

（1）明装式开关　明装式开关应用最普遍的有拉线开关和平开关（又称为扳把式开关）两种，均适用于户内，其外形如图 3-13 所示。

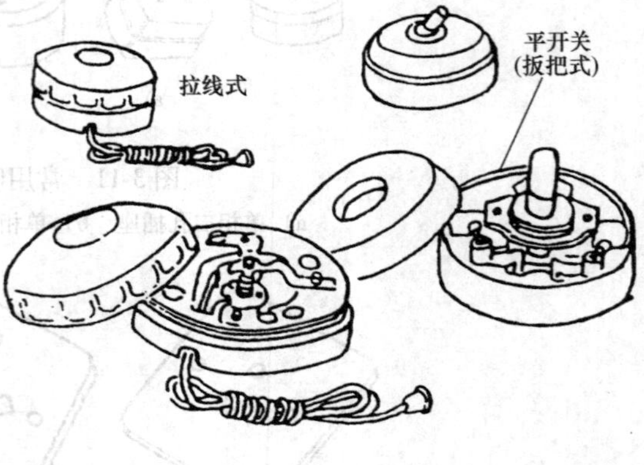

图 3-13　明装式开关的外形

（2）暗装式开关　暗装式开关适用于一般户内环境，常用的有跷板式（又称为键式）和扳把式，如图 3-14 所示。

跷板式暗装开关的板面是开关按键，板后装有开关动、静触头和接线柱。面板分为单联、双联和三联等多种。

扳把式暗装开关由盖板和开关两部分组成。开关安装在一块桥板上，并在桥板上有承装盖板的螺栓，扳把式暗装开关也分为单联、双联和三联多种。

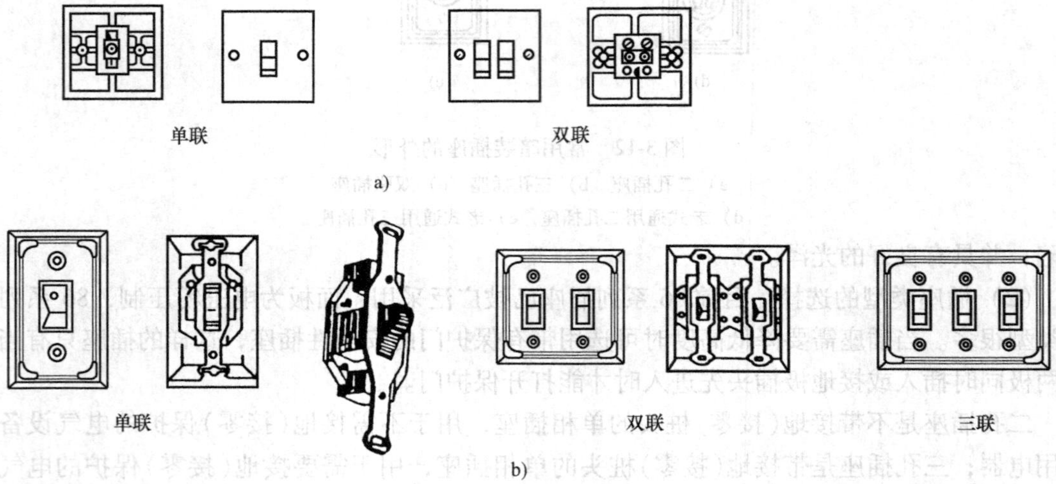

图 3-14　暗装式开关
a）跷板式　b）扳把式

2. 开关的选择

（1）开关质量的选择　各种灯开关的内部构造基本相似，都由导电部分动、静触头及操作机构和绝缘构件三部分组成。无论选用哪种开关，都必须选用经过国家有关部门技术鉴定的正规生产厂家的合格产品。

开关在通过额定电流时，其导电部分的温升不超过50℃。开关的操作机构应灵活轻巧，接线端子应能可靠地连接一根或两根 1 ~2. 5mm^2 的导线。

开关的塑料或胶木表面应无气泡、裂缝、铁粉、肿胀、明显的擦痕和毛刺等缺陷，并有良好的光泽等。

（2）开关额定电压和电流的选择　照明电一般都为220V 电源电压，可选择额定电压为250V 的开关，开关的额定电流由负载的额定电流来决定。

用于普通照明时，可选用 2. 5 ~10A 的开关；用于大功率负载时，应计算出负载电流，在按两倍负载电流的大小选择开关的额定电流。

第二节 照明装置及RCD的安装

一、照明灯具与RCD的安装方法

1. 白炽灯的安装

白炽灯的安装有室外、室内两种。室内白炽灯的安装通常有悬吊式、壁式和吸顶式三种，如图3-15所示。

(1) 悬吊式白炽灯的安装

1) 木台(圆木或塑料台)的安装 先在准备安装挂线盒的地方打孔，预埋木枕或膨胀螺栓。然后在木台底面用电工刀刻两条槽，木台中间钻三个小孔，如图3-16a所示；最后将两根导线嵌入木台槽中，并将两根电源线头分别从两个小孔中穿出，通过中间小孔用木螺钉将木台加以固定，如图3-16b所示。

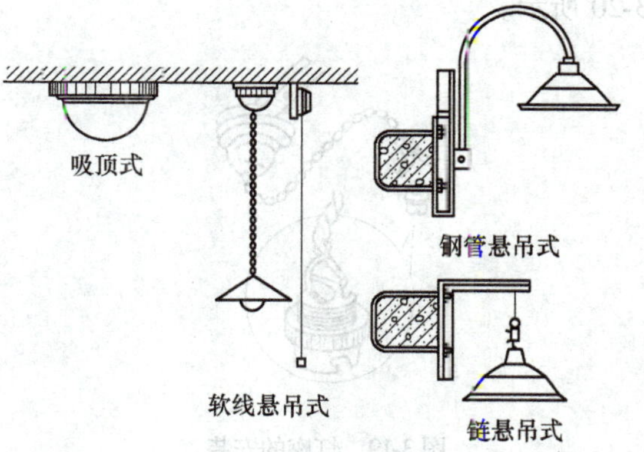

图3-15 室内白炽灯的安装

对于空心混凝土楼板可用弓形铁板来安装木台，弓形铁板的制作及安装如图3-17所示。

2) 挂线盒的安装 先将木台上的电源线从挂线盒底座孔中穿出，用木螺钉将挂线盒固定在木台上，然后将电源线剖去20mm左右的绝缘层，分别旋紧在挂线盒的接线柱上，并从接线盒的接线柱上引出软线，软线另一端接到灯座上，由于挂线盒内的接线螺钉不能承受灯具的自重，因此应在挂线盒内软线的出线孔处打好线结，使结扣卡在挂线盒盖的出线孔处，打结的方法如图3-18所示。

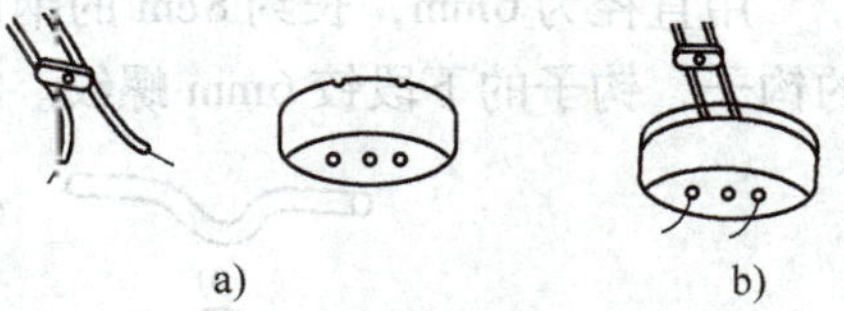

图3-16 木台(塑料台)的固定
a) 木台中间钻孔 b) 导线嵌入木台槽

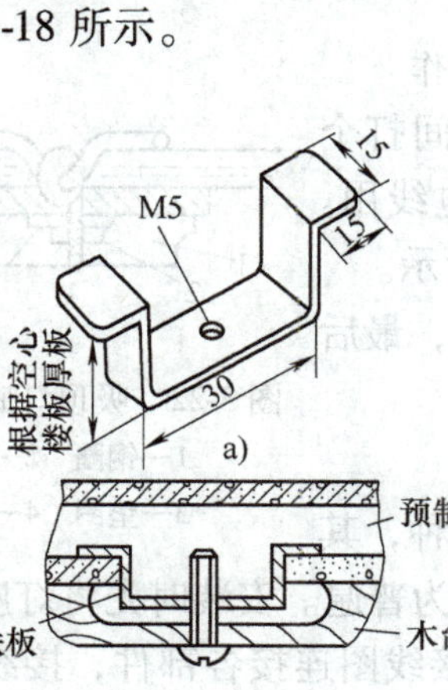

图3-17 弓形铁板的制作及安装
a) 弓形铁板的制作 b) 弓形铁板的安装

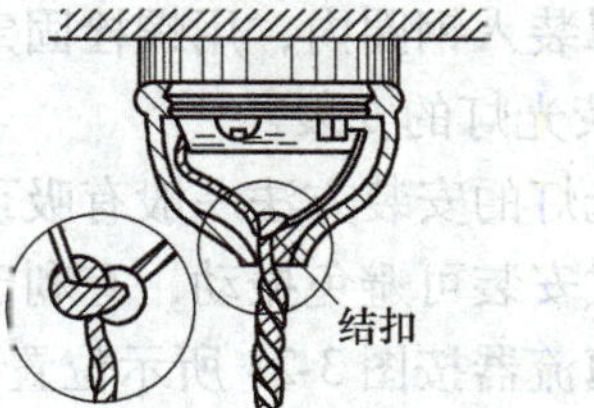

图3-18 挂线盒内打结的方法

3）灯座的安装　旋出灯座（灯头）盖子，将从挂线盒中引下来的软线穿入灯头盖孔中，在离线头 30mm 处按上述方法打一个结；然后把两个线头分别接在灯座的接线柱上并旋上灯座盖子，如图 3-19 所示。如果是螺口灯头，相线（火线）应接在与中心铜片相连的接线柱上，否则易发生触电事故。只有插口灯座上的两个接线柱可任意接线。

（2）壁灯的安装　壁灯的灯具不重，通常是由灯罩、灯座和灯具基座三部分组成。其中灯具基座既是固定在建筑面上的支撑件，又是承装灯座和灯罩的连接件。壁灯的安装如图 3-20 所示。

图 3-19　灯座的安装

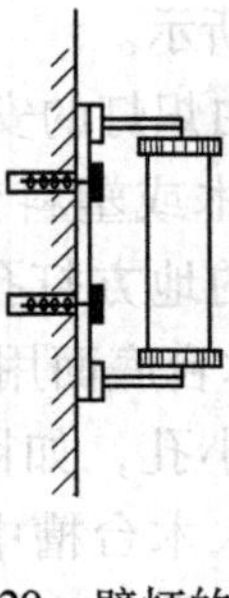

图 3-20　壁灯的安装

（3）吸顶灯的安装　对于空心楼板，可用弓形铁板或铁筋吊钩来固定木台。弓形铁板的制作及安装如图 3-17 所示。

用直径为 6mm，长约 8cm 的钢筋做成如图 3-21a 所示的形状。再做一个如图 3-21b 所示的钩子，钩子的下段铰 6mm 螺纹。将钩子钩住后再送入空心楼板内，如图 3-21c、d 所示。

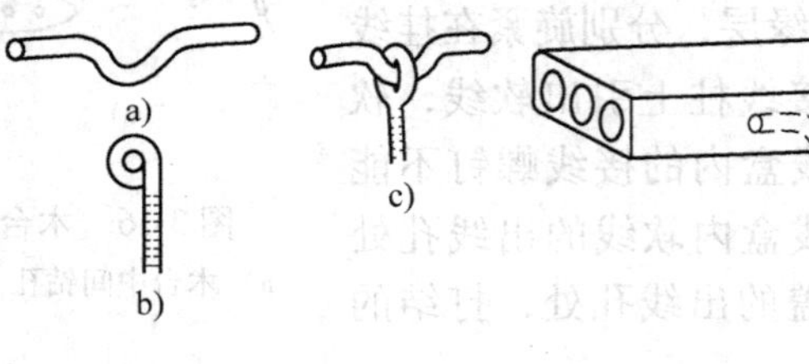

图 3-21　吸顶灯钢筋吊钩的制作

然后制作一块和吸顶灯座板大小相似的木板，在中间打个孔，套在钩子的下段上。在木板上另打一个孔，以供穿电线用。然后用木螺钉将吸顶灯底座板固定在木板上，如图 3-22 所示。

接着将灯座装在钢圈内的木板上，经通电试验合格后，最后将玻璃罩装入钢圈内，用螺栓固定。

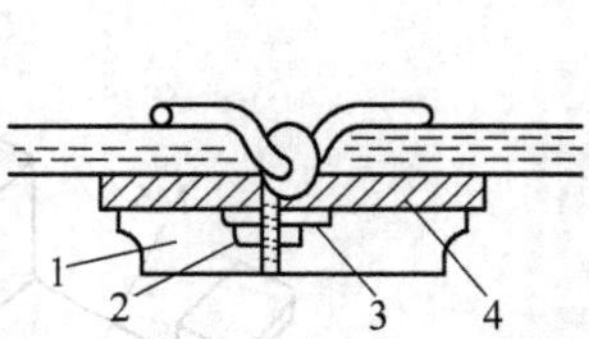

图 3-22　吸顶灯底座的固定

1—钢圈　2—螺母

3—垫圈　4—木板

2. 荧光灯的安装

荧光灯的安装方法一般有吸顶式、链吊式和钢管式三种，其中链吊式安装可避免振动，有利于镇流器的散热，应用最为普遍。安装时先将灯座、辉光启动器和镇流器按图 3-23 所示位置安装在木架上。然后按接线图连接各部件，接线时相线必须进开关和镇流器，最后整体吊装。

3. 碘钨灯的安装

1）碘钨灯安装时，必须保持水平位置，水平线偏角应小于 4°，如图 3-24 所示；否则会

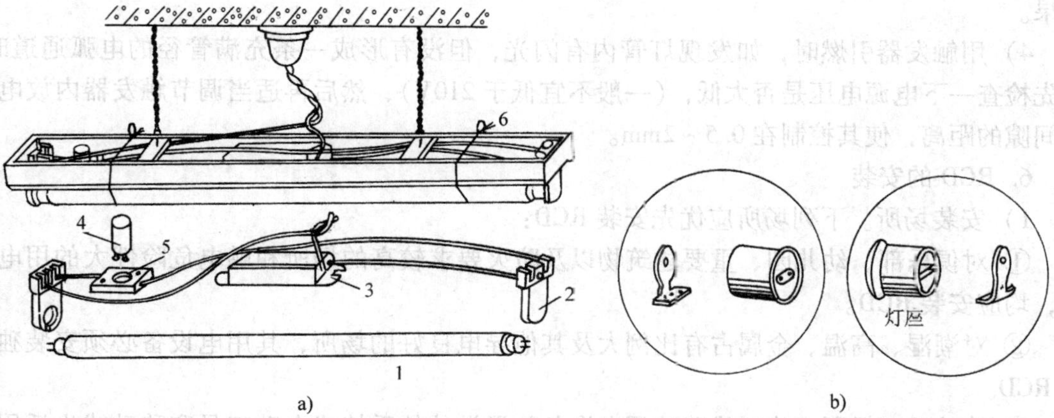

图 3-23 荧光灯的安装

1—灯管 2—灯脚 3—镇流器 4—辉光启动器 5—辉光启动器座 6—灯架

破坏碘钨循环，缩短灯管的使用寿命。

2）碘钨灯发光时，灯管周围的温度很高，因此灯管必须安装在专用的有隔热装置的金属架上，切不可安装在易燃的木制灯架上，同时，不可在灯管周围放置易燃物品，以免发生火灾。

3）灯架离可燃建筑面的净距不得小于 1m，以免出现烤焦或引燃事故。

4）灯架离地垂直高度不宜低于 6m（指固定安装的），以免产生眩光。

图 3-24 碘钨灯的安装

4. 高压汞灯的安装

1）高压汞灯功率在 125W 及以下的，应配用 E27 型瓷质灯座；功率在 125W 以上的，应配用 E40 型瓷质灯座。

2）镇流器的规格必须与高压汞灯灯泡的功率一致，镇流器宜安装在灯具附近，并应装在人体触及不到的位置，并在镇流器上覆盖保护物。镇流器装在室外时应有防雨措施。

3）当外壳玻璃破碎后，高压汞灯虽能点亮，但大量的紫外线会烧伤人的眼睛，所以应立即停止使用并调换灯泡。

4）供高压汞灯线路的电压应尽可能稳定。因为当电压降低 5% 时，灯泡会自灭，要再启动，需隔 10 ~ 15min 灯泡冷却后才能启动，所以高压汞灯不宜装在电压波动较大的线路上。

5）高压汞灯一般应垂直安装。如水平安装点亮时，其输出的光通量会减少 7%，而且容易自灭。

5. 氙灯的安装

1）灯管悬挂高度，视功率大小而定，10kW 不宜低于 20m，20kW 不宜低于 25m。

2）触发器与灯管间的距离不宜超过 3m，以减少高频能量在线路中的损耗；触发器接线应牢固，以防发热烧坏触发器；触发器高压出线端不应碰到金属外壳，位置固定时，必须用 30kV 耐压的绝缘子绝缘，以防高压对地击穿。

3）灯管安装完毕后，要用棉花蘸四氯化碳擦拭灯管表面，去掉污垢，以免影响使用效果。

4）用触发器引燃时，如发现灯管内有闪光，但没有形成一条充满管径的电弧通道时，首先检查一下电源电压是否太低，（一般不宜低于210V），然后再适当调节触发器内放电火花间隙的距离，使其控制在0.5～2mm。

6. RCD的安装

1）安装场所。下列场所应优先安装RCD：

① 对俱乐部、幼儿园、重要建筑物以及防火要求较高的场所和触电危险性大的用电设备，均应安装RCD。

② 对潮湿、高温、金属占有比例大及其他导电良好的场所，其用电设备必须安装独立的RCD。

③ 建筑施工场所、临时线路的用电设备除Ⅲ类外的手持式电动工具和移动式生活用电器，以及其他移动式用电设备，必须安装RCD。

④ 对新制造的低压配电柜（箱、屏）、操作台、试验台以及机床、起重机械、各种传动机械等机电设备的动力配电箱，应优先采用具有RCD的电气设备。

2）安装位置。RCD一般安装在配电板上的总开关或熔断器后面，如图3-25所示。

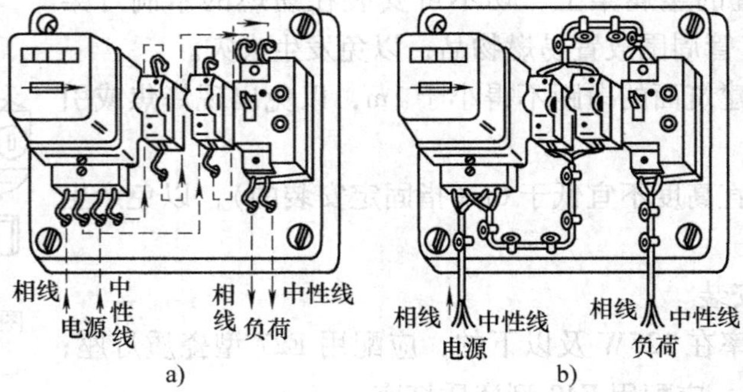

图3-25　RCD的安装位置
a）暗线安装　b）明线安装

3）安装接线。

① RCD标有负载侧和电源侧时，应按规定接线，不得接反。

② 接线时必须严格区分中性线与保护线，三相四线式RCD的中性线应接入RCD，经过RCD的中性线不得作为保护线，不得重复接地或连接设备外露的导电部分。保护线不得接入RCD。

4）安装接线的注意事项：

① 带有短路保护的RCD，必须保证在电弧喷出方向有足够的飞弧距离。飞弧距离大小按RCD生产厂的规定。

② 安装时必须严格区分中性线和保护零线，三相四线式或四极式RCD的中性线应接入RCD。经过RCD的中性线不得作为保护零线，不得重复接地或接设备外露可导电部分。保护线不得接入RCD，否则可能产生误动作或拒动作现象。

③ 安装RCD后，被保护电气设备的金属外壳，建议仍采用保护接地或保护接零，这样做安全性更好。专用保护接地或接零线不应通过RCD零序电流互感器，以免RCD丧失漏电

保护功能。

④ 已通过熔断器或漏电保护零序电流互感器的工作零线，均不能兼作保护零线，以免 RCD 不起漏电保护功能。

⑤ RCD 安装后的试验　RCD 安装完毕后，应进行试验，试验项目有：

a. 开关机构有无卡阻、滑扣。

b. 测试相线与端子间，相线与外壳(地)间的绝缘电阻，其测量值不应低于 2MΩ。对于电子式 RCD，不能在极间测量绝缘电阻，以免损坏电子元器件。

c. 在接通电源无负荷的条件下，用试验按钮试验 3 次，不应有误动作。

d. 带负载分合 RCD 或交流接触器 3 次，不应有误动作。

e. 各项分别用 3kΩ 试验电阻进行接地试验。

7. 开关的安装

(1) 明装拉线开关的安装　具体安装步骤如图 3-26 所示。

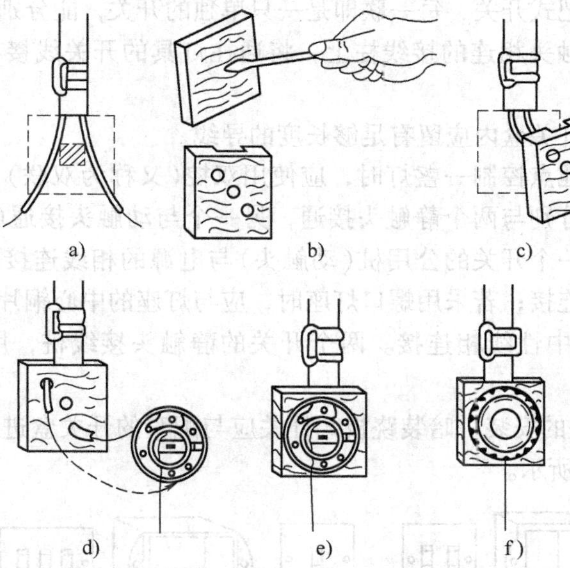

图 3-26　明装拉线开关的安装步骤

a) 安装木榫　b) 方木钻孔　c) 穿线进方木

d) 固定拉线开关　e) 开关接线　f) 装好开关盖

1) 安装木榫。如图 3-26a 所示，在固定拉线开关的中间位置，用冲击电钻打一个孔，安装木榫，供固定方木(圆木或塑料台)用。

2) 将方木钻三个孔，其中中间的孔是固定螺钉用孔，其余两孔作电线穿入孔，如图 3-26b 所示。

3) 将电线穿入方木孔，把方木用木螺钉固定在木榫上，如图 3-26c 所示。

4) 固定拉线开关。把方木上的两根电线穿过拉线开关的引线孔后，摆正拉线开关在方木上的位置，用木螺钉固定好，如图 3-26d 所示。

5) 开关接线。剥去线头的绝缘层，将两线头分别拧装在开关的两个接线桩上，如图 3-26e 所示。

6) 接好电线，拉动线绳，合格的开关应能听到清脆的响声，且动作灵活，安装完毕，装上开关盖子。

平开关的安装方法与拉线开关相似，只是安装高度不同。

（2）暗装式开关的安装

1）暗装扳把式开关的安装。暗装扳把式开关必须安装在铁皮盒内，铁皮盒有定型产品，可与安装扳把式开关同时购买，如图3-27所示。

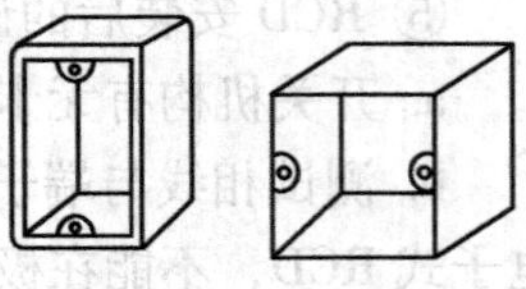

a)　　b)

图3-27　暗装式扳把式开关的铁皮盒

a）单联开关铁皮盒

b）双联开关铁皮盒

开关接线时，将电源相线接到一个静触头接线桩上，另一个动触头接触桩接来自灯具的导线，在接线时应接成扳把向上时开灯，向下时关灯，然后把开关芯连同支持架固定到预埋在墙内的铁皮盒上，应该把扳把上的白点朝下面安装，开关的扳把必须放正且不卡在盖板上，再盖好开关盖板，用螺栓将盖板固定牢固，盖板应紧贴墙面。

双联及多联暗装扳把式开关，每一联即是一只单独的开关，能分别控制一盏灯，电源相线并好头分别接到与动触头相连的接线柱上，将通往灯具的开关线接在开关的静触头接线柱上。

电线管内穿线时，开关盒内应留有足够长度的导线。

由两个开关在不同地点控制一盏灯时，应使用双控(又称为双联)开关。此开关应具有三个接线桩，其中两个分别与两个静触头接通，另一个与动触头接通(称为公用桩)。双控开关用于照明线路时，一个开关的公用桩(动触头)与电源的相线连接，另一个开关的公用桩与灯座的一个接线桩连接；若采用螺口灯座时，应与灯座的中心铜片触头相连，灯座的另一个接线桩应与电源的中性线相连接。两个开关的静触头接线桩，用两根导线分别进行连接。

2）暗装跷板式开关的安装。暗装跷板式开关应与配套的开关盒进行安装。常用的跷板式塑料开关盒如图3-28所示。

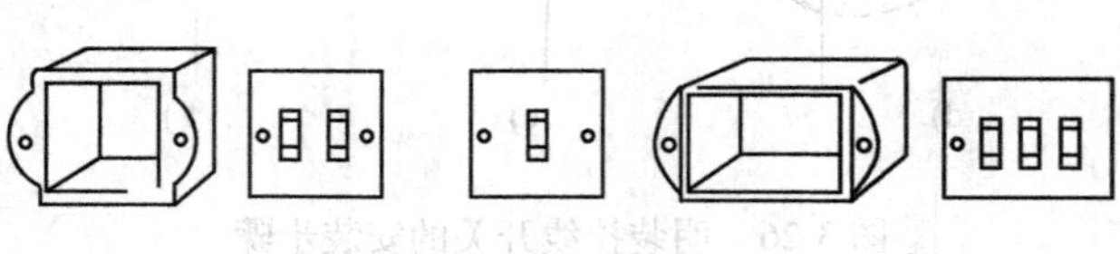

a)　　b)

图3-28　跷板式塑料开关盒

a）单联和双联　b）三联

跷板式开关的安装和接线方法与扳把式开关类同。

跷板式开关安装接线时，应使开关切断相线，并应根据开关跷板或面板上的标识确定面板的装置方向。跷板上有红色标记的应朝下安装。当开关的跷板和面板上无任何标识时，应装成跷板向下按时，处于断开的位置，即从侧面看跷板上部突出时灯亮，下部突出时灯熄，如图3-29所示。

8. 插座的安装

（1）插座的安装要求

1）插座垂直离地高度，明装插座不应低于1.3m；暗装插座用于生活的不应低于0.15m，用于公共场所不应低于1.3m，并与开关并列安装。

2）在儿童活动的场所，宜采用安全型插座，普通插座应装在不低于 1.8m 的位置上，否则应采取防护措施。

3）浴室、蒸汽房、游泳池等潮湿场所内应使用专用插座。

4）空调器的插座电源线，应与照明灯电源线分开敷设，应由配电板或漏电保护电器后单独敷设，插座的规格也要比普通照明、电热插座大。

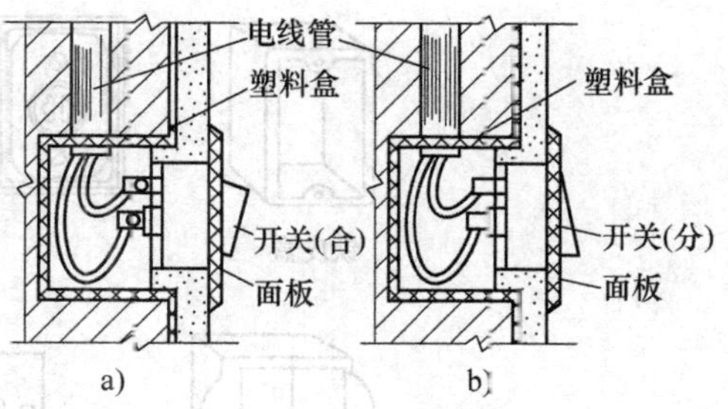

图 3-29　暗装跷板式开关通断位置
a）开关处于合闸位置　b）开关处于断开位置

（2）明装插座的安装　双孔明装插座的安装步骤如图 3-30 所示。

明装插座的安装方法与明装开关相似。

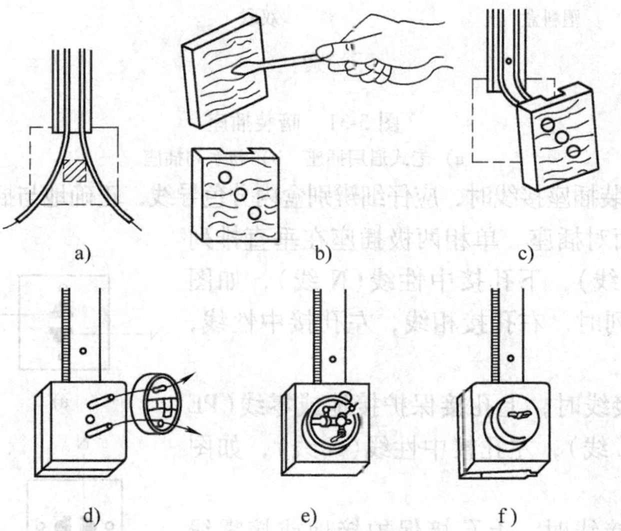

图 3-30　双孔明装插座的安装步骤
a）安装木榫　b）方木钻孔　c）方木穿电线
d）安装插座底座　e）插座接线　f）装上插座盖

（3）暗装插座的安装　暗装插座必须安装在墙体内的插座盒内，不应直接装入墙体内的埋盒空穴中，插座面板应与墙面齐平，不应倾斜。面板四周应紧贴墙面无缝隙、孔洞，固定插座面板的螺钉应凹进面板表面的安装孔内，并装上装饰帽，以增加美观。

1）老式通用插座的安装　安装时，需先在插座芯的接线桩上接线，再将固定插座芯的支持架安装在预埋墙体内的铁皮盒上，然后将盖板拧牢在插座芯的支持架上，如图 3-31a 所示。

2）新系列插座的安装　这种插座的插座芯与面板连成一体，在接线桩上接好线后，将面板安装在预埋在墙体内的塑料插座盒上，如图 3-31b 所示。

3）插座的接线　插座是长期带电的电器，也是线路中最容易发生故障的地方，插座的接线孔都有一定的排列位置，不能接错，尤其是单相带保护接地(接零)的三极插座，一旦接错，就容

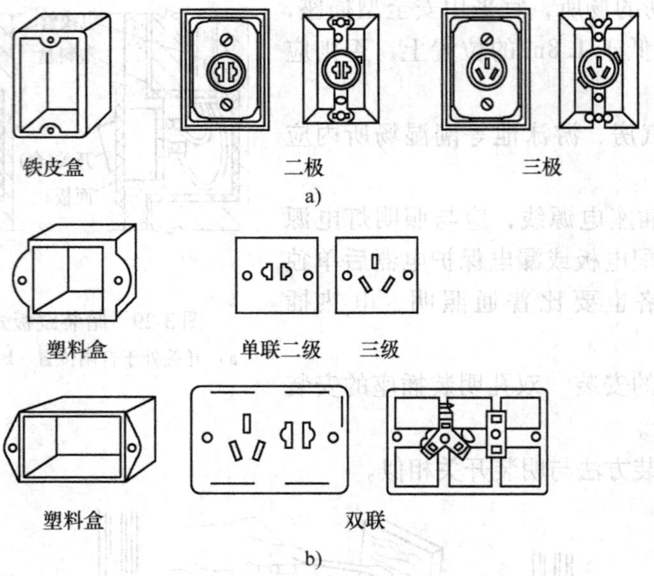

图 3-31　暗装插座
a）老式通用插座　b）新系列插座

易发生触电事故。暗装插座接线时，应仔细辨别盒内分色导线，正确地与插座进行连接。

插座接线时应面对插座。单相两极插座在垂直排列时，上孔接相线（L 线），下孔接中性线（N 线），如图 3-32a所示。水平排列时，右孔接相线，左孔接中性线，如图 3-32b 所示。

单相三极插座接线时，上孔接保护接地或零线（PE 线），右孔接相线（L 线），左孔接中性线（N 线），如图 3-32c 所示。

三相四极插座接线时，上孔接保护接地或接零线（PE 线），左孔接相线（L1 线），下孔接相线（L2 线），右孔也接相线（L3 线），如图 3-32d 所示。

暗装插座接线完成后，不要马上固定面板，应将盒内导线理顺，依次盘成圆圈状塞入盒内，且不允许使盒内导线相碰或损伤导线，面板安装后表面应清洁。

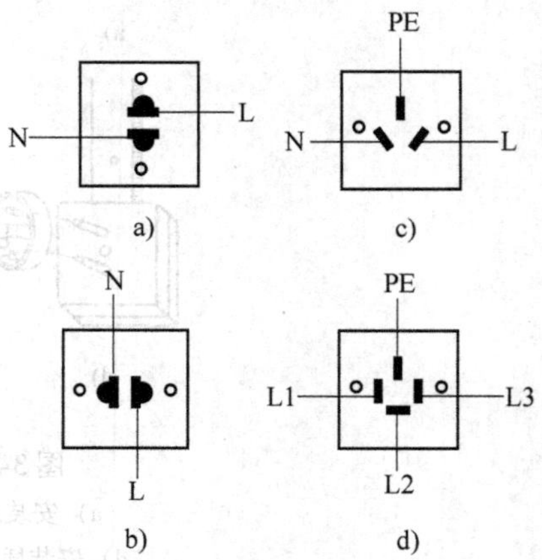

图 3-32　插座的接线
a）两极插座垂直排列接线
b）两极插座水平排列接线
c）三极插座接线　d）四极插座接线

二、常用照明装置的安装接线图、接线原理图

1. 照明装置的安装接线图

照明装置的安装接线图如图 3-33 所示。图中标明电源引入线的位置、线径、根数、管位、敷设方法；配电箱的位置、型号、分支回路的编号；照明灯具的种类、规格、安装高度等。例如图中所标注的 $P\frac{1\times 60}{2.5}X$，P 表示乳白玻璃平盘罩灯；1 ×60 表示功率为 60W 的灯一盏，2. 5 表示安装高度距地 2. 5m，X 表示安装方法为线吊灯。

2. 照明装置的接线原理图

常用照明装置的接线原理图见表 3-4。

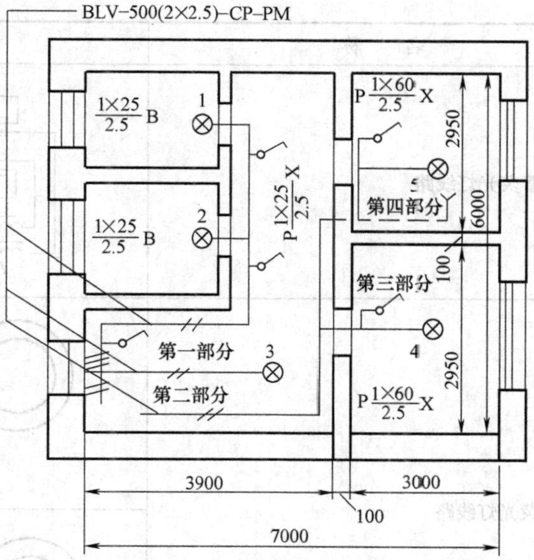

图 3-33　照明装置的安装接线图

表 3-4　常用照明装置的接线原理图

类　型	名　称	接线原理图
白炽灯	一只单联开关控制一盏灯线路	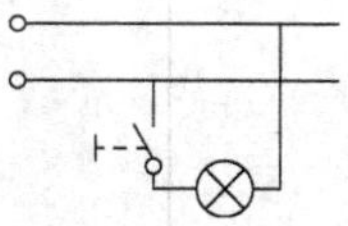
	一只单联开关控制一盏灯并与插座并联线路	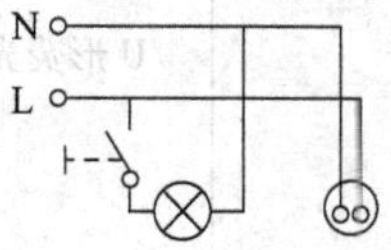
	两只双联开关控制一盏灯线路	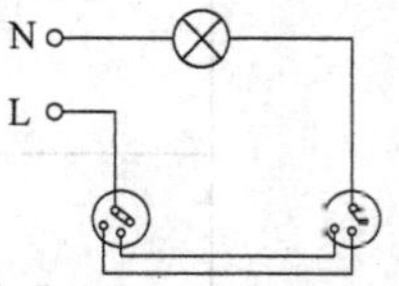
荧光灯	二线头镇流器荧光灯线路	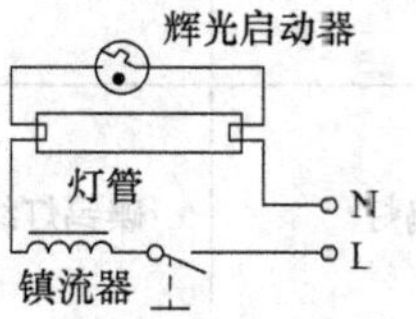
	四线头镇流器荧光灯线路	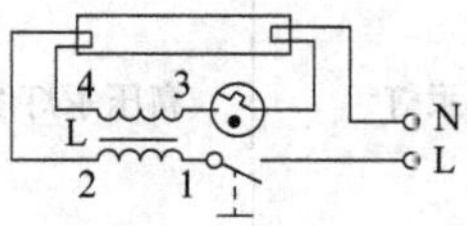

（续）

类　型	名　　称	接线原理图
荧光灯	双灯管荧光灯线路	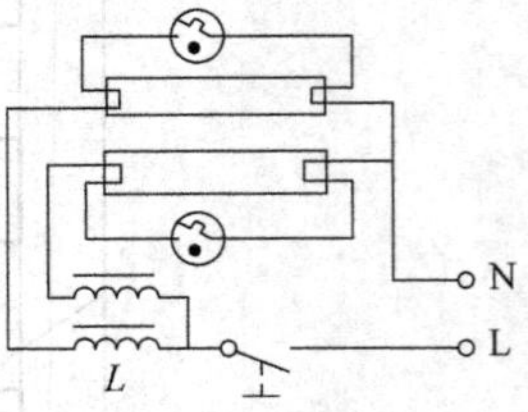
	环形荧光灯线路	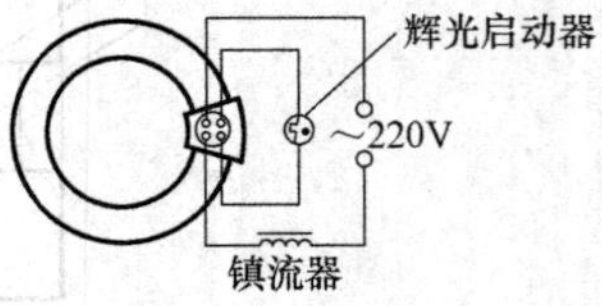 二线头镇流器
		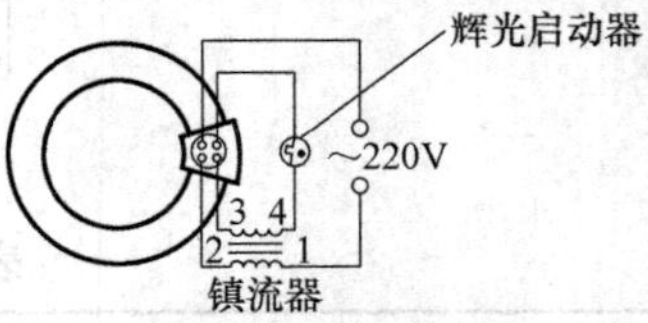 四线头镇流器
	U形荧光灯线路	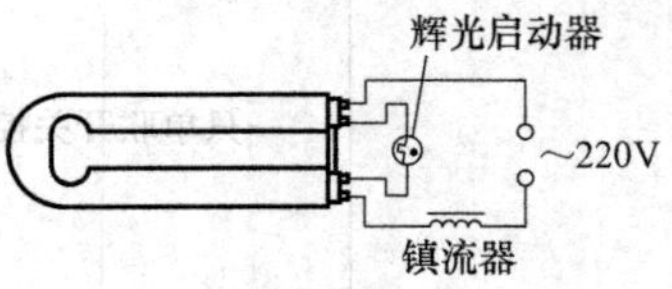 二线头镇流器
		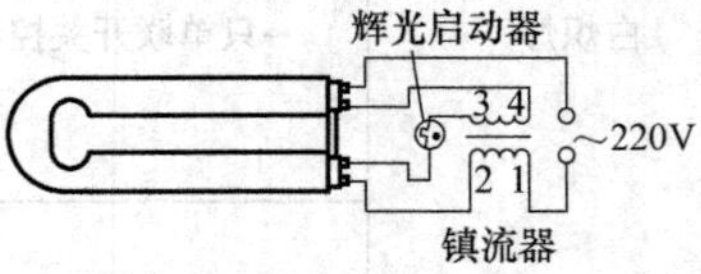 四线头镇流器
	H形荧光灯线路	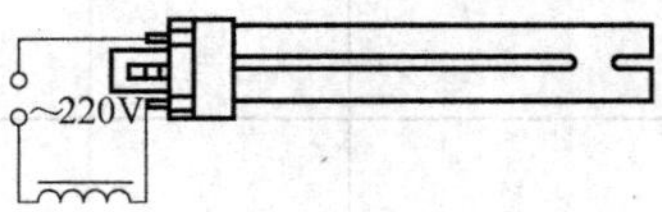
碘钨灯	碘钨灯线路	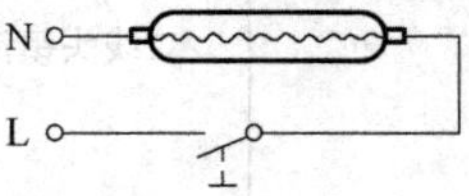
高压汞灯	高压汞灯线路	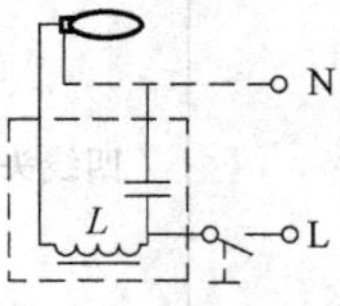

（续）

类　型	名　称	接线原理图
高压钠灯	高压钠灯线路	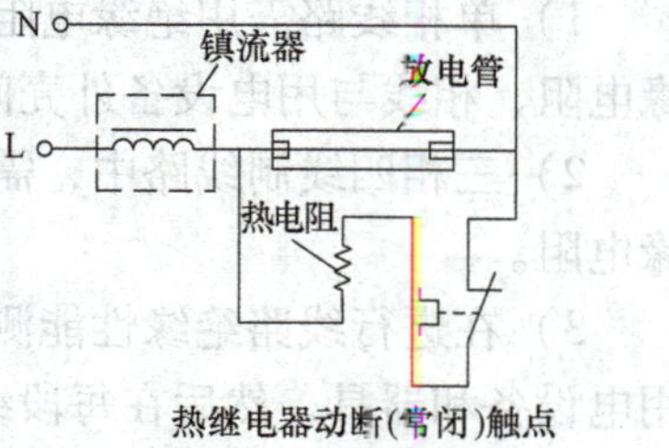
管形氙灯	管形氙灯线路	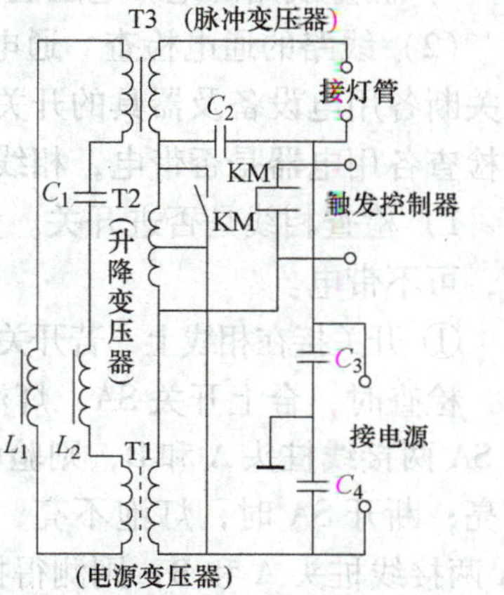

三、照明装置的安装规程及竣工验收

1. 照明装置的安装规程

（1）所有的白炽灯、荧光灯、高压水银荧光灯、碘钨灯等灯具、开关、插座、挂线盒和附件等必须安装可靠、完整无缺，所有灯具、开关、插座应视工作环境的需要，如在特别潮湿、有腐蚀性蒸气和气体的场所，易燃、易爆的场所和户外等处，应分别采用合适的防潮、防爆、防雨的灯具和开关。

（2）壁灯、吸顶灯应装牢在敷设面上，吊灯应装有挂线盒，每一只挂线盒只可装一盏电灯（多管荧光灯和特殊灯具除外）。吊灯线的绝缘必须良好，并不得有接头。在挂线盒内的接线应打好结扣，防止接线处受力使灯具跌落。超过1kg的灯具需用金属链条吊装或用其他方法支持，使吊灯线不受力。

（3）各种吊灯离地面距离不应低于2m，潮湿、危险场所和户外应不低于2.5m，低于2.5m的灯具外壳应妥善接地，最好是用12～36V的安全电压。

（4）各种照明开关必须串接在相线上，开关和插座离地高度一般不低于1.3m。特殊情况，插座可以装低，但离地不低于150mm，幼儿园、托儿所等处不允许装设低位插座。

（5）明装的开关、插座和挂线盒，应装牢在合适的绝缘底座上；暗装的开关和插座应装牢在出线盒内，出线盒要有完整的盖板。

2. 照明装置的竣工验收

照明装置安装竣工以后，就要进行验收，在验收之前，安装人员必须对线路进行绝缘测试，然后对线路进行通电检查，最后对照明装置和线路的质量、安全进行竣工验收。

（1）对线路进行绝缘性能测试　线路的绝缘性能一般用 ZC—25 型 500V 绝缘电阻表进行测试。

1）单相线路需用绝缘电阻表测量相线与中性线两线间的绝缘电阻及相线与大地间的绝缘电阻、相线与用电设备外壳间的绝缘电阻。

2）三相四线制线路中，需要分别测量 4 根电线间的绝缘电阻及每根相线与大地间的绝缘电阻。

3）在进行线路绝缘性能测量前，应取下线路上所有的熔断器插座及接在线路上所有的用电设备和器具，然后在每段线路的熔断器下接线桩进行测试。

4）测量线路的绝缘电阻值，不应低于 0.5MΩ。

（2）线路的通电检查　通电前，需要安装好用电器具(如灯泡、家用电器或电器设备)，并关断各用电设备及器具的开关，插上各路熔断器的熔丝，合上总开关及分路开关，用验电器检查各用电器是否带电，相线(火线)是否进开关，插座接线是否准确。

1）检查相线是否进开关。为了安全用电，相线必须进开关，以便调换灯泡等用电器具时，可不带电。

① 开关接在相线上　若开关已接在相线 L 上，如图 3-34 所示。

检查时，合上开关 SA，灯泡亮，然后用验电器分别测试开关 SA 两接线桩头 A 和 B，则验电器测试开关 A 端和 B 端氖泡均应亮；断开 SA 时，灯泡不亮，然后再用验电器分别测试开关 SA 两接线桩头 A 和 B，则测得接在相线上开关的 A 桩头验电器的氖泡亮，而 B 桩头上氖泡不亮。此时说明相线是进开关的。

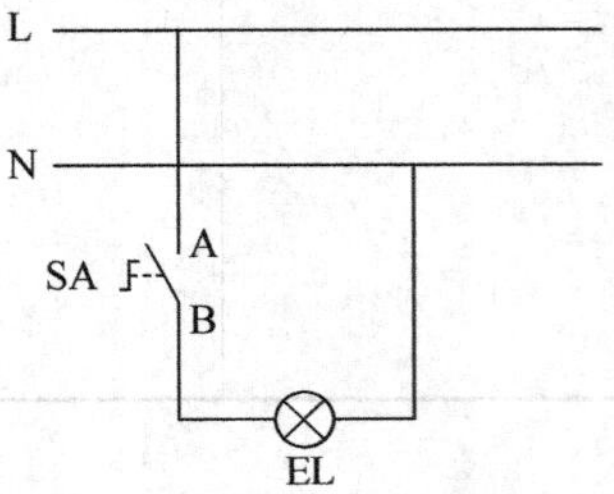

图 3-34　开关接在相线 L 上

② 开关接在中性线 N 上。若开关错接在中性线 N 上，如图 3-35 所示。

检查时，合上开关 SA，灯泡也会亮，然后用验电器分别测试开关 SA 两接线端桩头 A 和 B，验电器的氖泡均不亮；断开开关 SA 时，灯泡不亮，然后再用验电器分别测试开关 SA 两接线桩头 A 和 B，测得接中性线 N 的 A 桩头验电器的氖泡不亮，而接灯泡线的 B 桩头验电器的氖泡亮。说明中性线 N 进开关，而相线 L 进灯头，应将相线 L 改接进开关。

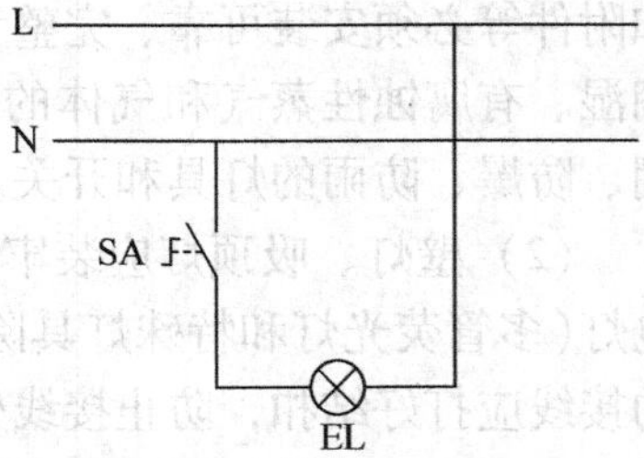

图 3-35　开关接在中性线 N 上

2）检查插座接线。先用校灯对所有的插座进行检查，如所有插座检查时校灯均亮，然后再用验电器(见图 3-32)检查相线是否按规定接入插座，如接错应改接过来。若不改过来，虽然对正常用电不会有影响，但这是技术规程所规定的，对以后检修插座及使用家用电器和电气设备有利。

对于单相两孔和单相三孔插座的相线是否接线正确，只要用验电器按图 3-32 所示规定即可测试出来，而对于单相三孔插座左孔的中性线(N 线)与上孔的保护接地线或保护零线(PE 线)接线是否正确，可以打开插座盒盖，查看三根引入线的颜色即可判断。一般规定，相线 L 的引入线为红色(其余两相为黄色和绿色)，中性线 N(也称为工作零线)为淡蓝色，保护接地(零)线为黄绿双色线。单相三孔插座的正确接线如图 3-36 和图 3-37 所示。

图 3-37 所示为三相五线制供电的系统单相三孔插座的接线方法。对于这种供电方式下

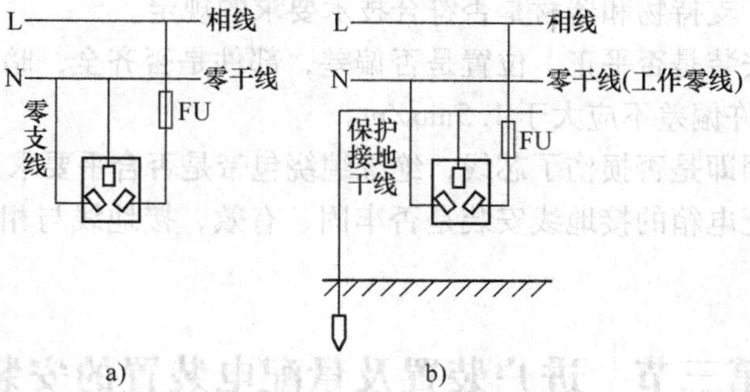

图 3-36 单向三孔插座的接线

a）保护接零接线 b）保护接地接线

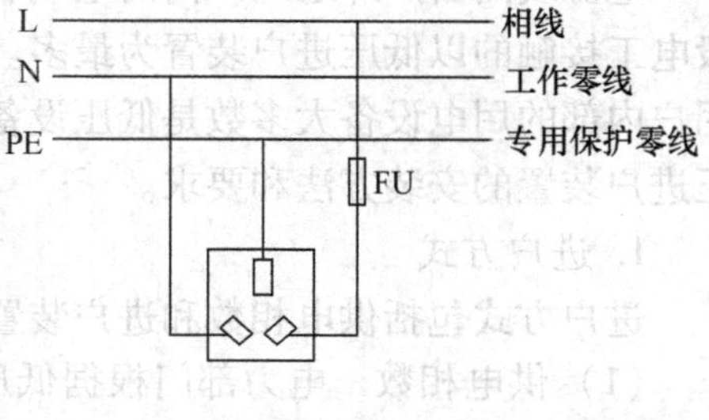

图 3-37 三相五线制供电时的三孔插座接线

的插座接线就非常方便，用户能省去许多麻烦，而且安全、可靠，是一种正在推广的供电方式。尤其对于高层住宅楼内有变压器或变压器距住宅很近的场合，三相五线制是非常容易实现的。接线时将三孔插座的右面桩头接相线（L 线），左面桩头接工作零线（N 线），上面一个桩头接专用保护零线（PE 线）。

图 3-38 所示为单相三孔插座的两种错误接法。

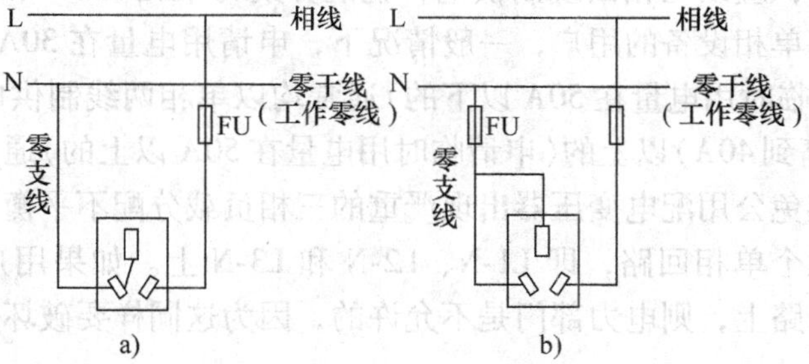

图 3-38 单相三孔插座的错误接法

图 3-38a 所示为三孔插座的保护接地（接零）桩头与工作零线桩头连接后和零支线连接；而图 3-38b 所示为三孔插座的保护接地（接零）桩头和工作零线桩头均与零支线连接。若零支线断路时，接在三孔插座上电气设备的外壳将带 220V 电压，人体触及就会触电。

当图 3-38a 中零支线断路时，电气设备外壳带 220V 电压的通路如图 3-39 所示。

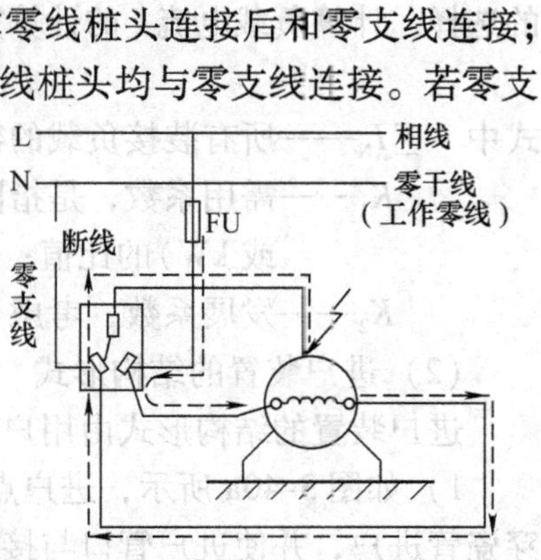

图 3-39 三孔插座接线错误使电动机外壳带电

（3）竣工验收

1）检查电气器具及支架安装是否牢固，是否安装在圆木、方木和梁的中心位置。

2）观察灯具、开关及插座安装是否平正、牢固，高度是否符合要求；其垂直度偏差应不大于 1.5mm/m，相邻高度差不能大于 2mm。

3）选用的导线、支持物和器材是否符合技术要求的规定。

4）照明配电箱安装是否平正，位置是否偏差，部件是否齐全，暗敷配电箱的箱盖是否紧贴墙面。垂直度允许偏差不应大于1.5mm/m。

5）接线是否牢固即是否损伤了芯线，绝缘缠绕包带是否合乎要求。

6）电气器具和配电箱的接地线安装是否牢固、有效，接地线与相线及中性线是否能明显区分。

第三节　进户装置及量配电装置的安装

一、进户装置的安装

电源线路由户外通入户内的电气装置称为进户装置。进户装置分为高压和低压两种，一般电工接触的以低压进户装置为最多。这是因为不仅低压用户大大多于高压用户，而且高压用户内部的用电设备大多数是低压设备，需要用低压配电线路供电，所以，电工必须掌握低压进户装置的安装方法和要求。

1. 进户方式

进户方式包括供电相数和进户装置的结构形式等内容，现分别介绍如下：

（1）供电相数　电力部门根据低压用户的用电申请和用户所在地的低压供电线路容量及用户分布等情况，决定给以单相两线、两相三线或三相四线制的供电方式。凡兼有单相和三相用电设备的用户，应以三相四线制供电，就能分别为单相220V和三相380V的用电设备提供电源。凡只有单相设备的用户，一般情况下，申请用电量在30A（有的城市已提高到40A）及以下的（申请临时用电量在50A以下的）通常均以单相两线制供电；若申请用电量在30A（有的城市已提高到40A）以上的（申请临时用电量在50A以上的）通常均以三相四线制供电。因为，这样能避免公用配电变压器出现严重的三相负载分配不平衡，所以，用户也必须把单相负载分接在三个单相回路，即L1-N、L2-N和L3-N上。如果用户把单相负载集中接在一个或两个单相回路上，则电力部门是不允许的，因为这同样要破坏配电变压器三相负载的平衡。

必须指出的是，用户申请用电量时的负载电流，应按计算负荷电流 I_j 来进行供电相数的选择，计算负载电流 I 的计算方法为

$$I_j = \sum I_N K_1 K_2$$

式中　$\sum I_N$——所有装接负载的额定电流之和（A）；

K_1——需用系数，是指同一时间内使用的最大负载（A或kW）与所装接的总负载（A或kW）的比值；

K_2——发展系数，考虑今后需增加负载的因素，一般取20%左右的裕度。

（2）进户装置的结构形式　进户装置的结构形式如图3-40所示。

进户装置的结构形式由用户建筑物结构、供电相数和供电线路状况等因素决定。

1）如图3-40a所示，进户点离地垂直高度不低于2.7m时，应采用单根绝缘导线分别穿瓷管进户，并使进户管口与接户线的垂直距离在0.5m以内。

2）如图3-40b所示，进户点离地垂直高度低于2.7m，而接户点离地高于2.7m时，应采用绝缘导线穿钢管或硬塑料管，或用塑料护套线穿瓷管进户，并把线管支持在墙上，一端

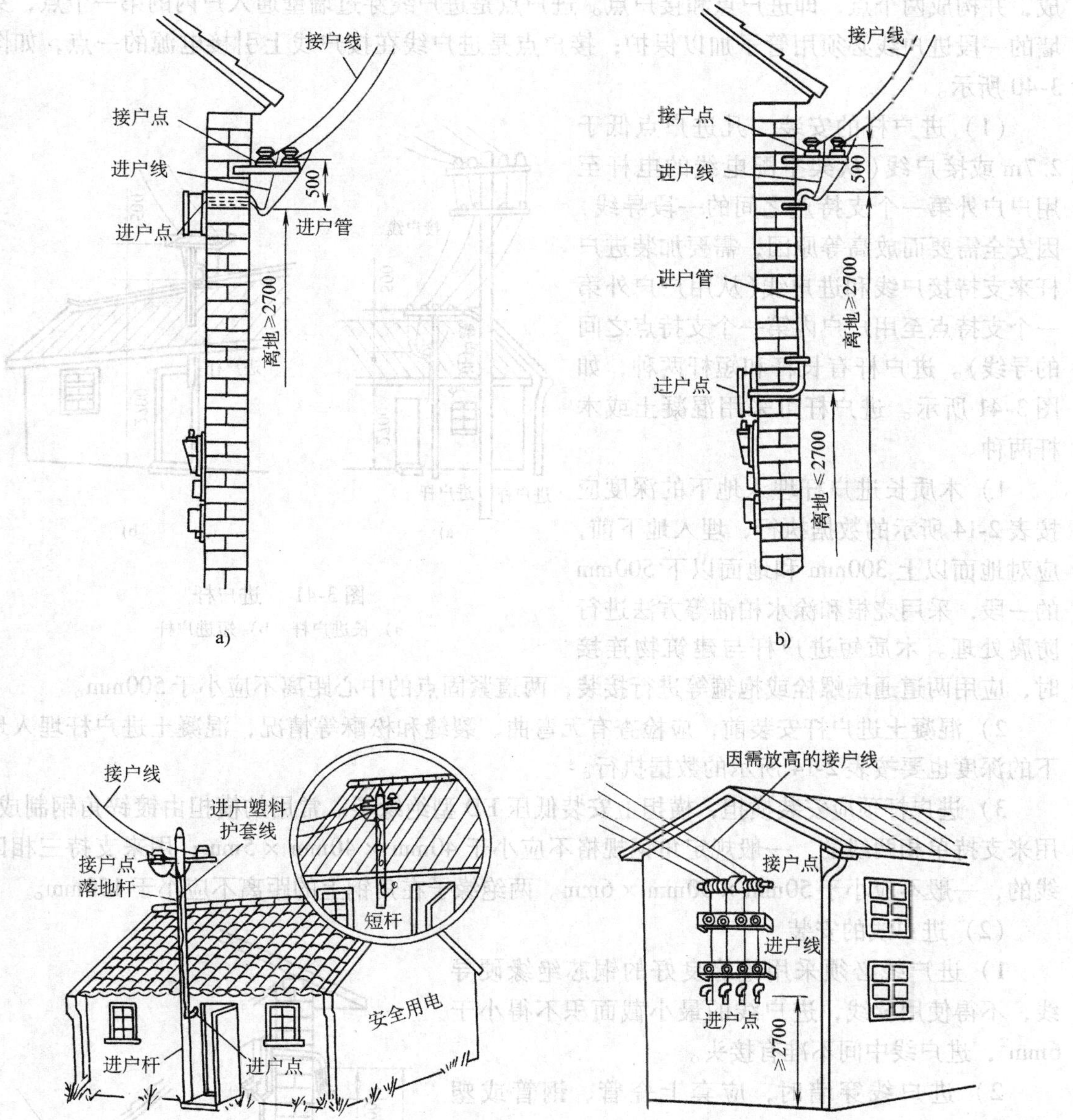

图 3-40　进户装置的结构形式

放到接户线处便于接线。

3）如图 3-40c 所示，进户点离地垂直高度低于 2.7m，接户点加装进户杆后高于 2.7m 时，应采用绝缘导线穿钢管或硬塑料管，或用塑料护套线穿瓷管进户。

4）如图 3-40d 所示，进户点离地垂直高度虽高于 2.7m，但接户线需要跨越路面、河道或其他障碍物而放高，使进户点与接户点之间的距离拉长到 0.5m 以上时，进户线需作固定安装的进户方法。

2. 安装方法

进户装置通常由属于供电部门的接户线和属于用户的进户杆、进户线和进户管四部分组成，并构成两个点，即进户点和接户点。进户点是进户线穿过墙壁通入户内的第一个点，穿墙的一段进户线必须用管子加以保护；接户点是进户线在接户线上引接电源的一点，如图3-40所示。

（1）进户杆的安装　凡进户点低于2.7m或接户线（从架空配电线的电杆至用户户外第一个支持点之间的一段导线）因安全需要而放高等原因，需要加装进户杆来支持接户线和进户线（从用户户外第一个支持点至用户户内第一个支持点之间的导线）。进户杆有长杆和短杆两种，如图3-41所示。进户杆可采用混凝土或木杆两种。

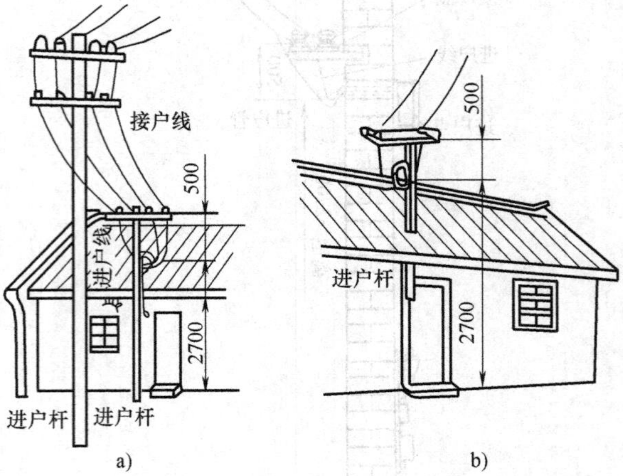

图3-41　进户杆
a）长进户杆　b）短进户杆

1）木质长进户杆埋入地下的深度应按表2-14所示的数据执行，埋入地下前，应对地面以上300mm和地面以下500mm的一段，采用烧根和涂水柏油等方法进行防腐处理。木质短进户杆与建筑物连接时，应用两道通墙螺栓或抱箍等进行接装，两道紧固点的中心距离不应小于500mm。

2）混凝土进户杆安装前，应检查有无弯曲、裂缝和松酥等情况，混凝土进户杆埋入地下的深度也要按表2-14所示的数据执行。

3）进户杆顶应安装横担，横担上安装低压ED型绝缘子。常用的横担由镀锌角钢制成，用来支持单相两线的，一般规定角钢规格不应小于40mm × 40mm × 5mm；用来支持三相四线的，一般不应小于50mm × 50mm × 6mm。两绝缘子在角钢上的距离不应小于150mm。

（2）进户线的安装

1）进户线必须采用绝缘良好的铜芯绝缘硬导线，不得使用软线，进户线的最小截面积不得小于6mm^2，进户线中间不准有接头。

2）进户线穿墙时，应套上瓷管、钢管或塑料管。

3）进户线在安装时应有足够的长度，户内一端一般接于总熔断器，如图3-42a所示。户外一端接户线连接后应保持200mm的弛度，如图3-42b所示，户外一段进户线不应小于800mm。

4）进户线截面积大于35mm^{2}时，应在导线弛度的最低处将绝缘层开裂口。

5）进户线的允许截流量应大于或等于计算负荷电流。

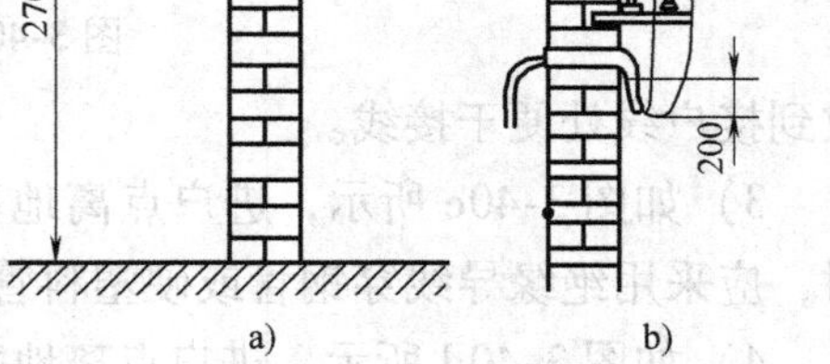

图3-42　进户线两端的接法
a）户内一端进总熔断器　b）户外一端的弛度

（3）进户管的安装　常用来保护进户线的进户管有瓷管、钢管和塑料管三种，瓷管又分为弯口和反口两种。瓷管管径以内径标称，常用的有13mm、16mm、19mm、25mm和

32mm 等多种。

1）进户管的管径应根据进户线的根数和截面积来决定，管内导线(包括绝缘层)的总截面积不应大于管孔有效截面积的40%。

2）进户瓷管必须每线一根，进户瓷管应采用弯头瓷管，户外的一端弯头向下，当进户线截面积在$50mm^2$(19/1.83mm)以上时，宜用反口瓷管，户外的一端应稍低。

3）当一根瓷管的长度不能满足进户墙壁的厚度时，可用两根瓷管紧密连接，或用塑料管代替瓷管。

4）进户钢管必须用白铁管或经过涂漆的黑铁管；钢管两端应装护圈，户外的一端必须有防雨弯头，进户线必须全部穿于一根钢管内。

二、量配电装置的安装

量配电装置是量电装置和配电装置的统称。量电装置通常由进户总熔断器、电能表和电流互感器等组成。配电装置一般由控制开关、过载及短路保护电器等组成，容量较大的还装有隔离开关。

一般将总熔断器装在进户管的墙上，而将电流互感器、电能表、控制开关、短路和过载保护电器等均安装在同一块配电板上，如图3-43所示。

1. 进户总熔断器盒的安装

（1）进户总熔断器的作用　进户总熔断器盒具有确保用电安全和加强计划用电的重要作用。

1）在量电装置以后各级的保护装置失效时，能有效地切断电源，防止故障扩大而影响其他用户正常用电。

2）起限定电流的作用，能防止用户盲目扩大用电量而造成过载事故，以加强计划用电。

3）能隔离电源，保障维修安全。

（2）进户总熔断器盒的组成　它由熔断器、接线桥和封闭盒等部分组成。分单相的和多相的，按用电性质和用电量大小选用。铁壳进户总熔断器盒的盒子板规格见表3-5，其盒内可装熔断器数量见表3-6。

表3-5　铁壳进户总熔断器盒的盒子板规格　（单位：mm）

规格	配用木板尺寸(宽×高×厚)				熔断器盒实际尺寸(宽×高)
	1只	2只	3只	4只	
200A			600×600×20		175×352
100A		440×320×20	660×320×20		206×290
60A	160×250×20	320×250×20	480×250×20		145×220
30A	120×190×20	240×190×20	360×190×20	480×190×20	116×166
10A	100×140×20	200×140×20	300×140×20	400×140×20	95×116

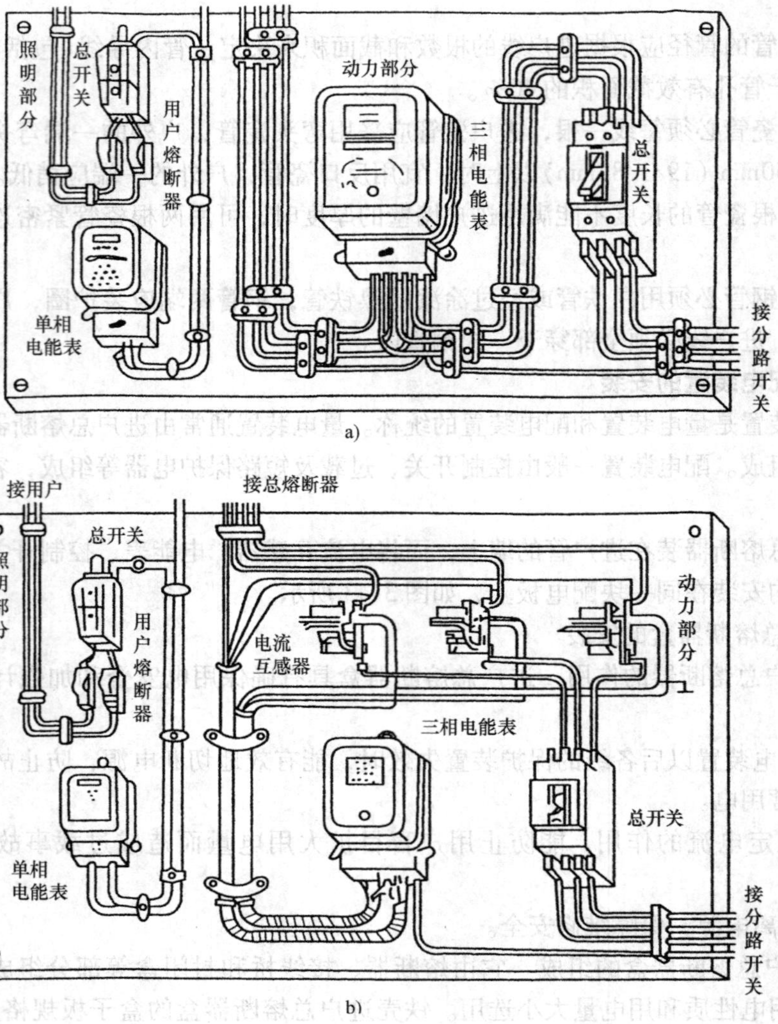

图 3-43　配电板的安装

a）小容量配电板　b）大容量配电板

表 3-6　铁盒进户总熔断器盒内可装熔断器数量

熔断器盒型号	熔断器盒实际尺寸(宽×高)/mm	配用木板尺寸(宽×高×厚)/mm	允许安装熔断器数量/只					中性线接线桥
			10A	30A	60A	100A	100A 以上	
Ⅰ	500×500	600×600×20					3	
Ⅱ	450×330	550×400×20		3		3		1
				12				1
Ⅲ	290×310	320×360×20				3		1
				1	3			1
				5				1
			8					1
Ⅳ	160×190	190×240×20	1	1				1
			3					1

（3）进户总熔断器盒的安装

1）Ⅰ型铁盒式总熔断器盒的安装。由于电流大，导线较粗，进户管应采用反口瓷管。因此，进户管要置于总熔断器盒上方离木台 100～300mm 处，Ⅰ型总熔断器盒较重，木台必须用四个 M12×150mm 开脚螺钉（或 M12mm 膨胀螺栓）固定在墙上，接线桥另用小木台装于总熔断器盒内侧，如图 3-44 所示

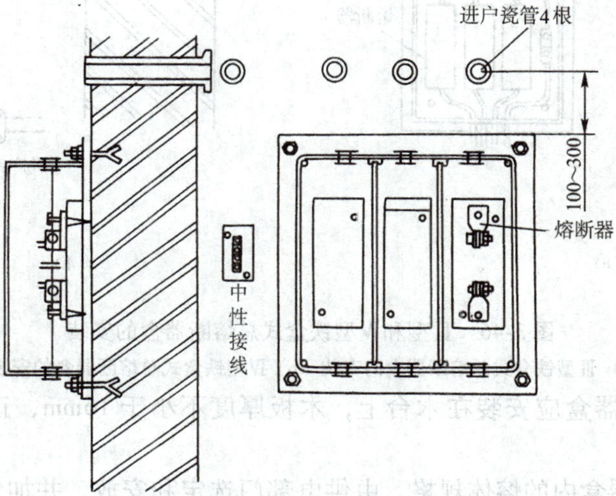

图 3-44　Ⅰ型铁盒式总熔断器盒的安装

2）Ⅱ型铁盒式总熔断器盒的安装。进户管与总熔断器的安装位置如图 3-45 所示，中性线接线桥安装在进户总熔断器的盒内，木台可用四个长 62mm 木螺钉（或 M8mm 膨胀螺栓）固定在木榫上。

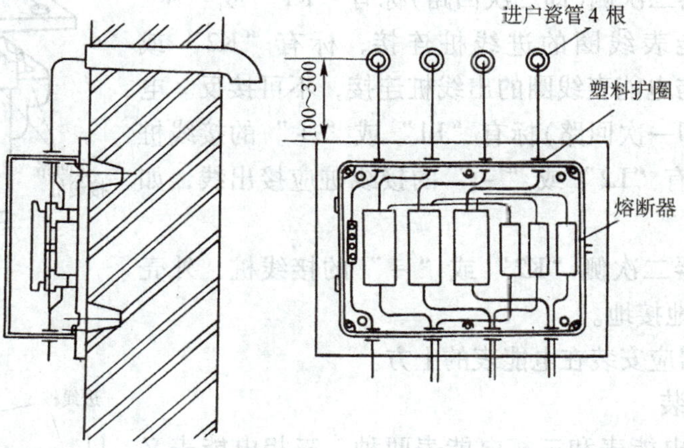

图 3-45　Ⅱ型铁盒式总熔断器盒的安装

3）Ⅲ型和Ⅳ型铁盒式总熔断器盒的安装。进户管应伸入总熔断器盒内，木台可用四个长 50mm 木螺钉（或 M8mm 膨胀螺栓）固定在木榫上，安装方法如图 3-46 所示。

4）铁壳式总熔断器盒的安装。100A 以上的三相四线进户的安装方法同Ⅰ型铁盒式；60A 以下的三相四线或单相两线进户的安装方法同Ⅱ型、Ⅲ型和Ⅳ型铁盒式。

5）进户总熔断器盒的安装技术要求：

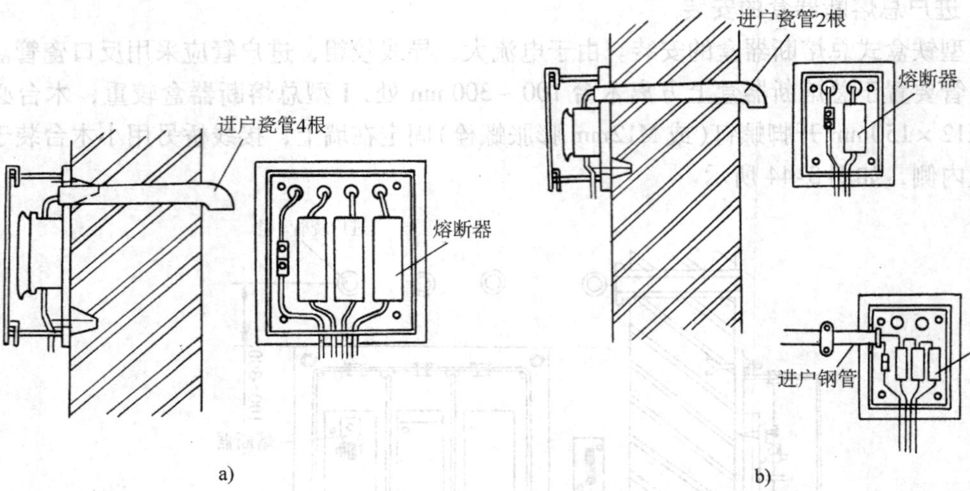

图 3-46　Ⅲ型和Ⅳ型铁盒式总熔断器盒的安装

a）Ⅲ型铁盒式总熔断器盒的安装　b）Ⅳ型铁盒式总熔断器盒的安装

① 进户总熔断器盒应安装在木台上，木板厚度不小于 16mm，正面及四周必须涂漆防潮。

② 进户总熔断器盒内的熔体规格，由供电部门选定和安放，并加铅封，用户不准擅自开封更换熔体。

③ 中性线不准接在总熔断器盒的熔断器上，应接在中性线接线桥上；同时每根相线必须分别接进一个熔断器。

2. 电流互感器的安装

1）电流互感器二次侧(即二次回路)标有“K1”或“+”的接线桩要与电能表线圈的进线桩连接，标有“K2”或“-”的接线桩要与电能表线圈的出线桩连接，不可接反。电流互感器一次侧(即一次回路)标有“L1”或“+”的接线桩应接电源进线，标有“L2”或“-”的接线桩应接出线，如图 3-47 所示。

2）电流互感器二次侧“K2”或“-”的接线桩、外壳和铁心都必须可靠地接地。

3）电流互感器应安装在电能表的上方。

3. 电能表的安装

电能表有单相电能表和三相电能表两种，三相电能表又有三相三线制和三相四线制电能表两种；按接线方式划分，电能表又分为直接式和间接式两种。直接式三相电能表的规格有 10A、20A、30A、50A、75A 和 100A 等多种，一般用于电流较小的电路上；间接式三相电能表的规格一般是 5A 的，与电流互感器连接后，用于电流较大的电路上。

(1) 电能表的安装要求

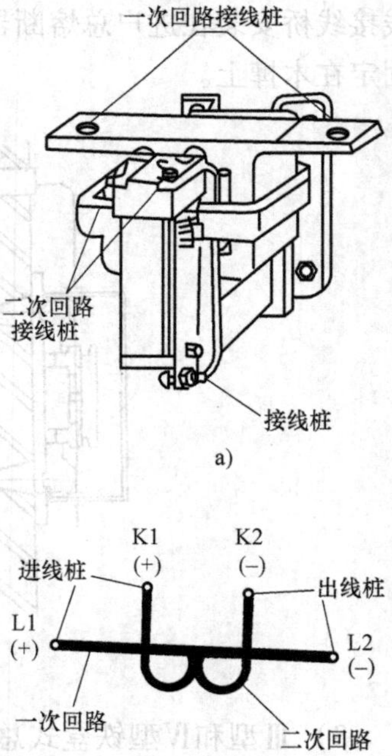

图 3-47　电流互感器

a）外形　b）原理图符号

1）电能表通常与配电装置安装在一起，装电能表的木板正面及四周必须涂漆防潮，木板必须坚实干燥，不应有裂纹，拼接处要紧密平整。

2）电能表要安装在干燥、无振动和腐蚀气体的场所。表板的下沿离地一般不低于1.3m，但大容量电能表的表板下沿离地允许放低到1~1.2m，但不得低于1m。

3）为了抄表方便，应把电能表安装在离地1.4~1.8m的位置（中心尺寸）。若需要并列安装多只电能表时，则两表间的中心距离不得小于200m。

4）任何一根导线的计算负荷电流超过100A时，都应安装电流互感器（由供电部门供给）；当最大计算负荷电流超过现有电能表的额定电流时，也应安装电流互感器。

5）电能表表身应装得平直，不可出现纵向或横向倾斜，电能表的垂直偏差不应大于1.5%，否则会影响电能表的准确性。

（2）电能表的型号编制　电能表的型号编制如下：

1）类别代号：第一位，D—电能表。

2）组别代号：第二位，D—单相；S—三相三线；T—三相四线；X—无功；M—脉冲。

3）用途代号：第三位，Z—最大需量；F—分时计费；S—电子式；Y—预付费；D—多功能；M—脉冲。

例如：DDY11型是设计序号为11的预付费单相电能表；DT864—4型是设计序号为864，三相四线式有功电能表，额定最大电流为标定4倍；DDF502型是分时计费单相电能表。

（3）单相电能表的选择、安装和接线

1）单相电能表的选择。目前，国内市场上供应的单相电能表见表3-7。

表3-7　国内市场上供应的单相电能表

型　号	地　区	准确度等级	型　号	地　区	准确度等级
DD1	黑龙江省	2.5级	DD17	上海市	2.0级
DD5	浙江省	2.0级	DD28	上海市	2.0级
DD15	浙江省	2.0级	DD18—2	甘肃省	2.0级
DD10	山东省	2.0级	DD18—2	湖北省	2.0级
DD28	山东省	2.0级	DD20	天津市	2.0级

另外，86系列单相电能表也已广泛使用，其规格见表3-8。

表3-8　86系列单相电能表的规格

型　号	规　格		准确度等级	替代旧型号
	额定电压/V	额定电流/A		
DD862—4	220	1.5(6)，2.5(10)，5(20)，10(40)，20(80)，30(100)	2.0级	DD28等

因此，选择单相电能表时应根据负载的额定电流、各种用电设备同时用电的情况（用需用系数表示，可取0.6~0.9）及今后可能增加的用电设备（用裕度表示，一般取20%）来选用。

例如：日用电器功率查对参考数见表3-9。

表 3-9 日用电器功率查对参考数

名称		功率/W
空调器	窗式	800~1250
	分体式	950~1800
	柜式	2500~3000
	柜式	4800(三相)
冰箱	单门	110
	双门	130
	三门	110+130(除霜)
	冷柜	210
洗衣机	双缸	300
	自动	360
	滚动(烘干)	3200
	滚动式衣物干燥机	600~800
电视机	彩色	120~240
	黑白	100
收录机		12~30
唱蝶机		10~12
家庭影院(不含电视机)		250
家用计算机		250
荧光灯(直管)		6~40(镇流器4~8) 100(镇流器20)
白炽灯		15、25、40、60、75、100、200
节能灯		5~15，18以上(镇流器4~8)
冷光灯		25、50、75、100

名称		功率/W
电取暖器(含油汀)		800~3000
浴霸		1000~2000
电动按摩浴缸		水泵640、加热泵1500
按摩椅		175
电炊具	电饭锅	500~700~900
	微波炉	800~1000
	电烤箱	650~1800
	电磁炉	1200~1800
	电水壶	900~1800
	电热水瓶	700
	咖啡壶	600~750
	饮水器	600
	电炉	600~1500
	粉碎机	300
榨汁机		220~450
脱排油烟机		150~240
消毒柜		600~900
电熨斗		300~1000
电吹风机		350~1600
吊扇		70~150
台扇		30~65

例：某用户有40W的白炽灯3只，40W荧光灯3只(镇流器8W)，40W台扇2台，29in彩色电视机(120W)2台，300W双缸洗衣机1台，300W电熨斗1台，110W单门电冰箱1台，1500W分体式空调器1台。试求总的计算负荷电流，并选择合适的单相电能表。

解 ①总的计算负荷电流 $I_j = \sum IK_1K_2$，即

白炽灯：$I = P/U = 40\times 3\text{A}/220 \approx 0.55\text{A}$

荧光灯：$I = P/U\cos\varphi = (40+8)\times 3\text{A}/(220\times 0.85) \approx 0.77\text{A}$

台扇：$I = P/U\cos\varphi\eta = 40\times 2\text{A}/(220\times 0.75\times 0.75) \approx 0.65\text{A}$

彩电：$I = P/U = 120\times 2\text{A}/220 \approx 1.1\text{A}$

洗衣机：$I = P/U\cos\varphi\eta = 300\text{A}/(220\times 0.75\times 0.75) \approx 2.42\text{A}$

电熨斗：$I = P/U = 300\text{A}/220 \approx 1.36\text{A}$

电冰箱：$I=P/U\cos\varphi\eta=110\mathrm{A}/(220\times0.75\times0.75)\approx0.89\mathrm{A}$

分体式空调器：$I=P/U\cos\varphi\eta=1500\mathrm{A}/(220\times0.75\times0.75)\approx12.1\mathrm{A}$

$$
\begin{aligned}
I_{\mathrm{j}} &= \sum IK_1K_2 \\
&= (0.55+0.77+0.65+1.1+2.42+1.36+0.89+12.1)\mathrm{A}\times0.8\times1.2 \\
&= 19.84\mathrm{A}\times0.8\times1.2 \\
&\approx 19.05\mathrm{A}
\end{aligned}
$$

② 单相电能表的选择。查表 3-38 应选用 5(20) A 或 10(40) A 的 DD862—4 型单相电能表。

2）单相电能表的安装和接线。

① 将电能表板用三只螺钉以三角分布固定在铅丝榫（木榫）上，三只螺钉的安装位置应选在能被电能表覆盖的区域。

② 将电能表上端的一只螺钉拧入表板，然后挂上电能表。

③ 电能表的位置要符合安装要求，且与墙面和地面垂直，然后将电能表下端的两个螺钉拧上，待调整表后完全拧紧。

④ 单相电能表安装后应正确接线，各种电能表的接线端子均按由左至右的顺序排列编号。单相电能表有两种接线方式：一种是 1、3 接进线（电源线），2、4 接出线（负载线）；另一种是 1、2 接进线，3、4 接出线。国产单相电能表统一规定采用 1、3 进线，2、4 出线，如图 3-48 所示。电能表接线完毕，在接电前，应由供电部门把接线端子盒加铅封，用户不可擅自打开。

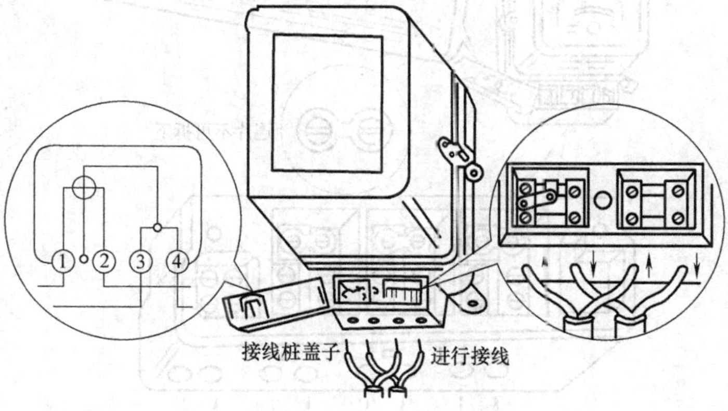

图 3-48　单相电能表的安装和接线

单相电能表安装后的配电板如图 3-49 所示。

注意：有些单相电能表的接线方法恰恰相反，所以具体接线时应参照电能表接线桩盖上的接线图。

（4）三相电能表的接线

1）直接式三相四线制电能表的接线。这种电能表共有 8 个或 11 个进、出线孔和 11 个接线桩，接线桩从左至右按 1、2、3、4、5、6、7、8、9、10、11 编号，其中 1、4、7 号桩是电源相线的进线桩；3、6、9 号桩是相线的出线桩，分别接总开关的三个进线桩；10、11 号桩是电源中性线的进线桩和出线桩；2、5、8 号桩为电压线圈的接线桩，如图 3-50 所示。

2）直接式三相三线制电能表的接线。这种电能表共有 8 个接线桩，其中 1、4、6 号桩是电源相线进线桩；3、5、8 号桩是相线出线桩；2、7 两个接线桩可空着，如图 3-51 所示。

3）间接式三相四线制电能表的接线。这种三相电能表需要配用三只同规格的电流互感器。接线时把从总熔断器盒下接线桩引来的三根相线，分别与三只电流互感器一次侧的“+”接线桩连接，同时用三根绝缘导线从这三个“+”接线桩引出，穿过钢管后分别与电能表 2、5、8 三个接线桩连接。然后用三根绝缘导线从三只电流互感器二次侧的“+”接线桩引出，穿过另一根钢管与电能表 1、4、7 三个进线桩连接。然后用一根绝缘导线穿过后一根保护钢管，一端连并三只电流互感器二次侧的“-”接线桩；另一端连并电能表 3、6、9 三个出线桩，并把这根导线接地。最后用三根绝缘导线把三只电流互感器一次侧的“-”接线桩分别与总开关三个进线桩连接起来，并把电源中性线穿过前一根钢管与电能表 10 号进线桩连接，11 号接线桩是用来连接中性线的出线，如图 3-52 所示。接线时应先将电能表接线盒内的三块连接片都拆下。

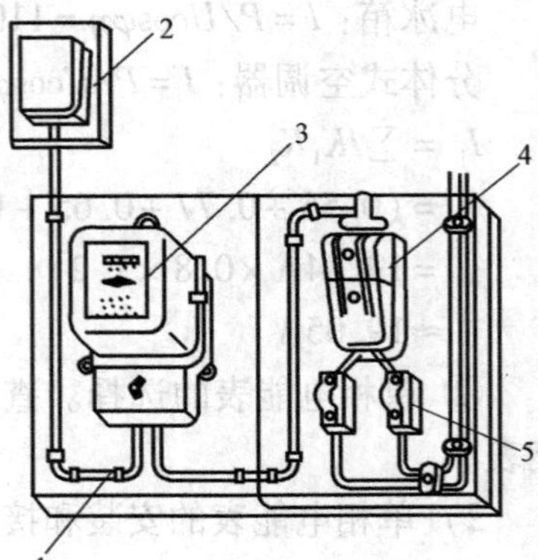

图 3-49　单相电能表的配电板

1—电能表配线　2—总熔断器盒

3—单相电能表　4—总刀开关

5—熔断器

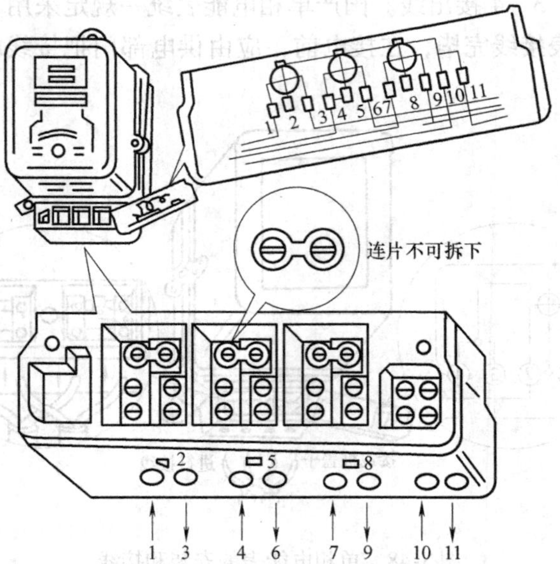

图 3-50　直接式三相四线制电能表的接线

4）间接式三相三线制电能表的接线。这种三相电能表需要配用两只同规格的电流互感器。接线时把从总熔断器盒下接线桩引出来的三根相线中的两根相线，分别与两只电流互感器一次侧的“+”接线桩连接。同时从该两个“+”接线桩，用铜芯塑料硬线引出，并穿过钢管，分别接到电能表 2、7 号接线桩上，然后从两只电流互感器二次侧的“+”接线桩用两根铜芯塑料硬线引出，并穿过另一根钢管，分别接到电能表 1、6 号接线桩。然后用一根导线从两只电流互感器二次侧的“-”接线桩头引出，穿过后一根钢管，接到电能表的 3、8 号接线桩头上，并应把这根导线接地。最后将总熔断器盒下桩头余下的一根相线和从两只电流互感器

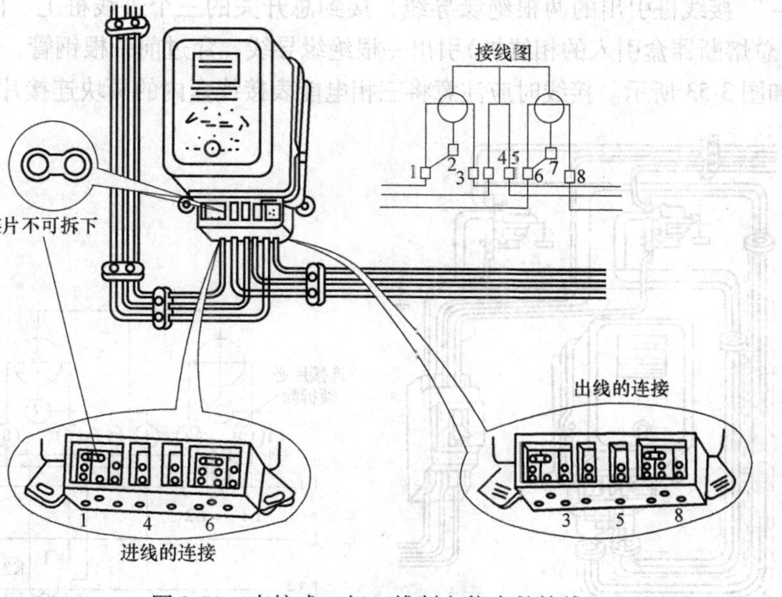

图 3-51　直接式三相三线制电能表的接线

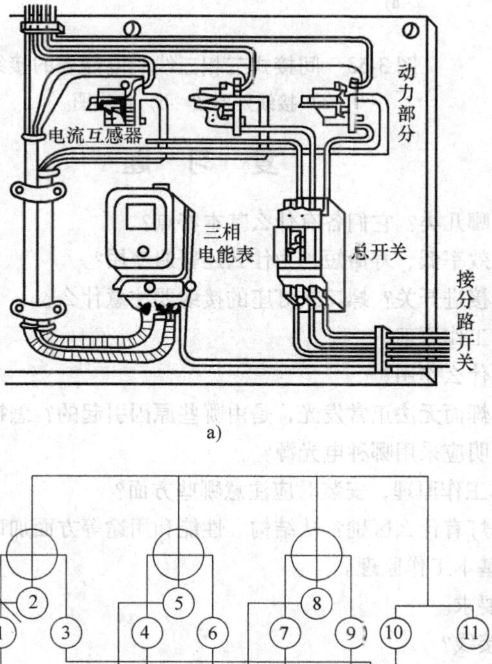

a)

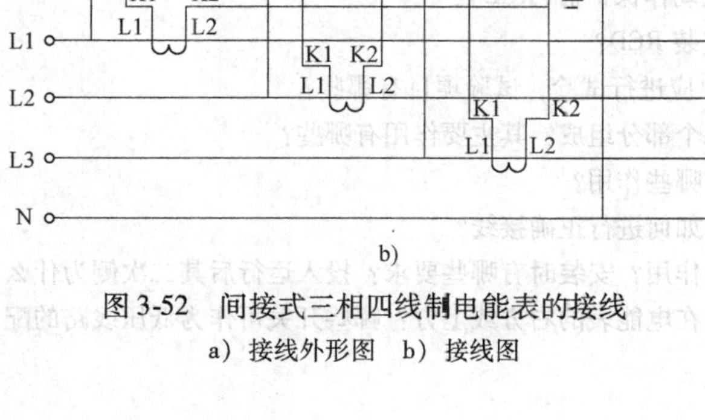

b)

图 3-52　间接式三相四线制电能表的接线

a）接线外形图　b）接线图

一次侧的“-”接线桩引出的两根绝缘导线，接到总开关的三个进线桩上。同时从总开关的一个进线桩(总熔断器盒引入的相线桩)引出一根绝缘导线，穿过前一根钢管，接到电能表4号接线桩上，如图3-53所示。接线时应注意将三相电能表接线盒内的两块连接片都拆下。

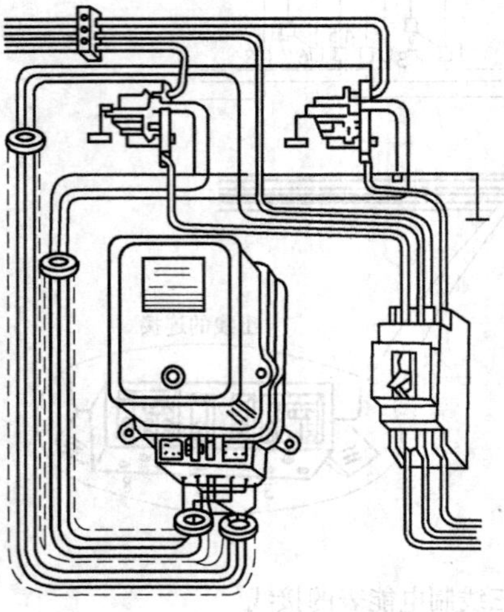

a)

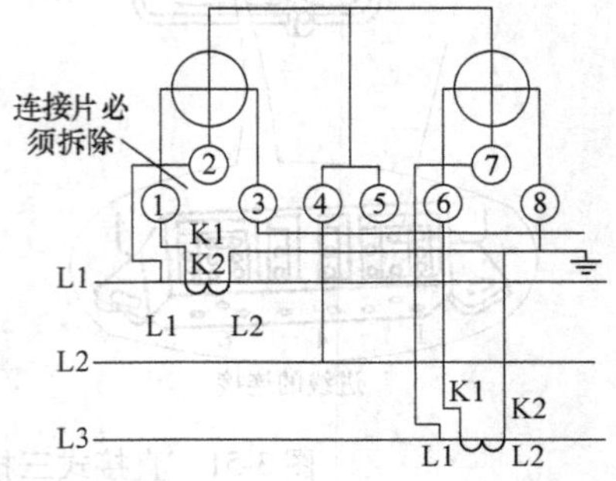

b)

图3-53 间接式三相三线制电能表的接线

a) 接线外形图 b) 接线图

复 习 题

1. 常用的电光源分为哪几类？它们各有什么基本特点？
2. 白炽灯泡既然发光效率低、寿命短，为什么还普遍使用？
3. 为什么相线一定要接进开关？螺口式灯座的接线要注意什么？
4. 试述荧光灯的基本工作原理。
5. 荧光灯接电容器起什么作用？
6. 荧光灯两端不断闪烁而无法正常发光，是由哪些原因引起的？怎样排除？
7. 作为大面积场地照明应采用哪种电光源？
8. 试述碘钨灯的基本工作原理，安装时应注意哪些方面？
9. 高压汞灯和高压钠灯有什么区别？从结构、性能和用途等方面加以区别。
10. 试述高压钠灯的基本工作原理。
11. 简述氙灯的安装要求。
12. 插座如何选择和接线？
13. 如何选择剩余电流动作保护器(RCD)？
14. 哪些场所应优先安装RCD？
15. RCD安装完毕后，应进行试验，试验项目有哪些？
16. 量配电装置由哪几个部分组成？其主要作用有哪些？
17. 进户总熔断器盒有哪些作用？
18. 对于单相电能表，如何进行正确接线？
19. 电流互感器起什么作用？安装时有哪些要求？投入运行后其二次侧为什么不能开路？
20. 为什么总开关要装在电能表的右方或上方？哪些开关可作为低压线路的配电总开关？

第四章 接地和防雷装置的安装

第一节 接 地 装 置

接地，就是利用接地装置将电力系统中各种电气设备的某一点(接地连接点)与大地直接构成回路。使电力系统无论在正常运行，遭受雷击或发生故障的情况下形成对地电流和流泄雷电流，从而保证整个电力系统的安全运行和人身安全。因此，所有电气设备、装置的接地连接点与大地之间必须有可靠和符合技术要求的电连接。接地是电工技术的重要组成部分，它关系到用电安全。

一、接地装置的基本概念

1. 接地技术概说

(1) 接地的意义　为了保证电气设备和人身的安全，在整个电力系统中，包括发电、变电、输电、配电和用电的每个环节，所使用的各种电气设备和电器装置都需要接地。所谓接地，就是电气设备和装置的某一点与大地进行可靠的电连接。如电动机、变压器和开关设备的外壳接地(或中性点接地)。假使这些应该接地的而没有接地，则对设备的安全运行和人身的安全就存在威胁。

例如，一台电动机的外壳如果没有接地，当某一绕组的绝缘损坏与机座或铁心短接时，电动机外壳就会带电。这时，若有人触及这台电动机的外壳，电流通过人体经大地与配电变压器中性点形成回路，人就会遭受电击伤(即触电)，如图 4-1a 所示。如果这台电动机外壳是接地的，因为接地电阻很小而人体电阻较大，所以对地短路电流绝大部分通过接地装置流经大地，与配电变压器中性点形成回路，而流过人体的电流就相应减小，对人身的安全的威胁也就大为减小，如图 4-1b 所示。

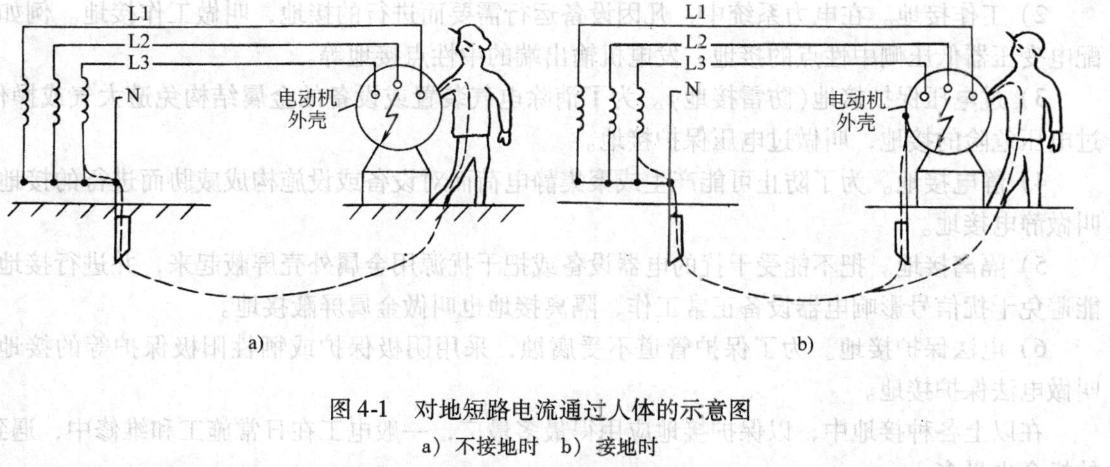

图 4-1　对地短路电流通过人体的示意图

a) 不接地时　b) 接地时

又如，用来保护配电变压器免遭雷击的避雷器，如果它的接地线头脱落，就变成没有接地，假使这时正巧遭受雷击，避雷器因没有接地而失去保护作用，变压器就会被雷电击毁。因为雷电有极高的冲击电压，很容易把变压器高、低压绕组间的绝缘击穿，然后雷电流通过低压侧中心点流入大地，或击穿低压绕组与铁心间绝缘后通过外壳流入大地，如图 4-2a 所示。如果避雷器的接地是良好的，那么因接地电阻很小，雷电就会直接通过避雷器流入大地，从而保护了变压器，如图 4-2b 所示。

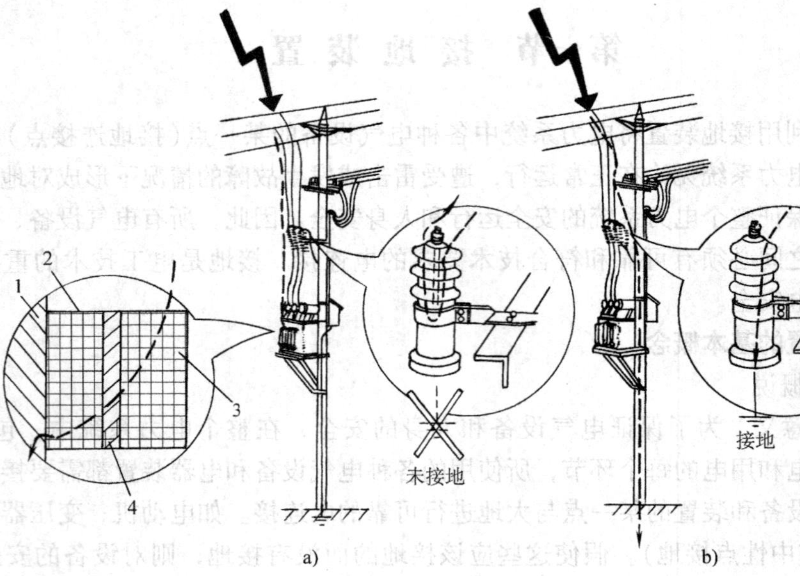

图 4-2　避雷器接地与不接地的对照

a）不接地时雷电流通过情况　b）接地时雷电流通过情况

1—铁心　2—低压绕组　3—高压绕组　4—绕组间绝缘层

（2）接地分类　在电力工程中，接地技术应用极多，通常按接地的作用来分类，常用的有下列各种：

1）保护接地。在电力系统中，凡是为了防止电气设备及装置的金属外壳因发生意外带电而危及人身和设备安全的接地，叫做保护接地。

2）工作接地。在电力系统中，凡因设备运行需要而进行的接地，叫做工作接地。例如，配电变压器低压侧中性点的接地，发电机输出端的中性点接地等。

3）过电压保护接地（防雷接地）。为了消除电气装置或设备的金属结构免遭大气或操作过电压危险的接地，叫做过电压保护接地。

4）静电接地。为了防止可能产生或聚集静电荷而对设备或设施构成威胁而进行的接地，叫做静电接地。

5）隔离接地。把不能受干扰的电器设备或把干扰源用金属外壳屏蔽起来，并进行接地，能避免干扰信号影响电器设备正常工作，隔离接地也叫做金属屏蔽接地。

6）电法保护接地。为了保护管道不受腐蚀，采用阴极保护或牺牲阳极保护等的接地，叫做电法保护接地。

在以上各种接地中，以保护接地应用得最多最广，一般电工在日常施工和维修中，遇到的机会也最多。

（3）接地技术的有关名词。接地技术中的常用名词的含义分别介绍如下：

1）土壤电阻率：是指构成大地物质的导电性能，又称大地电阻率或地电阻率。由于构成大地的物质成分比较复杂，因此土壤电阻率的变化范围很大。如泥土的电阻率小于砂石，水分多的泥土的电阻率小于水分少的，而水分中含盐浓度越高，则电阻率就越小。

土壤电阻率的计量单位是Ω·m。在接地工程中经常遇到的土壤电阻率，一般在5～5000Ω·m的范围内。

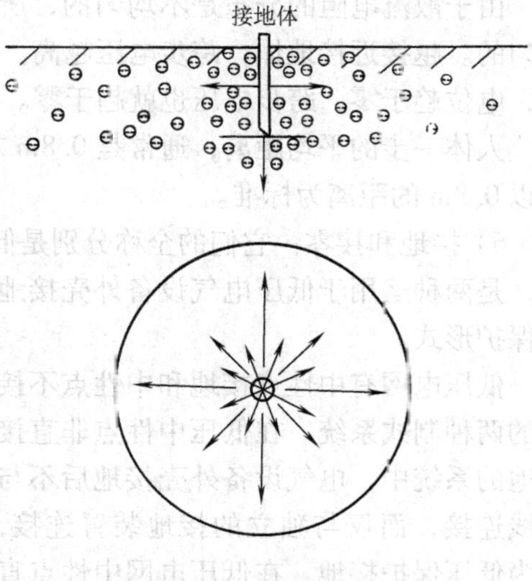

图4-3　接地体的散流情况

2）接地体：又叫做接地极或接地棒，是指埋入大地中直接与土壤接触的金属导体，是接地装置的主要元件。凡是流入大地的电流经由接地体散发到四周土壤中，并以接地体为中心构成电流场和地面的电位分布区域。越接近接地体，电流密度越大，地面电位也越高。电位分布区域，一般在15～20m的半径范围内，超出这个范围的地面电位就接近于零电位。电流通过接地体进入土壤时，是在接地体周围四面八方向外散发的，如图4-3所示。

接地体分为人工接地体和自然接地体两种。

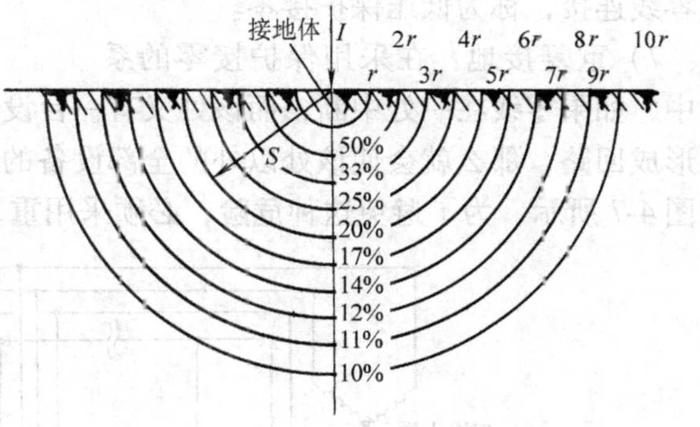

图4-4　散流电阻分布情况

3）接地电阻：其中包括接地装置的导体电阻、接地体与土壤之间的接触电阻和散流电阻。在实际工作中，由于接地装置的导体电阻很小，往往可忽略不计。接触电阻决定于接地体表面积的大小和接地体的安装质量，散流电阻决定于土壤电阻率。由于以接地体为中心的电流场所分布的电流密度是不均匀的，所以在整个场内的散流电阻也是不相等的。根据在土壤电阻率比较均匀的地层所作的实验结果表明：在接地处，均有50%的散流电阻是集中在离接地体很贴近的范围内，如果以半圆的接地体为例，那么它的散流电阻分布情况如图4-4所示。图中表明，在10倍于接地体半径以外的地方，只占全部散流电阻的10%。这10%的散流电阻分布在电流场的最外边缘，越接近边缘，散流电阻越小。

接地电阻R_e的大小，取决对地电压U_e与接地电流I_e之比，可用下式表示，即

$$R_e = \frac{U_e}{I_e} \tag{4-1}$$

4）接触电压：是指在有电位分布的地面上，设备接地点与地面某一点之间存在的电位差。如果人体触及到这两点所承受到的电压，就称为接触电压。人体承受到的接触电压的程度，决定于通过人体的对地电流和人体的对地电阻的大小，它的数值等于通过人体的对地电流乘以人体的对地电阻。接触电压(U_c)的形成如图4-5所示。

5）跨步电压：是指在具有电位分布的地面上，当人体两脚跨入这一地面时，前后两脚之间因存在电位差而形成的电压。在两脚上所承受的电压，称为跨步电压。跨步电压(U_s)的形成如图4-6所示。

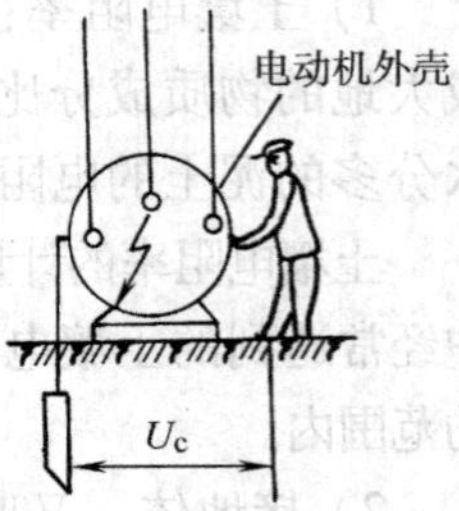

图4-5 接触电压的形成

由于散流电阻的分布是不均匀的，所以地面的电位分布也是不均匀的。越接近接地体，跨步电压越高。在离开接地体15~20m远处，电位趋于零，跨步电压也就趋于零。

人体一步的平均距离，通常是0.8m左右。在测定跨步电压时，则以0.8m的距离为标准。

6）接地和接零：它们的全称分别是低压保护接地和低压保护接零，是两种运用于低压电气设备外壳接地的保护形式。

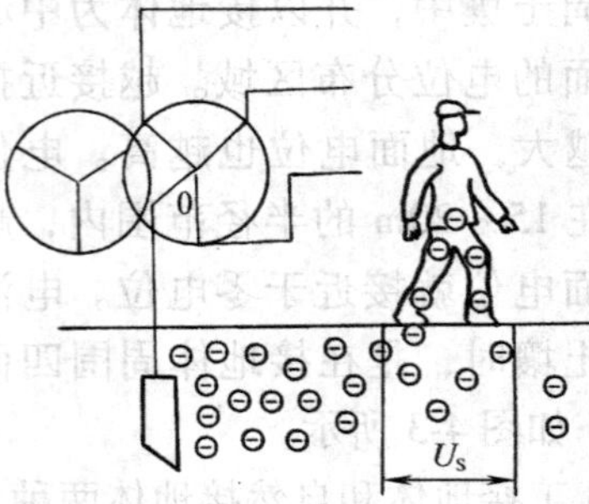

图4-6 跨步电压的形成

低压电网有中性点接地和中性点不接地的两种制式系统。在低压中性点非直接接地的系统中，电气设备外壳接地后不与零线连接，而仅与独立的接地装置连接，称为低压保护接地。在低压电网中性点直接接地的系统中，电气设备外壳接地后再与零线连接，称为低压保护接零。

7）重复接地：在采用保护接零的系统中，如果零线在一处中断，而该处又有一台设备外壳带电，短路电流与电源零线之间就不能形成回路，那么就会使该处以外的全部设备的金属外壳都带电，造成对人身安全的威胁，如图4-7所示。为了避免这种危险，必须采用重复接地的保护措施。

图4-7 接零保护不重复接地的危险性

重复接地，就是在零线的每一段重要分支线路上都进行一次可靠的接地，否则就会出现上述的危险状况。

2. 接地装置的组成

（1）接地装置的分类　完整的接地装置应由接地体和接地线两部分组成，而接地线又分为接地干线和接地支线两种。但是，每一接地装置的具体结构，应根据使用环境、技术要求和安装形式选定。

接地装置以接地体数量多少分，有以下三种组成形式：

1）单极接地装置。简称单极接地，由一支接地体构成，适用于接地要求不太高而设备接地点较少的场所，它的具体组成是：接地线一端与接地体连接，另一端与设备接地点直接连接，如图4-8a所示；如果有几个接地点时，可用接地干线逐一将每一分支接地线连接起来，如图4-8b所示。

2）多极接地装置。简称多极接地，由两支或两支以上接地体构成，应用于接地要求较高而设备接地点较多的场所，以及用来达到进一步降低接地电阻的目的。

多极接地装置的可靠性较强，应用较广；有些供电部门规定，用户的低压保护接地装置一律须用这种结构，不准采用单极接地装置。

多极接地装置是将各接地体之间用扁钢或圆钢连成一体，使每支接地体形成并联状态，从而减少整个接地装置的接地电阻。多极接地装置的组成形式如图4-9所示。

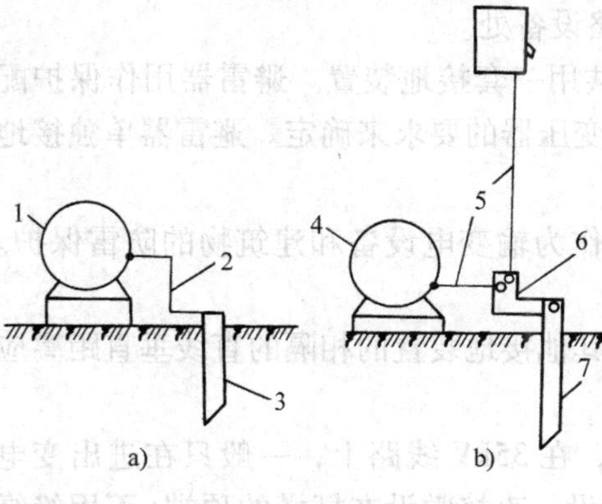

图4-8 单极接地装置的组成形式

a）单台设备时 b）两台以上设备时

1、4—电动机外壳 2—接地线 3、7—接地体

5—接地支线 6—接地干线

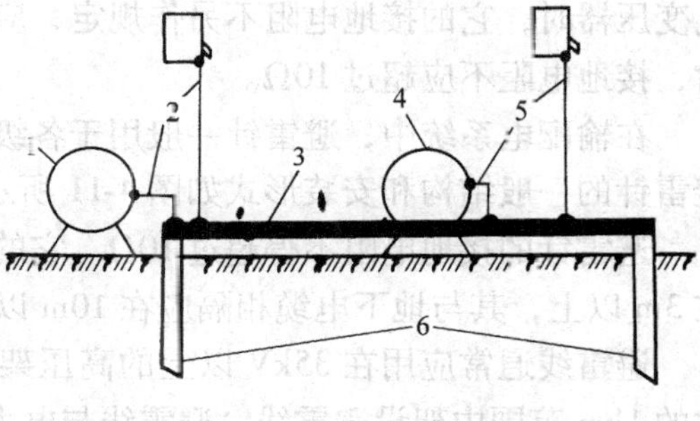

图4-9 多极接地装置的组成形式

1、4—电动机外壳 2、5—接地支线

3—接地干线 6—接地体

3）接地网络。简称接地网，由多支接地体按一定的排列相互连接所形成的网络。接地网络的组成形式很多，常见的有长孔接地网和方孔接地网两种，它们的组成形式如图4-10所示。

接地网应用于发电厂、变电站和配电所以及机床设备较多的车间、工厂或露天加工厂等场所。

接地网既方便设备群的接地需要，又加强了接地装置的可靠性，也降低了接地电阻。

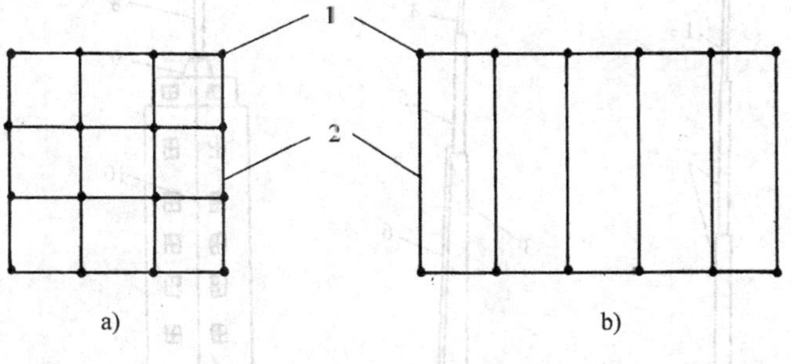

图4-10 接地网的组成形式

1—接地体 2—接地线

（2）接地装置的技术要求 接地电阻是接地装置技术要求中最基本也是最重要的技术指标。对接地电阻的要求，一般根据以下几个因素决定：

1）需接地的设备容量。容量越大，接地电阻应越小。

2）需接地的设备所处地位。凡所处地位越重要的设备，接地电阻就应越小。

3）需接地的设备工作性质。工作性质不同，要求也不同。如配电变压器低压侧中性点工作接地的接地电阻就比避雷器工作接地的要小些。

4）需接地的设备数量或造价。被接地设备的数量越多或者造价越高，要求接地电阻也就越小。

5）几个设备共用的接地装置。它的接地电阻应以接地要求最高的一台设备为标准。

总之，原则上要求接地装置的接地电阻愈小愈好；但也应考虑经济合理，以不超过规定的数值为准。

（3）常用电力设备接地实例　为了确保输配电系统线路及设备的安全运行，对以下常用电力设备或装置必须进行可靠的接地：

1）避雷装置。分有避雷器、避雷针和避雷线三种，其中以避雷器的接地用得最多。常用的避雷器有 35kV、10kV 和 400V 等规格，但以 10kV 的用得最普遍，用在变电站 10kV 输出端、配电变压器 10kV 输入端以及装有其他重要线路设备处。

装于 10kV 线路上的避雷器，通常都与其他设备共用一套接地装置。避雷器用作保护配电变压器时，它的接地电阻不另作规定，应根据配电变压器的要求来确定。避雷器单独接地时，接地电阻不应超过 10Ω。

在输配电系统中，避雷针一般用于各级变电站，作为输变电设备和建筑物的防雷保护。避雷针的一般结构和安装形式如图 4-11 所示。

避雷针的接地电阻不得超过 10Ω。它的接地体与其他接地装置的相隔的直线垂直距离应在 3m 以上，其与地下电缆相隔应在 10m 以上。

避雷线通常应用在 35kV 以上的高压架空线路上，在 35kV 线路上，一般只在进出变电站的 1km 范围内架设避雷线。避雷线与电力线同杆架设，直接敷设在杆塔的顶端（不用绝缘子隔开）起到有效的引雷作用。每座杆塔与避雷线的连接处必须进行独立的接地，接地电阻不应超过 10Ω，如图 4-12 所示。

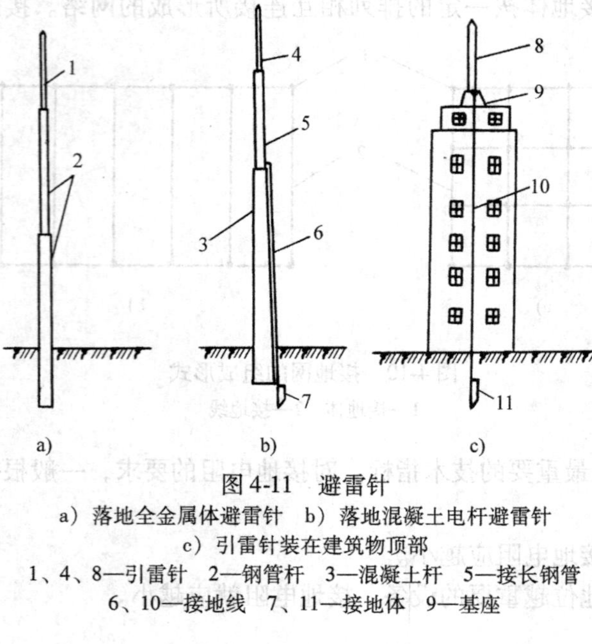

图 4-11　避雷针

a）落地全金属体避雷针　b）落地混凝土电杆避雷针

c）引雷针装在建筑物顶部

1、4、8—引雷针　2—钢管杆　3—混凝土杆　5—接长钢管

6、10—接地线　7、11—接地体　9—基座

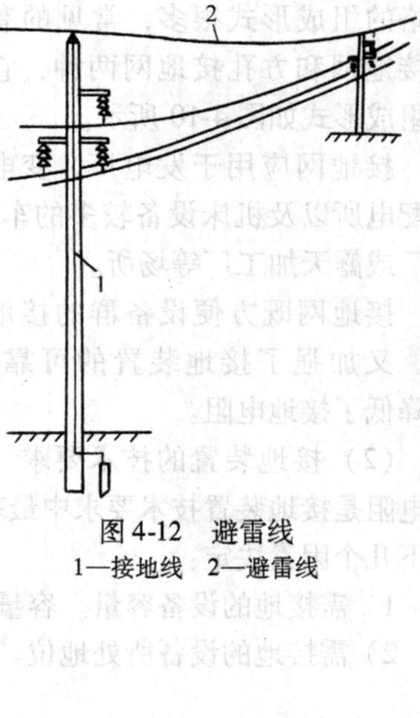

图 4-12　避雷线

1—接地线　2—避雷线

2）配电变压器接地。在配电变压器上，一般有三处接地，即避雷器的接地、低压侧中性点的接地和变压器外壳的接地，这三处接地通常都接入同一套接地装置，其中以中性点工作接地的要求最高。配电变压器低压侧中性点的接地电阻在0.5～10Ω范围内，按变压器容量的大小来决定，其选定方法可运用下列公式，即

$$R_e \leqslant \frac{120\text{V}}{I}$$

式中 R_e——接地电阻(Ω)；

120V——允许的对地电压；

I——配电变压器低压侧的最大工作电流(A)。

但最大值不应超过10Ω；最小值可保持在0.5Ω。

（4）保护接地的应用　为了确保人身安全，避免造成触电事故，下列各项设备、器具的金属外壳和金属体必须进行可靠的保护接地：

1）生产上使用的各种电气设备或工具，如发电机、电动机、变压器、电焊机、变阻器、电烘箱；电钻、电风镐、电动磨石机；电压互感器、电流互感器、电力电容器、开关、起动器、开关柜、控制箱和配电屏等。

2）公共场所或导电地面使用的电动工具或日用移动电具，如电扇、电冰箱、电熨斗、电烙铁和各种电动理发工具等。

3）装有带电设备的金属结构建筑物或生产设备，或者邻近有带电设备的，如邻近有带电装置的金属屏罩、遮栏或网栏，机床床身，桥式起重机轨道，电梯竖井以及电动车辆轨道等。

4）输电线路的金属护层或金属支持物，如电缆的铅包或铝包层、管线线路的钢管和架空线路的铁塔等。

保护接地用的接地装置，它的接地电阻不可超过4Ω，应尽量采用多支接地体的结构形式，以加强接地装置的可靠性。

（5）可免予保护接地的几种情况：

1）安装在离地2.2m以上不导电的建筑材料上、人体不能直接触及的电气设备，若要触及时人体已与大地隔绝。

2）直接安装在已有接地装置的机床或其他金属构架上的电气设备。

3）在干燥和不良导电地面(如木板、塑料或沥青)的居民住房或办公室里所使用的各种日用电具，如电风扇、电烙铁和电熨斗等。

4）电能表和铁壳熔断器盒。

5）线路上的电线短段保护或穿墙钢管，如进户线保护钢管、电能表总线保护钢管和电线过墙过楼板的穿墙钢管。

6）由36V或12V安全电源供电的各种电具的金属外壳。

7）采用1∶1隔离变压器提供的220V或380V电源的移动电具。所以要采用1∶1隔离变压器，是因为较大容量的移动电具很少有50V以下的电压规格；一般都采用380V或220V的低压电网的标准电压，但在危险环境中不能直接接地应用，必须采用1∶1隔离变压器。

1∶1 隔离变压器的二次输出电压等于一次输入电压；但二次输出的任何一个线端都不能接地，这样既能保持电网的额定电压，又能使二次电流不会通过人体而与电网接地中性点形成回路，从而保障了操作人员的安全。1∶1 隔离变压器的作用如图 4-13 所示。但是，1∶1 隔离变压器的铁心和外壳必须接地，并应依照移动电具的各项规定处置。

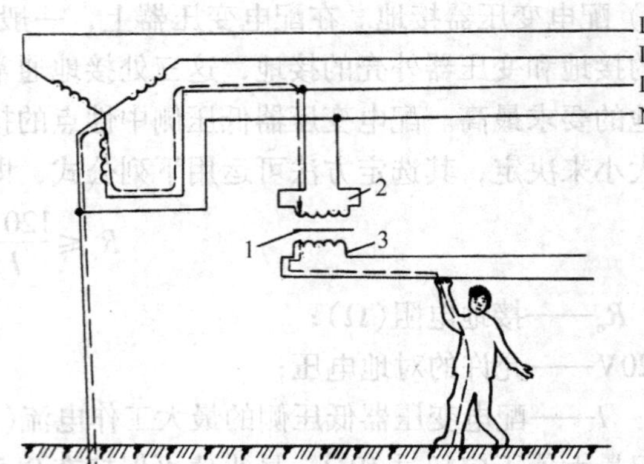

图 4-13　1∶1 隔离变压器

1—隔离变压器　2—一次绕组　3—二次绕组

1∶1 隔离变压器的容量和电压，必须配合移动电具的需要。

使用时，隔离变压器二次输出端必须采用插座提供电源；一次输入端电源引入线必须采用插头，决不可两侧均安装插座，以防使用时因接错一、二次侧而造成事故。

二、接地体的制作与安装

接地体分为自然接地体和人工接地体。

1. 自然接地体

接地装置的接地体应尽量选用自然接地体，以便节约钢材和减少施工费用。下列装置和设备可以用作交流电气设备接地装置的接地体：

1）敷设在地下的各种金属管道（自来水管、下水管、热力管等）。但是，严禁利用煤气管、各种油管、各种可燃可爆性气体及液体管道和地下贮油金属箱体等作自然接地体。由于这些管道内均存在易燃物质，万一因散流效果不好而产生放电火花，就会引起爆炸事故，所以严禁利用。

2）建筑物、构筑物与地连接的金属结构。

3）有金属外皮的电缆（包有黄麻、沥青绝缘层的电缆除外）。

4）钢筋混凝土建筑物与构筑物的基础等。

在选用这些自然物作接地体时，应保证导体全长有可靠的连接，以形成连续的导体，同时应采用两根以上导体在不同地点与接地干线相连。

2. 人工接地体

人工接地体应尽量选用钢材，一般常用角钢与钢管。在有腐蚀性的土壤中，应使用镀锌钢材或增大接地体尺寸。角钢一般选用 40mm × 40mm × 5mm 或 50mm × 50mm × 5mm 两种规格。当角钢长度为 2.5m、顶端距地面为 0.5 ~ 0.7m 时，其接地电阻可用下式求得：

接地角钢为 50mm × 50mm × 5mm 时，$Rjd = 0.00318\rho$

接地角钢为 40mm × 40mm × 5mm 时，$Rjd = 0.00366\rho$

式中 ρ——土壤电阻率，见表 4-1。

表 4-1　土壤电阻率

序号	土壤名称	含水量容积/%	土壤电阻率/(Ω·cm)	
			变化范围	推荐数据
1	粘土+石灰+碎石		12~6000	1×10^3
2	泥　煤		2000	2×10^3
3	黑　土	20	6000~7000	3×10^3
4	圆　地	20	4000~6000	5×10^3
5	粘　土	20~40	3000~10000	5×10^3
6	沙质粘土	20	3000~26000	1×10^4
7	黄　土		25000	2.5×10^4
8	沙　土	10	20000~40000	3×10^4
9	湿　沙	10	10000~100000	5×10^4
10	碎石、卵石			2×10^5
11	干　沙			2.5×10^5
12	夹石土壤			4×10^5
13	石　板			1.1×10^{10}
14	花岗岩、石灰岩、石英岩			1.1×10^{11}
15	海　水		100~500	3×10^2
16	湖水或地下水		4000~5000	5×10^3
17	溪　水		2000~7000	7×10^3
18	河　水		5000~10000	1×10^4
19	碎木炭			4×10^3
20	混凝土(在潮湿土壤中)			$0.75\times10^4\sim1\times10^4$
21	混凝土(在中等潮湿土壤中)			$1\times10^4\sim2\times10^4$
22	混凝土(在干燥土壤中)			$2\times10^4\sim4\times10^4$
23	表面土夹石下层	15	39000~82000	6×10^4
24	表面10~20mm粘土下层坚石	25	10000~15000	1.25×10^4
25	表面80~100mm粘土下层坚石	25	2000~6000	4×10^3

管材一般选用直径为50mm、壁厚不小于3.5mm的钢材。对水平敷设的接地体，一般选用扁钢或圆钢，扁钢的厚度一般不小于4mm，截面积不小于$48mm^2$。圆钢的直径不小于8mm。

(1) 人工接地体制作方法　垂直安装的棒形接地体一般用角钢或钢管制成，长度一般在2~3m不能短于2m。接地体的下端要加工成尖角状，角钢的尖角点应保持在角脊线上，构成尖点的两条斜边要求对称。钢管的下端应单面削尖，形成一个尖点(不可双面削尖)以便于安装时打入土中，如图4-14所示。

接地体的上端部可与扁钢(40mm×4mm)或圆钢(直径为16mm)相连，用作接地体的加固以及作为接地体与接地线之间的连接板。连接方法如图4-14所示。

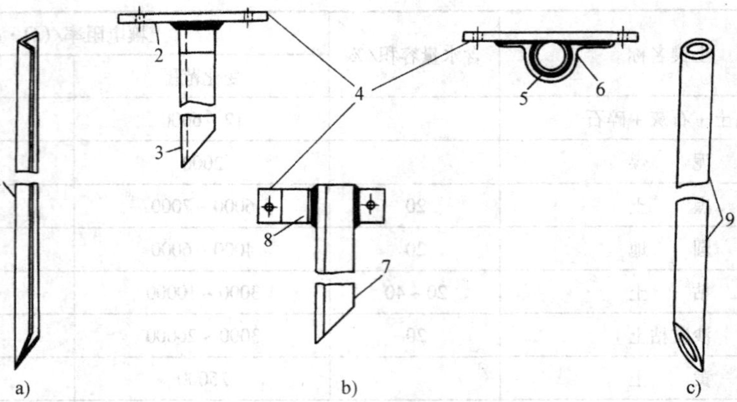

图 4-14　垂直接地体

a）角钢顶端装连接板　b）角钢垂直面装连接板　c）管垂直面装连接板

1—角钢接地体　2、8—加固镶块　3、5、7—接地体　4—接地干线连接板

6—骑马镶块　9—钢管接地体

（2）挖沟　在冬季，由于地皮表面易于冰冻，冻土层使接地电阻加大，同时，地皮表面常被挖动，若接地装置不埋入地下一定深度，则不仅接地电阻不稳定，而且易于被破坏。所以装设接地体之前，需要沿着接地体的线路挖沟，以便打入接地体和敷设连接地线。通常沟深为 0.8～1m，宽为 0.5m，沟的上部稍宽，底部渐窄。沟底如有石子应清除。

（3）安装方法　一般用打桩法将接地体打入地下，如图 4-15 所示。

接地体在打入地下时，应与地面保持垂直，不可歪斜，有效的散流深度不应小于 2m。多极接地的接地体与接地体之间或者接地网的接地体与接地体之间，它们在地下应保持 5m 以上的直线距离，当无设计要求时，深度不宜小于 0.6m，如图 4-16 所示。

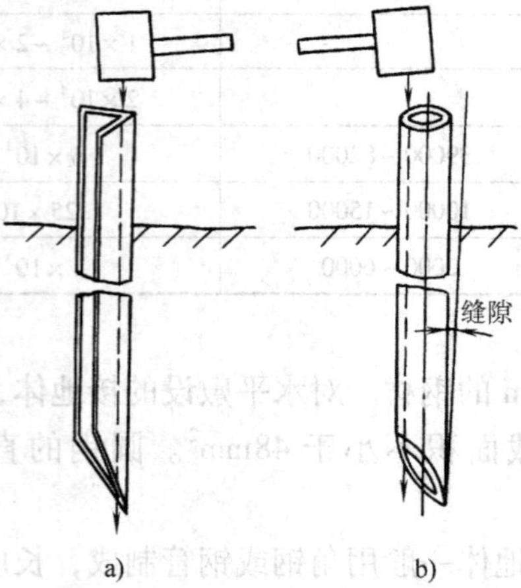

图 4-15　接地体打入土壤的情况

a）角钢接地体　b）钢管接地体

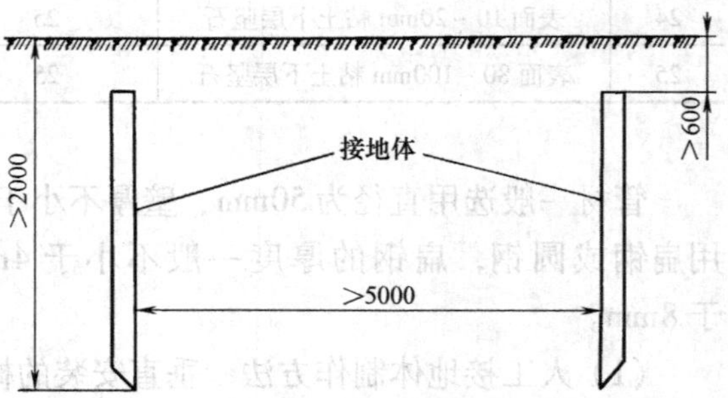

图 4-16　接地体的安装尺寸

角钢制成的接地体与钢管制成的接地体相比，在散流性能上，前者比后者稍为差些，但较容易打入地下；当用锤子敲打角钢时，锤击力会顺着角脊直接传到下端的尖角处，由于力

量集中，容易打入、打直。如图 4-14a 所示，如果采用钢管，敲打时，锤击力就很难集中在尖端的切点位置，较难打入，且容易把接地体打得歪斜，接地体与土壤间产生缝隙，增加了接地体与土壤的接触电阻，这是必须注意的，如图 4-14b 所示。

接地体全部打入地下后，应在其周围用土壤埋入夯实，以减小接触电阻。

（4）改善土壤电阻率的措施

1）在土壤电阻率不太高的地层安装接地体时，为了减小接地装置的接地电阻，只要增加接地体的支数，就可以达到降低接地电阻的目的。

2）在土壤电阻率较高的地层，当接地电阻值达不到要求时，可在每一支接地体周围 0.5m 以下、1.2m 以上的中间地层部位填放化学填料；每份化学填料的成分是 30kg 粉状木炭、8kg 盐和适量的水。

配制方法：食盐先溶解于水中，然后与炭粉一起搅拌，待均匀后填入接地体周围。

3）在土壤电阻率很高的地层，安装接地体时，就要采用置换土壤的方法；即用土壤电阻率较低的粘土、黑土或砂质粘土来代替电阻率很高的砂石土壤。

4）当需要接地处的土壤电阻率很高而离之不远处的土壤电阻率较低时，这时可采用接地体外引的方法，用较长的接地线，把设备的接地点引出土壤电阻率较高的范围，让接地体安装在电阻率较低的土壤中。

三、接地线的安装

接地线有自然接地线和人工接地线。

1. 自然接地线

接地装置的接地线应尽量选用下列自然物：

1）建筑物的金属结构，如梁、柱等可作为接地线，但必须保证全长有可靠的连接，以形成连续的导体。因此，除在结合处要采用焊接外，凡用螺栓连接或铆钉连接的地方，都要采用跨接线连接，跨接线一般采用扁钢。扁钢的截面一般不小于 $100mm^2$，但作为接地支线时，可减少至 $48mm^2$。

2）生产用的金属结构吊车轨道、配电装置的构架等也可用作接地线。

3）配线用的钢管也是一种良好的接地线，但其壁厚不应小于 1.5mm，以免产生锈蚀，而成为不连续的导体。同时在管接头与接线盒处应用跨接线连接。当钢管直径在 40mm 以下时，跨接线应采用 6mm 直径的圆钢；当钢管直径在 50mm 以上时，跨接线应采用 25mm × 24mm 的扁钢，其连接方法如图 4-17 所示。

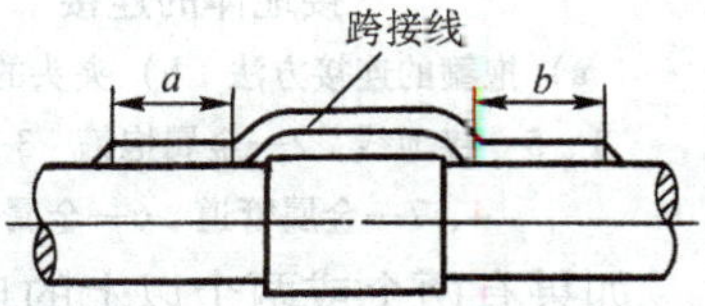

图 4-17　配线钢管作接地线的连接

4）电力电缆的铅包皮或铝包皮也可用作接地线，但要有两根，如只有一根电缆时，可与电缆平行敷设一根直径为 8mm 的圆钢或 4mm × 12mm 的扁钢作为辅助接地线，该辅助接地线两端应与电缆外皮相连。施工时，接地线卡箍内部垫以 2mm 的铅带，电缆钢铠与接地线卡箍相接触的部分应刮净。

5）电压在 1000V 以下的电气设备可用金属管道作为接地线，但可燃液体管道与可燃或爆炸性气体管道除外。

6）在自然接地体上引接地线时，应根据具体情况采取不同的方法，属于管道一类自然接地体，不可采用电焊的方法，以防止因焊接而损坏管壁，使管道渗漏。要采用金属夹头或抱箍的压接方法，夹头适用于管径较小的管道，抱箍适用于管径较大的管道。两者均采用螺钉压接方法使接地线与自然接地体连成一体，方法如图 4-18 所示。

夹头和抱箍需经镀锌、镀铜或镀锡的防锈处理。连接处的管道表面不应有漆层、铁锈或其他污垢，连接时应清除干净，条件允许时在连接处应用喷灯镀锡（镀锌的管道可不必镀锡）。

7）在钢筋、柱桩金属套管或地下金属箱壁上引接接地线时，应采用电焊焊接，也允许采用螺钉压接，但需经防锈处理。

8）自然接地体的散流面积往往很大，如果要为较多设备提供接地需要时，只要增加引接点、并将所有引出的接地线连成带状或网状即可，但引接点应尽可能地分散。如果自然接地体是整体的，如建筑物的钢筋和自来水管等，应分别引接在不同的枢干和分支部分上，如图 4-19 所示。

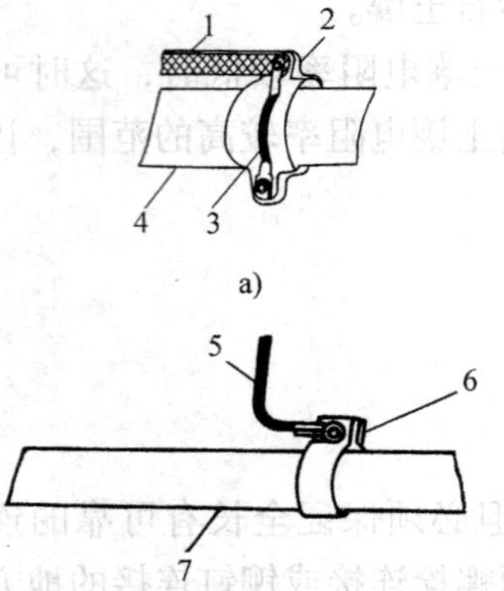

图 4-18　接地线与管道自然接地体的连接

a）抱箍的连接方法　b）夹头的连接方法

1、5—接地线　2—金属抱箍　3—跨接导线

4、7—金属管道　6—金属夹头

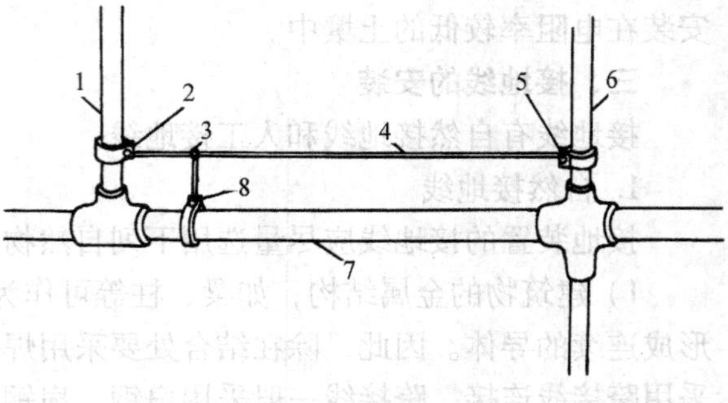

图 4-19　接地体在自然接地体上的引接方法

1、6—支管道　2、5、8—引接点

3—联并点　4—接地线　7—主管道

如果有两个或两个以上的自然接地体，应分别引接，然后把接地线连成一体。为了保证有效和可靠地利用自然接地体，每套接地装置至少要有两个引接点，并应分散引接在两个各自独立的金属构件上。

自然接地体的每个引接点，必须置于明显而且便于检查和维修的地方。采用螺钉压接的引接处，不允许埋设在混凝土内，以免造成检修困难。

2. 人工接地线

（1）接地线的选用

1）工作接地线的选用。用于输配电系统工作接地的接地线应满足下列各项规定：

① 10kV 避雷器的接地支线宜采用多股导线，接地线可选用铜芯或铝芯绝缘电线或裸线。也可以选用扁钢、圆钢或多股镀锌铁绞线。根据不同要求及使用环境选配，它的截面积不应小于 $16mm^2$。用于避雷针或避雷线的接地线。截面积不应小于 $25mm^2$。接地干线通常采

用扁钢或圆钢，扁钢的截面积不应小于$(4\times12)mm^2$，圆钢直径不应小于6mm。

② 用作配电变压器低压侧中性点的接地支线，应采用裸铜绞线，它的截面不应小于$35mm^2$，但变压器在100kV·A及以下时，接地支线均可采用$25mm^2$。

2）保护接地线的选用。

① 接地线所用材料的最小和最大截面积见表4-2。

表4-2 保护接地线的截面积规定

接地线类别		最小截面积 /mm^2	最大截面积 /mm^2
铜	移动电具引线的接地芯线	生活用0.2	25
		生产用1.0	
	绝缘铜线	1.5	
	裸铜线	4.0	
铝	绝缘铝线	2.5	35
	裸铝线	6.0	
扁钢	户内：厚度不小于3mm	24.0	100
	户外：厚度不小于4mm	48.0	
圆钢	户内：直径不小于5mm	19.0	100
	户外：直径不小于6mm	28.0	

② 当接地线最小截面积的安全载流量适应不了表4-2的规定时，则接地支线须按相应的电源相线截面积的1/3选用，接地干线须按相应的电源相线截面积的1/2选用。但接地线的最大截面积不必超过表4-2中最大截面积的规定，因一般场合的对地短路电流不会超过规定的最大截面积的承受能力。

③ 装于地下的接地线不准采用铝质导电材料。

④ 移动电具的接地支线必须采用铜芯绝缘软线，不准采用单股铜芯线，也不准采用铝芯绝缘电线，更不准采用裸电线。

（2）接地线的安装方法　接地干线是接地体与接地体之间连接导线，或是指一端连接接地体（或连接接地体之间的接地干线），另一端连接各接地支线分支的连接导线。

1）接地干线的安装，应按照下列规定：

① 接地干线与接地体的连接，应尽可能采用电焊焊接，连接处应加装镶块，以增加焊接面积。在没有条件采用电焊焊接时，也可以采用螺钉压接，但接触面必须经过镀锌或镀锡的防锈处理，以保证连接可靠；连接也应加装镶块，以保证连接处有足够的接触面和机械强度。在有振动的场所，螺钉上应加装弹簧垫圈。安装时，螺钉必须拧紧，一般宜用直径为12mm或16mm的螺钉，并需经镀锌防锈处理；接触面应保持平整，不可有缝隙。

连接处应置于便于检查和维修的地方，如果埋入地下，应在地面标明位置。

公用配电变压器的接地干线与接地体的连接点，一般都埋入地面以下100～200mm深处。在接地干线引出地面2～2.5m处断开，再用螺钉压接接牢，这样便于测量接地体的散流电阻，如图4-20所示。

② 多极接地或接地网各接地体之间的连接干线，如果需要提供接地线，就要安装在地沟中，如图 4-21 所示。

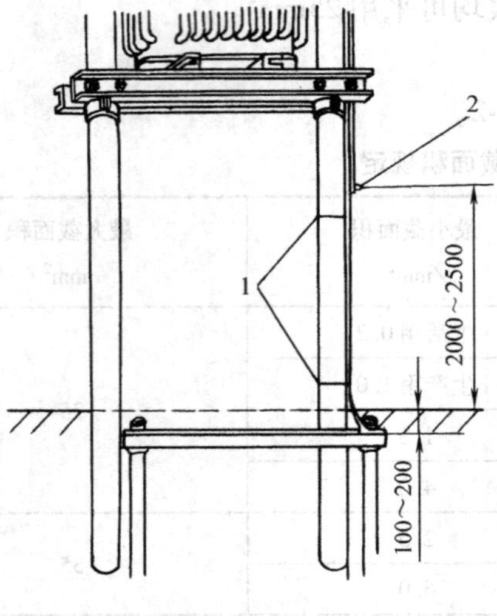

图 4-20　配电变压器接地干线断开点

1—绑扎铁丝　2—断开点

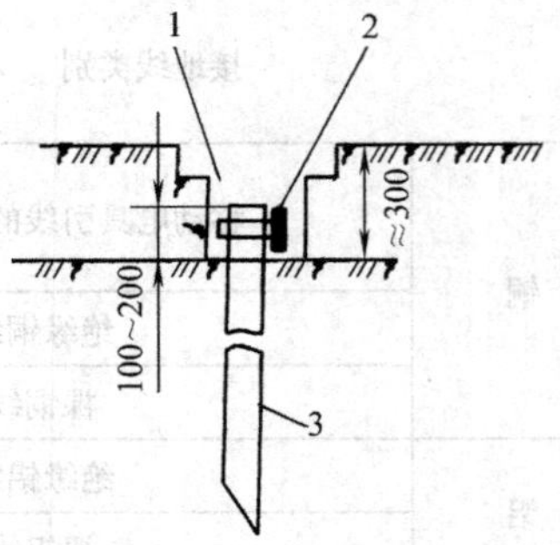

图 4-21　接地线连接干线地沟

1—地沟　2—接地干线　3—接地体

沟上要覆有沟盖，沟盖应与地面齐平，接地体连接干线在采用宽面垂直安装时，应预先钻好接线用的通孔，并在连接处预先镀锡，便于引接接地线，如图 4-22 所示。

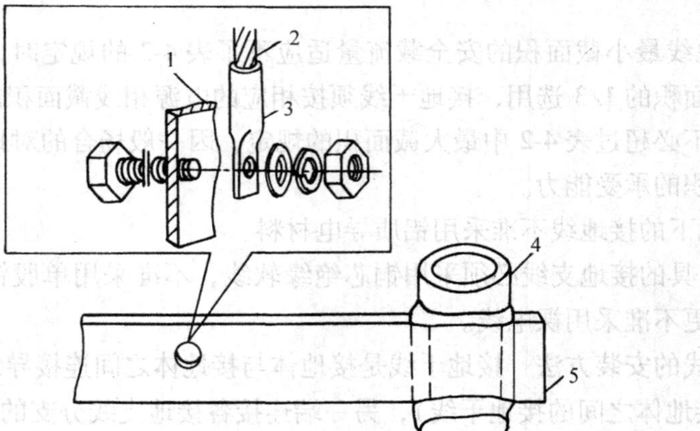

图 4-22　接地干线与接地体的连接方法

1—接地体连接干线　2—多股导线

3—接线耳　4—接地体　5—接地干线

③ 从接地体或从接地体干线上引出的接地线应明敷，不可穿管敷设或埋入建筑物内，但在穿越楼板或墙壁时，应穿管加以保护；接地干线应支持牢固，并涂黄绿色或黑色；采用多股电线作接地线时，连接应采用接线耳(铜接头)，如图 4-22 所示，不可把线头直接弯压接在螺钉上，在有振动的地方，要加弹簧垫圈。

④ 采用扁钢或圆钢作接地干线，需要延长时，必须用电焊焊接，不宜采用螺钉压接。焊接处要两端搭接，扁钢的搭接长度为其宽度的 2 倍；圆钢的搭接长度为其直径的 6 倍，如

图 4-23 所示。

接地干线沿墙敷设时，应与墙壁保持 10 ~ 15mm 间距，水平敷设时，应与地面保持 200 ~ 250mm 间距，并应采用支架支持牢固。

⑤ 接地干线也应充分利用周围环境中已有的金属构件或设施，如吊车及行车的轨道、地面车辆轨道、电梯竖井架、大型机床床身、金属栏杆和屏蔽体、金属屋架和柱梁、金属扶梯以及各种金属管道和电缆的金属外皮等均可利用，但属于可燃可爆物质的管道一律不准利用。

在利用这些金属体作为接地干线时，应注意它们必须具有良好的和可靠的导电连续性，例如：各种金属管道从头到尾看来是一个整体，但在管子的连接处，往往填有麻丝和白漆或塑料薄膜，而这些材料是绝缘材料，因而影响管子之间导电的连续性，这时必须在管子连接处的两端采用过渡的电连接（简称跨接），具体方法如图 4-24 所示。

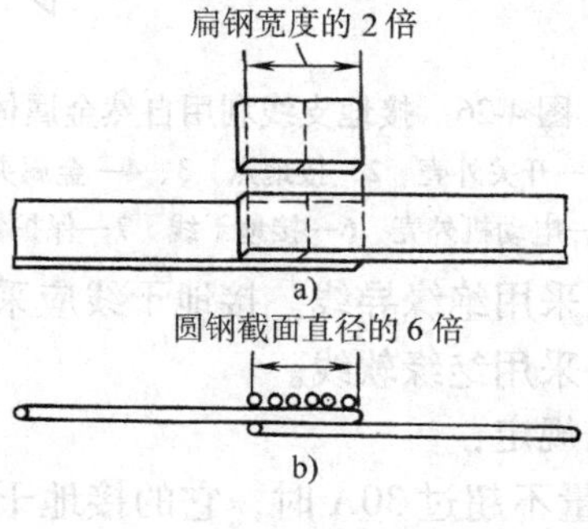

图 4-23　接地干线接长的方法

a）扁钢搭接　b）圆钢搭接

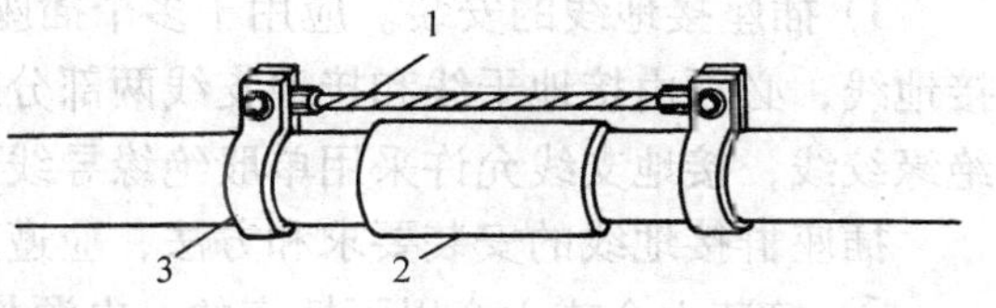

图 4-24　管与管连接处的跨接方法

1—多股裸导线　2—束节　3—金属夹头

2）接地支线的安装。接地支线是接地干线与设备接地点之间的连接导线。

① 每个设备的接地点必须用一根接地线与接地干线单独进行连接，切不可用一根接地支线把几个设备的接地点串接起来后与接地干线连接，也不可把几根接地支线并接在接地干线的一个连接点上，因为这种接法，万一这个连接点出现松散，而又有一台设备外壳带电，就要使被连在一起的其他设备外壳同时带电，如图 4-25 所示，会增加触电事故的发生。

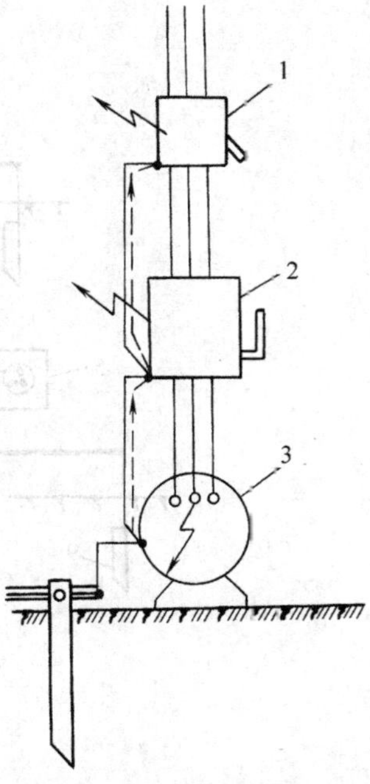

图 4-25　一根接地支线串接多台设备的危害

1—控制开关　2—起动开关　3—电动机外壳

② 在户内容易被人触及的地方，接地支线宜采用多股绝缘绞线。在户外或户内不易被人触及的地方，一般宜采用多股裸绞线。用于移动用具的电源线，常用的是具有较柔软的三芯或四芯橡胶护套中塑料护套电缆；其中黑色或黄绿色的一根绝缘导线规定作为接地支线。

③ 接地支线允许和电源线同时架空敷设，或同时穿管敷设，但必须与相线和中性线有明显的区别，尤其不能与中性线随意并用；明设的接地支线，在穿越墙壁或楼板时，应套入内管内加以保护。

④ 接地支线与接地干线或与设备接地点的连接，一般

都用螺钉压接，但接地支线的线头应用接线耳，不宜采用弯羊眼圈的方法直接连接，有振动的地方，应加弹簧垫圈防止松散。

⑤ 用于固定敷设的接地支线需要接长时，连接必须正规，铜芯线连接处需搪锡加固，用于移动电具的接地支线，不允许中间有接头。

⑥ 接地支线同样可以利用周围环境中已有的金属体，在保护接地中，可利用电动机与控制开关之间的导线保护钢管，作为控制开关外壳接地线，安装时用两个铜夹头分别与两端管口连接，具体方法如图4-26所示。

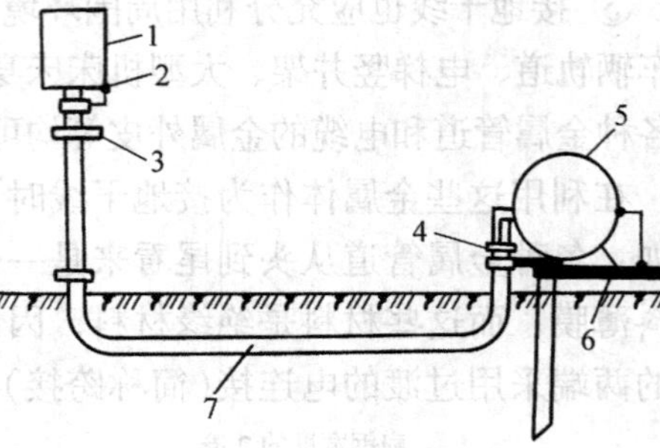

图4-26　接地支线利用自然金属体

1—开关外壳　2—接地点　3、4—金属夹头　5—电动机外壳　6—接地干线　7—保护钢管

⑦ 凡采用绝缘电线作为接地支线的接地干线的，连接处应恢复绝缘层。

⑧ 接地支线的每个连接处都应置于明显位置，便于检查。

3）插座接地线的安装。应用于多个插座上的接地线，必须由接地干线和接地支线两部分组成，均应采用绝缘导线。接地干线应采用多股绝缘绞线，接地支线允许采用单股绝缘导线，但不允许采用绝缘软线。

插座群接地线的安装要求和方法，应遵照下列各条规定：

① 接装六个或六个以下插座的，电源相线总载流量不超过30A时，它的接地干线允许用一端与接地体连通，如图4-27a所示。接装多于六个插座的接地干线，其两端必须分别与接地体连通，如图4-27b所示。

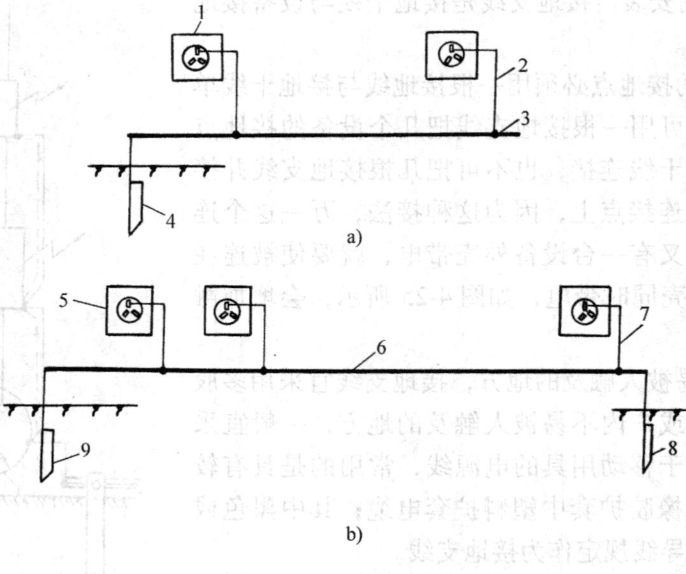

图4-27　插座群接地线的连接方法

a）六个插座及以下　b）六个插座以上

1、5—三孔插座　2、7—接地支线　3、6—接地干线　4、8、9—接地体

② 接地支线与接地干线连接时，支线应插入干线多股线的中间，按T形分支连接方法进行连接，并在接头处搪锡加固，然后恢复绝缘层。

③ 用于农村田间、广场和露天加工厂的插座，均需为移动电具提供接地线插孔。由于这些插座与插座之间往往相离很远，一般应在每个插座处安装一支接地体，接地电阻不应大于10Ω。

④ 供多个插座用的接地装置的接地电阻不应超过4Ω。

4）保护接零的安装。在低压配电系统中，绝大多数的配电变压器的输出侧的中性点都是接地的。用电设备和电气装置采用保护接零的方式，其保护效果较好，这样对地短路电流可通过中性线直接与相线形成闭合回路，与保护接地比较，能更快地促使线路过电流保护装置动作，能更及时地切断对地短路电流。另一方面，保护接地的对地短路电流，要通过两套接地装置才能形成回路，而每套接地装置的接地电阻规定为4Ω，在三相四线制低压线路中，绝缘破坏后的对地电压最高为220V，则对地电流为

$$I_e = \frac{220}{4+4}\text{A} = 27.5\text{A}$$

这样大小的对地短路电流不一定能促使线路过电流保护装置动作，不能及时地切断对地短路电流，那么设备的外壳就会长期存在对地电压，这个电压值为

$$U_e = IR = 27.5 \times 4\text{V} = 110\text{V}$$

如果接地电阻大于4Ω，则存在的电压更高，是很不安全的。可见，要获得较完全的保护，就需采用保护接零保护方式，保护接零必须严格做到以下几条的规定：

① 配电变压器输出侧中性点必须直接接地，同时线路必须进行可靠的重复接地，下列各处必须安装重复接地：

a. 线路进入户内，即应加装接地。

b. 重要分支线路上，均应分别加装接地。

c. 较长的架空线路，每隔1km应加装接地。

d. 重大或贵重设备的接地点附近，应加装接地。

e. 干线末端或主要分支线末端，均应加装接地。

② 在电路任何一处发生短路时，必须要求过电流保护装置立即动作，否则仍有触电的危险。为此，各级熔体应选得恰当，要按本级能产生的短路电流值的大小来选配，应保证熔体的额定电流必定小于短路电流的2.5倍。

③ 在三相四线制或二相三线制线上零线绝对不可安装熔断器，以免因熔体熔断而使零线中断。

④ 要求零线的安装质量完全与相线一样，在用裸导线作零线时，应涂浅蓝色漆作色标。用绝缘导线作零线时，应与相线有明显的区别。

⑤ 由同一台配电变压器供电的，或在同一个回路中，不准同时存在接地和接零两种保护方式，否则当采用接地保护的设备发生对地短路时，若短路电流不能及时切断，就会使零线电位升高。原因是：接地保护设备对地短路时，会产生对地电压U_e，即

$$U_e = \frac{U_{re}}{r_e + r_0} \tag{4-2}$$

式中 U——相电压(220V)；

r_e——接地保护的接地电阻(Ω)；

r_0——配电变压器中性点的接地电阻(Ω)。

那么，零线上就会出现电压 U_0，即

$$U_0 = \frac{U_{r0}}{r_0 + r_e}$$

如果 r_0 和 r_e 都等于 4Ω，则

$$U_0 = \frac{220 \times 4}{4 + 4}\text{V} = 110\text{V}$$

⑥ 在公用低压电网中，由于用户多，零线支接点频繁而复杂，较难保证零线不中断，也难保证重复接地的稳妥可靠。所以，一般不允许采用接零的保护方式，规定只准采用接地的保护方式。

四、接地装置的涂色和接地电阻的测量

1. 接地装置的涂色

当接地装置安装完毕时，应对各接地干线和支线的外露部分以及电气设备的接地部分进行外观检查，检查各接地线的焊接或螺钉连接是否接牢。检查完后应在接地螺钉的表面涂上防锈漆，在焊缝表面涂以沥青漆。明线安装的接地线及固定零件均应涂黑色。根据房间的装饰形式，也可以将明线安装的接地线涂其他颜色，但在连接处及接地支线处应涂以 15mm 的两条黑带，其间距为 150mm。中性点的明线接地线及扁钢应涂紫色漆，并在其上每隔 150mm 涂以 15mm 宽的黑漆带。1kV 以上电气装置的接地相的导线或扁钢，应涂上与相线相同的颜色，并带黑色条纹，黑色条纹宽为 15mm，每隔 150mm 涂一条。

2. 接地电阻的测量

接地电阻的测量方法较多，通常都采用 ZC 型接地电阻测量仪进行测量。这种方法比较简单，测量数值也比较可靠。ZC 型测量仪的外形结构随型号的不同稍有变化，使用方法基本相同，目前，我国生产的接地电阻测量仪有 ZC—8 型和 ZC—29 型等。ZC—8 型测量仪主要由手摇发电机、电流互感器、滑线电阻和检流计等组成。其外形与普通绝缘电阻表差不多，所以一些工矿企业的工作人员习惯称它为接地电阻摇表。ZC—8 型的外形结构如图 1-73 所示，测量仪还随表附带接地探测针两支，导线三根。

使用方法和测量步骤在第一章已叙述。

1）拆开接地干线与接地体的连接点，或拆开接地干线上所有接地支线的连接点。

2）把一根测量接地棒（测量仪测量附件）插入离接地体 40m 远的地下，把另一支测量棒插在离接地体 20m 的地下，两支接地测量棒均需垂直插入地面 400mm 深。

五、接地装置的质量检验和维修

1. 接地装置的质量检验

为了防止不合格的接地装置投入使用，检验工作必须严格按质量标准执行。质量检验的项目和要求如下：

1）接地电阻是检验接地装置质量的主要项目，必须按照技术要求规定的数值标准进行检验，切不可任意降低标准。

2）接地电阻达不到要求时的技术措施　在土壤电阻率较高的地层，接地装置的接地电阻值往往达不到规定的要求，这时，必须采取如下有效措施，使之达到要求。

① 最基本的措施是增加接地体的支数，或者适当地增加接地体的长度；两者都是以增加接地体的散流面积来达到降低电阻值的目的，但以增加接地体支数的效果较为显著。这种

方法既有效又方便，在土壤电阻率不太高的地层应用得较多。

② 在土壤电阻率较高的地层，当接地电阻值达不到要求时，可在每一支接地体周围堆填化学填料，以改善接地体的散流条件，从而降低散流电阻；但因化学填料的质地疏松，填入后接地体容易晃动，这样会增加接触电阻，反而造成接地电阻值的增加。为此，应将化学填料放置在离地面 0.5m 以下和 1.2m 以上的中间部位，并应把底层和面层的泥土夯实。

每份化学填料的组成是

粉状木炭	30kg
食盐	8kg
水	适量

配置方法是：先将食盐溶解于水中，然后将盐水渐渐倒入炭粉中，同时不断地进行搅拌，搅拌均匀后即堆填在接地体四周。

③ 在土壤电阻率很高的沙石地层装接地体时，要降低接地电阻可采用土壤置换法。从散流电阻的分布情况来看，因电流散发密度较大的范围是有限的。因此，可采用挖坑换土的方法来改善接地体四周土壤的散流条件。把电阻率较低的土壤，或者具有较好导电性能的工业废料，如电石渣、冶炼废渣或化工废渣等填入接地坑中。采用这种方法是能取得一定效果的。

④ 有些区域往往存在这种情况，即在需要接地处的土壤电阻率极高，而离之不远的地方的土壤电阻率较低，这时可采用接地体外引的方法，用较长的接地线，把设备接地点引出土壤电阻率较高的范围，让接地体安装在电阻率较低的土壤中。

例如，安装在山丘上的一台配电变压器，它的接地装置的接地体可安装在山脚下的田野里。

此外，还有用水下安装和深埋接地体等方法来解决接地电阻的过高问题，但这些方法的工程太大，不适用于一般规模的接地装置。

3）接地装置的每个连接点必须符合工艺要求规定的标准进行检验，不可采用抽查几个连接点的方法，应逐一进行检查。连接点应检查的内容有：采用电焊焊接的，应敲去焊渣，检验有否存在虚焊，接触面积是否符合要求；不应采用焊接的是否用了焊接（如从管道上引接的接地线）；采用螺钉压接的，应检查连接面是否经过防锈处理，应垫入垫圈和弹簧垫圈的是否有漏垫，螺钉规格是否用得适当，螺母是否拧紧，接触面积是否足够，连接器材是否正规。

4）接地体或接地线在利用现有金属体时，应先着重检查有否误接到可燃可爆炸的管道或箱罐上；检查导电连续性是否良好，应作过渡连接的有否漏接。

5）接地线的安全载流量是否足够，选择的材料有否误用（如应用铜芯导线而误用了铝芯导线）。

6）接地体四周土壤是否夯实；接地线的支持点是否牢固；应作穿管保护的地方有否遗漏，应接地保护的设备有否漏接；连接点有否接错。

2. 接地装置的维修

(1) 定期检查与维护保养

1）接地装置的接地电阻必须定期复测，其规定是：工作接地每隔半年至一年复测一次；保护接地每隔一年至二年复测一次，接地电阻增大时，应及时修复，切不可勉强使用。

2）接地装置的每个连接点，尤其是采用螺钉压接的连接点，应每隔半年至一年检查一次。连接出现松动时，必须及时拧紧，采用焊接的连接点，也应定期检查焊接是否保持完好。

3）对接地线的每个支持点，应进行定期检查，发现有松动或脱落的，及时重新固定好。

4）应定期检查接地体和接地体连接干线有否出现严重锈蚀，若有严重锈蚀，应及时修复或更换，不可勉强继续使用。

（2）接地装置常见故障的排除方法

1）连接点松散或脱落。最容易出现松脱的有：移动电具的接地支线与外壳（或插头）之间的连接处、铝芯接地线的连接处、具有振动的设备的接地线连接处。

发现有松散或脱落的应及时重新接妥。

2）遗漏接地或接错位置。在设备进行维修或更换时，一般都要拆卸电源线头和接地线头，待重新安装设备时，往往会因疏忽而把接地线漏接或接错位置。

发现有漏接或接错位置时，应及时纠正。

3）接地线局部电阻增大时，通常是由于连接点或跨接过渡线存在轻度松散，连接点的接触面存在氧化层或其他污垢，跨接过渡线被松散等。

4）接地线的截面积太小，通常由于设备容量增加后，接地线没有相应更换所引起的。

5）接地体散流电阻增大　通常由于接地体被严重腐蚀所引起的，也可能是接地体与接地干线之间接触不良引起的。

应重新更换接地体，或重新把连接处接妥。

第二节　防雷装置

雷击是一种主要的自然灾害。雷电产生极高的电压（数百千伏到数亿伏）和极大的电流（数十到数百千安），它能击毁电气设备、杆塔和建筑物，伤害人、畜。又由于它的热效应和电磁效应，能烧断电线、电气设备，产生过电压，击穿电气绝缘，甚至引起火灾，造成人身伤亡及断路器跳闸、线路停电等事故。

一、雷电的种类

雷电按照其危害方式可分为直击雷、感应雷、雷电侵入波和球雷等4种。

1. 直击雷

大气中带有电荷的雷云对地电压可高达几十万千伏。当雷云同地面凸出物之间的电场强度达到该空间的击穿强度时所产生的放电现象，就是通常所说的雷击。这种对地面凸出物直接的雷击叫做直击雷。雷云接近地面时，地面感应出异性电荷，两者组成巨大的电容器。雷云中的电荷分布很不均匀，地面又是高低不平，故其间的电场强度也很不均匀。当电场强度达到25~30kV/cm时，即发生由雷云向大地发展的跳跃式“先驱放电”；到达大地时，便发生大地向雷云发展的极明亮的“主放电”，其放电电流可达数十至数百千安，放电时间仅50~100μs，放电速度为6~10万km/s；主放电再向上发展，到达云端即告结束。主放电结束后继续有微弱的余光，大约50%的直击雷具有重复放电性质，平均每次雷击含3~4个冲击。全部放电时间一般不超过0.5s。

2. 感应雷

感应雷是附近落雷而造成的间接雷击，可分为静电感应雷和电磁感应雷两种。

（1）静电感应雷　由于云层中发生的电荷感应，地面物体表面积聚起极性相反的电荷。当云层在附近开始放电后，电荷被迅速中和，但地面一些物体的感应电荷来不及流散，因而形成很高的电位，故在物体上产生雷击效果，这就是静电感应雷。

（2）电磁感应雷　当雷电电流流过导体时，形成迅速变化的强磁场，此磁场又在附近的导体内感应出高电位，进而可在物体上产生雷击效果，这就是电磁感应雷。

感应雷最终通过电阻性或电感性两种方式而耦合到电子设备的电源线、控制信号线或通信线上，把家用电器和电气设备损坏。

3. 雷电侵入波

雷电侵入波也称为高电位侵入波，当户外架空导线被雷击，如果大量电荷不能迅速入地，就会沿着导线传播，这就是雷电冲击波。它同样可以破坏电气设备、家用电器，造成火灾或伤害人身。

4. 球雷

在雷雨季节偶尔会出现橙黄色球状发光气团，偶尔也有黄色、蓝色或绿色的火球，称为球雷。球雷的直径为10～100cm。它在空间飘游的时间约为几秒至几分钟。它多出现在强风暴时空中普通闪电最频繁的时候，以1～2m/s的速度上下滚动，有时距离地面0.5～1m，有时升到2～3m。常从敞开的窗户或建筑物空洞进入室内，有时也能够通过没有接地的门窗铁丝网进入室内。最常见的是从大树飘然而下，多数伴有嘶嘶声进入建筑物内。有时碰到金属管而爆炸，球雷也会自然消失或自爆，最好不要人为地去捕它，以免出事，因为这种球形雷的机理尚未研究清楚，一旦进入室内宜打开大门，用扑扇轻轻将它扇出门外。球雷遇到易燃物(如家具、衣物、纸类)容易引燃起火，尤其是遇到易燃易爆物质十分危险。球雷爆炸后有硫磺、臭氧或二氧化氮的气味。球雷火球可以辐射出大量热能，主要是提防它引起火灾事故，球雷出现的概率约为雷电放电次数的2%。

二、雷电的破坏作用

电击时，雷电流很大，其幅值可达数十到数百千安；雷电放电时间很短，通常只有50～100μs；放电陡高度甚高，可达50kA/μs；雷电压极高，感应雷一般可达300～400kV，直击雷电压则更高。雷电有很大的破坏力，它会造成设备或设施的损坏，造成大面积停电或生命财产的损失。就其破坏因素来分，它有如下三方面的破坏作用。

（1）电性质的破坏作用　表现在数十万至数百万伏的冲击电压可能毁坏发电机、电力变压器、断路器、绝缘子等电气设备的绝缘，烧断电线或劈裂电杆，造成大面积停电；绝缘损坏可能引起短路，导致火灾或爆炸事故，还会造成高压窜入低压，引起严重触电事故，极大的雷电流流入地下时，会在雷击点及其连接的金属部分产生很高的接触电压或跨步电压，造成触电危险。

（2）热性质的破坏作用　表现在巨大的雷电流通过导体，会在极短的时间内产生大量热量，造成易燃物品燃烧或金属熔化、飞溅，引起火灾或爆炸；如果易燃物品直接遭到雷击，则容易引起火灾或爆炸事故。

（3）机械性质的破坏作用　表现为被击物遭到破坏，甚至爆裂成碎片。这是因为雷电流通过被击物时，在被击物缝隙中的气体剧烈膨胀，缝隙中的水分也急剧蒸发为大量气体，致使被击物破坏或爆炸。同时雷击时的气浪也有很大的破坏作用。

三、防雷措施

1. 易遭雷击的地形和物体

（1）易遭雷击的地形　地势较高处，空旷地带；地面电阻较小的地段，如沼泽、稻田等潮湿地带；土壤结构不同的地质交界处，如河湖边、地下有矿脉及地下水露头处等。

（2）易遭雷击的建筑物及物体

1）旷野中孤立的建筑物和建筑群中的高耸建筑物，如野外的临时房屋设施、高楼、架高的天线、输电线路、无线电发射塔、水塔、烟囱等。

2）建筑物的金属屋顶、金属构架、钢筋混凝土结构，如厂房、金属仓库等。

3）常年积水的冷库，非常潮湿的牛、马棚，建筑物中个别潮湿的建筑物，生产、贮存易挥发物的建筑物。

2. 雷电的防护

（1）直击雷的防护

1）沿建筑物屋角、屋脊、屋檐和檐角等易受雷击部位应装设避雷针、避雷网或避雷带等接闪器；避雷网或避雷带网格尺寸不应大于 $20\text{m}\times20\text{m}$ 或 $24\text{m}\times16\text{m}$。

2）屋面上的金属管和排风管等应与屋面上的防雷装置相连；其接地装置可以与电气设备的接地装置共用；每一根引下线的冲击接地电阻一般不得超过 10Ω。

3）当建筑物高度超过60m时，应将60m及以上的建筑物钢构件、混凝土钢筋、金属门窗或栏杆等构件与防雷装置连接。

（2）感应雷的防护　为了防止静电感应雷产生的高电压，应将建筑物内的金属设备、金属管道、金属构架、钢屋架、钢窗、电缆金属外皮，以及突出屋面的放散管、风管等金属物件与防雷装置的接地装置相连。屋面结构钢筋宜绑扎或焊接成闭合回路。金属屋面或屋面结构钢筋上相邻引下线之间的距离不应大于18～24m。对于非金属屋顶，宜在屋顶上加装网格，并予以接地。防雷电感应接地装置可以和其他接地装置共用。防雷电感应接地干线和接地装置的连接不得少于两处。

为了防止电磁感应雷产生的高电压，平行敷设的管道、构架、电缆相距不到100m时，需用金属线跨接，跨接线之间的距离不应超过30m；交叉相距不到100m时，交叉处也应用金属线跨接。此外，管道接头、弯头、阀门等连接处的过渡电阻大于 0.03Ω 时，连接处也应用金属线跨接。

（3）雷电侵入波的防护　为防止雷电侵入波的危险，视其重要程度可采用以下措施：用直埋电缆供电，入户处电缆金属外皮、钢管与防雷电感应接地装置相连；用一段电缆转架空线供电，在换线杆处装设阀式避雷器，并将避雷器与电缆金属外皮一起接地；如采用架空线直接引入供电的，则在入户处装设阀式避雷器或2～3m的空气间隙，并与绝缘子铁脚一起接地等。

（4）球雷的防护　球雷一般是沿建筑物的空洞或开着的门、窗进入室内的，故防范球雷的主要方法是将金属纱窗接地；堵住建筑物不必要的孔洞；贮藏易燃易爆物品的场所的孔洞和放气管应加装阻火气并接地；在雷电天气，应关闭门窗，以防球雷的侵入。

3. 防雷措施

防雷措施见表4-3。

表4-3 防雷措施

名称	防雷措施	方法
架空线路	装设避雷线	在电杆的顶部装设避雷线，用接地线将避雷线与接地装置连在一起，使雷电经避雷线和接地装置流入大地。在35kV以下的架空线路上，一般只在变电所的进出段1～2km线路上装设
	装设避雷器或保护间隙	在3～60kV线路上，有个别绝缘较弱处装设避雷器或保护间隙。绝缘较弱处包括大跨越档距的高电杆；木杆木横担线路中夹杂的铁横担；耐雷水平低的换位杆和线路交叉部分及线路的电缆头、开关等
建筑物	装设避雷针或避雷带、网，以防直击雷	在建筑物的屋顶上装设避雷针或避雷带、网。如钢筋混凝土屋面，则可利用其钢筋作为防雷装置，但钢筋直径不得小于4mm。每座建筑物至少有两根接地引下线，引下线间距为30～40m。接地电阻小于10Ω
	安装保护间隙或将绝缘子铁脚接地，以防高电位侵入	在进户线墙上安装保护间隙，或将绝缘子的铁脚接地，其接地电阻应小于20Ω，允许与防护直击雷的接地装置连在一起
变电所	装设避雷针	避雷针可单独立杆，也可利用户外配电装置的构架或杆塔，以保护整个变电所的建筑物免遭直接雷击。但变压器的门型构架不能用来装设避雷针，以免雷击产生的过电压对变压器闪络放电
	高压侧装设阀式避雷器或保护间隙	在变电所的高压侧装设阀式避雷器或保护间隙，以用来保护主变压器，避雷器或保护间隙应尽量靠近变电所安装，其接地线应与变压器低压中性点及金属外壳连在一起接地
	低压侧装设阀式避雷器或保护间隙	在变电所低压侧装设阀式避雷器或保护间隙，以防止雷电波由低压侧侵入而击穿变压器绝缘。当变压器低压中性点为不接地的运行方式时，其中性点也应加装避雷器或保护间隙

四、常用防雷装置的种类和作用

避雷针、避雷线、避雷网、避雷带及避雷器都是经常采用的防雷装置。一套完整的防雷装置包括接闪器、引下线和接地装置。上述针、线、网、带实际上都只是接闪器。避雷针主要用来保护露天变配电设备及保护建（构）筑物；避雷器则主要用来保护电力设备，它属一种专用的防雷设备。除避雷器外，它们都是利用其高出被保护物的突出地位，把雷电引向自身，然后通过引下线和接地装置把雷电流泄入大地，使被保护物免受雷击。

各种防雷装置的具体作用如下：

（1）避雷针　利用尖端放电原理，避免设置处所遭受直接雷击。同时变压器，以及其他电气设备或建筑物均在其保护范围内，以防止遭到直击雷的破坏。

（2）避雷线　线路上的避雷线也称为架空地线。它主要是为了在线路（靠近变电所区段）可能受到直接雷危害时，可以限制沿线路侵入变电所的雷电冲击波幅值及陡度。

(3) 避雷带　沿建筑物屋顶四周易受雷击部位明设的作为防雷保护用的金属带(ϕ8mm圆钢)作为接闪器，沿外墙作引下线和接地网相连的装置称为避雷带。多用在民用建筑，特别是山区。由于雷击选择性较强(可能从侧面横向发展对建筑物放电)，故使用避雷带(网)的保护性能比避雷针要好。

(4) 避雷网　分为明装避雷网和笼式避雷网两大类。沿建筑物屋顶上部明装金属网格作为接闪器，沿外墙装引下线接到接地装置上，称为明装避雷网，一般建筑物中常采用这种方法。而把整个建筑物中的钢筋结构连成一体，构成一个大型金属网笼，称为笼式避雷网。笼式避雷网又分为全部明装避雷网、全部暗装避雷网和部分明装部分暗装 避雷网等几种。如高层建筑中都用现浇的大模板和预制装配式壁板，结构中钢筋较多，把它们从上到下与室内的上下水管、热力管网、煤气管道、电气管道、电气设备及变压器中性点等均连接起来，形成一个等电位的整体，叫做笼式暗装避雷网。

(5) 避雷器　分为管式与阀式两类，它可进一步防止沿线路侵入变电所(或变压器)的雷电冲击波对电气设备的破坏，把侵入的雷电波(或感应雷电波)限制在避雷器残压值范围内，从而使变压器及其他电气设备可免受电压的危害。

五、防雷装置的安装

1. 接闪器、引下线及接地体

(1) 接闪器　接闪器就是专门接受雷击的金属体，如避雷针、避雷线、避雷带和避雷网等。这些接闪器都经过引下线与接地体相连。

1) 避雷针。

① 避雷针的制作：避雷针一般用镀锌圆钢或镀锌焊接钢管制成，其长度在1.5m以上时，圆钢直径不得小于10mm，钢管直径不得小于20mm，管壁厚度不得小于2.75mm。当避雷针的长度在3m以上时，需用几节不同直径的钢管组合起来，如图4-28所示。针顶端车削成尖形的圆钢避雷针尖，如用钢管做针尖，则顶部要打扁并焊接封口。

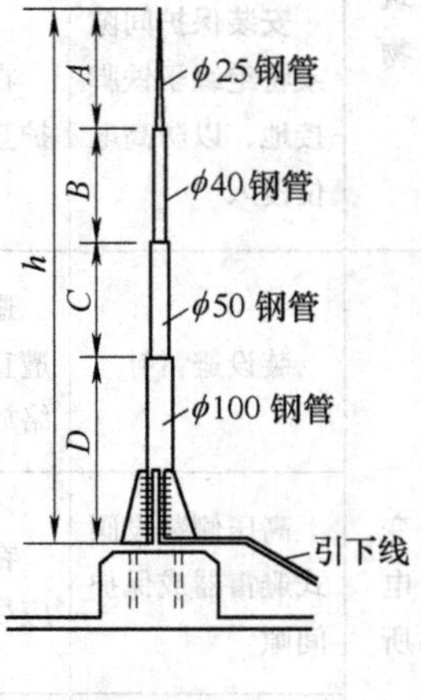

图4-28　避雷针

避雷针的高度及各节尺寸见表4-4。

表4-4　避雷针的高度及各节尺寸

针高 h/m		1	2	3	4	5	6	7	8	9	10	11	12
各节尺寸/mm	A	1000	2000	1500	1000	1500	1500	2000	1000	1500	2000	2000	2000
	B			1500	1500	1500	2000	2000	1000	1500	2000	2000	2000
	C				1500	2000	2500	3000	2000	2000	2000	2000	2000
	D								4000	4000	4000	5000	6000

避雷针的保护范围见表4-5。

表 4-5　避雷针的保护范围

名称	图　示	保 护 范 围	说　明
单支避雷针	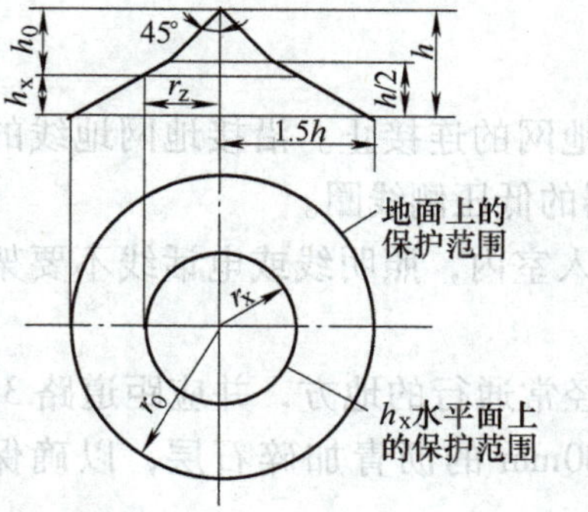	(1) 避雷针在地面保护半径 $r_0=1.5h$ (2) 高度 h_x 水平面上的保护半径 r_x： 1) 当 $h_x \geqslant h/2$ 时， $r_x=P(h-h_x)$ 2) 当 $h_x<h/2$ 时，$r_x=P(1.5h-2h_x)$	h—避雷针的高度(m) h_x—被保护平面的高度(m) h_0—避雷针的有效高度(m) P—高度影响系数，$h\leqslant 30$m 时，$P=1$；$30<h\leqslant 120$m 时，$P=5.5/\sqrt{h}$
两支等高避雷针	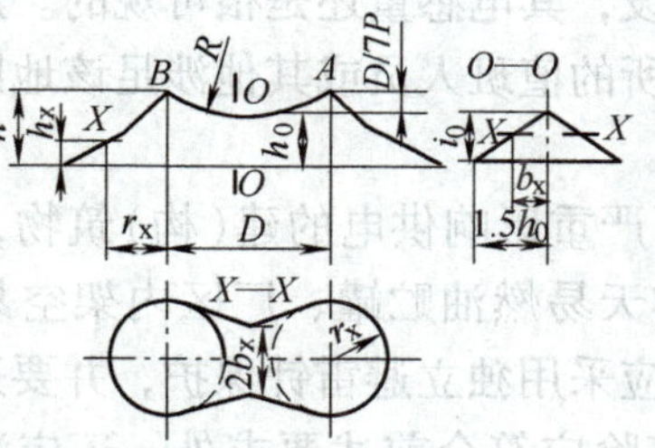	(1) 两针外侧的保护范围按单支避雷针确定 (2) 两针之间保护范围的最低高度 $h_0=h-D/7P$ (3) h_x 水平面上保护宽度的一半 $b_x=1.5(h_0-h_x)$	h_0—两针之间保护范围的最低值(m) D—两避雷针间距离(m) P—高度影响系数，按上述原则确定 b_x—h_x 水平面上保护宽度的一半(m) h_x—两针之间被保护平面高度(m) 当 $D=7hP$ 时，$h_0=0$。则两针之间不构成保护范围。D/h 不宜大于5

例　某三层楼房屋长 8m、宽 6m、高 12m，在屋顶正中安装一支高 6m 的避雷针，如图 4-29 所示，试问此避雷针能否保护该房屋？

解　已知被保护三层楼房的高度 $h_x=12\text{m}$

避雷针的高度 $h=h_x+6\text{m}=12\text{m}+6\text{m}=18\text{m}$

因 $h=18\text{m}<30\text{m}$ 时，高度影响系数 $P=1$，又因 $h_x=12\text{m}>h/2=9\text{m}$，所以

保护半径为 $r_x=(h-h_x)\times P=(18\text{m}-12\text{m})\times 1=6\text{m}$

而实际上屋顶最远边缘距避雷针的水平距离为

$$r'_x=\sqrt{\left(\frac{8}{2}\right)^2+\left(\frac{6}{2}\right)^2}\text{ m}=\sqrt{16+9}\text{m}=5\text{m}$$

$$r_x=6\text{m}>r'_x=5\text{m}$$

故此避雷针能保护该房屋。

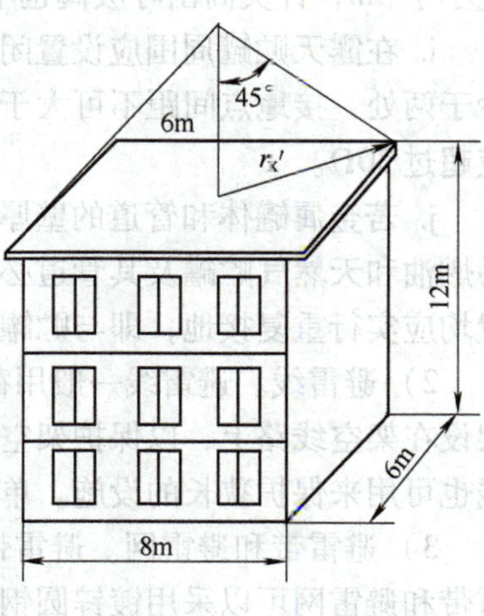

图 4-29　某三层楼房的避雷装置

② 避雷针安装注意事项：

a. 在选择独立避雷针的装设地点时，应使避雷针及其接地装置与配电装置之间保持以下规定的距离：在地面上，由独立避雷针到配电装置的导电部分以及到变电所电气设备和构架接地部分间的空间距离不应小于5m；在地下由独立避雷针本身的接地装置与变电所接地网间最近的距离一般不小于3m。

b. 独立避雷针的接地电阻一般不应大于10Ω。

c. 由避雷针与接地网连接起来，到变压器与接地网的连接止。沿接地网地线的距离不得小于15m，以防避雷针放电时，高压反击穿变压器的低压侧线圈。

d. 为了防止雷击避雷针时雷电波可能沿电线传入室内，照明线或电话线不要架设在独立的避雷针针杆上。

e. 独立避雷针及其接地装置不应装设在人、畜经常通行的地方，并应距道路3m以上，否则，要采取相应保护措施，如铺设厚度为50~80mm的沥青加碎石层，以确保人、畜安全。

f. 避雷针引下线不宜在地面敷设过长，避雷针在直击雷冲击放电情况下，放电电压及电流值都很大。特别是因其波幅陡度大、时间短，故可看作是高频波。避雷针的接地引下线若在地面敷设过长，在高频电流通过时，虽是直线敷设，其电感量还是很可观的。这样，就会在引下线上产生较高的感抗压降，这对巡视变配电所的值班人员或其他涉足该地区的人员便很危险。故其接地引下线一定不可在地面敷设过长。

g. 对有爆炸危险及可能波及变配电所内主设备，严重影响供电的建(构)筑物，如制氢站、露天氢气贮罐、氢气罐储存室、易燃油泵房、露天易燃油贮罐、厂区内架空易燃油管道、装卸油台和天然气管道以及露天天然气贮罐等，应采用独立避雷针保护，并要采取防止感应雷的措施。避雷针和它们之间的空间与地中距离除应符合前述要求外，还应满足以下条件：

h. 避雷针与贮罐呼吸阀的水平距离不应小于3m，针尖要高出呼吸阀3m以上；避雷针的保护范围边缘要高出呼吸阀顶部2m以上；避雷针与5000m^3以上贮罐呼吸阀的水平距离不应小于5m，针尖高出呼吸阀也不应少于5m。

i. 在露天贮罐周围应设置闭合环形接地体，且其接地电阻值不应超过30Ω，接地点不应少于两处，接地点间距不可大于30m；架空管道每隔20~25m应接地一次，其接地电阻不应超过30Ω。

j. 若金属罐体和管道的壁厚不小于4mm并已接地时，也可不在避雷针保护范围内；但易燃油和天然气贮罐及其管道必须在避雷针保护范围内。易燃油贮罐的呼吸阀和热工测量装置均应实行重复接地，即与贮罐接地体另用金属线妥善连接。

2）避雷线。避雷线一般用截面积不小于35mm^2的镀锌钢绞线，其功用和避雷针相似，架设在架空线路上，以保护架空线路避免受直击雷击，这时的避雷线也叫做架空地线。避雷线也可用来保护狭长的设施。单根避雷线的保护范围见表4-6。

3）避雷带和避雷网。避雷带和避雷网普遍用来保护建筑物免受直击雷击和感应雷。避雷带和避雷网可以采用镀锌圆钢和扁钢，优先采用圆钢。如用圆钢，其直径不得小于8mm；如用镀锌扁钢，其截面积不得小于4mm×12mm，厚度不得小于4mm，装设在烟囱顶端的避雷环其圆钢直径不应小于12mm，扁钢截面积不得小于100mm^2，其厚度不应小于4mm。避雷带、网距屋面为100~150mm，支持卡距离为1~1.5m。避雷带在房屋的沉降缝处弯曲，留有100～200mm 的伸缩余地。

表 4-6　单根避雷线的保护范围

名　称	图　示	保护范围	说　明
避雷线	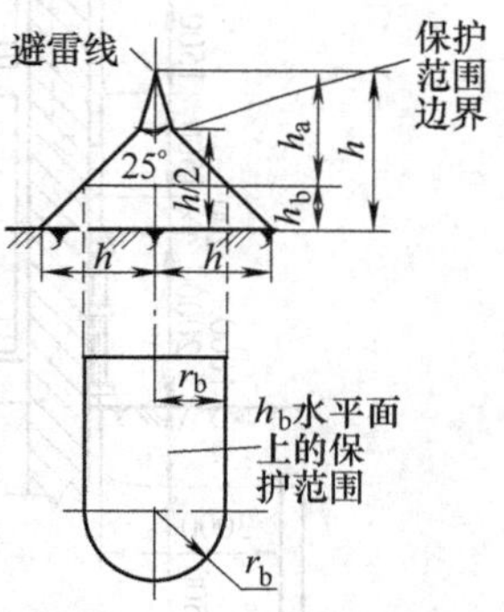 	（1）当 $h_b \geqslant h/2$ 时，$r_b = aP(h-h_b)$ （2）当 $h_b < h/2$ 时，$r_b = P(h-bh_b)$	h—避雷线的高度(m) h_b—被保护平面的高度(m) h_a—避雷线的有效高度(mm) a、b—计算系数，保护角为 25°时，$a=0.47$、$b=1.53$ P—高度影响系数，$h \leqslant 30$m 时，$P=1$；$h>30$mm 时，$P=5.5/\sqrt{h}$

（2）引下线　避雷针、避雷带、避雷网与接地极之间由引下线连接，引下线可专门敷设，也可用建筑物的结构柱钢筋作暗装引下线，钢筋直径不小于 12mm。目前高层建筑中由采用专门的扁钢作为明装引下线，扁钢的截面积不得小于 4mm×12mm，厚度不小于 4mm，支持卡子的间距要均匀，并需将靠近地面 2m 段加以保护，以防破坏。但这种方法由于专用引下线的数量较少，流过的雷电流较大，容易因高电压引起反击事故。实践证明，比较好的做法是利用建筑物固有的金属构件，对于采用钢筋混凝土构件的建筑物，可以利用柱内的主筋作引下线。IEC 规范指出："通常不需要装设连接各引下线的专用环形导体，因为钢筋混凝土水平梁内连接的钢筋能够实现这个功能"。

设置防雷引下线的数量关系到反击电压的大小，所以引下线的根数和布置应按防雷规范确定，引下线数量以适当多些为好。高层建筑物在屋顶装设避雷网和防侧击的接闪环应和引下线连接成一体，以减少整体防雷引下线的电感，利用雷电电流的分流。引下线与各楼层的等电位连接母线相连，可以使室内反击电压显著降低。暗装引下线引出时应引出明显的测量接点，以备检测。

利用建筑物结构的主筋作为暗装引下线的规定是根据通常这类建筑物的柱子有很多根而且每根柱子的钢筋数量有许多的情况制定的。如果建筑物只有 4 根柱子，那么柱子内的钢筋必须焊接。如果要测量接地电阻，从预埋连接板处接线就可以了。外引预埋连接板(线)与防雷导体的连接应采用焊接和螺栓紧固的卡夹器连接。明装引下线靠近地面的一般应盖以角钢或套硬塑料管以防止机械损伤。但是，引下线不应套钢管，以免接闪时感应涡流和增加引下线的电感，影响雷电流的顺利通过。

（3）接地体　接地体可利用圆钢、钢管或角钢制成，并埋入地下，圆钢一般采用 ϕ19mm 或 ϕ25mm；钢管用 SC50mm；角钢用 40mm×40mm×4mm 或 50mm×50mm×5mm。通常 2～5 根为一组，每根长 2.5m，每两根之间的距离为 5m，也可沿墙四周砸一圈垂直接地体，再用扁钢作接地母线将其焊接，如图 4-30b 所示。这种四周砸一圈接地体的效果较好。

避雷针、引下线及接地体的连接必须用焊接，焊接处应涂沥青防腐漆。防雷装置引下线及接地体的安装如图 4-31 所示。

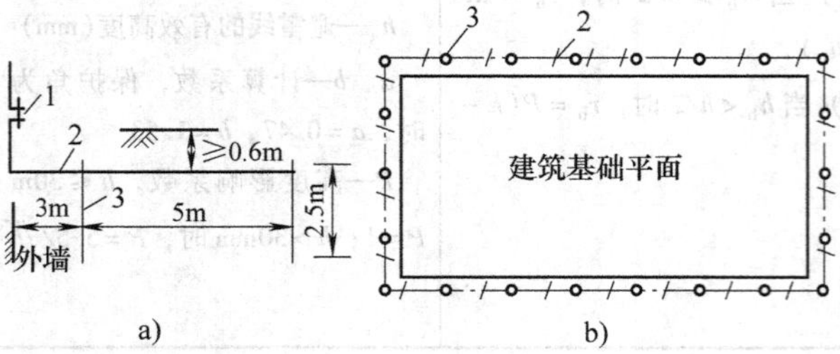

图 4-30 接地体

a）垂直接地体 b）四周砸一圈接地体

1—断接卡子 2—接地母线 3—垂直接地体

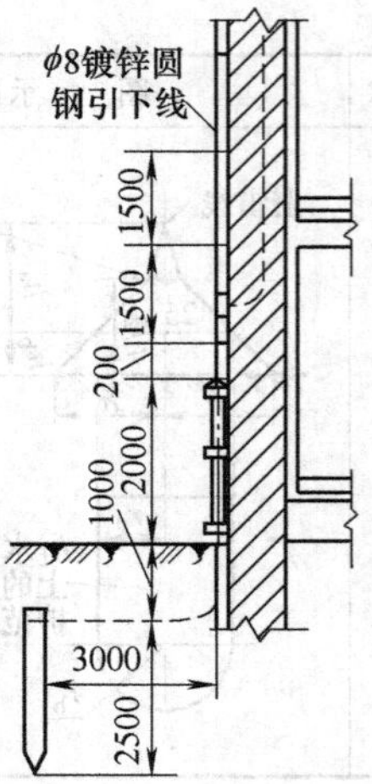

图 4-31 防雷装置引下线及接地体的安装

2. 避雷器的安装

避雷器是用来防止雷电产生的大气过电压(即雷电波)沿线路进入变电所或其他建筑物危害电气设备绝缘的保护设备。它与被保护的电气设备并联，如图 4-32 所示。当线路上出现危及设备绝缘的过电压时，它就对地放电，从而保护了电气设备绝缘。

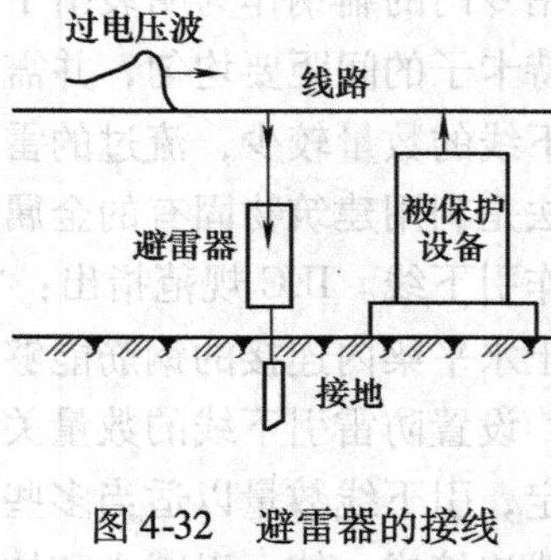

图 4-32 避雷器的接线

避雷器的形式有阀式、管式和保护间隙等，但使用最多的是阀式避雷器。

(1) 阀式避雷器的安装

1) 阀式避雷器的工作原理。高压或低压阀式避雷器，都由火花间隙和电阻阀片组成，装在密封的磁套管内。火花间隙用铜片冲制而成，每对间隙用 0.5 ~ 1mm 厚的云母垫圈隔开，如图 4-33a 所示。正常情况下，火花间隙阻止线路工频电流通过；但在大气电压作用下，火花间隙就击穿放电。电阻阀片是用陶料粘固起来的电工用金刚砂(碳化硅)颗粒组成的，如图 4-33b 所示。它具有非线性特性：正常电压时，阀片的电阻很大；过电压时，阀片的电阻变得很小，如图 4-33c 所示。因此，阀式避雷器在线路上出现过电压时，它的火花间

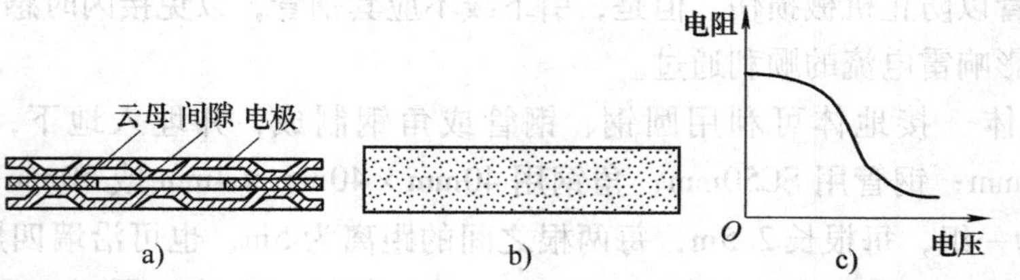

图 4-33 阀式避雷器的组成及特性

a）火花间隙构造 b）电阻阀片 c）阀电阻特性

隙击穿，阀片能使雷电流畅通地向大地泄放。但过电压一消失，线路上恢复工频电压时，阀片呈现很大的电阻，使火花间隙绝缘迅速恢复而切断工频电流，从而保证线路恢复正常运行。

阀式避雷器主要由瓷套、火花间隙和非线性电阻组成。其中，瓷套是绝缘的，起支撑和密封作用；火花间隙是由多个间隙串联而成的，每个火花间隙由两个黄铜电极和一个云母垫圈组成。由于电极间的距离很小，电场较均匀，间隙的伏秒特性较平，故保护性能较好。非线性电阻又称为电阻阀片，呈饼状，它由金刚砂(SiC)颗粒烧结而成。该元件的电阻值不是常数。当电阻阀片承受工频电压时，其电阻值很大，工频电流难以通过；当电阻阀片承受雷电高压时，其电阻值又变小，雷电流便容易通过。

总之线路或设备正常运行时，避雷器的火花间隙将线路或设备与大地隔开；当线路或设备出现危险的过电压时，火花间隙即会被击穿，雷电流将通过电阻阀片泄入大地，从而起到保护电力线路或电气设备绝缘的安全作用。

阀式避雷器按电压可分为高压和低压两种，型号有 FS 型，主要用于保护 10kV 及以下的配电线路或设备。

低压阀式避雷器中串联的火花间隙和阀片少，而高压阀式避雷器中串联的火花间隙和阀片则随着电压的升高而增多。图 4-34 所示为我国生产的 FS4—10 型高压阀式避雷器和 FS—0.38 型低压阀式避雷器。

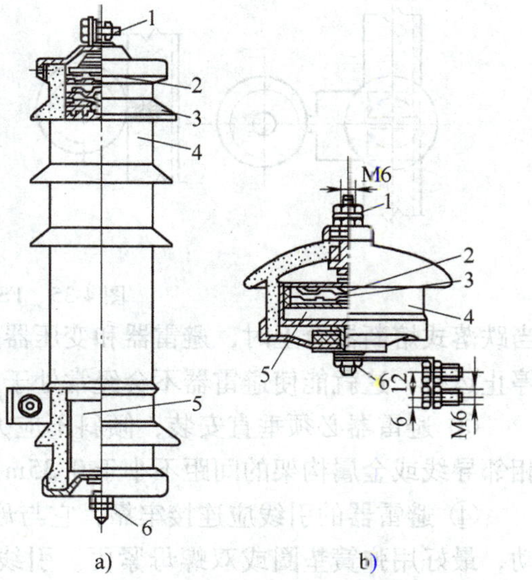

图 4-34　高低压阀式避雷器

a) FS4—10 型高压避雷器　b) FS—0.38 型低压避雷器

1—上接线端　2—火花间隙　3—云母垫圈

4—瓷套管　5—电阻阀片　6—下接线端

2）阀式避雷器的安装。10kV 以下变配电所常用的阀式避雷器，由于体积较小，一般安装在墙上或电线杆上。安装在墙上时，应有金属支架悬挂。安装在电线杆上时，应有横担悬挂。安装前，应根据设计要求将金属支架、横担加工制作并固定好，然后再装避雷器，如图 4-35 所示。

避雷器运到现场后要进行检查，检查瓷体上有无裂缝，瓷套底座和盖板之间封闭是否完好。各连接处的金属表面，应除去氧化膜及油漆，并涂上一层凡士林或复合脂，并轻轻摇动里面不应有响声。安装前应进行绝缘电阻测量，对于 FS 型避雷器，其绝缘电阻应大于 2500MΩ，应垂直安装，每一个元件的中心线与避雷器安装点中心线的垂直偏差不应大于该元件高度的 1.5%。如有歪斜可在法兰间加金属片校正，但应保证其导电良好，并将其缝隙垫平后涂以油漆。避雷器上部端子应用镀锌螺栓与高压母线上、下部端子接到接地引线上。接地引线应尽可能短而直，引线截面积应根据接地装置的规定选择。

安装阀式避雷器的注意事项：

① 阀式避雷器与被保护设备间的电气距离，原则上越近越好，以便被保护设备能得到有效的保护，一般不宜大于 5m。

② 安装在变压器台上的避雷器，其上端引线(电源线)最好接在跌落式熔断器的下端。

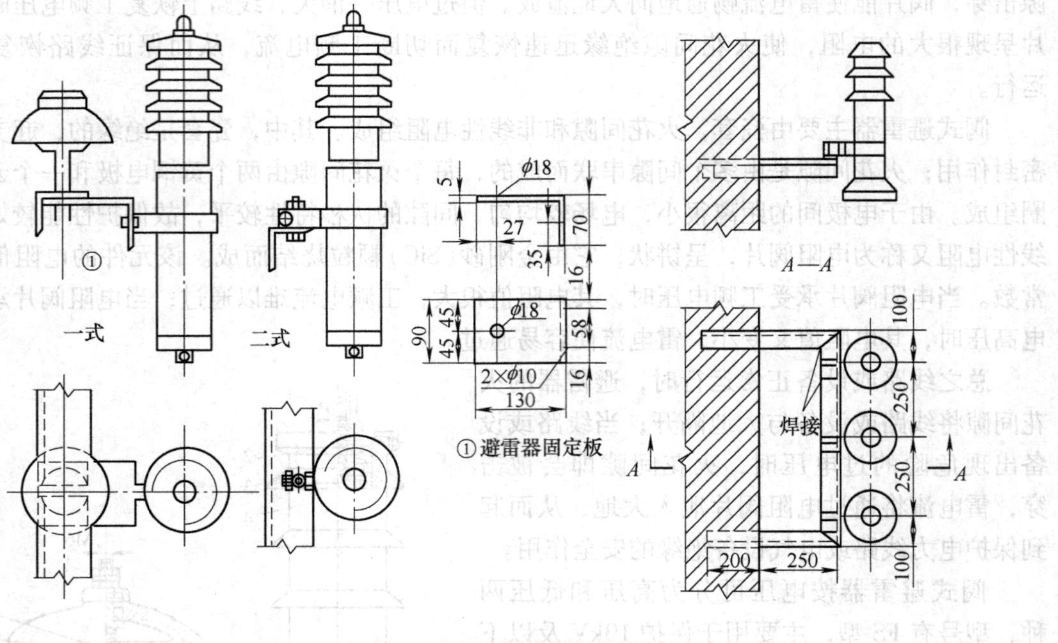

图 4-35　FS 型阀式避雷器的安装

当跌落式熔断器合上时，避雷器和变压器同时投入运行；跌落式熔断器拉开后，他们又同时停止运行，这就能使避雷器不会经常处于工频电压或操作过电压下。

③ 避雷器必须垂直安装，倾斜不应大于 15°。对周围物体的距离要求是：带电部分与相邻导线或金属构架的间距不小于 0. 35m；底座对地不小于 2. 5m。

④ 避雷器的引线应连接牢靠，它与母线、导线的接头长度不应小于 100mm。为防止松动，最好用弹簧垫圈或双螺母紧固。引线不应过松过紧，且不允许有接头。截面积不得小于：铜线 $16mm^2$；铝线 $25mm^2$。

（2）管式避雷器的安装

1）管式避雷器的结构及工作原理。管式避雷器实质上是一个具有较高灭弧能力的保护间隙，它主要由灭弧管和内、外间隙组成，如图 4-36 所示。管式避雷器型号有：GX、GW、GS、GL 及 GXS 等，字母含义为：G 指管式，X 指线路用，W 指纤维电木式，S 指塑料式，L 指有机玻璃式。技术特性用型号后面的分数表示，分子指额定电压（kV），分母指切断续流（工频短路电流）范围。如 $GXS_1$35/（2—8）型，是表示塑料式线路用管型避雷器，其额定电压为 35kV，切断工频短路电流的范围最小为 2kA，最大为 8kA。

它的内间隙由棒形电极和环形电极组成，装在由纤维材料、塑料或橡胶等产气材料制成的灭弧管内。外间隙接在内间隙上方。在雷电过电压作用下，内、外间隙击穿，雷电流泄入大地，雷电波被截断，被保护物得到保护。随之而来的工频续流电弧，会促使灭弧管在高温下分解出大量气体，并以很大压力从管内喷出，迅速吹灭电弧，恢复正常工作。管式避雷器灭弧能力强，无需与自动重合闸配合使用。

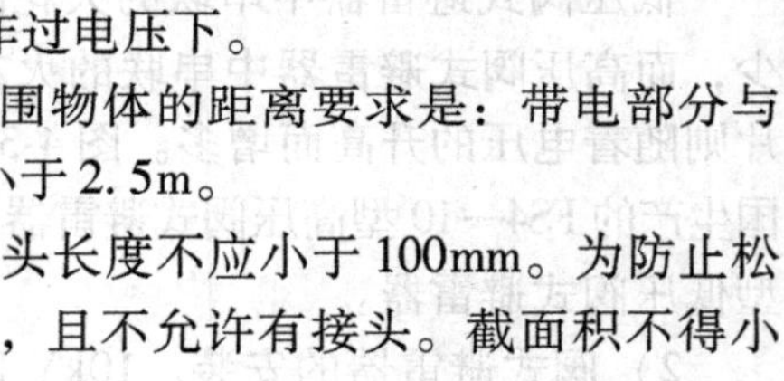

图 4-36　管式避雷器的组成

管式避雷器是自吹灭弧的，其灭弧能力除取决于灭弧管的特性外，还取决于续流的大小。续流过小时，由于产气太少，避雷器将不能灭弧；续流过大时则产气太多，若超过灭弧管的机械强度，将会使其破裂或爆炸。多次动作后的管式避雷器，由于灭弧管内径扩大，产气量逐渐降低，因此不能再继续使用。

管式避雷器的外间隙距离见表 4-7。

表 4-7　管式避雷器的外间隙距离

额定电压/kV	3	6	10	35
外间隙最小距离/mm	8	10	15	100
外间隙最大距离/mm	—	—	—	250～300

为减少用于变电所进线段首端的管式避雷器在反击时动作的可能性，应降低管式避雷器与避雷线的总接地电阻值，同时增大管式避雷器的外间隙距离，但也不宜超过表 4-7 中的数值。

管式避雷器绝缘结构的击穿电压与加压时间之间的关系，称为绝缘结构的伏秒特性。管式避雷器由于极间电场分布很不均匀，其伏秒特性较陡。用一般的管式避雷器来保护变压器，则由于变压器的伏秒特性较平，其保护效能将不理想。所以，管式避雷器主要用来保护电力线路或除变压器外的其他电气设备。

2）管式避雷器的安装方法：

① 管式避雷器的灭弧管容易受潮，可能会在工作电压下发生沿表面闪络而导致误动作。故装接使用时，必须串联一个空气间隙（即外间隙），并要保证外间隙稳定不变。

② 安装管式避雷器时，还应同时装设简单可靠的动作指示器。

③ 安装时应注意，避免避雷器动作时排出的气体相交，引起相间短路。

④ 为了防止管内积水，管式避雷器应开口向下，且宜垂直安装或倾斜安装（与水平线夹角不小于 15°），在污秽地区则应增大倾斜角度。

⑤ 额定电压 10kV 以下的管式避雷器，为防止雨水造成短路，其外间隙的电极切不可垂直布置。

（3）保护间隙的安装　保护间隙一般采用角形间隙结构，如图 4-37 所示。它是一种最简单的防雷装置，通常用直径为 9～12mm 的圆钢做成羊角状的两个电极。其工作原理为：当间隙被雷电击穿时，雷电流进入大地。此时角形间隙被击穿并产生大量电弧，由于电动力和热的作用，而使电弧拉长而断裂，这就起到断弧的作用。

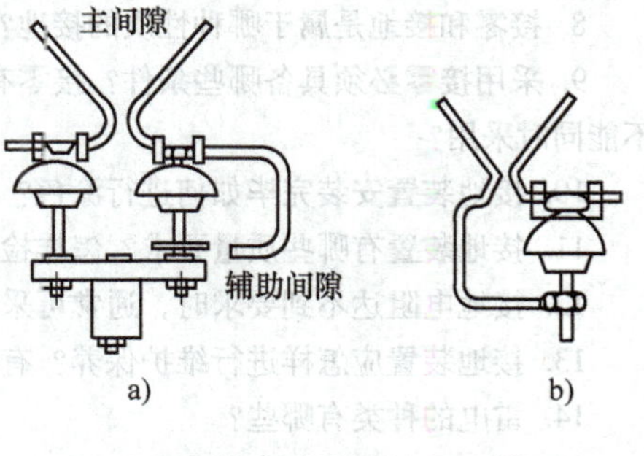

图 4-37　角形间隙
a）水泥杆用　b）木杆用

采用角形间隙时，间隙距离应根据表 4-8 加以确定。

为了防止外物使间隙短路，可在其接地引下线中串接一个辅助间隙。它的作用是当鸟类、鼠或其他外物偶然落在主间隙中时，不致引起放电接地。辅助间隙的距离见表 4-8。安装在同一地点的三相角形间隙可合用一个辅助间隙，其接线如图 4-38 所示。

表 4-8 保护间隙距离

额定电压/kV	3	6	10	35
主间隙距离/mm	8	15	25	210
辅助间隙距离/mm	5	10	10	20

保护间隙的结构简单、成本低、维护方便，但保护性能差，灭弧能力小，容易造成接地或短路故障，引起线路开关跳闸或熔断器熔断，造成停电。所以对于装有保护间隙防雷装置的线路，一般要求装设自动重合闸装置或自重合熔断器与之配合，以提高供电可靠性。

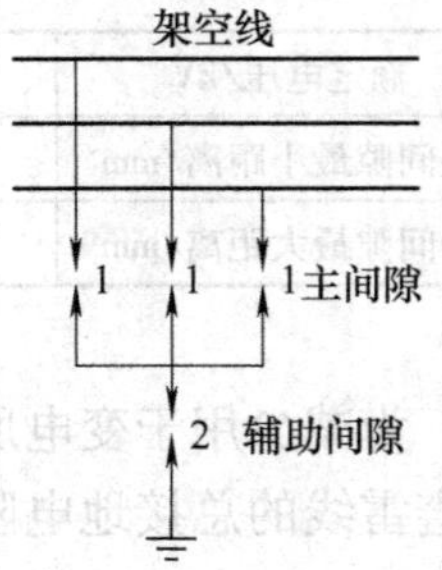

图 4-38 三相角形间隙和辅助间隙的连接

保护电力变压器的角形间隙，一般都应装在高压熔断器的内侧，即靠近变压器的一边。这样在间隙放电后，熔断器能迅速熔断，以减少变电所线路断路器的跳闸次数，并缩小停电范围。保护间隙在放电时其电弧可能引起周围易燃物体的燃烧，因此在安装时，应注意各相间隙之间及间隙与其他物体之间需有足够的距离。

复 习 题

1. 试述接地的基本意义？
2. 怎样区别工作接地和保护接地？各有什么作用？
3. 试述接地体的散流情况。什么叫散流电阻？
4. 什么叫接触电压？它与跨步电压有什么区别？
5. 怎样选用人工接电体的材料和规格？怎样安装人工接地体？
6. 怎样区别接地干线和接地支线？有哪些材料可用作接地支线？怎样选用？
7. 怎样利用自然存在的金属体或金属构件作为接电体？
8. 接零和接地是属于哪种性质的接地？两者有什么区别？
9. 采用接零必须具备哪些条件？接零有哪些优缺点？在同台变压器供电的线路上，接地与接零为什么不能同时采用？
10. 接地装置安装完毕如何进行涂色？
11. 接地装置有哪些质量要求？怎样检验？接地电阻怎样测试？
12. 接地电阻达不到要求时，通常可采取哪些措施来降低接地电阻？
13. 接地装置应怎样进行维护保养？有哪些项目应经常进行维修？
14. 雷电的种类有哪些？
15. 雷电的破坏作用有哪些？
16. 直击雷如何防护？
17. 感应雷如何防护？
18. 球雷如何防护？
19. 避雷装置通常由哪三部分组成？
20. 避雷器一般有哪几种形式？使用最多的是哪种避雷器？

第五章　变　压　器

变压器是一种在交流电路中常用的电器，它可以把电能由某一种电压变换成同频率的另一种电压，还可以用来改变电流、变换阻抗、改变相序，在国民经济各部门及日常生活中应用十分广泛。

因此，电工应掌握变压器的基本结构、工作原理和一般的使用、维护和检修。

变压器按结构及使用分类见表5-1。

表5-1　变压器的分类

分类法	类别	细分类别
按安装场所分	户内	干式、环氧浇注式
	户外	油式、柱上式、平台式、一般户外
按绕组数量分	双绕组 三绕组 单绕组自耦	特殊整流变压器其分离的绕组有多于三绕组者
按调压方式分	无励磁调压 有载调压	
按相数分	单相 三相 三相变两相 或两相变三相	T形接法，V形接法
按冷却方式分	油浸自冷	扁管散热或片式散热，瓦楞油箱
	油浸风冷	附冷却风扇
	油浸水冷	附油水冷却器
	强油循环	有潜油泵
	干式自冷	
	干式风冷	附风冷却器
按导体材质分	铜导线 铝导线 半铜半铝	近年已发展为铝箔或铜箔产品
按导磁体材质分	冷轧硅钢片 热轧硅钢片	近期国外发展了磁铁玻璃体作铁心
按使用要求分	电炉用	炼铜或炼电石、炼合金
	整流用	牵引、传动、电解或高压整流
	矿用	一般型或防爆型
	船用	
	中频淬火	也有取中频加热
	试验用	高压耐压试验
	电讯用	调幅变压器
	电焊用	电焊变压器

第一节　电力变压器

一、电力变压器的主要结构

电力变压器是电力系统中输配电力的主要设备，它把一种等级的电压转变成另一种等级的电压。电力变压器的外形及主要结构如图 5-1 所示。

电力变压器由铁心、绕组、油箱、高低压套管、分接开关、吸湿器、温度计、储油柜、防爆管及气体继电器等主要部件组成。

1. 铁心

变压器的铁心由铁柱和铁轭两部分组成。绕组套在铁柱上，而铁轭则用来使整个铁心磁路闭合。为了减少铁心磁滞及涡流损耗，一般都采用牌号为 D41、D42、D44 的 0.35 ~ 0.5mm 热轧硅钢片及牌号为 D310、D320、D330 等冷轧硅钢片叠成，冷轧硅钢片在导磁性能与减少损耗方面都比热轧硅钢片好得多。

2. 绕组

电力变压器的绕组一般制成圆筒式，它制造工艺简单，但机械强度、轴向承受短路能力都较差，所以大多用在电压低于 500V、容量为 10 ~ 75kV · A 的变压器中。而多层圆筒式绕组，则用在容量为 10 ~ 560kV · A，电压为 10kV 及以下的电力变压器中。

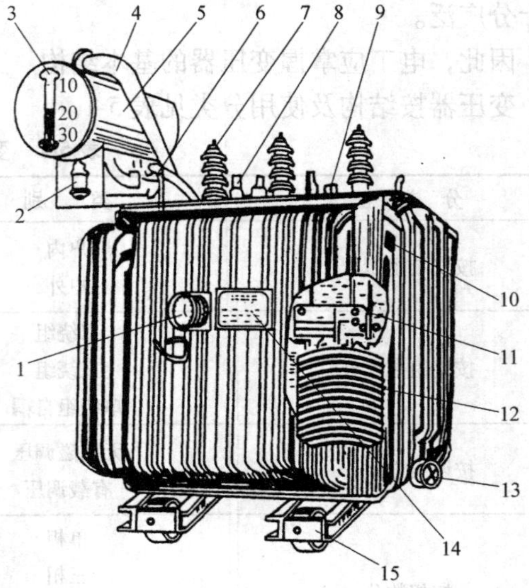

图 5-1　电力变压器的外形及主要结构
1—信号式温度计　2—吸湿器　3—油表　4—安全气道　5—储油柜　6—气体继电器　7—高压套管　8—低压套管　9—分接开关　10—油箱　11—铁心　12—绕组　13—放油阀　14—铭牌　15—小车

3. 油箱

油箱是变压器的外壳，变压器的绕组和铁心均安装在油箱内。油箱内装有变压器油，变压器油是很好的绝缘介质，它不仅加强了绝缘，还对变压器的铁心和绕组起冷却作用。油箱装有散热器，油经过油箱和散热器循环流动，进行热交换对流冷却。小容量变压器散热器通常用钢管直接焊在油箱上，容量较大的变压器上下各有一个集油器组成散热器，有的还装有冷却专用风扇。

4. 温度计

温度计用以监察变压器的油温，由温包、毛细管和表头组成。温包放在油的上层，温包内的液体能随油温变化引起压力变化，从而测量变压器的油温。

5. 储油柜

当变压器油因受热而膨胀，一部分变压器油上升到储油柜里，当变压器油温降低而收缩时，一部分油下降到油箱里，始终保持油箱内油是充满的。储油柜内应保持约占储油柜体积 1/2 的油量，储油柜上装有油位指示的玻璃管。储油柜的结构如图 5-2 所示。

6. 吸湿器

吸湿器内装有干燥剂(硅胶)，因硅胶有较强的吸水作用，储油柜内的空气通过吸湿器进出，水分被硅胶吸收，使油箱内的变压器油不至受潮和氧化。

7. 防爆管

防爆管是安装在变压器顶盖上呈喇叭状的管子。它的一端与油箱相连，另一端管口用玻璃或酚醛板膜片封住。其作用是当变压器内部发生短路故障，变压器油箱压力突然增大时，防爆管口的膜片首先被冲破，气体和油从防爆管口喷出，使油箱内压力减小，从而避免发生油箱爆炸事故。

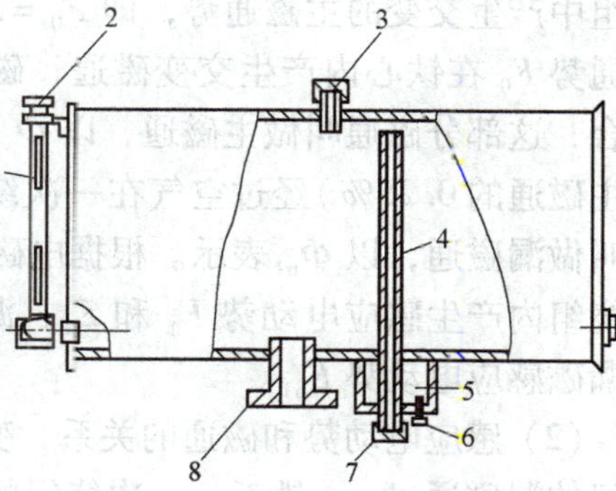

图 5-2　储油柜的结构

1—油位指示玻璃管　2—气孔　3—添油用塞子　4—吸湿管　5—集污器　6—水分放出螺孔　7—吸湿孔　8—与外壳连通的管头

8. 气体继电器

气体继电器安装在油箱到储油柜连接管上。当变压器内部发生绝缘击穿、匝间短路等故障时，产生的气体向储油柜流动，聚集在气体继电器上部，接通了信号触点，发生报警信号；当变压器内部发生严重故障时，大量的油流向气体继电器，冲击继电器挡板，接通了跳闸触点，切断变压器的电源，使故障不再扩大。当变压器油位下降至低于气体继电器时，也能及时发出信号。

9. 分接开关

分接开关的作用是保持电压的恒定而适时调节输出电压。分接开关有无励磁分接调压开关和有载分接调压开关两种形式。通常变压器有 3 ~5 个分接头位置，对于仅有 3 个分接头的分接开关，它的中间分接头“2”即是额定电压位置，相邻分接头相差 5%。

无励磁分接调压开关，是在变压器与电网开断的情况下，变换变压器一次绕组的分接头、改变匝数，来进行调压的。

有载分接调压开关是在变压器负载运行中，变换分接头进行调压的。有载分接调压开关一般用专用电动机进行驱动。为提高供电可靠性，有载分接调压开关已被广泛应用，其电气连接如图 5-3 所示。图中的辅助触头和过渡触头的主要作用是使开关在调压时，电弧容易熄灭。

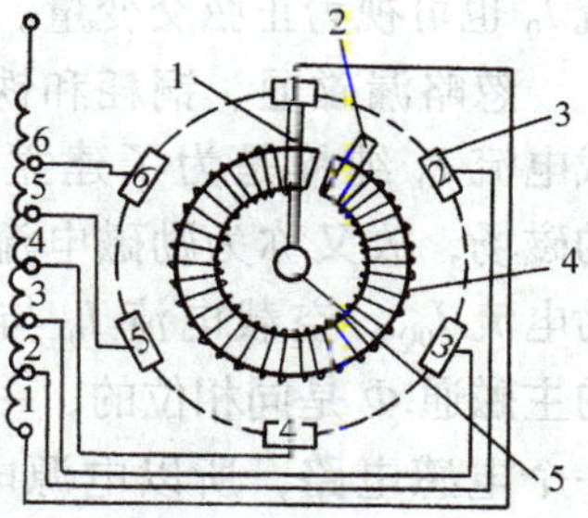

图 5-3　有载分接调压开关的电气连接

1—主触头　2—辅助触头　3—定触头　4—过渡触头　5—转轴

除了油浸式电力变压器，目前我国已生产一定容量的环氧浇注干式变压器，由于此种变压器具有难燃、自熄、耐潮、机械强度高、体积小等特点，已被广泛应用于高层建筑、机场、车站、地铁、隧道等变配电所。

二、电力变压器的运行

1. 空载运行

变压器的一次绕组 A、X 接在额定电压的交流电源上，二次绕组 a、x 开路（即不接负载），这样的运行状态称为变压器的空载运行。

（1）感应电动势的产生　图 5-4 所示为单相变压器的空载运行原理。在交流电源电压 U_1 的作用下，变压器一次绕组内便有一个交变电流流过．由于二次绕组是开路的，二次绕组中没有电流，即 $I_2=0$，这时一次绕组中的电流叫做空载电流，用 I_0 表示。电流 I_0 在一次绕组中产生交变的主磁通势，即 $F_0=I_0N_1$，N_1 是一次绕组匝数。磁通势 F_0 在铁心内产生交变磁通，磁通的绝大部分通过铁心而闭合，这部分磁通叫做主磁通，以 Φ 表示；另有少部分磁通（约占主磁通的 0.25%）经过空气在一次绕组侧自行闭合，这部分磁通叫做漏磁通，以 $\Phi_{\sigma1}$ 表示。根据电磁感应定律，交变磁通 Φ 将在绕组内产生感应电动势 E_1 和 E_2，漏磁通 $\Phi_{\sigma1}$ 在一次绕组中产生漏磁感应电动势 $E_{\sigma1}$。

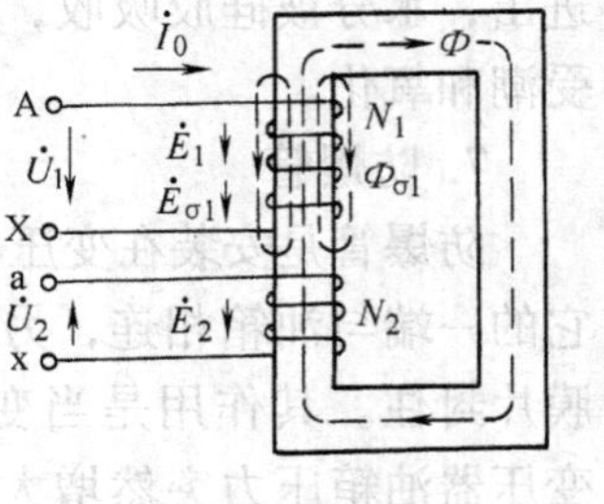

图 5-4 单相变压器空载运行原理

(2) 感应电动势和磁通的关系 变压器在空载运行时，一次绕组的漏磁通 $\Phi_{\sigma1}$、铁耗、一次绕组的电阻 r_1 和空载电流 I_0、铜耗、漏磁电动势 $E_{\sigma1}$ 和一次绕组电阻压降都很小，一般不超过外加电压的 1%。为简化起见，可忽略这些因素不计，即假定变压器在没有损耗的理想状况下，根据基尔霍夫第二定律，一次绕组的电动势平衡方程式为

$$U_1=-E_1 \tag{5-1}$$

式(5-1)中表明：当忽略电阻和漏磁影响时，电源电压 U_1 和一次绕组中的感应电动势 E_1 是大小相等而方向相反的，故常称 E_1 为反电动势。

外加电压 U_1、磁通 Φ、感应电动势 E_1 和 E_2 均为正弦交变量，空载电流 I_0 也可视为正弦交变量。

忽略漏磁通、铜耗和铁耗时，空载电流 I_0 纯粹是为了建立主磁通 Φ 的磁场，故又称为励磁电流，它是无功电流 I_{0Q}。空载电流 I_0 与它所产生的主磁通 Φ 是同相位的，一次绕组是一个电感电路，所以电源电压 U_1 较空载电流 I_0 超前 90°，也较磁通 Φ 超前 90°；E_1、E_2 与 U_1 方向相反，故要滞后于磁通 Φ 为 90°。它们之间的关系可以用图 5-5 的相量图和波形图来表示。

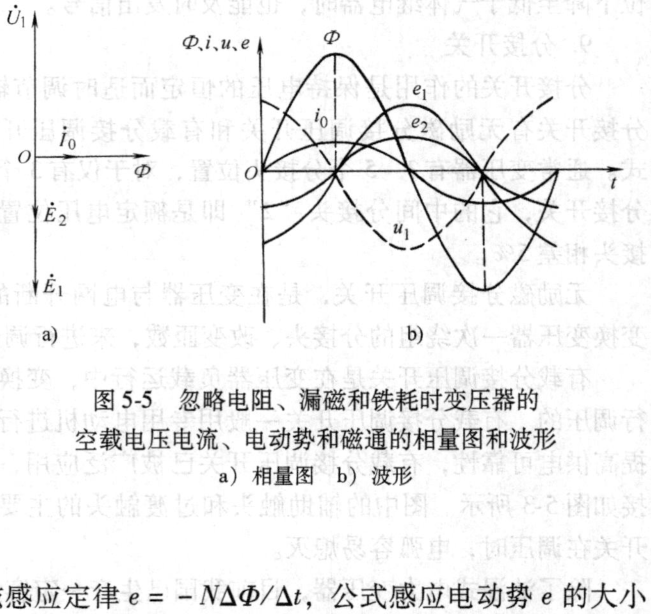

图 5-5 忽略电阻、漏磁和铁耗时变压器的空载电压电流、电动势和磁通的相量图和波形

a) 相量图 b) 波形

(3) 感应电动势的计算 根据电磁感应定律 $e=-N\Delta\Phi/\Delta t$，公式感应电动势 e 的大小与磁通变化率 $\Delta\Phi/\Delta t$ 及绕组的匝数 N 成正比，其方向可由楞次定律来确定，即由它形成的感应电流所产生的新磁通总是阻碍原有磁通变化的。按惯例，规定感应电流所产生的新磁通与原磁通同方向时其感应电动势为正值，反之为负值，所以在式中加上一个负号。

由图 5-5b 的波形可以看出，磁通 Φ 由零变化到最大值 Φ_m 所需要的时间是 1/4 周期，即在 $\Delta t=T/4$ 时间内，磁通的变化量 $\Delta\Phi=\Phi_m$，因此，在匝数为 N 的绕组中，每秒钟所产生的感应电动势的平均值 E_{av} 为

$$E_{av}=N\frac{\Delta\Phi}{\Delta t}=\frac{N\Phi_m}{\frac{T}{4}}=\frac{4N\Phi_m}{T} \tag{5-2}$$

频率 f 是周期 T 的倒数，即 $f=1/T$，故式(5-2)为

$$E_{av}=4fN\Phi_m \tag{5-3}$$

式中，E_{av}的单位是 V；Φ_m 的单位是 Wb。

由于感应电动势是按正弦变化的，故其中感应电动势的最大值 E_m 为

$$E_m=\frac{\pi}{2}E_{av}=\frac{\pi}{2}4fN\Phi_m \tag{5-4}$$

感应电动势的有效值 E 为

$$\begin{aligned}E&=\frac{1}{\sqrt{2}}E_m=\frac{1}{\sqrt{2}}\times\frac{\pi}{2}\times 4fN\Phi_m\\&=4.44fN\Phi_m\end{aligned} \tag{5-5}$$

此式是电工技术领域中的一个基本公式，在分析计算变压器、交流电机等电气设备时常常用到。

(4) 电压比　变压器主要用来改变交流电的电压，而电压比正是表示一次绕组电压与二次绕组电压之间关系的。

由式(5-5)可知，变压器一次感应电动势 E_1 和二次感应电动势 E_2 分别为

$$\left.\begin{aligned}E_1&=4.44f\Phi_m N_1\\E_2&=4.44f\Phi_m N_2\end{aligned}\right\} \tag{5-6}$$

式中　f——交流电频率(Hz)；

Φ_m——磁通最大值(Wb)；

N_1——一次绕组的匝数；

N_2——二次绕组的匝数。

由式(5-6)可得

$$\frac{E_1}{E_2}=\frac{4.44f\Phi_m N_1}{4.44f\Phi_m N_2}=\frac{N_1}{N_2} \tag{5-7}$$

在变压器空载运行时，因 I_0 很小，故一次绕组的电阻压降及漏抗压降也很小，在数值上 $E_1\approx U_1$；因 $I_0=0$，E_2 在数值上等于二次空载电压 U_{20}，即 $E_2=U_{20}$。所以，式(5-7)可写成

$$\frac{U_1}{U_{20}}\approx\frac{E_1}{E_2}=\frac{N_1}{N_2}=K \tag{5-8}$$

式中　K——变压器的电压比。

例 5-1　有一台 180kV·A 电力变压器，一次与二次绕组的额定相电压分别为 $10000/\sqrt{3}$V 和 $400/\sqrt{3}$V；铁心截面积 $S_{Fe}=0.016\text{m}^2$；取铁心磁通密度 $B_m=1.445$T，试求：

1）一次、二次绕组的匝数。

2）按电力变压器的标准要求，二次电压应能在额定值的上下范围内调节 ±5%，问在一次绕组中应如何抽头？

解

1）按式(5-5)计算一次绕组所需匝数

$$N_1=\frac{E_1}{4.44f\Phi_m}\approx\frac{U_1}{4.44fB_mS_{Fe}}=\frac{10000}{\sqrt{3}\times4.44\times50\times1.445\times0.016}\text{匝}\approx1125\text{ 匝}$$

按式(5-7)计算电压比 K 及二次绕组所需匝数

$$K=\frac{U_1}{U_{20}}=\frac{10000/\sqrt{3}}{400/\sqrt{3}}=25$$

$$N_2=\frac{N_1}{K}=\frac{1125}{25}\text{匝}=45\text{ 匝}$$

2）电压调整率为　　　　$1125\times5\%=56$

一次绕组抽头匝数为：$N_1'=(1125+56)\text{匝}=1181\text{ 匝}$

$N_1''=(1125-56)\text{匝}=1069\text{ 匝}$

如图 5-6 所示，通过分接开关把 1—3 或 2—4 相连为正常匝数 $N_1=1125$ 匝；1—4 相连为 $N''_1=1069$ 匝，二次电压增高 5%；2—3 相连为 $N_1'=1181$ 匝，二次电压降低 5%。

（5）空载电压　实际上，空载运行时，铁心有损耗，如有磁滞损耗和涡流损耗，因此，一次绕组空载电流 I_0 中，还存在着供给铁心损耗的有功电流 I_{0P}（又称为铁耗电流），I_{0P} 与 U_1 中同相位，如图 5-7a 所示。空载电流的有效值为

$$I_0=I_{0P}+I_{0Q} \tag{5-9}$$

其中，$I_{0P}=I_0\sin\alpha$，$I_{0Q}=I_0\cos\alpha$，通常 $I_{0P}<0.1\ I_0$，I_{0P} 很小，所以 $I_0\approx I_{0Q}$；α 角度很小，U_1 与 I_0 的相位差接近于 90°。

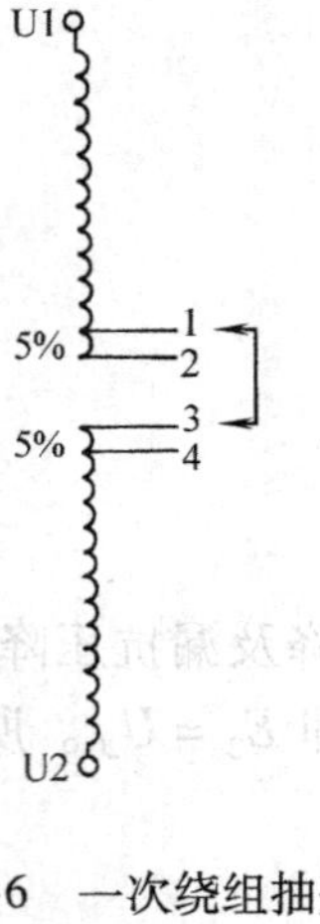

图 5-6　一次绕组抽头

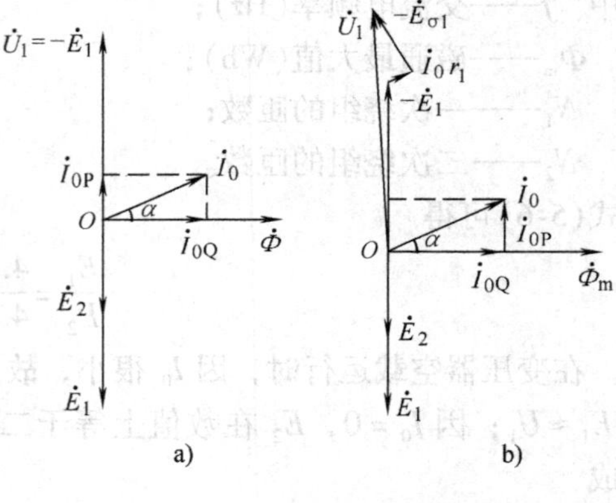

图 5-7　变压器空载运行时的相量图

a）考虑了铁耗　b）考虑了漏抗和一次绕组电阻

电力变压器中空载电流 I_0 对额定电流 I_{N1} 的百分比：小容量变压器不超过 10%；大容量变压器为 2% 左右。I_0 几乎是纯电感性电流，使电力系统的功率因数降低，所以尽量减小空载电流有着重要的意义。

（6）空载损耗　变压器在空载运行时所产生的损耗 P_0 包括三部分：

1）磁滞损耗。这是铁心在反复磁化过程中所产生的损耗。硅钢片磁滞损耗的大小与硅钢片的质量、铁心中磁通密度 B_m 的大小及电源频率 f 成正比。采用冷轧硅钢片，由于其磁饱和点高、磁导率高，故磁滞损耗小。

2）涡流损耗。这是由于铁心中有交变磁通存在时所产生的涡流引起的损耗，涡流损耗的大小与电源频率的二次方 f^2 及磁通密度的二次方 B_m^2 成正比。为了减少涡流损耗，生产上采用涂有绝缘膜的薄硅钢片叠成铁心，片厚一般为 0.35mm。

磁滞损耗与涡流损耗之和统称为变压器的铁耗 P_{Fe}；在一般情况下，磁滞损耗约占铁耗 P_{Fe} 的 80% 左右。

3）一次绕组铜耗 P_{Cu}。这是由于一次绕组具有电阻 r_1，空载电流 I_0 通过一次绕组时就产生铜耗 $P_{Cu0}=I_0^2r_1$。空载时的铜耗 P_{Cu0} 很小，约占空载损耗 P_0 的 2%。

如忽略空载时铜耗 P_{Cu0}，则空载损耗可认为近似等于铁耗，即

$$P_0 \approx P_{Fe} \tag{5-10}$$

由于铁心中磁通的最大值 Φ_m 等于变压器铁心截面 S_{Fe} 与磁通密度最大值 B_m 的乘积，即 $\Phi_m = B_m S_{Fe}$，因此可写成

$$E_1 = 4.44 f B_m S_{Fe} N_1 \tag{5-11}$$

式中，Φ_m 的单位是 Wb，B_m 的单位是 T，S_{Fe} 的单位是 m^2。在数值上，$E_1 \approx U_1$，铁耗与铁心中的磁通密度 B_m 成正比，式中 f、S_{Fe}、N_1 都是常数，所以铁耗也就与电源电压 U_1 成正比。这就是说，只要变压器接上电源，不管有没有负载，其铁耗 P_{Fe} 基本上是不变的，所以变压器空载时应切断电源，而在变压器负载运行中尽量使之满载运行，以提高变压器的效率，做到节约用电。

空载损耗可以用空载试验的方法测定，从而可确定其铁耗。

在一般电机与变压器中，铁耗可按下式计算，即

$$P_{Fe} = P_{10/50} \tag{5-12}$$

式中　$P_{10/50}$——频率为 50Hz、最大磁通密度 B_m 为 1T 时，1kg 铁心的损耗值，$P_{10/50}$ 值可从材料的性能表中查出。

（7）电动势平衡方程式及空载相量图　在实际的变压器中，一次绕组总有一定的电阻 r_1，当流过空载电流 I_0 时，将产生电阻压降 I_{0r1}，它与 I_0 同相位；空载电流 I_0 在铁心中产生的磁通分为主磁通 Φ 和漏磁通 $\Phi_{\sigma1}$，漏磁通 $\Phi_{\sigma1}$ 主要通过非铁磁性介质，因此不受铁心中磁滞和涡流的影响，与 I_0 同相位。漏磁通 $\Phi_{\sigma1}$ 穿过一次绕组，在其中产生漏磁感应电动势 $E_{\sigma1}=I_0X_{\sigma1}$，$X_{\sigma1}$ 是一次绕组的漏电抗，$I_0X_{\sigma1}$ 亦即漏抗压降，其相位与 $E_{\sigma1}$ 相差 180°，按电感电路的性质，漏抗压降 $I_0X_{\sigma1}$ 的相位超前空载电流 I_0 为 90°，故 $E_{\sigma1}$ 的相位落后 I_0 为 90°。

参照图 5-4，一次绕组的电动势平衡方程式为

$$I_0r_1 - U_1 = E_1 + E_{\sigma1}$$
$$U_1 = -E_1 - E_{\sigma1} + I_0r_1 \tag{5-13}$$

变压器空载运行时的相量图如图 5-7 所示。

以 Φ_m 为基准横轴，E_1、E_2 较 Φ_m 滞后 90°，I_0 超前于 Φ_m 一个角度 α，$-E_1$ 较 Φ_m 超前 90°，$-E_{\sigma1}$ 较 I_0 超前 90°，U_1 是 $-E_1$、$-E_{\sigma1}$ 及 I_0r_1 的相量和。

2. 负载运行

变压器的负载运行是指变压器一次侧加上额定正弦交流电压，而其二次侧接上负载阻抗 Z，如图 5-8 所示。现在就来分析变压器负载运行时在变压器内部发生的物理现象和能量传递的过程，以及变压器负载运行时的主要参数及性能。

（1）负载运行时的电磁感应　从 $U_1 \approx E_1 = 4.44 f\Phi_m N_1$ 可知，当 U_1 一定时，Φ_m 是个常数，即当电源电压 U_1 不变时，不论负载如何变化，铁心内的主磁通基本保持不变。

变压器负载运行时，二次绕组接有负载 Z，就有电流 I_2 通过，并建立磁通势 I_2N_2；一次绕组的电流相应地从 I_0 增加为 I_1，其磁通势变为 I_1N_1。此时，铁心中的主磁通 Φ 是由一次

和二次绕组的合成磁通势 $I_1N_1+I_2N_2$ 所产生的。由于电源电压 U_1 不变，所以主磁通 Φ 也基本不变。这就是说，当变压器接上负载后，由合成磁通势产生的磁通与变压器空载时由 I_0N_1 所产生的磁通大致上是相等的，由于变压器铁心中的主磁通不变，所以这两种运行状态下的磁通势也基本相等，即

$$I_1N_1+I_2N_2=I_0N_1 \tag{5-14}$$

这就是变压器在负载运行时的磁通势平衡方程式。式(5-14)表明，变压器空载时一次绕组的磁通势 I_0N_1（又称为励磁磁通势）与变压器带负载后一、二次绕组的合成磁通势（$I_1N_1+I_2N_2$）基本上都是相等的数值。

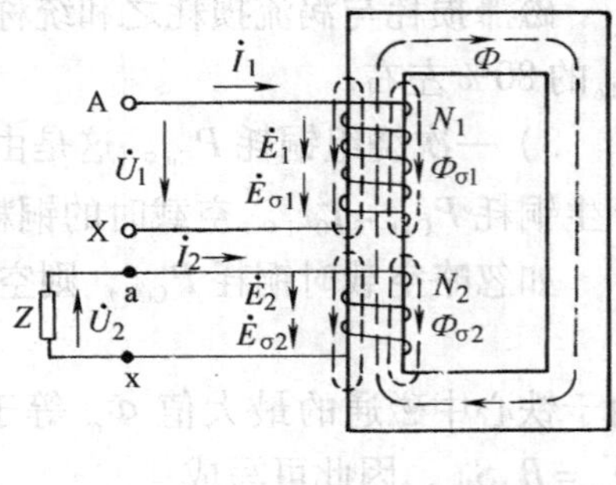

图 5-8　变压器负载运行原理图

变压器的空载电流 I_0 很小，只有额定电流的百分之几，空载磁通势 I_0N_1 也很小，可以忽略不计，故式(5-14)也可写成

$$I_1N_1+I_2N_2\approx 0$$

即

$$I_1N_1\approx -I_2N_2 \tag{5-15}$$

式(5-15)中的负号表明，I_2N_2 与 I_1N_1 相位相反，即二次绕组磁通势 I_2N_2 对一次绕组磁通势 I_1N_1 来说是起去磁作用的，当二次电流 I_2 增大时，磁通势 I_2N_2 也增大，这时，一次电流 I_1 和磁通势 I_1N_1 也将随着增大，一次绕组增加的磁通势正好抵消二次绕组的去磁作用，以保证励磁磁通势 I_0N_1 不变，使铁心中的主磁通 Φ 保持不变。综上所述，在变压器的一次侧与二次侧之间虽然没有电的联系，但当二次电流增减时，由于磁的联系，引起了一次输入电流的相应增减，形成了电能从一次侧传递到二次侧。

（2）电流比　从式(5-15)可得

$$-\frac{I_1}{I_2}=\frac{N_2}{N_1}=\frac{1}{K} \tag{5-16}$$

即一次、二次绕组中的电流和匝数成正比，负号的意义是一次与二次绕组中的电流方向相反，即 I_1 与 I_2 相位差为180°。如果仅考虑 I_1 和 I_2 的绝对值，则式(5-16)可写成

$$\frac{I_1}{I_2}=\frac{N_2}{N_1}=\frac{1}{K} \tag{5-17}$$

例 5-2　一台降压变压器，一次电压 $U_1=3000\text{V}$，二次电压 $U_2=220\text{V}$；如果二次侧接一台 $P=25\text{kW}$ 电阻炉，试求变压器一次与二次电流各为多少？

解　二次电流就是电阻炉工作电流，即

$$I_2=\frac{P}{U_2}=\frac{25\times10^3}{220}\text{A}\approx114\text{A}$$

根据上式及一次和二次电压、电流间的关系在数值上可近似认为

$$\frac{U_1}{U_2}=\frac{N_1}{N_2}=\frac{I_2}{I_1}=K$$

故一次电流

$$I_1=\frac{U_2}{U_1}I_2=\frac{220}{3000}\times114\text{A}=8.36\text{A}$$

（3）阻抗变换　在电子线路中，常利用变压器可以变换阻抗的原理来进行阻抗匹配。

例如，输入变压器及输出变压器就是应用这个原理，即从前级取出尽可能大的信号，向后级输出尽可能大的功率。

变压器的阻抗变换是通过改变变压器的电压比 K 来实现的。当一次、二次绕组的电压、电流及匝数 U_1、I_1、N_1 及 U_2、I_2、N_2 已知时，从图 5-9 所示的变压器一次侧来看，阻抗 Z_1 为

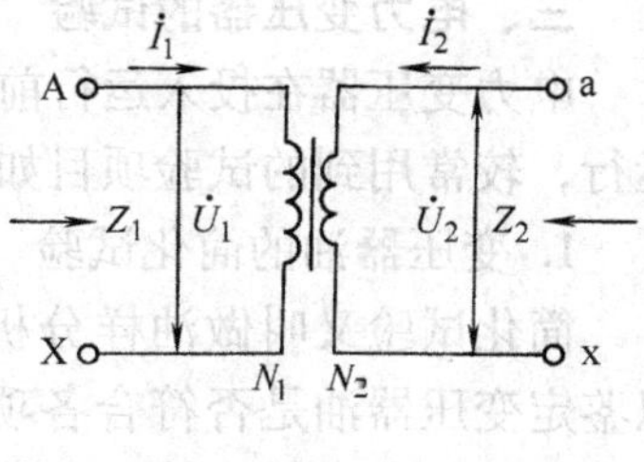

图 5-9　变压器的阻抗变换

$$Z_1=\frac{U_1}{I_1}$$

从变压器的二次侧来看，阻抗 Z_2 为

$$Z_2=\frac{U_2}{I_2}$$

一次、二次侧的阻抗比为

$$\frac{Z_1}{Z_2}=\frac{U_1}{I_1}\frac{I_2}{U_2}=\frac{U_1}{U_2}\frac{I_2}{I_1}$$

由于变压器一次、二次电压与匝数成正比，电流与匝数成反比，即

$$\frac{U_1}{U_2}=\frac{N_1}{N_2}=K\quad \frac{I_1}{I_2}=\frac{N_2}{N_1}=\frac{1}{K}$$

所以

$$\frac{Z_1}{Z_2}=\frac{N_1^2}{N_2^2}=K^2 \tag{5-18}$$

式(5-18)表明，只要改变变压器一次、二次绕组的匝数比就可以改变一次、二次阻抗比，从而获得所需的阻抗匹配。

(4) 变压器的损耗和效率　以上讨论的是理想变压器，而在实际运行中，变压器是不能把电网中吸收的功率无损耗地传递给负载的。它在运行时本身存在铁耗和铜耗等损耗；也就是说，变压器的输入功率减去输出功率，其差就是它的本身损耗。反映一台变压器传输能量的能力用效率 η 表示为

$$\eta=\frac{P_1}{P_2}\times 100\% \tag{5-19}$$

式中　P_1——输入功率(W)；

P_2——输出功率(W)。

例 5-3　一台低压电源变压器，一次电压 $U_1=380\text{V}$，二次电压 $U_2=38\text{V}$，在接有电阻性负载时，二次侧的实测电流 $I_2=4\text{A}$，已知变压器的效率 η 为 80%。试求一次、二次功率和损耗功率，以及一次电流。

解

二次功率　$P_2=I_2U_2=38\times 4\text{W}=152\text{W}$

一次功率　$P_1=\dfrac{P_2}{\eta}=\dfrac{152}{0.8}\text{W}=190\text{W}$

损耗功率　$P=P_1-P_2=(190-152)\text{W}=38\text{W}$

一次电流　$I_1=\dfrac{P_1}{U_1}=\dfrac{190}{380}\text{A}=0.5\text{A}$

三、电力变压器的试验

电力变压器在投入运行前或在运行过程中，需要进行一些试验，以保证电力变压器安全运行，较常用到的试验项目如下：

1. 变压器油的简化试验

简化试验又叫做油样分析(简称油分)，是指从油箱中取出油样，进行油的性能分析，以鉴定变压器油是否符合各项技术指标。为了简化分析手续，通常只对电气绝缘强度、闪点、水分、水溶性酸碱、游离碳、机械杂质和酸值等主要项目进行试验。如果这些技术指标达不到要求，则会影响变压器的绝缘性能。

取油样通常都由电工负责。为了防止油样被污染，应采用溢流法来取得油样。取油前，应备好干燥和清洁的盛油瓶(宜有广口磨砂瓶塞)，先开启放油阀门放油冲洗擦净油道，然后再冲洗盛油瓶；清洗完毕，放油灌入瓶内，待灌满后应先移开盛油瓶，再关阀门；最后加塞立即送往试验。取样过程中应防止灰尘、唾沫和水分等浸入油中，取好油样的盛油瓶应贴上标签，注明单位、设备名称和电压等。

简化试验的油样约需 1kg，为了防止油样受潮，应在干燥的晴天取油。

2. 绝缘吸收比

判定电力变压器绝缘性能优劣的最简单的试验方法是采用兆欧表(也称绝缘电阻表)测量其绝缘电阻值。但在绝缘体上加以直流电压(这里由兆欧表提供直流电源)时，在绝缘体中存在三种电流，就是电导电流(即泄漏电流)、充电电流和吸收电流。其中，电导电流的大小决定于绝缘材料的质量优劣和受潮、受污程度，而与试验时间没有根本性的关系；充电电流由介质的极化所产生，在数毫秒内就衰减到零；吸收电流由介质的电能电导所产生，以及绝缘材料存在的位移电流，它们也分别在数秒钟和数分钟内不再明显显示。因此，用两种不同的试验时间所得的绝缘电阻值的比，能说明绝缘体的受潮程度和介质变坏情况。通常使用2500V 连续摇测并分别记录 15s 时得绝缘电阻 R_{15}和 60s 时得绝缘电阻 R_{60}，所测得的阻值之比，就是绝缘吸收比，用 K'表示，即

$$K' = \frac{R_{60}}{R_{15}} \tag{5-20}$$

一般要求在 10 ~ 40℃ 范围内测量。对于 35kV 及以下的变压器，要求吸收比 $K' \geqslant 1.3$。对于 60kV 及以上的变压器，吸收比 $K' \geqslant 1.5$。如果绝缘吸收比低于上述要求，则可认为有受潮现象，应进行干燥处理。

3. 耐压试验

是给电力变压器一次、二次绕组之间和绕组与铁心及外壳之间施加以高于工作电压的交流或直流电压，以检验电力变压器的绝缘状况。如果电力变压器的绝缘结构中存在缺陷、受潮或夹杂异物等，则在试验过程中就可能产生局部放电或击穿，从而可根据试验结果，采取弥补措施，消除隐患，保证安全运行。

耐压试验分为交流的和直流的两种，在一般的运行场所，以交流耐压试验较为常用。

交流耐压试验的目的，是考查绝缘结构在工频额定电压下运行的绝缘可靠程度，并借以发现绝缘的严重缺陷。但试验时，必须正确选定最大的试验电压值，既要保证绝缘应有的水平，又要不因试验电压过高而使绝缘受损。因为，在交流耐压试验中，若发生击穿，绝缘是不能自行恢复的，所以交流耐压试验的电压应选择应适当。

交流试验电压应根据电力变压器的额定电压来选择。额定电压为10kV级的，经大修后投入运行前的试验电压为30kV；额定电压为35kV级的，试验电压为72kV。试验设备和方法如下：

（1）试验设备　主要由高压试验变压器、电压表、限流电阻、调压控制器和可调保护间隙以及电源控制开关等电器元件组成。使用时的接线，即试验设备与被试的绝缘构件CX之间的导线连接，如图5-10所示。

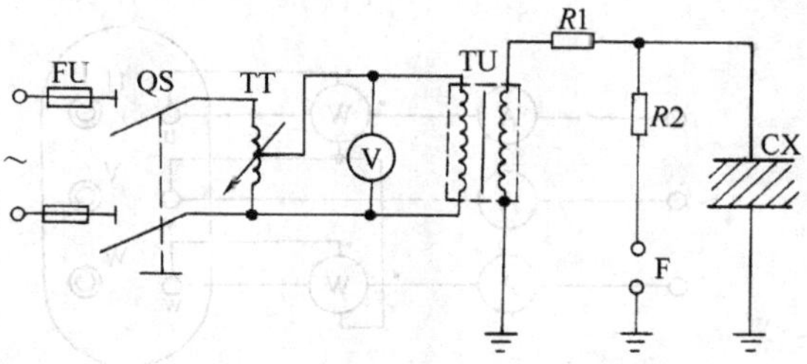

图5-10　交流耐压试验的接线

（2）试验方法　正式试验前，应先对高压试验变压器进行空载试验，并调整保护间隙F的放电电压至试验电压的1.15～1.20倍，以便限制由于误操作或外部绝缘击穿时所引起的过电压，从而保护了被试产品，然后降低到试验电压值，持续1min后把试验电压降到零，最后，分断开关QS；接着，按图5-10把被试电器设备接上导线，即可进行试验。

试验时，操作调压控制器应平稳，升降速度应均匀，每秒钟不应大于1kV，以免因充电电流过高而烧毁设备，升压至试验电压值时，即应计算试验时间，至1min后应迅速且均匀地降压到零，并分断电源。

（3）注意设备和人身安全　试验前，被试设备必须先经过兆欧表的绝缘电阻测量，测试不合格的，不可进行交流耐压试验。

试验时(包括空载试验)，如发现电压表指针摆动幅度很大、被试设备发出不正常响声及冒烟等异状情况时，应立即停试并检查原因。

试验时，试验场地内不准有人进入；试验前，应预先把试验设备及被试设备进行可靠的接地，以防试验时因高压放电而伤人；试验后，必须对被试设备进行放电，以保证安全。

4. 空载试验

空载试验的目的是测定变压器的空载损耗P_0、空载电流I_0和电压比k等技术数据，并以此来判断铁心质量及绕组是否有短路。试验时，在低压绕组上施加额定功率、正弦波形的额定电压，将高压绕组开路。空载试验接线如图5-11所示。此时，功率表W所指示读数就是空载损耗功率P_0，由于空载时铜耗(P_{Cu0})很小，故$P_0 \approx P_{Fe}$；电流表A所指示读数就是空载电流I_0。在变压器两侧测得的两个电压读数之比，就是电压比K。

由于空载时变压器的功率因数很低，应采用低功率因数的功率表，所用各种仪表的准确度等级不应低于0.5级，互感器不应低于0.2。

5. 负载试验

负载试验的目的是测量变压器的负载损耗P_k和阻抗电压U_k，以检查绕组实际结构是否符合技术要求。负载试验的接线如图5-12所示。试验时，将二次绕组短路，通过调压器在一次绕组额定分接头位置下，使额定频率的电流从零升到额定值I_N，这时电压表V的读数就是变压器的阻抗电压U_k；功率表W测出的一次输入功率就是变压器的负载损耗P_k。

负载试验时，由于二次侧处于短路状态，负载阻抗等于零，输出功率也等于零，而在二次绕组中流过的电流恰好等于额定值，所以输入功率都为变压器自身所损耗。同时，试验时加在一次绕组上的电压U_k很低，一般仅为额定电压U_N的5%～10%；因为电压低，铁心中

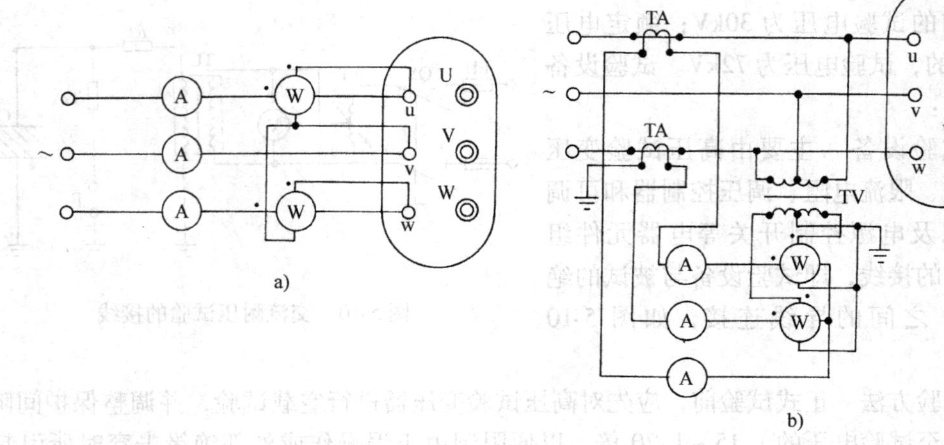

图 5-11　变压器空载试验的接线

a）直接测量法　b）通过互感器的测量法

的主磁通也很少，仅为额定工作磁通的百分之几，所以励磁电流和铁耗 P_{Fe} 也都很小；因此，变压器的负载损耗 P_k 几乎就是变压器绕组的铜耗 P_{Cu}，即 $P_k \approx P_{Cu}$。

阻抗电压的大小意味着变压器在通过额定电流时的阻抗压降的大小。U_k 越小，负载增加时变压器的压降变化也越小，但在短路故障时，短路电流就越大。因此，电力变压器的阻抗电压 U_k 不能太小，也不能太大，一般应使阻抗电压 U_k 与施加试验电压绕组的额定电压比值的百分比在 5%～10%。

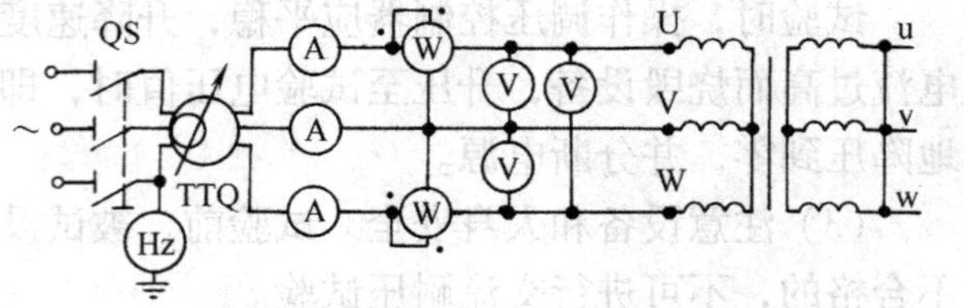

图 5-12　变压器负载试验的接线

四、变压器的联结组标号

变压器在投入运行前，首先就要解决变压器的极性和绕组的联结问题。

1. 绕组的极性

变压器主磁通 Φ 在绕组中产生的感应电动势是交变的，本没有固定的极性。这里讲的极性，是指一、二次绕组的相对极性，即在某一瞬间，当一次绕组的某一端极性为正时，二次绕组也必然同时有一个极性为正的对应端。这两个对应端就叫做同极性端，或者叫做同名端，通常用符号“＊”标注。

我们可用楞次定律来解释并确定变压器绕组的同名端。如在图 5-13 的电路中，当开关 Q 合上的瞬间，一次绕组电流 I_1 产生主磁通 Φ，在一次绕组中产生自感电动势 E_1，在二次绕组中产生互感电动势 E_2 和感应电流 I_2。根据楞次定律，可确定 E_1、E_2 及 I_2 的实际方向，如图 5-13 所示；同时可画出一次绕组端电压 U_1 和二次绕组端电压 U_2 的方向，从而可知，此时一次绕组的 A 端和二次绕组的 a 端的电位都为正，即 A 和 a 是同名端；一次绕组的 X 端和二次绕组的 x 端的电位都是负，X、x 也是同名端。

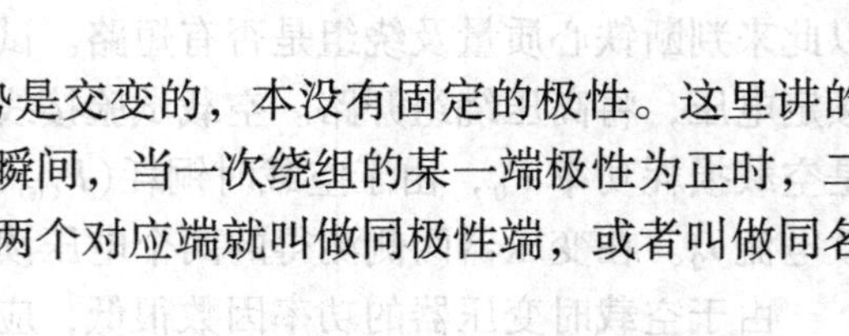

图 5-13　变压器绕组同名端的确定

通过上述办法，可以确定图 5-14a、b 所示各组绕组的同名端以及它们的电压相量图。图 5-14a、b 可看成是把图 5-13 中的铁心切断并展开的示意图。图 5-14a 中，一、二次绕组绕向相同，A、a 是同名端；一次绕组接上电源时，一、二次绕组内感应电动势的方向在任何瞬时都是相同的，它们的电压是同相位的；图 5-14b 中两绕组绕向相反，它们的电压相位相反。

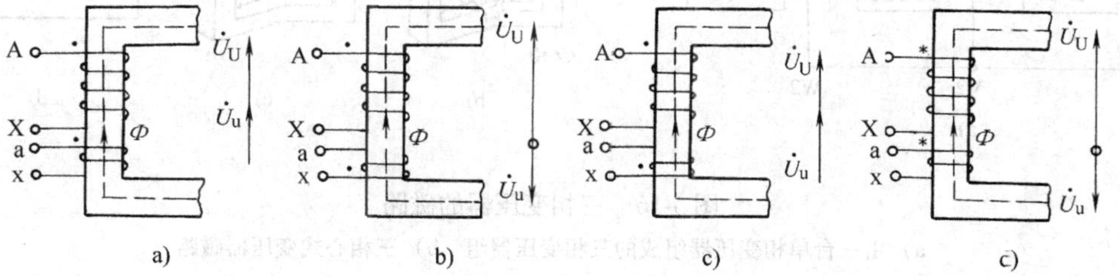

图 5-14　变压器绕组的同名端和电压相量图

a)、b) 两绕组的同名端及电压相量图　c)、d) 绕组绕向和首末端对电压相位的影响

绕组的首、末端是可以任意选择的。在图 5-14c 中，两绕组的绕向相反，但它们的首端 A、a 是同名端，它们的电压 U_U 和 U_u 是同相位的；在图 5-14d 中，两绕组虽然绕向相同，但它们的首端 A、a 不是同名端，它们的电压 U_U 和 U_u 反相。

可以用试验的方法，测出变压器绕组的同名端。

通常采用如图 5-15 所示的交流法来测定绕组的极性。把 a、x 点连接起来，在高压绕组中通以低压交流电，分别测出 A、a 端之间的电压 U_{Uu}和一、二次绕组两端的电压 U_U、U_u，这时，U_{Uu}是 U_U 和 U_u 的相量差，若 U_{Uu}是 U_U 和 U_u 两数值之差，即图 5-14a 所示的情况，则 U_U 和 U_u 是同相的，即 A 和 a 是同名端；如果 U_{Uu}是 U_U 和 U_u 两数值之和，即图 5-14b 所示的情况，则 U_U 和 U_u 的相位是相反的，A 与 x 不是同名端，而是异名端。

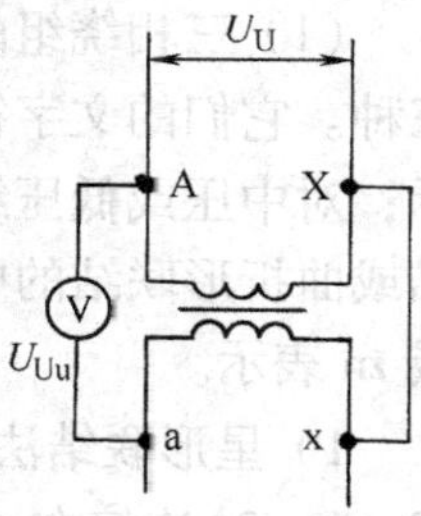

图 5-15　用交流法测定变压器绕组的极性

2. 磁路与极性

由于现代电力系统都采用三相制，所以三相电力变压器使用得很广泛。如图 5-16a 所示，三相变压器是由三个单相变压器组成的，叫做三相变压器组。如果把三个单相变压器的铁心拼成如图 5-16b 所示的样子，则通过中间铁心柱的磁通，等于通过外面三个铁心柱的磁通的总和，如果外施的是对称的三相交流电压，则三相磁通的总和为零，即 $\Phi_U+\Phi_V+\Phi_W=0$；由于处于中间位置的这个铁心柱中的磁通为零，故可省去不用，如图 5-16c 所示。在任一瞬间，每一铁心柱中的磁通可经过其他两个铁心柱流回。在实际应用中，为使结构简化，可缩短 V 相磁轭长度，三相变压器的三个铁心柱，通常都如图 5-16d 所示的那样排列在一个平面上；这种三相变压器叫做三相心式变压器。

三相变压器与三相变压器组相比，具有结构简单、节省材料、体积小、维护方便和价格便宜等优点，因而得到广泛应用。只有在巨型变压器中，由于运输条件的限制，才采用由三台单相变压器组成的三相变压器组。

三相变压器共有六个绕组，其中属于同一相的一次、二次两个绕组的相对极性可按单相变压器的判别方法确定。如图5-17所示，三相绕组的首末端均已标明；高、低压绕组的首端标志分别用 U1、V1、W1 和 u1、v1、w1 表示，末端分别用 U2、V2、W2 和 u2、v2、w2 表

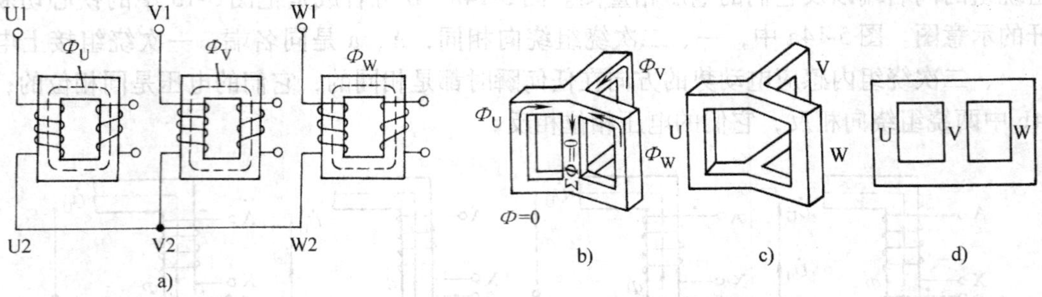

图 5-16　三相变压器的磁路

a）由三台单相变压器组成的三相变压器组　b）三相心式变压器磁路

c）、d）三相铁心的演变

示。同一相一、二次绕组的同名端也都以符号“*”标出。

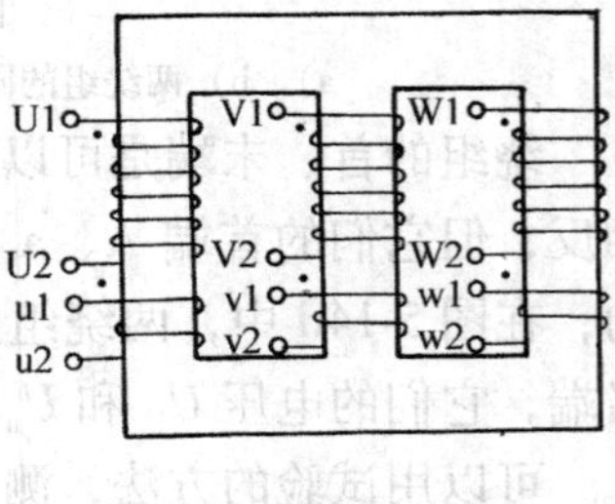

图 5-17　三相变压器的极性

3. 三相变压器的联结组标号

（1）三相绕组的联结方法　有星形、三角形和曲折形联结三种。它们的文字符号：对高压绕组分别用字母 Y、D 和 Z 表示；对中压或低压绕组分别用字母 *y*、*d* 和 *z* 表示。如果星形联结或曲折形联结的中性点是引出的，则分别用 YN 或 ZN 及 yn 或 zn 表示。

1）星形联结法。把三相绕组的三个末端 U2、V2、W2（或 u2、v2、w2）连接在一起，这个点称为中性点，用 *N* 表示，把它们的首端 U1、V1、W1（或 u1、v1、w1）引出，接至电源或负载上，如图 5-18a 所示，便是星形联结。在对称三相系统中，星形联结的电压相量图如图 5-18b 所示。

2）三角形联结法。把三相绕组的首端与末端依次相互连接，成一闭合回路，将它们的首端引出，接至电源或负载上，如图 5-18c 所示，便是三角形联结。三角形联结有两种不同的连接次序：一种是将线端 U1 接到 W2、V1 接到 U2，W1 接到 V2，从 U1、V1、W1 引出，如图 5-18c 所示；另一种是将 U1 接到 V2、V1 接到 W2、W1 接到 U2，从 U1、V1、W1 引出，如图 5-18e 所示。不同的连接次序，线电压和相电压之间的相位关系也就不同，三角形联结的电压相量图如图 5-18d、f 所示。

3）曲折形联结法。将每一个铁柱的绕组分成两部分，把一个铁心柱的一部分绕组与另一个铁心柱的一部分绕组依次连接成星形，这种联结法叫做曲折形联结，如图 5-18g 所示。

（2）绕组的联结组　对一、二次绕组采用不同的接法，可使一、二次绕组的线电压出现不同的相位。按一、二次绕组线电压的相位关系，把绕组的接法分成各种不同的组合，称为绕组的联结组。为了区别不同的联结组，采用时钟序数表示法，即把高压绕组的电压相量作为参考相量，用时钟的长针表示，并把长针指在 0（即 12 点）上，而把低压绕组的电压相量作为时钟的短针，如短针指在哪一个数字上，则该数字就是联结组的标号。联结组的标号用 0～11 数字表示。

变压器的联结组标号的确定方法为：有两套绕组的变压器，应将高压绕组联结方法的符号排在前面，低压绕组联结方法的符号排在后面，并在低压绕组联结方法的符号后，紧靠着标出联结组标号。如一台三相变压器的高压绕组为三角形联结，低压绕组为星形联结并有中

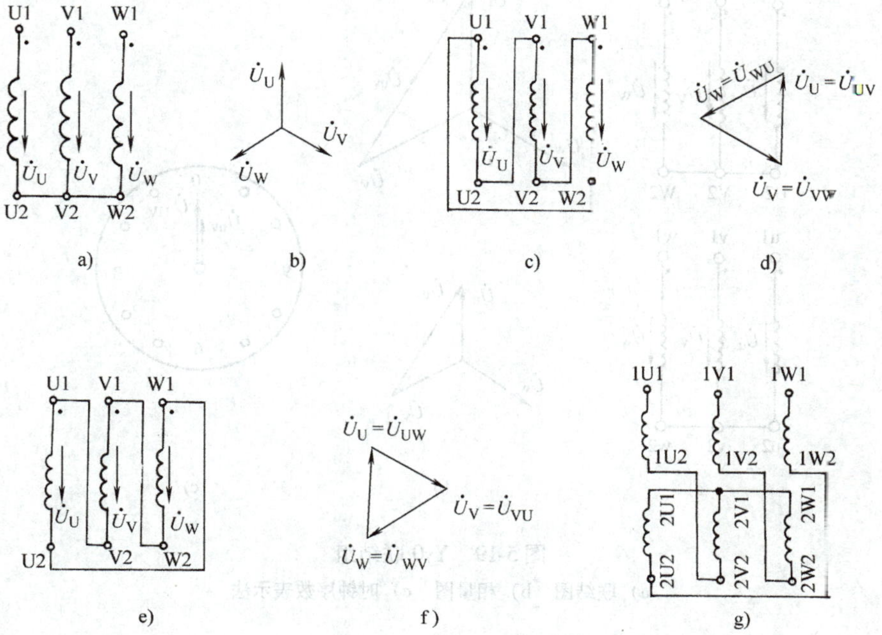

图 5-18　三相变压器的联结

a) Y联结　b) Y联结的电压相量图　c)、e) D 联结的两种连接次序

d)、f) D 联结的两种连接次序的电压相量图　g) Z 联结

性线引出，而低压绕组上的线电压超前于相对应的高压绕组上的线电压 30°(即时钟序数为 11)，所以其联结组标号为 Dyn11。

在单相双绕组变压器中，由于高、低压绕组的电压相位关系从图 5-14 中可见只有两种可能：一种是两者同相，如图 5-14a、c 所示；另一种是两者相差 180°，如图 5-14b、d 所示。因此，其联结组标号只有两种，即两电压相位同相时，用 II0 表示；两电压相位差为 180°时，用 II6 表示。

在三相变压器中，一、二次线电压相量间的相位差，不仅与绕组的绕向和首、末端的标定有关，还与三相绕组的联结方法有关。

当三相变压器的一、二次绕组分别接成星形或三角形时，在一次和二次侧不仅有相电压，而且有线电压。一次侧的三个线电压 U_{UV}、U_{VW}、U_{WU}之间互有 120°的相位差，二次侧三个线电压 U_{uv}、U_{vw}、U_{wu}之间也互有 120°的相位差。

在图 5-19a 中，变压器作 Yy 联结，U_U、U_V、U_W 代表一次相电压相量，U_u、U_v、U_w 代表二次相电压相量，一、二次侧相对应的线电压如 U_{UV}和 U_{uv} 的相量如图 5-19b 所示，即

$$U_{UV}=U_U-U_V=U_U+(-U_V)$$
$$U_{uv}=U_u-U_v=U_u+(-U_v)$$

U_U 和 U_u 及 U_V 和 U_v 同相，U_{UV}和 U_{uv} 也同相；同理，U_{VW}和 U_{vw}及 U_{WU} 和 U_{wu} 也是同相。把相量 U_{UV}和 U_{uv}一起挪到钟面上，如图 5-19c 所示，相量 U_{UV}指向“0”，因 U_{uv}和 U_{UV}同相，故 U_{uv}也指向“0”，这种同相的相位关系，时钟序数为“0”，所以，联结组标号用 Yy0

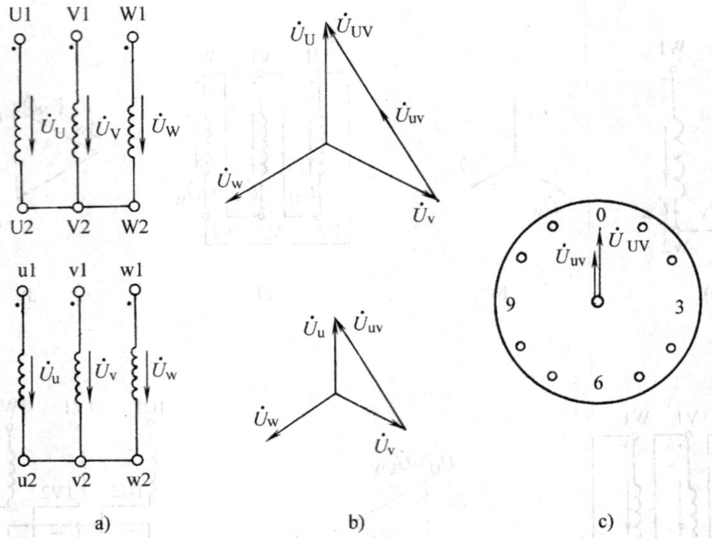

图 5-19　Yy0 联结组

a）联结图　b）相量图　c）时钟序数表示法

表示。

如在图 5-20 中，变压器一次侧三相绕组作星形联结，二次侧绕组作三角形联结，其一次侧的线电压为

$$\dot{U}_{UV}=\dot{U}_{U}-\dot{U}_{V}=\dot{U}_{U}+(-\dot{U}_{V})$$

二次侧对应的线电压为

$$\dot{U}_{uv}=-\dot{U}_{v}$$

$\dot{U}_{UV}$和$\dot{U}_{uv}$的相量图如图 5-20b 所示，$\dot{U}_{uv}$比$\dot{U}_{UV}$超前 30°。用时钟序数表示法如图 5-20c 所示，时钟序数为 11，所以，该三相变压器的联结组标号为 Yd11。三相变压器可有 12 种联结组；单相变压器可有两种联结组。为了使用方便和避免混乱，根据国家标准规定，双绕组变压器只采用：单相为 I10。三相为 Yyn0；Yd11；YNd11；YNy0；Yy0 五种。对于三相变压器，前三种最常用。

五、电力变压器的维护保养

为了保证变压器能安全运行和可靠地供电，当变压器发生异常情况时，能及时发现、及时处理，将故障消除在萌芽状态，以防止事故的发生与扩大，因此，对运行中的变压器必须作定期的巡回检查，严格监察其运行状况，并作好运行记录。

1. 运行标准

（1）允许温度　变压器中的绝缘材料，受温度影响会逐渐老化。温度越高，绝缘材料的绝缘性能越差，并加速老化以至失去了绝缘层应有的介电作用，就容易被高压击穿造成故障，因此，变压器在正常运行时，不准超过绝缘材料所允许的温度。变压器绕组所用的绝缘材料，较多的是棉纱、丝绸、纸等 A 级的绝缘材料，其允许最高工作温度是 105℃。

油浸式变压器绕组和铁心所产生的热量，是通过油的循环将热传导到箱体向周围空气散发的。油的温度反映了绕组和铁心的温度，测量油温比测量绕组温度方便。当上层油温在 95℃时，则相当于绕组温度为 105℃，所以，常以上层油温最高不得超过 95℃为标准，但一

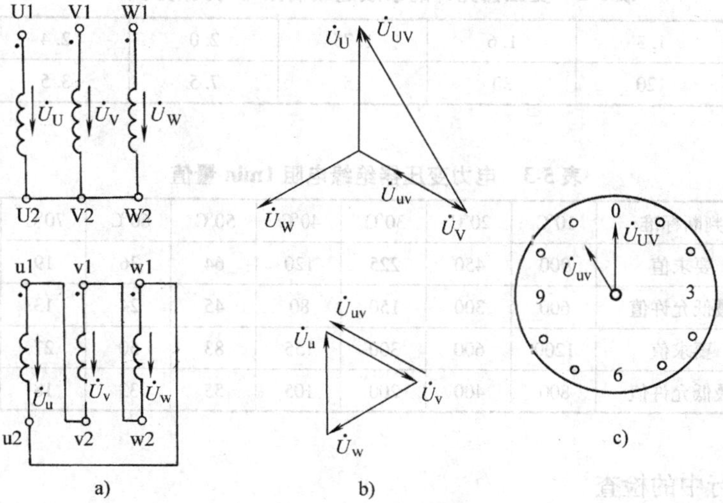

图 5-20　Yd11 联结组

a）联结图　b）相量图　c）时钟序数表示法

般上层油温不宜经常超过 85℃，以防变压器油劣化过速。

（2）允许负载

1）额定负载。变压器负载运行时，因存在铜耗和铁耗而发热，负载越大，发热越多，温升也就越高，为此，变压器运行时，有允许连续稳定运行的额定负载，即变压器的额定容量，不使其超过允许工作温度。

2）过载运行。变压器一般应不超过其额定容量运行，但在下列规定的条件下，也允许作短时过载运行。

① 正常过载。在不缩短变压器正常使用期限的条件下，允许在高峰负载期间超额定容量运行，允许过载的时间 t(h) 和过载倍数 P_Z/P_S 由负载率 k 决定，负载率指一昼夜的平均负载与最大负载之比。图 5-21 为允许过载的曲线，对于不同地区，季节温度不同，允许酌加修正。

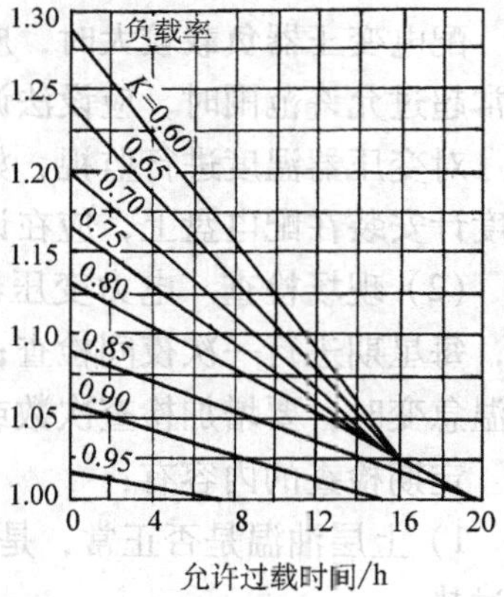

图 5-21　变压器负载率低于 1 时允许的负载曲线

② 事故过载。当电网发生故障，如有一台变压器损坏时，其余的变压器可允许作短时的过载运行，事故时的过载倍数与允许过载时间的关系见表 5-2。

（3）允许电压变动。变压器一次电压一般规定应不超过额定值的 105%，二次电流不应大于额定值。

除个别情况，可根据变压器的结构特点，经过试验或经制造厂标定，一次电压允许增加到额定电压的 110%。电流值应遵照制造厂规定或由试验确定。

（4）绝缘电阻变化。绕组对地及相间的绝缘电阻，一般使用 1000~2500V 绝缘电阻表进行测量，其数值随温度而变化，温度增高 10℃，其值可降低 1/2，所以测量时，应记录油面温度。刚停止运行的变压器，其绕组的温度高于油温，立即测量其数值是不准的，所以要等其绕组温度与油温相等时再进行测量。测得的绝缘电阻值，在相同的温度下与上一次测得的相比较，若低于上次数值的 70%，可认为合格，但应不低于表 5-3 所列的允许值。

表 5-2　变压器允许的事故过载倍数与时间的关系

事故过载倍数	1.3	1.6	1.75	2.0	2.4	3.0
允许持续时间/min	120	30	15	7.5	3.5	1.5

表 5-3　电力变压器绝缘电阻 1min 量值　　（单位：Ω）

绕组电压/kV	判断标准	10℃	20℃	30℃	40℃	50℃	60℃	70℃	80℃	90℃
3～10	要求值	900	450	225	120	64	36	19	12	8
	最低允许值	600	300	150	80	45	24	13	8	5
20～35	要求值	1200	600	300	155	83	50	27	15	9
	最低允许值	800	400	200	105	55	33	18	10	6

2. 变压器运行中的检查

（1）监视仪表　变压器控制盘上的仪表，如电流表、电压表、功率表等指示着变压器的运行情况及电压质量等，因此必须经常监视，并应每小时抄表一次；在过载下运行时，则应每半小时抄表一次；表计不在控制室时，每班至少记录两次。

配电变压器负载较大时，应测量其三相电流，如果发现不平衡，应重新分配送电。电压经常超过允许范围时，应设法调整电压或改换电压分接头。

对变压器温度进行监视，如温度计安装在变压器上，应于巡视变压器时记录其数值；如温度计安装在配电盘上，应在记录电流数值的同时记录温度。

（2）现场检查　电力变压器应定期进行外部检查，经常有人值班的，每天至少检查一次，每星期进行一次夜间检查；无固定值班人员的至少每两个月检查一次；在有特殊情况或气温急变时，要增加检查次数或进行即时检查。

定期检查的内容有：

1）上层油温是否正常，是否超过 85℃；对照负载情况，是否有因变压器内部故障而引起过热。

2）储油柜上的油位是否正常，一般应在油位计指示的 1/4～3/7 处，油面过低，散热不良，将导致变压器过热，油面过高，当温度升高时，油将膨胀而溢出箱外；同时，还要检查有无渗油或漏油现象，充油式套管的油位是否正常，油色是否有变质迹象，套管有无损坏漏油现象等。

3）变压器有无异常响声或响声较前增大。

4）出线套管、绝缘子的表面是否清洁，有无破损、裂纹及放电的痕迹。

5）导电排（母线）的螺栓接头有无过热现象，如贴有示温蜡片的，应检查蜡片有否熔化。

6）防爆管上的防爆膜是否完好，有无冒油现象。

7）冷却系统的运转情况是否正常，散热管的温度是否均匀，强迫油循环水冷式变压器的冷却器中油压是否正常（应比水压高 0.1～0.15MPa），排出的水中是否含油，泵和电动机轴承是否良好。

8）吸湿器的干燥剂有否失效。

9）箱壳有无渗油或漏油现象。

10）外壳的接地是否良好。

11）变压器室内的通风情况是否良好。

12）室内设备是否完整良好。

13）保护设备是否良好。

14）按规定周期取油样进行“油分”，是否符合要求。

3. 输出电压的调整

为了保证供电电压的质量，尽可能使二次端电压稳定，保持在额定值上，故需进行调压。调压的方法很多，例如对电感性负载进行调节，即在负载端并联电容器来提高功率因数和减小电压调整率，但在电力系统中采用最多、应用最普遍的还是用变压器调压。

电力变压器的调压方式有两种：一种是无励磁调压，即在切断负载后，用无励磁分接开关调压，调压必须停电；另一种是有载调压，即在不切断负载电流的情况下，用有载分接开关调压，调压不必停电。但大多数电力变压器，尤其是配电变压器，还较普遍地采用无励磁调压。

4. 变压器运行故障的排除方法

（1）异常响声 变压器在加上电源后，由于励磁电流以及磁通的变化，铁心、绕组会振动而发出连续均匀的嗡嗡声。但若有异常响声时，应按发声情况进行分析与检查。

有较大而均匀的响声时，可能是外加电压过高，检查证实后，设法降低电压；如声大而嘈杂，则说明内部振动加剧或结构松动，必须密切注意，必要时，可减少负载，甚至停电修理。

有嗞嗞声时，说明表面有闪络，要检查套管是否太脏或有裂纹；若套管无闪络，则可能是变压器内部的故障。

当发现响声特别大，而且很不均匀或有爆裂声时，表明有击穿现象，如绕组的绝缘损坏而导致短路，应立即停电修理；但要与大功率电动机起动时所引起的特大响声相区别。

（2）油位不正常 油位上升，主要是温度上升而引起的，针对温度上升情况进行处理；油面高出规定油位时，应放油至适当高度，以免溢出。

油位下降，多数是由于容器渗油或漏油，或天气变冷收缩所致。如原因属前者，则要考虑停电修理；若为后者，应予添油。

（3）油温过高 油温过高，必须采取相应措施。若因负载过大，应降低负载；对于Yyn0联结的变压器，中性线电流不得超过低压绕组额定电流的25%，若因三相负载不平衡，则应调整三相负载的分配。

油温过高时，应首先检查校对温度表指示是否正确，并检查变压器冷却系统的运转情况是否正常。

若负载及冷却系统均正常，而温度继续上升，则要考虑是否起因于变压器内部故障，如绕组短路、油路堵塞等，应立即停电修理。

（4）防爆管薄膜破裂 变压器内部发生故障时，产生大量气体，压力增加，致使防爆管的薄膜破裂，甚至将油喷出，这时应立即停电修理；但要注意，薄膜是否系外力所破，若是，则不需停电修理。

（5）气体继电器动作 当变压器内部发生严重故障或油面急速下降时，气体继电器就会动作，这时，要把变压器退出运行，进行检查与修理。

故障较轻时，气体继电器只有信号触点动作，应立即将继电器中的气体放出并检查，如系无色、不可燃的空气，变压器可继续运行；若系有色、可燃气体，则应立即停电检查。

(6) 变压器着火　变压器着火是一种严重的故障，首先应该分断一、二次侧开关，同时抢救遇险人员；然后迅速放出全部变压器油，引入储油池或封闭沟内，扑灭火焰。灭火应用不导电的灭火剂加上二氧化碳、1211 灭火器以及黄砂等；喷射灭火药物时，应有针对性，不要乱喷，尽可能地减少开关等其他设备的损伤。

第二节　小型变压器的制作和维修

小型变压器是指用于工频范围进行电压变换的小功率变压器，容量从几瓦到 1000 瓦。这种变压器广泛应用在日常生活和生产的各个用电领域中。

一、小型变压器的分类及结构

1. 分类和应用

类型很多，常见的按用途分有：

(1) 安全电源变压器　凡有安全灯和应用安全电源电动工具的场所，均需置有这种变压器。

(2) 1∶1 隔离变压器　是提供电压等于低压电网额定电压的小型安全电源变压器，可以使普通电钻等Ⅰ类手持式电动工具在一般场所也能安全地运用。

(3) 电源变压器　这种小型变压器的品种规格最多，应用最广，凡用交流电源的电子产品，几乎都用这种小型变压器提供电源，如低压继电控制装置，包括各种控制保护设备的音响信号和指示灯所需的较低电压电源。

(4) 霓虹灯变压器　霓虹灯的工作电压很高，一般为 15kV，其电源必须经小型变压器进行升压，功率一般在 450W 左右。

(5) 气体放电灯镇流器　荧光灯、高压汞灯和钠灯之类的气体放电光源，均需通过镇流器获得适合于辉光启动器和工作所需电压的电源，而镇流器按结构和基本工作原理来说，归属于这类小型变压器。

2. 基本结构

小型变压器的基本工作原理与大型变压器一样，其基本结构也由绕组和铁心两大部分组成。

(1) 铁心　常用的铁心分有山字形(或叫 E 字形)、日字形、F 字形、□字形和 C 字形(或叫卷片形)等多种，如图 5-22 所示。

(2) 绕组　除有些镇流器采用自感单绕组结构外，绝大多数小型变压器采用互感双绕组结构，即一次和二次侧由两个绕组构成；安全电源变压器和 1∶1 隔离变压器禁止采用自感单绕组结构。绕组与铁心组合的结构方式有心式和壳式两种。单相小型变压器，除□字形和 C 字形两种铁心用心式结构外，其余铁心均采用壳式结构；三相小型变压器，通常用山字形铁心组成心式结构。心式结构，就是铁心被线圈包围；壳式结构，则是绕组被铁心包围，如图 5-23 所示。

绕组是指一组串联的线匝，通常是同轴的，绕组是指电气设备中有规定功能的一组线匝

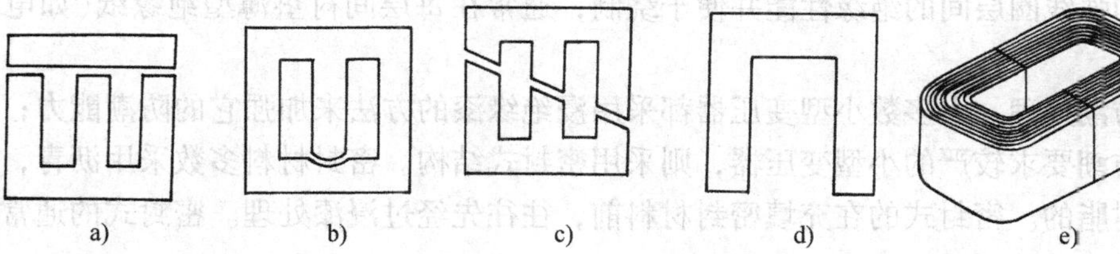

图 5-22　小型变压器常用铁心形状

a）山字形　b）日字形　c）F 字形　d）冂字形　e）C 字形

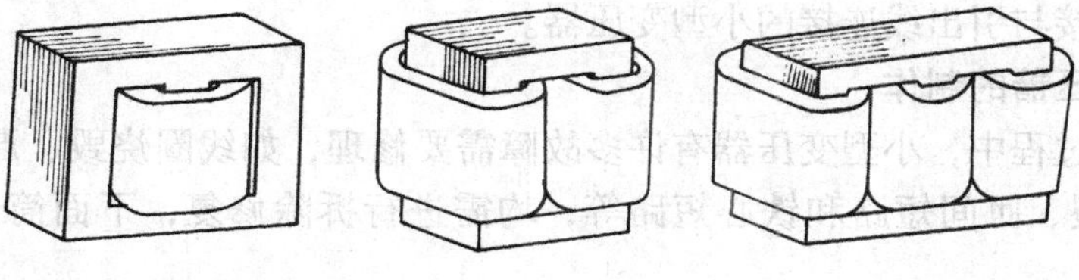

图 5-23　小型变压器构造

a）单相壳式　b）单相心式　c）三相心式

或线圈。在大、中型变压器中，往往是一个绕组由几个线圈串并联组成，而在小型变压器中，往往是一个绕组就是由一个线圈组成，使用中较难区分“线圈”与“绕组”的界限，这里统一使用“线圈”。

小型变压器线圈安装位置布设的一般规律是：

1）互感双线圈的单层安排。一、二次线圈分别套装在冂字形或 C 字形铁心的两个柱体上，这种安排方式便于一、二次线圈之间的绝缘处理，能有效地减少线圈之间发生短路故障的机会。凡安全要求较高的或电压比较高的小型变压器，如安全电源变压器、1∶1 隔离变压器和霓虹灯变压器等，经常采用这种安排方式；为了安装方便，四线端双线圈式荧光灯镇流器也采用这种安排方式。

2）互感双线圈的双层安排。一、二次线圈共同套装在铁心的同一柱体上，广泛应用于各种电源变压器，如单相壳式和三相心式小型变压器都采用这种安排方式。通常把一次线圈置于近柱体的内层，把二次线圈置于外层，这样安排有利于绝缘处理和二次线圈（电流较大）的散热。

3）自感单线圈的单层安排。通常把单线圈分绕成两个等匝的线圈，分别套装在冂字形铁心的两个柱体上，然后把两个线圈中的一个头与一个尾串接起来，使之成为一个连续绕向的线圈；留出另外的一头一尾作为出线端，如双线端荧光灯镇流器就采用这种安排方式。

（3）绝缘结构　小型变压器一般都把导线直接绕制在绝缘骨架上，骨架构成线圈与铁心之间的绝缘结构；凡双线圈式的，在绕制好内层线圈后，采用绝缘性能较好的青壳纸、黄蜡布或涤纶薄膜作为衬垫物，在衬垫物上面再绕外层线圈，这样，衬垫物也就成为一、二次线圈之间的绝缘结构；当外层线圈绕好后，再裹以牛皮纸或与上述衬垫物相同的绝缘材料，这样既能作为外层绝缘结构，又能作为线圈的保护层。

导线线径较大的线圈，采用线圈模架来绕制线圈。这种线圈通常用绑扎带绑扎使之成形不散，然后，把线圈套在裹有绝缘纸或绝缘布的铁心柱体（或内层线圈）上。

为了加强线圈层间的绝缘性能并便于绕制，通常在每层间衬垫薄型绝缘纸(如电容纸和牛皮纸等)。

(4) 防潮处理　大多数小型变压器都采用浸绝缘漆的方法来加强它的防潮能力；一些电压较高或防潮要求较严的小型变压器，则采用密封式结构。密封材料多数采用沥青，但也有采用环氧树脂的。密封式的在充填密封材料前，往往先经过浸漆处理。密封式的通常都具有外壳。

(5) 出线端引出方式　分原线套绝缘管直接引出和焊接软绝缘导线后引出两种，前者应用于导线较粗，且与接线端子连接的小型变压器；后者应用于导线较细，或不设置接线端子且外电路电源直接与引出线连接的小型变压器。

二、小型变压器的制作

在日常使用过程中，小型变压器有许多故障需要修理，如线圈烧毁、严重漏电(绝缘老化)、引出线断裂、匝间短路和铁心短路等，均需进行拆除修复，下面简介小型变压器的修复。

1. 拆卸铁心的方法

在拆卸铁心前，应先拆除外壳、接线端子板和铁心夹板等附近，然后才可拆卸铁心。不同铁心形状有不同的拆卸方法，但第一步拆卸方法是相同的，即用一字槽螺钉旋具把浸漆后粘合在一起的硅钢片插松，至少先把开始要拆卸的几片互相松开；然后才可按不同铁心形状的拆卸方法进行拆卸。

(1) 山字形硅钢片　先拆横条(即轭)，可用一字槽螺钉旋具顶住在已插松硅钢片的一侧，用力把横条向另一侧推动，待两端横条都拆完后，再用一字槽螺钉旋具插松铁柱的硅钢片；然后，用一字槽螺钉旋具顶住中柱舌片端头，用力向后推动，待推出3～4mm后，即可用钢丝钳钳住中柱部位抽出硅钢片；当拆出五六片或十来片后，即可改用钢丝钳或用手逐片抽出(但往往先需用一字槽螺钉旋具插开每片硅钢片)。

(2) 日字形硅钢片　先插松第一、二片硅钢片，把铁轭掀起(开口一端)，并掀至线圈骨架上边，然后用一字槽螺钉旋具插松中柱硅钢片，并从舌端头向后推出几毫米，接着便可用钢丝钳抽出硅钢片。以下拆法与山字形的后阶段拆法相同。

(3) F字形硅钢片　用一字槽螺钉旋具在两侧已插松的硅钢片接口处分别顶开，使被顶硅钢片凸出；用钢丝钳钳住凸起硅钢片的中柱部位，然后向外抽出硅钢片。以下重复上述方法和参照山字形的拆法。

(4) 冂字形硅钢片　把一端横头夹持在台钳上(夹紧)，用小锤左右敲打另一端横头，使整个铁心松动，然后用钢丝钳钳住另一端横头，并向外抽出硅钢片，即可方便拆卸。

(5) C字形硅钢片　拆除夹紧箍后，即可把一端横头夹持在台虎钳上，用小锤左右轻敲另一端横头(切勿猛敲,以免损坏骨架和铁心接口平面的平整性)，使整个铁心松动，然后就可用手抽出硅钢片。

(6) 拆卸时注意事项

1) 有线圈骨架的，凡未破损或绝缘未老化的骨架，不应因拆卸铁心而遭破坏，以使骨架能继续使用。

2) 在未拆卸前，应先测量一下铁心的叠厚，尤其是对无骨架的或骨架已彻底损坏的线圈，以备制作绕线架或骨架时所需。

3）在用钢丝钳抽出硅钢片时，不能硬抽；抽不动时，应先用一字槽螺钉旋具掰松硅钢片。对稍紧难抽的硅钢片，可钳住后左右小幅度地摆动几下，使硅钢片松动，就会方便地被抽出。

4）拆卸的硅钢片不可散失，应保管好，如果少了几片，会影响修复后变压器的质量。

5）拆C字形铁心时，要防跌碰，切不可跌毛两半铁心接口处的平面。如果跌毛，会严重影响修复后的变压器质量。

2. 获得重绕数据的方法

如果重绕后要求功率、电压和电流等额定值与原来的一样，则其主要数据便是线圈的导线直径和匝数。导线直径可用游标卡尺测量原线圈导线获得；可是，匝数如果不准确，修复后的变压器的电压比就会达不到要求。因此，进行重绕修理，往往要进行匝数计算，简便的匝数计算方法如下：

（1）判断原铁心截面积　可通过实测原铁心叠厚和柱体宽度（俗称舌宽）获得，即叠厚乘以舌宽；但这不是实际铁心截面积，因铁片表面涂有绝缘膜和片与片之间存在间隙，故应除以系数，一般小型变压器其系数取0.9。

（2）判断原铁心磁通密度　小型变压器通常采用0.35mm厚的热轧或冷轧硅钢片作为铁心，除C字形铁心外，铁心的磁通密度为：热轧的通常取0.8～1.2T（冷轧的较脆，一折就断）；冷轧的通常取1.2～1.4T（热轧的有韧性，曲折不断）。C字形铁心一般均采用冷轧硅钢片制成，能取较高的磁通密度，一般取1.5～1.6T。重绕时进行的匝数计算，一般取上述参数的下限。

（3）匝数计算公式

$$N=\frac{1}{4.44fBS}$$

式中　N——每伏所需的匝数；

f——电源频率（Hz）；

B——磁通密度（T）；

S——铁心实际截面积（m^2）。

按上述公式求出的N值乘以一次额定电压值所得的积，就是一次绕组所需的总匝数。二次绕组是N值乘以额定电压后，因考虑到负载时电压降所需的补偿，故一般应增加5%。

例5-4　一只小型电源变压器需重绕线圈，已知电源频率为50Hz，一次额定电压为220V，二次输出电压为15V，从实物测得的铁心舌宽为1.4cm，厚叠为2cm，经弯折铁心的硅钢片而判断是冷轧的。问一、二次绕组各应绕多少匝？

已知　$U_1=220V$，$U_2=15V$，$S=1.4\times2\times0.9\times10^{-4}m^2=2.52\times10^{-4}m^2$，$B=1.2T$，$f=50Hz$

解　代入得

$$N=\frac{1}{4.44fBS}=\frac{1}{4.44\times50\times1.2\times2.52\times10^{-4}}\text{匝}\approx14.9\text{匝}$$

故

$$N_1=U_1N=220\times14.9\text{匝}=3278\text{匝}$$

$$N_2=U_2N\times1.05=15\times14.9\times1.05\text{匝}=235\text{匝}$$

答：一次绕组应绕3278匝，二次绕组应绕235匝。

3. 绕线前的准备工作

(1) 选择导线和绝缘材料　根据计算选用相应规格和数量的漆包线。

绝缘材料须考虑耐压要求和允许厚度，表5-4列出了常用绝缘材料的性能和用途。

表5-4　小型变压器常用绝缘材料

品　名	颜色	常用规格		特　点	用　途	备　注
		厚度/mm	耐压强度/V			
电话纸	白色	0.04 0.05	400	坚实，不易破裂	线径小于0.4mm的漆包线的层间绝缘垫纸	代用品：相应厚度的打字纸、描图纸
电缆纸	土黄色	0.08 0.12	300~400 800	柔顺，耐拉力强	线径大于0.5mm的漆包线的层间绝缘垫纸，低压线圈间的绝缘（2~3层）	代用品：牛皮纸
青壳纸	青褐色	0.25	1500	坚实，耐磨	线包外层绝缘（2~3层）	
电容器纸	白色 黄色	0.03	475	薄，密度高	线径小于0.4mm的漆包线的层间绝缘	
聚酯薄膜	透明	0.04 0.05 0.10	3000 4000 9000	耐温140℃	层间绝缘	
玻璃漆布	黄色	0.15 0.17	2000~3000	耐温好	绕组间绝缘	
聚四氟乙烯薄膜	透明	0.030	6000	耐温280℃，耐酸碱	层间绝缘	
压制板	土黄色	1.0 1.50		坚实，易弯曲	线包骨架	又称弹性纸
黄蜡布	糖浆色	0.14 0.17	2500	光滑，耐压高	高压线圈间绝缘	系凡立水浸渍的棉制品
黄蜡绸	糖浆色	0.08	4000	细薄，少针孔	高压线圈的层间绝缘，高压线圈间绝缘（2~3层）	系凡立水浸渍的丝织品
高频漆				粘料	粘合绝缘纸、压制板、黄蜡布、黄绸布等	系无水酒精和酚醛树脂溶合泡制，代用品：洋干漆
青喷漆	透明			粘料	粘合绝缘纸、压制板、黄蜡布、黄绸布等	又名罩光漆：蜡克漆

层间绝缘厚度按两倍层间电压的绝缘强度选用；对于1000V以内、要求不高的变压器也有用电压峰值，即1.414倍层间电压为选用标准的；对铁心绝缘及绕组间绝缘，按对地电压的两倍来选用。

（2）制作木芯　木芯是用来套在绕线机转轴上支撑线圈骨架的，以便绕线．通常用杨木或杉木按铁心中心柱截面 $a \times b$ 稍大一些的尺寸 $a' \times b'$ 制成，如图5-24a所示；木芯的长 h' 也应比铁心窗口的高度 h 稍大一些；木芯的中心孔直径要与绕线机轴径相配合，一般为10.2mm。中心孔必须钻得正中和平直，木芯的四个周边相邻的必须互相垂直，木芯的边角用砂纸磨成略带圆角。

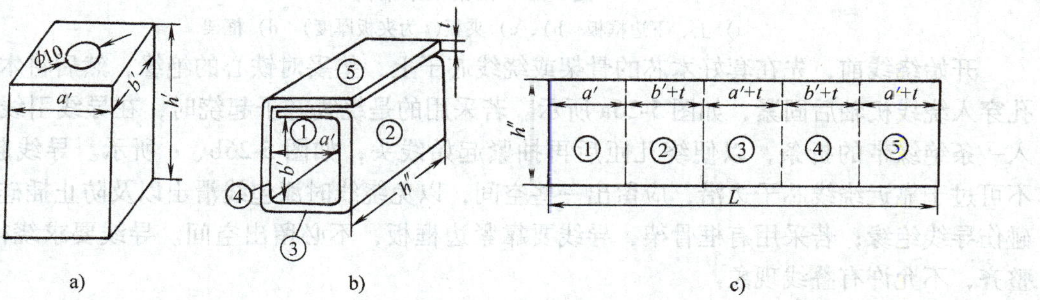

图5-24　小型变压器的木芯及绕线芯子

a）木芯　b）用弹性纸制作绕线芯子　c）弹性纸尺寸

（3）制作绕线芯子及骨架　绕线芯子及骨架除起支撑线圈作用外，还起对地绝缘的作用，应具有一定的机械强度与绝缘强度。

纸质无框绕线芯子，一般用弹性纸或钢纸板（俗称反白纸）制成，如图5-24b、c所示。所用弹性纸厚度 t 见表5-5。

表5-5　制作骨架的弹性纸厚度 t

变压器容量 P_s/VA	30	50	300以下	300～1000
弹性纸厚度 t/mm	0.5	0.8	1.0	1.0～1.5

无框绕线芯子的长度 h 应比铁心窗高 h 稍短些，通常短2mm左右，绕线芯子的边沿也必须平整垂直。弹性纸的长度 L，可按下式取用，即

$$L = 2(b' + t) + a' + 2(a' + t)$$
$$= 2b' + 3a' + 4t$$

按照图5-24c中虚线用裁纸刀划出浅沟，沿沟痕把弹性纸折成四方形，第⑤面与第1①面重叠，用胶水粘合。

大多数变压器，特别是较高电压的变压器，都采用有框骨架。框架可用钢纸板或玻璃纤维板等材料制成。图5-25为活络的框架结构，框架的两端用两块边框板作支柱，四侧采用两种形状的夹板，拼合成一个完整的框架，如图5-25d所示。

4. 绕线的方法

首先裁剪好各种绝缘纸（或绝缘布），它们的宽度应稍长于骨架或绕线芯子的长度，而长度应稍大于骨架或绕线芯子的周长，但须考虑到线圈逐渐绕大后所需增长的裕量。

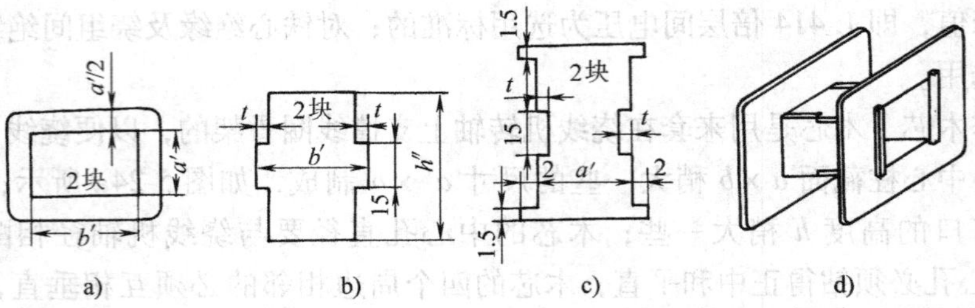

图 5-25 活络框架结构

a）上、下边框板 b）、c）夹板（t 为夹板厚度） d）框架

开始绕线前，先在套好木芯的骨架或绕线芯子上，垫妥对铁心的绝缘，然后将木芯中心孔穿入绕线机轴后固紧，如图 5-26a 所示。若采用的是绕线芯子起绕时，在导线引线头上压入一条绝缘带的折条，以便绕几匝后再抽紧起始线头，如图 5-26b、c 所示。导线起绕点，不可过于靠近绕线芯子边沿，应留出一些空间，以免绕线时漆包线滑出以及防止插硅钢片时碰伤导线绝缘；若采用有框骨架，导线要靠紧边框板，不必留出空间。导线要求绕得紧密、整齐，不允许有叠线现象。

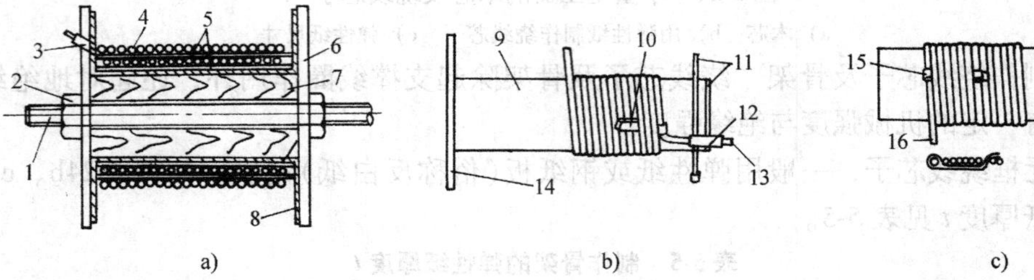

图 5-26 线圈的绕制

a）绕组芯子的安装 b）绕组线头的固紧 c）绕组线尾的固定

1—机轴 2—螺母 3、12—套管 4—导线 5—层间绝缘 6—夹板 7—木芯

8—绕组骨架 9—第一层层间绝缘 10、15—黄蜡布 11—绝缘衬垫

13、16—绕组线头 14—绕线架

绕线的要领是：绕时将导线稍微拉向绕线前进的相反方向约 5°，如图 5-27 所示，拉线的手顺绕线前进的方向而移动，拉力大小视导线粗细而掌握适当，这样导线就容易排齐。

线圈层次按照一次绕组、静电屏蔽、二次高压绕组、二次低压绕组的顺序，依次叠绕。当二次绕组数较多时，每绕一组后，用万用表测量是否通路，检查有否断线。最后将整个绕组包好对铁心绝缘，用胶水粘牢。末端出线头的固扎方法是：当线圈绕近末端时，先垫入固定线用的绝缘带折条，当绕至末端时，把线头穿入折条内，然后抽紧折条即可。

当线径大于或等于 0.35mm 时，线圈端头的引出线可利用原线，如图 5-28 所示方法绞合后套以绝缘套管即可。当线径小于 0.35mm 时，应另用多股软线与之焊接后引出，引出线的绝缘套管应按耐压等级选用。

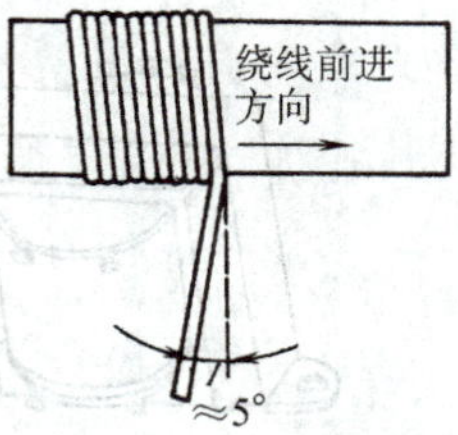

图 5-27　绕制过程中持线方法

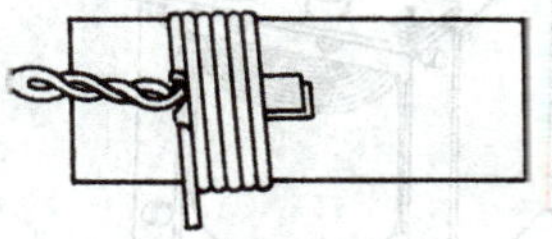

图 5-28　利用原线作引出线

有些用于弱电领域的小型电源变压器，在一、二次线圈之间有一层屏蔽层，能有效地减轻工频干扰，重绕时不可省略。绕制屏蔽层时必须注意：衬垫在屏蔽层上下的绝缘必须可靠，耐压应足够；屏蔽层铜皮应略窄于骨架宽度，两侧均不可贴住骨架框板；屏蔽层铜皮不可形成短路环，两端口既要互相叉叠（形成封闭的屏蔽层），又不可直接触及，其端口处绝缘必须良好，端口不可有毛刺；屏蔽层的接地引出线必须置于线圈的另一侧，不可与线圈引出线混在一起。

5. 绝缘处理

为了提高线圈的防潮能力和增加绝缘强度，线圈绕好后，一般均应作绝缘处理。处理的方法是将绕好的线圈放在电烘箱内加温 70～80℃，预热 3～5h，取出后立即浸入 1260 等绝缘清漆中约 0.5h，取出后放在通风处滴干，然后再进烘箱加温到 80℃，烘 12h 即可。

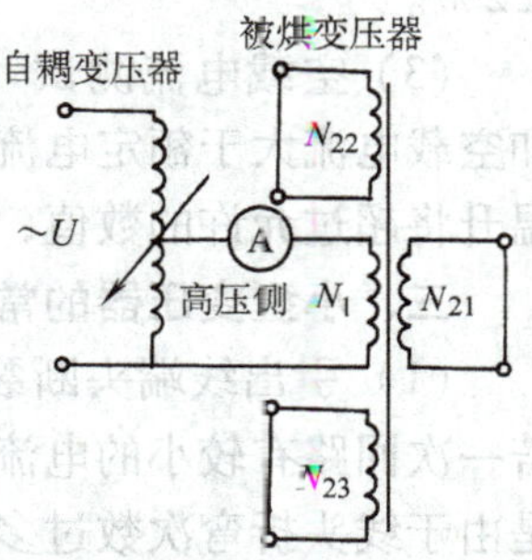

图 5-29　通电烘干法

若无烘箱条件，可在绕组绕制过程中，每绕完一层，就涂刷一层薄的 1260 漆等绝缘清漆，然后垫上绝缘，继续绕下一层，线圈绕好后，通电烘干。通电烘干的办法是用一个 500V · A 的自耦变压器及交流电流表与欲烘干的变压器的高压绕组串联（低压绕组短路），如图 5-29 所示。逐渐增大自耦变压器的输出电压，使电流达到高压绕组额定电流的 2～3 倍（0.5h 后，线圈摸时应烫手，此时为 70～80℃），线圈通电干燥 12h 后即可。

6. 铁心镶片

铁心镶片要求紧密、整齐，否则会使铁心截面积达不到计算要求，造成磁通密度增大，在运行时硅钢片会发热，并产生振动噪声。

镶片时，在线圈两边，两片两片地交叉对镶，镶到快要结束较紧难插时，则用一片一片地交叉对镶。当线圈中镶满硅钢片时，余下大约 1/6 的硅钢片往往比较难镶，俗称紧片。紧片需用一字槽螺钉旋具撬开硅钢片夹缝才能插入，还要用木榔轻轻敲入。在插镶条形片时，切忌直向插片，以免擦伤线圈。当骨架嫌小或线圈体积嫌大时，切不可硬行将硅钢片插入，以免损伤骨架和线圈。可将铁心间中心柱或两边柱榔紧些，或将线圈套在木芯上，用两块木板夹住线圈两侧，在台虎钳上缓慢地将它稍许压扁一些后再进行镶片。

镶片完毕后，应把变压器放在平板上，两头用木榔敲打平整，E 字形硅钢片的对接口间不能留有空隙；最后，用螺钉或夹板固紧铁心，并参照图 5-30 所示把引出线焊到焊片上或连接在接线柱上。

7. 成品测试

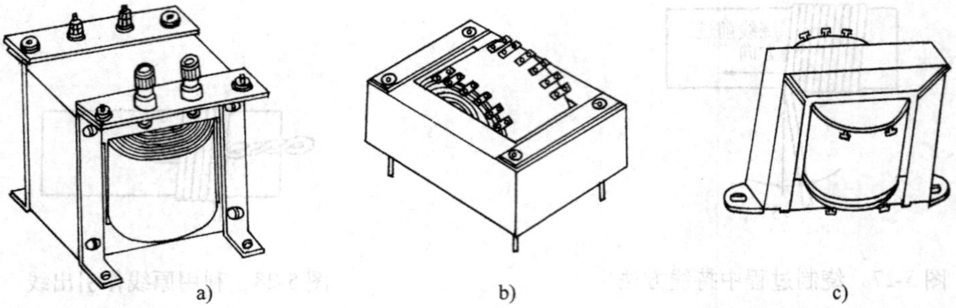

图 5-30　小型变压器的引出线布置

a）立式变压器　b）卧式变压器　c）夹式变压器

（1）绝缘电阻测试　用绝缘电阻表测各绕组间和它们对铁心（地）的绝缘电阻，对于400V 以下的变压器，其值应不低于 90MΩ。

（2）空载电压测试　当一次电压加到额定值时，各二次绕组的空载电压允许误差为：二次高压绕组误差 $\Delta U_1 \leqslant \pm 5\%$；二次低电压绕组误差 $\Delta U_2 \leqslant \pm 5\%$；中心抽头电压误差 $\Delta U \leqslant \pm 2\%$。

（3）空载电流测试　当一次输入额定电压时，其空载电流为 5%～8% 的额定电流值。如空载电流大于额定电流的 10% 时，损耗较大；当空载电流超过额定电流的 20% 时，它的温升将超过允许的数值，就不能使用。

三、小型变压器的常见故障及维修

（1）引出线端头断裂　如果一次回路有电压而无电流，一般是一次线圈的端头断裂；若一次回路有较小的电流而二次回路既无电流也无电压，一般是二次线圈的端头断裂。通常是由于线头折弯次数过多，或线头遭到猛拉，或焊接处霉断（焊剂残留过多），或引出线过细等原因所造成的。如果断裂线头处在线圈的最外层，可掀开绝缘层，挑出线圈上的断头，焊上新的引接线，包好绝缘层即可；若断裂线端头处在线圈内层，一般无法修复，需要拆开重绕。

（2）线圈的匝间短路　存在匝间短路时，短路处的温度会剧烈上升。如果短路发生在同层排列左右两匝或多匝之间，过热现象稍轻；若发生在上下层之间的两匝或多匝之间，过热现象就严重。通常是由于线圈遭受外力撞击，或漆包线老化等原因造成的。如果短路发生在线圈的最外层，可掀去绝缘层后，在短路处局部加热（指对浸过漆的线圈，可用电吹风加热），待漆膜软化后，用薄竹片轻轻挑起绝缘已破坏的导线，若线芯没损伤，可插入绝缘纸，裹住后揿平；若线芯已损伤，应剪断，去除已短路的一匝或多匝导线，两端焊接后垫妥绝缘纸揿平。用以上两种方法修复后均应涂上绝缘漆吹干，再包上外层绝缘。如果故障发生在无骨架线圈两边沿口的上下层之间，一般也可按上述方法修理。若故障发生在线圈内部，一般无法修理，需拆开重绕。

（3）线圈对铁心短路　存在这一故障，铁心就会带电，这种故障在有骨架的线圈上较少出现，但在线圈的最外层会出现这一故障；对于无骨架的线圈，这种故障多数发生在线圈两边的沿口处，但在线圈最内层的四角处也较常会出现。通常是由于线圈外形尺寸过大而铁心窗口容纳不下，或因绝缘裹垫不佳或遭到剧烈跌碰等原因所造成的。修理方法可参照匝间短路的有关内容。

（4）铁心噪声过大　噪声有电磁噪声和机械噪声两种。电磁噪声通常是由于设计时铁心磁通密度选用得过高，或变压器过载，或存在漏电故障等原因所造成的；机械噪声通常是由于铁心没有压紧，在运行时硅钢片发生机械振动所造成的。

如果电磁噪声，属于设计原因的，可换用质量较佳的同规格硅钢片；属于其他原因的，应减轻负载或排除漏电故障。如果是机械噪声，应压紧铁心。

（5）线圈漏电　这一故障的基本特征是铁心带电和线圈温升增高，通常是由于线圈受潮或绝缘老化所引起的。若是受潮，只要烘干后即可排除故障；若是绝缘老化，严重的一般较难排除，轻度的可拆去外层包缠的绝缘层，烘干后重新浸漆。

（6）线圈过热　通常是由于过载或漏电所引起的，或因设计不佳所致；若是局部过热，则是由于匝间短路所造成的。

（7）铁心过热　通常是由于过载、设计不佳、硅钢片质量不佳或重新装配硅钢片时少插入片数等原因所造成的。

（8）输出侧电压下降　通常是由于一次侧输入的电源电压不足(未达到额定值)、二次绕组存在匝间短路、对铁心短路或漏电或过载等原因造成的。

第三节　电焊变压器的维修

交流弧焊机在生产中应用很广泛，它的结构实际上是一台特殊的降压变压器，即电焊变压器。由于弧焊的需要，对电焊变压器的要求是：空载时，要有足够大的引弧电压(60～75V)；有负载(即焊接)时，就要求电压急剧下降，在额定负载时约为30V；在二次短路(即焊条碰在工件上而不引弧)时，二次短路电流不能过大；此外，还要求能调节焊接电流的大小。

为满足上述要求，电焊变压器的结构必须具有两个基本特点：其一，变压器绕组的漏抗应较大，这样，就能在二次负载增大时，由于漏抗压降增大，而使输出电压下降；其二，二次绕组的匝数可以改变，绕组的漏抗也可以改变，以便调节电流。

一、分类和基本结构

1. 常用电焊变压器的类型、基本结构和工作原理分别介绍于下：

（1）磁分路动铁心式电焊变压器　如图5-31a、b所示，这种变压器有三种铁心柱，两边是主铁心，中间为动铁心。变压器的一次绕组为一筒形绕组，绕于一个主铁心柱上；二次绕组分为两部分，一部分绕在一次绕组的外层，另一部分绕于另一只主铁心柱上。由于磁场中有两个空气隙，而中间铁心又是可动的，这样就大大地增加了变压器的漏抗(并且可以调节)，从而获得了如图5-31c所示的输出电压下降得很陡的外特征。

焊接电流的调节有粗调和细调两种：粗调是靠更换二次侧接线端子板上的连接片通过改变二次绕组的匝数来改变焊接电流，接线端子板上有接法Ⅰ及接法Ⅱ两种接法；细调是通过手柄移动铁心位置，以改变漏抗，从而得到均匀的调节电流。

现以图5-31c中输出特性曲线2为例，这时，连接片在接法Ⅰ的位置，动铁心在最外位置。焊接时先将焊条与焊件接触，相当于电焊变压器的输出端短路，这时因受绕组漏阻抗的限制，短路电流并不很大，约为240A(即曲线2与电流轴的交点)；然后迅速将焊条提起，焊条与焊件之间产生电弧，电弧就其性质来说，相当于一个电阻，电弧上的电压降，大致上

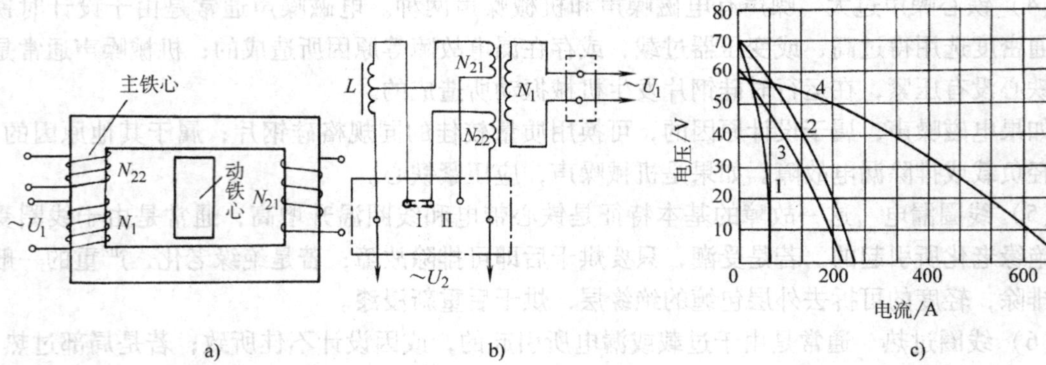

图 5-31 动铁心式交流弧焊机

a）线圈、铁心图 b）电气线路图 c）BXI-330 型交流弧焊机输出特性曲线

曲线 1—接法Ⅰ，动铁心在最内位置 曲线 2—接法Ⅰ，动铁心在最外位置

曲线 3—接法Ⅱ，动铁心在最内位置 曲线 4—接法Ⅱ，动铁心在最外位置

就是二次绕组的输出电压为 30V 左右，这时的输出电流（焊接电流）是 165A，当焊条与焊件间的距离发生变化而使电弧长度变化时，电弧压降也要在 30V 上下变化，因此，输出电流也要在 165A 左右变化，由于电焊变压器的输出特性很陡，当电弧压降变化时，焊接电流的变化并不显著，电弧比较稳定。

（2）带电抗器的电焊变压器（同体式）带电抗器的电焊变压器的电气原理如图 5-32 所示，在这种变压器的二次绕组中串联一个可变电抗器，电抗器中的气隙增大时，电抗器的电抗减小，电焊工作电流增大；反之，电焊电流减小。另外，在一次绕组中还备有分接头，以调节起弧电压的大小。带电抗器的电焊变压器的工作原理也同动铁心式电焊变压器基本上一样。

（3）动圈式电焊变压器　它同上述两种电焊变压器的主要区别仅在于改变漏抗的方法不同，它是通过改变一、二次绕组的相对位置来实现的。

动圈式电焊变压器的结构如图 5-33 所示，它的一次绕组是固定的，二次绕组是可动的。两绕组间的距离不同，漏抗也不同。绕组间距离最大时，空间漏磁达最大值，漏抗最大，这时空载输出电压降低，而焊接电流最小；当绕组接近时，空载输出电压就升高，焊接电流增大。

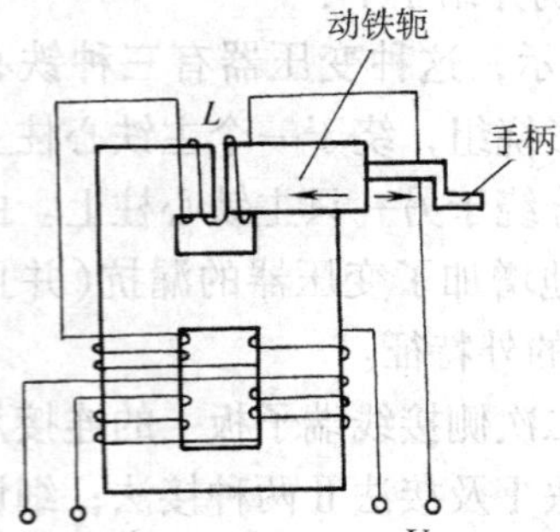

图 5-32 带电抗器的电焊变压器电气原理图

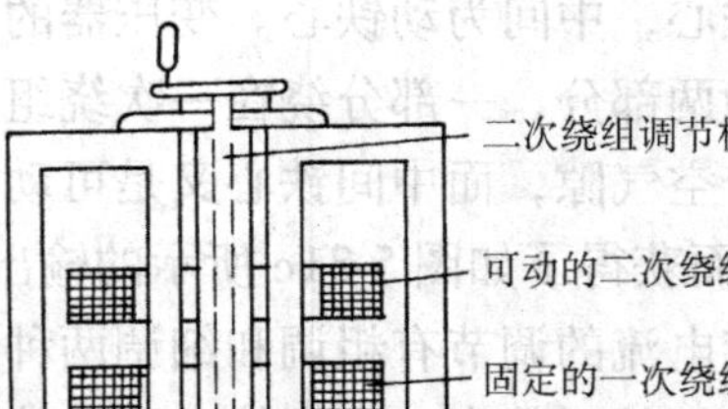

图 5-33 动圈式电焊变压器的结构

2. 常用电焊变压器的产品型号和基本技术参数见表 5-6。

表 5-6　常用电焊变压器的产品型号和基本技术参数

型　号	BX1—135		BX2—500		BX3—300	
电焊变压器类别	动铁式		同体式		动圈式	
一次电压/V	220 或 380					
接法	Ⅰ	Ⅱ			Ⅰ	Ⅱ
空载电压/V	75	60	80		75	60
电流调节范围/A	25 ~ 85	50 ~ 150	200 ~ 300		40 ~ 125	115 ~ 400
额定负载持续率/%	65		60		60	
额定焊接电流/A	135		500		300	
额定工作电压/V	30		45.5		30	
220V 时一次电流/A	41		190		93.5	
380V 时一次电流/A	23.5		110		54	
效率(%)	78		87		83	
功率因数	0.58		0.62		0.53	
不同负载持续率时的焊接电流/A	100%	110	100%	390	100%	232
	65%	135	60%	500	60%	300
	50%	150	42%	600	35%	400
一次电源导线截面积/mm^2	10 或 6		25 或 16		16 或 10	

二、常见故障和排除方法

电焊变压器的常见故障和排除方法见表 5-7。

表 5-7　电焊变压器常见故障和排除方法

故障现象	可能原因	排除方法
电焊变压器过热	1. 过载 2. 电焊变压器绕组短路	1. 减少焊接电流 2. 排除短路故障
焊接电流过小	1. 二次电源线过长过细(导线压降太大) 2. 二次电源线盘成圈状(电感太大) 3. 二次电源线接触不良(连接处接触电阻太大或与工件接触不良)	1. 减少长度或放大截面积 2. 排除圈状 3. 重新连接，使接触电阻减小
焊接电流过大或过小	1. 电路中起感抗作用的绝缘损坏(引起电流过大) 2. 磁回路产生涡流(引起电流减小)	1. 修复绝缘损坏处 2. 调整铁心间隙
焊接电源过热	1. 整根导线过热：导线截面积过小 2. 连接处过热，连接处的接触电阻过大	1. 更换为较大截面的导线 2. 重新连接，减小接触电阻
焊接电流忽大忽小	动铁心在焊接时位置不稳定	固定调节手柄或动铁心
焊接时有“嗡嗡”异声	动铁心的制动螺钉或弹簧过松	固紧制动螺钉或调整弹簧压力

复 习 题

1. 变压器空载运行时，一次绕组加以额定电压，这时一次绕组的电阻很小，为什么空载电流不会很大？

2. 变压器的负载增加时，为什么一次绕组的电流随之增加？二次绕组的端电压随之减低？为什么变压器铁心中的主磁通不随负载电流而变化？

3. 变压器油为什么经常要进行油样分析？怎样取油样？

4. 什么叫绝缘吸收比？在测量方法上它与测绝缘电阻有什么区别？

5. 电力变压器空载和负载实验的目的是什么？试验时功率表测得的读数为什么可分别视为变压器的铁耗和铜耗？

6. 变压器的极性有什么意义？用什么方法来确定变压器的同极性端点（同名端）？同极性端与绕组的首、末端是否一致？

7. 变压器的一、二次绕组按图 5-34 连接，试画出它们的线电压相量图，并用标号表示各组的联结组。

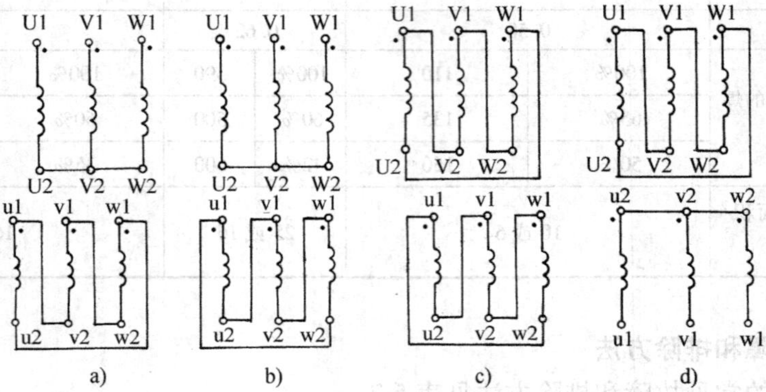

图 5-34　三相变压器的联结图

8. 什么叫电力变压器的运行标准？有哪些主要标准项目？

9. 电力变压器在运行中有哪些检查项目？为什么要进行这些检查？

10. 常见的小型变压器有哪些类型？各有什么用途？

11. 小型变压器的常见故障有哪些？怎样排除？

12. 试述小型变压器重绕修理的几个主要工艺步骤。

13. 常用电焊变压器有几种类型？它们各有什么基本结构特征？

第六章　交流异步电动机

电动机是根据电磁感应原理，把电能转换为机械能，输出机械转矩的原动机。根据被转换的电能性质不同，电动机可分为交流电动机和直流电动机两大类。

交流电动机按其作用原理，又可分同步电动机和异步电动机。同步电动机所输入的交流电频率与转速之比为恒定值，异步电动机的频率与转速之比不是恒定值。

异步电动机按其相数，又可分为单相异步电动机和三相异步电动机。由于三相异步电动机具有结构简单、价格低廉、坚固耐用、使用和维修方便等一系列优点，在工农业和其他国民经济中是应用最广泛的一种交流电动机。

第一节　三相异步电动机的结构、铭牌、类型及工作原理

一、三相异步电动机的结构

三相异步电动机的结构，主要由固定不动的部分（即定子）和旋转的部分（即转子）组成，定子与转子之间有空气隙。三相笼型异步电动机的结构如图 6-1 所示。

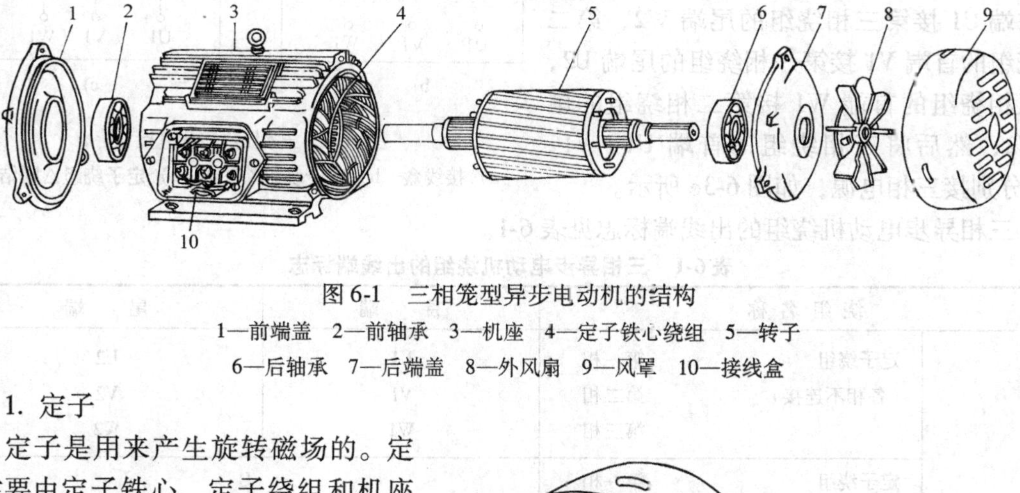

图 6-1　三相笼型异步电动机的结构

1—前端盖　2—前轴承　3—机座　4—定子铁心绕组　5—转子　6—后轴承　7—后端盖　8—外风扇　9—风罩　10—接线盒

1. 定子

定子是用来产生旋转磁场的。定子主要由定子铁心、定子绕组和机座三部分组成。

（1）定子铁心　定子铁心是电动机磁路的一部分，一般用 0.35～0.5mm 厚表面涂有绝缘漆或生成氧化膜的硅钢片经冲剪并叠压而成。由于硅钢片较薄而且相互间绝缘，可以减少由于交变磁通而引起的涡流损耗。定子硅钢片的内圆上冲有均匀分布的槽，如图 6-2b 所示，用以嵌放定子绕组。根据绕组的

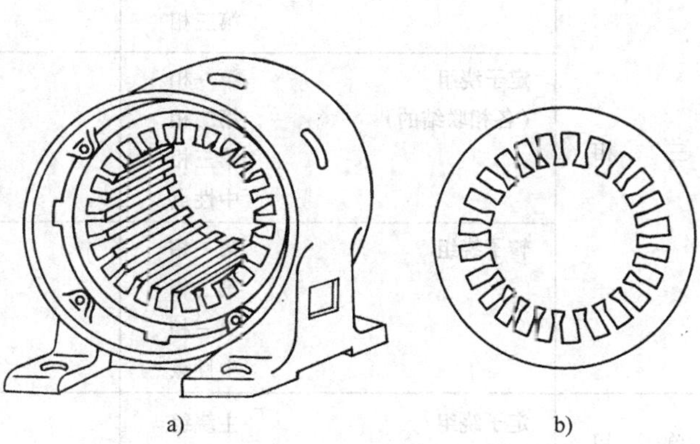

图 6-2　硅钢片与定子铁心

a）定子铁心　b）硅钢片

形式，定子铁心槽形有开口槽、半开口槽和半闭口槽。制成后的定子铁心压装在机座内，如图 6-2a 所示。

(2) 定子绕组　定子绕组是三相异步电动机的电路部分，由三相对称绕组组成，三个绕组按一定的空间角度依次嵌放在定子槽内。三相绕组的首端分别用 U1(D1)、V1(D2)、W1(D3)表示，尾端对应用 U2(D4)、V2(D5)、W2(D6)表示。为了便于变换接法，三相绕组的六个线头都引到电动机的接线盒内，如图 6-3 所示。

三相定子绕组按电源电压的不同和电动机铭牌上的接线要求，可接成星形(Y)或三角形(△)两种形式。三相异步电动机接线盒内的接线方法如下：

1) 星形(Y)联结。将三相绕组的 U2、V2、W2 端接在一起，U1、V1、W1 端分别接三相电源，如图 6-3b 所示。

2) 三角形(△)联结。将第一相绕组的首端 U1 接第三相绕组的尾端 W2，第二相绕组的首端 V1 接第一相绕组的尾端 U2，第三相绕组的首端 W1 接第二相绕组的尾端 V2，然后将三相绕组的首端 U1、V1、W1 分别接三相电源，如图 6-3c 所示。

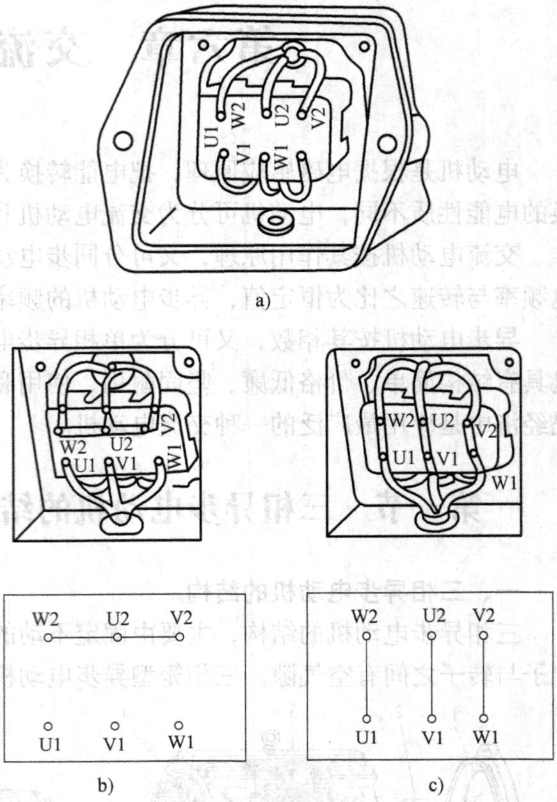

图 6-3　三相定子绕组接线
a) 接线盒　b) 定子绕组Y联结　c) 定子绕组△联结

三相异步电动机绕组的出线端标志见表 6-1。

表 6-1　三相异步电动机绕组的出线端标志

绕组名称			首端	尾端
三相	定子绕组 (各相不连接)	第一相 第二相 第三相	U1 V1 W1	U2 V2 W2
	定子绕组 (各相联结的)	第一相 第二相 第三相 中性点	U V W N	
	转子绕组	第一相 第二相 第三相 中性点	K L M Q	
单相	定子绕组	主绕组 辅助绕组	U1 Z1	U2 Z2

（3）机座　机座主要是用于固定定子铁心和端盖，同时还有散热功能。中小型异步电动机一般采用铸铁机座，小机座也可用铝合金压铸而成，大型电动机机座都采用钢板焊接而成。根据电动机冷却方式的不同，采用不同的机座形式。封闭式（IP44）Y 系列电动机，在机座表面有散热肋片来增大散热面积。老产品 J2 型防护式电动机，表面没有散热肋，因此，在机座两侧开有通风孔来改善冷却效果。

2. 转子

转子是电动机的转动部分。它的功能就是输出机械转矩，带动其他机械设备旋转做功。转子主要由转子铁心、转子绕组和转轴三部分组成。

（1）转子铁心　转子铁心是电动机磁路的另一部分，它与定子铁心一样也用硅钢片经冲剪后叠成圆柱体，转子硅钢片的外圆周上冲有均匀分布的槽，如图 6-4a 所示，槽内嵌放着转子绕组，小功率电动机的转子铁心直接压入转轴上，较大功率电动机的转子铁心套在轴上的转子支架上。

（2）转子绕组　转子绕组是电动机电路的另一部分。转子绕组按照构造不同，可分笼型和绕线转子两种型式。

1）笼型转子绕组。笼型转子绕组是在转子铁心槽内放置没有绝缘的裸条，在伸出转子铁心两端的槽口处，用两个环把所有导条都短接起来，所以该环也称为短路环。中小型笼型电动机转子的导条与端环一般都采用铝铸成笼型，同时在端环上铸出叶片作为冷却用的内风扇，如图 6-4b 所示，也可用裸铜条焊成。为了改善电动机的起动性能，笼型转子还采用斜槽结构，即转子的槽不与轴线平行，而是扭斜一个角度，如图 6-4c 所示。

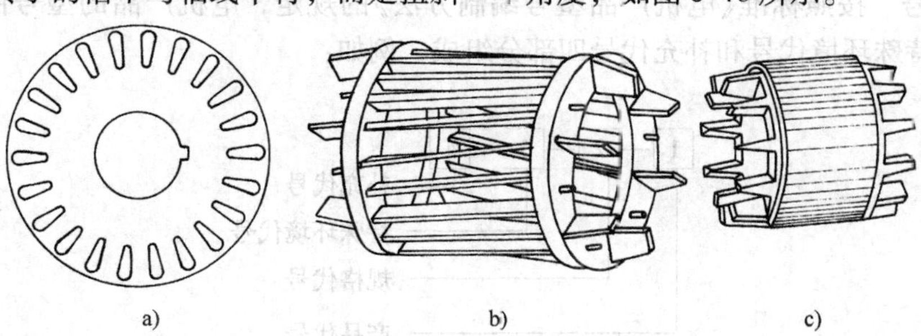

a)　　b)　　c)

图 6-4　笼型转子

a）转子硅钢片　b）笼型转子绕组和内风扇　c）铸铝转子

2）绕线型转子绕组。绕线型转子绕组与定子绕组相似，由绝缘导线制成绕组元件，嵌放在转子铁心槽内，然后连接成对称的三相绕组，一般采用星形联结，三相绕组的三根引出线分别接到固定在转轴上的三个互相绝缘的集电环上，由集电环上的电刷把转子三相电动势引出，接到外面的变阻器上，其外形及接线如图 6-5 所示。

（3）转轴　转轴的作用是支承转子、传递转矩，并保证定子与转子之间有均匀的空气隙。空气隙是电动机磁路的又一部分，它与定子铁心和转子铁心一起构成电动机的完整磁路。空气隙越小，电动机的功率因数越高、空载电流越小，一般中小型异步电动机的空气隙为 0.2 ~ 1mm。

3. 其他附件

三相异步电动机的结构除了上述定子、转子主要部件外，还有端盖、轴承、轴承盖、外风罩、外风扇接线盒和铭牌等各种附件。

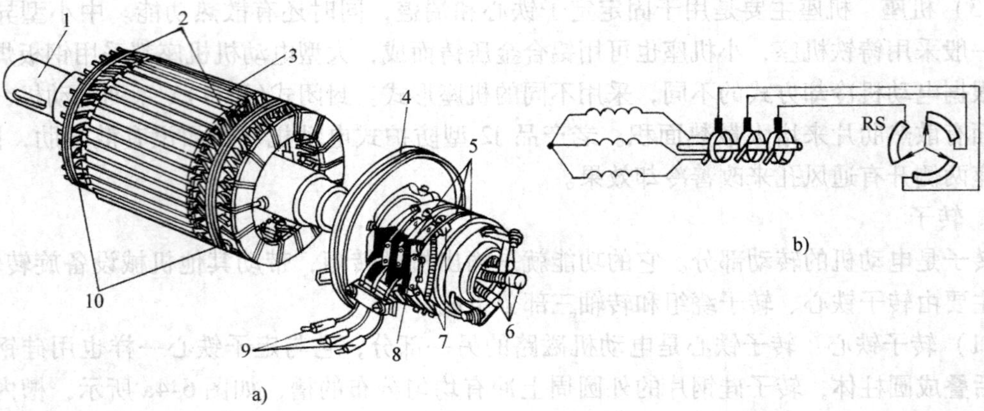

图 6-5　绕组转子外形及接线

a）外形　b）接线

1—转轴　2—三相转子绕组　3—转子铁心　4—内风扇　5—集电环　6—转子绕组出线端子　7—电刷　8—刷架　9—电刷外接线　10—镀锌钢丝箍

二、三相异步电动机的铭牌及类型

1. 三相异步电动机的铭牌

每台电动机出厂时，在机座上都有一块铭牌，上面标有电动机的型号、规格和有关技术数据。电动机的铭牌内容有以下内容。

（1）型号　按照标准《电机产品型号编制方法》的规定，电机产品的型号由产品代号、规格代号和特殊环境代号和补充代号四部分组成，例如：

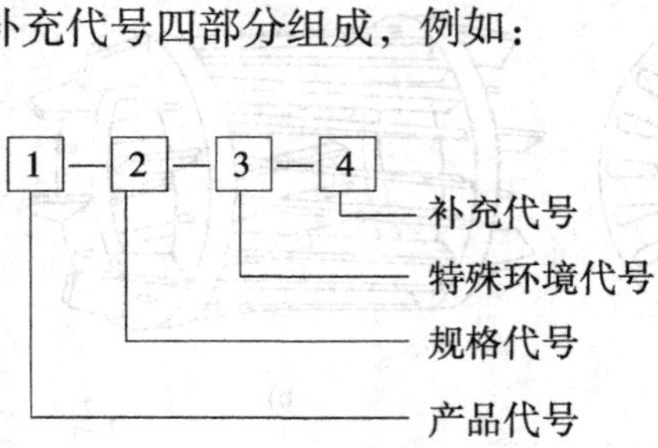

注：1）产品代号由电机类型代号、电机特点代号、设计序号和励磁方式代号组成，如 Y 表示异步电动机，YR 表示绕线转子异步电动机等(电机特点代号不标为笼型)。

2）规格代号由电机中心高(mm)、铁心外径、机座号(用 S、M、L 分别表示短、中、长机座)、铁心长度(用 1、2 分别表示短、长铁心)和电机磁极数等组成。

3）特殊环境代号如 F 表示化工防腐用等。

Y 系列三相笼型异步电动机是我国生产的一种基本系列电动机。由于它具有指标先进、起动转矩大、噪声低、振动小、防护性能好、安全可靠、维护方便和外形美观等优点，并且符合国际电工委员会(IEC)标准，电动机输出功率与安装尺寸的对应关系和德国 DIN 标准相同，是取代已属淘汰停止生产的 J2、JO2、JO3 等系列的新一代基本系列电动机。

（2）额定功率　电动机的额定功率也称为额定容量，表示电动机在额定工作状况下运行时，轴上输出的机械功率，单位为 W 或 kW。

（3）额定频率　是指电动机所使用交流电源的频率，我国规定电力系统的频率为 50Hz。

（4）额定频速　是表示电动机在额定电压、额定频率和额定负载下运行时的转速，它略低于同步转速，单位为 r/min。

（5）额定电压　是指电动机定子绕组规定使用的电压（单相为相电压、三相为线电压），单位为 V。按照国家标准规定，我国交流电动机额定电压的等级有 220V、380V、660V、3000V 及 10000V 等几种。

（6）额定电流　是指电动机在额定电压，额定频率和额定负载运行时定子绕组的电流（单相为相电流、三相为线电流），单位为 A。

（7）接法　是指电动机在额定电压下，三相定子绕组采用的联结方法，一般有星形（Y）和三角形（△）两种。三相异步电动机接线盒内的联结方法应与电动机铭牌及电源线电压相符。如标有 220V/380V、△/Y联结的电动机，表示当电源线电压为 220V 时，定子绕组应作△联结；当电源线电压为 380V 时，定子绕组应作Y联结。又如标有 660V/380V，Y/△联结的电动机，当电源线电压为 660V 时，应采用Y联结；当电源线电压为 380V 时，应采用△联结。不能任意改变联结方法，否则会烧毁电动机。

（8）绝缘等级　是指电动机绕组所采用的绝缘材料的耐热等级，它表明电动机所允许的最高工作温度。一般采用温度计或电阻法测得的绕组温升，并不是绕组的最高温度，所以国家标准规定在环境温度不超过 40 ℃时，用电阻法测量，E 级绝缘的电动机温升为 75 ℃，B 级绝缘的电动机温升为80℃。电动机绕组的温度如果超过极限温度，会使绝缘加速老化，缩短电动机的使用寿命。电动机的温度等于电动机的最高工作温度减去环境温度。

（9）负载持续率　也称为定额，是指电动机在额定运行时，允许连续使用时间的长短。电动机的负载持续率有三种：

1）连续：在额定负载范围内，允许连续长期运行。

2）短时：电动机在额定负载下，由实际冷态开始，在规定的负载持续时间（标准的负载持续时间有 10、30、60 和 90min 四种）内短时运行。

3）断续：可在额定负载下断续工作。它以不大于 10min 为一个工作周期，通常以百分数表示，标准的负载持续率为 15%、25%、40% 和 60% 四种。定额为短时或断续运行的电动机若需在连续状态下工作时，则功率值要相应地降低。

（10）标准编号　标准编号是表示本电动机所执行的技术标准。

三相异步电动机的铭牌除了提供上述数据外，还有防护等级、制造厂名、产品编号及出厂年月等。

2. 三相异步电动机的类型

我国生产的异步电动机有 100 多个系列，500 多个品种和 5000 多个规格，共分基本和派生与专用两大系列。三相异步电动机的类型，是指电动机的型号、特点及设计序号（即《电机产品型号编制方法》中规定的产品代号），这是选用电动机时首先选择的项目。三相异步电动机的型号、结构和用途见表 6-2。

表 6-2　三相异步电动机的型号、结构和用途

名　称	型　号	型号意义	结构形式	用　途
笼型异步电动机	Y	异	铸铁外壳，小机座上有散热筋，大机座采用管道通风，铸铝笼型转子，大机座采用双笼型转子，有防护式及封闭式之分	用于一般机器及设备上如水泵、鼓风机、机床等

（续）

名　称	型　号	型号意义	结 构 形 式	用　途
绕线转子异步电动机	YR	异绕	防护式，铸铁外壳，绕线转子型	用于电源容量不足以起动笼型电动机及要求起动电流小，起动转矩高等场合
多速异步电动机	YD	异多	结构同Y型	同Y型，使用于要求有2～4种转速的机械
起重冶金用异步电动机	YZ	异重	封闭式，铸铁外壳上有散热筋，自扇吹冷，笼型铜条转子	用于起重机械及冶金辅助机械
起重冶金用绕线转子异步电动机	YZR	异重绕	同上，转子为绕线型	
高起动转矩异步电动机	YQ	异起	同Y型	用于起动静止负载或惯性较大负载的机械，如压缩机、粉碎机等
高转差率异步电动机	YH	异滑	结构同Y型，转子一般采用合金铝浇铸	用于传动较大转动惯量和不均匀冲击负载的金属加工机械，如锤击机、剪切机、冲压机、压缩机、绞车等
精密机床用异步电动机	YJ	异精	结构同Y型	同Y型，使用于要求振动小、噪声低的精密机床
电磁调速异步电动机	YCT	异磁调	由封闭式异步电动机与电磁转差离合器组成	用于纺织、印刷、化工、造纸、船舶及要求变速的机械上
换向器式调速异步电动机	YHT	异换调	防护式，铸铁外壳，有手动及电动遥控调速两种，为换向器转子	同上，但效率与功率因数比YCT高
制动异步电动机（傍磁式）	YEP	异（制）傍	定子同Y型，转子上有傍磁路结构	用于要求快速制动的机械，如电动葫芦、卷扬机、桥式起重机、电动阀等机械上
制动异步电动机（杠杆式）	YEG	异（制）杠	定子同Y型，转子上带杠杆式制动机构	
制动异步电动机（附加制动器式）	YEJ	异（制）加	定子同Y型，转子非出轴端带有制动器	
锥型转子制动异步电动机	YEZ	异（制）锥	定子、转子均采用锥形结构，防护式或封闭式，铸铁外壳上有散热筋，自扇吹冷	

（续）

名　称	型　号	型号意义	结构形式	用　途
齿轮减速异步电动机	YCJ	异齿减	由封闭式、异步电动机与减速器组成	用于要求低速、大转矩的机械，如运输机械、矿山、炼钢、造纸机械及其他要求低转速的机械
摆线针轮减速异步电动机	YXJ	异线减	由封闭式异步电动机与摆线针轮减速器组成	同 YCJ 型
力矩异步电动机	YLJ	异力减	强迫通风式，铸铁外壳，笼型转子，导条采用高电阻材料	用于纺织、印刷、造纸、电线、电缆、橡胶、冶金等具有软特性及恒转矩的机械上
电动阀门用异步电动机	YDF	异电阀	同 Y 型	用于起动转矩与最大转矩高的场合，如电动阀门
化工防腐用异步电动机	Y-F	异-腐	结构同 Y 型，采取密封及防腐措施	用于化肥、氯碱系统等化工厂的腐蚀环境中
船用异步电动机	Y-H	异-船	结构同 Y 型，机座由钢板焊成或由高强度具有韧性铸铁制造	用于船舰上
浅水排灌异步电动机	YQB	异潜泵	由水泵、电机及整体密封盒等三大部分组成	用于农业排灌及消防等场合

三、三相异步电动机的工作原理

当三相异步电动机的定子绕组中通入三相正弦交流电时，在定转子气隙中就会产生一个旋转磁场，转子导体在这一旋转磁场作用下会产生感应电流，该电流在旋转磁场作用下会受到力的作用，从而产生转矩，使转子转动起来。

1. 旋转磁场的形成

（1）2 极电动机定子绕组的旋转磁场　2 极三相异步电动机，每相定子绕组的首端或尾端在空间由于彼此相隔 120° 电角度，若将三相定子绕组联接成星形，并在三相绕组首端 U1、V1、W1 分别接入三相交流电源 L1、L2、L3，就会有三相对称电流流过三相绕组，如图 6-6 所示。

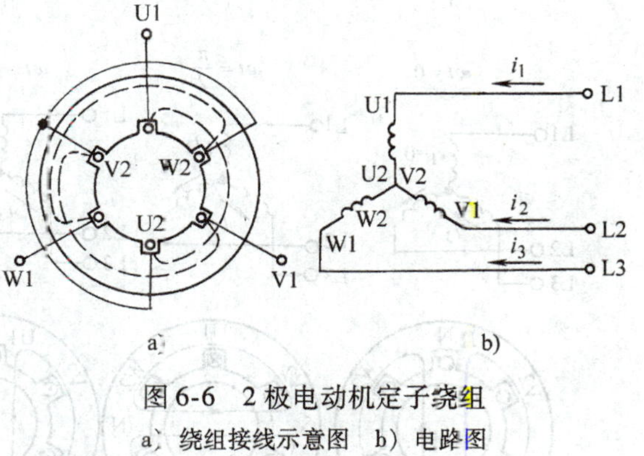

图 6-6　2 极电动机定子绕组
a）绕组接线示意图　b）电路图

设流入 U 相绕组的电流 i_1 的初相位为零，则各相电流的瞬时值函数表达式为

$$\begin{cases} i_1 = I_m \sin\omega t \\ i_2 = I_m \sin(\omega t - 120°) \\ i_3 = I_m \sin(\omega t + 120°) \end{cases} \tag{6-1}$$

三相电流的波形如图 6-7 所示。

假定三相电流在某瞬间为正值，则电流从绕组的首端流入、尾端流出；反之为负值，则电流从绕组的尾端流入、首端流出。下面从几个不同的瞬间来分析三相电流流入定子绕组后形成合成磁场的情况。

1）当 $\omega t=0$ 时，$i_1=0$，U 相绕组内没有电流；i_2 是负值，V 相绕组的电流由 V2 端流入，V1 端流出；i_3 为正值，W 相绕组的电流由 W1 端流入，W2 端流出。根据安培定则可确定合成磁场的方向，如图 6-7a 所示。

2）当 $\omega t=\pi/2$ 时，i_1 是正值，电流由 U1 端流入，U2 端流出；i_2 为负值，电流由 V2 端流入，V1 端流出；i_3 也为负值，电流由 W2 端流入，W1 端流出；此时合成磁场如图 6-7b 所示。从图中可看出，合成磁场的方向在空间按顺时针方向旋转了 90°。

3）当 $\omega t=\pi$ 时，$i_1=0$，i_2 是负值，i_3 是正值，合成磁场如图 6-7c 所示。此时，合成磁场顺时针旋转了 180°。

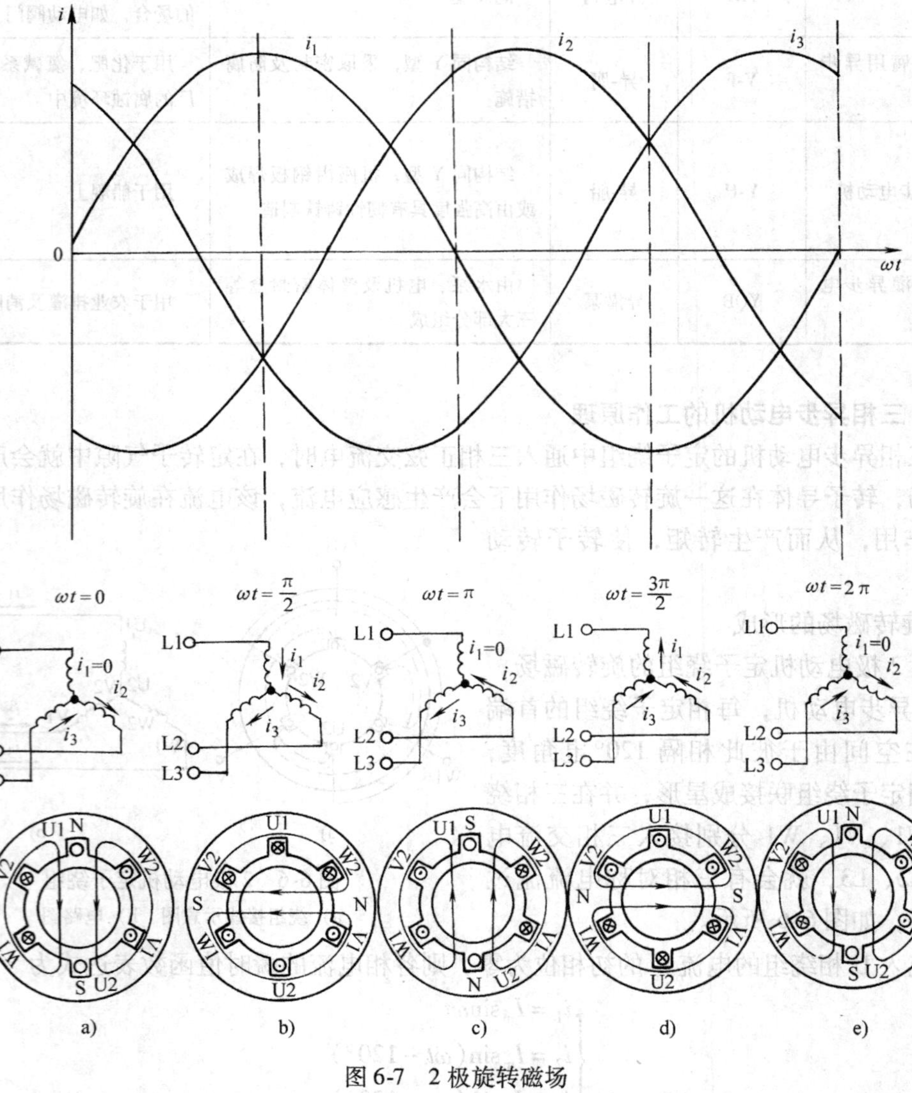

图 6-7　2 极旋转磁场

a）$\omega t=0$　b）$\omega t=\pi/2$　c）$\omega t=\pi$　d）$\omega t=3\pi/2$　e）$\omega t=2\pi$

4）当 $\omega t=3\pi/2$ 时，i_1 是负值，i_2 和 i_3 是正值，合成磁场如图 6-7d 所示。此时，合成磁场顺时针旋转了 270°。

5）当 $\omega t=2\pi$ 时，$i_1=0$，i_2 是负值，i_3 是正值，合成磁场如图 6-7e 所示。与 $\omega t=0$ 相比，旋转磁场转动了 360°。

由此可见，随着定子绕组中的三相电流不断变化，它所产生的合成磁场在定转子空间也不断变化，形成一个旋转磁场的效应。所以，我们把这个按一定规律分布，在定转子空间随时间的变化而不断旋转的磁场，称为旋转磁场。

若要改变旋转磁场的转向，只要改变通入定子绕组的三相电流相序，即将三根电源线中任意二根对调就可实现反转。

（2）4 极电动机定子绕组的旋转磁场　如果把三相的每相绕组数增加一倍，每相由两个绕组组成，三相共有六个绕组，再将各相绕组的首端或尾端在定子中以 60°的空间角度相隔排列（即三相绕组在空间仍彼此相隔 120°电角度），并把两个沿轴线相差 180°的线圈串联成一相绕组，如图 6-8a 所示。U 相绕组由 U1-U1′与 U2′-U2 串联组成；V 相由 V1-V1′与 V2′-V2 串联组成；W 相由 W1-W1′与 W2′-W2 串联组成。

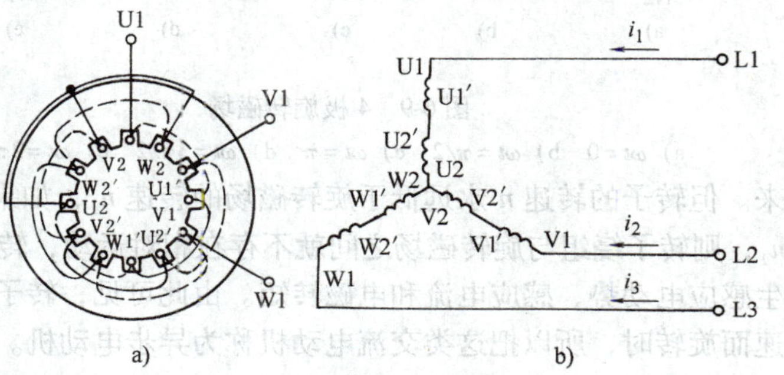

图 6-8　4 极电动机定子绕组
a）绕组接线示意图　b）电路图

同 2 极电动机的旋转磁场分析方法一样，当 i_1、i_2、i_3 分别通入三相绕组 U1、V1、W1 时，如图 6-8b 所示，便产生如图 6-9 所示的旋转磁场。

对照图 6-7 和图 6-9，当交流电流变化一周时，2 极电动机的旋转磁场在空间转过了 360°，即一圈；而 4 极电动机的旋转磁场只转过 180°，即 1/2 圈。由此类推，当旋转磁场具有 p 对极时（则磁极数为 $2p$），交流电流每变化一周，其旋转磁场就在空间转动 $1/p$ 圈。因此，三相交流电动机定子旋转磁场每分钟的转速 n_1、定子电流频率 f 及磁极对数 p 之间的关系为

$$n_1=\frac{60f}{p} \tag{6-2}$$

旋转磁场的转速 n_1 又称为同步转速。我国三相电源的标准频率为 50Hz，因此，2 极电动机的旋转磁场转速为 3000r/min；4 极为 1500r/min；6 极为 1000r/min。

2. 异步电动机转子转动的工作原理

当异步电动机的定子绕组通入三相交流电后，便产生了旋转磁场，如旋转磁场沿顺时针方向旋转，如图 6-10 所示，则旋转磁场将切割转子绕组产生感应电动势。如假设旋转磁场不转，则相当于转子绕组沿逆时针方向旋转而切割磁力线，于是转子绕组中产生感应电动势及感应电流，由右手定则可判断出转子上半部导体的感应电流的方向是流出纸面，下半部导体的感应电流方向是流入纸面。转子绕组有感应电流后又与旋转磁场相互作用从而产生电磁力，电磁力的方向由左手定则确定，于是形成电磁转矩，使转子顺着旋转磁场的方向转动起

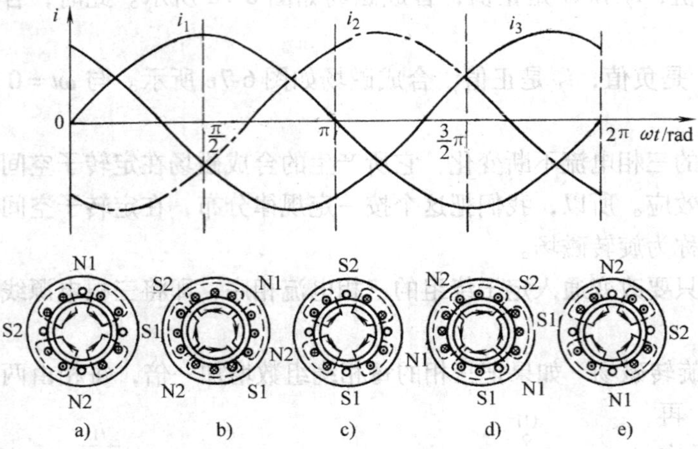

图 6-9　4 极旋转磁场

a）$\omega t=0$　b）$\omega t=\pi/2$　c）$\omega t=\pi$　d）$\omega t=3\pi/2$　e）$\omega t=2\pi$

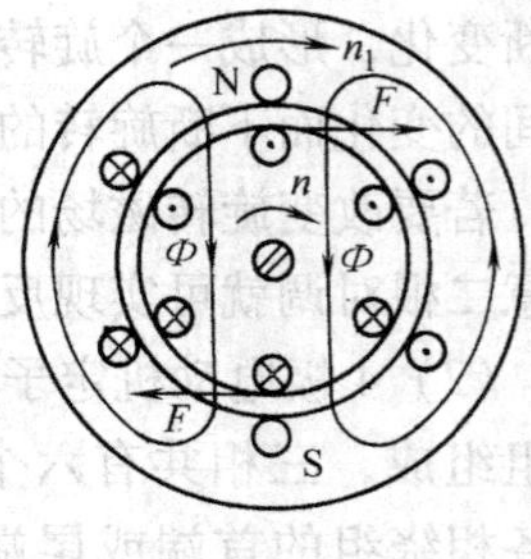

图 6-10　异步电动机转子转动的工作原理

来。但转子的转速 n 永远低于旋转磁场的转速 n_1，如果转子转速等于旋转磁场转速，即 $n=n_1$，则转子绕组与旋转磁场之间就不存在相对运动，转子绕组就不再切割磁力线，也就不产生感应电动势、感应电流和电磁转矩。由此可见，转子总是顺着旋转磁场方向以小于同步转速而旋转时，所以把这类交流电动机称为异步电动机。

例 6-1　YD112M-8/6/4 型三相多速异步电动机的定子绕组可接成 4 极、6 极和 8 极，当电源频率为 50Hz 时，试求在不同极数时的同步转速 n_1（即旋转磁场转速）。

解　由公式 $n=60f/p$ 可知

接成 4 极时，$p=2$

$$n_1=\frac{60f}{p}=\frac{60\times 50\text{Hz}}{2}=1500\text{r/min}$$

接成 6 极时，$p=3$

$$n_1=\frac{60f}{p}=\frac{60\times 50\text{Hz}}{3}=1000\text{r/min}$$

接成 8 极时，$p=4$

$$n_1=\frac{60f}{p}=\frac{60\times 50\text{Hz}}{4}=750\text{r/min}$$

第二节　三相异步电动机的定子绕组

定子绕组是三相异步电动机的主要组成部分，它是整台电动机的最关键部位，嵌放在定子铁心槽内的这些线圈，都是按照一定规律分布、排列和连接，具有规定功能的一组线圈。

一、概述

1. 绕组的展开图

绕组展开图一般在要表示和分析绕组的结构时绘制。设想把定子铁心沿轴向切开，如图 6-11a 所示，并把它展开拉平，这样就把圆筒形的定子画成平面图，可把绕组的分布和连接方法画在平面图上，如图 6-11b 所示，为清晰起见，再简单画成如图 6-11c 所示，这就成为电动机绕组的展开图。

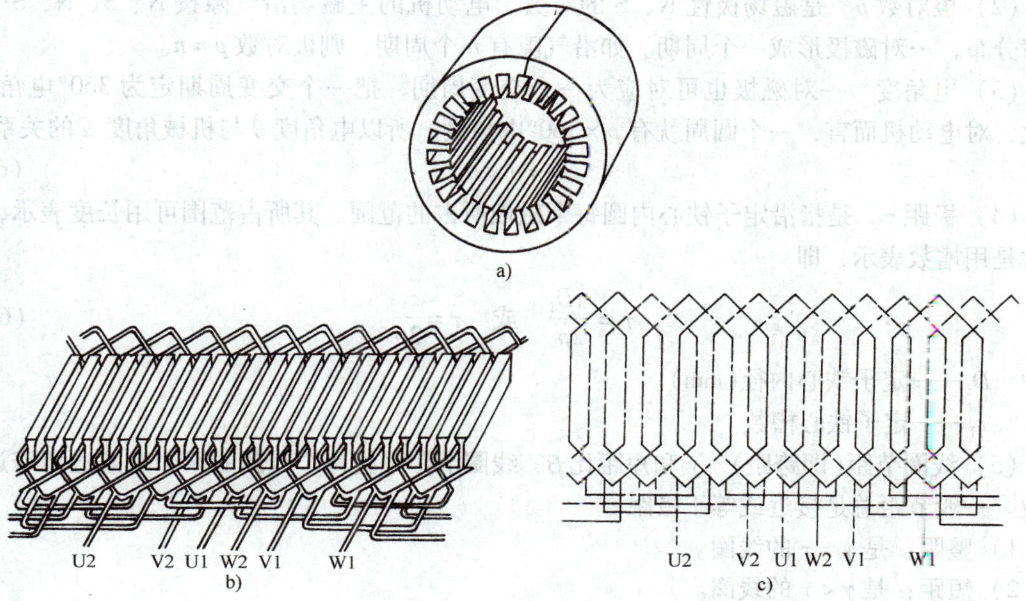

图 6-11　定子绕组展开图

a）定子铁心切开　b）定子铁心展开图　c）定子绕组展开图

2. 绕组的分类

（1）按相数分　有单相、两相和三相绕组。

（2）按绕组节距长短分　有整距、短距和长矩。

（3）按槽内绕组层数分　有单层、双层和单双层。

（4）按绕组形状分　有链式、同心式、交叉式、叠绕组和波绕组等形式。前三种一般为单层绕组；后两种一般为双层绕组。

3. 三相交流绕组的特点

三相交流绕组是三相异步电动机定子绕组、三相绕线型异步电动机转子绕组及三相同步电动机电枢绕组的统称。由前述三相异步电动机工作原理的条件可知，除了三相电源必须对称外，要求三相交流绕组也必须是对称的，其特点是：

1）三相绕组在空间位置上应分别相差 120°电角度。

2）每相的导体数、并联支路数相等，导体规格相同。

3）每相导体或线圈在空间的分布规律一样。

由于三相交流绕组有以上的特点，通常我们只要了解其中一相绕组的情况，就可以知道其余两相绕组的情况了。

4. 绕组的有关术语

（1）线圈单元(即线圈)　是组成绕组的元件，故又称为绕组元件，它可由一匝或互相绝缘的多匝导体组成。线圈单元又可分为：

1）有效部分(即有效边)：是指线圈嵌放在槽内的直线部分。它是电动机进行能量转换的部分。

2）端部：是指线圈的槽外部分。它是把线圈两个有效边连接起来，不起到直接转换能量作用。所以，在工艺许可条件下，尽可能短一些。

（2）极对数 p　是磁场极性 N、S 的对数。电动机的主磁场沿气隙按 N、S、N、S……交替分布，一对磁极形成一个周期。如沿气隙有 n 个周期，则极对数 $p=n$。

（3）电角度　一对磁极也可对应为一个交变周期，把一个交变周期定为 360°电角度。因此，对电动机而言，一个圆周就有 $p\times360°$电角度，所以电角度 θ 与机械角度 α 的关系为

$$\theta=p\times\alpha \tag{6-3}$$

（4）极距 τ　是指沿定子铁心内圆每个磁极所占的范围。其所占范围可用长度表示，但通常是用槽数表示，即

$$\tau=\frac{\pi D_i}{2p}\quad 或\quad \tau=\frac{z_1}{2p} \tag{6-4}$$

式中　D_i——定子铁心内径(mm)。

　　z_1——定子铁心槽数。

（5）线圈节距(即跨距)　y 和短距比 β　线圈节距是指每个线圈的两个有效边所跨过的槽数。一般节距总是接近或等于极距。

1）整距：是 $y=\tau$ 的线圈。

2）短距：是 $y<\tau$ 的线圈。

3）长距：是 $y>\tau$ 的线圈。

长距绕组因消耗线材多，一般不采用；整距绕组能产生最大磁通势和电动势，但不利于减少高次谐波对电动机的影响；而短距绕组既能节省线材、减小绕组电阻、降低铜耗，又能减少高次谐波对电动机电磁性能的影响，所以，在单层绕组中广泛采用。

短距比是指线圈节距与极距的比值　即 $\beta=y/\tau$。通常取 $\beta=0.8\sim0.9$。

（6）每极每相槽数 q　是指每相绕组在每个磁极下占有的槽数。三相异步电动机定子绕组的每极每相槽数为

$$q=\frac{z_1}{2pm} \tag{6-5}$$

式中　m——定子绕组相数。

q 个槽数所占有的区域称为相带，用电角度表示。一个极距 τ 对应的电角度为 180°，三相异步电动机 $m=3$，所以相带占 180°/3＝60°电角度。按上述规律安排的绕组又称为 60°相带绕组。

（7）极相组(即线圈组)　是指将一个磁极下属于同一相的线圈按照一定方式串联成组，俗称“联”。

（8）单层绕组　是指铁心槽内沿槽深方向只放置一个线圈有效边的绕组。因此，该电动机的总线圈数等于定子槽数的 1/2。

（9）双层绕组　是指铁心槽内沿槽深方向安放两个线圈有效边的绕组。因此，该电动机的总线圈数等于定子槽数。

（10）并联支路数 a　是指每相绕组中所并联的路数，俗称“进火数”。

二、绕组的排列方式

三相绕组的排列方式，必须按照下列原则进行。现以 $z_1=24$、$m=3$、$2p=4$、整距单层

绕组的三相异步电动机为例，来说明三相绕组的排列方法。

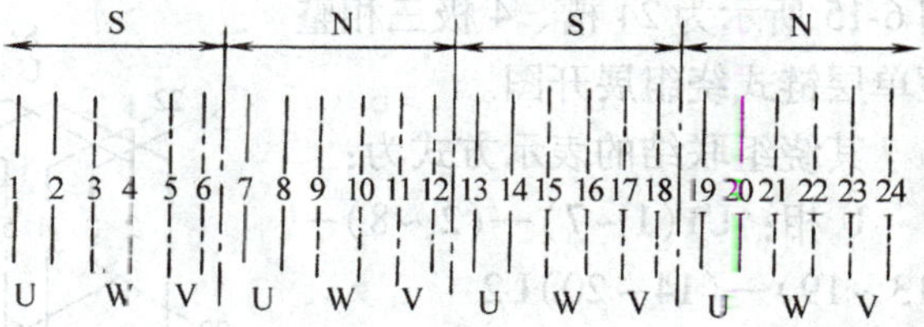

图 6-12　槽的分极及分相

1. 确定每极槽数(分极)

将定子全部槽数按极数 N、S、N、S 均分，如图 6-12 所示。即每极槽数为 $z_1/(2p)=24/4=6$ 槽。

2. 确定每极每相槽数(分相)

把每个磁极下的槽数按相数均分成三个相带，则每个相带占有 60°电角度，如图 6-12 所示。即每极每相槽数 $q=z_1/(2pm)=24/(4\times3)=2$ 槽

3. 确定绕组节距 y

其原则是三相各相带的分布规律为，V 相滞后 U 相 120°；W 相又滞后 V 相 120°，如图 6-12 所示，而相邻不同极性下，同相的相带应相差一个极距 τ。因此，采用整距绕组时，其节距 $y=\tau=z_1/(2p)=24/4=6(1\sim7$ 槽)，即一个线圈的一个有效边若嵌在第一槽，则另一有效边应嵌在第 7 槽，如图 6-13 所示。

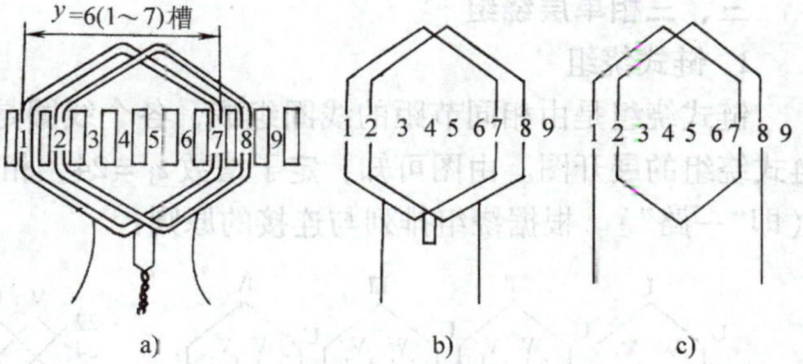

图 6-13　一个极相组的线圈联接方法

a）线圈联接示意图　b）多匝线圈串联简化图　c）单匝串联线圈

4. 确定同一相绕组各个有效边的电流方向

其原则是同一相绕组的各个有效边在同性磁极下的电流方向相同，在异性磁极下的电流方向必然相反。如图 6-14 所示，U 相绕组有效边 1、2、13、14 在同一 S 极性下，设电流方向向上；有效边 7、8、19、20 则在同一 N 极性下，则电流方向应向下。V 相及 W 相绕组各有效边的电流方向可按同理类推。

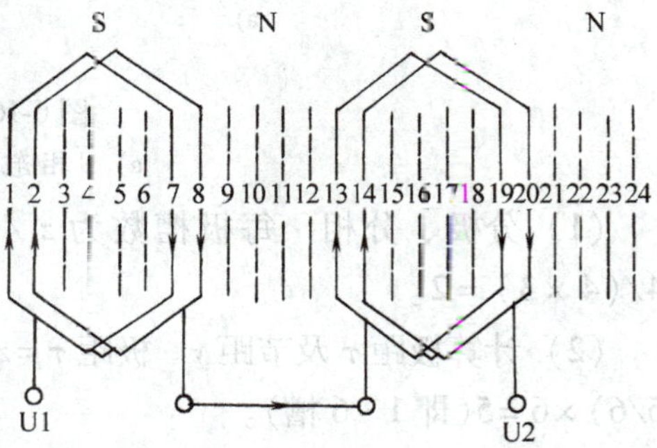

图 6-14　U 相绕组的电流方向及联成线圈组

5. 确定各相绕组的引出线

其原则是各相绕组在空间位置上彼此互差 120°电角度，而每相邻两个槽间的电角度 $\theta=p\times360°/z_1=2\times360°/24=30°$。

因此，120°电角度的两相绕组所隔开的槽数为 120°/30° =4 槽。即 U 相绕组的首端 U1 如选定在第 1 槽，则 V 相的首端 V1 应在第 5 槽，W 相的首端 W1 应在第 9 槽；又因每极每相槽数为 2，则三相绕组应占有的槽号为：

U 相：1、2，7、8，13、14，19、20。

V 相：5、6，11、12，17、18，23、24。

W 相：9、10，15、16，21、22，3、4。

6. 确定绕组形式

其原则是按照一定绕组形式，顺着电流方向把同相绕组联接起来，画出绕组展开图。如

图 6-15 所示为 24 槽、4 极三相整距单层链式绕组展开图。

其绕组联结的表示方式为：

U 相：U1(1 ~7)—(2 ~8)—(13 ~19)—(14 ~20) U2

V 相：V1 (5 ~ 11)—(6 ~ 12)—(17 ~23)—(18 ~24) V2

W 相：W1 (9 ~15)—(10 ~ 16)—(21 ~3)—(22 ~4) W2

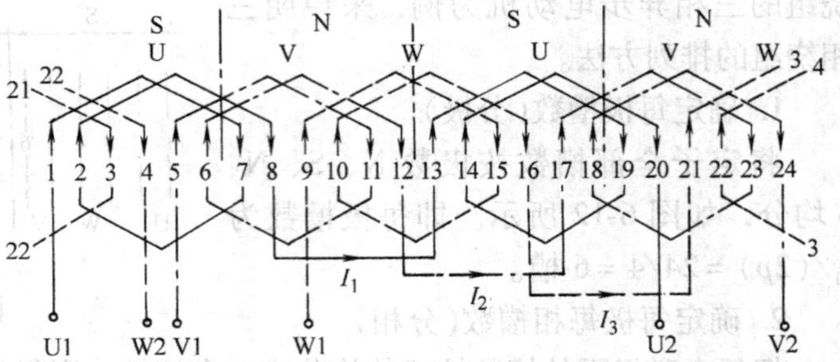

图 6-15　三相整距单层链式绕组展开图

同相线圈这种尾头相联或头尾相联的串联方法叫正串联，简称正串。

三、三相单层绕组

1. 链式绕组

链式绕组是由相同节距的线圈组成，各个线圈是一环套一环，形如长链。图 6-16 就是链式绕组的展开图。由图可知，定子槽数 $z_1=24$，相数 $m=3$，极数 $2p=4$，并联支路数 $a=1$(即“一路”)。根据绕组排列与连接的原则：

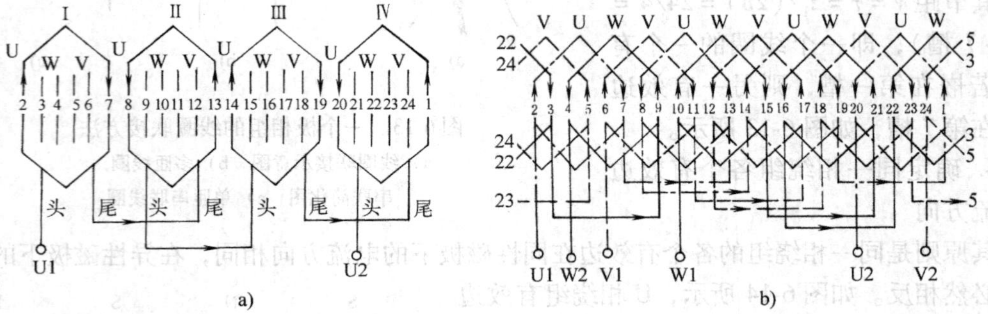

图 6-16　链式绕组展开图

a) U 相链式绕组　b) 三相链式绕组

(1) 分极、分相　每极槽数为 $z_1/(2p)=24/4=6$，每极每相槽数 $q=z_1/(2pm)=24/(4\times3)=2$。

(2) 计算极距 τ 及节距 y　极距 $\tau=z_1/(2p)=24/4=6$，因系短距绕组，取 $y=(5/6)\tau=(5/6)\times6=5$(即 1 ~6 槽)。

(3) 设电流方向　按同一相绕组的各个有效边在同性磁极下的电流方向相同，在异性磁极下电流方向相反的原则，设电流方向如图 6-16b 所示。

(4) 各相绕组的电源引出线　即各相绕组的首端 U1、V1、W1 或尾端 U2、V2、W2 各互隔 120°电角度，相邻两槽间相隔 $360°\times p/z_1=360°\times2/24=30°$。所以，120°电角度相隔 $120°/30°=4$(槽)。在每个磁极下，三相绕组的排列顺序是 U、W、V，若选取 U 相的首端嵌放在第 2 槽，那么 V 相、W 相的首端 V1、W1 应分别嵌放在第 6、第 10 槽内(见图 6-16)。

(5) 连成链式绕组　因取 $y=5$ 槽(即 1 ~6 槽)，所以，U 相绕组 2、7 组成线圈Ⅰ；8、13 组成线圈Ⅱ；14、19 组成线圈Ⅲ；20、1 组线圈Ⅳ。把电动机定子铁心布线在 1 与 2 槽之间剖开后展平，就构成了 U 相绕组展开图，如图 6-16a 所示。

（6）顺着电流方向连接同相线圈　如图 6-16a 所示，把线圈Ⅰ的尾与线圈Ⅱ的尾相连接，再将线圈Ⅱ的头与线圈Ⅲ的头相连接，最后将线圈Ⅲ的尾与线圈Ⅳ的尾相连接，这样就连接成了 U 相绕组。这种尾尾和头头相接的串联方法叫做反串联，简称“反串”。

U 相线圈的连接顺序可表示如下：

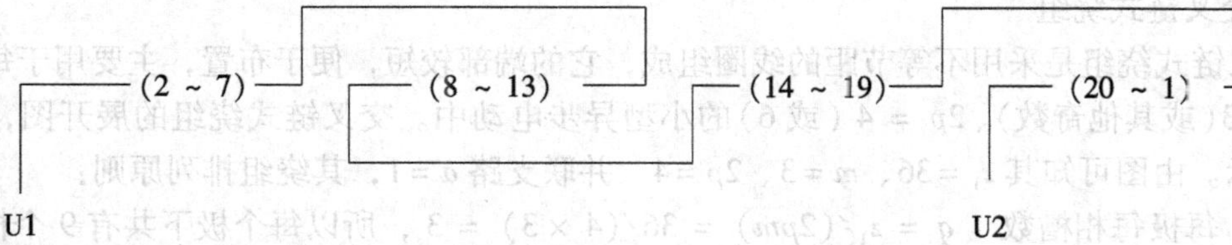

同理，V 相及 W 相绕组的展开图如图 6-16b 所示。

V 相绕组线圈的连接顺序表示如下：

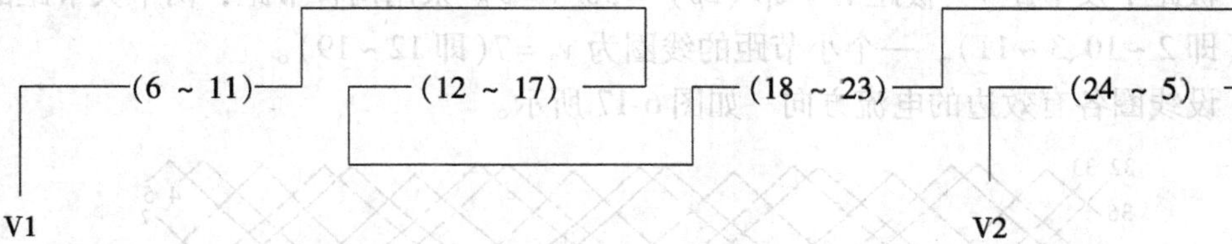

W 相绕组线圈的连接顺序表示如下：

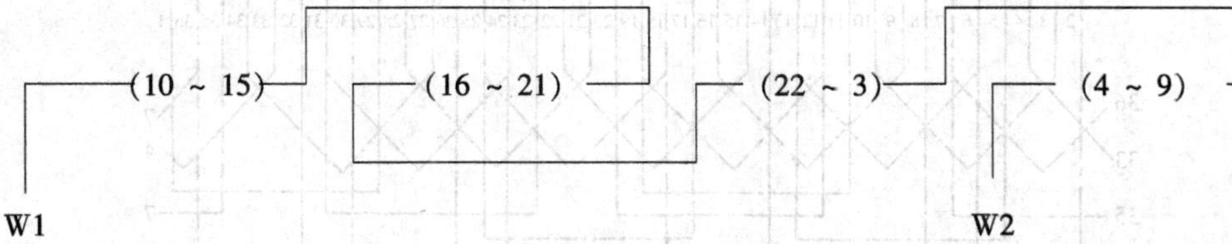

每相线圈全部串联成一路的，如图 6-16b 所示，叫做“一路”，俗称“单进火”，在连接这种电动机绕组时，有时为了工艺方便和接线整齐，常把 W 相的连接顺序改成以下接法，其原理完全相同，即

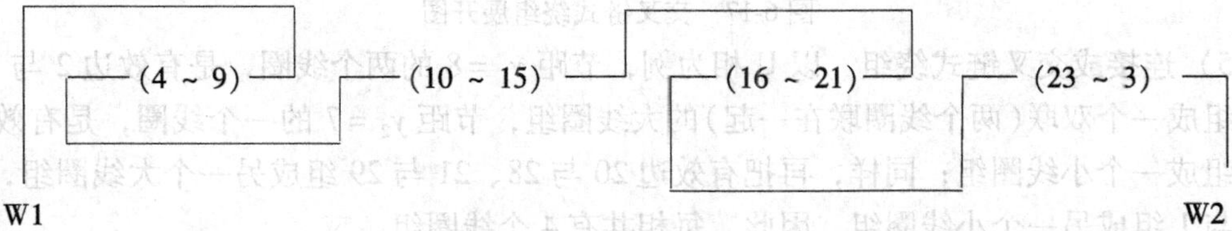

Y801—4 型（0.55kW）、Y802—4 型（0.75kW）、Y90S—4 型（1.1kW）及 Y90L—4 型（1.5kW）等三相异步电动机的定子绕组，都是采用这一种绕组。

图 6-16b 虽然是三相 4 极 24 槽一路单层链式绕组的展开图，但它也适用于一路 2 极 12 槽、6 极 36 槽、8 极 48 槽等电动机，因为它们都是每极 6 槽。

从图 6-16b 中，我们还能找出这种绕组嵌线的工作顺序，即：嵌～（如嵌第 7 槽）、空～（如空第 8 槽）、嵌～（如嵌第 9 槽）、空～（如空第 10 槽）……，依次进行，直到全部线圈有效边嵌完为止；为了使绕组排列整齐美观，在嵌入第一、第二、第三个线圈边 7、9、11 后，必然把它们的另一边 2、4、6 先行吊起，待线圈边 3、5 嵌入后，再将它们嵌入，这种嵌线方法可归纳为“嵌一空一吊三”。

从图 6-16 中，从线圈的端部可以看出，找同相线圈，要顺序隔开两个线圈；找邻相线圈，只要隔开一个线圈，这叫做“找同相顺序隔二，找邻相顺序隔一”。这种绕组的端部每个线圈之间，都不是同相线圈，都必须加放相间绝缘。

2. 交叉链式绕组

交叉链式绕组是采用不等节距的线圈组成，它的端部较短，便于布置，主要用于每极每槽数 $q=3$(或其他奇数)、$2p=4$（或 6）的小型异步电动中。交叉链式绕组的展开图，如图 6-17 所示。由图可知其 $z_1=36$、$m=3$、$2p=4$、并联支路 $a=1$，其绕组排列原则：

（1）每极每相槽数　$q=z_1/(2pm)=36/(4\times3)=3$，所以每个极下共有 9 个槽。

（2）两相邻槽间电角度　$\theta=360°\times p/z_1=360°\times2/36=20°$，各引出线应相隔 $120°/20°=6$(槽)

（3）极距 τ 及节距 y　极距 $\tau=z_1/(2p)=36/4=9$。采用两种节距，两个大节距的线圈为 $y_1=8$(即 2～10、3～11)，一个小节距的线圈为 $y_2=7$(即 12～19)。

（4）设线圈各有效边的电流方向　如图 6-17 所示。

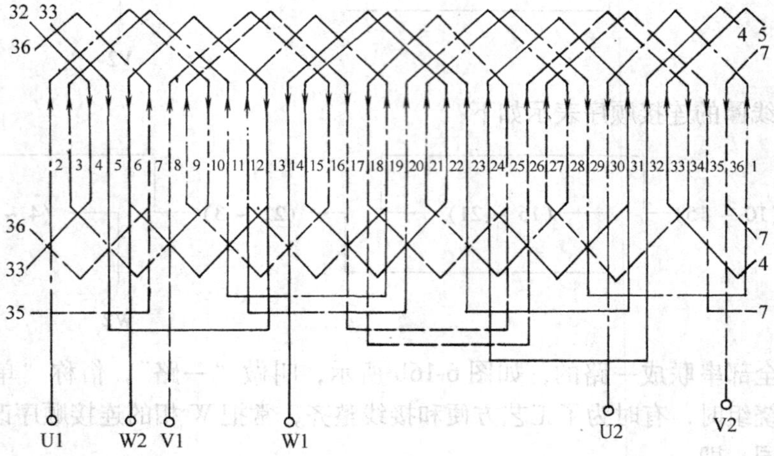

图 6-17　交叉链式绕组展开图

（5）连接成交叉链式绕组　以 U 相为例，节距 $y_1=8$ 的两个线圈，是有效边 2 与 10、3 与 11 组成一个双联(两个线圈联在一起)的大线圈组，节距 $y_2=7$ 的一个线圈，是有效边 12 与 19 组成一个小线圈组；同样，再把有效边 20 与 28、21 与 29 组成另一个大线圈组，有效边 30 与 1 组成另一个小线圈组。因此，每相共有 4 个线圈组。

（6）顺着电流方向连接同相线圈　采用“头—头”或“尾—尾”的反串联接法。

图 6-16 所示绕组的嵌线方法可归纳为“嵌二、空一、嵌一、空二、吊三”。例如嵌第 10、11 槽，空第 12 槽，再嵌第 13 槽，空第 14、15 槽……，在嵌入第一、二组线圈有效边 10、11 及 13 后，把它们的另一边 2、3 及 6 先行吊起。

Y100L1—4 型(2.2kW)、Y100L2—4 型(3kW)、Y112M—4 型(4kW)、Y132S—4 型(5.5kW)、Y132M—4 型(7.5kW)、Y160M—4 型(11kW)等异步电动机的定子绕组，都是属于这一种绕组。

3. 同心式绕组

同心式绕组是由不同节距的同心线圈组成。同心式绕组的展开图，如图 6-18 所示。由图可知，$z_1=24$，$m=3$、$2p=2$、并联支路 $a=1$（即“一路”）。

（1）每极每相槽数　$q=z_1/(2pm)=24/(2\times3)=4$，所以每个极下三相共有 12 槽。

（2）两槽间的电角度　$\theta=360°\times p/z_1=360°\times1/24=15°$。

各相引出线相隔 $120°/15°=8$ 槽。若 U 相的首端（头）在第 3 槽，则 V 相的首端在第 11 槽，W 相的首端在第 19 槽，如图 6-18 所示。U 相包含第 1、2、3、4 及 13、14、15、16 槽，V 相包含第 9、10、11、12 及 21、22、23、24 槽，W 相包含第 17、18、19、20 及 5、6、7、8 槽。每个极下三相绕组排列的顺序为 U、W、V。

（3）极距 τ 及节距 y　极距 $\tau=z_1/(2p)=24/2=12$ 槽。同心式绕组的一个大节距线圈取 $y_1=11$（即 1～12），另一个小节距线圈取 $y_2=9$（即 1～10）。

（4）设线圈各有效边的电流方向　如图 6-18 所示。

（5）连接成交叉同心式绕组　如图 6-18 所示，U 相以有效边 3 与 14、4 与 13 组成一个线圈组，导线 15 与 2、16 与 1 组成一个线圈组，V 相以有效边 11 与 22、12 与 21 以及 23 与 10、24 与 9 分别组成两个线圈组，W 相以有效边 19 与 6、20 与 5 以及 7 与 18、8 与 17 分别组成两个线圈组，每相有两个线圈组，三相共有六个线圈组。

（6）顺着电流方向连接同相线圈　如图 6-18 所示，应采用“尾—尾”的反串联接法。

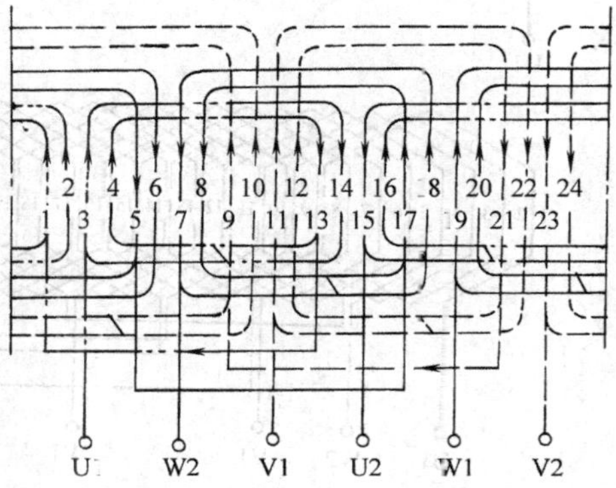

图 6-18　同心式绕组展开图

上述同心式绕组如图 6-18 所示的嵌线方法，可归纳为“嵌二、空二、吊四”。例如先嵌第 13、14 槽，空 15、16 槽，再嵌 17、18 槽……，在嵌入第一、二组线圈有效边 13、14 及 17、18 后，把它们的另一有效边 3、4 及 7、8 先行吊起。

Y100L—2 型异步电动机的定子绕组就属于这一种绕组。

四、三相双层绕组

和单层绕组不同，双层绕组的每一个槽中可以放两个有效边，一个在上层、另一个在下层。上层导体与另一槽中的下层导体可连成一个线圈。整个绕组的线圈数正好等于槽数。

双层绕组的主要优点是：

1）可以选择最有利的节距，如选用 $y\approx5\tau/6$，这样可以使异步电动机的旋转磁场波形更接近正弦分布，从而改善电动机性能。

2）所有线圈具有同样形状、同样尺寸，便于生产制造的机械化。

3）可以组成较多的并联支路。

4）端部形状排列整齐，有利于散热和增强机械强度。

所以，功率较大（10kW 以上）的三相交流电动机的定子绕组一般均采用双层绕组。

1. 双层叠绕组

叠绕组在嵌线时，两个串联线圈总是后一个叠在前一个上面，所以称为叠绕组。

下面以 J2—64—4 型三相异步电动机（$z_1=36$、$2p=4$、$a=1$）为例，来说明双层叠绕组的构成。双层叠绕组的展开图如图 6-19 所示。

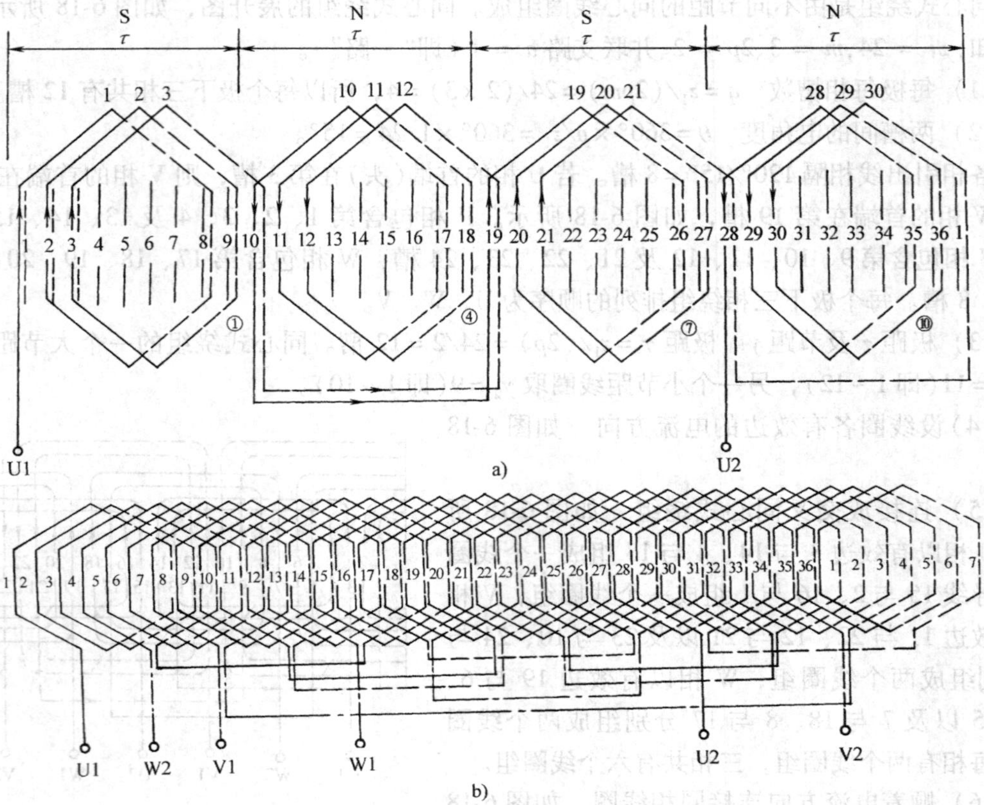

图6-19　双层叠绕组展开图

a）U 相绕组　b）三相绕组

（1）分极、分相　每极每相槽数 $q=z_1/(2pm)=36/(4\times3)=3$，所以在每个磁极下有 9 个槽，共三相，每相 3 个槽。

（2）两相邻槽间的电角度　$q=360°\times p/z_1=360°\times2/36=20°$，各相首端相隔 $120°/20°=6$ 槽。如 U 相首端 U1 嵌入第 1 槽，则 V 相、W 相的首端 V1、W1 则分别嵌入第 7、13 槽。

（3）极距 τ 及节距 y　极距 $\tau=z_1/(2p)=36/4=9$；绕组采用短节距，取 $y=5\tau/6=5\times9/6=7.5$，即 $y=7$ 或 8，本例选用 $y=7$(即 1～8 槽)。

（4）设线圈各有效边的电流方向　如图 6-19 所示。

（5）按双层叠绕组形式嵌线　选用 $y=7$，如图 6-19a 所示，U 相绕组线圈 1 的一有效边嵌在 1 槽的上层，另一边则嵌在 8 槽的下层，同理，线圈 2 的一边嵌在 2 槽上层，另一边嵌在 9 槽下层，以此类推。在展开图中，上层线圈有效边用实线表示，下层用虚线表示，每一线圈都由一根实线和一根虚线组成。图 6-19b 是三相双层叠绕组的展开图。

由于双层叠绕组每个槽里嵌有两个线圈有效边，在本例中，$y=7(1\sim8)$，在嵌入 7 只线圈的下层边(如线圈边 8、9、10、11、12、13、14)后，必须把这些线圈的另一有效边(即线圈边 1、2、3、4、5、6、7)先行吊起，然后依次嵌入其他线圈边，直到其他线圈全部嵌入槽内后，再嵌入先前被吊起的几只线圈有效边。一般线圈的节距是多少，就要吊起多少只线圈上层有效边，如本例题中节距为 7 槽，就应该吊起 7 只线圈的上层边。

（6）顺着电流方向连接同相线圈　如图 6-19a 所示，线圈 1、2、3 串联，19、20、21 串联，分别组成对应于 S 极下 U 相的两个线圈组；线圈 10、11、12 串联，28、29、30 串联，分别组成对应于 N 极下 U 相的两个线圈组。这四个线圈组按照并联支路 a 的数目，进行串联或并联。本例并联支路数 $a=1$(即一路)，以线圈 1 的头作为 U 相的首端 U1(即第 1 槽上层边)，把线圈 3 的尾(即第 10 槽下层边)与线圈 12 的尾(即第 19 槽下层边)相连；再把线圈 10 的头(即第 10 槽上层边)与线圈 19 的头(即第 19 槽上层边)相连；最后把线圈 21 的尾(即槽 28 的下层边)与线圈 30 的尾(即槽 1 的下层边)相连，线圈 28 的头(即槽 28 的上层边)即为 U 相绕组的末端 U2，即

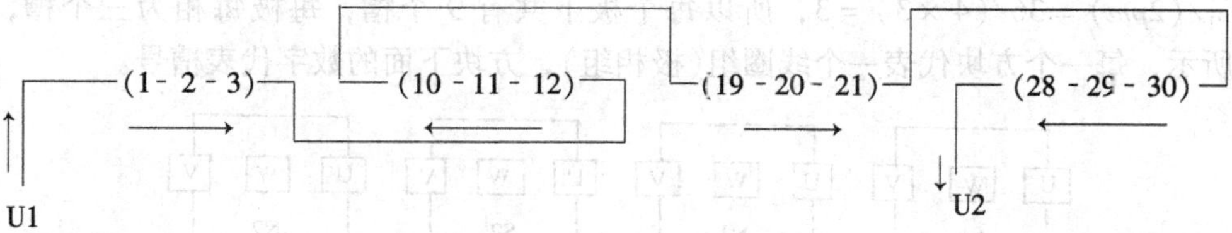

从图 6-19a 可知，双层叠绕组同一相线圈组的联结方法，应采用相邻线圈组间的“尾—尾”或“头—头”相接的反串联。

例如：J2—72—4(30kW)、JO2—71—4(22kW)、JO2—72—4(30kW)等电动机，它们的定子槽数 $z_1=36$、相数 $m=3$、极数 $2p=4$，采用的是并联支路 $a=2$，即双路进火。这时，只要把 S 极下的线圈组 1-2-3 与 W 极下的线圈组 10-11-12 的“尾—尾”相连作为一条支路；再把另两 S 极下的线圈组 19-20-21 与 28-29-30 的“尾—尾”相连作为另一条支路，然后，再把这两条支路并联，即两条支路的首端与首端(线圈 1 与线圈 19 的首端)相连，作为 U 相绕组的首端 U1；而尾端与尾端(线圈 10 与线圈 28 的首端)相连，作为 U 柑绕组的尾端 U2，即

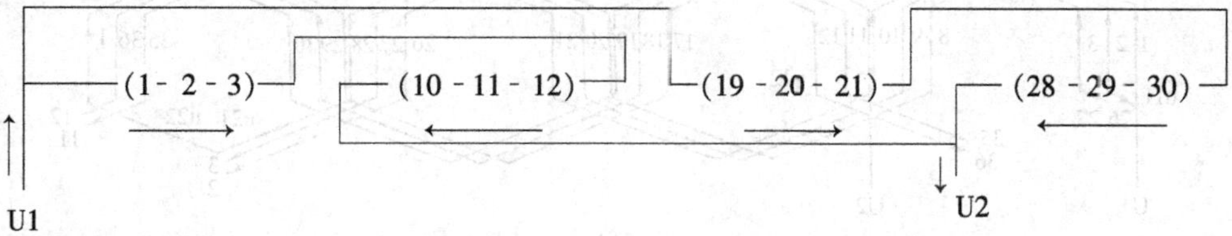

若取并联支路 $a=4$ 时，即四路进火，其联结方法如下：

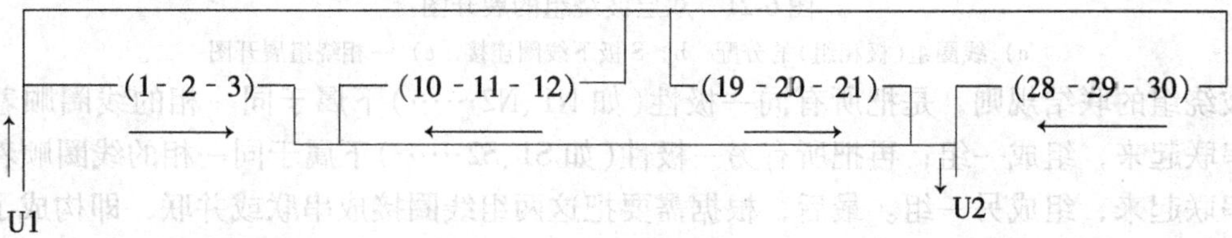

由于每相的线圈组数(又称极相组)等于极数，所以双层绕组的最大并联支路数等于极数即 $2p$，也可以连成其他数目的并联支路，但 $2p$ 必须是支路数 a 的整数倍，即支路数 a 必须是 $2p$ 的 1/2、1/3、1/4、……、1/(2p)。

2. 双层波绕组

波绕组的形状及节距如图 6-20 所示，因其两个相连的线圈成波浪形前进，所以称作波绕组。

对于极数较多、支路导线截面积较大的交流电动机，为了节省线圈组(板相组)间连接

线用铜，常采用波绕组。

在波绕组中，如图 6-20 所示，绕组的节距分为第一节距 y_1 和第二节距 y_2，y 称合成节距（$y = y_1 + y_2$），它正好等于相串联的两个线圈的对应边之间的距离。合成节距表示每连接一个线圈时，绕组在空间前进了多少槽距。

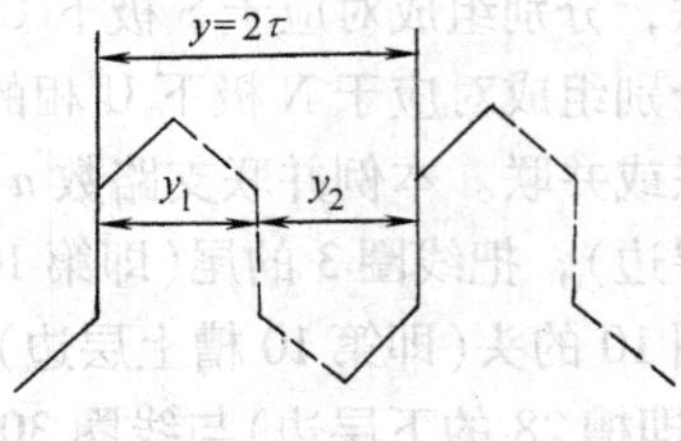

图 6-20　波绕组的形状及节距

以相数 $m=3$、极数 $2p=4$、定子槽数 $z_1=36$ 的波绕组为例，布线等原则与叠绕组一样，这台电动机的每极每相槽数 $q=z_1/(2pm)=36/(4\times3)=3$，所以每个极下共有 9 个槽，每极每相为三个槽，如图 6-21a 所示，每一个方块代表一个线圈组（极相组），方块下面的数字代表槽号。

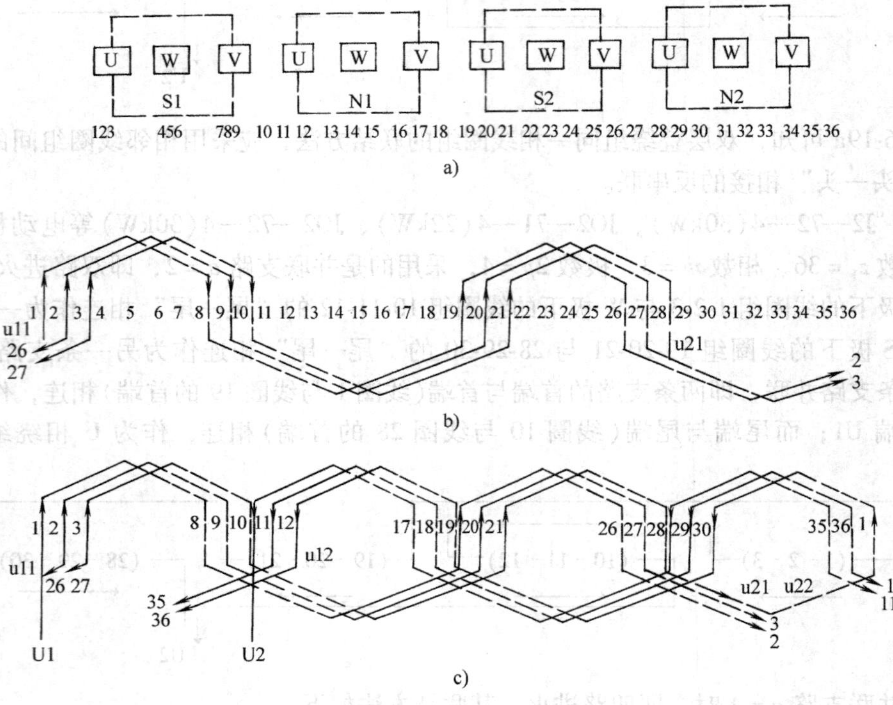

图 6-21　双层波绕组的展开图

a）线圈组（极相组）的分配　b）S 极下线圈连接　c）一相绕组展开图

波绕组的联结规则，是把所有同一极性（如 N1、N2……）下属于同一相的线圈顺着电流方向串联起来，组成一组；再把所有另一极性（如 S1、S2……）下属于同一相的线圈顺着电流方向串联起来，组成另一组。最后，根据需要把这两组线圈接成串联或并联，即构成了一相绕组。

根据波绕组的联结规则，首先应该把同一极性下属于同一相的线圈连接起来，从图 6-21a 可知，S 极下属于 U 相的两个线圈组是 1、2、3 和 19、20、21，这两个线圈组的六个线圈按节距 $y_1=7(1\sim8)$ 分布，如图 6-21b 所示；然后把 S_1 极下的第一个线圈（1～8）与 S_2 极下的第二个线圈（19～26）连接起来，从图 6-21b 可见，这两个线圈的上层边（或下层边）之间的距离，即合成节距 $y=18$，也就是 $y=2\tau=2z_1/(2p)=2\times36/4=18$。整数槽波绕组的合成节距 y，要有一定的伸缩余地，若线圈（19～26）仍按节距 $y=18$ 连接，就会和线圈

(1 ~8)成一个闭合回路，这时应把合成节距伸长(或缩短)1 槽，使线圈(19 ~26)与线圈(2 ~9)连接，按照这个规则，把 U 相绕组在 S 极下的线圈全部连接起来，如图 6-21b 所示，连接顺序如下：

U11-(1-8)-(19-26)-(2-9)-(20-27)-(3-10)-(21-28)-U21

上面括号中的数字表示一个线圈，前一数字代表上层边所在槽号，后一数字代表下层边所在槽号，U11、U21 表示这一组线圈的首尾端。

同样的方法，把 U 相绕组在 N 极下的线圈全部连接起来，构成另一个线圈组，连接顺序为：

U12-(10-17)-(28-35)-(11-18)-(29-36)-(12-19)-(30-1)-U22

顺着电流方向把这两个线圈反串联(即把 U21 与 U22 相接)，就是 U 相绕组的全部展开图，如图 6-21c 所示。线圈的连接方式为：

U 相 S 极：U1-U11(1-8)-(19-26)-(2-9)-(20-27)-(3-10)-(21-28)U21
U 相 N 极：U2-U12(10-17)-(28-35)-(11-18)-(29-36)-(12-19)-(30-1)U22

同理，可得 V 相和 W 相绕组的线圈连接顺序：

V 相 S 极：V1-V11(7-14)-(25-32)-(8-15)-(26-33)-(9-16)-(27-34)V21
V 相 N 极：V2-V12(16-23)-(34-5)-(17-24)-(35-6)-(18-25)-(36-7)V22

W 相 N 极：W1-W11(13-20)-(31-2)-(14-21)-(32-3)-(15-22)-(33-4)W21
W 相 S 极：W2-W12(22-29)-(4-11)-(23-30)-(5-12)-(24-31)-(6-13)W22

整数槽波绕组在绕线转子异步电动机的转子绕组中得到广泛应用，异步电动机的转子绕组由于不和电源相连，其电压不受标准电压等级的限制，常用铜条弯成条形波绕组，制造简单，槽内面积利用率较高；同时，波绕组的组间连线少，绑扎固定比较简单，使转子重量易于平衡。为了减少组间连线，整数槽波绕组在大、中型水轮发电机中也有应用。

第三节　三相异步电动机的运行特性

本节主要介绍三相异步电动机接上电源后的定子和转子电路、电磁转矩及机械特性。

一、转差率

1. 转速差

同步转速 n_1 与转子的转速 n 之差叫转速差，用 Δn 表示，即

$$\Delta n = n_1 - n \tag{6-6}$$

2. 转差率

转速差 Δn 与同步转速 n_1 的比值叫做转差率，用 s 表示，其数值通常用百分数表示，即

$$s = \frac{\Delta n}{n_1} = \frac{n_1 - n}{n_1} \tag{6-7}$$

或

$$s = \frac{\Delta n}{n_1} \times 100\% = \frac{n_1 - n}{n} \times 100\%$$

异步电动机在起动瞬间，此时，已形成旋转磁场，其转速为 n_1，而转子尚未转动，$n = 0$，$s = (n_1 - 0)/n_1 = 1$；一旦转子转动后，转子转速上升，直至转速 n 接近 n_1 时，$s = (n_1 - n)/n_1$，接近于 0，可见，异步电动机的转差率 s 的变化范围是在 0 ~1。电动机转速 n 越高，

转差率 s 越小，异步电动机在额定负载运行时，其转差率 s_N 一般在 1%～6%；空载时，转差率 s_0 一般在 0.05%～0.5%。

例 6-2　一台 2 极异步电动机的额定转速 $n_N=2870\text{r/min}$；一台 8 极异步电动机的额定转速 $n_N=730\text{r/min}$，电源频率均为 $f=50\text{Hz}$，试求这两台电动机的额定转差率 s_N。

解　由上述公式可知

（1）2 极电动机

$$n_1=\frac{60f}{p}=\frac{60\times 50\text{Hz}}{1}=3000\text{r/min}$$

$$s_N=\frac{n_1-n_N}{n_1}\times 100\%=\frac{3000\text{r/min}-2870\text{r/min}}{3000\text{r/min}}\times 100\%\approx 4.33\%$$

（2）8 极电动机

$$n_1=\frac{60f}{p}=\frac{60\times 50\text{Hz}}{4}=750\text{r/min}$$

$$s_N=\frac{n_1-n_W}{n_1}\times 100\%=\frac{750\text{r/min}-730\text{r/min}}{750\text{r/min}}\times 100\%=2.66\%$$

例 6-3　一台 2 极异步电动机，额定功率 $P_N=0.8\text{kW}$，电源频率 $f=50\text{Hz}$，若额定转差率 $s_W=5\%$，试求该电动机的额定转速。

解

$$n_1=\frac{60f}{p}=\frac{60\times 50\text{Hz}}{1}=3000\text{r/min}$$

$$n_N=(1-s)n_1=(1-0.05)\times 3000\text{r/min}=2850\text{r/min}$$

二、转差率与转子电路各物理量的关系

1. 转差率与转子感应电动势频率 f_2 的关系

异步电动机起动运转后，旋转磁场将以相对速度 $n_1-n=sn_1$ 切割转子导体，所以转子感应电动势的频率为

$$f_2=\frac{p(n_1-n)}{60}=\frac{pn_1}{60}\times\frac{(n_1-n)}{n_1}=sf \tag{6-8}$$

式(6-8)说明，转子感应电动势的频率(即感应电流的频率)f_2 与转差率成正比，当电动机在刚起动瞬间，$n=0$，$s=1$，则 $f_2=f$，这时转子中感应电动势的频率最高，等于电源频率；当转子转速 n 升高后，转子感应电动势频率减小，异步电动机在额定负载时，$s_N=1\%\sim 6\%$，电源频率 f 为 50Hz，故转子绕组中感应电动势频率 $f_2=0.5\sim 3\text{Hz}$，是很低的。

例 6-4　一台 10kW 异步电动机，电源频率为 50Hz，转子额定转速为 2930r/min，求额定转差率和转子电流的频率。

解　由于 $s_N=0.01\sim 0.06$，即

$$p=\frac{60f}{n_N}[1-s_N]=\frac{60\times 50\text{Hz}}{2930\text{r/min}}[1-(0.01\sim 0.06)]=1.01\sim 0.962 \text{ 则 } p=1$$

$$n_1=\frac{60f}{p}=\frac{60\times 50\text{Hz}}{1}=3000\text{r/min}$$

$$s_N=\frac{n_1-n}{n_1}\times 100\%=\frac{3000\text{r/min}-2930\text{r/min}}{3000\text{r/min}}\times 100\%\approx 2.33\%$$

$$f_2 = s_N f = 2.33\% \times 50\text{Hz} \approx 1.17\text{Hz}$$

2. 转差率与转子感应电动势 E_2 的关系

根据电磁感应定律，在转子一相绕组中产生的感应电动势为

$$\left.\begin{aligned} E_2 &= 4.44 k_2 f_2 N_2 \Phi \\ E_2 &= 4.44 k_2 s f N_2 \Phi \end{aligned}\right\} \tag{6-9}$$

式中　k_2——转子绕组的绕组系数，由转子绕组的结构形式决定，$k_2<1$；

N_2——转子每相绕组的匝数；

Φ——旋转磁场每极磁通(Wb)；

f_2——转子感应电动势的频率(Hz)。

由式(6-9)可见，当异步电动机的电源电压 U_1 和频率不变时，转子感应电动势 E_2 是随电动机的转差率 s 而变化的。在电动机刚起动而未转动瞬间，$n=0$、$s=1$，此时，转子每相绕组中的感应电动势为最大，即

$$E_{20} = 4.44 k_2 f N_2 \Phi \tag{6-10}$$

因此，可得

$$E_2 = s E_{20} \tag{6-11}$$

式(6-11)表明：当电动机的转子转动时，转子绕组中的感应电动势 E_2 等于未动时的电动势 E_{20} 乘上转差率 s；即转子未动时，$s=1$，转子中的感应电动势最大，$E_2=E_{20}$；随着转速升高，转子绕组中的感应电动势 E_2 就减小。异步电动机在正常运行时，转差率 s 只有 1% ~6%，所以，其感应电动势 E_2 也只有转子在不动时 E_{20} 的 1% ~6%。

3. 转差率与转子绕组的电抗和阻抗关系

转子中的感应电动势在转子绕组中产生感应电流，其大小决定于转子电动势和转子阻抗的大小。

异步电动机的磁通，其中大部分穿过空气隙而与定子绕组和转子绕组交链，称为主磁通 Φ，它在定子及转子绕组中分别产生感应电动势 E_1 和 E_2；另有一部分磁通仅与定子绕组相链，称为定子漏磁通；还有一部分由转子电流产生的只与转子绕组相链的磁通，称为转子漏磁通。转子漏磁通变化时也要在转子绕组中产生漏磁感应电动势。在转子每相绕组中，漏磁感应电动势和转子电流 I_2 的关系是 $E_{a2}=I_2X_2$，X_2 为转子一相的漏电抗，即

$$X_2 = 2\pi f_2 L_2 \tag{6-12}$$

式中　L_2——转子一相绕组的漏电感(H)

又因 $f_2=sf$，所以

$$X_2 = 2\pi s f L_2$$

式(6-12)是在某一转速下转子的漏电抗，当转子刚起动，但还未转动瞬间，$n=0$、$s=1$、$f_2=f$，此时转子每相绕组的漏电抗为最大，用 X_{20} 表示，则

$$\left.\begin{aligned} X_{20} &= 2\pi f L_2 \\ X_2 &= s X_{20} \end{aligned}\right\} \tag{6-13}$$

由式(6-13)可知，转子电路的漏电抗 X_2 与转差率 s 成正比。在刚起动转子未动瞬间，$s=1$，这时 X_2 的值最大；在进入正常运行时，因转差率 s 很小，所以 X_2 也很小。

转子绕组不仅有漏电抗 X_2，而且有电阻 r_2，故转子每相绕组的阻抗为

$$z_2=\sqrt{r_2^2+X_2^2}=\sqrt{r_2^2+(sX_2)^2} \tag{6-14}$$

4. 转差率与转子绕组电流 I_2 及转子电路的功率因数 $\cos\varphi_2$ 的关系

根据欧姆定律，转子每相绕组的电流为

$$I_2=\frac{E_2}{z_2}=\frac{sE_{20}}{\sqrt{r_2^2+(sX_{20})^2}}=\frac{E_{20}}{\sqrt{(r_2^2/s)^2+X_{20}^2}} \tag{6-15}$$

转子电路的功率因数为

$$\cos\varphi_2=\frac{r_2}{z_2}=\frac{r_2}{\sqrt{r_2^2+(sX_{20})^2}} \tag{6-16}$$

一台电动机制成后，其转子每相绕组的电阻 r_2 和漏电抗 X_{20} 已是一定的，即 r_2、X_{20} 是常数，因此，从上述二式可知，转子电流 I_2 和转子电路的功率因数 $\cos\varphi_2$ 均随转差率 s 而变化；当 s 增加，即转速降低时，I_2 增大，而 $\cos\varphi_2$ 变小。

当起动瞬间，$n=0$、$s=1$，$I_2=E_{20}/\sqrt{r_2^2+X_{20}^2}$，这时的电流叫起动电流。因为这时转子感应电动势 E_{20} 最大，故起动电流可以比额定电流大很多倍。随着电动机转动后转速升高，转差率 s 减小。I_2 也逐渐减小，到转差率 s 等于额定转差率 s_N 时，I_2 也达到额定值 I_{2N}；如果 $n=n_1$、$s=0$ 时，则 $I_2=0$。转子电流 I_2 随转差率 s 而变化的曲线如图 6-22 所示。

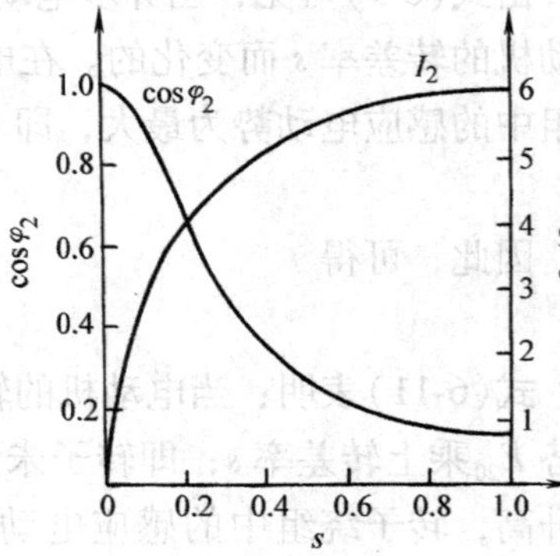

图 6-22 转子电流 I_2 和功率因数 $\cos\varphi_2$ 随转差率 s 变化曲线

例 6-5 一台 4 极、50Hz、1425r/min 的异步电动机，转子电路参数 $r_2=0.02\Omega$、$X_{20}=0.08\Omega$，定子和转子电路每相电动势的变换比，即 $E_1/E_{20}=10$，当 $E_1=200\text{V}$ 时，试求：

1）转子未动时，转子绕组每相的 E_{20}、I_{20} 和 $\cos\varphi_{20}$。

2）在额定转速时，转子绕组每相的 E_2、I_2 和 $\cos\varphi_2$。

解

（1）转子未动时

转子感应电动势 $E_{20}=\dfrac{E_2}{10}=\dfrac{200\text{V}}{10}=20\text{V}$

转子电流 $I_{20}=\dfrac{E_{20}}{\sqrt{r_2^2+X_{20}^2}}=\dfrac{20\text{V}}{\sqrt{0.02^2\Omega+0.08^2\Omega}}\approx 242.4\text{A}$

转子功率因数 $\cos\varphi_{20}=\dfrac{r_2}{\sqrt{r_2^2+X_{20}^2}}=\dfrac{0.02\Omega}{\sqrt{0.02^2\Omega+0.08^2\Omega}}\approx 0.242$

（2）在额定转速时

同步转速 $n_1=\dfrac{60f}{p}=\dfrac{60\times 50\text{Hz}}{2}=1500\text{r/min}$

额定转差率 $s_N=\dfrac{n_1-n_N}{n_1}=\dfrac{1500\text{r/min}-1425\text{r/min}}{1500\text{r/min}}=0.05=5\%$

转子电动势 $E_2=sE_{20}=0.05\times 20=1\text{V}$

转子漏电抗　$X_2 = sX_{20} = 0.05 \times 0.08\Omega = 0.004\Omega$

转子电流　$I_2 = \dfrac{E_2}{\sqrt{r_2^2 + X_2^2}} = \dfrac{1\text{V}}{\sqrt{0.02^2\Omega + 0.004^2\Omega}} \approx 49\text{A}$

功率因数　$\cos\varphi_2 = \dfrac{r_2}{\sqrt{r_2^2 + X_2^2}} = \dfrac{0.02\Omega}{\sqrt{0.02^2\Omega + 0.004^2\Omega}} \approx 0.98$

由例可知，这台电动机在起动时的转子电流约为额定电流的5倍，而起动时的功率因数却很低。

三、定子与转子之间的电磁关系

电动机空载运行时，即其轴上不拖动机械负载，这时转速 n 接近于同步转速 n_1，转差率 s 接近于零，转子感应电动势 E_2 以及转子电流 I_2 都很小，可以认为此时 $E_2 \approx 0$、$I_2 \approx 0$，所以转子绕组的磁通势 $F_2 \approx 0$。这时的定子电流称为空载电流，用 I_0 表示。定子绕组的磁通势称为空载磁通势，用 F_0 表示。空载时的定子电流 I_0 主要用来产生旋转磁场。由于异步电动机的磁路除了大部分由定子铁心和转子铁心所组成外，还有空气隙存在，气隙的磁阻由于很大，所以，异步电动机与变压器相比，空载电流较大，一般是额定电流的20%~50%；为了减小空载电流，要尽量减小空气隙。空载电流 I_0 的相位滞后于外加电压 U_1 约90°，因此，异步电动机在空载时的功率因数很低，通常只有0.2左右，所以，异步电动机不宜在空载或轻载下运行。

异步电动机带上机械负载后，必须产生足够的转矩来平衡负载转矩，转速 n 必然要下降，转差率 s 增加，转子电流 I_2 随之增大。此时，通过定子绕组的电流 I_1 产生了定子旋转磁通势 F_1 和定子旋转磁场，其旋转速度是 $n_1 = 60f/p$。同理，在转子绕组中的电流 I_2 也产生了转子旋转磁通势 F_2 和转子旋转磁场，转子旋转磁场对转子的相对转速 n_2，决定于转子电流的频率 f_2，即

$$\begin{aligned} n_2 &= \frac{60f_2}{p} = \frac{60sf}{p} = sn_1 = \frac{(n_1 - n)n_1}{n_1} \\ &= n_1 - n \end{aligned} \tag{6-17}$$

转子本身是以转速 n 相对于定子旋转的，所以，转子旋转磁场相对于定子的旋转速度为

$$n_2 + n = (n_1 - n) + n = n_1$$

由上式可见，无论转子转速 n 多大，转子旋转磁场和定子旋转磁场总是以同一转速 n_1、同一旋转方向在空间相对于定子旋转着，两个旋转磁场间没有相对运动。

例6-6　Y系列4极异步电动机的额定转速 $n_N = 1440\text{r/min}$，电源频率 $f = 50\text{Hz}$，求转子磁场对定子的转速。

解　定子旋转磁场的转速为

$$n_1 = \frac{60f}{p} = \frac{60 \times 50\text{Hz}}{2} = 1500\text{r/min}$$

额定转速时的转子电流频率为

$$f_2 = \frac{pn_2}{60} = \frac{p(n_1 - n)}{60} = \frac{2 \times (1500\text{r/min} - 1440\text{r/min})}{60} = 2\text{Hz}$$

转子旋转磁场对转子的转速为

$$n_2 = \frac{60f_2}{p} = \frac{60 \times 2\text{Hz}}{2} = 60\text{r/min}$$

转子旋转磁场对定子的转速为

$$n_2 + n = 60\text{r/min} + 1440\text{r/min} = 1500\text{r/min} = n_1$$

电动机在空载时，主磁通 Φ 主要由空载磁通势 F_0 产生，在电动机带负载运行时，主磁通 Φ 是由定子磁通势 F_1 和转子磁通势 F_2 共同产生的。由于在 $U_1 \approx E_1 = 4.44k_1fN_1\Phi$ 式中，k_1、f、N_1 均为常数，故在 U_1 恒定情况下，E_1 和 Φ 都可以认为是基本不变的，则

$$\dot{F}_1 + \dot{F}_2 = \dot{F}_0$$

这是异步电动机的电磁平衡方程式，反映了异步电动机定、转子之间的电磁关系。当电动机负载增大时，转速下降，转子绕组与旋转磁场之间的相对转速增加，因而，转子感应电动势 E_2 增大，转子电流 I_2 增大，转子绕组的磁通势 F_2 也随着增大。根据楞次定律，F_2 力图削弱主磁通 Φ，因此，为了维持主磁通 Φ 不变，定子电流 I_1 及其磁通势 F_1 就会相应地增大，这样，定子从电网输入的功率便增加；当电动机输出的机械功率减小时（负载减小），定子的输入功率也随之减小。由此可见，定子电流 I_1 是随着转子电流 I_2 的变化而变化的，亦即随负载而变化的。

四、异步电动机的能量损耗和效率

电动机运行时，输入的是从电源得到的电功率 P_1，输出的是拖动负载的机械功率 P_2，由于在运行中总会有能量损耗，所以，输出功率 P_2 总是小于输入功率 P_1。例如一台异步电动机的额定功率 100kW、额定电压 380V、额定电流 183.5A、功率因数 0.90、效率 92%。按照三相电路电功率的计算，电动机从电源输入的电功率 P_1 应为

$$P_1 = \sqrt{3}U_1I_1\cos\varphi_1 = \sqrt{3} \times 380\text{V} \times 183.5\text{A} \times 0.9 \approx 108.7\text{kW}$$

而这台电动机实际的输出功率，即其额定功率 $P_2 = 100\text{kW}$，因此该电动机在额定功率下运行（即满载）时，其总损耗为

$$\Delta P = P_1 - P_2 = 108.7\text{kW} - 100\text{kW} = 8.7\text{kW}$$

其损耗包括：

1）定子和转子绕组中的铜耗 P_{Cu}。

2）铁心中的铁耗 P_{Fe}。

3）机械损耗 P_j，即电动机运转时引起的机械摩擦损耗和通风阻力损耗。

4）附加损耗 P_{Fj}，即电动机运转时，因定子和转子的齿部以及在气隙空间的磁通势不完全是作正弦分布而在绕组及铁心中引起的附加损耗。

输出功率 P_2 与输入功率 P_1 之比的百分数，叫做电动机的效率，用 η 表示，即

$$\eta = \frac{P_2}{P_1} \times 100\% = \left[\frac{P_1 - \Delta P}{P_1}\right] \times 100\%$$

异步电动机在小负载时，效率很低，负载增加，效率随之增高，通常在负载为（0.75～0.8）P_N 时，效率最高。异步电动机的损耗 ΔP 比变压器大得多，因此，它的效率也就比变压器低得多，一般异步电动机的额定效率为 75%～92%，功率越大，额定效率越高。

五、异步电动机的电磁转矩

上面分析了异步电动机内部的电磁关系，接着讨论它的机械运动。电动机要带动其他工作机械运转，因此，电动机的电磁转矩是一个重要的问题。异步电动机中转子电流 I_2 与旋转磁场相互作用产生了电磁转矩 T，使转子旋转。这个电磁转矩 T 是转子中各个载流导体在磁场中受到电磁力所产生的转矩的总和。

由于转子绕组电路中电感的作用，使转子电流 I_2 滞后感应电动势 E_2 一个相位角 φ_2，因而转子电流的有功分量为 $I_2\cos\varphi_2$。经过数学推导，电磁转矩 T 为

$$T = C_T \Phi I_2 \cos\varphi_2 \tag{6-18}$$

式中 C_T——转矩常数，由电机结构参数决定；

Φ——气隙中合成旋转磁场的每极磁通量(Wb)；

I_2——转子每相绕组的电流(A)；

$\cos\varphi_2$——转子绕组电路的功率因数。

将前面 I_2、$\cos\varphi_2$ 公式代入式(6-18)可得

$$T = C_T \Phi \frac{sE_{20}}{\sqrt{r_2^2 + (sX_{20})^2}} \cdot \frac{r_2}{\sqrt{r_2^2 + (sX_{20})^2}}$$

$$= C_T \Phi E_{20} \frac{sr_2}{r_2^2 + (sX_{20})^2} \tag{6-19}$$

由电磁转矩公式中可知，如果 $\cos\varphi_2$ 不变，而 I_2 又是转子绕组切割定子磁通 Φ 后产生的电动势形成的，与 Φ 成正比。因此，电磁转矩 T 由与 ΦI_2 的乘积成正比转换为与 φ_2 成正比，而磁通 Φ 的大小又与外施电压 U_1 成正比，所以最终可得出异步电动机的电磁转矩 T 和电源电压 U_1^2 成正比的结论，即

$$T = kU_1^2 \tag{6-20}$$

式中 k——比例系数。

可见异步电动机的电磁转矩对电源电压是很敏感的，若电源电压有所降低，电动机的转矩会因此而大大降低。例如，电源电压降到额定值的70%，则转矩为不足额定值的1/2。

在电磁转矩公式中，r_2 和 X_{20} 是电动机的参数，是个常数。当电源电压 U_1 和频率 f_1 不变时，E_{20} 及 Φ 都可视为不变的，因此，异步电动机的电磁转矩 T 是随转差率 s 而变化的。其变化的曲线 $T=f(s)$，称为异步电动机的转矩特性曲线，如图6-23所示。每台异步电动机都有它的特性曲线，即它的固有特性。

在电动机刚接通电源的瞬间(即 $s=1$)，起动电流 I_2 虽然很大，但由于这时转子电路频率 $f_2=f$，使得 $X_{20} \gg r_2$，则 $\cos\varphi_2$ 很小，所以电流 I_2 的有功分量 $I_2\cos\varphi_2$ 很小，所以产生的起动转矩 T_{st} 也小，如图6-23中曲线a点；电动机起动后，转速 n 逐渐升高，转差率 s 逐渐减小，I_2 也逐渐减小，$\cos\varphi_2$ 逐渐增大，但 I_2 减小得比较慢，I_2 的有功分量 $I_2\cos\varphi_2$ 增加，所以转矩 T 逐渐增大，当转速 n 继续增加，转差率减小到 s_m 时，电磁转矩出现了最大值 T_m，如图6-23中曲线上的b点所示；转速 n 再继续增加，转差率小于 s_m，如图6-23中曲线b—0段，此时 I_2 迅速减小，而 $\cos\varphi_2$ 提高得并不快，从而使 $I_2\cos\varphi_2$ 减小，转矩 T 也相应迅速降低；若电动机的转速上升到同步转速 n_1，这时，转差率 $s=0$，虽然 $\cos\varphi_2\approx1$，但转子电流 $I_2=0$，所以电磁转矩 T 也等于零。

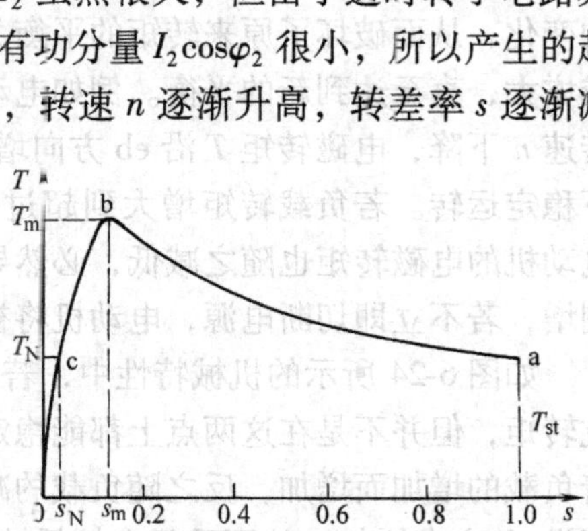

图6-23 异步电动机的转矩特性曲线

当转差率 $s=s_m\approx r_2/X_{20}$ 时，电磁转矩 T 达到最大值. 这个转矩称为最大转矩 T_m，s_m 称

为临界转差率，一般异步电动机的 s_m 在 4%～14%。从 $s_m \approx r_2/X_{20}$ 可知，当异步电动机的电抗参数 X_{20} 为一定时，s_m 与转子电路内的总电阻 r_2 成正比。

六、异步电动机的机械特性

在电力拖动中，异步电动机的特性通常用电磁转矩 T 与转子转速 n 的关系曲线 $n=f(T)$ 来表示，这种曲线称为电动机的机械特性。由于转差率 $s=(n_1-n)/n_1=1-(n/n_1)$，找出 s 和 n 相对应的关系，就可以根据图 6-23 所示的转矩特性曲线 $T=f(s)$ 画出机械特性曲线 $n=f(T)$，如图 6-24 所示。

根据异步电动机的机械特性曲线上标出的三个转矩，来分析对电动机运行特别有意义的几种情况：

1. 起动转矩

电动机刚接入电网但尚未转动（$s=1$）时的转矩叫做电动机的起动转矩 T_{st}，即图 6-24 曲线中的 a 点处。起动转矩必须大于机械负载和阻力（如电动机风阻、摩擦等）产生的反抗转矩，电动机才能开始转动。通常，用电动机的起动转矩 T_{st} 与额定转矩 T_N 的比值 T_{st}/T_N 来衡量电动机的起动性能，一般异步电动机 T_{st}/T_N 的比值为 0.95～2.0。封闭式（IP44）Y 系列为 1.4～2.2。特殊用途的如 JZ2 系列电动机为 2.5～2.8；YZ 系列电动机为 2.4～3.1。

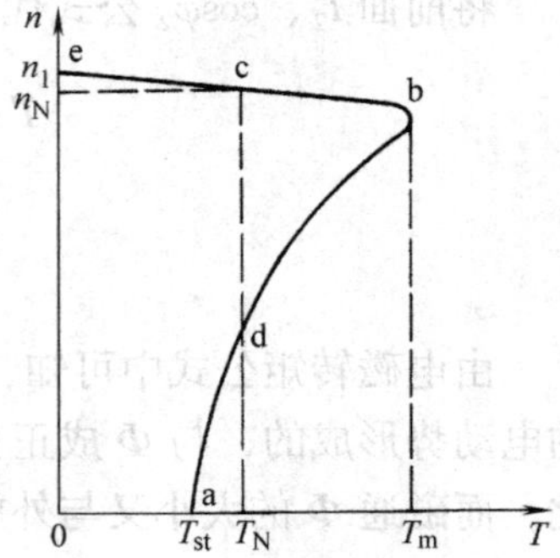

图 6-24 异步电动机的机械特性曲线

2. 稳定运行区

异步电动机的稳定运行区在特性曲线中的 b-c-e 部分。异步电动机定子绕组接通电源后，当它转子轴上的起动转矩大于轴上负载反抗转矩和空载机械转矩时，电动机就开始转动。由图 6-24 所示的机械特性曲线可以看出，转矩 T 随电动机转速 n 的增加沿着曲线 ab 部分上升，经过最大转矩 T_m 以后，又沿着 be 部分逐渐下降，当电磁转矩减低到与负载的反抗转矩（包括空载机械转矩）相平衡时，就在某一转速下恒速旋转。

但是，平衡总是相对的，当电动机的负载发生变动或受外力影响时，都会引起反抗转矩的变化，从而破坏了原来转矩的平衡关系，使电动机加速或减速运转，导致电磁转矩的减低或增大，直至达到新的平衡。例如电动机在 be 部分工作时，如果负载增大，此时电动机的转速 n 下降，电磁转矩 T 沿 eb 方向增大，直至与负载保持平衡，使电动机能在稍低的转速下稳定运转。若负载转矩增大到超过了最大转矩 T_m，则电动机的转速将很快下降，同时，电动机的电磁转矩也随之减低，必然导致电动机停转，此时转子绕组电流和定子绕组电流将剧增，若不立即切断电源，电动机将被烧毁。

如图 6-24 所示的机械特性中，若电动机的电磁转矩在 c、d 两点都等于电动机轴上的反抗转矩，但并不是在这两点上都能稳定运转的。如果在 c 点上运转，电动机的电磁转矩将随着负载的增加而增加，反之随负载的减少而减少。如负载增加时，引起转速下降，使电磁转矩沿 cb 方向增加，从而重新在较低转速下达到与轴上的反抗转矩相平衡，而继续稳定运转。如果电动机运转在 d 点上，同样若负载增加时，则由于转速的减小反而导致电磁转矩减小，因而转速会更降低，这样下去，最后电动机将停止转动；反之，若负载减小时，则转速增高，反而使电磁转矩增加，所以转速将继续增高，直至电磁转矩经过最大转矩 T_m 的 b 点，电磁转矩才随着转速的增高而减小，直至与新的反抗转矩相平衡时，才达到稳定运行。由此可见，异步电动机的稳定运行区域仅限于机械特性曲线中的 b-c-e 部分，而 b-d-a 部分则是不稳定运行区域。

但必须指出的是，不同型号的异步电动机有不同的机械特性曲线。

3. 额定转矩与过载能力

电动机在额定负载时的电磁转矩叫做额定转矩，用 T_N 表示，也就是电动机在长期持续工作时，轴上输出的最大允许转矩。电动机的额定转矩可以从铭牌上的额定功率求得。

电动机的输出转矩 T_2 与输出功率 P_2 的关系是

$$P_2 = T_2\omega = \frac{T_2 2\pi n}{60} \tag{6-21}$$

式中 ω——角频率(rad/s)

如果忽略电动机的转子铜耗、机械损耗和附加损耗，则输出转矩 T_2 近似于电磁转矩 T，式(6-21)可写成

$$P_2 = \frac{T2\pi n}{60}$$

则

$$T = \frac{60P_2}{2\pi n} \approx \frac{9.55P_2}{n} \tag{6-22}$$

当电动机在额定情况下，即额定电压、额定频率、额定转速下运转时，在电动机转轴上便可获得额定转矩，即

$$T_N = \frac{9.55P_N}{n_N} \tag{6-23}$$

式中 P_N——电动机额定功率(W)；

n_N——电动机额定转速(r/min)；

T_N——电动机额定转矩(N·m)。

例 6-7 某车床主轴电动机型号为 J52-4，$P_N = 7.5\text{kW}$，$n_N = 1450\text{r/min}$，试求该电动机的额定转差率和额定转矩。

解 由于 $2p = 4$，$f = 50\text{Hz}$，则

$$n_1 = \frac{60f}{p} = \frac{60 \times 50\text{Hz}}{2} = 1500\text{r/min}$$

$$s_N = \frac{n_1 - n}{n_1} = \frac{1500\text{r/min} - 1450\text{r/min}}{1500\text{r/min}} \approx 0.033 = 3.3\%$$

$$T_N = \frac{9.55P_N}{n_N} = \frac{9.55 \times 7.5\text{kW} \times 10^3}{1450\text{r/min}} \approx 49.4\text{N} \cdot \text{m}$$

电动机的额定转矩应小于最大转矩，而且不能太接近最大转矩，否则电动机略一过载，便会立即停转。因此，只要负载所需要的转矩不超过电动机的最大转矩，电动机就可以短时过载运行而不致引起过热。所以，我们把电动机的最大转矩 T_m 与额定转矩 T_N 的比值，称作电动机的过载系数，用符号 λ 表示，即

$$\lambda = \frac{T_m}{T_N} \tag{6-24}$$

过载系数 λ 可以衡量电动机的短时过载能力和运行的稳定性。异步电动机的过载系数 λ 一般在 1.8 ~2.5。封闭式(IP44) Y 系列电动机为 2 ~2.2；特殊用途如起重、冶金用异步电

动机(如 YZR 型)可达 3.3 ~3.5 或更大。

例 6-8　有一台 2 极三相异步电动机，其额定功率为 125kW、额定电压为 380V、额定转速为 2960r/min、$\lambda = 2.2$、$T_{st}/T_N = 1.4$、$\cos\varphi = 0.8$、$\eta_N = 84\%$。试求：I_N，P_1，s_N，T_N，T_m，T_{st}。

解

$$I_N = \frac{P_N}{\sqrt{3}U_N\cos\varphi\eta_N} = \frac{125\text{kW} \times 10^3}{\sqrt{3} \times 380\text{V} \times 0.8 \times 0.84} \approx 282.6\text{A}$$

$$P_1 = \frac{P_N}{\eta_N} = \frac{125\text{kW}}{0.84} \approx 148.8\text{kW}$$

$$n_1 = \frac{60f}{p} = \frac{60 \times 50\text{Hz}}{1} = 3000\text{r/min}$$

$$s_N = \frac{n_1 - n_N}{n_1} = \frac{3000\text{r/min} - 2960\text{r/min}}{3000\text{r/min}} \approx 0.0133 = 1.33\%$$

$$T_N = \frac{9.55P_N}{n_N} = \frac{9.55 \times 125\text{kW} \times 10^3}{2960\text{r/min}} \approx 403.3\text{N} \cdot \text{m}$$

$$T_m = \lambda T_N = 2.2 \times 403.3\text{N} \cdot \text{m} = 887.26\text{N} \cdot \text{m}$$

$$T_{st} = 1.4T_N = 1.4 \times 403.3\text{N} \cdot \text{m} = 564.62\text{N} \cdot \text{m}$$

第四节　三相异步电动机的起动

电动机的起动是指电动机接通电源后，转子转速从零升至稳定转速的过程。

当电动机的定子绕组通入三相电源后，转子便开始转动，在刚起动的瞬间，因 $n=0$、$s=1$，旋转磁场对静止的转子以最大速度切割转子绕组，便在转子绕组中产生较大的感应电动势，由于转子绕组的阻抗较小，故转子绕组感应电流很大。

转子电流是转子绕组切割旋转磁场产生的，而定子电流是随转子电流而变化的。起动时，由于转子电流很大，因而定子起动电流必定也很大，通常定子起动电流与其额定电流的比值 $I_{1st}/I_{1N} = 4 \sim 7$。如 Y280S—4 型异步电动机，额定功率 75kW，额定电流 139.7A，$I_{1st}/I_{1N} = 7$，则起动电流 I_{1st} 可达 $139.7 \times 7 = 977.9\text{A}$。

起动电流过大，将产生下列后果：

1）使线路产生很大的电压降，导致负载端电压在短时间内降低很多，这不仅使电动机本身的起动转矩减小，甚至不能起动，而且更严重地会影响同一线路上的其他负载正常运行。

2）使电动机绕组过热，起动时间越长，起动次数越频繁，发热越严重，将加速绝缘老化，缩短电动机使用寿命。同时，在大电流的冲击下，绕组受电磁力作用容易变形，甚至发生短路故障。

接着再分析起动转矩 T_{st}，异步电动机在起动时，虽然转子电流很大，但因转子绕组的感抗 X_{20} 很大，所以，这时转子电路的功率因数($\cos\varphi_2 = r_2/\sqrt{r_2^2 + X_{20}^2}$)很低，所以起动转矩($T_{st} = C_T\Phi I_{2st}\cos\varphi_2$)并不大，一般 T_{st} 为其额定转矩 T_N 的 0.95 ~2 倍。起动转矩 T_{st} 太小，则电动机起动很慢，甚至不能带负载起动，但起动转矩过大，在起动时有可能使电动机转轴及传动机构(如齿轮)受冲击而容易损坏。

根据以上分析，故在异步电动机起动时，应采取措施，改善其起动性能。在选用异步电动机的起动设施时，一般要考虑以下几个问题：

1）应该有足够大的起动转矩。

2）尽可能小的起动电流。

3）起动过程中转速应该平滑地上升。

4）起动方法应该可靠、正确、方便，起动设备简便、经济。

5）起动过程中的功率损耗应尽可能地小。

对不同类型和不同功率的异步电动机，应采用不同的起动方法。现就其起动原理，分别叙述于后：

一、笼型异步电动机的起动

三相笼型异步电动机有两种起动方法，即在额定电压下的全压起动(又称直接起动)和经过起动设备减压后的减压起动(也称为降压起动)。

1. 全压起动

三相笼型异步电动机能否采用全压起动，主要由供电的电源容量和电动机的容量及起动情况来决定。通常规定：用电单位如有专用变压器供电，在电动机起动时，应保证电网母线上的电压降不超过额定电压的10%～15%，并使变压器的短时过载不超过最大允许值。即单台电动机全压起动的额定功率如满足以下经验公式，就可进行全压起动，则

$$P_N \leqslant (0.2 \sim 0.3) P_s \tag{6-25}$$

式中 P_N——电动机额定功率(kW)；

P_s——电源变压器容量(kV·A)；

(0.2～0.3)系数由电动机起动情况来决定，如电动机是重载、频繁起动的应取不大于0.2的系数；如电动机是轻载、不频繁起动的应取不大于0.3的系数。

例6-9 某高压用户的电源变压器额定容量为180kV·A，能否允许40kW电动机进行重载、频繁起动?

解 应满足$P_N \leqslant (0.2 \sim 0.3) P_s$，电动机重载、频繁起动的应取系数为0.2，即

$$0.2P_s = 0.2 \times 180\text{kV} \cdot \text{A} = 36\text{kV} \cdot \text{A}$$

由于$P_N > 0.2P_s$，即40kW > 36kV·A，所以不能全压起动。

对于没有独立的供电变压器(如与照明共用)，在电动机起动时，应保证电网的电压降不超过额定电压的5%。如上海地区规定，在低压公用电网中，电动机允许直接起动的容量应小于供电变压器容量的8%；消防设备允许直接起动的容量应小于供电变压器容量的15%。

若电源由交流发电机直接供电，则允许全压起动的电动机额定功率可按发电机额定功率的10%计算。

2. 减压起动

不能全压起动的电动机可采用减压起动。减压起动是利用起动设备将电压适当减小后加到电动机的定子绕组上起动，等电动机转速升高到接近稳定转速时，再使电动机定子绕组上的电压恢复至额定值进行正常运行。由于电动机电磁转矩与电源电压的二次方成正比，所以减压起动时起动转矩将大为降低。为此，减压起动方法仅适用于电动机空载或轻载起动。减

压起动方法有下列四种。

(1) 定子绕组串电阻器(或电抗器)减压起动　控制原理如图 6-25 所示。

起动时先合上电源开关 QS1，此时额定电压经电阻器 R 的分压作用减压后，再加到电动机的定子绕组上，当电动机转速升到稳定值后，再合上 QS2，电阻器 R 被短接，电动机定子绕组加上额定电压后正常运转。

(2) 星形—三角形(Y-△)减压起动　凡正常运行时定子绕组作三角形联结的电动机，可用Y-△减压起动。Y-△减压起动原理图如图 6-26 所示。

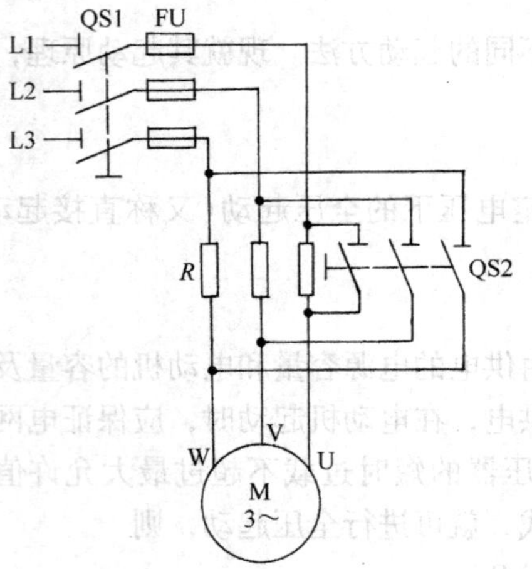

图 6-25　定子绕组串电阻减压起动原理图

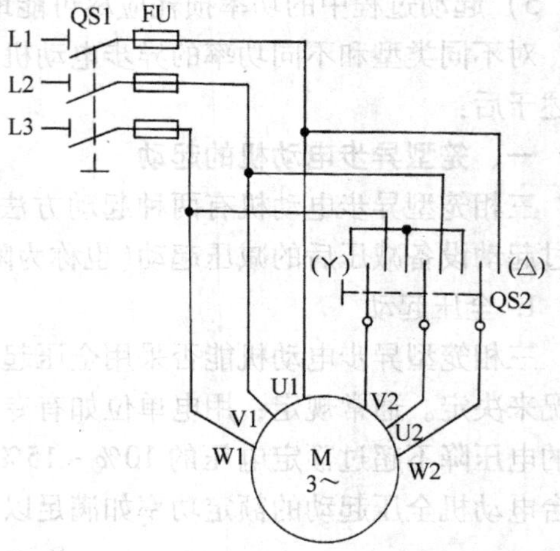

图 6-26　Y-△减压起动原理图

起动时，先将双向刀开关 QS2 扳到“Y”起动位置，再合上电源开关 QS1，于是电动机定子绕组接成星形联结减压起动；待电动机的转速上升到稳定值后，再将 QS2 从“Y”起动位置扳向“△”运行位置，使电动机进入正常运行。

由于起动时定子绕组接成星形，其相电压只有三角形联结时的 $1/\sqrt{3}$，即

$$U_{Y\phi}=\frac{U_{\Delta\phi}}{\sqrt{3}} \tag{6-26}$$

因此，相电流也只有三角形联结时的 $1/\sqrt{3}$，即 $I_{Y\phi}=I_{\Delta\phi}/\sqrt{3}$；而三角形联结时的 $I_{\Delta\phi}=I_{\Delta L}/\sqrt{3}$，故

$$I_{YL}=I_{Y\phi}=\frac{1}{\sqrt{3}}I_{\Delta\phi}=\frac{1}{\sqrt{3}}\times\frac{1}{\sqrt{3}}I_{\Delta L} \tag{6-27}$$

则 $I_{YL}=I_{\Delta L}/3$

即定子绕组接成星形起动时的线电流是接成三角形直接起动时线电流的 1/3。

这种减压起动时的起动转矩，也减小到直接起动时的 1/3，因为异步电动机的转矩与定子绕组所加电压的二次方成正比，故

$$\frac{T_{Yst}}{T_{\Delta st}}=\left(\frac{kU_{Y\phi}}{kU_{\Delta\phi}}\right)^2=\left(\frac{kU_{\Delta\phi}}{k\sqrt{3}U_{Y\phi}}\right)^2=\frac{1}{3} \tag{6-28}$$

即 $T_{Yst}=T_{\Delta st}/3$

因此，Y-△减压起动的方法只适用轻载或空载起动。

(3) 自耦变压器(也称为补偿器)减压起动　起动时将自耦变压器串接到电动机的定子绕组上，以减小加到定子绕组上的电源电压，达到限止起动电流的目的，其控制原理如图6-27所示。

起动时，先将QS2扳到“起动”(ST)位置，使电动机定子绕组与自耦变压器低压侧连接，然后再合上QS1，使电动机减压起动；待电动机转速升高后，把QS2从“起动”位置迅速扳到“运行”(RUN)位置，使自耦变压器分断，把电动机直接与电源相接，在额定电压下正常运行。

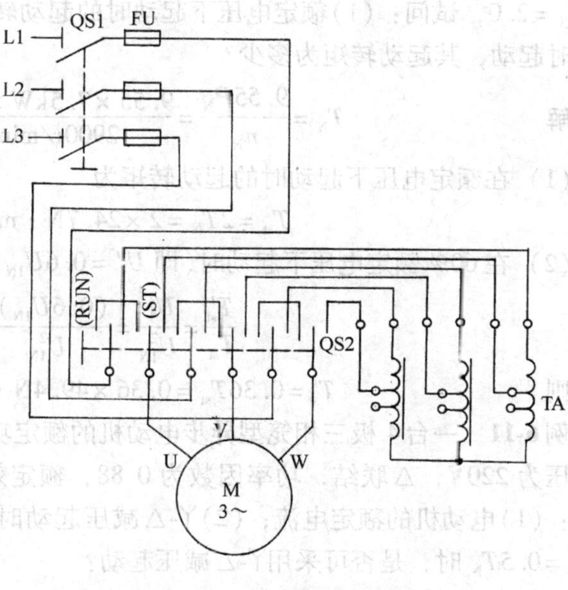

图6-27　自耦变压器减压起动控制原理

(4) 延边三角形减压起动　采用延边三角形减压起动的电动机，其定子绕组有九个接线头，如图6-28所示。

起动时将定子绕组的一部分接成△联结，另一部分接成Y联结，整个绕组接成如图6-28a所示的延边三角形，并将三相电源分别接入三个绕组的首端U1、V1、W1，此时，每相绕组的相电压比三角形联结时有所降低，可减小起动电流，待电动机转速升高后，再接成如图6-28b所示△联结，使电动机正常运行。

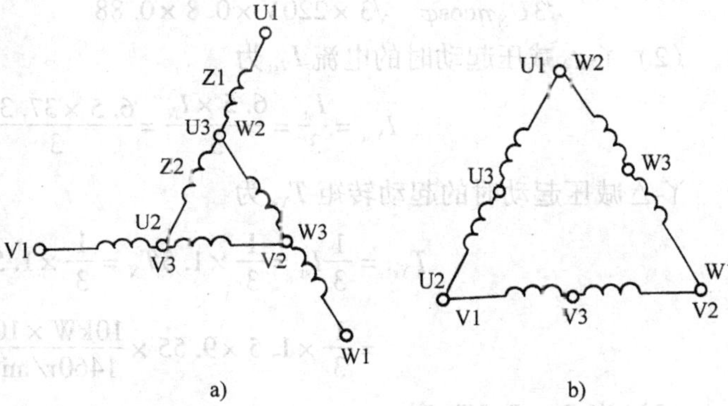

图6-28　延边三角形减压起动电动机绕组接线图

a) 延边三角形联结　b) 三角形联结

电动机接成延边三角形时，每相绕组的相电压、起动电流和起动转矩，见表6-3。

表6-3　延边三角形电动机绕组不同抽头比的技术数据

定子绕组抽头比 $Z_1:Z_2$	起动转矩为全压起动时的百分数(%)	起动电流为额定电流的倍数	起动电压是全压起动时的百分数(%)	延边△起动时的每相绕组电压/V
1:1	50	3~3.5	70	266
1:2	50	2.6~4.2	77	292
2:1	42	2.5~3.1	65	247
2:0(即Y-△减压起动)	33.3	2~2.3	58	220

例6-10　一台Y132S2—2型异步电动机的额定功率为7.5kW，额定转速为2900r/min，

$T_{st}/T_N=2.0$，试问：(1)额定电压下起动时的起动转矩；(2)当外施电压下降为额定电压的60%时起动，其起动转矩为多少？

解

$$T_N=\frac{9.55P_N}{n_N}=\frac{9.55\times7.5\text{kW}\times10^3}{2900\text{r/min}}\approx24.7\text{N}\cdot\text{m}$$

(1) 在额定电压下起动时的起动转矩为

$$T_{st}=2T_N=2\times24.7\text{N}\cdot\text{m}=49.4\text{N}\cdot\text{m}$$

(2) 在60%额定电压下起动时(即 $U_1'=0.6U_{1N}$)的起动转矩为

$$\frac{T_{st}'}{T_{st}}=\frac{U_1^{2\prime}}{U_{1N}^2}=\frac{(0.6U_{1N})^2}{U_{1N}^2}=0.36$$

则 $$T_{st}'=0.36T_{st}=0.36\times49.4\text{N}\cdot\text{m}\approx17.78\text{N}\cdot\text{m}$$

例6-11 一台4极三相笼型异步电动机的额定功率为10kW，额定转速为1460r/min，额定电压为220V，△联结，功率因数为0.88，额定效率为80%，$T_{st}/T_N=1.5$，$I_{st}/I_N=6.5$，试问：(1)电动机的额定电流；(2)Y-△减压起动时的起动转矩和起动电流；(3)若负载转矩 $T_z=0.5T_N$ 时，是否可采用Y-△减压起动？

解

(1) $$I_N=\frac{P_N}{\sqrt{3}U_N\eta\cos\varphi}=\frac{10\text{kW}\times10^3}{\sqrt{3}\times220\text{V}\times0.8\times0.88}\approx37.3\text{A}$$

(2) Y-△减压起动时的电流 I_{Yst} 为

$$I_{Yst}=\frac{I_{st}}{3}=\frac{6.5\times I_N}{3}=\frac{6.5\times37.3\text{A}}{3}\approx80.8\text{A}$$

Y-△减压起动时的起动转矩 T_{Yst} 为

$$T_{Yst}=\frac{1}{3}I_{st}=\frac{1}{3}\times1.5T_N=\frac{1}{3}\times1.5\times9.55\times\frac{P_N}{n_N}$$

$$=\frac{1}{3}\times1.5\times9.55\times\frac{10\text{kW}\times10^3}{1460\text{r/min}}\approx32.7\text{N}\cdot\text{m}$$

(3) 当 $T_z=0.5T_N$ 时

因 $T_{Yst}=T_{st}/3=1.5T_N/3=0.5T_N$

由于 $T_{Yst}=T_z$，所以该电动机不能采用Y-△减压起动。

综上所述，减压起动仅适用于空载或轻载下的起动，在选择电压降低的百分比及减压起动设备时，除了要考虑到线路电压降和电源变压器的过热不超过允许值外，还要考虑到加在电动机上的端电压能满足起动转矩的要求。

二、笼型异步电动机起动性能的改善

为了克服笼型电动机减压起动时起动转矩小的缺点，对于功率较大的笼型异步电动机，常采用改进电动机的转子结构来改善电动机的起动性能，即既要减小起动电流，又要增大起动转矩。深槽型和双笼型异步电动机就是通过改变转子槽的结构形式来改善起动性能的。

1. 深槽型异步电动机

深槽型异步电动机的转子槽形做得深而窄，如图6-29所示，其槽的深度与宽度之比一般在10～12或更大，因此，转子绕组的导体截面是窄长的。深槽型异步电动机是利用转子槽漏磁通所引起的转子电流的集肤效应来改善起动性能的。

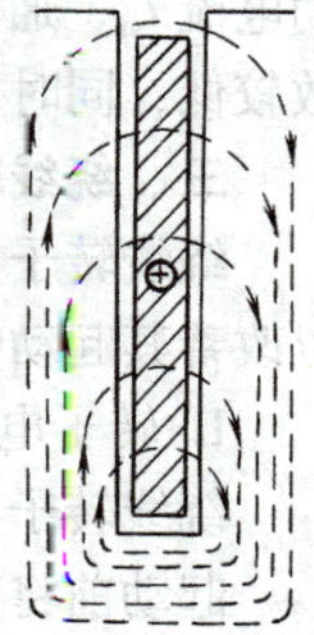

图 6-29 深槽型转子

由于转子槽深而窄，槽中导体的三面被铁心包围，只有槽口部分与空气接触，所以，当转子绕组中有感应电流时，导体下部（靠近槽底）所交链的漏磁通比上部要多。

在电动机刚起动时，$s=1$，这时的转子频率最高，$f_2=sf=f$，转子的漏电抗最大，$X_{20}=2\pi fL_2$，在转子阻抗中占主要地位。转子电流的分布基本上与漏电抗成反比，由于导体下部所交链的漏磁通比上部多，所以导体下部的漏抗比上部大，因此，电动机在起动时，转子电流将集中在槽口导体部分，这就是集肤效应；电流集中在上部的效果，相当于减小了导体的有效面积，因而增加了转子绕组的电阻，即提高了起动转矩并减小了起动电流。

集肤效应的强弱与电流的频率及转子槽形尺寸有关，频率越高，槽形越深越窄，电流的集肤效应越强烈。当深槽型异步电动机达到额定转速时，转子电流的频率 f_2 很小，为 0.5 ~ 3Hz，集肤效应几乎消失，转子电流在导体中近于均匀分布，使转子绕组的电阻自行减小，电动机仍可保持较好的工作性能。

深槽笼型异步电动机与功率相同的普通笼型电动机相比较，具有较大的起动转矩 T_{st} 和较小的起动电流 I_{st}，通常深槽型的 $T_{st}/T_N=1.0\sim1.6$，$I_{st}/I_N=4\sim5$，而普通型的 $T_{st}/T_N=0.8\sim1.0$，$I_{st}/I_N=4\sim7$。但在正常运行时，深槽型的功率因数和过载能力要比普通笼型电动机稍差。

2. 双笼型异步电动机

双笼型异步电动机具有两套笼型绕组，分别称为上笼（外笼）和下笼（内笼），上、下两笼之间由狭长的缝隙隔开，如图 6-30a 所示，当转子绕组中有电流时，下笼交链的漏磁通比上笼多得多，因此，下笼的漏电抗比上笼大得多。通常上笼是用电阻系数较大的材料（黄铜、锰黄铜、铝青铜）制成，且导线截面积又较小，故电阻较大；下笼是用电阻系数较小的材料（纯铜）制成，且导线截面积又大，故电阻较小。双笼型异步电动机也有用铸铝转子的，如图 6-30b 所示。

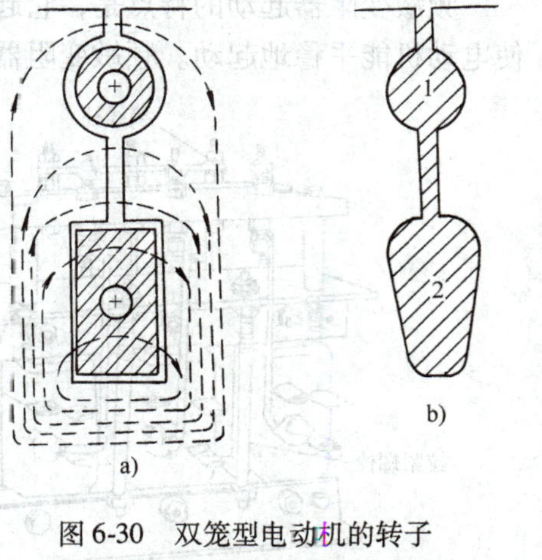

图 6-30 双笼型电动机的转子
a）漏磁通分布 b）铸铝转子

当电动机起动时，转子电流频率 f_2 等于电网频率 f，这时，下笼的漏电抗比上笼的漏电抗大得多，因此，这时通过下笼的电流很小，通过上笼的电流较大。而上笼的电阻又较大，所以产生的起动转矩也较大，从而改善了电动机的起动性能。由于上笼在起动时起了主要作用，所以被称为起动笼。

当电动机正常运行时，转子电流的频率很低，上、下笼的漏电抗都变小，且相差不多。这时上、下笼的漏电抗与其电阻相比均较小，故两笼间电流的分配基本上取决于电阻的大小，由于下笼的电阻要比上笼的电阻小得多，所以，流经下笼的电流要比流经上笼的大得多，因此，下笼所产生的电磁转矩要比上笼所产生的电磁转矩大 5 ~ 6 倍。所以，电动机在正常运行时，下笼起主要作用，故下笼被称为工作笼。

双笼型电动机与同功率的普通笼型电动机相比较，具有较大的起动转矩 T_{st} 和较小的起

动电流 I_{st}，通常在额定电压起动时，它的 $T_{st}/T_N=1\sim1.5$，$I_{st}/I_N=3.3\sim3.7$；但它的功率因数较低，同时由于结构复杂，所以价格较贵。

三、绕线转子异步电动机的起动

绕线转子异步电动机的转子绕组可通过电刷和集电环与起动变阻器或频敏变阻器串接，以改善其起动性能。

1. 转子电路串入变阻器起动

绕线转子异步电动机转子电路串变阻器起动，其控制原理图如图 6-31 所示。

起动前将变阻器电阻调到最大位置，使电阻全部接入转子电路，然后合上 QS，随着电动机转速逐渐升高，将变阻器的电阻逐级切除，并最后将变阻器电阻全部短接。

转子电路中接入变阻器后，一方面使起动电流减小；另一方面使转子电路中的功率因数提高，从而增大了起动转矩。

由于绕线转子异步电动机可采用转子电路串接起动电阻的起动方法，能实现起动电流小、起动转矩大的优点，所以它能允许在重载下起动，这在起动频繁、要求起动时间短和重载下起动的机械(如龙门吊车、卷扬机、起重机械等)中常被采用。但是这种方法采用的电气设备较多，结构较复杂，运行中的维护工作量较大，而且在起动过程中，当逐段减小起动电阻时，转矩会突然变化，从而会产生机械性冲击，为了克服这一缺点，在不要求调速的机械设备中，多采用频敏变阻器起动的方法。

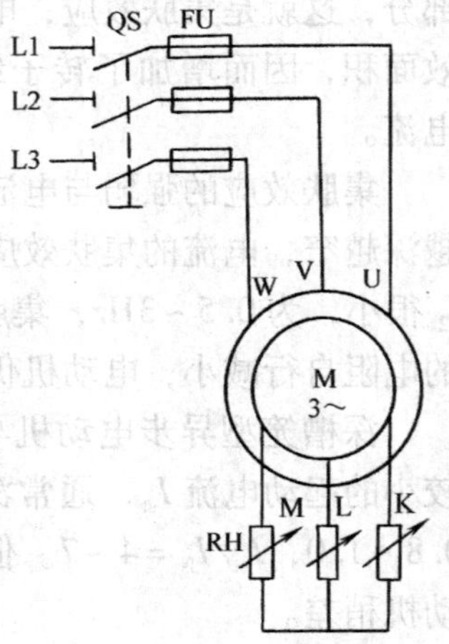

图 6-31　绕线转子异步电动机串变阻器起动控制原理图

2. 转子电路串入频敏变阻器起动

频敏变阻器起动的特点是，它起动时的电阻值，能随着转速的上升而自动平滑地减小，使电动机能平稳地起动。频敏变阻器的结构如图 6-32a 所示。

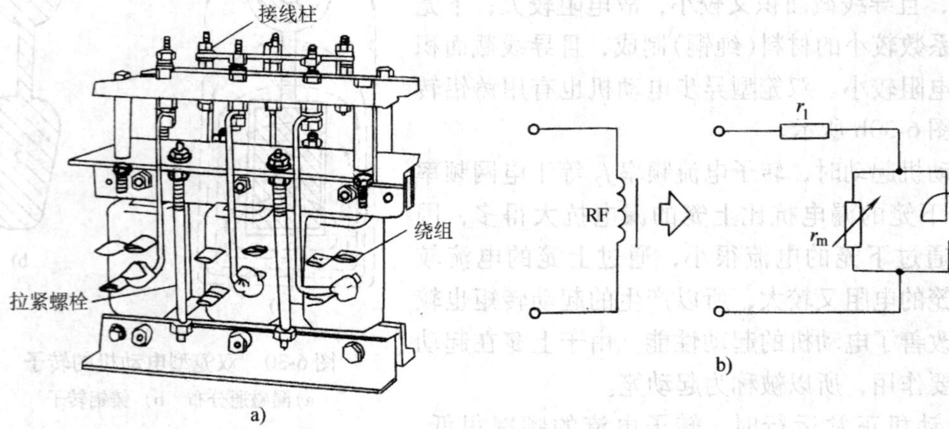

图 6-32　频敏变阻器
a) 结构　b) 单相等效电路

频敏变阻器由铁心和绕组两个主要部分组成，一般做成三柱式，每个柱上有一个绕组，实际上是一个特殊的三相铁心电抗器，通常接成星形。频敏变阻器的铁心是用几毫米到几十毫米厚的钢板焊成的。

当电动机起动时，转子绕组中所感应的三相交流电通过频敏变阻器在铁心中产生交变磁通，从而产生铁心损耗，由于铁心是用特厚钢板制成的，所以其铁耗很大，其中涡流损耗约占铁耗的 80% 以上。钢板越厚，交变磁通的频率越高和磁通越大，则涡流损耗越大。频敏变阻器可以用绕组的电阻 r_1、铁耗的等效电阻 r_m 及对应于铁心绕组的感抗 X_L 所组成的等效电路来表示，如图 6-32b 所示。由于线圈的导线较粗，故绕组电阻 r_1 很小。在设计铁心时，有意识地将铁心磁通密度取得较高，使铁心磁饱和，因此，绕组的电抗 L 也较小（因为铁心越饱和，磁导率越小，磁阻越大，电感越小，所以电抗越小），而铁心的涡流损耗是很大的，因此，反映铁耗的等效电阻 r_m 在整个等效电路中是比较大的。

涡流损耗与频率的二次方成正比，电动机刚起动时，转子电流的频率 f_2 较高，频敏变阻器铁心的涡流损耗较大，反映铁耗的等效电阻 r_m 也较大，相当于在转子电路中串接了一只较大阻值的电阻，这不仅限制了起动电流，并且增大了起动转矩；当电动机起动后，随着转子转速的逐步增高，f_2 便逐渐降低，于是 r_m 也随之自动地减小，使电动机逐渐起动。整个起动过程中，转矩曲线是很平滑的，使电动机能够平稳地起动，从而实现了电动机的无级起动。起动结束后，应将频敏变阻器短接，即切除频敏变阻器，使电动机正常运行。

绕线转子异步电动机转子电路串频敏变阻器起动控制原理图，如图 6-33 所示。

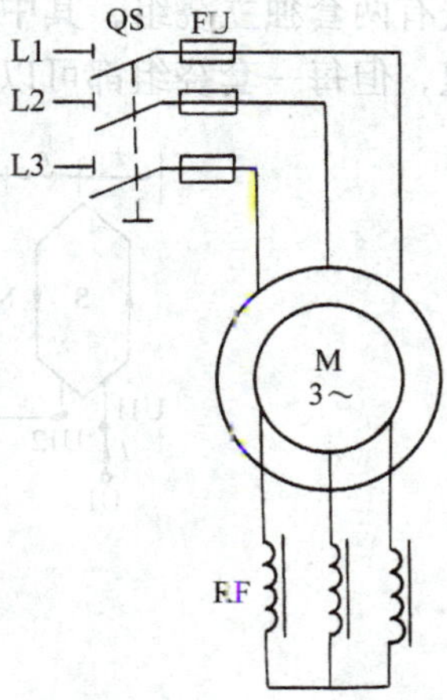

图 6-33　转子电路串频敏变阻器起动控制原理图

采用适当的频敏变阻器，可使起动电流限制在额定电流的 2.5 倍以内，起动转矩为额定转矩的 1.2 倍左右。

由于频敏变阻器的功率因数较低（$\cos\varphi \leqslant 0.75$），所以，在相同的起动转矩下，电动机采用频敏变阻器起动时的起动电流要比采用变阻器起动时大，且其起动转矩只能达到最大转矩的 50% ~ 60%；但其结构简单，材料和加工要求较低，使用寿命长，维护方便，被广泛采用；对用于轻载起动和不频繁起动的设备，其优点更为显著。

第五节　三相异步电动机的调速和制动

一、三相异步电动机的调速

异步电动机的调速，就是设法改变它的机械特性，使它在同一负载条件下，获得不同的转速，以适应生产的需要。根据公式 $s=(n_1-n)/n_1$ 可得到转子的转速公式为

$$n=n_1(1-s)=\frac{60f}{p}(1-s) \tag{6-29}$$

据此，三相异步电动机可采用下列三种调速方法：

1）改变磁极对数 p。

2）改变电源频率 f。

3）改变转差率 s。

1. 改变磁极对数调速

在电源频率 f 一定时，电动机的同步转速 n_1 与磁极对数 p 成反比，改变磁极对数 p 就可

以改变同步转速 n_1，从而改变了转子的转速 n。

图 6-34 所示的是表示定子一相绕组从正串联接法改为反串联接法或并联，使磁极数变化一倍时的改接方法。在图 6-34a 的接线中，用安培定则可以判定，定子绕组产生的是 4 极磁场，同步转速 n_1 = 1500r/min；当把绕组中的一半线圈（U21、U22）反接时，线圈 U21、U22 中的电流方向发生改变，如图 6-34b 所示，这时定子绕组产生的是 2 极磁场，同速转速 n_1 = 3000r/min。该种电动机称为双速电动机，其调速比为 2∶1。因此，只要在电动机外部改变定子绕组的接线方法，就可以改变其磁极对数，从而得到不同的转速。凡磁极可以改变的电动机，称为多速电动机。多速电动机一般是以双速电动机为基础的，例如：三速电动机的定子嵌有两套独立绕组，其中一套是双速，另一套是单速；四速电动机的定子也嵌有两套独立绕组，但每一套绕组都可以改接成双速。

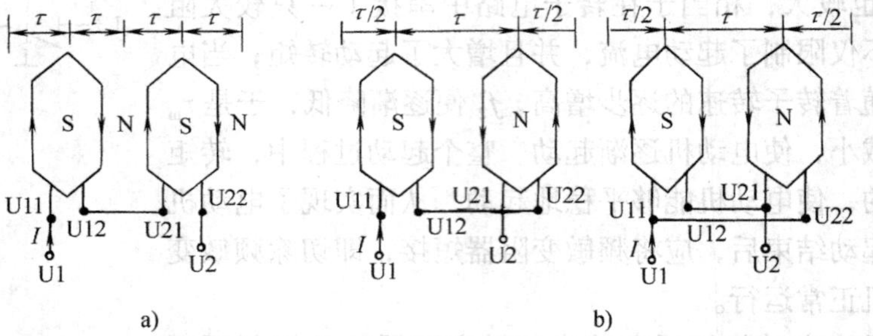

图 6-34　改变极对数的接线方法

a）4 极　b）2 极

多速电动机定子绕组的接线方法很多，双速电动机常用的接线方法有两种，一种是绕组从单星形(Y)改接成双星形(2Y)，如图 6-35a 所示；另一种是绕组从三角形(△)改变成双星形(2Y)，如图 6-35b 所示。

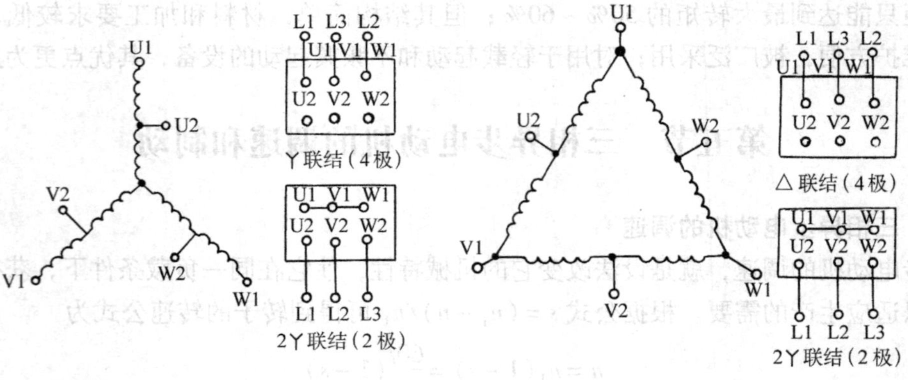

图 6-35　双速电动机定子绕组接线

a）Y/2Y联结　b）△/2Y联结

这两种联结方法都是使磁极减少 1/2 而使转速增加一倍，但电动机相应的机械特性和允许负载却各不相同，宜采用哪一种联结方法，要根据生产机械的要求来选择。

（1）单星形与双星形的换接　将定子绕组接成单星形时，绕组每相额定电流为 I_N，电

动机的输出功率为

$$P_{\mathrm{YN}}=3\frac{U_{\mathrm{N}}}{\sqrt{3}}I_{\varphi\mathrm{N}}\cos\varphi_1\eta \tag{6-30}$$

式中　U_{N}——电网电压，单丫联结时，相电压等于$U_{\mathrm{N}}/\sqrt{3}$；

$I_{\varphi\mathrm{N}}$——电动机每相绕组的相电流，单丫联结时，相电流等于线电流。

将单星形(丫)改接成双星形(2丫)后，保持改接前后线圈中的电流$I_{\varphi\mathrm{N}}$不变，则2丫联结时的线电流I_{N}为$2I_{\varphi\mathrm{N}}$，这时，电动机的输出功率为

$$P_{\mathrm{2YN}}=3\frac{U_{\mathrm{N}}}{\sqrt{3}}2I_{\varphi\mathrm{N}}\cos\varphi_1\eta \tag{6-31}$$

若改接前后，$\cos\varphi_1$、η都近似不变，则电动机输出功率之比为

$$\frac{P_{\mathrm{2YN}}}{P_{\mathrm{YN}}}=\frac{3\dfrac{U_{\mathrm{N}}}{\sqrt{3}}2I_{\varphi\mathrm{N}}\cos\varphi_1\eta}{3\dfrac{U_{\mathrm{N}}}{\sqrt{3}}I_{\varphi\mathrm{N}}\cos\varphi_1\eta}=2 \tag{6-32}$$

由此可知，单星形(丫)，改接成(2丫)后，电动机输出功率增加了一倍。

电磁转矩$T=9.55P/n$，改接后的功率P(即P_{2YN})增加了一倍，转速n也增加了一倍，而功率P与转速n的比值未变，则电磁转矩T不变，这种调速方法适用于拖动恒转矩性质的负载。

(2) 三角形与双星形的换接　将定子绕组由原来的三角形(△)联结改接成双星形(2丫)联结，使电动机的磁极对数减少1/2，从而使转速增加一倍。

改接前，电动机为△形联结，其输出功率为

$$P_{\Delta\mathrm{N}}=3U_{\mathrm{N}}I_{\varphi\mathrm{N}}\cos\varphi_1\eta \tag{6-33}$$

式中　U_{N}——电网电压(V)，△形联结时，相电压等于线电压。

$I_{\varphi\mathrm{N}}$——电动机每相绕组的电流(A)

将三角形(△)改接成双星形(2丫)后，保持改接前后线圈中的电流$I_{\varphi\mathrm{N}}$不变，由于这时相电压等于$U_{\mathrm{N}}/\sqrt{3}$，则线电流等于$2I_{\varphi\mathrm{N}}$，电动机的输出功率为

$$P_{\mathrm{2YN}}=3\frac{U_{\mathrm{N}}}{\sqrt{3}}2I_{\varphi\mathrm{N}}\cos\varphi_1\eta \tag{6-34}$$

假设$\cos\varphi_1$、η近似不变，则改接前后电动机的转出功率之比为

$$\frac{P_{\mathrm{2YN}}}{P_{\Delta\mathrm{N}}}=\frac{2\sqrt{3}U_{\mathrm{N}}I_{\varphi\mathrm{N}}\cos\varphi_1\eta}{3U_{\mathrm{N}}I_{\varphi\mathrm{N}}\cos\varphi_1\eta}=\frac{2\sqrt{3}}{3}\approx1.15 \tag{6-35}$$

三角形(△)改接成双星形(2丫)后，电动机的输出功率变化很小，只有15%的改变；而电磁转矩$T=9.55P/n$，由于功率P(即P_{2YN})变化很小，且电动机的转速n都增加了一倍，所以转矩T几乎减小了1/2。因此，这种调速方法适合于拖动恒功率性质的负载。

变极调速的优点是所需的设备较简单，其主要缺点是不能实现无级调速、调速平滑性差，所以适用于不需要无级调速的金属切削机床。

为了避免转子变极的困难，故变极调速只适用于笼型异步电动机。

应当指出的是，对于多数极是少数极的一倍的双速电动机，在改变极数后，如果电源相

序不变，电动机的旋转方向将由原来少数极时的正转变为反转，为了使旋转方向不变，在变极的同时，必须将接到电源的任意两相出线端对调，或改变三相电源的相序，如图 6-35 所示。

2. 改变电源频率调速

当改变电源频率 f 时，异步电动机的同步转速 n_1 与频率 f 成正比变化，从而转子转速 n 也随之改变。

在实际应用中，往往要求在调速范围内保持电动机的转矩不变，从公式 $T=C_T\Phi I_2\cos\varphi_2$ 可知，要保持转矩不变，必须保持磁通 Φ 不变。又从公式 $U_1\approx E_1=4.44k_1N_1f\Phi$ 中可知，Φ 近似正比于电源电压 U_1 和频率 f 的比值，即 $\Phi\propto U_1/f$。所以，在改变频率 f 进行调速时，必须同时相应成比例地调节电源电压 U_1，以保持 U_1/f 的比值不变，来实现恒转矩调速。

变频调速的调速范围较大，其调速范围可达 10:1，能实现无级调速，且调速时对负载性质能根据需要加以控制：在 U_1/f 为常数的情况下，可适用要求恒转矩负载；而在 U_1 = 定值的情况下，可适用要求恒功率的负载。

变频调速需要用变频设备，把工频($f=50\text{Hz}$)的电源变成频率可调的电源，所以在应用上受到一定的限制。但近年来，由于晶闸管应用技术的发展，为获得变频电源提供了新的途径，必将大大有利于促进变频调速的应用。

3. 改变转差率调速

改变转差率 s 的调速方法有：转子电路串电阻、改变电源电压、转子电路串电动势和电磁调速等四种。

（1）转子电路串电阻调速　这种调速方法只适用于绕线转子异步电动机，其机械特性曲线如图 6-36 所示。

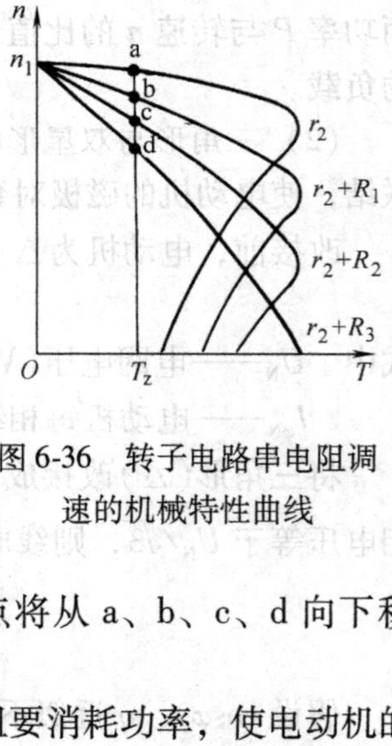

图 6-36　转子电路串电阻调速的机械特性曲线

绕线转子异步电动机，当转子电路没有串入附加电阻，只有转子绕组本身的电阻 r_2 时，电动机将运行在固有的机械特性曲线上，如图 6-36a 点所示；串入附加电阻 R_3、R_2、R_1 时，机械特性曲线上的同步转速 n_1 不变，最大转矩 T_m 不变，但临界转差率 s_m 随着附加电阻的增大而增大，由于附加电阻 $R_3>R_2>R_1$，因而得到斜率越来越大的机械特性曲线，如图 6-36 所示。在一定的负载转矩 T_z 下，随着附加电阻的增大，电动机的运行点将从 a、b、c、d 向下移动，即转差率 s 增大，电动机转速 n 下降，从而达到调速的目的。

这种调速方法简单，尚能平滑调节，但在转子电路中串入电阻要消耗功率，使电动机的效率降低；且调速范围小，又只适用于绕线转子异步电动机上，故一般仅用在起重机等断续工作的生产机械上。

（2）改变电源电压调速　改变电动机的电源电压 U_1 可改变最大转矩的数值，因为电动机的电磁转矩与电源电压的二次方成正比，即 $T\propto U_1^2$，对应不同电源电压的机械特性如图 6-37 所示。

由机械特性可见，当负载转矩 T_z 不变时，随着电源电压的改变，则电动机转速将由 n 降为 n' 或 n''。这种调速方法比较简单，其缺点是调速范围较窄，而且在调速时，电动机的转矩和功率都降低得很厉害，故在生产机械及三相笼型异步电动机中极少采用，但在用作风扇的单相异步电动机中常用此法来进行调速。

(3) 转子电路串电动势调速　转子电路串电动势调速也叫做串级调速。串级调速的种类很多，图 6-38 所示为异步电动机与直流电动机串级调速原理图。

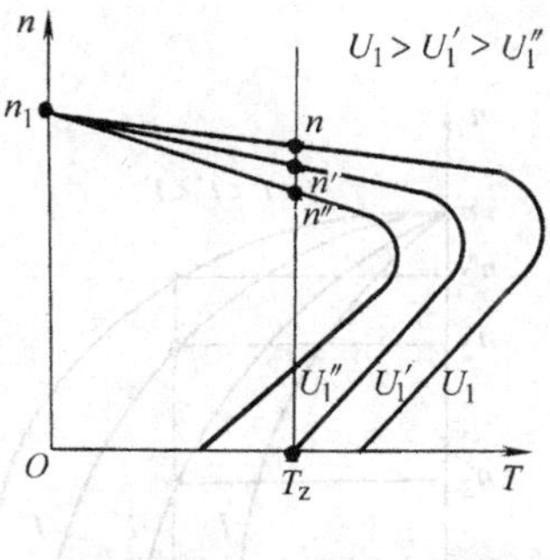

图 6-37　改变电源电压调速的机械特性曲线

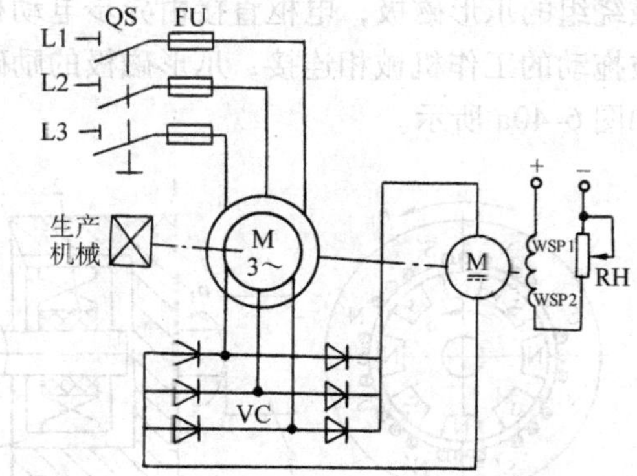

图 6-38　异步电动机与直流电动机串级调速原理图

图中绕线转子异步电动机的定子绕组接于三相交流电源上，转子绕组中的电流是频率为 sf_1 的三相交流电，经整流后成为直流，将此直流电供给一台他励直流电动机作为电枢电源，此直流电动机和异步电动机同轴联接，共同拖动机械负载。如果在运行中，增加他励直流电动机的励磁电流，则根据反电动势公式 $E_a = C_e \Phi n$ 可知，反电动势 E_a 增加，于是直流电动机的电枢电流 I_a 减小，也就是异步电动机的转子电流减小，电动机的电磁转矩减小，故转速下降；反之，如减小直流电动机的励磁电流，转速将上升。所以，串级调速实质上是在转子回路中引入附加电动势，用改变附加电动势的大小来进行调速。

目前由于电子技术的发展，可以应用晶闸管逆变器来代替直流电动机进行异步电动机的串接调速。

串级调速的优点是效率较高；其缺点是技术复杂、设备费用高，故应用不广泛。

(4) 电磁调速异步电动机　电磁调速异步电动机是臼笼型异步电动机、转差离合器和控制装置三部分组成，其结构如图 6-39 所示。

1) 转差离合器结构。转差离合器实质上就是一台异步电动机，其结构示意图如图

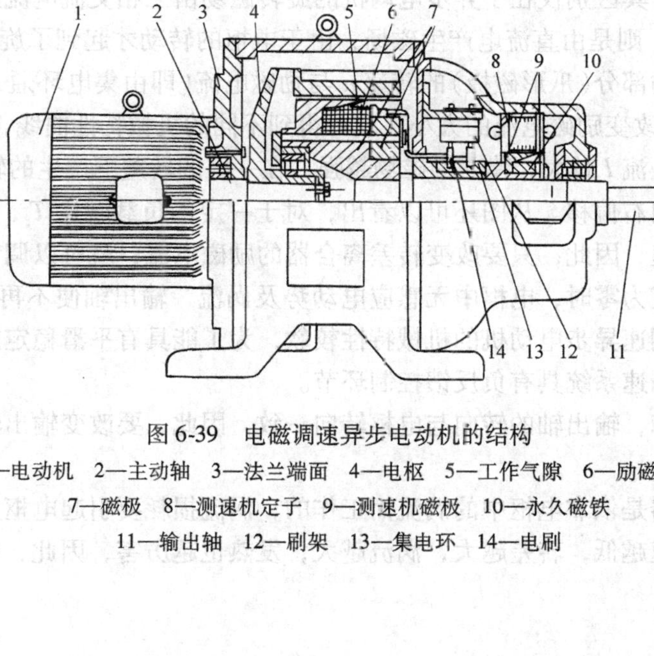

图 6-39　电磁调速异步电动机的结构

1—电动机　2—主动轴　3—法兰端面　4—电枢　5—工作气隙　6—励磁绕组
7—磁极　8—测速机定子　9—测速机磁极　10—永久磁铁
11—输出轴　12—刷架　13—集电环　14—电刷

6-40b所示，它借磁场作用将主动轴的转矩传递到从动轴(即输出轴)，转差离合器由两个基本部分所组成，一个是由铁磁材料制成的圆筒，称为电枢；另一个是由铁磁材料制成并装有励磁绕组的爪形磁极，电枢直接由异步电动机(即原动机)拖动，爪形磁极的轴(即输出轴)与被拖动的工作机械相连接，爪形磁极的励磁绕组经集电环通入直流电励磁，磁极的极性分布如图 6-40a 所示。

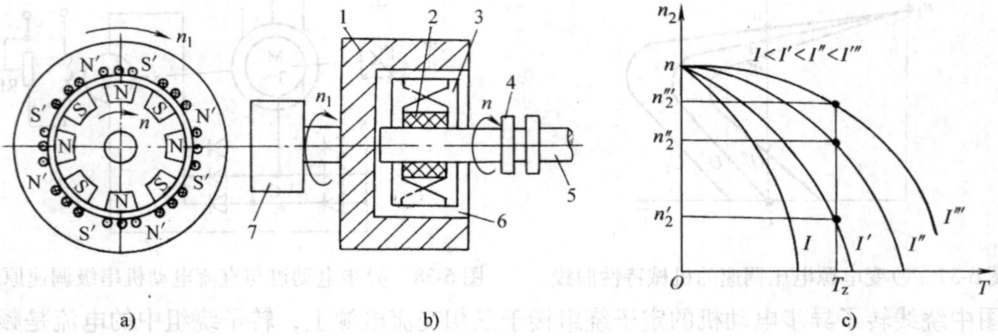

图 6-40　转差离合器

a)、b) 示意图　c) 机械特性

1—电枢　2—励磁绕组　3—爪形磁极　4—集电环　5—输出轴　6—气隙　7—异步电动机

2) 转差离合器的工作原理。当爪形磁极的励磁绕组通入直流电励磁后，爪形磁极产生磁通，如图 6-40a 所示，经过爪形磁极—气隙—电枢—气隙—爪形磁极而形成闭合磁路。如果电枢被原动机(异步电动机)拖动，并以转速 n_1 在磁场中旋转，根据电磁感应定律，短路的电枢铁心切割磁场将产生感应电动势，在感应电动势的作用下，电枢中产生涡流(即感应电流)，涡流 I 的方向可按右手定则决定，如图 6-40a 所示，涡流与爪形磁极的磁场相互作用而产生转矩，迫使爪形磁极随着电枢的转动方向旋转，爪形磁极(从动部分)的转速 n 必然小于电枢(主动部分)的转速 n_1，只有当它们之间存在着转速差，才能产生涡流(感应电流)和转矩，所以称为转差离合器，或称为异步离合器。从这一点上来看，它的工作原理与异步电动机颇相似；其区别仅在于异步电动机的旋转磁场由三相交流电流产生的，而转差离合器的“旋转磁场”则是由直流电产生磁场，由于电枢的转动才起到了旋转磁场的效应。

转差离合器从动部分(爪形磁极)的转速 n 与励磁电流(即由集电环通入励磁绕组的直流电流)的强弱有关。改变励磁电流的大小，就可得到不同的机械特性曲线，如图 6-40c 所示。从图中可知，励磁电流 I 越大，建立的磁场越强，在一定的转差下产生的转矩 T 也越大，因而机械特性曲线越向右偏移。从图还可以看出，对于一定的负载转矩 T_z，励磁电流不同时，就有不同的输出转速，因此，只要改变转差离合器的励磁电流，就可以调节转差离合器的输出转速；当励磁电流为零时，电枢中无感应电动势及涡流，输出轴便不再转动。从图 6-40c 中又可看到，电磁调速异步电动机的机械特性较软，为了能具有平滑稳定的调速特性，需装置测速发电机，使调速系统具有负反馈控制环节。

从上述分析可知，输出轴的转向与电枢转向一致，因此，要改变输出轴的转向，就必须改变原动机的转向。

由于转差离合器是依靠电枢中的涡流而工作的，涡流损耗要引起电枢发热，在一定的负载转矩下，输出转速越低，转差越大，涡流越大，发热也越厉害，因此，电磁调速异步电动机不宜长期低速运行。

电磁调速异步电动机的主动部分(电枢)和从动部分(磁极)是靠电磁联系，无机械联系，结构简单，可靠性高，维护方便，控制功率小，可实现无级平滑调速，所以较广泛地应用于各工业部门的生产设备上。

二、三相异步电动机的制动

电动机在脱离电源后，使惯性旋转的转子迅速停转的方法称为制动。制动的目的是实现某些生产机械需要准确定位、提高生产效率及安全可靠等需要。其制动的原理是给电动机一个与惯性旋转方向相反的转矩，迫使电动机迅速停转。

异步电动机的制动方法一般有机械制动和电力制动两类：机械制动是利用机械装置来实现制动，常用的有电磁制动器和电磁离合器等；电力制动是依靠电动机本身产生一个与惯性旋转方向相反的电磁转矩，即制动转矩，来实现制动，常用的有反接制动、能耗制动和回馈制动等。

1. 反接制动

反接制动有电源反接制动和负载倒拉反接制动两种。

(1) 电源反接制动　在电动机脱离电源后，立即改变定子绕组中的电源相序，即将三相电源中任意两根对调，则定子旋转磁场的方向立即与原来方向相反，使转子切割磁场的方向、感应电流的方向及电磁转矩的方向都随之相反，但转子由于机械惯性还在按原来方向旋转，故与电磁转矩方向相反，则电磁转矩成为制动转矩，使电动机进入反接制动状态，电动机转速迅速降低，直至转速为零，这时应立即切断电源，反接制动结束。如果切断电源稍早或稍晚，电动机就不能准确停转或会反向起动。

反接制动瞬间，由于转子以接近2倍同步转速切割旋转磁场，因此，制动转矩很大，但同时制动电流也很大，一般为额定电流的10倍。

(2) 负载倒拉反接制动　是在保持电源相序不变的情况下，而当负载转矩大于电动机的电磁转矩时，电动机被负载拖着反转，其转向与旋转磁场方向相反，电磁转矩即起制动作用。绕线转子异步电动机拖动的起重机，在下放重物时，为了限制重物下降的速度以确保安全，常采用负载倒拉反接制动的运行方法。

2. 能耗制动

能耗制动是将电动机转子惯性旋转的动能转化为电能，并消耗在转子回路的电阻上来进行制动的，所以称为能耗制动。

能耗制动的方法是电动机切断三相电源时，立即在定子绕组中接上直流电源，产生一个方向恒定的磁场，从而产生与转向相反的电磁转矩，以达到制动的目的。其制动原理是当运行中的电动机(见图6-41a)从电网上脱离后，立即接上直流电源，在定、转子气隙中便产生了一个大小和方向都不变的恒定磁场，使仍在惯性转动的转子因切割磁力线而在转子绕组中产生感应电流，根据右手定则可判定感应电流的方向与电动机状态时相反，如图6-41b所示，该感应电流与恒定磁场的相互作用便产生电磁转矩，根据左手定则可判断出电磁转矩的方向与转子惯性旋转方向是相反的，所以电磁转矩成为制动转矩，迫使电动机迅速

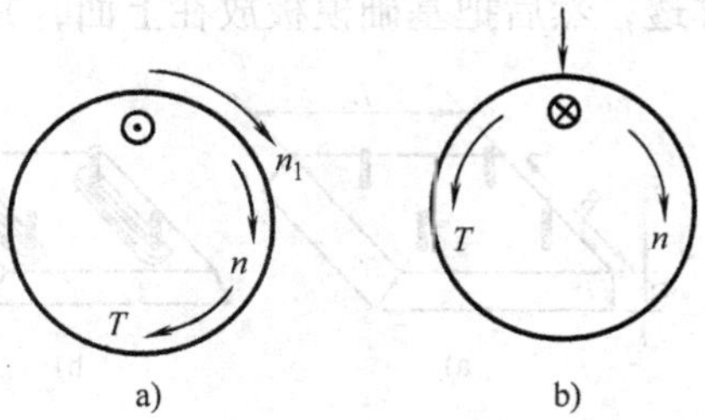

图6-41　能耗制动原理示意图

a) 电动机状态　b) 能耗制动状态

停转。

3. 回馈制动

回馈制动是指由于外部或内部原因，当电动机的转速 n 高于同步转速 n_1，即 $n>n_1$ 时，电动机产生的电磁转矩与转子转动方向相反，成为制动转矩，使电动机的转速降低，这种工作状态称为回馈制动。由于回馈制动时，电动机已转变为发电机状态，向电网倒送电，所以称为回馈制动，又称为再生发电制动。

回馈制动发生的外部原因是由于起重机械受位能负载作用，在下降时自动产生；而内部原因是在电动机变频或变极调速中，当电动机由高速向低速变换时，也会自动产生过渡性的回馈制动工作状态。回馈制动的原理是，正常运行的异步电动机，如图 6-42a 所示，由于上述原因出现 $n>n_1$ 的情况时，异步电动机转子绕组切割磁力线的方向、转子绕组中的感应电流方向及电磁转矩的方向都自动发生变换，如图 6-42b 所示，使电磁转矩成为制动转矩，从而限制了电动机转速的升高。

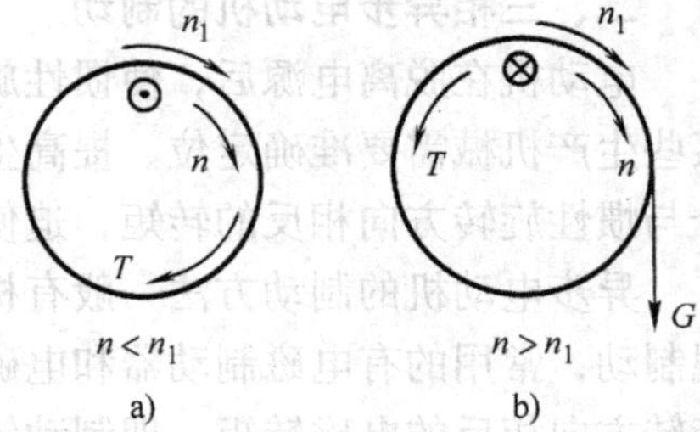

图 6-42　回馈制动原理示意图

a）电动机状态　b）回馈制动状态

第六节　电动机的安装

一般中小型电动机，可根据工作需要，用螺栓装置在墙上的角钢架上或地基的钢架上；也可紧固在埋入混凝土基础内的地脚螺栓上，安装方法可按下述步骤进行。

一、电动机底座基础的建造

电动机底座的基础一般用混凝土浇注或用砖砌成，混凝土用一份水泥、两份黄砂、三份碎石拌和。若电动机质量超过 1t，还必须用钢筋以增加其强度，基础的形状如图 6-43 所示。

基础高出地面的尺寸 H 一般为 100 ~ 150mm；B 和 L 的尺寸，应按电动机机座安装尺寸决定，每边一般比电动机底座宽 100 ~ 150mm，以保证埋设的地脚螺栓有足够的强度。

浇注基础前，应先挖好基坑，并夯实坑底防止基础下沉，接着用石子铺平、夯实，用水淋透，然后把基础模板放在上面，并埋进地脚螺栓，基础浇注模板如图 6-44 所示。

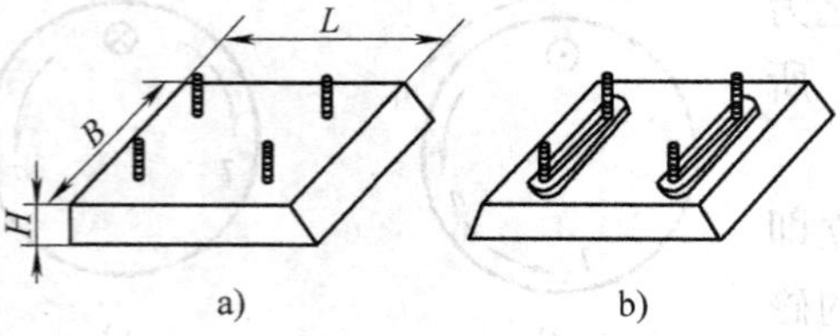

图 6-43　电动机基础的形状

a）直接安装墩　b）槽轨安装墩

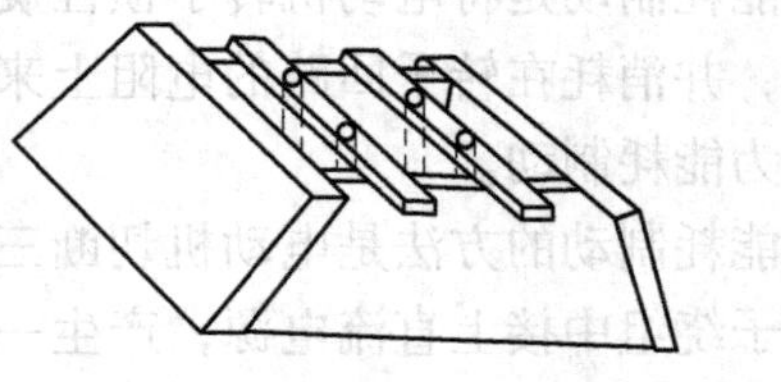

图 6-44　基础浇注模板

在浇注混凝土时，要保证地脚螺栓之间的距离不变和上下垂直，并确保与电动机底座螺孔距离相符；浇注时速度不要太快，并用铁杆捣固；浇好混凝土后，可用草或草袋盖在基础上，防止太阳直晒，并要经常洒水；养护 7d 后，便可拆除基础模板，再继续养护 7 ~ 10d 后，方可安装电动机。

二、地脚螺栓的埋设方法

为了保证地脚螺栓埋得牢固，埋入基础的螺栓一端，一定要开成人字形开口，如图6-45所示。埋入长度一般是螺栓直径的10倍左右，“人”字开口长度约是埋入长度的1/2。

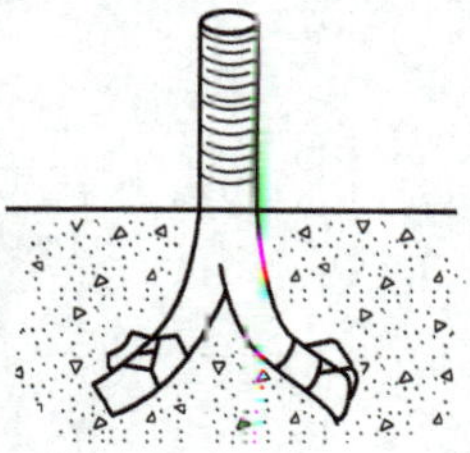

图6-45　地脚螺栓的埋设

三、电动机安装的基本要求

安装质量在100kg以下的小型电动机时，可用人力抬到基础上；对于比较笨重的电动机，应用起重机或滑轮来安装，为了防止振动，安装时应在电动机与基础之间衬垫一层质地坚韧的木板或硬橡胶等防振物；四个地脚螺栓上均要套用弹簧垫圈，拧紧螺母时要按对角交错次序拧紧，每个螺母要拧得一样紧。电动机在基础上的安装如图6-46所示。

穿导线的钢管应在浇注混凝土前埋好，连接电动机一端的钢管，管口离地不得低于100mm，并应使它尽量接近电动机的接线盒，最好用软钢管深入接线盒，如图6-47所示。

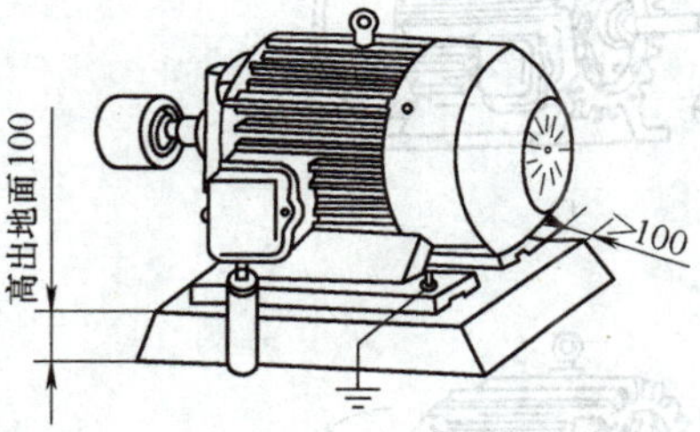

图6-46　电动机在基础上的安装

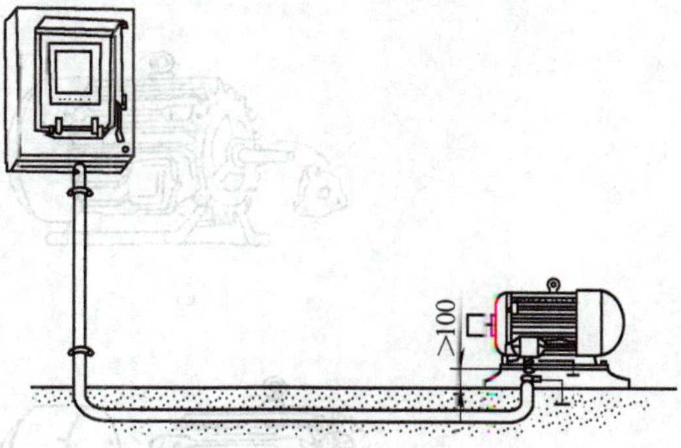

图6-47　钢管埋入混凝土内

第七节　三相异步电动机的常见故障及修理

一、三相异步电动机的拆装与注意事项

1. 三相异步电动机的总体拆卸

（1）带有前后轴承盖的三相异步电动机的拆卸　拆卸步骤如图6-48所示。

1）卸下传动带或负载端联轴器，如图6-48a所示。

2）拆掉电动机接线盒内的电源线和机壳或底座上的接地线，如图6-48b所示。

3）卸下电动机的地脚螺母、弹簧垫圈和平垫圈，移动或吊走电动机并记下机座下面垫片的数目和尺寸，如图6-48c所示。

4）卸下带轮，如图6-48d所示。

5）卸下电动机前轴承外盖，如图6-48e所示。

6）用錾子在电动机的前端盖和机壳的连接处錾下标记或用油漆做好标记，然后拆下前端盖，如图6-48f所示。绕线转子异步电动机应先提起或拆除电刷、电刷架和引出线。

7）拆下电动机的风扇罩，如图6-48g所示，所有螺栓、螺钉、垫圈放在专用盒内保存，以免遗失。

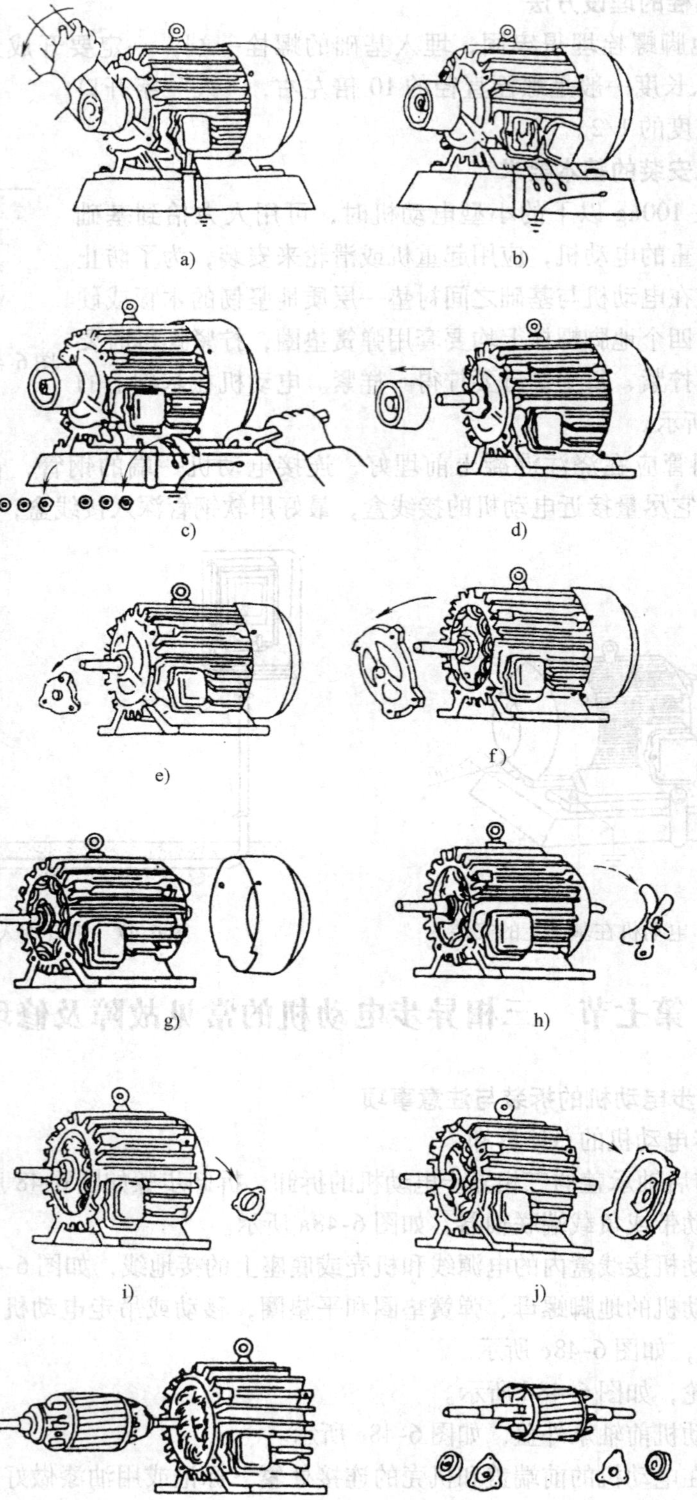

图 6-48　带有前后轴承盖的三相异步电动机的拆卸

8）取下电动机的外风扇卡箍，卸下外风扇，如图 6-48h 所示。

9）卸下电动机的后轴承外盖，如图 6-48i 所示。

10）事先做好电动机后端盖和机壳连接处的标记，然后拆卸下后端盖，如图 6-48j 所示。

11）抽出电动机的转子，放在转子支架或干净平坦的地面上，如图 6-48k 所示。如果转子较重，可两人协作，或用起重设备取出。抽转子时，切忌碰伤转子和定子绕组。

12）最后可拆卸电动机转子上的前后轴承和前后轴承内盖，如图 6-48l 所示。

（2）带有密封轴承的小型三相异步电动机的拆卸　由于这种电动机没有前轴承内外盖，其结构相对简单，所以可按图 6-49 所示步骤进行拆卸。

1）先拆下电动机的风扇罩，如图 6-49a 所示。

2）拆下电动机的外风扇卡箍并卸下外风扇，如图 6-49b 所示。

3）卸去电动机前、后端盖的螺钉，如图 6-49c 所示。

4）在电动机前端盖的轴伸端垫上木板，用木槌敲打木板，使后端盖脱离机壳，如图 6-49d 所示。

5）连同后端盖将转子抽出，如图 6-49e 所示，然后卸下后轴承盖和轴承。

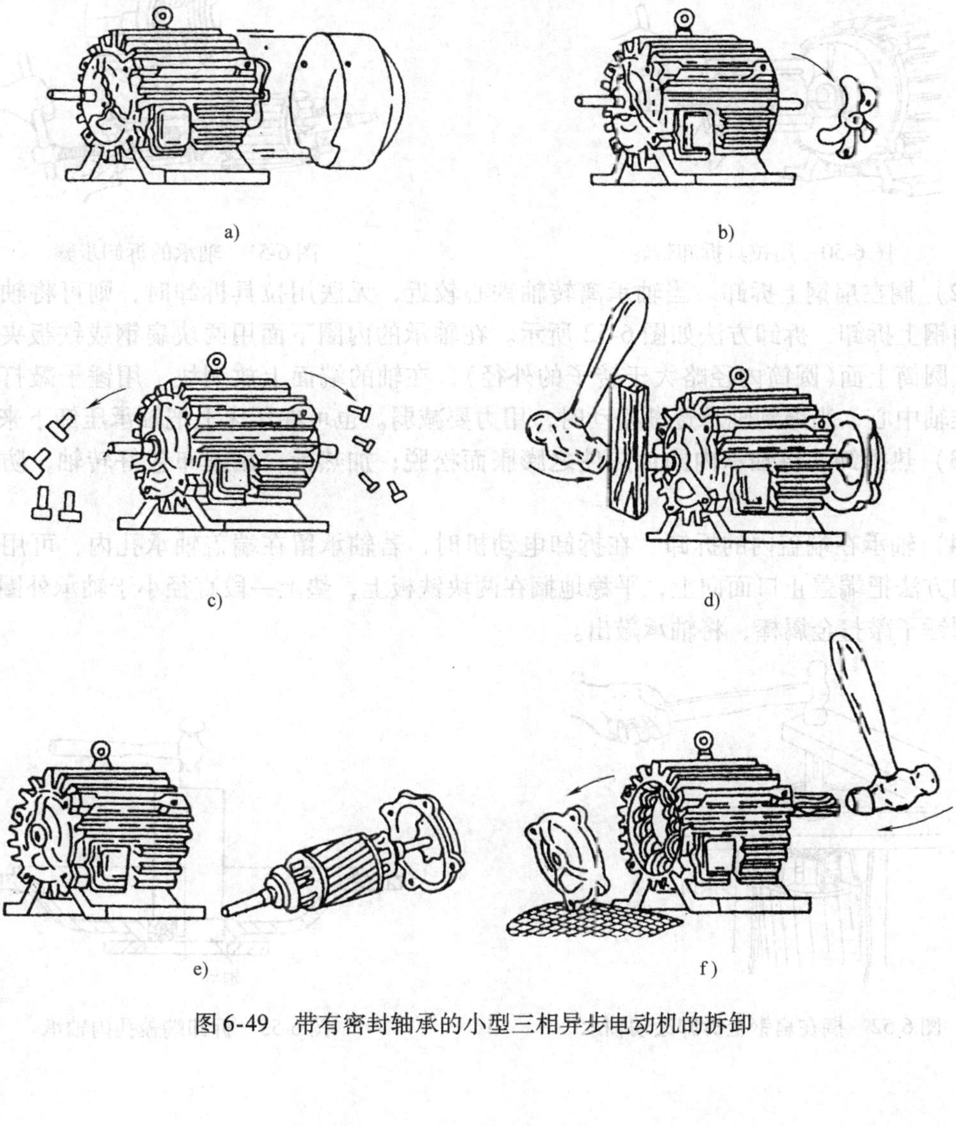

图 6-49　带有密封轴承的小型三相异步电动机的拆卸

6）用木条从电动机后端伸入到前端盖处，用木槌均匀地敲打木条，使前端盖脱离机壳，为了防止前端盖落下时摔坏，可事先垫上质地柔软的保护垫，如图 6-49f 所示。

2. 带轮或联轴器的拆卸

先在带轮或联轴器的轴伸端上作好尺寸标记，然后用图 6-50 所示的方法用拉具将它慢慢地拉出。如果拉不出，可在带轮内孔浇些煤油再拉，如果仍拉不出，可用火围绕带轮迅速加热，同时需用石棉包好轴并用冷水浇，以防止轴变形或热量传递到电动机内部。

3. 滚动轴承的拆卸

（1）用拉具拆卸　拉具要大小适宜，拉具的钩爪应扣在轴承的内圈上，不能放在外圈上，否则会拉坏轴承，拉具的各拉杆长度应相等，距离主螺杆中心线的距离应相等，不要偏斜，并检查主螺杆应与转轴中心线重合。为了保护转轴轴端的顶尖孔，不使拉具的主螺杆直接顶在转轴的顶尖孔上，拉具的主螺杆顶点前放一只螺母进行分保护，拧紧的主螺杆向外拉轴承时扳转要慢，用力要均匀，使拉具的每个钩爪作用力一致，如图 6-51 所示。在拆卸过程中，要注意不要使转轴表面的精度受到损伤。

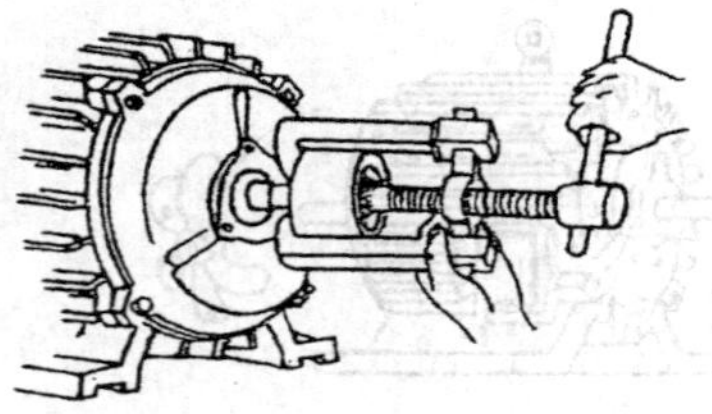

图 6-50　用拉具拆卸带轮

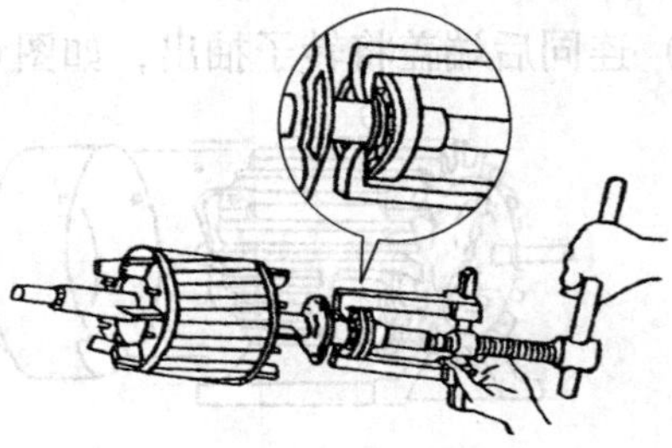

图 6-51　轴承的拆卸步骤

（2）搁在扁钢上拆卸　当轴承离转轴铁心较近，无法用拉具拆卸时，则可将轴承搁在两块扁钢上拆卸，拆卸方法如图 6-52 所示。在轴承的内圈下面用两块扁钢或铁板夹住，搁在一只圆筒上面(圆筒内径略大于转子的外径)，在轴的端面上放铜块，用锤子敲打着力点应对准轴中心；当敲到轴承逐渐松动时，用力要减弱。也可在压床上把轴承压卸下来。

（3）热拆卸　将轴承内圈加热使之膨胀而松脱；加热前，用湿布包好转轴，防止热量扩散。

（4）轴承在端盖内的拆卸　在拆卸电动机时，若轴承留在端盖轴承孔内，可用图 6-53 所示的方法把端盖止口面向上，平稳地搁在两块铁板上，垫上一段直径小于轴承外圈的金属棒，用锤子敲打金属棒，将轴承敲出。

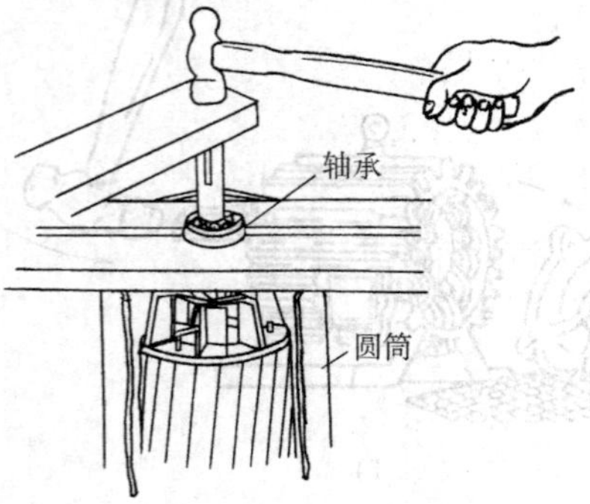

图 6-52　搁在扁钢上拆卸滚动轴承

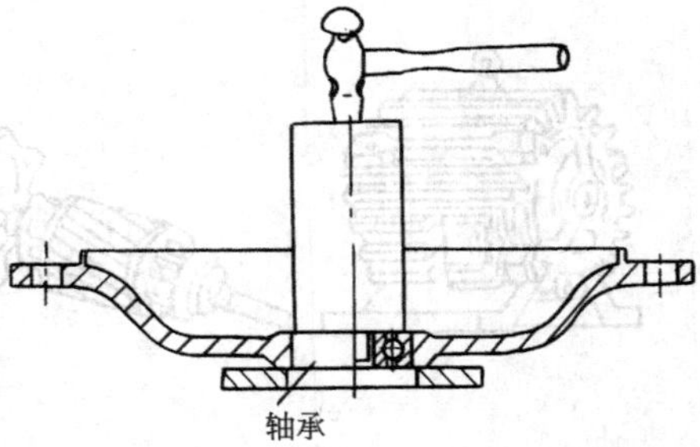

图 6-53　拆卸端盖孔内轴承

4. 滚动轴承的清洗和安装

安装前，将原有防锈油、润滑油洗净。将轴承应放入70～80℃的变压器油中，加热约5min，将全部防锈油溶去后，取出滴干，放到汽油槽内洗净，用压缩空气吹干，添加新润滑剂。

（1）冷套法　把轴承套在轴上，用一根内径略大于轴颈直径、外径略小于轴承内圈外径的铁管，铁管的一端顶在轴承内圈上，用锤子敲打铁管的另一端，把轴承敲进。最好用压床压入。

（2）热套法　轴承放在变压器油中加热，要放在网孔架上，油面应淹没轴承，温度为80～100℃，加热20～40min，温度不能太高，时间不宜太长，以免轴承退火。热套时，趁热迅速把轴承推到轴肩，用套筒顶住内圈，用锤子轻轻敲入，然后用压缩空气吹去轴承内的变压器油。

5. 轴承加润滑剂

润滑剂应洁净，塞装应均匀，不应完全装满或装入太少。若润滑脂太多，将增大滚动轴承的滚动阻力，产生高热，使润滑脂融化而流入绕组；若润滑脂过少，则会加快轴承磨损，一般为空腔容积的1/2～2/3。

6. 电动机的装配

电动机的装配步骤与拆卸步骤正相反。装配前，先用压缩空气将定子、转子中的灰尘和脏物清除干净，各配合处锈蚀应清除干净。装配时，应将各部件按标记复位。然后检查轴承与端盖的配合是否合适，转子的转动是否灵活。

7. 注意事项

在拆装电动机带轮或联轴器时，若不用专用工具或硬敲，就容易造成轴的弯曲。轴弯曲后，要在压力机上校直，或适当加热，用锤敲正。

在拆装电动机端盖时，过重的敲打往往引起端盖裂缝，所以一般应使用铜锤或木槌。

在装配电动机时，没有将端盖、轴承装在正确的位置上，或没有掌握好螺钉的松紧程度，都会使电动机转子偏心，在通电时，使转子受单边拉力，而不能正常运转。对这一点，务必充分注意。

二、三相异步电动机的常见故障与修理

三相异步电动机的常见故障及修理方法见表6-4。

表6-4　三相异步电动机的常见故障及修理方法

故障现象	产生原因	修理方法
不能起动	1. 电源断路	1. 检查开关、熔丝、各对触头及电动机引出线头，查出故障处，排除故障
	2. 定子或转子绕组断路	2. 检查绕组有无断路
	3. 定子绕组相间短路，接地或接线错误	3. 检查绕组有无短路或接地，接线是否正确
	4. 过电流继电器整定值太小	4. 适当调高整定值
	5. 负载过大或传动机械被卡住	5. 选择较大功率的电动机或减少负载，检查传动机械是否转动灵活
	6. 控制设备接线错误	6. 校正接线
	7. 轴承损坏或被卡住	7. 更换轴承

（续）

故障现象	产生原因	修理方法
转速低	1. 电源电压太低 2. 笼型电动机转子导体断裂或脱焊 3. 负载过大 4. 将△接线接成Y接线 5. 笼型电动机的最小转矩低于负载转矩	1. 用电压表或万用表检查电动机输入端的电源电压 2. 修理断条 3. 选择较大功率的电动机或减少负载 4. 改正接法 5. 减轻负载起动或把转子外圆车小
温升过高	1. 负载过大 2. 电源电压过低或过高 3. 定子绕组匝间及相间短路或接地 4. 电动机风道阻塞 5. 环境温度过高	1. 选择较大功率的电动机或减少负载 2. 检查输入端电压和绕组有无误接 3. 故障不严重时只需重新加包绝缘。如果损坏严重，则需更换绕组 4. 清除风道油垢及灰尘 5. 采用降温措施
运行时有噪声	1. 定子与转子相擦 2. 断相运行 3. 转子风叶碰壳 4. 轴承严重缺油 5. 定子绕组连接有错误	1. 更换轴承；如果轴承未坏，而发现轴承走内圆或走外圆时，可镶套或更换转轴与端盖 2. 检查熔丝及接触器触头 3. 校正风叶 4. 清洗轴承并加新油，油的容量应不超过轴承和轴承盖容积的70% 5. 检查绕组连接有无错误
振动过大	1. 转子不平衡 2. 带轮不平衡 3. 带盘轴孔偏心 4. 转轴弯曲 5. 单相运行或个别线圈断线	1. 校动平衡 2. 校静平衡 3. 车正与镶套 4. 更换转轴或车直镶套(热套) 5. 检查线路与绕组有无断路
轴承过热	1. 轴承损坏 2. 轴与轴承配合过紧或过松 3. 轴承与端盖配合过紧或过松 4. 轴瓦、油环卡住或转动缓慢 5. 润滑油过多、过少或油质不好 6. 传动带过紧或联轴器装得不好 7. 电动机两侧端盖或轴承盖未装平	1. 更换轴承 2. 过紧时应重新加工，过松时应给转轴镶套 3. 过紧时端盖重新加工，过松时应给端盖镶套 4. 查明卡住处，修理或更换油环；油脂太厚时，应换更薄油 5. 加油或换油，润滑油的容量应不超过轴承和轴承盖容积的70% 6. 调整传动带张力，校正联轴器传动装置 7. 将端盖或轴承盖止口装进、装平，旋紧螺钉

三、三相异步电动机定子绕组故障的检修

绕组是电动机的重要组成部分，由于电动机绕组绝缘的老化、受潮、腐蚀性气体浸入，以及机械力和电磁力的冲击等都会造成绕组损伤，导致电动机不能正常运行；另外，长期过载、欠电压或两相运行等也会引起绕组故障。定子绕组的常见故障有：绕组断路、绕组通地（碰壳或漏电）、绕组短路、绕组接错等。

1. 绕组断路故障的检修

（1）产生绕组断路故障的可能原因

1）在检修和维护时弄断线端。

2）受机械力和电磁力的冲击使绕组拉断。

3）绕组各元件、极相组和绕组与引出线等由于焊接不良，长期运行过热脱焊。

4）绕组匝间短路或绕组接地等造成绕组严重烧焦而断路。

（2）绕组断路的检查方法

1）单路及小型电动机定子绕组断路的检查。此时，可用绝缘电阻表、万用表（放在低阻挡）、校灯等来校。对于星形联结的电动机，检查时需要每相分别测试，如图6-54所示。对于三角形联结的电动机，检查时必须把三相绕组的接线头拆开后，再每相分别测试，如图6-55所示。

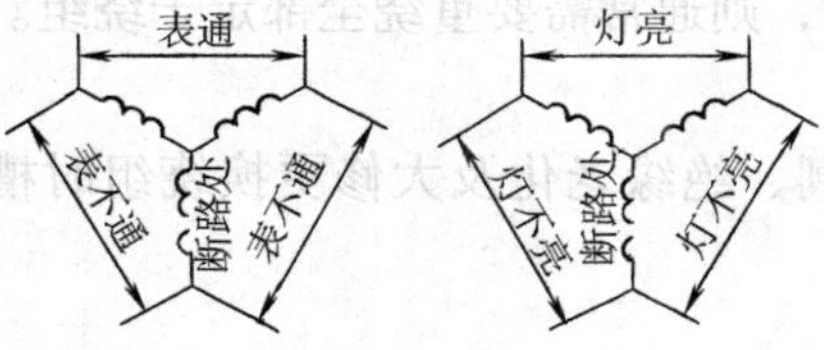

a)　　b)

图6-54　用绝缘电阻表或校灯检查绕组短路（Y联结绕组）

a）用绝缘电阻表检查　b）用校灯检查

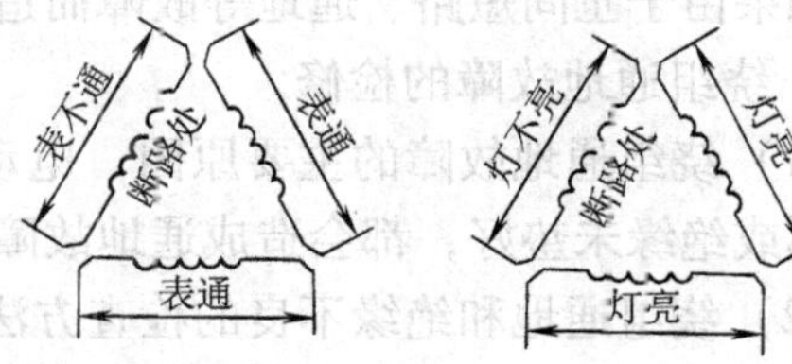

a)　　b)

图6-55　用绝缘电阻表或校灯检查绕组断路（△联结绕组）

a）绝缘电阻表检查　b）校灯检查

2）多支路并联定子绕组断路的检查。

① 三相电流平衡法。对于星形联结的电动机，三相绕组并联后，通入低电压大电流，如果三相电流值相差大于5%时，电流小的一相为断路相，如图6-56所示。对于三角形联结的电动机，先把三角形接头拆开一个，然后再把电流表接在每相绕组的两端，其中电流小的一相为断路相，如图6-57所示。

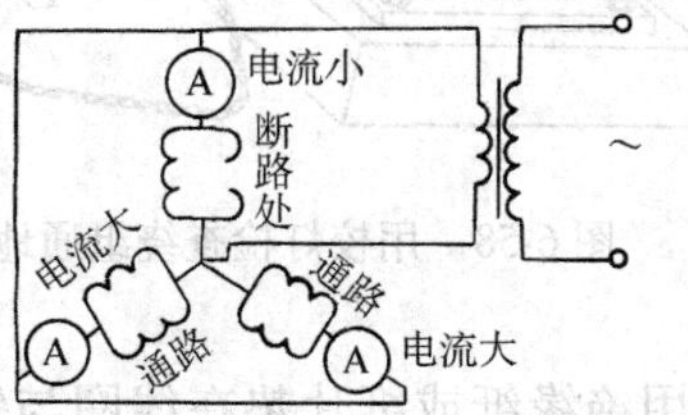

图6-56　用三相电流平衡法检查多支路并联星形联结绕组断路

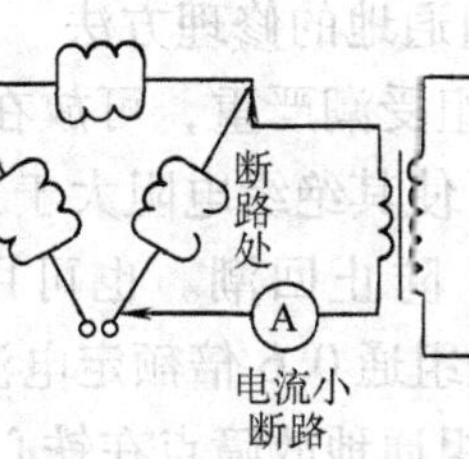

图6-57　用电流平衡法检查多支路并联三角形联结绕组断路

② 电阻法。用电桥测量三相绕组的电阻，如三相电阻值相差大于5%时，电阻较大的一相即为断路相。

（3）绕组断路的修理方法

1）绕组断路处在铁心槽外，将断裂的导线连接焊牢，并包好绝缘。如引出线断裂就应更换引出线。

2）绕组断路处在铁心槽内，若是个别槽内的线圈，可用穿绕修补的方法。线圈穿绕修补的方法：把绕组加热至80～100℃，使线圈外部绝缘漆软化，然后把断路的那个线圈的槽楔取下，并把断路线圈两端部剪断，用钳子把导线从槽内一根一根地抽出，清理槽内绝缘后，换上新的槽绝缘(若原来槽绝缘难以清除掉,也可用一层聚脂薄膜青壳复合纸做成圆筒形,塞进槽内替代)。再用原来规格的导线，量取比原来线圈的总长稍长些，在槽内来回穿绕到原来的匝数，若穿到最后几匝有困难时，可用比导线稍粗的竹签做成引线棒，进行穿绕。如果是双层绕组，断路线圈在下层，在修理时，就要先把上层线圈轻轻向上拉出槽外，然后再用上述方法穿绕修补。穿绕修补后，再进行整形、接线、绑扎和绝缘处理。这样，一个断路的线圈就换好了。由于其他原因而损坏的个别线圈，也可参照此法进行修复。有时遇到电动机急需使用，一时来不及修理，可采用跳接法进行应急处理，即把断路线圈的两个线头(即断路线圈的头、尾)用导线连接起来继续使用。采取这种应急处理时，应适当减少负载，应急使用后，就必须按上述方法进行修理。

如果由于匝间短路、通地等故障而造成绕组烧断，则通常需要重绕全部定子绕组。

2. 绕组通地故障的检修

（1）绕组通地故障的主要原因　电动机绕组受潮、绝缘老化及大修更换绕组时槽绝缘被损坏或绝缘未垫好，都会造成通地故障。

（2）绕组通地和绝缘不良的检查方法

1）用绝缘电阻表检查。将绝缘电阻表标接地符号的E一端接在机座上，将标L的一端接在绕组上，以120r/min的速度摇动绝缘电阻表手柄进行测量。如测出绝缘电阻在0.5MΩ以上，电动机可以继续使用；如在0.5MΩ以下说明电动机已受潮，绕组绝缘性能变差；如果测得绝缘电阻为“0”，说明绕组通地了。

2）用校灯检查。校灯与36V以下低压电源串联起来，按图6-58逐相测量相与机座、相与相间的绝缘状况，如果灯泡发亮，说明电动机的绕组已通地或相间击穿。校灯如暗红，表示绕组严重受潮。

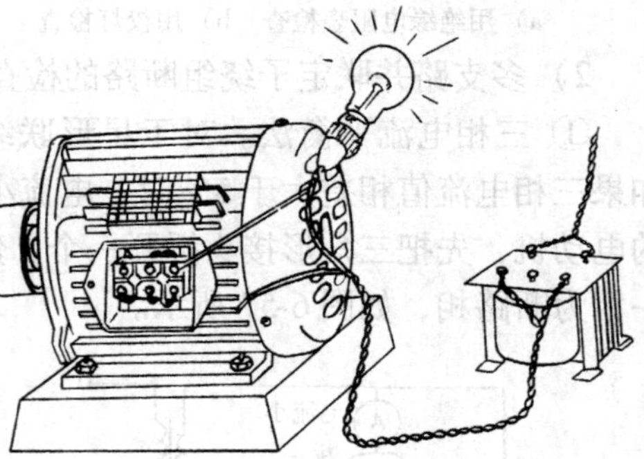
图6-58　用校灯检查绕组通地

（3）绕组通地的修理方法

1）如绕组受潮严重，可放在烘箱内烘(拆除转子、端盖)，使其绝缘电阻大于0.5MΩ，再加浇一层绝缘漆，防止回潮。也可用红外线灯泡干燥，或定子绕组通0.6倍额定电流的单相交流电加热。

2）如绕组通地故障点在铁心末端(即槽口)处，可用绝缘纸或纸片垫在线圈与铁心槽口之间，如通地点发生在端部，可用绝缘带包扎，再涂上自干绝缘漆。

3）如通地点发生在槽内的导线使绝缘损坏而通地，可采用线圈穿绕修补方法更换通地绕组。

4）若绕组在槽内多处通地，一般应重绕绕组。故障修复后，对500V以下的电动机绕组应进行绝缘电阻的测量，其阻值应大于0.5MΩ。

3. 绕组短路故障的检修

（1）绕组短路故障的原因　电动机电流过大；电源电压过高；机械损伤；重新嵌线时碰伤绝缘；绝缘老化脆裂等。

（2）绕组短路故障的现象　绕组匝间短路；极相组间短路；相间短路。

（3）绕组短路故障的检查方法

1）外部检查。电动机空载运行 20min，拆卸两边端盖，手摸绕组如某一部分线圈比邻近绕组温度高，则这部分绕组可能匝间短路。也可观察绕组有无焦脆等现象，如有，则说明该绕组很可能有短路存在。

2）用绝缘电阻表检查。分别检查每两相绕组的绝缘电阻，如绝缘电阻很低，说明该两相间短路。

3）用直流电阻法检查。利用绕组的直流电阻值可以判断绕组是否有短路故障，凡电阻较小的一相，根据减小的具体数值，可判断短路故障在极相组、线圈间或匝间。电动机每相绕组的电阻值很小，因此，通常用低阻欧姆表或电桥来测量，如图 6-59 所示。具体方法如下：

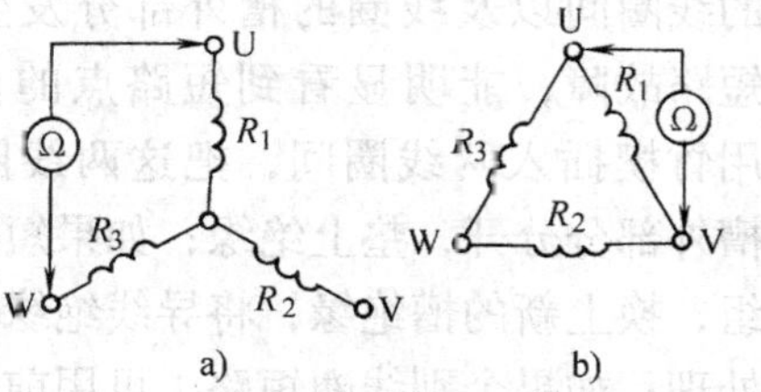

图 6-59　测量绕组的直流电阻

a）Y联结　b）△联结

① 如果电动机有 6 个引出线端，可分别测出各相绕组的电阻值 R_1、R_2、R_3，电阻小的有短路故障。

② 如果电动机内部已接成星形只引出 3 个引出线端，可分别测出 U-V、U-W、W-U 间的电阻值 R_{12}、R_{23}、R_{31}，如图 6-59a 所示，因 $R_{12}=R_1+R_2$，$R_{23}=R_2+R_3$，$R_{31}=R_3+R_1$，故

$$R_3=\frac{R_{23}+R_{31}-R_{12}}{2}$$

$$R_1=R_{31}-R_3$$

$$R_2=R_{12}-R_1$$

然后进行比较，电阻小的有可能存在短路故障。

③ 如果电动机内部已接成三角形只引出 3 个引出线端，可分别测出 U-V、U-W、W-U 间的电阻值 R_{12}、R_{23}、R_{31}，如图 6-59b 所示，因 $R_{12}=R_{23}=R_{31}=R$，则匝间短路的可能性也不大，且每相直流电阻为

$$R_1=R_2=R_3=\frac{3R}{2}$$

若 R_{12}、R_{23}、R_{31} 显著不相等，则多数存在短路故障。

4）用电流平衡法检查。参照图 6-56 和图 6-57 所示方法，分别测量三相绕组的电流，电流大的一相为短路相。

5）用短路侦察器（又称为短路测试器）检查。短路侦察器是利用电磁感应原理来检查绕组匝间短路的。短路侦察器具有一个不闭合（即开口）的铁心磁路，上面绕有励磁绕组，相当于变压器一次绕组，把短路侦察器铁心开口处对准被测绕组的铁心槽口，则电动机绕组便相当于变压器的二次绕组，如图 6-60 所示。

测试时，将短路侦察器励磁绕组接通交流电源，沿着各个槽口逐槽移动，当它经过发生短路故障的线圈时，相当于变压器二次绕组短路，此时电流表所指示的一次电流必然显著增大，如图 6-60a 所示，从而查出有短路故障的线圈。也可用一片厚 0.5mm 左右的钢片或旧锯条放在被测线圈的另一有效边所在的槽口上，如图 6-60b 所示，来替代电流表，若被测线圈存在短路故障，则此钢片就会产生振动。

对于多路绕组的电动机，必须把各支路拆开，才能采用此法进行测试，否则会由于支路上有环流出现，无法分清哪个槽的线圈存在短路故障。

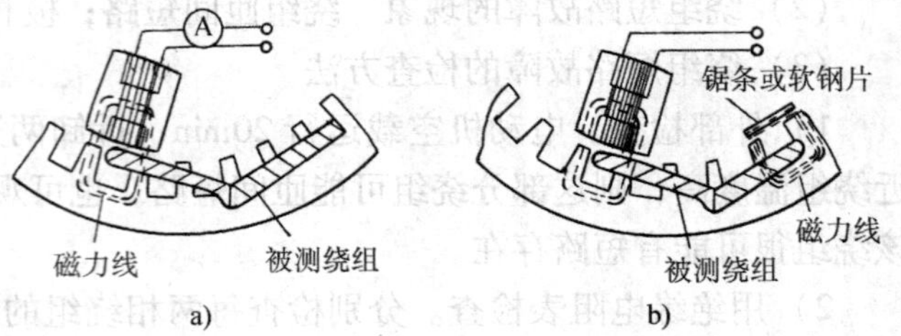

图 6-60　用短路侦察器检查绕组匝间短路
a）用电流表判别　b）用钢片判别

（4）绕组短路的修理方法　如果是同极同相的两相邻线圈间、上下层的线圈间以及线圈的槽外部分发生的短路故障，能明显看到短路点的，可用竹楔插入两线圈间，把这两线圈的槽外部分分开，垫上绝缘；如果短路点发生在槽内，要将该槽绕组加热软化后，翻出受损绕组，换上新的槽绝缘，将导线绝缘损伤的部位用薄的绝缘包好，重新嵌入槽内，再进行绝缘处理；如果个别线圈短路，可用前述穿绕修补法，调换个别短路线圈，并经绝缘电阻测试合格后可继续使用。如果短路较严重，或重新绝缘的导线无法嵌进槽内或者无法进行穿绕修补时，那就必须拆下重绕。

有些较严重的匝间短路（如短路点在槽口，或短路的导线已严重灼伤等），且电动机又急需使用，一时来不及修理时，也可采用跳接法进行应急处理。其具体方法是把短路的线圈跳过不用，如图 6-61 所示，把短路的线圈的一端部剪开，用绝缘包扎好两线头，再把线圈的另一端部的两线头用导线连接起来。采取这种应急措施的电动机，应适当减小负载，应急使用后，必须重新修理。

4. 绕组接错与嵌反的处理

绕组连接错误或嵌反是发生在绕组重新嵌绕时。绕组接错与嵌反大致有以下几种情况：某极相组中一个或几个线圈嵌反或头尾接错、极相组接反、多路并联绕组的支路接错、星形或三角形联结的错误等。

现就绕组内部的个别线圈或极相组接错或嵌反的检查方法叙述如下。

最常用的检查方法是指南针检查法。具体方法是：把一相绕组接到低压直流电源（3～6V）上，用指南针沿着定子内圆周移动，如图 6-62 所示。如果绕组没有接错、嵌反，当指南针从一个磁极移到另一磁极时就会南北极交替变化。若指南针经过邻近的极相组时指向相同，则表示极相组接错；若指南针经过同一极相组时南北极指向交替变化，则该极相组中有个别

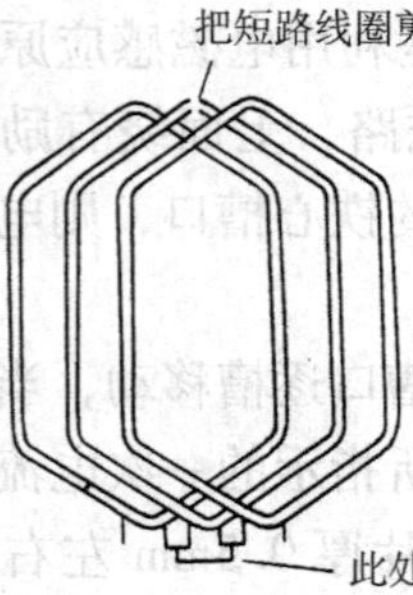

图 6-61　用跳接法处理短路的线圈

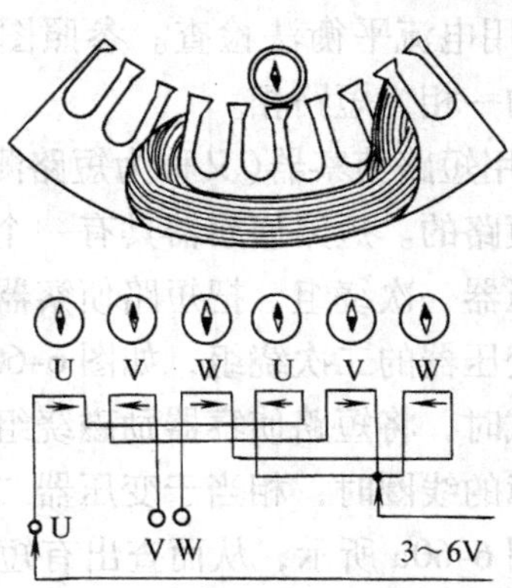

图 6-62　指南针检查法

线圈接错或嵌反，这时，可把其连接线或过桥线拆开并加以纠正。如果指南针方向指示不清楚，应提高直流电源电压，或调换磁性较强的指南针，再进行检查。按照上述方法，再分别测试其他两相绕组。

测试时，对于星形联结的绕组，可不必拆开连接点，只需将直流电源分别接到中性点和某一相绕组的出线端；对于三角形联结的绕组，则必须拆开三相绕组的连接点，三相分别测试。

四、三相异步电动机转子绕组故障的检修

1. 笼型转子绕组故障的检修

笼型转子绕组常见的故障有铝条断裂或铜条脱焊。

（1）转子断笼的现象　测量定子三相绕组电流，就会发现电流表指针来回摆动。

（2）转子断笼的种类　分为断条和断环两种。断条，即笼条中一根或数根断裂；断环，即端环中一处或几处裂开，可用观察法检查。

（3）转子断条的检查方法

1）断笼侦察器。断笼侦察器检查转子断条的方法如图6-63所示，其工作原理与短路侦察器相同。测试时，将断笼侦察器放在转子铁心槽口上并接通交流电源，沿着转子圆周逐槽移动，转子上完好的笼条相当于变压器二次绕组被短路，于是，电流表指示的是一次绕组正常的短路电流；若发现某槽口处电流有明显的下降，就表明该槽内的断条断裂。也可用块薄钢片放在转子槽口上，如果转子没有断条故障，薄钢片就会被吸附在转子上并发出“吱吱”响声；若薄钢片不能吸附，就表明存在断笼故障。

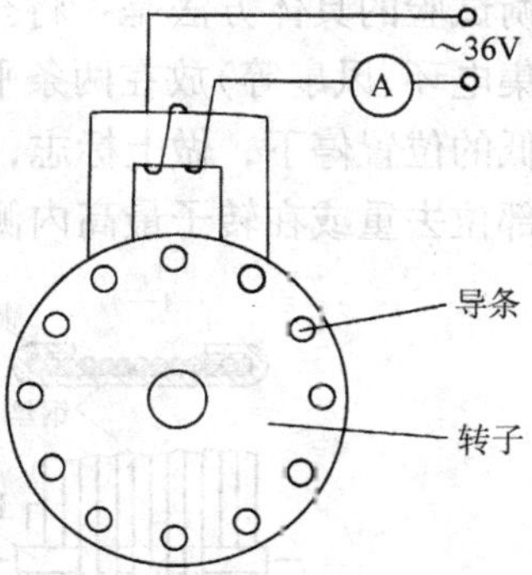

图6-63　断笼侦察器检查笼型转子断条

2）定子通电法。在定子绕组中通入三相交流低压电源（约为额定电压的15%～25%），并在其中一相串接电流表，用手慢慢转动转子，若电流表指针突然下降，说明此处断条。

3）笼条通电法。在转子两端端环上施加2～3V交流电，再在转子表面撒些铁粉，或用锯条沿着笼条依次测试，当笼条不吸引铁粉或不吸引锯条时，说明该处笼条已断裂。

（4）笼型转子断笼的修理方法

1）焊接法：把故障笼条或端环的裂口扩大，把转子加热到450℃左右，再以锡(63%)、锌(33%)和铝(4%)组成的钎料进行气焊补焊。

2）冷接法：在裂口处用一只与槽宽相近的钻头钻孔，并攻螺纹，然后拧上一只铝螺钉，除掉螺钉的多余部分。

3）换条法：用车床车去原有的端环，用夹具夹住转子铁心，侵入浓度为60%的工业烧碱溶液中，铝条腐蚀掉后，立即用水冲净转子，重新注铝，或改为铜条转子。对小型电动机也可把伸出槽口的铜条打弯，然后用银焊或磷铜焊将转子两端的铜条熔成整体即成端环，最后将其车光并校静、动平衡。

2. 绕线转子故障的检修

（1）转子绕组故障的检查方法　绕线转子绕组的结构、嵌线等，都与定子绕组相同，所以故障的检查方法可参考定子绕组故障的检查方法。

(2) 转子绕组故障的修理方法

1) 中、小型绕线转子绕组导线多数采用圆铜线(漆包线、单、双包线)。

2) 较大的绕线转子采用扁铜线或裸铜条，一般做成单匝波形绕组，在绕组外面用绝缘带半迭包一层，插入槽内。转子绕组经过修理或全部更换后，必须在绕组两端用钢丝打箍。打箍工作可以在车床上进行。如无车床，也可用木制的简易机械来进行，如图6-64所示。为了使钢丝箍扎紧，在圆周每隔一定宽度的钢丝下垫上一块铜片，用锡钎焊焊牢，如图6-65所示。扎好钢丝箍的部分直径2~3mm。修复后的转子要做平衡试验。平衡的方法有动、静平衡两种。修理部门只做静平衡。静平衡试验的具体方法是：将全部装配好的转子(包括集电环、风扇等)放在两条平行的水平钢架上，如图6-66所示。如果转子不平衡就会转到最低的位置停下，做上标志，再反复试验几次，如每次都相同，则表示该部分较重，就应在该部位去重或在转子最高内侧装上配重物，一直到转子在任何位置都会静止为止。

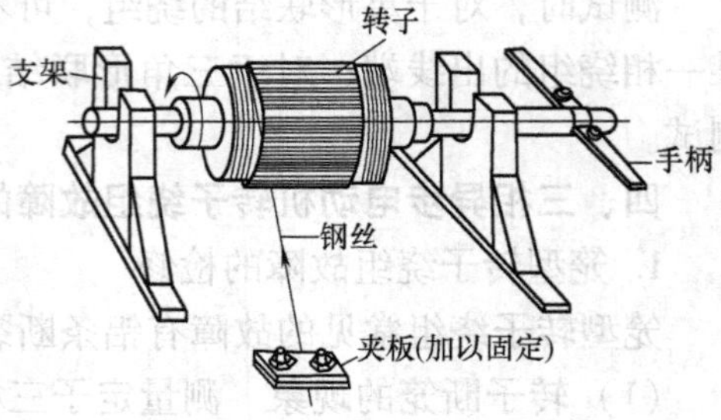

图6-64 简易打钢丝箍示意图

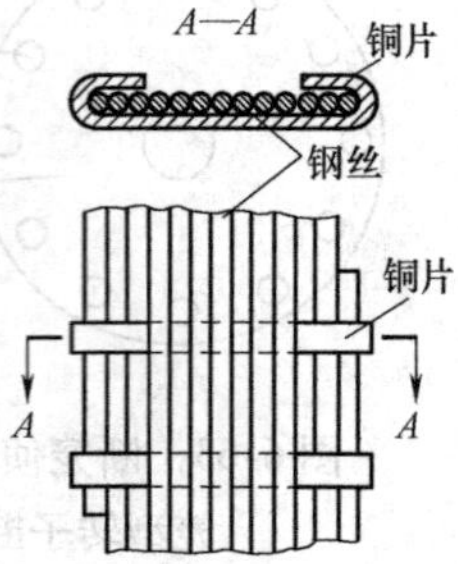

图6-65 钢丝的卡箍

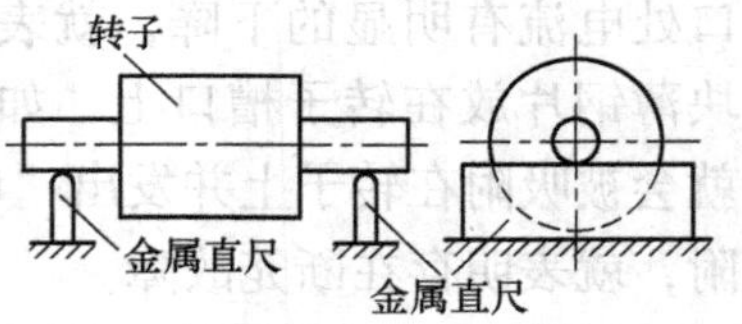

图6-66 静平衡试验

五、三相异步电动机定子绕组的全部拆换

电动机绕组损坏严重，无法局部修复时，就要把整个绕组拆去，重新嵌入新绕组，其方法如下。

1. 查明损坏原因，记录原始数据

应详细记录的内容有：

(1) 铁心长度及槽形尺寸　定子铁心总长是包括通风沟在内的长度，铁心净长则是用总长减去各通风沟的长度。槽形尺寸用一张较厚的白纸按在槽上，取下槽形痕迹，再绘出槽形，并标注各部分尺寸。

(2) 绕组数据　在拆绕组时，应留一个较完整的线圈，以便量取其各部分尺寸；然后将整个绕组一端剪断，选取其中三个周长最短的单匝线圈单元，量其长度取其平均值，作为绕线模模心周长尺寸。测量线径时，应取线圈的直线部分，烧去漆皮，用棉纱擦净，应多量几根导线，对同一根导线也应在不同位置量取三次，取其平均值。

2. 拆除绕组

定子绕组拆除方法一般有加热拆除、溶剂溶解及冷拆等方法。

(1) 电流加热法　拆开绕组端部各连接线，在一相绕组中通入单相低压大电流加热(可用变压器或电焊机作电源），当绝缘软化，绕组端部冒烟时，切断电源，打出槽楔，趁热迅速拆除绕组。

（2）用烘箱、煤球炉、煤气、乙炔、喷灯等加热　在加热过程中应特别注意防止烧坏铁心，以免硅钢片性能变坏。

（3）溶剂溶解法　由于这种方法费用较高，故其只适用于拆除功率在1kW左右的小型电动机的绕组。

1）将小功率电动机直接浸在苯中，约24h以后，可使绕组绝缘软化，取出后立即拆除绕组。

2）拆除0.5kW以下电动机绕组时，可用丙酮（25%）、酒精（20%）及甲苯（55%）配成的混合溶剂来浸泡，几十分钟后，绝缘清漆软化，即可拆除绕组。

3）拆除3kW以下小型电动机绕组时，使用上述溶剂就很不经济，可改用丙酮（50%）、甲苯（45%）、石蜡（5%）配成的溶剂刷浸。具体方法是：将石蜡加热熔化后，移开热源，先加甲苯，后加丙酮搅和；把电动机放在铁盘内，用毛刷将溶液刷在绕组的两个端部和槽口，然后加盖防止挥发太快，1～2h后，即可取出并拆除绕组。在使用溶剂时，要在通风良好的地方使用，要防火和防止苯中毒。

4）用氢氧化钠（烧碱）作腐蚀剂的方法较为经济，把定子绕组浸到氢氧化钠溶液中（1kg氢氧化钠加10kg水），氢氧化钠能把槽楔与绝缘物腐蚀掉，而不腐蚀硅钢片（这是选择腐蚀剂的原则），浸溶时间为2～3h（如需加快速度，可将溶液加热至80～120℃）。定子绕组从溶液中取出后，必须用清水冲洗干净（注意皮肤不要接触溶液），然后按绕组顺序逐一抽出旧导线。因氢氧化钠能腐蚀铝，铝壳电动机不宜采用此法，铝质铭牌也应取下。

（4）冷拆法　先将绕组一端紧靠铁心割断，在另一端用钳子将导线拉出。如绝缘漆粘结性很强，将槽内导线形成一个整体时，可用一根比槽稍小一点的齐头铁棒顶住割断的绕组断面，用锤子轻轻打出线圈，此时应在另一端顶住槽两边的齿部，以防引起槽齿散张。

在拆除过程中，应尽量保留一个完整的线圈，量取有关数据，以供制作绕线模时参考。绕组全部拆除后，应将槽内清理干净，并修正槽形。

3. 准备好绝缘材料

（1）常用绝缘材料的种类　电机中使用的绝缘材料品种很多，按材料的形态可分为固体、液体和气体三种；按材料的化学成分可分为有机和无机绝缘材料；按材料的耐热等级高低可分为Y、A、E、B、F、H、C七个等级，每一个耐热等级对应一定的最高工作温度（见表6-5），能保证材料在这个温度以下长期使用而不影响其绝缘性能。

表6-5　绝缘材料的耐热等级和最高工作温度

耐热等级	最高工作温度/℃	材料举例
Y	90	未处理过的有机材料，如棉纱、纸
A	105	经过浸渍或使用时浸于油中的棉纱、纸、丝等有机材料或其组合物，油性漆包线用漆
E	120	聚酯树脂、环氧树脂、三醋酸纤维制成的材料，高强度漆包线用漆
B	130	云母、石棉、玻璃丝等无机物，用提高了耐热性的有机漆作为粘合剂制成的材料或其粘合物

（续）

耐热等级	最高工作温度/℃	材料举例
F	155	云母、石棉、玻璃丝等无机物，用无机水泥作粘合剂制成的材料和其粘合物
H	180	硅有机物以及云母、石棉、玻璃丝等用硅有机漆作黏合剂制成的材料
C	>180	天然云母，玻璃，瓷料，石棉水泥，聚四氟乙烯等

（2）绝缘材料的编号　用四位数字表示，例如1032、3230等。四位数字的意义如下：

1）左起第一位数字：表示绝缘材料的分类。其中，1表示绝缘、树脂和胶类；2表示绝缘浸渍纤维和薄膜类；3表示绝缘层压制品类；4表示绝缘压塑料类；5表示绝缘云母制品类。

2）左起第二位数字：表示同类材料的不同品种。在第一类材料中，0和1表示浸渍漆；2表示覆盖漆；3表示瓷漆；4表示粘胶漆和树脂；6表示硅钢片漆；7表示漆包线漆；8表示胶类；9表示薄膜制品。

3）左起第三位数字：表示材料和绝缘等级。其中，0表示Y级；1表示A级；2表示E级；3表示B级；4表示F级；5表示H级；6表示C级。

4）最后一位数字：表示材料的序号，以表示同类绝缘材料在配方、成分及性能上的差别。例如1032和1031漆，同属B级绝缘浸渍漆，但是1032为三聚氰胺醇酸漆，而1031为丁基酚醛醇酸漆。

（3）小型三相异步电动机所用绝缘材料　Y系列采用的是B级绝缘，其所采用的绝缘材料介绍如下：

1）槽内绝缘。表6-6所示为Y系列电动机槽绝缘规范。

① 槽绝缘的厚度为0.2~0.5mm。槽绝缘两端伸出铁心应有一定长度，可根据电动机的功率而定。层间绝缘宽度应为槽形中间宽度的1.5~1.8倍，长度一般应两端伸出铁心20~30mm，以保证将上下层绕组严格分开。

② 槽绝缘的宽度应使主绝缘放到槽口下转角处为宜，如图6-67a所示。过宽会影响嵌线，过窄则包不住导线，可根据槽形尺寸按下式计算，即

$$\text{主绝缘宽度} = \pi R + 2H$$

$$\text{引槽纸宽度} = \pi R + 2H + (20 \sim 30)\,\text{mm}$$

表6-6　Y系列电动机槽绝缘规范

机座号	绝缘等级	材　料	总厚度/mm	伸出铁心长度/mm
Y80—112	B	0.30mm聚酯纤维聚酯薄膜复合箔（DMD，DMDM）	0.3	7.5~10
Y132—180	B	0.35mm聚酯纤维聚酯薄膜复合箔（DMD，DMDM）	0.35	7.5~10
Y200—280	B	0.45mm聚酯纤维聚酯薄膜复合箔（DMD，DMDM）	0.45	10~15

③ 槽绝缘的结构形式有两种，较新型的Y系列电动机的槽绝缘高度不出气隙槽口，在槽楔下加垫条，如图6-67b所示；较老式的电动机的槽绝缘高度超过气隙槽口或采用引槽纸，如图6-67c所示，嵌线后剪去露出槽口的部分，将槽口附近余下的绝缘纸折入槽内，用

槽楔压紧，如图 6-67d 所示。槽绝缘两端槽口部分的绝缘有三种情况：第一种是不再另外加强，如图 6-67e 所示；第二种是槽口部分的反折加强，但不深入槽内，如图 6-67f 所示；第三种是反折加强，并且深入槽内，如图 6-67g 所示。

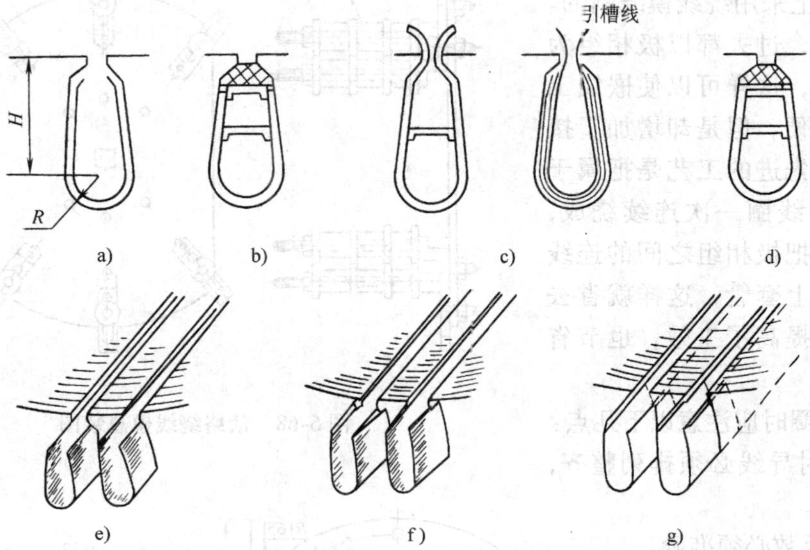

图 6-67　电动机槽绝缘的结构形式

裁剪黄蜡布或玻璃丝漆布时，应与经纬线成 45°角剪裁，这样不易在槽口处撕裂。裁剪绝缘纸时，纤维方向（即压延方向）应该作为槽绝缘和层间绝缘的宽度方向。绝缘材料应保持清洁、干燥和平整，不要随便折叠。复合绝缘应将主绝缘的反面与槽壁接触，因为它是保护主绝缘的。

槽楔下衬垫材料的规格和槽绝缘相同。槽楔用厚度为 2.5～4mm 的梯形竹楔，一般比槽绝缘短 2～3mm，梯形部分的宽度视槽形上部宽度而定，表面应光洁，要经变压器油浸渍处理。

2）端部相间绝缘。端部相间绝缘应采用一层与槽绝缘相同规格的材料。为了减少因运行时产生的电磁力使线匝间产生摩擦，端部采用绝缘处理后必须通过绑扎法加以固定。

3）引出线绝缘。电动机的引出线可采用丁腈聚氯乙烯或丁腈橡胶线。应注意的是，引出线与线圈端头的绞接处应以 0.15mm×15mm 醇酸玻璃漆布带半叠包一层，外面再套醇酸玻璃丝套管，最后把电线及连接部位一起绑扎牢固。

4. 绕制线圈

（1）绕制线圈的导电材料　电动机绕组中，常用的电磁线有漆包铜线和玻璃丝包铜线等，在小型电动机中，所用电磁线的线径一般在 1.56mm 以下，要求较大截面积时，可用几根并绕。

E 级或 B 级绝缘电动机目前应用的是聚酯漆包线（牌号为 QZ），它的机械强度高，耐压及耐溶剂性均较好；B 级绝缘电动机是应用高强度聚乙烯醇缩醛漆包线（牌号为 QQ）使用较方便，只要根据尺寸需要调节绕线模上 6 只螺栓的位置就能适用于不同规格的要求。对于 0.35～40kW 电动机的绕组，可通过改变活络框架的位置，也能同样得到调节，以适应不同规格的要求。

活络绕线模总装图如图 6-68 所示，其各部分尺寸如图 6-69 所示。

（2）线圈的绕制　小型三相异步电动机所采用的散嵌式线圈都是在专用绕线机上采用绕线模绕制的。对于单层绕组，过去都以极相组为单位进行绕制，这样可以使嵌线工作变得比较方便，但是却增加了接线工序。比较先进的工艺是把属于同一相的所有线圈一次连续绕成，中间不间断，把极相组之间的连线放长一点，套上套管，这样就省去了接线工序，提高了工效，也节省了材料。

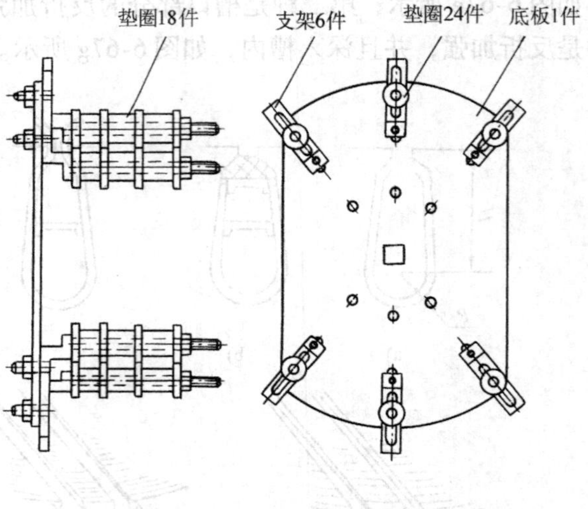

图 6-68　活络绕线模总装图

在绕制线圈时应注意以下几点：

1）绕制时导线必须排列整齐，避免交叉混乱。

2）线圈匝数必须准确。

3）导线直径必须符合要求。

4）绕线时，必须保护导体的绝缘不受损坏。

完成绕线工序以后，每相绕组可用电桥测量其直流电阻值，或用匝数试验器检查线圈的匝数。

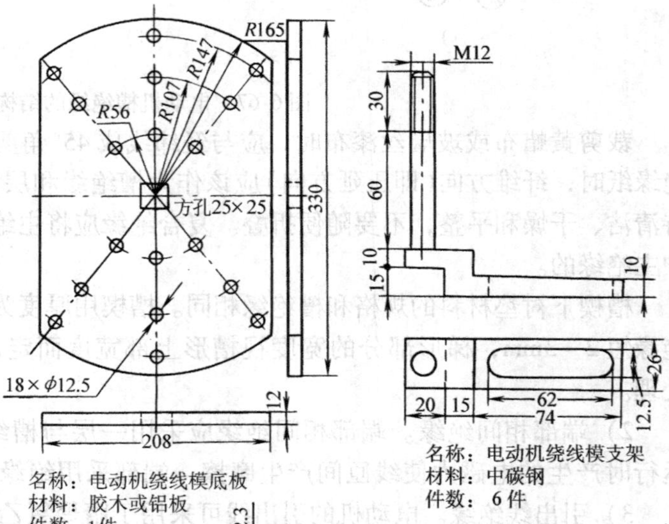

图 6-69　活络绕线模各部件尺寸

5. 嵌线与接线

在嵌线前，要从被修电动机的绕组展开图中，找出嵌线工艺和接线规律，并绘制接线图。

现以小型异步电动机定子双层绕组为例，来说明嵌线的具体过程。嵌线前，要准备好嵌线工具，小型电动机的嵌线工具主要有压线板、理线板、剪刀、尖嘴钳及锤子等。压线板的形状如图 6-70a 所示，一般压脚宽度应比槽上部宽度小 0.6~0.7mm，应光滑无棱，使压导线时不会损伤绝缘。理线板（见图 6-70b）一般用红钢纸或层压布板做成，要磨得光滑，厚薄适宜，长度以能划入槽内 2/3 处为准。锤子一般应是木质和橡胶锤，若用金属锤时，在敲打线圈时应垫上木条，以防止损伤导线绝缘。

嵌线时，要按绝缘结构的规格准备好槽绝缘、端部相间绝缘、层间绝缘和槽楔，以及端部扎线和绑带。具体嵌线工艺过程如下：

（1）嵌入第一节距线圈的下层边　先将线圈理平并擦上石蜡，然后以出线盒为基准来确定第一槽的位置。嵌线方法如图 6-71 所示。嵌线前先用右手把欲嵌入线圈的一条边捏扁，用左手捏住线圈的一端向相反方向扭转（见图 6-71a），使线圈的槽外部分略带扭绞形状，否则，线圈容易松散。线圈边捏扁后放到槽口的槽绝缘中间，左手捏住线圈向里拉入槽内，如图 6-71b 所示。如果槽不用引槽纸，应在槽口临时衬垫两张薄膜绝缘纸，以保护导线绝缘不被槽口擦伤；进槽后，薄膜绝缘纸即可取出。如果线圈边捏得好，一次即可把大部分导线拉入槽内，剩余少量导线可用理线板划入槽内。导线进槽应按绕制线圈的顺序，不要使导线交叉错乱，线圈两端槽外部分虽略带扭绞形状，但槽内部分必须整齐平行，否则会影响导线的全部嵌入，而且还会造成导线相擦而损伤绝缘。嵌线时，还要随时注意槽内绝缘是否偏移到一侧，防止露出铁心而与导线相碰，造成绕组通地故障。

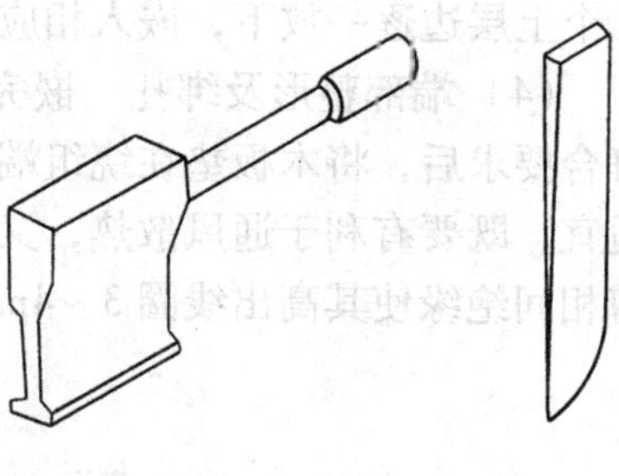

a)　　b)

图 6-70　嵌线工具

a）压线板　b）理线板

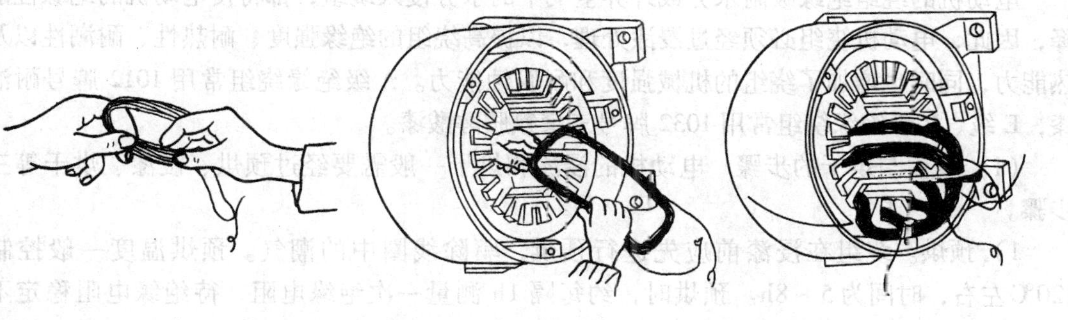

a)　　b)　　c)

图 6-71　嵌线方法

嵌好一个线圈的一条边后，另一条边暂时吊起，下面可加垫一张纸，以免线圈边与铁心相碰而擦伤绝缘，如图 6-71c 所示；槽内下层线圈边嵌好后，要把层间绝缘放进槽内，并用压线板压平，两端伸出槽外应该均等，并叠压住下层线圈两端伸出部分；依次再嵌入其他各线圈的下层边，直至嵌完一个节距数为止。

（2）嵌入上层边　嵌完一个节距线圈的下层边后，再嵌新线圈时，便可将新线圈的上层边从第一槽起，依次嵌入铁心槽的上层里去。具体方法是：先用压线板压实下层边及层间绝缘，然后把上层边推至槽口，理好导线，用左手大拇指及食指把上层捏扁，依次送入槽内，同时用右手拿理线板，在上层边的两边交替地将导线划入槽内，最后再用压线板压实导线，剪去露出槽口的引槽纸，用理线板将槽绝缘两边折拢，盖住导线，用竹楔压住，如图 6-71c 所示；再把槽楔打入槽中，压紧线圈，如图 6-72 所示；接着在两端垫入相间绝缘，使其压住层间绝缘并与槽绝缘相接触；以后的线圈均可照此方法嵌入槽内，端部相间绝缘应边嵌线边垫上，不要等嵌完线后一起再垫，否则不易垫好。

（3）嵌入最后一个节距线圈　当嵌完最后一个节距线圈以后，就可以把最初吊起的那几个上层边逐一放下，嵌入相应的槽内。

(4) 端部整形及绑扎　嵌完全部线圈后，检查绕组外形、端部排列及相间绝缘，确认符合要求后，将木板垫在绕组端部，用锤子轻轻敲打，使绕组两端形成喇叭口，其直径大小适宜，既要有利于通风散热，又不能使端部离机壳太近，如图 6-73 所示。整形完毕后，修剪相间绝缘使其高出线圈 3～4mm。

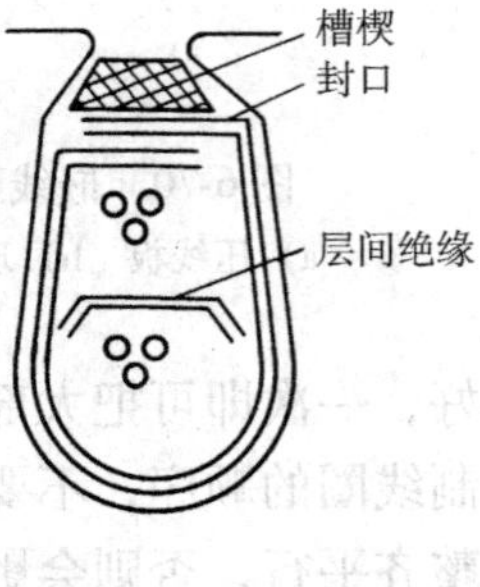

图 6-72　槽绝缘、层间绝缘及槽楔的构成

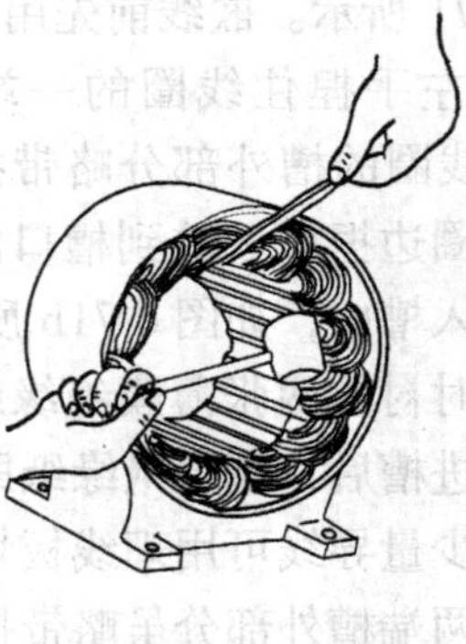

图 6-73　把绕组端部敲成喇叭口

6. 浸漆与烘干

电动机的绕组绝缘吸附水分或外界空气中的水分侵入绕组，都将使电动机的绝缘性能下降，因此，电动机绕组必须经过浸漆处理，以提高绕组的绝缘强度、耐热性、耐潮性以及导热能力，同时也增加了绕组的机械强度和耐腐蚀能力。A 级绝缘绕组常用 1012 牌号耐油清漆，E 级、B 级绝缘绕组常用 1032 牌号三聚氰胺醇酸漆。

(1) 浸渍与烘干的步骤　电动机的浸漆和烘干一般需要经过预烘、浸漆、烘干等三个步骤。

1）预烘。绕组在浸漆前应先进行预烘，驱除线圈中的潮气。预烘温度一般控制在 120℃左右，时间为 5～8h。预烘时，约每隔 1h 测量一次绝缘电阻，待绝缘电阻稳定不变后，预烘即完成。

2）浸漆。经过预烘后，绕组的温度要下降到 60～70℃后才能浸漆，因为温度过高时，其中溶剂很快挥发在绕组表面并形成漆膜，致使绝缘漆不容易浸透到线圈内部；但温度太低时，漆的黏度过大，流动性和渗透性均较差，浸漆效果也不好。第一次浸漆时间要大于 15min，直到不冒气泡为止，然后把电动机垂直滴干余漆。也可用浇漆方法，即先浇绕组一端，再浇另一端，要浇得均匀，以及各部分都要浇到，最好重复浇几次；待余漆滴干后，用松节油将线圈以外其他部分(如铁心、止口等)的余漆擦抹干净，然后送去烘干。

3）烘干。烘干的目的是挥发掉漆中的溶剂和水分，使绕组表面形成较坚固的漆膜。烘干过程最好分两个阶段：第一个是低温阶段，温度控制在 70～80℃，烘 2～4h，这样使溶剂挥发比较缓慢，以免表面很快结成漆膜，导致内部气体无法排出；第二个是高温阶段，温度控制在 110～120℃，烘 8～16h。

以上预烘及烘干温度都是指 A 级绝缘的电动机，对 E 级、B 级绝缘的电动机应相应提高 10～20℃。若对转子，尽可能竖放烘干，以便于校平衡。

另外，烘干过程中，每隔 1h 要用绝缘电阻表测量一次绕组对地的绝缘电阻，开始是绝缘电阻下降，以后逐步上升，最后 3h 内必须趋于稳定，一般要在 5MΩ 以上，烘干才算结束。

浸漆与烘干次数是与电动机的工作环境温度及绝缘漆的性质有关的。一般条件下工作的电动机要浸烘两次，而湿热带条件下工作的电动机要浸烘 3 ~ 4 次。漆的粘度要适当。太粘不易深入绕组内部，太稀则漆膜较薄。

（2）烘干方法　常用的烘干设备和烘干方法有：

1）循环风干燥室。干燥室的结构如图 6-74a 所示，一般用耐火砖砌成，有内外两层，中间隔热材料（如石棉粉、硅藻土等），发热器可采用电热丝、煤气、蒸汽等加热。但不能裸露在干燥室内，因为绝缘漆和漆中溶剂都很容易燃烧，干燥室外装有鼓风机，将电热器产生的热量均匀地吸入干燥室内。不装鼓风机也可以使用，但温度不够均匀，干燥时间较长。

2）灯泡干燥法。用红外线灯泡或一般灯泡使灯光直接照射在电动机绕组上，改变灯泡瓦数，可改变温度。

3）煤炉（或电炉）干燥法。采用煤炉（或电炉）干燥，如图 6-74b 所示，电动机定子下面放一只煤炉（或电炉），煤炉上用薄铁板隔开而间接加热，定子上端放一只端盖，然后用旧麻袋覆盖保温。在干燥过程中要注意防火。

4）电流干燥法。如图 6-74c 所示，在定子绕组的线圈中（如果装配好的电动机，应拆开抽出转子）通入单相 220V 的交流电，电路中加接变阻器、电流表、熔断器等，以便调节电流和进行过电流保护，电流为电动机额定电流的 1/2，如果电动机有 6 根引出线，可以将各相绕组串联起来通电，接线方法如图 6-74c 所示。通过测量铁心温度，可知绕组温度，应控制绕组温度不超过允许值，并随时测量电动机的绝缘电阻，达到要求后，就可以停止通电。

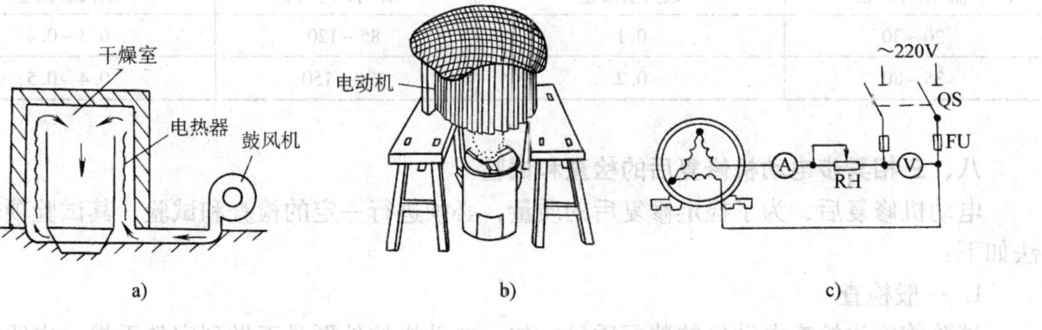

图 6-74　烘干方法

a）循环热风干燥　b）用煤炉干燥　c）电流干燥法

被水浸湿的电动机不可用电流加热法来干燥，否则会造成电动机绕组击穿，因此只能用前面几种方法进行干燥。

经过浸漆烘干后，电动机就可以进行装配与试验。

六、三相异步电动机铁心故障及检查修理

1. 铁心表面是否擦伤

（1）定子铁心表面一处擦痕，转子铁心表面一周全是擦痕　这是由于定子、转子不同心造成的。主要原因是机座和端盖止口变形或因轴承严重磨损使转子下落。

（2）定子铁心表面全是擦痕，而转子铁心表面只有一处擦伤　这多半是由于轴弯或转子不平衡引起的。

（3）定子、转子铁心表面均有局部擦伤痕迹　这是由于上述两种原因共同引起的。

2. 铁心位置是否对齐

定子、转子铁心是否对齐。主要分为以下两种情况：

1）若不对齐就相当于铁心缩短，因磁通密度增高引起铁心过热。主要原因是：转子铁心轴向串位或新换转子不合适。

2）看定子、转子铁心是否沿圆周方向有移动。主要原因是：定子方面的顶丝失去作用或丢失，或因轴与转子铁心配合不紧。

七、三相异步电动机滚动轴承故障及检修

在电动机长期运行中，机械部分最常见的故障多数发生在轴承上。中、小型异步电动机广泛使用滚动轴承。滚动轴承的检查方法如下：

（1）电动机运行中的检查　用螺钉旋具抵在电动机的轴承外盖上，耳朵贴在手柄上倾听电动机内部的声音，如有“格拉”、“格拉”异声，说明有故障。

（2）轴承发热检查　用酒精温度计测量轴承的温度，滚动轴承在环境温度为35℃时，其允许温度为60℃。轴承发热的主要原因有：轴承内、外圈破裂、锈蚀；滚珠碎裂、松动；轴承外盖的内孔与转轴相擦；轴承外盖压住轴承太紧等。

（3）轴承拆卸后的检查　轴承拆下后，先清除废油，用汽油或煤油洗净油污，用压缩空气吹干，然后再检查。完好的轴承平面应清洁，没有划痕、裂纹或锈迹；内外轴承环没有裂缝；用手滚动轴承应轻快、灵活且均匀，没有阻滞、卡住或过松现象；用塞尺检查轴承磨损情况，不应超过表6-7中的数值。

表6-7　滚动轴承的磨损允许值　（单位：mm）

轴承内径	最大磨损量	轴承内径	最大磨损量
20～30	0.1	85～120	0.3～0.4
35～80	0.2	130～150	0.4～0.5

八、三相异步电动机修复后的检查和试验

电动机修复后，为了检定修复后的质量，必须进行一定的检查和试验，其试验项目及方法如下：

1. 一般检查

试验前应先检查电动机的装配质量，如：电动机的外形是否做到完整无损；出线端的标记和连接是否正确；连接是否紧密可靠；装配紧固情况是否良好；转子转动是否灵活；电动机轴身径向偏摆等情况。对于轴转动时的径向偏摆应不超过表6-8中的规定。对于绕线转子异步电动机还应检查电刷、刷架及集电环的装配质量，以及电刷与集电环接触是否良好等。

表6-8　轴转动时的径向偏摆允许值　（单位：mm）

轴身直径	允许偏差	轴身直径	允许偏差
6～10	0.025	＞50～80	0.060
＞10～18	0.030	＞80～120	0.089
＞18～30	0.040	＞120～180	0.100
＞30～50	0.050		

2. 绝缘电阻的测定

绝缘电阻测定分为热态(接近工作温度)和冷态(常温)两种。在修复试验中，一般只测量绕组相与相、相对地的冷态绝缘电阻。对于绕线转子异步电动机，还应测量转子绕组的绝缘电阻；对于多速多绕组的电动机，应对各绕组的绝缘电阻分别进行测量。

测量时，对于额定电压500V以下的电动机一般用500V绝缘电阻表进行测量；500～3000V的电动机用1000V绝缘电阻表；3000V以上的电动机用2500V绝缘电阻表；对于500V以下的电动机，其绝缘电阻冷态时应不低于1MΩ，热态时应不低于0.5MΩ，全部更换绕组的应不低于5MΩ。

大型电动机可通过测量绝缘电阻来判断绕组是否受潮，其吸收比系数R_{60}/R_{15}应不小于1.3，其中R_{60}、R_{15}分别表示绝缘电阻表要摇60s、15s时的绝缘电阻值。

3. 直流电阻的测定

电动机绕组的直流电阻的测定一般在冷态下进行。测量时，对小于1Ω的绕组，应采用双臂电桥；大于1Ω的绕组，可采用单臂电桥。所测得的各相电阻偏差与其平均值之比值的百分比，不得超过5%，即

$$\frac{R_{max}-R_{min}}{R_a}\times 100\% \leqslant 5\%$$

式中 R_{max}——最大一相绕组的直流电阻(Ω)；

R_{min}——最小一相绕组的直流电阻(Ω)；

R_a——三相绕组直流电阻的平均值，即$R_a=(R_u+R_v+R_w)/3(\Omega)$。

如果超出规定范围，则表示绕组中有短路、断路、焊接头接触不良、匝数有误差或某相绕组线径用错等故障。

4. 耐压试验

电动机更换全部绕组后，应进行绕组对机壳及绕组相互间绝缘介电强度试验(耐压试验)。

试验电压为交流50Hz的正弦波形。试验时，当电压上升到半值后，应渐渐上升至全压值，时间一般不少于10s，以免受到冲击电压的影响；然后保持1min的耐压试验时间，而不发生击穿为合格，再将全压降至半值以下切断电源。

绕组承受的试验电压值与电动机的额定功率和额定电压等有关，其试验电玉值如下：

1）1kW以下或额定电压不超过36V时为

500V+2倍额定电压

2）1kW以上时为

1000V+2倍额定电压

3）高压电动机额定电压在2～6kV时为

2.5倍额定电压

必须指出的是，耐压试验应在绝缘电阻达到规定数值时进行。

5. 空载试验

修复后的电动机，在经过上述检验后，才能进行空载试验。进行空载试验时，应在电动机定子绕组上施加三相平衡的额定电压，空载运行时间为30min。其目的是确定空载电流和空载损耗。

在空载试验中，测量三相电流是否平衡，其偏差应不超过10%；空载电流不应太大或太小，其三相空载电流的平均值与额定电流的百分比见表6-9。

表6-9 电动机空载电流的平均值与额定电流的百分比(%)

极 数	额定功率/kW					
	0.125以下	0.125~0.5	0.55~2	2.2~10	11~50	55~100
2	70~95	45~70	40~55	30~45	30~45	18~30
4	80~96	65~85	45~60	35~55	35~55	20~30
6	85~98	70~90	50~65	50~65	35~65	22~33
8	90~98	75~90	50~70	50~70	37~70	25~35

如果空载电流过大，则表示定子、转子之间的间隙可能超出允许值，或定子绕组匝数太少和由于装配质量差，在一般检查时发生疏忽。如果空载电流过小，则表示定子绕组匝数太多，或将三角形联结误接为星形联结，两路误接为一路等。空载电流过大或过小时应作好记录，在下次重绕时，可相应调整定子绕组的匝数比例，见表6-10。

空载试验时，还应观察电动机运行情况并监听有无异常声音，以及铁心是否过热，轴承的温升及运转是否正常等。绕线转子异步电动机应检查电刷有无火花、过热等现象。

表6-10 空载电流与定子绕组匝数变化比

空载电流变化比(%)	15~20	30	50
定子绕组匝数变化比(%)	5	10	20

6. 首、尾端判别

三相异步电动机定子绕组首、尾端接反或嵌反后，电动机起动时由于绕组中流过电流方向变反，使电动机的磁动势和电抗发生不平衡，因此会引起电动机振动、噪声、三相电流严重不平衡、电动机过热、转速降低，甚至造成电动机不转，熔体熔断。所以，对修复后的电动机必须进行三相绕组首、尾端的判别。

三相绕组首、尾端的判别方法有多种，都是根据电磁感应原理来进行的，常见的判别方法有以下几种：

(1) 剩磁检查法　先用万用表电阻挡测出每相绕组的出线端，同时在三相绕组上做好同一相的标记，然后将三相绕组并联后，接至万用表直流mA挡，如图6-75所示。如果转动电动机转子时，万用表的指针不动，则说明三相绕组并联的接点同为首端或尾端。若表的指针摆动，说明三相绕组中有一组接反，应逐组对调后重试，直至万用表指针不动，即$I=0$为止。

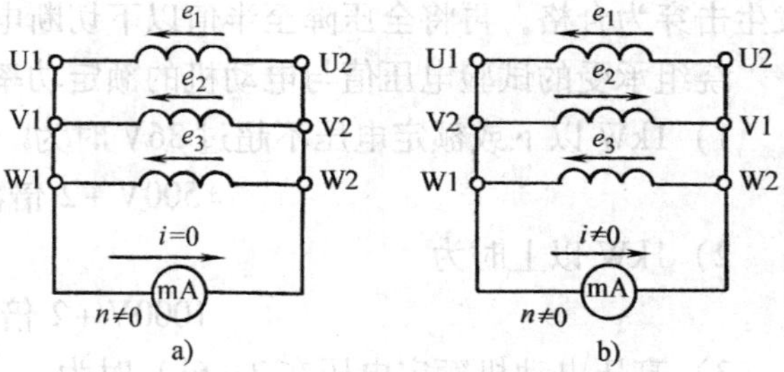

图6-75 用剩磁检查法判别绕组首、尾端
a）绕组首、尾端并联正确 b）绕组首、尾端并联错误

(2) 直流电源检查法　用上述方法分出各相绕组出线端后，将直流电源(干电池)串接开关后，接在一相绕组上，万用表mA挡接在另一相绕组上，如图6-76a所示。当开关合上

瞬间，若万用表直流 mA 挡指针为正偏(即 $I>0$)，则说明直流电源负极所接的线头与万用表正端所接的线头同为首端或尾端。若万用表的指针为反偏，则电源的正极与万用表的正端各接的线头同为首端或尾端。同理可判别第三相绕组的首尾端。若将二相绕组串联后接万用表 mA 挡，如图 6-76b 所示。当开关合上或断开瞬间，若表的指针不动，则说明两绕组相连接的线头同为首端或尾端。反之，互为首端或尾端。同理，可判别另一相绕组的首、尾端。如采用两相绕组并联判别法，判别的结果正好与串联判别法相反。

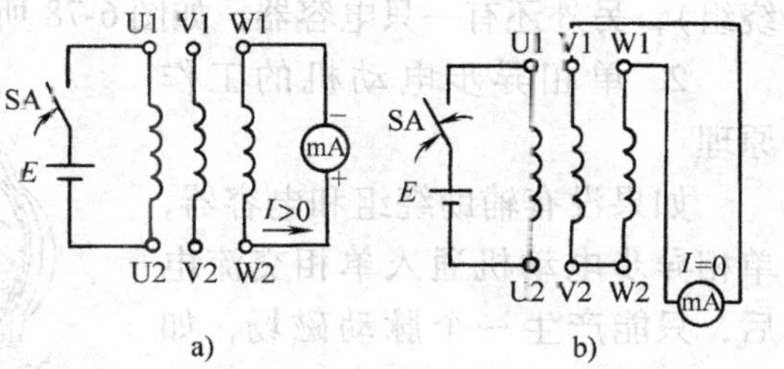

图 6-76　用直流电源检查法判别绕组首、尾端
a）单绕组判别法　b）两绕组串联判别法

(3) 交流电源检查法　先用低压交流电源串接灯泡区分出各相绕组的出线端后，将 36V 安全电压接在一相绕组上，另外二相绕组串联后接上灯泡，如图 6-77 所示。若灯泡亮，则说明二相绕组相连接的线头互为首端与尾端。若灯泡不亮，则说明二相绕组相连接的线头同为首端或尾端。应该指出的是，对小功率电动机时，灯泡可能不会亮，则可提高电压。但如改用万用表交流电压挡来测量，以测得读数大小来表示灯泡亮的判别法，就更为安全和方便。

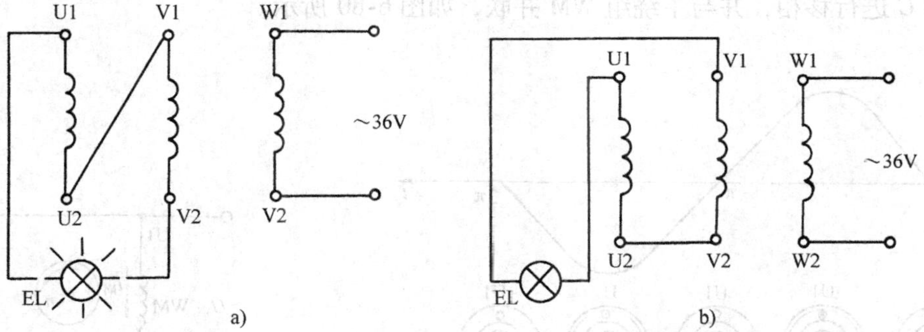

图 6-77　用交流电源检查法判别绕组首、尾端
a）连接线头为首、尾相接　b）连接线头同为首或尾

第八节　单相异步电动机的拆装和检修

单相异步电动机工作时，只需单相交流电源供电，在工业上、医疗及日常生活中得到广泛应用，如用于鼓风机、吸尘器、电冰箱、洗衣机、医疗器械、电风扇、电唱机及自动控制等方面。但它与同功率的三相异步电动机比较，体积较大，运行性能较差，所以一般制成 0.6kW 以下小功率电动机。

一、单相异步电动机的结构和工作原理

1. 单相异步电动机的结构

单相异步电动机的类型较多，其基本结构和三相笼型异步电动机相似。但一般有两套绕组，一套称为主绕组(也称为工作绕组)，用以产生主磁场；另一套是辅助绕组(也称为起动

绕组)，另外还有一只电容器，如图6-78所示。

2. 单相异步电动机的工作原理

如果没有辅助绕组和电容器，单相异步电动机通入单相交流电后，只能产生一个脉动磁场，如图6-79所示，而不能产生一个旋转磁场。该脉动磁场是由两个转速相等、方向相反的旋转磁场合成的。当电动机静止时，两个方向相反的旋转磁场，分别在转子上产生两个大小相等、方向相反的起动转矩，其合成转矩等于零，因此转子不能起动。如用外力使转子沿顺时针方向转动，这时顺时针的转矩大于逆时针的转矩，使转子沿顺时针方向转动起来。

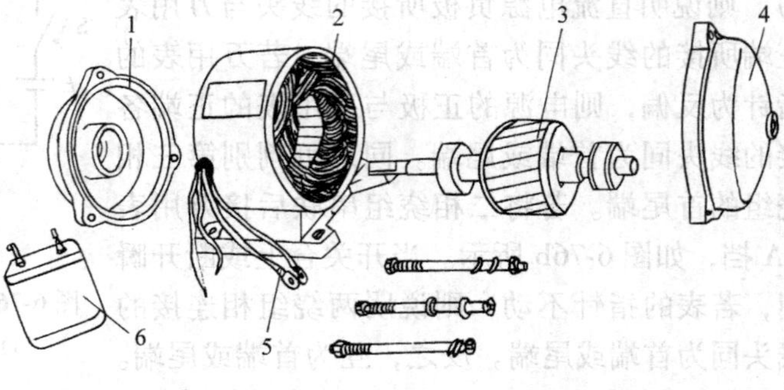

图6-78　单相异步电动机的结构

1—前端盖　2—定子　3—转子　4—后端盖　5—引出线　6—电容器

为了使电动机能自行起动，除在定子槽中嵌放主绕组外，还必须再加嵌一个辅助绕组，并使辅助绕组和主绕组在定子绕组中相差90°的电角度。由于主绕组和辅助绕组是由同一个单相电源供电，为了使两绕组中的电流在时间上有一个相位差，可在辅助绕组WA中串接一个电容器 C 进行移相，并与主绕组WM并联，如图6-80所示。

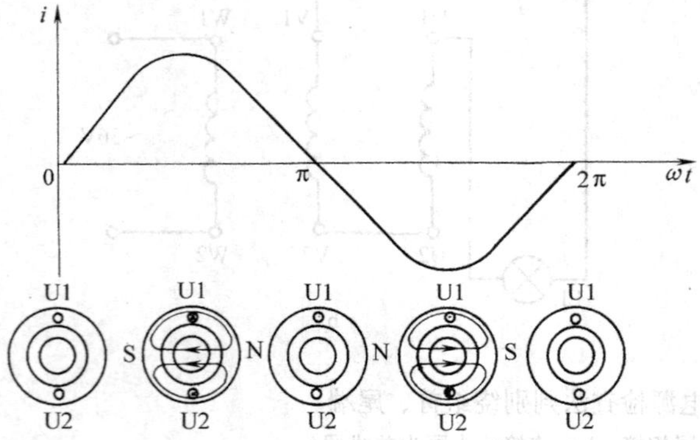

图6-79　脉动磁场

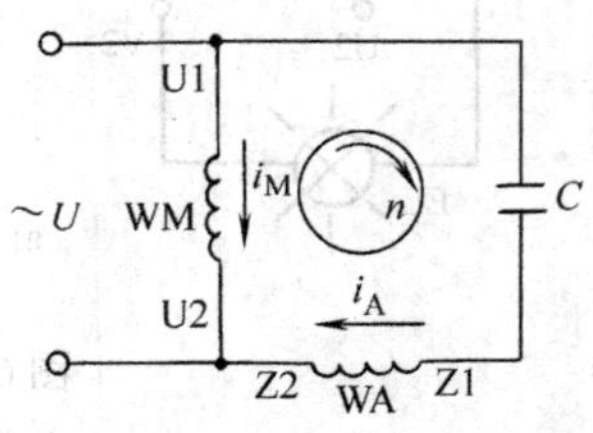

图6-80　电容式电动机的接线

当单相异步电动机通入单相交流电后，由于辅助绕组是一个容性电路，所以电流 i_A 超前电源电压一个角度，而主绕组是一个感性电路，所以电流 i_M 滞后电源电压一个角度，只要电容器选择适当，就能使 i_M 滞后 i_A 为90°。当具有90°相位差的两个电流 i_A 和 i_M 分别通入在空间相差90°电角度的两个绕组时，将形成一个旋转磁场效应，如图6-81所示。

当 $\omega t=0$ 时，辅助绕组的电流 $i_A=0$，主绕组的电流 i_M 为负值，则 i_M 从U2端流入，U1端流出，根据安培定则可确定两个磁极的磁场方向如图6-81a所示。

当 $\omega t=\pi/2$ 时，主绕组中的电流 $i_M=0$，辅助绕组中的电流 i_A 为正值，则 i_A 从Z1端流入，Z2端流出，两个磁极的磁场方向如图6-81b所示。

当 $\omega t=\pi$ 时，辅助绕组中的电流 $i_A=0$，主绕组中的电流 i_M 为正值，则 i_M 从U1端流入，U2端流出，两个磁极的磁场方向如图6-81c所示。

当 $\omega t=3\pi/2$ 时，主绕组中的电流 $i_M=0$，辅助绕组中的电流 i_A 为负值，则 i_A 从 Z2 端流入，Z1 端流出，两个磁极的磁场方向如图 6-81d 所示。

当 $\omega t=2\pi$ 时，辅助绕组中的电流 $i_A=0$，主绕组中的电流 i_M 为负值，则 i_M 从 U2 端流入，U1 端流出，两个磁极的磁场方向如图 6-81e 所示。

由上图可以看出，电容式电动机也能形成一个旋转磁场，笼型转子在这个旋转磁场的作用下，就能产生起动转矩而自行起动。

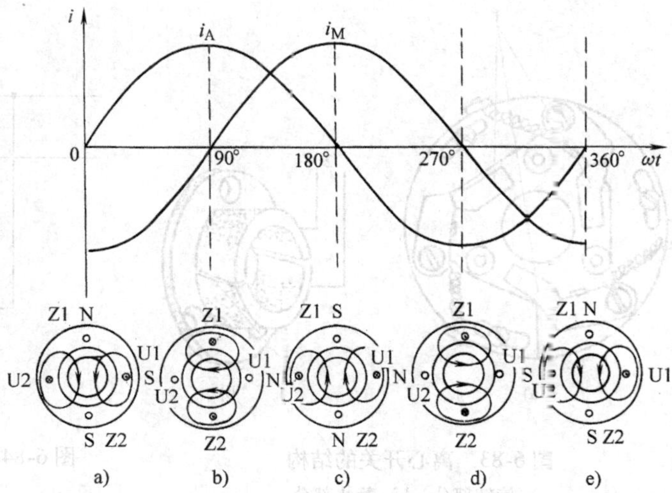

图 6-81　两相电流的旋转磁场

a) $\omega t=0$　b) $\omega t=\pi/2$　c) $\omega t=\pi$　d) $\omega t=3\pi/2$　e) $\omega t=2\pi$

二、单相异步电动机的类型

对于单相异步电动机，通常按其获得起动转矩的方法不同来分类，常用的有电容起动式、电容运转式、电容起动和运转式及罩极式等。

（1）电容起动式单相异步电动机　电容起动式单相异步电动机的接线如图 6-82 所示。

图中 WM 为主绕组，WA 为辅助绕组，SA 为离心开关（又称为惯性开关），离心开关包括静止部分和旋转部分。旋转部分安装在转轴上，静止部分由两个半圆形铜环组成，这两个半圆形铜环中间用绝缘材料隔开，安装在电动机的前端盖内，其结构如图 6-83 所示。

电动机在起动时，将辅助绕组 WA、电容器及离心开关 SA 串联后与主绕组并联，一起接在单相交流电源上，当电动机静止不动或转速较低时，装在电动机后端上的离心开关 SA 处于闭合状态，如图 6-82 所示，因而辅助绕组连同电容器与电源接通。

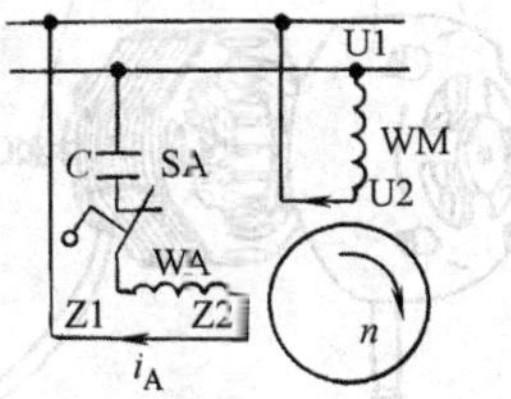

图 6-82　电容起动式单相异步电动机的接线

当电动机起动后，转速升至接近同步转速的 75%～80% 时，由于离心力的作用自动将离心开关 SA 断开，此时切断辅助绕组电路，电动机便作为单相电动机稳定运转，这种电动机的起动绕组，由于只在起动过程中短时工作，因此导线的线径可选择得较细些。

（2）电容运转式单相异步电动机　电容运转式单相异步电动机简称电容式电动机。电容式电动机的辅助绕组串接一个电容器 C 后与主绕组并接在电源上，且辅助绕组和主绕组同时参与运行，因此辅助绕组的线径较粗。其接线如图 6-84 所示。

电容式电动机的起动转矩大，功率因数和效率都较高，且体积小、重量轻，一般用于电风扇、洗衣机及通风机等各种空载和轻载起动。常用的台扇和吊扇的电容运转式单相异步电动机的结构如图 6-85 和图 6-86 所示。

（3）电容起动和运转式单相异步电动机　电容起动和运转式单相异步电动机是上述电容起动和电容运转式电动机的组合。这种电动机用了两个电容器 C_1 和 C_2。电容器 C_1 固定串入辅助绕组内，它的电容量较小，而电容量较大的电容器 C_2 则通过离心开关 SA 与电容

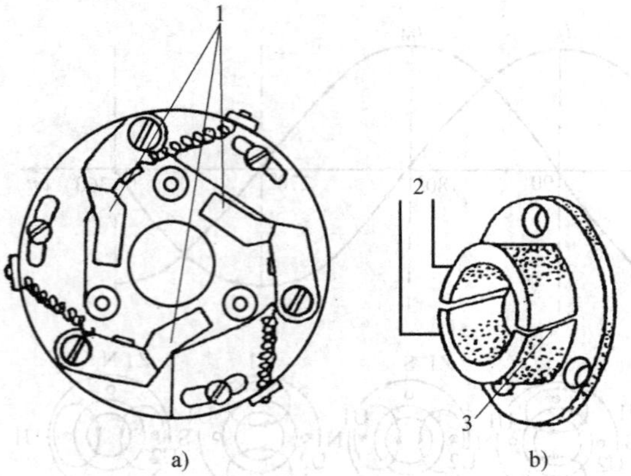

图 6-83　离心开关的结构

a）旋转部分　b）静止部分

1—指形铜触片　2—铜环　3—绝缘材料

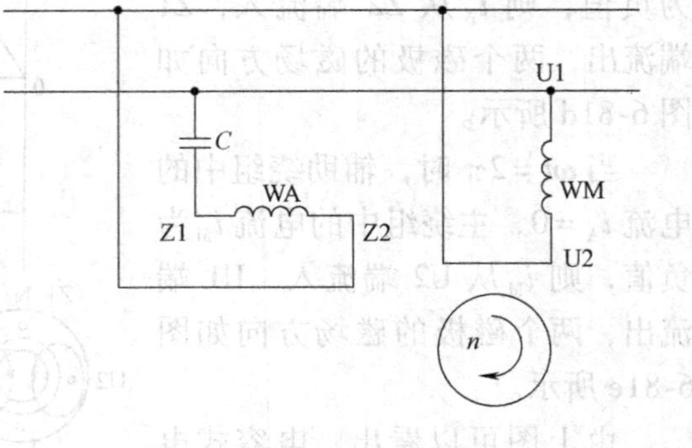

图 6-84　电容运转式单相异步电动机的接线

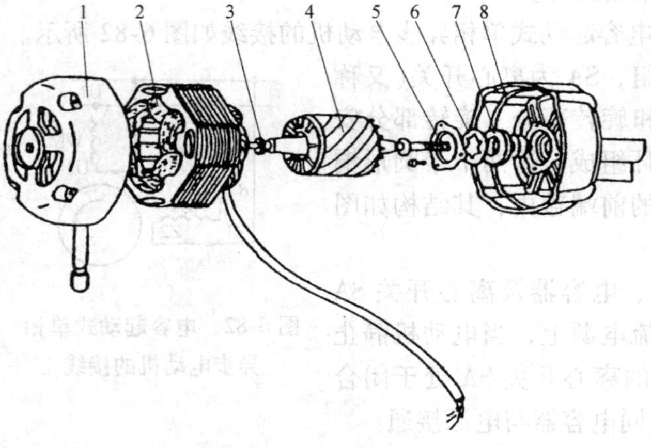

图 6-85　电容运转式台扇电动机的结构

1—前端盖　2—定子　3—耐磨垫圈　4—转子

5—轴承盖　6—轴承弹簧　7—油毡圈　8—后轴盖

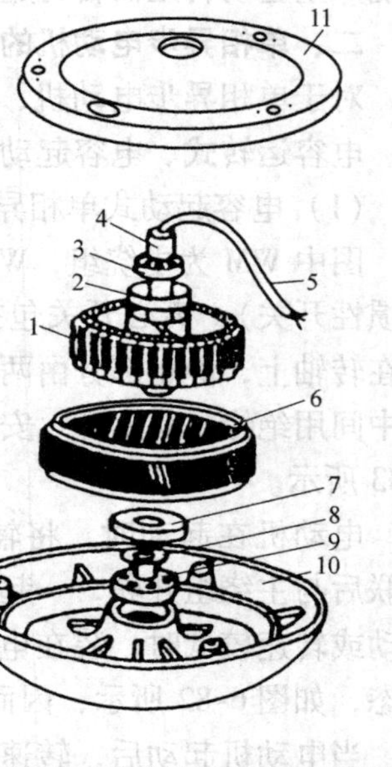

图 6-86　电容运转式吊扇电动机的结构

1—内吸铁　2、7—挡油罩　3、9—滚动轴承

4—电动机引线端　5—引出线　6—外吸铁

8—弹簧片　10—下端盖　11—上端盖

器 C_1 串联，其接线如图 6-87 所示。

当接通电源电压时，两个电容器都处于工作状态，电动机便开始起动。当电动机转速升至接近同步转速的 75%～80% 时，离心开关 SA 断开，使电容器 C_2 脱离电源，而辅助绕组和容量较小的电容器 C_1 串联后，仍与主绕组并联接在电源上参与正常运行。

这种电动机具有较高的起动性能、过载能力强、功率因数和效率都较高、适用于电影放映机、家用电器和小型机床。

（4）罩极式单相异步电动机　罩极式单相异步电动机又称为隐极式电动机，它的定子铁心多数做成凸极式，由硅钢片叠压而成；在磁极的 1/4～1/3 部分开一个小槽，将磁极表面分为两部分，在较小的一部分磁极上套入短路铜环(即辅助绕组)，套有短路铜环的磁极称为罩极；在整个磁极上绕有单相绕组(即主绕组)，它的转子仍为笼型，其结构如图 6-88 所示。

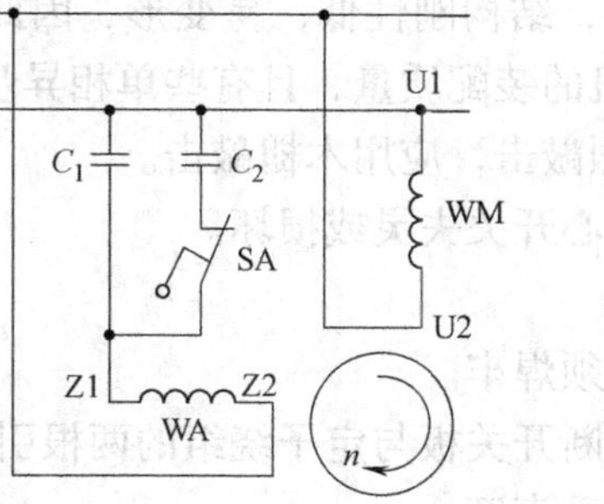

图 6-87　电容起动和运转式电动机的接线

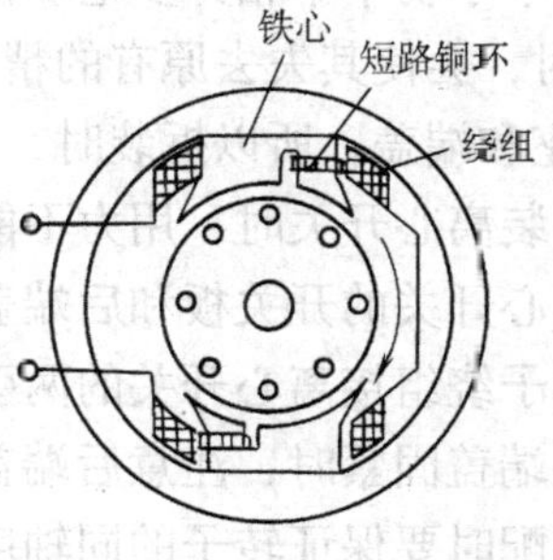

图 6-88　罩极式电动机的结构

当主绕组中通以单相交流电后，磁极中便有交变磁场产生，随着电流的变化，磁场的中心位置始终是从磁极的未罩部分移向被罩部分，这就相当于有一个较小的旋转磁场，使电动机能自行起动。

罩极式电动机转子的转向，也始终与旋转磁场的转向相同，即总是由磁极的未罩部分转向被罩部分。罩极式电动机虽然得到的起动转矩较小，但由于其结构简单、制造方便，多用于电扇、电唱机和录音机等不要求反转的场合。

罩极式电动机的定子铁心除凸极式外，也有做成隐极式的，这种电动机的定子铁心与普通三相异步电动机一样，在定子铁心槽中放置两套绕组，即主绕组和辅助绕组。这两套绕组在空间相距一定的角度(一般约为 45°电角度)，主绕组是分散嵌槽、匝数较多，辅助绕组可以分散嵌槽也可集中嵌槽、匝数较少，一般为 3 ~ 8 匝，而且导线较粗(常用 ϕ1.5mm 左右的圆铜线)。辅助绕组做成闭合的，所以也称为短路绕组，它的作用与短路环一样，穿过辅助绕组部分的磁通在相位上滞后于主绕组一个角度，所以也能在定子、转子气隙中形成一个旋转磁场，电动机的转向始终是从主绕组转向辅助绕组(短路绕组)。因此，在嵌线时，必须注意两绕组的相对位置。隐极罩极式电动机的起动转矩也是较小的，只能轻载起动，一般多用于小型鼓风机中。

三、单相异步电动机的拆卸和装配

单相异步电动机的结构和小功率三相异步电动机相似，因此它的拆卸和装配的步骤也基本相同。

1. 单相异步电动机的拆卸

1）先将电动机外部连接件上的销钉、紧固螺钉等卸下来，然后用拉具将电动机的连接件拆下来。

2）拆下电动机主绕组、辅助绕组的引出线端头和辅助绕组所串接的电容器等起动元件，并做好记录。

3）在端盖和机壳间做好标记，并记好辅助绕组和离心开关的接线方法，然后先拆开未装离心开关或其他起动元件端的端盖，松开端盖螺钉，把带有离心开关的端盖和转子一起抽出来，在抽出转子时，要防止碰伤定子绕组。

4）拆下离心开关和滚动轴承。

2. 单相异步电动机的装配

单相异步电动机的装配顺序和拆卸相反。装配前应用压缩空气吹净电动机定子内部的灰尘和杂质，并清洗好轴承，加入适量润滑剂。单相异步电动机装配时应注意下列事项。

1）由于小功率单相异步电动机的零部件较小，结构刚性低，易变形，因此在装配操作受力不当时，会使其失去原有的精度，影响电动机的装配质量，且有些单相异步电动机采用铸铝的机座和端盖，所以拆装时，严禁用铁锤猛烈敲击，应用木槌敲击。

2）拆装离心开关时，用力不能过猛，以免离心开关失灵或损坏。

3）离心开关的开关板和后端盖必须紧固。

4）定子绕组接离心开关的两引线与开关板必须焊牢。

5）后端盖固紧时，注意后端盖的止口不要切断开关板与定子绕组的两根引线。

6）装配时要保证转子的同轴度和端盖安装的垂直度。

四、单相异步电动机的常见故障及处理方法

1. 电气故障

（1）绕组断路故障的检修

1）产生断路故障的主要原因：

① 在检修和维护时导线多次弯折受损而断线。

② 受机械力和电磁力的冲击使绕组折断。

③ 引线接头焊接不良，长期运行过热而脱焊。

④ 引线绝缘磨损以至短路，而烧断引线。

⑤ 绕组接地、短路等烧断导线，造成断路故障。

2）绕组断路故障的检查方法：

① 万用表检查法。

a. 将万用表拨至欧姆挡，将其一根表笔接在绕组的公共引出线 N 上，另一根表笔分别接在主绕组引出线 U 和辅助绕组引出线 Z 上，测得 ZN 间电阻为 130Ω，UN 间电阻为 85Ω，如图 6-89a 所示。然后将万用表表笔的一端接在主绕组的引出线 U 上，另一根表笔接在辅助

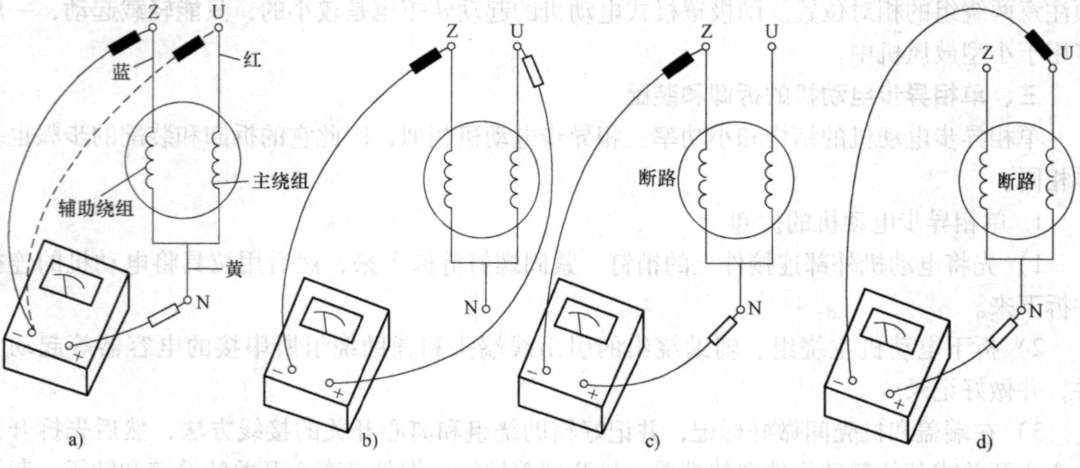

图 6-89　用万用表检查绕组断路

a)、b) 绕组正常　c) 辅助绕组断路　d) 主绕组断路

绕组的引出线 Z 上，测出 UZ 间电阻为 215Ω，如图 6-89b 所示。若测得上述结果，则说明电动机绕组正常、没故障。

b. 若测得 ZN 间电阻无穷大，则说明辅助绕组断路，如图 6-89c 所示。

c. 若测得 UN 电阻无穷大，则说明主绕组断路，如图 6-89d 所示。

② 校灯检查法。将校灯一端接到两绕组的公共引出线上，另一端分别接到主绕组的引出线 U 上和辅助绕组引出线 Z 上，如图 6-90b 所示。如果绕组断路，电路不通，则校灯不亮。查出哪个绕组有断路后，再进一步查出哪个线圈有断路。

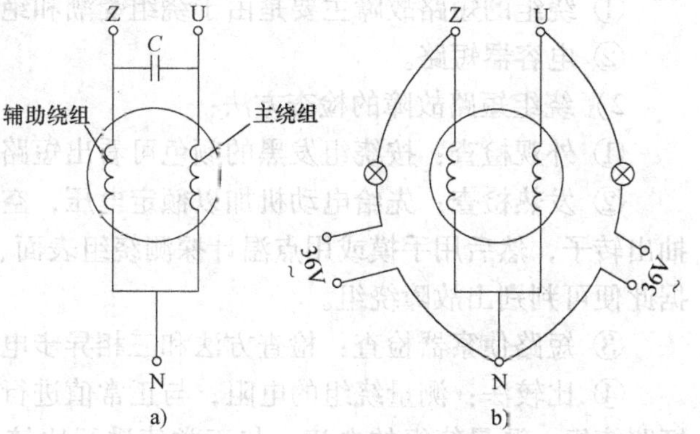

图 6-90 用校灯检查绕组断路

对于辅助绕组的断路故障，由于辅助绕组与离心开关、电容器等起动元件连接，所以辅助绕组的断路点除绕组本身外，还应检查这些起动元件的触点有否断路故障。离心开关的触点常因磨损、生锈、弹簧压力不足等原因造成断路故障。电容器由于焊接不牢、松脱等原因会造成断路故障。

3）绕组断路故障的检修方法：

① 当主绕组或辅助绕组的引出线接头焊接不牢或引出线被折断，造成断路故障时，可重新焊接，然后包扎绝缘修复。

② 绕组断路处在铁心槽外，将断裂的导线焊牢，并包好绝缘。

③ 绕组断路处在铁心槽内，若是个别槽内的线圈可用三相异步电动机所述穿绕修补的方法修复。

④ 电容器断路故障，常见的有电容器引线头脱落过电压或过热击穿。通常可用万用表检查，检查时将万用表拨到 10kΩ 挡上，用一根表笔把电容器两个接线端短路放电，然后将万用表两根表笔接在电容器的两接线端上，此时可按万用表指针摆动情况判断电容器的故障。

a. 万用表指针先大幅度向电阻为零方向摆动，然后慢慢回到几百 kΩ，说明电容器是好的。

b. 万用表指针无摆动，说明电容器已断路。

c. 万用表大幅度摆到电阻为零位置，指针不返回，说明电容器已短路。

d. 万用表指针摆到某位置后停下来不返回，说明电容器漏电较大。

⑤ 离心开关常见故障有两种，一种是转速转到动作值后不断开，使辅助绕组长时间工作，造成辅助绕组因过热而烧毁；另一种是离心开关断路，电动机起动时，辅助绕组未接入电路，所以单相电动机不能起动。

造成离心开关不断开的原因是动、静触点烧结，断不开。另外，离心开关的弹簧过硬，簧片过热失效，结构件磨损、变形都会造成离心开关不断开。

造成离心开关断路的原因是触点烧坏，弹簧失效，动静触头之间有油污、杂物，机械机构失灵等原因。

触点表面麻点、发黑等故障可用细锉刀修整，然后用细砂布打磨光滑，使触点表面光亮。触点烧结严重的要调换新的。

(2) 绕组短路故障的检修　绕组的短路有绕组匝间短路和主绕组与辅助绕组相间短路两种。

1) 绕组短路故障产生的主要原因：

① 绕组的短路故障主要是由于绕组受潮和绝缘受损伤所致。

② 电容器短路。

2) 绕组短路故障的检查方法：

① 外观检查：按绕组发黑的颜色可看出短路绕组。

② 发热检查：先给电动机加以额定电压，空转10min左右即停机，拆开电动机的端盖，抽出转子，然后用手摸或用点温计探测绕组表面、短路绕组的温度要比完好绕组的温度高，据此便可判别出故障绕组。

③ 短路侦察器检查：检查方法和三相异步电动机的检查方法相同。

④ 比较法：测量绕组的电阻，与正常值进行比较，偏小者为短路绕组；测量绕组的电流，与正常值进行比较，偏大者为短路绕组。

⑤ 电压表检查：单相异步电动机还可用电压表来检查绕组匝间有否短路，如图6-91所示。

检查时，必须抽出转子，剥去各个线圈连接头上的绝缘，在定子绕组上通入1/3或更低的额定电压，用一只50V的交流电压表或万用表交流电压挡，测量每只线圈的电压降，在正常情况下，各线圈电压读数应相差不多，如果相差很多，则说明电压小的那个线圈有短路故障。

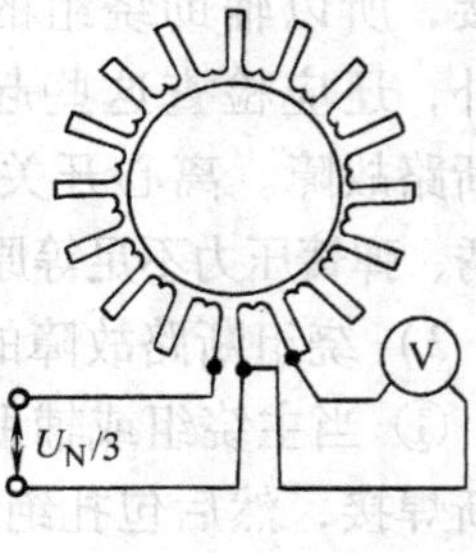

图6-91　电压表检查绕组匝间短路

3) 绕组短路故障的检修方法：线圈短路后，如果尚未完全烧坏，可做局部简易修补。具体方法是：先把电动机拆卸开，仔细检查定子绕组端部，找出被损伤的那一组线圈，设法挑出损伤的导线(要小心)，若系绝缘损伤，则在损伤部位涂上绝缘漆，放回原处后再涂上一层绝缘漆；若导线已烧断，则需进行焊接，预先套上绝缘套管，然后取一段线径相同的漆包线焊接上，在焊接口涂上绝缘漆，把套管套好，最后轻轻把焊好的线放回原处，再涂上一层绝缘漆，再用万用表检查是否接通。对短路严重的线圈，则应重绕制，不宜进行修补。

(3) 绕组通地故障的检查

1) 绕组通地故障产生的主要原因：绕组通地的原因一般是绕组受潮、绝缘老化或损坏造成。

2) 绕组通地故障的检查方法：

① 绝缘电阻表检查。将绝缘电阻表的“E”端接在机壳上，“L”端接在绕组上，以120r/min的速度摇动手柄进行测量。如测出绝缘电阻大于或等于0.5MΩ，电动机可以继续使用，如小于0.5MΩ说明电动机已受潮，绕组绝缘强度下降，如果测得绝缘电阻为“0”，说明绕组通地了。

② 校灯检查。先将单相电动机的主绕组和辅助绕组分开，然后用校灯串联36V以下低压电源，如图6-92所示。

将 A 端去测辅助绕组的 Z 端或主绕组的 U 端，B 端去测单相电动机的外壳，若校灯亮说明电动机的工作绕组或辅助绕组已通地。

3）绕组通地故障的检修方法：若绕组绝缘质量较好，或因受潮、受脏污以及绕组局部绝缘损坏，才对局部绕组进行加强绝缘处理。

若绕组通地故障点在铁心末端槽口处，可用绝缘纸或纸片垫在线圈与铁心槽口之间，如通地发生在绕组端部，可用绝缘带包扎，再涂上自干绝缘漆。如通地发生在槽内的绕组，则可采用线圈穿绕修补方法更换通地绕组。

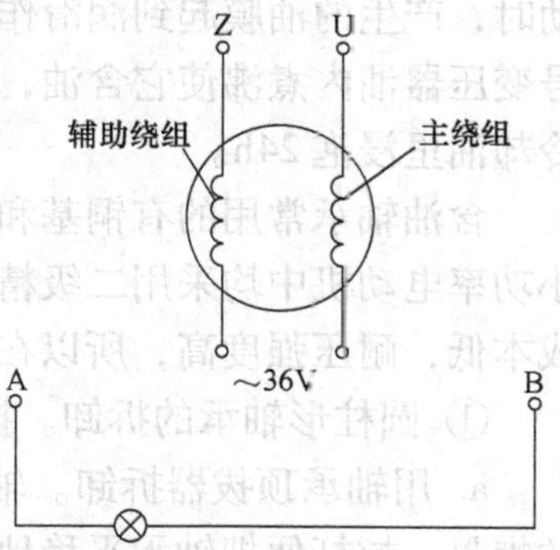

图 6-92　校灯检查绕组通地

如绕组严重受潮，可在拆除端盖和转子后，放入烘箱内烘，并加浇一层绝缘漆，使其绝缘电阻大于或等于 2MΩ。

如绕组的绝缘已老化，就不要修理，应重新绕制。

2. 机械故障

（1）轴承的故障及修理　在电动机的机械故障中，轴承的损坏常常占有很大的比例。电动机基础不稳固、机械传动有问题、带轮过紧或过负载、振动过大、污物杂质的侵入、润滑油过多或过少及安装与拆卸轴承的方法不当等，都会造成轴承的损坏。其明显的标志是轴承及轴承盖过热，电动机振动加剧并且发出不正常的响声。

轴承常见故障及修理方法如下：

1）轴承松动。由于电动机长期运行，轴承松动的情况较多，轴承松动的情况如下：

① 轴承滚动体破损。

② 轴承内圈与轴配合松动，发生内钢圈与转轴有相对运动的现象，俗称“跑内套”。

③ 轴承外圈与端盖配合不紧，产生外钢圈相对轴承座运动的现象，俗称“跑外套”。

由于以上原因使轴承位置无法固定，将造成电动机定子与转子之间的摩擦，因而使电动机产生局部过热。轴承内、外钢圈常因受热退火而变成紫蓝色。过热严重时，电动机将不能正常运行。

2）轴承过紧。当轴承与轴，或端盖与轴承外径由于公差配合过紧，而在安装时用强力压装，或将轴承装偏，都会使轴承受到外力作用，结果因轴承过紧而导致发热，对电动机运行很不利。修理时，可根据公差要求用砂纸摩擦轴，或将轴放到外圆磨床上进行加工。如果是由于装配不当而引起过紧，应重新装配。

3）轴承内有杂物。若加在轴承内的润滑脂不清洁，如含有沙粒、灰尘或金属屑等杂物，则会使轴承因摩擦力加剧而产生高温，或使电动机不能转动。运行中的电动机，经过一段时间的运行后，润滑脂不但会损耗，而且里面也会混入机械杂质，或发硬变质，继续使用会加速轴承磨损，因此也要定期更换。在正常情况下，使用 2500 ~ 3000h 需更换一次。

4）轴承的拆卸。轴承如损坏应立即更换。如轴承过度松动，外圈与内圈间隙很大，使转子下垂并摩擦铁心，轴承滚动体破碎或滚动体与滚槽有斑痕出现，都应将轴承拆卸并安装上与损坏轴承牌号相同的新轴承。滚动轴承的拆卸和安装与三相异步电动机相同。小功率单相异步电动机常使用含油轴承，这种轴承本身含有许多微孔，微孔中若含有一定的油量，转动时，产生的油膜起到润滑作用。新的含油轴承本身并不含油，在安装前，要在10号或15号变压器油内煮沸使它含油，然后清除表面杂物，使微孔畅通，然后取出抹拭干净，再放到冷却油里浸泡24h。

含油轴承常用的有铜基和铁基含油轴承两种。在结构形态上有圆柱形和球形含油轴承。小功率电动机中均采用二级精度以上的含油轴承，由于这种轴承运行时噪声小(30～40dB)、成本低，耐压强度高，所以在小功率电动机中获得广泛应用。

① 圆柱形轴承的拆卸。拆卸圆柱形轴承有两种简易方法：

a. 用轴承顶拔器拆卸。轴承顶拔器(见图6-93a)由拉杆、螺母和套筒组成，旋转拉杆上的螺母，拉杆便把轴承平稳地拉出来。这种方法受力均匀，不易使端盖产生变形。

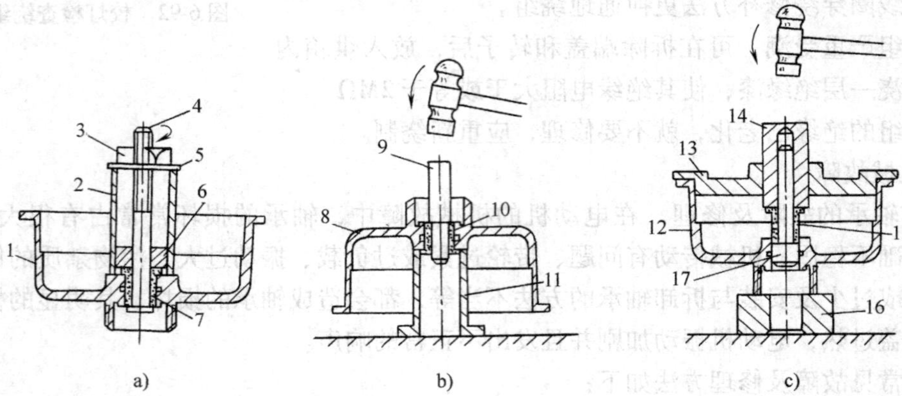

图6-93　圆柱形轴承的拆装

a）用轴承顶拔器拆卸　b）用锤子敲击铜棒直接拆卸　c）用专用夹具安装轴承

1、8、12—端盖　2、11—套筒　3—螺母　4—轴承拉杆　5—垫圈　6—滑块　7、10、15—轴承　9—铜棒　13—定位板　14—导棒　16—垫块　17—轴承导向型芯

b. 用锤子敲击铜棒直接拆卸。具体拆卸方法如图6-93b所示。但应注意的是，铜棒尺寸必须分为两级，第一级与轴承滑动配合，公差不宜过紧，第二级应小于端盖轴承孔径1～2mm；用锤子敲击铜棒时用力应垂直均匀，不能有偏斜，打偏了容易引起端盖轴承孔变形。

② 球形轴承的拆卸。拆下轴承压罩上的紧固螺钉，便可以拆卸轴承。

5）轴承的安装。

① 圆柱形轴承的安装。安装前，应将轴承内外和端盖轴承孔清理洁净，不允许残留有金属异物及变质油脂等，然后将浸透机油的油毡放入端盖轴承孔的油毡槽内。安装圆柱形轴承的方法有以下两种：

a. 用专用夹具安装轴承。专用夹具由定位板和导棒等组成，如图6-65c所示，先在轴承内外和轴承导向型芯上涂少许机油，再用锤打法压合。这样安装一般能保持轴承与端盖定子止口的垂直度与同心度，使电动机装配后有较为均匀的电气间隙。

b. 用套管敲打安装轴承。取一根与轴承直径相同的木棒，把轴承套在木棒上，然后把木棒垂直地放入前后端盖的轴孔内(保持垂直度)，再用一根内径与木棒直径相同的套管套在木棒上，并顶住轴承表面，轻轻敲打套管，将轴承敲入端盖轴孔，直到轴承面与前后端盖轴孔端完全接触为止。再用手按一下轴承，检查安装是否牢固，应不能有松动现象，如有松动，电动机在运行时会产生响声。

② 球形轴承的安装。球形轴承的球面与包容件配合的松紧程度，由弹簧压圈件、挡圈和螺钉等压力的大小来控制。压力过大，轴承不能自动同轴，转子转动不灵活；压力过小，当转子转动时，轴承相对于包容件发生转动，使电动机输出不稳，有噪声。所以在装配轴承时，要适当调节弹簧压圈的压力，使轴承能在包容件的球面中灵活转动。

安装前应检查轴承弹簧压力片的压力，不符合使用要求时，应予以更换，并用黏度低的无酸矿物油(如10号机油)清洗。先清洗端盖和弹簧压圈，并晾干；然后把球形轴承放入前后端盖内并加入油毡，盖上弹簧片。安装时一定要拧紧轴承压紧螺钉，并检查安装是否牢固，不允许球形轴承自行转动。

(2) 铁心的故障及维修　单相异步电动机常见的铁心故障是铁心表面擦伤和转子铁心冲片松动。

1) 铁心表面擦伤的修理。轴承损坏、转轴弯曲、装配质量不好、端盖止口磨损或电动机内部落入异物等，均会造成定子与转子相擦，使铁心表面擦伤，造成冲片之间短路。

可配制浓度34%的硝酸或稀硫酸液腐蚀短路冲片的毛刺，先用干净布或纸把通风孔和线圈表面盖好，以免酸液腐蚀线圈。然后用毛笔或刷子蘸上酸液，顺短路冲片涂刷，涂刷几次后用清水冲洗腐蚀物，反复多次使冲片毛刺全部腐蚀掉，铁心露出冲片纹路时，用干布擦拭，并用汽油擦拭两遍，最后在修理过的铁心表面涂上绝缘漆。

2) 转子铁心冲片松动的修理。造成转子铁心冲片松动的原因是转轴有锥度，表面粗糙度不符合要求。当电动机运行后，转轴加工表面的凸峰被压平，冲片之间压紧的摩擦力降低，从而产生松动现象。

修理的方法是用样冲沿转轴的周围打几个点铆紧；加长转轴上的滚花和压筋长度或更换合格的转轴。

3) 转子整体铁心与转轴配合松动的修理。造成转子整体铁心与转轴配合松动的原因是轴套松动或螺母未拧紧；冲片孔转轴配合公差不当或冲片孔、转轴加工超差。

修理的方法是刷镀轴套或拧紧螺母；更换新转轴，选用合理的公差配合；用环氧树脂浇入转子铁心与转轴之间使之固定；将铁心两端与转轴电焊一周，要求用细焊条，不可将铁心或转轴焊变形。

(3) 转轴的故障及修理　转轴的常见故障有转轴弯曲、转轴磨损和转轴断裂等。

1) 先将转轴放在压力机上，转轴两端放在支架上，使转轴弯曲部分朝上，然后固定好转轴，用铜棒敲打弯曲表面，或用压力机施加压力矫正。因为转轴较细，所以要控制好压力，逐渐加大压力进行矫正。

2) 转轴的轴颈(与轴承配合面)磨损时，可先采取喷镀的方法增加厚度，然后在磨床上研磨，达到所需的配合尺寸。对于转子铁心不好拆卸或特殊转轴的电动机，可以拆下转轴重新车制。

3) 转轴断裂或矫正困难的转轴，应以同规格新转轴更换。

4) 转子校平衡。为了保证转子能平稳地运行，对于重新焊接断条的笼型转子，必须进行校正平衡。在一般情况下，只做静平衡试验。静平衡可在自制的平衡架上进行，如图6-94a所示。平衡架是由两根水平的平行导轨组成。将转子平放在导轨上，轻轻转动转子找出偏重点M，M点总是停在最低的位置，如图6-94b所示。然后在通过M点半径线上的铁

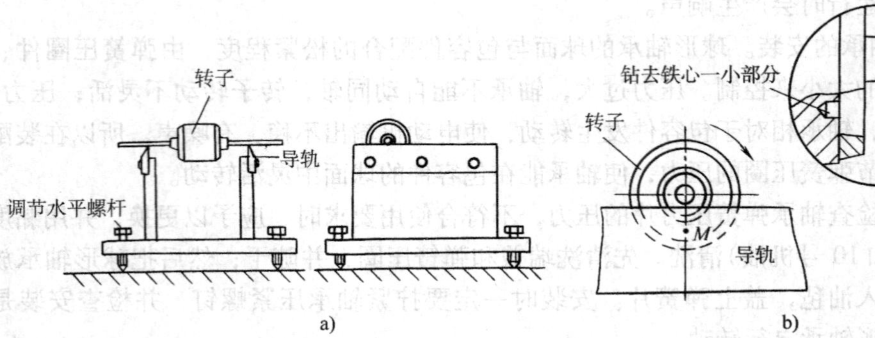

图 6-94　转子校静平衡

a）平衡架示意图　b）不平衡偏重处理示意图

心部位钻孔，以减轻部分质量(不要钻在转子笼条或端环上)，再进行校验，直到转子的任一点位置都能在导轨上平衡停止为止。

除上述单相异步电动机的常见故障及修理方法外，在表 6-11 中还列出其他原因造成的故障及处理方法。

表 6-11　单相异步电动机的常见故障及处理方法

故障现象	产生原因	处理方法
1. 电源电压正常，通电后电动机不能起动	（1）引线开路 （2）一次绕组或二次绕组开路 （3）离心开关触点合不上 （4）电容器开路 （5）轴承卡住 ① 轴承已坏 ② 轴承进入杂物 ③ 润滑脂干涸 ④ 轴承装配不良 （6）定子、转子相碰 （7）过载	（1）用万用表找出断开处并修理好 （2）用万用表确定故障，重新换线圈 （3）检查离心开关触点是否已损坏，或者不灵活，然后加以调整 （4）更换电容器 ① 更换轴承 ② 需清理干净 ③ 清理轴承，换上新的润滑脂，润滑脂的容量不超过轴承室容积的 70% ④ 重新装配，调整同轴使转动灵活 （5）更换轴承或加润滑脂 （6）锉去转子冲片凸出部分 （7）减少负载，选择较大功率的电动机
2. 空载能起动或外力帮助下能起动，但起动迟缓且转向不定	（1）二次绕组开路 （2）离心开关触点合不上 （3）电容器断开	（1）查出断开处并接上 （2）检查离心开关触点是否已损坏，或者不灵活，然后加以调整 （3）更换电容器
3. 一带负载，熔丝就被烧断	（1）过负载 （2）引出线接地或短路 （3）绕组短路 （4）机械故障 （5）电容器短路	（1）检查负载，如过大，可适当减少负载 （2）检查后，重包绝缘处理 （3）检查后，重绕或局部处理绕组 （4）检查是否卡住，转轴、轴承是否损坏，并处理好 （5）更新电容器

（续）

故 障 现 象	产 生 原 因	处 理 方 法
4. 接负载后，转速急剧下降，达不到额定转速	（1）负载过大 （2）气隙不均 （3）绕组短路或接地 （4）绕组接线有误 （5）转子导条缺陷或开焊 （6）轴承故障 （7）离心开关断开，但辅助绕组未脱开电源 （8）电源电压低 （9）配线过细，电压降增大	（1）用电流表检查定子电流，适当减载 （2）调节端盖或适当车削转子外径 （3）检查故障后进行处理 （4）改正接线方式 （5）用短路侦察器检查，开焊处要进行补焊 （6）更换新轴承 （7）检查和修复离心开关 （8）调整电源变压器与接头使电压适当提高 （9）更换较粗的配线，使电压降低
5. 电动机转速低于正常转速	（1）电源电压过低 （2）转子电阻太大 （3）一次绕组内有部分绕组反接或接线错误 （4）轴承摩擦加大 （5）负载过大	（1）调整电源电压至额定值，增大转子导条和截面积 （2）减少定子匝数 （3）改正端部的连接 （4）清理轴承，加上适当的润滑脂 （5）更换功率较大的电动机
6. 起动后电动机很快发热，甚至烧坏绕组	（1）一次绕组短路或接地 （2）一、二次绕组短路 （3）起动后离心开关触头断不开 （4）一、二次绕组接错 （5）电动机的负载选择不当，过大或过小 （6）电压不准确	（1）用万用表测量电阻值的大小 （2）用万用表检查电阻值，改换线圈 （3）测量总电流或辅助绕组中的电流，检修或更换离心开关 （4）测量其电阻或复查接头符号，改正一、二次绕组接线 （5）应按电容运转和分相起动的特点选择负载 （6）用电压表校准
7. 起动后电动机发热，输入功率大	（1）电动机过载 （2）绕组短接或接地 （3）定子、转子相擦 （4）轴承有毛病	（1）调整电动机负载 （2）用万用表测量电阻值的大小 （3）检查转子铁心是否变形，轴是否弯曲，端盖的止口是否过松 （4）保养或更换轴承
8. 电动机转动时噪声过大	（1）绕组短路或接地 （2）离心开关损坏 （3）轴承损坏 （4）轴向间隙过大 （5）电动机内落入杂物	（1）测量电阻值，排除故障 （2）修理或更换离心开关 （3）修理或更换轴承 （4）将间隙调至适当值 （5）拆开电动机，清除杂物
9. 通电后熔体熔断	（1）绕组短接或接地 （2）引出线接地	（1）测量电阻值，排除故障 （2）把引出线接好
10. 电动机有不正常的振动	（1）转子不平衡 （2）带盘不平衡 （3）轴伸弯曲	（1）校动平衡 （2）校静平衡 （3）校直或更换转轴

（续）

故障现象	产生原因	处理方法
11. 轴承过热	（1）轴承损坏 （2）轴承内、外圈配合不当 （3）润滑油过多，过少或油太脏，混有金属屑及沙土 （4）带过紧或联轴器装得不好	（1）更换轴承 （2）选择适当配合，使内外圈配合处不相对滑动 （3）加油或换油，使油脂的容量不宜超过轴承室容积的70% （4）调整带张力，校正联轴器
12. 绝缘电阻低	（1）潮湿或水分浸入 （2）绕组绝缘有油垢或粉尘 （3）引出线或接线盒绝缘损伤 （4）电动机绝缘老化	（1）对电动机清理后烘干 （2）清扫后，吹风或擦拭干净 （3）更换引出线绝缘或换新接线盒 （4）拆换绕组

3. 定子绕组的全部拆换

定子绕组严重损坏或者绕组严重老化时，必须全部拆换绕组。在拆除旧绕组时，应记录有关数据，现列举两种台风扇的主要技术数据，见表6-12。

表6-12 两种台风扇的主要技术数据

名 称	规格/（220V,50Hz）						
	第一种/mm			第二种/mm			
	400	350	300	400	350	300	200
风叶扭角高度/mm	60			72	64	72	61
各挡功率/W				60、50、40 35	50、40、30、26	45、35、32	28、18
摇摆角(°)	90	90		100	100	90	90
输入功率/W	66	52		60	50	45	28
定子外径/mm	88	88		88	88	85.6	60
转子外径/mm	44	44		48.3	48.3	45.8	29.3
气隙/mm	0.35	0.35		0.35	0.35	0.35	0.35
定子铁心长度/mm	32	32		35	32	20	25
定子槽数	8	8		16	16	16	2
转子槽数	17	17		22	22	22	15
主绕组线径/mm	ϕ0.23	ϕ0.23	ϕ0.17	ϕ0.23	ϕ0.21	ϕ0.17	ϕ0.17
主绕组匝数	530	560	634	570	720	800	1270
主绕组线圈数	4	4	4	4	4	4	4
辅助绕组线径/mm	ϕ0.17	ϕ0.19	ϕ0.19	ϕ0.19	ϕ0.17	ϕ0.15	短路环1×5
辅助绕组匝数	890	790	620	720	930	1000	2
辅助绕组线圈数	4	4	4	4	4	4	2
槽绝缘等级	A	A	A	A	A	A	A
轴承直径/mm	7.8	7.8	8	8	8	8	6
风量值/(m^3/min)	70	52		75	55	50	19.3

（1）绕组形式和绕组接线方法

1）绕组形式。台风扇采用的绕组形式多为单层链式绕组，由于台风扇的规格品种较多，所用的绕组也就不尽相同。例如，400mm 台风扇的电动机（电容运转式）一般采用 16 槽 4 极单相单层绕组（转子 22 槽），其绕组形式如图 6-95a 所示，也有采用 8 槽 4 级双层叠绕组（转子 17 槽）的，其绕组展开图如图 6-95b 所示。图中线端 U1、U2 为主绕组 WM，线端 Z1、Z2 为辅助绕组 WA。

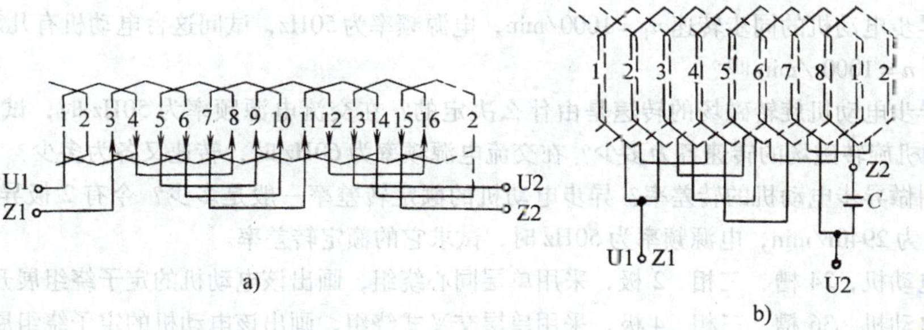

图 6-95　电容运转式电风扇定子绕组形式
a）4 极 16 槽单相单层绕组　b）4 极 8 槽双层叠绕组

2）台风扇电动机绕组接线方法。现以图 6-95a 所示的电容运转式 4 极 16 槽单相单层绕组为例：

① 定子 16 槽 4 极单相电动机绕组的跨距是 1～4 槽，定子每套绕组由四个线圈组成，四个线圈在绕线时一起绕制出来，称为链式线圈，所以只有头、尾两个线头，主绕组的头、尾分别为 U1、U2，辅助绕组的头、尾分别为 Z1、Z2，每套绕组各线圈之间有连接线。

② 把主、辅助绕组按下列跨距，依次嵌放在定子铁心槽内：

主绕组：1～4，5～8，9～12，13～16。

辅助绕组：3～6，7～10，11～14，15～2。

③ 线端 U1、Z1 连接，并从 U1Z1、U2、Z2 三个线端引出导线分别焊接在接线板上，如图 6-96 所示。

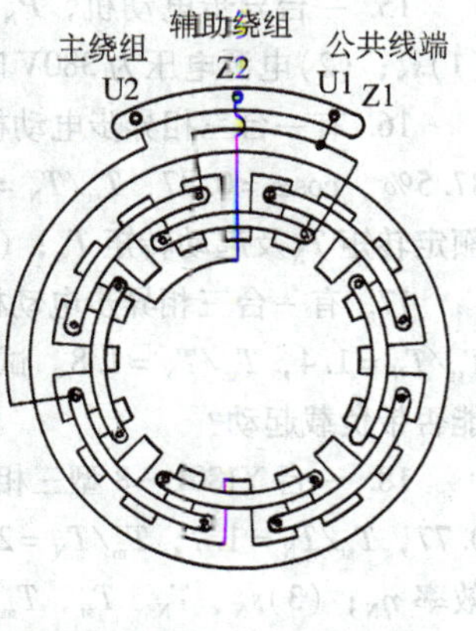

图 6-96　400mm 16 槽台风扇单相电动机定子绕组的接线

（2）绕组拆除　在搞清楚单相电动机定子绕组的形式和接线方法以后，就可以动手拆除损坏绕组。拆除方法有冷拆法和软化绝缘漆法两种，拆法与三相异步电动机定子绕组拆除方法类同。

（3）线圈绕制　新绕线圈的尺寸要与原绕线圈的尺寸一样，如果尺寸太短，则线圈端部长度不足，嵌线困难，易损伤绝缘漆；尺寸过长，则线圈端部过长会与端盖相碰而易损伤绝缘层。绕线模的尺寸应按原绕组取样或查表得出。导线规格要按原规格，线圈匝数一定要准确。

（4）绕组嵌线　其嵌线方法及注意事项与三相异步电动机定子绕组嵌线基本相同；但要先嵌外层（靠槽底），后嵌内层，嵌完一套线圈后，再嵌另一套线圈。

主绕组与辅助绕组之间要垫入相间绝缘。

线圈嵌完后，要用万用表电阻挡认真检查绕组是否接通，主、辅助绕组有否接错，绝缘有否损坏，定子绕组端部要整形，使绕组端部成喇叭口的形状，然后进行端部包扎。

复 习 题

1. 简述三相交流异步电动机的基本结构及其功能。

2. 三相异步电动机的铭牌有哪些主要数据？其含义是什么？

3. 何谓旋转磁场？三相异步电动机产生旋转磁场的条件是什么？

4. 对于绕线转子异步电动机，如果转子接上三相交流电源，旋转磁场相对于转子以顺时针方向旋转。此时，定子绕组在短接的情况下，转子是否会转动？其转向如何？定子绕组如果是开路的，情况又如何？

5. 一台异步电动机的同步转速 $n_1=1000/\text{min}$，电源频率为50Hz，试问这台电动机有几对磁极？它的转子转速能达到 $n=1000\text{r/min}$ 吗？

6. 三相异步电动机旋转磁场的转速是由什么决定的？在交流电源频率为50Hz时，试问2、6、8、10极的异步电动机旋转磁场的转速各为多少？在交流电源频率为60Hz时，转速又各为多少？

7. 什么叫做异步电动机的转差率？异步电动机的额定转差率一般是多少？今有2极异步电动机一台，转子额定转速为2940r/min，电源频率为50Hz时，试求它的额定转差率。

8. 一台电动机，24槽、三相、2极，采用单层同心绕组，画出该电动机的定子绕组展开图。

9. 一台电动机，36槽、三相、4极，采用单层交叉式绕组，画出该电动机的定子绕组展开图。

10. 一台异步电动机，36槽、三相、4极，采用双层叠绕组，画出该电动机的定子绕组展开图。

11. 三相4极50Hz异步电动机的同步转速为多少？当 $s_N=0.04$ 时，n_N 为多少？

12. 有一台50Hz、8极三相异步电动机，额定转差率为4.3%，试求：同步转速 n_1、额定转速 n_N 各为多少？当该电动机运行在700r/min时，转差率 s 为多少？

13. 当三相异步电动机的转差率 s 为下列数值，即(1)$s=1$；(2)$s<0$；(3)$0<s<1$；(4)$s>1$ 时，电动机各为何种工作状态？

14. 有一台三相异步电动机，$n_N=1425\text{r/min}$，$U_N=380\text{V}$，$f=50\text{Hz}$，$P_N=26\text{kW}$，△联结，并测得转子绕组 $R_2=6\Omega$，$X_{20}=8\Omega$，$E_{20}=38\text{V}$，$I_{st}/I_N=5$。试求：(1)s_N；(2)额定运行时 E_2 和 I_2。

15. 一台异步电动机，$P_N=10\text{kW}$，$U_N=220/380\text{V}$，$f=50\text{Hz}$，$n_N=1450\text{r/min}$，$I_N=34.6/20\text{A}$。试求：(1)s_N；(2)电源电压为380V时，定子绕组为何种联结，额定电流为多少？能否采用Y-△减压起动？

16. 有一台三相异步电动机，其技术数据为：$P_N=10\text{kW}$，$U_N=380\text{V}$，△联结，$n_N=1450\ \text{r/min}$，$\eta=87.5\%$，$\cos\varphi=0.87$，$T_{st}/T_N=1.4$，$f=50\text{Hz}$，$T_m/T_N=2$。试求：(1)电动机的额定电流 I_N；(2)电动机的额定转矩 T_N 及起动转矩 T_{st}；(3)额定转差率 s_N。

17. 有一台三相异步电动机，$P_N=13\text{kW}$，$U_N=380\text{V}$，$f=50\text{Hz}$，$n_N=970\text{r/min}$，$\cos\varphi=0.83$，$\eta=83\%$，$T_{st}/T_N=1.4$，$T_m/T_N=1.8$。试求：(1)I_N、P_1、s_N、T_N、T_{st}、T_m；(2)当负载转矩 $T_L=0.9T_N$ 时，该电动机能否带负载起动？

18. 一台Y180L—8型三相异步电动机，$P_N=11\text{kW}$，$U_N=380\text{V}$，$I_N=25.1\text{A}$，$f=50\text{Hz}$，△联结，$\cos\varphi=0.77$，$T_{st}/T_N=1.7$，$T_m/T_N=2$。$n_N=730\text{r/min}$，当电源电压为380V时，试求：(1)输入功率 P_1；(2)额定效率 η_N；(3)s_N、T_N、T_{st}、T_m；(4)当负载转矩 $T_L=0.8T_N$ 时，该电动机能否带负载起动？(5)当电源电压下降到额定电压60%时，能否带负载起动？

19. 三相异步电动机全压起动的条件是什么？为什么说它的起动性能较差？如何改善？

20. 三相笼型异步电动机的减压起动方法有哪几种？其减压的原理是什么？

21. 绕线转子异步电动机的起动方法有几种？各有什么特点？为什么能改善起动性能？

22. 有一台三相异步电动机，$P_N=10\text{kW}$，$n_N=1450\text{r/min}$，$U_N=220/380\text{V}$，$I_N=34.4/19.9\text{A}$，$\eta_N=86.8\%$，$\cos\varphi=0.88$，$I_{st}/I_N=5.5$，$T_{st}/T_N=1.3$；当电源电压为220V时，试求：(1)电动机应是何种联结？(2)P_1、s_N、I_{st}、T_N、T_{st}；(3)当负载转矩 $T_L=0.8T_N$ 时，能否采用Y-△减压起动？

23. 有一台异步电动机，其 $I_{st}/I_N=1.1$，$P_N=75\text{kW}$，$U_N=380\text{V}$，如果起动电压为80% U_N 时，试问当负载转矩 $T_L=80\%\,T_N$ 和 $T_L=50\%\,T_N$ 时，此电动机能否起动？

24. 有一台异步电动机，采用 QX1—13 型Y-△减压起动器起动，若 $T_{st}/T_N=1.3$，试问当 $T\ =0.5T_N$和$T_L=0.25T_N$时，该电动机能否在Y联结下起动起来？

25. 三相异步电动机的调速方法有哪几种？其中改变转差率调速方法又有哪些？

26. 双速电动机常用的接法有几种，各适用何种性质的负载调速？并画出简图说明其变极原理？

27. 三相异步电动机的制动原理是什么？试比较三种电力制动的特点及适用场合？

28. 试分析三相异步电动机接通电源后不能起动的原因，一般有哪些？

29. 怎样用干电池和万用表来判别电动机定子绕组的首、尾端？

30. 三相异步电动机修复后，一般应做哪些试验？

31. 试列表归纳三相异步电动机的常见故障，内容包括：故障现象、故障原因和故障部位，以及排除故障的方法。

32. 一台长时间搁置的三相异步电动机，在使用前应做哪些检查？

33. 试分析三相异步电动机产生过热或冒烟的原因有哪些？

34. 三相异步电动机空载试验的目的是什么？如何进行空载试验？

35. 单相异步电动机为什么不能自行起动？一般采用哪些起动方法？

36. 简述单相电容运转式电动机的工作原理及反转方法。

37. 单相异步电动机通常采用哪几种定子绕组形式？

38. 画出台风扇常见的接线图。写出台风扇电气和机械故障的现象和不能摇头的原因。

第七章　直流电动机

直流电动机是将直流电能转换为机械能，输出机械转矩的原动机。由于它具有宽广的调速范围，平滑的调速特性，较高的过载能力和较大的起动转矩、制动转矩等特点，因而广泛应用于对起动和调速要求较高的生产机械，如用作冶金工业轧钢机、卷扬机、电力机车、金属切削机床、造纸、印刷、纺织、印染、水泥、塑料挤出等机械的传动源。

第一节　直流电动机的结构和工作原理

一、直流电动机的结构

直流电动机由静止部分(简称定子)和转动部分(简称电枢或转子)组成，在定子与电枢之间还有空气隙。其结构如图 7-1 所示。

1. 定子

直流电动机的定子是产生电动机磁场的部分。它主要包括机座、主磁极、换向极、电刷装置及其他附件，如图 7-2 所示。

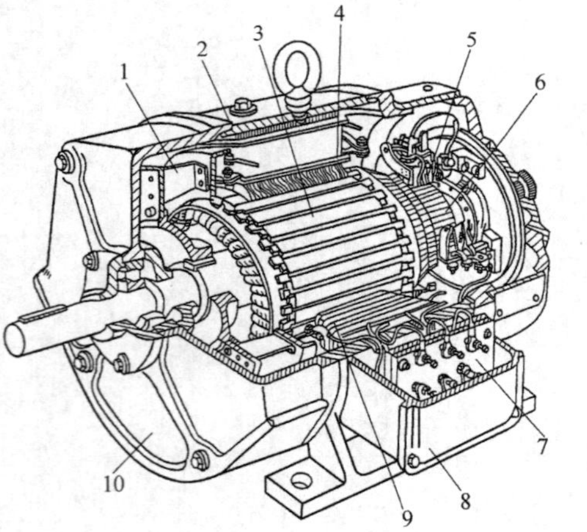

图 7-1　直流电动机的结构

1—风扇　2—机座　3—电枢
4—主磁极　5—刷架　6—换向器
7—接线板　8—出线盒
9—换向极　10—端盖

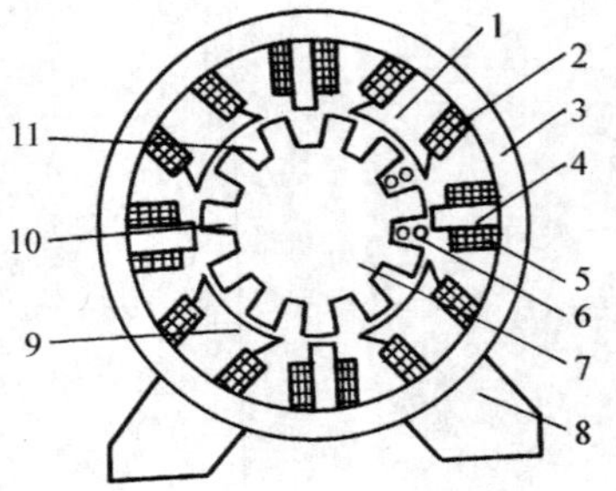

图 7-2　直流电动机的剖面图

1—主磁极　2—励磁绕组　3—机座　4—换向极
5—换向极绕组　6—电枢绕组　7—电枢铁心
8—底脚　9—极掌　10—电枢齿
11—电枢槽

(1) 机座　机座不仅是电动机的外壳，作为保护、支撑结构及散热之用，同时还是电动机磁路的一部分(即磁轭部分)。机座用铸钢或钢板焊成，具有良好的导磁性能及机械强度。

(2) 主磁极　主磁极的作用是产生主磁场。它由主磁极铁心和励磁绕组组成。

主磁极铁心包括极身和极靴(又称为极掌)两部分，如图 7-3a 所示，近电枢一面称极靴，极靴一般比极身宽，以使磁极下面的磁通分布较为均匀。电枢转动时，因槽与齿相对于磁极移动，在极靴表面引起磁通密度变化会产生涡流损耗，为了减小这种涡流损耗，主磁极铁心通常用1~2mm厚的薄钢板冲制叠压后，用铆钉铆紧制成。也有用0.5mm厚硅钢片叠压制成的。

励磁绕组一般是用铜线或铝线按模型尺寸先在绕线机上绕制，然后套在比主磁极铁心稍大的铁框上，铁框再套在主磁极的极身上，绕组和铁框之间有云母绝缘纸和环氧玻璃纤维层压板作为良好的绝缘，最后经过浸漆处理。整个主磁极用螺杆固定在机座上，如图7-3b所示。励磁绕组中通入直流电后，在电动机中便产生主磁通。

（3）换向极　大多数直流电动机为了改善换向，在主磁极之间装有换向极。由于换向极对转子有较大的气隙，因此产生的涡流较小，所以其铁心大多用整块钢加工制成，在大型直流电动机中，也有采用钢片叠成的。

换向极的绕组是与电枢绕组串联，流过的电流较大，故一般用截面积较大的圆铜线或扁导线绕制，换向极的结构与主磁极相似。

（4）电刷装置　电刷装置如图7-4所示，换向器是通过电刷与外电路相连。电刷装在刷握内，上面用弹簧压板压紧，刷握固定在它绝缘的刷杆上，刷杆的数目与电动机的主磁极数目相同，刷杆安装在刷杆座上，刷杆座可绕轴心移动，从而可以调节电刷在换向器上的位置。调整好电刷位置以后，就将刷杆座固定在端盖上（大型电动机的刷杆座固定在机座上），不应再变动。

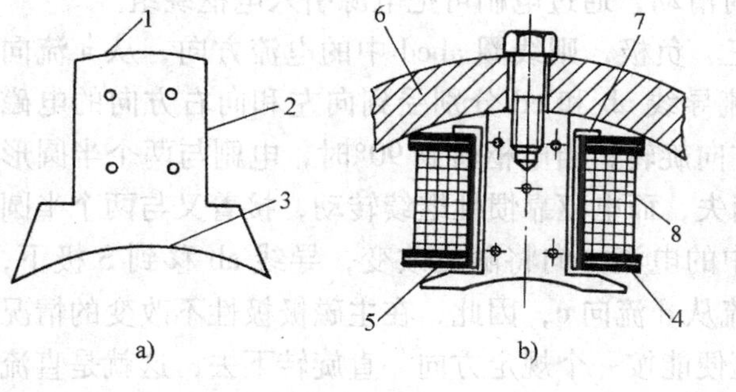

图7-3　主磁极

a）主磁极铁心　b）主磁极固定方式

1—极背　2—极身　3—极掌　4—环氧玻璃纤维层压板

5—云母绝缘纸　6—机座　7—铁框　8—励磁绕组

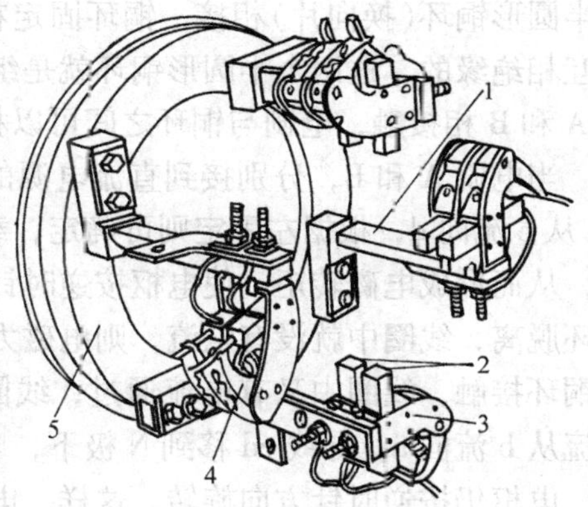

图7-4　电刷装置

1—刷杆　2—电刷　3—刷握

4—弹簧压板　5—刷杆座

2. 电枢

电枢是实现直流电动机能量转换部分。它主要由电枢铁心、电枢绕组、换向器、转轴及其他附件组成。

（1）电枢铁心　电枢铁心是具有均匀分布的齿和槽的圆柱体，为了减少磁滞和涡流损耗，电枢铁心一般由相互绝缘的0.5mm厚的硅钢片叠压制成。

（2）电枢绕组　电枢绕组的主要作用是产生感应电动势并输出或输入电流，使电机实现能量转换。电枢绕组通常是将绝缘铜线在模具上绕成线圈后再嵌入铁心槽中，绕组各元件的两端分别与相应的换向片相连。为了防止绕组在电枢旋转时由于离心力而飞散出来，槽口用槽楔封住，伸出槽外的端部用环氧酚醛无纬玻璃丝带或钢丝绑扎在绕组支架上。

(3) 换向器　换向器起换向作用，它是由许多相互绝缘的楔形换向片(铜片)制成的圆柱体。换向器的种类很多，在中小型直流电动机中常采用的有金属套筒式和塑料套筒式两种换向器，如图7-5所示。塑料套筒式换向器可节省大量铜材与云母，并简化了加工工艺。

(4) 转轴　直流电动机的转轴，其作用是支承电枢、传递转矩，并保证定子各磁极与电枢之间有均匀的空气隙。一般转轴采用35号及以上圆钢或合金钢锻制而成，并经车削和热处理，以提高机械强度和韧性。

3. 其他附件

此外还有端盖、轴承、轴承盖、风扇、接线板、接线盒和铭牌等各种附件。

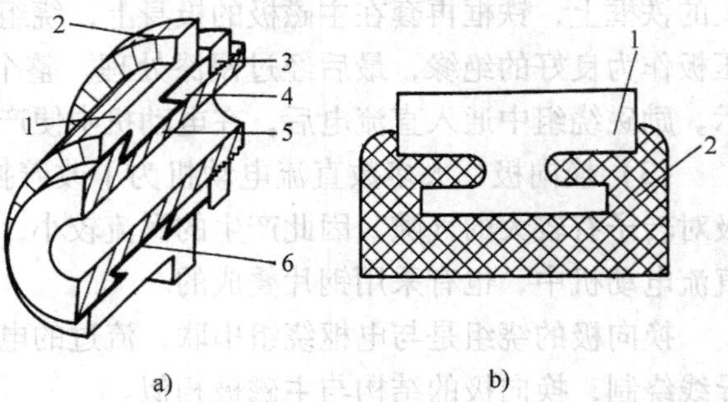

图7-5　换向器

a) 金属套筒式　b) 塑料套筒式

1—换向片　2—片间云母　3—螺母

4—V形环　5—金属套筒　6—云母

二、直流电动机的工作原理

直流电动机的工作原理如图7-6a所示，在两个固定磁极N、S(主磁极)之间，有一个圆柱形铁心(电枢铁心)，上面放一匝线圈abcd(电枢绕组)，线圈两端分别和两个半圆形铜环(换向片)相接，铜环固定在轴上并与轴一起旋转，铜环之间及与转轴之间都是互相绝缘的，这两个半圆形铜环就是组成了最简单的换向器，它分别与位置固定不变的电刷A和B相接触，电刷与铜环之间可以相对滑动，通过电刷可把电源引入电枢绕组。

当电刷A和B，分别接到直流电源的正、负极，则线圈abcd中的电流方向，从a流向b、从c流向d，根据左手定则可确定，载流导线ab和cd分别受到向左和向右方向的电磁力，从而形成电磁转矩，使电枢按逆时针方向旋转；当电枢转到90°时，电刷与两个半圆形铜环脱离，线圈中就没有电流，则电磁力消失，而电枢靠惯性继续转动，接着又与两个半圆形铜环接触，线圈中又有电流通过，线圈中的电流方向将随之改变，导线ab移到S极下，电流从b流向a，导线cd移到N极下，电流从d流向c，因此，在主磁极极性不改变的情况下，电枢仍按逆时针方向旋转。这样，电枢便能按一个规定方向一直旋转下去，这就是直流电动机的工作原理。

若将直流电动机的直流电源输入端断开而换接上负载，在主磁极极性不变的情况下，将电枢由原动机带动旋转，并仍按逆时针方向旋转，则电枢线圈便切割磁力线而产生感应电动势e，感应电动势的方向在如图7-6b所示的位置瞬间，导线ab是由b到a，而导线cd是由d到c，此时，电刷A为正极、B为负极；转到电枢线圈的平面与磁力线平行时，导线不切割磁力线，感应电动势为零；当电枢转过半圈后，导线ab移到S极下，导线cd移动N极下，这时，导线又切割磁力线，它们的感应电动势的方向和前面恰巧相反，但由于换向器的作用，这时电刷A换成与导线cd相接，它仍为正极，而电刷B变换成与导线ab相接，仍为负极。所以，随着电枢的不断旋转，尽管线圈abcd中电动势的方向不断地交替变化，通过换向器，就把线圈中的交变电动势变换成直流电动势，即输出直流电能，这也就是直流发电机的工作原理。

由此可见，直流电动机与直流发电机可以互换，即它们具有可逆性原理，因此，通常可统称为直流电机。

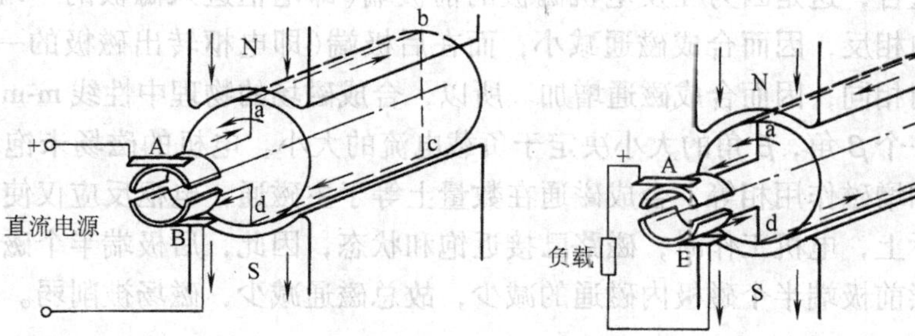

a)　　b)

图 7-6　直流电机的工作原理

a）直流电动机　b）直流发电机

三、直流电机的电枢反应

直流电机主磁极的励磁绕组通以直流电时产生的磁场，叫主磁场，它的分布如图 7-7 所示。主磁场的轴线与主磁极的轴线 y-y 是重合的，通过电枢轴中心并垂直于主磁极轴线的直线称为几何中性线（n-n）。通过电枢轴中心并与通过电枢铁心的磁力线相垂直的直线，亦即经过电枢圆周上磁通密度为零处的直线称为物理中性线（m-m）。当电机空载时：直流发电机电枢绕组中的电流为零；直流电动机电枢绕组中的电流很小。这时，物理中性线与几何中性线重合，如图 7-7 所示。

当电机在负载下运行绕组有电流通过，此电流也将产生磁场，称为电枢磁场，若不考虑主磁场的存在，电刷放在几何中性线上，则电刷两边电枢电流的分布一定是方向相反而大小相等的，如图 7-8 所示。电枢磁场左边为 N 极，右边为 S 极，电枢磁场轴线与电刷轴线重合，而与主磁极轴线垂直相交，所以电枢磁场又称为交轴磁场。

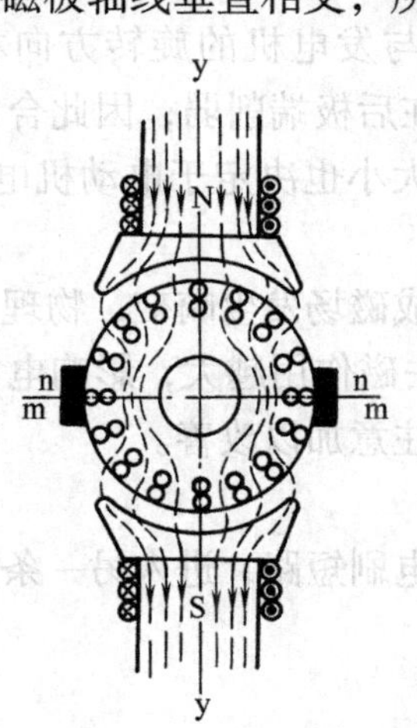

图 7-7　主磁场分布

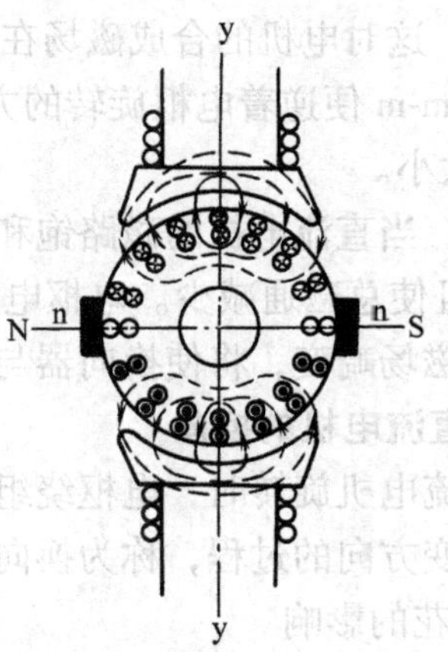

图 7-8　电枢磁场的分布

当直流电机带负载后，由于电枢磁场的存在，将使主磁场受到影响而产生畸变，这种影响作用称为电枢反应。现以两极直流电机为例，分别讨论发电机和电动机的电枢反应。

1. 直流发电机的电枢反应

在一般直流电机中，电刷总是放在几何中性线上的。所以，当发电机带上负载时，电机气隙内的磁场，是主磁场与电枢磁场的合成磁场，如图 7-9a 所示，合成磁场的轴线与主磁极的轴线就不会重合，这是因为在发电机磁极的前极端(即电枢进入磁极的一端)，主磁通与电枢磁通的方向相反，因而合成磁通减小；而在后极端(即电枢转出磁极的一端)，主磁通和电枢磁通方向相同，因而合成磁通增加。所以，合成磁场的物理中性线 m-m，顺着电枢的旋转方向转了一个 β 角，β 角的大小决定于负载电流的大小。电机的磁场未饱和时，电枢反应的去磁作用和增磁作用相等，合成磁通在数量上等于主磁通，电枢反应仅使合成磁场发生畸变。但在实际上，电机工作时，磁路已接近饱和状态，因此，后极端半个磁极内磁通的增加，不足以补偿前极端半个磁极内磁通的减少，故总磁通减少，磁场被削弱。

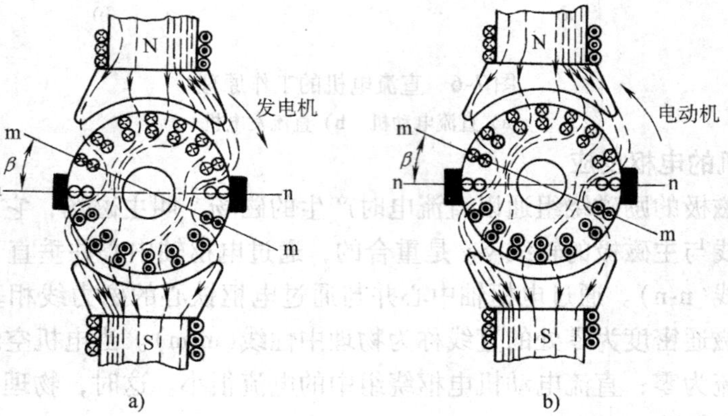

图 7-9　直流电机中的合成磁场

a）直流发电机　b）直流电动机

2. 直流电动机的电枢反应

直流电动机的电枢反应，恰好与直流发电机时的情况相反。如果励磁电流方向和电枢电流方向与图 7-9a 中发电机的相同，则电动机的旋转方向与发电机的旋转方向相反，如图 7-9b所示，这时电机的合成磁场在电动机的前极端增强，在后极端削弱，因此合成磁场的物理中性线 m-m 便逆着电枢旋转的方向转了一个角 β，β 的大小也决定于电动机电枢电流(即负载)的大小。

因此，当直流电机的磁路饱和时，电枢反应不仅使合成磁场发生畸变，物理中性线偏转角 β，而且使总磁通减少。电枢电流越大，则畸变越大，去磁作用越大，影响电机的正常运行。由于磁场畸变，将使换向器与电刷之间产生火花，应注意加以改善。

四、直流电机的换向

当直流电机旋转时，电枢绕组元件从一条支路，经过电刷短路，进入另一条支路，元件中电流改变方向的过程，称为换向。

1. 火花的影响

直流电机在运行时，在电刷与换向器表面会出现火花，火花通常是出现在后刷边(换向器离开电刷的一侧)。若火花很小，亮度很弱，呈蓝色，对电机正常运转没有什么影响，不必要求电刷下绝对没有火花。若火花范围较大，比较明亮，呈白色或红色，对电机便有危害，大范围的强烈的红色火花，危害更大。火花会烧伤电刷，使其接触表面粗糙而形成凹坑，从而使接触面积减小；火花还会烧伤换向器，使其表面度黑而产生伤痕；因电刷与换向器的接触面减小，将使电刷增大电流密度，这更会加大火花，导致更严重的烧伤，造成恶性循环，直至换向器不能工作。此外，火花会产生电磁波，对附近电信接收及通信电路产生干扰。

为了说明火花的大小程度，我国规定了电机电刷下的火花等级，见表 7-1，以确定直流电机允许的运行方式。

表 7-1　电刷下的火花等级

火花等级	电刷下的火花程度	换向器及电刷的状态	允许的运行方式
1	无火花	换向器上没有黑痕及电刷上没有灼痕	允许在额定负载下长期连续运行
$1\frac{1}{4}$	电刷边缘仅小部分(1/5～1/4 刷边长)有断续的几点点状火花		
$1\frac{1}{2}$	电刷边缘大部分(大于 1/2 刷边长)有连续的、较稀的颗粒状火花	换向器上有黑痕出现，但不发展，用汽油擦其表面即能除去，同时在电刷上有轻微灼痕	
2	电刷边缘大部分或全部有连续的、较密的颗粒状火花，开始有断续的舌状火花	换向器上有黑痕出现，用汽油不能擦除，同时电刷上有灼痕。如短时出现这一级火花，换向器上不出现灼痕，电刷不被烧焦或损坏	仅允许在短时过电流或短时过转矩时出现
3	电刷的整个边缘有强烈的舌状火花，伴有爆裂声音	换向器上的黑痕相当严重，用汽油不能擦除，同时电刷上有灼痕。如在这一火花等级下短时运行，则换向器上将出现灼痕，同时电刷将被烧焦或损坏	仅允许在直接起动或切换转向的瞬间出现，但换向器及电刷应仍能适用于以后的正常工作

2. 换向过程

直流电机换向元件的换向过程如图 7-10 所示。设电刷的宽度与换向片的宽度相等，换向片间绝缘层的厚度略去不计，电枢绕组为单叠绕组，I_a 表示支路电流。当电枢绕组元件经过电刷从一条支路转入另一条支路，该绕组元件中的电流也由一个方向变为另一个方向，这个电流的变化叫做换向。

设图 7-10 中磁极在绕组上面(若磁极为 N 极，磁通方向从外垂直进入纸面)，电枢转向如图上箭头所示，从左向右运动。在图 7-10a 中，电刷接触换向片 1 的瞬间，线圈边中的感应电动势方向按右手定则确定，此时线圈边 1、2 处于 N 极下，线圈边 4 处于 S 极下，其感应电流 I_a 方向如箭头所示。电枢电流 $2I_a$ 的一半 I_a 经线圈边 1、4、2 流入一条支路，另一半 I_a 经线圈边 3 流入另一条支路。这时电流 $2I_a$ 将由另一电刷引出，通过负载，又回到原电刷而形成一闭合回路。

在图 7-10b 中，该电刷同时接触换向片 1 和 2 瞬间，线圈边 1 和 4 处于磁极几何中性线上，感应电动势为零，绕组元件被电刷短路。这时电枢电流 $2I_a$ 的一半 I_a 由 A 点经过线圈边 3 流入一条支路，另一半 I_a 由 B 点经过线圈边 2 流入另一条支路。绕组元件 1～4 中的电流大大减小。

在图 7-10c 中电刷和换向片 2 接触瞬间，这时线圈边 1 处于 S 极下，线圈边 4、3、2 处于N极下，电枢电流$2I_a$的一半I_a由B点经4、1、3流入一条支路，另一半I_a经线圈边2流入另一条支路。线圈边1和4分别转入异性磁极区域内，电流随之改变了方向，绕组元件1~4也从绕组的一条支路转到另一条支路，这个过程称为换向过程。换向过程所经过的时间称为换向周期T，通常T只有$(5/10^4 \sim 2/10^3)$S。在一般情况下，如果电刷和换向器之间保持接触良好，电刷的压力适当，同时，换向元件中也没有很大的附加电动势，那么，电刷下基本上不会发生火花，这种情况称为换向良好。

3. 换向时火花产生的原因

引起换向不良，在电刷下产生较大火花的原因很多，主要有电磁、机械和化学等方面的原因产生。

(1) 电磁原因　在换向过程中，换向元件中的电流从I_a变化到零再变化到$-I_a$，它所产生的磁通也随着改变，这磁通和绕组元件自身相链，产生自感电动势，又叫电抗电动势e_x。在上半个换向周期内，电流从I_a减小到零，e_x的方向与I_a的方向相同，在下半个换向周期内，绕组元件中的电流从零反向增大到$-I_a$，e_x的方向与I_a的方面相反。在整个换向周期内，e_x的方向是一致的，如图7-11所示。可以看出，e_x方向与该绕组元件到达几何中性线以前时的电流方向相同。

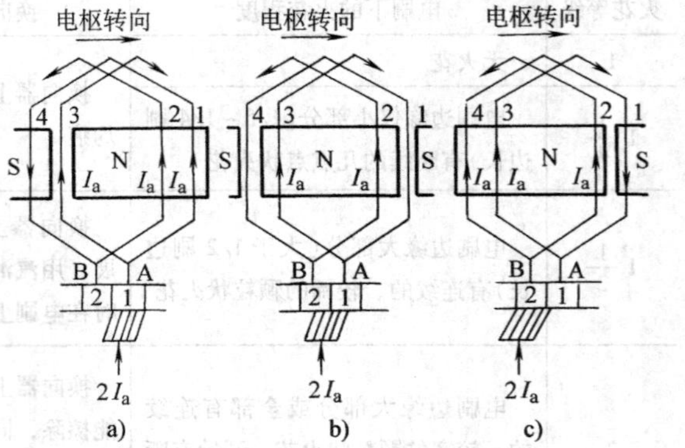

图7-10　电流换向过程

此外，电刷同时接触换向片1和2的瞬间，换向元件的有效边1、4恰好位于几何中性线上，按理是不会产生感应电动势的，但由于电枢反应的结果使磁场发生畸变，物理中性线已不再与几何中性线重合，而是顺发电机电枢旋转方向转过一个角β，或逆电动机电枢旋转方向转过一个角β，因此，通过几何中性线的磁通不再为零，当元件旋转到几何中性线位置时，也会因切割磁通而产生电动势，这一电动势称为旋转电动势e_v，e_v的方向与线圈边未到达几何中性线以前的电流方向相同，也就是和电抗电动势e_x的方向相同，如图7-11所示。e_x和e_v将在绕组元件内产生附加换向电流i_k。i_k使电刷的后刷边(右边)电流密度增加，前刷边(左边)电流密度减小，所以常在电刷的后刷边形成火花。

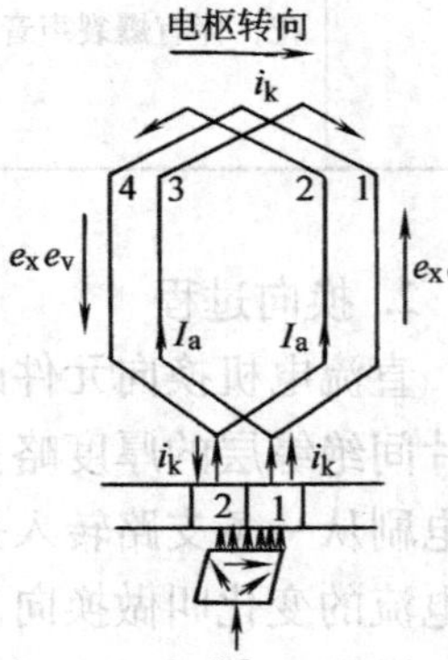

图7-11　换向元件内的换向电流

(2) 机械原因　如换向器偏心、电机转动不平衡或装配不良引起振动、换向片间绝缘凸出、换向片凸出、电刷接触面研磨得不好使接触面减小、电刷上的压力不合适使电刷在刷握内太松而发生跳动或太紧被卡住、换向器表面不清洁、刷架不等分以及换向极气隙不一致等方面原因而产生的火花。

(3) 化学原因　在换向器表面，通常会产生一层褐色光泽的氧化亚铜薄膜，这层薄膜增大了电刷和换向器之间的接触电阻，可以改善换向，并具有良好的润滑作用，减少电刷的磨损。在电机运行时，这层薄膜不断地被破坏和形成。但当电刷压力过大，或在高空中使用缺氧或有水蒸气时，氧化亚铜薄膜被破坏得较快而形成得较慢，这就会发生火花，电刷将很快磨损。因此，必须控制电刷压力，一般应为15~25kPa，对高空使用的电机要选用高空用电刷。

电机工作在振动较大或工作在尘埃、盐雾、化学气体较多的地方，和电机运行时过载或负载剧变等情况，也会造成换向不良而产生火花。

4. 改善换向的方法

对于引起换向不良产生火花的三个原因中的后两个原因，通常可通过直流电机在投入运行后，在日常的维护、保养及检修中得到改善。现针对电磁原因来叙述改善换向的方法。由电磁原因可知，要改善换向，就必须尽量减小附加换向电流 i_K，要减小 i_K 就必须削弱电抗电动势 e_x 和旋转电动势 e_V，或增加电刷与换向片间的接触电阻等，其方法有：

（1）选择适当电刷来增加电刷与换向片间的接触电阻　不同牌号的电刷有不同的接触电阻，直流电机一般采用碳—石墨电刷，只有在低压电机中才选用黄铜石墨电刷或青铜石墨电刷。

（2）移动电刷位置　顺着磁场偏转方向移动电刷，在直流发电机中顺着电枢旋转方向移动电刷，在直流电动机中逆着电枢旋转方向移动电刷，使在换向过程中的绕组元件位于物理中性线上进行换向，这样，可使旋转电动势 e_V 减小到零。若把电刷移动的角度过大(> β)，绕组元件就要在超过物理中性线以后才进行换向，这样，换向元件又切割磁通，产生与换向前方向相反的旋转电动势 e_V，即与电抗电动势 e_x 相反，可改善换向火花，所以这时的旋转电动势 e_r 又称为换向电动势，如果使旋转电动势 e_v 刚好抵消电抗电动势 e_x，即 $e_x - e_V = 0$，那么在换向过程中被电刷短路的元件内，就没有附加换向电流 i_K 了，从而换向器上也就不会产生火花。

这种改善换向火花的方法很简单，但实际上是做不到的，现在已很少使用。因为电抗电动势 e_x 是随着负载而变化的，这就要求电刷的位置随之作相应改变，特别是在可逆运行的直流电动机中，必须随着旋转方向的改变而重新调整电刷的位置，这是不可能做到的。

（3）装置换向极　为了解决移动电刷改善换向所产生的困难，直流电机一般都装置换向极。换向极装置在相邻的两个主磁极之间，它的绕组与电枢绕组相串联，使换向极磁场的强度与电枢电流(负载)成正比变化。在换向磁极的作用下，使中性线不至于偏转，并使在换向过程中的元件内，产生与电抗电动势 e_x 大小相等而方向相反的感应电动势，以抵消电流换向时的电抗电动势 e_x，达到改善换向的目的。

5. 环火的产生和补偿绕组

当电机运行时，负载可能发生剧烈的变化和发生突然短路，这时电枢反应会使磁场扭斜得十分厉害，就有可能在正、负电刷之间有很长的电弧相连而形成环绕换向器一圈的明亮火环，称为环火，以至烧坏电机。在这种情况下，仅靠换向极是不能达到改善换向的目的，还必须同时采用补偿绕组，这种绕组嵌入主磁极极掌的槽内，如图 7-12 所示。

补偿绕组和换向绕组一样也与电枢绕组串联，用以抵消电枢反应的交轴磁场。因此，补偿绕组中的电流必须具有这样的方法，使它所产生的磁场与电枢磁场相反，从而消除了电枢磁场对主磁场的影响，使磁场不致发生畸变。

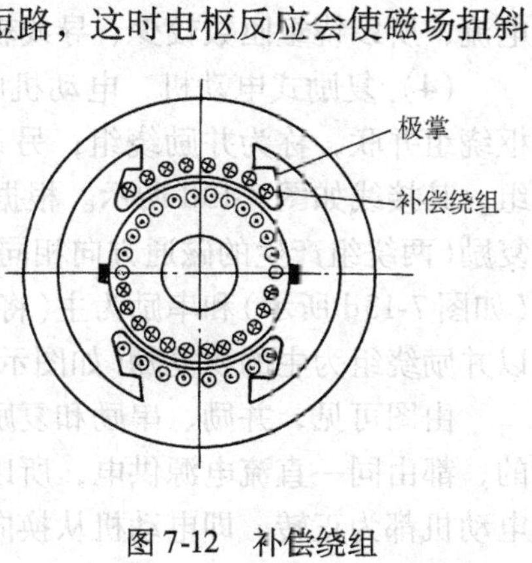

图 7-12　补偿绕组

补偿绕组和换向极同时使用，可以取得很好的换向效果。但是，采用补偿绕组会使电机构造复杂，成本增加，所以，只在大功率电机和负载变化剧烈的直流电机中才采用。

第二节　直流电动机

一、直流电动机的励磁方式、接线图及出线端标志

1. 励磁方式及接线图

直流电动机按照获得主磁场方法不同，可分永磁式(由永久磁铁产生)和励磁式(由电磁铁所产生)二类。而励磁式按照它的励磁绕组在电路中的不同联结方式，又可分为他励、并励、串励和复励四种型式的直流电动机。

(1) 他励式电动机　电动机的励磁绕组是由另一组直流电源单独供电，其接线如图7-13a所示。

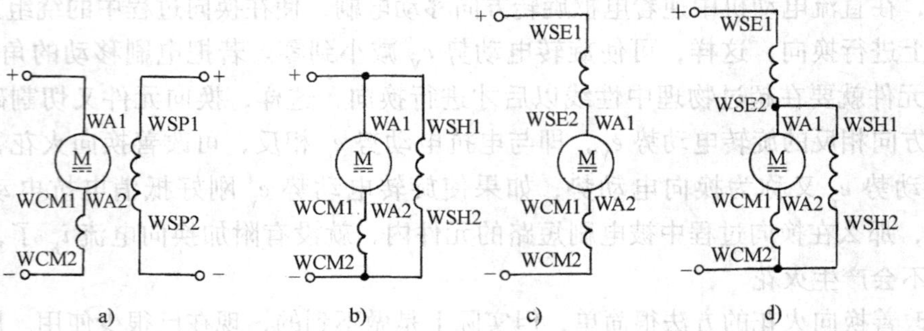

图7-13　直流电动机的接线
a) 他励　b) 并励　c) 串励　d) 复励

(2) 并励式电动机　电动机的励磁绕组与电枢绕组并联，其接线如图7-13b所示。并励电动机只需一个直流电源，应用最为广泛。并励电动机的励磁绕组与他励式一样，匝数多、导线细、电阻值大；而电枢绕组则匝数少、导线粗、电阻值远小于并励式(或他励式)的励磁绕组。

(3) 串励式电动机　电动机的励磁绕组与电枢绕组串联，因而流过励磁绕组中的电流与电枢电流相等，其接线如图7-13c所示。串励电动机的励磁绕组，由于流过的是较大负载电流，所以绕组匝数较少、导线较粗，电阻较小。

(4) 复励式电动机　电动机的主磁极上有两套绕组，一套匝数较多、导线较细的与电枢绕组并联，称为并励绕组；另一套匝数较少、导线较粗的与电枢绕组串联，称为串励绕组。其接线如图7-13d所示。根据并励和串联两套绕组的联接方法不同，复励式又可分为积复励(两绕组产生的磁通方向相同)和差复励(两绕组产生的磁通方向相反)，及以并励为主(如图7-13d所示)和串励为主(将图7-13d中并联绕组线端WSH1与WSE1相接)两种，一般以并励绕组为主的积复励(如图示)为最常见。

由图可见，并励、串励和复励式电动机，它们产生主磁场的励磁电流是与提供电枢电流的，都由同一直流电源供电，所以可统称为自励式。根据标准，图中示出的四种接线方式，电动机都为正转，即电动机从换向器一端看，为顺时针方向旋转。

2. 出线端标志

直流电机各绕组出线端的标志，见表7-2。

表7-2　直流电机各绕组出线端的标志

绕组名称	首　端	尾　端
电枢绕组	WA1	WA2
换向绕组	WCM	WCM2
补偿绕组	WCP1	WCP2
串励绕组	WSE1	WSE2
并励绕组	WSH1	WSH2
他励绕组	WSP1	WSP2

二、直流电动机的基本方程式

1. 电动机的反电动势

当电枢在电磁转矩的作用下旋转时，电枢中的载流导体就切割磁力线产生感应电动势 E_a，感应电动势的大小与电动机的转速和磁通成正比，所以 E_a 的大小为

$$E_a = C_e n\Phi \tag{7-1}$$

式中　C_e——常数，其值决定于电动机的结构；

n——电动机的转速(r/min)；

Φ——主磁通，即励磁绕组产生的磁通(Wb)。

感应电动势的方向，根据右手定则，正好与电枢电流的方向相反，它的作用是要抵制电枢电流的流入，故称为反电动势。电网要向电枢输入电流，就必须克服反电动势的作用，即必须使 $U > E_a$。

2. 电枢电流

电枢电路电动势平衡方程式为

$$E_a = U - I_a R_a \tag{7-2}$$

式中　I_a——电枢电流(A)；

R_a——电枢电阻(Ω)。

由式(7-2)可写成电枢绕组两端的电压 U 为

$$U = E_a + I_a R_a \tag{7-3}$$

式(7-3)表明，由于电枢绕组中存在反电动势，所以加在电枢绕组两端的电压 U 可分成两部分，一部分用来平衡电动机的反电动势 E_a，另一部分就是电枢绕组的电阻压降 $I_a R_a$。

从式(7-3)可导出电枢电流公式，即

$$I_a = (U - E_a)/R_a \tag{7-4}$$

3. 功率平衡方程式

把电枢绕组两端的电压公式两端各乘以电枢电流 I_a，便可得到功率平衡方程式，即

$$I_a U = I_a E_a + I_a^2 R_a \tag{7-5}$$

式中　$I_a U$——电源供给电动机的总功率，即输入功率，用 P_1 表示；

I_aE_a——电动机的电磁功率，即电枢所转换的全部机械功率，用 P_T 表示；

$I_a^2R_a$——电枢内部损耗的电功率，即铜耗，用 P_{cu} 表示。

因而可写成

$$P_1 = P_T + P_{cu} \tag{7-6}$$

电磁功率 P_T 在转换成机械功率的过程中，有一部分消耗于电动机的机械损耗和铁耗中，这两部分在空载时也存在，所以称为空载损耗，用 P_0 表示，余下的就是轴上的全部输出功率 P_2，即

$$P_T = P_0 + P_2 \tag{7-7}$$

4. 电磁转矩及转矩平衡方程式

当直流电动机的电枢和励磁绕组都与直流电源接通时，电枢绕组就要受到电磁力 F 的作用，产生电磁转矩 T，从而使电枢转动，转动的方向可根据左手定则来确定。电磁转矩的大小为

$$T = C_T\Phi I_a \tag{7-8}$$

式中　C_T——常数，其值决定于电动机结构。

电磁转矩 T 也可用下式表示，即

$$T = P_T/\omega = I_aE_a/\omega \tag{7-9}$$

式中　ω——电枢转动的角速度，$\omega = 2\pi n/60$

故

$$T = \frac{I_aE_a}{2\pi n/60} \approx 9.55 I_aE_a/n \tag{7-10}$$

电动机的电磁转矩克服了摩擦及铁耗所引起的制动转矩 T_0 以外，就是轴上的有效输出转矩 T_2，故电磁转矩的平衡方程式为

$$T = T_0 + T_2 \tag{7-11}$$

式中

$$T_2 = 9.55P_2/n$$

5. 效率

直流电动机的输出功率与输入功率之比称为效率，用 η 表示，即

$$\eta = (P_2/P_1) \times 100\% \tag{7-12}$$

例　一台并励直流电动机，额定功率 $P_N = 7.5\text{kW}$，额定电压 $U_N = 220\text{V}$，额定电流 $I_N = 42.6\text{A}$，额定转速 $n_N = 1500\text{r/min}$，电枢绕组电阻 $R_a = 0.1053\Omega$，励磁绕组电阻 $R_f = 47.8\Omega$，试求：(1) η_N、I_a、T_2、T；(2) 当电枢电流为 50A 时电动机的转速；(3) 当负载转矩不变，电动机主磁通减少到 80% 时的稳态转速？

解

(1) $\eta_N = \dfrac{P_2}{P_1} \times 100\% = \dfrac{P_N}{I_NU_N} \times 100\% = \dfrac{7.5\text{kW} \times 10^3}{42.6\text{A} \times 220\text{V}} \times 100\% \approx 80\%$

$T_2 = 9.55P_N/n_N = 9.55 \times 7.5\text{kW} \times 10^3/1500\text{r/min} \approx 47.75\text{N}\cdot\text{m}$

$I_a = I_N - I_f = I_N - (U/R_f)$

$= 42.6\text{A} - (220\text{V}/47.8\Omega) \approx 38\text{A}$

$T = 9.55I_aE_a/n_N = 9.55(U - I_aR_a)I_a/n_N$

$= 9.55(220\text{V} - 38\text{A} \times 0.1053\Omega) \times 38\text{A}/1500\text{r/min} \approx 52.26\text{N}\cdot\text{m}$

(2) $I_a = 38\text{A}$ 时

$$E_a = U - I_aR_a = 220V - 38A \times 0.1053\Omega \approx 216V$$

当 $I'_a = 50A$ 时

$$E'_a = U - I'_aR_a = 220V - 50A \times 0.1053\Omega \approx 214.74V$$

因

$$E'_a/E_a = C_e\Phi n'/(C_e\Phi n_N) = n'/n_N$$

故

$$n' = n_N E'_a/E_a = 1500r/min \times 214.74V/216V \approx 1491r/min$$

（3）$T_2 = T = C_T \times 0.8\Phi \times I_a/0.8$

当 T_L 不变、$\Phi'' = 0.8\Phi$ 时，

$$I''_a = I_a/0.8 = 38A/0.8 = 47.5A$$

则

$$E''_a = U - I''_aR_a = 220V - 47.5A \times 0.1053\Omega \approx 215V$$

又因

$$E''_a/E_a = C_e\Phi''n''/(C_e\Phi n_N)$$

则

$$n'' = n_N E''_a\Phi/(E_a\Phi'') = 1500r/min \times 215V \times 1/(216V \times 0.8) \approx 1866r/min$$

三、直流电动机的机械特性

直流电动机的机械特性是指在 U、I_f、R_a 都不变时，电动机的转速 n 与电磁转矩 T 之间的关系，即 $n = f(T)$。机械特性是研究直流电动机稳定运行、起动、调速和制动等运行的基础。

1. 并励直流电动机

并励电动机的接线原理如图 7-14 所示。当电源接通后，电枢回路及励磁回路就有电流通过，其总电流 I 为电枢电流 I_a 与励磁电流 I_f 之和，即

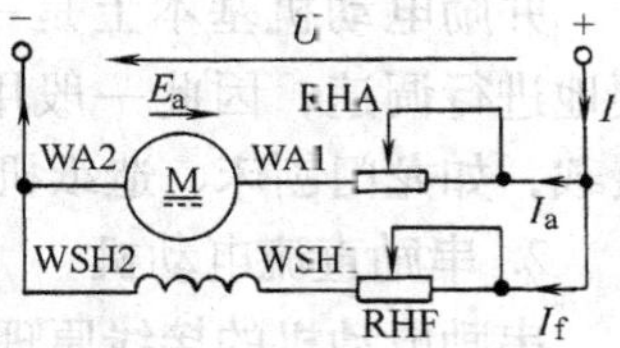

图 7-14 并励电动机接线原理

$$I = I_a + I_f \tag{7-13}$$

励磁电流一般都很小，约为额定电流 I_N 的 1% ~5%。

由 $E_a = C_e\Phi n$ 及 $U = E_a + I_aR_a$ 得转速，为

$$n = E_a/(C_e\Phi) = (U - I_aR_a)/(C_e\Phi) \tag{7-14}$$

使用并励电动机时，切忌在电动机运转时断开励磁电路，造成励磁电流等于零，而主磁极上仅有很小的剩磁，反电动势必然也很小，从式 $I_a = (U - E_a)/R_a$ 可知，电枢电流 I_a 将急剧增加，转速也将急剧上升，俗称"飞车"，会引起严重事故。

由 $T = C_T\Phi I_a$ 移项得 $I_a = T/(C_T\Phi)$，将它代入转速公式得

$$n = \frac{U - I_aR_a}{C_e\Phi} = \frac{U}{C_e\Phi} - \frac{R_a}{C_eC_T\Phi^2}T \tag{7-15}$$

式(7-15)就是并励直流电动机的机械特性方程式。式中第一项，在当 $T = 0$ 时，电动机的转速 $n = U/(C_e\varphi)$，这是在电动机既没有输出转矩 T_2，又没有空载损耗转矩 T_0 情况下的转速，所以叫理想空载转速，以 n_0 表示，即

$$n_0 = U/(C_e\Phi)\ (r/min) \tag{7-16}$$

而式中第二项为转速降落，用 Δn 表示，即

$$\Delta n = R_aT/(C_eC_T\Phi^2)\ (r/min) \tag{7-17}$$

在忽略电枢反应影响以后，Φ 是个常数，C_e 是电机结构常数，所以当电源电压 U 不变时，$n_0 = U/(C_e\Phi)$ 是一个常数，而上式中，C_e、C_T 都是电机结构常数，R_a 是电枢回路电阻，一般是不变的，再忽略电枢反应的影响，Φ 的大小也不变，则 Δn 仅与转矩 T 成正比，

这样就可作出并励直流电动机的机械特性曲线，如图7-15所示。

当附加电阻R_{HA}为零时，称为固有机械特性，如图中直线1；当负载增加时，电磁转矩T也增加，因而转速略有下降，但变化不大，故并励电动机的机械特性是"硬特性"，这种特性适用于当负载变化时，要求转速比较稳定的场合。

如果在电枢回路中串接一个可变电阻R_{RHA}，就可以进行调速。这时，电动机的电枢回路总电阻是R_a+R_{HA}（R_{HA}是变阻器RHA的阻值），因此，它的机械特性方程式为

$$n=\frac{U}{C_e\Phi}-\frac{R_a+R_{HA}}{C_eC_T\Phi^2}T \tag{7-18}$$

显然，当电枢回路串入电阻R_{HA}以后，在电动机转矩T不变（例如在额定转矩T_N）时，电动机的转速较原来的低一些，R_{HA}的阻值越大，在同样的负载转矩下，电动机的转速也降低得越大，图7-15中的曲线2、3、4就表示不同的电阻值$R_{HA}<R'_{HA}<R''_{HA}$时的机械特性变化情况。

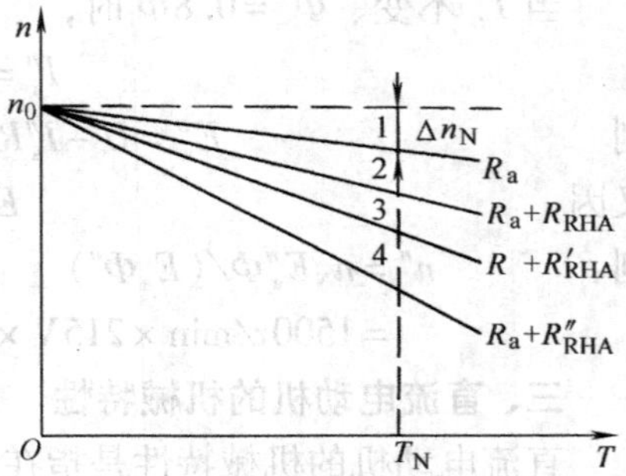

图7-15　并励电动机机械特性

并励电动机基本上是一种恒速电动机，并能较方便地进行调速，因此一般用来拖动要求转速变化较小负载，如龙门刨床、造纸机、轧钢机、球磨机等。

2. 串励直流电动机

串励电动机的接线原理如图7-16所示。

串励电动机的特点是励磁绕组与电枢绕组串联，即$I_f=I_a$，因此，串励电动机的磁通Φ是随电枢电流I_a（即负载电流）而变化的。

串励电动机的机械特性如图7-17所示，图中曲线1是固有机械特性，它的特点是转速随负载的变化而剧烈变化。这是由于在电动机正常运行时，其磁路还没有饱和，可以认为Φ与I_a成正比，可写成$\Phi=CI_a$，式中C为比例常数。因而

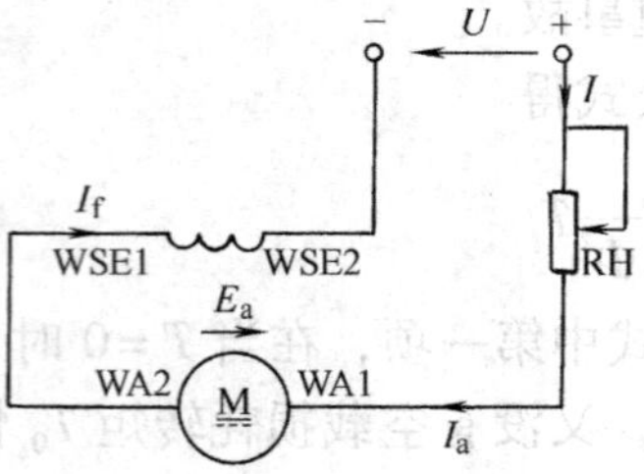

图7-16　串励电动机接线原理

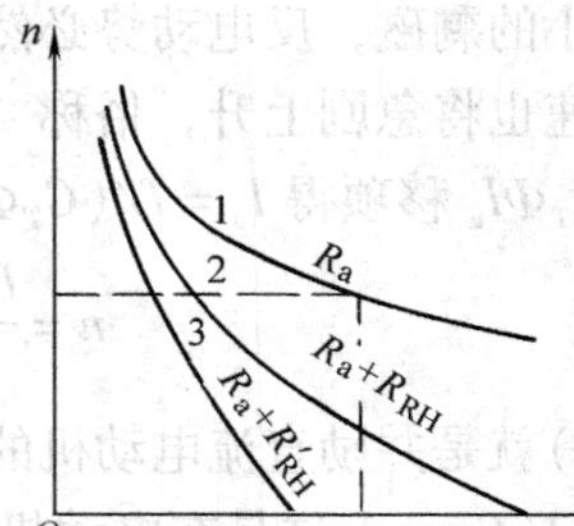

图7-17　串励电动机机械特性

$$T=C_T\Phi I_a=C_TCI_a^2 \tag{7-19}$$

当机械负载增加时，电动机的转速立即下降，电枢电流I_a随之增大，则电磁转矩T大为增加，使输出功率P_2（$=T\omega$）变化不大，不致因负载转矩增大而使电动机过载；反之，当

负载转矩减小时，电动机能很快地自动加速。同时，由于在磁路未饱和时，转矩 T 正比于电枢电流 I_a 的二次方(I_a^2)，而并励电动机的转矩只正比于电枢电流，因而同样大的起动电流下，串励电动机的起动转矩要大得多，这也是串励电动机的一个可贵的特性，即起动特性好，起动转矩大，起动时间短。

串励电动机的转速随负载转矩的变化而剧烈变化的特性，称为“软特性”，它特别适用于负载转矩变化很大和起动转矩要求较大的场合，如电力机车、电车、挖掘机、铲车、电瓶车和起重设备等。

从串励电动机的机械特性可知，当电动机空载或负载很小时，电动机的转速将急剧上升到危险的数值，可能导致电动机的机械结构损坏和换向困难，因此，串励电动机不允许空载和轻载起动，一般串励电动机运行时最小负载不应低于额定负载的20%～30%，而且电动机要与生产机械直接耦合，禁止使用带传动，以防带传动滑脱而发生“飞车”事故。

随着负载电流 I_a 的增大，电动机的磁路趋于饱和，Φ 的增加越来越慢，因此，其机械特性曲线逐渐趋于平直，图7-17中曲线2、3是串入电阻 R_{RA} 时的机械特性曲线。

3. 复励直流电动机

复励电动机在主磁极上有并励和串励两套绕组，它们可以接成使两绕组所产生的磁通方向相同，称为积复励；也可以接成使两绕组所产生的磁通方向相反，称为差复励。积复励直流电动机的接线原理如图7-18所示。

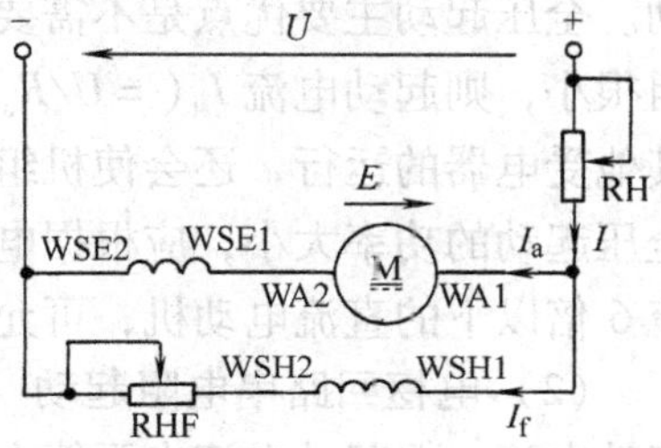

图7-18　积复励电动机的接线原理

积复励电动机的机械特性介于并励和串励电动机之间，如图7-19所示。

在图7-19中曲线2是以并励为主的积复励电动机的机械特性；曲线3是以串励为主的积复励电动机的机械特性；为了便于比较，曲线1与曲线4也分别示出了并励和串励电动机的机械特性。

以并励为主的复励电动机具有较大的起动转矩，但转速变化不大，主要用于冲床、刨床、印刷机等。以串励为主的复励电动机具有串励电动机的特性，但空载时不会有高速运转的危险，克服了串励电动机不能空载或轻载运转的缺点，可用于吊车和电梯等设备上。

4. 他励直流电动机

他励电动机的接线原理如图7-20所示。其励磁绕组与电枢绕组分别由两组直流电源供

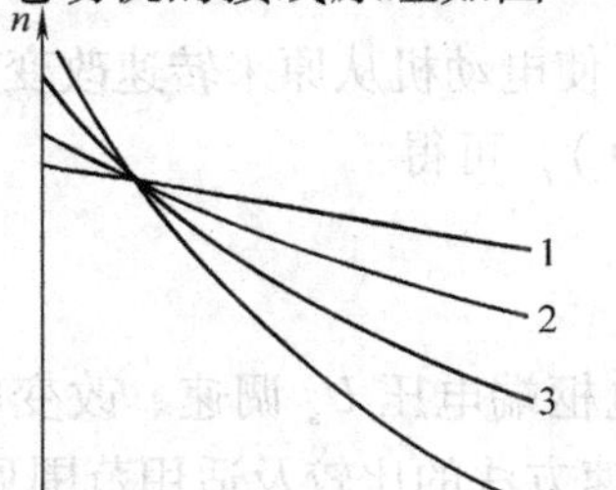

图7-19　积复励电动机机械特性

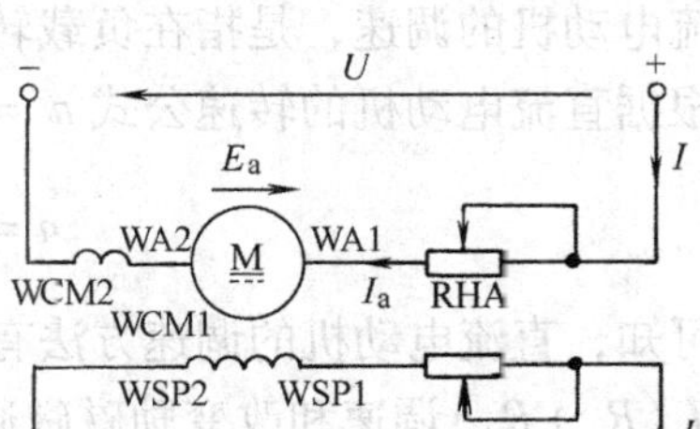

图7-20　他励电动机接线原理

电。他励电动机的机械特性与并励电动机基本相同，但由于其励磁绕组是由单独直流电源供电，因此在电动机负载变化时，仍能保持主磁场的主磁通 Φ 不变，所以他励电动机的机械特性要比并励电动机更硬一些。

由于他励电动机运行稳定，可以实现在大范围内的均匀调速，故常用在龙门刨床、大型铣床等设备上。

四、直流电动机的起动、调速和制动

1. 直流电动机的起动

对直流电动机起动性能的一般要求是，在电动机起动电流不超过容许值的情况下，获得尽可能大的起动转矩、起动平稳、起动时间短及设备简单操作方便等。

直流电动机的起动方法有三种：即全压起动、电枢回路串电阻起动和减压起动。

（1）全压起动（也称为直接起动） 全压起动是将电动机直接接到额定电压的电源上起动。全压起动主要优点是不需要附加起动设备、操作简便。但其主要缺点是由于电枢回路电阻很小，则起动电流 $I_{st}(=U/R_a)$ 极大，可达到额定电流的 10～20 倍。这不仅不利于电网上其他受电器的运行，还会使机组受到较大的机械冲击和使直流电动机换向恶化。因此，允许全压起动的功率大小，应根据电网容量而定。一般当功率不大于 1kW 和起动电流为额定电流 6 倍以下的直流电动机，可允许进行全压起动。

（2）电枢回路串电阻起动 是通过在电枢回路内串入起动电阻进行起动，它可以限制起动电流。但起动电流也不能太小，一般应控制在 2～2.5 倍额定电流的范围内，并使起动转矩大于额定转矩，使电动机能迅速完成起动过程。

起动电阻通常是一只能分级的可变电阻器，在起动过程中应及时地将它逐级短接。一般不允许将起动电阻器在电动机正常运行时接入电路使用，因为长时间通过电流不仅会烧坏电阻器，而且还要消耗电能。

这种起动方法广泛应用于各种规格的直流电动机，但由于它在起动过程中能量消耗较大，因此，对经常频繁起动和大、中型电动机不宜采用。

（3）减压起动 减压起动是通过减低电源电压的方法来使电动机起动，来限制起动电流，起动过程中再逐渐升压，直至恢复额定电压，使电动机进入正常运行状态。这种起动方法，在起动过程中能量消耗少、起动平滑，但需配有一套专用的可调电源设备，故初投资较大，所以多数用于要求经常频繁起动、调速要求高的大、中型他励式直流电动机。

2. 直流电动机的调速

直流电动机的调速，是指在负载转矩不变的情况下，使电动机从原来转速改变到预定的转速。根据直流电动机的转速公式 $n=(U-I_aR_a)/(C_e\Phi)$，可得

$$n=\frac{U_a-I_a(R_a+R_{HA})}{C_e\Phi} \tag{7-20}$$

由上式可知，直流电动机的调速方法有三种。即：改变电枢端电压 U_a 调速、改变电枢回路电压降 $I_a(R_a+R_A)$ 调速和改变励磁磁通 Φ 调速。三种调速方法的比较及适用范围见表 7-3。

3. 直流电动机的制动

直流电动机在脱离电源后，常要求能迅速停转，能实现这一目的称为制动。制动的方法有机械制动和电磁制动两类。直流电动机通常采用的电磁制动方法有反接制动、能耗制动和回馈制动三种。

表 7-3　直流电动机调速方法的比较及适用范围

调速方法	调节电枢端电压	调节电枢回路电阻	调节励磁磁通
接线图及特性曲线	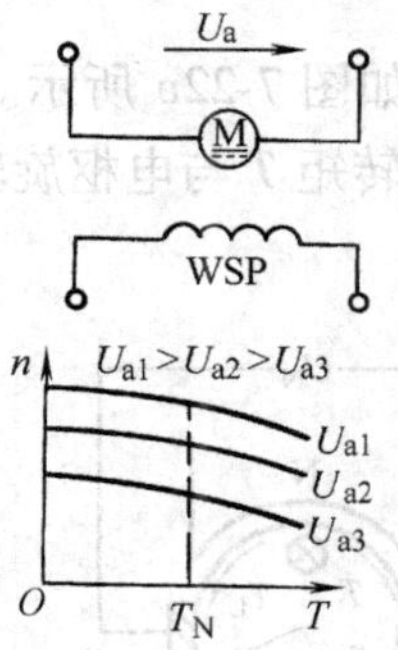	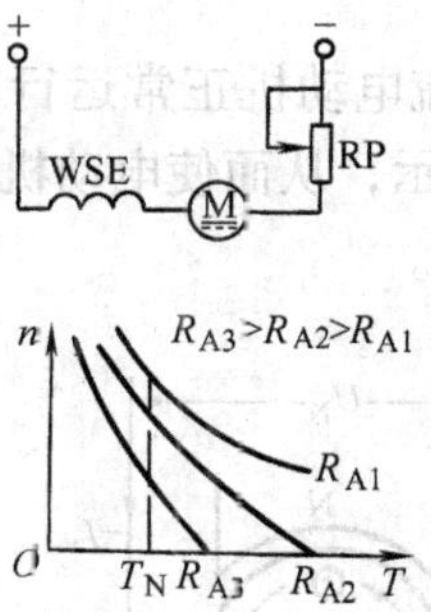	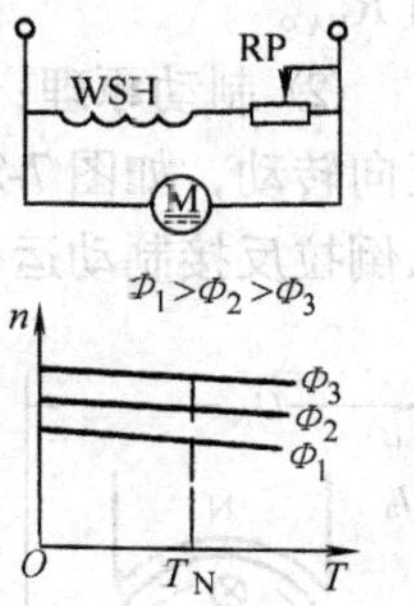
调速方向	从额定转速 n_N 向下调	从 n_N 向下调速	从 n_N 向上调速
调速范围（一般静差率要求时）	4～8	2～3（无静差率要求）	1.2～2（特殊电机 3～4）
调速平滑性	好	差	好
调速相对稳定性	好	差	较好
容许输出	恒转矩	恒转矩	恒功率
电能损耗	较小	大	小
适用范围	适用励磁方式为他励式的电动机，要求额定转速以下的恒转矩调速场合	适用额定转速以下，不需要经常调速，且机械特性要求较软的调速	适用额定转速以上的恒功率调速

（1）反接制动

直流电动机的反接制动有电磁反接和负载倒拉反接两类，而电磁反接制动又有电枢反接（即改变电枢电流方向）和励磁反接（即改变励磁电流方向）两种，由于励磁反接时会产生很高的自感电动势和可能造成失磁而产生“飞车”事故，所以不被采用。

下面主要介绍电枢反接和倒拉反接两种方法。

1）电枢反接制动：

① 制动条件：维持主磁通不变，将电枢电源的极性反接，同时在电枢回路中串入制动电阻 R_B 限流。

② 制动原理：如图 7-21a 所示为电动机运行状态，当电动机电枢反接时，从图 7-21b 中可知电枢电流方向与电动机状态相反，根据左手定则可确定电枢绕组的受力方向也相反，从而使电动机电磁转矩反向，转矩与电枢转向相反，电动机进入制动状态迅速停转。当转速 $n=0$ 时，应立即切断电源，否则，电动机将进入反向电动机运行状态。

2）倒拉反接制动：

① 制动条件：电动机的负载必须是位能负载，同时电枢回路中串入足够大的调节电阻 R_{HA}。

② 制动原理：在直流电动机正常运行状态，如图 7-22a 所示。若电动机被负载倒拉为反向转动，如图 7-22b 所示，从而使电动机的电磁转矩 T 与电枢旋转方向反向，电动机即进入倒拉反接制动运行状态。

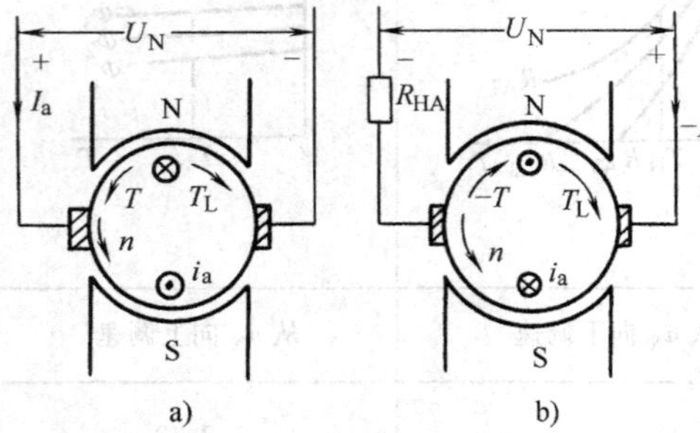

图 7-21　直流电动机电枢反接制动原理图

a）电动机状态　b）电枢反接制动状态

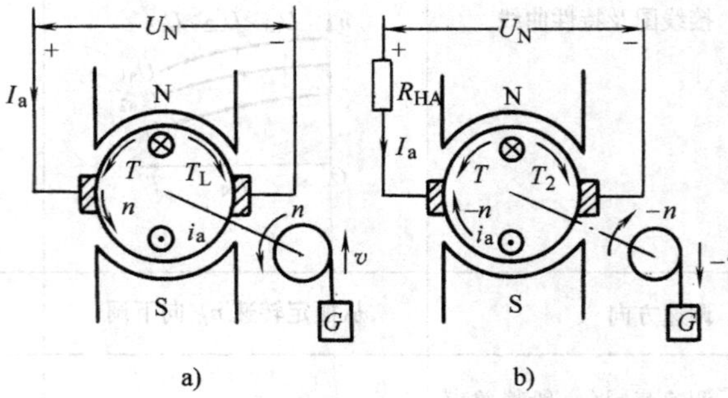

图 7-22　直流电动机倒拉反接制动原理图

a）电动机状态　b）倒拉反接制动状态

倒拉反接制动的过程是，当电动机稳定运行在固有特性曲线 A 点时，如图 7-23 所示，若突然电枢回路电阻 R_{HA} 增加，电动机的机载特性立即改变为图中 $(R_a + R_{HA})$ 曲线，特性曲线变软，电动机运行点也由 A 点跳到 B 点，此时电磁转矩小于负载转矩 $T_L(T < T_L)$，电动机降速运行到 C 点时，转速 $n = 0$，而电磁转矩仍小于负载转矩，位能负载开始将电动机拉向反转，直至沿曲线反向加速到达 D 点时，$T = T_L$，使电动机到达倒拉反接制动的稳定运行状态。而此时，电动机将机械能转换成的电能和电源输入的电能，共同消耗在电枢回路的电阻 $(R_a + R_{HA})$ 上。

（2）能耗制动

1）制动条件：维持主磁通不变，将电枢两端脱离直流电源后，立即与限流电阻 R_{HA} 连接成一闭合回路。

2）制动原理：直流电动机的能耗制动，如图 7-24 所示，电动机在正常运行状态，如图 7-24a 所示，电枢电流 I_a 的方向是与电枢中电动势 E_a 的方向相反，故称反电动势。制动开

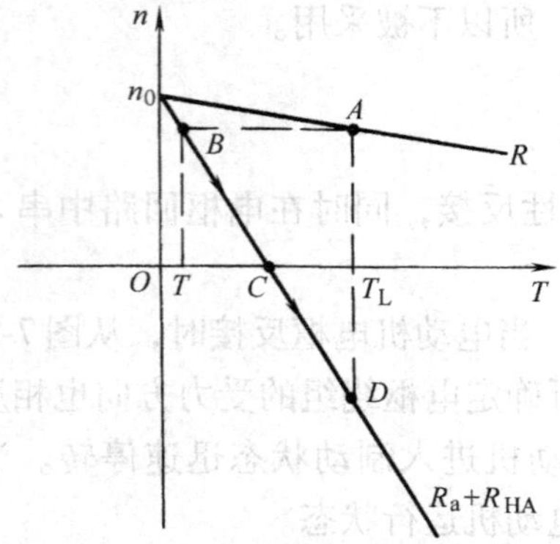

图 7-23　倒拉反接制动时的机械特性

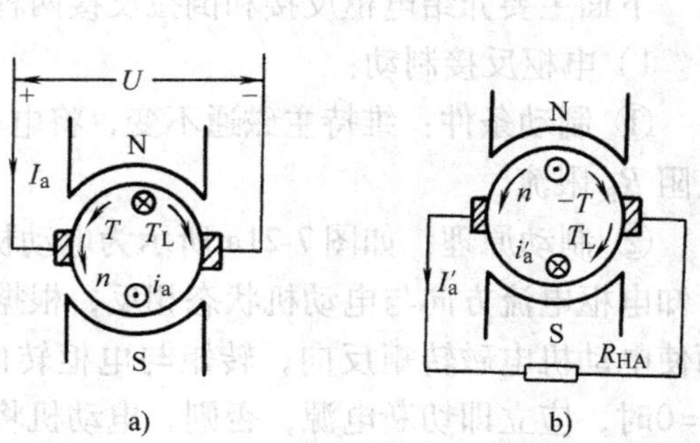

图 7-24　直流电动机能耗制动原理图

a）电动机状态　b）能耗制动状态

始时，由图7-24b可见，转动的电枢绕组切割主磁通产生的电动势E'_a，根据右手定则可确定E'_a方向如图示，在E'_a的作用下电枢电流I'_a的方向与原来电流I_a相反，再根据左手定则可以确定电磁转矩也立即改变方向，成为制动转矩，使电动机转速迅速下降，电动机进入能耗制动运行状态，转速很快降到为零，制动结束。假如电动机驱动的是位能负载，则当转速$n=0$时，还应立即采用机械制动等措施，使$n=0$。否则，位能负载也会把电动机反向拖动到一个反向转速下稳定运行。因此，电动机在驱动位能负载时，不能采用能耗制动的方法。

能耗制动时，电枢电流与电枢电动势的方向一致，电动机处于发电机工作状态，它将电枢惯性转动的机械能转换成电能，消耗在电枢回路的电阻(R_a+R_{HA})上。

（3）回馈制动

1）制动条件：直流电动机在正常运行时，由于外部原因，使电动机的转速大于理想空载转速，即$n>n_0$，电动机自动进入回馈制动状态。

2）制动原理：当电动机所拖动的负载使$n>n_0$时，使电动机的反电动势E_ε，改变为感应电动势，且感应电动势大于电枢端电压，电枢电流方向随之改变，此时转矩与负载转矩方向相同，但与原来电磁转矩T相反，变为制动转矩，电动机转变为发电机运行状态，不仅限止转速升高，而且把电能回馈给电源，故称为回馈制动或再生发电制动。

五、直流电动机的拆装及常见故障的排除

1. 直流电动机的拆装

直流电动机拆装的目的主要有保养和修理两种。对电动机保养时的拆装工艺程序一般有拆卸、清洗零件、更换易损件、装配和试验。

（1）直流电动机的拆卸　直流电动机在拆卸前应在刷架处、端盖与机座配合处等做好标记，便于装配。其拆卸的工艺步骤如下。

1）拆除电动机的所有外部接线。

2）拆除换向器端的端盖螺栓和轴承盖螺栓，并取下轴承外盖。

3）打开端盖的通风窗，从刷握中取出电刷，再拆下接到刷杆上的连接线。

4）拆卸换向器端的端盖，若有必要时，再从端盖上取下刷架。

5）用厚纸或布将换向器包扎好，以保持清洁及不碰伤换向器。

6）拆卸轴伸端的端盖螺栓，把连同端盖的电枢从定子内小心地抽出或吊出，不要擦伤电枢绕组端部绝缘。

7）拆除轴伸端的轴承盖螺栓，取下轴承外盖及端盖，若轴承已损坏或需清洗时，还应拆卸轴承。

8）将电枢放在木架上，并用布包扎好。

（2）直流电动机的装配　直流电动机的装配可按拆卸的相反顺序进行。但对需要进行修理的直流电动机，在拆卸前要先用仪表和观察法进行整机检查，然后在拆卸电动机后查明故障原因，并采用维护和绕组修理等平行作业法，来缩短修理周期。一般标准的修理工艺程序，如图7-25所示。

2. 直流电动机常见故障的排除

直流电动机运行时，常见的故障可分为机械和电气两方面。

机械方面的故障主要有电枢与定子铁心相擦、振动过大和轴承过热等。

电气方面的故障主要有换向器与电刷间产生过大火花、电枢或励磁绕组产生短路、断路

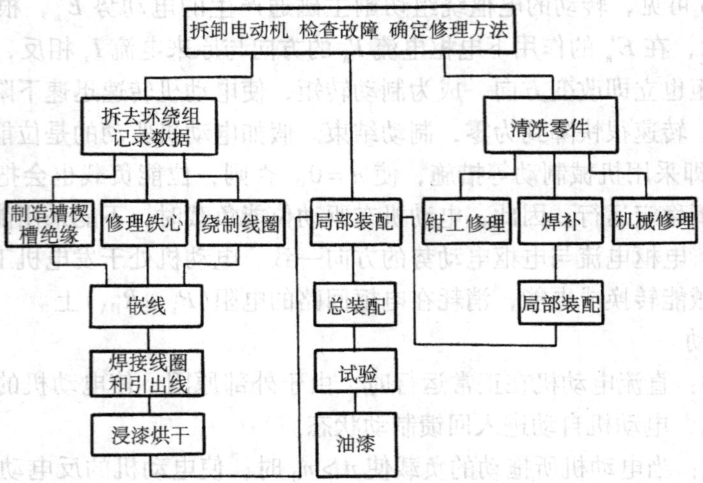

图 7-25　直流电动机修理的工艺程序

及通地等。

（1）机械故障

1）电枢与定子铁心相擦。由于直流电动机的气隙与交流异步电动机相比，它具有较大的气隙，一般不易发生相擦的故障。产生电枢与定子铁心相擦的原因有：

① 主磁极或换向极固定螺栓松动、主磁极或换向极产生移位，造成电枢与定子铁心相擦，只要把相应的紧固螺栓拧紧，调整好气隙，故障就可以消除。

② 电动机的端盖止口或机座止口磨损变形或端盖轴承孔磨损，形成了定子铁心与电枢不同心，以致相擦，一般只要修正端盖或机座止口或将端盖轴承孔镶套，就可解决。

③ 电枢上某些物体如箍紧带(钢丝或尼龙)、槽楔、绝缘垫层等松动甩脱引起相擦，重新扎紧后就可解决。

2）电动机振动。其主要的原因有：

① 电动机的电枢动平衡没有达到要求或电枢两端平衡块移位或脱落所致，可重校动平衡或进行调整来解决。

② 由于转轴弯曲，组装时气隙不均匀，轴承损坏及定子和电枢不同心也能产生振动，可通过校直转轴、调整气隙和同心度就可消除。调整气隙时，对气隙小于 3mm 的电机，其最大或最小与平均气隙之差与平均气障的比值应不超过 ±10%；对气隙大于 3mm 的电机，应不超过 ±5%；同一轴承线上两端气隙之差不超过平均气隙的 5%。

3）轴承过热。轴承过热的原因有：

① 电动机振动或同心度不良，都易使轴承过热。

② 轴承内润滑脂过多或过少也能引起轴承过热，因此通常在轴承座内加入的润滑脂以占其空间的 1/3 ~ 1/2 为宜，高速电机可略少些，轴承座要定期清洗、检查和添加润滑脂。

③ 轴承的滚珠磨损也会引起轴承过热，这时伴有特殊噪声，可及时更换来消除故障。

（2）电气故障

1）换向器与电刷间出现严重火花。在电动机正常运行时，电刷与换向器之间的火花一般不超过 1(1/2)级，火花呈淡蓝色，微弱而细密，电刷运行稳定，无过热现象，换向器表面光亮平滑，在与电刷接触的圆周表面上，形成褐色的晶莹发亮的氧化层薄膜，这层薄膜有利于换向并能减少换向器的磨损。当电动机在有故障的情况下运行时，电刷与换向器之间将出现不正常火花。故障轻微时，火花一般呈红色，并且较为明亮，会造成电刷灼伤，换向器表面发黑，出现灼痕；而当故障较严重时，将产生剧烈火花甚至发生环火，这时火花从电刷下部向外喷射，色泽呈红绿色，这是由于电刷碎屑及换向器的铜质在高温下形成的，在这种强烈火花下，一般总伴有较强的噪声。此时，必须立即停机检修，否则电动机将很快烧坏。

产生严重火花的原因：有机缘、化学和电磁等方面。而电磁原因一般有：

① 电刷偏离几何中性线。对正、反转可逆运行的电动机，电刷应安装在几何中性线上，如果偏离了中性线，当外加同样大小的电枢电压时，将发生正、反向旋转转速不同，同时电刷下的火花在一个方向小，而在另一个方向大。

② 电枢绕组故障。当电枢绕组断路或短路时也会出现严重火花，甚至形成环火。特别是由于个别绕组元件与换向器联接部位脱焊或虚焊造成电枢绕组断路，这时的火花长而猛，每当电刷经过断路点的换向片时，火花更为明亮，并且在换向器有断路的两片换向片之间出现烧焦的黑点，这些是电枢绕组断路的特征。电枢绕组短路除了产生强烈火花外，还会引起电枢绕组短路元件过热和烧毁。

③ 换向极极性接反。这时电动机根本不能使用，即使很小负载，也会出现强烈火花，并伴有“嘎嘎”声，引起换向器过热，检查换向绕组是否接反，若接反换接一下就可排除故障。

其次，电刷牌号不符，电刷压力过大或过小，电刷研磨得不好使接触面太小，电动机过载等原因都会引起火花过大，故要区别情况进行分析和排除。

2） 电枢绕组故障的排除：

① 电枢绕组断路。电枢绕组产生断路原因，多数由于换向片与导线线头处焊接不良，或个别线圈内部导线断线，这时在运行中的电动机电刷下会产生不正常的火花。检查方法如图 7-26 所示，将直流毫伏表(也可用直流毫安表替代)跨接在相邻两换向片上，直流电源接在相隔接近一个极距的两换向片上(即 2 极电机为相隔 180°的两换向片上;4 极相隔 90°)，在正常情况下，测得片间压降一般应相等或其最大与最小值之差与平均值的比值应不大 ±5%，当绕组有断路时，毫伏表的读数将显著增大，且指针剧烈跳动。这种检查方法也称片间压降法。

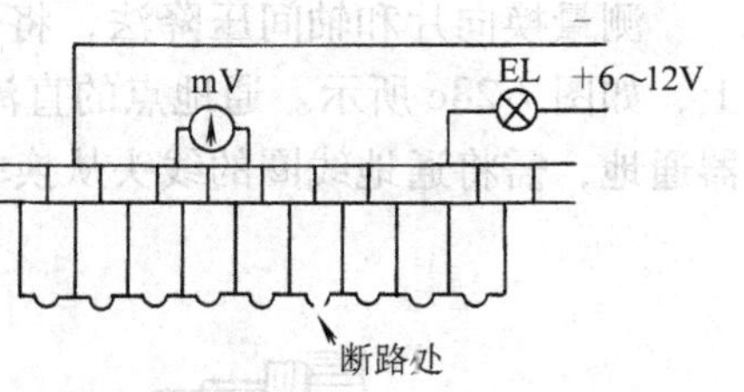

图 7-26　电枢绕组断路检查

有些类型的电枢绕组在正常表况下，片间压降也并不一定相等，只要呈现规律性变化，也属正常的。如果测量结果不显规律性变化时，则说明绕组就有故障存在。

如果故障原因是由于脱焊，则可重新焊接进行修复。如果绕组内部断线，最好是拆除重绕。有时也可采用应急措施修复，即将断路绕组从所接的两换向片上拆下，同时用绝缘包扎好线头，再用绝缘导线将被拆下绕组所跨接的两换向片跨接。对单叠绕组跨接在相邻两片换向片上，如图 7-27a 所示；对单波绕组则跨接在相隔一个极距的两换向片上，如图 7-27b 所示。

② 电枢绕组短路。绕组短路俗称碰线。产生的原因往往由于绝缘损坏，使同槽绕组匝

间短路或两相邻绕组间短路，以及由于受潮也能使绕组内产生局部短路现象。绕组短路的检查方法，仍可按图 7-26 所示的测量片间压降的方法进行。当电枢绕组匝间短路时，则在和短路绕组相连接的换向片上测得的片间压降值会显著减小；若由于换向片或升高片间短路时，则片间压降几乎等于零。

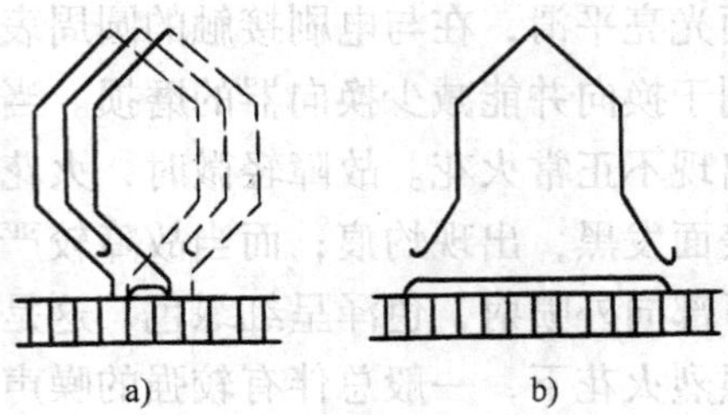

图 7-27　绕组断路应急处理方法

a）单叠绕组的跨接方法

b）单波绕组的跨接方法

如查出电枢绕组短路的线圈，也可按图 7-27 所示的绕组断路时采用的跨接方法处理。如果绕组因受潮引起的局部短路，则应先进行干燥处理后，再进行检查。

③ 电枢绕组通地。电枢绕组通地故障产生的原因，多数由于槽绝缘及绕组元件绝缘损坏，导体与硅钢片相碰所致。个别也有换向器直接通地引起，但这并不多见。

通地故障的检查方法，常用的有校灯法、测换向片间压降法及测量换向片与轴间压降法三种。

校灯检查法是将电枢取出搁在木支架上，将电源线一根串接一只 220V 小功率白炽灯接在换向片上，另一根线接在轴上，如图 7-28a 所示，如果灯泡亮，则说明电枢绕组或换向器接地。检查时，还可根据观察到的火花、烟雾和响声来判断通地故障点的位置，但一般采用此法只能判别有通地故障存在，而不能判明在何点上。

测量换向片间压降法，是将低压直流电源（干电池）串限流电阻接在换向片和轴上，如图 7-28b 所示，测量相邻换向片间的压降。在通地点的两侧，毫伏表的指针偏转方向将相反，但在与电源相接的换向片上所测得压降的反向情况不属此例。

测量换向片和轴间压降法，将低压直流电源串限流电阻接到相邻一个极距的两换向片上，如图 7-28c 所示。通地点的直流毫伏表读数将近似为零。若要判明故障是线圈还是换向器通地，需将通地线圈的线头从换向片上焊脱下来，进行分别检量后就能确定。

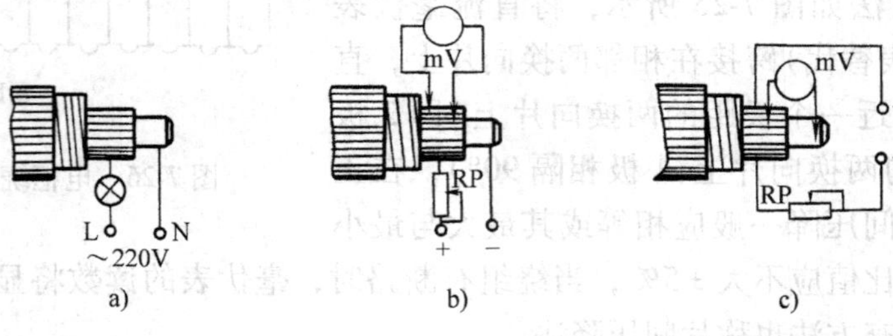

图 7-28　电枢绕组通地故障检查方法

a）校灯检查　b）测量换向片间压降检查　c）测量换向片和轴间压降检查

通地故障的修理方法有：凡是由于槽绝缘破裂或铁心叠片在某处戳入线圈，如故障点可以看到，便可以通地处插入新绝缘或将叠片修整，但如看不见故障处，则一般需对电枢绕组进行部分或全部重绕；另一种是将通地线圈弃置在电枢槽内，其方法是将通地线圈的各根引线从两换向片上拆下，并包扎好绝缘，然后将此两换向片间用导线跨接，来进行应急处理。

（3）换向器的故障

1）片间短路。按上述检查电枢绕组短路故障的方法，在确认短路存在时，可焊脱线圈线头再次测量，如确实存在片间短路且发现是由片间表面短路或火花灼伤引起，只要用图7-29所示的工具刮掉片间短路的金属屑、电刷粉末、腐蚀性物质和尘污等，就可修复；若上述方法还不能消除故障，那么就得拆开换向器，检查其内表面。

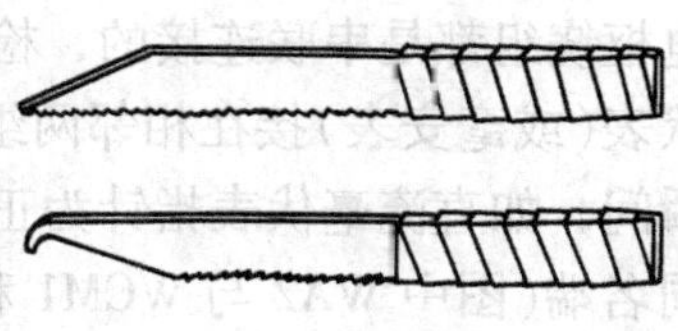

图7-29　拉槽工具

2）通地。换向器通地故障经常发生在前面的云母环上，这个环有一部分露在外面，由于灰尘、油污和其他碎屑堆积在上面造成漏电或通地故障。发生通地故障时，这部分的云母片大多已经烧毁，找出故障点比较容易，并用校灯法或万用表确认。修理时，把换向器上的紧固螺母松开，取下前面的端环，把有烧毁通地的云母刮去，换上同样厚薄的新云母片，再把它装好就能排除。

3）换向器表面凹凸不平。产生这种故障，主要是由于装配不良和过分受热等原因所引起，使换向器松弛，或者受到外力冲击。发生这种故障时，电刷下会产生火花，并发出"嘎嘎"的声音。修理时，松开端环，将凹凸的换向片校平，或加工车圆。车削时要保持换向器的同轴度，要求换向器表面的粗糙度 R_a 为1.25μm，并用干净漆刷挡住铜屑，以防止铜屑进入电枢绕组。

若换向器表面仅有轻微灼痕时，可用N320细纱布在旋转着的换向器上仔细研磨；当换向器表面出现灼痕较重时，可先用较粗的砂布粗砂，然后再用N320细砂布研磨。

4）云母片凸出。由于换向片的磨损比云母快，往往会出现云母片凸出。出现云母片凸出和换向器车削后，必须用拉槽工具进行片间云母拉槽，对不同直径的换向器，其云母拉槽的深度也不相同，其拉槽深度见表7-4。

表7-4　不同直径的换向器拉槽深度　（单位：mm）

换向器直径	<50	50～150	151～300	>300
云母拉槽深度	0.5	0.8	1.2	1.5

云母拉槽时，对换向器的换向片边缘，应进行0.5×45°的倒角，拉槽结束后必须用压缩空气将整个电枢吹净才能装配。

六、直流电动机修复后的试验

直流电动机在拆装和修理后，一般需对其性能进行测试，以判断其技术性能指标是否符合技术条件的规定。下面仅介绍有关在电动机修复后常做的试验项目及方法。

1. 绕组的极性及连接正确性检查试验

极性检查是为了确定各绕组的绕制、装配及其相互间的连接是否正确，以保证电动机的正常运行。

（1）主极绕组连接的正确性检查　直流电动机的主极总是成对的。因此，各主极励磁绕组的连接方法，必须使相邻磁极的极性按N极和S极的顺序依次排列。通常采用磁针法（即指南针）来检查极性。

（2）主极与换向极绕组连接的正确性检查　根据直流电机电枢反应得出，应使主极与换向极的交替排列关系为：顺着电枢旋转方向，在电动机中，每个主极前面装的是极性相同的换向极（若发电机为极性相反的换向极）。通常也采用磁针法来检查极性。

（3）换向极绕组和补偿绕组对电枢绕组间连续的正确性检查　换向绕组和补偿绕组与

电枢绕组都是串联连接的，检查时，应将电池分别接到换向绕组或补偿绕组二端，而直流毫伏表(或毫安表)接在相邻两组电刷上(即电枢绕组二端)，如图7-30所示。当开关SA合上瞬间，如直流毫伏表指针为正偏，则表示干电池正极和直流毫伏表正极所接的绕组一端互为同名端(图中WA2与WCM1和WCP1)，说明图中各绕组间连接是正确的。反之为反偏时，则说明电枢绕组或换向绕组和补偿组的首尾端标错，即图中首、尾端有标错。其判别的原理，是根据电枢绕组产生的磁通方向，始终与换向绕组和补偿绕组产生的磁通方向相反的原则来检查的。

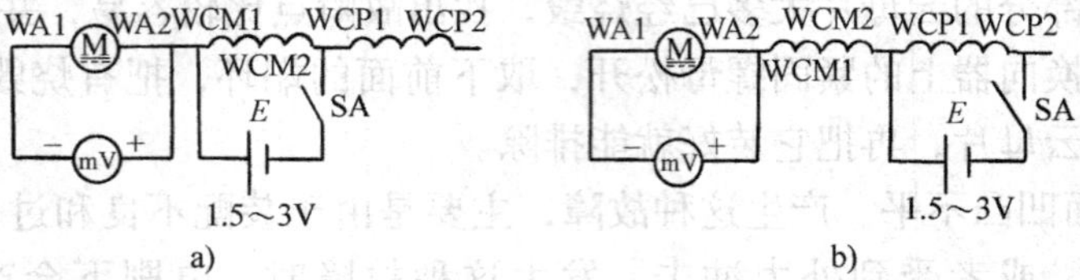

图7-30　换向极绕组和补偿绕组对电枢绕组的极性检查

a）换向极对电枢的极性检查　b）补偿极对电枢的极性检查

(4) 串励与并励绕组间连接的正确性检查　将干电池接在串励绕组上，直流毫伏表接到并励绕组二端，如图7-31所示，当开关SA合上瞬间，如直流毫伏表的指针为正偏，则干电池正极与直流毫伏正极所接的端子互为同名端，即图中WSE1、WSH1(或WSE2、WSH2)。根据所测得的同名端出线端，就可按要求将串励与并励绕组正确地连接成差复励和积复励。

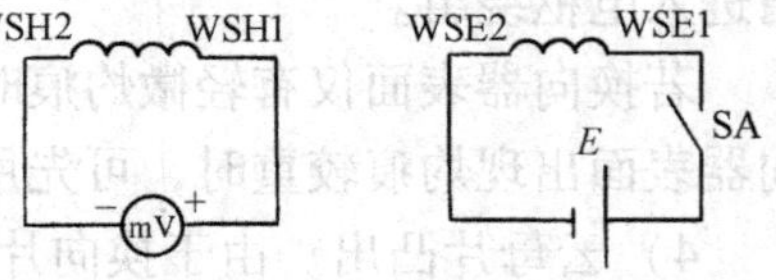

图7-31　串励绕组与并励绕组的极性检查

综上所述，一切原来接线正确的直流电动机，可以同时变换所有绕组的首、尾端标记，电动机的接线仍属正确。

2. 绕组绝缘电阻的测定

电动机绕组对机壳及绕组相互间的绝缘电阻，应在热态时(绕组温升接近额定值)或温升试验后立即进行测定。其值应不低于下式所求得的数据，即

$$R \geqslant \frac{U_N}{\left(1000 + \frac{P_N}{100}\right)}$$

式中　R——电动机绕组热态绝缘电阻(MΩ)；

U_N——电动机额定电压(V)；

P_N——电动机额定功率(kW)；

电动机在冷态时，其绝缘电阻按绕组的额定电压计算，应不低于每1kV为1MΩ。一般用绝缘电阻表测量，电动机额定电压在500V及以下，应使用500V绝缘电阻表；500V以上应使用1000V绝缘电阻表。

一般500V以下的电动机热态时的绝缘电阻应不低于0.5MΩ，而小容量电动机经大修后，其冷态绝缘电阻一般不低于2MΩ。

3. 绕组直流电阻的测定

测定绕组直流电阻时，应同时测定周围环境温度。测量绕组电阻，通常采用电桥法，用

电桥测量电阻时，测量大于1Ω的电阻，可采用单臂电桥；测量小于1Ω电阻的容量较大电动机，可采用双臂电桥。

电枢绕组直流电阻测量时：2极电动机应在相距180°的两换向片上进行测量；4极电动机应在相距90°的两换向片上测量，依次类推。同时应在被测换向片上做好记号，以便在电动机做温升试验后，可在同一换向片上测量冷态与热态电阻的值。

此外，绕组直流电阻还可采用伏安表法，即采用直流电压表和电流表的读数，就能计算出被测绕组的电阻值，即 $R=U/I(\Omega)$。

4. 电刷中性线位置的调整

要求电刷位置在中性线上，并不是要求电刷放在与磁极几何中性线同一平面的换向片上，而是要求将电刷放在换向器中性线上。换向器中性线通常与磁极几何中心线（即相邻两主磁的分界）不在同一平面上。只有在一般绕组端接部分对称的情况下，换向器上的中性线才与磁极轴线重合。

确定电刷中性线位置的方法有感应法、正反转发电机法和正反转电动机法三种。其中感应法是最常用的方法，此法是在电机静止状态下进行的。

（1）感应法　用感应法确定电刷中性线位置时，将直流毫伏表（最好采用零位在中间的毫伏表）接在相邻两组电刷上，再将1.5～3V直流电源（或干电池）串接开关SA后接在励磁绕组上，如图7-32所示。在交替将开关SA接通和断开的同时，逐步移动电刷的位置，使毫伏表的指针摆动逐渐减小直至读数为零，此时电刷的位置，便是电刷的中性线位置。然后紧固刷杆座固定螺栓，再重复校验一遍，看其是否仍在最佳中性位置上。

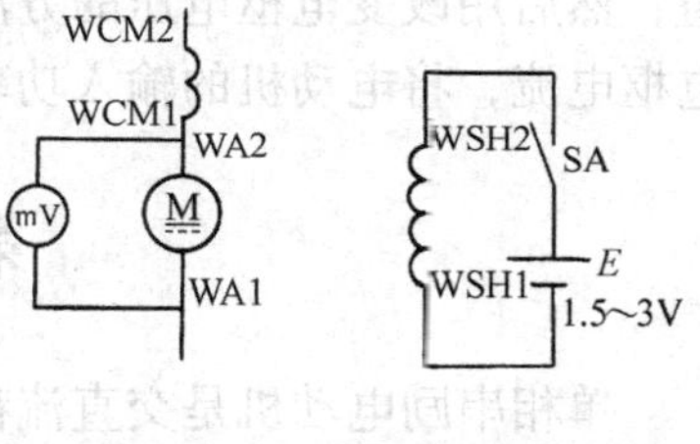

图7-32　感应法确定电刷中性线位置

对于串励电动机或以“串主并副”的复励电动机，因在串励绕组中通电时，其电流需较大。因此，在试验时应采用蓄电池或大电流的直流电源。

（2）正反转发电机法　用此法确定电刷中性线位置时，电机应接成他励或并励，其输出电压应接近额定值。调整时，使电机在转速不变、励磁电流不变及变阻器阻值不变的情况下进行正转和反转，看电机在正反转是电枢的输出电压是否相等，若不相等，则需移动刷架使之相等。移动刷架的方法是：应向输出电压高的电枢旋转方向移动，使其输出电压降低为两差值的平均值，这样反复调整，直到两个输出电压数值相等为止。

（3）正反转电动机法　用此法确定电刷中性线位置时，电动机最好接成他励方式进行试验。调整时，使电动机在外拖电压不变，励磁电流不变的情况下空载进行正转和反转，并分别测量正反转的转速，若两转速相等，此时电刷所在的位置，即是电刷的中性线位置。若转速不相等，则需移动刷架使之相等。移动刷架的方法是：应将刷架向转速高的电枢旋转方向移动，使其转速降低为两差值的平均值，这样直到电动机在正反方向旋转时的转速数值相等或正反转时的转速与其平均值之差都小于5%为止。

必须指出的是，电动机若带有串励绕组时，试验时串励绕组不可接入，以便于试验。否则，在电动机反转时，串励绕组也必须跟着反接。

5. 耐压试验

直流电动机在全部更换绕组修复装配后，有条件时需作各绕组对地及绕组间的耐压试验，以考核其绝缘强度。

试验电压为具有实际正弦波形及频率为 50Hz 的交流电。试验用的高压变压器容量选择：一般以每 1kV 试验电压，其容量至少要按 1kV · A 计算。并应有保护及安全设施。

试验电压

$$U = 1000 + 2U_N \quad (\text{应承受 } 1\text{min})$$

式中 U_N——电动机额定电压(V)。

对第一次重绕的电枢绕组，一般都要进行耐压试验，其试验电压按全部更换绕组时的 75% 计算；如第二次检修后需再作耐压试验时，试验电压应按第一次检修后的 75% 降低为 60% 进行计算。

6. 空载试验

空载试验的目的主要是测得空载特性曲线，并测量空载损耗(即机械损耗与铁耗之和)。

空载特性试验时，把电机作为他励发电机方式运行，在额定转速下空载运行一段时间后，量取电枢电压对于励磁电流的关系曲线（一般需量取 9 ~ 11 点绘制）。

测量空载损耗时，把电机作为他励电动机方式运行，逐步增加电动机的励磁电流至额定值，然后用改变电枢电压的方法，调节电动机转速至额定值，测出并记录不同电枢电压时的电枢电流，将电动机的输入功率减去电枢回路铜耗和电刷接触损耗，即为空载损耗。

第三节　单相串励电动机

单相串励电动机是交直流都能使用，所以又称为交直流两用的串励电动机，但它的结构与原理是归属于直流电动机，所以它是一种特殊形式的直流电动机。由于它转速高、体积小、起动转矩大、转速可调，能在交、直流电源上使用，因而在电动工具中得到了广泛的应用。

一、单相串励电动机

1. 工作原理

单相串励电动机的工作原理，由于它是归属于直流串励电动机的，其工作原理如图 7-33a、b所示，励磁绕组与电枢绕组串联，接至直流电源上，根据主磁通 Φ 和电枢电流 I_a 的方向，按照左手定则，可判定转子旋转方向，在图 7-33a 中是按逆时针方向旋转；如果把电源的极性互换，如图 7-33c 所示，由于是串励电动机，主磁通 Φ 及电枢电流 I_a 也都同时改变了方向，按照左手定则，转子转向仍不变，仍按原来的逆时针方向旋转。因此，当串励电动机加上单相交流电源后，如图 7-33b 所示，虽然电源极性同样在按周期性变化着，但转子的旋转方向始终是恒定不变的。所以，串励电动机可以应用在交、直流两种电源上运行。

2. 机械特性

无论将串励电动机是接到交流还是直流电源上，它的机械特性都与普通串励直流电动机的机械特性类似，它有很大的起动转矩和软的机械特性，如图 7-33d 所示。当电动机负载增加时，电枢电流 I_a 增大，因为励磁绕组与电枢绕组串联，故励磁电流也是 I_a，也随之增大，因而使主磁通 Φ 也加大。由于电动机的电磁转矩 $T = C_T\Phi I_a$，在电动机正常运行时，其磁路未饱和，Φ 与 I_a 成正比变化，故电磁转矩可写成 $T = C_T\Phi I_a = C'_T\Phi^2$。随着负载的加大，即 I_a 加大，就极大地增大了电动机的电磁转矩 T(与 I_a^2 成正比)；另一方面由于负载反力矩增加，使电动机的转速降低。这种机械特性，对电钻等电动工具的要求，极为适用，如钻直径较大的孔时(负载大)，要求力矩大，转速低些；钻直径较小的孔时(负载小)，则要求力矩小些，但转速要高些。由于单相串励电动机的空载转速非常高，可高达20000r/min，所以，电钻等是最佳选用串励电动机的电动工具，而且在修理时，一般不必拆下减速机械等进行通电校验，又可防止出现飞车而损坏电枢绕组。

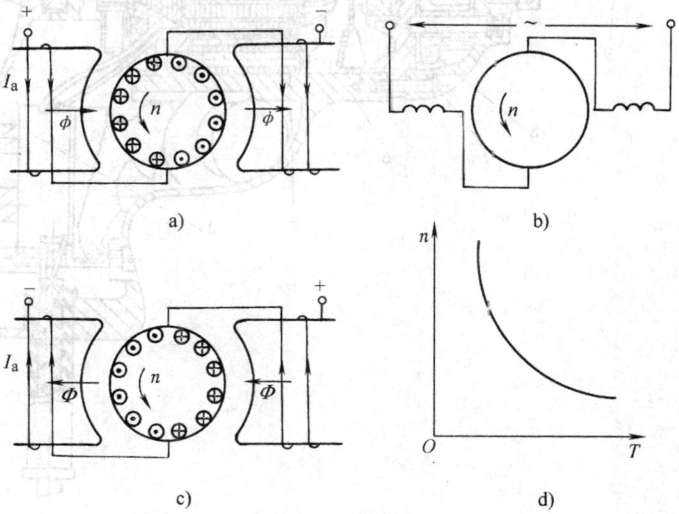

图 7-33 单相串励电动机

a)、b)、c) 原理图 d) 机械特性曲线

单相串励电动机的结构及常见故障和处理方法，在下面应用于单相电钻中来说明。

二、单相电钻

1. 结构

单相电钻主要由交直流两用串励电动机、减速箱、快速切断自动复位手揿式开关、钻夹头等部分组成，如图 7-34 所示。

2. 机械特性

单相电钻的机械特性如图 7-33d 所示，其起动转矩大，空载时转速很高，比额定转速高50%～65%，当负载转矩增大时，转速急剧下降，能满足电钻削量增加时，使转速降低而不使电动机过载的要求。因为单相电钻空载转速很高，绝对不能拆下减速箱进行空转，以防止飞车而损坏转子绕组。

3. 电枢绕组

单相电钻的电枢绕组采用 QZY 型聚酯亚胺等漆包线绕制。

电枢铁心槽数 z 通常为 7、8、9、10、11、12、13、14、15 等，一般都制成 2 极电动机，绕组的节距 y 可由下面公式确定：

单数槽的电枢绕组节距为

$$y=\frac{z-1}{2}$$

双数槽的电枢绕组节距为

$$y=\frac{z}{2}$$

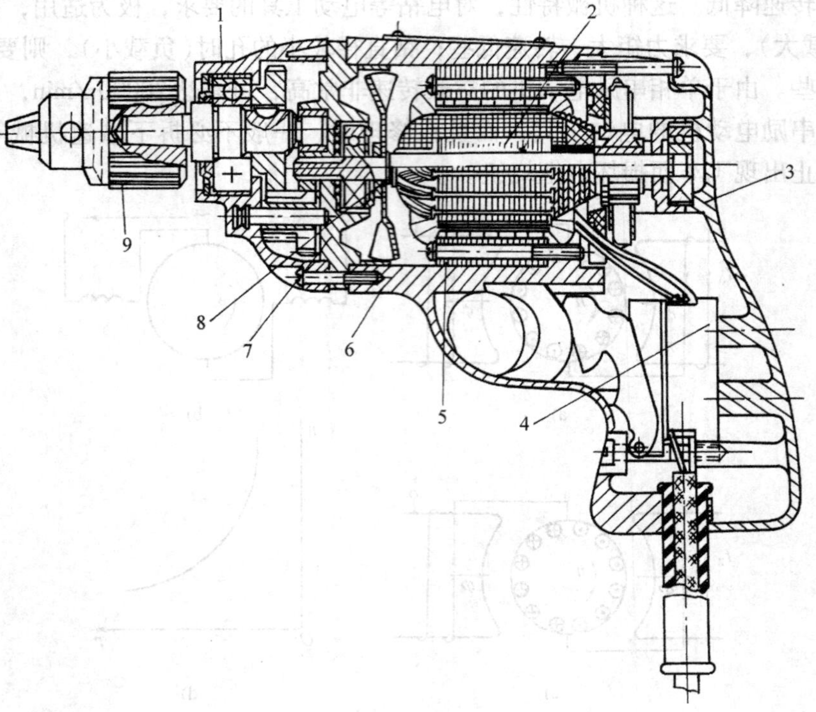

图 7-34　JIZ 型电钻的结构

1—减速箱　2—电枢　3—手柄盖　4—开关　5—定子　6—机壳　7—中间盖　8—风叶　9—钻夹头

换向片数 k 与槽数 z 之比，一般为 2:1 或 3:1，再高的比值较少采用。

转子绕组的绕制型式有两种，即叠绕式、对绕式。现分述如下。

（1）叠绕式　单数槽和双数槽的叠绕方法完全一样。现以槽数 $z=7$ 的电枢铁心为例。绕组节距

$$y=\frac{z-1}{2}=\frac{7-1}{2}=3\text{（即 1～4 槽）}$$

具体绕制方法如图 7-35a 所示，先在槽 1 与槽 4 之间绕第一个元件，再依次在槽 2 与槽 5 之间绕第二个元件，这样相邻的一个紧接着一个地绕制下去，直到绕完为止。

（2）对绕式　仍以电枢铁心槽数 $z=7$ 为例，绕组的节距为

$$y=\frac{z-1}{2}=\frac{7-1}{2}=3\text{（即 1～4 槽）}$$

对绕式的具体绕法如图 7-35b 所示，先在 1 槽与 4 槽之间绕第一个元件，而后在 4 槽与 7 槽之间绕第二个元件，如此依次一个接着一个地绕下去，即 1-4、4-7、7-3、3-6、6-2、2-5、5-1，直至回到 1 槽，绕组闭合为止。

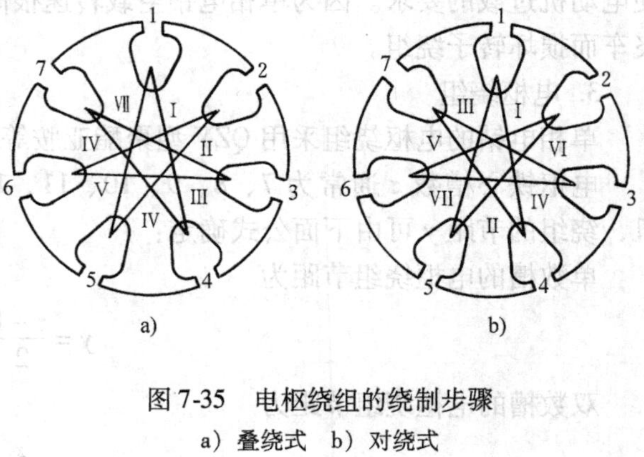

图 7-35　电枢绕组的绕制步骤

a）叠绕式　b）对绕式

对绕式电枢两条关联电路的电流较为

平衡，并且电枢绕组端部重量能均匀分布，但缠绕工艺显得比较繁琐。叠绕式电枢缠绕工艺较为简单，但其两条并联电路所载电流达不到对绕式电枢那样的平衡，此外，还由于电枢端部重量不能均匀分布，如果动平衡未校好，电枢在旋转时还会产生振动。

在绕制过程中，当每一绕组绕到应有匝数时，把导线头抽出槽外，将两根扭成一个“麻花”形，如图 7-36 所示，作为抽头之用。为了区别同一槽内接线头的先后，可把接线头套入不同颜色的套管，或将接线头做成不同长度，以便区别。

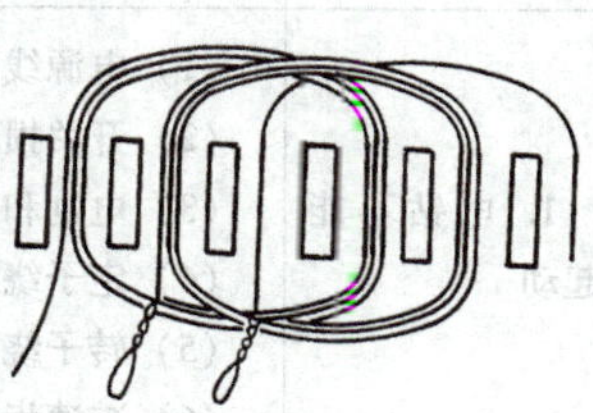
图 7-36　抽出接线头扭成麻花形

当换向器 K 是槽数的 2 倍或 3 倍时，一般都是 2 根或 3 根漆包线同时并绕的，并绕的导线数 $a=K/z$。如 6mm 电钻，电枢铁心槽数 $z=9$，换向器片数 $K=27$，则并绕漆包线数 $a=K/z=27/9=3$ 根；节距 $y=(z-1)/2=(9-1)/2=4$(即 1～5 槽)，由于 3 根漆包线并绕，每个铁心槽中共有 3 个绕组元件，9 个槽中共有 27 个绕组元件，第 1 槽的 3 个绕组元件编号为 1、2、3，相邻第 2 槽的 3 个绕组元件编号为 4、5、6，依次编下去。接线时，将 27 个绕组元件的头和尾按照相邻编号的顺序依次相连，即第 1 个元件的尾与第 2 个元件的头相连，第 2 个元件的尾与第 3 个元件的头相连……，直至第 27 个元件的尾再与第一个元件的头相连，而形成一闭合回路，共连接成 27 个接线头。但相连时，应以绕组元件头所在槽的位置为准，将尾拉到头处相连。再将 27 个接线头按绕组元件所在位置成直线地分别焊到 27 片换向器铜片上，如图 7-37c 所示；或根据原来拆除绕组时所记录的位置，如图 7-37a 或 b 那样焊到换向器片上。焊接时用松香焊剂较好，焊完后，切掉多余线头，刮清残余焊锡，最后在引出线部位用蜡线扎紧。

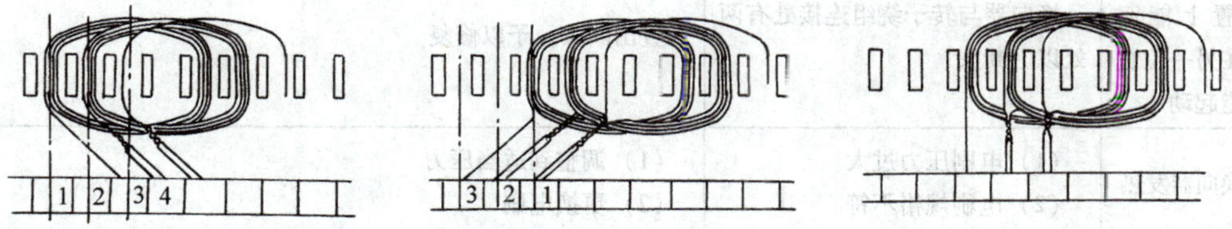

a)　b)　c)

图 7-37　引线头的焊接位置
a)、b) 错开一槽斜焊　c) 直线焊接

4. 定子绕组

单相电钻采用的单相串励电动机一般都是 2 极的，因此，定子上有两个励磁绕组。定子绕组的式样如图 7-38a 所示。定子绕组安装在铁心上的情况如图 7-38b 所示。由于单相电钻是采用 2 极电动机，转子有两条并联支路，这两条支路与定子绕组串联，因此，定子绕组的电流是转子绕组电流的两倍，故所用导线截面积必须比转子绕组导线截面积大一倍。

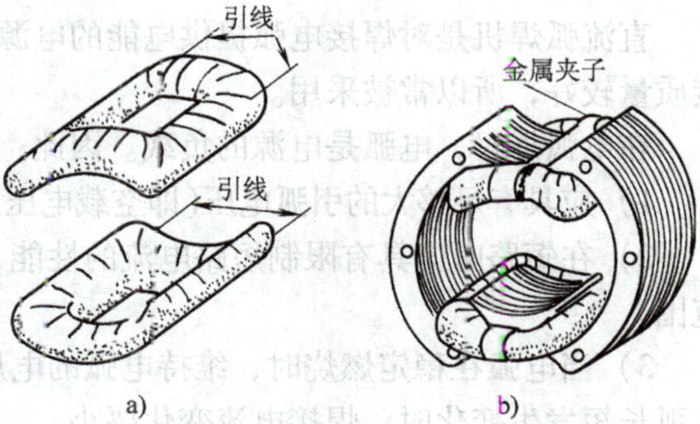

a)　b)

图 7-38　单相电钻的定子
a) 定子绕组　b) 定子绕组装在铁心上

5. 常见故障的分析及处理方法

单相电钻的常见故障分析及处理方法，见表7-5。

表7-5 单相电钻的常见故障分析及处理方法

故障现象	可能原因	处理方法
1. 电钻不能起动	（1）电源线断路 （2）开关损坏 （3）电刷和换向器不接触 （4）定子绕组断路 （5）转子绕组严重断路 （6）减速齿轮轧住或损坏	（1）用万用表或校验灯检查，如断线，调换电源线 （2）用万用表、校验灯检查，修理或调换开关 （3）调整电刷压力及改善接触面 （4）如断在出线处，可重焊后使用，否则要重绕 （5）重绕绕组 （6）修理或调换齿轮
2. 电钻转速慢	（1）转子绕组短路或断路 （2）定子绕组通地或短路 （3）轴承磨损或减速齿轮损坏	（1）电钻转速慢、转矩也小，换向器与电刷间产生很大火花，火花呈红色；停车后： 1）用短路测试器检查，如绕组短路，重绕绕组 2）用万用表检查换向器与绕组连接处，如发现少量断路或脱焊，应连接重焊 （2）用绝缘电阻表、校验灯检查定子绕组对地绝缘或用电压降法检查各个绕组；如发现短路绕组，必须加修复或重绕 （3）调换轴承或齿轮
3. 换向器与电刷间火花较大	（1）定、转子绕组短路或断路 （2）电刷和换向器接触不良 （3）电刷规格不符	（1）参看本表“电钻转速慢”的处理方法 （2）增加电刷压力；若电刷太短，应更换电刷或改善接触面 （3）调换电刷
4. 转子在某一位置上能起动，在另一位置上不能起动	换向器与转子绕组连接处有两处以上断头	查出断头，予以修复
5. 换向器发热	（1）电刷压力过大 （2）电刷规格不符	（1）调整到适当压力 （2）更换电刷

第四节 直流弧焊机

直流弧焊机是对焊接电弧提供电能的电源设备。由于直流弧焊机的焊接电流较稳定，焊接质量较好，所以常被采用。

在电弧焊时，电弧是电源的负载。因此，直流弧焊机必须满足弧焊工艺的下列要求：

1）应具有足够大的引弧电压(即空载电压)，一般直流手弧焊机的空载电压为50～90V。

2）在短路时应具有限制短路电流的性能，其短路电流一般应限制在1.5倍焊接电流的范围。

3）当电弧在稳定燃烧时，维持电弧的电压要比引弧电压低(一般在20～40V)。同时在电弧长短发生变化时，焊接电流变化要小。

4）对焊接电流应有一定的调节范围，来适应不同的焊接需要。

5）对焊机要有一定的动特性，来适应负载变化的需要。一般要求动特性的过渡过程时间不超过 0.05s。

根据以上要求，对手工电弧焊电源必须具有陡降的外特性。

直流弧焊机有旋转式和整流式两类，其特点和适用范围见表 7-6。

表 7-6　直流弧焊机的特点和适用范围

电源类型	旋转式直流弧焊机	整流式直流弧焊机
输出及电弧特点	(1) 输出为直流，其外特性可以是平的或下降的 (2) 磁偏吹现象较明显	(1) 输出为直流或直流脉冲，其外特性可以是平的或下降的 (2) 有磁偏吹现象
运行特点	(1) 大多接三相电源，空载损耗较大 (2) 维修复杂	(1) 大多接三相电源，空载损耗较小 (2) 维修较复杂
适用范围	用于较重要焊接结构的手工电弧焊（常使用碱性焊条）、各种埋弧焊及气体保护弧焊	

一、旋转式直流弧焊机

直流弧焊机是一种特种直流发电机。它具有调节装置，用以获得所需的电流输出范围，并有指示装置，用以指示输出数值。

旋转式直流弧焊机，常由三相异步电动机驱动并与之组合成一体，构成同轴变流机组，其结构示意图如图 7-39 所示。下面介绍三种不同类型的弧焊发电机的工作原理及接线图。

1. 裂极式直流弧焊发电机

AX-320（AT-320）型三电刷裂极式直流弧焊发电机的电气接线图如图 7-40 所示。

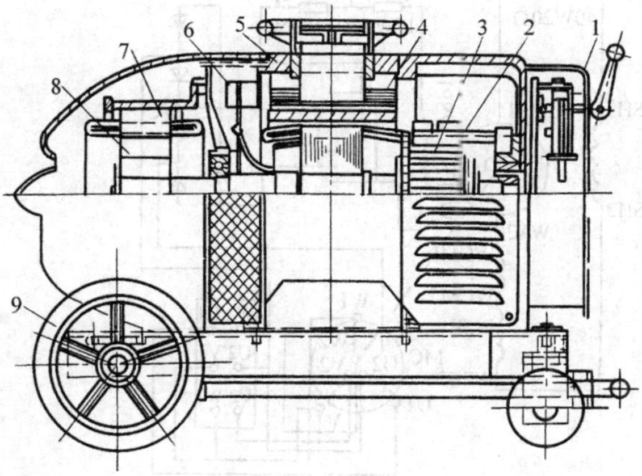

图 7-39　旋转式直流弧焊机结构示意图

1—控制箱　2—刷架　3—换向器
4—发电机电枢　5—发电机定子　6—风扇
7—电动机定子　8—电动机转子　9—滚轮

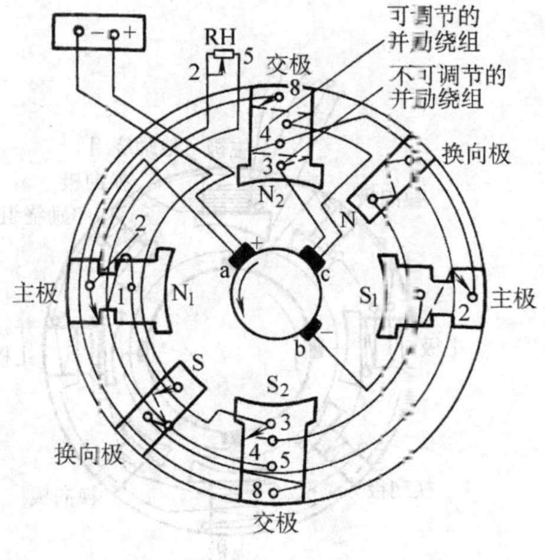

图 7-40　AX-320 型直流弧焊发电机电气接线图

在结构上，弧焊发电机有 4 个不是交替分布的磁极，而是 2 个北极 N_1、N_2 和 2 个南极 S_1、S_2 相邻分布着，所以它实质上是一台两极直流发电机。4 个磁极中，N_1、S_1 称为主极，铁心截面狭窄，磁路容易饱和，N_2、S_2 称为交极，铁心截面积较大，磁路不易饱和。

直流弧焊发电机有两组并联的并励绕组，一组分布在 4 个磁极上的是不可调的，另一组可以调节的分布在 2 个交极上。

弧焊发电机空载时，虽然主极磁路饱和，但交极未饱和，因此发电机的总磁通能产生足够大的感应电动势来满足引弧要求。当发电机带上负载后，由于电枢反应使交极产生去磁作用，而主磁极则因磁路已经饱和而没有多大的增磁作用。所以，随负载增大，发电机的总磁通 $\Phi=\Phi_{主}+\Phi_{交}$ 将大大减少，这将使发电机感应电动势 $E_a=C_e\Phi n$ 也大大减少，从而使弧焊发电机获得了陡降的外特性。

同时由于主磁极饱和，在各种负载情况下，电刷 a、c 间的电压几乎不变，因此，并励绕组如同接在恒压源上。

焊接电流的调节分为粗调和细调两种：粗调可用手柄移动刷架，粗调共有 3 档位置，即大、中、小，可定位在机盖上的 3 个凹槽内，若顺电机转向移动刷架，可使工作电流减小。反之，将增大工作电流；细调可用手轮改变并励绕组电路中的变阻器的电阻值，来实现按粗调三挡电流范围内，进行电流的细调节。

2. 换向极去磁式直流弧焊发电机

AX3-300-2 型换向极去磁式直流弧焊发电机共有 4 个主极和 4 个换向极。它与一般直流发电机不同的是，其磁极极靴两边不对称，其中一边较突出，另一边则较短，具有倾斜而且是不均匀的空气隙。换向极铁心亦较宽，起磁分路的作用。在 3 个主极上绕有并励绕组，余下的 1 个主极上则绕他励绕组。此外，在 4 个主极上都绕有串励绕组，其电气接线图如图 7-41a所示。

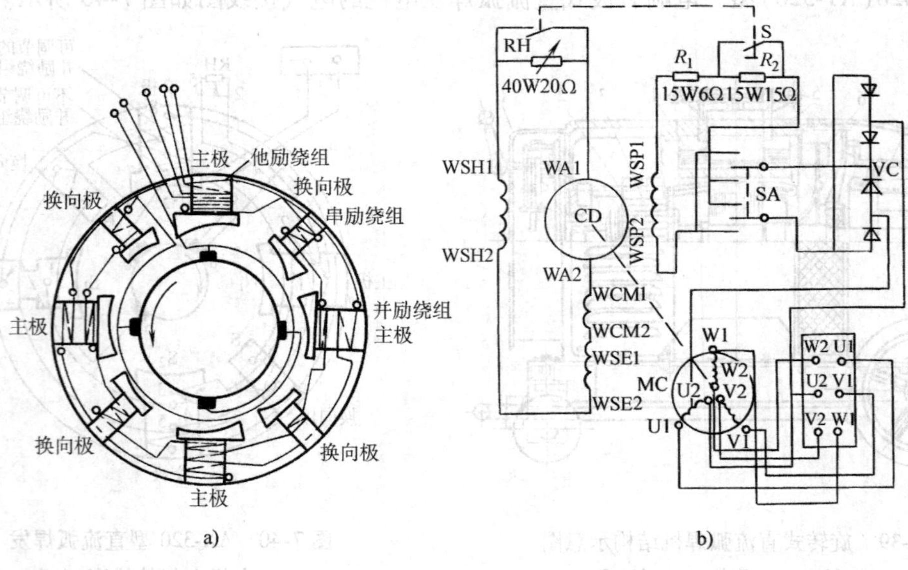

图 7-41　AX3-300-2 型直流弧焊机

a）电气接线图　b）电气原理图

弧焊发电机的工作原理是，由于串励绕组接成积复励，则当负载增大时，串励绕组产生的磁通使主磁极迅速饱和，主极部分的磁通成为漏磁通经过换向极的前极尖(突出的极靴)、磁轭而回到主极。发电机负荷越大，漏磁通就越多，因此通过主极与电枢的磁通大大减少，从而获得陡降的外特性。

他励绕组由三相异步电动机定子的一相绕组抽头，取出的交流电源经单相桥式整流后供电，如图 7-41b 所示。

焊接电流的调节分粗调和细调两种：粗调节分两档，有“大”和“小”标号的单掷开关来控制，它是由将他励和并励绕组中的附加电阻分别接入或断开来实现；细调节可用手轮改变电刷的位置来进行调节。如需要变换输出直流的极性，只要扳功标有“顺’或“倒”标号的双掷开关，不必更换焊接回路的连接线。

3. 差复励式直流弧焊发电机

AX1-500（AB-500）型差复励式直流弧焊发电机的电气接线图如图 7-42 所示。

弧焊发电机在结构上，共有 4 个主磁极和 4 个换向极，并有串励和并励两组绕组，其中并励绕组分布在 4 个主磁极上，并接在工作电刷 a 及辅助电刷 c 上串励绕组分布在 2 个主磁极上，与电枢绕组（a 电刷）串接，并有抽头。串励绕组所产生的磁通与主磁通方向相反。

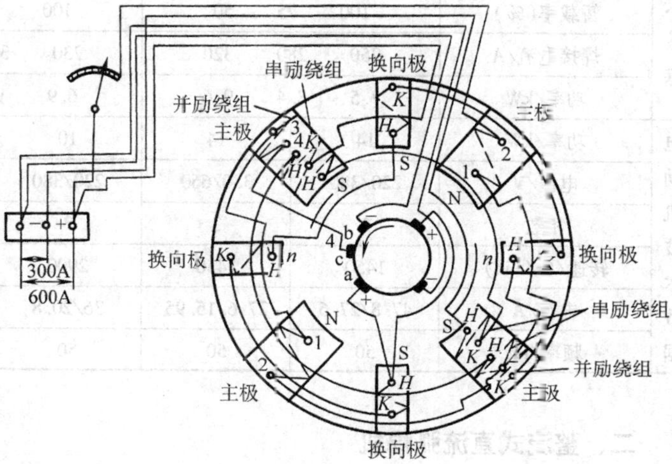

图 7-42　AX1-500 型直流弧焊发电机电气接线图

弧焊发电机空载时，利用剩磁进行自励，发电机空载电压上升，此时由于没有负载电流，发电机不产生电枢反应，故没有去磁作用，因而，使发电机获得较高且稳定的空载电压，以便于引弧。

当发电机负载时，发电机中的合成主磁通 $\sum\Phi$ 由并励磁通 Φ_1、串励磁通 Φ_2 和电枢反应磁通 Φ_a 三部分组成，即 $\sum\Phi=\Phi_1+\Phi_2+\Phi_a$。由于 Φ_2 与 Φ_a 在主磁极一边的方向相反，如图 7-43 所示。因此，随焊接电流变化而变化的 Φ_2 与 Φ_a，基本上能相互抵消，所以在电刷 a 与 c 之间产生的电动势是由 Φ_1 决定的，故用它来自励并励绕组所建立的磁通 Φ_1，不会随焊接电流的变化而改变。但在主磁极的另一边，Φ_2 与 Φ_a 则方向相同，且与 Φ_1 方向相反起着去磁作用，所以发电机随焊接电流增加，使 $\sum\Phi$ 减小，焊机的端电压也随之下降，从而获得了陡降的外特性。

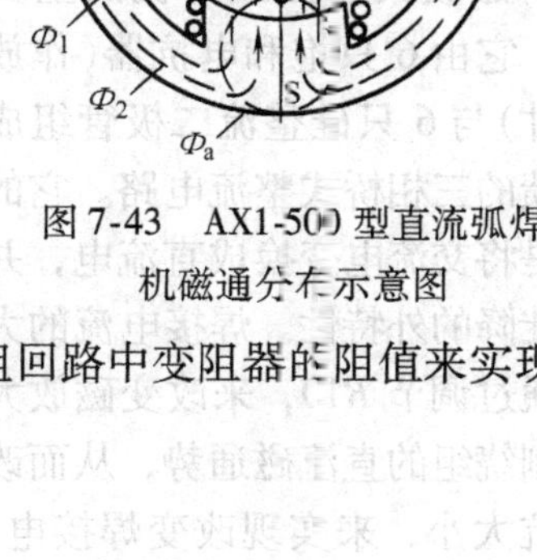

图 7-43　AX1-500 型直流弧焊机磁通分布示意图

当发电机短路时，由于 Φ_2 与 Φ_a 急剧增加，因此使 $\sum\Phi$ 变得很小，甚至使 $\sum\Phi=\Phi_1+\Phi_2+\Phi_a\approx0$，使弧焊机输出电压接近于零，从而限制了短路电流。

弧焊机的焊接电流有粗调和细调两种：粗调是用改接在接线端子板上串励绕组的匝数来实现；细调是用改变并励绕组回路中变阻器的阻值来实现。

以上三种类型旋转式直流弧焊机的技术数据，见表 7-7。

表 7-7　旋转式直流弧焊机的技术数据

项目 \ 型号		AX-320 (AT-320)			AX3-300-2 (AG300-1)			AX1-500 (AB-500)	
发电机技术数据	工作电压/V	最大 30			25～30			最大 40	
	空载电压/V	50～80			最大 68			60～90	
	电流调节范围/A	45～320			35～375			120～600	
	转速/(r/min)	1450			2900			1450	
	暂载率(%)	100	75	50	100	65	35	100	65
	焊接电流/A	250	280	320	230	300	375	400	500
	功率/kW	7.5	8.4	9.6	6.9	9	11.3	16	20
电动机技术数据	功率/kW	14		14	10		10	26	26
	电压/V	220/380		380/660	220/380		380/660	220/380	380/660
	相数	3		3	3		3	3	3
	转速/(r/min)	1450		1450	2900		2900	1450	1450
	电流/A	47.8/27.6		27.6/15.95	36/20.8		20.8/12	88.2/50.9	50.9/29.4
	频率/Hz	50		50	50		50	50	50

二、整流式直流弧焊机

整流式直流弧焊机是一种将交流电经过整流二极整流后，变换成直流电的一种直流弧焊机。由于一般都采用硅整流二极管作为整流元件，故又称为硅整流弧焊机。它与旋转式直流弧焊机相比，具有体积小、效率高、工作可靠、使用寿命长、维护简单等优点。

ZXG 系列弧焊机，可用作手工电弧焊电源和钨极氩弧焊电源，其中 ZXG-500 型弧焊机还可用作自动或半自动埋弧焊电源及碳弧切割电源。

ZXG-500 型弧焊机的电气原理图如图 7-44 所示。它由下列各部分组成：

1. 三相整流变压器 TR

它是提供硅整流器的低压三相电源。

2. 内反馈三相磁放大器（简称磁放大器）

磁放大器是弧焊机的主要部件，它由 6 只饱和电抗器（作放大元件）与 6 只硅整流二极管组成内反馈的三相桥式整流电路。它的作用是将交流电变换成直流电，并获得陡降的外特性。焊接电流的大小可通过调节 $R10$，来改变磁放大器控制绕组的直流磁通势，从而改变电抗大小，来实现改变焊接电流。

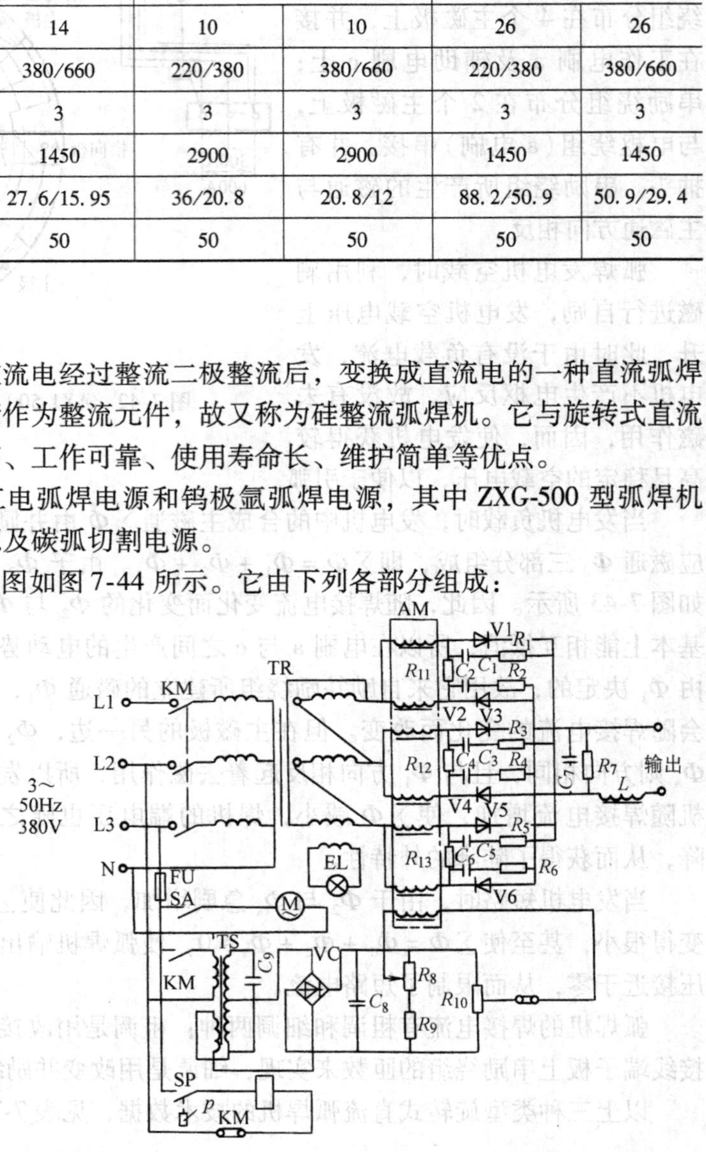

图 7-44　ZXG-500 型整流式直流弧焊机电气原理图

磁放大器的两个主要部分，即自饱和电抗器与硅整流器的作用如下：

（1）自饱和电抗器　它由3只铁心组成，每只铁心上装有交流绕组，如图7-45所示，每只铁心两旁的铁心柱上的两部分交流绕组串联起来，使该相内反馈电流（即整流后的直流分量）产生的磁路与直流控制绕组产生的磁通相叠加。直流控制绕组装在中间铁心上，为六元件所共用，内反馈（指整流后的交流分量）的电流所产生的交流磁通在共用的控制绕组中所感应的电动势总和为零。自饱和电抗器的铁心采用冷轧硅钢片，故切忌敲打振动，以防磁性能变坏。

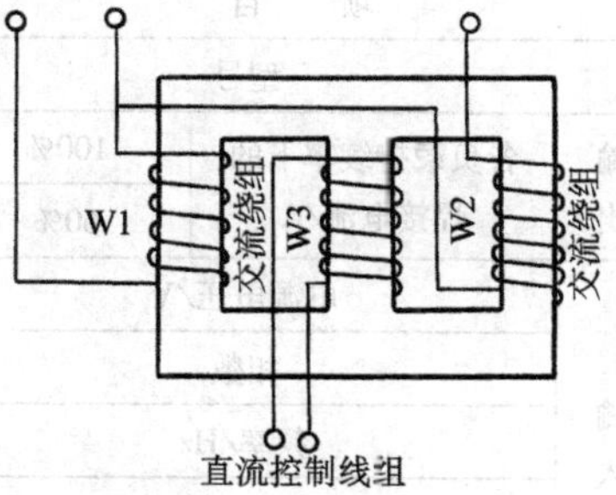

图7-45　自饱和电抗器结构示意图

（2）硅整流器组　由6只硅整流元件组成。并分别与6个放大元件串联后，接成三相桥式整流电路。由于焊机经常处于空载—负载—短路的交替工作状态，故将产生很高的瞬时过电压及过电流冲击。因此，硅整流元件采用阻容吸收电路作过电压保护，并采用风压开关SP，使焊机在不小于5m/s风速的冷却条件下才能工作。

3. 输出电抗器

输出电抗器串接在焊接回路中作滤波用。它除了使整流后的脉动直流电变得平直外，还可以减小焊接时的金属飞溅，使电弧更稳定。

4. 铁磁谐振式稳压器

为了减小电网电压的波动对焊接电流的影响，磁放大器控制绕组的电源采用铁磁谐振式稳压器TS，它输出25V交流电压，经单相桥式整流后供给控制绕组，作直流励磁用。

5. 通风机组

焊机各部件的安装，应适应不同的冷却要求。风由下部和两侧面板上的进风窗口进入焊机，经过输出电抗器、饱和电抗器、三相整流变压器后，再冷却硅整流器组，最后由背面的面板中部排风窗口排出。特别是硅整流器组应安装在出风口处，确保被安装在前面的通风机所冷却。风压开关SP安装在出风口处，它由一只微动开关及具有杠杆机构的叶片组成。当风扇被鼓风时，叶片受风压吹开使杠杆机构动作，从而使微动开关动作，接通整机电路，弧焊机才能工作。当风扇停止鼓风时，由于微动开关复位，使电路断开，即整个弧焊机停电。必须注意，严禁在风扇不鼓风的情况下，使用外力将微动开关动作，强迫弧焊机进行焊接。

ZXG系列整流式直流弧焊机的技术数据见表7-8。

表7-8　ZXG系列整流式直流弧焊机的技术数据

项目		技术规格		
型号		ZXG-200	ZXG-300	ZXG-500
输出	空载电压/V	70	70	70
	工作电压/V	25～30	25～30	25～40
	额定焊接电流/A	200	300	500
	焊接电流调节范围/A	10～200	15～300	25～500
	额定负载持续率/%	60	60	60

（续）

项目			技术规格		
型号			ZXG-200	ZXG-300	ZXG-500
输出	各负载持续率下的焊接电流/A	100%	155	230	387
		60%	200	300	500
输入	电源电压/V		380	380	380
	相数		3	3	3
	频率/Hz		50	50	50
	额定输入电流/A		23.6	32	58
	额定输入功率/kW		15.55	21	38
质量/kg			170	220	325
外形尺寸（长×宽×高）/mm			560×410×820	600×440×940	650×500×1020

直流弧焊机的故障检修见表7-9。

表7-9　直流弧焊机的故障检修

故障现象	产生原因	处理方法
1. 电刷下火花过大	（1）电刷与换向器接触不良 （2）个别电刷刷绳线接触不良，引起同组其他电刷过载 （3）电刷更换后没有研磨好 （4）电刷在盒中卡住或跳动 （5）换向片间云母凸出 （6）刷架歪曲或松动 （7）换向器分离，即个别换向片凸出或凹进	（1）仔细观察接触表面，清除污物 （2）紧固无火花电刷刷绳线节点 （3）重新研磨或减小负载试运行 （4）磨小电刷或调整电刷盒的弹簧压力及检查电刷与刷盒间隙应不超过0.3mm （5）按表7-5进行换向器拉槽 （6）重新调整或紧固 （7）不严重时可用细油石研磨，若无效，须上车床加工
2. 剩磁消失	（1）弧焊机长期不使用 （2）使用前受过激烈振动 （3）电动机反转过 （4）焊机修理或保养后出现	（1）~（4）用6~12V直流电源，通入励磁绕组数秒钟，使其磁化。如无效，可将电源极性对调，重新磁化
3. 发电机电压不能建立	（1）自励式发电机剩磁消失 （2）励磁电路断路 （3）励磁绕组出线接反 （4）励磁绕组短路 （5）旋转方向错误 （6）励磁电路中电阻过大 （7）换向器脏污 （8）至少有一组电刷磨损过度或与换向器不接触 （9）电枢绕组或换向片间短路 （10）电路中有两点接地造成短路	（1）充磁方法见故障现象2的排除方法 （2）检查励磁电路与变阻器连接是否松脱 （3）调换两出线头 （4）用电桥测量电阻并排除 （5）改变电动机转向 （6）检查变阻器，将它短路后再试 （7）用略粘汽油的干净抹布擦拭换向器 （8）更换相同牌号的新电刷 （9）用片间压降法检查，并排除短路点 （10）用校验灯或绝缘电阻表检查，并排除短路点

（续）

故障现象	产生原因	处理方法
4. 发电机电压达不到额定值	（1）转速太低	（1）用转速表测量，提高原动机转速至额定值
	（2）励磁绕组中（以并为主）部分短路	（2）用电桥或压降法检测每一线圈，修理或调换电阻、压降小的线圈
	（3）刷架（或电刷）位置不当	（3）调整刷杆座位置到输出电压最高处
	（4）串、并励绕组相互接反	（4）用指南针法分别检查后纠正
	（5）换向极绕组接反	（5）同上(4)，换向极与主磁极极性关系为，顺发电机旋转方向为 n-N-s-S
	（6）过负载或调节不当	（6）减去过载部分或重新调节
	（7）4 只复励的串励绕组接反	（7）互换串励绕组二个接线头

复 习 题

1. 简述直流电动机的基本结构及各部分的功能。

2. 简述直流电动机的工作原理。为什么说直流电机具有可逆性原理？

3. 在直流电机中为什么要有换向片和电刷？

4. 什么叫电枢反应？对直流电机有什么影响？减少电枢反应有哪些措施？

5. 直流电动机电刷下产生火花的电磁原因有哪些？消除电磁性火花的方法有哪些？

6. 电刷为什么要放在几何中性线上？如何将电刷调整到几何中性线上？

7. 如果某一直流电机的换向极绕组极性接反了，运行时会出现什么现象？

8. 环火形成的原因是什么？如何避免环火的发生？

9. 直流电动机的励磁方式有几种？试画出各接线示意图？

10. 有一台并励电动机，额定功率为 7kW，额定电压为 220V，额定效率为 80%，额定转速为 1000r/min，$R_f=40\Omega$，$R_a=0.15\Omega$。

求：（1）I_N、I_a、P_1、T_2 和 T。

（2）当 $I_a=0$ 时，电动机的转速。

（3）当负载转矩不变，在电枢中串入 0.1Ω 电阻时的稳态转速。

11. 一台他励电动机，额定功率为 5.5kW，额定电压为 220V，额定电流为 30.3A，额定转速为 1000r/min，Ra 为 0.74Ω。

求：（1）额定工作时 T_L 和 T。

（2）保持 T_N 不变，电枢中串入 1.2Ω 的电阻时，电动机的稳态转速。

（3）保持负载转矩 T_L 不变，电压降为 50% 额定电压时，电动机的稳态转速。

12. 一台并励电动机，额定功率为 10kW，额定电压为 110V，额定电流为 113.6A，额定转速为 1500r/min，R_a 为 0.1Ω，R_f 为 47Ω。

求：（1）η_N、I_a、T_L、T。

（2）当负载减小，使 $I_a=80A$ 时电动机的稳态转速。

（3）当 T_N 不变，将磁通减小到额定值的 85% 时，电动机的稳态转速。

13. 并励电动机为什么不允许在运行时断开励磁绕组？串励电动机为什么不允许在空载或轻载下起动？

14. 何谓直流电动机的机械特性？举例说明人为机械特性与固有特性有何不同？

15. 简述直流电动机的起动方法及其优缺点。

16. 直流电动机的调速方法有哪些？各有何特点？
17. 直流电动机的电磁制动方法有几种？各适用于什么场合？
18. 简述直流电动机的拆装工艺步骤。
19. 直流电动机常见的故障有机械和电气两方面，各主要有哪些故障？
20. 直流电动机(或发电机)主磁极与换向极的排列关系如何？采用什么方法来检查其正确性？
21. 直流电动机电刷中性线位置的调整方法有几种？试用一种最简便的方法来说明整调过程。
22. 简述单相串励电动机为什么可在交、直流电源上都能使用的原理。
23. 为什么单相串励电动机特别适用于电钻等电动工具？
24. 单相电钻不能起动的主要原因有哪些？如何处理？
25. 单相电钻出现火花较大的主要原因有哪些？如何处理？
26. 简述弧焊工艺对直流弧焊机的要求。

第八章　常用低压电器的选用、安装及检修

低压电器用于额定电压交流1200V或直流1500V及以下的电路内起通断、保护、控制、转换或调节作用。根据它在电气控制电路中所处的地位和作用，可分为低压配电电器和低压控制电器两大类。按照它的动作方式可分为自动切换电器和非自动切换电器两类。自动切换电器在完成接通、分断或起动、反向以及停止等动作时，依靠其本身参数的变化或外来信号而自动进行工作；非自动切换电器主要依靠外力直接操作来进行切换等动作。

第一节　低压开关

低压开关主要用于成套设备中隔离电源，也可作为不频繁地接通和分断低压供电线路，另外，它也可用作小功率笼型异步电动机的直接起动的控制。

一、负荷开关

负荷开关有开启式负荷开关及封闭式负荷开关两种类型。

1. 开启式负荷开关

常用的HK系列开启式负荷开关的外形结构如图8-1所示。开启式负荷开关适用于交流频率50Hz、电压380V、电流60A及以下的线路中，主要作为一般照明、电热等回路的控制开关用，三极开关适当降低容量后，可作为小型感应电动机的手动不频繁操作的直接起动及分断用。开启式负荷开关还具有短路保护作用。

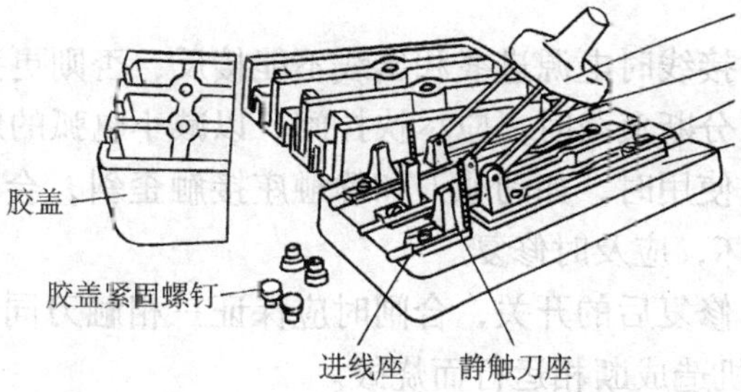

图8-1　HK系列开启式负荷开关的外形结构

（1）技术数据　常用HK系列开启式负荷开关的技术数据见表8-1。

（2）选择

1）额定电压的选择。用于照明电路时，可选用额定电压为220V或250V的两极开关；用于电动机的直接起动时，可选用额定电压为380V或500V的三极开关。

2）额定电流的选择。用于照明电路时，开启式负荷开关的额定电流应等于或大于断开电路中各个负载额定电流的总和；若负载是电动机，开关的额定电流可取电动机额定电流的三倍，也可按表8-1直接来选择。

（3）安装及使用

1）安装时不准横装和倒装，必须垂直地安装在控制箱或开关板上，并使电源进线孔在上方。

表 8-1　常用 HK 系列开启式负荷开关的技术数据

型号	额定电流 /A	极数	额定电压 /V	可控制电动机容量 /kW	配用熔丝规格			
					线径/mm	成分(%)		
						铅	锡	锑
HK1	15	2	220	1.5	1.45~1.59	98	1	1
	30	2	220	3.0	2.30~2.52			
	60	2	220	4.5	3.36~4.00			
	15	3	380	2.2	1.45~1.59			
	30	3	380	4.0	2.3~2.52			
	60	3	380	5.5	3.26~4.00			
HK2	10	2	220	1.1	0.25	含铜量不少于99.9%		
	15	2	220	1.5	0.41			
	30	2	220	3.0	0.56			
	15	3	380	2.2	0.45			
	30	3	380	4.0	0.71			
	60	3	380	5.5	0.12			

2）接线时电源进线和出线不能接反，否则更换熔丝时易发生触电事故。

3）分断负载时，应尽快拉闸，以减小电弧的影响。

4）使用时，如动触刀和静触座接触歪斜，会使接触电阻增大，动触刀和静触刀座因过热而损坏，应及时修复。

5）修复后的开关，合闸时应保证三相触刀同时合闸，如有一相没合闸或接触不良，会使电动机造成断相运行而烧毁。

6）更换熔丝必须在开关断开的情况下进行，而且应换上与原熔丝规格相同的新熔丝。

2. 封闭式负荷开关

常用的 HH 系列封闭式负荷开关的外形结构如图 8-2 所示。

这种封闭式负荷开关装有速断弹簧。对于容量较大的开关，当触刀断开电路时，动触刀与静触刀座之间的电压很高，将产生很大的电弧，若不将电弧迅速熄灭，则将烧坏触刀刃。因此，在开关的手柄转轴与底座之间装有一个速断弹簧，用钩子扣在转轴上，当扳动手柄分闸或合闸时，开始阶段 U 形双刀片并不移动，只拉伸了弹簧，储蓄了能量，当转轴转到一定角度时，弹簧力就使 U 形双触刀片快速从触刀座拉开或将触刀片迅速嵌入触等刀座，电弧被很快熄灭。

常用的三极开关的额定电压为 380V，额定电流有 15A、30A、60A、100A 和 200A 等多种。60A 及以下的用铸铁制成壳体，内部安装的熔断器类似 RC1A 型；60A 以上的，用薄钢板制成壳体；内部安装的熔断器类似 RM 型。动触头基本上有两种结构形式，30A 及以下的采用Ⅱ型双断点触刀；30A 以上的采用单触刀，但附有弧触刀，在静触刀座上通常还装有灭弧罩。

（1）技术数据　常用 HH 系列封闭式负荷开关的技术数据见表 8-2 和表 8-3。

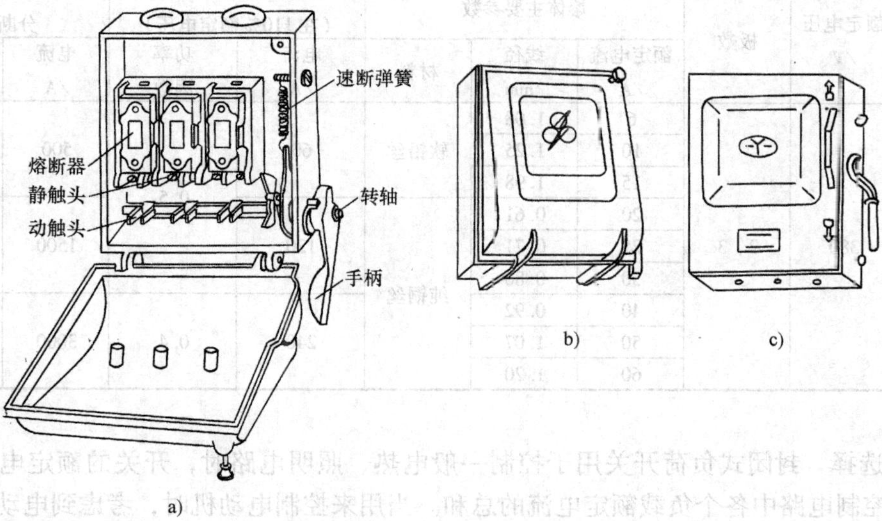

图 8-2　HH 系列封闭式负荷开关的外形结构

a）内部结构　b）60A 及以下的外形　c）60A 以上的外形

表 8-2　HH3 系列封闭式负荷开关的技术数据

额定电流/A	额定电压/V	极数	熔体主要参数			刀开关极限通断能力（在 110% 额定电压时）			熔断器极限分断能力		
			额定电流/A	线径/mm	材料	通断电流/A	功率因数	通断次数	分断电流/A	功率因数	分断次数
15	交流440 直流500	2、3	6	0.26	纯铜丝	60	0.4	10	750	0.4	2
			10	0.35							
			15	0.46							
30			20	0.65		120			1500		
			25	0.71							
			30	0.81							
60			40	1.02		240			3000		
			50	1.22							
			60	1.32							
100			80	1.62	纯铜丝	250	0.4	10	4000	0.4	2
			100	1.81							
200			100		RT10熔断器	300			6000		
			150								
			200								

表 8-3　HH4 系列封闭式负荷开关的技术数据

额定电流/A	额定电压/V	极数	熔体主要参数			触头极限通断能力（在 110% 额定电压）		熔断器极限分断能力	
			额定电流/A	线径/mm	材料	电流/A	功率因数	电流/A	功率因数
15	380	2、3	6	1.08	软铅丝	60	0.5	500	0.8
			10	1.25					
			15	1.98					
30			20	0.61	纯铜丝	120		1500	0.7
			25	0.71					
			30	0.80					
60			40	0.92		240	0.4	3000	0.6
			50	1.07					
			60	1.20					

（2）选择　封闭式负荷开关用于控制一般电热、照明电路时，开关的额定电流应等于或大于被控制电路中各个负载额定电流的总和。当用来控制电动机时，考虑到电动机的全电压起动电流为其额定电流的 4 ~ 7 倍，故开关的额定电流应为电动机额定电流的 3 倍，或根据表 8-4 来选择。

表 8-4　封闭式负荷开关可控制的电动机功率

开关额定电流/A	15	20	30	60	100	200
可控制的电动机功率/kW	2	2.8	4.5	10	14	28

（3）安装及使用

1）封闭式负荷开关可安装在墙上或其他结构上，也可以安装在钢支架上。铁壳开关安装在墙上，应事先量好固定螺栓的孔眼，然后在墙上划线打洞，埋好固定螺栓。固定在支架上时，应先将支架埋在墙上，然后用六角螺栓将开关固定在支架上。

2）封闭式负荷开关必须垂直安装在配电板上，安装的高度以操作方便和安全为原则，一般安装在离地面 1.3 ~ 1.5m。

3）封闭式负荷开关的外壳接地螺钉必须可靠地接地或接零。

4）电源线和负载的进线都必须穿过开关的进出线孔，并在进出线孔加装橡胶垫圈。

5）100A 以上的封闭式负荷开关，应将电源进线接在开关的上桩头，负载引出线接下桩头，以便检修。

6）使用操作时，不允许面对着开关进行操作，以免万一发生短路故障伤人，应用左手操作合闸。

7）更换熔丝必须在开关断开的情况下进行，且应换上与原熔丝规格相同的新熔丝。

型号含义如下：

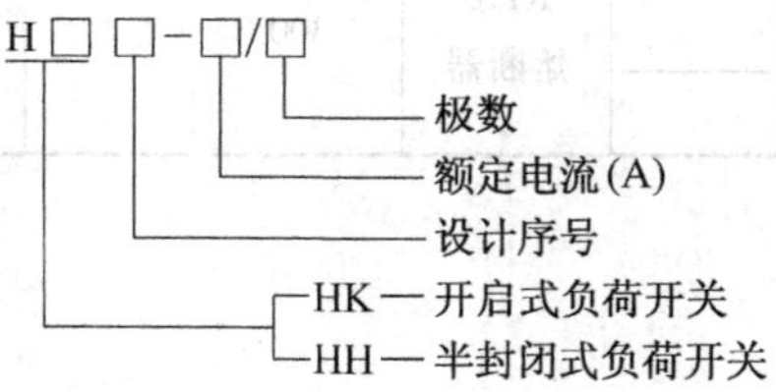

3. 负荷开关的常见故障分析

（1）合闸后一相或两相没电　故障原因一般有以下几种。

1）静触刀座弹性消失或开口过大，使触刀座与动触刀不能接触。

2）熔丝熔断或连接不良。

3）触刀座、动触刀氧化或有尘污。

4）电源进线或出线头氧化后接触不良。

（2）触刀座或动触刀过热或烧坏　故障原因一般有以下几种。

1）开关容量太小。

2）断、合闸时动作太慢造成电弧过大，烧坏触头。

3）触座表面烧毛。

4）动触刀与触刀座压力不足。

5）负载过大。

（3）开启式负荷开关的操作手柄带电故障原因一般有以下几种。

1）外壳接地线接触不良。

2）电源进出线绝缘损坏碰壳。

负荷开关在电气原理图中的图形及文字符号如图 8-3 所示。

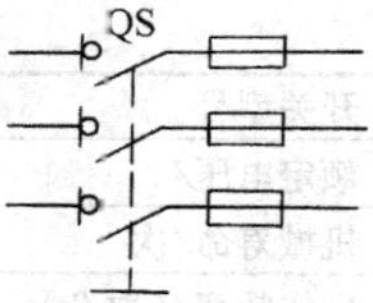

图 8-3　负荷开关的图形及文字符号

二、组合开关

组合开关的外形如图 8-4 所示。

组合开关在机床设备和其他电气设备中使用十分广泛，它体积小，接线方式多，使用非常方便。灭弧性能比刀开关好，常用于交流 50Hz、380V 以下，直流 220V 以下的电气控制电路中，供手动不频繁地接通或分断电路、换接电源和负载、测量三相电压、改变负载的连接方式，控制小功率交、直流电动机的正反转、星—三角形起动和变速换向等。

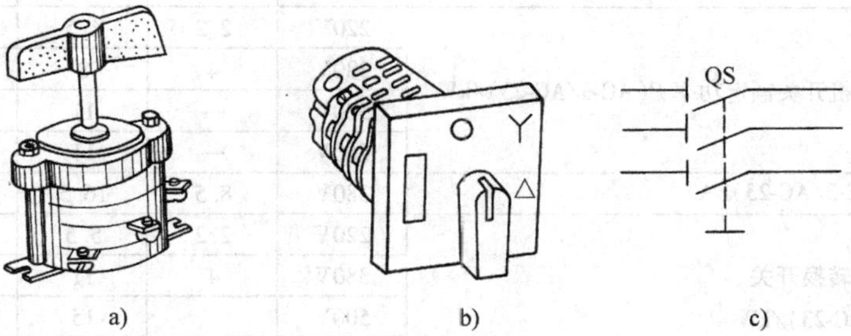

图 8-4　组合开关的外形

a）HZ10 系列　b）3LB 和 3ST 系列　c）图形及文字符号

HZ10 系列组合开关是全国统一设计产品，其通用性强，技术性能及经济效果均较好。

3LB 和 3ST 系列组合开关是引进德国西门子公司技术生产的产品，符合 IEC408、IEC204 和 IEC337 标准的规定。

1. 技术数据

常用 HZ10 系列组合开关的技术数据见表 8-5。3LB 和 3ST 系列组合开关是德国西门子的引进产品，其技术数据见表 8-6。

表 8-5　HZ10 系列组合开关的技术数据

型号	额定电压/V	额定电流/A	极数	极限操作电流/A		可控制电动机最大容量和额定电流		额定电压、电流下通断次数 交流 $\cos\varphi$	
				接通	分断	功率/kW	额定电流/A	≥0.8	≥0.3
HZ10—10	交流 380	6	单极	94	62	3	7	20000	10000
		10							
HZ—25		25	2、3	155	108	5.5	12		
HZ—60		60							
HZ—100		100						10000	50000

型号含义如下：

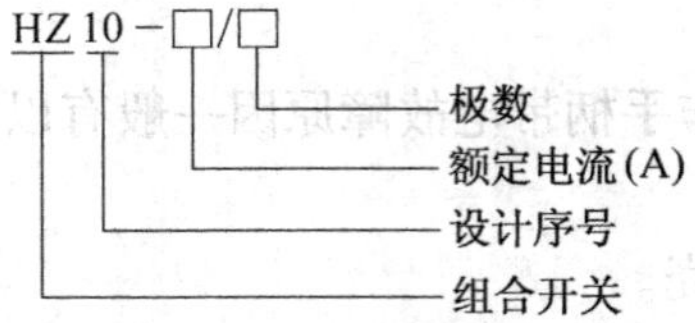

表 8-6　3ST 和 3LB 系列组合开关的技术数据

开关型号		3ST1	3LB3	3LB4	3LB5
额定电压/V		380	660	660	660
机械寿命/次		3×10^6	3×10^6	1×10^6	1×10^6
操作频率/(次/h)		500	500	100	100
交流 50Hz 电源开关控制功率 p AC-1、AC-21/kW	220V	3.8	9	11.5	19
	380V	6.5	15.5	20	31.5
	500V	—	20	26	43
	660V	—	27	35	47
额定工作电流 I_e/AC-3/AC-23/A	380V	10	25	40	63
三相交流 50Hz 电动机开关额定功率 P(AC-3/AC-23)/kW	220V	2.2	4.5	11	18.5
	380V	4	8	15	22
	500V	—	11	15	22
	660V	—	11	12	13
额定工作电流 I_e(AC-3/AC-23)/A	380V	8.5	16.5	30	45
三相交流 50Hz Y-△转换开关额定功率 P(AC-3/AC-23)/kW	220V	2.2	5.5	11	18.5
	380V	4	11	15	22
	500V		15	18.5	22
	660V		11	12	13
额定工作电流 I_e(AC-3/AC-23)/A	380V	8.5	25	35	45
单相交流 50Hz 电源开关控制功率 P(AC-1/AC-21)/kW	220V	2.2	5.2	8.5	13
	380V	3.8	9	15	22
额定工作电流 I_e(AC-1/AC-21)/A		10	25	40	63
交流 50Hz 辅助电源开关额定工作电流 I_e/(AC-11)/A	220V	7	25	32	—
	380V	6	10	14	—
	500V	—	4	6	—
在($10I_e\times1.1U_r$)下额定通断能力/VA	220V	15400	60000	77000	—
	380V	22800	42000	58000	—
	500V	—	22000	33000	—

（续）

开关型号		3ST1	3LB3	3LB4	3LB5
额定电压/V		380	660	660	660
机械寿命/次		3×10^6	3×10^6	1×10^6	1×10^6
操作频率/(次/h)		500	500	100	100
直流控制开关额定工作电流 I_e(DC-11)/A	24V	6	15	15	—
	60V	3	4.5	4.5	—
	110V	0.2	1.95	1.95	—
	220V	0.1	0.6	0.6	—
	440V	0.04	0.3	0.3	—
	600V	—	0.21	0.21	—

型号含义如下：

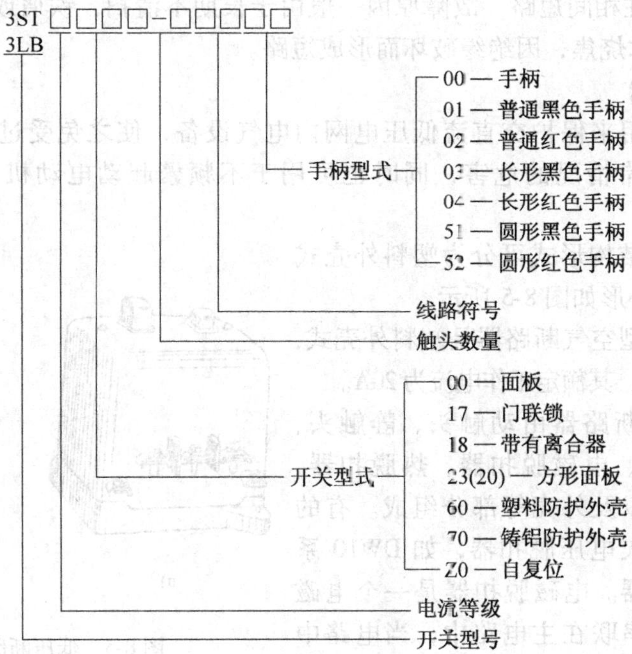

2. 选择

(1) 用于照明或电热电路　组合开关的额定电流应等于或大于被控制电路中各负载电流的总和。

(2) 用于电动机电路　组合开关的额定电流一般取电动机额定电流的 1.5 ~2.5 倍。

3. 安装与使用

1) 组合开关安装时，应注意保持手柄为水平旋转位置为宜。

2) 由于组合开关的通断能力较低，故不能用来分断故障电流。用作电动机正反转控制时，必须在电动机完全停止转动后，才允许反向接通。

3) 当负载的功率因数为 0.8 ~0.5 时，组合开关应降低容量使用，否则会影响开关的寿命；若负载的功率因数小于 0.5 时，由于熄弧困难，不宜采用 HZ 系列组合开关。

4) 使用组合开关时，应保持开关清洁，面板和触头不得有油污。

4. 组合开关的常见故障分析

（1）手柄转动90°后，内部触头未动　故障原因一般有以下几种。

1）手柄上的三角形或半圆口磨成圆形。

2）操作机构损坏。

3）绝缘杆由方形磨成圆形。

4）轴与绝缘杆装配不紧。

（2）手柄转动后，三对静触头和动触头不能同时接通或断开　故障原因一般有以下几种。

1）开关型号不对。

2）修理后触头位置装配不正确。

3）触头失去弹性或有尘污。

（3）开关接线柱相间短路　故障原因一般由于长期不清扫，铁屑或油污附在接线柱间形成导电层，将胶木烧焦，因绝缘破坏而形成短路。

三、空气断路器

空气断路器可用来保护交直流低压电网内电气设备，使之免受过电流、欠电流、短路和欠电压等不正常情况的危害，同时也可用于不频繁起动电动机以及操作或转换电路之用。

空气断路器按结构形式可分为塑料外壳式和万能式两类，其外形如图8-5所示。

常用的DZ5-20型空气断路器是塑料外壳式，属于容量较小的一种，其额定工作电流为20A。

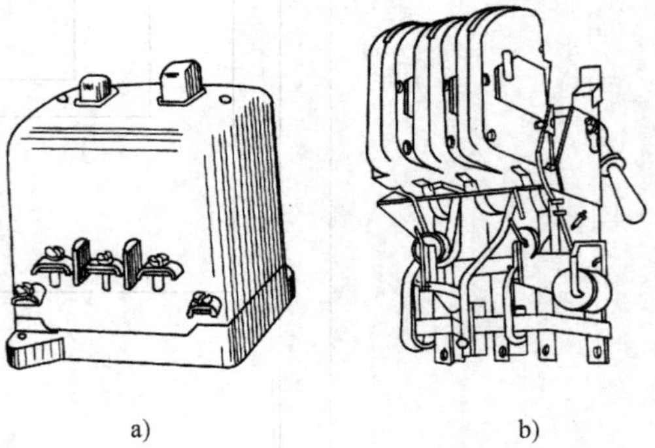

a)　　b)

图8-5　低压断路器的外形

a) DZ5系列塑料外壳式　b) DW10系列万能式

DZ5系列空气断路器由动触头、静触头、灭弧室和操作机构、电磁脱扣器、热脱扣器、手动脱扣操作机构以及外壳等部分组成。有的空气断路器还带有欠电压脱扣器，如DW10系列万能式空气断路器。电磁脱扣器是一个电磁铁，它的电磁线圈串联在主电路中，当电路中出现短路时，它就吸合衔铁，使操作机构动作，将主触头断开，可作短路保护用。电磁脱扣器带有调节螺钉，以便调节瞬时脱扣整定电流。热脱扣器是一个双金属片热继电器，发热元件串接在主电路中，当电路过载时，过载电流流过发热元件，使双金属片受热弯曲，操作机构动作，断开主触头，可作过载保护用，其顶端也带有调节螺钉，用以调整各极的同步。手动脱扣操作机构采用连杆机构，通过尼龙支架与接触系统的导电部分连接在一起，在操作机构上，有过载脱扣电流调节盘，用以调节整定电流。如需手动脱扣，则按下红色按钮，使操作机构动作，断开主触头。

DZ5-20型空气断路器的结构采取立体布置。操作机构在中间，上面是热脱扣器，下面是电磁脱扣器，接触系统在后面。除主触头外，还具有常开及常闭辅助触头各一对，上述全部结构均装在胶木(或塑料)外壳内，外壳上仅伸出红色按钮(分钮)及绿色按钮(合钮)和主辅触头的接线柱。

空气断路器的动作原理如图 8-6a 所示。图中 2 为空气断路器的三对主触头，串联在被保护的三相主电路中。当按下绿色按钮时，主电路中三对主触头 2，由锁链 3 钩住搭钩 4，克服弹簧 1 的拉力，保持在闭合状态。搭钩 4 可以绕轴 5 转动。

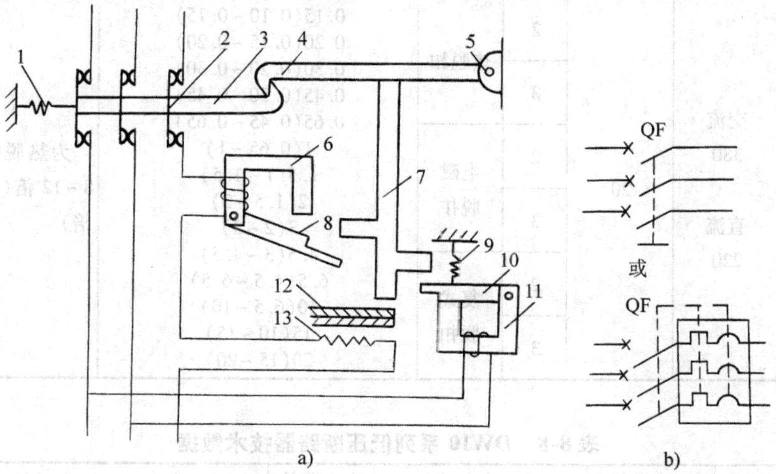

图 8-6　低压断路器动作原理及图形和文字符号

a）动作原理　b）图形和文字符号

1—弹簧　2—主触头　3—锁链　4—搭钩　5—轴　6—电磁脱扣器　7—杠杆
8、10—衔铁　9—弹簧　11—欠电压脱扣器　12—双金属片　13—发热元件

当线路正常工作时，电磁脱扣器 6 线圈所产生的吸力不能将它的衔铁 8 吸合，如果线路发生短路和产生很大的过电流时，电磁脱扣器的吸力增加，将衔铁 8 吸合，并撞击杠杆 7，把搭钩 4 顶上去，切断主触头 2。如果线路上电压下降或失去电压时，欠电压脱扣器 11 的吸力减小或失去吸力，衔铁 10 被弹簧 9 拉开，撞击杠杆 7，把搭钩 4 顶开，切断主触头 2。

线路发生过载时，过载电流流过发热元件 13 使双金属片 12 受热弯曲，将杠杆 7 顶开，切断主触头 2。

低压断路器的优点是：与使用刀开关和熔断器相比，所占面积小，安装方便，操作安全。电路短路时，电磁脱扣器自动脱扣进行短路保护，故障排除后可重复使用，不像熔断器短路保护那样要更换新的熔体。短路时，低压断路器将三相电源同时切断，因而可避免电动机的断相运行。所以低压断路器在机床自动控制中广泛应用。

空气断路器在电气原理图中的图形及文字符号如图 8-6b 所示。

1. 技术数据

常用低压断路器的技术数据见表 8-7 ~ 表 8-11。其中 3VE 系列和 ME 系列空气断路器是从德国引进技术生产的产品；AH 系列断路器是从日本引进技术生产的产品，符合 IEC157-1 和 IEC292-1 标准。

表 8-7　DZ5-20 系列空气断路器技术数据

型号	额定电压/V	额定电流/A	极数	脱扣器类别	热脱扣器额定电流（括号内为整定电流调节范围）/A	电磁脱扣器瞬时动作整定值/A
DZ5-20/200	交流 380	20	2	无脱扣器	—	—
DZ5-20/300	直流 220		3			

（续）

型号	额定电压/V	额定电流/A	极数	脱扣器类别	热脱扣器额定电流（括号内为整定电流调节范围）/A	电磁脱扣器瞬时动作整定值/A
DZ5-20/210	交流 380 直流 220	20	2	热脱扣	0.15(0.10～0.15) 0.20(0.15～0.20) 0.30(0.20～0.30) 0.45(0.30～0.45) 0.65(0.45～0.65) 1(0.65～1) 1.5(1～1.5) 2(1.5～2) 3(2～3) 4.5(3～4.5) 6.5(4.5～6.5) 10(6.5～10) 15(10～15) 20(15～20)	为热脱扣器额定电流的8～12倍（出厂时整定于10倍）
DZ5-20/310			3			
DZ5-20/220			2	电磁脱扣		
DZ5-20/320			3			
DZ5-20/230			2	复式脱扣		
DZ5-20/330			3			

表 8-8　DW10 系列低压断路器技术数据

型号	额定电流/A	过电流脱扣器额定电流/A	过电流脱扣器整定电流倍数	主电路的热稳定性/($A^2 \cdot s$)	极限分断电流 直流 440V $T \leqslant 0.01s$	极限分断电流 交流 380V，$\cos\varphi \geqslant 0.4$（周期分量有效值）
DW10-200	200	60	有 100%、150%及300%额定电流三种刻度	9×10^6	10000	10000
		100		12×10^6		
		150				
		200				
DW10-400	400	100		12×10^6 27×10^6	15000	15000
		150				
		200				
		250				
		300				
		350				
		400				
DW10-600	600	500				
		600				
DW10-1000	1000	400	有 100%、150%及300%额定电流三种刻度	80×10^6	20000	20000
		500		160×10^6		
		600				
		800		240×10^6		
		1000				
DW10-1500	1500	1000		960×10^6		
		1500				
DW10-2500	2500	1000		2160×10^6	30000	30000
		1500				
		2000				
		2500				
DW10-4000	4000	2000		3840×10^6	40000	40000
		2500				
		3000				
		4000				

表 8-9　3VE 系列断路器技术数据

型号	额定绝缘电压/V	极数	额定电流/A	热延时脱扣器电流整定范围/A	电磁瞬时脱扣器电流整定值/A	额定短路分断能力（有效值）		额定短路接通能力（峰值）		机械寿命	
						电压/V	kA/cosφ	电压/V	kA/cosφ	次	h
			0.16	0.1～0.16	1.9						
			0.25	0.16～0.25	3	220	1.5/0.95	220	2.12/0.95		
			0.4	0.25～4	4.8	380	1.5/0.95	380	2.12/0.95		
			0.63	0.4～0.63	7.5	415	1.5/0.95	415	2.12/0.95		
			1	0.63～1	12	500	1.3/0.95	500	1.84/0.95		
			1.6	1～1.6	19.2	600	1.0/0.95	660	1.41/0.95		
			2.5	1.6～2.5	30						
3VE1	660	3	3.2	2～3.2	38					10^5	25
			4	2.5～4	48						
			5	3.2～5	60						
			6.3	4～6.3	75						
			8	5～8	96						
			10	6.3～10	120						
			12.5	8～12.5	150						
			16	10～16	192						
			20	14～20	240						
			1.6	1～1.6	19						
			2.5	1.6～2.5	30	220	10/0.5	220	17/0.5		
			4	2.5～4	48	380	10/0.5	380	17/0.5		
			6.3	4～6.3	75						
3VE3	750	3	10	6.3～10	120	415	10/0.5	415	17/0.5	10^5	25
			12.5	8～12.5	150						
			16	10～16	192	500	5/0.7	500	7.7/0.7		
			20	12.5～20	240						
			25	16～25	300	600	3/0.9	600	4.3/0.9		
			32	22～32	380						
			10	6.3～10	120						
			16	10～16	192	220	100/0.2	220	220/0.2		
			25	16～25	300	380	22/0.25	380	46.2/0.25		
3VE4	750	3	32	22～32	380					3×10^4	25
			40	28～40	480	415	22/0.25	415	46.2/0.25		
			50	36～50	600	500	10/0.5	500	17/0.5		
			63	45～63	760	600	7.5/0.5	600	12.3/0.5		

表 8-10　ME 系列断路器技术数据

型号	额定电压/V		通断能力/kA		功率因数	时间常数	最大飞弧距离/mm		机械寿命/次	电寿命/次
	交流	直流	交流有效值	直流	cosφ	T/ms	板后接线	板前接线		
	380									
	500									
	660		50		0.25		500	350		
ME630～1605	1000								20000/10000	1000
		220		40						
		440		30		15				

（续）

型号	额定电压/V		通断能力/kA		功率因数	时间常数	最大飞弧距离/mm		机械寿命/次	电寿命/次
	交流	直流	交流有效值	直流	cosφ	T/ms	板后接线	板前接线		
ME2000～3205	380		80		0.2		500	350	10000	500
	500									
	660									
		220		60		15				
		440								
ME4000、4005	380		100		0.2		350		3000	150
	500									
	660									
		220		80		15				
		440								

表 8-11　AH 系列断路器技术数据

型号	额定电流/A	过电流脱扣器额定电流/A（一般工业用）	（短路分断能力/接通能力）/kA 有效值/峰值 瞬时 ～660V	～380V	MCR 660V	～250V	短延时 660V	热稳定电流/kA [1s/3s]	机械寿命/次	电寿命次数（$1I_N$、$1U_N$）	过载次数（$6I_N$、$1U_N$）
AH-6B	600	100、160	22/46.2	22/46.2	—	40/40	22/46.2	30/22	10000	1000	25
		250、400、600	30/63	42/88.2	30/63	40/40	22/46.2				
AH-10B	1000	250、400、630、1000	30/63	50/105	30/63	40/40	30/63	40/25	5000	500	
AH-16B	1600	250、400、630、1000、1600	45/94.5	65/143	45/94.5	40/40	30/63	50/45	2500	500	
AH-20C	2000	500、800、1250、2000	30/63	30/143	30/63	40/40	30/63	50/50	2500	500	
AH-20CH	2000	500、800、1250、2000	30/63	70/154	30/63	40/40	30/63	75/50	2500	500	
AH-30C	3200	2000、3200	50/105	65/143	50/105	40/40	42/88.2	65/65	2000	100	
AH-30CH	3200	2000、3200	50/105	85/187	50/105	40/40	42/88.2	85/65	2000	100	
AH-40C	4000	4000	85/187	120/264	85/187	40/40	60/132	100/70	2000	100	

型号含义如下：

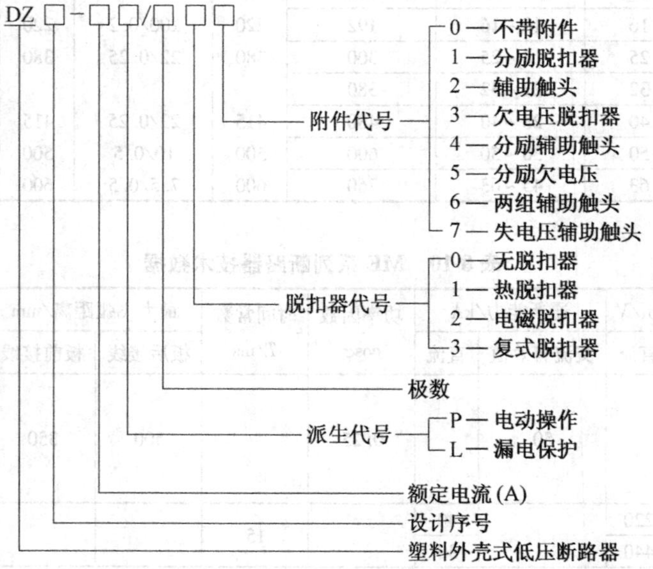

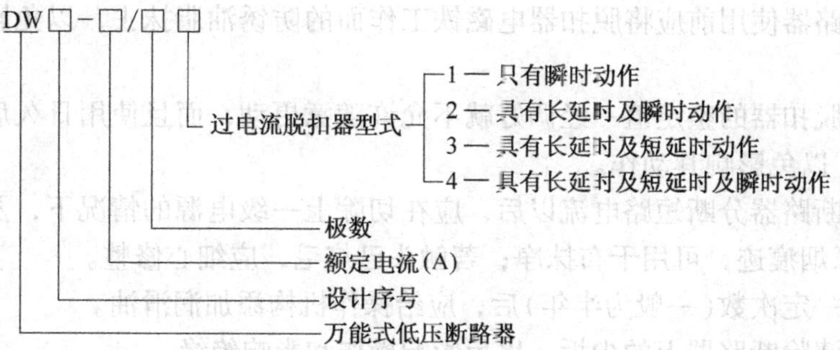

2. 选择

（1）一般低压断路器的选择

1）低压断路器的额定电压≥线路额定电压。

2）低压断路器的额定电流≥线路计算负载电流。

3）低压断路器的极限通断能力≥线路中最大短路电流。

4）$\dfrac{\text{线路末端单相对地短路电流}}{\text{低压断路器瞬时(或短延时)脱扣器整定电流}} \geqslant 1.25$

5）脱扣器额定电流≥线路计算电流。

6）欠电压脱扣器额定电压＝线路额定电压。

（2）配电用低压断路器的选择

1）长延时动作电流整定值＝(0.8～1)导线允许载流量。

2）3 倍长延时动作电流整定值的可返回时间≥线路中最大起动电流的电动机起动时间。

3）短延时动作电流整定值≥$1.1(I_{jx}+1.35KI_{dem})$。

式中 I_{jx}——线路计算负载电流；

K——电动机的起动电流倍数；

I_{dem}——最大一台电动机额定电流。

4）短延时的延时时间按被保护对象的热稳定校核。

5）无短延时时，瞬时电流整定值≥$1.1(I_{jx}+K_1KI_{dem})$。

式中 K_1——电动机起动电流的冲击系数，可取 1.7～2。

6）有短延时时，瞬时电流整定值≥1.1 倍下级开关进线端计算短路电流值。

（3）电动机保护用低压断路器的选择

1）长延时电流整定值＝电动机额定电流。

2）6 倍长延时电流整定值的可返回时间≥电动机实际起动时间。按起动时负载的轻重，可选用可返回时间为 1、3、5、8、15s 中的某一档。

3）瞬时整定电流：笼型电动机时为(8～15)倍脱扣器额定电流；绕线转子电动机时为(3～6)倍脱扣器额定电流。

（4）照明用低压断路器的选择

1）长延时整定值≤线路计算负载电流。

2）瞬时动作整定值＝(6～20)倍线路计算负载电流。

3. 安装与使用

1）低压断路器应垂直安装在配电板上，电源引线应接到有∠标志的上端。

2）低压断路器使用前应将脱扣器电磁铁工作面的防锈油脂抹去，以免影响电磁机构的动作值。

3）过电流脱扣器的整定值一经调好就不允许随意更动，而且使用日久后要检查其弹簧是否生锈卡住，以免影响其动作。

4）在低压断路器分断短路电流以后，应在切除上一级电源的情况下，及时地检查其触头。若发现有弧烟痕迹，可用干布抹净；若触头已烧毛，应细心修整。

5）每使用一定次数(一般为半年)后，应给操作机构添加润滑油。

6）应定期清除断路器上的尘垢，以免影响操作和影响绝缘。

7）应定期检查各种脱扣器的动作值，有延时者还要检查其延时。

4. 低压断路器的常见故障分析

(1) 手动操作断路器不能闭合　故障原因一般有以下几种。

1）电源电压太低。

2）热脱扣的双金属片尚未冷却复原。

3）欠电压脱扣器无电压或线圈损坏。

4）储能弹簧变形，导致闭合力减小。

5）反作用弹簧力过大。

6）锁链和搭钩长期使用而磨损。

(2) 欠电压脱扣器不能使断路器分断　故障原因一般是反力弹簧弹力变小或储能弹簧断裂和弹簧力变小。

(3) 欠电压脱扣器噪声大　故障原因一般为反作用弹簧力太大、铁心工作面有油污或短路环断裂。

(4) 电动机起动时断路器立即分断　故障原因一般为过电流脱扣器瞬时整定值太小，脱扣器某些如半导体器件、橡皮膜等损坏或脱扣器反力弹簧断裂落下。

(5) 断路器闭合后经一定时间自行分断　故障的原因一般是过电流脱扣器长延时整定值不符或热元件老化。

(6) 断路器温升过高　故障原因一般为触头压力过小、触头表面过分磨损或接触不良，或两个导电零件连接螺钉松动。

第二节　熔　断　器

熔断器是配电电路及电动机控制电路中用作过载和短路保护的电器。它串联在线路中，当线路或电气设备发生短路或过载时，熔断器中的熔体首先熔断，使线路或电气设备脱离电源，起到保护作用。它具有结构简单、价格便宜、使用维护方便、体积小、重量轻等优点，得到广泛的应用。

熔断器主要由熔体和安装熔体的熔管(或熔座)两部分组成。熔体是熔断器的主要部分，常做成片状或丝状；熔管是熔体的保护外壳，在熔体熔断时兼有灭弧作用。

熔体的材料有两种：一种是低熔点材料，如铅、锡等合金制成的不同直径的圆丝(俗称保险丝)，由于熔点低，不易熄弧，对熔断器各部分的温度影响小，一般用在小电流电路中；另一种是高熔点材料，如银、铜等，用在大电流电路中，它熄弧较容易，但会引起熔断器过热，对过载时保护作用较差。

每一种规格的熔体都有额定电流和熔断电流两个参数。通过熔体的电流小于其额定电流时，熔体不会熔断，只有在超过其额定电流并达到熔断电流时，熔体才会发热熔断。通过熔体的电流越大，熔体熔断越快，一般规定熔体通过的电流为额定电流的1.3倍时，应在1h以上熔断；通过额定电流的1.6倍时，应在1h内熔断；电流达到2倍额定电流使熔体在30～40s熔断；当达到8～10倍额定电流时，熔体应在瞬间熔断。熔断器对于过载是很不灵敏的，当设备轻度过载时，熔断时间延迟很长，甚至不熔断。因此，熔断器不宜作为过载保护用，它主要作为短路保护用。熔断电流一般是熔体额定电流的2倍。

熔管有三个参数：额定工作电压、额定电流和断流能力。

若熔管的工作电压大于其额定工作电压，则当熔体熔断时有可能出现电弧不能熄灭的危险，熔管内所装熔体的额定电流必须小于或等于熔管的额定电流；断流能力是表示熔管断开网络故障所能切断的最大电流。根据切断网络故障电流的要求：常用熔管其交流额定电压为500～600V，额定电流为500～600A，断流能力可达200kA。

一、熔断器常用系列产品

1. 瓷插式熔断器

瓷插式熔断器是由瓷盖、瓷底、动触头、静触头及熔丝五部分组成，常用RC1A系列瓷插式熔断器的外形结构如图8-7所示。

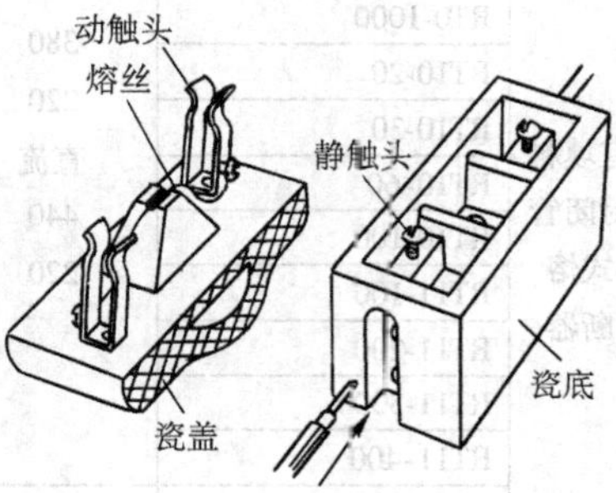

图8-7 RC1A系列瓷插式熔断器

瓷盖和瓷底均用电工瓷制成，电源线及负载线可分别接在瓷底两端的静触头上。瓷底座中间有一空腔，与瓷盖突出部分构成灭弧室。容量较大的熔断器在灭弧室中还垫有熄弧用的编织石棉。

RC1A系列瓷插式熔断器的额定电压为380V，额定电流有5、10、15、30、60、100及200A等。常用熔断器的技术数据见表8-12。

表8-12 常用熔断器的技术数据

名称	型号	熔管额定电压/V	熔管额定电流/A	熔体额定电流等级/A	最大分断能力/kA
瓷插式熔断器	RC1A-5	交流 380 220	5	2，5	0.25
	RC1A-10		10	2，4，6，10	0.5
	RC1A-15		15	6，10，15	0.5
	RC1A-30		30	20，25，30	1.5
	RC1A-60		60	40，50，60	3
	RC1A-100		100	80，100	3
	RC1A-200		200	120，150，200	3
螺旋式熔断器	RL1-15	交流 500 380 220	15	2，4，6，10，15	2
	RL1-60		60	20，25，30，35，40，50，60	3.5
	RL1-100		100	60，80，100	20
	RL1-200		200	100，125，150，200	50

（续）

名称	型　　号	熔管额定电压/V	熔管额定电流/A	熔体额定电流等级/A	最大分断能力/kA
无填料封闭管式熔断器	RM10-15	交流 500 380 220 直流 440 220	15	6，10，15	—
	RM10-60		60	15，20，25，30，40，50，60	—
	RM10-100		100	60，80，100	—
	RM10-200		200	100，125，160，200	—
	RM10-350		350	200，240，260，300，350	—
	RM10-600		600	350，430，500，600	—
	RM10-1000		1000	600，700，850，1000	—
有填料封闭管式熔断器	RT0-50	交流 500 380 220 直流 440 220	50	5，10，15，20，30，40，50	—
	RT0-100		100	30，40，50，60，80，100	50
	RT0-200		200	120，150，200	50
	RT0-400		400	200，250，300，350，400	50
	RT0-600		600	450，500，550，600	50
	RT0-1000		1000	700，800，900，1000	50
	RT10-20		20	6，10，15，20	—
	RT10-30		30	20，25，30	—
	RT10-60		60	30，40，50，60	—
	RT10-100		100	60，80，100	—
	RT11-100		100	60，80，100	—
	RT11-200		200	100，120，150，200	—
	RT11-300		300	200，250，300	—
	RT11-400		400	300，350，400	—
管式快速熔断器	RS0-250/50	250	50	30，50	50
	RS0-250/100		100	50，80	50
	RS0-250/200		200	150	50
	RS0-250/350		350	350	50
	RS0-250/500		500	400，480	50
	RS0-500/50	500	50	30，50	40
	RS0-500/100		100	50，80	40
	RS0-500/200		200	150	40
	RS0-500/350		350	320	40
	RS0-500/500		500	400，480	40
	RS0-750/350	750	350	320	30
	RS3-500/50	500	50	10，15，20，25，30，40，50	25
	RS3-500/100		100	80，100	25
	RS3-500/200		200	150，200	50
	RS3-500/300		300	250，300	50
	RS3-750/200	750	200	150	50
	RS3-750/300		300	250	50
螺旋式快速熔断器	RLS-10	500	10	3，5，10	40
	RLS-50		50	15，20，25，30，40，50	40
	RLS-100		100	60，80，100	40

2. 螺旋式熔断器

螺旋式熔断器主要由瓷帽、熔断管(芯子)、瓷套、上接线端、下接线端及座子等部分组成。常用 RL1 系列螺旋式熔断器的外形结构如图 8-8 所示。

RL1 系列螺旋式熔断器的熔断管内，除了装熔丝外，在熔丝周围填满石英砂，作为熄灭电弧用。熔断管的一端有一小红点，熔丝熔断后红点自动脱落，显示熔丝已熔断。使用时将熔断管有红点的一端插入瓷帽，瓷帽上有螺纹，将瓷帽连同熔管一起拧进瓷底座，熔丝便接通电路。

在装接时，用电设备的连接线接到连接金属螺纹壳的上接线端，电源线接到瓷底座上的下接线端，这样在更换熔丝时，旋出瓷帽后螺纹壳上不会带电，保证了安全。

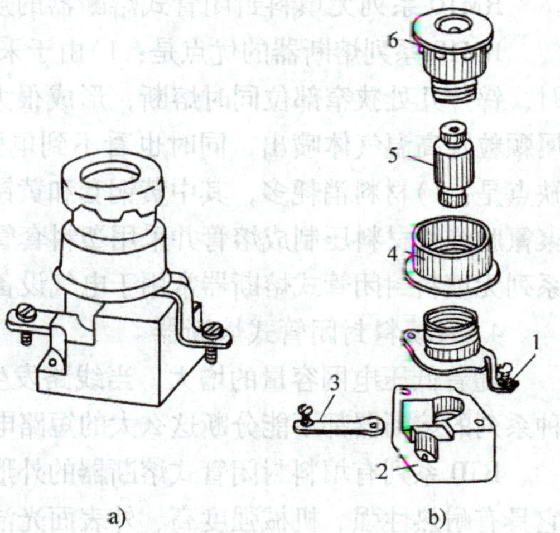

图 8-8 常用 RL1 系列螺旋式熔断器的外形结构
a) 外形 b) 结构
1—上接线端 2—座子 3—下接线端 4—瓷套 5—熔断器 6—瓷帽

RL1 系列螺旋式熔断器的额定电压为 500V，额定电流有 15、60、100 及 200A 等。RL1 系列螺旋式熔断器的技术数据见表 8-12。

RL1 螺旋式熔断器的断流能力大，体积小，安装面积小，更换熔丝方便，安全可靠，熔丝熔断后有显示。在额定电压为 500V、额定电流为 200A 以下的交流电路或电动机控制电路中作为过载或短路保护。

3. 无填料封闭管式熔断器

RM10 系列为无填料封闭管式熔断器，其外形结构如图 8-9 所示。图 a 左面是 15 和 60A 熔断器外形，右面是熔断管为 100A 及以上的熔断器外形；图 b 是熔断管为 100A 及以上的熔断器结构。它由钢纸管、两端紧套黄铜套管用两排铆钉固定，防止熔断时钢纸管爆破，在套管上旋有黄铜帽用来固定熔体，熔片在装入钢纸管前用螺钉固定在插刀上。使用时将插刀插进夹座。熔断器的熔体用锌片制成，锌片冲成有宽有窄的不同截面，宽处电阻小，窄处电阻大。当有大电流通过时，窄处温度上升较宽处快，首先达到熔化温度而熔断。

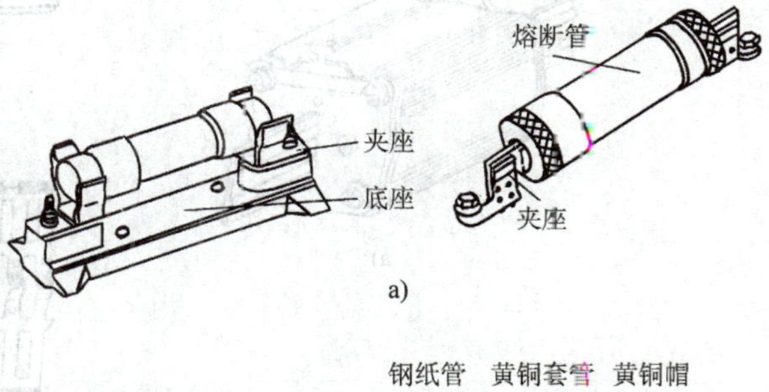

图 8-9 RM10 系列无填料封闭管式熔断器的外形结构
a) 外形 b) 结构

额定电流为 15A 和 60A 的熔断器不用插刀，电流是经由黄铜帽流过熔体。

为保证能可靠地切断所规定的断流能

力的电流，按规定，RM10系列熔断器在切断过三次相当于断流能力的电流后，必须换为新的。

RM10系列无填料封闭管式熔断器的规格如表8-14所示。

RM10系列熔断器的优点是：1)由于采用了宽窄不同截面的锌片，当电路发生过载或短路时，锌片几处狭窄部位同时熔断，形成很大间隙，故灭弧容易；2）熔片熔断时没有熔化的金属颗粒及高温气体喷出，同时也看不到电弧的闪光，对操作人员较安全；3）更换熔片方便。缺点是：1)材料消耗多，其中黄铜套和黄铜帽需用大量黄铜，为了节约铜材，目前推广采用三聚氰胺绝缘材料压制成熔管并采用塑料套管和帽子做成新型塑料熔断器；2)价格较贵。RM10系列无填料封闭管式熔断器常用于电气设备的短路保护及电缆过载保护。

4. 有填料封闭管式熔断器

随着低压电网容量的增大，当线路发生短路故障时，短路电流常高达25～50kA。上面三种系列的熔断器都不能分断这么大的短路电流，必须采用RT0系列有填料封闭管式熔断器。

RT0系列有填料封闭管式熔断器的外形结构如图8-10所示。图中熔管采用高频陶瓷制成，它具有耐热性强、机械强度高、外表面光洁美观等优点。熔体是两片网状紫铜片，中间用锡把它们焊接起来，这个部分称为“锡桥”，如图8-10c所示。熔管内填满石英砂，在切断电流时起迅速灭弧作用；熔断指示器为一机械信号装置，指示器有与熔体并联的康铜熔断丝，能在熔体烧断后立即烧断，弹出红色醒目的指示件表示熔断信号；熔断器的插刀插在底座的插座内。

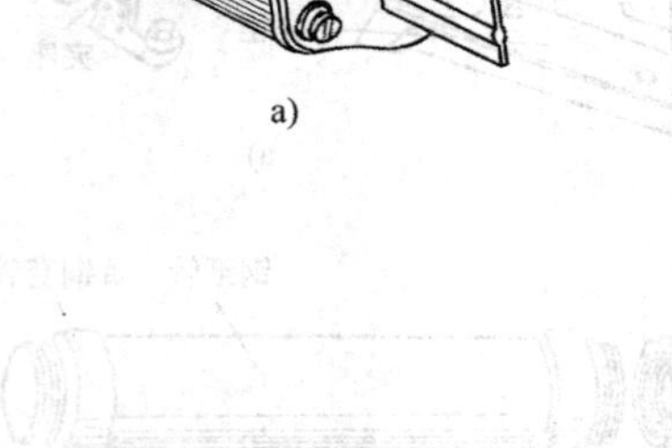
a)

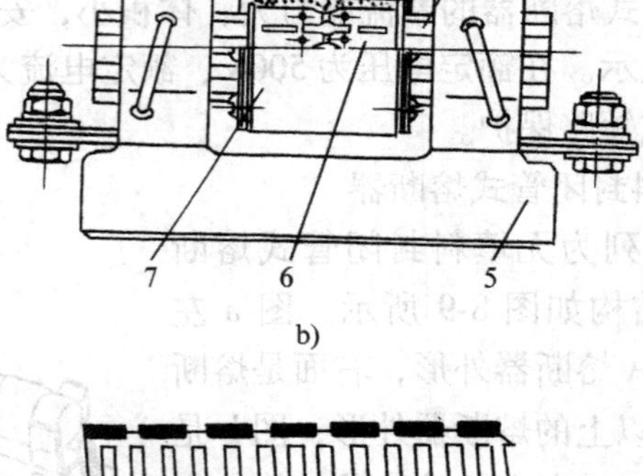

b)

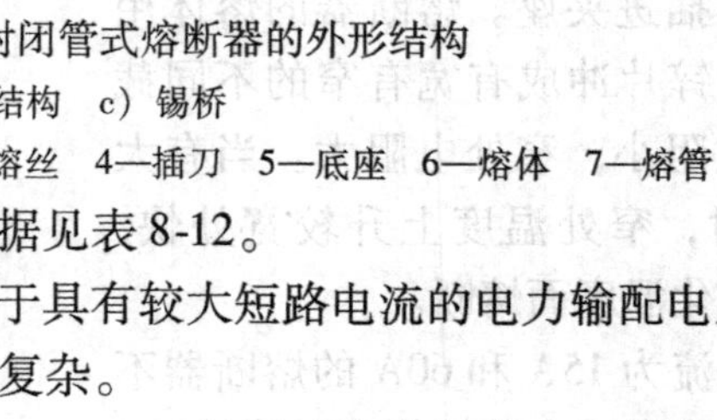

c)

图8-10　RT0系列有填料封闭管式熔断器的外形结构

a）外形　b）结构　c）锡桥

1—熔断指示器　2—石英砂填料　3—指示器熔丝　4—插刀　5—底座　6—熔体　7—熔管

RT0系列有填料封闭管式熔断器的技术数据见表8-12。

RT0熔断器的优点是极限断流能力大，用于具有较大短路电流的电力输配电系统中；缺点是，当熔体熔断后，不易拆换，制造工艺较复杂。

5. NT系列熔断器

NT系列熔断器符合IEC269标准，可作为引进电气设备的备件，其外形如图8-11所示。

NT 系列熔断器的技术数据见表 8-13。

熔断器在电气原理图中的图形及文字符号如图 8-12 所示。

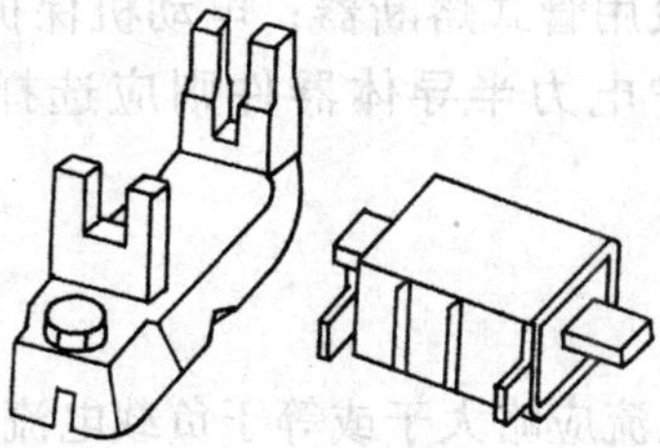

图 8-11　NT 系列熔断器

图 8-12　熔断器的图形及文字符号

表 8-13　NT 系列熔断器的技术数据

型号	额定电压/V	底座额定电流/A	熔体额定电流等级/A	额定分断能力/kA	cosφ	底座型号
NT-00	500	160	4，6，10，16，20，25，32，36，40，50，63，80，100，125，160	120	0.1 ~ 0.2	sist101
	660			50		
NT-0	500		6，10，16，20，25，32，36，40，50，63，80，100	120		sist160
	660			50		
	500		125，160	120		
NT-1	500	250	80，100，125，160，200	120		sist201
	660			50		
	500		224，250	120		
NT-2	500	400	125，160，200，224，250，300，315	120		sist401
	660			50		
	500		355，400	120		
NT-3	500	630	315，355，400，425	120		sist601
	660			50		
	500		500，630	120		

型号含义如下：

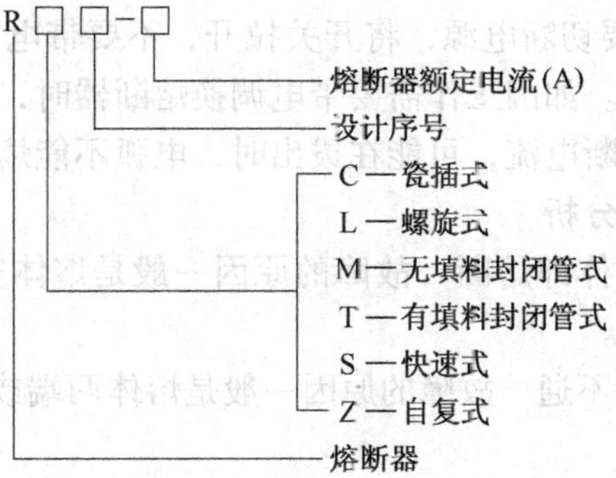

二、熔断器的选择

1. 熔断器类型的选择

应根据使用场合选择熔断器的类型。电网配电一般用管式熔断器；电动机保护一般用螺旋式熔断器；照明电路一般用瓷插式熔断器；保护电力半导体器件则应选择快速熔断器。

2. 熔断器规格的选择

（1）熔体额定电流的选择

1）对于变压器、电炉和照明等负载，熔体的额定电流应略大于或等于负载电流。

2）对于输配电线路，熔体的额定电流应略小于或等于线路的安全电流。

3）在电动机回路中用作短路保护时，应考虑电动机的起动条件，按电动机起动时间的长短来选择熔体的额定电流。对起动时间不长的电动机，可按下式决定熔体的额定电流。

$$I_{N熔体} = I_{st}/(2.5 \sim 3)$$

式中 I_{st}——电动机的起动电流(A)

对起动时间较长或起动较频繁的场合，按下式决定熔体的额定电流(A)。

$$I_{N熔体} = I_{st}/(1.6 \sim 2)$$

（2）熔断器的选择

1）$U_{N熔断器} \geqslant U_{N线路}$

2）$I_{N熔断器} \geqslant I_{N线路}$

三、熔断器的安装及使用

1）熔断器内所装熔体的额定电流，只能小于或等于熔断器的额定电流，而不能大于熔断器的额定电流；在配电线路中，一般要求前一级熔体比后一级熔体的额定电流大2~3级，以防止发生越级动作而扩大故障停电范围；熔断器的最大分断能力应大于被保护线路上的最大短路电流。

2）安装时应保证熔体和触刀以及触刀和刀座接触良好，以免因熔体温度升高发生误动作。

3）螺旋式熔断器安装时，应将电源进线接在瓷底座的下接线端上，出线应接在螺纹壳的上接线端上。

4）安装熔丝时，熔丝应沿螺栓顺时针方向弯过来，压在垫圈下，以保证接触良好；同时必须注意不能使熔丝受到机械损伤，以免减少熔体的截面积，产生局部发热而造成误动作。

5）更换熔丝时，一定要切断电源，将开关拉开，不要带电工作，以免触电；在一般情况下，不应带电拔出熔断器。如因工作需要带电调换熔断器时，必须先断开负载，因为熔断器的触刀和夹座不能用来切断电流，可能在拔出时，电弧不能熄灭，引起事故。

四、熔断器的常见故障分析

（1）电动机起动瞬间熔体即熔断　故障的原因一般是熔体安装时受损伤或熔体规格太小，以及负载侧短路或接地。

（2）熔丝未熔断但电路不通　故障的原因一般是熔体两端或接线端接触不良。

第三节 接 触 器

接触器是一种适用于远距离频繁接通和分断交直流电路的电器。常用交流接触器的外形及电气原理图符号如图 8-13 所示。

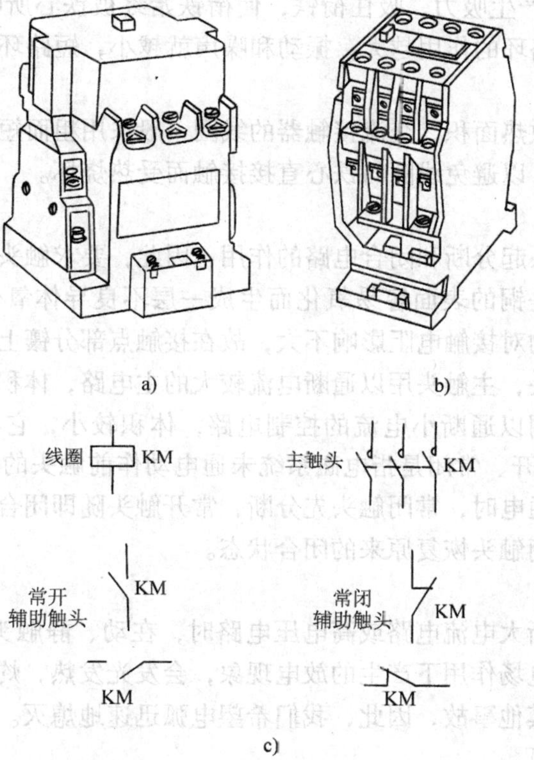

图 8-13 交流接触器
a）CJ20-40 型 b）3TB、3TH 系列接触器 c）图形及文字符号

一、交流接触器的结构

交流接触器主要由电磁系统、触头系统、灭弧装置等部分组成。

1. 电磁系统

电磁系统是用来操作触头闭合与分断用的，包括线圈、衔铁（动铁心）和铁心（静铁心）。交流接触器的铁心一般用硅钢片叠压铆成，以减少交变磁场在铁心中产生涡流及磁滞损耗，避免铁心过热。

交流接触器的铁心上装有一个短路铜环，又称为减振环，如图 8-14 所示。短路环的作用是减少交流接触器吸合时产生的振动和噪声。当电磁线圈中通有交流电时，在铁心中产生的是交变的磁通，所以它对衔铁的吸力是变化的，当磁通经过零值时，铁心对衔铁的吸力也为零，衔铁在弹簧反作用力的作用下有释放的趋势，这样，衔

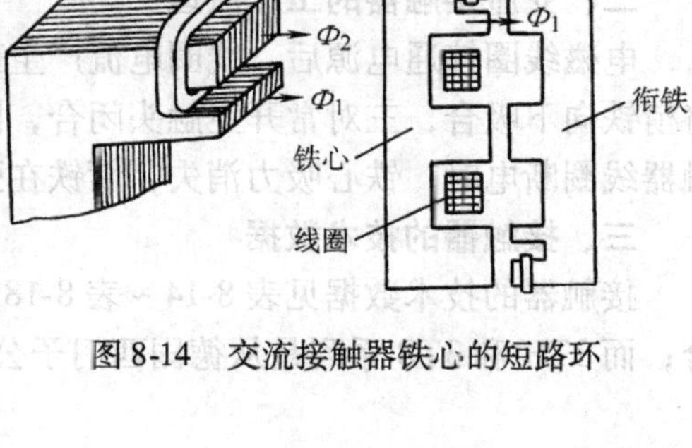

图 8-14 交流接触器铁心的短路环

铁不能被铁心紧紧吸牢，就在铁心上产生振动，发出噪声；这使衔铁与铁心极易磨损，并造成触头接触不良，产生电弧火花灼伤触头，且噪声使人易疲劳。为了消除这一现象，在铁心柱端面上嵌装一个短路铜环，此短路铜环相当于变压器的二次绕组，当电磁线圈通入交流电后，线圈电流 I_1 产生磁通 Φ_1，短路环中产生感应电流 I_2 而形成磁通 Φ_2，由于电流 I_1 与 I_2 的相位不同，所以 Φ_1 与 Φ_2 的相位也不同，即 Φ_1 与 Φ_2 不同时为零，这样，在磁通 Φ_1 经过零时、Φ_2 不为零而产生吸力，吸住衔铁，使衔铁始终被铁心所吸牢，振动和噪声会显著减小。气隙越小，短路环的作用越大，振动和噪声就越小，短路环一般用铜、康铜或镍铬合金等材料制成。

为了增加铁心的散热面积，交流接触器的线圈一般采用粗而短的圆筒形电压线圈，并与铁心之间有一定间隙，以避免线圈与铁心直接接触而受热烧坏。

2. 触头系统

交流接触器的触头起分断和闭合电路的作用，因此，要求触头导电性能良好，所以触头通常用纯铜制成；但是铜的表面容易氧化而生成一层不良导体氧化铜，由于银的接触电阻小，且银的黑色氧化物对接触电阻影响不大，故在接触点部分镶上银块。接触器的触头系统分有主触头和辅助触头，主触头用以通断电流较大的主电路，体积较大，一般是由三对常开触头组成；辅助触头用以通断小电流的控制电路，体积较小，它有常开(动合)和常闭(动断)两种触头。所谓常开、常闭是指电磁系统未通电动作前触头的状态。常开和常闭触头是一起动作的，当线圈通电时，常闭触头先分断，常开触头随即闭合；线圈断电时，常开触头先恢复分断，随即常闭触头恢复原来的闭合状态。

3. 灭弧装置

交流接触器在分断大电流电路或高电压电路时，在动、静触头之间会产生很强的电弧。电弧是触头间气体在电场作用下产生的放电现象，会发光发热，灼伤触头，并使电路切断时间延长，甚至会引起其他事故，因此，我们希望电弧迅速地熄灭。在交流接触器中常采用双断口灭弧和灭弧罩灭弧。

4. 其他部分

交流接触器的其他部分包括反作用弹簧、缓冲弹簧、触头压力弹簧片、传动机构和接线柱等。

反作用弹簧的作用是当线圈断电时，使触头复位分断。缓冲弹簧是一个安装在铁心与胶木底座之间的刚性较强的弹簧，它的作用是缓冲衔铁在吸合时对铁心的冲击力，保护胶木外壳免受冲击，不易损坏。触头压力弹簧片的作用是增加动、静触头之间的压力，从而增大接触面积，以减小接触电阻；否则，由于动、静触头之间的压力不够，使动、静触头之间的接触面积减小，接触电阻增大，会使触头因过热而灼伤。

二、交流接触器的工作原理

电磁线圈接通电源后，线圈电流产生磁场，使铁心产生足够的吸力克服弹簧反作用力，将衔铁向下吸合，三对常开主触头闭合，同时常开辅助触头闭合，常闭辅助触头断开。当接触器线圈断电时，铁心吸力消失，衔铁在弹簧反作用力的作用下复位，各触头也一起复位。

三、接触器的技术数据

接触器的技术数据见表 8-14 ~ 表 8-18。其中 CJ20 系列是较新的产品，适用于煤矿等场合；而 3TH 和 3TB 系列是从德国西门子公司引进技术制造的新型接触器。3TH 系列接触器适用于交流50Hz或60Hz，电压至660V及直流电压至600V的控制电路中，用来控制各种电磁线圈，以使信号得到放大或将信号同时传送给有关控制元件；3TB系列接触器适用于交流50Hz或60Hz，额定电压为660V的控制电路作远距离接通及分断电路，并适用于频繁地起动及控制交流电动机。

表8-14　CJ12交流接触器技术数据

型号	主触头额定电流/A	辅助触头额定电流/A	可控制电动机的最大功率/kW 220V	可控制电动机的最大功率/kW 380V	吸引线圈电压/V	额定操作频率/(次/h)
CJ12 CJ12B -100	100	10		50	36，127，220，380	600
CJ12 CJ12B -150	150			75		
CJ12 CJ12B -250	250			125		
CJ12 CJ12B -400	400			200		300
CJ12 CJ12B -600	600			300		

表8-15　CJ20系列接触器的技术数据

型号＼项目	主触头 额定工作电压/V	主触头 额定工作电流/A	主触头 数量	辅助触头 额定电压/V	辅助触头 额定发热电流/A	辅助触头 数量	380V时可控制电动机的最大功率/kW	通断能力 电压/V	通断能力 接通电流/A	通断能力 分断电流/A	机械寿命次数/万次	操作频率/(次/h)	动作时间/ms 接通	动作时间/ms 断开
CJ20-63	380	63	3	交流至380直流至220	6	2常开 2常闭	30	380	756	630	1000	AC-3类 1200 AC-4类 300	20	24
	660	40					35	660	480	400				
CJ20-160	380	160					85	380	1500	1280			16	14
	660	100					85	660	1200	1000				
CJ20-160/11	1140	80					85	1140	960	800			20	8
CJ20-250	380	250					132	380	2500	2000	300	AC-4类 600 AC-4类 120	16	23
CJ20-250/06	660	200					190	660	2000	1600				
CJ20-630	380	630					300	380	6300	5040			20	18~20
CJ20-630/06	660	400					350	660	4000	3200				
CJ20-630/11	1140	400					400	1140	4000	3200			39~41	19~21

表 8-16　CZ0 系列直流接触器的技术数据

<table>
<tr><th rowspan="3">项目
型号</th><th colspan="4">主触头</th><th colspan="4">辅助触头</th><th colspan="2">通断通力</th><th rowspan="3">机械寿命次数/万次</th><th rowspan="3">操作频率/(次/h)</th><th rowspan="3">DC-3条件电寿命/万次</th><th colspan="2" rowspan="2">固有动作时间/s</th></tr>
<tr><th rowspan="2">额定电压/V</th><th rowspan="2">额定电流/A</th><th colspan="2">触头数目</th><th rowspan="2">额定电压/V</th><th rowspan="2">额定电流/A</th><th colspan="2">触头数目</th><th rowspan="2">电压/V</th><th rowspan="2">电流/A</th></tr>
<tr><th>常开</th><th>常闭</th><th>常开</th><th>常闭</th><th>吸引</th><th>释放</th></tr>
<tr><td>CZ0-40/20</td><td rowspan="13">440</td><td rowspan="2">40</td><td>2</td><td></td><td rowspan="13">交流380
直流220</td><td rowspan="8">5</td><td rowspan="3">2</td><td rowspan="3">2</td><td rowspan="13">462</td><td>160</td><td>500</td><td>1200</td><td>50</td><td>0.1</td><td>0.03</td></tr>
<tr><td>CZ0-40/02</td><td></td><td>2</td><td>100</td><td>300</td><td>600</td><td>30</td><td>0.09</td><td>0.045</td></tr>
<tr><td>CZ0-100/10</td><td rowspan="3">100</td><td>1</td><td></td><td>400</td><td>500</td><td>1200</td><td>50</td><td>0.11</td><td>0.03</td></tr>
<tr><td>CZ0-100/01</td><td></td><td>1</td><td>2</td><td>1</td><td>250</td><td>300</td><td>600</td><td>30</td><td>0.07</td><td>0.05</td></tr>
<tr><td>CZ0-100/20</td><td>2</td><td></td><td rowspan="2">2</td><td rowspan="2">2</td><td>400</td><td>500</td><td>1200</td><td>50</td><td>0.13</td><td>0.035</td></tr>
<tr><td>CZ0-150/10</td><td rowspan="3">150</td><td>1</td><td></td><td>600</td><td>500</td><td>1200</td><td>50</td><td>0.13</td><td>0.03</td></tr>
<tr><td>CZ0-150/01</td><td></td><td>1</td><td>2</td><td>1</td><td>375</td><td>300</td><td>600</td><td>30</td><td>0.06</td><td>0.09</td></tr>
<tr><td>CZ0-150/20</td><td>2</td><td></td><td>2</td><td>2</td><td>600</td><td>500</td><td>1200</td><td>50</td><td>0.135</td><td>0.05</td></tr>
<tr><td>CZ0-250/10</td><td rowspan="2">250</td><td>1</td><td></td><td rowspan="5">10</td><td colspan="2" rowspan="5">共有 5 对触头，其中 1 对为固定常开，另外 4 对可任意组合成常开、常闭</td><td>1000</td><td rowspan="5">300</td><td rowspan="5">600</td><td rowspan="5">30</td><td>0.14</td><td>0.056</td></tr>
<tr><td>CZ0-250/20</td><td>2</td><td></td><td>1000</td><td>0.22</td><td>0.061</td></tr>
<tr><td>CZ0-400/10</td><td rowspan="2">400</td><td>1</td><td></td><td>1600</td><td>0.2</td><td>0.05</td></tr>
<tr><td>CZ0-400/20</td><td>2</td><td></td><td>1600</td><td>0.25</td><td>0.07</td></tr>
<tr><td>CZ0-600/10</td><td>600</td><td>1</td><td></td><td>2400</td><td>0.14</td><td>0.056</td></tr>
</table>

表 8-17　3TH 系列辅助接触器的技术数据

<table>
<tr><th colspan="2" rowspan="3">型号</th><th colspan="5">触头</th><th colspan="2" rowspan="2">线圈额定电压/V</th><th rowspan="3">额定操作频率/(次/h)</th><th rowspan="3">机械寿命/次</th><th rowspan="3">电寿命/次</th></tr>
<tr><th rowspan="2">额定电压/V</th><th rowspan="2">额定发热电流/A</th><th rowspan="2">结构</th><th colspan="2">型式</th></tr>
<tr><th>常开</th><th>常闭</th><th>50Hz</th><th>60Hz</th></tr>
<tr><td>3TH80</td><td>40-0A</td><td rowspan="10">交流660
直流600</td><td rowspan="10">16</td><td rowspan="5">单层</td><td>4</td><td>—</td><td rowspan="10">24
36
48
110
220
380</td><td rowspan="10">29
42
58
132
264
460</td><td rowspan="10">3000</td><td rowspan="10">30×10^6</td><td rowspan="10">1.2×10^6</td></tr>
<tr><td></td><td>31-0A</td><td>3</td><td>1</td></tr>
<tr><td></td><td>22-0A</td><td>2</td><td>2</td></tr>
<tr><td></td><td>13-0A</td><td>1</td><td>3</td></tr>
<tr><td></td><td>04-0A</td><td>—</td><td>4</td></tr>
<tr><td>3TH82</td><td>80-0A</td><td rowspan="5">双层</td><td>8</td><td>—</td></tr>
<tr><td></td><td>71-0A</td><td>7</td><td>1</td></tr>
<tr><td></td><td>62-0A</td><td>6</td><td>2</td></tr>
<tr><td></td><td>53-0A</td><td>5</td><td>3</td></tr>
<tr><td></td><td>44-0A</td><td>4</td><td>4</td></tr>
</table>

表 8-18　3TB 系列接触器的技术数据

型号		额定电压/V	主触头			可控制电动机的最大功率/kW		辅助触头						电寿命/次	AV-3 工作制	
			额定发热电流/A	额定工作电流/A				额定发热电流/A	额定电流/A			型式			电寿命/次	操作频率/(次/h)
				380V	660V	380V	660V		220V	380V	660V	常开	常闭			
3TB40	10-0A	660	22	9	7.2	4	5.5	10	0.45	6	2	1	—	1.2×10^6	1.2×10^6	1000
	11-0A											—	1			
	12-0A											1	1			
	17-0A											2	2			
3TB41	10-0A		22	12	9.5	5.5	7.5					1	—			
	11-0A											—	1			
	12-0A											1	1			
	17-0A											2	2			
3TB42	10-0A		35	16	13.5	7.5	11					1	—		1.2×10^6	750
	11-0A											1	1			
	12-0A											2	—			
	17-0A											2	2			
3TB43	10-0A		35	22	13.5	11	11					1	—			
	11-0A											1	1			
	12-0A											2	—			
	17-0A											2	2			
3TB44	17-0A		55	32	18	15	15		0.9	4	2.5	2	2			

型号含义如下：

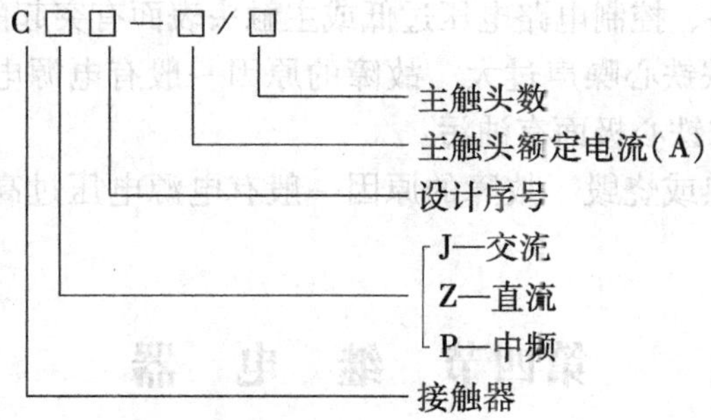

四、接触器的选择

（1）选择接触器的类型　接触器的类型应根据负载电流的类型和负载的轻重来选择，即是交流负载还是直流负载，是轻负载、一般负载还是重负载。

（2）主触头的额定电流　主触头的额定电流可根据经验公式计算：

$$I_{N主触头} \geqslant P_{N电动机}/[(1 \sim 1.4)U_{N电动机}]$$

式中　I_N 单位为 A；P_N 单位为 W；U_N 单位为 V。

如果接触器控制的电动机起动、制动或正反转频繁，一般将接触器主触头的额定电流降一级使用。

（3）主触头的额定电压　接触器铭牌上所标电压系指主触头能承受的额定电压，并非吸引线圈的电压，使用时接触器主触头的额定电压应大于或等于负载的额定电压。

（4）操作频率的选择　操作频率就是指接触器每小时通断的次数。当通断电流较大及通断频率过高时，会引起触头严重过热，甚至熔焊。操作频率若超过规定数值，应选用额定电流大一级的接触器。

(5) 线圈额定电压的选择　线圈额定电压不一定等于主触头的额定电压，当线路简单，使用电器少时，可直接选用380V或220V的电压，如线路复杂，使用电器超过5个时，可用24V、48V或110V电压。

五、接触器的安装及使用

1) 接触器安装前应先检查线圈的电压是否与电源的电压相符。然后检查各触头接触是否良好，有否卡阻现象。最后将铁心极面上的防锈油擦净，以免油垢粘滞造成断电不能释放的故障。

2) 接触器安装时，其底面应与地面垂直，倾斜应小于5°。

3) 交流接触器安装时，应使有孔两面放在上、下位置，以利于散热。

4) 安装时切勿使螺钉、垫圈等零件落入接触器内，以免造成机械卡阻和短路故障。

5) 接触器触头表面应经常保持清洁，不允许涂油。当触头表面因电弧作用而形成金属小珠时，应及时铲除，但银及银合金触头表面产生的氧化膜，由于接触电阻很小，不必锉修，否则将缩短触头的寿命。

六、接触器的常见故障分析

(1) 接触器不吸合　故障的原因一般为接触器线圈断线或电源电压过低、线圈额定电压低于电源电压、铁心机械卡阻。

(2) 接触器线圈断电后铁心不释放　故障的原因一般有铁心极面有油污或尘埃粘着、接触器主触头发生熔焊、反力弹簧损坏、E形铁心的中柱去磁气隙消失使剩磁增大。

(3) 接触器主触头熔焊　故障的原因一般有操作频率过高或长期过负载使用、触头弹簧压力过小、负载侧短路、控制电路电压过低或主触头表面有突起的金属颗粒。

(4) 接触器的电磁铁铁心噪声过大　故障的原因一般有电源电压过低、铁心短路环断裂、触头弹簧压力过大或铁心极面有油污。

(5) 接触器线圈过热或烧毁　故障的原因一般有电源电压过高或过低、操作频率过高或线圈匝间短路。

第四节　继　电　器

继电器是根据一定的信号(如电流、电压、时间和速度等)来接通或分断小电流电路和电器的控制元件。

继电器一般不是用来直接控制主电路的，而是通过接触器或其他电器来对主电路进行控制的，因此同接触器相比较，继电器的触头断流容量较小，一般不需要灭弧装置，但对继电器动作的准确性则要求较高。

继电器的种类很多，按照它在电力拖动自动控制系统中的作用，可分为控制继电器和保护继电器两大类。中间继电器、时间继电器和速度继电器等，一般作为控制继电器。热继电器、电压继电器和电流继电器等，均作为保护继电器。

一、中间继电器

中间继电器一般用来控制各种电磁线圈使信号得到放大，或将信号同时传给几个控制元件，常见的交流中间继电器有JZ7系列，直流中间继电器有JZ12系列。JZ7系列中间继电器的外形结构和电气图形和文字符号如图8-15所示，它由线圈、静铁心、动铁心、触头系统、反作用弹簧及复位弹簧等组成。它的触头较多，一般有 8 对，可组成 4 对常开、4 对常闭；或 6 对常开、2 对常闭；或 8 对常开等多种形式。

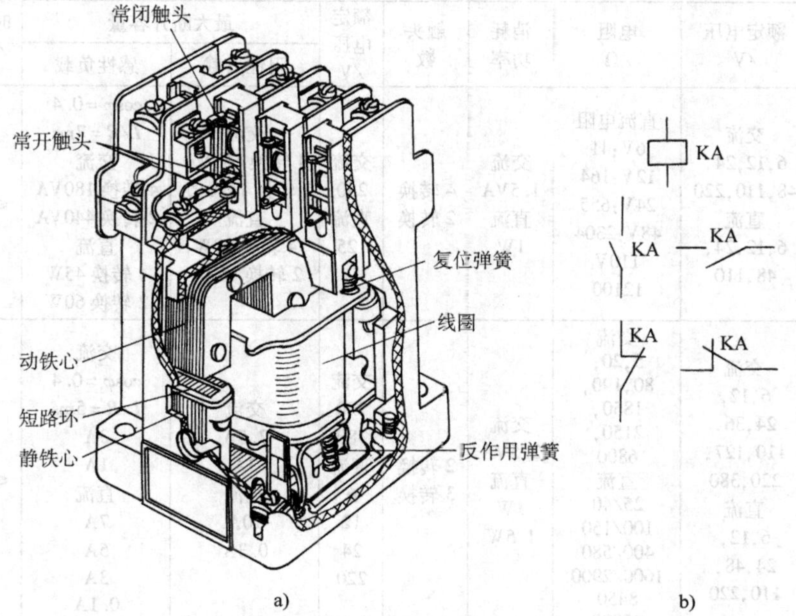

图 8-15　JZ7 系列中司继电器

a）外形及结构　b）图形及文字符号

中间继电器原理与接触器相同，但是它的触头系统中没有主、辅之分，各对触头所允许通过的电流大小是相等的。一般来讲，中间继电器的触头容量较小，与接触器的辅助触头差不多，其额定电流多数为 5A；对于电动机额定电流不超过 5A 的电气控制系统，也可代替接触器来控制，所以，中间继电器也是小容量的接触器。

（1）技术数据　常用中间继电器的技术数据见表 8-19 和表 8-20。

表 8-19　JZ7、JZ8 系列中间继电器的技术数据

型　号	线圈参数			触头参数				动作时间/s	操作频率/(次/h)
	额定电压/V		消耗功率	触头数		最大断开容量			
	交流	直流		常开	常闭	阻性负载	感性负载		
JZ7-22	12，24，36，48，110，127，220，380，420，440，500		12VA	2	2	交流 380V5A 直流 220V1A	$\cos\varphi=0.4$ $L/R=5ms$ 交流 380V5A、500V3.5A 直流 220V0.5A		1200
JZ7-41				4	1				
JZ7-42				4	2				
JZ7-44				4	4				
JZ7-53				5	3				
JZ7-62				6	2				
JZ7-80				8	0				
JZ8-62$\frac{J}{Z}$/□	110，127，220，380	12 24 48 110 220	交流 10VA 直流 7.5W	6	2			0.05	2000
JZ8-44$\frac{J}{Z}$/□				4	4				
JZ8-26$\frac{J}{Z}$/□				2	6				

表 8-20 DZ 系列中间继电器的技术数据

型号	线圈参数			触头参数				动作时间/ms	电气强度/V
	额定电压/V	电阻/Ω	消耗功率	触头数	额定电压/V	最大断开容量 阻性负载	最大断开容量 感性负载		
DZ-4	交流 6,12,24, 48,110,220 直流 6,12,24, 48,110	直流电阻 6V:41 12V:164 24V:655 48V:2304 110V 12100	交流 1.5VA 直流 1W	4 转换 2 转换	交流 250 直流 125	交流 4 转换 660VA 2 转换 1420VA 直流 4 转换 90W 2 转换 150W	$\cos\varphi=0.4$ $L/R=7\text{ms}$ 交流 4 转换 180VA 2 转换 440VA 直流 4 转换 45W 2 转换 60W	≤20	交流 2000
DZ-6F2Z DZ-6F3Z DZ-6F3Z A/B DZ-6B2Z DZ-6B3Z DZ-6F3Z A/B DZ-6C2Z DZ-6C3Z	交流 6,12, 24,36, 110,127, 220,380 直流 6,12, 24,48, 110,220	交流 5,20, 80,190, 1850, 2150, 6800 直流 25/40 100/150 400/580 1600/2900 8450 35000	交流 2.5VA 直流 1W 1.5W	2 转换 3 转换	交流 220 380 直流 6 12 24 220	交流 7.5A 3A 直流 10A 0.3A	交流 $\cos\varphi=0.4$ $L/R=5\text{ms}$ 3A 1A 直流 7A 5A 3A 0.1A	≤20	2000
DZ-610	交流 6,12, 24,36, 110,127 220, 直流 6,12, 24,48, 110,220	交流 6V5 12V:20 24V:80 36V:190 110V:1850 127V:2150 220V:6800 直流 6V:25 12V:100 24V:400 48V:1600 110V:8450 220V:35000	交流 ≤3VA 直流 ≤1.5W	3 转换		交流 220V 2A 直流 24V 5A	$\cos\varphi=0.4$ $L/R=7\text{ms}$ 交流 220V 1A 直流 24V 3A	≤15	2000
DZ-122	直流 6,12, 24,48, 110	直流 6V52 12V:185 24V:700 48V:2500 110V:15000	≯1W	2 转换		直流 100V 1A 下为 30W		≤10	
DZ-144				4 转换					
DZ-160				6 常开					
DZ-106				6 常闭					
DZ-501	直流 24 48 110 220			2 常开		$T\leq5\times10^{-3}$ 电压 <250V 电流 <1A 时 为 50W	$\cos\varphi=0.8$ 电压 <250V 电流 <2.5A 时为 500VA	≤40	
DZ-502				2 转换					
DZ-503				2 常开 2 转换					
DZ-504				4 转换					
DZ-505				6 常开					
DZ-506				6 转换					
DZ-507				2 转换					

型号含义如下：

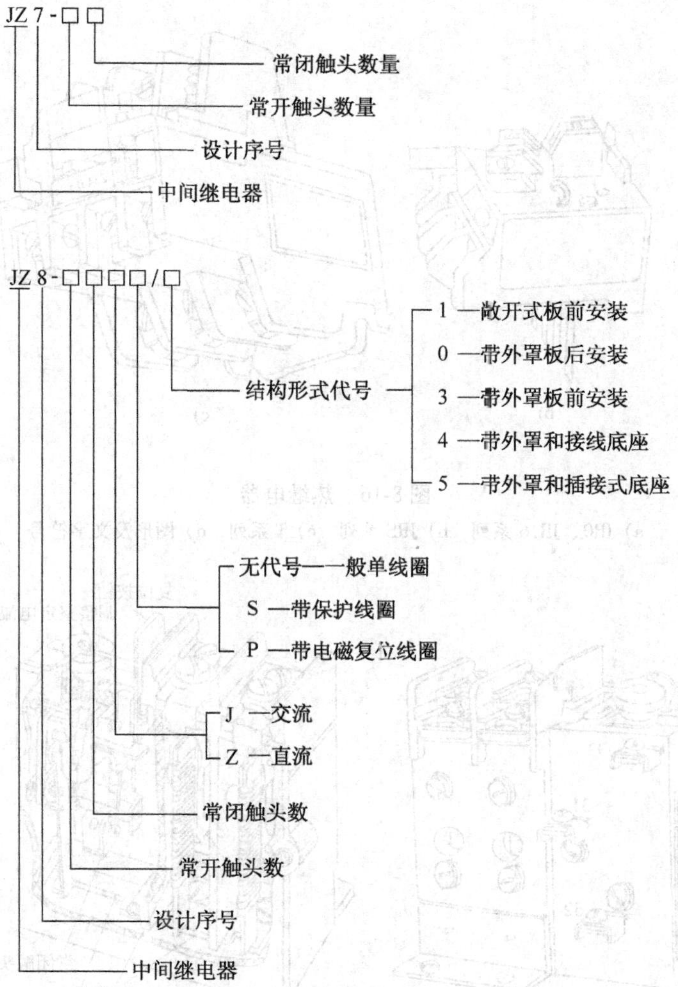

（2）选择　中间继电器一般根据负载电流的类型、电压等级和触头数量来选择。

（3）安装与使用　中间继电器的安装方法与接触器相似。使用时由于没有主辅触头之分，而且容量较小，故大都用于控制电路。

（4）中间继电器常见故障分析　中间继电器的常见故障及检修方法与接触器类似。

二、热继电器

热继电器一般作为交流电动机的过载保护用，热继电器有两相结构、三相结构和三相带断相保护装置等三种类型。热继电器的外形及电气图形及文字符号如图 8-16 所示。

1. 热继电器的外形结构及工作原理

（1）热继电器的外形结构　热继电器的外形及结构如图 8-17 所示。它由热元件、触头、动作机构、复位按钮和调整整定电流装置等部分组成，如图 8-17b 所示。

1）热元件共有两片，是热继电器的主要部分，它是由双金属片及围绕在双金属片外面的电阻丝组成的。双金属片是由两种热膨胀系数不同的金属片复合而成的，如铁镍铬合金和铁镍合金。电阻丝一般用康铜、镍铬合金等材料做成，使用时，将电阻丝直接串联在异步电

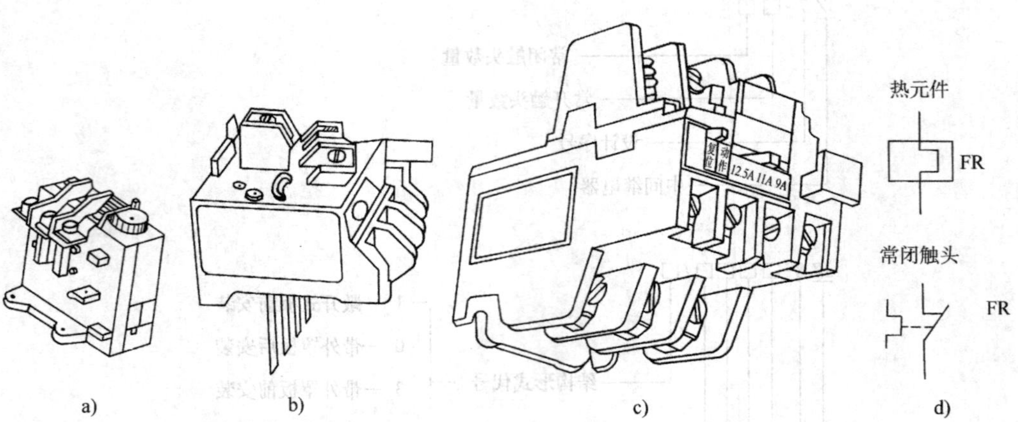

图 8-16　热继电器

a）JR0、JR16 系列　b）JRS 系列　c）T 系列　d）图形及文字符号

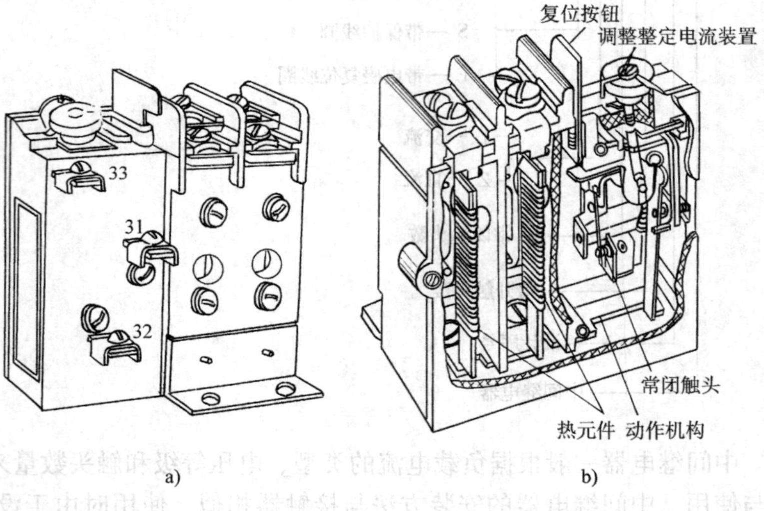

图 8-17　热继电器的外形和结构

a）外形　b）结构

动机的两相电路中，如图 8-18(1-1′及 2-2′)所示。

2）触头有两对，它是由带有公共触头 16、一个常开触头 15 和一个常闭触头 17 组成的。图 8-17a 中 31 为公共动触头 16 的接线柱，33 为常开触头 15 的接线柱，32 为常闭触头 17 的接线柱。

3）动作机构由导板 20、补偿双金属片 19(补偿环境温度的影响)、推杆 9、杠杆 16 及拉簧 10 等组成。

4）复位按钮 13 是热继电器动作后进行手动复位的按钮。

5）调整整定电流装置是通过旋钮 12 和偏心轮 11 来调节整定电流值的。

(2) 热继电器的工作原理　当电动机过载时，过载电流通过串联在定子电路中的电阻丝 4 使之发热过量，双金属片 5 受热膨胀，因左边一片的膨胀系数较大，所以下面一端便向右弯曲，通过导板 20 推动补偿双金属片 19 使推杆 9 绕轴转动，这又推动了杠杆 16 使它绕轴 14 转动，于是将热继电器的常闭触头 17 断开；在控制电路中，常闭触头 17 是串联在接触器的线圈电路里的，当常闭触头 17 分断时，接触器的线圈断电，使主触头分断，电动机便脱离电源受到保护。

热继电器动作后的复位，有手动复位和自动复位两种。

1）手动复位　当推杆 9 推动杠杆 16 绕轴转动，在弹簧 10 的拉力作用下，使杠杆 16 上的动触头和常开触头 15 闭合，此时，杠杆 16 超过 NM 轴线，在这种情况下，常闭触头 17 无法再闭合，因此，必须按下复位按钮 13，使杠杆 16 向左转动 NM 轴线后，在弹簧 10 的作用下，使常闭触头 17 重新闭合，这就称为手动复位。

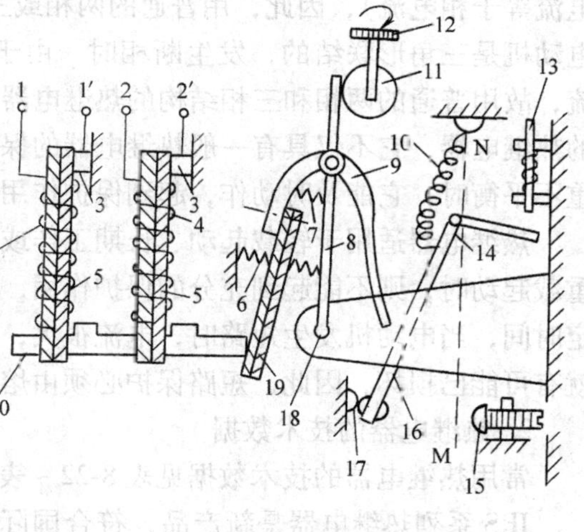

图 8-18　热继电器的原理图

2）自动复位　如要自动复位，可旋动螺杆 15，使它越过 NM 轴线，当热继电器因电动机过载动作后，经一段时间，双金属片 5 冷却复原，在弹簧 7 的作用下，补偿双金属片 19 连同推杆 9 复原。杠杆 16 在弹簧 10 的作用下，使常闭触头 17 复位闭合，这就称为自动复位。

（3）热继电器的整定电流　热继电器的整定电流是指热继电器长期不动作的最大电流，超过此值就要动作，热继电器的整定旋钮 12 上刻有整定电流值的标尺，旋动旋钮时，偏心轮 11 压迫支撑杆 8 绕交点 18 左右移动，支撑杆 8 向左移动时，推杆 9 与杠杆 16 的间隙增大，热继电器的热元件动作电流就增大；反之，动作电流就减小。

当过载电流超过整定电流的 1.2 倍时，热继电器便会动作，过载电流的大小与动作时间的关系见表 8-21。

表 8-21　JR10 系列热继电器的保护特性

整定电流倍数	动作时间	备　注
1.0	长期不动作	冷态开始
1.2	小于 20min	热态开始
1.5	小于 2min	热态开始
6.0	大于 5s	冷态开始

上述的热继电器只有两个热元件，属于两相结构。此外，还有装三个热元件的三相结构的热继电器，其外形、结构及动作原理与两相结构的热继电器类似。

在一般情况下，由于电源的三相电压均衡，电动机的绝缘良好，电动机的三相线电流必将相等，应用两相结构的热继电器已能对电动机的过载进行保护；但当三相电源严重不平衡或电动机的绕组内部发生短路故障时，就有可能使电动机的某一相的线电流比其余两相的线电流要高。若该相线路中恰巧没有热元件，就不能可靠地起到保护作用。因此，考虑到这种情况，就必须选用三相结构的热继电器。

热继电器所保护的电动机，如果是星形联结的，当线路上发生一相断路(如一相熔断器熔体熔断)时，另外两相发生过载，但此时流过热元件的电流也就是电动机绕组的电流(线电流等于相电流)，因此，用普通的两相或三相结构的热继电器都可以起到保护作用；如果电动机是三角形联结的，发生断相时，由于是在三相中发生局部过载，而线电流大于相电流，故用普通的两相和三相结构的热继电器就不能起到保护作用，必须采用带断相保护装置的热继电器，它不仅具有一般热继电器的保护性能而且当三相电动机一相断路或三相电流严重不平衡时，它能及时动作，起到保护作用(即断相保护特性)。

热继电器适用于轻载起动、长期工作或间断工作时，作为电动机的过载保护；对频繁和重载起动时，则不能起到充分的保护作用，也不能作短路保护，因双金属片受热膨胀需要一定时间，当电动机发生短路时，电流很大，热继电器还来不及动作时，供电线路和电源设备就有可能已损坏，因此，短路保护必须由熔断器来完成。

2. 热继电器的技术数据

常用热继电器的技术数据见表 8-22 ~ 表 8-24。

JRS 系列热继电器是新产品，符合国际电工委员会 IEC292-1 标准和 GB/T 14048 标准。而 T 系列热继电器是引进德国 BBC 公司技术生产的产品，符合国际电工委员会 IEC 标准。JRS 系列和 T 系列热继电器的安装可分为独立安装和插入式两种形式。

表 8-22　JRS 系列热继电器的技术数据

型号	主电路		控制触头		热元件		
	额定绝缘电压/V	额定电流/A	额定工作电压/V	额定工作电流/A	编号	额定整定电流/A	整定电流调节范围/A
JRS1-12/Z JRS1-12/F	660	12	220	4	1	0.15	0.11 ~ 0.13 ~ 0.15
					2	0.22	0.15 ~ 0.18 ~ 0.22
					3	0.32	0.22 ~ 0.27 ~ 0.32
					4	0.47	0.32 ~ 0.40 ~ 0.47
			380	3	5	0.72	0.47 ~ 0.60 ~ 0.72
					6	1.1	0.72 ~ 0.90 ~ 1.1
					7	1.6	1.1 ~ 1.3 ~ 1.6
			500	2	8	2.4	1.6 ~ 2.0 ~ 2.4
					9	3.5	2.4 ~ 3.0 ~ 3.5
					10	5.0	3.5 ~ 4.2 ~ 5.0
					11	7.2	5.0 ~ 6.0 ~ 7.2
					12	9.4	6.8 ~ 8.2 ~ 9.4
					13	12.5	9.0 ~ 11 ~ 12.5
JRS1-25/Z JRS1-25/F	660	25	220	4	14	12.5	9.0 ~ 11 ~ 12.5
			380	3	15	18	12.5 ~ 15 ~ 18
			500	2	16	25	18 ~ 22 ~ 25

表 8-23　JRS 系列热继电器的保护特性

整定电流倍数	动作时间	起始条件	周围空气温度/℃
1.05	>2h	冷　态	20 ±5
1.20	<20min	热　态	
1.50	<3min	热　态	
6	>5s	冷　态	
任意两相 1.0，另一相 0.9	>2h	冷　态	
任意两相 1.1，另一相 0.10	<20min	热　态	
1.00	>2h	冷　态	55 ±2
1.20	<20min	热　态	
1.05	>2h	冷　态	−10 ±2
1.30	<20min	热　态	

注：1. h 为小时；min 为分，s 为秒。

2. 手动复位时间小于 2min。

表 8-24　T 系列热继电器的技术数据

项　目 \ 型　号	T16	T25	T45	T85	T105	T170	T250	T370
整定电流调节范围/A	0.11~0.16	0.17~0.25	0.25~0.40	6.0~10	35~52	90~130	100~160	160~250
	0.14~0.21	0.22~0.32	0.30~0.52	8.0~14	45~63	110~160	160~250	250~400
	0.19~0.29	0.28~0.42	0.40~0.63	12~20	57~82	140~200	250~400	310~500
	0.27~0.40	0.37~0.55	0.52~0.83	17~29	70~105			
	0.35~0.52	0.50~0.70	0.63~1.0	25~40	80~115			
	0.42~0.63	0.60~0.90	0.83~1.3	35~55				
	0.55~0.83	0.70~1.1	1.0~1.6	45~70				
	0.70~1.0	1.0~1.5	1.3~2.1	60~100				
	0.90~1.3	1.3~1.9	1.6~2.5					
	1.1~1.5	1.6~2.4	2.1~3.3					
	1.3~1.8	2.1~3.2	2.5~4.0					
	1.5~2.1	2.8~4.1	3.3~5.2					
	1.7~2.4	3.7~5.6	4.0~6.3					
	2.1~3.0	5.0~7.5	5.2~8.3					
	2.7~4.0	6.7~10	6.3~10					
整定电流调节范围/A	3.4~4.5	8.5~13	8.3~13					
	4.0~6.0	12~15.5	10~16					
	5.2~7.5	13.5~17	13~21					
	6.3~9.0	15.5~20	16~27					
	7.5~11	18~23	21~35					
	9.0~13	21~27	27~45					
	12~17.6	26~35	28~45					
三相热元件结构形式	摩擦脱扣式	摩擦脱扣式	跳跃式	摩擦脱扣式	背包跳跃式	背包式	主电路带互感器跳跃式	
断相保护	有	有	有	有	有	有	有	有
手动和自动复位	只有手动	有	有	有	有	有	有	有
操作频率/(次/h)	15	15	15	15	15	15	15	15
电寿命/万次	5	5	5	5	5	5	5	5

型号含义如下：

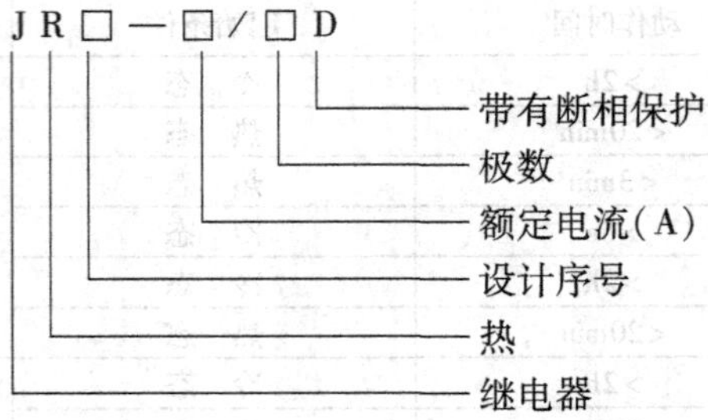

3. 热继电器的选择

选择热继电器作为电动机的过载保护时，应使选择的热继电器的安秒特性位于电动机的过载特性之下，并尽可能地接近，甚至重合，以充分发挥电动机的能力，同时使电动机在短时过载和起动瞬间($4\sim7I_{N电机}$)时不受影响。

(1) 热继电器的类型选择　一般轻载起动、长期工作的电动机或间断长期工作的电动机，选择两相结构的热继电器；当电源电压的均衡性和工作环境较差或较少有人照管的电动机，应选用带断相保护装置的热继电器。

(2) 热继电器的额定电流及型号选择　根据热继电器的额定电流应大于电动机的额定电流，查表确定热继电器的型号。

(3) 热元件的额定电流选择　热继电器的热元件额定电流应略大于电动机的额定电流。

(4) 热元件的整定电流选择　根据热继电器的型号和热元件额定电流，查表得出热元件整定电流的调节范围。一般将热继电器的整定电流调整到等于电动机的额定电流；对过载能力差的电动机，可将热元件整定值调整到电动机额定电流的0.6~0.8倍；对起动时间较长，拖动冲击性负载或不允许停车的电动机，热元件的整定电流应调整到电动机额定电流的1.1~1.15倍。

4. 热继电器的安装及使用

1）热继电器只能作为电动机的过载保护，而不能作短路保护用。

2）热继电器安装时，应清除触头表面尘污，以免因接触电阻太大或电路不通，而影响热继电器的动作性能。

3）热继电器必须按照产品说明书规定的方式安装。当它与其他电器装在一起时，应注意将它装在其他电器的下方，以免其动作特性受到其他电器发热的影响。

4）热继电器出线端的连接导线，应按照表8-25规定选用。这是因为导线的材料和粗细均能影响到热元件端接点传导到外部热量的多少。导线过细，轴向导热差，热继电器可能提前动作；反之，导线过粗，轴向导热快，热继电器可能滞后动作。

表8-25　热继电器连接铜芯导线的选用

热继电器额定电流/A	连接导线截面积/mm^2	连接导线种类
10	2.5	单股铜芯塑料线
20	4	单股铜芯塑料线
60	16	多股铜芯橡皮软线
150	35	多股铜芯橡皮软线

若用铝芯导线，导线的截面积应增大约1.8倍，且端头应搪锡。

5）对点动、重载起动、连续正反转及反接制动等运行的电动机，一般不宜用热继电器作过载保护。

5. 热继电器的常见故障分析

（1）电动机严重过负载，热继电器不动作　故障的原因一般有热继电器的动作机构卡死或导板脱出、热继电器的额定值选得太大、整定电流调节太大、热元件烧毁或脱掉。

（2）热继电器误动作　故障的原因一般有电动机起动时间过长、热继电器的整定电流调节偏小、电动机操作频率过高、受强烈的冲击振动。

（3）热继电器的热元件烧断　故障的原因一般有负载侧短路或电流过大、电动机反复短时工作或操作频率过高。

（4）控制电路不通　故障的原因一般有热继电器的常闭触头接触不良或弹性消失、手动复位的热继电器动作后未手动复位、自动复位的热继电器调节螺钉未调到自动复位位置。

三、时间继电器

时间继电器是在电路中起着按时间控制作用的继电器，当它的感测部分接受输入信号(通电或断电)以后，它的执行机构需要经过一定的时间延时才会动作，并输出信号以操纵控制回路。

常用时间继电器的外形结构如图 8-19 所示。

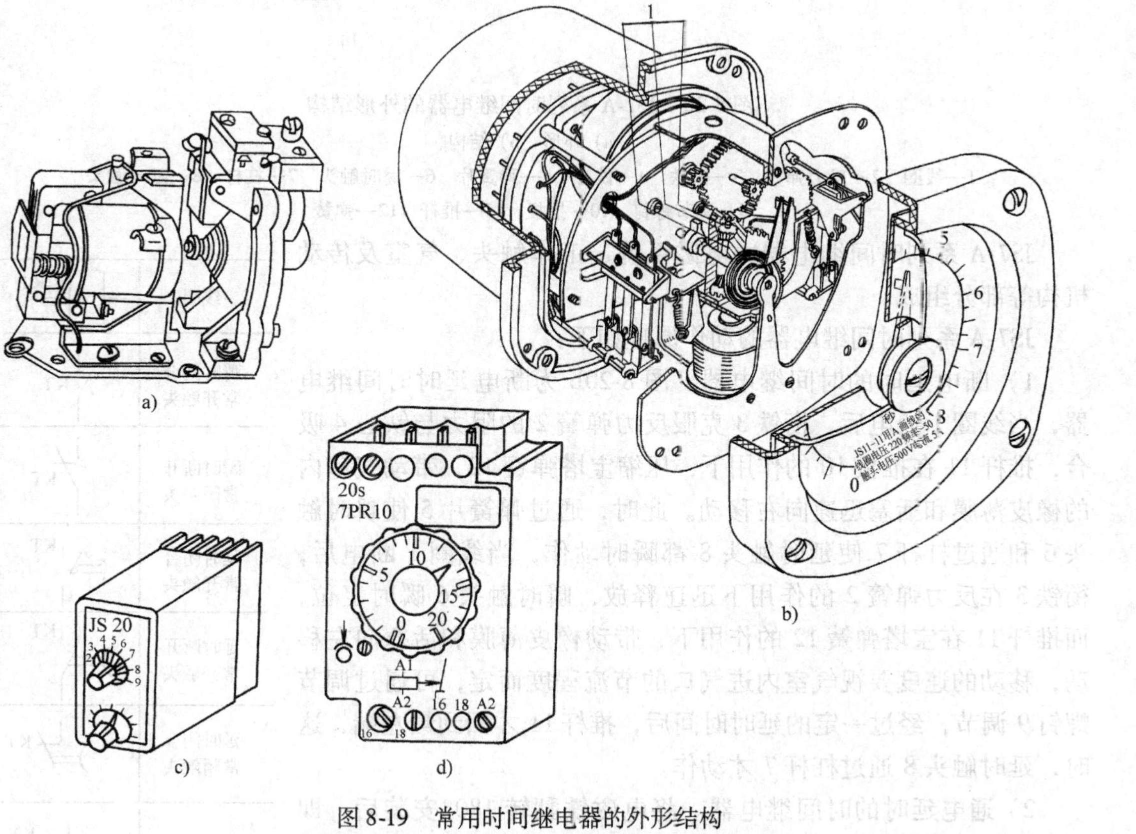

图 8-19　常用时间继电器的外形结构

a）JS7 系列　b）JS11 系列　c）JS20 系列　d）7PR 系列

其中，电动式时间继电器的延时精确度高，且延时时间较长(由几秒到几十小时)，但价格较贵；电磁式时间继电器的结构简单，价格也较便宜，但延时较短(由 0.3～0.6s)，且只能用于直流电路和断电延时场合，体积和重量均较大；空气阻尼式时间继电器的结构简单，延时范围较长(0.4～180s)，可用于交流电路，更换线圈也可用于直流电路，缺点是延时准确度较低，下面仅介绍常用的空气阻尼式时间继电器。

JS7-A 系列时间继电器，是利用空气通过小孔节流的原理来获得延时动作的，根据触头的延时特点，它可分为通电延时（如 JS7-1A 和 JS7-2A）与断电延时（JS7-3A 和 JS7-4A）两种。

JS7-A 系列时间继电器的外形结构如图 8-20 所示。

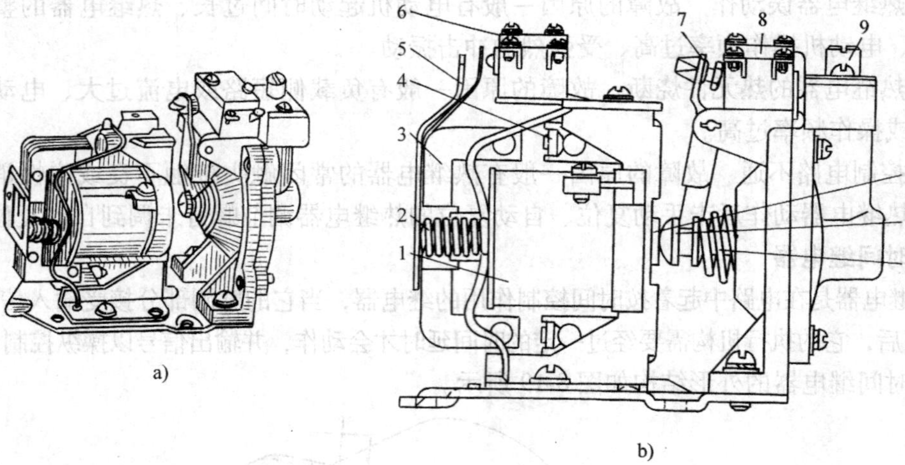

图 8-20　JS7-A 系列时间继电器的外形结构

a）外形　b）结构

1—线圈　2—反力弹簧　3—衔铁　4—铁心　5—弹簧片　6—瞬时触头　7—杠杆　8—延时触头　9—调节螺钉　10—推板　11—推杆　12—弹簧

JS7-A 系列时间继电器由电磁系统、工作触头、气室及传动机构等部分组成。

JS7-A 系列时间继电器的动作原理如下：

1）断电延时的时间继电器。图 8-20b 为断电延时时间继电器，当线圈 1 通电后，衔铁 3 克服反力弹簧 2 的阻力与铁心 4 吸合，推杆 11 在推板 10 的作用下，压缩宝塔弹簧 12，带动气室内的橡皮薄膜和活塞迅速向右移动。此时，通过弹簧片 5 使瞬时触头 6 和通过杠杆 7 使延时触头 8 都瞬时动作，当线圈 1 断电后，衔铁 3 在反力弹簧 2 的作用下迅速释放，瞬时触头 6 瞬时复位，而推杆 11 在宝塔弹簧 12 的作用下，带动橡皮薄膜和活塞向左移动，移动的速度要视气室内进气口的节流程度而定，可通过调节螺钉 9 调节，经过一定的延时时间后，推杆 11 才回到最左端，这时，延时触头 8 通过杠杆 7 才动作。

2）通电延时的时间继电器。将电磁铁翻转 180°安装后，即成为通电延时继电器，其动作原理与断电延时继电器基本类似，可自行分析。

时间继电器在电气原理图中的图形及文字符号如图 8-21 所示。

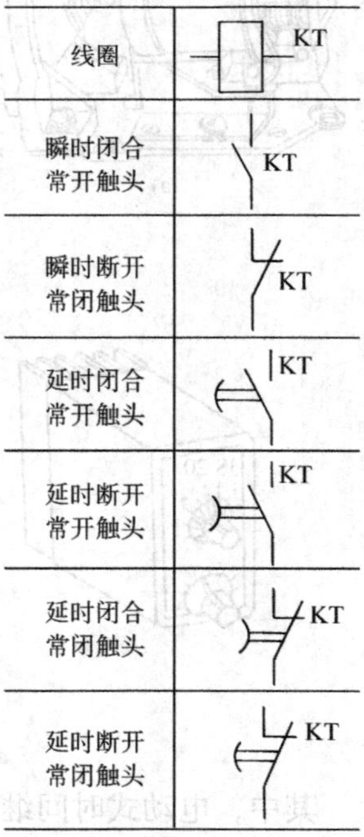

图 8-21　时间继电器在电气原理图中的图形及文字符号

1. 时间继电器的技术数据

常用时间继电器的技术数据见表 8-26 ~ 表 8-30。其中 7PR 系列是从德国西门子公司引进技术生产的产品。

表 8-26　JS7-A 系列时间继电器的技术数据

型号	吸引线圈电压 /V	触头额定电压 /V	触头额定电流 /A	延时触头数				瞬动触头数		延时范围 /s
				通电延时		断电延时				
				常开	常闭	常开	常闭	常开	常闭	
JS7-1A	36	380	5	1	1					0.4 ~ 60 及 0.4 ~ 180 两种
JS7-2A	127			1	1			1	1	
JS7-3A	220					1	1			
JS7-4A	380					1	1	1	1	

表 8-27　JS10 系列时间继电器的技术数据

电源电压 /V	延时整定范围 /min	触头参数			触头数	线圈消耗功率 /VA	电气强度 /V
		电压 /V	持续接通电流 /A	断开容量（阻性负载）			
交流 110 127 220 380	10s ~ 2 20s ~ 4 30s ~ 6 1 ~ 12 2 ~ 24 4 ~ 43	交流 220	1	50VA	1 转换	12	2000

表 8-28　JS11 系列时间继电器的技术数据

型号	吸引线圈电压 /V	触头额定电压 /V	触头额定电流 /A	延时触头数				瞬动触头数		延时范围
				通电延时		断电延时				
				常开	常闭	常开	常闭	常开	常闭	
JS11-11 JS11-11B	110 127 220 380	380	5	3	2	3	2	1	1	0.4 ~ 8s
JS11-21 JS11-21B										2 ~ 40s
JS11-31 JS11-31B										10 ~ 240s
JS11-41 JS11-41B										1 ~ 20min
JS11-51 JS11-51B										5 ~ 120min
JS11-61 JS11-61B										0.5 ~ 12h
JS11-71 JS11-71B										3 ~ 72h
JS11-12 JS11-12B										0.4 ~ 8s
JS11-22 JS11-22B										2 ~ 40s
JS11-32 JS11-32B										10 ~ 240s

（续）

型号	吸引线圈电压/V	触头额定电压/V	触头额定电流/A	延时触头数				瞬动触头数		延时范围
				通电延时		断电延时				
				常开	常闭	常开	常闭	常开	常闭	
JS11-42 JS11-42B		380	5	3	2	3	2	1	1	1～20min
JS11-52 JS11-52B										5～120min
JS11-62 JS11-62B										0.5～12h
JS11-72 JS11-72B										3～72h

表 8-29　JS20 系列晶体管时间继电器的技术数据

型号	延时切换触头对数		瞬动切换触头对数	延时整定方式	延时整定元件位置	安装方式	延时范围/s	线路形式
	通电延时	断电延时						
JS20-□/00	2			无波段开关	内接	装置式	0.1～300	单结晶体管
JS20-□/01	2				内接	面板式		
JS20-□/02	2				外接	装置式		
JS20-□/03	1		1		内接	装置式		
JS20-□/04	1		1		内接	面板式		
JS20-□/05	1		1		外接	装置式		
JS20-□/10	2			带波段开关	内接	装置式	0.1～3600	场效应晶体管
JS20-□/11	2				内接	面板式		
JS20-□/12	2				外接	装置式		
JS20-□/13	1		1		内接	装置式		
JS20-□/14	1		1		内接	面板式		
JS20-□/15	1		1		外接	装置式		
JS20-□D/00		2		无波段开关	内接	装置式	0.1～180	
JS20-□D/01		2			内接	面板式		
JS20-□D/02		2			外接	装置式		

表 8-30　17PR 系列时间继电器的技术数据

型号	电源电压/V	电源频率/Hz	触头参数					操作频率/(次/h)	内部接线方式	
			延时触头数		瞬动触头数		延时调整范围			
			常开	常闭	常开	常闭			0	1
7PR1040	110 127 220	50 或 60	1	1			2～60s 0.5～20s	2500	只有同步电动机	
7PR4040	110～120 120～127 220		1(2)	1(1)	1(1)	1	0.15～6s 1.5～60s 0.15～6min 1.5～60min 0.15～6h 1.5～60h		同步电动机与离合器线圈串联	同步电动机与离合器线圈并联（只用于 220V）
7PR4140			1(2)	1(1)	1(1)	1	0.15s～60h			

型号含义如下：

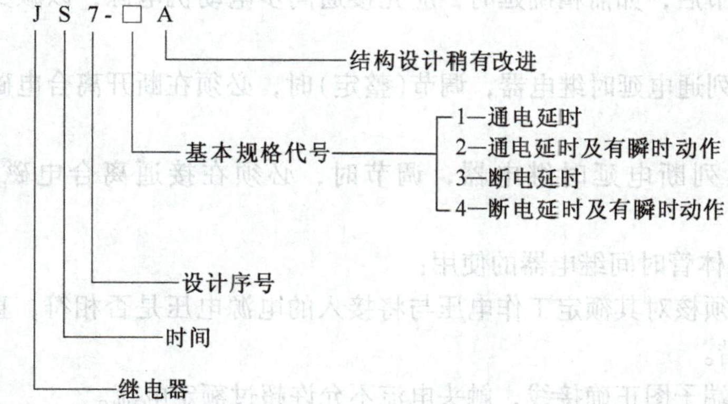

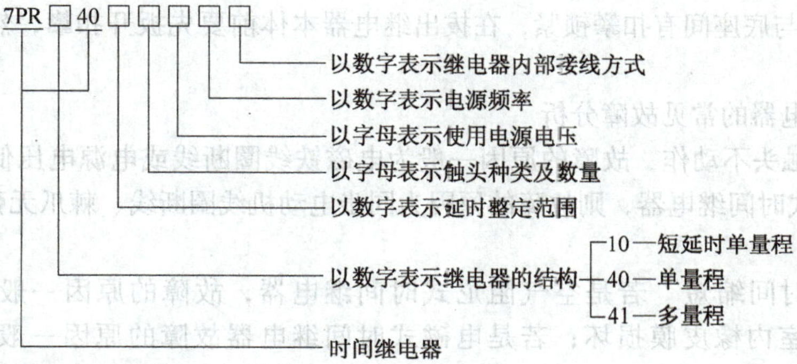

2. 时间继电器的选择

（1）类型选择　凡是对延时要求不高的场合，一般采用价格较低的 JS7-A 系列时间继电器；反之，如对延时要求较高，则可采用 JS11、JS20 或 7PR 系列的时间继电器。

（2）延时方式的选择　时间继电器有通电延时和断电延时两种，应根据控制电路的要求来选择哪一种延时方式的时间继电器。

（3）线圈电压的选择　根据控制电路电压来选择时间继电器吸引线圈的电压。

（4）电源参数变化时时间继电器的选择　在电源电压波动大的场合，采用空气阻尼式或电动式时间继电器比采用晶体管式好，而在电源频率波动大的场合，不宜采用电动式时间继电器，在温度变化较大处，则不宜采用空气阻尼式时间继电器。

3. 安装及使用

1）时间继电器应按说明书规定的方向安装，其倾斜度不得超过 5°。

2）JS7-A 系列时间继电器为面板式安装；而 JS11 和 JS20 系列均有面板式和装置式两种，且都采用插入式装置；7PR 系列安装时有三种方式，即螺钉安装、面板式安装和顶形帽卡轨扣装。

3）时间继电器投入运行前应通电试验两三次，观察其动作是否正确，延时是否符合要求。

4）JS7-A 系列时间继电器的使用：

① 通电延时和断电延时可在整定时间范围内自行调换。

② 由于该时间继电器无刻度，要准确调整延时时间较困难。

③ 应经常清除灰尘及油污，否则延时误差将更大。

5）JS11 系列时间继电器的使用：

① 延时范围调节后，如需精确延时，应先接通同步电动机电源，以减少起步所引起的误差。

② JS11-□1 系列通电延时继电器，调节(整定)时，必须在断开离合电磁铁线圈电源时才能进行。

③ JS11-□2 系列断电延时继电器，调节时，必须在接通离合电磁铁电源时才能进行。

6）JS20 系列晶体管时间继电器的使用：

① 在使用前必须核对其额定工作电压与将接入的电源电压是否相符，直流型的不要将电源的正负极性搞错。

② 必须按接线端子图正确接线，触头电流不允许超过额定电流。

③ 继电器与底座间有扣攀锁紧，在拔出继电器本体前要先扳开扣攀，然后缓慢地拔出继电器。

4. 时间继电器的常见故障分析

（1）延时触头不动作　故障的原因一般为电磁铁线圈断线或电源电压低于线圈额定电压，若是电动式时间继电器，则故障的原因为同步电动机线圈断线、棘爪无弹性不能刹住棘齿或游丝断裂。

（2）延时时间缩短　若是空气阻尼式时间继电器，故障的原因一般为气室装配不严而漏气或气室内橡皮膜损坏；若是电磁式时间继电器故障的原因一般为非磁性垫片磨损。

（3）延时时间变长　空气阻尼式时间继电器故障的原因为气室内有灰尘，使气道阻塞；电动式时间继电器故障的原因为传动机构缺润滑油。

四、过电流继电器及通用继电器

过电流继电器的线圈串联在主电路中，当主电路的电流高于允许值时，过电流继电器吸合动作。它主要用于重载频繁起动的场合，作为电动机和主电路的过载和短路保护，常用的有 JT4、JL12 和 JL14 等系列过电流继电器。

JT4 系列为交流通用继电器，即加上不同的线圈或阻尼圈后便可作为电流继电器、电压继电器或中间继电器使用；JL14 系列为交直流通用继电器。它们的外形、结构及动作原理相似。

JT4 系列过电流继电器的外形、结构及动作原理如图 8-22 所示。它由线圈、圆柱静铁心、衔铁、触头系统及反力弹簧组成。

当通过线圈的电流为额定值时，它所产生的电磁吸力不足以克服反作用弹簧力，常闭触头仍保持闭合状态，只有当通过线圈的电流超过整定值后，电磁吸力大于反作用弹簧力，铁心吸引衔铁使常闭触头分断，切断控制电路，从而保护了负载。调节反作用弹簧力，可整定继电器的动作电流值，这种过电流继电器是瞬时动作的，用在桥式起重机电路中，为了避免它在电动机起动时因较大的起动电流而动作，一般把线圈的动作电流整定在较大的数值上(一般为起动电流的 1.1～1.3 倍)。

JL12 系列过电流继电器的外形结构如图 8-23 所示。

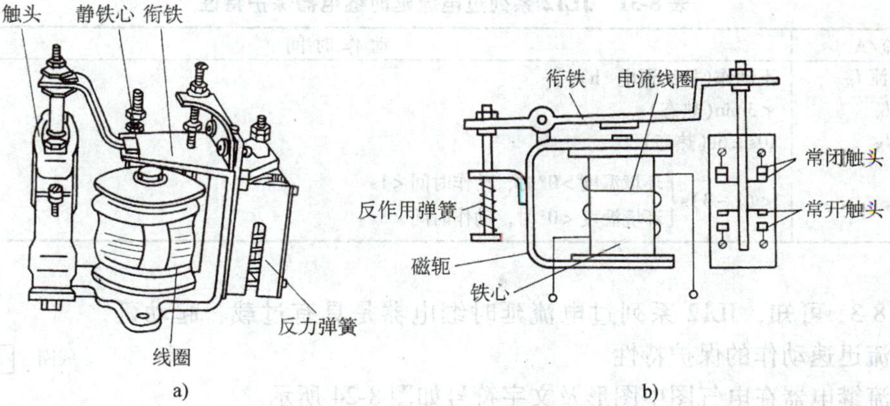

图 8-22　JT4 系列过电流继电器
a）外形结构　b）动作原理

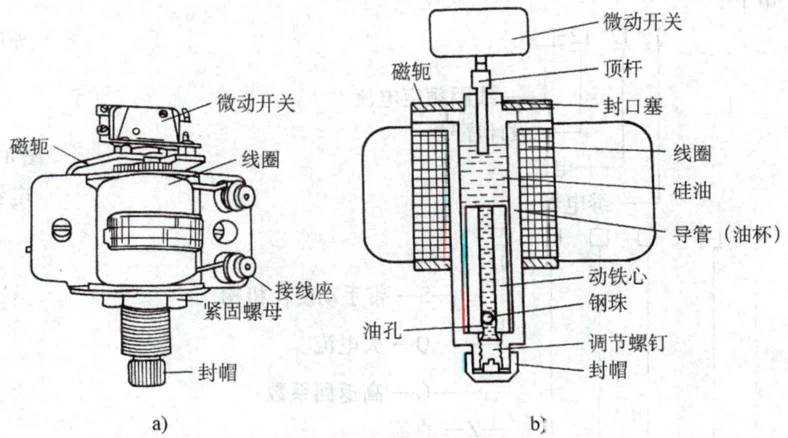

图 8-23　JL12 系列过电流继电器的外形结构
a）外形　b）结构

它主要由螺管式电磁系统（包括线圈、磁轭、动铁心、封帽和封口塞）、阻尼系统（包括导管、硅油阻尼剂和动铁心中的钢珠）及触头部分（微动开关）等部分组成。使用时，线圈串联在主回路中，而微动开关的常闭触头串联于控制回路中。当电动机发生过载或过电流时，电磁系统磁通剧增，导管（即油杯）中的动铁心受到电磁力作用向上运动，由于导管中盛有硅油作阻尼剂，而且在动铁心上升时，钢珠把油孔关闭，使动铁心受到阻尼作用，因而需经一段时间的延时动作后，才能推动顶杆，使微动开关的常闭触头分断，切断接触器线圈电源，使电动机得到保护；当电动机故障消除后，继电器动铁心因重力作用便返回原位。

在继电器下端装有调节螺钉，用以调节铁心位置的升降。环境温度影响硅油的粘度，温度低时，粘度增大，使继电器的动作时间增长，可调节螺钉使动铁心位置升高，以缩短继电器的动作时间；温度较高时，调节螺钉使动铁心位置降低，增长继电器的动作时间。继电器在 -30 ~ +40℃ 的环境温度范围内，符合表 8-31 所示的保护特性。

表 8-31　JL12 系列过电流延时继电器保护特性

过电流/A	动作时间
额定电流 I_N	不动作(持续通电 1h)
$1.5I_N$	<3min(热态)
$2.5I_N$	10s±6s(热态)
$6I_N$	<(1～3)s {环境温度>0°时，动作时间<1s；环境温度<0°时，动作时间<3s}

从表 8-31 可知，JL12 系列过电流延时继电器是具有过载、起动延时、过电流迅速动作的保护特性。

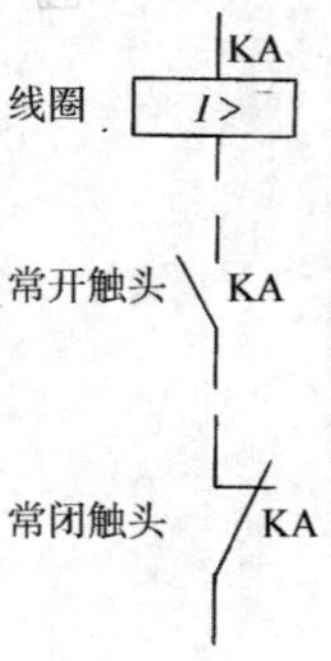

图 8-24　过电流继电器电气图形及文字符号

过电流继电器在电气图中图形及文字符号如图 8-24 所示。

1. 技术数据

过电流继电器及通用继电器的技术数据见表 8-32～表 8-35。

型号含义如下：

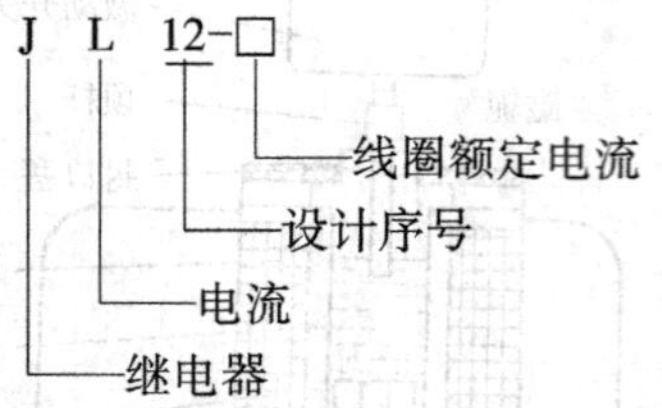

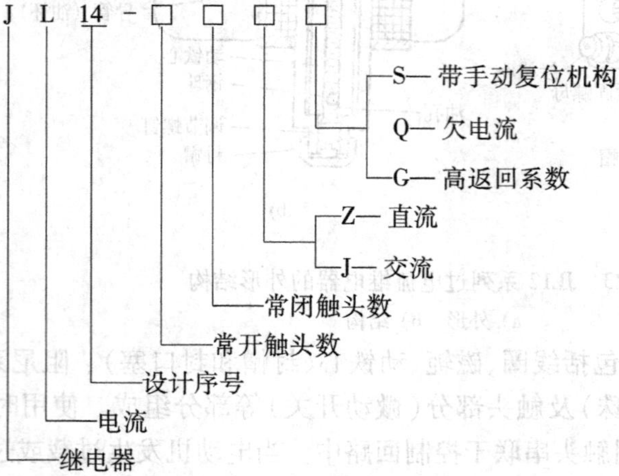

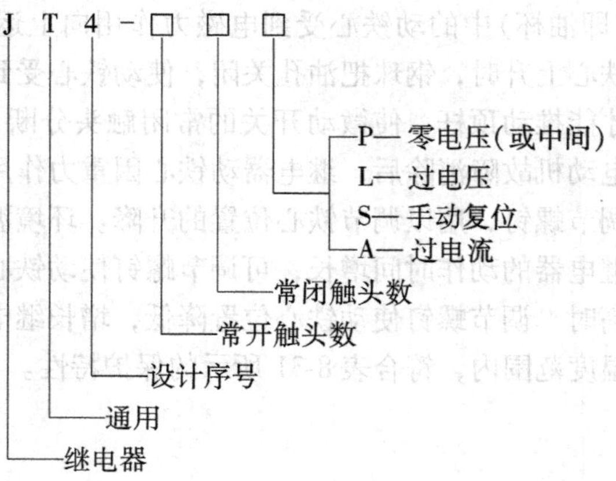

2. 选择

（1）过电流继电器的选择

1）过电流继电器线圈的额定电流应大于或等于电动机的额定电流。

2）过电流继电器的触头种类、数量、额定电流应满足控制电路的要求。

3）过电流继电器的动作电流，一般为电动机额定电流的1.7～2倍；频繁起动时，为电动机额定电流的2.25～2.5倍。

（2）欠电流继电器的选择

表8-32　JL12系列交直流过电流继电器的技术数据

<table>
<tr><th rowspan="2">型　号</th><th rowspan="2">线圈额定电流
/A</th><th colspan="2">触头参数</th><th rowspan="2">动作时间</th><th rowspan="2">用　途</th></tr>
<tr><th>电压/V</th><th>额定电流/A</th></tr>
<tr><td>JL12-5
JL12-10
JL12-15
JL12-20
JL12-30
JL12-40
JL12-60
JL12-75
JL12-100
JL12-150
JL12-200
JL12-300</td><td>5
10
15
20
30
40
60
75
100
150
200
300</td><td>交流380
直流440</td><td>5</td><td>I_N 时不动作
$1.5I_N$ 时 <3min 动作
$2.5I_N$ 时 10±6s 动作
$6I_N$ 时 <1～3s 动作</td><td>用于起重机上绕线转子异步电动机或直流电动机的起动、过载和过电流保护</td></tr>
</table>

表8-33　JL14系列交直流电流继电器的技术数据

<table>
<tr><th rowspan="2">电流种类</th><th rowspan="2">型　号</th><th rowspan="2">线圈额定电流
/A</th><th colspan="2">电流调节范围</th><th colspan="3">触头参数</th><th rowspan="2">复位方式</th><th rowspan="2">用途</th></tr>
<tr><th>吸引</th><th>释放</th><th>电压
/V</th><th>电流
/A</th><th>触头
组合</th></tr>
<tr><td rowspan="3">直流</td><td>JL14-□□Z</td><td rowspan="3">1,1.5,2.5,5,10,15,25,40,60,100,150,300,600,1200,1500</td><td rowspan="2">(70%～300%)I_N</td><td rowspan="2"></td><td rowspan="3">440</td><td rowspan="3">5</td><td>1常闭
1常开</td><td>自动</td><td rowspan="3">用于交直流控制电路中，作为过电流或欠电流保护用</td></tr>
<tr><td>JL14-□□ZS</td><td>1常开
1常闭
2常闭
2常开</td><td>手动</td></tr>
<tr><td>JL14-□□ZQ</td><td>(30%～65%)I_N</td><td>(10%～20%)I_N</td><td>1常开
1常闭
2常闭
2常开</td><td>自动</td></tr>
</table>

（续）

电流种类	型号	线圈额定电流/A	电流调节范围		触头参数			复位方式	用途
			吸引	释放	电压/V	电流/A	触头组合		
交流	JL14-□□J	1，1.5，2.5，5，10，15，25，40，60，100，150，300，600，1200	(110% ~ 400%)I_N		380	5	1常开 1常闭	自动	用于交直流控制电路中，作为过电流或欠电流保护用
	JL14-□□JS						2常闭 2常开	手动	
	JL14-□□JG	1，1.5，2.5，5，10，15，25，40，60，100，150，300，600	(110% ~ 400%)I_N				1常闭 1常开	自动	

1）欠电流继电器线圈的额定电流应大于或等于直流电动机励磁绕组的额定电流。

2）欠电流继电器的吸合动作电流应小于或等于直流电动机励磁绕组额定电流的80%。

3）欠电流继电器的释放动作电流应小于直流电动机最小励磁电流的80%。

(3) 欠电压继电器的选择

1）欠电压继电器线圈的额定电压应等于电源电压。

2）欠电压继电器的触头种类、数量应满足控制电路的要求。

3. 安装及使用

(1) 安装前的检查

表8-34　JT3系列直流通用继电器的技术数据

型号	线圈参数				触头参数			延时/s		用途
	额定电压或额定电流	动作电压或动作电流	消耗功率/W	额定电流/A	断开容量		触头组合	线圈断电	线圈短接	
					阻性	感性				
JT3-□□ 电压(或中间)继电器	直流 12，24，48，110，220，440V	动作电压为(30% ~50%)U_N 释放电压为(7% ~20%)U_N	16	10	交流 380 ~500V 8A 380V以下 10A 直流 110V4A 220V2A	交流 380 ~500V 8A 380V以下 10A 直流 110V2A 220V0.8A	2常开 2常闭 1常开 1常闭			用于直流控制线路中，作为电压、欠电流、中间、时间继电器
JT3-□□/1 时间继电器		>75% U_N 时保证延时时间						0.3 ~ 0.9	0.3 ~ 1.5	
JT3-□□/33 时间继电器								0.8 ~ 3	1 ~ 3.5	
JT3-□□/5 时间继电器								2.5 ~ 5	3 ~ 5.5	
JT3-□□L 欠电流继电器	直流 1.5，2.5，5，10，25，50，100，150，300，600A	动作电流为(30% ~65%)I_N 释放电流为(10% ~20%)I_N								

表 8-35　JT4 系列交流通用继电器的技术数据

型　号	吸引线圈参数			触头参数			复位方式	返回系数	用　途
	额定电压（或电流）	消耗功率	电压（或电流）可调整范围	额定电压/V	额定电流/A	触头数			
JT4-□□P 零电压（或中间）继电器	110，127，220，380V	75VA	吸引电压 （60%～85%）U_N 释放电压 （10%～35%）U_N	交流380 直流110 220	10	2常开 2常闭 1常开 1常闭	自动	0.2～0.4	用于交流控制线路中，作为电压、电流、中间继电器用
JT4-□□L 过电流继电器	5，10，15，20，40，80，150，300，600A	5W	吸引电流 （110%～350%）I_N					0.1～0.3	
JT4-□□S （手动）过电流继电器							手动		
JT4-□□A 过电压继电器	110，220，380V	75VA	吸引电压 （105%～120%）U_N			2常开 2常闭	自动	0.1～0.3	
JT4-□□J 过电流继电器	5，10，15，20，40，50，80，100，150，200，300，400，600A		吸引电流 （75%～200%）I_N			1常开 1常闭	自动		

1）按控制电路和设备的技术要求，仔细核对继电器的铭牌数据，如线圈的额定电压、电流、整定值以及延时等参数是否符合要求。

2）检查继电器的活动部分是否动作灵活、可靠，外罩及壳体是否有损坏或缺件等情况；各部件应清洁，触头表面要平整，无油污、烧伤与锈蚀等。

3）当衔铁吸合后，弹簧在被压缩位置上应有1～2mm的压缩距离，不能压死；触头的超行程不小于1.5mm，常开触头的分开距离不小于4mm，常闭触头的分开距离不小于3.5mm。

（2）安装及接线检查

1）继电器安装接线时，应检查接线是否正确，使用导线是否适宜，所有安装接线螺钉都应旋紧。

2）对电磁式控制继电器，应注意主触头不带负载情况下，使吸引线圈带电操作几次，看继电器动作是否可靠。

3）对保护用继电器，如过电流继电器、欠电压继电器等应再次检查其整定值是否符合要求，待确认或调整准确后，方可投入运行。

（3）使用

1）定期检查继电器各零部件有否松动、损坏、锈蚀；如有应及时修复或更换。

2）对继电器触头应保持清洁和接触可靠。若发现触头磨损至原厚度的1/3时，即应更换新的触头。若有较严重的烧损、起毛刺等现象，可用小锉修理，修理或更换触头后应调整好触头的参数。

3）应经常注意继电器环境条件的变化，如温度、空气湿度、振动等变化，均应采取防护措施，以保证继电器的可靠工作。

4. 继电器的常见故障分析　过电流继电器的常见故障同接触器类似。

五、速度继电器

速度继电器又称反接制动继电器，它的作用是与接触器配合，实现对电动机的制动，在机床控制中，常用的速度继电器有 JY1 和 JFZ0 系列两种。

JY1 系列速度继电器的外形、结构及工作原理如图 8-25 所示。

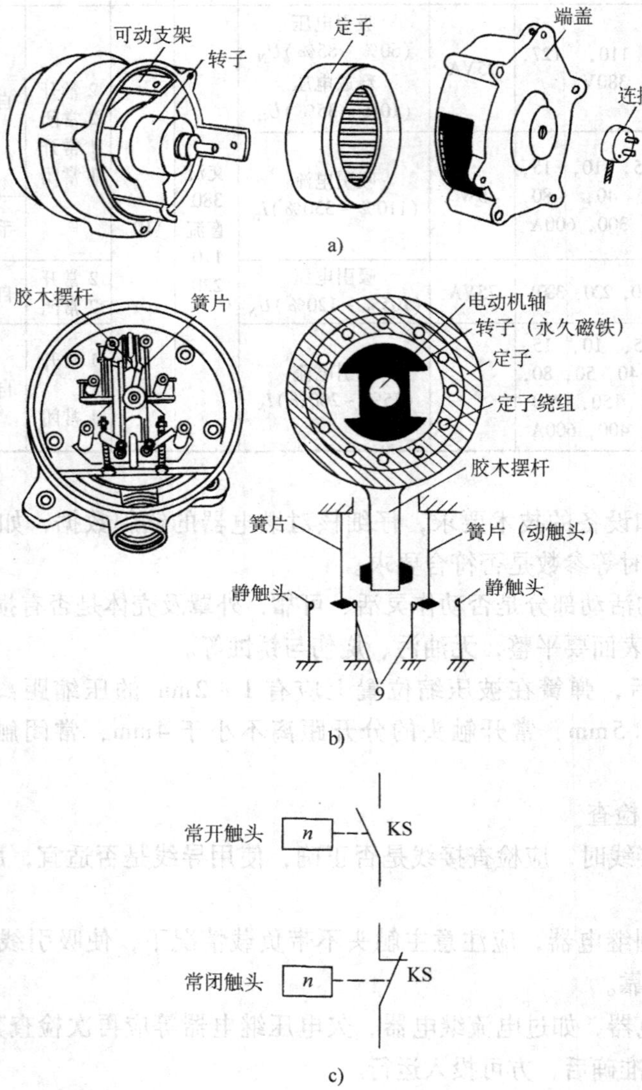

图 8-25　JY1 型速度继电器

a）外形　b）结构　c）电气图形及文字符号

速度继电器的工作原理是：转子是一块永久磁铁，它和被控制的电动机轴连在一起，定子固定在支架上。定子由硅钢片叠成，并装有笼型的短路绕组。当轴转动时，永久磁铁(转子)也一起转动，这样相当于一个旋转磁场，在绕组里感应出电流来，使定子也和转子一起转动，于是胶木摆杆也转动，从而使簧片与静触头闭合(按轴的转动方向而定)。由于可动支架转动时被固定支架阻挡，限制胶木摆杆继续转动。因此，永久磁铁转动时，定子只能转过一个不大的角度，当轴上转速接近于零（小于100r/min）时，胶木摆杆恢复原来状态，触头又分断。

JY1型速度继电器在转速3000r/min以下时能可靠地工作，当转速小于100r/min以下时，触头就恢复原状。这种速度继电器在机床中用得较广。

速度继电器的动作转速不低于300r/min，一般在120r/min即动作，复位转速约在100r/min以下。使用速度继电器时，应将其转子装在被控制电动机的同一根轴上，而将其常开触头串联在控制电路中，通过控制接触器就能实现反接制动。

速度继电器的电气图形及文字符号如图8-25c所示。

1. 技术数据

常用速度继电器的技术数据见表8-36。

表8-36 常用速度继电器的技术数据

型号	触头额定电压/V	触头额定电流/A	触头数量		额定工作转速/(r/min)	允许操作频率/(次/h)
			正转时动作	反转时动作		
JY1	380	2	1常开1常闭	1常开1常闭	100～3600	<30
JFZ0					300～3600	

2. 选择

速度继电器主要根据电动机的额定转速来选择。

3. 安装及使用

1）速度继电器的转轴应与电动机同轴连接。

2）速度继电器安装接线时，正反向的触头不能接错，否则不能起到反接制动时接通和断开反向电源的作用。

4. 速度继电器的常见故障分析

1）反接制动时速度继电器失效，电动机不能制动　故障的原因一般为速度继电器的胶木摆杆断裂、常开触头接触不良、弹性动触头断裂或失去弹性。

2）反接制动时制动不正常　故障的原因一般为速度继电器的弹性动触片调整不当，可将调整螺钉向上旋，弹性动触片的弹性减小，速度较低时便可推动。

第五节　凸轮控制器

控制器是一种大型的手动控制电器，它分鼓形的和凸轮的两种，由于鼓形控制器的控制容量小、体积大、操作频率低、切换位置和电路较少、经济效果差，因此，已被凸轮控制器所代替。

凸轮控制器主要用于起重设备中控制中小型绕线转子异步电动机的起动、停止、调速、换向和制动，也适用于有相同要求的其他电力拖动场合，如卷扬机等。

一、凸轮控制器的结构与工作原理

常用的凸轮控制器有KTJ1-50/1型和KT12-25J型两种，凸轮控制器的外形及结构如图8-26所示。

它们都由静触头、动触头、灭弧罩、凸轮、转轴及手轮等组成。

KTJ1-50/1 型凸轮控制器有一排触头，且只有四个触头配有石棉水泥制的灭弧罩。

凸轮控制器的动触头与凸轮固定在转轴上，每个凸轮控制着一个触头，当扳动手轮旋转时，则转轴带动凸轮旋转，就控制了触头的接通和分断。

KTL1-50/1 型凸轮控制器，共有 12 对触头，3 对常闭、9 对常开触头。其中 4 对常开触头接在主电路中用作控制电动机的正、反转(故用四个灭弧罩)；另外 5 对常开触头与转子电阻相连，用来逐级切除转子电阻、控制电动机的起动与调速；还有 3 对常闭触头接在控制线路中。

二、凸轮控制器触头分合展开图

凸轮控制器的触头分合情况，通常用展开图来表示。KTJ1-50/1 型凸轮控制器的触头分合展开图如图 8-27 所示。图中凸轮控制器的手轮共有 11 挡位置。

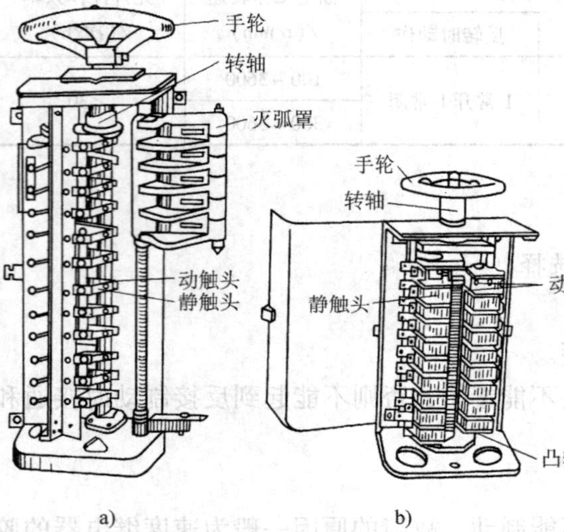

图 8-26 凸轮控制器
a) KTJ1 系列 b) KT12 系列

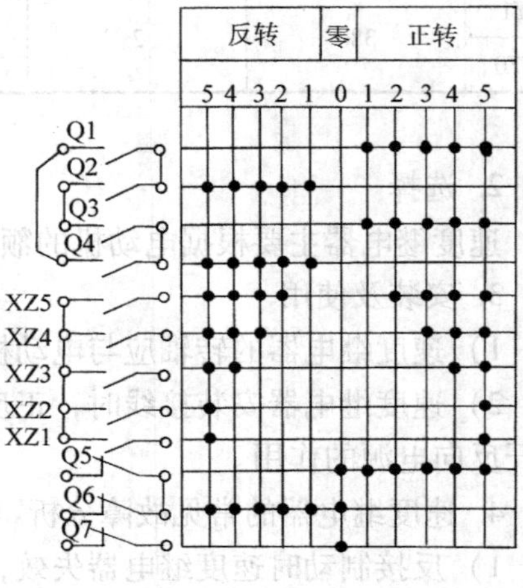

图 8-27 KTJ1-50/1 型凸轮控制器触头分合展开图

框图左边就是凸轮控制器上的 12 个触头，各触头在手轮 11 个位置时的通断状态用有无“·”表示，有此标号的表示对应触头在此位置上是闭合的，无此标记的表示分断。例如：手轮在正转 4 位置时，可看出触头 Q1、Q3、XZ5、XZ4、XZ3 及 Q5 有“·”处于闭合，而其余触头都处于分断状态。又如手轮在反转 1 位置时，只有触头 Q2、Q4 合 Q6 闭合，其余触头都处于分断状态。两触头之间有短接线的(如 Q1 ~ Q4 左边短接线)表示它们一直是接通的。

三、凸轮控制器的技术数据

常用凸轮控制器的技术数据见表 8-37 ~ 表 8-40。

凸轮控制器主要用于超重设备中控制交流或直流电动机的起动、停止、调速、换向和制动。

表 8-37　KTJ1 系列凸轮控制器的技术数据

型　号	额定电流/A	工作位置数		控制器额定功率/kW		通电持续率在40%以下的工作电流/A	操作频率/(次/h)
		向前(上升)	向后(下降)	220V	380V		
KTJ1-50/1	50	5	5	16	16	75	600
KTJ1-50/2		5	5	—	—	75	
KTJ1-50/3		1	1	11	11	75	
KTJ1-50/4		5	5	11	11	75	
KTJ1-50/5		5	5	2×11	2×11	75	
KTJ1-50/6		5	5	11	11	75	
KTJ1-80/1	80	6	6	22	30	120	600
KTJ1-80/2		6	6	22	30	120	
KTJ1-80/5		5	5	2×7.5	2×11	120	
KTJ1-150/1	150	7	7	60	100	225	

表 8-38　KT10 系列凸轮控制器的技术数据

型　号	额定电流/A	工作位置数		控制器额定功率/kW		机械寿命/百万次	操作频率/(次/h)
		左	右	220V	380V		
KT10-25J/1	25	5	5	7.5	11	3	600
KT10-25J/2		5	5	①	①		
KT10-25J/3		1	1	3.5	5		
KT10-25J/5		5	5	2×3.5	2×5		
KT10-25J/6		5	5	7.5	11		
KT10-25J/7		1	1	3.5	5		
KT10-60J/1	60	5	5	22	30		
KT10-60J/2		5	5	①	①		
KT10-60J/3		1	1	11	16		
KT10-60J/5		5	5	2×7.5	2×11		
KT10-60J/6		5	5	22	30		
KT10-60J/7		1	1	11	16		

① 由定子回路接触器功率决定。

表 8-39　KT12 系列凸轮控制器的技术数据

型　号	额定电压/V	额定电流/A	工作位置数		380V 时控制电动机最大容量/kW	操作频率/(次/h)
			向前(上升)	向后(下降)		
KT12-25J/1	380	25	5	5	16	600
KT12-25J/2			5	5	2×7.5	
KT12-25J/3			1	1	11	
KT12-60/1		60	5	5	30	
KT12-60/2			5	5	2×11	
KT12-60/3			1	1	16	

表 8-40 **KT14 系列凸轮控制器的技术数据**

型号	额定电压/V	额定电流/A	工作位置数		触头数	在通电持续率为25%时所能控制的电动机最大功率/kW	操作频率/(次/h)
			向前(上升)	向后(下降)			
KT14-25J/1	380	25	5	5	12	11	600
KT14-25J/2			5	5	17	2×5.5	
KT14-25J/3			1	1	7	5.5	
KT14-60J/1		60	5	5	12	30	
KT14-60J/2			5	5	17	2×11	
KT14-60J/4			5	5	13	2×30	

型号含义如下：

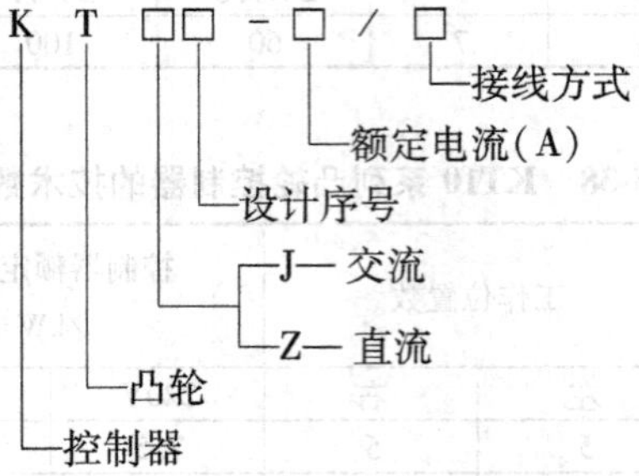

四、凸轮控制器的选择

凸轮控制器根据所控制起重设备上的交流(直流)电动机的起动、调速、换向的技术要求和额定电流来选择。

五、凸轮控制器的安装及使用

1. 安装前的检查

1）凸轮控制器安装前应清除控制器内的灰尘。

2）按使用说明书中的规定数据检查触头参数；并转动凸轮控制器的手轮(或手柄)，检查其运动系统是否灵活，触头分合顺序是否与接线图相符，有何缺件等。

2. 安装接线

1）凸轮控制器安装时可根据控制室的情况，牢靠地固定在墙壁或支架上。引入导线经控制器下基座的出线孔穿入。躯壳上有专用接地螺钉，其手轮通过凸轮环接地。

2）按接线图把凸轮控制器与电动机、电阻器和保护屏上的电器进行连接，然后将金属部分均可靠接地。所有螺栓连接处须紧固，特别要注意触头和连接导线部分不要因螺钉松动而产生过热。

3）控制器安装结束后，应进行空载试验，起动时若控制器转到第 2 挡位置后，仍未使电动机转动，则应停止起动，检查线路。

3. 使用

1）起动操作时，手轮转动不能太快，应逐级起动，防止电动机的冲击电流超过过电流继电器的整定值。

2）控制器停止使用时，应将手轮准确地停在零位。

3）控制器要保持清洁，经常清除金属导电粉尘；转动部分应定期加以润滑。

六、凸轮控制器的常见故障分析

（1）主电路中常开触头间短路　故障的原因一般有灭弧罩破裂、触头间绝缘损坏和手轮转动过快。

（2）触头熔焊　故障的原因一般有触头弹簧压力过小或凸轮控制器容量太小。

（3）触头过热　故障的原因一般有触头表面有油污或触头上连接螺钉松脱。

（4）操作时有卡轧现象　故障的原因一般为轴承损坏，凸轮鼓或触头处有异物嵌入。

第六节　主令电器

主令电器是用在自动控制系统中发出指令的操纵电器，用它来控制接触器、继电器或其他电器，使电路接通和分断来实现生产机械的自动控制。

常用的主令电器有按钮、万能转换开关、主令控制器和行程开关等。

一、按钮

按钮是一种以短时接通或分断小电流电路的电器，它不直接去控制主电路的通断，而在控制电路中发出“指令”去控制接触器、继电器等电器，再由它们去控制主电路。

按钮的触头，允许通过的电流很小，一般不超过 5A。

在机床中，常用的产品有 LA10、LA18、LA19 和 LAY 系列，外形分别如图 8-28 所示。其中 LA18 系列按钮采用积木式结构，触头数目可按照需要拼装，一般拼装成 2 对常开、2 对常闭；也可拼装成 6 对常开、6 对常闭；结构形式有揿钮式、紧急式、钥匙式和旋钮式。LA19 系列在按钮内还装有信号灯，除了作为控制电路的主令电器使用外，尚可兼作信号指示灯使用。

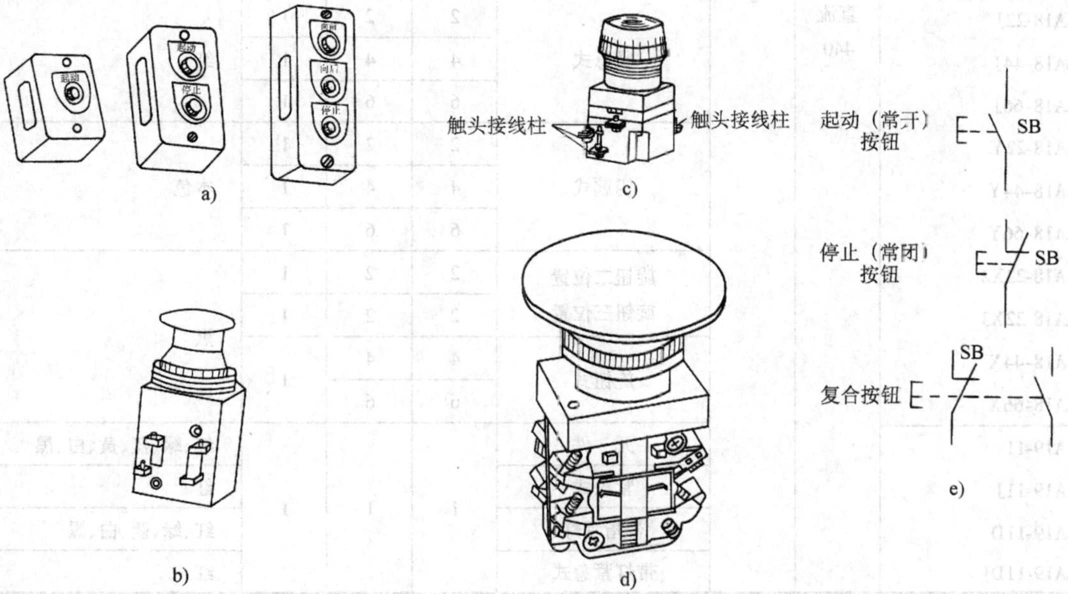

图 8-28　LA 系列按钮

a）LA10 系列　b）LA18 系列　c）LA19 系列　d）LAY 系列　e）图形及文字符号

按钮按用途和触头的结构不同分为停止按钮（常闭按钮）、起动按钮（常开按钮）和复合按钮(常开和常闭组合按钮)，其电气原理中图形和文字符号如图 8-28e 所示。

1. 技术数据

常用按钮的技术数据见表 8-41、表 8-42，按钮颜色代表的意义见表 8-43，常用按钮标牌名称中英文对照见表 8-44。

表 8-41 LA 系列按钮的技术数据

型号	电压/V	电流/A	结构形式	触头对数		按钮	
				常开	常闭	钮数	颜色
LA10-1	交流 500 直流 440	5	元件	1	1	1	黑、绿、红
LA10-1K			开启式	1	1	1	黑、绿、红
LA10-2K				2	2	2	黑、红或绿、红
LA10-3K				3	3	3	黑、绿、红
LA10-1H			保护式	1	1	1	
LA10-2H				2	2	2	黑、红或绿、红
LA10-3H				3	3	3	黑、绿、红
LA10-1S			防水式	1	1	1	
LA10-2S				2	2	2	黑、红或绿、红
LA10-3S				3	3	3	黑、绿、红
LA10-2F			防腐式	2	2	2	黑、红或绿、红
LA18-22			元件	2	2	1	红、绿、黄、白
LA18-44				4	4	1	
LA18-66				6	6	1	
LA18-22J			紧急式	2	2	1	红
LA18-44J				4	4	1	
LA18-66J				6	6	1	
LA18-22Y			钥匙式	2	2	1	本色
LA18-44Y				4	4	1	
LA18-66Y				6	6	1	
LA18-22X2			旋钮二位置	2	2	1	黑
LA18-22X3			旋钮三位置	2	2	1	
LA18-44X			旋钮式	4	4	1	
LA18-66X				6	6		
LA19-11			元件	1	1	1	红、绿、蓝、黄、白、黑
LA19-11J			紧急式				红
LA19-11D			带指示灯				红、绿、蓝、白、黑
LA19-11DJ			带灯紧急式				红

表 8-42　LAY1 系列按钮的技术数据

型　号	电压/V	电流/A	结构形式	触头对数		基座级数	触头盒数	颜色
				常开	常闭			
LAY1-11	交流380 直流220	5	平按钮	1	1	1	1	红、黄、绿、黑
LAY1-01				0	1	1	1	
LAY1-10				1	0	1	1	
LAY1-22				2	2	1	2	
LAY1-02				0	2	1	2	
LAY1-20				2	0	1	2	
LAY1-12				1	2	1	2	
LAY1-21				2	1	1	2	
LAY1-33				3	3	2	3	
LAY1-03				0	3	2	3	
LAY1-30				3	0	2	3	
LAY1-13				1	3	2	3	
LAY1-31				3	1	2	3	
LAY1-23				2	3	2	3	
LAY1-32				3	2	2	3	
LAY1-44				4	4	2	4	
LAY1-04				0	4	2	4	
LAY1-40				4	0	2	4	
LAY1-14				1	4	2	4	
LAY1-41				4	1	2	4	
LAY1-24				2	4	2	4	
LAY1-42				4	2	2	4	
LAY1-34				3	4	2	4	
LAY1-43				4	3	2	4	
LAY1-01DJ/2			紧灯紧急式	0	1	1	1	红
LAY1-02DJ/2				0	2	1	2	
LAY1-03DJ/2				0	3	2	3	
LAY1-04DJ/2				0	4	2	4	
LAY1-01DJ/3				0	1	1	1	
LAY1-02DJ/3				0	2	1	2	
LAY1-03DJ/3				0	3	2	3	
LAY1-04DJ/3				0	4	2	4	

表 8-43　按钮颜色代表的意义

颜　色	代表意义	典型用途
红	停车、电断	一台或多台电动机的停车 机器设备的一部分停止运行 磁力吸盘或电磁铁的断电 停止周期性的运行
红	紧急停车	紧急开断 防止危险性过热的开断
绿或黑	起动、工作、点动	控制回路励磁 辅助功能的一台或多台电动机开始起动 机器设备的一部分起动 激励磁力吸盘装置或电磁铁 点动或缓行
黄	返回的起动、移动出界、正常工作循环或移动一开始去抑止危险情况	在机械已完成一个循环的始点，机械元件返回；揿黄色按钮的功能可取消预置的功能
白或蓝	以上颜色所未包括的特殊功能	与工作循环无直接关系的辅助功能控制保护继电器的复位

表 8-44 常用按钮标牌名称中英文对照

序号	标牌名称		序号	标牌名称	
	英 文	中 文		英 文	中 文
1	ON	通	14	RESET	复位
2	OFF	断	15	UP	上升
3	START	起动	16	DOWN	下降
4	STOP	停止	17	OPEN	开
5	INCH	点动	18	CLOSE	关
6	RUN	运转	19	LEFT	左
7	FORWARD	正转(向前)	20	RIGHT	右
8	REVERSE	反转(向后)	21	HIGH	高
9	FAST	高速	22	LOW	低
10	SECOND	中速	23	TEST	试验
11	SLOW	低速	24	JOG	微动
12	HAND	手动	25	ACKNOWLEDGE	受信
13	AUTO	自动	26	EMERG STOP	急停

型号含义如下：

L A □-□□□

- 结构形式
  - K —开启式　S —防水式　H —保护式
  - F —防腐式　J —紧急式　X —旋钮式
  - Y —钥匙式　D —带指示灯式
  - DJ —紧急式带指示灯
- 常闭触头数
- 常开触头数
- 设计序号
- 按钮序号
- 主令电器

L A Y1-□□□□/TH

- 湿热带型
- 1 — 高护罩　2 — ϕ40mm 蘑菇头
- 3 — ϕ60mm 蘑菇头　4 — ϕ80mm 蘑菇头
- 5 — 高帽　6 — 高帽
- 7 — 三位　8 — 1型
- 9 — 2 型　10 — 3型
- 无字母—一般钮　SX —点动旋钮
- J —紧急钮　XZ —选择钮
- D —带灯钮　Y —钥匙钮
- DJ —带灯紧急钮　ZS —自锁钮
- X —旋钮
- 常闭触头数
- 常开触头数
- 设计序号
- 按钮
- 主令电器

2. 选择

1）按钮应根据使用场合、结构型式、触头数及颜色来进行选择。

2）电动葫芦不宜选用 LA18 和 LA19 系列按钮，最好采用 LA2 系列按钮。

3）铸工车间灰尘较多，也不宜选用 LA18 和 LA19 系列按钮。

3. 安装及使用

1）按钮安装在面板上时，应布置整齐、排列合理，如根据电动机起动的先后次序，从上到下或从左到右排列。

2）同一个机床运动部件的几种不同的工作状态（如上、下，前、后，左、右，松、紧等），应使每一对相反状态的按钮安装在一组。

3）为了应付紧急情况，当按钮板上安装的按钮较多时，应采用红色蘑菇头的总停按钮，且应安装在显眼而容易操作的地方。

4）按钮安装时应牢固，接线时用红色按钮作停止用，绿色或黑色表示起动或通电。

5）由于按钮的触头间距较小，如有油污等极易发生短路故障，故应经常保持触头的整洁。

4. 按钮的常见故障分析

（1）按下起动按钮时有触电感觉　故障的原因一般为按钮的防护金属外壳与连接导线接触或按钮帽的缝隙间充满铁屑，使其与导电部分形成通路。

（2）停止按钮失灵，不能断开电路　故障的原因一般有接线错误、线头松动或搭接在一起、铁尘过多或油污使停止按钮常闭触头形成短路、胶木烧焦短路。

（3）按下停止按钮，再按起动按钮，被控电器不动作　故障的原因一般为被控电器有故障、停止按钮的复位弹簧损坏或按钮接触不良。

二、位置开关

位置开关又称为行程开关或限位开关。它的作用与按钮相同，只是其触头的动作不是靠手动操作，而是利用生产机械某些运动部件上的挡铁碰撞其滚轮使触头动作来实现接通或分断某些电路，使之达到一定的控制要求。为了适应各种条件下的碰撞，行程开关有很多构造型式。常用的有滚轮式（即旋转式）和按钮式（即直动式），用它来限制机械运动的行程或位置，使运动机械按一定行程自动停车、反转或变速，以实现自动控制。

位置开关的外形及电气图形及文字符号如图 8-29 所示。

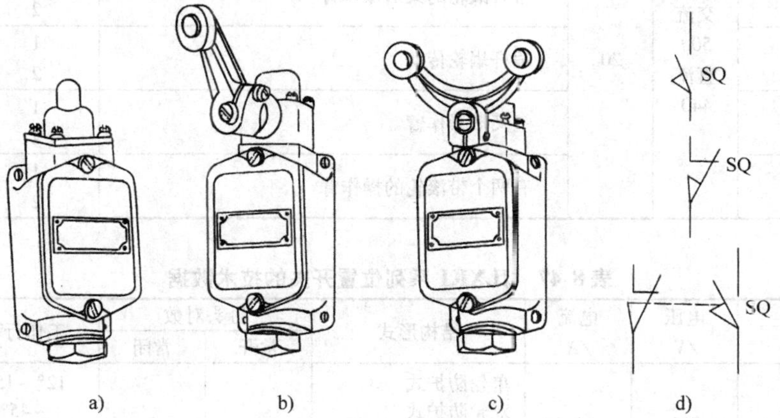

图 8-29　位置开关

a）JLKX1-311 按钮式　b）JLXK1-111 单轮转动式　c）JLXK1-211 双轮转动式　d）电气图形及文字符号

图 8-29a 的按钮式和图 8-29b 的单轮转动式位置开关能自身自动复位，当运动机械的挡铁碰撞到行程开关的按钮或滚轮上时，使其常闭触头分断、常开触头闭合，当按钮或滚轮上的挡铁移开后，复位弹簧就使位置开关触头复位，这种单轮自动复位的行程开关是依靠本身的恢复弹簧来复原的，在生产机械的自动控制中应用较为广泛。图 8-29c 所示的双轮位置开关不能自动复位，它是依靠运动的机械反向移动时，挡块碰撞另一滚轮将其复位。

位置开关有电气原理中的图形和文字符号如图 8-29d 所示。

1. 位置开关的技术数据

常用位置开关的技术数据见表 8-45 ~ 表 8-49。

表 8-45　LX19 系列位置开关的技术数据

型　号	电压/V	电流/A	结构形式	触头对数		工作行程	超行程
				常开	常闭		
LX19K	交流 380 直流 220	5	元件	1	1	3mm	1mm
LX19-001			无滚轮，仅用传动杆能自动复位	1	1	<4mm	>3mm
LX19-111			单轮，滚轮装在传动杆内侧，能自动复位	1	1	~30°	~20°
LX19-121			单轮，滚轮装在传动杆外侧，能自动复位	1	1	~30°	~20°
LX19-131			单轮，滚轮装在传动杆凹槽内	1	1	~30°	~20°
LX19-212			双轮，滚轮装在 U 形传动杆内侧，不能自动复位	1	1	~30°	~15°
LX19-222			双轮，滚轮装在 U 形传动杆外侧，不能自动复位	1	1	~30°	~15°
LX19-232			双轮，滚轮装在 U 形传动杆内外侧各一，不能自动复位	1	1	~30°	~15°

表 8-46　LX22 系列位置开关的技术数据

型　号	电压/V	电流/A	结 构 形 式	控制回路数	取代
LX22-11	交流 500 直流 440	20	带有滚轮的垂直操作臂	1	LX4-11
LX22-12				2	LX4-12
LX22-21			带有滚轮的叉形操作臂	1	LX4-21
LX22-22				2	LX4-22
LX22-31			蜗杆蜗轮传动	1	LX4-31
LX22-32				2	LX4-32
LX22-41			三叉形操作臂	1	LX4-41
LX22-42				2	LX4-42
LX22-61			有两个带滚轮的操作臂	1	LX4-61
LX22-62				2	LX4-62

表 8-47　JLXK1 系列位置开关的技术数据

型　号	电压/V	电流/A	结构形式	触头对数		工作行程	超行程
				常开	常闭		
JLXK1-111	500	5	单轮防护式	1	1	12° ~ 15°	≤30°
JLXK1-211			双轮防护式			~45°	≤45°
JLXK1-311			直动防护式			1 ~ 3mm	2 ~ 4mm
JLXK1-411			直动滚轮防护式			1 ~ 3mm	2 ~ 4mm

表 8-48　JLXW5 系列微动位置开关的技术数据

型　号	电压/V	电流/A	结构形式	触头数量		触头换接时间/s	推杆工作	
				常开	常闭		推力/N	行程/mm
JLXW5-11	380	3	单断点，不带操作机构	1	1	≤0.04	10～4	0.5～1.5
JLXW5-11D1			单断点，带短臂操作机构				0.2～0.6	3～9
JLXW5-11D2			单断点，带长臂操作机构				0.3～1.2	3.5～10
JLXW5-11S			双断点，带操作机构				0.8～2.5	3～9

表 8-49　LJ、JKDX、JKS 晶体管无触点接近开关的技术数据

型　号	工作电压/V	电压波动(%)	动作距离/mm	重复精度/mm	最高操作频率/(次/s)	最高相对位移速度/(m/s)	环境温度/℃	最大输出
LJ1-24	-24		2.5	<0.03				最大输出电压：100mA 最大输出电压： "1"态(有动作片)≥22V "0"态<5mV
LJ2 系列	-12		5	0.03	50			输出电压： "1"态≥10V "0"态≤0.5V
	-24		10	0.05	50			输出电压： "1"态≥21V "0"态≤0.5V
			15	0.1	20			
LJ3-15	-24～-36	+10～-15	10～15	≤0.01	1000	复位距离 ≤2	-20～+60	最大输出电流： "1"态时拉电流 5mA "0"态时灌电流 75mA 输出电压： "1"态时高电平大于 95% 电源电压 "0"态时低电平≤2V
LJ3-25			20～25	≤0.05	200	≤3		
LJ3-35			30～35	≤0.1	200	≤5		
JKDX-J/R-D	-12	+10～-15	3～5	0.02	768	40	-10～+50	J 型为 20mA(700Ω) R 型为 60mA(-6.5V)
JKS-J/S-D	-12	+10～-15	20±1	0.02	768	40	-10～+50	R 型为 44mA(-6.5V) J 型为 135mA(72～200Ω)

型号含义如下：

LX□-□□□

- 1—自动复位　2—不能自动复位
- 0—仅径向传动杆　1—滚轮装在传动杆外侧　2—滚轮装在传动杆内侧　4—滚轮装在传动杆凹槽内侧
- 0—无滚轮　1—单轮　2—双轮　3—直动不带轮　4—直动带轮
- 设计序号
- 行程开关
- 主令电器

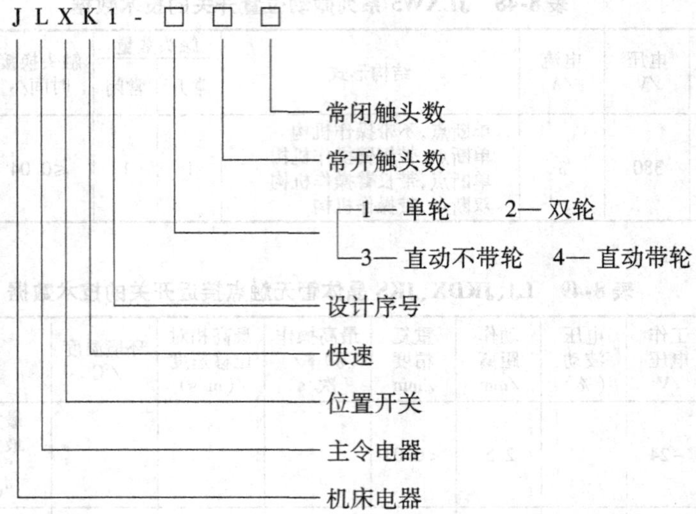

2. 选择

1）根据应用场合及控制对象选择，是一般用途位置开关还是起重设备用位置开关。

2）根据安装环境选择防护型式，是开启式还是防护式。

3）根据控制电路的电压和电流选择采用何种系列的位置开关。

4）根据机械与位置开关的传力与位移关系选择合适的头部结构形式。

3. 安装及使用

1）位置开关安装时位置要准确，否则不能达到行程控制和限位控制的目的。

2）应定期清扫位置开关，以免触头接触不良而达不到行程和限位控制的目的。

4. 位置开关的常见故障分析

（1）挡铁碰撞位置开关，触头不动作　故障的原因一般为位置开关的位置安装不对，离挡铁太远；触头接触不良或连接线松脱。

（2）位置开关复位后，常闭触头不能闭合　故障的原因一般为触头偏斜或动触头脱落、触杆被杂物卡住、弹簧弹力减退或被卡住。

（3）位置开关的杠杆已偏转但触头不动　故障的原因一般为位置开关的位置装得太低或触头由于机械卡阻而不动作。

三、万能转换开关

万能转换开关主要作为控制线路的转换、电气测量仪表的转换，以及配电设备的远距离控制，亦可作为小容量电动机的起动、制动、换向及变速控制。由于开关的触头档数多，换接线路多、用途又广泛，故称万能转换开关。

常用的万能转换开关有 LW5 和 LW6 系列。LW5 系列万能转换开关的绝缘结构大量采用热塑性材料，它的触头挡数共有 1 ~ 16、18、21、24、27、30 等 21 种。其中 16 挡以下为单列（换接一条线路），18 挡以上为三列（换接三条线路），其外形及凸轮通断触头情况如图 8-30 所示。

万能转换开关由很多层触头底座叠装而成，每层触头底座内装有一对（或三对）触头和一个装在转轴上的凸轮，操作时，手柄带动转轴和凸轮一起旋转，凸轮就可接通或分断触头，如图 8-30b 所示。由于凸轮的形状不同，当手柄在不同的操作位置时，触头的分合情况也不同，从而达到缓触电路的目的。

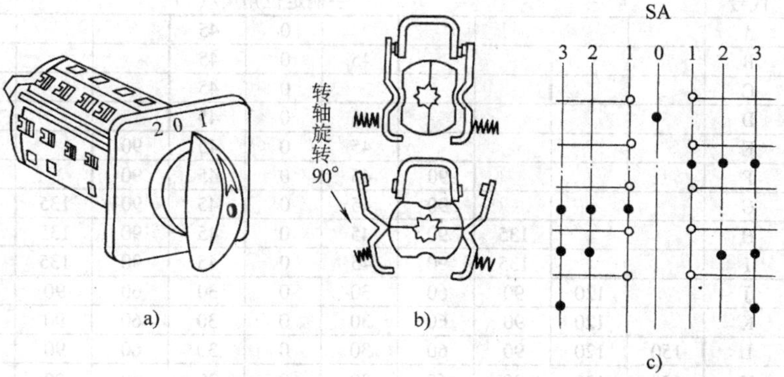

图 8-30 LW5 系列万能转换开关
a）外形 b）凸轮通断触头示意图 c）电气图形及文字符号

万能转换开关的电气图形及文字符号如图 8-30c 所示。

图中所示“—○ ○—”代表一路触头，而每一根竖的点划线表示手柄位置，在某一个位置上哪一路接通，就在下面用黑点“·”表示。

LW5 系列万能转换开关的额定电压在 380V 时，额定电流为 12A；额定电压在 500V 时，额定电流为 9A。额定操作频率为每小时 120 次，机械寿命为 100 万次。

1. 万能转换开关的技术数据

LW5、LW6 系列万能转换开关的技术数据、定位特征及手柄定位角度见表 8-50 ~ 表 8-52。

表 8-50 LW5、LW6 系列万能转换开关的技术数据

型号	额定电压/V	额定电流/A	双断点触头技术数据												操作频率/(次/h)	触头挡数
			交流						直流							
			接通			分断			接通			分断				
			电压/V	电流/A	cosφ	电压/V	电流/A	cosφ	电压/V	电流/A	T/ms	电压/V	电流/A	T/ms		
LW5	交直流 500	15	24		0.3 ~ 0.4	24		0.3 ~ 0.4	24	20	60 ~ 66	24	20	60 ~ 66	120	每一触头座内有两对触头，挡数有 1 ~ 16、18、21、24、27、30，可取代 LW1、LW4
			48			48			48	15		48	15			
			110	30		110	30		110	2.5		110	2.5			
			220	20		220	20		220	1.25		220	1.25			
			380	15		380	15		380			380				
			440			440			440	0.5		440	0.5			
			500	10		500	10		500	0.35		500	0.35			
LW6	交流 380 直流 220	5	380	5		380	0.5		220	0.2	50 ~ 100	220	0.2	50 ~ 100		每一触头座内有三对触头，挡数有 1 ~ 6、8、10、12、16、20

表 8-51　LW5 系列万能转换开关的定位特征及手柄定位角度

操作方式	代号	手柄定位角度/(°)											
自复式	A						0	45					
	B					45	0	45					
定位式	C						0	45					
	D					45	0	45					
	E					45	0	45	90				
	F				90	45	0	45	90				
	G				90	45	0	45	90	135			
	H			135	90	45	0	45	90	135			
	I			135	90	45	0	45	90	135	180		
	J		120	90	60	30	0	30	60	90	120		
	K		120	90	60	30	0	30	60	90	120	150	
	L	150	120	90	60	30	0	30	60	90	120	150	
	M	150	120	90	60	30	0	30	60	90	120	150	180

表 8-52　LW6 系列万能转换开关的定位特征及手柄定位角度

定位特征代号	手柄定位角度/(°)											
A						0	30					
B					30	0	30					
C					30	0	30	60				
D				60	30	0	30	60				
E				60	30	0	30	60	90			
F			90	60	30	0	30	60	90			
G			90	60	30	0	30	60	90	120		
H		120	90	60	30	0	30	60	90	120		
I		120	90	60	30	0	30	60	90	120	150	
J	150	120	90	60	30	0	30	60	90	120	150	
K	210	240	270	300	330	0	30	60	90	120	150	180
L						0	60					
M					60	0	60					
N					60	0	60	120				
O				120	60	0	60	120				
P				240	300	0	60	120	180			

型号含义如下：

L W 5 - 15 □ □ / □

- □（最后一位）——接触系统挡数
- □（第二位）——接线图编号
- □（第一位）——定位特征代号(见表 8-53)
- 15——额定电流(A)
- 5——设计序号
- W——万能转换开关
- L——主令电器

LW6-□/□□-TH

- TH — 湿热带型
- □ — 接线图编号
- □ — 定位特性代号（见表 8-54）
- □ — 触头座数
- 6 — 设计序号
- W — 万能转换开关
- L — 主令电器

2. 选择

1）按额定工作电压和工作电流选用合适的系列。

2）按操作需要选定手柄型式和定位特征。

3）按控制要求参照万能转换开关样本确定触头数量和接线图编号。

4）选择面板型式及标志。

3. 安装及使用

1）安装前必须用抹布揩去触头盒和外露触头表面的尘污。

2）万能转换开关一般应水平安装在屏板上，但也可倾斜或垂直安装。

3）万能转换开关的面板从屏板正面插入，并旋紧在面板双头螺栓上的螺母，使面板紧固于屏板上。

4. 万能转换开关的常见故障分析

万能转换开关的常见故障分析和转换开关相似。

四、主令控制器

主令控制器的外形与结构如图 8-31 所示。

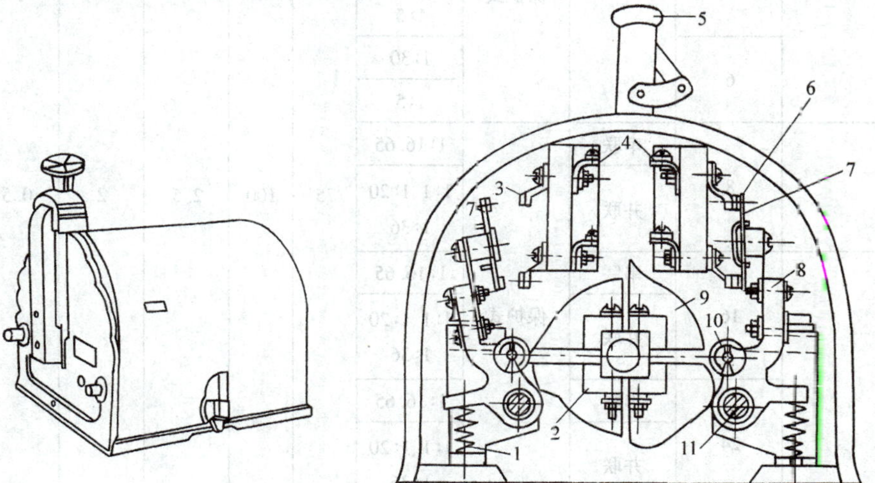

图 8-31　主令控制器的外形与结构

a）外形　b）结构

1—弹簧　2、9—凸轮块　4—接线柱　5—手柄　3、6—静触头　7—动触头　8—支杆　10—小轮　11—轴主令控制器主要用来频繁地按顺序操纵多个控制回路，并通过接触器来实现控制电动机的起动、制动、调速和反转。

它有铸铁的底座和支架，在支架上装有动、静触头及凸轮盘所组成的接触系统，图中2与9表示固定方形转轴上的凸轮块；4是固定触头的接线柱，由它连接被操作回路，静触头3由桥式动触头7来闭合与分断；动触头7固定于能绕轴11转动的支杆8上。

当转动手柄5使凸轮块9转动时，推压小轮10，使支杆8绕轴11转动，使动触头7与静触头6分断，将被操作回路分断；相反，当转动手柄5使小轮10位于凸轮块9的凹槽处，由于弹簧1的作用，使动触头7与静触头6闭合，接通被操作回路。可见，触头的闭合与分断的顺序是由凸轮块的形状所决定的。

主令控制器的电气图形及文字符号同万能转换开关。

1. 技术数据

LK4、LK5系列主令控制器的技术数据见表8-53和表8-54。

表8-53　LK4系列主令控制器的技术数据

型　号	控制电路数	凸轮装配旋转方式	防护型式	减速器传动比	接通和分断能力/A					
					接通		分　断			
					直流	交流	直流			交流
							100V	220V	440V	380V
LK4-324 LK4-024	2		防尘式							
LK4-044 LK4-054	4		保护式							
LK4-028/1 LK4-028/2	2		保护式	1:30 1:5						
LK4-048/1 LK4-048/2	4			1:30 1:5						
LK4-058/1 LK4-058/2	6			1:30 1:5						
LK4-148/3	8	串联	保护式	1:16.65						
LK4-148/4		并联		1:1、1:20 1:36	75	100	2.5	2	0.5	15
LK4-168/3	16	串联		1:16.65						
LK4-168/4		并联		1:1、1:20 1:36						
LK4-188/3	24	串联		1:16.65						
LK4-188/4		并联		1:1、1:20 1:36						
LK4-658/4 LK4-658/5 LK4-658/6 LK4-658/7	5		防水式	1:30 1:5						

表 8-54 LK5 系列主令控制器的技术数据

<table>
<tr><th rowspan="4">型 号</th><th rowspan="4">凸轮盘数目</th><th rowspan="4">工作电路数</th><th rowspan="4">防护型式</th><th rowspan="4">工作位置数</th><th rowspan="4">传动机构种类</th><th colspan="6">极限分断能力/A</th></tr>
<tr><th colspan="2">接通</th><th colspan="4">分断</th></tr>
<tr><th rowspan="2">直流</th><th rowspan="2">交流</th><th colspan="3">直流</th><th>交流</th></tr>
<tr><th>110V</th><th>220V</th><th>440V</th><th>380V</th></tr>
<tr><td>LK5-027-1</td><td>1</td><td>2</td><td>保护式</td><td>1-0-1</td><td>手柄直接操作可自复至位零位</td><td>10</td><td>100</td><td>2</td><td>1.5</td><td>0.3</td><td>10</td></tr>
<tr><td>LK5-227-4</td><td>1</td><td>2</td><td>防水式</td><td>1-0-1</td><td>手柄直接操作可自复位至零位</td><td rowspan="5">15</td><td rowspan="5">100</td><td rowspan="5">2.5</td><td rowspan="5">2</td><td rowspan="5">0.5</td><td rowspan="5">15</td></tr>
<tr><td>LK5-227-5
LK5-227-6</td><td>1</td><td>2</td><td>防水式</td><td>1-0-1</td><td>带滚子的杠杆传动，可自复位至零位</td></tr>
<tr><td>LK5-031/3-401
LK5-031/3-405</td><td>2</td><td>4</td><td>保护式</td><td>1-0-1</td><td>手柄直接操作可自复位至零位</td></tr>
<tr><td>LK5-051/6-816
LK5-051/6-1003</td><td>4
5</td><td>8
10</td><td>保护式</td><td>7-0-7</td><td>带正齿轮传动装置，1:2 的手柄，每一位有定位装置</td></tr>
<tr><td>LK5-052/2-816
LK5-052/2-1003</td><td>4
5</td><td>8
10</td><td>保护式</td><td>7-0-7</td><td>带正齿轮传动装置，1:2 的与杠杆相连的摇臂，无固定的位置</td></tr>
</table>

型号含义如下：

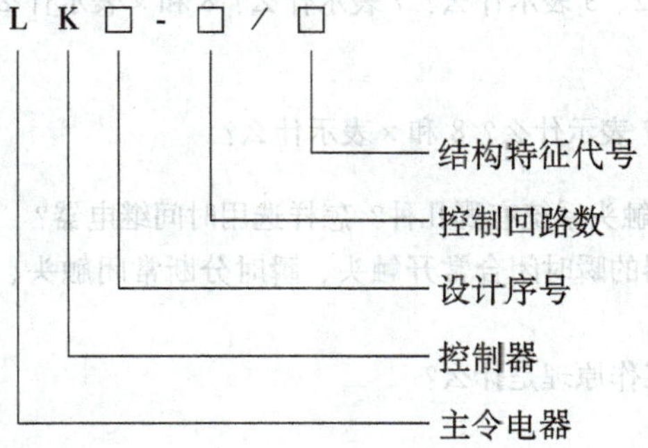

2. 选择

主令控制器应根据所需控制的电路数、触头闭合顺序、长期容许电流和接通或分断时容许电流等进行选择。

3. 安装及选用

1）安装前应检查控制器的动触头和静触头接触是否良好，有无松动现象，其转动后触头是否符合动作顺序。

2）主令控制器常用螺栓安装在支架或操作台上，并应使外壳上的接地螺栓与接地网可靠地连接。

3）主令控制器在投入运行前，应用 500～1000V 绝缘电阻表测量其绝缘电阻，绝缘电阻一般应大于 0.5MΩ，同时根据接线图检查接线是否正确。

4. 主令控制器常见故障分析

（1）主令控制器触头过热或烧毁　故障的原因一般为电路电流过大、触头压力不足或触头表面有油污、触头超行程过大。

（2）主令控制器操纵手柄转动失灵　故障的原因一般为定位机构损坏、静触头的固定螺钉松脱、内部落入异物。

复　习　题

1. 某工地有一台额定功率为3kW、额定电压为380V的小型三相笼型异步电动机，应选用什么型号、规格的刀开关？

2. 交流接触器在衔铁吸合前的瞬间，为什么在线圈中会产生很大的冲击电流？直流接触器会不会产生这种现象，为什么？

3. 交流接触器在运行中产生很大噪声的原因有哪些？触头发黑、发毛时，如何处理？

4. 交流接触器在运行中发生触头熔焊的原因有哪些？

5. 接触器和继电器的触头为什么要采用银合金？

6. 接触器产生噪声的原因有哪些？

7. 热继电器有哪几种型式？常用在什么地方？怎样选用？

8. 电动机的起动电流大，当电动机起动时，热继电器会不会动作？为什么？

9. 既然在电动机的主电路中装有熔断器，为什么还要装热继电器？

10. 画出转换开关，熔断器、接触器的线圈、常开主触头、常开和常闭辅助触头，热继电器的热元件和常闭触头的新老国标的图形及文字符号。

11. 中间继电器和接触器有何异同处？

12.

KM		
1	7	8
2	×	×
3		

接触器左栏1、2、3表示什么？7表示什么？8和×表示什么？

13.

KA	
6	8
7	×

继电器左栏的6、7表示什么？8和×表示什么？

14. JS7-A系列时间继电器触头系统有哪几种？怎样选用时间继电器？

15. 画出并解释时间继电器的瞬时闭合常开触头、瞬时分断常闭触头、延时闭合常开触头和延时分断常闭触头。

16. 速度继电器的用途和工作原理是什么？

第九章　电力拖动基本控制电路

电力拖动是指用电动机来带动生产机械运动的一种方法。电力拖动由三部分组成，即电动机、电动机的控制和保护电器、电动机与生产机械的传动装置。

电力拖动常用的基本环节有全电压起动、减压起动、制动和调速等控制电路。

电气控制电路一般有控制保护系统图、安装接线图和电气原理图等三种。

中小型电动机的控制保护系统图如图 9-1 所示。图 9-1a 中熔断器 FU 作保护用，故必须装在控制开关 QS 的后级。采用刀开关 QS 作控制开关，倒顺开关 SA 作操作开关，在两级开关之间必须安装一道熔断器 FU，如图 9-1b 所示。采用空气断路器 QF 作控制开关时，则应在空气断路器 QF 前装一道熔断器 FU，以免热脱扣器或电磁脱扣器失灵时，能由熔断器起保护作用，同时可兼作隔离开关用，如图 9-1c 所示。

电气原理图如图 9-2 所示。图中各电器的元件不按它们的实际位置画在一起，而是按其在电路中所起作用画在不同的部位上，但同一电器元件用同一文字符号表示。如图 9-2 中接触器 KM 的线圈和一副常开辅助触头画在右边的控制回路中，且所有电器触头都按没有通电时的位置画出。电气原理图分为三回路和控制回路两部分。主回路包括电动机、接触器的主触头及连接导线等，主回路通过大电流，在原理图中画在左边；控制回路包括接触器的线圈和辅助触头、按钮和连接导线等，控制回路画在原理图的右边。

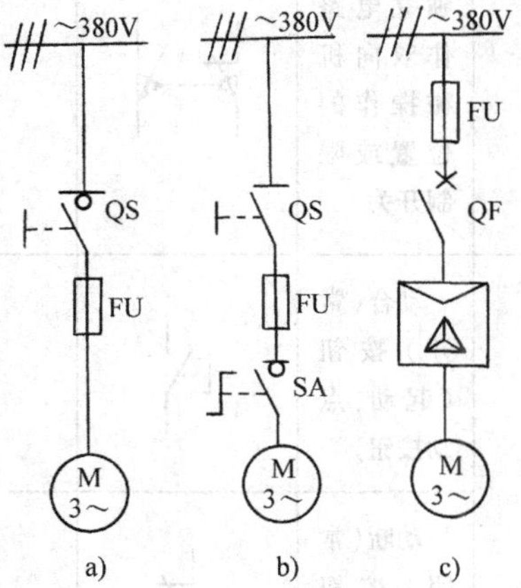

图 9-1　中小型电动机的控制保护系统

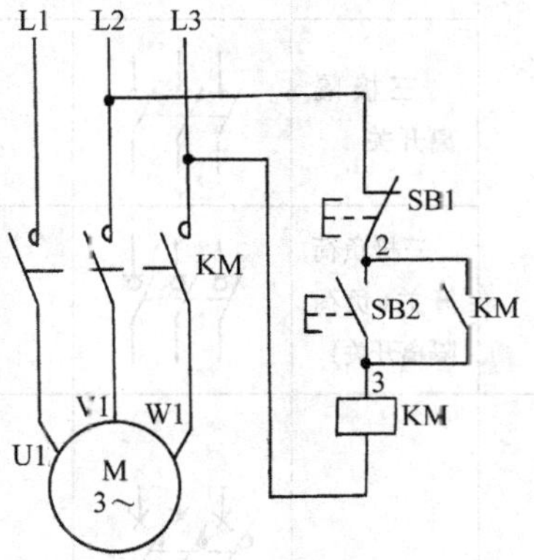

图 9-2　电动机单向运行控制线路

电动机单向运行安装接线图如图 9-3 所示。图中各电器元件和导线是按实际安装位置画的，同一电器各元件是画在一起的。由于安装接线图线条交叉重叠较多，不易看出它的工作原理，主要作为安装控制线路时参考用。

原理图中各电器元件统一用表 9-1 所规定的符号来表示。

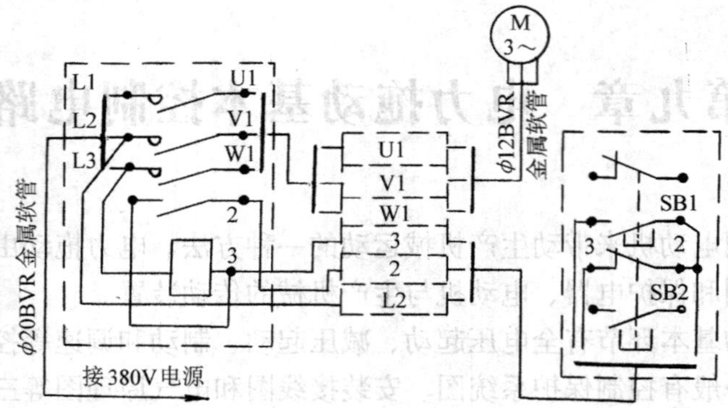

图 9-3　电动机单向运行安装接线图

表 9-1　电气原理图中常用图形及文字符号

序　号	名　称	图形符号	文字符号	序　号	名　称	图形符号	文字符号
1. 开关	单极控制开关		SA	3. 限制和位置（行程）开关	动合（常开）触头	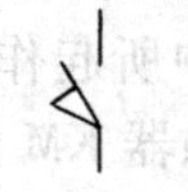	SQ
	中间断开的双向转换触点		SA		动断（常闭）触头	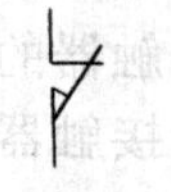	SQ
	三极控制开关	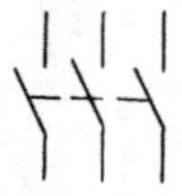	SA		对两个独立电路作双向机械操作的位置或限制开关	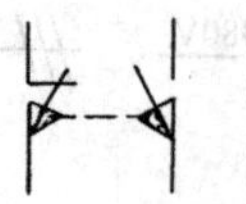	SQ
	三极隔离开关	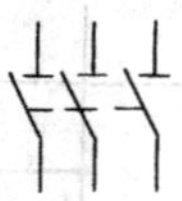	QS	4. 按钮	动合（常开）按钮（起动、点动按钮）	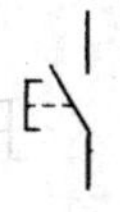	SB
	三极负荷开关（负荷隔离开关）	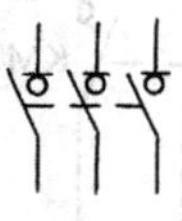	QS		动断（常闭）按钮（停止按钮）	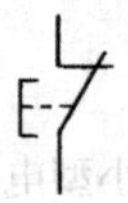	SB
2. 断路器	电动机保护断路器	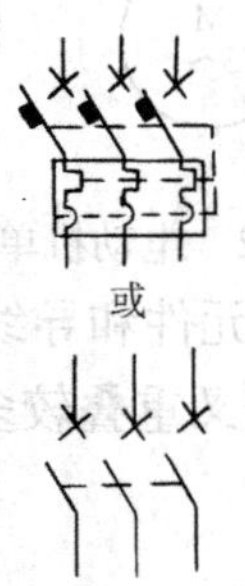	QF		复合按钮	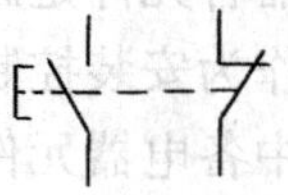	SB

（续）

序号	名称	图形符号	文字符号
5. 接触器	线圈（操作器件）	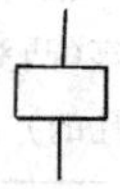	KM
	动合（常开）主触头		KM
	动断（常闭）主触头		KM
	动合（常开）辅助触头		KM
	动断（常闭）辅助触头		KM
6. 热继电器	热元件	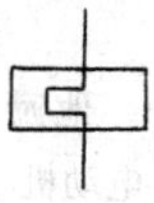	FR
	动断（常闭）触头		FR
7. 时间继电器	线圈的一般符号	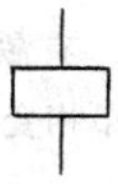	KT
	通电延时（缓吸）线圈	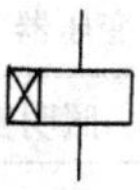	KT
	断电延时（缓放）线圈	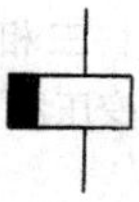	KT
7. 时间继电器	瞬时闭合（常开）触头		KT
	瞬时断开（常闭）触头	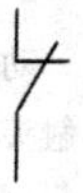	KT
	延时闭合的动合（常开）触头		KT
	延时断开的动合（常开）触头	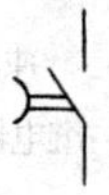	KT
	延时闭合的动断（常闭）触头		KT
	延时断开的动断（常闭）触头	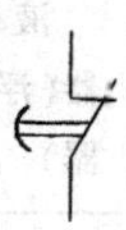	KT
8. 中间继电器	线圈	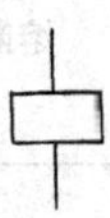	KA
	动合（常开）触头		KA
	动断（常闭）触头		KA
9. 过电流继电器	线圈	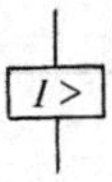	KA
	动合（常开）触头		KA
	动断（常闭）触头	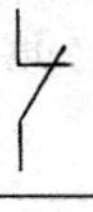	KA

（续）

序　号	名　称	图形符号	文字符号	序　号	名　称	图形符号	文字符号
10. 欠电压继电器	线圈		KA	14. 接插器	插头和插座(凸头和内孔的)		X 插头 XP 插座 XS
	动合(常开)触头		KA	15. 连接片	接通的连接片	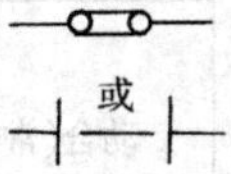	XB
	动断(常闭)触头		KA	16. 电机	三相笼型异步电动机		M
11. 非电量控制的继电器	速度(转速)继电器	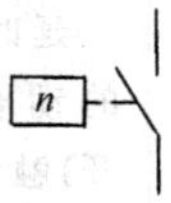	KS		三相绕线转子异步电动机		M
	压力继电器	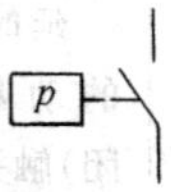	KP		发电机		G
	液位继电器(浮子继电器)		KL		串励直流电动机	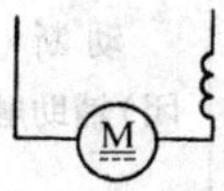	M
12. 熔断器	熔断器		FU		他励直流电动机	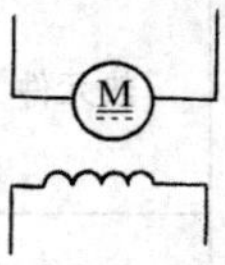	M
13. 电磁操作器	电磁铁的一般符号	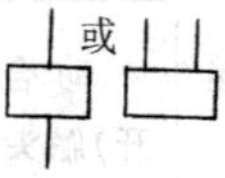	YA		并励直流电动机	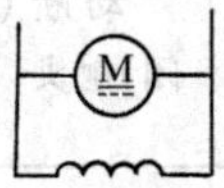	M
	电磁吸盘	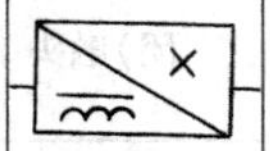	YH	17. 变压器	有铁心的单相变压器	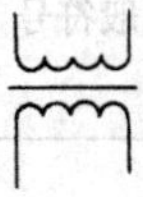	T
	电磁离合器	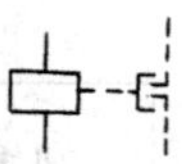	YC		控制电路变压器		TC
					照明变压器		T
	电磁制动器	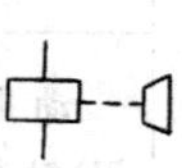	YB		三相自耦变压器	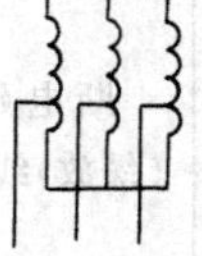	TAU

（续）

序　　号	名　　称	图形符号	文字符号	序　　号	名　　称	图形符号	文字符号
18. 电流互感器	电流互感器	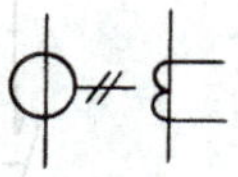	TA	22. 电容器	电容器一般符号		C
					极性电容器		C
19. 电抗器	电抗器		L	23. 半导体器件	二极管		V 或 VD
					电压调整二极管(稳压管)		V 或 VS
20. 灯	照明灯		EL		晶闸管(阴极侧受控)		V 或 VT
					晶体管(PNP 型)		V
	信号灯(指示灯)	 如果要求指示颜色，则在靠近符号处标出下列字母：RD　红 YE　黄 GN　绿 BU　蓝 WH　白	HL		晶体管(NPN 型)		V
				24. 控制电路中的整流器	桥式全波整流器	 或 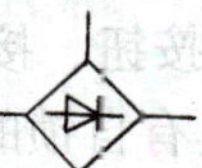	VC
21. 电阻器	电阻器		R				

第一节　三相笼型异步电动机的全电压起动控制

对于小功率的电动机，只要把电动机接上电源就可以直接起动，这就称为全电压起动。对于功率较大的电动机，由于电动机在起动时的起动电流较大，一方面会引起线路上很大的压降，要影响其他用电设备的正常运行；另一方面会使电动机绕组发热，加速绝缘老化，大大缩短电动机的寿命，故对于功率较大的电动机应采用减压起动的方法。

一、单向运行控制电路

1. 单向点动控制电路

单向点动控制电路是用按钮和接触器控制电动机的最简单控制电路。实物接线图和原理图如图 9-4 所示。

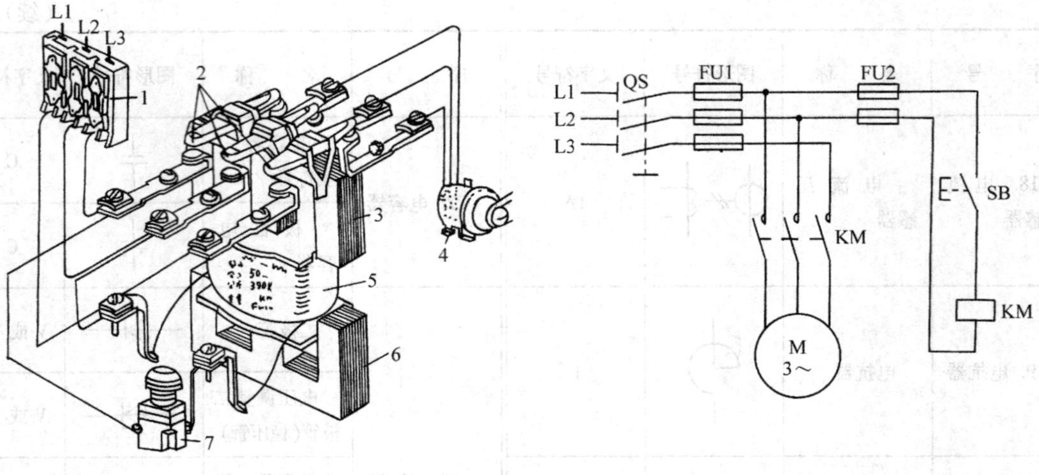

a)　　b)

图 9-4　单向点动控制电路

a）实物接线图　b）原理图

1—熔断器　2—主触头　3—动铁心(衔铁)　4—电动机　5—线圈　6—静铁心　7—按钮

图 9-4a 为实物接线图，看起来较直观，初学者容易接受，但画起来却太麻烦，很不实用，再复杂一些的线路使用的电器数量更多，画成接线图反会使人不易看懂，所以常用图 9-4b 所示的原理图来表示。

在分析各种控制原理图时。为了简单明了，通常就用符号和箭头配以少量文字说明来表示其动作原理。如上述单向点动控制电路的动作原理如下：

起动：按下按钮 SB→接触器 KM 线圈获电→KM 主触头闭合→电动机 M 运转。

停止：放开按钮 SB→接触器 KM 线圈断电→KM 主触头分断→电动机 M 停转。

在用按钮、接触器控制电动机的线路中，仍需用转换开关 QS 作为电源隔离开关。

2. 具有自锁的单向控制电路

如果要使电动机一经按过按钮起动后，在松开按钮时仍能连续运转，则需把接触器 KM 的常开辅助触头并联在起动按钮 SB2 的两端，同时，在控制电路中再串联一个停止按钮 SB1，控制电动机的停转，如图 9-5 所示。

合上电源开关 QS，其动作原理如下：

起动：按 SB2 → KM 线圈获电─┬→KM 常开辅助触头闭合自锁
　　　　　　　　　　　　　　└→KM 主触头闭合 → 电动机 M 起动运转

松开起动按钮 SB2，由于接在按钮 SB2 两端的 KM 常开辅助触头闭合自锁，控制电路仍保持接通，电动机 M 继续运转。

停止：按 SB1→KM 线圈断电释放
　┬→KM 常开辅助触头断开
　└→KM 主触头断开 → 电动机 M 停转

这种当起动按钮 SB2 松开后，控制电路仍能自行保持接通的线路，叫做具有自锁(或自保)的控制电路，与起动按钮 SB2 并联的这一对常开辅助触头 KM 叫做自锁(或自保)触头。

具有自锁的控制电路的另一个重要特点是，它具有欠电压与失电压(或零电压)保护作用。

（1）欠电压保护　当线路电压下降，电动机转矩便要降低，转速随之下降，会影响电动机正常运行，电压下降严重时，还会损坏电动机，发生事故。在具有自锁的控制电路中，当电动机运转时，电源电压低到一定值(一般低到工作电压的85%)时，接触器线圈磁通减弱，电磁吸力不足，动铁心释放，常开辅助触头分断，失去自锁，同时主触头也分断，电动机停转而得到保护。

（2）失电压(或零电压)保护　采用自锁控制电路，在电源临时停电而恢复供电时，由于自锁触头已分断，控制回路不会接通，接触器线圈没有电流通过，常开主触头不会闭合，因而电动机不会自行起动运转，可避免意外事故发生，这种保护称为失电压(或零电压)保护。

3. 具有过载保护的单向控制电路

上述控制电路具有短路、欠电压和失电压保护，但还不够，因为电动机在运转过程中，如长期负载过大，或操作频繁，或断相运行等原因都可能使电动机的电流超过它的额定值，如熔断器在这种情况下仍不熔断，将引起绕组过热，若温度超过允许温升，就会使绝缘损坏，影响电动机的使用寿命，严重时甚至烧坏电动机，因此，对电动机必须采用过载保护，一般采用热继电器作为过载保护元件，如图9-6所示。

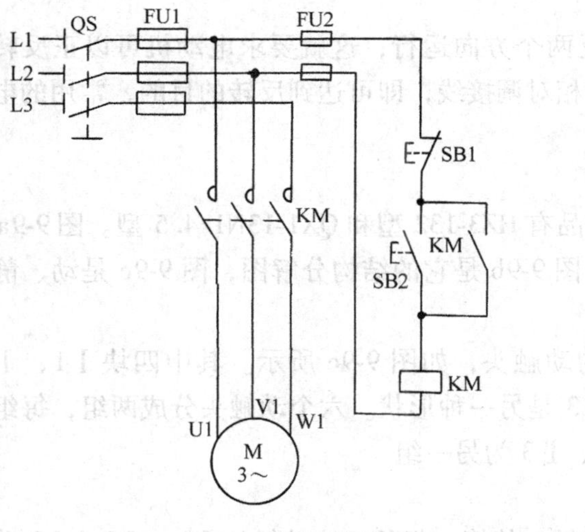

图9-5　具有自锁的正转控制电路

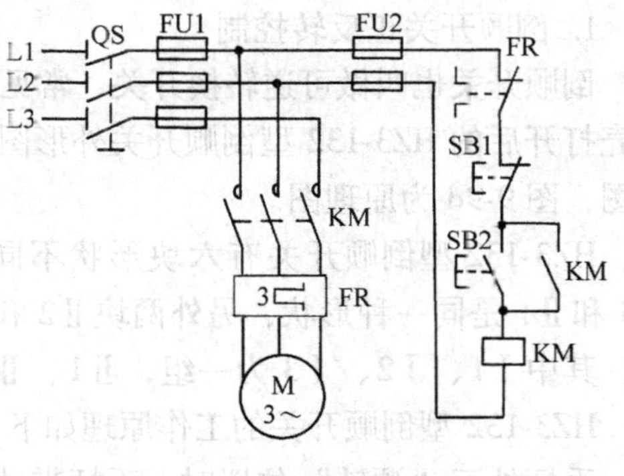

图9-6　具有过载保护的单向控制电路

图中FR为热继电器，它的热元件串接在电动机的主电路中，常闭触头则串接在控制电路中。

如果电动机在运行过程中，由于过载或其他原因，使负载电流超过额定值时，经过一定时间，串接在主回路中的热继电器的双金属片因受热弯曲，使串接在控制回路中的常闭触头分断，切断控制回路，接触器KM的线圈断电，主触头分断；电动机M便脱离电源停转，达到了过载保护的目的。

4. 两地起动和两地停止控制电路

电动机两地起动和两地停止控制电路如图9-7所示。

电动机若要两地起动，可按按钮SB3或SB4；若要两地停止，可按按钮SB1或SB2。

5. 点动和起动混合控制电路

电动机点动和起动混合控制电路如图 9-8 所示。

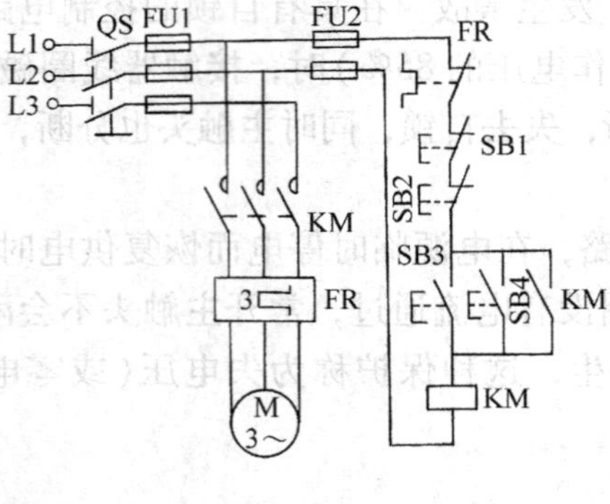

图 9-7　两地起动和两地停止控制电路

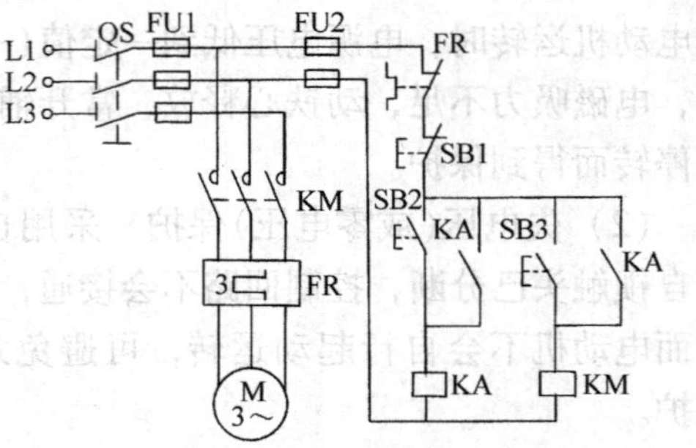

图 9-8　点动和起动混合控制电路

合上电源开关 QS 后，按下起动按钮 SB2，中间继电器 KA 线圈获电吸合并自锁，KA 另一副常开触头闭合，使接触器 KM 线圈获电吸合，KM 主触头闭全，电动机 M 起动运转。

若合上电源开关 QS 后，按下起动按钮 SB3，接触器 KM 线圈获电吸合，电动机 M 起动运转，松开起动按钮 SB3，KM 线圈断电，电动机 M 断电停转，所以是点动控制。

二、正反向运行控制电路

生产机械往往要求运动部件可以向正反两个方向运行，这就要求电动机可以正反转控制。若将接至电动机三相电源进线中任意两相对调接线，即可达到反转的目的，常用的电动机正反转控制线路有以下几种：

1. 倒顺开关正反转控制

倒顺开关也叫做可逆转换开关，常见产品有 HZ3-132 型和 QX1-13N1/4.5 型。图 9-9a 是罩壳打开后的 HZ3-132 型倒顺开关外形图，图 9-9b 是它的结构分解图，图 9-9c 是动、静触头图，图 9-9d 为原理图。

HZ3-132 型倒顺开关有六块形状不同的动触头，如图 9-9c 所示。其中四块Ⅰ1、Ⅰ2、Ⅰ3 和Ⅱ1 是同一种形状，另外两块Ⅱ2 和Ⅱ3 是另一种形状。六个动触头分成两组，每组三个，其中Ⅰ1、Ⅰ2、Ⅰ3 为一组，Ⅱ1、Ⅱ2、Ⅱ3 为另一组。

HZ3-132 型倒顺开关的工作原理如下：

手柄处于“顺转”位置时，手柄带动转轴，使第一组的三块动触片Ⅰ1、Ⅰ2、Ⅰ3 分别与三对静触头接触，电路接通，三相电源接入电动机的定子绕组，电源相序为 L1-L2-L3，电动机正转。

手柄处于“停止”位置时，开关的两组动触头都不与静触头接触，电路不通，电动机不转。

当手柄处于“倒转”位置时，手柄带动转轴使第二组动触片Ⅱ1、Ⅱ2、Ⅱ3 分别与静触头相接触，这时，接入电动机三相绕组的电源相序变为 L3-L2-L1，电动机便反转。

当电动机处于正转状态时，欲使它反转，必须先把手柄扳在“停止”位置，使电动机先停转，然后再把手柄扳至“倒转”位置，使它反转。如果直接由“顺转”扳至“倒转”，因电源突然反接，会产生很大的反接电流，易使电动机的定子绕组损坏。

2. 接触器联锁正反转控制电路

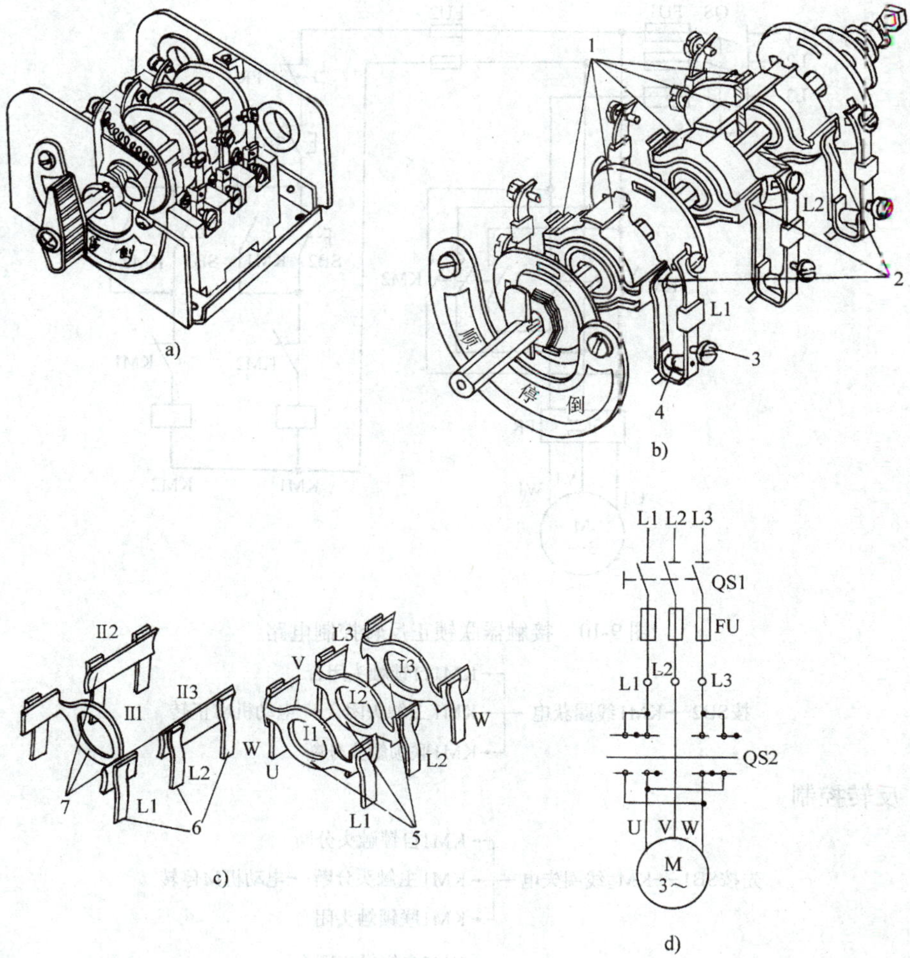

图 9-9　HZ3-132 型倒顺开关

a）外形　b）结构　c）触头　d）原理图

1、5、7—动触头　2、6—静触头　3—调节螺钉　4—触片压力弹簧

接触器联锁正反转控制电路如图 9-10 所示。

图中采用两个接触器，即正转用的接触器 KM1 和反转用的接触器 KM2。当接触器 KM1 的三对主触头接通时，三相电源的相序按 L1、L2、L3 接入电动机。而当 KM2 的三对主触头接通时，三相电源的相序按 L3、L2、L1 接入电动机，电动机即反转。

线路要求接触器 KM1 和 KM2 不能同时通电，否则它们的主触头就会一起闭合，将造成 L1 和 L3 两相电源短路，为此在 KM1 和 KM2 线圈各自支路中相互串联一对常闭辅助触头，以保证接触器 KM1 和 KM2 的线圈不会同时通电。KM1 和 KM2 这两对常闭辅助触头在线路中所起的作用称为联锁作用，这两对常闭触头就叫联锁触头。

闭合隔离开关 QS，接触器联锁正反转控制电路动作原理如下：

（1）正转控制

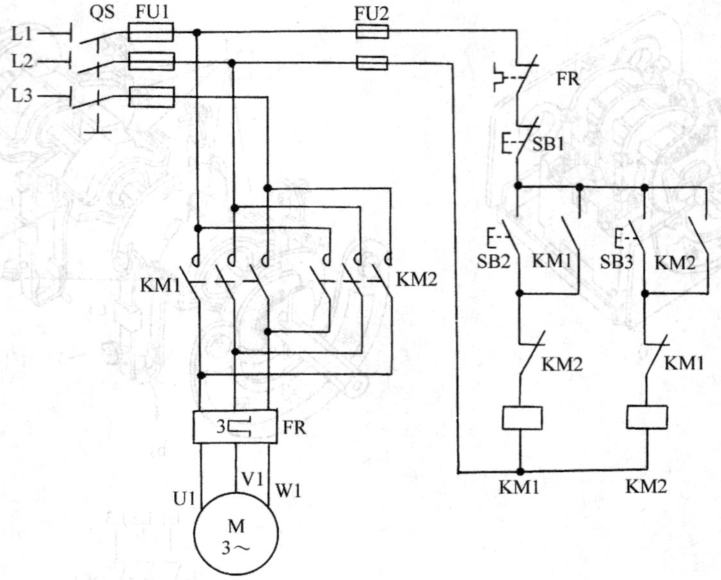

图 9-10　接触器联锁正反转控制电路

按SB2→KM1线圈获电→KM1自锁触头闭合

→KM1主触头闭合→电动机M正转

→KM1联锁触头分断

（2）反转控制

先按SB1→KM1线圈失电→KM1自锁触头分断

→KM1主触头分断→电动机M停转

→KM1联锁触头闭合

再按SB3→KM2线圈获电→KM2自锁触头闭合

→KM2主触头闭合→电动机M反转

→KM2联锁触头分断

这种线路的缺点是操作不方便，因为要改变电动机的转向，必须先按停止按钮 SB1，再按反转按钮 SB3 才能使电动机反转。

3. 按钮联锁的正、反转控制电路

按钮联锁的正、反转控制电路如图 9-11 所示。

按钮联锁的正、反转控制电路的动作原理与接触器联锁的正、反转控制电路基本相似。但由于采用了复合按钮，当按下反转按钮 SB3 时，使接在正转控制电路中的 SB3 常闭触头先断开，正转接触器 KM1 线圈断电，KM1 主触头断开，电动机 M 断电；接着按钮 SB3 的常开触头闭合，使反转接触器 KM2 线圈获电，KM2 主触头闭合，电动机 M 反转起动；既保证了正、反转接触器 KM1 和 KM2 断电，又可不按停止按钮 SB1 而直接按反转按钮 SB3 进行反转起动；由反转运行换成正转运行的情况，也只要直接按正转按钮 SB2 即可。

这种电路的优点是操作方便，缺点是易产生短路故障。如正转接触器 KM1 主触头发生熔焊故障而不分断时，若按反转按钮 SB3 进行换向，则会产生短路故障。

4. 按钮、接触器复合联锁的正、反转控制电路

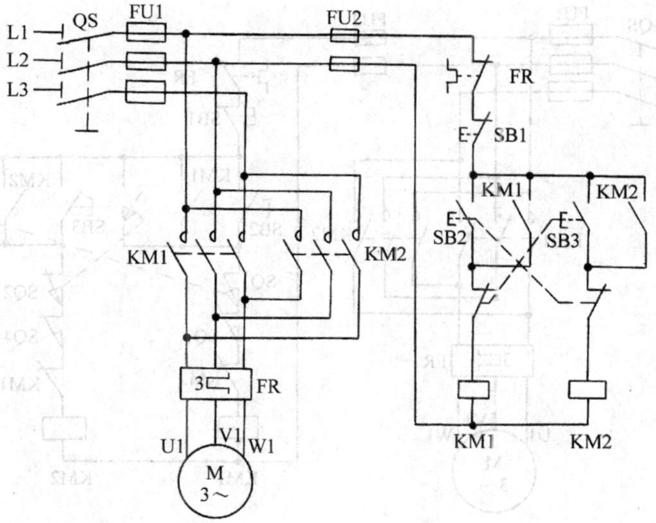

图 9-11　按钮、联锁的正、反转控制电路

按钮、接触器复合联锁的正、反转控制电路如图 9-12 所示。

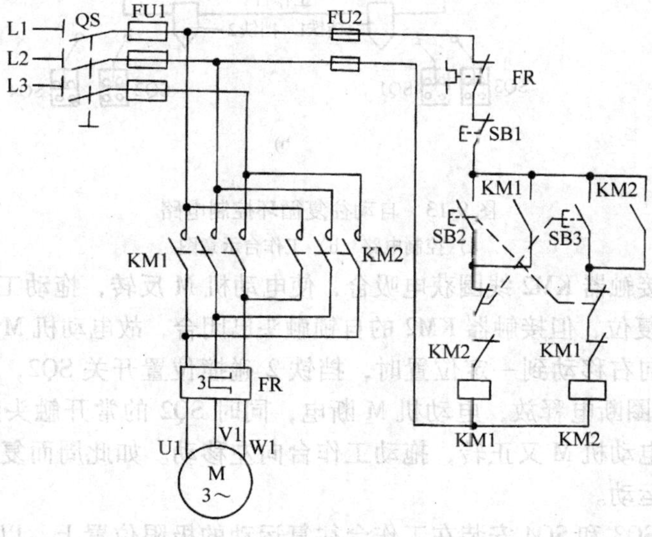

图 9-12　按钮、接触器复合联锁正、反转控制电路

这个电路是把图 9-10 和图 9-11 所示两个电路的优点结合起来，既可不按停止按钮而直接按反转按钮进行反向起动，当正转接触器发生熔焊故障时又不会发生相间短路故障。

5. 自动往复循环控制电路

利用生产机械运动的行程来控制其自动往返的方法叫自动往复循环控制，它是通过位置开关来实现的。其控制电路如图 9-13 所示。

合上电源开关 QS，按下起动按钮 SB2，接触器 KM1 线圈获电，KM1 主触头闭合，电动机 M 正转起动，工作台向左移动；当工作台移动到一定位置时，挡铁 1 碰撞位置开关 SQ1，使 SQ1 常闭触头断开，接触器 KM1 线圈断电释放，电动机 M 断电；与此同时位置开关 SQ1

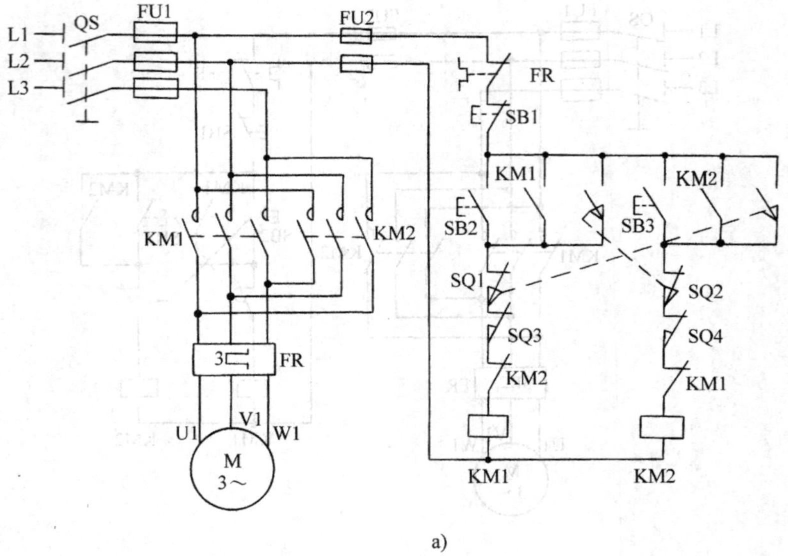

a)

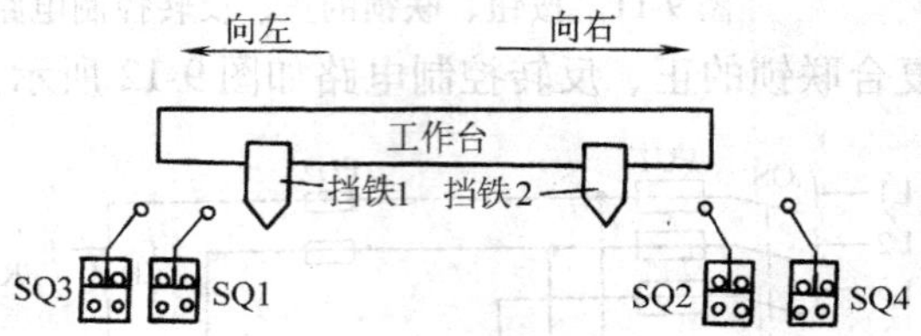

b)

图 9-13　自动往复循环控制电路

a) 控制电路　b) 工作台示意图

的常开触头闭合，接触器 KM2 线圈获电吸合，使电动机 M 反转，拖动工作台向右移动，此时位置开关 SQ1 虽复位，但接触器 KM2 的自锁触头已闭合，故电动机 M 继续拖动工作台向右移动；当工作台向右移动到一定位置时，挡铁 2 碰撞位置开关 SQ2，SQ2 的常闭触头断开，接触器 KM2 线圈断电释放，电动机 M 断电，同时 SQ2 的常开触头闭合，接触器 KM1 线圈又获电动作，电动机 M 又正转，拖动工作台向左移动。如此周而复始，工作台在预定的距离内自动往复运动。

图中位置开关 SQ3 和 SQ4 安装在工作台往复运动的极限位置上，以防止位置开关 SQ1 和 SQ2 失灵，工作台继续运动不停止而造成事故。

第二节　三相笼型异步电动机的减压起动控制

由于大容量笼型异步电动机的起动电流很大，会引起电网电压降低，使电动机转矩减小，甚至起动困难，而且还要影响同一供电网络中其他设备的正常工作，所以大功率笼型异步电动机的起动电流应限制在一定的范围内，不允许直接起动。

电动机可否直接起动，应根据起动次数、电网容量和电动机的功率来决定。一般规定是：起动时供电母线上的电压降落不得超过额定电压的 10%～15%；起动时变压器的短时过载不超过最大允许值，即电动机的最大功率不超过变压器容量的20% ~30% 。

由于机床电动机一般都为空载起动，所以常采用降低电动机定子绕组电压的方法来降低起动电流。常用的有定子绕组串电阻、Y-△减压、串自耦变压器减压及延边三角形减压起动。

一、串电阻减压起动控制电路

电动机起动时，在电动机的定子绕组上串联电阻，由于电阻上产生电压降，使加在电动机定子绕组上的电压低于电源电压，待起动后，再将串联的电阻短接，电动机便在额定电压下正常运行。定子绕组串联电阻的减压起动控制电路有接触器控制和时间继电器控制等两种形式，如图 9-14 所示。

1. 接触器控制

图 9-14a 所示为接触器控制电路。

合上转换开关 QS，其动作原理：

（1）减压起动

按SB2→KM1线圈获电→
- KM1主触头闭合→电动机串电阻器 R_{st} 减压起动
- KM1自锁触头闭合

（2）全压运行(当电动机转速一定时)

按SB3→KM2线圈获电→
- KM2自锁触头闭合
- KM2主触头闭合（电阻器 R_{st} 短接）→电动机全压运行
- KM2常闭触头分断→KM1线圈断电

2. 时间继电器控制

图 9-14b 所示为时间继电器自动控制电路，这种电路用时间继电器 KT 来代替按钮 SB3。其动作原理如下：

合上转换开关 QS：

按SB2→KM1线圈获电→
- KM1自锁触头闭合
- KM1主触头闭合→电动机串电阻器 R_{st} 减压起动
- KM1常开触头闭合→KT线圈获电→KT常开触头延时闭合→

KM2线圈获电→
- KM2自锁触头闭合
- KM2主触头闭合（电阻器 R_{st} 短接）→电动机全压运行
- KM2常闭触头分断→KM1线圈断电

起动电阻一般采用 ZX1、ZX2 系列铸铁电阻。铸铁电阻功率大，能够通过较大的电流，三相所串的电阻值相等。起动电阻 R_{st} 可通过以下近似公式计算：

$$R_{st}=190\times\frac{I_{st}-I'_{st}}{I_{st}I'_{st}}$$

式中 I_{st}——未串电阻前的起动电流(A)，一般 $I_{st}=(4-7)I_N$；

I'_{st}——串联电阻后的起动电流(A)，一般 $I'_{st}=(2\sim3)I_N$；

I_N——电动机的额定电流(A)。

起动电阻的功率 P 为

$$P=(1/4\sim1/3)I'^2_{st}R_{st}$$

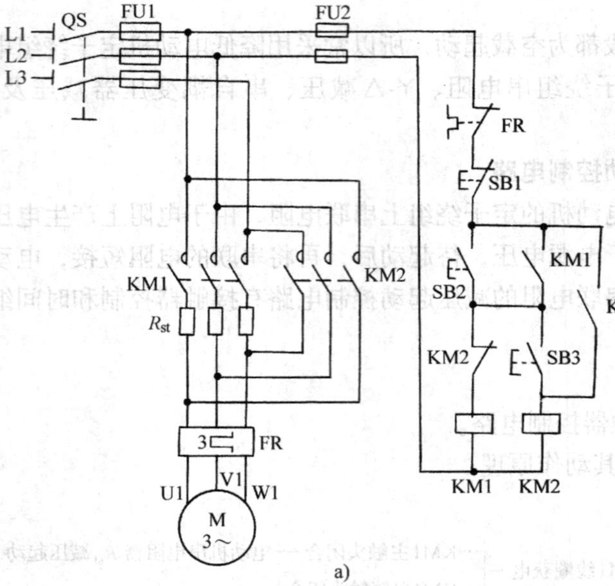

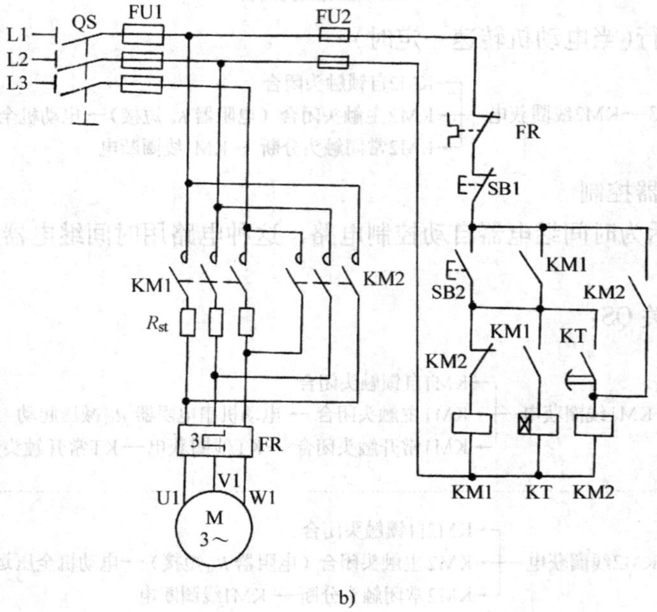

图 9-14 串电阻减压起动控制电路

a）接触器控制 b）时间继电器控制

若是起动电阻仅在电动机的两相定子绕组中串联时，选用的起动电阻应为上述计算值的 1.5 倍。

例 9-1 一台笼型异步电动机，功率为 20kW，额定电流为 38.4A，电压为 380V，问应串联多大的起动电阻（$I_{st}/I_N=6$，起动电流限制在 $2I_N$）？

解

$$I_{st}=6I_N=6\times38.4A=230.4A$$

$$I'_{st}=2I_N=2\times38.4A=76.8A$$

$$R_{st}=190\frac{I_{st}-I'_{st}}{I_{st}I'_{st}}=190\times\frac{230.4-76.8}{230.4\times76.8}\Omega\approx1.65\Omega$$

二、Y-△减压起动控制电路

Y-△减压起动适用于正常工作时定子绕组作三角形联结的电动机。由于方法简便且经济，所以使用较普遍，但起动转矩只有全压起动时的1/3，故只适用于空载或轻载起动。

1. 接触器控制Y-△减压起动

图9-15为按钮和接触器控制Y-△减压起动控制电路，动作原理如下：

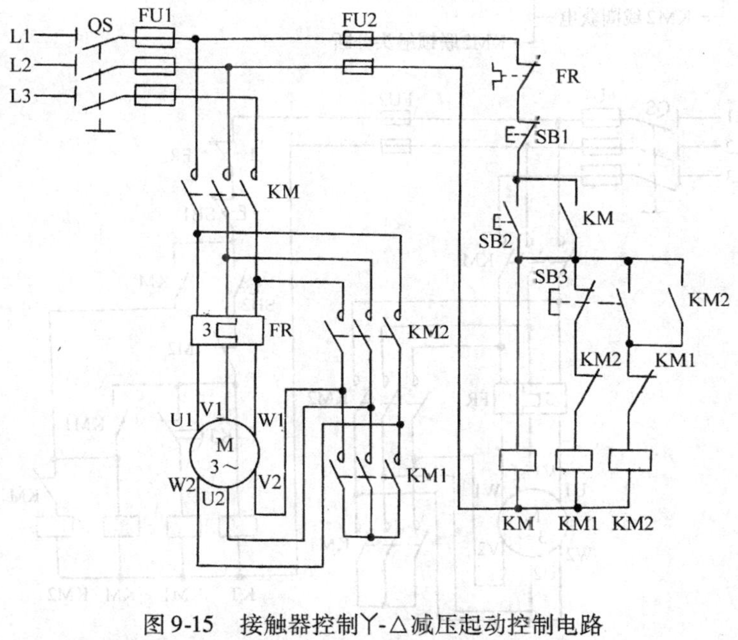

图9-15　接触器控制Y-△减压起动控制电路

(1) 电动机Y联结减压起动

按SB2 —
- → KM线圈获电
  - → KM自锁触头闭合
  - → KM主触头闭合 ┐
- → KM1线圈获电
  - → KM1主触头闭合 ┘→ 电动机接成Y起动
  - → KM1联锁触头分断

(2) 电动机△联结全压运行

按SB3 —
- → KM1线圈断电
  - → KM1主触头分断
  - → KM1联锁触头闭合
- → KM2线圈获电
  - → KM2自锁触头闭合
  - → KM2主触头闭合 → 电动机接成△运行
  - → KM2联锁触头分断

2. 时间继电器自动控制Y-△减压运动

时间继电器自动控制Y-△减压起动控制电路如图9-16所示。

合上QS，其动作原理如下：

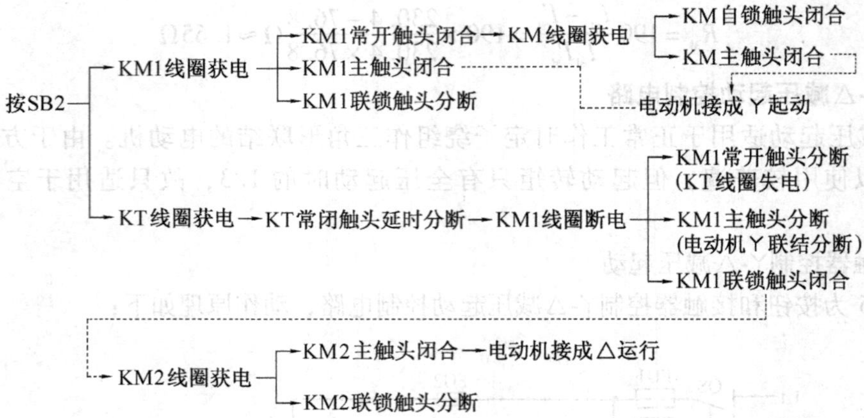

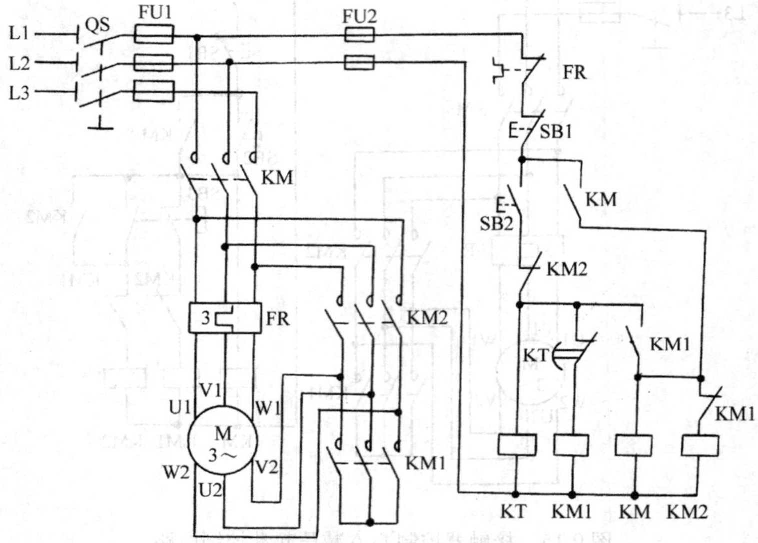

图 9-16　时间继电器控制Y-△减压起动控制电路

与起动按钮 SB2 串联的接触器 KM2 的一对常闭辅助触头可防止两种意外事故，使线路的工作更为可靠，一种情况是在电动机起动并正常运行以后，接触器 KM1 已断电释放，KM2 已获电吸合，如果有人误按起动按钮 SB2，KM2 的常闭辅助触头能防止接触器 KM1 通电动作，不致造成电源短路；另一种情况是在电动机停转以后，如果接触器 KM2 的主触头由于焊住或机械故障而没有分断，由于设置了接触器 KM2 的常闭辅助触头，电动机就不可能第二次起动，从而也可防止电源的短路事故。

这种控制电路是接触器 KM1 先动作，然后才能使接触器 KM 获电动作，这样，接触器 KM1 的主触头是在无负载的条件下进行工作，可以延长接触器 KM1 主触头的使用寿命。

Y-△起动器有 QX3-13、QX3-30、QX3-55、QX3-125 型等。QX3 后面的数字系指额定电压为 380V 时，起动器可控制电动机的最大功率值(以 kW 计)。

QX3-13 型Y-△自动起动器的控制电路如图 9-17 所示。

合上电源开关 QS 后，按下起动按钮 SB2，接触器 KM 和 KM1 线圈同时获电，KM 和 KM1 主触头闭合，电动机接成Y联结减压起动，与此同时，时间继电器 KT 的线圈同时获电，

KT 常闭触头延时断开，KM1 线圈断电，KT 常开触头延时闭合，KM2 线圈获电吸合，电动机定子绕组由Y联结自动换接成△联结，时间继电器 KT 的触头延时动作时间，由电动机的容量及起动时间的快慢等决定。

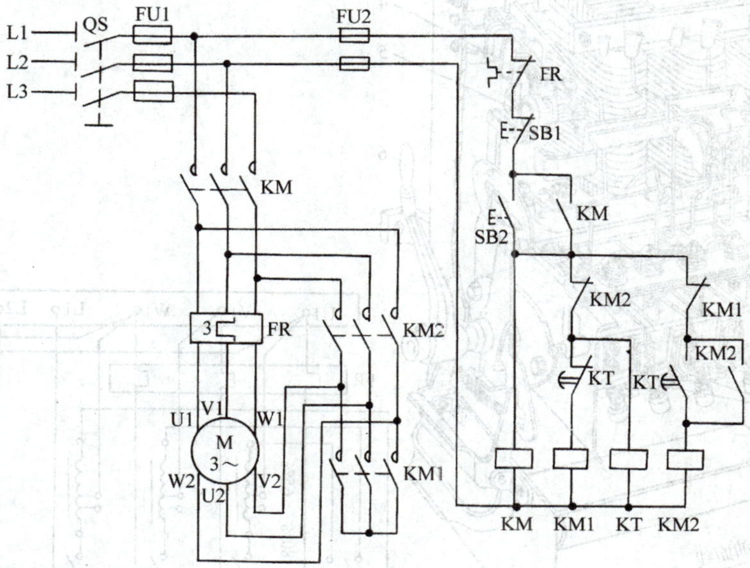

图 9-17　QX3-13 型Y-△自动起动器

三、串自耦变压器减压起动控制电路

1. 手动控制

常用的 QJ3 型手动控制补偿器如图 9-18 所示。这种补偿器的内部构造主要包括自耦变压器、保护装置、触头系统和手柄操作机构等部分。自耦变压器的抽头电压有两种，分别是电源电压的 65% 和 80%（出厂时一般接在 65%）。可根据电动机起动时负载的大小选择不同的起动电压。线圈是按短时通电设计的，只能连续带负载起动两次。保护装置有过载保护和欠电压保护两种。过载保护采用热继电器 FR；欠电压保护采用失电压脱扣器 FV，它由线圈、铁心和衔铁组成。电源电压正常时，线圈获电使铁心吸住衔铁，当电源电压降低到额定电压的 85% 以下或热继电器 FR 的常闭触头断开；失电压脱扣器的衔铁释放，电动机断电停转。触头系统包括两排静触头和一排动触头，全部装在补偿器的下部，浸在绝缘油内，绝缘油的作用是熄灭触头分断时产生的电弧。绝缘油必须保持清洁，防止水分和杂物的掺入，以保证有良好的绝缘性能。上面一排触头叫做起动静触头，它共有五个触头，其中三个在起动时与动触头接触，另外两个是在起动时将自耦变压器的三相绕组接成星形；下面一排触头叫做运行静触头，只有三个；中间一排是动触头，共有五个，有三个触头用软金属带连接接线板上的三相电源，另外两个触头是自行接通的。

QJ3 型补偿器动作原理如下：当手柄在“停止”位置时，装在主轴上的动触头与两排静触头都不接触，电动机不通电，处于停止状态；当手柄向前推到“起动”位置时，动触头与上面一排起动静触头接触，电源通过动触头→三个起动静触头→自耦变压器→自耦变压器的三个 65%（或 80%）抽头→电动机减压起动；当电动机转速上升到一定值时，将手柄向后

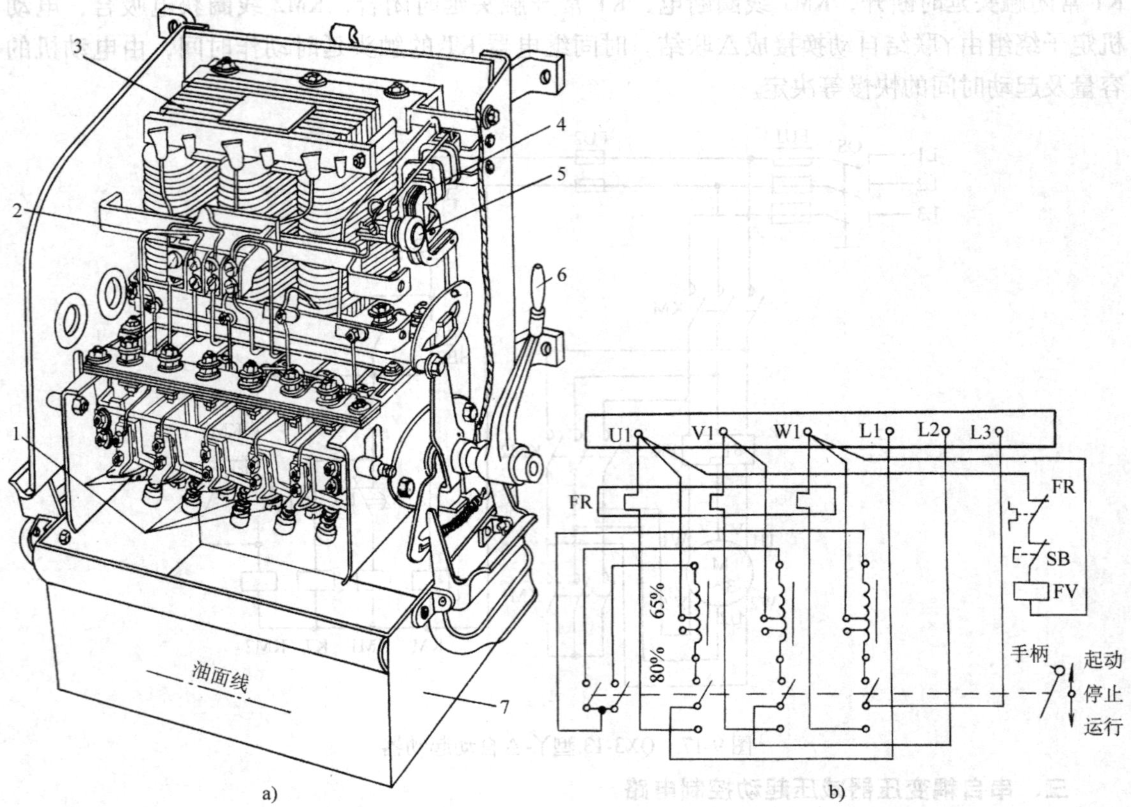

a)　　b)

图 9-18　QJ3 型手动控制补偿器

a）外形与结构　b）原理图

1—起动静触头　2—热继电器　3—自耦变压器　4—欠电压保护装置

5—停止按钮　6—操纵手柄　7—油箱

迅速扳到“运行”位置，此时动触头与下面一排运行静触头接触，电源通过动触头→三个运行静触头→热继电器 FR→电动机直接与电源相接，在额定电压下正常运行；如要停止，只要按下停止按钮 SB，跨接在两相电源间的失电压脱扣器线圈断电，衔铁释放，通过机械操作机构使补偿器手柄回到“停止”位置，电动机停转。

如误将手柄直接推向“运行”位置，机械联锁装置就会挡住手柄，防止误操作。

2. 时间继电器自动控制电路

时间继电器自动控制串自耦变压器减压起动控制电路如图 9-19 所示。

当按下起动按钮 SB2 时，接触器 KM1 和 KM2 的线圈先后获电，电动机串自耦变压器减压起动，时间继电器 KT 的线圈与 KM2 线圈同时获电，KT 常闭触头延时断开，KM1 线圈断电 KM 常闭触头闭合，KT 常开触头延时闭合，KM3 线圈获电，电动机脱离自耦变压器进入全电压运行。

串接在按钮 SB2 和接触器 KM2 的自锁触头之间的 KM1 常开触头的作用是：当接触器 KM1 线圈断路时，按下 SB2 按钮，KM3 线圈不会获电，即电动机不会全电压起动。

四、延边三角形减压起动控制电路

采用Y-△减压起动时，可以在不增加专用起动设备的条件下实现减压起动，但是其起动

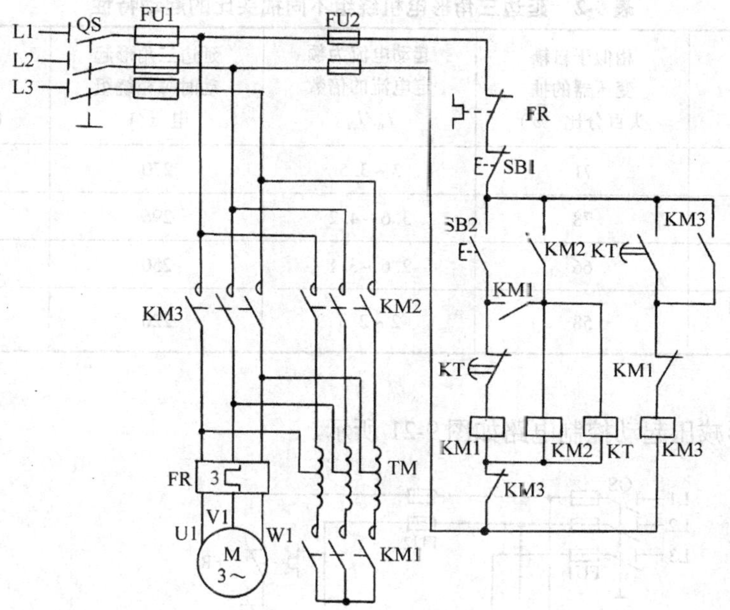

图 9-19　时间继电器控制串自耦变压器减压起动电路

转矩较低，仅适用于空载或轻载状态下的起动。

而延边三角形减压起动是一种既不用增加专用起动设备，又能得到较高起动转矩的减压起动方法。但它只适用于定子绕组有九个出线头的 JO3 系列异步电动机。这种电动机定子绕组的联结方式如图 9-20 所示。

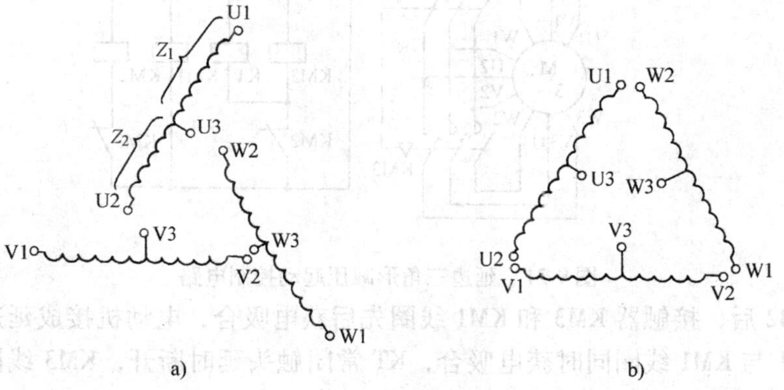

图 9-20　定子绕组的联结

a）延边三角形联结　b）三角形联结

改变延边三角形联结时的定子绕组抽头比（即 Z_1 与 Z_2 之比），就能改变每相定子绕组电压的大小，从而达到改变起动转矩的大小。

起动时，将定子绕组的一部分接成△，另一部分接成Y，整个绕组接成如图 9-20a 所示的延边三角形，并将三相电源分别接入三个绕组的首端 U1、V1、W1，此时，每相绕组的相电压比三角形联结时有所降低，起动电流也可减小，待电动机转速升高后，再接成如图 9-20b 所示△联结，电动机全电压运行。

电动机接成延边三角形时，每相绕组各种抽头比的起动特性如表 9-2 所示。

表 9-2　延边三角形电机绕组不同抽头比的起动特性

定子绕组抽头比 $Z_1:Z_2$	相似于自耦变压器的抽头百分比(%)	起动电流为额定电流的倍数 I_{st}/I_N	延边三角形起动时每相绕组电压/V	起动转矩为全电压起动时的百分比(%)
1：1	71	3～3.5	270	50
1：2	78	3.6～4.2	296	60
2：1	66	2.6～3.1	250	42
当 Z_2 绕组为0时即为Y联结	58	2～2.3	220	33.3

延边三角形减压起动控制电路如图 9-21 所示。

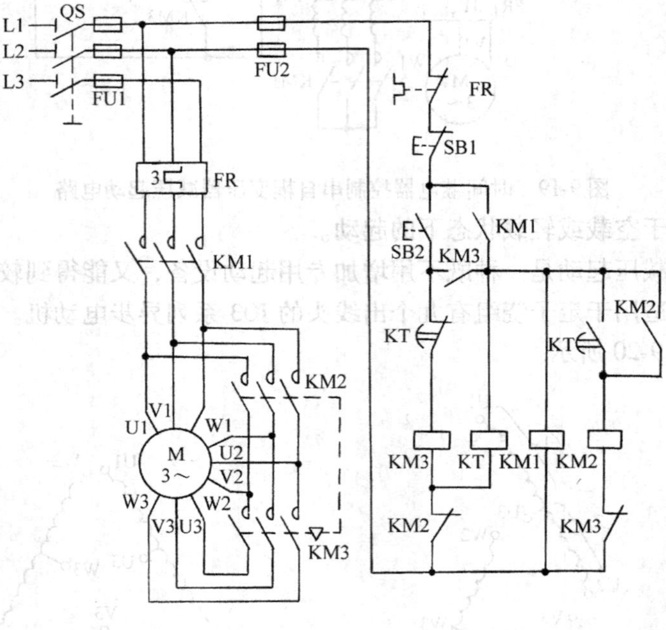

图 9-21　延边三角形减压起动控制电路

当按下 SB2 后，接触器 KM3 和 KM1 线圈先后获电吸合，电动机接成延边△减压起动；时间继电器 KT 与 KM1 线圈同时获电吸合，KT 常闭触头延时断开，KM3 线圈断电，KT 常开触头延时闭合，接触器 KM2 线圈获电，电动机接成△而全电压运行。

电动机常用减压起动设备的技术数据见表 9-3。

表 9-3　电动机常用减压起动设备的技术数据

起动器名称		型号	380V 控制电动机功率/kW	操作频率	起动时间/s	机械寿命/万次
电阻减压起动器		QJ7	20	两次操作间隔 4h	<40	
Y-△起动器	手动	QX1	13、30	两次操作间隔 120s	13kW <15 30kW <25	10
	自动	QX3	13、30	30 次/h，两次操作间隔 90s		300

（续）

起动器名称		型号	380V 控制电动机功率/kW	操作频率	起动时间/s	机械寿命/万次
自耦减压起动器	手动	QJ3	10、14、17、20、22、28、30、40、45、55、75	两次操作间隔 4h	<30～60	1
	自动	XJ01	14、20、28、40、50、55、75、100、115、135、190、225、260、300	两次操作间隔 4h	<120	1
延边三角形起动器		XJ1	11、15、18.5、22、30、37、45、55、75、90、110、125			1

第三节　三相异步电动机的制动控制

三相异步电动机从定子绕组断电到完全停转，由于惯性总要运转一段时间，为了适应某些生产机械工艺要求、缩短辅助时间、提高生产效率，要求电动机能制动停转。

三相异步电动机的制动方法一般有机械制动和电气制动两种。在电气制动中，又有反接制动、能耗制动与再生发电制动等。反接制动和能耗制动能够使电动机转子速度迅速下降至零，而再生发电制动是异步电动机运行在再生发电状态，它只能起到限制电动机转子速度过高的作用，即不让转子的转速比同步转速高出很多，再生发电制动常用于桥式起重机控制线路中。

一、机械制动

机械制动是利用机械装置，使电动机在切断电源后迅速停转的方法。较普遍应用的机械制动装置是电磁制动器，电磁抱闸制动器的结构如图 9-22 所示。

电磁制动器主要由制动电磁铁和闸瓦制动器两部分组成。制动电磁铁由铁心、衔铁和线圈三部分组成，并有单相和三相之分。

闸瓦制动器包括闸轮、闸瓦、杠杆和弹簧等。闸轮与电动机装在同一根转轴上。

当电磁制动器的线圈获电后，铁心吸引衔铁，衔铁克服弹簧拉力，迫使杠杆向上移动，使闸瓦松开闸轮，电动机正常运转。

当电磁制动器的线圈断电时，衔铁复原，在弹簧的作用下，使闸瓦与闸轮紧紧抱住，电动机就被迅速制动而停转。电磁制动的控制电路如图 9-23 所示。

动作原理如下：合上电源开关 QS。

当按下起动按钮 SB2 后，接触器 KM 线圈获电，KM 主触头闭合，电磁制动器 YB 线圈获电，衔铁被铁心吸合，通过弹簧，杠杆使闸瓦松开闸轮，电动机起动运转。

按下停止按钮 SB1，接触器 KM 线圈断电，电动机和电磁制动器线圈同时断电，衔铁释放，在弹簧拉力的作用下，使闸瓦紧紧抱着闸轮，电动机迅速被制动停转。这种制动是在电源切断时才起制动作用，在起重机械上被广泛采用，当重物提升到一定高度时，线路突然发生故障，电动机和电磁制动器线圈同时断电，闸瓦立即抱住闸轮，使电动机迅速制动停转，从而防止重物掉下发生事故。

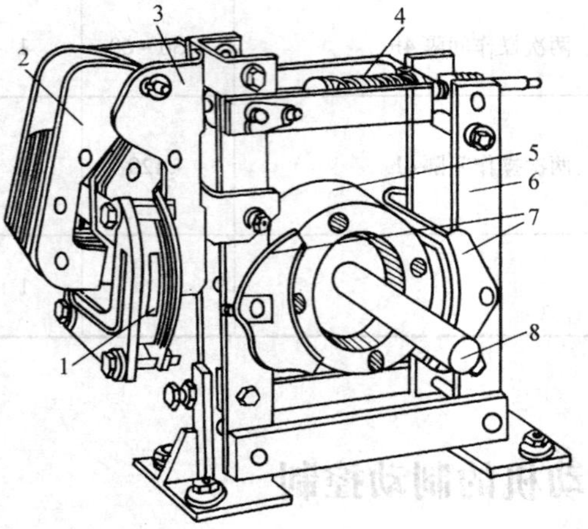

图 9-22 电磁制动器

1—线圈 2—衔铁 3—铁心 4—弹簧

5—闸轮 6—杠杆 7—闸瓦 8—轴

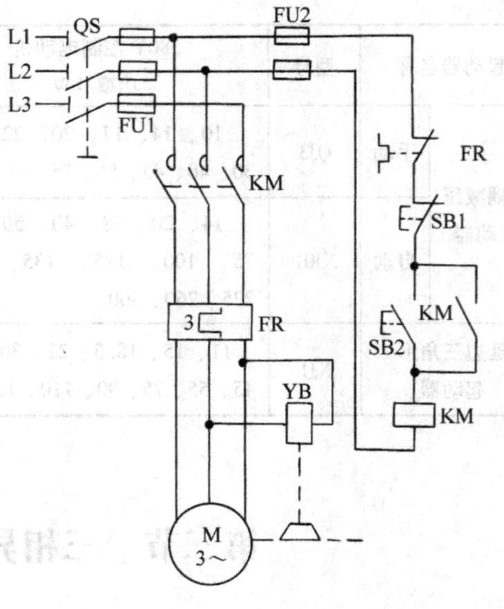

图 9-23 电磁制动的工作原理

图 9-24 是图 9-23 的改进线路，其改进目的是为了避免电动机在起动前瞬间存在的异步电动机的短路运行工作状态，即当按下起动按钮 SB2 后，接触器 KM1 线圈获电，电磁制动器线圈 YB 先获电，闸瓦松开闸轮，然后接触器 KM2 线圈获电，电动机 M 才获电起动。

二、电气制动

电动机的电气制动就是指电动机产生一个与电动机实际旋转方向相反的电磁转矩即制动转矩，使电动机迅速制动停转。电气制动常用的有反接制动和能耗制动。

1. 反接制动

（1）单向起动反接制动控制电路　单向起动反接制动控制电路如图 9-25 所示。起动时，合上电源开关 QS，按下起动按钮 SB2，接触器 KM1 线圈获电，KM1 主触头闭合，电动机起动运转。当电动机转速升高到一定数值时，速度继电器 KS 的常开触头闭合，为反接制动作准备。

停车时，按停止按钮 SB1，接触器 KM1 线圈断电，而接触器 KM2 线圈获电，KM2 主触头闭合，串入电阻 R_B 进行反接制动，电动机产生一个反向电磁转矩，即制动转矩，迫使电动机转速迅速下降，当转速降至 120r/min 以下时，速度继电器 KS 的常开触头断开，接触器 KM2 线圈断电，电动机断电，防止了反向起动。

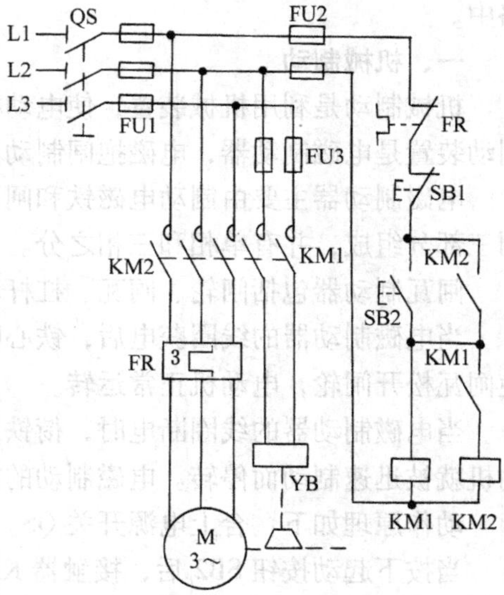

图 9-24 改进后的电磁制动器控制电路

由于反接制动时转子与定子旋转磁场的相对速度为 n_1+n，接近于两倍的同步转速，所以定子绕组中流过的反接制动电流相当于全电压直接起动时电流的两倍。为此，一般在 10kW 以上的电动机采用反接制动时，应在主回路中串接一定的电阻，以限制反接制动电流，这个电阻称为反接制动电阻，用$R_{制}$表示。反接制动电阻串接法有三相对称和三相不对称两种方法。

当电源电压为380V时，若要限制反接制动电流$I_{制}=I_{st}/2$时，则三相电路每相应串入的反接制动电阻$R_{制}$的阻值Ω估算如下：

$$R_{制}=1.5\times\frac{200}{I_{st}}$$

若使反接制动电流$I_{制}\leqslant I_{st}$时，每相串接电阻$R'_{制}$的阻值Ω可取为

$$R'_{制}=0.13\times\frac{200}{I_{st}}$$

如果反接制动只在两相中串接电阻，该电阻值应略大些，分别取上述电阻值的1.5倍。

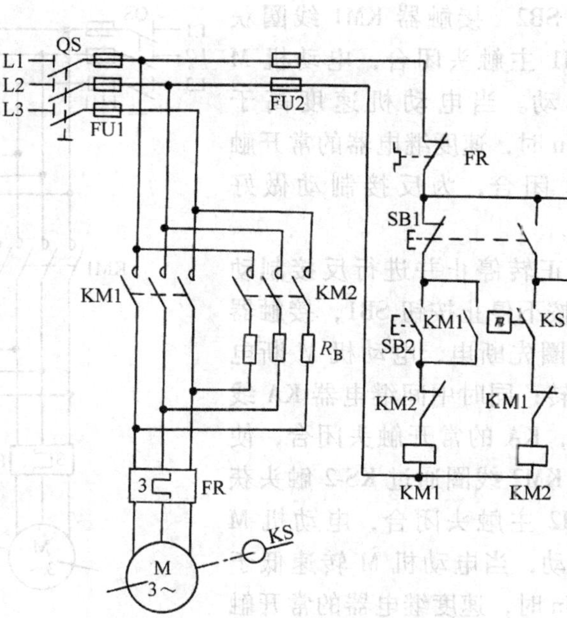

图9-25　单向起动反接制动控制电路

反接制动电阻的功率为

$$P=(1/3\sim1/4)I_{制}\ R_{制}$$

例9-2　有一台三相四极笼型电动机，额定功率为20kW，额定电流为38.4A，额定电压为380V，定子绕组为Y联结，要求最大反接制动电流$I_{制}\leqslant I_{st}/2$，问在三相定子绕组中串接的反接制动电阻的阻值和功率为多少？

解　从产品样本上查得全电压起动电流I_{st}为228A（若没有产品样本可查，则可取$I_{st}=(4\sim7)I_N$，一般取中间值）。

$$R'_{制}=1.5\times\frac{200}{I_{st}}=1.5\times\frac{200}{228}\Omega\approx1.4\Omega$$

$$P=I_{制}^2\ R_{制}\ 1/3=1/3\times(I_{st}/2)^2R_{制}$$
$$=1/3\times(1/2\times228)^2\times1.4$$
$$\approx6064.8\text{W}\approx6\text{kW}$$

（2）可逆起动反接制动控制电路　电动机可逆起动反接制动的控制电路如图9-26所示。

图中，KS-1和KS-2分别为速度继电器正反两个方向的两对常开触头，当按下SB2时，电动机正转，速度继电器的常开触头KS-2闭合，为反接制动做好准备；同样，当按下SB3时，电动机反转，速度继电器的另一对常开触头KS-1闭合，为反接制动作准备，应该注意的是，KS-1和KS-2两对常开触头接线时不能接错，否则就达不到反接制动的目的。

在这个控制电路中，还使用了中间继电器KA，是为了防止当操作人员因工作需要用手转动工件或主轴时，电动机带动速度继电器也旋转；当转速达到一定值时，速度继电器的常开触头闭合，电动机会获得电源冲动，造成工伤事故。

可逆起动反接制动控制电路的工作原理如下：合上电源开关QS。正转起动时，按下起

动按钮 SB2，接触器 KM1 线圈获电，KM1 主触头闭合，电动机 M 正转起动。当电动机速度高于 120r/min 时，速度继电器的常开触头 KS-2 闭合，为反接制动做好准备。

要正转停止并进行反接制动时，可按下停止按钮 SB1，接触器 KM1 线圈先断电，电动机 M 断电惯性运转；同时中间继电器 KA 线圈获电，KA 的常开触头闭合，使接触器 KM2 线圈通过 KS-2 触头获电，KM2 主触头闭合，电动机 M 反接制动，当电动机 M 转速低于 120r/min 时，速度继电器的常开触头 KS-2 断开，接触器 KM2 和中间继电器 KA 的线圈先后断电，正转停车制动结束。串联在 SB1 边上的 KA 常闭触头的作用是反接制动时，断开反向起动的自锁回路，防止反接制动后电动机反向起动。

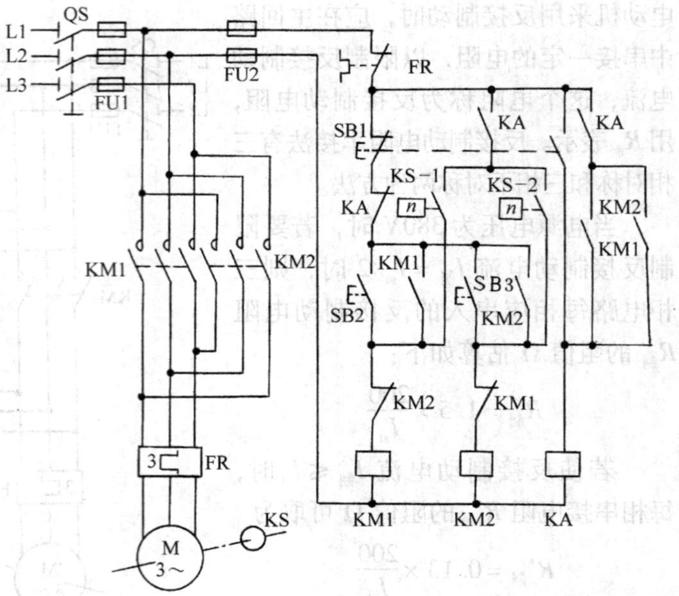

图 9-26　可逆起动反接制动控制电路

反转起动，反接制动工作原理同上相似。

反接制动的优点是设备简单，调整方便，制动迅速，价格低。缺点是制动冲击大，制动能量损耗大，不宜频繁制动，且制动准确度不高，故适用于制动要求迅速、系统惯性较大、制动不频繁的场合。

2. 能耗制动

能耗制动的方法就是在电动机脱离三相交流电源后，在定子绕组中加入一个直流电源，以产生一个恒定的磁场，惯性运转的转子绕组切割恒定磁场而产生制动转矩，使电动机迅速制动停转。

根据直流电源的整流方式，能耗制动分为半波整流能耗制动和全波整流能耗制动。

（1）半波整流能耗制动控制电路　半波整流单向能耗制动控制电路如图 9-27 所示。

起动时合上电源开关 QS，按下起动按钮 SB2，接触器 KM1 线圈获电，KM1 主触头闭合，电动机 M 起动。

停止制动时，按下停止按钮 SB1，接触器 KM1 线圈断电，KM1 主触头断开，电动机 M 断电惯性运转，同时接触器 KM2 和时间继电器 KT 线圈获电，KM2 主触头闭合，电动机 M 进行半波整流能耗制动；能耗制动结束后，KT 常闭触头延时断开、KM2 线圈断电，KM2 主触头断开半波整流脉动直流电源。

图中，时间继电器 KT 瞬时闭合常开触头的作用是为了考虑当 KT 线圈断线或机械卡阻故障时，电动机在按下停止按钮 SB1 后能迅速制动，同时避免三相定子绕组不致长期通入半波整流的脉动直流电源。

半波整流可逆能耗制动控制电路如图 9-28 所示。

半波整流可逆能耗制动控制电路的工作原理与半波整流单向能耗制动相似。

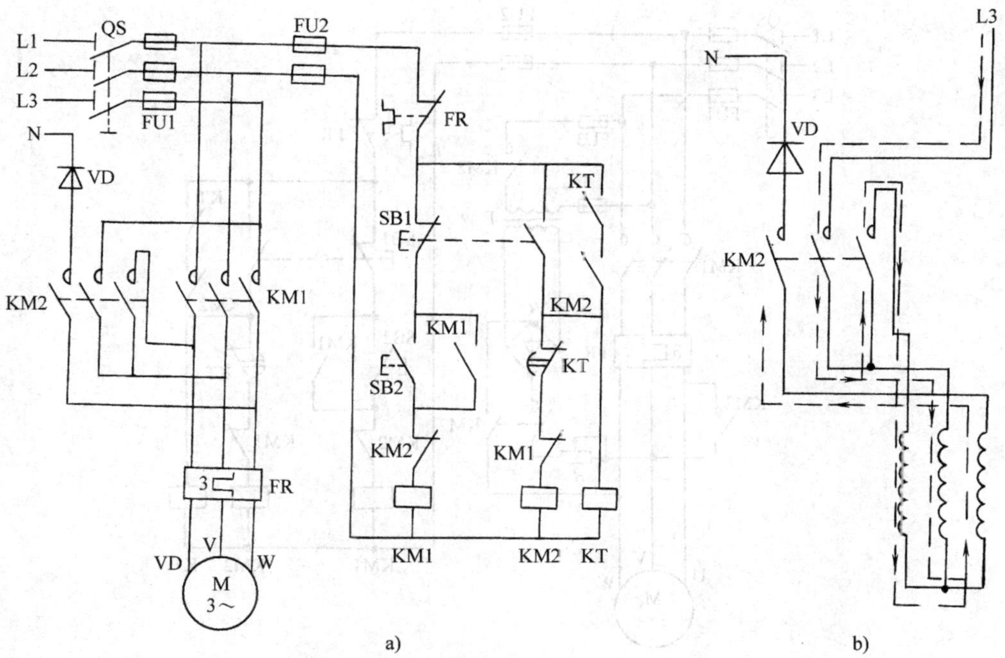

图 9-27　半波整流单向能耗制动控制电路

a）控制电路　b）定子绕组中直流电通路

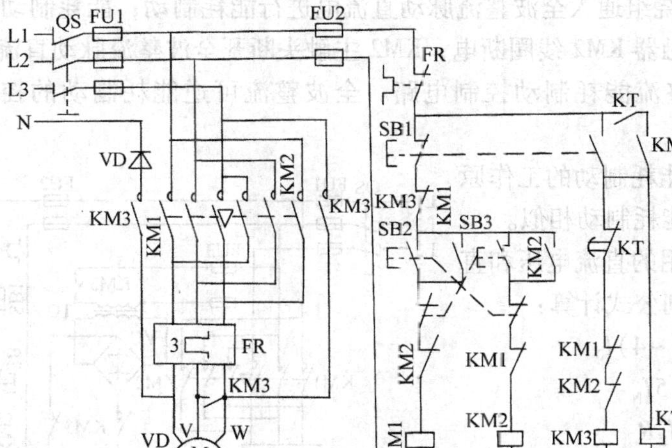

图 9-28　半波整流可逆能耗制动控制电路

（2）全波整流能耗制动控制电路

1）单向全波整流能耗制动控制电路。用时间继电器控制的单向全波整流能耗制动控制电路如图 9-29 所示。

起动控制时，合上电源开关 QS，按下起动按钮 SB2，接触器 KM1 线圈获电，KM1 主触头闭合，电动机 M 起动运转。

停止能耗制动时，按下停止按钮 SB1，接触器 KM1 线圈断电，KM1 主触头断开，电动

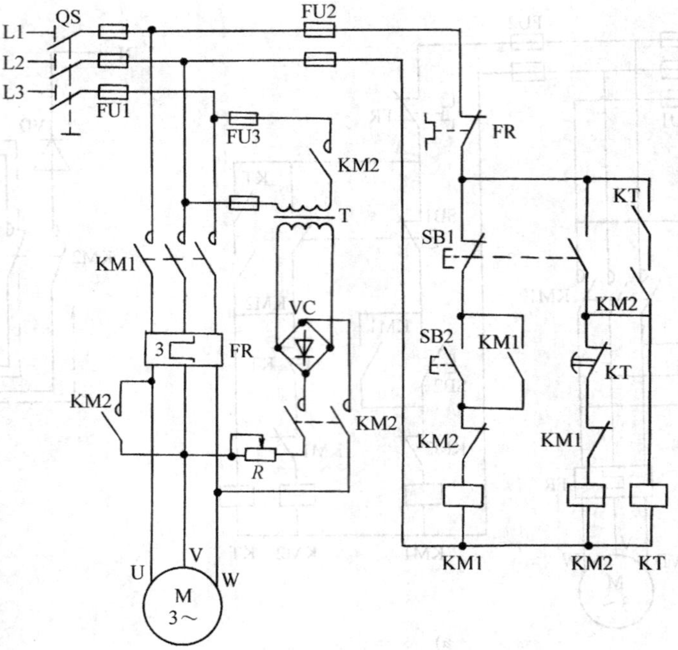

图 9-29　全波整流单向能耗制动控制电路

机 M 断电惯性运转；同时接触器 KM2 和时间继电器 KT 线圈获电，接触器 KM2 主触头闭合，电动机 M 定子绕组通入全波整流脉动直流电进行能耗制动；能耗制动结束后，KT 常闭触头延时断开，接触器 KM2 线圈断电，KM2 主触头断开全波整流脉动直流电源。

2）可逆全波整流能耗制动控制电路。全波整流可逆能耗制动的控制电路如图 9-30 所示。

全波整流可逆能耗制动的工作原理与单向全波整流能耗制动相似。

能耗制动所需用的直流电压和直流电流可分别用下列公式计算：

$$I_Z = (3.5 \sim 4) I_0$$

或

$$I_Z = 1.5 I_N$$

$$U_Z = I_Z R$$

式中　U_Z——直流电压(V)；

I_Z——直流电流(A)；

R——直流电压所加定子绕组两端的冷态电阻，即温度为 15℃时的电阻；

I_0——电动机空载电流(A)；

I_N——电动机额定电流(A)。

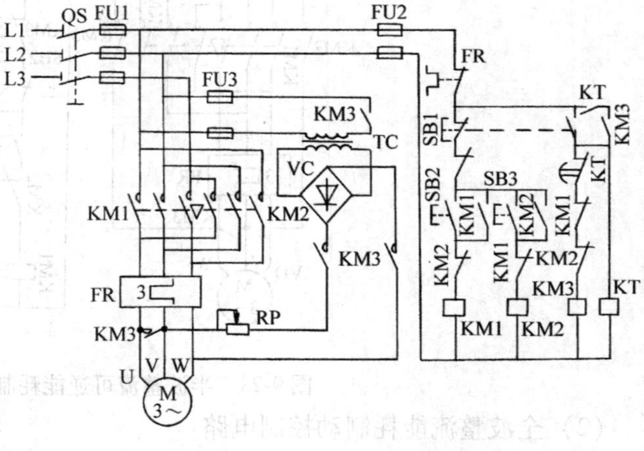

图 9-30　全波整流可逆能耗制动控制电路

单相桥式全波整流时，能耗制动所需要的降压变压器二次交流电压 U_2 和交流电流 I_2 为

$$U_2 = U_Z / 0.9$$

$$I_2 = I_Z / 0.9$$

变压器的容量 S 为

$$S = I_2 U_2$$

例 9-3 一台三相笼型电动机，$P_N = 1.3\text{kW}$，$U_N = 380\text{V}$，$I_N = 25\text{A}$，$I_0 = 9.7\text{A}$，定子绕组为Y联结，用电桥测得两相定子绕组的电阻为 0.64Ω，求这台电动机采用全波整流能耗制动时所需的直流电压、直流电流、变压器二次电压及容量各为多少？

解

$$\begin{aligned} I_Z &= (3.5 \sim 4) I_0 \\ &= 4I_0 \\ &= 4 \times 9.7\text{A} = 38.8\text{A} \end{aligned}$$

$$\begin{aligned} U_Z &= I_Z R \\ &= 38.8 \times 0.64\text{V} \approx 25\text{V} \end{aligned}$$

变压器的二次电压为

$$U_2 = U_Z / 0.9 = 25/0.9\text{V} \approx 28\text{V}$$

变压器的二次电流为

$$I_2 = I_Z / 0.9 = 38.8/0.9\text{A} \approx 43\text{A}$$

变压器的容量为

$$S = I_2 U_2 = 43 \times 28\text{V} \cdot \text{A} = 1204\text{V} \cdot \text{A} \approx 1.2\text{kV} \cdot \text{A}$$

能耗制动的优点是制动准确、平稳，能量消耗较小，缺点是需附加直流电源装置，制动力量较弱，在低速时，制动转矩较小。能耗制动一般用于制动要求平稳准确的场合，如磨床、龙门刨床等控制电路。

第四节 多速电动机的控制电路

一般机床的电动机只有一种转速，但在有些机床中，如 T68 型镗床和 M1432A 型万能外圆磨床的主轴，要得到较宽的调速范围，就采用了双速电动机来传动，有的机床还采用了三速和四速电动机。

一、双速电动机定子绕组的联结方式

双速电动机是采用改变极对数来改变电动机的转速。双速电动机定子绕组的接线方法如图 9-31 所示。

图中，电动机的三相定子绕组接成三角形，三个绕组的三个连接点接出三个出线端 U1、V1、W1，每相绕组的中点各接出一个出线端 U2、V2、W2 共有六个出线端。改变这六个出线端与电源的连接方法就可得到两种不同的转速。要使电动机低速工作时，只需将三相电源接至电动机定子绕组三角形联结顶点的出线端 U1、V1、W1 上，其余三个出线端 U2、V2、W2 空着不接，此时电动机定子绕组接成△，如图 9-31a 所示，极数为 4 极，同步转速为 1500r/min。

若要电动机高速工作时，把电动机定子绕组的三个出线端 U1、V1、W1 连接在一起，电源接到 U2、V2、W2 三个出线端上，这时电动机定子绕组接成YY连接，如图 9-31b所示。此时极数为 2 极，同步转速为 3000r/min。可见该双速电动机高转速是低转

速的两倍。

二、接触器控制双速电动机控制电路

用按钮和接触器控制双速电动机的控制电路如图 9-32 所示。

低速控制时，先合上电源开关 QS，然后按下起动按钮 SB2，接触器 KM1 线圈获电，KM1 主触头闭合，电动机 M 接成△低速起动运转。

高速控制时，按下高速起动按钮 SB3，接触器 KM1 线圈断电，KM3 和 KM2 线圈同时获电，KM3 主触头闭合，将电动机 M 的定子绕组 U1、V1、W1 并头，KM2 主触头闭合，将三相电源通入电动机定子绕组的 U2、V2、W2 端，电动机接成YY高速起动运转。

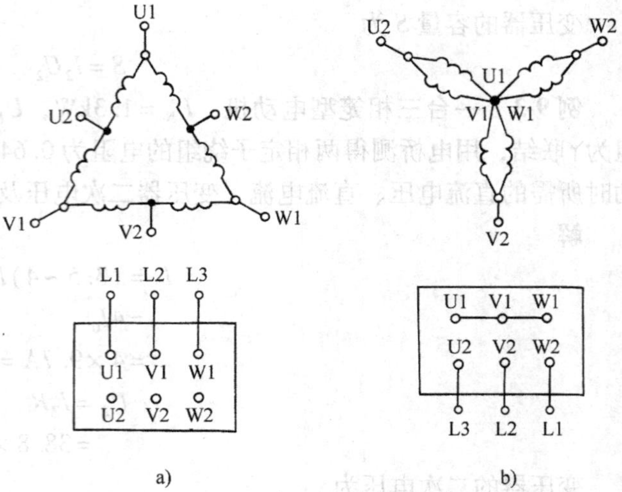

图 9-31　双速电动机定子绕组的接线方法
a）低速△联结(4 极)　b）高速YY联结(2 极)

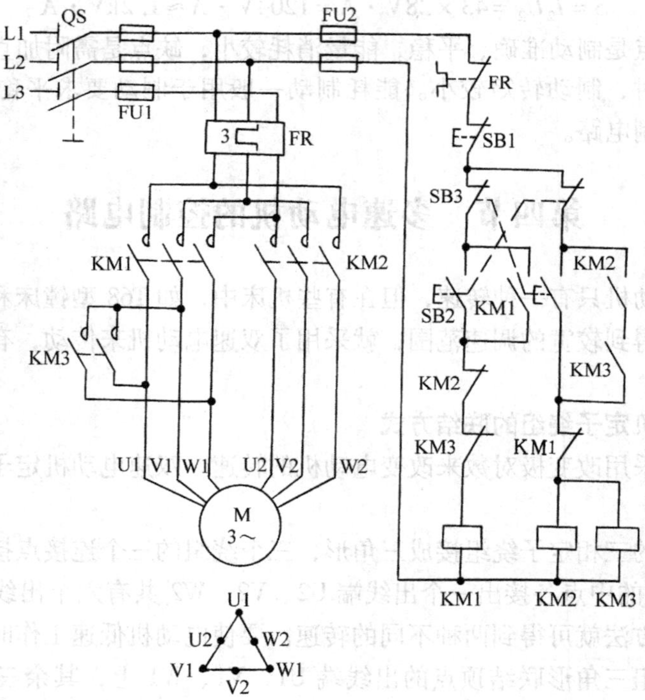

图 9-32　接触器控制双速电动机控制电路

三、时间继电器控制双速电动机控制电路

1. 转换开关和时间继电器控制双速电动机控制电路

用转换开关和时间继电器控制双速电动机的控制电路如图 9-33 所示。

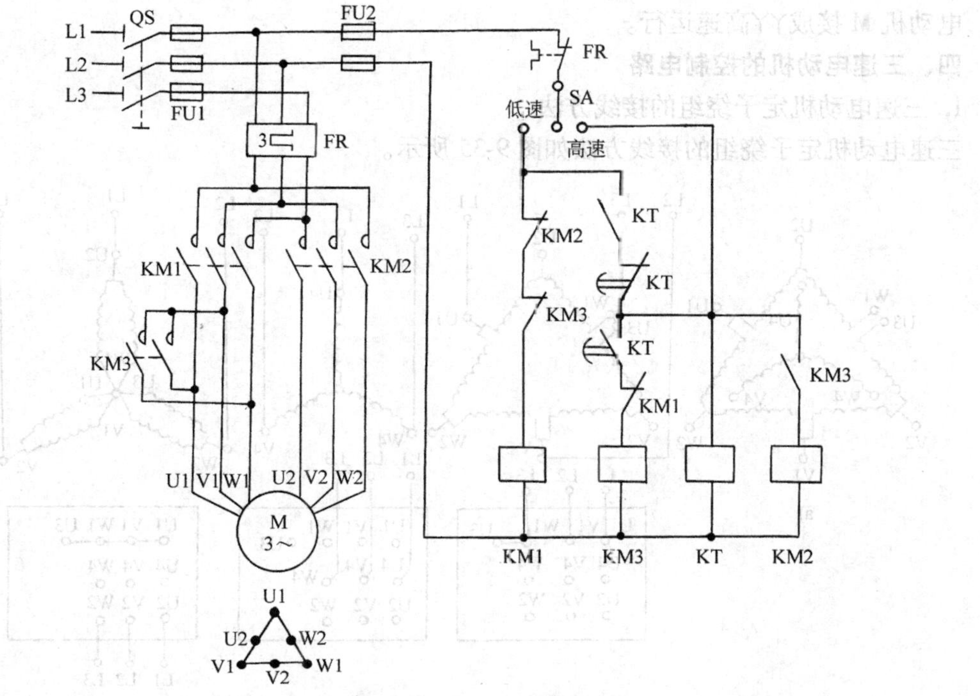

图 9-33　转换开关和时间继电器控制双速电动机控制电路

图中 SA 是具有三个触头的转换开关。当开关 SA 扳到中间位置时，电动机 M 停转；把开关 SA 扳到"低速"位置时，接触器 KM1 线圈获电，KM1 主触头闭合，电动机 M 接成△，以低速起动运转。

如把开关 SA 扳到"高速"位置时，时间继电器 KT 线圈首先获电，KT 的常开触头瞬时闭合，接触器 KM1 线圈获电，KM1 主触头闭合，电动机 M 定子绕组接成△低速起动。经过一定的整定时间，时间继电器 KT 的常闭触头延时断开，接触器 KM1 线圈断电，KT 的常开触头延时闭合，接触器 KM3 和 KM2 线圈先后获电，电动机定子绕组接成YY高速运转。

2. 按钮和时间继电器控制双速电动机控制电路

用按钮和时间继电器控制双速电动机控制电路如图 9-34 所示。

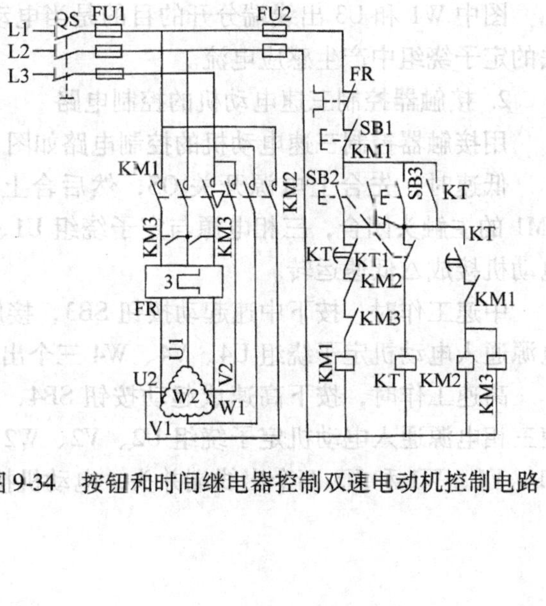

图 9-34　按钮和时间继电器控制双速电动机控制电路

低速控制时，先合上电源开关 QS，再按下起动按钮 SB2，接触器 KM1 线圈获电，KM1 主触头闭合，电动机 M 接成△低速运转。

高速控制时，按下高速起动按钮 SB3，接触器 KM1 线圈获电，电动机 M 接成△低速起动，同时时间继电器 KT 线圈获电，KT 常开触头瞬时闭合自锁，经过一定整定时间后，KT 常闭触头延时断开，接触器 KM1 线圈断电，KM1 主触头断开，KT 常开触头延时闭合，接触器 KM2 和 KM3 线圈同时获电，KM2 和 KM3 的主触头闭合，电动机 M 接成YY高速运行。

四、三速电动机的控制电路

1. 三速电动机定子绕组的接线方法

三速电动机定子绕组的接线方法如图 9-35 所示。

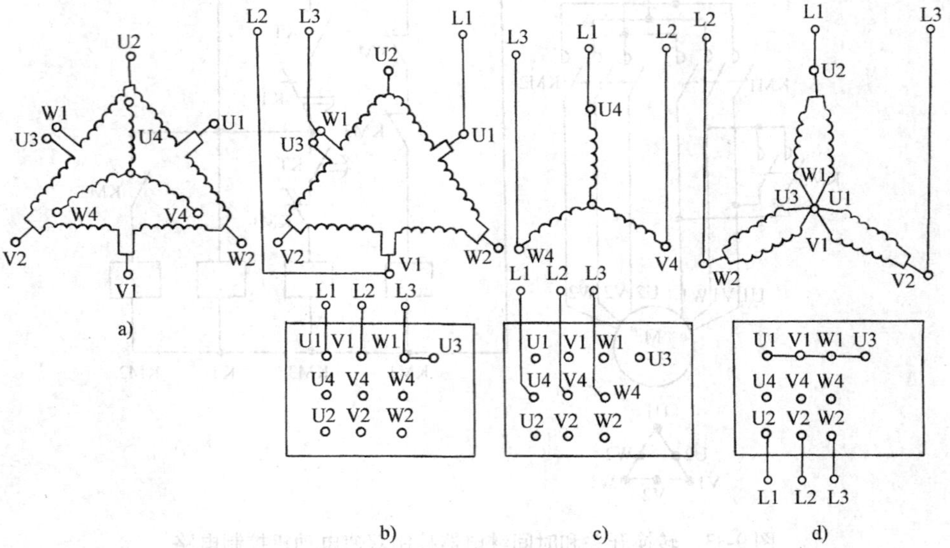

图 9-35　三速电动机定子绕组的接线方法

a）两套绕组　b）△接线（低速）　c）Y接线（中速）　d）YY接线（高速）

图中电动机定子绕组有两套绕组十个出线端，改变这十个出线端与电源的连接方式，就可得到三种不同的转速。要使电动机低速工作时，只需将三相电源接线至 U1、V1、W1，并将 W1 和 U3 出线端并头，其余六个出线端空着不接，电动机定子绕组接成△低速运转。

若将三相电源接至 U2、V2、W2 出线端，而将 U1、V1、W1 和 U3 并头，其余三个出线端空着不接，则电动机定子绕组接成YY高速成运转。

若要电动机中速工作，只要将三相电源接至 U4、V4、W4 的出线端，而将其余七个出线端空着不接，电动机定子绕组接成Y以中速运转。

图中 W1 和 U3 出线端分开的目的是当电动机定子绕组接成Y中速工作时，不会在△接法的定子绕组中产生感应电流。

2. 接触器控制三速电动机的控制电路

用接触器控制三速电动机的控制电路如图 9-36 所示。

低速时，先合上电源开关 QS，然后合上低速起动按钮 SB2，接触器 KM1 线圈获电，KM1 的主触头闭合，三相电源与定子绕组 U1、V1、W1 三个出线端接通（W1 和 U3 连接），电动机接成△低速运转。

中速工作时，按下中速起动按钮 SB3，接触器 KM2 线圈获电，KM2 主触头闭合，三相电源通入电动机定子绕组 U4、V4、W4 三个出线端，电动机定子绕组接成Y中速工作。

高速工作时，按下高速成起动按钮 SB4，接触器 KM3 线圈获电，KM3 的主触头闭合，使三相电源通入电动机定子绕组 U2、V2、W2 三个出线端，KM3 另三对常开触头闭合，将 U1、V1、W1 和 U3 四个出线端并头，电动机接成YY高速运转。

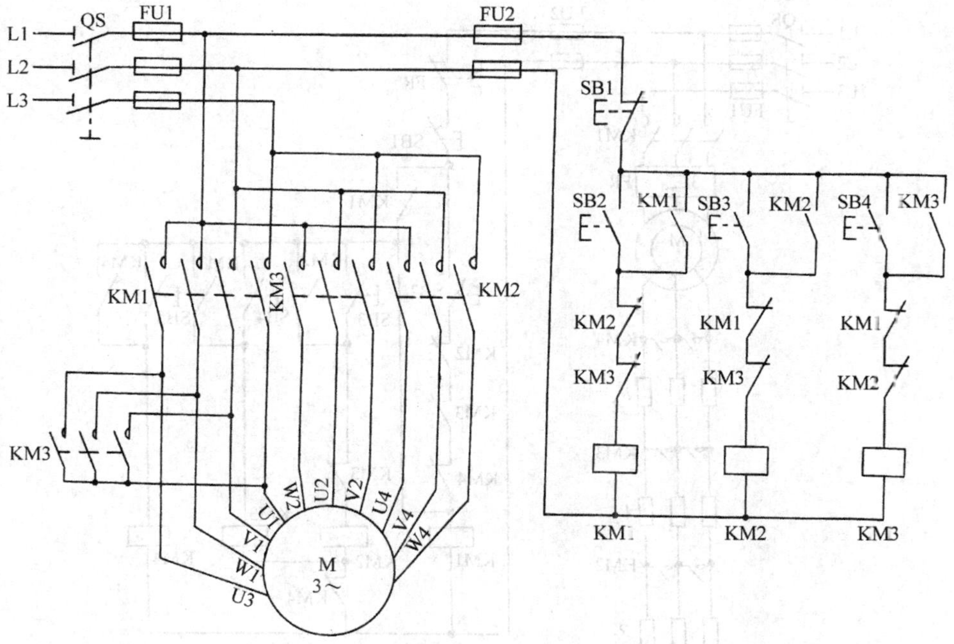

图 9-36　接触器控制三速电动机

第五节　三相绕线转子异步电动机的控制电路

绕线转子异步电动机通过集电环在转子绕组中串接外加电阻来达到减小起动电流并提高转子电路的功率因数及增加起动转矩的目的。

串接在转子绕组中的外加电阻，常用的有铸铁电阻片和用镍铬电阻丝绕制成的板形电阻，且一般都连成Y接线。在起动前，外加电阻全部接入转子绕组，随着起动过程的结束，外接电阻被逐段短接。

一、接触器控制绕线转子异步电动机控制电路

用接触器控制绕线转子异步电动机的控制电路如图 9-37 所示。

起动时，按下起动按钮 SB2，接触器 KM1 线圈获电 KM1 主触头闭合，电动机 M 转子绕组串全部电阻起动，KM1 自锁触头闭合，并接通接触器 KM2、KM3、KM4 线圈的电源电路。

当起动按钮 SB3、SB4、SB5 先后按下时，接触器 KM2、KM3、KM4 线圈先后获电，转子绕组外接电阻 R_1、R_2、R_3 先后短接。外接电阻全部被短接后，接触器 KM2、KM3 线圈均断电，仅有 KM1、KM4 线圈获电，起动过程便结束，电动机全速运转。

二、时间继电器控制绕线转子异步电动机控制电路

用时间继电器控制绕线转子异步电动机控制电路如图 9-38 所示。

这个控制线路是用三个时间继电器依次将转子电路中的三级电阻自动切除。

起动时合上电源开关 QS，按下起动按钮 SB2，接触器 KM1 线圈获电，KM1 主触头闭合，电动机 M 串三级电阻起动；时间继电器 KT1 线圈获电，KT1 常开触头延时闭合，使

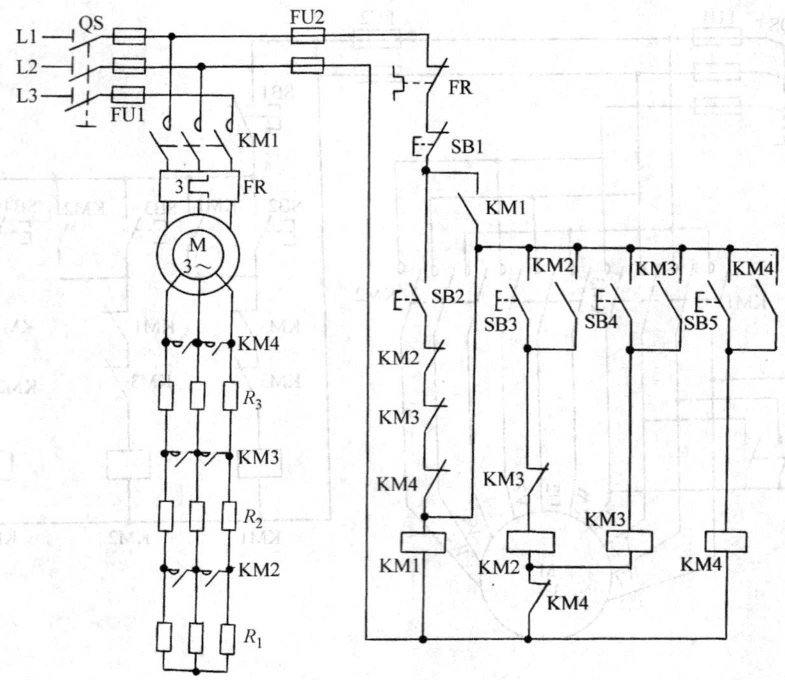

图 9-37　接触器控制绕线转子异步电动机

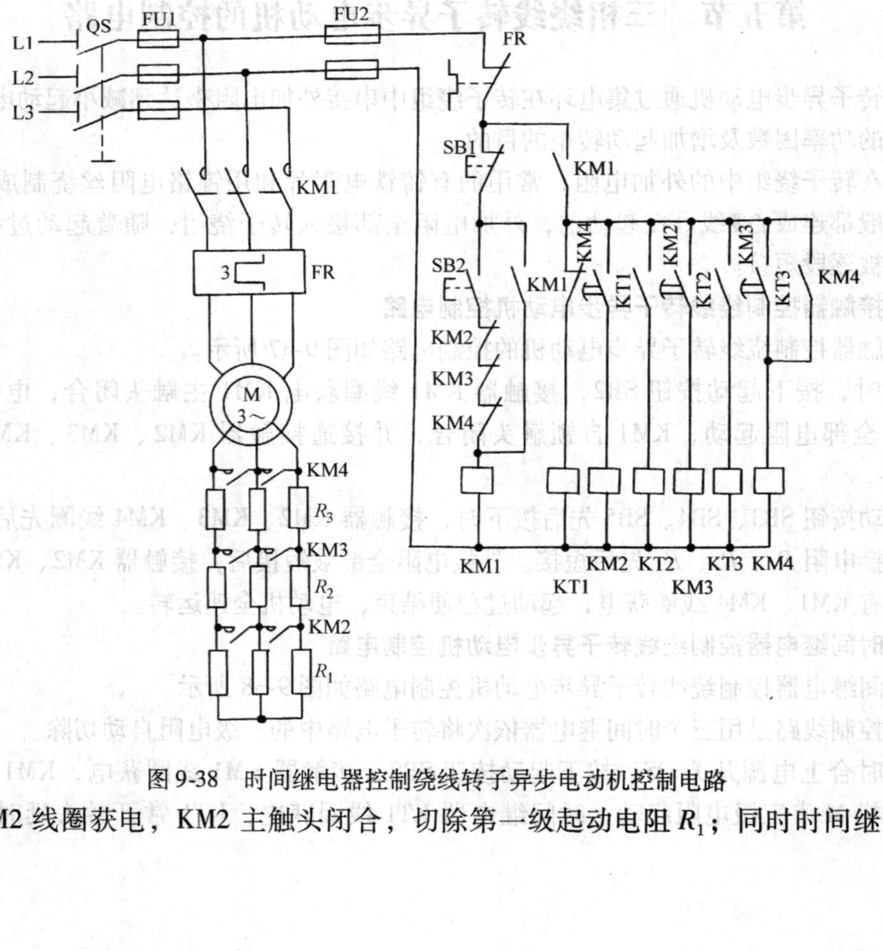

图 9-38　时间继电器控制绕线转子异步电动机控制电路

接触器 KM2 线圈获电，KM2 主触头闭合，切除第一级起动电阻 R_1；同时时间继电器 KT2

线圈获电，KT2 常开触头延时闭合，使接触器 KM3 线圈获电，KM3 主触头闭合，又切除第二级起动电阻 R_2；时间继电器 KT3 线圈又获电，KT3 常开触头延时闭合，使接触器 KM4 线圈获电，KM4 主触头闭合，切除最后一级起动电阻 R_3，同时 KM4 的常闭触头依次将 KT1、KT2 和 KM2、KM3 的电源切除，使 KT1、KT2 和 KM2、KM3 的线圈断电，电动机起动结束。

三、电流继电器控制绕线转子异步电动机控制电路

用电流继电器控制绕线转子异步电动机的控制电路如图 9-39 所示。

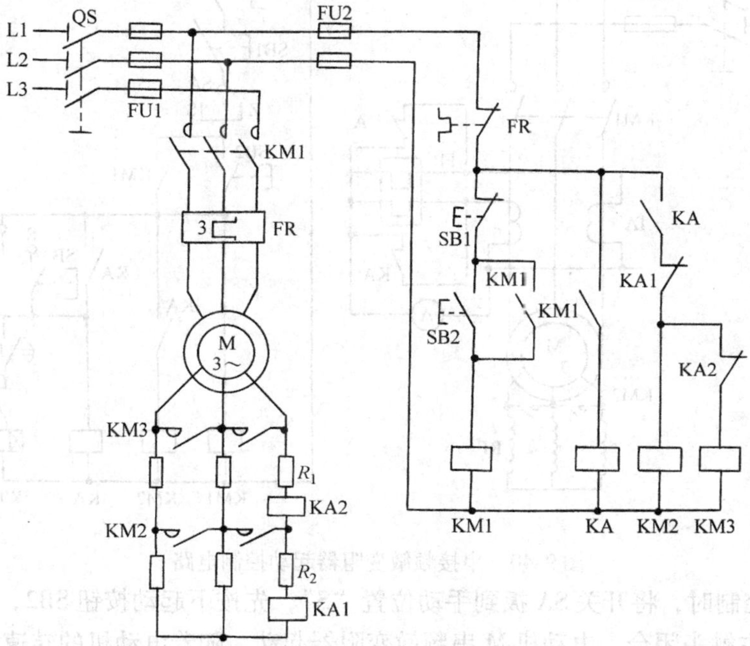

图 9-39　电流继电器控制绕线转子异步电动机控制电路

这个控制线路是根据电动机转子电流的变化，利用电流继电器来自动切除转子绕组中串联的外加电阻。

图中，KA1 和 KA2 是电流继电器，其线圈串接在转子电路中。这两个电流继电器的吸合电流的大小相同，但释放电流不一样，KA1 的释放电流大，KA2 的释放电流小，刚起动时，转子绕组中起动电流很大，电流继电器 KA1 和 KA2 都吸合，它们接在控制电路中的常闭触头都断开，转子绕组的外接电阻全部接入；待电动机的转速升高后，转子电流减小，电流继电器 KA1 先释放，KA1 的常闭触头恢复闭合，使接触器 KM2 线圈获电，转子电路中 KM2 的常开触头闭合，切除电阻 R_1；当电阻 R_1 被切除后，转子电流重新增大，但当转速继续上升时，转子电流又会减小，使电流继电器 KA2 释放，它的常闭触头 KA2 又恢复闭合，接触器 KM3 线圈获电，转子电路中 KM3 的常开触头闭合，把第二级电阻 R_2 又短接切除，电动机起动完毕正常运转。

中间继电器 KA 的作用是保证起动时全部电阻接入，只有在中间继电器 KA 线圈获电，KA 的常开触头闭合后，接触器 KM2 和 KM3 线圈方能获电，然后才能逐级切除电阻，这样就保证了电动机在串入全部电阻下起动。

四、转子绕组串频敏变阻器起动控制电路

绕线转子异步电动机在转子绕组外串电阻起动时，使用的电器很多，控制线路复杂，而且起动电阻的体积也很大；近年，在工矿企业中采用频敏变阻器来代替起动电阻控制绕线转子异步电动机的起动。串接频敏变阻器起动的控制电路如图 9-40 所示。起动过程可以自动控制和手动控制。

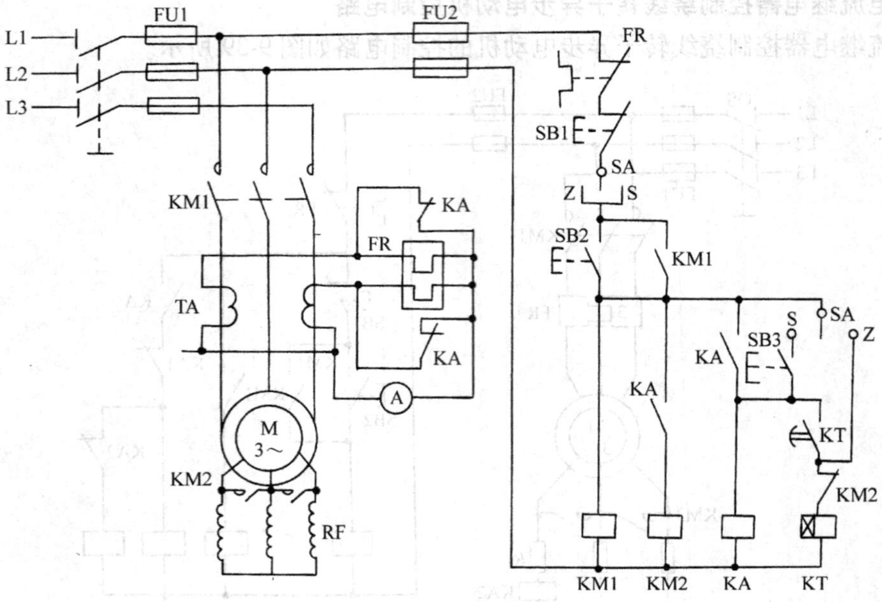

图 9-40　串接频敏变阻器起动控制电路

采用手动控制时，将开关 SA 扳到手动位置“S”，先按下起动按钮 SB2，接触器 KM1 线圈获电，KM1 主触头闭合，电动机 M 串频敏变阻器起动，随着电动机的转速升高，转差率 s 下降，转子绕组电流的频率 f_2 也下降，频敏变阻器的阻值下降，当电动机的转速上升到接近同步转速时，转差率 s 和转子电流频率 f_2 接近“零”，频敏变阻器的阻值也接近于零，在起动过程中，中间继电器 KA 的两对常闭触头将热继电器 FR 的发热元件短接，以免因起动时间过长而使热继电器过热产生误动作；起动结束后按下起动按钮 SB3，中间继电器 KA 线圈获电，KA 的两对常闭触头断开，热继电器 FR 的发热元件接入主电路中工作。接触器 KM2 线圈获电，KM2 主触头闭合，断开频敏变阻器。

自动控制时，将开关扳到自动位置“Z”，然后按下起动按钮 SB2，接触器 KM1 线圈获电，KM1 主触头闭合，电动机 M 串频敏变阻器起动，同时时间继电器 KT 的线圈也获电，经过一定的整定时间后，KT 的常开触头延时闭合，中间继电器 KA 的线圈获电，KM2 主触头闭合，将频敏变阻器短接，起动完毕，KA 的常闭触头断开，将热继电器 FR 的热元件接入主电路工作，图中 TA 为电流互感器。

五、用凸轮控制器控制绕线转子异步电动机控制电路

绕线转子异步电动机的起动、调速及正反转常采用凸轮控制器来控制，桥式起重机上大部分采用这种控制电路，如图 9-41 所示。

合上 QS，将凸轮控制器的手柄扳到“0”位，这时最下面三对常闭触头 Q5、Q6、Q7 闭合，为控制器的接通做好准备，按下起动按钮 SB1，接触器 KM 线圈获电，KM 主触头和自

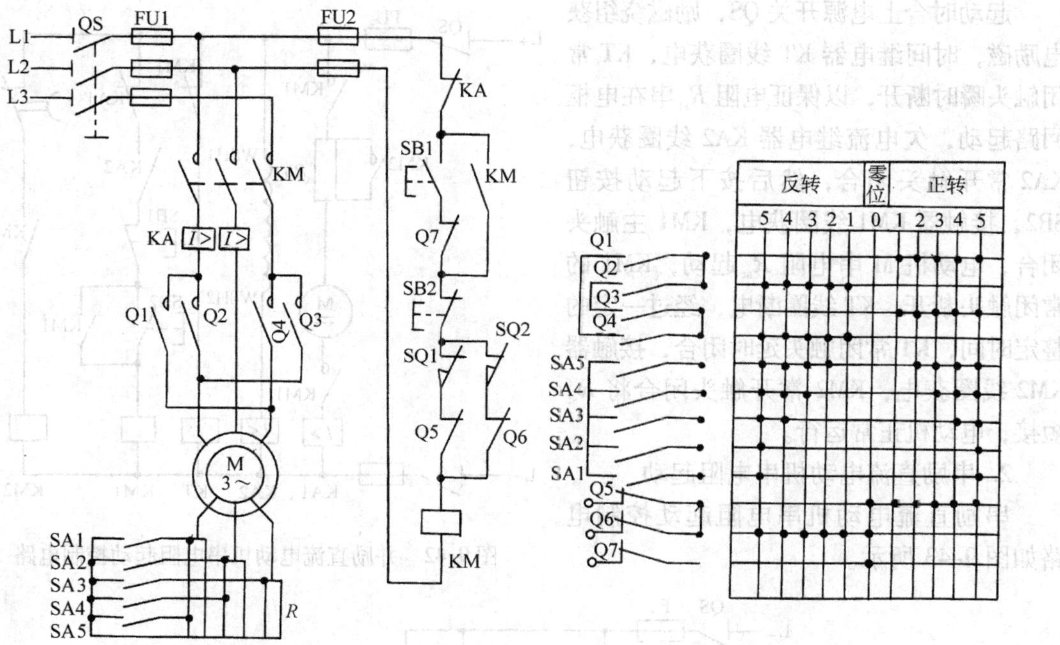

图 9-41　凸轮控制器控制绕线转子异步电动机控制电路

锁触头闭合。然后将凸轮控制器的手柄扳到正转“1”的位置，这时常闭触头 Q6 和 Q7 断开，而常闭触头 Q5 及常开触头 Q1、Q3 闭合，电动机 M 转子绕组串接全部电阻 *R* 正转起动。当手柄扳到正转“2”位置时，触头 Q5、Q1、Q3 及 SA5 闭合，使电阻 *R* 上一段电阻短接，电动机转速加快。同理当手柄扳到正转“3”和“4”位置时，触头 SA4 和 SA3 先后闭合，使电阻 *R* 上又有两段电阻被短接，电动机继续加速。当手柄扳到正转“5”位置时，常开触头 SA5～SA1 全部闭合，电阻 *R* 全部被短接，电动机以最高速运转。

当手柄扳到反转“1”位置时，常闭触头 Q6、及常开触头 Q2、Q4 闭合，三相电源相序改变，电动机反转。当手柄扳到反转“2”～“5”位置时，常开触头 SA5～SA1 先后闭合，电阻 *R* 相继被切除，电动机从低速起动到高速运行。

图中，行程开关 QS1 和 QS2 分别作为两头的终端保护，KA 为双线圈过电流继电器，作为电动机的过载和短路保护。

第六节　直流电动机的控制电路

一、直流电动机串电阻起动控制电路

直流电动机的电枢电阻比较小，所以，常在电枢回路中串入附加电阻来起动，以限制起动电流。

1. 并励直流电动机串电阻起动

并励直流电动机串电阻起动控制电路如图 9-42 所示。

图中 KA1 为过电流继电器，对电动机进行过载和短路保护；KA2 为欠电流继电器，作励磁绕组的失磁保护，以免励磁绕组因断线或接触不良引起“飞车”而产生事故；电阻 R_{st} 为电动机停转时，励磁绕组的放电电阻。

起动时合上电源开关 QS，励磁绕组获电励磁，时间继电器 KT 线圈获电，KT 常闭触头瞬时断开，以保证电阻 R_{st} 串在电枢回路起动，欠电流继电器 KA2 线圈获电，KA2 常开触头闭合，然后按下起动按钮 SB2，接触器 KM1 线圈获电，KM1 主触头闭合，电动机 M 串电阻 R_{st} 起动，KM1 的常闭触头断开，KT 线圈断电，经过一定的整定时间，KT 常闭触头延时闭合，接触器 KM2 线圈获电，KM2 常开触头闭合将 R_{st} 短接，电动机正常运行。

2. 串励直流电动机串电阻起动

串励直流电动机串电阻起动控制电路如图 9-43 所示。

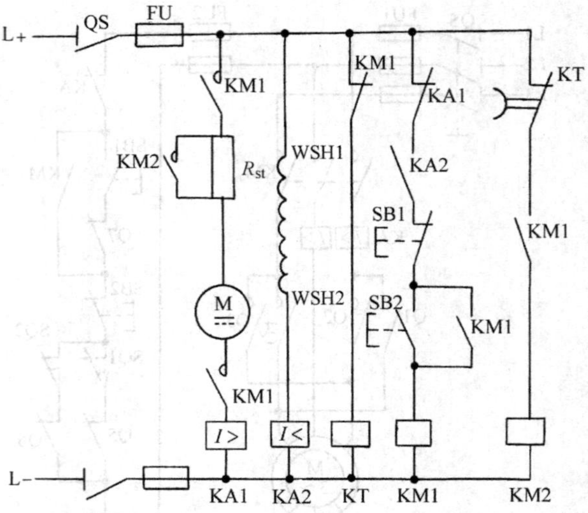

图 9-42 并励直流电动机串电阻起动控制电路

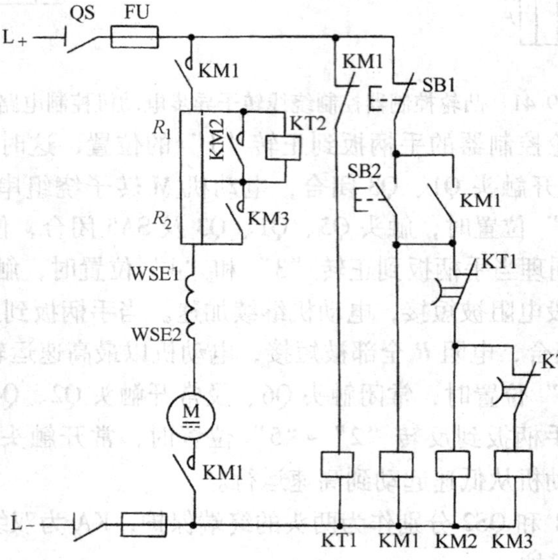

图 9-43 串励直流电动机串电阻起动控制电路

起动时合上电源开关 QS，时间继电器 KT1 线圈获电，KT1 常闭触头瞬时断开，以保证电动机起动时串入全部电阻。然后按下起动按钮 SB2，接触器 KM1 线圈获电，KM1 主触头闭合，串励直流电动机串 R_1 和 R_2 电阻起动，并接在电阻 R_1 两端的时间继电器 KT2 吸合，KT2 常闭触头瞬时断开，同时由于 KM1 常闭触头断开，KT1 线圈断电，经过一定整定时间，KT1 的常闭触头延时闭合，使接触器 KM2 线圈获电，KM2 的常开触头闭合短接电阻 R_1，电动机加速运转；而 KT2 线圈断电，经过一定的整定时间，KT2 常闭触头延时闭合，接触器 KM3 线圈获电，KM3 常开触头闭合短接电阻 R_2，电动机正常工作。必须指出的是，串励电动机不能空载或轻载下起动和运行，否则电动机的转速极高，会使电枢受到极大的离心力而损坏，因此串励电动机应在带有 20%～25% 负载的情况下起动。

二、直流电动机正反转控制电路

1. 并励直流电动机的正反转控制电路

并励直流电动机常采用电枢反接法来实现正反转，这种方法是保持磁场方向不变而改变电枢电流的方向，使电动机反转。并励直流电动机的正反转控制电路如图 9-44 所示。

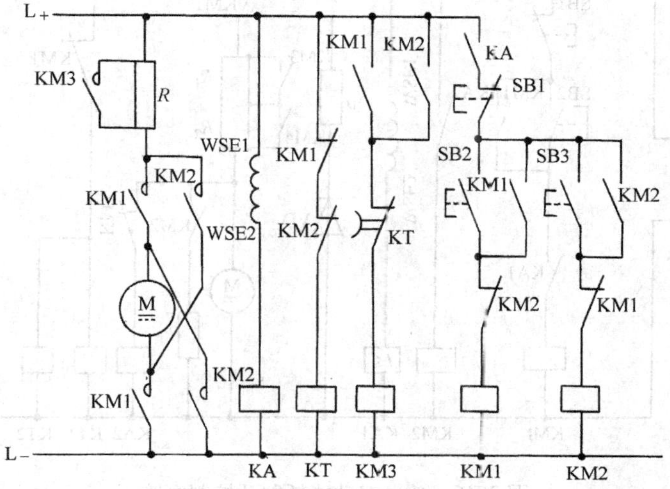

图 9-44　并励直流电动机正反转控制电路

通入直流电源、励磁绕组获电，欠电流继电器 KA 获电吸合。

起动时按下起动按钮 SB2，接触器 KM1 线圈获电，KM1 常开触头闭合，电动机正转。若要反转，则需先按下 SB1，使 KM1 断电，KM1 联锁触头闭合。这时再按下反转按钮 SB3，接触器 KM2 线圈获电，KM2 常开触头闭合，使电枢电流反向，电动机反转。

2. 串励直流电动机的正反转控制电路

串励直流电动机常采用磁场反接法来实现正反转，这种方法是保持电枢电流方向不变而改变励磁电流方向使电动机反转，因为串励电动机电枢绕组两端的电压很高，而励磁绕组两端的电压较低，反接较容易，内燃机车和电力机车的反转均用此法。

串励直流电动机的正反转控制电路如图 9-45 所示。

起动时合上电源开关 QS，按下起动按钮 SB2，接触器 KM1 线圈获电，KM1 常开触头闭合，励磁绕组电流从 D1 端流向 D2 端，电动机起动正转。若要反转，则按下起动按钮 SB3，接触器 KM2 线圈获电，KM2 常开触头闭合，使励磁绕组电流从 D2 端流向 D1 端，电动机反转。

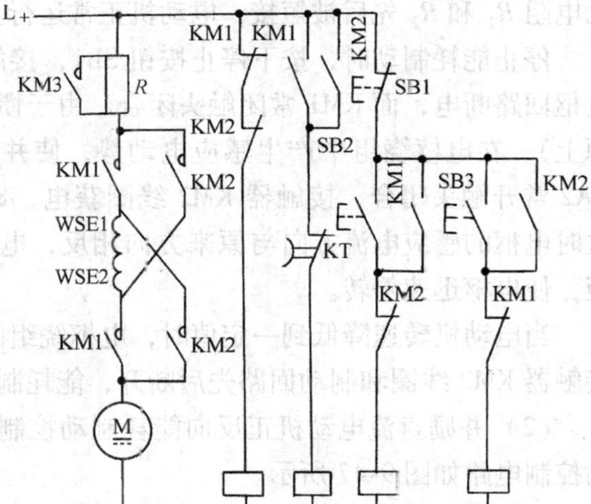

图 9-45　串励直流电动机的正反转控制电路

三、直流电动机制动控制电路

1. 直流电动机的能耗制动控制

（1）单向起动能耗制动控制电路　并励直流电动机的单向起动能耗制动控制电路如图9-46所示。

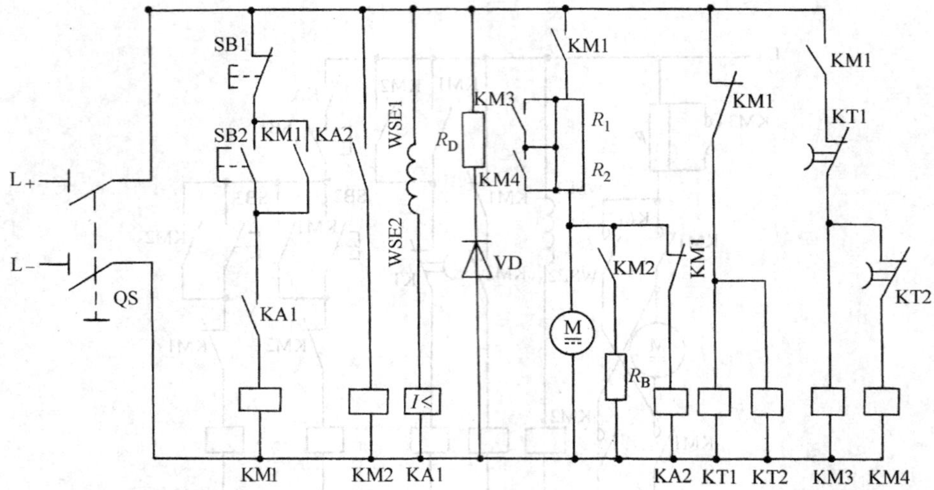

图9-46　单向起动能耗制动控制电路

起动时合上电源开关QS，励磁绕组获电励磁，欠电流继电器KA1线圈获电，KA1常开触头闭合；同时时间继电器KT1和KT2线圈获电，KT1和KT2常闭触头瞬时断开，保证起动电阻R_1和R_2串入电枢回路中起动。

按下起动按钮SB2，接触器KM1线圈获电，KM1常开触头闭合，电动机M串R_1和R_2电阻起动，KM1两对常闭触头分别断开KT1、KT2和中间继电器KA2线圈回路；经过一定的整定时间，KT1和KT2的常闭触头先后延时闭合，接触器KM3和KM4线圈先后获电，起动电阻R_1和R_2先后被短接，电动机正常运行。

停止能耗制动时，按下停止按钮SB1，接触器KM1线圈断电，KM1常开触头断开，使电枢回路断电，而KM1常闭触头闭合。由于惯性运转的电枢切割磁力线（励磁绕组仍接在电源上），在电枢绕组中产生感应电动势，使并联在电枢两端的中间继电器KA2线圈获电，KA2常开触头闭合，接触器KM2线圈获电，KM2常开触头闭合，接通制动电阻R_B回路；这时电枢的感应电流方向与原来方向相反，电枢产生的电磁转矩与原来反向而成为制动转矩，使电枢迅速停转。

当电动机转速降低到一定值时，电枢绕组的感应电动势也降低，中间继电器KA2释放，接触器KM2线圈和制动回路先后断开，能耗制动结束。

（2）并励直流电动机正反向能耗制动控制电路　并励直流电动机正反向起动和能耗制动控制电路如图9-47所示。

图中KAL和KAR为电压继电器，在正反向能耗制动中作接通R_B能耗制动回路用。KA3为欠电压继电器，起零位保护作用，只有当主令开关SA扳到“零”位置，即起动电阻R_1和R_2串入电枢电路中，电动机才能起动。主令开关SA可控制五条控制电路，左和右各可扳动三挡位置，以便实行正反转控制。扳到某档位置，下面有“·”的这条控制线路就接通。

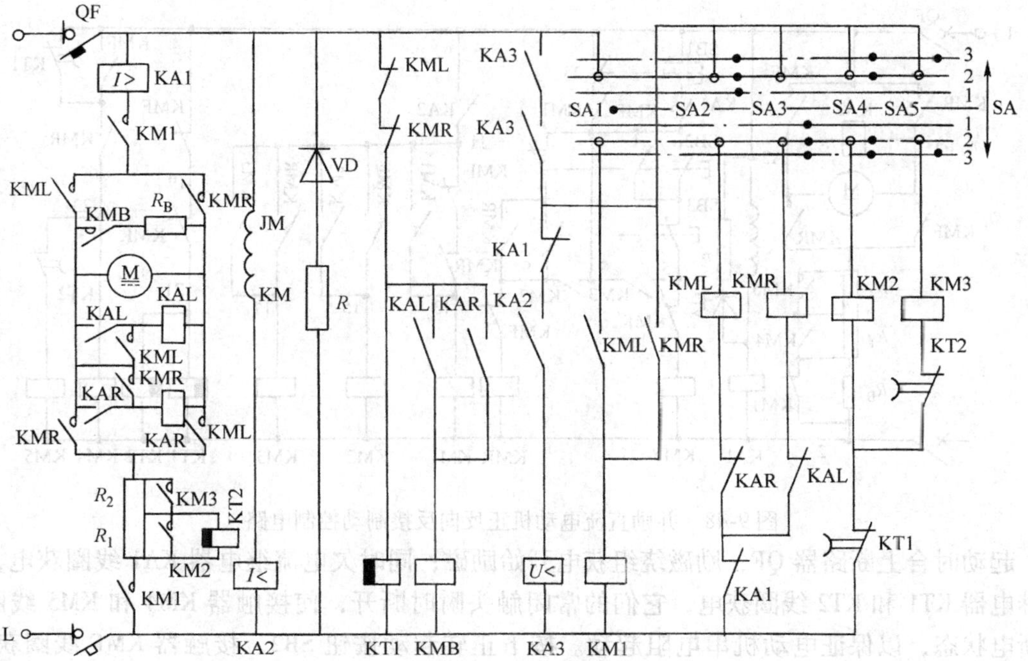

图 9-47　并励直流电动机正反向能耗制动控制电路

起动前先将主令开关 SA 扳到“零”位置，只有 SA1 接通，然后合上断路器 QF，欠电流继电器 KA2 线圈获电，KA2 常开触头闭合；同时时间继电器 KT1 线圈获电，KT1 常闭触头瞬时断开；欠压继电器 KA3 线圈通过主令开关 SA1 触头获电，KA3 常开触头闭合自锁。将 SA 扳到左面“1”位置时，SA2 触头接通，接触器 KML 和 KM1 线圈先后获电，电动机串 R_1 和 R_2 电阻起动正转，并联在 R_1 两端的 KT2 获电，KT2 常闭触头瞬时断开。KML 的常闭触头断开，KT1 线圈断电。随着电动机转速的升高，反电动势 $E_a = C_e \Phi_n$ 也升高，通过 KML 常开触头并联在电枢两端的电压继电器 KAL 吸合，KAL 常开触头闭合为能耗制动准备。经过一定整定时间，KT1 常闭触头延时闭合，并将 SA 扳到左“2”位置，SA2 和 SA4 接通，接触器 KM2 线圈获电，KM2 常开触头闭合短接电阻 R_1，电动机加速，同时 KT2 线圈也被短路，经过一定的整定时间，KT2 常闭触头延时闭合，并将 SA 扳到左“3”位置，SA2、SA4 和 SA5 接通，接触器 KM3 线圈获电，KM3 常开触头闭合短接电阻 R_2，电动机正转起动结束。

停止能耗制动时，将主令开关 SA 扳到“零”位置，接触器 KM1、KML 和 KM3 线圈均断电，此时电动机 M 惯性运转，电压继电器 KAL 由于反电动势作用仍吸合，KAL 常开触头仍闭合，故接触器 KMB 获电，KMB 常开触头闭合，接通 R_B 能耗制动回路，电动机 M 能耗制动，使电枢迅速停转。当电动机转速接近于“零”时，电压继电器 KAL 的释放，使接触器 KMB 也释放，能耗制动结束。

图中，电压继电器 KA3 串联两对常开触头是为了增加断弧能力。

关于反向起动及能耗制动的工作原理与上述相似，可自行分析。

2. 直流电动机正反向反接制动控制电路

并励直流电动机的正反向反接制动控制电路如图 9-48 所示。

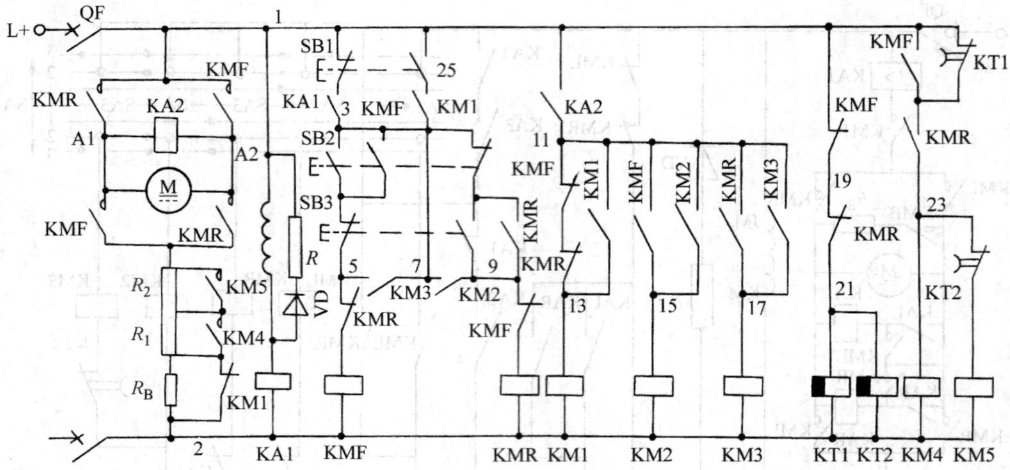

图 9-48　并励直流电动机正反向反接制动控制电路

起动时合上断路器 QF，励磁绕组获电开始励磁；同时欠电流继电器 KA1 线圈获电，时间继电器 KT1 和 KT2 线圈获电，它们的常闭触头瞬时断开，使接触器 KM4 和 KM5 线圈处于断电状态，以保证电动机串电阻起动。按下正转起动按钮 SB2，接触器 KMF 线圈获电，KMF 主触头闭合，电动机串电阻 R_1 和 R_2 起动，KMF 常闭触头断开，时间继电器 KT1 和 KT2 线圈断电，经过一定的整定时间，KT1 和 KT2 常闭触头先后延时闭合，KMF 常开触头闭合使接触器 KM4 和 KM5 线圈先后获电，它们的常开触 头先后切除 R_1 和 R_2，直流电动机正常运行。

随着电动机转速的升高，反电动势 E_a 也增大，当 E_a 达到一定值后，电压继电器 KA2 获电，KA2 常开触头闭合，使接触器 KM2 线圈获电，KM2 的常开触头闭合为反接制动做好准备。

停转制动时，按下停止按钮 SB1，接触器 KMF 线圈断电，电动机作惯性运转，反电动势 E_a 仍很高，电压继电器 KA2 仍吸合，接触器 KM1 和 KM2 线圈先后获电，KM1 常闭触头断开，使制动电阻 R_B 接入电枢回路，KM1 和 KM2 的常开触头闭合，使接触器 KMR 线圈获电，电枢通入反向电流，产生制动转矩，电动机进行反接制动而迅速停转。待转速接近零时，电压继电器 KA2 线圈断电，KM1 线圈断电，接着 KM2 和 KMR 线圈也先后断电，反接制动结束。

反向起动及反接制动的工作原理与上述相似，可自行分析。

四、直流电动机调速控制电路

在电动机的机械负载不变的条件下改变电动机的转速叫调速。他励直流电动机改变电枢电压调速的控制电路如图 9-49 所示。

这种调速方法调速范围很广，但必须要有专用的直流电源调压设备，通常采用他励直流发电机作为他励电动机的电枢电源，这种组合称为发电机—电动机组拖动系统，简称 G—M 调速系统。

图中 M1 是他励直流电动机，拖动生产机械旋转，G2 是他励直流发电机，发出电压 U 供直流电动机 M1 作为电枢电源电压；G1 为并励励磁发电机，发出直流电压 U_1，供直流发电机和直流电动机的励磁电源电压，同时供给控制电路直流电源；M2 为三相笼型电动机，

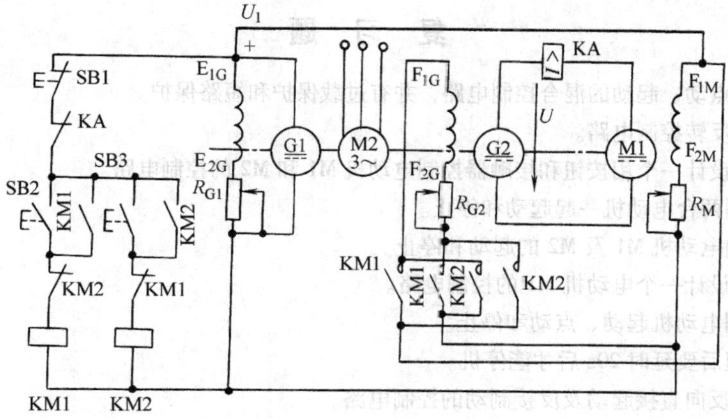

图 9-49　改变电枢电压调速控制电路

拖动同轴连接的直流发电机 G2 和励磁直流发电机 G1 旋转。

图中 E_{1G}、E_{2G}；F_{1G}、F_{2G}和 F_{1M}、F_{2M}分别为励磁发电机、直流发电机和直流电动机的励磁绕组。

1. 励磁

先起动三相笼型电动机 M2，拖动励磁发电机 G1 和直流发电机 G2 旋转，励磁发电机 G1 切割剩磁磁力线，输出直流电压 U_1，除供给自励磁电源外，还分别供 G—M 机组励磁电源和控制电路电源。

2. 正反转起动控制

按下起动按钮 SB2（或 SB3），接触器 KM1（或 KM2）线圈获电，其常开触头闭合，发电机 G2 的励磁绕组励磁；因发电机 G2 的励磁绕组有较大的电感，故励磁电流上升得较慢，产生的感应电动势和输出电压 U 也是从零逐渐升高，使直流电动机起动时，可避免较大的起动电流的冲击。所以不需在电枢电路中串入起动电阻，直流电动机就可很平滑地起动。

3. 调速

R_M 和 R_{G2}分别是直流电动机 M1 和直流发电机 G2 的励磁绕组的调节电阻器。起动前应将 R_M 调到较小值，而将 R_{G2} 调到较大值。

当直流电动机起动后需调速时，可先将 R_{G2} 阻值调小，使直流发电机 G2 的励磁电流增大，于是直流发电机的输出电压即电动机电枢电源电压 U 增加，电动机转速升高。可见调节 R_{G2} 的阻值能升降直流发电机的输出电压 U，就可达到调节直流电动机转速的目的。不过加在直流电动机电枢上的电压 U 不能超过它的额定值，所以在一般情况下，调节 R_{G2} 的阻值只能使电动机在低于额定转速情况下进行平滑调速。

若要电动机在额定转速以上进行调速，则应先调节 R_{G2}，使电动机电枢电源电压 U 调到额定值，然后将 R_M 阻值调大，直流电动机励磁电流减小，磁通 Φ 也减小，所以转速从额定转速开始升高。

4. 停车制动

若要电动机停车，可按停止按钮 SB1，接触器 KM1（或 KM2）线圈断电，直流发电机 G2 的励磁绕组断电，直流发电机的输出电压即电动机的电枢电压 U 迅速下降至零，惯性运转的电枢，切割磁力线产生感应电流，从而产生制动转矩，使电动机迅速制动停转。

复 习 题

1. 画出正反转点动、起动的混合控制电路，并有过载保护和短路保护。

2. 画出点动正反转控制电路。

3. 按下列要求设计一个用按钮和接触器控制电动机 M1 和 M2 的控制电路。

1）能同时控制两台电动机一起起动和停止。

2）能分别控制电动机 M1 及 M2 的起动和停止。

4. 按下列要求设计一个电动机 M1 的控制电路。

1）能分别控制电动机起动、点动和停止。

2）按停止按钮后要延时 20s 后才能停机。

5. 设计一台正反向直接起动及反接制动的控制电路。

6. 设计一个接触器联锁、正反转起动及半波整流能耗制动控制电路。

7. 试分析图 9-50 所示控制电路的工作原理，并分别按下列要求改进电路：

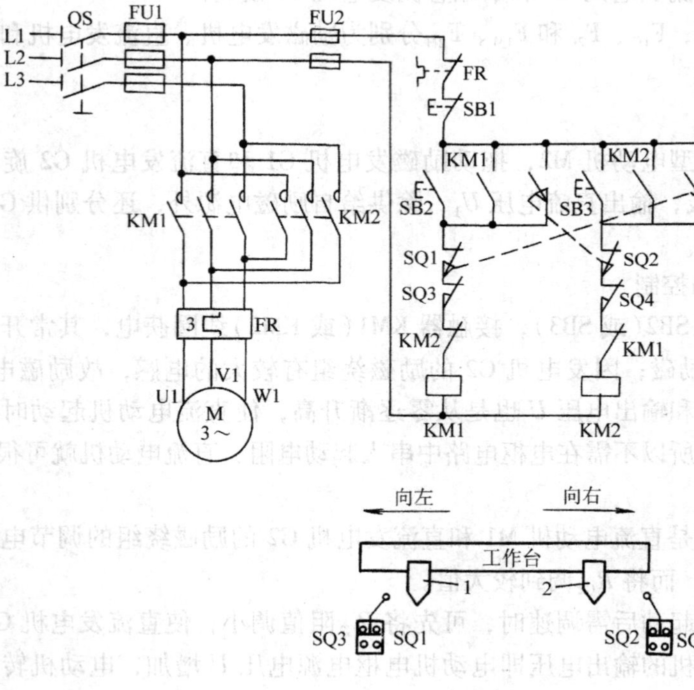

图 9-50

1）实现工作台自动往复运动。

2）工作台到达两端终点时停留 5s 后再自动返回，并进行往复运动。

8. 要求图 9-51 按下列顺序完成所需动作，画出其控制电路。

1）运动部件 A 从 1 到 2。

2）接着运动部件 B 从 3 到 4。

3）接着 A 从 2 回到 1。

4）最后 B 从 4 回到 3 后，两个运动部件分别停在 1、3 原位。

9. 今要求三台笼型电动机 M1、M2 和 M3 按一定顺序起动，即 M1 起动后，M2 才能起动；M2 起动后，M3 才能起动，试画出其控制电路。

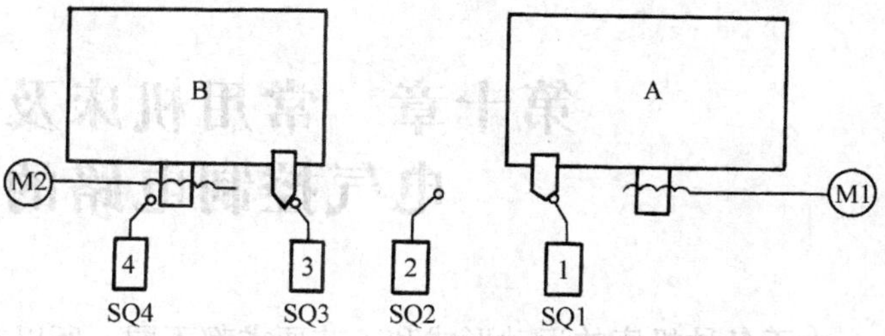

图 9-51

10. 在空调设备中的风机电动机的工作情况有如下要求：

1）先开风机，再开压缩机。

2）压缩机可自由停转。

3）风机停止时，压缩机随即自动停车。

试为它设计一个控制电路。

11. 某机床主轴由一台笼型电动机拖动，润滑油泵由另一台笼型电动机拖动，今要求：主轴必须在油泵开动后才能开动；主轴要求能用按钮和接触器实现正反转，并能单独停车；有短路、欠电压及过载保护。试画出其控制电路。

12. 按下列要求设计一个控制电路：

1）分别用按钮控制电动机 M1 和 M2 的起动和停止。

2）按 M1→M2 的顺序起动。

3）M1 起动后延时 1min，M2 才能起动。

4）按 M2→M1 的顺序停止。

13. 按下列要求设计一个控制电路：

1）M1 起动后延时 30s，M2 才能用按钮起动。

2）M2 起动后 20s，M1 自动停止运转。

3）再延时 10s，M2 也相应停止运转。

14. 按下列要求设计一个控制电路：

1）分别用按钮和接触器控制电动机 M1、M2 和 M3 的起动和停止。

2）按 M1→M2→M3 顺序起动。

3）M1 起动后 1min，M2 才能起动，M2 起动后 2min，M3 才能起动。

4）按 M3→M2→M1 顺序停止。

5）能各自点动，点动不受顺序限制(只画控制回路,不必画主电路)。

第十章　常用机床及电气设备电气控制电路的检修

由于各种机床的运动形式和工艺要求都不同，所以在电力拖动自动控制中提出了各种要求；再说机床电气控制的原理图中所包含的电器元件、器件和设备等符号也较多，要正确绘制和阅读机床电气控制原理图，除了上述的绘制电气控制原理图应遵循的一般原则外，还要对整张图样进行划区、注明各分支电路的用途及接触器、继电器的线圈与受其控制的触头的从属关系等项目外，再作如下规定。

为了便于检修线路和方便阅读原理图，应将整张图样的图面划分成若干区域，称为图区。图区编号一般用阿拉伯数字写在图面下部的方框内，如图 10-1 所示。

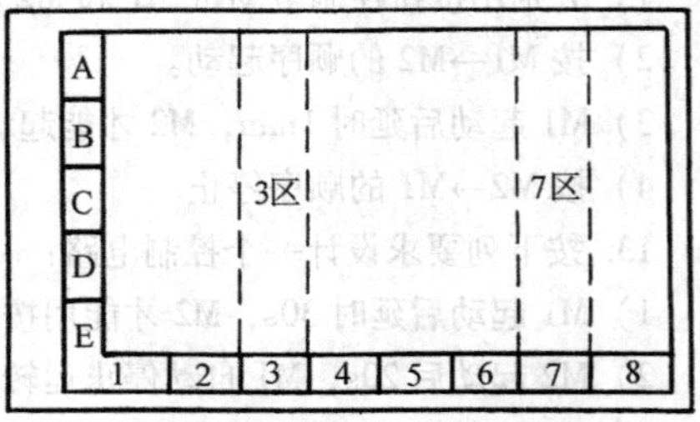

图 10-1　图区的划分

原理图中的每个电路在机床操作中的用途，必须用文字标明在用途栏内，用途栏一般以方框形式放在图面的上部，如图 10-2 所示。

原理图中每个接触器、继电器的线圈与受其控制的触头的从属关系应按下述方法标志：

在每个接触器线圈的文字符号 KM 的下面画两条竖直线，分成左、中、右三栏，把受其控制而动作的触头所处的图区号数字，按表 10-1 规定的内容填上，对备而未用的触头，在相应的栏中用记号“×”标出。

表 10-1　接触器线圈符号下的数字标志

左　栏	中　栏	右　栏
主触头所处的图区号	辅助常开(动合)触头所处的图区号	辅助常闭(动断)触头所处的图区号

在每个继电器线圈的文字符号(如 KT)下面画上一条竖直线，分成左、右两栏，把受其控制而动作的触头所处的图区号数字，按表 10-2 规定的内容填上，同样，对备而未用的触头在相应的栏中用记号“×”标出。

表 10-2　继电器线圈符号下的数字标志

左　栏	右　栏
常开(动合)触头所处的图区号	常闭(动断)触头所处的图区号

图样上每个触头的文字符号下面表示的数字为动作它的线圈所处的图区号，如图 10-2 所示。

在机床电气控制线路的原理图中，对控制电路、信号电路和使用控制变压器的一些要求有如下规定：

对于具有 5 个以上电磁线圈(如接触器、继电器、电磁离合器等的线圈)或电柜外还具有

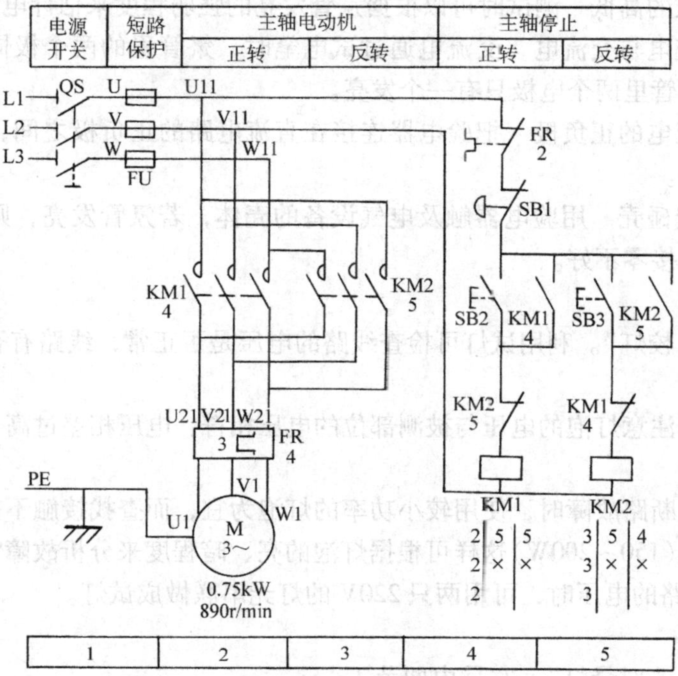

图 10-2　某车床电气控制电路

控制器件和仪表的机床，必须采用分离绕组的变压器给控制电路和信号电路供电。当控制电路和信号电路是通过变压器供电时，变压器二次侧的一根线应接保护接地，而另一根线应通过熔断器接到各电器元件上去。

由变压器供电的交流控制电路二次侧的电压值为 24V 或 48V、50Hz。触头外露在空气中的电路，由于电压过低而使电路工作不可靠时，可采用 48V 或更高的电压。如 110V（优先采用）和 220V、50Hz 的交流电压。

对于电磁线圈在 5 个以下的机床电气设备控制电路，可以直接接到电源上，这种控制电路的电压值不作规定，由电源电压而定。

直流控制电路的电压值为 24V、48V、110V 和 220V。

对于大型机床，由于线路较长，串联的触头多、压降大，故不宜推荐使用 24V 或 48V 的交流电压。

关于信号电路电压，当采用独立的信号电路时（与控制电路不连接的信号电路），电路电压为交流或直流 6V 或 24V（优先采用）电压。对应的灯泡为 6～8V 或 24～28V。当采用独立的内装式变压器时，灯泡应为 6V（优先采用）或 24V，在此情况下，可把信号电路与控制电路连接。

第一节　机床电气控制设备的维护及检修方法

一、机床电气设备检修时的测试工具

1. 验电器

验电器除可用来测试相线（火线）和中性线（地线）之外，还有下列用途：

（1）区别电压的高低　测试时可以根据氖管发亮的强弱程度来估计电压的高低。

（2）区别直流电与交流电　交流电通过试电笔时，氖管里的两个极同时发亮；直流电通过验电器时，氖管里两个电极只有一个发亮。

（3）区别直流电的正负极　把验电器连接在直流电路的正负极之间，氖管发亮的一端即为直流电的负极。

（4）检查相线碰壳　用验电器触及电气设备的壳体，若氖管发亮，则是相碰壳且壳体的安全接地或安全接零不好。

2. 试灯

试灯又称为“校灯”。利用试灯可检查线路的电压是否正常，线路有否断路或接触不良等故障。

使用试灯时要注意灯泡的电压与被测部位的电压相符，电压相差过高会烧坏灯泡，相差过低时灯泡不亮。

一般用于查找断路故障时，使用较小功率的灯泡为宜，而查找接触不良的故障时，宜采用较大功率的灯泡(150～200W)这样可根据灯泡的亮、暗程度来分析故障情况。

检查380V线路的电压时，可用两只220V的灯光串联做成试灯。

3. 电池灯

电池灯又称为“对号灯”。它是由两节1号电池和1个手电筒用2.5V的小电珠组成，如图10-3所示。可用它来检查线路的通断及线号等。

如果线路中串接有电感元件(如接触器、继电器的线圈)，若用电池灯测试时应与被测回路隔离，以防止在通电的瞬间因自感电动势过高，使测试者产生麻电的感觉。

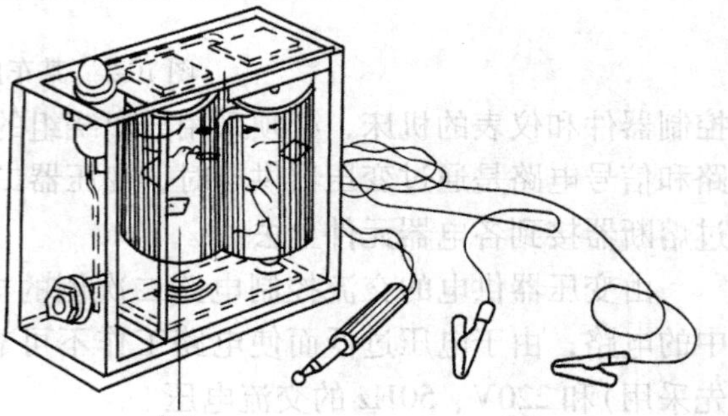

图10-3　电池灯

4. 万用表

万用表可以测量交、直流电压及直流电流和电阻，有的万用表还可以测量交流电流、电感、电容等。

二、机床电气故障的检修步骤

1. 故障调查

（1）问　机床发生故障后，首先应向操作者了解故障发生的前后情况，再根据电气设备的工作原理来分析发生故障的原因。一般询问的内容有：故障发生在开车前、开车后，还是发生在运行中？是运行中自行停车，还是发现异常情况后由操作者停下来的？发生故障时，机床工作在什么工作顺序，按动了哪个按钮，扳动了哪个开关？故障发生前后，设备有无异常现象(如响声、气味、冒烟或冒火等)？以前是否发生过类似的故障，是怎样处理的等。

（2）看　熔断器内熔丝是否熔断，其他元器件有无烧坏、发热、断线，导线连接螺钉有否松动，电动机的转速是否正常。

（3）听　电动机、变压器和有些电器元件在运行中声音是否正常，可以帮助寻找故障的部位。

（4）摸　电动机、变压器和电器元件的线圈发生故障时，温度会显著上升，可切断电源后用手去触摸。

2. 电路分析

根据调查结果，参考该电气设备的电气原理图进行分析，初步判断出故障产生的部位，然后逐步缩小故障范围，直至找到故障点并加以消除。

分析故障时应有针对性，如接地故障一般先考虑电器柜外的电气装置，后考虑电器柜内的元器件。断路和短路故障，应先考虑动作频繁的元器件，后考虑其余元器件。

3. 断电检查

检查前先断开机床总电源，然后根据故障可能产生的部位，逐步找出故障点。检查时，应先检查电源线进线处有无碰伤而引起的电源接地、短路等现象，查螺旋式熔断器的熔断指示器是否跳出，热继电器是否动作。然后，检查电器外部有无损坏，连接导线有无断路、松动，绝缘有否过热或烧焦。

4. 通电检查

作断电检查仍未找到故障时，可对电气设备作通电检查。

在通电检查时要尽量使电动机和其所传动的机械部分脱开，将控制器和转换开关置于零位，行程开关还原到正常位置，有否断相和严重不平衡。再进行通电检查，检查的顺序为：先检查控制电路，后检查主电路；先检查交流系统，后检查直流系统；先检查开关电路，后检查调整系统。或断开所有开关，取下所有熔断器，然后按顺序逐一插入欲要检查部位的熔断器，合上开关，观察各元器件是否按要求动作，有否冒火、冒烟、熔断器熔断的现象，直至查到发生故障的部位。

三、机床电气故障的检修方法

1. 断路故障的检修

（1）验电器检修法　验电器检修断路故障的方法如图 10-4 所示。

检修时用验电器依次测试 1、2、3、4、5、6 各点，并按 SB2，测量到哪一点验电器不亮即为断路处。

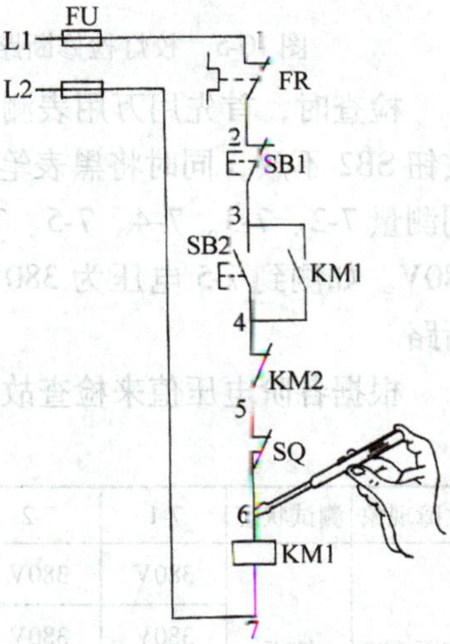

图 10-4　验电器检修断路故障

用验电器测试断路故障应注意：

1）在有一端接地的 220V 电路中测量时，应从电源侧开始，依次测量，并注意观察试电笔的亮度，防止由于外部电场、泄漏电流造成氖管发亮，而误认为电路没有断路。

2）当检查 380V 且有变压器的控制电路中的熔断器是否熔断时，防止由于电源通过另一相熔断器和变压器的一次侧线圈回到已熔断的熔断器的出线端，造成熔断器没有熔断的假象。

（2）校灯检修法　用校灯检修断路故障的方法如图 10-5 所示。

检修时将校灯一端接连 0 上，另一端依 1、2、3、4、5、6 次序逐点测试，并按下 SB2，如接在 2 号线上校灯亮，而接在 3 号线上校灯不亮，则说明 SB1(2-3) 断路。

用校灯检修故障时应注意：

1）用校灯检修断路故障时，要注意灯泡的额定电压应与被测电压相符合，被测电压太高，灯泡易烧坏，电压太低，灯泡不亮。一般检查 220V 电路时，用一只 220V 的灯泡；检查 380V 的电路时，可用二只 220V 的灯泡串联。

2）用校灯检查故障时，还应注意灯泡的功率，一般查找断路故障时使用小功率（10～60W）的灯泡为宜，而查找接触不良而引起的故障时，应用较大功率（150～200W）的灯泡。

（3）万用表检修法

1）电压测量法。检查时把万用表旋到交流电压 500V 挡位上。

① 分阶测量法：电压的分阶测量法如图 10-6 所示。

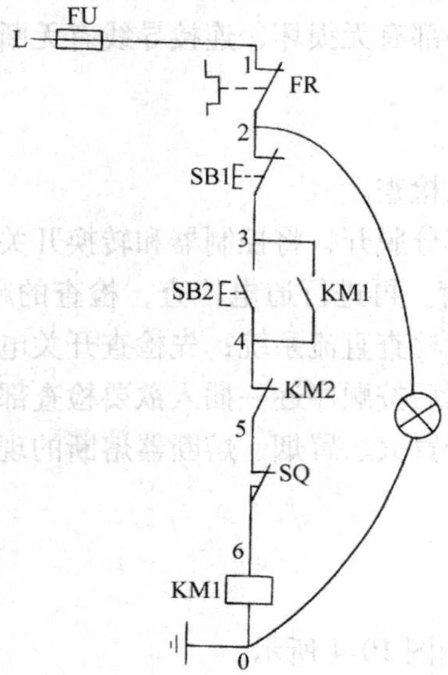

图 10-5　校灯检修断路故障

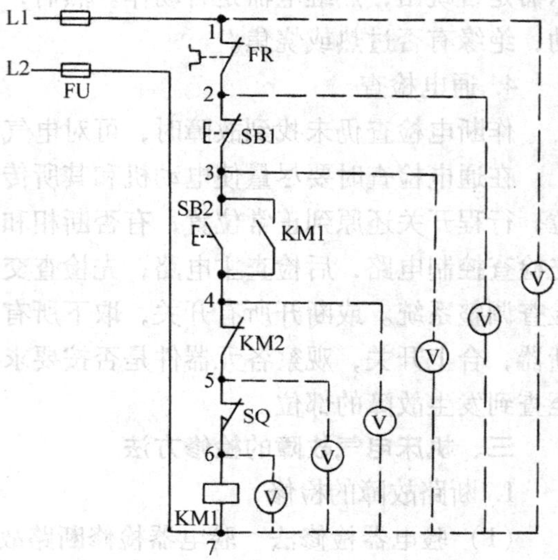

图 10-6　电压的分阶测量法

检查时，首先用万用表测量 1、7 两点间的电压，若电路正常应为 380V，然后按住起动按钮 SB2 不放，同时将黑表笔接到 7 号线上，红色表笔按 2、3、4、5、6 标号依次测量，分别测量 7-2、7-3、7-4、7-5、7-6 各阶之间的电压，电路正常情况下，各阶的电压值均为 380V。如测到 7-5 电压为 380V，测到 7-6 无电压，则说明行程开关 SQ 的常闭触头（5-6）断路。

根据各阶电压值来检查故障的方法就像台阶一样，所以称为分阶测量法，见表 10-3。

表 10-3　分阶测量法判别故障原因

故障现象	测试状态	7-1	7-2	7-3	7-4	7-5	7-6	故障原因
按下 SB2 KM1 不吸合	按下 SB2 不放	380V	380V	380V	380V	380V	0	SQ 动断（常闭）触头接触不良
		380V	380V	380V	380V	0	0	KM2 动断（常闭）触头接触不良
		380V	380V	380V	0	0	0	SB2 动合（常开）触头接触不良
		380V	380V	0	0	0	0	SB1 动断（常闭）触头接触不良
		380V	0	0	0	0	0	FR 动断（常闭）触头接触不良

② 分段测量法：电压的分段测量法如图 10-7 所示。

检查时先用万用表测试 1-7 两点，电压值为 380V，说明电源电压正常。

电压的分段测试法是将红、黑两根表笔逐段测量相邻两标点 1-2、2-3、3-4、4-5、5-6、6-7 间的电压。

如电路正常，按 SB2 后，除 6-7 两点间的电压为 380V 外，其他任何相邻两点间的电压值均为零。

如按下起动按钮 SB2，接触器 KM1 不吸合，说明发生断路故障，此时可用电压表逐段测试各相邻两点间的电压。如测量到某相邻两点间的电压为 380V 时，说明这两点间有断路故障，根据各段电压值来检查故障的方法见表 10-4。

2）电阻测量法。

① 分阶测量法：电阻的分阶测量法如图 10-8 所示。

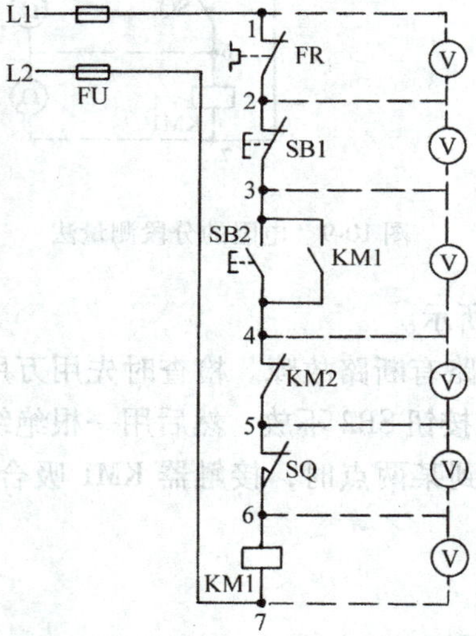

图 10-7　电压的分段测量法

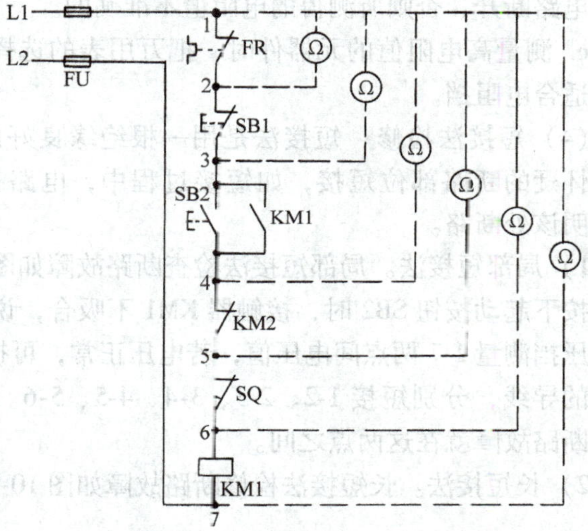

图 10-8　电阻的分阶测量法

表 10-4　分段测量法判别故障原因

故障现象	测试状态	1-2	2-3	3-4	4-5	5-6	6-7	故障原因
按下 SB2 KM1 不吸合	按下 SB2 不放	380V	0	0	0	0	0	FR 动断(常闭)触头接触不良
		0	380V	0	0	0	0	SB1 动断(常闭)触头接触不良
		0	0	380V	0	0	0	SB2 动合(常开)触头接触不良
		0	0	0	380V	0	0	KM2 动断(常闭)触头接触不良
		0	0	0	0	380V	0	SQ 动断(常闭)触头接触不良
		0	0	0	0	0	380V	KM1 线圈断路

按下起动按钮 SB2，接触器 KM1 不吸合，该电气回路有断路故障。

用万用表的电阻挡检测前应先断开电源，然后按下 SB2 不放，先测量 1-7 两点间的电阻，如电阻值为无穷大，说明 1-7 之间的电路断路。然后分阶测量 1-2、1-3、1-4、1-5、1-6 各点间电阻值。若电路正常，则该两点间的电阻值为“0”；当测量到某标号间的电阻值为无穷大，则说明表笔跨过的触头或连接导线断路。

② 分段测量法：电阻的分段测量法如图 10-9 所示。

检查时，先切断电源，按下起动按钮 SB2，然后依次逐段测量相邻两标号点 1-2、2-3、3-4、4-5、5-6 间的电阻。如测得某两点的电阻为无穷大，说明这两点间的触头或连接导线断路。例如当测得 2-3 两点间电阻为无穷大时，说明停止按钮 SB1 或连接 SB1 的导线断路。

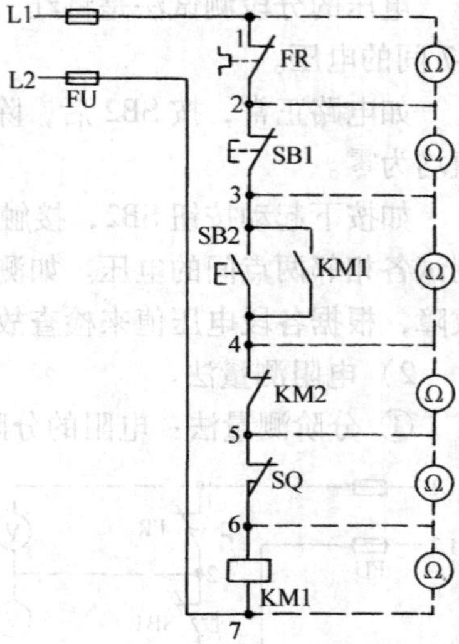

图 10-9 电阻的分段测量法

电阻测量法的优点是安全，缺点是测得的电阻值不准确时，容易造成判断错误。为此应注意以下几点：

a. 用电阻测量法检查故障时一定要断开电源。

b. 如被测的电路与其他电路并联时，必须将该电路与其他电路断开，否则所测得的电阻值不准确的。

c. 测量高电阻值的元器件时，把万用表的选择开关旋转至适合电阻挡。

（4）短接法检修　短接法是用一根绝缘良好的导线，把所怀疑的断路部位短接，如短接过程中，电路被接通，就说明该处断路。

1）局部短接法。局部短接法检查断路故障如图 10-10 所示。

按下起动按钮 SB2 时，接触器 KM1 不吸合，说明该电路有断路故障。检查时先用万用表电压挡测量 1-7 两点间电压值，若电压正常，可按下起动按钮 SB2 不放，然后用一根绝缘良好的导线，分别短接 1-2、2-3、3-4、4-5、5-6。当短接到某两点时，接触器 KM1 吸合，说明断路故障就在这两点之间。

2）长短接法。长短接法检修断路故障如图 10-11 所示。

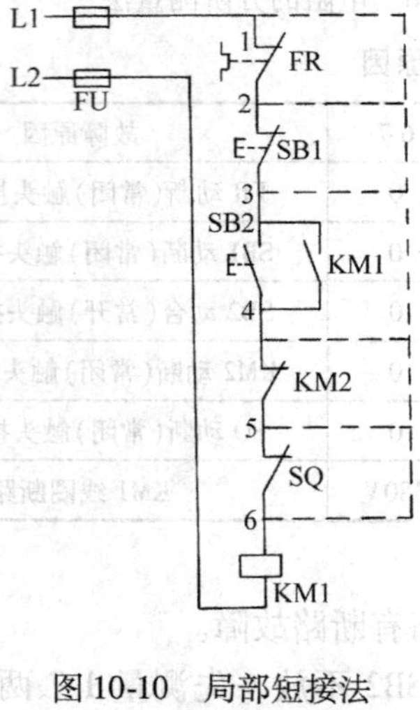

图 10-10 局部短接法

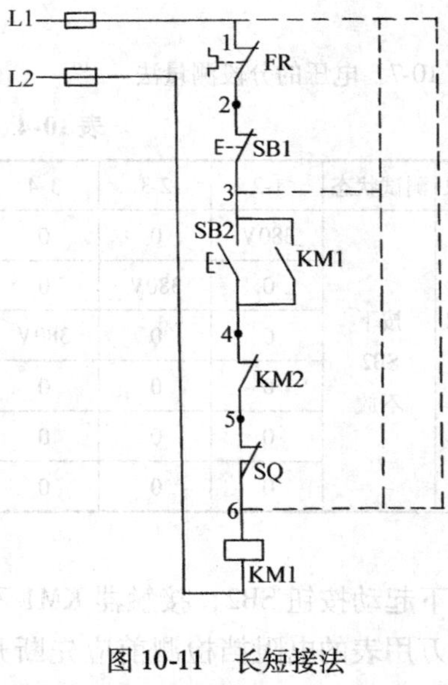

图 10-11 长短接法

长短接法是指一次短接两个或多个触头来检查断路故障的方法。

当 FR 的常闭触头和 SB1 的常闭触头同时接触不良时，如用上述局部短接法短接 1-2 点，按下起动按钮 SB2，KM1 仍然不会吸合，故可能会造成判断错误。而采用长短接法将 1-6 短接，如 KM1 吸合，说明 1-6 段电路中有断路故障，然后再短接 1-3 和 3-6，若短接 1-3 时，按下 SB2 后 KM1 吸合，说明故障在 1-3 段范围内，再用局部短路法短接 1-2 和 2-3，很快地能将断路故障排除。

短接法检查断路故障时应注意以下几点：

① 短接法是用手拿绝缘导线带电操作的，所以一定要注意安全，避免触电事故发生。

② 短接法只适用于检查压降极小的导线和触头之间的断路故障。对于压降较大的电器，如电阻、接触器和继电器的线圈等断路故障，不能采用短接法，否则会出现短路故障。

③ 对于机床的某些要害部位，必须保障电气设备或机械部位不会出现事故的情况下才能使用短接法。

2. 短路故障的检修

（1）电源间短路故障的检修　这种故障一般是通过电器的触头或连接导线将电源短路。如图 10-12 所示。

图中行程开关 SQ 中的 2 号与 0 号因某种原因连接将电源短路，电源合上，按下 SB2 后，熔断器 FU 就熔断。现采用电池灯进行检修的方法如下：

1）拿去熔断器 FU 的熔芯，将电池灯的两根线分别接到 1 号和 0 号线上，灯亮，说明电源间短路。

2）将行程开关 SQ 的常开触头上的 0 号线拆下，灯暗，说明电源短路在这个环节。

3）再将电池灯的一根线从 0 号移到 9 号上，如灯灭，说明短路在 0 号上。

4）将电池灯的两根线仍分别接到 1 号和 0 号线上，然后依次断开 4、3、2 号线，当断开 2 号线时灯灭，说明 2 号和 0 号线间短路。

上述短路故障亦可用万用表的电阻挡检修。

（2）电器触头本身短路故障的检修　如图 10-12 中的停止按钮 SB1 的常闭触头短路，则接触器 KM1 和 KM2 工作后就不能释放。又如接触器 KM1 的自锁触头短路，这时一合上电源，KM2 就吸合，这类故障较明显，只要通过分析即可确定故障点。

（3）电器触头之间的短路故障检修　如图 10-13 中的接触器 KM1 的两对辅助触头 3 号和 8 号线因某种原因而短路，这样当合上电源时，接触

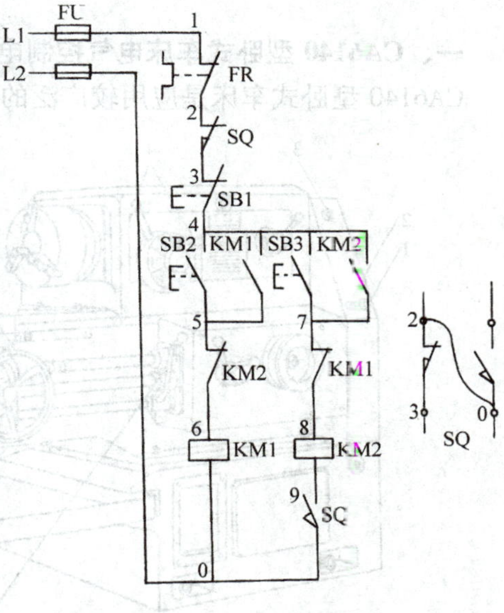

图 10-12　电源间的短路故障

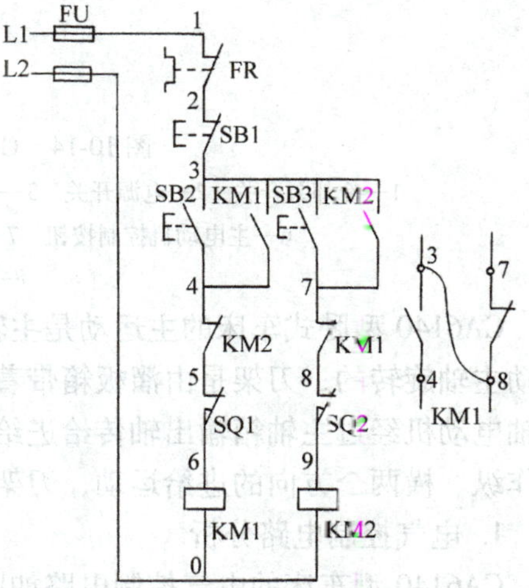

图 10-13　电器触头之间的短路故障

器 KM2 即吸合。

1）通电检修。通电检修时可按下 SB1，如接触器 KM2 释放，则可确定一端短路故障在 3 号；然后将 SQ2 断开，KM2 也释放，则说明短路故障可能在 3 号和 8 号之间。若拆下 7 号线，KM2 仍吸合，则可确定 3 号和 8 号为短路故障点。

2）断电检修。将熔断器 FU 拔下，用万用表的电阻挡（或电池灯）测 2-9，若电阻为“0”（或电池灯亮）表示 2-9 之间有短路故障；然后按 SB1，若电阻为“∞”（或电池灯不亮），说明短路不在 2 号；再将 SQ2 断开，若电阻为“∞”（或电池灯不亮），则说明短路也不在 9 号。然后 7 号断开，电阻为“0”（或电池灯亮），则可确定短路故障点在 3 号和 8 号。

第二节　常用机床电气控制电路及常见故障检修

一、CA6140 型卧式车床电气控制电路

CA6140 型卧式车床是应用较广泛的一种车床，其外形结构如图 10-14 所示。

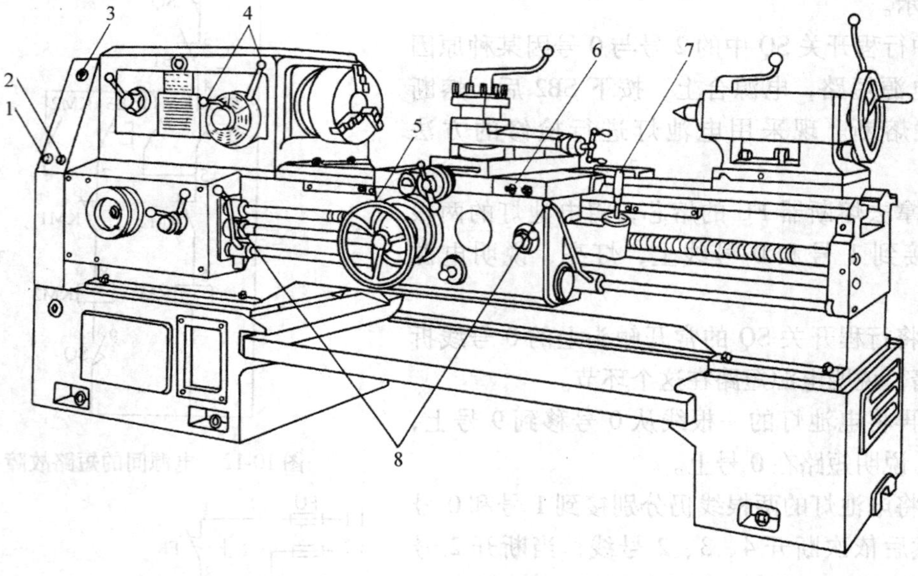

图 10-14　CA6140 型卧式车床的外形结构

1—冷却泵开关　2—电源开关　3—电源总开关　4—主轴变速手柄　5—床鞍纵向移动手轮
6—主电动机控制按钮　7—刀架纵、横向自动进给手柄及快速移动按钮
8—主轴正反转操纵手柄

CA6140 型卧式车床的主运动是主轴的旋转运动，由主轴电动机通过传动带传到主轴箱带动主轴旋转的；刀架是由溜板箱带着作纵向和横向移动，称为进给运动，进给运动也是由主轴电动机经过主轴箱输出轴传给进给箱，再通过光杆将运动传入溜板箱，溜板箱就带动刀架作纵、横两个方向的进给运动，刀架由快速电动机带动还可作快速移动。

1. 电气控制电路分析

CA6140 型车床的电气控制电路如图 10-15 所示。

（1）主电路分析　主电路共有三台电动机。M1 为主轴电动机，带动主轴旋转和刀架作

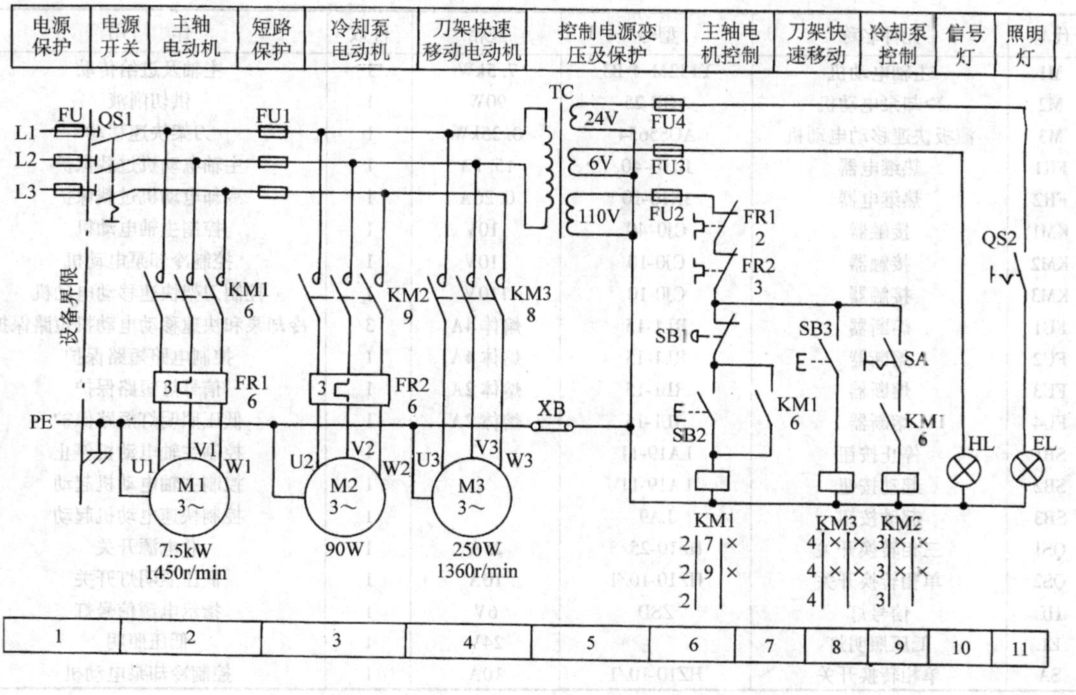

图 10-15　CA6140 型车床电气控制电路

进给运动；M2 为冷却泵电动机；M3 为刀架快速移动电动机。

三相交流电源通过转换开关 QS1 引入，主轴电动机 M1 由接触器 KM1 控制起动，热继电器 FR1 为主轴电动机 M1 的过载保护。

冷却泵电动机 M2 由接触器 KM2 控制起动，热继电器 FR2 为冷却泵电动机 M2 的过载保护。

接触器 KM3 为控制刀架快速移动电动机 M3 起动用，因快速移动电动机 M3 是短期工作，故可不设过载保护。

（2）控制电路分析　控制变压器 TC 二次侧输出 110V 电压作为控制电路的电源。

1）主轴电动机 M1 的控制。按下起动按钮 SB2，接触器 KM1 的线圈获电，KM1 主触头闭合，主轴电动机 M1 起动。按下蘑菇形停止按钮 SB1，电动机 M1 停转。

2）冷却泵电动机 M2 的控制。只能在接触器 KM1 获电吸合，主轴电动机 M1 起动，合上开关 SA 使接触器 KM2 线圈获电，冷却泵电动机 M2 才能起动。

3）刀架快速移动电动机的控制。刀架快速移动电动机 M3 的起动是由安装在进给操纵手柄顶端的按钮 SB3 来控制，它与交流接触器 KM3 组成点动控制环节。将操纵手柄扳到所需的方向，按下按钮 SB2，接触器 KM3 获电吸合，电动机 M3 获电起动，刀架就向指定方向快速移动。

4）照明、信号灯电路分析。控制变压器 TC 的二次侧分别输出 24V 和 6V 电压，作为机床照明灯和信号灯的电源。EL 为机床的低压照明灯，由开关 QS2 控制；HL 为电源的信号灯。

CA6140 型车床的电器元件见表 10-5。

表 10-5　CA6140 型车床的电器元件

代号	元件名称	型号	规格	件数	作　用
M1	主轴电动机	Y132M-4-B3	7. 5kW	1	主轴及进给传动
M2	冷却泵电动机	AOB-25	90W	1	供切削液
M3	溜板快速移动电动机	AOS5634	0. 25kW	1	刀架快速移动
FR1	热继电器	JR10-40	15. 1A	1	主轴电动机过载保护
FR2	热继电器	JR10-10	0. 26A	1	冷却电动机过载保护
KM1	接触器	CJ0-40	110V	1	控制主轴电动机
KM2	接触器	CJ0-10	110V	1	控制冷却泵电动机
KM3	接触器	CJ0-10	110V	1	控制刀架快速移动电动机
FU1	熔断器	RL1-15	熔体 4A	3	冷却泵和快速移动电动机短路保护
FU2	熔断器	RL1-15	熔体 4A	1	控制电路短路保护
FU3	熔断器	RL1-15	熔体 2A	1	信号灯短路保护
FU4	熔断器	RL1-15	熔体 2A	1	低压照明灯短路保护
SB1	停止按钮	LA19-11		1	控制主轴电动机停止
SB2	起动按钮	LA19-11		1	控制主轴电动机起动
SB3	起动按钮	LA9		1	控制快速电动机起动
QS1	三相转换开关	HZ10-25/3	25A	1	总电源开关
QS2	单相转换开关	HZ10-10/1	10A	1	低压照明灯开关
HL	信号灯	ZSD	6V	1	指示电源信号灯
EL	低压照明灯		24V	1	低压照明
SA	单相转换开关	HZ10-10/1	10A	1	控制冷却泵电动机

2. 常见故障分析

(1) 主轴电动机 M1 不能起动

1) 按起动按钮 SB2 后，接触器 KM1 没吸合，主轴电动机 M1 不能起动　故障的原因必定在控制电路中，可依次检查熔断器 FU2，热继电器 FR1 和 FR2 的常闭触头，停止按钮 SB1，起动按钮 SB2 和接触器 KM1 的线圈是否断路。

2) 按起动按钮 SB2 后，接触器 KM1 吸合，但主轴电动机 M1 不能起动　故障的原因必定在主电路中，可依次检查接触器 KM1 的主触头、热继电器 FR1 的热元件接线端及三相电动机的接线端。

(2) 主轴电动机 M1 不能停车　这类故障的原因多数是因接触器 KM1 的铁心极面上的油污使上下铁心不能释放或 KM1 的主触头发生熔焊，或停止按钮 SB1 的常闭触头短路所致。

(3) 刀架快速移动电动机 M3 不能起动　按点动按钮 SB3，接触器 KM3 没吸合，则故障必定在控制电路中，这时可用万用表进行分阶电压测量法依次检查热继电器 FR1 和 FR2 的常闭触头、停止按钮 SB1 的常闭触头、点动按钮及接触器 KM3 的线圈是否断路。

二、M1432A 型万能外圆磨床电气控制电路

M1432A 型万能外圆磨床的外形结构如图 10-16 所示。

M1432A 型万能外圆磨床的砂轮架(或内圆磨具)的主轴带动砂轮做高速旋转运动，头架主轴带动工件做旋转运动，工作台做纵向(轴向)往复运动，这些运动用以完成各种工件的磨削加工。机床的辅助运动是砂轮架的快速进退，这可缩短辅助时间。

1. 电气控制电路分析

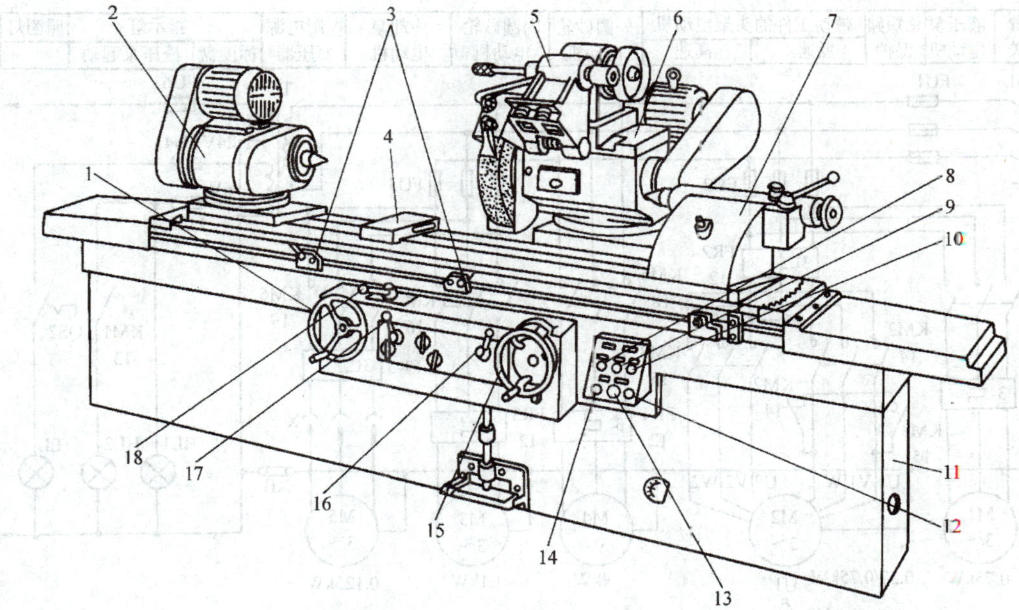

图 10-16　M1432A 型万能外圆磨床的外形结构

1—工作台纵向移动手轮　2—头架　3—工作台换向用撞块　4—工作台　5—内圆磨具　6—砂轮主轴箱　7—尾架　8—总停按钮　9—砂轮电动机起动按钮　10—砂轮电动机停止按钮　11—床身　12—冷却泵电动机按钮　13—头架电动机停、慢转、快转按钮　14—液压泵起动按钮　15—砂轮架横向进给手轮　16—砂轮架快速进退手柄　17—工作台液压传动操作手柄　18—头架点动按钮

M1432A 型万能外圆磨床电气控制电路如图 10-17 所示。

（1）主电路分析　主电路共有五台电动机。其中 M1 是液压泵电动机，给液压传动系统供给压力油；M2 是双速电动机，能带动工件旋转的头架电动机；M3 是内圆砂轮电动机；M4 是外圆砂轮电动机；M5 是给砂轮和工件供切削液的冷却泵电动机。五台电动机都具有短路和过载保护。

（2）控制电路分析

1）液压泵电动机 M1 的控制。M1432A 型万能外圆磨床砂轮架的横向进给、工作台纵向往复进给及砂轮架快速进退等运动，都是采用液压传动，液压传动时需要的压力油由电动机 M1 带动液压泵供给。

起动时按下起动按钮 SB2，接触器 KM1 线圈获电，KM1 主触头闭合，液压泵电动机 M1 起动。

除了接触器 KM1 之外，其余的接触器所需的电源都从接触器 KM1 的自锁触头后面接出，所以只有当液压泵电动机 M1 起动后，其余的电动机才能起动。

2）头架电动机 M2 的控制。头架是安装工件和使工件转动的部分。根据工件直径的大小和粗磨或精磨的不同，头架的转速是需要调整的，一般是采用塔式带轮调换转速。M1432A 型万能外圆磨床采用了双速电动机和塔式带轮，这样可得到更宽的调速范围和加倍的调速级数。

图中 SA1 是转速选择开关，分“低”“停”“高”三挡位置。如将 SA1 扳到“低”挡

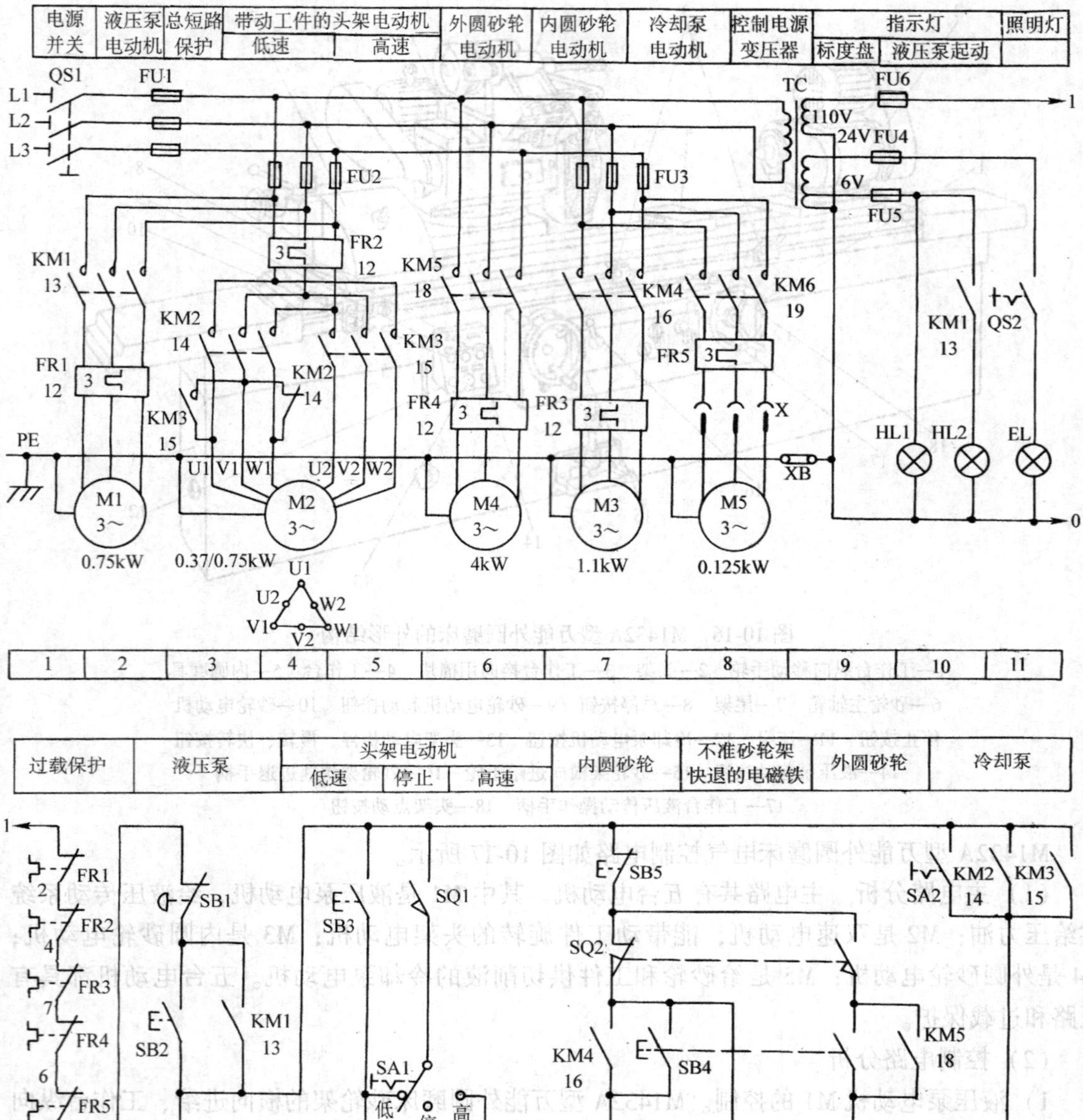

图 10-17　M1432A 型万能外圆磨床电气控制电路

的位置，按下液压泵电动机 M1 的起动按钮 SB2，接触器 KM1 线圈获电，液压泵电动机 M1 起动，通过液压传动使砂轮架快速前进，当接近工件时压合行程开关 SQ1，接触器 KM2 线圈获电，它的主触头将头架电动机 M2 的绕组接成△联结，电动机 M2 低速运转。同理若将转速选择开关 SA1 扳到“高”挡位置，砂轮架快速前进压合行程开关 SQ1，接触器 KM3 线圈获电，它的触头闭合将头架电动机 M2 接成双Y联结，电动机 M2 高速运转。

SB3 是点动按钮，便于对工件进行校正和调试。

磨削完毕，砂轮架退回原处，行程开关 SQ1 复位断开，电动机 M2 自动停转。

3）内、外圆砂轮电动机 M3 和 M4 的控制。内圆砂轮电动机 M3 由接触器 KM4 控制，外圆砂轮电动机 M4 由接触器 KM5 控制。内、外圆砂轮电动机不能同时起动，由行程开关 SQ2 对它们进行联锁。当进行外圆磨削时，把砂轮架上的内圆磨具往上翻，它的后侧压住行程开关 SQ2，如图 10-18 所示，SQ2 的常开触头闭合，按下起动按钮 SB4，接触器 KM5 线圈获电，外圆砂轮电动机 M4 起动。若进行内圆磨削时，将内圆磨具翻下，行程开关 SQ2 复原，按下 SB4，接触器 KM4 线圈获电，内圆砂轮电动机 M3 起动。内圆砂轮磨削时，砂轮架是不允许快速退回的，因为此时内圆磨头在工件的内孔，砂轮架若快速移动易造成损坏磨头及工件报废的严重事故。为此内圆磨削与砂轮架的快速退回进行联锁。当内圆磨具翻下时，由于行程开关 SQ2 复位，使电磁铁 YA 线圈获电，砂轮架快速进退的操纵手柄锁住液压回路，使砂轮架不能快速退回。

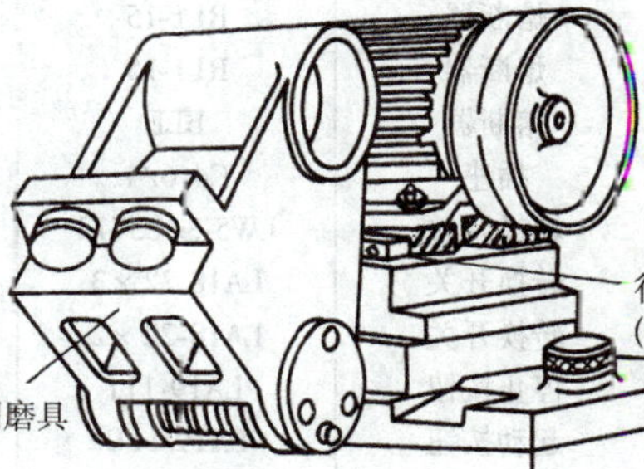

图 10-18　内圆磨具

4）冷却泵电动机 M5 的控制。当接触器 KM2 或 KM3 线圈获电时，头架电动机 M2 起动，同时由于 KM2 或 KM3 的常开辅助触头闭合，接触器 KM6 线圈获电，KM6 主触头闭合，冷却泵电动机 M5 起动。

修整砂轮时，不需要起动头架电动机 M2，但要起动冷却泵电动机 M5。因此备有转换开关 SA2 在修整砂轮时用来控制冷却泵电动机。

（3）电路的保护及照明指示　五台电动机分别配有热继电器 FR1、FR2、FR3、FR4 和 FR5 作为过载保护，熔断器 FU1、FU2 和 FU3 作为过载保护。

控制电路中还装有刻度指示灯 HL1、液压泵起动指示灯 HL2 和机床照明灯 EL、24V 机床照明灯的开关 QS2。

M1432A 型万能外圆磨床的电器元件见表 10-6。

表 10-6　M1432A 型万能外圆磨床的电器元件

代号	元件名称	型号	规格	件数	作用
M1	液压泵电动机	JO3-801-4/72	0.75kW	1	传动液压泵
M2	头架电动机	JO3-90S-8/4	0.37/0.75kW	1	传动工件旋转
M3	内圆砂轮电动机	JO3-801-2	1.1kW	1	传动内圆砂轮
M4	外圆砂轮电动机	JO3-112S-4	4kW	1	传动外圆砂轮
M5	冷却泵电动机	JCB-22	0.125kW	1	传动冷却泵
KM1	交流接触器	CJ0-10A	线圈电压 110V、10A	1	控制液压泵电动机
KM2、KM3	交流接触器	CJ0-10A	线圈电压 110V、10A	2	控制头架双速电动机
KM4	交流接触器	CJ0-10A	线圈电压 110V、10A	1	控制内圆砂轮电动机
KM5	交流接触器	CJ0-10A	线圈电压 110V、10A	1	控制外圆砂轮电动机

（续）

代号	元件名称	型号	规格	件数	作用
KM6	交流接触器	CJ0-10A	线圈电压 110V、10A	1	控制冷却泵电动机
FR1	热继电器	JR10-10	8#2A	1	防止 M1 过载
FR2	热继电器	JR10-10	7#1.6A	1	防止 M2 过载
FR3	热继电器	JR10-10	9#2.5A	1	防止 M3 过载
FR4	热继电器	JR10-10	15#9A	1	防止 M4 过载
FR5	热继电器	JR10-10	1#0.47A	1	防止 M5 过载
FU1	熔断器	RL1-60	30A	3	总电源短路保护
FU2	熔断器	RL1-15	10A	3	M2 短路保护
FU3	熔断器	RL1-15	10A	3	M3、M4 短路保护
FU4	熔断器	BLF	2A	1	照明指示灯线路短路保护
X	插座	C4-6/4		1	接插冷却泵
QS1	转换开关	LW5-3/C5712	15A	1	电源总开关
SA1	转换开关	LA18-22×3		1	选择工件转速
SA2	转换开关	LA18-22×2		1	冷却泵电动机开关
SB1	停止按钮	LA19-11J		1	控制线路总停按钮
SB2	起动按钮	LA19-11D		1	M1 起动
SB3	起动按钮	LA19-11		1	M3 点动控制
SB4	起动按钮	LA18-22		1	M3、M4 起动
SB5	停止按钮	LA19-11		1	M3、M4 停止按钮
SQ1	行程开关	LX12-2		1	砂轮架快进联锁
SQ2	行程开关	LX12-2		1	内、外圆砂轮联锁
YA	电磁铁	MQW0.7kg	线圈电压 110V	1	砂轮架不许快退
TC	变压器	BK-300 型	300VA，380/110、24、6.3	1	照明、指示灯低压电源
HL1	指示灯	ZSD-2（AC-2）	6.3V	1	刻度盘照明
HL2	指示灯	ZSD-2	6.3V	1	液压泵起动指示
EL	照明灯	JC3Y（带开关）	24V	1	机床局部照明

2. 常见故障分析

（1）五台电动机都不能起动　首先检查总熔断器 FU1 的熔体是否熔断。此外，应分别检查五台电动机的所属热继电器是否脱扣，因为只要有一台电动机过载，它的热继电器脱扣就会使整个控制电路的电源被切断，若遇此情况则需待热继电器复位便可修复，但要查明这台电动机过载的原因，予以修复。其次，应检查接触器 KM1 的线圈接线端是否脱落或断路，起动按钮 SB2 和停止按钮 SB1 的接线是否脱落，接触是否良好等，这些故障都会造成接触器 KM1 不能吸合及液压泵电动机 M1 不能起动，其余四台电动机也因此不能起动。

（2）电动机 M2 低速挡能起动而高速挡不能起动　首先应观察接触器 KM3 是否吸合，若将转速选择转换开关 SA1 扳到“高速”位置时，接触器 KM3 没吸合，电动机 M2 高速挡不能起动，故障的原因一般是接触器 KM3 线圈接线头脱落，或接触器 KM2 的常闭触头接触不良引起的。

若将转速选择转换开关 SA1 扳到“高速”位置时，接触器 KM3 是吸合的，但电动机 M2 高速挡不能起动，故障的原因一般是接触器 KM3 的主触头接触不良引起的。

三、Z35 型摇臂钻床电气控制电路

Z35 型摇臂钻床的外形结构如图 10-19 所示。

Z35 型摇臂钻床有四台电动机。即主轴电动机 M2、摇臂升降电动机 M3、立柱夹紧与松开电动机 M4 及冷却泵电动机 M1。

为满足攻螺纹工序，要求主轴能实现正反转，而主轴电动机 M2 只能正转，主轴的正反转是采用摩擦离合器来实现的。

摇臂升降电动机能正反转控制，当摇臂上升(或下降)到达预定的位置时，摇臂能在电气和机械夹紧装置的控制下，自动夹紧在外立柱上。

摇臂的套筒部分与外立柱是滑动配合，通过传动丝杠，摇臂可沿着外立柱上下移动，但不能作相对回转运动，而摇臂与外立柱可以一起相对内立柱作 360°的回转运动。外立柱的夹紧、放松是由立柱夹紧放松电动机 M4 的正反转并通过液压装置来进行的。

冷却泵电动机 M1 供给钻削时所需的切削液。

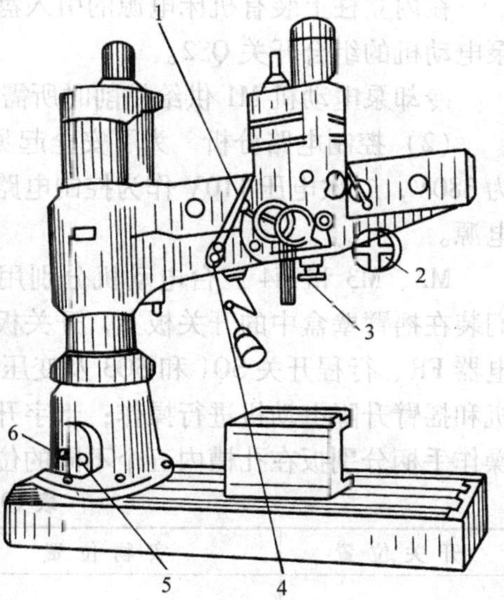

图 10-19 Z35 型摇臂钻床的外形结构

1—主轴箱手动夹紧手柄 2—十字开关
3—主轴手动进给手轮 4—立柱松开夹紧按钮
5—电源总开关 6—冷却泵电动机开关

1. 电气控制线路分析

Z35 型摇臂钻床的电气控制电路如图 10-20 所示。

(1) 主电路分析 Z35 摇臂钻床有四台电动机，冷却泵电动机 M1 装在底座上，主轴电动机 M2、摇臂升降电动机 M3 和立柱夹紧与松开电动机 M4 装在机床回转部分上，并通过汇流环 YG 接入电源。

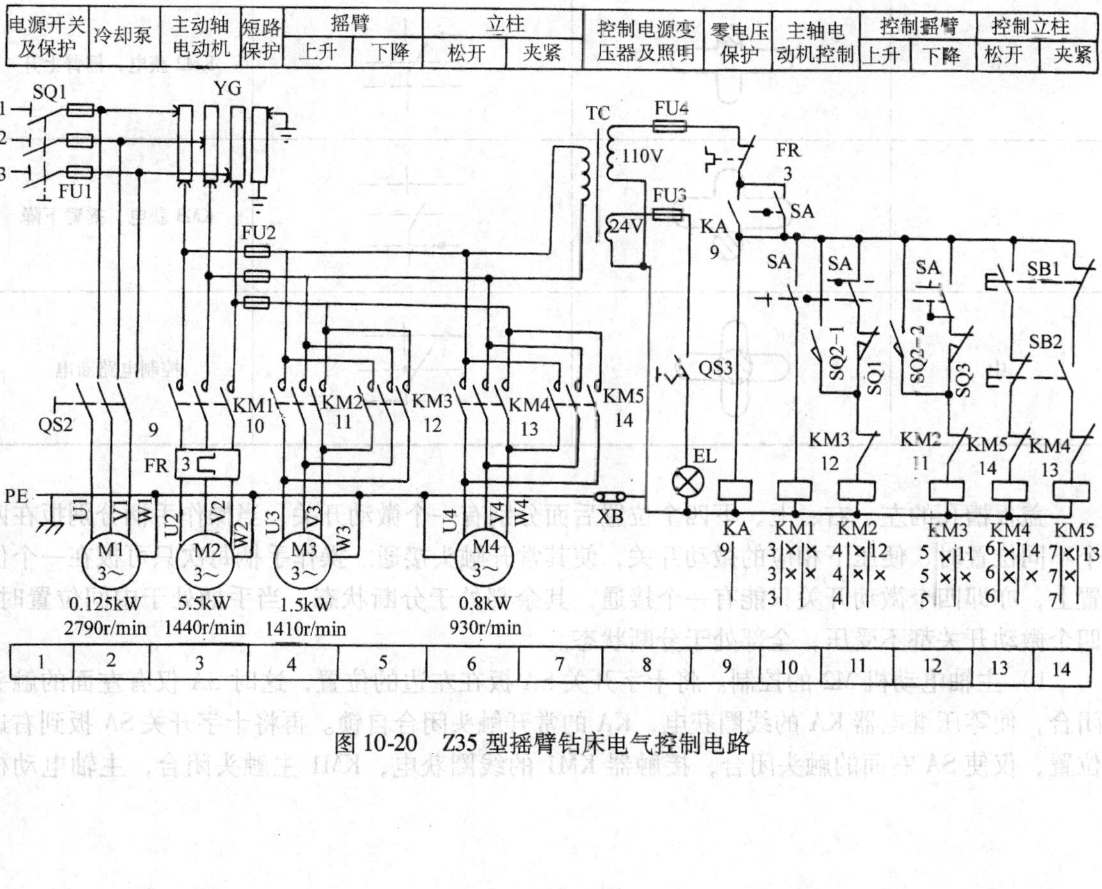

图 10-20 Z35 型摇臂钻床电气控制电路

在内立柱上装有机床电源的引入盘，上面装有电源总开关 QS1、熔断器 FU1 和控制冷却泵电动机的组合开关 QS2。

冷却泵电动机 M1 供给钻削时所需的冷却液。

（2）控制电路分析　为了安全起见，Z35 型摇臂钻床采用了控制变压器 TC，一次电压为 380V，二次电压 110V 作为控制电路的电源；另一组二次绕组提供机床低压照明用的 24V 电源。

M2、M3 和 M4 三台电动机分别用接触器 KM1、KM2、KM3、KM4 和 KM5 来控制，它们装在摇臂壁盒中的开关板上，开关板上还装有熔断器 FU2 和 FU3、零压继电器 KA、热继电器 FR、行程开关 SQ1 和 SQ3 及变压器 TC 等。为了操作方便采用十字开关 SA 对主轴电动机和摇臂升降电动机进行操作；十字开关的塑料盖板上有十字形孔槽，根据工作需要，可将操作手柄分别扳在孔槽内五个不同的位置上，即左、右、上、下和中五个位置，见表 10-7。

表 10-7　十字开关操作说明

开关位置	实物位置	控制电路符号	控制电路工作情况
左	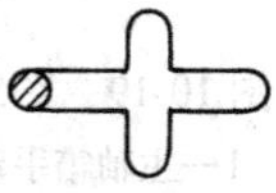	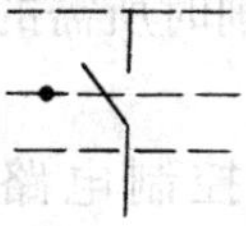	KA 获电并自锁
右	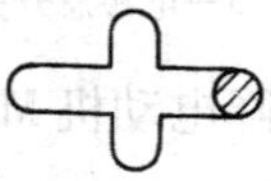	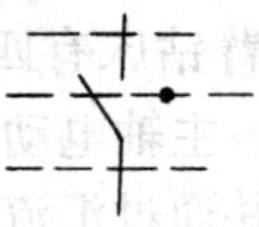	KM1 获电，主轴旋转
上	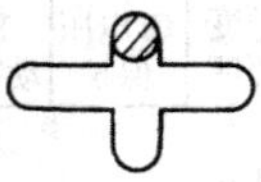	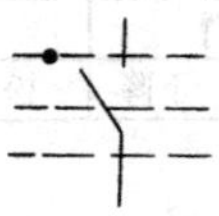	KM2 获电，摇臂上升
下	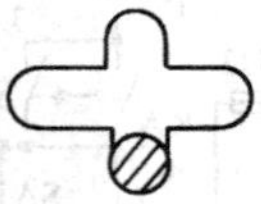	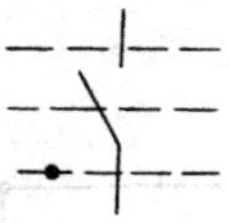	KM3 获电，摇臂下降
中	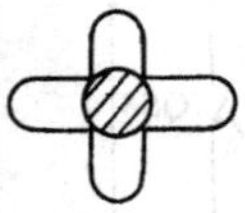		控制电路断电

盖板槽孔的左、右、上、下四个位置后面分别有一个微动开关，当操作手柄分别扳在四个不同位置时，便压下相应的微动开关，使其常开触头接通。操作手柄每次只可扳在一个位置上，亦即四个微动开关只能有一个接通，其余都处于分断状态，当手柄处于中间位置时，四个微动开关都不受压，全部处于分断状态。

1）主轴电动机 M2 的控制。将十字开关 SA 扳在左边的位置，这时 SA 仅有左面的触头闭合，使零压继电器 KA 的线圈获电，KA 的常开触头闭合自锁。再将十字开关 SA 扳到右边位置，仅使 SA 右面的触头闭合，接触器 KM1 的线圈获电，KM1 主触头闭合，主轴电动机

M2 通电运转，钻床主轴的旋转方向由主轴箱上的摩擦离合器手柄所扳的位置决定。

将十字开关 SA 的手柄扳回中间位置，触头全部断开，接触器 KM1 线圈断电，主轴停止转动。

2）摇臂升降电动机 M3 的控制。当钻头与工件的相对高低位置不适合时，可通过摇臂的升高或降低来调整，摇臂的升降是由电气和机械传动联合控制的，能自动完成松开摇臂→摇臂上升（或下降）→夹紧摇臂的过程。

Z35 型摇臂钻床所采用的摇臂升降及夹紧的电气和机械传动的原理如图 10-21 所示。

如果要摇臂上升，就将十字开关 SA 扳到“上”的位置，压下 SA 上面的常开触头闭合，接触器 KM2 线圈获电，KM2 的主触头闭合，电动机 M3 获电正转。由于摇臂上升前还被夹紧在外立柱上，所以电动机 M3 刚起动时，摇臂不会立即上升，而是通过两对减速齿轮带动升降丝杠 1 的转动；开始时由于螺母 2 未被键 4 锁住，因此丝杠 1 只带动螺母 2 一起空转，摇臂不能上升，只是辅助螺母 3 带着键 4 沿丝杠向上移动，推动拨叉 5，带动扇形压紧板 6，使夹紧杠杆把摇臂松开。在拨叉 5 转动的同时，齿条 8 带动齿轮 9 转动，使连接在齿轮 9 上的鼓形转换开关 SQ2-2 闭合，鼓形开关如图 10-22 所示，为摇臂上升后的夹紧作准备。

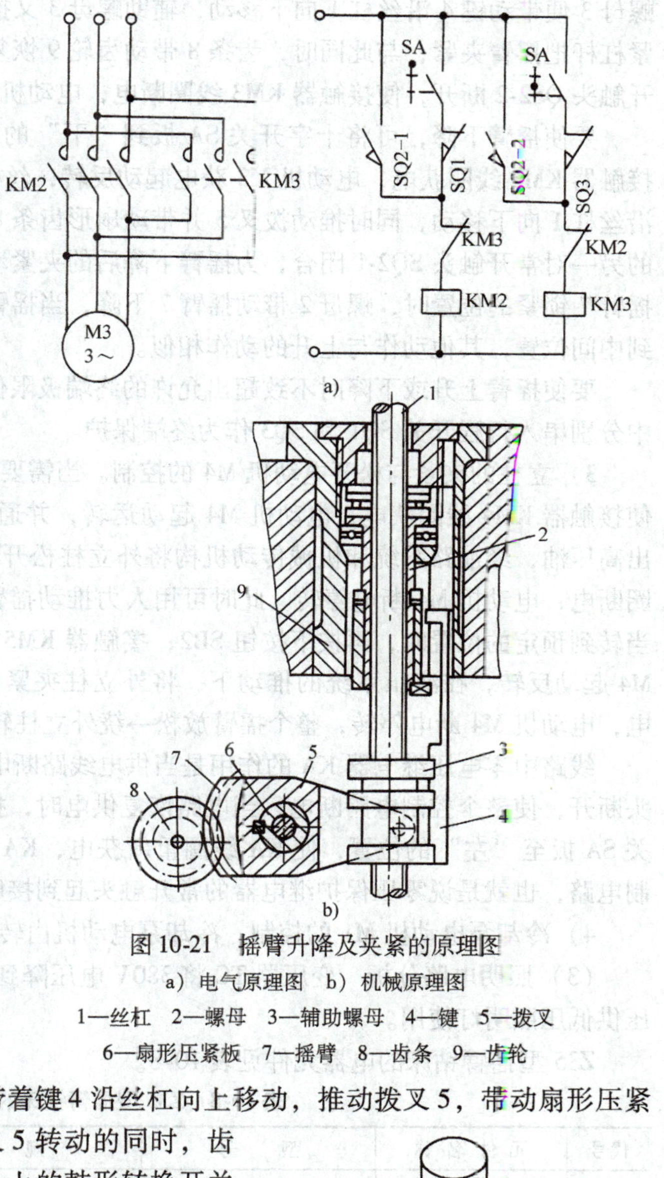

图 10-21　摇臂升降及夹紧的原理图

a）电气原理图　b）机械原理图

1—丝杠　2—螺母　3—辅助螺母　4—键　5—拨叉

6—扇形压紧板　7—摇臂　8—齿条　9—齿轮

当辅助螺母 3 带着键 4 上升到螺母 2 与摇臂 7 锁紧的位置时，螺母 2 带动摇臂 7 上升，当摇臂上升到所需的位置时，将十字开关 SA 扳到中间位置，SA 上面触头复位断开电路，接触器 KM2 线圈断电，电动机 M3 断电停转，摇臂也停止上升。由于摇臂松开时，鼓形转换开关上的常开触头 SQ2-2 已闭合，所以当接触器 KM2 的常闭联锁触头恢复闭合时，接触器 KM3 的线圈立即获电，KM3 的主触头闭合，电动机 M3 获电反转，升降丝杠 1 也反转，辅助

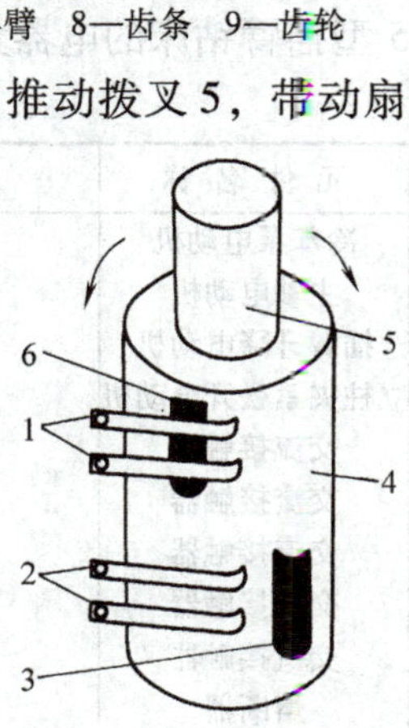

图 10-22　鼓形转换开关

1、4—动触头　2—常开触头 SQ2-1

3—常开静触头　SQ2-2　5—转鼓　6—转轴

螺母 3 便带动键 4 沿丝杠 1 向下移动，辅助螺母 3 又推动拨叉 5，并带动扇形压紧板 6 使夹紧杠杆把摇臂夹紧；与此同时，齿条 8 带动齿轮 9 恢复到原来的位置，鼓形转换开关上的常开触头 QS2-2 断开，使接触器 KM3 线圈断电，电动机 M3 停转。

要使摇臂下降，可将十字开关 SA 扳到“下”的位置，于是 SA 下面的常开触头闭合，接触器 KM3 线圈获电，电动机 M3 获电起动反转，丝杠 1 也反向旋转，辅助螺母 3 带着键 4 沿丝杠 1 向下移动，同时推动拨叉 5 并带动扇形齿条 8 带动齿轮 9 使鼓形转换开关上的 SQ2 的另一对常开触头 SQ2-1 闭合，为摇臂下降后的夹紧动作做好准备。当键 4 下降至螺母 2 与摇臂 7 锁紧的位置时，螺母 2 带动摇臂 7 下降，当摇臂下降到所需位置时，将十字开关扳回到中间位置，其他动作与上升的动作相似。

要使摇臂上升或下降时不致超出允许的终端极限位置，故在摇臂上升或下降的控制电路中分别串入行程开关 SQ1 和 SQ3 作为终端保护。

3）立柱的夹紧与松开电动机 M4 的控制。当需要摇臂绕内立柱转动时，应先按下 SB1，使接触器 KM4 线圈获电，电动机 M4 起动运转，并通过齿式离合器带动齿式油泵旋转，送出高压油，经油路系统和机械传动机构将外立柱松开；然后松开按钮 SB1，接触器 KM4 线圈断电，电动机 M4 断电停转。此时可用人力推动摇臂和外立柱绕内立柱作所需要的转动；当转到预定的位置时，再按下按钮 SB2，接触器 KM5 线圈获电，KM5 主触头闭合，电动机 M4 起动反转，在液压系统的推动下，将外立柱夹紧；然后松开 SB2，接触器 KM5 线圈断电，电动机 M4 断电停转，整个摇臂放松→绕外立柱转动→夹紧过程结束。

线路中零电压继电器 KA 的作用是当供电线路断电时，KA 线圈断电释放，KA 的常开触头断开，使整个控制电路断电；当电路恢复供电时，控制电路仍然断开，必须再次将十字开关 SA 扳至“左”的位置，使 KA 线圈重新获电，KA 常开触头闭合，然后才能操作各条控制电路，也就是说零压保护继电器的常开触头起到接触器的自锁触头的作用。

4）冷却泵电动机 M1 的控制。冷却泵电动机由转换开关 QS2 直接控制

（3）照明电路分析　变压器 TC 将 380V 电压降到 110V，供给控制电路，并输出 24V 电压供低压照明灯使用。

Z35 型摇臂钻床的电器元件见表 10-8。

表 10-8　Z35 型摇臂钻床的电器元件

代号	元件名称	型　号	规　格	件数	作　用
M1	冷却泵电动机	JCB-22-2	0.125kW380/220V2790r/min	1	带动冷却液泵供给冷却液
M2	主轴电动机	JO2-42-4	5.5kW380/220V1440r/min	1	主轴传动
M3	摇臂升降电动机	JO2-22-4	1.5kW380/220V1410r/min	1	摇臂升降
M4	立柱夹紧松开电动机	JO2-21-6	0.8kW380/220V930r/min	1	立柱夹紧松开
KM1	交流接触器	CJ0-20	20A110V	1	主轴控制
KM2	交流接触器	CJ0-10	10A110V	1	M3 正转控制
KM3	交流接触器	CJ0-10	10A110V	1	M3 反转控制
KM4	交流接触器	CJ0-10	10A110V	1	M4 正转控制
KM5	交流接触器	CJ0-10	10A110V	1	M4 反转控制
FU1	熔断器	RL1 型	60A 熔体 25A	3	电源总保险丝
FU2	熔断器	RL1 型	15A 熔体 10A	3	M3、M4 线路短路保护
FU3	熔断器	RL1 型	15A 熔体 2A	1	照明线路短路保护
QS1	组合开关	HZ2-25/3 型	25A	1	电源总开关
QS2	组合开关	HZ2-10/3 型	10A	1	冷却泵开关

（续）

代号	元件名称	型号	规格	件数	作用
SA	十字开关	定制		1	M2、M3 控制
KA	零电压继电器	JZ7-44 型	110V	1	失电压保护
FR	热继电器	JR2-1 型	11.1A	1	M2 过载保护
SQ2	组合开关	HZ4-22 型		1	M3 正反转控制
SQ1、SQ3	行程开关	LX5-11Q/1 型		2	摇臂升降限位控制
SB1	按钮	LA2 型	5A	1	M4 正转点动控制
SB2	按钮	LA2 型	5A	1	M4 反转点动控制
TC	变压器	BK-150	150VA380/110、24V	1	控制照明线路低压电源
EL	照明灯架	KZ 型带开关、灯架、灯泡	24V40W	1	机床局部照明
YG	汇流环				

2. 常见故障分析

（1）所有电动机都不能起动　当发现该机床的所有电动机都不能正常起动时，一般可以断定故障发生在电气线路的公用部分。可按下述步骤来检查。

1）在电气箱内检查从汇流环 YG 引入电气箱的三相电源是否正常，如发现三相电源有断相或其他故障现象，则应在立柱下端配电盘处，检查引入机床电源隔离开关 QS1 处的电源是否正常，并查看汇流环 YG 的接触点是否良好。

2）检查熔断器 FU1 和 FU2 的熔体是否熔断。

3）控制变压器 TC 的一、二次绕组的电压是否正常，如一次绕组的电压不正常，则应检查变压器的接线有否松动；如果一次绕组两端的电压正常，而二次绕组电压不正常，则应检查变压器输出 110V 端绕组是否断路或短路，同时应检查熔断器 FU4 是否熔断。

4）如上述检查都正常，则可依次检查热继电器 FR 的常闭触头、十字开关 SA 内的微动开关的常开触头及零电压继电器 KA 线圈连接线的接触是否良好，有无断路故障等。

（2）主轴电动机 M2 的故障

1）主轴电动机 M2 不能起动。若接触器 KM1 已获电吸合，但主轴电动机 M2 仍不能起动旋转。可检查接触器 KM1 的三对主触头接触是否正常，连接电动机的导线有否脱落或松动。若接触器 KM1 不动作，则首先检查熔断器 FU2 和 FU4 的熔体是否熔断，然后检查热继电器 FR 是否动作，其常闭触头的接触是否良好，十字开关 SA 的触头接触是否良好，接触器 KM1 的线圈接线头有否松脱；有时由于供电电压过低，使零压继电器 KA 或接触器 KM1 不能吸合。

2）主轴电动机 M2 不能停止。当把十字开关 SA 扳到“中间”停止位置时，主轴电动机 M2 仍不能停转，这种故障多半是由于接触器 KM1 的主触头发生熔焊所造成的。这时应立即断开电源隔离开关 QS1，才能使电动机 M2 停转，已熔焊的主触头要更换；同时必须找出发生触头熔焊的原因，彻底排除故障后才能重新起动电动机 M2。

（3）摇臂升降运动的故障　Z35 摇臂钻床的升降运动是借助电气、机械传动的紧密配合来实现的。因此在检修时既要注意电气控制部分，又应注意机械部分的协调。

1）摇臂升降电动机 M3 某个方向不能起动。电动机 M3 只有一个方向能正常运转，这一故障一般是出在该故障方向的控制线路或供给电动机 M3 电源的接触器上。例如电动机 M3 带动摇臂上升方向有故障时，接触器 KM2 不吸合，此时可依次检查十字开关 SA 上面的触头、行程开关 SQ1 的常闭触头、接触器 KM3 的常闭联锁触头以及接触器 KM2 的线圈和连接导线等有否断路故障；如接触器 KM2 能动作吸合，则应检查其主触头的接触是否良好。

2）摇臂上升（或下降）夹紧后，电动机 M3 仍正反转重复不停。这种故障的原因是鼓形转换开关上 SQ2 的两对常开静触头的位置调整不当，使它们不能及时分断引起的。鼓形转换开关的结构及工作原理如图 10-22 所示。图中 1 和 4 是两块随转鼓 5 一起转动的动触头，当摇臂不作升降运动时，要求两对常开静触头 3 和 2 正好处于两块动触头 1 和 4 之间的位置，使 SQ2-1 和 SQ2-2 都处于断开状态。如转轴受外力的作用使转鼓沿顺时针方向转过一个角度，则下面的一对常开静触头 SQ2-2 接通；若鼓形转换开关沿逆时针方向转过一个角度，则上面的一对常开静触头 SQ2-1 接通。由于动触头 1 和 4 的相对位置，决定了转动到两对常开静触头接通的角度值，所以鼓形转换开关 SQ2 的分断是使摇臂升降与松紧的关键，如果动触头 1 和 4 的位置调整得太近，就会出现上述故障。当摇臂上升到预定位置时，将十字开关 SA 扳回中间位置，接触器 KM2 线圈就断电，由于 SQ2-2 在摇臂松开时已接通，故接触器 KM3 线圈获电，电动机 M3 反转，通过夹紧机构把摇臂夹紧；同时齿条 8 带动齿轮 9 复原，齿轮 9 带动鼓形转换开关逆时针旋转一个角度，使 SQ2-2 离开动触头 4 处于断开状态，而电动机 M3 及机械部分装置因惯性仍在继续转动，此时由于动触头 1 和 4 间调整得太近，鼓形转换开关转过中间的切断位置，使动触头又同 SQ2-1 接通，导致接触器 KM2 再次获电吸合，使电动机 M3 又正转起动；如此循环，造成电动机 M3 正反转重复运转，使摇臂夹紧和放松动作也重复不停。

3）摇臂升降后不能充分夹紧。其原因之一是鼓形转换开关上压紧动触头的螺钉松动，造成动触头 1 或 4 的位置偏移。在正常情况下，当摇臂放松后，上升到所需的位置，将十字开关 SA 扳到中间位置时，SQ2-2 应早已接通，使接触器 KM3 获电吸合，使摇臂夹紧。现因动触头 4 位置偏移，使 SQ2-2 未按规定位置闭合，造成 KM3 不能按时动作，电动机 M3 也就不起动反转进行夹紧，故摇臂仍处于放松状态。

若摇臂上升完毕没有夹紧作用，而下降完毕却有夹紧作用，这是由于动触头 4 和静触头 SQ2-2 的故障。反之是动触头 1 和静触头 SQ2-1 的故障。

另外，鼓形转换开关上的动触头发生弯扭、磨损、接触不良或两对常开静触头过早分断，也会使摇臂不能充分夹紧。

另一个原因是当鼓形转换开关和连同它的传动齿轮在检修安装时，没有注意到鼓形转换开关上的两对常开触头的原始位置下夹紧装置的协调配合，就起不到夹紧作用。例如，在安装带动鼓形开关的齿轮 9 时，由于把它与扇形齿条 8 的啮合偏移了三个齿，这就造成摇臂夹紧机构在没有到夹紧位置（或超过夹紧位置），即在离夹紧位置尚有三个齿距处便停止运动。

摇臂若不完全夹紧，会造成钻削的工件精度达不到规定。

4）摇臂上升（或下降）后不能按需要停止。这种故障也是由于鼓形转换开关的动触头 1 或 4 的位置调整不当而造成的。例如当把十字开关 SA 扳到上面位置时，接触器 KM2 获电动作，电动机 M3 起动正转，摇臂的夹紧装置放松，摇臂上升，这时 SQ2-2 应该接通，但由于鼓形转换开关的起始位置未调整好，反而将 SQ2-1 接通，结果当把十字开关 SA 扳到中间位置时，不能切断接触器 KM2 线圈电路，上升运动就不能停止，甚至上升到极限位置，终端位置开关 SQ1 也不能将该电路切断。发生这种故障是很危险的，可能引起机床运动部件与已装夹的工件相撞，此时必须立即切断电源总开关 QS1，使摇臂的上升移动立即停止。由此可见，检修时在对机械部分调整好之后，应对行程开关间的位置进行仔细的调整。

检修中还要注意三相电源的进线相序应符合升降运动的规定，不可接反，否则会发生上升和下降方向颠倒，电动机开停失灵，限位开关不起作用等后果。

(4) 立柱夹紧与松开电路的故障

1) 立柱松紧电动机 M4 不能起动。这主要是由于按钮 SB1 或 SB2 触头不良，或是接触器 KM4 或 KM5 的联锁常闭触头及主触头的接触不良所致。可根据故障现象，判断和检查故障原因，予以排除。

2) 立柱在放松或夹紧后不能切除电动机 M4 的电源。这故障大都是接触器 KM4 或 KM5 的主触头发生熔焊所造成的，应及时切断总电源，予以更换，以防止电动机因过载而烧毁。

四、T610 型镗床电气控制电路

1. 电气控制电路分析

T610 型镗床的电气控制电路如图 10-23(见书末插页)所示。

(1) 主拖动控制电路　主轴和平旋盘用一台 7.5kW 的三相异步电动机 M1 拖动电动机可以正反转，停车时用电磁离合器对主轴进行制动。

主轴和平旋盘用机械方法调速，主轴有三挡速度，每一挡速度可用钢球无级变速器作无级调速，即可以改变钢球变速器的位置，连续得到各种速度。钢球无级变速器用电动机 M6 拖动，当调速到变速器的上下极限时，电动机 M6 能自动停车。

平旋盘只用两挡速度，如果误操作到第三挡速度时，M1 就不能起动。

主轴起动前的准备工作：合上电源总开关 QF，按下按钮 SB1 起动液压泵和润滑泵，液压泵接触器 KM5 的常开辅助触头 KM5(1—2)接通 220V 控制电源。当液压油的压力达到正常数值时，压力继电器 KP2 和 KP3 动作，KP2 在图区 57 的触头(2—44)闭合，中间继电器 KA7 动作，KA7 在图区 34 的触头(11—16)闭合，为主轴点动控制做好准备；KP3 和 KA7 在图区 81 的触头 KP3(2—76)与 KA7(76—77)闭合，继电器 KA17 和 KA18 同时动作，KA17 在图区 63 的触头(2—53)与 KA18 在图区 73 的触头(2—67)同时闭合，为进给控制做好准备。

将平旋盘接通断开手柄放在“断”的位置，在图区 34 的行程开关 QS3(11—0)恢复闭合(不受压)，图区 62 的 SQ3(2—53)断开。

把主轴选速手柄放在需要的某挡速度，在图区 116、117、122 的三只行程开关 SQ5、SQ6、SQ7 中只有一只动作(受压)。

1) 主轴电动机 M1 的控制。主轴电动机 M1 能正反转，并有连续运转和点动两种控制方式，M1 停车时由电磁离合器 YC 对主轴进行制动。

主轴电动机 M1 采用Y—△联结起动，Y联结和△联结的转换用时间继电器 KTI 控制。

① 主轴起动控制。起动前的准备工作做好后，控制电路的电源被接通，才能进行起动控制。

按主轴正转按钮 SB4，继电器 KA1 吸合并自锁。KA1 在图区 35 的常开触头(8—14)闭合，接触器 KM1 吸合，将三相电源引入 M1。同时在图区 38 的常开触头 KM1(19—20)闭合，因触头 KA1(20—21)早已闭合，所以时间继电器 KT1 和接触器 KM3 吸合。KM3 主触头闭合，使 M1 定子绕组接成Y联结并接通电源作Y联结起动。KT1 吸合，在图区 40 中延时断开的常闭触头 KT1(22—23)与图区 41 上延时闭合的常开触头 KT1(24—25)延时动作，当Y

联结起动结束，KT1 的触头动作，接触器 KM3 释放，M1 失电，然后 KM4 吸合，使 M1 定子绕组换成△联结而进入正常工作。

同理，反转控制可按 SB6 按钮，控制原理与正转控制时相同。

② 主轴停车制动的控制。按停止按钮 SB3，SB3 的常闭触头(2—8)先断开，使继电器 KA1、接触器 KM1 同时释放，接着 KM3、KT 也释放，电动机 M1 断电惯性旋转，随后 SB3 的常开触头(2—26)闭合，使中间继电器 KA3 吸合，KA3 在图区 120 的触头(301—302)闭合，电磁离合器 YC 通电，对主轴进行制动。

③ 主轴点动的控制。主轴在调整或对刀时，由于工作时间短而且需要连续起动次数多，又在空载下进行，因此，采用定子绕组在星形联结下的点动控制比较合适。它既可减小起动电流，缓和机械冲击，满足转矩要求，也能适应电路的控制过程。

需进行主轴正转点动控制时，按正转点动按钮 SB5，接触器 KM1 吸合，KM3 也随之吸合，由于 KA1、KT 都不能吸合，此时，M1 只能在没有自锁的情况下进行Y联结起动。放开 SB5 时，为了也能对主轴实现制动，在控制电路中专门设置了主轴点动制动控制环节。它由直流继电器 KA24、KA28 及晶体管延时电路等组成。

主轴点动制动控制延时电路如图 10-24 所示。按主轴正转点动按钮 SB5 时，MI 作Y起

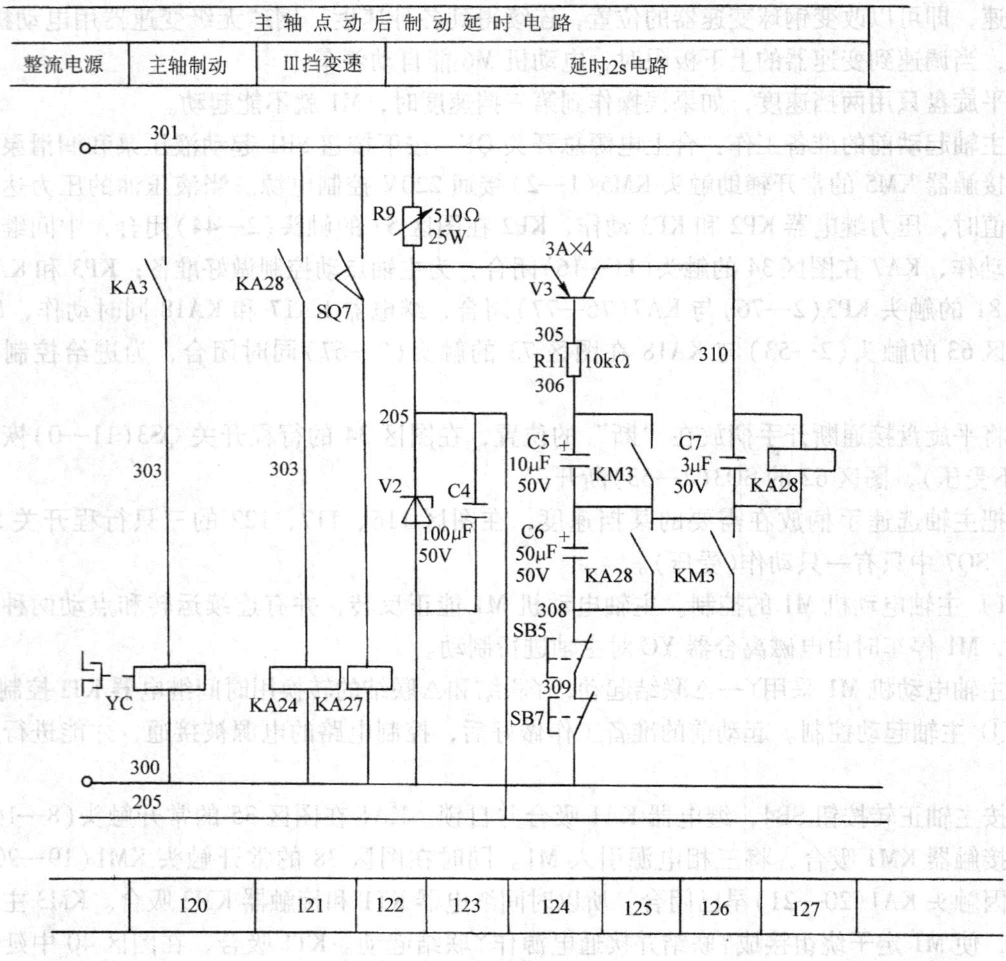

图 10-24　主轴点动制动控制延时电路

动。此时，电路中 SB5(308—309)常闭触头断开晶体管延时电路的电源，同时 KM3(306—307)与 KM3(307—308)常开触头闭合，使电容 C5、C6 放电而消除了残余电压。放开 SB5，M1 断电作惯性旋转时，SB5(308—309)恢复闭合，接通了晶体管延时电路的电源，接着 KM3(306—307)、KM3(307—308)常开触头断开，此时，晶体管 V3 有较大的偏流流过，V3 立即导通，V3 的集电极电流很大，直流继电器 KA28 立刻吸合，KA28 常开触头(301—303)闭合，使直流继电器 KA24 吸合，它的常开触头 KA24(2—26)闭合使继电器 KA3 吸合，而 KA3 动合触头(301—302)闭合使电磁离合器 YC 吸动，从而实现主轴制动。

制动的时间决定于电容 C5 的充电时间常数，因为继电器 KA28 吸合，其常开触头 KA28(307—308)闭合，将电容 C6 短接，使晶体管 V3 的偏流不受 C6 的影响。当开始充电时，充电电流最大，其数值由电源电压和电路内的电阻 R11 决定。由于充电，C5 两端的电压逐渐升高，而充电电流逐渐减小(即偏流逐渐减小)，V3 的集电极电流也随之减小，当集电极电流减小到小于 KA28 的释放电流时，继电器 KA28 便释放，KA24、KA3 也相继释放，使电磁离合器 YC 断电，制动结束。

电路中电容 C6 的作用：利用电容的隔离作用，在电路不工作时将晶体管 V3 与电源隔离。如果不用 C6，则电源就直接接到 V3，即使基极电流为零，也还会有少量的电流通过集电极。接上 C6 后，利用 C6 的充电作用，最后可使集电极电流等于零，这样，就可以延长晶体管 V3 的使用寿命。

晶体管延时电路停止工作后，电容 C5、C6 上都有电压存在，如果这个残余电压不消除，第二次工作时，就不可能有基极电流通过，继电器 KA28 也就不能工作。所以在 M1 进行点动控制时，利用 KM3 的常开触头(306—307)、(307—308)，将 C5、C6 短接，进行放电，使两端电压都等于零，从而保证了在点动停车时，KA28 能正常工作并使电磁离合器 YC 能起制动作用。

在主轴反转点动控制时，可按下反转点动按钮 SB6，其控制原理与正转点动控制时相同。

④ 平旋盘的控制。在需将主轴切换到平旋盘工作时，应将平旋盘接通断开手柄放在“接通”位置，行程开关 SQ3 受压，使在图区 34 中的常闭触头 SQ3(0—11)断开，这时继电器 KA1、KA2，接触器 KM1、KM2 的线圈电路就只靠直流继电器 KA27 的常闭触头(0—11)接通；而在图区 62 中的常开触头(2—52)闭合，继电器 KA8 吸合，将电磁阀 YV3a、YV3b 换接为 YV14a、YV14b，为平旋盘进给做好准备。其控制方法与主轴控制时相同。

如果在使用平旋盘时，误将选速手柄放在第三挡速度，则行程开关 SQ7 的常开触头(301—304)因受压而闭合，在图区 122 中的继电器 KA27 吸合，其触头(0—11)断开，电动机 M1 就不能起动。

2）钢球无级变速器极限位置自动停车装置的控制。钢球无级变速器有一个速度范围，当速度达到极限位置时，拖动变速器的电动机 M6 应当自动停车。

变速器的最高转速为 3000r/min，最低转速为 500r/min。变速器与一台测速发电机机械连接。当变速器转速为 3000r/min 时，测速发电机 TG 的输出交流电压为 50V，变速器转速为 500r/min 时，输出交流电压为 8. 33V。变速器用异步电动机 M6 拖动，当变速器转速上升到 3000r/min 或下降到 500r/min 时，M6 应自动停车。

电动机 M6 的开动和停车由直流继电器 KA32 和 KA33 控制，KA32 和 KA33 又受一个晶体管开关电路控制，而晶体管开关电路是利用测速发电机电压与一个参考电压的差值来控制的。

① 变速器的升速控制。在需要升速时，按下按钮 SB16，直流继电器 KA30 吸合，在图区 136 中的常开触头 KA30(300—325)闭合，接通晶体管开关电路电源，在图区 139 中的常开触头 KA30(327—217)闭合，接通测速发电机部分电压与参考电压的比较回路，参考电压极性与测速发电机电压的极性相反。当参考电压 U_1 高于(209—210)之间取出的测速发电机电压 U_2 时，控制电压 U 等于参考电压与测速发电机电压的差值，即 $U=U_1-U_2$，电流从接点 205 流向 327，在电阻 R15 上电压降的极性是接点 205 为正、327 为负，接点 205 与晶体管 V6 发射极连接，接点 327 通过硅二极管 V5 与晶体管 V6 的基极连接，由于二极管的单向导电特性，电流只能从接点 327 流向 326，所以这时控制电压 U 对晶体管开关电路不起控制作用。因此，晶体管开关电路在由图区 123 中稳压管 V2 两端取出的给定电源作用下，晶体管 V6 有一定的基极电流，使 V6 导能而进入饱和状态，此时 V6 的发射极与集电极间的电压降也迅速降到接近为零。V6 导通后，由于 V7 的发射极与基极跨接在 V6 的发射极和集电极两端，因此，V7 的基极电流接近于零，它的集电极电流远远不能使继电器 KA32 吸合，V7 就像一个开关将电路关断，所以叫开关电路，V7 的这种状态称为截止状态。V7 截止时，KA32 不吸合。

晶体管 V8 的发射极和基极跨接在 V7 的发射极与集电极之间，V7 截止时，它的发射极与集电极间的电压可视为电源电压，这为 V8 产生基极电流创造了条件，因此，V8 从发射极—基极—R22—KA32 线圈有一定的电流流过，使 V8 导通，V8 集电极电流使 KA33 吸合，KA33 在图区 133 的常开触头(320—321)闭合，接触器 KM11 通电吸合，电动机 M6 正向起动，变速器开始升速。由于晶体管的基极电流很小，因此 V8 的基极电流并不能使 KA32 吸合。

变速器的转速上升时，测速发电机的电压也随之升高。当变速器转速达到 3000r/min 时，从测速发电机取出的取样电压 U_2 略高于参考电压 U_1，于是控制电压 $U=U_1-U_2$ 从原来的正值变为负值，即改变了控制电压的方向，使电阻 R15 两端的极性由图中所示的接点 205 为正、327 为负，变为接点 205 为负、327 为正。这个控制电压 U 通过二极管 V5 加到晶体管 V6 的基极与发射极两端，且极性与给定电源提供给 V6 基极的偏置电压的极性正好相反，所以在这个反向电压 U 的作用下，使 V6 的基极电流变为零，V6 立即截止，V6 的集电极电流也变为零，使 V6 集电极下降，V7 的偏置电压上升，使 V7 有一定的基极电流，V7 导通，继电器 KA32 有足够大的集电极电流流过而吸合，V7 导通使其集电极电位与接点 205 近似相同，故使 V8 因无偏压而截止，继电器 KA33 释放，随之接触器 KM11 也释放，电动机 M6 停转，变速器停止升速。此时，继电器 KA32 虽然吸合，其在图区 135 的常开触头也已经闭合，但由于没有放开按钮 SB16，也没有按下按钮 SB17，所以接触器 KM12 也不会吸合。

② 变速器的降速控制。在需要主轴降速时，可按下按钮 SB17，继电器 KA31 吸合，其在图区 137 的常开触头 KA31(300—325)闭合，接通晶体管开关电路电源，另一副在图区 138 的常开触头 KA31(209—327)闭合，将测速发电机的全部输出电压作为取样电压 U_2 与参考电压 U_1 进行比较，这时取样电压 U_2 远高于参考电压 U_1，因此，控制电压 $U=U_1-U_2$ 的方向与图中相反，在电阻 R15 上电压降的极性是接点 205 为负、接点 327 为正，所以控制电压 U 对晶体管开关电路起控制作用，使 V6 发射结反偏而截止，同理可知，晶体管 V6 截止，

V7 导通，V8 截止。继电器 KA32 吸合，KA33 释放。所以接触器 KM12 吸合，电动机 M6 反向起动运转，变速器降速。如果一直按住 SB17 不放，当变速器转速到 500r/min 时，测速发电机的输出电压降低，其取样电压略低于参考电压时，晶体管的工作状态翻转，使 V6 导通，V7 截止，V8 导通，则 KA32 释放，接触器 KM12 也随之释放，电动机 M6 停转。这时虽然 V8 导通，KA33 吸合，但由于未放开按钮 SB7，也未按下按钮 SB16，所以接触器 KM11 不会吸合。

③ 调整。为了保证变速器在转速达到极限值时，能使拖动变速器的电动机 M6 自动停车，应使参考电压 U_1 的数值略大于 8.33V，可通过调节变阻器 R21 来实现。在调试时，通过调节变阻器 R20，使接点 217 与接点 210 之间的电压在变速器转速为 3000r/min 时略大于参考电压 U_1，这个取样电压 U_2 应当足以使 V6 截止，则可使 V7 导通、V8 截止，使继电器 KA33 释放。

（2）进给运动控制电路 T610 型镗床的进给运动由电气与液压配合控制。主轴、平旋盘刀架、上滑座、下滑座和主轴箱的进给与夹紧装置都采用液压机构，用电磁铁来控制液压机构的动作。进给运动的操纵集中在两只十字形主令开关 SH1、SH2 和四只按钮 SB12 ~ SB15 上。

各进给部件都具有四种进给方式：快速进给点动、工作进给、工作进给点动和微调点动。四种进给方式分别由 SB11、SB12、SB13 和 SB14 四只按钮操作。

十字形主令开关 SH1 选择主轴、平旋盘刀架和主轴的进给方向，同时又能松开这些部件的液压夹紧装置。十字形主令开关 SH2 选择开作台纵横的进给方向和松开液压夹紧装置。十字主令开关 SH1、SH2 位置作用说明见表 10-9。各位置开关的作用见表 10-10。

表 10-9 十字主令开关位置作用说明

主令开关		SH1								SH2							
触点		动合（常开）				动断（常闭）				动合（常开）				动断（常闭）			
		SH11	SH12	SH13	SH14	SH11	SH12	SH13	SH14	SH21	SH22	SH23	SH24	SH21	SH22	SH23	SH24
手柄位置	闭合	左	右	上	下	中				左	右	上	下	中			
	断开	右上下	左上下	左右下	左右上	左	右	上	下	右上下	左上下	左右下	左右上	左	右	上	下
作用（进给）		主轴或平旋盘		主轴箱		各进给连锁				工作台				各进给连锁			
										纵向		横向					
		进	退	升	降					退	进	后	前				

表 10-10 各位置开关的作用

代　号	作　用	代　号	作　用
SQ1	定位销拔出	SQ5 SQ6 SQ7	主轴变速
SQ2	工作台松开		
SQ3	平旋盘接通	SQ8	工作台回转 90°
SQ4	机动进给	SQ9	机动进给

1）主轴进给的控制。需要主轴进给时，应将平旋盘接通断开手柄放在“断开”位置，位置开关SQ3不受压，SQ3常开触头(2—52)断开，继电器KA8释放。当液压泵和润滑泵已起动，且油压达到正常数值时，压力继电器KP2(2—44)和KP3(2—76)的常开触头闭合。由于KP2(2—44)闭合，使中间继电器KA7吸合，KA7在图区81中的常开触头(76—77)闭合，于是继电器KA17和KA18吸合。

将十字主令开关SH1扳到主轴前进位置，SH11的常开触头(53—54)闭合，常闭触头SH11(77—82)断开，中间继电器KA18释放，而KA7仍保持吸合状态。

当机床使用机动进给时，行程开关SQ4受压，常开触头SQ4(55—156)及SQ9的常闭触头(156—0)都闭合，中间继电器KA9吸合。KA9的常开触头(57—58)闭合，为电磁阀YV3a的通电做好准备，YV3a的作用是选择主轴的进给方向。KA9的另一对常开触头在图区83中(86—87)闭合，接通电磁阀YV8的电路，YV8动作，使主轴夹紧机构松开。

需快速进给时，可按下按钮SB12，中间继电器KA20吸合，同时电磁阀YV1也通电动作，YV1将低压油泄放阀关闭，使液压系统能推动进给机构快速移动。

中间继电器KA20吸合时，其常开触头在图区111中的(2—111)闭合，电磁阀YV6a动作，另一对常开触头KA20(58—0)闭合，则使电磁阀YV3通电动作。电磁阀YV6a和YV3a使高压油按照选择好的方向进入主轴油缸，主轴即快速前进。放开按钮SB12，继电器KA20释放，电磁阀YV1、YV2a、YV6a相继断电，快速进给停止。

需工作进给时，按下按钮SB13，中间继电器KA21吸合并自锁。KA21的常开触头(8—107)闭合，使中间继电器KA22吸合，电磁阀YV3a和YV6b相继通电动作，使高压油进入主缸油缸，通过调速阀回到油池，主轴就以工作进给的速度前进。放开按钮，主轴仍继续前进。

需进行工作进给点动控制时，按下按钮SB14，继电器KA22吸合而KA21不吸合。继电器KA22接通电磁阀YV3a和YV6b电路，YV3a和YV6b动作使主轴以工作进给的速度前进。放开按钮SB14时，由于KA22无自锁回路，故主轴就立刻停止进给。

需对主轴进给量进行微调控制时，可按微调按钮SB15，继电器KA23吸合，使电磁阀YV3a和YVT通电动作，液压油进入油缸，并经微调阀油路回到油池，主轴就以极微小的移动量前进，放开按钮SB15，由于KA23无自锁而释放，主轴停止进给。

若需进行平旋盘进给控制时，只要将平旋盘的接通和断开手柄放在“接通”位置，然后再按上述按钮，即可实现四种进给方式。

2）主轴退(反向)、主轴箱上升、主轴箱下降进给的控制。可分别将十字主令开关选择在右、上、下的位置，然后再根据不同的需要分别按下SB12～SB15按钮，即可实现各进给部件的四种进给方式。其进给机构的控制情况与主轴进给的控制相同。

为了使进给机构在起动和停止时不产生冲动动作，在油泵起动后，电磁阀YV19和YV20都通电动作，使各油缸的前后端都充满液压油。按下任何一只进给按钮时，时间继电器KT3都会吸合并自锁，KT3的延时闭合的常闭触头(2—96)瞬时断开，电磁阀YV19失电，同时，电磁铁YV20也立即失电。进给停止时，由于下字主令开关恢复到零位，或放开点动按钮，继电器KA20、KA22及KA23立刻释放，使YV20通电，但电磁铁TV19仍处于失电状态。当主令开关SH1恢复零位(中央位置)，继电器KA17和KA18都吸合，它们分别在图区101和图区103中的常闭触头(99—0)都断开，时间继电器KT3断电释放，经过延时，KT3 的延时闭合的常闭触头(2—96)闭合，YV19 又通电动作。在从进给停止到电磁阀 YV19 通电动作的一段时间内，各进给机构的夹紧松开电磁阀失电，进给机构夹紧。例如在主轴进给停止时，主轴被夹紧。主轴夹紧后，KT3 的延时闭合的常闭触头(2—96)闭合，电磁阀 YV19 通电动作，进给油缸两端又充满液压油。

两只继电器 KA17 和 KA18 起联锁保护作用如果两只十字主令开关 SH1 和 SH2 都不在零位(中央)，则 KA17 和 KA18 都断电释放，各进给机构就不能开动。

(3) 工作台回转控制电路　T610 型镗床的工作台可以机动回转或手动回转，机动回转时，工作台可以回转 90°自动定位，也可以回转角度小于 90°，用手动停止。

工作台的回转用电动机 M4 拖动，工作台的夹紧放松则用电磁液压控制，工作台回转 90°的定位销也用电磁液压控制。

工作台回转 90°自动定位过程由电气与液压装置配合，组成程序自动控制。这个工作程序应当是先松开工作台，拔出定位销，然后使传动机构中的蜗杆与蜗轮啮合。开动电动机 M4，工作台即开始回转。工作台回转到 90°时，电动机应立刻停车，然后蜗轮与蜗杆脱开，定位销插入销座，再将工作台夹紧。

1) 工作台自动(机动)回转的控制。将主令开关 SH3 扳到“自动”位置，开关 SH3 将(35—0)接通，按工作台正转按钮 SB8，继电器 KA4 吸合并自锁，KA4 的常开触头(39—0)闭合，电磁阀 YV11 和 YV16 同时通电动作，YV11 使工作的夹紧机构松开，YV16 则使工作台压力导轨充液压油。同时在图区 57 中 KA4 的常闭触头(44—45)断开，继电器 KA7 释放，其常开触头 KA7(76—77)断开，继电器 KA17、KA18 同时释放，使其他进给机构都不能开动。

在工作台放松后，碰到行程开关 SQ2，在图区 131 中的常开触头(301—316)闭合，直流继电器 KA26 吸合，并在短时间内立即释放。这是由于电容 C10 和电阻 R14 并联后与继电器串联的原因。刚接通直流电源时，可看作电阻被电容短接，此时，对电容器的充电电流最大，足以使 KA26 立刻动作，电容器充电后，随电容器两端的电压上升充电电流逐渐下降，到充电电流小于继电器的释放电流时，KA26 释放，这个过渡过程的时间主要决定于电容量和线圈的阻抗，而最后的稳定电流是由线圈的电阻和 R14 的 12kΩ 电阻来决定的，这个稳定电流远远不能使 KA26 维持吸合状态。当 SQ2(301—306)断开时，C10 通过 R14 放电，最后使电容两端电压为零，为下一次通电做好准备。

继电器 KA26 短时吸合，它的常开触头(41—42)闭合，使继电器 KA6 吸合并自锁。继电器 KA6 的常开触头(2—40)闭合，电磁阀 YV10 通电动作，将定位销拔出，并使蜗杆与蜗轮啮合。

当拔出定位销时，压合行程开关 SQ1，其常开触头(301—313)闭合，直流继电器 KA25 与上述 KA26 一样短时吸动一下，KA25 的常开触头(34—35)闭合，使接触器 KM7 吸合并自锁，电动机正向起动，工作台即正向(顺时针)回转。

工作台回转到 90°时，位置开关 SQ8 受压，SQ8 常开触头(301—311)闭合，同理，使直流继电器 KA29 短时吸动一下，KA29 的常闭触头(33—34)断开，接触器 KM7 断电释放，电动机 M4 断电而停转。

在直流继电器 KA29 吸合时，KA29 的常开触头(8—43)也闭合，使时间继电器 KT2 吸合并自锁，KT2 的瞬时常闭触头(31—35)断开，为继电器 KA4 断电做好准备，而 KT2 的延时断开的常闭触头(2—14)在延时 2s 后断开，继电器 KA6 释放，其常开触头(2—40)恢复断开，电磁阀 YV10 失电，蜗轮蜗杆脱开，定位销插入销座。定位销插进销座后，压力继电器 KP1 动作，其常闭触头(31—35)断开，继电器 KA4 断电释放，KA4 常开触头(39—0)恢复断开，使 KT2 断电释放，电磁阀 YV11 和 YV16 失电，工作台夹紧，准备进行加工。KA4 的常闭触头(44—45)恢复闭合，使继电器 KA7 通电吸合，又接通 KA17 和 KA18 电路，KA17 和 KA18 吸合，进给机构可以开始进给控制。

2）工作台回转电动机的制动控制。电动机 M4 停止时，采用了最简便的电容式能耗制动。由于电动机功率小，仅有 250W，因此电路选用一只 200μF 的交流电解电容器，将电容器 C13 的一端接在电动机 M4 的一相定子绕组上，另一端经电阻 R23、R24 和硅二极管 V10 接到 0 号线端，把控制 M4 正反转的接触器 KM7 与 KM8 的常闭触头串联后跨接在定子另一相绕组和两电阻连接的接点上。当电动机 M4 工作时，由于二极管具有单向导电特性，220V 交流电源向电容 C13 充电，在 C13 两端建立直流电压，为能耗制动做好准备。

当电动机 M4 停止时，接触器 KM7 和 KM8 的常闭触头闭合，电容 C13 串电阻 R23 后跨接在 M4 的两相定子绕组上，立刻向定子绕组放电，放电的电流是直流电，定子绕组通入直流电流时，便产生制动转矩，对电动机进行制动，经制动 2s 后，电动机转速已很低，工作台回转速度也很低，这时蜗轮蜗杆脱开，定位销插入销座时不会有很大的冲击力。

3）工作台手动回转的控制。需手动回转工作台时，应将主令开关 SH3 扳到手动位置，则线端(39—0)接通，电磁阀 YV11 和 YV16 立刻通电动作，工作台松开，压力导轨充油。工作台松开后，行程开关 SQ2 受压，使 KA26 短时吸合，继电器 KA6 吸合，电磁铁 YV10 通电动作，拔出定位销，于是就可以用手轮操纵工作台的微量回转。

在手动松开工作台到再夹紧工作台的过程中，继电器 KA7 释放，其他进给机构不能进给，控制电路的工作情况与机动(自动)时相同。

T610 镗床的电器元件见表 10-11。

表 10-11　T610 镗床的电器元件

代　号	名　称	型号与规格	件数	备　注
QS	低压断路器	DZ4—25/330	1	
M1	异步电动机	J02—51—4、7.5kW	1	A301 型
M2		JO2—42—6、4kW	1	
M3		JO2—12—4、800W	1	
M4		A7114、370W	1	
M5		A6324、250W	1	
M6		A5614、90W	1	
M7		AB—25C、90W	1	
FU1	熔断器	RL1—60/25	3	
FU2、FU3		RL1—15/4	4	
FU4、FU7		BHC、5A、配熔体 5A	2	插入封闭式座
FU5、FU6		BHC、1A、配熔体 1A	2	插入封闭式座

（续）

代　号	名　　称	型号与规格	件数	备　注
FR1	热继电器	JR10、整定电流15A	1	
FR2		JR10—10、整定电流9A	1	
FR3		JR10—10、整定电流2.2A	1	
FR4		JR10—10、整定电流1.2A	1	
TC1	控制变压器	BK—150、380V/36V、6V	1	
TC2		BK—500、380V/220V	1	
TR	整流变压器	BKZ—5、～380V/24V	1	
SH1、SH2	主令开关	LS1—1	2	
SH3		LS3—2	1	
SA1	控制开关	LS3—2	1	
SA2、SA3		KNX、2W2P	2	小型钮子开关
SQ1、SQ2、SQ8	行程开关	LX5—11Q/1	3	
SQ4		JW—11	1	
SQ3、SQ9 SQ5～SQ9		KWX	5	
SB1、SB4、SB6 SB8、SB9、SB13	按钮	LA19—11D、带指示灯	6	附灯泡6V
SB2、SB3		LA19—11DJ、紧急带指示灯	2	附灯泡6V
SB5、SB7、SB10 SB11、SB16、SB17		LA19—11	6	
SB12、SB14、SB15		LA19—11J、紧急式	3	
HL1	指示灯	DS22—1L、6V	1	附灯泡6V
EL1、EL2	光学读数灯	6V	2	
EL3、EL4	行灯	36V、40W	2	
KM1～KM4	交流接触器	CJ0—20　线圈电压220V	4	
KM5～KM8		CJ0—10　线圈电压220V	4	
KM9、KM10、KM13	中间继电器	JZ7—44、线圈电压220V	3	
KA1～KA23		JZ7—44、线圈电玉220V	23	
KM11、KM12	直流中间继电器	DZ—51/400	2	
KA24～KA33		DZ—144、线圈电压—24V	10	
KT1、KT2	时间继电器	JS7—2A、线圈电压220V	2	通电延时型
KT3		JJSKZ—4、220V	1	断电延时型
mA	直流电流表	61C5—A、0～15mA	1	
YC	电磁离合器	DLM3—10、电压—24V	1	
KP1～KP3	压力继电器	DP—63	3	

（续）

代　号	名　　称	型号与规格	件数	备　注
VC1	整流器	2CP4	4	
VC2		2CP16	4	
V1	稳压管	2CW3	1	
V2		2CW21K	1	
V3	晶体三极管	3AX4	1	
V6 ~ V8		3AX71B	3	
V4、V5	二极管	2CP11	2	
V9		2CP16	1	
V10		2CZ13D	1	
C1	电解电容器	30μF、450V	1	
C2、C3		30μF、150V	2	
C4		100μF、50V	1	
C5		10μF、150V	1	
C6、C8 ~ C10		50μF、50V	4	
C7		3μF、150V	1	
C11、C12	电容器	4700pF、50V	2	
C13	交流电解电容器	200μF、220V	1	
R4 ~ R8	电位器	4. 7kΩ、3W	5	
R11		100kΩ、1/4W	1	
R20、R21		10kΩ、1W	2	
R3	可调电阻器	2kΩ、50W	1	
R9		510kΩ、25W	1	
R1	电阻	200kΩ、7. 5W	1	
R2		27kΩ、5W	1	
R10、R12、R14		12kΩ、1/8W	3	
R15、R18、R22		25kΩ、1/4W	3	
R16		12kΩ、1/8W	1	
R17		100kΩ、1/4W	1	
R19		68kΩ、1/4W	1	
R23、R24		50kΩ、20W	2	
KS	测速发电机	ZCF—121	1	可用 S2b2 优

2. 常见故障分析

T610 镗床与 T68 镗床在电气控制电路方面的不同之处是，T610 镗床采用了由电磁阀控制的液压传动系统和电子控制电路。因此，在运行中必然会出现一些与 T68 镗床所不同的故障。

机床出现故障后，虽然电气控制电路复杂，每个控制动作参加动作的电器较多，但是如前所述，电气控制电路都是由若干基本环节组成的，只要掌握好机床电气控制电路的各个控制环节的动作原理，仔细分析和检查，就不难找出故障点并加以排除。对于机床电气控制电路中，单纯交流接触器、继电器控制电路的故障现象与前述大同小异，检查故障的方法和手段也相类似，比较容易解决，这里不再重复。下面仅对涉及液压、电子控制方面的故障及调整、修理方法列举几例进行讨论。

（1）主轴反转点动后不能制动　故障产生后，不要急于动手检查，必须先进行调查研究，观察各电器元件的动作情况，根据原理图的控制原理仔细分析，然后再着手检查。例如，可先进行正反转和正转点动控制进行观察，若正反转控制正常，则除了可排除主电路存在故障外，还可说明制动电磁离合器、直流电源及 KA3 继电器回路均正常。如再按正转点动按钮，工作也不正常，就要再仔细观察一下直流继电器 KA28、KA24 是否吸合，若都能够吸合，则故障可能出现在 KA24 的常开触头（2—26）不能闭合和接点线头脱落，或者 KA28 的吸合时间太短，远小于 2s。前者的故障现象清楚，表现在交流继电器 KA3 不吸合且检查方法简单；后者的故障点在晶体管延时电路中，常见的故障有接触器 KM3 常开触头接触不良使点动时电容 C5、C6（主要是 C5）不能充分放电和直流电源电压过低等。如果 KA28 不能吸合，应先检查整流电源及稳压二极管 V2 两端电压是否正常，然后再检查按钮常闭触头 SB5、SB7 接触是否良好并有无断路，晶体管 V3 是否损坏，基极电路中有无断路现象，C7 有无短路及继电器 KA28 是否损坏等。对于晶体管延时电路的故障一般可通过测量直流电压或电流来找出故障点及故障元件，但测量时要查阅有关元件的参数，然后进行分析。例如在正常情况下，在未按 SB7 时，C5 与 C6 两端的电压之和与稳压管 V2 两端的电压相接近，约为 20V，按下 SB7 按钮，M1 运转时，其电压应为零，再放开 SB7，在 KA28 两端的电压应即以 20V 左右逐渐下降，然后到零值，两电容电压则从零开始上升到接近 20V。否则，就有故障存在，待找出故障后再加以排降或更换损坏元件。

（2）工作台的回转控制不能实现 90°自动定位　工作台的回转 90°自动定位控制过程是由电气与液压配合组成的程序自动控制。对这样的控制出现故障，要首先熟悉这个工作程序的过程，即：将主令开关 SH3 扳到自动位置后，再按下按钮 SB8 或 SB9 时，应当先松开工作台，拔出定位销，再使传动机构中的蜗轮与蜗杆啮合，M4 启动，工作台回转 90°后，电动机 M4 立刻停转，然后再把蜗轮与蜗杆脱开，定位销插入，再将工作台夹紧。这一程序结束，就可以进行进给控制。在熟悉了上述工作程序后，还必须掌握这一工作程序中的每个动作是由什么电器来实现和控制的，如工作台的夹紧和放松是由电磁阀 YV11 的断电和通电来实现的，而定位销的拔出与蜗轮蜗杆啮合和定位销插入与蜗轮蜗杆脱开是由电磁阀 YV10 的通电和断电来实现的。但 YV11 和 YV10 又分别受 KA4、KA5 和 KA6 控制等。只有这样，才能在较复杂的控制程序中，找出故障环节和故障点，否则就很难下手。下面将这一工作程序中的电器元件动作先后简述如下，即：扳 SH3，按 SB9 后→KA5 吸合→YV11、YV16 吸合而 KA7 释放→KA7 使 KA17、KA18 释放。而 YV11 使工作台放松→（放松后）SQ2 受压→KA26 短时吸合→KA6 吸合→YV10 吸合→将定位销拔出→（拔出时）SQ1 受压→KA25 短时吸合→KM8 吸合→M4 起动运转→工作台反向回转 90°时→SQ8 受压→KA29 短时吸合→KM8 释放，KT2 吸合→KM8 使 M4 停转。而 KT2 延时 2s 后→KA6 释放→YV10 通电→蜗轮蜗杆脱开、定位销插入→KP1 动作→KA5 释放→YV11、YV16、KT2 都释放而 KA7 吸合→YV11 断电使工作台夹紧，准备进行加工，而 KA7 吸合→KA17、KA18 吸合→可进行进给控制。根据上述工作程序及各电器的动作先后，对照发生故障时的电器元件动作情况，就不难找出故障点。

(3) 主轴转速有一挡或三挡不符合规定的变速范围　如果仅有一挡变速不符合要求，而其他两挡变速正常，则可不必检查交流回路是否存在故障，而应先检查变速手柄扳到某挡转速位置时，与它相对应的行程开关 SQ5、SQ6 或 SQ7 中的一只是否压合，其常开触头接触是否良好及测速发电机输出的直流电压（即线号 209 与 210 间电压）是否正常。若行程开关的常开触头不能闭合，则输出电压必然过高，会使晶体管 V7 提前导通而达不到上限转速。必须注意，在只有一挡变速达不到要求时，不要轻易调整电位器 R20 或 R21 的阻值，以免造成其他两挡变速由正常变为不正常。若三挡变速同时存在故障，一般表现在全部不能达到或超过最高转速和最低转速。在检查时，要先测量参考电压（即为给定的基准电压）U_1 是否正常，其值应为略大于 8.33V。然后用转速表测量变速器转速，当达到 3000r/min 时，再测量在电阻 R20 上取出的测速发电机电压（即为反馈电压）U_2，当 $U_2 < U_1$ 时，必然不能实现最高转速为 3000r/min 自动停车。反之，如果在转速远未达到 3000r/min 时，U_2 已经大于 U_1。则变速器就不能达到最高转速 3000r/min。在检修时，还要注意晶体管开关电路内部及直流继电器控制回路是否存在故障，直流继电器控制回路故障的检查方法与交流控制回路相似。但晶体管开关电路的故障检查必须掌握电路的基本原理，即电路实际上是一个二级共射极双稳态电路，晶体管 V6 与 V7 和 V7 与 V8 相互轮流导通或截止，当 V7 导通时，应使 V6、V8 截止，反之 V7 截止时，其他两管导通；从而实现继电器 KM32 与 KM33 轮换吸合，来达到对电动机 M4 的控制。所以也可以按上述动作程序来找出故障所在并加以排除。

五、15/3t 交流桥式起重机电气控制电路

起重机是一种用来起吊和放下重物使重物在短距离内水平移动的起重机械，一般俗称吊车、行车或天车等，常见的有 5、10t 单钩起重机及 15/3、20/5t 等双钩起重机。15/3t 交流桥式起重机由主钩（15t）、副钩（3t）、大车和小车四部分组成。大车的轨道敷设在沿车间两侧的柱子上，大车可在轨道上沿车间纵向移动；大车上有小轨道，供小车横向移动；主钩和副钩都在小车上。交流起重机的电源为 380V。由于起重机工作时是经常移动的，因此要采用可移动的电源线供电，一种是采用软电缆供电，软电缆可随大、小车的移动而伸缩，这仅适用于小型起重机；而常用的方法是采用滑触线和电刷供电。电源由三根主滑触线通过电刷引入起重机驾驶室内的保护控制盘上，三根主滑触线是沿着平行于大车轨道的方向敷设在车间厂房的一侧。提升机构、小车上的电动机，交流电磁制动器的电源是由架设在大车上的辅助滑触线（俗称拖令线）来供给的；转子电阻也是通过辅助滑触线与电动机连接的。滑触线通常用圆钢、角钢，V 型钢或工字钢轨制成。

15/3t 交流桥式起重机的电气控制电路如图 10-25（见书末插页）所示。

1. 电气控制电路分析

(1) 电气设备及保护装置　15/3t 交流桥式起重机大车两侧的主动轮分别由两台规格相同的电动机 M3 和 M4 拖动，用一台凸轮控制器 QM3 控制，两台电动机的定子绕组并联在同一电源上；YB3 和 YB4 为交流电磁制动器；行程开关 SQ5 和 SQ6 作为大车前后两个方向的终端保护。

主钩提升由一台电动机 M5 拖动，用一台主令控制器 SA 和一台 CK6 磁力控制屏控制，YB5 和 YB6 为交流电磁制动器，提升限位开关为 SQ9。

副钩提升用一台电动机 M1 拖动，由一台凸轮控制 QM1 来控制，YB1 为交流电磁制动器，SQ4 为副钩提升的限位开关。

总电源由三相刀开关 QS1 控制，整个起重机电路和各控制电路均用熔断器作为短路保护，起重机的导轨应当可靠地接零。在起重机上，每台电动机均由各自的过电流继电器作为分路过载保护，过电流继电器是双线圈式的，其中任一线圈的电流超过允许值时，都能使继电器动作，打开常闭触头，切断电动机电源；过电流继电器的整定值一般整定在被保护的电动机额定电流的 2.25~2.5 倍，总电流过载保护的过电流继电器 KA1 是串接在公用线的一相中，它的线圈中电流将是流过所有电动机定子电流的和，它的整定值不应超过全部电动机额定电流总和的 1.5 倍。

为了保障维修人员的安全，在驾驶室舱口门盖及横梁栏杆门上分别装有安全行程开关 SQ1、SQ2、SQ3，其常开触头与过电流继电器的常闭触头相串联，若有人由驾驶室舱口或从大车轨道跨入桥架时，安全行程开关将随门的开启而分断触头，使主接触器 KM1 因线圈断电而释放，切断电源；同时主钩电路的接触器也因控制电源断电而全部释放，这样起重机的全部电动机都不能起动运行，保证了人身的安全。

起重机还设置了零位联锁，所有控制器的手柄都必须扳回零位后，按起动按钮 SB1，起重机才能起动运行；连锁的目的是为了防止电动机在电阻切除的情况下直接启动，否则，会产生很大的冲击电流而造成事故。

在驾驶室的保护控制盘上还装有一个单刀单投的紧急开关 SA2，串联在主接触器 KM1 的线圈电路中，正常时合上；当发生紧急情况时，驾驶员可立即拉开此开关，切断电源，防止事故扩大。

电源总开关、熔断器、主接触器 KM1 以及过电流继电器都安装在保护控制盘上；保护控制盘、凸轮控制器及主令控制器均安装在驾驶室内，便于司机操纵；电动机转子的串联电阻及磁力控制屏则安装在大车桥架上。

供给起重机的三相交流电源(380V)由集电器从滑触线(导电轨)引接到驾驶室的保护控制盘上，再从保护控制盘引出两相电源送至凸轮控制器、主令控制器、磁力控制屏及各电机。另一相，称为电源的公用相，则直接从保护控制盘接到各电动机的定子绕组接线端上。

所有安装在小车上的电动机、交流电磁制动器和行程开关的电源都是从滑触线上引接的。

(2) 控制电路分析

1) 主接触器 KM1 的控制。在起重机投入运行前，应当将所有凸轮控制器手柄扳到“零位”，则凸轮控制器 QM1、QM2 和 QM3 在主接触器 KM1 控制电路(7—9 区)的常闭触头都处于闭合状态，然后按下保护控制盘上的起动按钮 SB1、KM1 线圈获电，KM1 主触头闭合，使各电动机三相电源进线有电；同时，接触器 KM1 的常开辅助触头闭合(7 区)自锁，主接触器 KM1 线圈便从另一条通路获电。但由于各凸轮控制器的手柄都扳在零位，只有 L1 相电源送入电机定子，而 L2 和 L3 两相电源没有送到电动机定子绕组，故电动机还不会运转，必须通过凸轮控制器控制电动机运转。

2) 凸轮控制器的控制。15/3t 交流桥式起重机的大车、小车和副钩都是由凸轮控制器控制的。

现以小车为例来分析凸轮控制器 QM2 的工作情况。起重机投入运行前，把小车凸轮控制器的手柄扳到“零位”，此时大车和副钩的凸轮控制器也都放在“零位”。然后按下启动按钮 SB1，主接触器 KM1 线圈获电，KM1 主触头闭合，总电源被接通。当手柄扳到向前位置的任一挡时，凸轮控制器 QM2 的主触头闭合。分别将 V4、2M3 和 W4、2M1 接通，电动机 M2 正转，小车向前移动；反之将手柄扳到向后位置时，凸轮控制器 QM2 的主触头闭合，分别将 V4、2M1 和 W4、2M3 接通，电动机 M2 反转，小车向后移动。

当将凸轮控制器 QM2 的手柄扳到第一挡时，五对常开触头(4 区)全部断开，小车电动机 M2 的转子绕组串入全部电阻器，此时电动机转速较慢；当凸轮控制器 QM2 的手柄扳到第二挡时，最下面一对常开触头闭合，切除一段电阻器，电动机 M2 加速。这样，凸轮控制器手柄从一挡循序转到下一挡的过程中，触头逐个闭合，依次切除转子电路中的起动电阻器至电动机 M2 达到预定的转速下运转。

大车的凸轮控制器，其工作情况与小车的基本类似。但由于大车的一台凸轮控制器 QM 同时控制 M3 和 M4 两台电动机，因此多了五对常开触头，以供切除第二台电动机的转子绕组串联电阻器用。

副钩的凸轮控制器 QM1 的工作情况与小车相似，但由于副钩带有负载，并考虑到负载的重力作用，在下降负载时，应把手柄逐级扳到“下降”的最后一挡，然后根据速度要求逐级退回升速，以免引起快速下降造成事故。

当运转中的电动机需作反方向运转时，应将凸轮控制器的手柄先扳回到“零位”，并略微停顿一下，再作反向操作，以减小反向时的冲击电流，同时也使传动机构获得较平稳的反向过程。

3）主令控制器的控制。由于主钩电动机 M5 的容量较大，应使其在转子电阻对称的情况下工作，使三相转子电流平衡，故采用了主令控制器 SA 来控制。

15/3t 交流桥式起重机控制主钩升降的主令控制器有 12 对触头(SA1 ~ SA12)，可以控制 12 条回路。

主钩上升时，主令控制器 SA 的控制与凸轮控制器的动作基本类似，但它是通过接触器来控制的。当接触器 KM2 和 KM4 线圈获电吸合时，主钩即上升。

主钩的下降有 6 挡位置，“C”、“1”、“2”挡为制动下降位置，即使重负载能低速下降，形成反接制动状态；“3”、“4”、“5”挡为强力下降位置，主要用作轻负载快速下降。下面分析主令控制器的工作情况。

先合上电源开关 QS3，并将主令控制器 SA 的手柄扳到“C”位置，触头 SA1 闭合，欠电压继电器 KA 因线圈获电(18 区)而吸合，其常开触头闭合(19 区)自锁，为主钩电动机 M5 工作做好准备。

① 扳到制动下降“C”时：主令控制器 SA 的 SA3、SA6、SA7、SA8 闭合，行程开关 SQ9 也闭合，接触器 KM2、KM9、KM10 因线圈获电而动作。由于触头 SA4 分断，故制动接触器 KM4 线圈未获电，制动器的抱闸未松开。尽管上升接触器 KM2 已获电而动作，电动机 M5 已获电并产生了提升方向的转矩，但在制动器的抱闸和载重的重力作用下，迫使电动机 M5 不能起动旋转。此时，转子电路接入四段启动电阻器，为起动做好准备。

② 扳到制动下降“1”时：当主令控制器 SA 的触头 SA3、SA4、SA6、SA7 闭合时，制动接触器 KM4 线圈获电，电磁制动器 YB5、YB6 的抱闸松开；同时接触器 KM2、KM9 线圈获电。由于触头 SA8 断开，使接触器 KM10 因线圈断电而释放，转子电路接入五段电阻器，

同时使电动机 M5 产生的提升方向的电磁转矩减小；若此时载重足够大，则在负载重力的作用下，电动机开始作反向(重物下降)运转，电磁转矩成为反接制动转矩，重负载低速下降。

③ 扳到制动下降“2”时：当主令控制器 SA 的触头 SA3、SA4、SA6 闭合时，SA7 断开，接触器 KM9 断电，此时转子电阻器全部被接入，使电动机向提升方向的转矩进一步减小，重负载下降速度比“1”位置的增加。这样可以根据重负载情况选择第二挡位置或第三挡位置，作为重负载合适的下降速度。

④ 扳到强力下降“3”时：当主令控制器 SA 的触头 SA2、SA4、SA5、SA7、SA8 闭合时，SA3 断开，把上升行程开关 SQ9 从控制电路中切除；SA6 断开，上升接触器 KM2 因线圈断电而释放；SA5 闭合，下降接触器 KM3 因线圈获电而动作；SA7、SA8 闭合，接触器 KM9、KM10 因线圈获电而吸合，使转子电路中有四段电阻器，制动接触器 KM4 通过 KM2 的常开触头(23 区)闭合自锁。若保证在接触器 KM2 与 KM3 的切换过程中保持通电松闸，就不会产生机械冲击。这时，轻负载在电动机 M5 反转矩(下降方向)的作用下开始强力下降。轻负载在电动机转矩作用下下降，称为强力下降。

⑤ 扳到强力下降“4”时：当主令控制器 SA 的触头 SA2、SA4、SA5、SA7、SA8、SA9 闭合时，接触器 KM5 线圈获电，又切除一段电阻器；电动机 M5 进一步加速运转；轻负载进一步加速下降。

⑥ 扳到强力下降“5”时：当主令控制器 SA 的触头 SA2、SA4、SA5、SA7、SA8、SA9、SA10、SA11、SA12 闭合时，接触器 KM5 因线圈获电而吸合，KM5 常开触头(28 区)闭合，接触器 KM6、KM7、KM8 因线圈先后获电而吸合，使它们的常开触头依次闭合，电阻器被逐级切除，从而避免过大的冲击电流。最后电动机 M5 以最高速度运转，负载加速下降，在这个位置上，下降较重负载时，负载转矩大于电磁转矩，转子转速大于同步转速，电动机成为发电制动状态。

如果要取得较低的下降速度。就需要把主令控制器扳回到制动下降“1”、“2”进行反接制动下降。为了避免在转换过程中可能发生过高的下降速度，因此用 KM8 的常开触头(31 区)自锁；同时，为了不影响提升的调速，在联锁电路中再串一对 KM3 的常开触头(26 区)。如果没有以上的联锁装置，则当手柄扳向零位回转时，如要下降中停下，或要求低速下降时，若操作人员不小心把手柄停留在位置“3”或“4”上，那么下降速度就要增加，不仅会产生冲击电流，且可能发生事故。

在磁力控制屏电路中，串接在接触器 KM2 线圈电路中的 KM8 常闭触头(22 区)与接触器 KM2 的常开触头(21 区)并联，只有在接触器 KM8 线圈断电的情况下，接触器 KM2 线圈才能获电并自锁，这就保证了只有在转子电路中保持一定的附加电阻器的前提下才能进行反接制动，以防止反接制动时造成过大的冲击电流。

15/3t 交流桥式起重机的电器元件见表 10-12。

表 10-12　15/3t 交流桥式起重机的电器元件

代　号	名　称	型　号	规　格	件数	备　注
M5	主钩电动机	JZR63-10	72kW、572r/min	1	
M1	副钩电动机	JZR41-8	13.2kW、708r/min	1	
M3 M4	大车电动机	JZR22-6	9.5kW、928r/min	2	跨度 > 22.5m 选用 JZR31-6
M2	小车电动机	JZR12-6	4.2kW、355r/min	1	

（续）

代　号	名　称	型　号	规　格	件数	备　注
YB5、YB6	主钩制动电磁铁	MZS1-45H		2	
YB1	副钩制动电磁铁	MZD1-300		1	
YB3、YB4	大车制动电磁铁	MZD1-200		2	
YB2	小车制动电磁铁	KZD1-100		1	
SA	主钩主令控制器	LK1-12/90		1	
QM1	副钩凸轮控制器	KTJ1-50/1		1	
QM3	大车凸轮控制器	KTJ1-50/5		1	跨度 > 22.5m 选用：KTJ1-80/5
QM2	小车凸轮控制器	KTJ1-50/1		1	
QR5	主钩电阻器	4P5-63-10/9		1	
R1	副钩电阻器	2K1-41-8/2		1	
R3、R4	大车电阻器	4K1-22-6/1		2	跨度 > 22.5m 选用：4K1-31-6/3
R2	小车电阻器	2K1-12-6/1		1	
BP	保护盘	GQX・6105-43 A3		1	跨度 > 22.5m 选用：GQX.6105-43B3
QS1	刀开关	HD-9-400/3		1	属保护盘
SB1	起动按钮	LA-1Z-11		1	属保护盘
KM1	接触器	CJ2-300/3		1	属保护盘
KA1	总过电流继电器	JL4-150/1		1	属保护盘
KA2 ~ KA5	过电流继电器	JL4-15		4	属保护盘
KA6	过电流继电器	JL4-40		1	跨度 > 22.5m 选 40A、15A
FU1	熔断器	RL1-15		2	属保护盘
CKB	磁力控制板	PQX・6402-43 A3		1	主钩电动机专用
QS2	三相刀开关	HD10-4		1	属磁力控制板
QS3	单相刀开关	HD-2		1	属磁力控制板
KM2、KM3	正，反主接触器	CJ2-150/3		2	属磁力控制板
KM9、KM10	预备级接触器	CJ2-75/3		2	属磁力控制板
KM5 ~ KM8	加速级接触器	CJ2-75/3		4	属磁力控制板
KM4	制动接触器	CJ2-75/2		1	属磁力控制板
KL5	过电流继电器	JL4-150		1	属磁力控制板
KA	欠电压继电器	JL4-10P		1	属磁力控制板
FU2	熔断器	PM1-15/10		2	属磁力控制板
SA2	紧急开关	A-3161		1	
SQ9	主钩限位开关	LK4-31		1	
QS4	副钩限位开关	LK4-31		1	
SQ7、SQ8	大车限位开关	LK4-11		2	
SQ5、SQ6	小车限位开关	LK4-11		2	
SQ1	舱口安全开关	LX2-11H		1	
SQ2、SQ3	横梁栏杆安全开关	LX2-111		2	
	小车导轨			21	
XT0	小车集电器			21	

2. 常见故障分析

（1）合上三相刀开关 QS1 并按 SB1 后，主接触器 KM1 不吸合

1）线路无电压。可用万用表测试三相刀开关 QS1 进线端电压是否正常，并查清原因，予以消除。

2）熔断器 FU1 熔断。更换熔断器 FU1 的熔体。

3）紧急开关 SA2 或安全行程开关 SQ1、SQ2、SQ3 未合上。只要合上紧急开关 SA2 或

安全行程开关 SQ1、SQ2、SQ3 即可。

4）主接触器 KM1 线圈断路。可更换接触器 KM1 线圈。

5）凸轮控制器没在“零位”，则触头 QM1、QM2、QM3 断开。将所有凸轮控制器的手柄扳到“零位”。

（2）合上三相刀开关 QS1 并按下按钮 SB1 后，主接触器 KM1 吸合，但过电流继电器动作　这种故障的原因一般是凸轮控制器电路接地。检修时可将保护配电盘上凸轮控制器的导线都断开，然后再将三个凸轮控制器逐个接上，每接通一个合一次主接触器 KM1，根据过电流继电器的动作确定接地的凸轮控制器，并用绝缘电阻表找出接地点。

（3）当电源接通并合上凸轮控制器后，电动机不转动

1）凸轮控制器的接触指与铜片未接触。检查凸轮控制器的控制指与铜片，并使其接触良好。

2）集电器发生故障。检查集电器并使其接触良好。

3）电动机定子绕组或转子绕组断路。可依次检查电动机定子绕组的接线端、定子绕组和转子绕组，并修复。

（4）当电源接通并合上凸轮控制器后，电动机起动运转，但不能发出额定功率，且转速降低

1）线路电压下降。检查线路电压下降的原因并修复。

2）制动器未完全松开。检查并调整制动器。

3）转子电路中串接的起动电阻器完全切除。检查凸轮控制器中串接起动电阻器的接线端接触是否良好，并调整接触指。

4）凸轮控制器机械卡阻。检查并排除机械卡阻。

（5）凸轮控制器的手柄在工作时卡住，转不动或转不到头

1）凸轮控制器的接触指落到铜片下面。重新安装并调整控制器的接触指。

2）定位机构发生故障。检修控制器的固定销。

（6）凸轮控制器在工作时接触指与铜片冒火甚至烧坏

1）控制器的接触指与铜片接触不良。调整控制器的接触指与铜片的压力。

2）控制器过载。减轻负载或调为较大容量的凸轮控制器。

（7）制动电磁铁线圈过热

1）电磁铁线圈电压与线路电压不符。更换电磁铁线圈，如三相电磁铁，可将三角形连接改成星形联结。

2）电磁铁的牵引力过载。调整弹簧压力或重锤位置。

3）在工作位置上，电磁铁的可动部分与静止部分有间隙。可调整电磁铁的机械部分，减小间隙。

4）制动器的工作条件与线圈数据不符。可更换符合工作条件的线圈。

5）电磁铁铁心歪斜或机械卡阻。清除机械卡阻物并调整铁心位置。

（8）制动电磁铁响声较大

1）制动电磁铁过载。减轻负载或调整弹簧压力。

2）铁心极面有油污。清除油污。

复 习 题

1. 图 10-26 所示为一台小型车床的电气控制电路。图中 M1 为主轴电动机，U_N 为 380V，P_{N1} 为 7kW，I_{N1} 为 14.9A；M2 为冷却泵电动机，U_N 为 380V，P_{N2} 为 0.125kW，试选择转换开关、熔断器、接触器、热继电器及按钮。

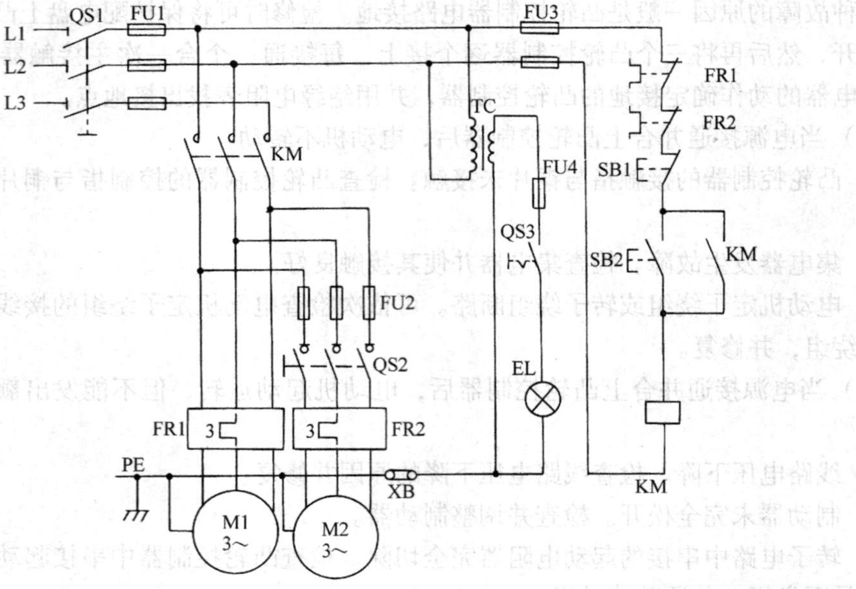

图 10-26

2. 图 10-27 所示为正转控制电路。现将转换开关 QS 合上后，按下 SB2，根据下列不同故障现象，试分析原因，提出检修方法和处理故障方法。

1）接触器 KM2 不动作。

2）接触器 KM 动作，电动机转动，但一松手接触器 KM 即复原，电动机停转。

3）接触器触头有明显颤动，噪声较大。

4）接触器线圈冒烟，甚至烧坏。

5）电动机不转动或转得较慢，并有嗡嗡声。

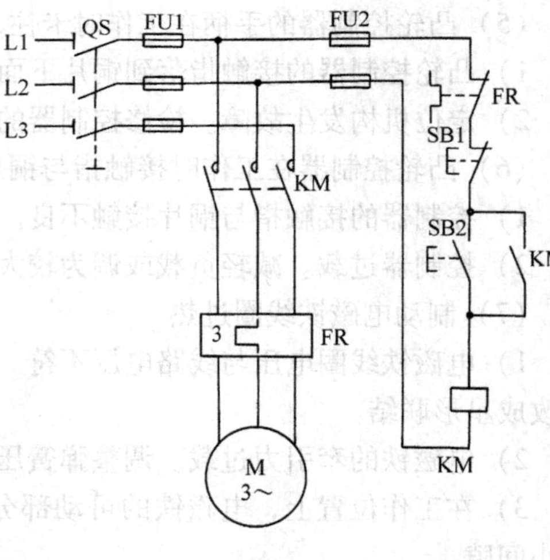

图 10-27

3. 试分析 CA6140 型车床主轴电动机不能停车的原因？

4. 在装有自动控制设备的机床上，电动机由于过载而自动停车后，有人立即按起动按钮，但不能开车，试说明这可能是什么原因？

5. Z35 型摇臂钻床的摇臂升降后不能充分夹紧的原因是什么？

6. 某工厂在检修 Z35 型摇臂钻床的电气控制电路后，试车时，发现如下故障：当操作者操作十字开关并扳在摇臂下降的位置时，摇臂升降电动机 M3 起动，于是摇臂往上升方向移动，操作者立即把十字开关扳回到中间位置，但摇臂还是继续上升，直到撞开上升终端行程开关，摇臂仍然上升。在这一紧急关头，应如何处理？并分析造成这一故障的原因？

7. 小型梁式吊车上有三台电动机，横梁电动机 M1 带动横梁在车间前后移动，小车电动机 M2 带动提升机构的小车在横梁上左右移动，提升电动机 M3 升降重物，三台电动机都采用点动控制，在横梁一端的两侧装有行程开关作终端保护，即当吊车移到车间终端时，就把行程开关撞开，电动机停下来，以免撞到墙上造成重大人身事故，在提升机构上也装有行程开关作终端保护，根据上述要求画出控制线路。

8. T610 镗床主轴反转点动后不能制动的原因有哪些？

9. T610 镗床主轴转速有一挡转速不符合要求，而其他两挡变速正常，故障原因有哪些？

10. 15/3t 桥式起重机合上总电源开关 QS1 并按下 SB1 按钮后，接触器 KM1 不吸合，故障原因有哪些？

11. 15/3t 桥式起重机的电源接触器 KM1 获电吸合后，过电流继电器立即动作使 KM1 释放，故障原因有哪些？

读者信息反馈表

感谢您购买《电工工艺学第5版》一书。为了更好地为您服务，有针对性地为您提供图书信息，方便您选购合适图书，我们希望了解您的需求和对我们教材的意见和建议，愿这小小的表格为我们架起一座沟通的桥梁。

姓　名		所在单位名称			
性　别		所从事工作（或专业）			
通信地址			邮　编		
办公电话		移动电话			
E-mail					

1. 您选择图书时主要考虑的因素：（在相应项前面画√）
（　　）出版社　（　　）内容　（　　）价格　（　　）封面设计　（　　）其他
2. 您选择我们图书的途径（在相应项前面画√）
（　　）书目　（　　）书店　（　　）网站　（　　）朋友推介　（　　）其他

希望我们与您经常保持联系的方式：
□电子邮件信息　□定期邮寄书目
□通过编辑联络　□定期电话咨询

您关注（或需要）哪些类图书和教材：

您对我社图书出版有哪些意见和建议（可从内容、质量、设计、需求等方面谈）：

您今后是否准备出版相应的教材、图书或专著（请写出出版的专业方向、准备出版的时间、出版社的选择等）：

非常感谢您能抽出宝贵的时间完成这张调查表的填写并回寄给我们，我们愿以真诚的服务回报您对机械工业出版社技能教育分社的关心和支持。

请联系我们——

地　　址　北京市西城区百万庄大街22号　机械工业出版社技能教育分社
邮　　编　100037
社长电话　(010)88379080　88379083　68329397(带传真)
E-mail　jnfs@mail.machineinfo.gov.cn